生物多样性与环境变化丛书

海南岛热带天然林主要类型的生物多样性与群落组配

臧润国　路兴慧　丁　易　刘万德

刘广福　许　涵　龙文兴　黄运峰　　著

卜文圣　张俊艳　姜　勇

10

高等教育出版社·北京

内容简介

　　生物多样性与群落组配规律是了解物种共存和多样性维持机制的关键。近年来，以易于测定的植物功能性状为基础分析群落组配规律已成为研究热带森林物种多样性维持机制的重要突破口。本书以海南岛热带天然林主要森林群落类型为对象，调查分析物种组成和群落结构特征，在测定主要森林植物的功能性状和环境因子的基础上，系统分析主要森林群落类型的生物多样性，研究植物功能性状和主要生态系统功能的相关性及其随群落类型、环境条件和恢复阶段的变化规律，阐明主要森林群落类型的群落组配规律，为了解生物多样性与生态系统功能的耦合关系及动态维持机制奠定了基础。

图书在版编目（CIP）数据

　　海南岛热带天然林主要类型的生物多样性与群落组配 /
臧润国等著 . -- 北京 : 高等教育出版社，2019. 6
　　ISBN 978-7-04-051857-3

　　Ⅰ.①海… Ⅱ.①臧… Ⅲ.①海南岛－热带林－天然林－生物多样性－研究 ②海南岛－热带林－天然林－森林群落－研究 Ⅳ.① S718.54

　　中国版本图书馆 CIP 数据核字（2019）第 081568 号

策划编辑　柳丽丽	责任编辑　殷　鸽	封面设计　张　楠	版式设计　马　云	
插图绘制　于　博	责任校对　张　薇	责任印制　赵义民		

出版发行	高等教育出版社	咨询电话	400-810-0598
社　　址	北京市西城区德外大街4号	网　　址	http://www.hep.edu.cn
邮政编码	100120		http://www.hep.com.cn
印　　刷	北京中科印刷有限公司	网上订购	http://www.hepmall.com.cn
开　　本	787mm×1092mm　1/16		http://www.hepmall.com
印　　张	38		http://www.hepmall.cn
字　　数	940 千字	版　　次	2019 年 6 月第 1 版
插　　页	1	印　　次	2019 年 6 月第 1 次印刷
购书热线	010-58581118	定　　价	288.00 元

本书如有缺页、倒页、脱页等质量问题，请到所购图书销售部门联系调换
版权所有　侵权必究
物料号　51857-00

HAINANDAO REDAI TIANRANLIN ZHUYAO LEIXING DE SHENGWU DUOYANGXING YU QUNLUO ZUPEI

序

　　海南岛是我国热带森林植被类型最为丰富的区域,也是地球上最北缘的热带雨林类型之一,具有很高的特有性、多样性和复杂性。海南岛热带雨林是我国生物多样性分布热点地区之一,在生物多样性保育、维持碳氧平衡等重要生态系统服务功能方面发挥着不可替代的作用。了解海南岛热带林在不同时空背景下的生物多样性及其生态功能,对于促进生态学理论的发展和探索具有重要的科学意义,对于指导生态系统经营和管理也具有重要的实践价值。

　　海南岛在尖峰岭、霸王岭、五指山、吊罗山等林区都分布有一定面积的原生热带低地雨林、热带季雨林、热带山地雨林、热带山地常绿林、热带山顶矮林、热带针叶林等类型以及它们的演替系列。这些不同类型和不同演替阶段的热带森林植被为开展热带天然林生物多样性与生态功能的研究提供了难得的理想场所。

　　本书是臧润国及其团队近十年来在海南岛进行研究工作的一个阶段性总结,主要以海南岛的六种热带天然林植被类型为对象,在大范围建立和调查不同规模的森林动态样地系列的基础上,测定了森林植物的主要功能性状和群落内重要环境因子,研究了热带天然林的群落与环境特征、物种多样性、功能多样性和谱系多样性的时空分异规律,分析了不同森林类型的群落组配和多样性维持机制。该书不仅具有很高的学术水平,而且对于指导热带天然林的保护和恢复具有重要的实践价值。

　　本书是作者在第一手调查和实验资料的基础上,结合国内外最新的研究理论完成的,学术思路清晰、主题明确、针对性强、内容新颖,是一本具有很高参考价值的专著,值得从事相关学科领域和专业的科研、教学和管理的同行一读,故欣为此序。

2016 年 12 月于中国林业科学研究院

前　　言

一、生物多样性与生态系统功能

生物多样性是决定生态系统功能的重要因素,其丧失可能会影响生境特征、物种组成、群落结构、生物地球化学循环、生物量和生产力等生态系统的结构和功能。因此,系统理解生物多样性与生态系统功能(biodiversity and ecosystem functioning, BEF)之间的关系将有助于我们更好地应对日益严重的生物多样性丧失和生态系统功能下降的严峻现实。目前,在描述生物多样性与生态系统功能之间关系、鉴别关键生态功能种以及揭示多样性对生态系统功能作用的机制方面已经取得了不少进展。目前,大多数有关 BEF 的研究主要是在草原生态系统中进行的控制实验,很少在生物多样性高、群落结构复杂的热带森林生态系统开展。森林生态系统功能的实现依赖于其功能性群落结构(functional community structure)。森林植被的功能多样性与森林生态系统的多个功能特征直接相关,因此可以作为判断森林生态系统退化等级和恢复阶段的功能性指标,也可以作为量化森林生态系统功能(如生物量、固碳效应等)的间接指标(Petchey and Gaston 2002)。

在与生态系统功能相关的指标中,功能多样性比物种多样性更好地反映生态系统功能。研究功能多样性的时空变异是一种理解群落组配过程的有效方法。已有研究表明,功能多样性可以很好地预测生态系统功能及其服务(Petchey and Gaston 2006)。群落中某些关键性状的变异可以反映植物对资源利用的生态策略,而由其组成的功能多样性随环境梯度的变异则可以揭示群落中物种的共存机制。在生态系统功能方面,学者最为关注的是森林固碳功能和森林的碳循环。生物量是一个关键的生态系统功能,它源于有关呼吸作用和死亡率与生产力的得失平衡。在热带森林中,地上生物量由于在全球碳库中占据重大比重而在全球碳循环中发挥着重要作用。

二、群落组配理论与研究方法

区域物种库中的不同物种经过环境和生物过滤作用进入局域群落的选择过程,就是群落组配(或群落构建)(community assembly),而与群落组配过程相关的生态学过程就是群落组配规律(community assembly rule)。研究群落组配规律有助于揭示影响物种共存的各种因素,因此已经成为当前研究生物多样性维持机制的热点。通常认为,群落物种共存机制既与长时间尺度上物种进化、灭绝及拓殖(colonization)等过程有关(Chesson 2000a),也与群落内过程有关(MacAuthur et al. 1967;Wills et al. 2006)。群落内共存物种的组配指区域种库物种经过多层环境过滤(environmental filter)和生物作用(biotic interaction)被选入局域群落的过程(Diamond 1975),这些非生物和生物因素的综合作用过程被认为是群落主要的组配机制。通常认为,热带森林中多个生态因素同时作用于群落组配过程。生态学家根据经验观察和理论模型,提出许多解释物种共存和群落组配机制的假设或理论,如生态位分化、促进作用、负密度制约、环境筛作用和中性过程等。

在研究群落组配的过程中,采用物种丰富度的研究方法无法量化物种在生态策略和生态功能方面的差异,而且也缺少生物多样性应包含的其他重要信息。基于功能性状的研究方法已经成为近年来探索物种共存与生物多样性维持机制的一个新的突破口,并逐渐形成了生态学的一个崭新的分支学科。基于功能性状的群落组配规律主要包括环境筛、生物竞争、随机过程等。虽然基于生态位的生物竞争和环境筛可同时作用于同一群落,但它们对共存种的生态策略及生态功能往往具有不同的效应。一方面,生物竞争过程形成的限制相似性导致共存物种性状会出现一定的差异;而另一方面,环境筛作用又会导致在一定时空尺度下共存物种会出现某些功能性状的趋同性。环境能够根据功能性状变化对物种进行筛选,从而促进或限制物种在特定生境中的建立过程。多数研究已经证明,群落组配过程同时受多个机制影响,因而当前的研究重点已经不再是探究哪个机制决定群落物种组成,而是分析这些机制的相对作用及如何共同维持群落的物种多样性以及在不同时空尺度下的变化趋势。

三、热带林的重要性

热带林是生物多样性最高、生态功能最强的陆地生态系统,在维护地球生态平衡中具有至关重要的作用。据统计,占地球覆盖面积7%的热带林中生存着地球上约50%的物种。热带地区共有植物165 000种,其中热带美洲约90 000种,热带非洲35 000种,热带亚洲40 000种,这些植物中的绝大多数都生活在热带森林中。热带天然林的植物物种多样性要比地球上任何生境中的都高(Richardson et al. 2001)。某些热带天然林中,在仅 0.5 km^2 范围内存在的树种数就比整个北美洲或整个欧洲的树种数还多(Whitmore et al. 1998)。然而,人类过度利用资源导致热带林正在遭受前所未有的破坏。据估计,印尼 Kalimantan 低地雨林保护区十几年就消失了 56% 以上(Curran et al. 1999);全球每年大约有 1 300 000 hm^2 的热带森林被毁掉,释放出 5.6~8.6 Gt[①] 的碳,140 00~40 000 种物种从热带林中消失。由于温室气体的排放,21 世纪地球表面的温度有可能上升 1~4℃,从而导致更加严重的洪涝和干旱,并增加物种灭绝和外来种入侵的速度。保护热带林既能减缓全球变暖,又能减缓生物多样性的丧失(MacDonald et al. 2000),因此,保护热带林是当前全社会面临的最重要议题之一。

热带天然林也是生态学和生物多样性保护科学最为重要的研究对象之一,许多优秀的科学家都以其为研究和关注的核心,在生态学和生物多样性科学中取得了令人瞩目的丰硕成果。特别是在近年来全球变化加剧和生物多样性快速丧失的背景下,热带天然林生态、保育和可持续经营的研究成果不断涌现,引领并极大地促进了生态学及相关学科理论体系和保育实践的发展。如何使热带森林生态系统发挥其应有的维护地球环境和保存丰富生物多样性的作用,迫切需要科学家解决两方面的问题:一是如何有效地保护现存的热带天然林不再遭受进一步的破坏而退化?二是如何使由热带天然林受到不同程度损害而形成的退化生态系统尽快得到有效的恢复?为了更加科学合理地保护和恢复热带天然林,近年来有不少杰出的生态学家和

---

① 1 Gt = 10^{9}t。

林学家对热带天然林的结构、动态、功能和评价等许多方面进行了深入细致的研究,取得了不少重要成果。其中,基于从生物多样性的不同侧面(different facets of biodiversity,主要指物种多样性、功能多样性和谱系多样性)来研究热带林多样性的时空变化规律及其对生态系统功能的影响,以及基于性状的生态学(trait based ecology)分析,已成为探索热带天然林生物多样性维持与生态系统功能发挥的重要途径。热带天然林生物多样性的时空分异与群落组配,是热带天然林生态和保育科学领域一个重要的研究前沿。此类研究和探索将有助于我们更加深入地认识热带森林生态系统的内在调控机制,并寻求快速有效而科学的保育和恢复途径。

四、海南岛热带林的重要性及类型多样性

海南省是我国最大的热带省份,海南岛的热带林属于亚洲雨林的北缘类型,在区系和结构上均与典型的亚洲雨林有较大差别,同时又是我国森林植被中区系和结构最为复杂的类型,与我国大陆的森林植被有较大的差异,具有很高的特有性、多样性和复杂性,是我国乃至世界宝贵的自然财富,具有十分重要的保护价值和科学意义(胡玉佳等1992;王伯荪等1997;蒋有绪等2002)。海南岛在尖峰岭、霸王岭、五指山、吊罗山等都保存有一定面积的原生热带低地雨林、热带季雨林、热带针叶林、热带山地雨林、热带山地常绿林、热带山顶矮林等以及它们的演替系列,同时也具有由各类热带林被破坏后所形成的各种退化生态系统类型,包括:不同年代、不同采伐方式和不同采伐强度干扰后形成的次生林,当地少数民族在不同年代刀耕火种后形成的不同大小和处于不同恢复阶段的植被斑块,台风等大型干扰破坏后形成的处于不同恢复阶段的干扰斑块,群落内小型树冠受干扰后形成的不同大小和恢复阶段的林隙斑块,农耕撂荒后形成的灌木林、荒草地,人工种植橡胶等经济作物后形成的低产人工林地和严重水土流失地等。这些不同类型的热带林生态系统为我们开展热带天然林主要功能群保护和恢复的研究提供了良好的野外调查、对比实验和系统分析的研究对象。海南岛有非常明确的自然边界,其干扰体系、地质历史过程和与周边区系的关系较易于分析,有利于对天然林生态系统的形成和变化规律的认识;海南岛全岛中高周低,地貌地势既复杂多变,又有明显的规律性,岛内生态因子、生境、生物群落类型呈现明显的受不同方位影响的水平格局和垂直梯度变化规律;加之群落结构复杂,生态系统的格局及其动态关系都有不同程度、不同方式的表达。

海南岛的热带天然林植被类型分布呈现出较为明显的空间分异规律,海拔在大概800 m以下的区域分布着热带低地雨林、热带针叶林和热带落叶季雨林。低海拔三种森林植被类型降雨量相似,但是由于局部地形和土壤异质性的差异,三种森林植被类型土壤水分状况和资源的可利用性差异明显。热带低地雨林是海南岛低海拔区域(<800 m)的地带性植被类型,分布在低海拔立地条件较好、土壤较为肥沃的区域,分布面积最大。与热带低地雨林相比,热带针叶林和热带落叶季雨林是低海拔区域的两个非地带性植被类型。热带针叶林是热带条件下特殊地质或者土壤顶极群落,土壤贫瘠、持水能力差,光照强度大。特殊的地质条件导致热带针叶林群落内南亚松成为林冠层的单优种群,其中下层伴生有多种阔叶树种。热带落叶季雨林主要分布在土壤层薄、土壤保水能力差、土壤表层岩石裸露程度高的区域,为适应这种胁迫环境条件,林内物种大多具有落叶、多刺的生物学特征。热带山地雨林是分布在中高海拔区域的地带性植被类型,主要分布范围为海拔800~1200 m,分布面积大,环境条件适宜,具有较高的物种丰富度。热带山地常绿林以及热带山顶矮林两者统称为云雾林,主要分布在海拔1200 m

以上,通常呈岛屿状分布在高海拔地形复杂的山顶或山脊,其典型特点是云雾频繁、气温低、湿度高、紫外线辐射强度大,并且常伴有强风干扰。热带山地常绿林分布在海拔高于热带山地雨林,但低于热带山顶矮林的中间区域,群落高度较低,冠层高度一般不超过 20 m,物种丰富度比热带山地雨林明显降低。热带山顶矮林群落层次简单,群落平均高度仅为 4~6 m。植株胸径小,而且密度大,茎干多呈扭曲状,萌生枝较多。

本书的总体研究思路主要是分析热带天然林的生物多样性及群落组配特征随植被类型、干扰体系、恢复进程以及环境梯度的变化规律。本书主要以海南岛的上述六种热带天然林植被类型和其主要组分为对象,在大范围不同规模的森林动态样地系列建立和调查的基础上,测定森林植物的主要功能性状和群落内重要环境因子,研究热带天然林的群落与环境特征、物种多样性、功能多样性和谱系多样性的时空分异规律,分析不同森林类型的群落组配和多样性维持机制。

五、本书分工与致谢

本书的学术思想和写作框架是在臧润国研究员的主持下完成的。本书是课题组成员及有关合作研究者集体努力的结晶,主要是臧润国及其所指导的博士生近十年来辛勤劳作的成果。书中各章节的具体分工如下:第 3 章由姜勇博士(广西师范大学生命科学学院)负责编写,第 4 章由许涵博士(中国林业科学研究院热带林业研究所)负责编写,第 5 章由卜文圣博士(江西农业大学林学院)负责编写,第 6 章由路兴慧博士(中国林业科学研究院森林生态环境与保护研究所)负责编写,第 7 章由黄运峰博士负责编写,第 8 章由刘万德博士(中国林业科学研究院资源昆虫研究所)负责编写,第 9 章由张俊艳博士(武警黑龙江省牡丹江市森林支队)编写,第 10 章由丁易博士(中国林业科学研究院森林生态环境与保护研究所)负责编写,第 11 章由龙文兴博士(海南大学热带农林学院)负责编写,第 12 章由刘广福博士(中国林业科学研究院资源昆虫研究所)编写,其余部分由臧润国和路兴慧共同完成。全书的统稿由臧润国完成,文字编校和出版事宜由臧润国和路兴慧完成。本书作者排名除臧润国和路兴慧外,其余均按博士入学时间排序。参加本书外业调查和内业工作的还有黄继红、黄永涛、张树梓、臧丽鹏、范克欣、杨秀森、林明献、李儒财、王进强、唐跃财、吴明、黎兴莲、韦志芳、周照骊、陈少伟、黄卢标、邹正冲、谢赠南、叶政坤、黄其新、黄信、李劲、黄文南、陈庆、杨民、李小成、黄永贤、王养、王昌益、农寿千、徐中亮、陈玉凯、魏旭伟、黄志敏、郭伦智、骆士寿、陈德祥、王文毅、柏程锋、毛振军、赵秀军、冯大东、林成勇等同志。本书的出版得到了中国林业科学研究院森林生态环境与保护研究所各级领导和各部门同事的大力支持,在此一并致谢!

本书主要是在"十二五"科技支撑课题研究任务"西南和热带天然林生态关键种保育与非木质资源高效利用技术与模式"(任务编号:2012BAD22B0103)的资助下完成的,同时得到了国家自然科学基金面上项目"基于植物功能性状的热带山地雨林群落构建规律"(项目编号:31270474)、国家自然科学基金重点项目"海南岛热带天然林主要功能群保护与恢复的生态学基础"(项目编号:30430570)、国家林业公益性行业科研专项经费任务"天然林保护等林业工程生态效益评价研究"(任务编号:201304308)、国家自然科学基金青年科学基金"海南岛热带季雨林群落对季节性干旱的生态适应性与物种多样性调节机制"(项目编号:30901143)、中国林业科学研究院基本科研业务费专项资金项目"热带低地雨林幼苗库功能多样性动态恢复机制"（项目编号：CAFYBB2016QA006）、国家自然科学基金项目"多空间尺度热带山顶矮林植物功能性状分异及其对环境变化响应的研究"（项目编号：31260109）、海南自然科学基金创新研究团队项目"热带云雾林的环境因子和植物多样性对生态系统功能的影响机制"（项目编号：2016CXTD003）、海南省自然科学基金项目"基于物种多样性和功能性状的热带云雾林群落构建规律研究"（项目编号：312064）的资助。

　　本书于 2016 年 11 月完成初稿，由于出版流程复杂，并且几经易稿，至今才与读者见面。由于参与本书编著工作的人员较多，加之成书过程时间有限，书中不免存在错误，敬请各位同仁批评指正！

作　者

2016 年 12 月

目　　录

第1章

热带天然林生物多样性与群落组配研究概述

全球生物多样性减少和丧失对生态系统功能的影响是当前生态学最为关注的领域之一（Loreau 2010）。热带天然林（简称"热带林"）在缓解全球气候变化和保护生物多样性方面具有重要作用，同时也是研究生物多样性与生态系统功能（biodiversity and ecosystem function，BEF）耦合关系的理想场所。系统理解生物多样性与生态系统功能调控机制是我们进行生物多样性保护、生境恢复与生态系统经营实践的科学基础。

1.1 生物多样性与生态系统功能研究概述

早在 20 世纪 80 年代，学者们就发现，物种丧失可能影响生境的变化、生物地球化学循环和生态系统生产力等生态系统的结构和功能（马克平 2013）。最早关于 BEF 的研究始于 20 世纪 90 年代的英国生态箱（ecotron）实验（Naeem et al. 1994）。该实验首次在控制条件下研究了多样性对生态系统功能的影响，发现物种丰富度对系统生产力有正效应。目前，大多数有关 BEF 的控制实验主要在草原生态系统中进行，很少在生物多样性高、群落结构复杂的热带森林生态系统开展。第一个森林生物多样性的生态系统实验样地于 1999 年在芬兰建立，到目前为止全球已有12 个森林实验样地。

过去二十多年的研究已经揭示了陆地生态系统和水生生态系统中生物多样性与初级生产力、氮储量等某一项生态系统功能的因果关系（Cardinale et al. 2011），并且研究结果表明，生物多样性的丢失将降低生态系统功能，从而削弱提供生态系统产品和服务功能的能力（Cardinale 2012）。由于生物多样性的维持是增加生态系统服务功能的基础（Isbell et al. 2011），因而研究生物多样性如何影响生态系统功能显得十分关键（Zavaleta et al. 2010）。目前关于生态系统生物多样性效应的理解主要来源于北美和欧洲数量有限的小尺度控制实验（Maestre et al. 2012），大多数实验主要考虑的是物种多样性。由于受到其他生物或者非生物因素的影响，生物多样性并不一定是生态系统功能的最主要驱动力（Maestre et al. 2010）。

尽管大量的研究已经证实，物种多样性与生态系统功能存在正相关（Cardinale et al. 2011），但其中一个隐含的假设是:物种在功能性状方面具有更多的多样性,从而能够获取更多的资源(Fornara et al. 2008),比如物种在养分和水分利用、传播方式、共生菌等方面的差异允许更多的物种共存(Tilman 1999)。由于与限制性的资源相关,功能属性方面的多样性被假定能够更好地预测生态系统功能(Reich et al. 2004)。然而,在特定的时间和空间尺度下,辨识与关键资源相关的功能性状依旧是一个很大的挑战。

基于功能群的功能多样性不足以代表物种在某些关键功能属性上的多样性,生态学家通过事先选取特定的功能性状来测定功能多样性。例如,Villéger 等(2008)的多维功能多样性指数及其改进(Laliberté and Legendre 2010)等。由于在选择功能性状上存在主观性,这些基于多个功能性状的功能多样性对于哪些功能性状被包含仍然敏感(Petchey et al. 2004)。此外,由于各个功能性状之间的单位不一致,不同功能性状数值的变化可能与需要预测的生态系统功能意义不同(Cadotte et al. 2009)。基于功能性状的功能多样性同样存在缺陷,一些生态学家提出谱系多样性。谱系多样性通常指群落内所有物种的进化枝长的累加和,或者指群落中所有物种谱系分支长度占区域物种库所有分支长度之和的比例(Webb et al. 2008a)。由于谱系上的不相似性与进化分支时间密切关联,物种之间谱系上差别越大意味着它们在生态功能特征上差别也越大。有研究表明,谱系多样性比物种多样性或者基于功能群的功能多样性解释更多生产力的变异(Maherali et al. 2007;Cadotte et al. 2008)。

在生态系统功能方面,人们最为关注的森林固碳功能与森林的碳循环关系最为密切,而如何准确评价固碳能力、变化过程和对全球变化的响应机制一直存在很多的不确定因素(Ernest et al. 2003)。在全球变化的背景下,如何预测物种组成变化对生态系统功能的影响一直是生态学面临的挑战之一。Enquist 等(2007a)运用与植物个体生长相关的功能性状,结合代谢理论(Brown et al. 2004a)构建了基于植物性状的植物生长模型,该模型为解释不同生态系统之间物质循环和能量流动的差异提供了一个理论框架。Suding 等(2008)提出了一个用于连接生物群落如何响应环境和生物群落如何影响生态系统功能的响应–效应功能性状框架,该模型可以更好地预测环境变化如何影响生态系统功能。Webb 等(2010)则提出了一个相对完整的基于功能性状的研究方法,包含潜在的功能性状分布、性能过滤器和环境变化下的动态特征预测等 3 个方面的内容,并建议使用贝叶斯多层次模型(Bayesian multilevel model)、动态系统模型或两者结合的数学模型来预测性状与环境变化对生态系统功能的影响。该理论框架可以运用于多种生物类群功能性状与生态系统功能的耦合研究。

1.2　生物多样性(物种、功能、谱系)研究概述

生物多样性是人类赖以生存和发展的物质基础,是生物及其与环境形成的生态复合体以及与此相关的各种生态过程的总和。它包括数以百万计的动物、植物、微生物和它们所拥有的基因,以及它们与生存环境形成的复杂的生态系统。因此,生物多样性包括多个层次和水平,学者们也逐渐认识到必须关注生物多样性的多个方面(Devictor et al. 2010)。本节将着重介绍物种多样性、功能多样性和谱系多样性及它们之间的关系。

物种多样性是生物多样性中最基础的组成部分,但它却不能反映物种之间的生态功能特征

或者谱系特征。功能多样性是由生物形态和生理生态方面的功能性状组成的多样性(Petchey and Gaston 2006)。与其他生物多样性指标相比,功能多样性能够更好地反映生态系统功能(Hooper et al. 2005)。尤其是在大尺度下,研究功能多样性的时空变异是一种理解群落组配过程的有效方法(Petchey and Gaston 2007)。此外,由于物种间的相互关联和物种的生态功能特征往往牵涉到众多复杂的功能性状,谱系多样性是一种可以反映群落组配过程的全盘特征,甚至比功能多样性更能够反映生态系统的生产力(Cadotte et al. 2009)。因而,测定谱系多样性被认为是一种非常有潜力的方法,用于解释群落结构和组成中物种间的相互关联和生物地理学历史过程(Webb et al. 2002)。

1.2.1　物种多样性概述

物种多样性可以表征生物群落和生态系统的结构复杂性,并能体现群落结构、组织水平、发展阶段、稳定程度和生境差异,是揭示植被组织水平的生态基础(马克平等 1995)。环境因子的筛选作用及如何影响物种多样性是重要的生态学问题(Diniz-Filho et al. 2005;Qian et al. 2009;许涵等 2013)。Tilman 等(2001a)认为,环境中的不同资源比(土壤中 N 和 P 之比)会影响共存物种的数量进而影响物种多样性。de Toledo 等(2008)认为,水、热等环境因子组合的变化常常产生不同的生境,从而引起不同地带及区域生物多样性的差异。庄树宏等(1999)对山东昆嵛山老杨坟阳坡和阴坡半天然植被植物群落的研究表明,不同坡向的植物群落上层的光照与水分和温度的结合对植物群落物种的多样性和群落的均匀度产生较大的影响。Breshears 等(1999)研究表明,随着土壤养分的增加,土壤中的 P、Mg、K 和 Ca 可通过影响生态系统的养分循环对不同植被类型间的物种多样性产生非常显著的影响。李新荣等(2000)对干旱地区人工植被与环境因子的研究表明,土壤有机质含量与植物多样性呈正相关,土壤含水量的降低明显影响沙漠人工植被中灌木的生存,从而影响到植被的多样性水平。Hawkins 等(2003)研究表明,干旱梯度中植物由促进作用(facilitation) 向竞争作用的转变解释环境因素如何影响物种多样性的变化。多种假说的存在也证明了环境因子是影响物种多样性分布格局的主导因素。例如,生境异质性假说认为,物种多样性随生境异质性的增加而增加(Cramer et al. 2005;卜文圣等 2013);能量-水分平衡假说认为,在物种多样性分布格局中,能量和水分之间的耦合关系是关键原因(Hawkins et al. 2003;卜文圣等 2013);但养分平衡假说认为,养分梯度与物种多样性的形成密切相关(Paoli et al. 2006;Firn et al. 2007;卜文圣等 2013)。

1.2.2　功能多样性概述

物种多样性是通过物种的多或少表征的,而功能多样性能够直接体现植物在生态系统中所起的作用,可以用功能多样性解释和预测重要的生态学问题(Díaz et al. 2004)。不同群落的功能多样性不仅与群落类型有关,还与群落所处的演替阶段有关。长白山阔叶红松林演替后期的功能丰富度低于前期的功能丰富度。演替的早期阶段,环境条件相对恶劣,例如,低的冠层密度和高的光照条件,一些先锋物种得以存活,由于环境筛的作用,这些物种具备相似的功能性状。具备其他性状的新物种在演替早期存活率很低。演替的中期阶段,一些耐阴物种进入林分内,其功能策略是已存在物种的功能策略的补充,因此功能丰富度和功能均匀度显著增加,功能分散度没有显著变化(Mouchet et al. 2010)。先锋物种和耐阴物种的竞争发生在这个阶段。不同功能群(先锋物种和耐阴物种)的共存使功能多样性显著增加。演替的后期阶段,功能丰富度、功能均匀度显著增加,但功能分散度表现出降低的趋势(Mouchet et al. 2010;卜文圣 2013)。由于低的光照利用率,耐阴物种占统治地位,先锋物种逐步死亡。功能丰富度的增加是由于一些稀有种的进入。这些物种可能占据了先锋物种留下的功能空间。功能均匀度的增加说明,植物生态功能作用受随机因素的影响较小。功能分散度的降低可能是先锋物种的丧失引起的。功能分散度被认为与功能冗余相关,高的功能丰富度和功能分散度表明热带低地雨林演替晚期功能冗余的出现。功能冗余有助于增加生态系统的生态弹性。生态系统的弹性与生态功能的维持或恢复紧密相关。因此,更新晚期阶段的森林可以抵御干扰或环境条件的改变。但在亚热带森林中,功能丰富度并未随演替的进行发生显著变化,具有更加显著的功能均匀度(Walker et al. 1999)。通过对 550 万木本植物数据的研究表明,热带天然林的功能多样性要高于温带森林的功能多样性,在有些地区,热带天然林地区的功能多样性比模拟数据高,温带地区的功能多样性比模拟数据低,说明生境过滤对温带森林功能性状分布的限制作用(Paine et al. 2011)。

1.2.3 谱系多样性概述

植物功能性状的研究在进化过程中往往受到亲缘关系的影响,因此分析植物功能性状必须考虑到谱系多样性(Webb et al. 2008a)。很多研究已经开始构建高分辨率的谱系多样性树,并由此研究环境和性状变化对群落构建过程的作用机制(Uriarte et al. 2004)。有研究表明,土壤的生境异质性能够影响物种及整个群落的进化枝长(Schreeg et al. 2010)。谱系信号可能存在于植被与土壤的关系中,亲缘关系相近的物种趋于生活在环境条件相似的土壤中。

Webb(2000)利用环境和进化因素结合谱系关系分析了马来西亚的热带雨林植物群落结构。Swenson 等(2007b)研究热带雨林群落后得出,随着群落空间尺度的增大,群落谱系结构从谱系发散逐渐转为谱系聚集。Barberán 等(2011)研究不同生境浮游生物的谱系结构后发现,由于海洋盐分组成和浓度产生显著过滤作用,海洋浮游生物的群落谱系结构聚集程度显著高于内陆湖群落。Kembel 等(2006)发现,位于巴拿马大样地内高海拔环境条件下的群落表现为谱系聚集。黄建雄等(2010)以古田山大样地的植物群落为研究对象研究发现,低海拔群落谱系呈聚集状态,而高海拔群落谱系呈发散状态。

1.2.4 生物多样性指标之间关系概述

由于功能多样性能够保证生态系统产品和服务功能的供应(Díaz et al. 2007a),而谱系多样性则代表与保护生物学息息相关的生物进化的历史框架(Bakker et al. 2003),因而,功能多样性和谱系多样性是生物多样性的两个重要方面。尽管生态学家对生物多样性的多个方面均有研究,但是关于不同生物多样性指标之间的关系及其因果关系却知之甚少。事实上,在两个具有相同物种多样性的群落中,其物种的组成可能具有高度相似的或者完全不同的谱系信息(Allen et al. 2007)。同样,假如某些功能性状遭遇强大的自然选择作用或者在谱系方面存在竞争作用,功能多样性也不一定能够与谱系多样性相契合（Prinzing et al. 2008）。因而，对生物多样性的多个互补性方面进行研究有助于了解自然生物群落完整的结构、组成和动态（Maherali et al. 2007）。

在保护生物学中，如何从全方位的角度来看待生物多样性是一个重大的挑战（Devictor et al. 2008）。事实上，全球变化有可能对功能多样性产生重大影响，从而改变物种间相互作用和生态系统功能，但却不改变物种的丰富度（Flynn et al. 2011；Díaz et al. 2016）。谱系多样性并不能反映到底哪一种谱系信息能够在未来参与物种形成过程以及物种形成发生的时间和区域。这种不同生物多样性指标之间的不契合性使保护生物学陷入进退维谷的境地。例如，如果生物多样性的多个方面具有不同等的水平，区域内某些群落可能会具有高的物种多样性、低的功能多样性和高的谱系多样性（Nelson et al. 2009；Cumming et al. 2014）。

1.3　主要生态功能研究概述

1.3.1　热带林生物量研究

生物量是单位面积上生物物体的干重，它分为地上和地下两部分。森林生物量反映了群落利用资源的能力，是评定群落生产力的高低和研究生态系统物质循环的基础，也是反映森林所处生态环境的重要指标。同时，森林生物量也是预测未来气候变化的基础。森林生物量的研究既可以为森林生态系统的光合作用、水分平衡、物质循环、能量交换等研究工作提供基础资料，也可为维护森林生态系统的稳定和森林的可持续发展提供科学依据。森林生物量的研究最早开始于1876年，但在20世纪50年代才在世界范围内得到重视（Malhi 2002），随后的IBP（国际生物学）和MAB（人与生物圈）计划使得有关生物量的研究迅速增加（Gurney et al. 2002）。相关的研究在组成和结构相对简单的温带和北方森林中进行的较多，测定也较为精确。

但与上述森林类型相比，热带林由于组成种类丰富、群落结构复杂和环境异质性大等特点，使得生物量研究的开展难度非常大，测定的精度也相对较低。尽管热带林中一定数量的森林调查已经开展，但仍然有大面积的热带林调查不完全，或者根本就未调查（Houghton 2005）。同时，在把个别样地结果外推到整个区域时也存在一定问题。例如，在估测巴西亚马孙流域生物量时，其生物量变化范围较大（Houghton 2007），并且可靠性也较差（Clark et al. 2001b）。此外，热带区域生物量在样地内及时间上的变化也是未知的，热带林中可靠的、充分的及有代表性的林分生物量数据也是有限的（Zheng et al. 2006）。同时，热带林中大多数生物量的估测是对未受干扰的原始林进行的，而对自然及人为干扰林分的估测较少（Houghton 2005），导致许多热带森林的生物量还是未知的（Saatchi et al. 2007）。因此，加强热带林中生物量的估测显得十分必要。热带季雨林生物量的研究主要集中在地上生物量。同其他群落类型一样，全球不同地区，热带季雨林的生物量也不同。研究发现，在西双版纳，地上生物量最高达到 $692.6 \text{Mg} \cdot \text{hm}^{-2}$（Zheng et al. 2006），而在印度，最低的生物量值仅为 $28 \text{ Mg} \cdot \text{hm}^{-2}$，这可能是半干旱气候与人类高强度干扰相结合的结果（Bullock et al. 2011）。Castellanos 等（1991）利用空间分析方法中的异速生长模型研究了墨西哥两个不同地区的生物量，分别为 $85 \text{ Mg} \cdot \text{hm}^{-2}$ 和 $74 \text{ Mg} \cdot \text{hm}^{-2}$。不同演替阶段的林分

(Chave et al. 2003)和该地区的降雨量会影响地上生物量,同时,林分结构(如不同直径树木所占比例)、人类的干扰历史等也是影响生物量的主要因素。由于地下生物量研究比较困难,数据获取较难或不精确,因此研究相对较少。

1.3.2　热带林碳储量研究

热带林在全球碳循环和碳平衡中起着巨大的作用。然而,各学者对热带林的碳源、碳汇作用的研究结果并不一致。Skole 等(1998)认为,由于森林被破坏、砍伐,热带林在全球碳平衡中起着碳源的作用。而 Ciais 等(1995)则认为,热带南部是碳汇,北部是碳源。Phillips 等(1998)对马来西亚热带雨林的研究表明,热带地区可能是一个重要的碳汇。这些研究结果表明,未知碳汇可能分布在全球更广泛的区域,而不仅仅是在北半球及中高纬度森林地区。以上研究充分说明了森林碳循环研究的复杂性和不确定性。

我国对森林与碳关系的研究起步较晚,且主要研究了全国温带森林或土壤的碳循环及动态变化特点,而对热带林碳循环方面的研究很少。我国关于海南岛热带林碳储量的研究始于 20 世纪 80 年代海南岛尖峰岭定位研究站的建立(李意德等 1992)。学者们从不同的角度对热带森林生态系统进行了大量研究。用生物量法和蓄积量法计算天然林的碳储量(陈德祥等 2010);测定森林凋落物生物量及其季节变化(吴仲民等 1994);森林土壤碳储量及在不同皆伐强度和人类活动影响下的变化特点;估算尖峰岭山地雨林及其更新林的碳平衡和碳库特点。这些工作为进一步估测热带森林系统碳循环的特点以及热带森林系统对全球碳平衡的作用提供了基础数据。

1.3.3　热带林养分循环研究

养分循环利用是森林生态系统中各生物得以生存和发展的基础,元素的循环与平衡直接影响生产力的高低和生态系统的稳定与持续,是生态系统的主要功能之一(Barot et al. 2007)。研究养分循环不仅能够阐明生态系统物质循环机制,而且对指导生产实践、调节和改善各种限制因素、提高养分元素的循环利用速率和最大限度地提高生态系统的生产力具有重要作用。森林生态系统的养分循环是一个开放过程,通过系统的养分输入和输出,可直接以净变化值反映系统对养分的储存能力。森林生态系统处于稳定状态时,系统的养分输入和输出基本平衡;当养分输入大于养分输出时,系统处在发展阶段,其养分的存储能力也强。养分循环是森林生态系统内土壤和植物间养分元素的流动过程,是通过植物的吸收、存留和归还 3 个不同的生理生态学过程来维持平衡的。

Jordan(1985)通过总结有关湿热带养分循环的大量文献后,讨论了热带林生态系统中各种养分的循环特性。如钙、镁、钾在调节土壤 pH 以及对磷的可利用程度上起到重要作用。当砍伐或焚毁森林后,这些元素的阳离子在土壤中含量高而有利于植物吸收。然而,因热带林常年高温多雨、微生物活动频繁等原因,使各养分元素迅速损耗,同时土壤 pH 下降,磷的可利用程度也降低。同样,砍伐森林也对氮元素的收支平衡产生强烈影响。根据李意德、卢俊培等学者的研究(卢俊培等 1991,1993;李意德等 1992,1998a),海南岛尖峰岭热带原始林的生物量一般在 500 t·hm^{-2},30 年生的天然次生林也高达 200 t·hm^{-2}。原始群落几种大量元素(氮、磷、钾、钙、镁)的积累量在 5000 kg·hm^{-2}以上,天然次生林的元素积累量也高达 2777.9 kg·hm^{-2}。热带林群落的元素循环过程强烈,既有强烈的生物吸收、分解与归还、植物–土壤间持续强烈的物质交换,又有元素强烈的淋溶、迁移。

1.4 功能性状与群落组配研究概述

1.4.1 功能性状研究概述

植物功能性状通常指影响植物存活、生长、繁殖和最终适合度的生物特征,包括植物形态、生理和物候等特征(Violle et al. 2007)。最常见的植物功能性状分类包括:形态性状(morphological trait)和生理性状(physiological trait)、营养性状(vegetative trait)和繁殖性状(regenerative trait)、地上性状(aboveground trait)和地下性状(belowground trait)、影响性状(effect trait)和响应性状(response trait)以及后来被广为接受的软性状(soft trait)和硬性状(hard trait)。功能性状的研究方法能有效地利用植物的形态、生理和生活史等特征,反映个体、种群、群落和生态系统水平上的生物之间以及生物与环境之间的相互作用,揭示生物对生长环境的适应策略(Díaz et al. 2004; Westoby et al. 2006;孟婷婷等 2007)。

在漫长的进化过程中,植物常常以某些功能性状和生态策略适应生存环境,而这些性状常常能在一定程度上反映生态系统的功能特征,因而植物的功能性状对研究生态系统功能多样性具有重要作用(Lavorel et al. 2011)。由于功能性状对生态系统过程和功能有重要作用,这些性状的丢失或恢复将从根本上改变群落的更新机制(Kraft et al. 2008)。大量的研究表明,生物多样性对生态系统功能的影响主要归因于功能性状(数值和范围)的多样性以及物种之间的相互作用(如直接或间接的竞争,改变生物和非生物环境),而不是物种丰富度本身(Díaz et al. 2007a)。当前已经有很多研究以植物功能性状为基础分析环境梯度上的植物生态策略变化(Kraft et al. 2008)。

由于植物功能性状能够反映植物的生态策略,因而基于植物功能性状的分析方法能够很好地解释物种多样性的维持机理(Reich et al. 2003a)。Kraft 等(2008)及 Kraft 和 Ackerly(2010)利用植物的功能性状成功地区分了厄瓜多尔热带林样地中生态位理论和中性理论的多样性维持机制。也有学者通过逐步回归分析了热带树木的生长率和死亡率与主要功能性状(种子体积、比叶面积、木材密度和最大潜在高度)之间的关系,结果发现,功能性状能够解释树木 41% 的生长率变化和 54% 的死亡率变化,而且木材密度是预测能力最强的因子(Poorter et al. 2008a)。在植物生长的相关功能性状方面,叶片的经济谱备受关注(Malhi et al. 2004)。虽然生态学家们认为植物功能性状能够反映个体生命动态过程,但是由于树木较长的生命周期而长期缺乏实验证明。这些功能性状与个体生长存活的相关性进一步证明了热带雨林树种在生长和死亡方面的权衡(growth-mortality tradeoff)。Garnier 等(2004)和 Wright 等(2004b)的研究结果表明,植物比叶面积、叶片干物质含量和氮含量与群落次生演替过程中的初级生产力、凋落物分解速度和土壤碳、氮含量之间存在很好的相关性。Dahlgren 等(2006)则认为,比叶面积是预测林下植物演替动态的最佳功能性状指标。

随着环境的变化,限制植物生长的资源也发生了变化。植物会把生物量优先分配给能够获得限制资源的器官。在高光环境下,水分和营养是植物生长主要的限制因子,植物把更多的生物量分配给根系(Edwards et al. 2004);而在低光环境下,光照成为限制植物生长的主要因子,植物把更多的生物量分配给叶(Pons 1977),同时减少了茎、枝、根的维持呼吸。Poorter 等(1999)的研究表明,随着光强的降低,植物会增加对叶片的投入,而减少对根系的投入,对茎的投入变化不明显。而 Reich 等(1998)的研究则发现,随着光照强度的降低,植物减少了对根系的投入,增加了对茎的投入,对叶片的投入则没有显著变化。这说明在不同的环境中,植物会有不同的生物量分配适应方式。

由于植物的这些性状能够与个体扩散、生长、养分循环、能量利用、生态对策等方面相联系,因而当前的生态学研究特别强调性状权衡和综合性、功能性状与生态系统功能的相关性等(Díaz et al. 2004;Westoby et al. 2006)。由于某些功能性状对生态系统过程和功能的巨大作用,这些功能性状的丢失或恢复将从根本上改变群落的更新机制及其生态系统功能的发挥(Suding et al. 2008)。当前许多研究已经运用大量功能性状数据库来研究环境梯度上植物生态策略变化以及小尺度上的物种共存机制(Westoby et al. 2006)。同时理论研究也意识到,植物功能性状不仅受自身基因型的控制,同时生存环境也能够对植物功能性状产生影响。由于生态位保守性的存在,植物功能性状在不同环境梯度上的变化也是植物系统发育影响的结果。

植物整体性状(如生活型、植株高度等)通常能够综合反映植物利用空间和资源的能力以及对周围环境适应的能力,因而是生态学研究中使用最多的功能性状指标。植物叶片是植物光合作用的最主要场所,叶片的功能性状能够很好地表征养分循环、生产力等生态系统功能特征(Wright et al. 2004a)。除叶片性状外,木材密度和种子大小通常与其群落演替地位和更新生态位相关,因而能够有效地反映生态系统的环境现状和干扰历史。Bunker 等(2005)模拟热带雨林物种灭绝对生态系统的影响后发现,木材密度高的物种消失后将会减少 70% 的碳储量。

1.4.2　群落组配理论

群落组配指的是群落物种多样性的形成和维持(Chesson 2000a)。通常认为,群落物种共存机制既与长时间尺度上物种进化和灭绝速率及拓殖(colonization)过程有关(Chesson 2000b),也与群落内过程有关(MacAuthur et al. 1967;Wills et al. 2006)。

群落内的物种共存指区域种库物种经过多层环境过滤(environmental filter)和生物作用(biotic interaction)被选入局域群落的过程(Diamond 1975),其非生物作用和生物作用被认为是群落组配机制(community assembly rule)(Weiher and Keddy 1999a)。通常认为,热带森林中多个生态过程同时作用于群落组配过程(Fangliang et al. 1997)。生态学家根据经验观察和理论模型,提出许多解释物种共存机制的假设或理论,如生态位理论、促进作用(facilitation)、负密度制约假说、环境筛作用和中性理论等。本书就此进行综述。

1. 生态位理论

竞争排除原理(competition exclusion hypothesis)是生态位理论核心内容,强调共存物种由于竞争作用而产生生态位分化(Gause 1934)。例如,温带草地植物对地下土壤营养的竞争及干旱环境中植物对水分的竞争使不同物种根系分布于不同深度土壤(Mamolos et al. 1995);森林植物中冠层树种和耐阴树种对到达地上光照的利用分化使得不同物种在同一群落共存(Kobe 1999);近来研究发现,热带森林植物在小尺度地形梯度上存在生态位分化,从而解释群落 α 多样性格局(Palmiotto et al. 2004)。竞争在群落中的作用可以归纳为两种截然不同的观点:一种观点认为,植物在资源丰富的环境中对光和空间有很强的竞争,而在资源贫乏的环境中对水分和土壤营养有很强的竞争(Tilman 1982,1987)。这种观点假定竞争在群落中的角色相同,与群落生产力无关,但竞争的机制会发生变化。另一种观点认为,竞争作用是资源丰富群落组配的主要因素,竞争作用随群落资源的减少而减小(Grime 1977)。近年的研究证明,竞争作用强度不随土壤肥力变化(Gaucherand et al. 2006),或随土壤肥力增大而减小。竞争作用强度与生境资源的相关程度可能取决于研究假设、资源梯度类型及研究者使用的方法(Goldberg et al. 1999)。

围绕生态位理论,很多学者提出了一些模型和假说来解释物种共存现象。例如 Lotka-Volterra 模型认为,如果物种的种内竞争比种间竞争大,则两物种能稳定共存。资源比率假说(resource ratio hypothesis)认为,特定地点中两种有限资源比率决定该地区种库中一对物种共存,如果资源比率在空间上有差异,则在没有物种扩散情况下,多对物种在不同地点共存(Tilman 1982);微生物介导假说(Alonso et al. 2006)进一步认为,植物对营养资源需求特化,与植物共生的地下土壤微生物能促进植物对不同资源的利用,促进营养生态位分化,从而使不同物种共存;竞争–拓殖平衡假说(competition-colonization tradeoff hypothesis)认为,如果物种间竞争能力不对称,且群落内物种种间竞争能力和拓殖能力负相关时,不同物种能稳定共存;更新生态位假说(regeneration niche hypothesis)认为,由于物种生活史对策差异,不同物种在种子生产、传播和萌发时期所需条件不同,当物种营养体竞争不利时,可以通过有利的繁殖更新条件进行补偿,因此不同物种的竞争优势表现在不同生活史周期上,促使物种间共存(Grubb 1977)。由于群落环境年际变化及物种幼苗补充对环境需求的差异,群落物种生态位分化表现出贮存效应(storage effect),即当植物遭遇不利生长更新的气候时,多年生植物通过种库、芽库、幼苗和长寿命的成年体等方式贮存其繁殖潜力,在有利环境中继续生长繁殖,以实现稳定共存。

2. 物种间促进作用

与竞争作用不同,在胁迫环境中物种间存在促进作用。该理论认为,物种不能够互相独立地分布,某个物种的存在、存活、生长和繁殖离不开邻近个体(Callaway 2007)。其原因可能是该物种的邻近个体改善了其周围的非生物和生物条件,从而更加有利于其他物种生存(Bertness and Callaway 1994)。这种正相互作用对物种更新(Bertness1989)、分布(Choler et al. 2001;Holmgren and Scheffer 2010)、群落多样性(Hunter and Aarssen 1988)、结构及动态(Pugnaire et al. 1996)都有重要作用。

物种间促进作用在群落组配中的相对重要性随非生物环境胁迫(如低温、干旱、大风、干扰和营养缺乏等)的增强而增强(Michalet 2006),而随之种间竞争作用将减小,并形成了胁迫–梯度假说(the stress-gradient hypothesis)(Bertness and Callaway 1994)。大量研究证明了种间正相互作用的存在(Hunter and Aarssen 1988;Bertness and Callaway 1994):Choler 等(2001)在阿尔卑斯山脉西南部的亚高山植物群落开展邻近个体移除实验发现,高海拔群落的植物数量和分布受邻近个体的促进作用;从低海拔到高海拔随环境梯度变化,物种分布的变化依次受物种间负相互作用和正相互作用影响。Maestre 等（2009）利用土壤地衣群落所有物种的出现－未出现矩阵,比较物种共有度指数观测值和零假设模型的预期值后认为,地衣群落中物种间存在促进作用,且与非生物环境胁迫类型及研究尺度有关。近来发现,物种间促进作用在相对温和的胁迫环境中最强（Holmgren and Scheffer 2010）。

3. 负密度制约假说

负密度制约假说（negative density-dependent hypothesis）指由于资源竞争、有害生物（病原微生物、食草动物）侵害和化感作用等导致同种个体间相互损害,从而为其他物种生存提供空间和资源,促进物种共存（Janzen 1970）。负密度制约被认为与生态位理论不同,作用于不同物种或物种不同的生活史阶段（Fangliang et al. 1997）。

有害生物对植物体的侵害及生物间对资源的竞争作用都能导致负密度制约效应发生。前者指某一营养级（食草动物和病原体生物）对另一营养级（植物）的取食,种群密度高的个体易受到损害。例如,Li 等（2009）发现,土壤灭菌与否显著影响软荚红豆种子萌发率和幼苗死亡率,灭菌土壤里的种子萌发率较高,死亡率较低;但远离母体的土壤里幼苗死亡率和成活率不受土壤是否灭菌处理的影响;因而昆虫和病原微生物对植物体影响符合负密度制约假说。后者指同一营养级间竞争资源,导致个体间相互损害。例如,Hubbell 等（2001）认为,喜阳树种和耐阴树种都与同种邻体密度负相关,但喜阳树种对同种邻体敏感度高于耐阴树种,且在同样光资源下,喜阳树种的个体死亡率高于耐阴树种。

4. 中性理论

群落中性理论由 Hubbell 等(2001)提出,用来解释群落组配。由于它忽视了"生物性状的适应性分化"的思想,因而被认为与生态位理论对立（Leigh et al. 2004）。群落中性理论基于个体水平的生态等价性和群落饱和性假设,认为群落动态实际是在随机作用下个体的随机生态漂变过程（Hubbell 2001）;由此推测,群落物种多度分布符合零和多项式分布（zero-sum multinomial distribution）及扩散限制对群落结构有决定性作用。

群落中性理论的验证主要集中在中性理论物种等价性假设、零和多项的物种多度分布预测和扩散限制等三个方面。首先,中性理论假设,群落所有个体生态功能等价。但许多研究表明,群落各物种间存在明显差异,对环境的响应也不相同,群落结构和功能与物种的属性密切相关（Tilman 2004;Kraft et al. 2008）;其次,中性理论预测,群落多度符合零和多项式分布,首次从生物学角度提出物种多度分布模型的解释,在热带雨林中得到普遍验证。例如,Volkov 等（2003）分析巴罗科罗拉多岛（Barro Colorado Island）物种数据后发现,中性理论模型很好地预测该地区群落多度分布格局。但一些学者认为,不同的机制可能导致同种格局,所以模型预测与实际群落格局是否符合可能不是判断群落是否中性的充分条件,而是一种必要条件（Hubbell 2006）。最后,中性理论认为,扩散限制影响群落结构。种子添加实验证明了群落物种多样性格局与扩散限制有关（Tilman et al. 1997a;Foster 2001）;同时扩散限制被认为影响稀有种分布（Mabry et al. 1998）和斑块占有率。

针对中性理论模型中群落个体生态等价假设与实际不符,为了调和生态位理论与中性理论的矛盾,一些学者将生态位理论和中性理论的合理成分整合起来,建立包含随机过程和物种分化的近中性模型(nearly neutral model)(Zhou et al. 2008),通过在模型参数中纳入微小的随机种间差别来放宽中性理论模型假设,使群落中性理论模型更加稳定,这与 Volkov 等(2009)在热带雨林中的研究结果一致。总之,生态位理论和中性理论争论的核心问题是生态位分化和随机作用在群落组配和生物多样性维持中的相对贡献问题(牛克昌等 2009)。

5. 环境作用

环境除了通过给生物提供不同数量和质量的资源而影响其生态位、促进群落物种共存外,还可以影响群落生态学过程。它作为环境筛影响生物生理和形态结构,从而影响群落植物的分布。当环境发生变化时,群落物种共存的生态学过程可能会发生变化,例如,Callaway 等(2002)发现,在大尺度的环境梯度下,植物在较冷环境中主要表现为正相互作用,而在较温暖环境中竞争作用逐渐增强。一些环境因子(如温度、水分和土壤磷等)充当环境筛(environmental filtering),对植物生理过程和形态结构有过滤作用,从而影响群落物种组成和生态过程。环境筛(如温度胁迫、干旱等)能选择具有相似竞争能力的物种,物种趋同适应的结果使不同物种具有相似的功能性状(Cornwell et al. 2006;Engelbrecht et al. 2007)。Díaz 等(1999)认为,在区域尺度上,温度筛对高海拔群落组配起关键作用,而水分筛对低海拔群落组配起关键作用。Long 等(2011)研究热带云雾林环境和比叶面积、物种高度关系后发现,温度和土壤磷通过影响热带云雾林物种比叶面积和高度,从而影响群落结构和物种组配。环境筛作用通常在较大尺度上表现出来(Weiher et al. 1995)。

1.4.3 群落组配研究方法

1. 基于物种多样性数据研究

群落组配过程主要基于物种数据,如个体多度、物种存在与否及物种丰富度数据(McGill 2003),通过直接实验和间接零假设模型验证其在生物群落中的有效性。控制实验应用对照方法,能直接有效地揭示实验目的。例如,竞争作用随环境资源梯度的变化研究主要是利用短期的控制实验,这种实验控制了其他因素(如食草作用、扩散及土壤条件)的影响(Bonser et al. 1995),直接揭示竞争作用随生境梯度的变化。物种间促进作用、负密度制约假说等都通过控制实验证明其存在(Choler et al. 2001)。控制实验局限性在于研究对象仅局限于少数物种对,且不能反映长时期进化的自然群落中的类似规律(Keddy 2007)。

零假设模型(null model)的应用能间接推断自然群落中各种生态学过程,它被设计反映研究者所预设的生态学过程:某些数据特征被保留,而研究者感兴趣的数据特征被随机抽样用来构建预设的生态学过程(Gotelli and Graves 1996)。零假设模型引入了随机效应,可以用来探究自然群落中各种可能的组配规则。例如,点格局分析是植物群落中常用的空间格局分析方法(张金屯 1998),可以间接推断群落生态过程存在。根据研究者的生物学问题,点格局分析往往需要构建零假设模型(如完全空间随机模型,complete spatial randomness model),根据零假设模型进行多次蒙特卡罗模拟构建包迹线(Monte Carlo envelope),以此来检验所研究的生态学过程在特定空间尺度的显著意义。点格局分析已经成功地证明了植物群落中的负密度制约假说(He and Duncan. 2000)、生境异质性(Harms et al. 2001)和竞争作用(Getzin et al. 2006)等。物种共有度格局分析利用物种出现-未出现或多度矩阵,比较物种共有频度的观测值与预期值差异,检测物种间非随机作用过程(Schluter 1984;Zhang et al. 2009a;Bowker et al. 2010)。例如,Gotelli 和 McCabe(2002)对已发表的 96 个物种分布数据综合分析发现,非随机物种分离普遍存在于自然群落中;Adams (2007)分析了 4 540 个不同地理区域的 45 个物种共有度格局发现,非随机共有度格局存在于区域和大陆尺度,从而证明种间竞争是群落结构形成的重要过程。

2. 基于功能性状数据的研究

近来,生态学家根据功能性状来研究群落组配机制(Ackerly et al. 2007;Webb et al. 2010),并被认为可以用来重建群落生态学基础(McGill et al. 2006b)。根据功能性状在不同组织水平的变化、功能性状与环境相关性及零假设模型来分析群落物种共存的原因。在长期的进化中,不同物种在群落垂直空间和水平空间上的生活型、生长速率、资源获取和繁殖等生态策略和生活史都表现出差异,从而使不同物种间避免竞争,促进了物种共存(Grime 2006;Cornwell and Ackerly 2009)。环境筛过程作用于物种间性状大小(Stubbs et al. 2004),本地群落中物种组成往往由环境筛作用于功能性状,使物种性状值符合群落性状值(Weiher et al. 1995)。近来的比较研究发现,性状的种内变化与种间变化大小相当(Messier et al. 2010)。种内变化使性状可塑性变化,使物种能根据环境异质性调整自身性能(Albert et al. 2010),而且能使物种避免被环境筛排除,促进群落物种共存(Jung et al. 2010)。零假设模型分析是在功能性状有保守性的情况下,利用观测的性状分布与随机的性状分布差异分析来判断物种的趋同适应或趋异适应(Stubbs et al. 2004)。近 20 年的研究表明,森林、湿地、草地和灌丛群落物种功能性状表现为趋异或趋同性,即物种共存是生态位分化结果(Weiher et al. 1995,1998),但植物功能性状格局和它们的权衡(trade-off)对尺度有依赖性(Cornwell and Ackerly 2009)。

1.5 热带林主要植被类型生态学研究概述

热带林具有独特的与其他森林类型差异明显的外貌和结构特征(Rai et al. 1986)。在全球气候变化和生物多样性不断减少的背景下,热带林是科学家和社会各界最为关心的植被类型之一。在陆地上,热带林的生物多样性最高,生态功能也最为强大,在维护地球生态平衡中具有至关重要的作用,常被比喻为"地球之肺"和"地球物种的博物馆"。据估计,占地球覆盖面积 7% 的热带雨林中生存着地球上 50% 的物种(Wilson 1992)。但随着人类对资源和土地需求的急剧增加,热带林被大面积采伐、火烧或者转为农业用地(Whitmore 1998;Cochrane 2003),导致生物多样性的大量丧失,同时产生严重的洪涝和干旱,增加了物种灭绝和外来种入侵的速率。当今科学界、政府部门和全社会共同关注的焦点问题之一就是如何有效恢复和保护现有森林及其生物多样性。

热带林是生物多样性高的陆地生态系统(Myers 2000),是验证物种多样性维持机制的理想选择。热带林多样性维持机制研究主要依托哥斯达黎加的(Costa Rica)、巴拿马的 Barro Colorado

Island(BCI)、印度的 Mudumalai、马来西亚的 Pasoh 和 Lambir、泰国的 Huai Kha Khaeng 和斯里兰卡的 Sinharaja 等热带林大样地(Condit et al. 1995),研究 Janzen-Connell 假说、密度依赖、植物个体空间格局等过程。例如,Condit 等(1995)通过验证 Janzen-Connell 假说发现,BCI 样地 80 多个物种中,少数物种更新受负密度制约影响,多数物种更新不支持 Janzen-Connell 假说。Condit 等(2000a)研究不同样地所有 ≥ 1 cm 以上物种的空间分布格局发现,由于扩散限制作用,多数树种呈聚集分布;由于食草动物和植物病虫害影响,径级较大树种的聚集度较弱。Volkov 等(2003)分析 BCI 群落多度分布格局后认为,物种共存是随机过程起作用。Kraft 等(2008)应用零假设模型分析亚马孙雨林 1 100 多个树种功能性状变化格局发现,热带树种的多样性维持源于共存物种的生态策略分化:生态策略趋同的物种受地形环境筛控制,而生态策略趋异的物种受竞争作用或密度制约过程控制。目前这些研究只是局限于低海拔的热带雨林,也局限于局部地区,其研究结论是否具有普遍意义仍需更多证据。另外,把基于物种数据和基于功能性状数据的两种研究方法结合起来,分析群落组配规律,能够相互印证,从而使研究更有说服力。

1.5.1 热带林物种多样性的时空变化规律研究

环境梯度(包括海拔、纬度和限制性资源等)如何导致物种多样性的变化一直是生物多样性研究的一个重要内容(贺金生等 1997;Rowe et al. 2009),主要是由于物种自身的生物学特性和所处环境的综合作用而形成的。常见的物种多样性的环境梯度分布包括:纬度梯度、海拔梯度、土壤养分梯度、水分梯度等。

对物种多样性的纬度梯度的观察已经存在有 200 多年的时间了,该格局主要是通过区域范围的取样来研究的。一些研究学者认为,多样性的纬度梯度是地球上最主要的多样性分布格局,可以用两种假说来解释其形成机制:时间和面积假说、分化速率假说(Mittelbach et al. 2007)。而另一些学者以热带东太平洋地区的特有海滨鱼类为研究对象发现,中度效应、能量供给、环境及生境变异可以用来预测物种多样性的纬度梯度(Mora et al. 2005)。

其次探讨比较多的是海拔梯度如何影响物种的分布并最终导致物种多样性的形成和维持(Lomolino 2001a;Grytnes and Beaman 2006;Kluge et al. 2006;Rowe et al. 2009)。不仅因为海拔梯度比较常见和容易测量,更重要的是因为海拔梯度综合反映了温度、湿度和光照等多种环境因子的变化(唐志尧和方精云 2004;朱源等 2008)。以往的研究揭示了 5 种常见的物种多样性沿海拔梯度的分布格局:① 植物群落物种多样性与海拔高度负相关;② 植物群落物种多样性在中等海拔高度最大(或称为"中间高度膨胀");③ 植物群落物种多样性在中等海拔高度较低;④ 植物群落物种多样性与海拔高度正相关;⑤ 植物群落物种多样性与海拔高度无关(贺金生等 1997)。其中前两种分布格局占据绝对优势(Rahbek 2005;Rowe et al. 2009;Baniya et al. 2010)。

另一个指标是土壤的养分梯度。土壤是植物生存的基质,同样也与物种多样性的形成紧密相关(De Deyn et al. 2004;Firn et al. 2007)。主要有两种结论:① 土壤的养分水平与植物群落物种多样性之间存在着显著的相关关系(Paoli et al. 2006);② 植物群落高的物种多样性出现在土壤养分梯度的中间位置,即土壤养分水平对植物群落生物多样性水平作用不大(Aerts et al. 2003)。而且有研究表明,不同生长时期的物种对土壤养分的需求存在差异(Vargas-Rodriguez et al. 2005)。这些都与物种最终是否能够良好地生长和发育,并在群落中占据一定的空间紧密相关。更重要的是,物种多样性的养分梯度经常是和生态位分化理论关联在一起的(Paoli et al. 2006)。

另外还有水分梯度,也会显著影响到物种多样性空间分布格局的形成(Knapp et al. 2002),两者间主要有6种关系存在(贺金生等 1997):① 植物物种多样性与年降雨量显著正相关;② 植物物种多样性与年降雨量不存在相关关系;③ 水分梯度中间位置物种多样性高;④ 湿度大物种多样性高,但不存在明显相关关系;⑤ 最干燥坡向,物种多样性高;⑥ 不受周期性干旱和周期性水淹的中间地带,物种多样性高。

但是实际上许多研究都表明,不只是单一环境因素决定了物种多样性的空间分布和动态规律,通常是各个因素交叉在一起相互作用。例如,在婆罗洲龙脑香林对土壤养分和 β 多样性的研究认为,生态位分化和扩散介导的过程同时对物种多样性的形成产生影响(Paoli et al. 2006)。在巴西,山地破碎化森林片断的物种多样性的形成是由于环境的异质性或人为的干扰导致,在破碎化的森林片断中,随着土壤化学性质变化和地形异质性的升高,物种多样性也随之增加(Pereira et al. 2007)。这就是一个综合的作用,而不单单是人为干扰的作用。而且物种丰富度、生物量、物种多样性与生境异质性的相关性可能在不同时间规模上不完全一致,或有可能依赖于不同的分类学水平(科、属或种)(González-Megías et al. 2007)。同时,即使物种多样性和空间环境异质性相关,也有可能与土地的利用历史有关联(Dufour et al. 2006)。

除了环境因素外,干扰也是影响热带林物种多样性的主要因素。干扰是热带地区广泛存在的事件,而且在不同空间和时间尺度上影响着热带林的物种组成和群落结构。干扰方式主要包括两大类:自然干扰和人为干扰。自然干扰主要指台风和倒木产生林隙导致的干扰,人为干扰主要指森林采伐和刀耕火种产生的干扰。

台风暴雨是极端的气候因素,在我国东南沿海频繁发生(仝川等 2007;许涵等 2008),也是影响尖峰岭森林生态系统的一种主要的自然干扰方式。台风暴雨对森林群落的直接影响表现为对森林群落造成机械损伤,影响群落内的物种组成和结构、水分、凋落物及土壤的养分循环过程和生态系统的稳定性(Everham 1995;Ennos 1997;Zhu et al. 2004;赵晓飞等 2004)。李意德等(1998b)的研究表明,台风对尖峰岭热带林木造成的损害大体可分为直接和间接两种,直接危害是指风吹倒、吹断或吹斜林木,或吹断大的树枝;间接危害是直接受害的林木压断、压倒而形成的。台风暴雨也使植物种子有可能实现长距离迁徙,在远离母株的地方定居和繁殖(Nathan 2006)。例如,暴雨也使森林中地表径流和河流流速在短时间内显著增加,携带植物种子传播更远的距离(Ikeda et al. 2001;Boedeltje et al. 2003)。当然,台风暴雨带来的植物种子的长距离传播过程带有很强的随机(偶然)性(Nathan 2006),最后可能只有少量的种子能成功实现传播、定居并长成植株。

森林采伐后物种多样性如何变化也一直是恢复生态学研究的热点,特别是在当前世界热带森林以每年 0.6%~2.0% 的速率在不断消失,甚至该速率也不完全确定(Myers 1992;Grainger 2008)。这是因为各式各样的人类活动和需求(例如为了木材及农业用地的需求)使得大量采伐森林(Koenig 2008),导致许多物种处于濒危的状态并且不得不面对灭绝的压力(Hubbell et al. 2008;St-Laurent et al. 2009)。森林采伐,例如,径级择伐或是皆伐,均可能直接导致物种的灭绝(Pimm et al. 2000),改变物种的丰富度及其空间组成和分布格局(Chapin III et al. 2000;Gerwing et al. 2002;Cleary et al. 2005),对森林的保护产生重大的影响。许多研究都认为,皆伐会严重降低物种多样性,但对于径级择伐是否会降低物种多样性的观点并不一致。许多研究认为,径级择伐会降低物种多样性(Chapin III et al. 2000;Pimm et al. 2000;Brown et al. 2004b;Dumbrell et al. 2008;Gardner et al. 2008);少数研究认为,径级择伐对物种多样性没有影响(Verburg et al. 2003)或导致物种多样性升高(Cannon et al. 1998;Berry et al. 2008)。有些研究表明,这种物种多样性的变化与森林群落的演替时期物种的适应性生长有关(Tramer 1975;Westman 1981)。从另一个方面来说,这种不确定性,是由于取样数量不足,或是取样没有充分覆盖异质的地理区域,或是没有考虑森林在不同生长时间序列的差异。因为从长时间序列或景观格局上进行大规模的调查不仅费时也费力。这种不充分的取样就可能导致不同结论的产生,并引出不同的生态学解释。

刀耕火种,或称为游耕,是在世界热带地区广泛采用的一种原始耕作措施,是造成热带森林急剧减少的重要原因之一。蒋有绪和卢俊培(1991)的统计结果表明,全海南岛因游耕毁林达 1.4×10^5 hm^2;在过去的历史时期里,该措施在尖峰岭地区的低海拔丘陵地区也广泛实施,显著影响到热带森林的可持续发展。目前所见的不少旱生性次生林和灌丛草坡,大都与长期反复游耕有关。游耕后小气候(光照、气温、土壤温度和空气湿度)均发生显著变化,造成严重的水土流失及地力衰退(物质循环量减少,土壤水文性能劣化,土壤肥力减退),使森林及其所在环境的生态弹性减弱。

而且,热带森林在采伐后能否得以恢复,需要多久时间才能恢复,也一直存在争议。一些学者认为,热带森林在受破坏后是很难恢复的,要恢复需要辅以人工促进措施(任海等 2006)。但也有学者认为,受损的森林可以通过演替最终恢复物种多样性并获得与未受干扰区域相似的物种组成和结构(Jacquemyn et al. 2001;Brown et al. 2004b)。但大部分研究都认为,森林的恢复需要较长的时间,不可能像蜥蜴(Schoener et al. 2001)或是甲虫(Quintero et al. 2005)一样在受干扰后迅速地自然恢复。通常认为需要几个世纪(Hermy et al. 1999),甚至有学者认为需要超过 800 年的时间(Peterken 1977),受损森林才能完全恢复到原初生境的状况。在海南尖峰岭地区的研究表明,森林土壤的恢复需要 50 年左右的时间,但并不是说森林能完全恢复到和原始林相同或相似的状态。毕竟人类的干扰活动相对于物种的进化或是森林的演替时间来说仍然是一个近期的现象,人类活动导致生境破碎化而产生的后果可能仍然没能完全显现出来(Ewers et al. 2006)。大部分现有的研究表现出来的仍然只是物种对于生境破碎化的短期至中期的反映(Watson 2003)。

1.5.2 热带低地雨林次生演替过程研究

次生演替研究最有效的方法是直接分析群落结构和组成遵循时间的推移而发生的变化。然而,在热带森林研究中,对植被结构和组成随时间变化的连续监测时间一般都不超过 20 年(Chazdon et al. 2007)。因此,我们所了解的演替过程几乎全部来自年龄系列的研究(Pickett et al. 1987;Guariguata et al. 2001;Chazdon 2008a)。以空间代替时间(space-for-time substitution)使研究者能够在更大的时间尺度上对演替群落进行检验,并且能够对潜在的年际气候变化引起的时间系列(time-series)混淆进行修正(Foster et al. 2000)。然而,空间代替时间的方法通常引起不真实的假设,如样地都具有相似的环境条件、干扰历史和种子供应等,同时这些影响因素随时间推移都保持不变(Chazdon 2008a)。此外,为了减少非生物作用的影响,研究者往往在选择研究样点时增加主观因素，挑选相对容易获取和符合预期设想的植被演替发展模型的样地，从而增加了取样偏差。因此，如何确保年龄系列研究结果的严谨性和准确性，合理地进行研究取样是演替理论研究必须重点考虑的问题（Chazdon 2008a）。在理想的情况下，年龄系列研究必须基于一系列由客观标准（如土壤利用记录、土壤类型等）选择的不同年龄的重复样方，并且在相同研究区域内应当具有相似类型的老龄林与之进行比较。

植物群落的恢复是以物种组成和群落结构的变化为主要表征的（龚直文等 2009），物种多样性会随群落的演替或恢复过程而发生相应的变化（Zhu et al. 2009a）。同样，物种多样性的变化也会影响群落恢复的方向与进程（van Breugel et al. 2006）。Connell（1978）提出的"中度干扰假说"认为，次生林群落在恢复的中间阶段要比老龄林阶段具有更高的物种多样性，因为次生林中既包含早期的先锋物种，也包含老龄林中的耐阴物种。在日本中部 Kiyosumi 山暖温带地区的研究也发现，火山爆发后由原生演替而来的中间恢复阶段的群落有最高的物种多样性（Ozaki et al. 1995）。同样，生长在亚热带气候条件下的次生恢复群落，其物种多样性也随恢复时间的增加呈现先变大后减小的趋势（郭全邦等 1999）。这些研究都支持了"中度干扰假说"。

群落恢复实质上是由一个群落取代另一个群落的动态过程。以种子特征、幼苗更新特性和物种特性（如耐阴能力）等指标来划分功能群是研究热带林恢复动态过程常采用的方式（Chazdon et al. 2010）。不同功能群随恢复时间的替换规律决定了恢复的方向。在热带林群落恢复初期，喜光的短寿命先锋种占据绝对优势；随着恢复的进行，林冠层由喜光的非先锋物种所控制；随着林冠层的进一步郁闭，在群落中建立起来的耐阴种逐渐代替了喜光种（Chinea 2002）。有研究表明，在热带林中，随着干扰后恢复时间的增加，先锋物种丰富度显著减小，而耐阴物种丰富度则显著增加（Connell et al. 2000；丁易等 2011b）。例如，在亚马孙热带林中，在刀耕火种弃耕地恢复一年后的植被中，物种组成以草本为主，但是随后阳性物种的建立使得恢复群落进入木本植物阶段（Michalski et al. 2007）。在南亚热带地区，干扰后热带林恢复的进展是以喜光先锋种群的进入和定居开始的，这些先锋种在荒地上生长迅速，但成林后结构简单，冠层开阔度大，使得林内高温低湿。不过它们的生长为后面进入群落的树种提供了较好的生长环境，使得林分逐渐郁闭，结果先锋种群不能自然更新而消亡，但耐阴种群如厚壳桂（*Cryptocarya chinensis*）等却有了合适的生境而发展起来，群落更为复杂（彭少麟等 2003）。

1.5.3　热带林幼苗更新动态研究

在热带林中，幼苗库是生态系统的一个重要组成部分，它们在群落演替和物种多样性的维持过程中发挥着重要作用（Swamy et al. 2011）。尽管幼苗在森林中利用的资源和占据的空间较少，但是幼苗更新格局能够决定未来的物种组成和群落结构（Connell et al. 2000；Teegalapalli et al. 2010）。热带林树木的幼苗阶段通常持续较长的时间，因而幼苗的生长和组成的变化能够显著地影响群落树木更新和生长（Comita et al. 2009）。幼苗增补在种群的建立和动态过程中是一个重要的环节（Wagenius et al. 2012）。关于热带林的增补动态已经有了很多研究，主要集中在种子扩散限制和"安全生境"限制方面。例如，Condit 等（1992）通过研究发现，由于种子扩散范围有限以及母树附近生境良好，使得母树周边有更多的幼苗更新。

然而，热带林增补、更新动态不仅受到种子扩散影响，也受到幼苗建立后存活、死亡动态的影响(Uriarte et al. 2005)。植物从种子成长为林冠层的大树一般要经历好几个阶段,种子传播到一定的生境萌发成为幼苗后,常常在林下形成幼苗库。幼苗库是许多树种保证到达幼树或大树阶段的一个缓冲机制,在幼苗补充为幼树或大树的过程中具有重要的"保险"作用(陶建平 2003;Laskurain et al. 2004;Comita et al. 2009)。在植物的生活史中,至少可以划分为幼苗、幼树、大树等几个阶段,其中大树的种群大小和空间格局等特性在很大程度上都依赖于前面两个阶段(Dalling et al. 2001;Swamy et al. 2011)。植物的幼苗、幼树阶段是植物生活史中非常重要的两个环节,是生死变化动态最大的阶段,这些幼苗和幼树构成了植物群落内的潜在种群,对于植物群落的更新、结构和动态具有重要的影响。对于群落内的幼苗、幼树增补动态的研究,具有非常重要的理论意义(Harper 1977)。幼苗库是与植物种群和森林群落更新动态联系非常紧密的过程,将幼苗库和群落联系起来进行综合研究,将成为群落更新动态和植物潜在种群动态研究的一个重要方向。也只有将幼苗、幼树和大树群落联系起来进行综合分析和系统研究,才有可能较为全面地认识森林群落和植物种群的动态变化过程。

影响幼苗更新的因素很多,包括生物因子(如动物啃食、菌类感染等)和非生物因子(如光照、水分等)。环境异质性决定了幼苗的建立和生长,幼苗的存在与否,不仅依赖于母树提供的有效种子(available seed),一个适宜的环境对幼苗的成功建立是相当重要的(Harper 1977)。光照和水分是影响幼苗更新的关键因子,对低光、干旱环境的适应能力是幼苗生长和存活的决定性因素,光照和水分作为环境筛能够影响热带林群落物种组成和未来发展方向(Toledo et al. 2011a)。在不同的刀耕火种弃耕地恢复阶段,光照和水分一直被认为是决定物种间相互替代的主要因素(Bazzaz 1979),尤其是次生林在发展成为顶级群落的恢复过程中。一般来说,在早期的恢复阶段,幼苗生活在光照充足、土壤水分贫乏的环境中;随着演替的进展,林冠形成郁闭的群落,林下的幼苗生活在光照不足、阴湿的环境中(Lebrija-Trejos et al. 2011)。某一物种是否能在群落中生存、生长和发育取决于其幼苗是否能适应不同恢复阶段的环境。

光照的变化能引起林地微环境的温度、湿度变化,光照条件的改变会影响幼苗生长。更新幼苗的存活和生长需要有较好的光照条件,即使肥沃的土壤条件也无助于改善郁闭林冠下幼苗的定居(Osunkoya 1996)。因此,光照是幼苗更新过程中重要的环境因素,是决定物种生长、发育和完成正常更新过程的关键(Lusk et al. 2009)。在生境条件较好的热带湿润地区,光照是林下幼苗生长的最主要的限制性因子(Poorter 2001),林下幼苗的生长存活主要依赖光照强度的增加。

与此同时,来自邻近植物根系的地下竞争也对植物幼苗的存活和生长产生重要影响(Casper et al. 1997;Finér et al. 2011)。地上光环境的改变能够影响幼苗碳的固定,而地下对水分、养分和空间的竞争影响幼苗的生长和存活过程(Barberis et al. 2005)。在土壤贫瘠的环境下,土壤水分和养分对幼苗生长和存活的影响可能比光的作用更大(Coomes et al. 2000)。野外控制实验研究表明,在土壤养分和水分缺乏的热带地区,通过挖沟处理减少地下竞争能够显著提高幼苗的相对生长速度(Barberis et al. 2005)。然而,在生境条件较好的热带湿润地区,减少地下竞争对幼苗生长没有显著影响(Ostertag 1998)。因此,地下竞争对幼苗的影响并非绝对的,而是与幼苗生长的外界条件相关。

综上所述,幼苗更新是森林演替的一个重要因素,对林下幼苗功能性状及增补动态的研究可以预测该森林演替进行的方向。原有的物种能否在群落中占有优势,或是新物种能否进入该群落进而取代原有物种,关键在于物种的幼苗是否可以在群落中成功建立(Connell et al. 1984)。

因而了解不同恢复阶段的幼苗更新机制将有助于增加我们对群落恢复动态的深入了解。然而目前有关热带林恢复过程中幼苗功能性状及增补动态的研究较少。

1.5.4 热带季雨林生态研究进展

热带林随旱季、雨季的长短变化可分为热带雨林、热带季雨林、热带高草原等。热带季雨林又称季风林，是德国植物地理学家 Schimper 等（1903）于 1903 年提出的。他根据气候条件把热带森林分为热带雨林、热带季雨林、稀树草原和热带旱生林，认为季雨林在旱季，特别是在旱季末期存在一个无叶期，且具有季节性变化的特性（林媚珍等 1996）。热带季雨林这种群落类型，国内外不同的学者使用的名词并不一致。Beard（1955）在研究南美洲北部的特里尼达岛热带森林时，将其称为常绿季节林或半常绿季节雨林。也有学者认为，热带季节性森林包括季风林和其他落叶半落叶林，分布在具有明显旱季的热带气候地区，在旱季期间，大多数的树木落叶（Russell-Smith and Setterfield 2006）。绝大多数国外学者将季雨林称为季节性干旱热带林（Allen et al. 2005），我国学者则普遍采用热带季雨林这一名词来表述（王伯荪等 1997；宋永昌 2001；朱华 2005）。尽管各学者对季雨林使用的名词不一，但通过他们对季雨林的描述不难看出，对季雨林的理解基本上都包含：季雨林是热带森林类型；季雨林分布区的气候是具有旱、湿季节周期性交替的特征；组成季雨林的大多数树木在旱季落叶。

植被在陆地上的分布主要取决于气候条件，特别是热量和水分条件。热带季雨林形成的主要原因就是该地区年降雨量相对较少且季节分配不均。相对于热带雨林区，热带季雨林地区年降雨量明显偏低，且季节性强，降雨主要集中于雨季，在旱季很少或几乎没有降雨，植被水分供应匮乏，导致植被采取相应的适应策略——落叶，形成了热带季雨林植被类型。此外，由于人类不断对热带森林的破坏导致水土流失严重，岩石裸露，森林立地条件急剧恶化，一些喜湿喜肥的热带雨林物种不适应该立地条件而被一些耐旱耐贫瘠的物种所代替，形成另一种植被类型——热带季雨林。因此，有学者认为，季雨林是热带雨林被砍伐和反复破坏后而产生的次生演替类型或干扰偏途顶极。

从地植物学和植物地理学来看，热带季雨林与热带雨林分属于不同的类型。如果说热带雨林是热带高温高湿气候下的产物，那么热带季雨林则是热带高温半湿气候下的产物，即热带干湿交替的季风气候下的产物。归纳起来，热带季雨林有以下基本特征：① 分布地水湿条件差；② 存在热带特有科；③ 具有自己植物属的特点；④ 有自己的标志种，优势度较明显；⑤ 乔木以旱季落叶树种为主；⑥ 植被的季相变化明显；⑦ 乔木树皮粗厚，树干稍弯曲，分枝稍多而低矮；⑧ 乔木层低矮，林冠较整齐，结构较简单。

全球热带季雨林总面积约 1 048 700 km²，主要分布在美洲、欧亚大陆及非洲。其中，南美洲占 54.2%，中、北美洲占 12.5%，非洲占 13.1%，欧亚大陆占 16.4%，澳大利亚和东南亚占 3.8%（Miles et al. 2006）。在南美洲，主要分布在巴西东北部、玻利维亚东南部、巴拉圭和阿根廷北部。其他热带季雨林集中地区有墨西哥的尤卡坦半岛，委内瑞拉和哥伦比亚北部及东南亚中部，包括泰国、越南、老挝和柬埔寨。在大多数热带季雨林分布区内，热带季雨林都呈现分散或斑块状分布。在太平洋沿岸，热带季雨林主要分布在墨西哥，印度和巴基斯坦东部，爪哇岛及澳大利亚北部。在非洲，热带季雨林分布很广，但却没有一处形成大的连续的热带季雨林区，主要分布在两个地区,一处是埃塞俄比亚西部,另一处是苏丹南部、赞比亚、津巴布韦和莫桑比克。同时,在马达加斯加岛和西非(主要是马里)也有零星分布。

我国的热带季雨林主要分布在海南岛、滇南和台湾。海南岛的热带季雨林主要分布在岛西南的三大主要林区,即尖峰岭、霸王岭和吊罗山。由于海南岛最高峰五指山位于海南岛中部,挡住了来自东面的湿润气流,而岛的西南面则与泰国、越南和缅甸接近,受西南季风的直接影响,因此导致该地区有明显的干湿季,旱季长达 5~7 个月,年降雨量约 1 000 mm,为热带季雨林的形成提供了气候条件。海南岛的热带季雨林多分布在低海拔区,人为活动较多,如在霸王岭林区,热带季雨林一般分布在海拔 800 m 以下山坡的中下部,山脊也有少量分布,附近有村庄或有少数民族活动。因此,海南岛的热带季雨林极有可能是热带雨林被破坏或多次干扰后形成的次生演替类型或干扰偏途顶极。云南省的热带季雨林主要分布在云南的西南部和南部,东南部面积小。这是因为越靠近西南部,受西南季风的影响越直接。在东南亚,典型热带季雨林分布于印度、缅甸和泰国,我国云南南部的热带季雨林实际上是泰国、缅甸热带季雨林向北方山地的延伸。因此就热带季雨林的本身类型和性质来说,它属于东南亚典型热带季雨林的北缘山地类型,是处在整个植被分布区的边缘地带。台湾的热带季雨林主要分布在台湾西南部,由台南的龟洞以南延伸到恒春半岛南部一带的低山丘陵。分布地年平均气温为 23~25℃,年降雨量为 1 500~2 000 mm,但降雨季节分配不均,冬春干旱,有明显干湿季。我国另一主要的热带林区(闽粤桂地区)是否有热带季雨林的分布则存在较大的争议。在热带地区,年降雨量的多少及其季节分配决定着森林植被的性质,而热带季雨林应该是受水分条件控制的植被类型,是热带雨林向热带稀树草原过渡的中间类型,而不是热带雨林向亚热带常绿阔叶林过渡的中间类型,因此认为广东地区不存在热带季雨林。

热带季雨林作为和热带雨林并列的一种群落类型,有它自己独特的林分结构。相比于热带雨林,热带季雨林中树种单一,林分高度较低,分层明显,层次较少,一般只有 3~5 层。尽管水分缺乏,但热带季雨林中林分密度相对较大,多干树(multipie-stemmed)所占比例较高(Murphy and Wilcox 1986),树干基部面积较小。此外,不同的地方由于气候、土壤、生物地理学及干扰历史的不同,热带季雨林结构存在较大的地区差异。蒋有绪等(1991)研究了我国海南岛尖峰岭半落叶和常绿热带季雨林的植被组成发现,在半落叶热带季雨林中,种类较多的科是大戟科(Euphorbiaceae)(13.5%)、茜草科(Rubiaceae)(5.4%)、蝶形花科(Papilionaceae)(5.4%)、桑科(Moraceae)(4.1%)、无患子科(Sapindaceae)(4.1%)和番荔枝科(Annonaceae)(4.1%),它们均属热带科属,落叶成分的种类有海南榄仁、厚皮树、木棉(*Bombax malabaricum*)、白格(*Albizia procera*)和黑格(*Albizia odoratissima*)等;而在常绿热带季雨林中,则以樟科(Lauraceae)(12.0%)、大戟科(7.2%)、番荔枝科(6.0%)和桃金娘科(Myrtaceae)(6.0%)等为主。热带季雨林林分高度偏低,在牙买加、波多黎各、哥斯达黎加和墨西哥等国林地的林冠层高度由干扰较重林分的 2 m 到成熟林的 40 m 不等(Bullock et al. 1995)。物种丰富度由于不同地区不同学者所选取的样地面积不同而无法比较,但相对热带雨林来说是较低的。物种的分布一般呈聚集或随机分布(Hubbell 1979)。热带季雨林这种结构特征主要是由气候和环境条件决定的。热带季雨林分布地区一般降雨量较少,且分配不均,主要集中在雨季,在旱季很少或几乎没有降雨。同时,热带季雨林分布区一般土层较薄,岩石裸露程度高,土壤养分供应困难,因此导致林分生长受到一定限制。而热带季雨林的多干树现象则主要是由飓风引起的(Walker et al. 1999)。

　　众所周知,热带林的多样性要比温带林高得多,但在热带林中,不同群落类型之间的多样性也存在一定的差别。一般来说,热带季雨林的多样性低于热带雨林。在新热带地区典型的低地季雨林中,0.1 hm²面积中胸径大于 2.5 cm 的物种数在 50~70 种,而在热带雨林中则有 200~250种。热带雨林中,乔木和藤本物种数一般是热带季雨林中的 2 倍。不同的季雨林其多样性也有一定的差别,原因是生物地理学及环境条件上的差异,例如在墨西哥西部热带季雨林的多样性就高于墨西哥其他地区,在相同面积上物种数之比为 94.3∶67(Bullock et al. 1995)。季雨林中物种丰富度和降雨量及季节性变化高度相关(Davidar et al. 2005)。

　　森林是处于不断运动和变化中的,森林通过天然更新来维持其存在。天然更新的很重要的一种方式就是通过植物种子来繁殖。在热带季雨林中,不同传播方式的物种种子成熟时间不同。靠动物传播的种子一般在雨季成熟,而靠风和重力传播的种子一般在旱季成熟,并且靠风传播种子的物种在林冠层物种中所占比例较大,例如在玻利维亚占 63%,在巴西中部占 45%(Alves et al. 2010)。热带季雨林中种子的这种传播方式是其适应生境的一种体现,风播种子一般传播距离远,且受动物影响小。热带季雨林中种子的另一个特点就是含水量较低,这可以降低干旱对种子的影响,保持较长时间的生活力,一旦出现潮湿环境就可以立即萌发。热带季雨林的土壤种子库中很少有种子存在,因此,靠土壤种子库中的种子实现更新是很困难的,但在旱季末期大量种子成熟保证了种源供给,为林分更新提供了种源的保障。尽管热带季雨林中物种更新需要较大的冠层林隙,但种子的萌发和幼苗的成活在开阔地中还是受到一定的限制。有研究表明,种子的萌发和幼苗的成活主要受水分和光照限制,在较低光照条件下,种子萌发是开阔地的两倍,幼苗成活率可提高到 3~4 倍,但在完全郁闭的条件下,种子的萌发和幼苗的成活率又有所降低(Marod et al. 2004)。热带季雨林中另一种重要的更新途径就是树木的萌生(Russell-Smith and Setterfield 2006)。在受到干扰(如火烧、飓风或采伐)之后,萌生是恢复天然森林最快的途径,因为它不用经历最易受破坏的幼苗阶段,而是从树根直接开始生长(Kennard 2002)。热带季雨林中物种的萌生能力可能与幼苗的较低成活率和树干基部耐腐能力有关(Ewel 1980),也可能是热带季雨林植物对地上部死亡或干旱的一种适应。然而,当森林受到干扰后,其萌生能力有所降低,并随强度、频率和干扰类型的不同而不同(Nepstad et al. 1999)。同时,萌生能力在树种之间也不同,一些树种萌生能力较强,而另一些树种本身萌生能力就很弱或不存在萌生能力。

1.5.5　热带针叶林-阔叶林生态交错区研究

　　热带针叶林-阔叶林生态交错区是热带针叶林与热带阔叶林的生态结构和功能在时间尺度和空间尺度上的分布极限(Lloyd et al. 2000)。由于群落物种在组成和结构上的变化,热带针叶林-阔叶林生态交错区异质性较高。这种在局部区域物种分布的界限,可以解释物种与环境及其他物种的关系,同时相邻两个生态系统的物种之间存在着激烈的竞争,同时也处于一种竞争中的动态平衡(Martin et al. 2011),体现了相邻两个群落在物种组成上的相似性和过渡性(Smith 1997)。

　　由于生态交错区位置的特殊性,研究生态交错区内物种多样性的分布规律、边缘效应与特有种特性形成的机理,有利于探讨生态交错区生境特征的形成机理,从而为维持与保护生态交错区资源植物多样性提供理论依据。在众多生态交错区类型中,研究主要集中在木本植物-非木本植物的生态交错区类型(如林线研究),有关木本植物-木本植物生态交错区(如阔叶林-阔叶林、针叶林-阔叶林生态交错区)的研究较少,而有关热带针叶林-阔叶林生态交错区的研究仅有国外学者 Martin 等(2011)对伊斯帕尼奥拉岛科迪勒拉中央山脉的热带山地雨林垂直地带性分布格局进行的研究。在科迪勒拉中央山脉研究地区,热带针叶树种主要是伊斯帕尼奥拉岛松(*Pinus occidentalis* Swartz),低海拔范围分布着山地阔叶林,随着海拔的升高,依次出现针叶林-阔叶林生态交错区、山地云雾林分布区、单优种针叶林和针叶纯林。针叶树分布在高海拔而山地雨林分布在低海拔的分布格局与气候因子(如温度、湿度等)相关性较大。Martin 认为,高海拔区域低的空气湿度、反复的火干扰和松树的易燃性促进了针叶树向阔叶林的扩散。而在低海拔范围,受到空气湿度较大、附生植物较多及地形因素的影响,发生火灾的频率较少,形成了阔叶林与针叶林的交错区。

我国只有少数学者研究了南亚松林的组成、结构、格局分布及松脂利用。与其他植被类型相比,长期的人为经营活动导致现存的南亚松林缺乏更新幼苗和其他灌木类植物,但草本层发育较好。热带针叶林中也分布有一定数量的附生植物,如蕨类植物抱树莲、华南马尾杉、兰科植物玫瑰毛兰、眼树莲等(刘广福等 2010a)。我国还没有开展热带地区针叶树种与阔叶树种共存机制的研究。研究热带针叶林-阔叶林生态交错区迫在眉睫。

1.5.6　热带云雾林生态学研究进展

热带云雾林是一种重要的热带林植被类型(Bubb et al. 2004)。1993 年在波多黎各(Puerto Rico)举行的热带山地云雾林国际知识研讨会(Tropical Montane Cloud Forests International State-of knowledge Symposium and Workshop)上明确定义了热带云雾林。这种植被类型分布在狭窄的海拔范围内,有持续性或季节性的云雾覆盖,云雾通过减小太阳辐射、水汽挥发和抑制蒸腾作用等影响水汽相互作用;林冠层对雾水的直接截留作用及植被用水量少使林内总降水量明显增加;与低海拔热带湿润森林相比,热带云雾林树木相对矮小,植株密度较大、树冠紧凑,叶子以硬叶为主,叶面积小;附生植物(苔藓、地衣、蕨类植物)生物量高,木材产量低;草本、灌木、乔木和附生植物多样性较高,特有植物较多(Hamilton et al. 1965)。在全球范围内,受 Massenerhebung 效应(Massenerhebung effect)影响(Grubb 1977),各地热带云雾林分布海拔不一致。研究表明,热带云雾林主要分布于热带非洲、美洲和亚洲地区。其中约 59.7% 分布于热带亚洲,印度尼西亚和新巴布几内亚则是亚洲云雾林分布最集中的地区;约 25.3% 和 15.0% 分别分布于热带美洲和热带非洲。全球热带云雾林总面积约 380 000 km^2,约占世界陆地面积的 0.26%,占世界热带森林面积的 2.5%(Bubb et al. 2004)。

热带云雾林具有保持水土、调节水源等重要作用。特别在相对干旱季节,仍能提供比一般森林更多的水源,对生态系统维持有重要意义(Bruijnzeel et al. 1998)。而且,热带云雾林的雾水沉积被认为是海边和较高山地森林生态系统水分和养分循环的重要构成要素(Nadkarni et al. 2002;Holder 2004)。

海南省是国际上记录我国有热带云雾林分布的唯一地区(Aldrich et al. 1997)。最近的研究表明,云南地区也有热带云雾林分布(Shi et al. 2009)。国内对热带云雾林的定义存在争议,有些人认为,热带云雾林指的是山顶苔藓林或山顶苔藓矮曲林;而在《云南植被生态景观》中被描述为热带山地苔藓常绿阔叶林,包括《中国植被》中的山地苔藓常绿阔叶林和山地常绿阔叶苔藓林。热带山地苔藓常绿阔叶林又被称为热带山地常绿林,对于其分类地位也存在争议。有学者认为,热带山地常绿林分布带很窄,在植物区系的组成上是由热带山地雨林向热带山顶苔藓矮林过渡的类型,很多种类属于热带山地雨林的共有种类,因此在植被垂直分布梯度上应归入热带山地雨林类型(陈树培 1982;黄全等 1986)。陆阳等(1986)、胡玉佳等(1992)、杨小波等(1994a)、王伯荪等(2002)都把热带山地常绿林从热带山地雨林中分离出来,并认为它们比热带山地雨林云雾多、湿度大。余世孝等(2001)则把热带山地常绿林称为热带云雾林。龙文兴等(2011a)研究了海南霸王岭热带山地常绿林和热带山顶矮林的环境特征,发现两者云雾出现频率都较高,5—10 月热带山地常绿林和热带山顶矮林日平均空气相对湿度在 88% 以上,且 98 天以上的时间内空气湿度达到 100%,因而根据国际惯用方法(Stadtmüller 1987;Bubb et al. 2004),从森林环境角度把热带山地常绿林和热带山顶矮林划分为热带云雾林。

现有的热带云雾林群落结构研究主要集中于群落结构和外貌描述。热带云雾林的共同特征是树木普遍矮小,以小径级乔木为主,植株密度较大,树干常弯曲,藤本植物较少;叶的结构以小叶革质的单叶占较大比重,并有类似于旱生生境中的旱生形态(Tanner 1977;Williams-Linera 2002);群落物种多样性较低海拔森林偏低(Terborgh 1992;Bruijnzeel et al. 1998;Hietz 2005);苔藓等附生植物丰富,刘广福等(2010b)研究发现,海南霸王岭热带山地常绿林和热带山顶矮林附生植物相似性达 88.9%,且附生植物丰富度比低海拔热带雨林高。不同地区热带云雾林植物种类不同,例如,哥斯达黎加热带云雾林的最大优势科为樟科(Coxson et al. 1995);墨西哥热带云雾林的优势属是山柳属、木兰属、泡花树属、安息香属和山矾属(Verdú et al. 2009);Shi 等(2009)研究了云南地区热带山顶矮林发现,优势科为壳斗科、杜鹃花科、越橘科和槭树科,小叶和中叶物种占优势,每 2 500 m² 样方内维管束植物有 57~110 种;黄全等(1986)用无样地采样技术(31点)调查尖峰岭地区热带山顶矮林后认为,热带山顶矮林植物有 83 种,以樟科、壳斗科、兰科和紫金牛科占优势,中叶和小叶植物占优势。

1.6　附生植物生态学研究进展概述

15 世纪的大航海家哥伦布最早注意并记载了林冠内附生有其他植物种类的现象(Gessner 1956)。自 1888 年对新热带区系的附生植物进行研究以来,附生植物才开始引起较多生态学家的关注(Barthlott et al. 2001)。由于技术手段的限制,林冠层难以接近,很大程度上限制了对附生植物多样性的研究。早期研究阶段主要局限于对林冠附生植物现象的描述。伴随研究手段的改进和完善,轻质的铝梯、可伸缩的取样杆等的应用,使得林冠附生植物研究的深度和广度在逐渐加大。直至 20 世纪 70 年代末,Perry 创造了著名的单绳攀爬技术(single rope techniques,SRT),使得研究者能够方便地进入林冠层中进行调查研究(Perry 1978)。随后兴起的林冠起重机升降设备、热气球、空中走廊、空中气阀等工具,才使得研究者能够更加方便而快捷地进入林冠层中开展研究(Barker et al. 2001)。这个时期形成了附生植物的生物多样性、附生植物在森林生态系统中的作用和附生植物与森林微环境之间的关系等在内的研究热点(Hopkin 2005)。

各国研究者在热带地区共建立了 70 多个实验站,对附生植物的物种多样性、生物量及其生态效应等方面进行长期的研究观察（Lowman 2001）。随着研究手段的发展，近年来，各国研究者对附生植物的取样方法更加关注，建立了一些有关林冠生态学研究方法的国际组织，如国际林冠网络（International Canopy Network，ICAN）、国际林冠吊塔网络（International Canopy Crane Network，ICCN）、全球林冠项目（Global Canopy Program，GCP）、联合国环境规划署（United Nations Environment Program，UNEP）等，这些组织和机构在对林冠附生植物的研究中发挥了重要的作用。

作为新兴的研究领域，附生植物研究在国际上的影响力不断扩大。1994 年，在美国佛罗里达州召开了第一届国际冠层学大会；1995 年，林冠学研究专著 *Forest Canopies* 的出版，标志着国际上对林冠及其附生植物的生态学研究进入一个新的时期（Lowman et al. 2004）；2004 年 *Forest Canopies* 第二版出版，全面总结了全球附生植物的研究进展，论述了附生植物在森林生态系统多样性保护和生态系统功能维护等方面的重要作用（Lowman et al. 2004）。

1.6.1　附生植物的研究方法

林冠一般远离地面，长期以来，研究者难以进入林冠进行细致的观察和研究。随着科学的发展，技术手段也越来越完善，现在国际上已经具备了完善的技术设备来从事林冠附生植物的研究。本部分回顾了林冠附生植物的调查和取样方法。根据采用技术手段的不同，林冠附生植物的研究方法分为简单调查方法、单绳攀爬技术法和现代新技术研究三种。

1. 简单调查方法

简单调查方法主要指利用肉眼直接观察或使用简单的工具在地面和林冠内对附生植物进行观测。研究者直接从地面通过肉眼或借助双目望远镜等工具远距离观察林冠中的附生植物，是林冠研究中最早使用的方法。这种方法过去被众多的研究者使用，研究方法安全，但只适合于层次结构比较简单的森林；对于复杂的森林，由于垂直结构层次太多，无法观察到微小的植物种类或个体。这种方法现在一般只是作为其他林冠调查方法的一种辅助（Lowman et al. 2004）。但是，在从事附生植物研究的时候，使用双筒望远镜，即使是现在也是一种常用的、有效的观察方法，特别是从事大片面积的森林附生植物调查研究时，研究者具备一定的植物分类学经验，在地面直接观察可以辅助大部分的研究工作。

Barker 等（2001）调查全球地区森林冠层研究方法时发现，有约 27% 的研究者把这种方法作为辅助方法来完善对林冠附生植物的调查，其中有 50% 的研究者认为，这种方法在一定程度上明显具有较好的效果。但是，在野外调查时，不能仅使用这种方法进行研究，因为森林林冠层仍有许多植株较小的附生植物不能被发现。

梯子在林冠植物的研究上很常用并且比较灵活，它可以使研究者在林冠内开展工作，便于长期测量林冠植物的生理生态学效应。随着技术的发展，传统的梯子在研究中逐渐被改进，目前使用的铝质材料制成的可方便折叠、组合的梯子，由多个部件组装而成，突破简易的梯子在高度上的局限。Barker 等（2001）在马来西亚的沙捞越地区野外研究中使用梯子，可以在距地面 60 m 左右的区域进行采样。

除了上述两种方法较为常见以外，取样杆和高枝剪在研究林冠层中的附生植物时也是简便、有效的工具。也有部分研究者利用当地修栈道、开山伐树等机会对当地附生植物进行调查(徐海清等 2005)。总的来说,简单的调查方法会受到各方面的限制,如森林结构的复杂程度、地形地势状况等。例如,在热带森林的云雾林内,由于雾气很大,能见度比较差,上述几种方法应用起来都有一定的难度。

2. 单绳攀爬技术法

这是林冠生态学研究中具有重大意义的技术革新,该方法便捷且费用低廉,目前使用非常广泛(Perry 1978;Lowman et al. 2004)。Barker 等(2001)在分析全球 236 例林冠研究的方法时发现,大约 41%的研究者在调查中使用单绳攀爬的方法。例如,Moffett 等(1993)在哥斯达黎加的蒙特威尔云雾森林自然保护区利用该方法对当地附生植物进行调查。在对林冠中层附生植物取样时,使用该方法不仅行走方便、快捷、灵活,而且扩大了研究者在树木水平方向和垂直方向采样的范围。但它的不足之处在于存在一定的危险性,并且在很大程度上依赖于研究者的经验和被采集树木的大小。要求树木具有较粗而且结实的树枝,在细小枝条和难以接触到的距离内,一些附生植物就很难采集到。单绳攀爬的方法还需要结合其他的技术方法,如双绳法、双绳法结合锚等,才能完成林冠层内附生植物的调查与取样。

3. 现代新技术研究方式

现代新技术研究方式是指运用现代化设备(如索道、空中走廊和起重机升降设备等)对森林冠层进行调查,具有相当大的灵活性,使得在林冠上部的移动更为方便。

索道研究方法是在森林中选择超冠层中的乔木,在其上安装钢丝缆绳的索道,研究者乘滑车沿索道上升到树冠进行调查。1981 年,美国研究者开始第一次使用这种方法进行林冠植物取样。索道的应用使研究者能在一段较长的时间内对固定的林冠进行持续的生态研究。但是该方法灵活性较小,对宿主主干外其他部位的植物难以观察和采集。随着研究的深入,更多灵活且耗费低的方法不断出现,索道所局限的范围对于研究者来说已经太狭小,现在索道在林冠附生植物的调查中已经较少使用。

空中走廊研究方法是围着超冠层中的大乔木中部茎干建立走廊,从两至多个大乔木的中间用铁索架起长长的吊桥,研究者在走廊状的吊桥上进行林冠附生植物调查。空中走廊限制了采样的区域和地点,一般来说,它是根据实验设计好的位置建立的,主要针对固定林冠进行长期的科学观测。在空中走廊的取样中同时需要辅助其他工具(如绳子、取样杆、小型的踏板等)来配合调查工作。20 世纪末,日本研究者用此方法对马来半岛的帕索森林和婆罗洲北部沙捞越的兰维尔国家公园进行了林冠生物的调查(Barker et al. 2001)。至今,在马来西亚的沙巴共有两条空中走廊,其中一条用于旅游观光,另一条专门用于林冠附生植物科学研究。马达加斯加和加纳卡库姆的空中走廊,在生态旅游观光和林冠附生植物的研究中发挥了不可替代的作用。

起重机升降设备是目前在国外条件较好的保护区内建立的一种研究工具。自第一台起重机用于林冠研究以来,经过十几年的发展,到 2006 年止,全球已建立 12 个固定的起重机林冠研究点。研究者在起重机的吊篮中观察林冠,起重机在水平和垂直方向一定范围的可移动性使研究者能在森林的一定空间内活动,可以在一定范围的地段内对林冠的各个部分进行调查,也可以对特定地区进行长期持续的生态学监测。Zotz (2007)利用起重机升降设备对巴拿马低地雨林的附生维管植物进行调查,在 0.4 hm^2 的样地中调查到 103 种附生维管植物。Barker 等(2001)在对全球 236 例的林冠研究方法的分析中发现,虽然仅有 20 位研究者在调查中使用起重机的方法,但 85% 使用该方法的研究者认为,它在林冠附生植物的调查中非常有效,余下的 15% 的研究者也对这种方法感兴趣,认为它在林冠采样研究中有较大发展空间。虽然目前全球只有十几个起重机的生态观测点,但包括我国在内的许多国家已经开始着手建立这样的研究站,相信不久的将来,起重机在林冠植物的调查中会起到更加重要的作用。

近年来,各种高科技手段(如小型直升机、可驾驶的热空气球、卫星遥感技术等)不断运用于林冠生物的调查。这些技术的运用,突破了传统研究从森林下部进入冠层的方式,使研究者能够空降到林冠中直接观察研究,林冠外围细小树枝和树叶上的物种也能很方便地进行采集。在对非洲喀麦隆地区森林冠层的研究中,研究者使用了全球最大的可驾驶热气球,从热气球上降落充气膨胀的"树冠气筏",使研究者像在海上一样游弋在林冠层里,进行长时间的生态观测和调查(Moffett et al. 1993)。这些现代新技术调查方法的运用扩大了采样中垂直和水平范围,使得林冠生物的调查研究更加灵活和准确。

不同的取样方法具有各自的优点。简单的调查方法通常比较容易被采用,它仅需要一些简单的设备,消耗的费用低,有很强的可移动性,便于携带和转移。现代新技术研究的方法可以对林冠层内的动植物进行详尽的调查和观察,并且可以进行长期的监测,但是这些设备价格昂贵,搬运组装困难,需要专门的运输设备将仪器运送到森林中,有时候还需要开辟道路。另外,一些复杂的设备还需要专门的技术人员在研究地点进行组装,这在采样中也是一个需要考虑的问题。但是目前全球附生植物的取样中,通常情况下研究者都是综合使用多种调查方法。仅使用一种方法很难在取样中采集到完全的数据,在野外调查林冠附生植物中,将多种调查和研究方法结合,才能够获得最详细的调查数据。

1.6.2 附生植物物种多样性

林冠被认为是陆地生态系统中生物多样性最丰富的地方之一,同时也是全球气候变暖背景下最濒危的生境之一。全球大约 40% 的生物种出现在林冠中,其中大约有 10% 的种类只分布在林冠层(Rodgers et al. 1998)。附生维管植物占了全球维管植物的 10%(Gentry et al. 1987b)。在新热带的一些地区,附生维管植物数量高达当地全部维管植物数量的 30%(Hsu et al. 2002;Küper et al. 2004)。据不完全统计,在全球范围内,分布在林冠中的附生维管植物的种类为 23 456 种(Lowman et al. 2004),而把半附生植物纳入统计范围之后,全球约有 83 个科 29 500 种附生植物(Gentry et al. 1987b;Lowman et al. 2004;刘文耀等 2006),占已知高等植物总数的 11% 左右(表 1-1)。

附生植物的多样性不仅表现在它的物种数量上,在类群组成方面丰富度也非常高:全球约 29% 的蕨类植物为附生维管植物;超过 80 个科的显花植物每科中至少有一种植物为附生类型;仅兰科一个科的物种就占了全球附生维管植物的一半(Nadkarni et al. 2004a);被子植物中的兰科、凤梨科、天南星科、胡椒科、杜鹃花科、苦苣苔科、萝藦科、野牡丹科、桑科、茜草科等均是附生植物的主要大科(Kelly et al. 1994;Barthlott et al. 2001;Küper et al. 2004;Benavides et al. 2005;Cardelús et al. 2006)。

表 1-1 全球附生维管植物数量统计表(Benzing 1990)

植物类群	分类等级	含附生维管植物的分类等级数量	含附生植物的分类等级所占百分比/%
维管植物	纲	6	75
	目	44	45
	科	84	19
	属	876	7
	种	23 456	10
蕨类植物	纲	2	67
	目	5	50
	科	13	34
	属	92	39
	种	2593	29
裸子植物	纲	2	67
	目	2	33
	科	2	13
	属	2	3
	种	5	1
双子叶植物	纲	6	100
	目	28	44
	科	52	16
	属	262	3
	种	4251	3
单子叶植物	纲	4	80
	目	9	47
	科	17	26
	属	520	21
	种	16 608	31

Ibisch (1996)在玻利维亚的 Sehuencas 和 Carrasco 两个热带雨林中的国家公园中,根据研究结果推算出的种-面积曲线估计,在该地存在着 1000 多种附生植物,这些附生植物在该地的生态维持功能上起着重要的作用。Nadkarni(2001)在对新热带的巴拿马、秘鲁、厄瓜多尔、哥斯达黎加以及委内瑞拉等地的热带雨林研究中发现,森林冠层中的附生维管植物的种数可以占到当地维管植物总数的 12%~50%;而 Kreft 等(2004)在厄瓜多尔热带雨林中发现,附生

植物的物种数量在局部地区已经超过地生和腐生植物,成为绝对优势种类。

此外,林冠丰富的附生植物也为其他生物的生存和繁衍提供了良好的场所。20世纪70年代初,美国动物学家在巴拿马给同一个树种的19棵树喷洒杀虫雾剂,收集落到地面的小型节肢动物和昆虫,来推测树冠内物种的分布,仅甲虫类就采集到1200种。目前的研究表明,全球有25%的无脊椎动物仅出现在林冠层,其中四分之一的林冠动物为植食性的动物(Bassett et al. 2005),另外还有相当一部分是植物的授粉者。林冠中丰富的动植物相互依存,形成了一个复杂而有活力的生态系统。

1.6.3 附生植物的分布

附生植物直接暴露于空气中,与根系在土壤中的植物相比,更容易受环境因子的影响。不同的纬度地带、不同的海拔导致温度及降水量的差异;树干离树基的位置不同,周围空气的湿度、光照的强度和树皮的含水量也有差异;不同的树木在营养条件、集水性能、表面粗糙程度和pH,等方面各不相同。这些因素都是造成附生植物多样性分布格局的原因(Sanford 1969;曹同等 2000)。

附生植物,特别是附生维管植物主要分布在热带地区(Benzing 1990)。全球范围内,分布于热带、亚热带山地森林中的附生植物的多样性远大于温带地区(Benzing 1990)。由于降雨量及其对应的林内湿度是决定附生植物分布的主要因素,与相对湿度较大的热带雨林等地区相比较,温带森林和干燥低地地区的附生植物多样性较小(de Souza Werneck et al. 2002)。在垂直方向上,一般在中海拔地区,附生植物多样性最丰富(Gentry et al. 1987b;Kessler 2001;Cardelús et al. 2006)。

附生植物在单个宿主上的空间分布也存在差异:de Souza Werneck 等(2002)对宿主分区测定光照辐射、湿度与附生植物的物种数量之间的关系,研究发现,附生植物的丰富度和生境中的光照及湿度关系密切,宿主林冠中部的附生植物物种最丰富,暴露在强光下的林冠上层边缘附生植物的丰富程度较低。Annaselvam 等(2001)在印度相对干旱的 Varagalaiar 地区常绿阔叶林中发现,林冠上有附生维管束植物的乔木只占乔木总株数的4.3%,大多附生植物都生长于溪流旁的乔木林冠上,因此提出,湿度是影响附生植物最为重要的环境因素。还有部分学者认为,附生植物的分布与宿主的径级、年龄和冠幅大小关系密切。附生植物的物种数量与树木的径级呈显著正相关,胸径越大的宿主,附生植物的物种丰富度和多度也越高(Zotz et al. 1999;Carsten et al. 2002;Zotz et al. 2003)。Allan(1998)在乌干达的 Rwenzori 山区对 Phillipia 群落中的附生隐花植物进行调查发现,树皮酸碱度对附生植物的多样性有很大的制约作用,酸性树皮导致相同条件下某些宿主上的附生植物减少,从而影响附生植物的空间分布。

附生植物生长缓慢(Laube et al. 2003),对干扰的耐受范围很有限,因此对环境变化和人为干扰非常敏感(Nadkarni 2001)。与原生林相比,受干扰后次生林中附生植物的多样性明显降低。Hall(1978)在加纳的原生森林中调查到504种附生维管植物,而在附近的次生林中仅调查到109种。Barthlott 等(2001)在对委内瑞拉 La Carbonera 地区原始林和次生林的对比研究中发现,原始林有178种附生植物,而次生林只有81种。Merwin(2001)在哥斯达黎加的研究发现,原生林中有附生苔藓 178 种,而次生林中只有 63 种。Vellak（1999）的研究结果也与此相似,在原生森林中共调查到 74 种附生苔藓,而人为管理的森林中只有 54 种。Barthlott 等（2001）在南美洲的安第斯山的研究发现,原始林中有附生维管植物 178 种,受干扰的原始林中有 65 种,而在次生林中仅有 13 种。随着人为干扰的增强,附生植物的物种数量明显降低,特别是最近几年来,全球气温升高、人为干扰等非自然因素严重影响附生植物的空间分布（Vanderpoorten et al. 2004）。

1.6.4　附生植物的生态功能

附生植物及其枯死残留物具备多方面的生态功能,在森林生态系统生物多样性的形成及其维持、固碳、养分循环、水分循环以及指示环境质量等方面都具有重要的作用。近年来,国际上对附生植物生态功能的研究主要集中在对森林生态系统的水分循环、养分循环和对环境变化的指示作用等方面（Lowman 2001）。

林冠附生植物能明显截留并存储空气中的云雾水。Nadkarni 等（1984）实验测出附生苔藓能储存相当于自身干重 2~5 倍的水分。刘文耀（2000）研究哀牢山附生植物时发现,附生苔藓植物密集分布时,其吸水量高达植物自身干重的 20 倍。附生植物群落的存在可为森林生态系统在干旱季节时提供水分,保持一定空气湿度,在雨季对降雨起暂时的阻、缓、蓄作用,缓和水分因子对森林生态系统的限制（徐海清等 2005）。Weathers（1999）的研究同样也发现,附生植物能够在旱季时期为森林存储水分,在雨季可以减少洪水的发生,并有利于宿主的生长。由于潮湿程度直接限制着附生植物的生长和分布,附生植物的存在吸引了很多喜湿和寻求庇护的动物,从而维系了林冠生物群落中植物、动物和微生物的多样性。

林冠的附生植物通过吸收大气中的气体元素和悬浮物,完成对营养元素的储存,在雨季通过雨水的淋溶使这部分养分参与到森林生态系统的养分循环中。附生植物还为森林中的陆生植物提供养分,例如,在哥斯达黎加山地森林中一直径小于 2 mm 的附生植物林冠根的生物量超过了根部周围的土壤重量,表现了比地表更强的提供养分的能力（Coxson et al. 1995）。同时,附生植物的枯死残留物形成了附生生物垫层,它们通过宿主根系的吸收和凋落两种途径进入陆生植物的养分循环。Nadkarni（2004b）在对温带雨林的研究中发现,林冠附生植物仅占森林地上部分生物量的 2%,而对森林生态系统贡献是宿主叶片生物量的 4 倍;附生植物中苔藓层的毛管作用能有效减少土壤水分中矿物营养的流失,进一步增加营养物质在附生植物中的保留（汪庆等1999）。

附生植物群落没有发达的根系,直接暴露在不断变化的外界环境中,独特的生理形态使其对外界环境变化非常敏感并表现出一定的适应性,对气候变化的响应也特别明显。附生植物种类繁多,生活型多样,这些生理特征均使其具备环境指示的功能。Benzing（1998）认为,附生植物在有大量植株集中分布的林冠层对气候变化最为敏感,可以较好地反映森林环境质量状况;Barthlott（2001）通过观测发现,随着干扰程度增加,林冠附生植物的物种数量呈下降趋势,反映出森林环境条件变化对附生植物的影响。

1.7 热带天然林生物多样性与生态功能研究的
主要思路及方法概述

1.7.1 研究思路

在海南岛的两个主要热带天然林分布区——霸王岭和尖峰岭选定主要的森林群落类型,设置典型的群落调查样地。以海南岛的主要森林群落类型为对象,调查分析群落基本的物种组成、群落结构和多样性特征,测定主要森林植物的功能性状,估测森林群落或植物功能类群的主要生态功能指标。按照个体→物种→功能群→景观→全岛的研究尺度,分析生物多样性;通过植物功能性状与生态功能的相互关系,探讨这种相互关系随森林群落与功能类群、恢复阶段、环境因子的变化规律,为了解生物多样性与生态系统功能的耦合关系及动态维持机制奠定基础。

1.7.2 方法与步骤

物种多样性的空间变化:以海南岛尖峰岭林区的热带天然林为对象,以 164 个 625 m² 网格样方和 2 个固定样地的植被调查、对应的环境因子及干扰历史等数据为基础,系统研究热带天然林物种多样性随垂直/水平空间距离、环境梯度以及干扰后自然恢复梯度的变化格局,分析典型热带天然林物种多样性时空动态及维持的基本规律。

生物多样性与生态系统主要功能:以海南岛霸王岭林区刀耕火种后处于不同演替阶段的热带低地雨林、尖峰岭林区不同海拔梯度的老龄林以及尖峰岭自然保护区 30 hm² 热带山地雨林大样地为研究对象,通过群落学调查、功能性状测定及环境因子分析,探讨功能性状、生物多样性及生态系统主要功能随时间和空间的变化,并评估群落演替过程中,环境因子如何影响功能性状及生物多样性;研究生物多样性不同指标之间、功能性状及生物多样性与生态系统功能之间的关系以及随时间和空间的变化规律;并运用结构方程模型(structural equation modeling,SEM)阐述环境因素如何影响功能性状或者生物多样性,并影响生态系统功能。

幼苗功能多样性与增补动态:以海南岛不同恢复阶段的热带低地雨林(刀耕火种后自然恢复 30 年、60 年的次生林和老龄林)为对象,研究不同生活型木本植物(乔木、灌木和木质藤本)幼苗功能性状随自然恢复过程的变化趋势及其影响因素;通过比较不同恢复阶段幼苗与成年树群落的物种组成及多样性特征,揭示不同恢复阶段热带低地雨林幼苗的增补动态;通过优势种幼苗移栽实验,分析幼苗在不同群落中建立的可能性和限制性因子。

生物多样性与群落组配:以海南岛霸王岭林区不同类型森林群落(热带低地雨林、热带季雨林、热带针叶林、热带山地雨林、热带云雾林)为研究对象,开展群落学调查、主要植物功能性状测定和环境因子取样,分析各森林群落类型的物种组成和群落结构特征,研究环境因子、植物功能性状和生物多样性(包括物种和功能多样性)的变化规律;以植物功能性状数据为基础,采用数量比较和模型检验方法,分析功能性状在物种内、物种间和样地间的变化格局、尺度效应及环境筛驱动机制;讨论森林群落组配规律。

非优势功能类群植物多样性及其生态功能:对以海南岛霸王岭林区不同森林类型内的附生维管植物进行详细的调查和研究,通过对附生植物物种多样性、附生类型多样性、生活型多样性以及空间分布的分析,探讨附生维管植物的多样性特征和空间分布格局;以霸王岭林区热带天然林草本植物为研究对象,在资料分析和野外调查的基础上,分析热带林区破碎化生境的草本植物区系特征,研究海南岛霸王岭热带低地雨林刀耕火种弃耕地自然恢复过程中草本植物多样性及功能群的动态变化规律。

1.7.3 技术路线

选择典型的海南岛热带天然林主要森林群落类型,设置样地,进行主要类型森林群落调查、环境因子测定、植物功能性状测定;分析群落物种组成、群落结构、物种多样性;以植物功能性状和物种多度数据为基础,分析不同类型森林群落的功能多样性时空变化规律;探讨基于物种多样性、植物功能性状的群落组配规律;揭示海南岛热带天然林主要类型的生物多样性与群落组配规律,为了解生物多样性与生态系统功能的耦合关系及动态维持机制奠定基础。技术路线图 1-1 所示。

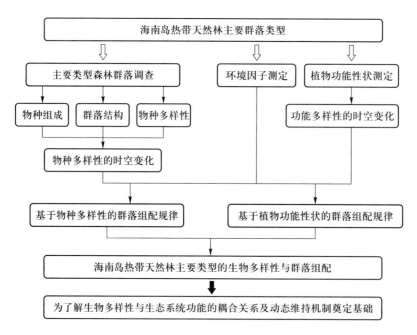

图 1-1 海南岛热带天然林主要类型的生物多样性与群落组配研究的技术路线

第 2 章

海南岛热带天然林的主要植被类型

海南岛位于我国南部,亚洲热带北缘,地理位置介于北纬 18°19′—北纬 20°10′、东经 108°03′—东经 111°03′。全岛四面环海,海岸线长约 1528 km。海南岛北部与广东的雷州半岛隔海相望,最近距离仅为 18 km。海南岛全岛呈椭圆形,其长轴由东北向西南延伸,地势中部高周围低,以岛中部的五指山为中心,向周围逐渐形成山地、丘陵、台地和平原的环形地貌(胡玉佳等 1992)。海南岛自古以来就分布着大面积的热带雨林,然而人类对森林的长期开发利用导致热带林面积不断减少。

2.1 海南岛自然概况

2.1.1 地貌

海南岛的地貌是由山地、丘陵、台地和平原组成,面积约 3.54 万 km^2,北部为平原、台地,海拔约为 200 m,相对高度不超过 50 m,地势平缓,坡度 5°~15°。中部以南为丘陵、山地。在北部的玄武岩台地上至少有 17 个火山锥,海拔 100~200 m,如临高的高山岭,琼山的雷虎岭、马鞍山、云龙山,文昌的青山岭、道豆岭等,还保存了形态清晰的火山口(《中国森林》编辑委员会 1997)。山地集中在岛的中部偏南,海拔多在 800 m 以上,主要山峰明显的有三列:东列五指山(1867 m)和头烈岭(1317 m);中列黎母岭(1412 m)和猕猴岭(1655 m);西列有雅加大岭(1519 m)和尖峰岭(1411 m)。海南的地势中央高、四周低,水系呈放射状。由山地向北流的南渡江全长 311 km,向西流的昌化江全长 230 km,向东流的万泉河全长 180 km,向南流的陵水河、藤桥河、崖城河等长度均不到 100 km。全岛山地约占 20%,丘陵约占 15%,台地和平原约占 65%。

2.1.2 气候

海南岛位于北回归线以南,属典型的热带季风气候区。年中接受太阳辐射的能量大,约

460~580 kJ·cm^{-2}。日照时间较长,大部分地区年平均日照时数在 2000 小时以上。岛内热量丰富,气温较高。大部分地区年平均气温在 23~28 ℃,最冷月的月均温在 17~21 ℃,极端最低温度在 1.4~7.0 ℃。在高山地区可能更低并会出现短时霜冻,但这对整个雨林植被影响不大。

海南岛雨量充沛,但时空分布不均匀。雨量集中于夏秋季节,且由于地势影响,东部多而西部少,并随地形升高而逐渐增多。大部分地区年降水量在 1500~2000 mm,最少雨的西部个别沿海地带年降水量亦可达到 1000 mm。全岛都有雨季和旱季分布。但东部旱季较短,旱情也较轻。西部旱年缺水十分严重。

2.1.3   土壤

海南岛的中部湿润山区主要是成土母岩为花岗岩的黄壤,周围低山、丘陵和台地地区分布的是赤红壤、砖红壤和燥红土等,北部丘陵、台地地区则分布有砖红壤亚类的铁质砖红壤(《中国森林》编辑委员会 1997)。其余砖红壤亚类的黄色砖红壤、褐色砖红壤和硅铝质砖红壤则分布于黄壤区的外围,在东部和东南部分布较广。西南部边缘台地是燥红土。围绕全岛周边海岸为滨海砂土。在垂直分布上,本岛山体的东北坡随海拔高度增加自下而上的土壤是砖红壤-黄色砖红壤-赤红壤-山地黄壤-山地淋溶黄壤-山顶矮林草甸土。西南坡随海拔高度增加自下而上的土壤则为燥红土-褐色砖红壤-赤红壤-山地黄壤-山地淋溶黄壤-山顶矮林草甸土。

2.2   海南岛热带天然林的植被类型

2.2.1   热带低地雨林

热带低地雨林是海南岛热带雨林中最典型的一个类型。它广泛分布在岛东南部的牛上岭、吊罗山、三角山、六连岭、兴隆山、白马岭;西南部的霸王岭、尖峰岭、猕猴岭;中南部的尖岭、卡法岭、毛感、毛遂和崖县甘什岭一带 700~900 m 的低地以及万宁市和陵水县沿海滩涂。森林生态环境优越,终年高温多雨,土壤是红壤或赤红壤,土层深厚,富含有机质和矿质营养元素。

热带低地雨林森林群落结构复杂,通常林冠层高度可达 25 m,在部分沟谷环境中,群落高度可达 30 m。热带低地雨林植物种类丰富而复杂,冠层优势种包括青梅、荔枝、坡垒、红花天料木、油楠、海南暗罗、托盘青冈等。亚冠层通常由冠层树种和其他小乔木组成,包括白茶、粗毛野桐、藤春等。灌木层种类复杂,包括冠层和亚冠层树木幼树以及灌木物种,如九节、罗伞树、四蕊三角瓣花和棕榈科植物等。草本层主要由乔灌木和藤本植物幼苗构成,而缺乏真正的草本植物。存在大量木质藤本植物(兰国玉等 2010),老茎生花、绞杀及板根等现象较为常见。

2.2.2   热带季雨林

在与热带低地雨林相同海拔范围内还分布有一定数量的热带季雨林,而且多分布于生境条件较差的局部区域。相对于热带山地雨林和热带低地雨林而言,热带季雨林的经济价值较低且采伐作业和利用难度较大,因而还有相当一部分保持着原始状态。海南岛热带季雨林一般林冠层较低,灌木层茂密,具刺植物种类多,藤本和附生植物少,而且旱季林冠层乔木全部落叶或者大部分落叶(刘万德 2009)。海南岛热带季雨林主要分布在立地环境差、岩石裸露程度高以及坡度较大的生境中,冠层优势种包括海南榄仁、毛萼紫薇、厚皮树、香合欢、黄豆树等。整个群落中冠层树木密度较低,但常绿具刺的刺桑和叶被木等灌木组成了密度较高的林下层。

2.2.3 热带针叶林

海南岛面积最大且最为集中的热带针叶林为分布于霸王岭林区的南亚松林,在海拔 300~1000 m 的山地中均有分布,现存面积约为 4725 hm^2(张俊艳 2014)。与其他植被类型相比,长期的人为经营活动导致现存的南亚松林缺乏更新幼苗和其他灌木类植物,但草本层发育较好。优势种包括南亚松、银柴、余甘子、香合欢、烟斗柯、黄牛木等。热带针叶林中也分布有一定数量的附生植物,如蕨类植物抱树莲、华南马尾杉,兰科植物玫瑰毛兰、长苞毛兰,萝藦科植物铁草鞋、眼树莲等。除了这些大面积的天然南亚松林外,海南岛霸王岭林区还分布有以雅加松为优势种的热带针叶林,但分布面积显著小于南亚松林,而且主要分布在雅加大岭部分区域。

2.2.4 热带山地雨林

热带山地雨林是指热带或亚热带南部山地上的湿润性阔叶常绿森林,它是热带山地垂直自然带的地带性代表植被类型。群落的组成成分、外貌结构以及生境等各方面都具有热带雨林的山地林型特征(许涵等 2009)。海南岛的热带山地雨林是本岛热带森林植被中面积最大、分布较集中的垂直自然地带性的植被类型。它主要分布在吊罗山、五指山、黎母岭、霸王岭和尖峰岭地区海拔 700~1300 m 的山地。其下限是低地雨林,上限是山地常绿林和山顶矮林。海南岛热带山地雨林分布地的地形复杂,山体庞大,山峰多而高峻,且都是东北-西南走向,与东南季风的风向垂直。因此,气温较低但年变化不大,雨量丰富而年中分布较均匀。土壤主要是山地黄壤,其次是山地黄红壤。土壤较深、潮湿,但肥力较低。由于海南岛热带山地雨林地处中海拔和较高海拔的山地,气温较低,且随着海拔高度增加,温度和湿度变化大,因而引起热带山地雨林种类组成和外貌结构发生变化,森林类型较多。

海南岛热带山地雨林种类组成复杂,冠层高度通常在 25 m 以上,林冠层的陆均松、五列木、黄叶树、红锥等为优势树种。灌木层除包括冠层和亚冠层树木幼树外,还包括九节、罗伞树、柏拉木、谷木等。棕榈科植物有 15 种以上,如藤竹、山槟榔、桄榔、刺轴榈、穗花轴榈、大叶蒲葵以及省藤等。特别以大叶蒲葵更为显著,有的高达 15 m 以上,往往成为森林中第三层乔木的组成成分,是海南岛热带山地雨林重要的外貌特征之一。草本层较稀疏,主要是乔灌木幼苗,但也有山姜、淡竹叶和莎草属等草本植物分布。存在板根现象,但板根体积不大,不如热带低地雨林植被板根那样高大宽阔。附生植物比较丰富,除附生苔藓植物外,附生维管植物鸟巢蕨和崖姜比较普遍。它们高悬于乔木树梢之上,有的甚至附生于乔木树冠之中。附生植物丰富多彩,与山地雨林内的潮湿环境有关。

2.2.5　热带山地常绿林

热带山地常绿林是海南岛较高海拔的一类热带森林。主要分布在海拔 1000~1300 m 或以上的中山地带,它与热带山地雨林有一定联系,但有较大差异。在外貌结构方面,热带山地常绿林较矮小,高度不超过 20 m。群落结构比较简单,乔木层以壳斗科、樟科、山茶科和金缕梅科等植物为优势。灌木层包括乔木层的幼树,同时也分布有三桠苦、九节和铜盆花等。木质藤本显著减少,且个体胸径偏小。热带山地雨林所具有的许多雨林特征如众多的棕榈植物和树蕨、粗大的木质藤本、丰富的附生维管植物、板根和茎花现象等罕见或不存在,但附生苔藓和地衣植物却十分丰富。

2.2.6　热带山顶矮林

热带山顶矮林在群落组成方面与热带山地常绿林相似,即主要乔木、灌木和附生植物种类相似,但由于山顶特殊的自然环境,群落结构发生很大的变化。乔木层仅一层,高度仅为 5~8 m,因而分枝多,弯曲而密集,叶片革质偏小,并具有旱生结构。热带山顶矮林通常分布在海南岛的主要山体中,包括五指山、猕猴岭、雅加大岭、霸王岭等山顶处。树木主要组成种类包括毛棉杜鹃花、蚊母树、厚皮香、拟密花树。山顶矮林中附生植物种类和数量丰富,包括蕨类植物石韦、骨牌蕨、攀援星蕨、书带蕨、圆顶假瘤蕨,兰科植物镰翅羊耳蒜、石豆毛兰、芳香石豆兰、流苏贝母兰、长苞毛兰。低温和高湿的环境导致林下地面和岩石上苔藓植物丰富,能够形成发育完好的苔藓层,因而山顶矮林也被称为苔藓林。

2.2.7　红树林

海南岛的红树林属东方群系。植物种类成分比较复杂,总计有 35 种,隶属于 18 科 26 属,其中红树科植物 8 种,比其邻近的雷州半岛和香港地区多,但比马来西亚少(胡玉佳等 1992)。由于人类经济活动的结果,海南岛红树林已受到不同程度的破坏,现存的大都是次生林。因此,森林群落比较矮小,结构比较简单。一般多为灌木和小乔木,通常 1~2 层,且零散分布于岛的北部、东部和西部海岸。但以岛的东部沿海海湾分布较集中,如琼山区东寨港、文昌市清澜港和白延、崖县的林旺沿岸等地,这些地区的红树林相对保存较好。森林群落终年常绿,高 10~15 m,胸径 20~30 cm,最大可达 40~50 cm,偶尔还可见 20 m 高的大树。可分乔木、灌木和草本层,藤本和附生植物比较丰富。

第 3 章

海南岛热带天然林主要森林植物的
功能性状与功能多样性

本章首先以海南岛主要的木本植物为对象,通过查阅国内外植物功能性状库并结合十多年的野外调查数据,初步构建海南岛木本植物功能性状库,并分析各个功能性状的数值范围及其随分类单位(属及科)的变化。其次,以海南岛典型热带天然林区(霸王岭林区)的六个典型热带森林植被的老龄林为对象,在建立固定样地、调查植被及主要环境因子和测定植物功能性状的基础上,分析群落结构、物种多样性和群落水平植物功能性状随植被类型及相应环境因子的变化规律。最后,以植物的功能性状为基础,计算不同植被类型的功能多样性及谱系多样性指数,并分析其与不同环境因子的相关性。

3.1 海南岛热带森林植物功能性状分析

生活型是植物对综合生境长期适应后在其生理、结构以及外部形态上表现的一种具有一定稳定性的特征反映(Gao et al. 1998)。相同或相似的生活型反映了植物对环境具有相同或相似的要求和可适应的能力。对一个地区的植物生活型谱的研究可以提供群落对特定环境因子的反应信息、空间利用信息以及种间竞争关系方面的综合反映。乔木和灌木是热带雨林的主体部分,它们的分布变化受人为干扰、自然或者土壤环境状况等多种因子组合共同影响(Richards 1952)。除了乔木、灌木以外,藤本植物对热带雨林的结构和生产力有非常重要的作用(Richards 1952)。

潜在最大高度是代表热带林物种功能特性变化的最重要因子之一,是热带林物种分类的重要依据(Clark and Clark 1999)。物种潜在最大高度的分布不仅反映群落的垂直结构和对光的利用情况,还直接参与物种的竞争、繁殖和干扰后恢复阶段构建过程中对资源的可利用能力及其在生态系统中的地位(Turner 2001)。

板根是热带雨林重要的标志性特征之一,是温带森林所没有的(Henwood 1973)。很多研究表明,板根可以为高大乔木提供支撑,发生的原因可能与单向的不均匀受力有关。此外,热带林的高温、高湿、土壤贫瘠、土壤通气性差和热带雨林物种本身的浅根系特征都可能是植物形成板根的主导原因之一(Turner 2001)。

种子是天然更新的基础(杨跃军等 2001)。植物种子利用不同传播手段在空间移动,导致新个体产生初始的空间分配格局,在某种程度上补充了幼苗的潜在分布范围,而且对以后的许多生态过程(如捕食和竞争)提供了一个模板,最终决定了新的繁殖体的成功定居(郑景明等 2004)。研究表明,种子质量轻,表面积大,一般属于风传播;种子自身具有钩或刺,或者果实肥厚肉质多汁,一般属于动物传播(李宏俊等 2000)。果实类型的构成是植物在地质历史中长期适应演化的结果,也是生态环境适应与演化的直接反映之一(高润宏等 2005)。果实具有多种分类类型,大的方面可划分为单果、聚花果和聚合果,单果又细化为裂果和闭果。裂果又被划分为荚果、蓇葖果、角果和蒴果,闭果又被划分为瘦果、坚果、颖果、翅果和分果。

生物的核心利益是繁殖,因此发展出各种性状来保护自己的核心利益。植物形成刺状结构可以看成是一种有效的自我防御和保护手段,如叶刺和茎刺(贺猛等 2009)。此外,树体具刺在降低热量或干旱压力方面起着重要的作用(刘万德等 2010b)。如,热带落叶季雨林中的刺桑正是由于树体具刺,减少了干旱时的水分蒸发,从而降低了其死亡风险。

植物的不同光合途径(C_3、C_4 和 CAM)是植物从叶片组织结构到生理功能,从生态适应到地理分布均表现出对不同水、热、光环境的响应(韩梅等 2006)。C_3 植物主要分布于阴凉、湿润的生境,光合途径效率显著低于 C_4 植物;C_4 植物一般生长在范围较广的环境中,同 C_3 植物比,它们表现出相当大的光合速率差异,对高温、水分胁迫的忍耐,低蒸腾比以及潜在的高生长速率无疑是一种主要生长和竞争优势(牛书丽等 2004)。CAM 植物特别适应于干旱地区,其特点是气孔夜间张开,白天关闭。但目前对 CAM 植物种类研究仍然极少,有前人推论:CAM 植物可能是由 C_3 植物进化而来。

叶形和叶质是群落重要外貌特征之一,叶是植物与外界环境进行气体交换的主要器官(田玉鹏等 2007)。叶的形态特征与气候关系密切,一个扩展的叶片所能达到的最大程度,受温度和湿度有效性的影响;大的叶片经常出现在热带温暖而潮湿的气候中,小的叶片则经常出现在十分干燥和寒冷的地区(陈宏伟等 2004)。前人的研究表明,乔木上层树种具有革质叶,能反射过强阳光并减少蒸腾,而处于林冠下面具有纸质叶的灌木和草本物种能较有效地吸收弱光(张艳艳 2008)。

近年来,科研人员已经做了大量有关海南岛热带林的研究工作,包括森林循环更新(Zang et al. 2005)、刀耕火种弃耕地植被演替(Ding et al. 2005, 2006)、生态系统功能(蒋有绪等 1991)和生物多样性保护等。这些研究多以热带林不同植被类型为主,而有关海南岛全岛植物的功能性状库的研究还没有开展,本章依据最新出版的海南岛植物名录——《海南植物物种多样性编目》(邢福武等 2012),确定了海南岛木本植物物种(包括乔木、灌木和木质藤本)名录,共计 2281 个物种,隶属于 125 科 746 属。基于该木本植物名录,通过查阅大量文献资料,并对国内外相关植物性状库全面查询,再结合野外实地观测 15 年的数据进行补充,系统地收集并整理了海南岛木本植物地理分布及植物性状数据。其中地理分布信息精确到行政县;植物性状包括生活型、果实类型、潜在最大高度、叶片质地、光合途径、叶形、板根、物理防御方式和传播方式,共 10 个。通过与国际网络数据库比对等方式获取相关的数据。

我国部分：

(1) 植物志，包括《中国植物志》(中国植物志编辑委员会，1959—2004)，《海南植物志》(广东省植物研究所编，1977，1979；陈焕镛等 1964)

(2) 网络数据库，如 http://www.cvh.org.cn/(Chinese Virtual Herbarium，CVH，中国数字植物标本馆)

国外部分：

(1) 发表的文献资料：如 Cornelissen et al. 2003a，2003b；Ding et al. 2012a

(2) 网络数据库，如：Kew Gardens Seed Information Database(http://www.rbgkew.org.uk/data/sid/)；Wood Density Database (http:// www. World agro forestry centre. org/ sea/ Products/ AFDbases/ WD/ Index. htm)；TRY(http://www.try-db.org)等。

3.1.1 海南岛热带森林植物科的组成

如图 3-1 所示，我们所研究的海南岛区域物种库中，乔木、灌木和藤本共计 2160 个物种，隶属于 125 科 746 属。其中乔木 1063 种(95 科 420 属)，灌木 639 种(74 科 270 属)，木质藤本 458 种(55 科 182 属)。30.33%的物种分布于豆科(Fabaceae)、大戟科、茜草科和樟科，物种数量分别为 188 种、156 种、138 种和 110 种。相对于科的分布，种类在属的分布较为分散：榕属(Ficus)、冬青属(Ilex)、蒲桃属(Syzygium)、粗叶木属(Lasianthus)、柯属(Lithocarpus)、山矾属(Symplocos)、紫金牛属(Ardisia)和山茶属(Camellia)包含的物种数较多，分别含有 45 种、38 种、37 种、29 种、28 种、28 种、25 种和 20 种。其余 49%的属仅包含 1 个物种，18%的属仅包含 2 个物种。

3.1.2 海南岛热带森林植物功能性状的分析

如图 3-2 所示，生活型划分为乔木、灌木和木质藤本三大类，物种数最多的是乔木物种，含有 1063 种；藤本物种最低，含有 458 种；灌木含有 639 种。具有纤维质叶片的物种最少，仅包含 1 种；其次是含有草质、肉质和膜质叶片的植物，分别含有 9、18 种和 108 种；含有革质和纸质叶片的物种较多，分别含有 874 种和 1272 种。革质叶物种主要集中于樟科的琼楠属(Beilschmiedia)、润楠属(Machilus)和桃金娘科的蒲桃属(Syzygium)。物种的传播方式通过网上查阅和实地调查获取了 1282 个物种的数据，被动传播显著高于主动传播，分别为 1280 种和 2 种。被动传播又分为风传播、水传播和动物传播，其中动物传播显著高于风传播和水传播。在我们的研究中，大部分物种均为 C_3 物种，且数量显著高于 C_4 和 CAM 植物，含有物种数分别为 1928、200 和 154 种。植物物理防御性状表明，有刺植物显著少于无刺植物，有刺的物种主要集中于大风子科(Flacourtiaceae)和芸香科(Rutaceae)。植物板根性状表明，具有板根的植物显著少于无板根植物，分别为 118 和 2164 种。具有板根的物种主要集中于大戟科和冬青科(Aquifoliaceae)。从叶的形态特征性状发现，阔叶植物显著多于针叶植物，分别为 2224 和 59 种，针叶物种主要集中在松科(Pinaceae)的松属(Pinus)。潜在最大高度被划分为 4 个数量级(0,5)、[5,15)、[15,25)、[25,+∞)，含有的物种数具有逐渐降低的趋势，其中<5 的

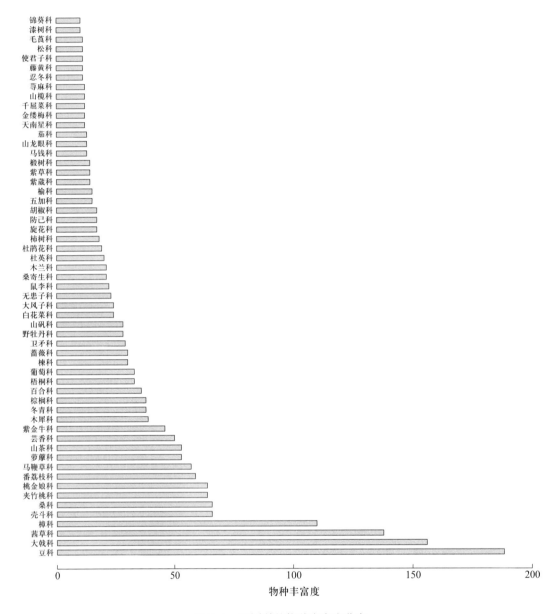

图 3-1　不同科的物种丰富度分布

数量级含有的物种数最高,≥25 的数量含有的物种数最低,分别为 977 和 116 种。单果的物种数显著高于聚合果和聚花果物种数,聚合果主要集中在番荔枝科、木兰科(Magnoliaceae)、蔷薇科(Rosaceae)、木麻黄科(Casuarinaceae)、桑科和茜草科;聚花果主要集中在棕榈科(Palmae)和桑科。根据单果类型,又分为 13 类:翅果、分果、蓇葖果、核果、荚果、坚果、浆果、梨果、球果、榕果、瘦果、蒴果和隐花果,其中核果、浆果和蒴果 3 种果实类型的物种数显著高于其他 10 种果实类型。

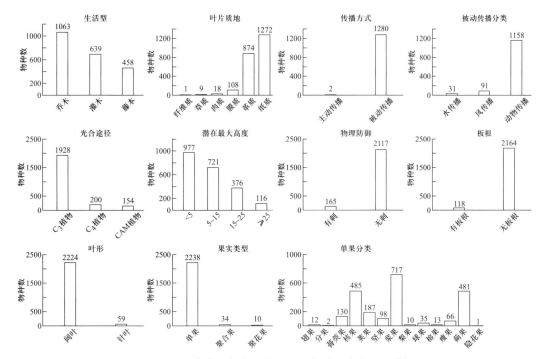

图 3-2 海南岛植物各功能性状的物种丰富度对比分析

3.1.3 海南岛主要乔木物种功能性状的分析

图 3-3 表明,海南岛乔木物种中,叶片革质和纸质的物种数显著高于叶片草质、肉质和膜质物种;被动传播物种显著高于主动传播物种,分别为 1 和 1062 种;动物传播显著高于风传播和水传播;C₃ 物种显著高于 C₄ 和 CAM 物种,分别为 956、95 和 12 种。防御性状(有刺和无刺)表明,有刺的物种数显著低于无刺物种数,分别为 41 和 1022 种;对树的基部起结构支撑的板根性状规律与此具有一致性,含有板根的物种数显著低于无板根物种数,分别为 88 和 975 种;阔叶物种显著多于针叶物种,分别为 1016 和 47 种;单果显著多于聚合果和聚花果,分别为 1032、23 和 8 种;核果和浆果的物种数显著高于其他 11 个果实类型。

3.1.4 海南岛主要灌木物种功能性状的分析

图 3-4 表明,海南岛灌木物种中,叶片革质和纸质物种显著多于叶片纤维质、草质、肉质和膜质物种;被动传播物种显著多于主动传播物种,分别为 690 和 1 种;动物传播物种显著多于风传播和水传播物种,分别为 679、62 和 20 种;C₃ 植物显著多于 C₄ 植物和 CAM 植物,分别为 559、90 和 42 种;有刺物种显著少于无刺物种,分别为 53 和 638 种;阔叶物种显著多于针叶物种,分别为 684 种和 7 种;单果显著多于聚合果和聚花果,含有的物种数分别为 685、5 和 1 种;核果和浆果物种数显著高于其他 9 个果实类型物种数。

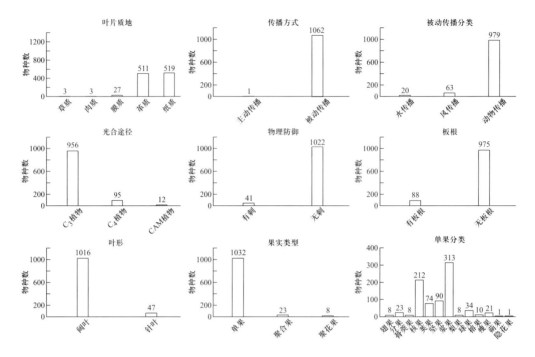

图 3-3　海南岛主要乔木物种功能性状的物种丰富度对比分析

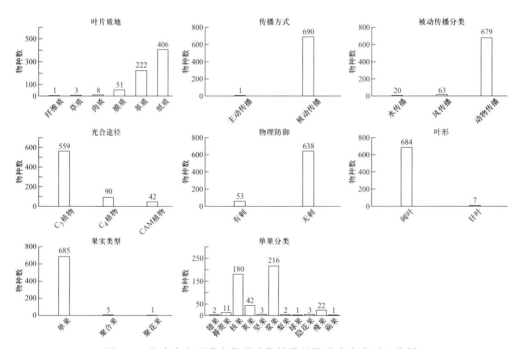

图 3-4　海南岛主要灌木物种功能性状的物种丰富度对比分析

3.1.5 海南岛主要藤本物种功能性状的分析

图 3-5 表明,海南岛木质藤本物种中,叶片革质和纸质物种显著多于草质、肉质和膜质物种;动物传播物种显著多于水传播和风传播物种,分别为 507、7 和 14 种;C_3 植物显著多于 C_4 植物和 CAM 植物,分别为 413、15 和 100 种;有刺的物种显著少于无刺物种,分别为 71 和 457 种;阔叶物种显著多于针叶物种,分别为 524 和 4 种;单果物种显著多于聚合果和聚花果物种,分别为 521、6 和 1 种。根据藤本的单果类型又分成 9 类,浆果物种显著多于其他 8 个果实物种。

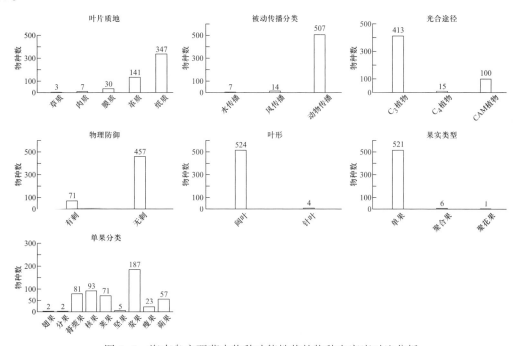

图 3-5　海南岛主要藤本物种功能性状的物种丰富度对比分析

依据我们构建的数据库发现,海南岛主要木本植物生活型以乔木、灌木物种为主,以高位芽植物的生活型占优势。叶面积大小是对水热条件反应的一个敏感指标(刘金玉等 2012)。从我们构建的数据库得出,无论是总体的叶形分布特征(阔叶物种数 2224 种,针叶物种数 59 种),还是依据生活型(乔木、灌木和藤本)划分,都是阔叶物种数显著高于针叶物种数。前人对叶部特征的叶级研究表明,随着纬度的降低,地球森林群落植物大型叶所占的比例有所增加(陈宏伟等 2004;田玉鹏等 2007;张艳艳 2008)。本研究是从植物功能性状叶形(阔叶和针叶)的角度,发现了具有与此一致的规律性,即随着纬度的降低,阔叶占主导地位。

在全岛和乔木、灌木及藤本各生活型中,纸质叶片的分布比例分别为 55.7%、48.8%、58.75% 和 65.71%;其次是革质叶,其分布比例分别为 38.28%、48.07%、32.12% 和 45.45%。乔木生活型中没有纤维质叶,灌木和藤本有少部分的膜质和肉质叶。从分析结果可以看出,高大的乔木层物种主要以革质叶为主,如黄桐(*Endospermum chinense*)、银柴(*Aporusa dioica*)、黄豆树(*Albizia procera*）、光叶红豆（*Ormosia glaberrima*）、油楠（*Sindora glabra*）、杏叶柯（*Lithocarpus amygdalifolius*）、越南青冈（*Cyclobalanopsis austrocochinchinensis*）等；而处于林冠之下的藤本物种主要以纸质叶为主，如多果猕猴桃（*Actinidia latifolia*）、假鹰爪（*Desmos chinensis*）、鹿角藤（*Chonemorpha eriostylis*）、杜仲藤（*Parabarium micranthum*）、短叶省藤（*Calamus egregius*）等。这体现了冠层上面的革质叶能反射过强阳光并减少蒸腾，而冠层下面的纸质叶能较好地吸收弱光（张艳艳 2008）。

全岛和不同生活型的光合途径的变化规律具有一致性，均体现为 C_3 物种显著多于 C_4 和 CAM 物种。不同光合类型的植物的地理分布范围和区域与环境条件紧密相关。海南岛地处热带北缘，全岛热量丰富，属季风气候，气温较高，但仅少数的几个月，雨量充沛。因此，全岛的环境条件很适合 C_3 植物分布和定居。

在我们的研究中，植物果实传播方式在大的层面上可以划分为主动传播和被动传播，被动传播可以进一步细化为风传播、水传播和动物传播。通过这 3 种传播方式，实现果实的扩散和在新生境的成功定居，进而扩大和更新种群。在全岛和不同生活型的果实类型的研究得出，浆果和核果所包含的物种数显著高于其他果实类型，主要体现了以动物取食进行传播的方式。其次是风传播。利用水传播的物种数在全岛和不同生活型中是最少的。全岛及不同生活型的防御性状变化规律具有一致性，均体现为有刺物种显著少于无刺物种；乔木物种中有刺的物种包含 41 种，隶属于 17 科 28 属，主要分布在豆科和芸香科；灌木物种中有刺的物种包含 53 种，隶属于 20 科 27 属，主要分布在山柑科（Capparaceae）、豆科、茜草科和芸香科；藤本物种中有刺的物种包含 71 种，隶属于 17 科 21 属，主要分布在棕榈科、百合科、马钱科、蔷薇科和芸香科。在热带雨林中，一些巨型乔木高大而粗壮，树冠也非常宽大，且常常受到藤蔓植物的缠绕，如果没有强有力的根系做基础，这些树木便会头重脚轻，会下陷或被热带暴风雨吹倒（Deng et al. 2008）。我们的统计分析结果认为，板根性状仅存在于高大乔木物种中，这可能与其分布的生境条件有关。

3.2　海南岛典型天然林区热带森林实测植物功能性状分析

在研究生物群落构建的过程中，采用物种丰富度的研究方法无法量化物种在生态策略和生态功能等方面的差异，而且也缺少生物多样性应包含的其他重要信息（Hillebrand et al. 2009）。近年来，基于功能性状的研究方法已成为探索物种共存与生物多样性维持机制的一个新的突破口（Díaz et al. 2007b；Lavorel 2013）。植物功能性状指影响生物存活、生长、繁殖速率和最终适合度的形态、生理和物候等特征，如植物的比叶面积、叶干物质含量，与光合能力相关的叶绿素含量、叶氮和叶磷含量等。植物的功能性状不仅能够反映植物为适应环境变化所形成的生长对策，而且通过相互之间的权衡（trade off）来实现整体功能。例如，植物投入光合产物和矿物质元素生产叶片，而叶片则通过光合作用为植物生长提供必备的碳水化合物，因此这个投入和产出过程实际上反映了植物的生态策略；此外，在大多数情况下，比叶面积与相对生长速率或最大光合速率呈正相关。比叶面积小的物种意味着高投资的叶片"防御"功能但叶片寿命较长；而比叶面积较大的物种更易进行光合作用。叶干物质含量高的物种一般抵抗物理性伤害的能力较强,叶片寿命较长,但生长速率较慢。木材密度指标与植物的寿命和碳储量有关,同时决定了植物竖向生长的结构支撑力(Poorter et al. 2010a; Zhang et al. 2011)。

本节以霸王岭自然保护区实测的 612 个物种的植物功能性状为基础,通过分析实测的功能性状数据(比叶面积、叶干物质含量、叶绿素含量、叶氮含量、叶磷含量和木材密度),以期解决以下 3 个问题:① 霸王岭自然保护区植物功能性状随不同科的变化规律;② 霸王岭自然保护区植物功能性状随不同生活型的变化规律;③ 霸王岭自然保护区植物功能性状间相关性的变化规律。

测定的功能性状指标主要包括比叶面积(SLA, $cm^2 \cdot g^{-1}$)、叶干物质含量(LDMC, $g \cdot g^{-1}$)、叶片叶绿素含量(CC, SPAD[①])、叶氮含量(LNC, $g \cdot kg^{-1}$)、叶磷含量(LPC, $g \cdot kg^{-1}$)和木材密度(WD, $g \cdot cm^{-3}$)。基于物种水平的采样方法,常见种(每公顷大于 10 个个体)仅采集 10 个个体,稀有种(每公顷少于 10 个个体)的所有植株均全部取样。乔木树种,选取健康植株个体的冠层叶片;灌木树种,选取植株个体相对较高大并且向阳的叶片。对于每一株植物,选取 2~5 片完好的健康的叶片(Cornelissen et al. 2003b)。叶面积使用叶面积仪(LI-COR 3100C Area Meter, LI-COR, USA)测定。叶绿素含量使用叶绿素计(SPAD 502Plus meter, Konica Minolta, Japan)测定。新鲜的叶片样品被放置于60℃的烘箱连续烘干 72 小时,然后用精度为 1/1000 的天平测定叶片干重。比叶面积的计算即叶面积和叶片干重的比值。已经烘干的叶片样品被送至海南大学进行叶氮、磷含量的测定。木材密度的测定方法参照卜文圣等(2013)。

依据霸王岭自然保护区十多年野外调查的 612 个种的功能性状的实测数据集,首先对单一性状的最大值、最小值、均值和极差进行总体的描绘。然后选择包含 ≥10 个种的科进行不同科的功能性状的对比分析,最后进行不同生活型(乔木、灌木和藤本)植物功能性状的对比分析和相关性分析。数据计算与绘图在 R-2.15.0 程序(R Development Core Team, 2011)中进行。

3.2.1 海南岛典型天然林区热带森林植物功能性状的总体描述

表 3-1 展示了霸王岭自然保护区不同生活型(乔木、灌木、藤本)的 612 个物种实测的 6 个植物功能性状数据。其中,比叶面积的最大值是 977.78 $cm^2 \cdot g^{-1}$,隶属于樟科木姜子属(*Litsea*);最小值是 56.64 $cm^2 \cdot g^{-1}$,隶属于番荔枝科瓜馥木属(*Fissistigma*);整体均值为 173.18 $cm^2 \cdot g^{-1}$,极差为 921.14 $cm^2 \cdot g^{-1}$。叶干物质含量的最大值是 1.92 $g \cdot g^{-1}$,隶属于紫草科(Boraginaceae)厚壳树属(*Ehretia*);最小值是 0.07 $g \cdot g^{-1}$,隶属于葡萄科(Vitaceae)白粉藤属(*Cissus*);整体均值为 0.84 $g \cdot g^{-1}$,极差为 1.85 $g \cdot g^{-1}$。叶绿素含量的最大值是 89.01 SPAD,隶属于山茶科(Theaceae)大头茶属(*Gordonia*);最小值是 18.46 SPAD,隶属于樟科润楠属(*Machilus*);整体均值为 52.18 SPAD,极差为 70.55 SPAD。叶氮含量的最大值是 49.68 $g \cdot kg^{-1}$,隶属于棕榈科钩叶藤属(*Plectocomia*);最小值是 8.52 $g \cdot kg^{-1}$,隶属于猕猴桃科(Actinidiaceae)水东哥属(*Saurauia*);整体均值为 16.67 $g \cdot kg^{-1}$,极差为 41.16 $g \cdot kg^{-1}$。叶磷含量的最大值是 3.19 $g \cdot kg^{-1}$,隶属于大戟

---

① SPAD:单位面积植物叶片当前叶绿素的相对含量。

科白树属（*Suregada*）；最小值是 0.31 g·kg^{-1}，隶属于野牡丹科（Melastomataceae）野牡丹属（*Melastoma*）；整体均值为 0.92 g·kg^{-1}，极差为 2.88 g·kg^{-1}。木材密度的最大值是 2.15 g·cm^{-3}，隶属于壳斗科锥属（*Castanopsis*）；最小值是 0.17 g·cm^{-3}，隶属于五加科（Araliaceae）楤木属（*Aralia*）；整体均值为 0.52 g·cm^{-3}，极差为 1.98 g·cm^{-3}。

表 3-1　霸王岭自然保护区实测植物功能性状的总体描述

变量	比叶面积/（cm^2·g^{-1}）	叶干物质含量/（g·g^{-1}）	叶绿素含量/（SPAD）	叶氮含量/（g·kg^{-1}）	叶磷含量/（g·kg^{-1}）	木材密度/（g·cm^{-3}）
最大值	977.78	1.92	89.01	49.68	3.19	2.15
最小值	56.64	0.07	18.46	8.52	0.31	0.17
均值	173.18	0.84	52.18	16.67	0.92	0.52
极差	921.14	1.85	70.55	41.16	2.88	1.98

在本研究中，实测植物的功能性状的均值、最大值和最小值与其他地区的研究结果相比具有不同的变化规律，原因可能包括以下三个方面：① 植物长期适应生态环境的结果；② 物种本身的遗传属性（陈林等 2014）；③ 可能与植物功能性状测定选择的季节不同相关。比叶面积和叶干物质含量是两个能够主要反映植物生长策略及利用资源能力的关键性状（白文娟等 2010；陈林等 2014）。本研究中，植物叶片比叶面积和叶干物质含量平均值均相对较大，这体现了本研究区气候湿润、土壤养分含量相对较高，也反映了热带林地区植物对资源丰富生境的利用能力和适应能力。同全球的叶氮含量和叶磷含量的均值相比，及与 Han 等（2005）测得的全国木本植物叶氮含量和叶磷含量均值结果（分别为 18.6 g·kg^{-1} 和 1.21 g·kg^{-1}）相比，我们的实测结果显著低于这 2 个指标。这可能与我国土壤氮、磷含量低有直接关系。基于我们实测的 12 hm^2 的固定样地的土壤磷数据均低于 0.8~1 g·kg^{-1}，体现整体土壤条件磷供应显著不足。

3.2.2　海南岛典型天然林区热带森林植物不同科功能性状的对比分析

图 3-6 显示，夹竹桃科（Apocynaceae）、马鞭草科（Verbenaceae）、茜草科、桑科、无患子科、芸香科和樟科的比叶面积的值相对较高；冬青科、壳斗科（Fagaceae）、木犀科（Oleaceae）、山矾科（Symplocaceae）、卫矛科（Celastraceae）、梧桐科（Sterculiaceae）和紫金牛科（Myrsinaceae）的比叶面积的值较低。叶干物质含量较高的科分别为：大戟科、冬青科、豆科（Leguminosae）、番荔枝科、壳斗科、木犀科、梧桐科和紫金牛科；叶干物质含量较低的科分别为：夹竹桃科、芸香科、樟科和山茶科。叶绿素含量较高的科分别为：冬青科、夹竹桃科、桃金娘科（Myrtaceae）、卫矛科、无患子科、樟科和山茶科；叶绿素含量较低的科分别为：马鞭草科、桑科和芸香科；叶氮含量较高的科分别为：壳斗科、楝科（Meliaceae）、卫矛科、梧桐科、芸香科、紫金牛科和棕榈科（Palmae）；叶氮含量较低的科分别为：茜草科、无患子科、樟科和山茶科。叶磷含量较高的科分别为：大戟科、番荔枝科、卫矛科、芸香科和紫金牛科；叶磷含量较低的科分别为：冬青科、山矾科、无患子科、梧桐科、樟科和山茶科；木材密度较高的科分别为：楝科、壳斗科、木犀科、山

矾科、卫矛科、无患子科、梧桐科、樟科、紫金牛科和山茶科。木材密度较低的科分别为：桑科、芸香科和棕榈科。

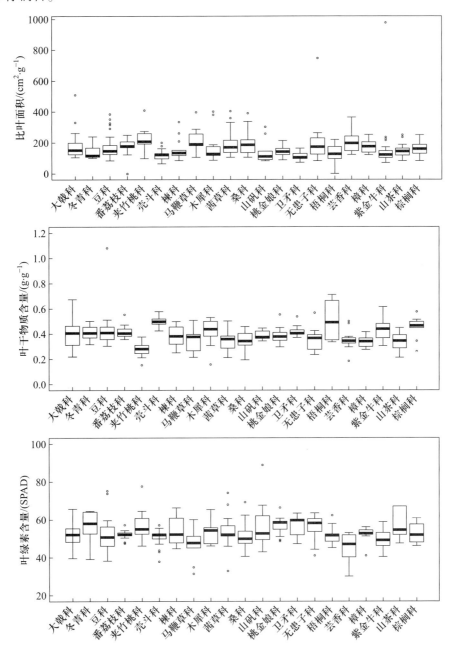

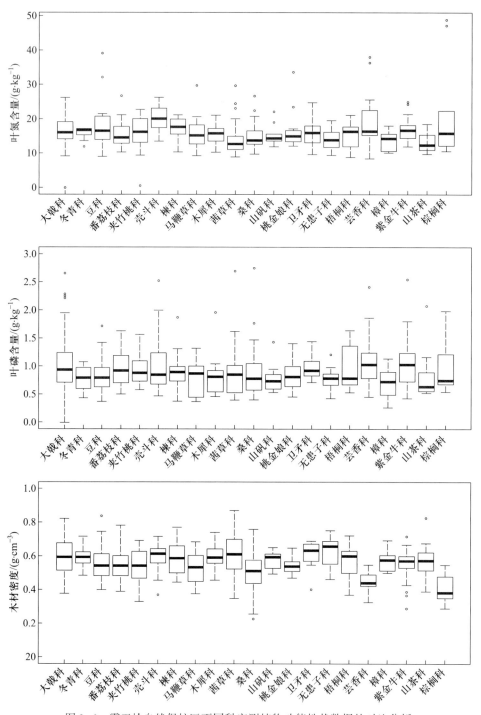

图 3-6　霸王岭自然保护区不同科实测植物功能性状数据的对比分析

关于比叶面积和叶干物质含量之间关系的研究,前人在物种水平上已有许多相关报道,普遍认为,植物的比叶面积和叶干物质含量之间呈显著负相关(Wright et al. 2004a,2004b,2004c)。目前基于我们在科水平的研究,其中比叶面积较大的几个科(夹竹桃科、芸香科、樟科和山茶科),叶干物质含量很低,在科的水平上也呈现物种水平的特征。同样,其他功能性状在不同科间差异也十分显著,叶干物质含量最高的 3 个科均值是最低 3 个科的约 1.46 倍,叶绿素含量最高的 3 个科均值是最低 3 个科的 1.34 倍,叶氮和叶磷含量最高的 3 个科均值是最低 3 个科的 1.23 倍,木材密度最高的 3 个科的均值是最低 3 个科的 1.04 倍。我们推测,可能由于科是植物分类学中重要的中级单位,不同科的植物相互间有着不同的系谱背景,会形成各自特殊的有别于其他科的植物功能性状。同样,植物谱系多样性背景是植物性状变异的主要来源之一(Zhang et al. 2011)。因此,今后在研究植物性状和环境关系时,需将系谱关系考虑进去。

3.2.3 海南岛典型天然林区热带森林不同生活型植物功能性状的对比分析

图 3-7 统计结果显示,仅比叶面积、叶绿素含量、叶氮含量和木材密度在不同生活型中差异显著。其中,比叶面积在乔木、灌木和藤本两两差异显著;叶绿素含量显示,藤本物种分别与乔木和灌木差异显著;叶氮含量显示,灌木物种分别与乔木和藤本差异显著;木材密度在不同生活型的变化规律与叶绿素含量具有一致性。

热带林物种最为丰富且结构最为复杂,乔木、灌木和藤本植物不仅是其主要的生活型,还包括大量的附生植物。不同生活型的物种分布特点与水分、光照等多种非生物环境因子相关(Ewel et al. 1996;Toledo et al. 2011b)。本研究中,除了叶干物质含量和叶磷含量 2 个植物功能性状外,其他 4 个植物功能性状(比叶面积、叶绿素含量、叶氮含量和木材密度)在不同生活型中均差异显著,说明各生活型的植物以不同的方式响应环境条件。较高的比叶面积反映资源较为丰富,而低的比叶面积反映资源较为贫瘠(Cornelissen et al. 2003a;Kattge et al. 2011;路兴慧等2011)。本研究中,乔木和灌木植物的比叶面积显著低于藤本物种,说明乔木和灌木的叶采取不断累积叶面积、提高光截获能力的保守策略,这也是乔木和灌木能在林下成功生存和定居的重要方式。本研究发现,藤本植物有较高的比叶面积,这可能与适应生活在光资源较为丰富的林隙特殊生境有关(Putz 1984a;Schnitzer et al. 2002;路兴慧等 2011)。叶片养分含量(叶氮和叶磷含量)均表现为藤本和灌木物种较低,乔木相对较高,这种差异表明,不同生活型植物对所处环境养分的分配策略不同。一般较高的叶氮含量与较高的比叶面积是相关联的,藤本的功能性状的变化符合这一规律性。木材密度表现为藤本物种显著低于乔木和灌木物种。有研究表明,藤本物种尽管投入到建造结构物质最少,但能获取最大的光合作用空间。例如,Schnitzer 等(2002)研究得出,森林地面生物量的 5% 被藤本植物的茎生物量所占据,但藤本物种的叶面积却占整个森林叶面积的 40%。本研究中,藤本物种的木材密度指标也是三者中最低的,在一定程度上也佐证了此规律。

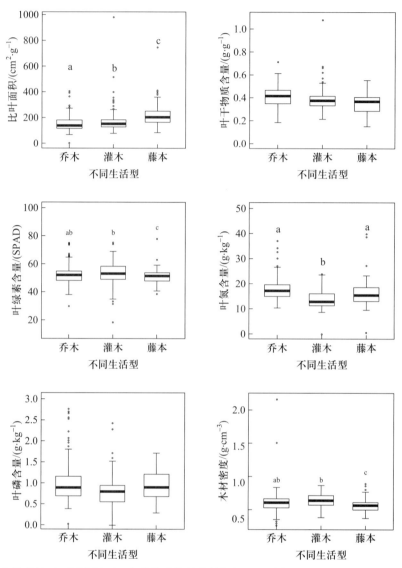

图 3-7　霸王岭自然保护区不同生活型 6 个植物功能性状数据的对比分析。图中不同字母(a、b、c)表示显著差异(p<0.05)

3.2.4　海南岛典型天然林区热带森林植物功能性状的相关性分析

　　霸王岭自然保护区植物功能性状的相关性分析结果如图 3-8 所示,比叶面积与叶干物质含量、叶绿素含量和木材密度呈负相关。叶绿素含量分别与叶氮含量和木材密度呈显著负相关和正相关。叶氮含量和叶磷含量呈显著正相关。

　　植物在长期适应环境的过程中,功能性状并不是单独发挥作用的,而是通过不同功能之间的调整,最终形成适应某种环境特征的典型的功能性状组合。对全球 175 个样点 2548 种植物以及

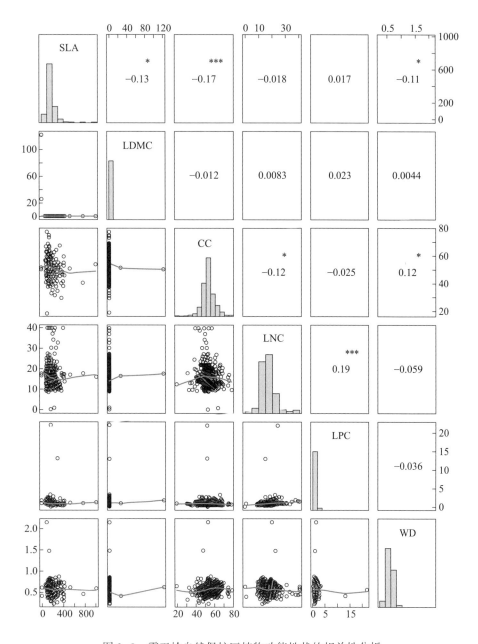

图 3-8　霸王岭自然保护区植物功能性状的相关性分析

我国草地 174 个样点 171 种植物性状分析后证实,植物性状之间普遍存在着密切的关系(He et al. 2009;陈林等 2014)。在长期适应环境和生长过程中,植物会受到不同环境因子组合的综合影响,因此植物性状之间会表现出一定程度的相关性,体现了物种在进化过程中受不同环境因子的影响而采取趋同进化策略。但是由于植物的某些性状受环境的影响很大,如叶性状中的比叶面积,在不同研究区域其性状的变化差异较大,体现物种在进化过程中采取的趋异进化策略。我们的测定结果与宁夏中部干旱带对 35 种植物叶性状的测定结果(李冰等 2013;陈林等 2014)和准噶尔盆地的植物功能性状的测定结果(郑新军等 2011;陈林等 2014)不尽相同,也证明了这一点。很多研究表明,植物的比叶面积和叶干物质含量之间一般呈负相关,与叶绿素含量呈正相关,叶氮含量和叶磷含量正相关,我们的实验结果也再次验证这一规律,为进一步研究植物功能多样性提供依据。但是本研究中结果得出,叶绿素和叶氮含量呈负相关,有悖于常规,还需要进一步研究。

3.3　海南岛主要森林植被类型环境特征分析

由于海南岛不同区域在降水、温度、土壤以及干扰历史等方面的差异及不同山地热带林分布的海拔范围不同,依次分布热带落叶季雨林、热带针叶林、热带低地雨林(<600 m)、热带山地雨林 (900~1300 m) 和热带云雾林(>1300 m)。在低纬度地区,水分条件是限制陆地植被分布的主要环境因子之一(Hawkins et al. 2003;White et al. 2004;Comita and Engelbrecht 2009)。此外,水分条件也是不同干扰程度的反映者。例如,由于土壤层的浅薄而导致岩石裸露程度高,形成了严重的干旱区域,极大影响着物种丰富度格局(刘万德 2009)。又如,在全球植物多样性分布上,Hawkins 等 (2003)认为,可以通过水分和能量相互作用直接或间接地解释其分布机制;在区域尺度上,秦岭太白山木本植物物种多样性随着海拔梯度的变化,就是因为受到温度和水分梯度的综合影响(唐志尧和柯金虎 2004)。土壤是森林生态系统中一个非常重要的组成部分,对植物的生长起着关键性的作用,同时决定着生态系统的结构、功能和生产力水平。李凯辉等(2007)研究表明,高寒草地生产力与土壤有机碳和全氮含量存在正相关。过度放牧、开垦、采伐等不合理的人类活动造成地表裸露度增加,导致植被小尺度变异,进而影响物种分布的不同格局。刘万德等(2010a)、龙文兴等(2011)和张俊艳(2014)等分别对霸王岭的热带落叶季雨林、热带天然针叶林–阔叶林交错区和热带山顶矮林的群落特征进行过研究发现,森林环境条件是影响群落结构、生物多样性和生态系统功能的重要因素(龙文兴 2011),但目前还没有针对霸王岭林区六个植被类型环境方面的整体研究报道。本节以霸王岭六种天然老龄林为群落学调查的基础,系统地比较六种不同森林植被类型的土壤水分含量、日平均空气温度、光因子和土壤养分因子等,为今后深入剖析研究该地区的物种共存和土壤演化机理提供一些素材。

群落调查数据来源于霸王岭林区 12 hm² 的固定样地调查。2010 年,分别在热带低地雨林、热带落叶季雨林、热带针叶林、热带山地雨林、热带山地常绿林和热带山顶矮林内各建立 2 个 1 hm²(100 m×100 m)的固定样地。固定样地设置和调查方法均依照国际最新标准。每个 1 hm² 固定样地中被分为 25 个 20 m×20 m 样方,每个样方则进一步划分为 10 m×10 m 的小样方。为调查方便,每个小样方分为 4 个 5 m×5 m 的网格。样地设置完成后,利用红色油漆对样地内所有胸径大于1 cm 的木本植物进行胸径测量,同时用铝牌对所有个体进行编号,以方便 5 年后的复查。

在已经设置好的每个固定样地中间距离地面 1.3 m 的地方放置一个 HOBO Pro 温湿度自动仪器 (HOBO U23-001, Onset, MA, USA),每小时自动测定空气温度。在所有样地以样方(20 m×20 m)为单位沿对角线和样方中心点进行土壤取样,土壤样品混合均匀,测定土壤的理化指标,方法参照龙文兴等(2011)的土壤取样方法。主要测量指标包括:土壤有机质(SOM)、全磷(TP)、全氮(TN)、全钾(TK)、有效氮(AN)和有效磷(AP)和 pH。同时在每个样方中心点附近位置利用铝盒采集新鲜土壤样品,然后用精度 1/100 天平在实验室进行标准土样称量,将标准的

土壤样品放烘箱中烘干至恒重后称量(温度标准:105℃),然后计算土壤含水量(SWC)。以
20 m×20 m 样方为单位,利用英国 Hemiview 冠层分析仪里面的 180°鱼眼镜头在距离地面 1 m 处
向上取像,然后将数码相机的高清晰度影像载入 Gap Light Analyzer 软件,并根据转换公式(冠层
开阔度＝1－冠层郁闭度)得到冠层开阔度。

3.3.1　环境因子随不同森林植被类型的变化

如图 3-9 所示,冠层开阔度在热带山顶矮林最高,其次是热带落叶季雨林,且与热带针叶
林、热带低地雨林、热带山地常绿林差异显著。土壤含水量在热带山地雨林最高,分别与其他五
种植被类型均差异显著。pH 与日平均空气温度均随着植被类型从低海拔到高海拔的变化而显
著降低。土壤有机质在热带落叶季雨林、热带山地常绿林和热带山顶矮林最高,热带针叶林最
低,热带低地雨林和热带山地雨林介于二者之间。全氮在热带落叶季雨林最高且与其他五种植
被类型差异显著。全磷在热带山地常绿林最高,其次是热带落叶季雨林,且分别与其他四种植被
类型差异显著。有效氮在热带落叶季雨林和热带山地雨林最高且分别与其他四种植被类型差异
显著。有效磷在热带山地雨林和热带云雾林(热带山地常绿林和热带山顶矮林)含量显著高于
低海拔的三种植被类型且差异显著。

六种不同植被类型环境因子差异的主要原因包括以下几个方面:

首先与六种不同植被类型的群落环境和结构特征有关。热带山顶矮林由于山顶特殊的自然
环境(土壤贫瘠、风力强劲等),群落结构发生很大的变化,乔木层仅一层,高度仅为 5~8 m,与其
他五种植被类型相比,整体的群落冠层结构偏低(平均高度:4.01±0.58 m)(龙文兴等 2011b)。
研究表明,随着树高增加,透过树叶的光照强度增加,林下光的利用情况呈垂直递减趋势(Monsi
et al. 2005)。热带落叶季雨林冠层开阔度仅低于热带山顶矮林,这与植被类型本身的群落结构
相关。刘万德等(2009)对热带低海拔的季雨林、热带低地雨林和热带转化季雨林的群落结构研
究得出,低海拔热带林的冠层高度低于山地雨林,热带季雨林中不存在大树且 1~5 cm 径级范围
内的个体占总体总量的 77.7%,大部分属于耐阴物种。这说明,热带季雨林树木的高度相对不
高,且林下存在大量小径级的常绿树种,在一定程度上抑制了到林下的光照强度。热带针叶林林
分密度较小,林分树木较为高大、冠层结构较为稀疏,林下存在部分落叶物种(Zhang et al.
2014)。而热带低地雨林、热带山地雨林和热带山地常绿林群落结构复杂,乔木层容易互相重叠
遮挡光照,光照不易穿透冠层到达地表,因而林下光照弱。典范对应分析(CCA)表明,冠层开阔
度是影响热带林植被分布的重要因素。

低海拔分布的热带落叶季雨林、热带针叶林和热带低地雨林均土壤含水量低且差异不显著。
热带低地雨林土壤含水量低可能归因于低海拔所处气候特征是降雨量低;而热带针叶林和热带
落叶季雨林土壤含水量低由于同处于低海拔范围内,所以降雨量低。其次可能由于局部地形和
土壤的异质性变化所导致。热带落叶季雨林主要分布区域土层较薄、地面岩石裸露,土壤保水性
很差,因而具有落叶和茎叶长刺等适应干旱的生态学特征(刘万德 2009)。热带针叶林主要分布
在土壤严重贫瘠且较为缺水的环境条件中(张俊艳 2014)。热带山地雨林含水量最高,这可能由
于林分内物种丰富度最高,冠成结构复杂郁闭,林下较为阴暗潮湿,土壤有机质保水性好,可有效
地减少水分蒸腾(Ding et al. 2012b)。位于高海拔的云雾林土壤含水量仅低于热带山地雨林,这

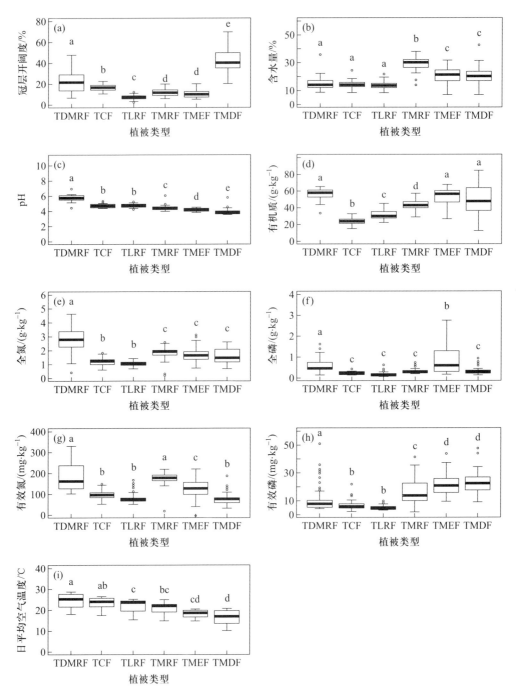

图 3-9 不同植被类型的环境因子比较图中不同字母(a、b、c)表示显著差异(p<0.05)

TDMRF,热带落叶季雨林;TCF,热带针叶林;TLRF,热带低地雨林;TMRF,热带山地雨林;TMEF,热带山地常绿林;TMDF,热带山顶矮林

是由于前者所面临的生境是低温、强风,最主要是多雾的典型气候(龙文兴等 2011b),进而导致相对较高的土壤含水量。

土壤 pH 在六种植被类型的变化规律为随着海拔升高,温度降低,土壤 pH 逐渐降低的变化趋势。这可能与土壤的质地和气候相关。从低海拔的砖红壤到山顶的山地草甸土均体现偏酸性,且随着海拔的升高,温度逐渐降低,气候冷凉,土体湿润,草甸植被生长茂密,每年能提供大量植物残体,但分解缓慢,形成的土壤腐殖质组成以胡敏酸为主。这也证实了,温度是高海拔群落影响植物生长和物种分布最重要的环境因子。

土壤养分含量(土壤有机质、全氮和有效氮)在热带落叶季雨林均高于其他五种植被类型,其次是热带云雾林(热带山地常绿林和热带山顶矮林),热带低地雨林和热带山地雨林最低。这可能与林分内的综合环境因子对物种组成和凋落物的分解速率影响有关。热带落叶季雨林土壤肥力最高,可能是由于林分内的大部分物种的典型特点是在干旱的季节落叶,增加地被层的凋落物厚度;由于林分内的温度相对较高,加速凋落物分解,进而进入土壤层,导致土壤肥力的增加。热带云雾林土壤肥力相对较高的原因可能是由于位于高海拔,温度偏低,土壤内的微生物活动较弱,分解枯枝落叶能力较差,从而导致土壤肥力相对较高。热带低地雨林和热带山地雨林的土壤养分含量低可能是由于这两种林分环境最适宜物种的生长,如温度、土壤含水量、土壤 pH 均处于既不高也不低的水平,且这两种林分内的物种也是最丰富的,因此适宜的环境特点导致物种对土壤养分的快速利用,进而使得土壤里面的养分含量最低。

3.3.2　环境因子的典范对应分析(CCA)

在 CCA 排序图中(图 3-10),沿 CCA 第一排序轴从左到右,日平均空气温度和土壤 pH 逐渐升高(日平均空气温度和土壤 pH 与 CCA 第一轴的相关系数分别为 -0.97、-0.80),越靠近轴的右侧,土壤酸性越强和日平均空气温度越高。沿着 CCA 第二排序轴从上到下,冠层结构逐渐郁闭,土壤有机质、全氮和有效磷等土壤养分含量逐渐降低(全氮、土壤有机质、冠层开阔度及有效磷与第二轴的相关系数分别为 0.70、0.76、0.78 和 0.71)。CCA 排序结果表明,前 2 轴和前 4 轴的累积解释方差比例分别为 47.9% 和 69.6%(表 3-2)。环境变量在前两个排序轴的负荷值较高,

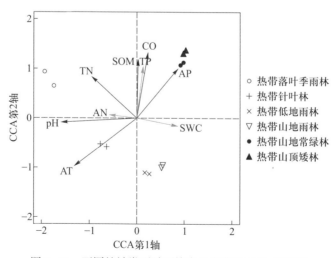

图 3-10　不同植被类型随环境变量变化的 CCA 排序图

CO,冠层开阔度;SWC,土壤含水量;SOM,土壤有机质;TN,全氮;TP,全磷;AN,有效氮;AP,有效磷;AT,日平均空气温度

第一排序轴主要反映 pH 和日平均空气温度的变化(负荷绝对值大于 0.7);第二排序轴反映了冠层开阔度、土壤有机质、全氮和有效磷的变化(负荷绝对值大于 0.7)。

表 3-2　典范对应分析(CCA)中各环境变量在前 4 排序轴解释方差及负荷值

环境因子	CCA1	CCA2	CCA3	CCA4
冠层开阔度/%	0.042	**0.783**	0.459	−0.164
土壤含水量/%	0.506	−0.089	0.531	−0.251
pH	**−0.971**	−0.044	0.136	−0.111
土壤有机质/(g·kg⁻¹)	0.019	**0.755**	−0.135	0.209
全氮/(g·kg⁻¹)	−0.577	**0.703**	−0.135	0.209
全磷/(g·kg⁻¹)	0.018	0.663	0.319	0.212
有效氮/(mg·kg⁻¹)	−0.369	0.049	0.732	0.237
有效磷/(mg·kg⁻¹)	0.522	0.711	0.354	0.133
日平均空气温度/℃	**−0.800**	−0.562	0.159	−0.078
特征值	0.782	0.584	0.349	0.273
方差比例	0.273	0.205	0.123	0.096
累积方差比例	0.274	0.479	0.601	0.696

注:表中黑体字表示该变量的负荷决定值大于 0.7。

3.3.3　环境因子的相关性分析

如图 3-11 所示,六种森林植被类型的土壤环境因子显著相关;日平均空气温度与土壤养分因子和冠层开阔度显著相关。冠层开阔度和土壤因子全氮和有效磷显著相关。因此,日平均空气温度、冠层开阔度、全氮、全磷、有效磷、有效氮成为预测环境变化的重要因子。

典范对应分析(CCA)第 1 排序轴主要反映了不同森林类型所在环境的土壤酸碱度、温度对六种不同森林类型物种组成及分布的影响,即沿 CCA 第 1 排序轴从左到右,日平均空气温度和土壤 pH 逐渐升高(日平均空气温度及土壤 pH 分别与 CCA 第 1 轴的相关系数为 −0.97、−0.80),而植被类型的分布也符合这个规律,越靠近轴的右侧,土壤酸性越弱,年均温度越低,分布的植被类型依次是热带山顶矮林、热带山地常绿林、热带山地雨林、热带低地雨林、热带针叶林和热带落叶季雨林。第 2 排序轴主要表现了植物群落所在环境的土壤有机质、冠层开阔度、全氮和有效磷的变化趋势(土壤有机质、冠层开阔度、全氮及有效磷分别与第二轴的相关系数为 0.76、0.78、0.70 和 0.71),同时沿第二排序轴从下到上的走势明显看出,冠层开阔度、土壤有机质及有效磷把土壤养分充足和养分贫瘠的植被类型分开。位于轴下方的是土壤严重贫瘠、养分含量极低的热带针叶林;其次是热带低地雨林和热带山地雨林,由于这两种植被类型的物种组成最为丰富,结构最为复杂,有利于促进土壤中物质的分解率和生物归还率,加速土壤物质循环,因而土壤养分含量并不是很高;位于轴上方是土壤养分含量比较丰富的热带落叶季雨林、热带山地常绿林和热带山顶矮林。

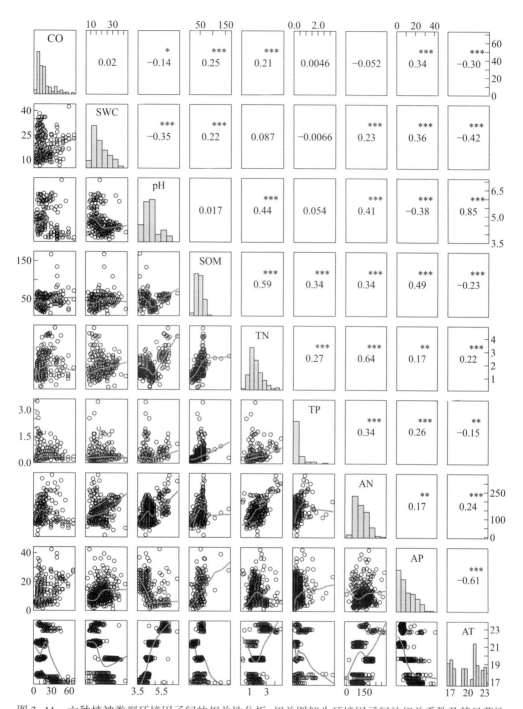

图 3-11　六种植被类型环境因子间的相关性分析,相关图解为环境因子间的相关系数及其显著性
CO,冠层开阔度;AT,日平均空气温度(℃);SWC,土壤含水量;SOM,土壤有机质;TN,全氮;TP,全磷;AN,有效氮;AP,有效磷。*,$p<0.05$;＊＊,$p<0.01$;＊＊＊,$p<0.001$;无＊代表的数字表示 $p>0.05$

3.4　海南岛主要森林植被类型的群落特征分析

植物群落是指在一定地段内,由集合在一起的不同植物物种之间以及与其他生物间相互作用,经历长期历史过程而逐渐形成的生态复合体(Jernvall et al. 2004;刘万德 2009)。群落物种组成与结构是群落生态学的基础,具备不同功能特性的物种个体相对多度的差异及其在群落中的空间分布方式是形成不同群落生态功能的基础(John et al. 2007;刘万德 2009)。

了解热带天然林群落组成与结构随不同植被类型变化的规律,有利于揭示物种共存规律及其机制(Myers 2000;Bermingham et al. 2005)。目前对霸王岭林区热带天然林的研究包括:龙文兴(2011)系统地比较了热带云雾林(热带山地常绿林和热带山顶矮林)的物种组成、密度结构、径级结构及高度特征结构;Zhang 等(2014)对比了南亚松林与阔叶林交错区的物种组成、区系成分、外貌和结构的异同;刘万德(2009)开展了热带季雨林群落结构和动态的研究;Ding 等(2012b)对比分析了热带低地雨林和热带山地雨林不同环境梯度下物种丰富度格局及次生林的恢复机制。尽管他们已对霸王岭林区的部分天然林植被类型进行了系统研究,但多以单一的植被类型或局部区域为主展开研究过程,而还没有开展有关天然林区的六种植被类型的整体群落特征结构对比。本节以海南岛霸王岭自然保护区的热带落叶季雨林、热带针叶林、热带低地雨林、热带山地雨林、热带山地常绿林和热带山顶矮林为研究对象,系统比较六种不同植被类型的物种组成、密度结构、径级结构及高度结构特征,为深入剖析群落物种共存机制奠定基础。

分别计算六种植被类型所有固定动态样地内的物种丰富度及多度和不同森林类型间物种的 Sørenson's 相似性指数。依据生活型将调查到的物种按照乔木、灌木和藤本划分。物种丰富度用其物种数表示,多度用株数表示。径级按 10 cm 一个级别,共划分为[1,10)、[10,20)、[20,30)、[30,40)、[40,50)、[50,60)、[60,70)、[70,+∞)。不同群落类型冠层的高度不同,如树高超过 18 m 在热带山地雨林中即进入林冠层,一般高度为 18~27 m,即进入主林层。在低海拔的热带低地雨林中,一般高度为 15 m 即进入林冠层,主林层的高度基本为 15~25 m。而在六种植被类型中,灌木一般高度小于 5 m,故将高度划分为 4 级:(0,5)、[5,15)、[15,25)、[25,+∞)。

用单因素方差分析(one-way ANOVA)和 TukeyHSD 多重比较不同森林植被类型的生活型、林分高度及径级差异,显著水平设定为 $p < 0.05$。数据处理在 R-2.15.0 程序(R Development Core Team,2011)中进行。

3.4.1　不同植被类型物种生活型组成

如图 3-12 所示,本研究中六种植被类型林分内不同生活型(乔木、灌木、藤本)之间的物种丰富度及多度均差异显著($p < 0.05$)。乔木物种丰富度最高在热带山地雨林,灌木物种丰富度最高在热带针叶林,藤本物种丰富度最高在热带落叶季雨林。表 3-3 表明,热带山地雨林与热带低地雨林物种组成的相似系数最大。随着不同生活型的变化,不同林分内的乔木、灌木和藤本的物种多度具有逐渐下降的趋势。

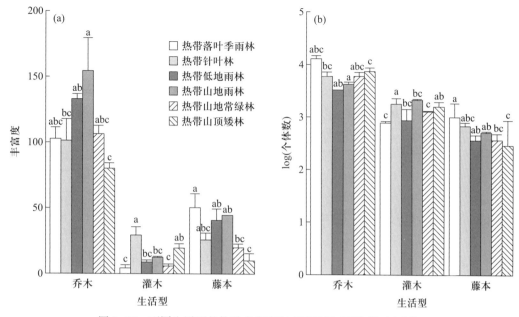

图 3-12 不同生活型的物种丰富度和多度差异(平均值±标准差)

表 3-3 不同植被类型的物种相似性比较

六种植被类型	Sørenson's 相似性指数					
	TDMRF	TCF	TLRF	TMRF	TMEF	TMDF
TDMRF	1					
TCF	37.52	1				
TLRF	22.71	42.63	1			
TMRF	13.61	32.12	70.08	1		
TMEF	9.31	16.15	35.06	44.12	1	
TMDF	5.84	14.75	26.67	35.49	65.05	1

注:TDMRF,热带落叶季雨林;TCF,热带针叶林;TLRF,热带低地雨林;TMRF,热带山地雨林;TMEF,热带山地常绿林;TMDF,热带山顶矮林。

在海南岛,6 种植被类型体现的物种丰富度的变化规律是位于中海拔的热带山地雨林的物种丰富度最高,其次是位于低海拔的热带低地雨林、热带落叶季雨林、热带针叶林,最低是位于山顶的热带云雾林(热带山地常绿林和热带山顶矮林),而导致这种差异的原因可能与土壤养分因子和小气候因子有关。土壤是植物生长的重要养分来源,土壤的理化性质与母质的不同,都可能影响生长于其中的物种,进而影响物种多样性(Yang et al. 2001;林永标等 2003;Long et al. 2011)。McKee 等(2000)研究指出,红树林的土壤理化性质影响着群落内植物种类的格局分布。此外,水热等环境因子组合的变化常常产生不同的生境,从而引起不同地带及区域生物多样性的差异。例如,对海南岛五指山的森林植被研究表明,水分子可能是影响物种多样性的一个重要原因;对锡林河草原群落植物的多样性研究表明,随海拔梯度的变化而导致的水热梯度不同是影响锡林河草原群落植物多样性和初级生产力的主导因子。热带落叶季雨林、热带低地雨林和热带针叶林三种群落类型之间年降雨量没有明显差异,但热带落叶季雨林内岩石裸露程度高、土层相对较薄及土壤持水能力差是导致其物种丰富度显著低于热带低地雨林和热带针叶林的主要原因。位于中海拔梯度的热带山地雨林,环境因子最适宜,即水热条件最适中,同时占据最大的面积,因而拥有最大的物种库,即物种丰富度最高。位于山顶的热带云雾林的物种丰富度最低,尽管海拔1200~1654 m及以上地带水分条件较好,土壤中的养分含量也不低,但温度相对较低,导致热量稍显不足,土壤中的养分分解循环速率不是很快,导致物种利用率低,进而物种丰富度偏低。

3.4.2 不同植被类型物种高度结构

如图3-13所示,不同植被类型的结构层次不同,高度亦有所不同。在树高[5,15)和[25,+∞)m的两个区间物种丰富度变化规律较一致,均体现为热带山地雨林>热带低地雨林>热带针叶林>热带山地常绿林>热带落叶季雨林>热带山顶矮林。在(0,5)m区间,物种丰富度的变化趋势稍有不同,热带山地雨林>热带低地雨林>热带落叶季雨林>热带针叶林>热带山地常绿林>热带山顶矮林。在[15,25)m区间,物种丰富度表现为:热带山地雨林>热带低地雨林>热带山地常绿林>热带针叶林>热带落叶季雨林>热带山顶矮林。

在(0,5)m区间,物种多度最高在热带落叶季雨林,且分别与其他五种植被类型差异显著。在树高[5,15)m和[25,+∞)m区间,差异不显著($p>0.05$)。在树高[15,25)m区间,物种多度相对较高分别在热带低地雨林和热带山地雨林,且与热带山顶矮林差异显著。

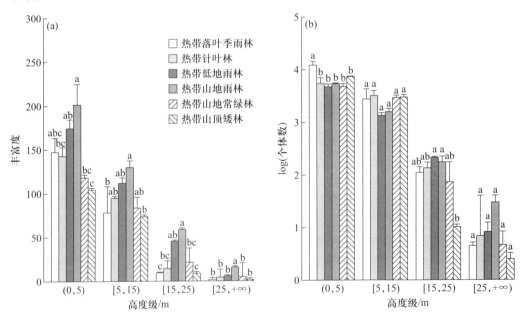

图3-13 不同高度级丰富度和多度差异(平均值±标准差)

3.4.3 不同植被类型物种的径级结构

六种森林植被类型物种径级结构的单因素方差显示差异显著($F = 0.89, p < 0.05$),随着物种径级的增加,物种的丰富度和多度显著降低(图3-14)。在胸径[1,10) cm 和[10,20) cm 区间,物种丰富度最高在热带山地雨林,其次是热带低地雨林,最低是热带山顶矮林。余下六个径级区间的变化规律较一致,均体现为热带山地雨林与热带低地雨林物种丰富度较高,而热带落叶季雨林、热带针叶林、热带山地常绿林和热带山顶矮林相对较低。在胸径[1,10) cm 区间,物种多度最高在热带落叶季雨林,且分别与其他五种植被类型差异显著。在胸径[10,20) cm 区间,物种多度在热带针叶林、热带山地常绿林和热带山顶矮林相对较高,在热带低地雨林和热带山地雨林相对较低。在胸径[20,30) cm 和[50,60) cm 区间,六种植被类型的物种多度不存在显著差异。在胸径[30,40) cm 和[40,50) cm 区间,均体现为热带落叶季雨林、热带针叶林、热带低地雨林、热带山地雨林和热带山地常绿林物种多度较高,但热带山顶矮林较低。在胸径[60,70) cm 和[70,+∞) cm 区间,热带针叶林、热带低地雨林、热带山地雨林和热带山地常绿林物种多度分别为7、14、18、6 和16、27、28、6。

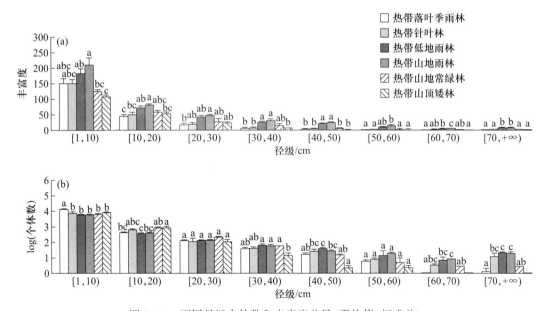

图3-14　不同径级个体数和丰富度差异(平均值±标准差)

在六种森林植被类型中,乔木,灌木和藤本物种丰富度存在一定差异。乔木物种在热带山地雨林最多,灌木物种在热带针叶林最多,藤本物种在热带落叶季雨林最多。不同林型内,乔木物种多度均显著高于灌木和藤本。这表明,在六种森林植被类型中,乔木物种是最主要的生活型。其物种的功能特性直接影响次要生活型的灌木和藤本的物种组成及多度(刘万德 2009)。

物种丰富度在所有的高度级和径级中均体现为热带山地雨林最丰富,其次依次是热带低地雨林、热带落叶季雨林、热带针叶林、热带山地常绿林和热带山顶矮林。而物种多度在小径级及(0,5) m 高度区间则为热带落叶季雨林最高,其次是热带山地常绿林、热带山顶矮林和热带针叶林。而在大径级和[15,25) m 和[25,+∞) m 区间则为热带山地雨林与热带低地雨林的物种多度最多。同时,物种丰富度及多度在径级和高度级中的分布均表现为倒"J"形。这表明,六种热带森林植被类型中小树较多,大树较少。有研究发现,小树的分布格局受大树影响,小树只有在这种情况下才能在大树下面苗壮成长(臧润国等 2000;陶建平等 2004;刘万德 2009)。在霸王岭林区,不同群落类型具有不同的林冠层高度。一般来说,中、高海拔的热带山地雨林的中主林层的高度基本为 18~27 m,树高超过 18 m 即进入林冠层;低海拔的热带林中主林层的高度基本为15~25 m,由于林冠层普遍低于热带山地雨林,在林内极为少见胸径较大、冠幅宽阔、超过 25 m的树木。热带山地雨林中高度超过 25 m 的树木有 60 株,热带低地雨林、热带落叶季雨林、热带针叶林、热带山地常绿林与热带山顶矮林中分别有 26 株、9 株、21 株、10 株和 5 株。对于形成林隙面积的大小,大树的多少具有重要的决定作用;而群落未来发展动态则由群落中小树物种多度决定(臧润国等 1999b)。在六种森林植被类型中,小径级和(0,5) m 和[5,15) m 高度区间物种多度显著高于其他径级和高度区间,[1,5) cm 径级区间物种多度在热带落叶季雨林、热带针叶林、热带低地雨林、热带山地雨林、热带山地常绿林和热带山顶矮林分别占个体总数的 80%、62.4%、75%、75.7%、61.6% 和 70.6%,在树高(0,5) m 区间物种多度在热带落叶季雨林、热带针叶林、热带低地雨林、热带山地雨林、热带山地常绿林和热带山顶矮林分别占个体总数的 85%、79.6%、79.5%、80%、74.2% 和 78.8%。可见,六种植被类型在小径级和低高度级区间的物种多度均超过个体总数的一半。而物种多度的倒"J"形分布正是这种随径级和高度级增加而物种多度逐渐减少形成的,表明群落处于稳定状态,显示群落的更新与死亡个体数达到平衡(臧润国等2002;刘万德等 2010b),标志着森林具有自然更新的潜力。

3.5 海南岛主要森林植被类型的物种多样性及其与环境因子的关系

环境因素可以作为一个"筛",它能够决定哪些物种或者性状可以在群落中生存和维持(Keddy 1992a;卜文圣 2013)。近年来,环境因子对生物多样性的影响是研究的重点之一,多个生态环境因子组合在一起产生不同的生境类型。例如,Tilman 等(1988)认为,环境中的不同资源比(土壤中 N 和 P 之比)会影响共存物种的数量,进而影响物种多样性。Toledo 等(2011b)认为,水热等环境因子组合的变化常常产生不同的生境,从而引起不同地带及区域生物多样性的差异。目前,不同植被类型物种多样性及其与环境因子的关系的相关研究仍然很少,而这些定量化的信息对理解环境因素如何影响生态系统功能具有重要意义(Suding and Goldstein 2008)。

分析生物多样性随植被类型及环境因子变化的方法主要是多元统计等数理化方法。生物多样性的测度指标主要包括 α 多样性(关于生境内部多样性的测定)、β 多样性(关于生境间多样性的测定,)和 γ 多样性。物种多样性及与环境因子耦合的常用研究方法包括:回归分析[简单线性回归、多元线性回归(Enter, Stepwise, Remove, Backward)]、相关性分析[Pearson、Spearman(非参数:秩相关)]及二元排序方法(RDA、CCA、DCA、DCCA 等)等。

热带雨林是地球上最复杂的森林生态系统类型,拥有最高的物种多样性和最复杂的群落结构,这极大地增加了热带林研究的难度系数。到目前为止,对热带雨林的群落结构和多样性的研究远不如其他森林群落类型深入(Tilman 1988)。同时,热带雨林也是一个易受人类干扰的脆弱生态系统,一旦遭干扰和破坏,会产生恶劣的生态学效应,给人类和自然带来严重的后果(安树青等 1999)。尽管针对海南岛热带森林生物多样性已展开了较多工作,主要包括不同森林类型的种–个体关系(余世孝等 2001),群落结构和树种多样性(安树青等 1999;臧润国等 1999c;臧润国等 2001)及雨林群落物种多样性的空间格局分析(余世孝等 2001;王伯荪等 2007)等,这些研究包含了部分海拔梯度上不同森林类型的物种多样性变化规律方面的工作,但缺乏系统的低、中、高海拔与之相适应的森林类型及林分内的相匹配的环境因子的物种多样性变化规律的研究。本节以海南岛霸王岭不同海拔梯度的热带天然林类型(热带落叶季雨林、热带针叶林、热带低地雨林、热带山地雨林、热带山地常绿林和热带山顶矮林)的固定样地为对象,计算其物种丰富度及物种多样性指数。同时根据种–面积、种–多度累积曲线和种–多度等级分布曲线,对六种热带天然林的物种丰富度及多样性的变异规律进行论证,之后选取与植被生态系统存在密切相关的环境因子[土壤全氮(TN)、有效氮(AN)、土壤水分含量(SWC)、冠层开阔度(CO)、日平均空气温度(AT)、pH、土壤全磷(TP)、有效磷(AP)和土壤有机质(SOM)],对不同森林类型的生物多样性指数进行 CCA 排序分析,进而比较主要环境条件对不同森林类型物种多样性指数的影响,以期回答以下 2 个问题:① 物种多样性指数如何随不同类型的热带天然林变化? ② 在不同的天然林分内,哪些因子是影响群落物种多样性的关键环境因子?

采用方差同质性检验的方法对环境因子进行方差齐性检验($p>0.05$)后,用单因素方差(one-way ANOVA)分析方法和 Duncan 多重比较($p<0.05$)检测不同森林植被类型的环境因子的差异。采用种–多度累积曲线、种–多度等级分布曲线对比不同森林植被类型的物种丰富度的差异。为了避免冗余变量的影响,用蒙特卡罗检验对植物物种组成影响显著的环境因子($p<0.05$)标注为红色。以 6 个植被类型的物种多度矩阵和样地环境矩阵为基础进行典范对应分析(canonical correspondence analysis,CCA),分析不同植被类型的环境因子对物种组成的影响,进而揭示环境与物种多样性的关系。

3.5.1 物种多样性随不同森林植被类型的变化

如图 3-15 所示,六种森林植被类型的种–面积、种–多度累积曲线的变化规律表明,热带山地雨林与热带低地雨林具有较高的种–面积和种个体累积速率,热带山地常绿林与热带山顶矮林最低,而热带落叶季雨林及热带针叶林位于两者之间。在种–多度等级分布曲线中,热带山顶矮林和热带山地常绿林曲线波动程度相对较大,热带落叶季雨林和热带针叶林居中,而热带山地雨林与热带低地雨林的分布曲线相对平缓,说明六种森林植被类型内低密度种均占较大比例,热带山地雨林和热带低地雨林占比例最大,其次是热带落叶季雨林和热带针叶林,热带山地常绿林和热带山顶矮林最低。从种–面积、种–多度累积速率变化规律得出,六种森林植被类型的物种多样性从大到小依次为热带山地雨林、热带低地雨林、热带落叶季雨林、热带针叶林、热带山地常绿林及热带山顶矮林。

不同森林植被类型间的物种丰富度分布表明,中海拔的热带山地雨林物种丰富度最高,其次

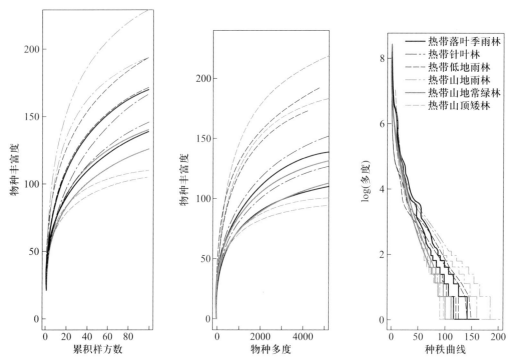

图3-15　不同森林植被类型的种-面积、种-多度累积曲线和种-多度等级分布曲线(见书末彩插)

是低海拔的热带低地雨林、热带落叶季雨林和热带针叶林,而热带山地常绿林和热带山顶矮林最低。不同森林植被类型间的物种丰富度的变化规律符合中度膨胀现象(马克平等 1997a;李清河等 2002;张峰等 2002;常学向等 2004),可能是由于海拔较低的地带,植物生长季节光照充足,但水分条件较差;而高海拔地带水分条件较好,但光照稍不足。因此,对植物生长发育十分重要的水分和热量因子变化趋势不一致。在中海拔地带(800~1200 m),尽管水分和热量因子都处于中等水平,但资源的可利用性可能最高。另外,不同植被类型分布物种的也可以有如下解释:

　　由于热带山地雨林位于中海拔梯度,环境因子最适宜,占据最大的面积,因而拥有最大的物种库,对邻近植被类型的物种组成和群落结构产生重要的影响。热带山地雨林物种库的物种向上和向下移动,经历的环境条件都会不合时宜,面临有压力的环境因子组合。当物种库里面的物种向低海拔移动时,低氮和低的土壤水分含量成为限制因子;向上移动时,低温和高频率的雾成为某些物种的限制因子(Bubb et al. 2004;Guevara 2005)。热带低地雨林在我们研究领域占据第二大的面积。环境因子相对适宜,尽管存在一些有压力的生境(如水分和养分含量低),滤掉了来自热带山地雨林物种库的物种,这就导致了热带低地雨林物种数稍低于热带山地雨林。尽管热带落叶季雨林和热带针叶林与热带低地雨林分布在相同的海拔梯度,但环境因子条件差别很大。由于热带山地雨林物种库的物种向下移动到这些特殊有压力的生境,很多物种不能适应低海拔的干旱生境和低的土壤养分,导致低海拔的这两种植被类型的物种丰富度相对较低。而低的土壤水分含量和高的土壤 pH 是导致热带落叶季雨林的物种丰富度低的主要原因。排除干旱和岩石裸露的生境,贫瘠的土壤养分也是热带针叶林物种丰富度低的主要原因。来自热带山地雨林物种库的物种向热带山地常绿林和热带山顶矮林移动时,低温、低的土壤 pH、高频次的雾和强风阻挡了部分物种进入云雾林成功定居。除此以外,低的群落高度提供了很少的生态位空间,对于部分来自热带山地雨林物种库的物种来说无法成功定居(侯继华等 2002),这也是导致热带云雾林物种丰富度低的原因。

3.5.2　不同植被类型内物种多样性与环境因子相关性

CCA 排序结果展示了六种主要森林植被类型的物种组成差异及其与不同环境因子的相关性(图 3-16)。CCA 第一排序轴将热带落叶季雨林、热带针叶林与其他植被类型分开,而 CCA 第二排序轴将两种热带雨林(热带低地雨林和热带山地雨林)与两种热带云雾林(热带山地常绿林和热带山顶矮林)分开。与 CCA 第一排序轴显著相关的环境因子是土壤 pH(−0.97)、日平均空气温度(−0.8),而与 CCA 第二排序轴显著相关的环境因子是冠层开阔度(0.78)、土壤有机质(0.70)、土壤全氮(0.571)和土壤有效磷(0.711)。

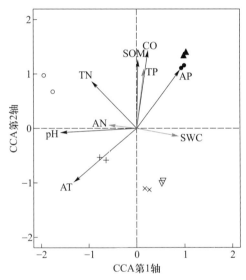

图 3-16　不同植被类型的物种丰富度和环境因子的 CCA 分析
○热带落叶季雨林;+热带针叶林;×热带低地雨林;▽热带山地雨林;●热带山地常绿林;▲热带山顶矮林

CCA 排序结果展示了 6 种主要森林植被类型的物种组成差异及其与不同环境因子的相关性(图 3-16)。CCA 第 1 排序轴将热带落叶季雨林和热带针叶林与其他种植被分开,而 CCA 第 2 排序轴将 2 种热带雨林(低地雨林和山地雨林)与两种云雾林(热带山地常绿林和山顶矮林)分开。热带云雾林(热带山地常绿林和热带山顶矮林)显著地与低的土壤 pH 和日平均空气温度相关。酸性土壤和低温的组合在热带云雾林中对很多热带物种的分布是强制的限制因子,导致物种丰富度的下降和高比例的低矮物种的存在。位于山底的热带落叶季雨林,伴随高的土壤 pH 和高温,和位于高海拔的热带山地常绿林和热带山顶矮林的环境因子形成强烈的对比。该地域降雨量小且季节分配不均,土壤保水能力差,导致林中植物为应对水分亏缺而采取干旱策略——具有长刺及季节性落叶的生态学特性,来缓解由于水分的严重补给不足而引起的物种消失及个体数的下降。很多实验证明,氮元素是植物必需的一种大量元素,它的缺乏将影响植物正常生长,从而影响物种的多样性,所以在土壤中氮元素必须充足,以保证植物快速良好的发展(Eviner et al. 2006;Fornara et al. 2009;Corre et al. 2010;Mueller et al. 2013)。在热带落叶季雨林中,全氮与物种分布显著相关,这可能是由于豆科植物和其他固氮物种的广泛存在而引起的(Huston 1980;Huston 1994)。同样,热带针叶林物种丰富度低主要是由于恶劣的环境条件,如在干旱的季节相对较高的温度、高的土壤 pH。所以,热带针叶林物种需要耐高温和耐贫瘠。在六种植被类型中,热带山地雨林和热带低地雨林物种丰富度相对较高,主要归因于最适宜的环境条件,体现环境条件的中域效应。中等环境条件提供沿着环境梯度占据不同点的物种的重叠,进而产生最高累积的物种丰富度的环境域的中心点(Colwell et al. 2000)。已经观测的生物多样性和非生物环境因子的分布格局支持了环境因子的中域效应影响。

第 2 排序轴主要表现了植物群落所在环境的土壤有机质、冠层开阔度及有效磷的变化趋势,同时沿第 2 排序轴从下到上的走势明显看出,这三个环境因子把土壤养分充足和养分贫瘠的植被类型分开,轴下方分布的是土壤严重贫瘠、养分含量极低的热带针叶林,其次是热带低地雨林和热带山地雨林,由于这两种植被类型的物种组成多样化及结构复杂,加速土壤中物质的分解率和生物归还率,促进土壤物质循环,因而土壤养分含量并不很高。位于轴上方是土壤养分含量比较丰富的热带山地常绿林和热带山顶矮林。研究表明,磷在热带森林土壤中普遍缺乏(卜文圣 2013),全磷含量绝大部分都低于 $0.8\ \mathrm{g\cdot kg^{-1}}$,而热带山顶矮林的全磷含量依然低于 $0.8\ \mathrm{g\cdot kg^{-1}}$。由于磷的缺失往往影响植物光合作用,限制植物生长(Long et al. 2011;龙文兴 2011;卜文圣 2013)及个体分布,而磷在热带山顶矮林成为限制性因子可能是由于林分内的土壤 pH 最低(图 3-16),土壤酸性较强,土壤中含有的 $H_2PO_4^-$ 易与 Al^{3+} 和 Fe^{3+} 形成难溶复合物而不易被植物吸收(Bohn et al. 2002;龙文兴 2011),从而影响了物种的丰富度及物种多度的均匀分布。有机质中含有大量植物生长所必需的营养元素,是土壤肥力综合指标的体现,它的缺乏将影响植物正常生长及导致个体数量的降低,从而对物种多样性产生显著的影响(Whittaker et al. 1989)。而CCA 分析中的第二排序轴体现的规律是土壤有机质对物种分布具有显著影响。

3.6　海南岛主要森林植被类型群落水平植物功能性状及其与环境因子的关系

对植物功能性状与环境间关系的分析是当前物种分布和群落组配机制的常用方法(Swenson et al. 2010)。例如,比叶面积是最重要的叶片性状之一,反映了叶片捕获光照资源的能力,与植物相对生长速率、叶的周转速率、叶的养分含量和净光合速率正相关(Poorter 1999),与叶寿命负相关(Poorter 2009)。叶氮含量和叶磷含量与光合能力也呈正相关。叶片的叶绿素含量不仅与叶氮紧密相关而且与叶磷的利用效率呈正相关,叶绿素含量降低会导致磷和蛋白质的含量下降,从而降低光合速率(刘万德 2009;刘万德等 2009)。植物的茎性状能够反映其稳定性、防御能力、固碳能力等(路兴慧等 2011)。由于木材密度具有很好的生态学意义并且数据易于获取,因此常被作为比较物种生态策略的指标(Poorter et al. 2010a)。Reich 等(2003b)以及 Witkowski 等(2000)研究发现,在养分贫瘠的环境中,物种的木材密度较高,体现了物种为了更好适应恶劣生境的生态保守策略。

大量研究表明,植物高度、叶片形态和生理性状受很多环境因子(如光、温度、土壤磷、土壤氮和土壤有机质含量)及其组合影响(Baribault et al. 2012;Bodin et al. 2013),它们的空间分异反映植物对不同环境的适应(Long et al. 2011)。例如,在高海拔环境中,温度是最重要的限制因子,常导致植物个体偏小,单位面积叶片干物质含量高,叶片密度和叶片厚度大,这些性状的变化都被认为是对低温环境的适应及采取保守的生态策略(Cornelissen et al. 2003a)。本节以六种热带天然老龄林固定样地为对象,选取比叶面积、叶绿素含量、叶氮含量、叶磷含量和木材密度5个功能性状,通过比较主要环境因子和植物功能性状的变化规律,以期回答以下2个问题:① 环境因子和群落水平的功能性状随不同的植被类型的变化规律是什么? ② 在六种森林植被类型中,哪些环境因子是影响群落水平功能性状变化的主要环境因子?

群落水平功能性状值(CWM)是由测定的物种水平的功能性状值以物种多度为基础加权平均,得到各个性状在群落水平的平均值,计算公式为

$$CWM = \sum_{i=1}^{S} W_i \times X_i \tag{3-1}$$

式中,S 是物种总数,W_i 是 i 物种的相对多度,X_i 是物种 i 的特征值。

本节应用单因素方差检验(one-way ANOVA)对各个性状在群落水平的均值进行比较。在差异显著的情况下,应用 Tukey HSD 多重检验比较不同群落水平植物功能性状差异。为了探讨每一植被类型内,哪些环境因子对群落水平的功能性状值产生影响,应用多元逐步回归分析,仅保留对因变量具有显著影响的因子($p<0.05$)。

3.6.1　不同植被类型的群落水平植物功能性状比较

如图 3-17 所示,在群落功能性状值中,比叶面积最高在热带落叶季雨林,最低在热带山顶矮林,与热带针叶林、热带低地雨林、热带山地雨林差异显著。叶绿素含量最高在热带低地雨林和热带山地雨林,最低在热带针叶林和热带山顶矮林,热带落叶季雨林和热带山地常绿林位于两者之间。叶氮含量最高在热带落叶季雨林,最低是热带山顶矮林。叶磷含量在热带落叶季雨林最高,其次是热带针叶林、热带山顶矮林、热带山地雨林和热带山地常绿林,最低是热带低地雨林。木材密度在热带落叶季雨林、热带山地雨林、热带山地常绿林相对较高,但差异不显著;相对较低的值在热带针叶林、热带山地雨林和热带山顶矮林。

对不同植被类型功能性状进行方差分析,结果表明,随着不同植被类型环境因子(土壤养分、土壤水分和光照条件)的变化,群落功能性状比叶面积、叶绿素含量、叶氮含量、叶磷含量和木材密度展示不同的变化趋势(图 3-17)。比叶面积是用来预测物种沿着资源使用轴的分布位置,与物种的资源使用策略紧密相关(Wright et al. 2004b,2004c;Schamp et al. 2008)。比叶面积在热带落叶季雨林和热带山地雨林的含量最高,暗示物种对资源丰富环境的适应;而相对较低的比叶面积值在热带针叶林、热带低地雨林、热带山地常绿林和热带山顶矮林,暗示物种对资源贫瘠环境的适应。叶氮和叶磷含量在 6 种植被类型的变化趋势与群落比叶面积的变化具有一致性,主要归因于植物功能性状的高度相关性(Wright et al. 2004b,2004c;Osnas et al. 2013)。叶绿素含量最低在热带山顶矮林,可能是由于植物把叶子含有的养分更多分配用于抵抗有压力的环境,如低温、大风和高频率的雾(Long et al. 2011;Ledo et al. 2012),而很少分配到能够促进叶的

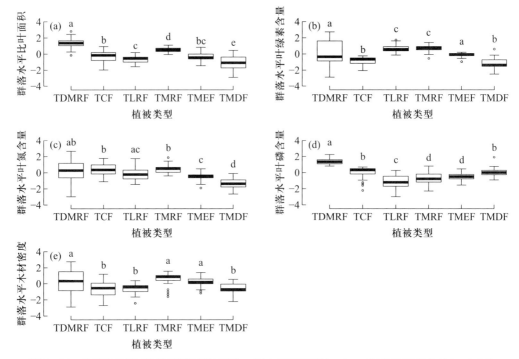

图 3-17 功能性状随不同植被类型的变化。图中不同字母(a、b、c、d)表示显著差异($p<0.05$)
TDMRF,热带落叶季雨林;TCF,热带针叶林;TLRF,热带低地雨林;TMRF,热带山地雨林;TMEF,热带山地常绿林;TMDF,热带山顶矮林

光合作用和生长的器官中。叶磷含量在热带低地雨林最低,展示从热带低地雨林、热带山地雨林到热带云雾林逐渐上升的趋势,与热带落叶季雨林和热带针叶林差异显著。叶磷与土壤磷含量具有一定的相关性(Ordoñez et al. 2009)。越是老龄林,物种对土壤里磷的利用性越低(Richardson et al. 2004)。叶磷含量在热带低地雨林与热带山地雨林显著低于其他4种植被类型,这主要归因于热带落叶季雨林、热带针叶林、热带山地常绿林和热带山顶矮林从演替初期到末期的发展阶段时间过短或者区域性植被(热带低地雨林和热带山地雨林)从初期发展到演替终极可能遇到极端恶劣的环境条件。木材密度最低在热带山顶矮林,这可能是由于热带山顶矮林的极端恶劣环境;相反,木材密度在热带山地雨林最高,这可能是由于植被所分布的环境是最适宜的,既不是最高也不是最低(Fortunel et al. 2014)。

3.6.2 不同植被类型群落水平植物功能性状与环境因子的关系

多元逐步回归结果表明(表3-4),多数功能性状对环境因子产生显著响应。在热带落叶季雨林中,比叶面积与土壤水含量呈正相关,与有效氮和冠层开阔度呈负相关。叶绿素含量与有效氮呈正相关,与冠层开阔度呈正相关。木材密度与有效氮呈正相关。在热带针叶林中,叶绿素含量与冠层开阔度和有效氮正相关。在热带低地雨林中,比叶面积、叶氮含量和叶磷含量与土壤有效磷呈正相关。在热带山地雨林中,比叶面积和叶磷含量与土壤全磷、冠层开阔度呈正相关。在热带山地常绿林中,比叶面积和叶氮含量与全磷和土壤有机质呈正相关。叶磷含量和土壤有机质呈正相关,与土壤 pH 呈负相关。在热带山顶矮林中,比叶面积与全氮和全磷呈正相关;叶氮含量与全氮呈正相关;叶磷含量与土壤水含量呈正相关,与土壤 pH 呈负相关。

表 3-4 不同植被的功能性状和环境因子的多元逐步回归结果

群落水平功能性状	环境因子								参数		
	CO	SWC	pH	SOM	TN	TP	AN	AP	R^2	AIC	$p<$
热带落叶季雨林											
CWM_SLA	−0.31	0.36					−0.61		0.47	−29	0.00
CWM_CC	0.33						0.47		0.18	−8	0.01
CWM_WD							0.34		0.27	−10	0.01
热带针叶林											
CWM_CC	0.34						0.31		0.29	−12	0.01
热带低地雨林											
CWM_SLA								0.32	0.15	−5	0.05
CWM_LNC								0.37	0.17	−5	0.05
CWM_LPC								0.32	0.14	−4	0.05
热带山地雨林											
CWM_SLA						0.33			0.13	−4	0.05
CWM_CC	0.34								0.17	−4	0.05
CWM_LPC						0.31			0.10	−5	0.05
热带山地常绿林											
CWM_SLA				0.27		0.33			0.22	−8	0.05
CWM_LNC				0.30		0.60			0.35	−15	0.01
CWM_LPC			−0.37	0.36					0.24	−6	0.05
热带山顶矮林											
CWM_SLA					0.36	0.34			0.34	−13	0.01
CWM_LNC					0.29				0.32	−10	0.01
CWM_LPC		0.32	−0.19						0.17	−5	0.05

注:CO,冠层开阔度;pH,土壤 pH;SOM,土壤有机质;TN,土壤全氮;TP,土壤全磷;AN,土壤有效氮;AP,土壤有效磷;R^2,决定系数;AIC,赤池信息准则;环境变量的数值为通径系数。

多元逐步回归分析表明,同一功能性状在不同的植被类型响应不同的环境因子组合。热带落叶季雨林的环境特点是高光强和高的土壤养分、低的土壤水含量,而物种具有典型的旱季落叶特征,这就导致物种为了适应这样典型的生境特征而体现不同的叶寿命循环。由于具有落叶的典型特点,产生大量的凋落物,释放出大量的营养物质进入土壤,进而维持较高水平的土壤肥力

（Poorter 2009）。其次,热带落叶季雨林的地形特点是岩石较多,季节性干旱又导致土壤含水量低。比叶面积与土壤含水量和冠层开阔度显著相关。光是最强的调节比叶面积的气候因子（Ordoñez et al. 2009）。热带落叶季雨林的光照环境对于一些落叶物种是过强的,而强光可能会抑制叶面积的光合能力和叶干物质的累积,导致比叶面积与冠层开阔度呈负相关。热带落叶季雨林生境干旱和温度偏高,导致水分短缺,因此水分对于叶的生长是重要的限制因子,导致比叶面积和土壤水含量积极正相关。有效氮与比叶面积负相关,这可能是由于热带落叶季雨林里面的氮含量较高,而过高的氮抑制了叶面积和叶干物质的积累。土壤里面过多的有效氮可能会抑制植物氮到叶的转换速率而增加了到其他器官（茎和根）的转换速率（Engels et al. 2011）。这种转换速率可能降低通过落叶的养分损失,但进一步增加了土壤养分累积。体现了物种在物种生长和养分保守的权衡（Wright et al. 2004b;Wright et al. 2004c）。

在热带针叶林中,土壤有效氮和冠层开阔度的组合共同影响叶绿素含量。热带针叶林的环境特征是土壤贫瘠、高光强和低的土壤水含量。这就符合热带针叶林林分内含有的优势植物南亚松适应贫瘠环境的特性（Zhang et al. 2014）。叶绿素含量是衡量光合能力、耐胁迫和养分含量的一个良好的指标（Bazzaz 1998）。氮缺失导致叶片里面的叶绿素含量降低,直接导致光合速率的下降（Ibrahim et al. 2013）。因此,冠层开阔度和有效氮与叶片的叶绿素含量积极正相关。

在热带低地雨林中,土壤有效磷与比叶面积、叶磷含量和叶氮含量呈正相关。由于土壤磷含量太低,磷作为一个主要的限制因子影响热带低地雨林的植被分布（Cleveland et al. 2011）。本节的研究结果显示,热带低地雨林的磷含量在 6 种植被类型中是最低的。随着土壤磷含量的增加,叶面积会快速增长,叶干物质和养分会快速累积。我们的研究结果也反映了这一规律。

在热带山地雨林中,冠层开阔度与叶绿素含量呈正相关;土壤全磷与比叶面积、叶片磷含量呈正相关。光照条件是调节群落结构高度的时空异质性的主导环境因子（Gravel et al. 2010）。热带山地雨林的树冠非常复杂和郁闭,遮挡了大部分冠层光照,使穿透到林下的光照较弱,因此光照条件是一个主要的环境因子。在冠层下面,逐渐增加的光照条件能够提高叶片的叶绿素含量和光合能力,导致冠层开阔度和叶绿素含量呈正相关。由于磷含量在热带雨林缺失,而土壤磷的缺失抑制了物种的生长,因此导致叶磷与全磷含量呈正相关。叶片里面磷可以促进叶面积的增加和叶干物质的累积,导致比叶面积和全磷含量呈正相关。

在热带山地常绿林中,土壤环境是偏酸性的,土壤有机质的分解、土壤阳离子的交换和饱和度均偏低（Hölscher et al. 2003,2004b）。结果显示,在所选择的环境因子中,土壤 pH、土壤有机质和全磷与比叶面积、叶氮和叶磷含量紧密相关。酸性土壤抑制了叶片磷元素的转换速率和吸收速率,导致叶磷和土壤 pH 呈负相关。土壤有机质含量在热带山地常绿林很高,对比叶面积、叶磷和叶氮影响显著,这可能是因为高的土壤有机质对土壤氮磷含量和温度有积极的影响。相对较高的温度利于高海拔物种的生长和新陈代谢。比叶面积、叶磷与土壤全磷含量的积极正相关说明,对于生长在热带山地常绿林中的植物,磷是主要的限制因子（Baribault et al. 2012）。

在热带山顶矮林中,比叶面积与土壤全磷、全氮呈正相关;叶氮与土壤全氮呈正相关;叶磷与土壤 pH 呈负相关,与土壤含水量呈正相关。土壤 pH 随着海拔升高而降低,土壤水含量升高,低土壤 pH 可以促进土壤中磷酸钙的溶解,提高土壤磷的供磷强度（Wright 1992;Wright et al. 2011）,因此促进叶片磷的吸收,导致叶磷与土壤 pH 呈负相关,与土壤水含量呈正相关。磷和氮是热带森林土壤的主要限制因子（Bohn et al. 2002）。在缺磷的土壤环境中,植物用于合成单位干物质的叶面积小,导致单位干物质的光合作用低(Long et al. 2011)。热带山顶矮林低温胁迫导致相对短的生长季,缓慢的生长速率和低的冠层结构使得分配到光合器官的氮含量较少,因而降低了光合能力。

3.7　海南岛主要森林植被类型植物功能多样性及其与环境因子的关系

通过测定不同森林群落类型的物种丰富度、分布均匀度及群落内部物种优势度综合反映的数值,不仅体现了群落结构类型、组织水平、发展阶段、稳定程度和生境差异,也深度揭示了不同自然地理条件与不同森林群落类型的相互作用及关系(Naeem 2002)。以往很多研究过分强调物种多样性的作用,甚至只以群落物种数目来研究其与生态系统功能的关系,而忽略了群落物种功能多样性的作用(Petchey and Gaston 2007;Mouchet et al. 2010)。由于物种分布的地域限制,不同生态系统的物种组成与数目有很大的差异,而传统的功能群定性分类主要强调物种的形态特征而非功能属性(肖玉等 2012)。因此,仅以物种多样性来研究生物多样性的生态系统功能效应势必存在很大的局限性。

植物功能性状将环境、植物个体和生态系统结构、过程与功能联系起来,植物通过调节外部形态及内部生理特征来响应和适应环境的变化,同时改变其对生态系统功能的影响(Kraft et al. 2008;Bernhardt-Römermann et al. 2011;Laurans et al. 2012)。而生物群落中功能性状的变化通常用功能多样性(functional diversity)来定量表述,功能多样性是生物多样性一个非常重要的组成,主要研究群落或生态系统中有机体性状值的范围和分布,它包含种间功能性状差异、物种组成及其相对多度等基本成分(Bockheim 2008;Mouchet et al. 2010;Pakeman 2011)。相对于物种多样性来说,功能多样性考虑了共存的互补和冗余(Díaz et al. 1997,1999),把有机体和生态系统连接起来(Petchey and Gaston 2007),并且可以用多个性状描述不同的生态系统功能(Brym et al. 2011),因而具有更好、更准确的预测能力。环境因素可以作为一个"筛",它能够决定哪些物种或者性状可以在群落中生存和维持(Keddy 1992a)。卜文圣等(2013)研究认为,在热带天然老龄林中,冠层开阔度、土壤容重和全磷含量是决定功能多样性的关键环境因子,表明某一演替的功能多样性往往受到某一特定环境筛的影响。

本节以我国海南岛典型的六种主要森林植被类型(热带落叶季雨林、热带针叶林、热带低地雨林、热带山地雨林、热带山地常绿林和热带山顶矮林)为研究对象,选取 5 个与森林生态系统功能存在密切相关的功能性状(比叶面积、叶干物质含量、叶氮含量、叶磷含量和木材密度)进行功能多样性指数计算,通过比较主要环境因子对不同森林植被类型的功能多样性指数的影响,以期回答以下两个问题:① 不同森林植被类型功能多样性的变化规律是什么? ② 在不同的森林植被类型中,哪些因子是影响群落物种多样性的关键环境因子?

本节中的功能多样性指标包括功能丰富度(functional richness,FRic)、功能均匀度(functional evenness,FEve)、功能分离度(functional divergence,FDiv)和功能离散度(functional dispersion,FDis)。功能丰富度是指群落中物种所占有的以 n 维功能性状为基础的凹凸包量。功能均匀度是指群落中物种功能性状数值在凹凸包量中排列的规则性。功能分离度是指群落中物种功能性状数值在凹凸包量中排列的分散性。功能离散度是指群落中每个物种的 n 维功能性状到所有物种功能性状空间重心的平均距离。各指数的计算公式见表 3-5。在功能多样性指数计算的基础上,采用单因素方差(one-way ANOVA)方法分析不同森林植被类型间的功能多样性差异,并在差异显著时,进行多重比较(Tukey HSD),从而获得生物多样性随不同森林植被类型的变化规律。应用多元逐步回归模型计算通径系数,其绝对值表示环境因子对不同森林植被类型功能多样性产生的显著影响。

表 3-5　功能多样性指数计算公式

指数	计算公式	变量说明	参考文献
功能丰富度	$FRic = \dfrac{SFci}{R_c}$	$SFci$ 为群落 i 内物种所占据的生态位空间;R_c 为特征 c 的绝对值范围	(Mason et al. 2005)
功能均匀度	$FEve = \dfrac{\sum\limits_{i=1}^{S-1} \min\left(PEW_i \dfrac{1}{S-1}\right) - \dfrac{1}{S-1}}{1 - \dfrac{1}{S-1}}$	S 为物种丰富度;PEW_i 为物种 i 的局部加权均匀度	(Villéger et al. 2008)
功能分离度	$FDiv = \dfrac{2}{\pi}\arctan\left\{5 \times \sum\limits_{i=1}^{N}\left[\ln C_i - \overline{\ln x})^2 \times A_i\right]\right\}$	C_i 为第 i 项功能特征的数值;A_i 为第 i 项功能特征的相对丰富度;$\ln x$ 为物种特征值自然对数的加权平均	(Mason et al. 2005)
功能离散度	$FDis = \dfrac{\sum a_j z_j}{\sum a_j}$	a_j 为物种 j 的多度;z_j 为物种 j 到加权质心的距离	(Laliberté and Legendre 2010)

3.7.1　植物功能多样性随不同植被类型的变化

如图 3-18 所示,功能丰富度指数在热带山地雨林最高,其次是热带落叶季雨林、热带针叶林、热带山地常绿林和热带低地雨林,热带山顶矮林最低。功能均匀度指数在热带山地雨林中最高,其次是位于低海拔的三个植被类型(热带落叶季雨林、热带针叶林和热带低地雨林),最后是位于高海拔的热带云雾林(热带山地常绿林和热带山顶矮林)。功能分离度指数在热带落叶季雨林最高,热带山地常绿林最低,两者分别与其他四种森林植被类型差异显著。功能离散度指数在热带落叶季雨林最高,其次是热带针叶林、热带山顶矮林、热带山地常绿林和热带山地雨林,热带低地雨林最低。

作为衡量生物多样性的另一种方法,是通过计算不同森林类型功能多样性指数的大小来衡量群落内部资源互补性利用的程度,进而作为生产力、可靠性、对入侵的脆弱性等指标的深度剖析(Petchey and Gaston 2006)。如图 3-18 所示,功能丰富度指数与功能均匀度指数在六种主要森林植被类型中均体现出中间高、两边低的变化规律,即热带低地雨林和热带山地雨林相对较高,其次是位于低海拔的热带落叶季雨林和热带针叶林,位于山顶的热带云雾林(热带山地常绿林和热带山顶矮林)最低。很多研究表明,功能丰富度随物种丰富度的增加而显著上升(Petchey

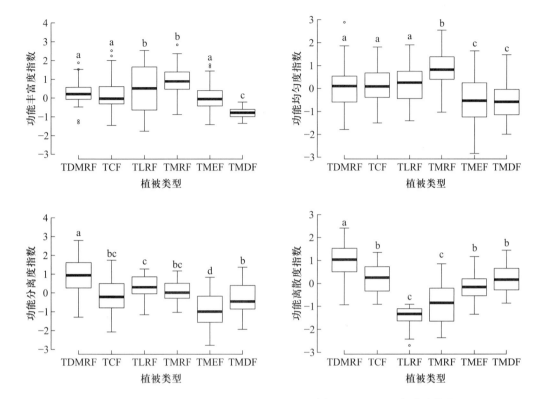

图 3-18　功能多样性随不同植被类型的变化。图中不同字母(a、b、c、d)表示显著差异(*p*<0.05)
TDMRF,热带落叶季雨林;TCF,热带针叶林;TLRF,热带低地雨林;TMRF,热带山地雨林;TMEF,热带山地常绿林;TMDF,热带山顶矮林

and Gaston 2006)。Mouchet 等(2010)的研究结果表明,虽然功能丰富度与物种丰富度并非呈简单的线性关系,但它们之间存在一定的正相关关系。本研究结果符合这一结论。由于群落的功能丰富度表明了物种在群落中所占据的功能空间的大小(张金屯等 2011),当性状随机分布时,物种越多,它们所占据的性状空间也就越大。本章的结果表明,六种森林植被类型的物种丰富度的变化规律:热带山地雨林(物种丰富度 259)>热带低地雨林(物种丰富度 240)>热带落叶季雨林(物种丰富度 171)>热带针叶林(物种丰富度 168)>热带山地常绿林(物种丰富度 124)>热带山顶矮林(物种丰富度 108)。

功能均匀度指数是对物种性状平均值在已占据性状空间中是否分布均匀的度量。当性状空间内的物种及其多度都均匀时,功能均匀度为最高;反之,则代表群落中物种或/和其丰富度在性状空间内呈分散集群状态(Mouchet et al. 2010)。功能均匀度体现了群落内物种对有效资源的利用效率(Laliberté and Legendre 2010),功能均匀度越高说明资源利用越充分、均匀;功能均匀度越低则说明某些资源利用过度,而其他资源尚未利用或很少利用。本研究中,热带山地雨林的功能均匀度指数最高,说明热带山地雨林中的物种在性状空间中性状分布的均匀程度及对资源利用的彻底程度显著大于其他五种森林植被类型。另外,一些稀有种的产生,有可能填补了原来缺失的某些群落功能,本章对六种森林植被类型的种-多度累积曲线研究认为,热带山地雨林和热带低地雨林的低密度种占较大比例,使得植物群落在功能性状空间分布更加均匀,从而使这两种植被类型的功能均匀度指数相对较高。

功能分离度反映了从一个群落中随机抽取两个物种，它们功能特征相同的规律，同时也体现了物种间的生态位互补程度，定量地表示了群落中的特征值的异质性（张金屯等 2011）。在我们的研究中，热带落叶季雨林、热带低地雨林和热带山地雨林的功能分离度指数显著高于热带针叶林、热带山地常绿林和热带山顶矮林，说明热带落叶季雨林、热带低地雨林和热带山地雨林的物种生态位重叠的效应比较弱，资源竞争弱。

功能离散度指数是体现群落资源差异程度乃至竞争程度的指标，也是群落中极端物种的优势度的衡量指标（Mason et al. 2005），它是通过相对多度来计算各物种间的距离，但是仅对加权后的功能性状的平均绝对偏差进行度量，所以功能离散度指数不受物种丰富度的影响。功能离散度在热带落叶季雨林和热带针叶林相对较高，其次是热带山地常绿林和热带山顶矮林，热带低地雨林和热带山地雨林最低。热带低地雨林和热带山地雨林的物种丰富度是最高的，但功能离散度指数最低，体现其不受物种丰富度干扰的规律。热带落叶季雨林属于热带干、湿周期交替地区的一种森林类型，形成原因是该地区降雨量小及季节分配不均，土壤保水能力差，导致林中植物为应对这种水分亏缺而采取的应对反应——落叶；此外，为了减少水分蒸发，植物多具刺，是季雨林物种适应干旱策略的另一重要特征。由于这种典型的气候类型及地形地貌，加上物种为适应这样特殊的生境异质性而具有的落叶及具刺的生态学特征，所以与其他的群落类型相比，热带季雨林的物种优势度更加明显，具有明显的标志种，如海南榄仁、枫香，甚至在一些局部地段形成单优势种群落（刘万德 2009）。而功能离散度指数是对群落资源差异程度、竞争程度指标及群落中极端物种的优势度的一个综合衡量（Mason et al. 2005），研究认为，热带落叶季雨林的功能离散度指数最高，说明群落中的资源差异程度高，受到限制相似性的影响高。

3.7.2　不同森林植被类型的植物功能多样性与环境因子的关系

多元逐步回归模型结果表明，在热带落叶季雨林中，冠层郁闭度、土壤水含量和土壤全磷对功能多样性产生显著的影响。在热带针叶林中，土壤水含量、土壤有机质、全磷和有效磷对功能多样性产生显著的影响。在热带低地雨林中，土壤有机质、土壤全磷和有效氮对功能多样性产生显著的影响。在热带山地雨林中，土壤全磷和有效磷对功能多样性产生显著的影响。在热带山地常绿林中，土壤 pH 和土壤全磷对功能多样性产生显著的影响。在热带山顶矮林中，土壤有机质和土壤全磷对功能多样性产生显著的影响（表 3-6）。

这些研究结果显示，在六种森林植被类型中，不同的功能多样性指数受不同环境因子的影响，每一植被类型内功能多样性指数与特定的环境因子发生作用。有研究表明，在土壤肥力较强的土壤中，共存的物种在资源利用策略上往往不同，肥沃的土壤更能增加群落的功能多样性（Mason et al. 2012b）；通过植物在光资源捕获上的垂直分配，可以增加群落功能多样性（Coomes et al. 2005；Cornwell et al. 2009）。也有研究证实，pH 是影响土壤微生物多样性的重要因子，且土壤微生物功能多样性随纬度增加而降低，与环境的温度、土壤 pH 呈正相关。因而，环境因子也有可能通过影响土壤微生物再影响植物群落的功能多样性。

表 3-6　六种森林植被类型的功能多样性和环境因子的多元逐步回归分析

功能多样性	环境变量								参数		
	CO	SWC	pH	SOM	TN	TP	AN	AP	R^2	AIC	$p<$
热带落叶季雨林											
FRic	−0.74					−0.43			0.17	−49	0.01
FEve		0.35							18	−10	0.03
FDiv						−0.66			0.25	−9	0.01
FDis											
热带针叶林											
FRic						−0.8			0.20	−17	0.00
FEve											
FDiv		0.54		−0.88				0.47	0.42	−23	0.00
FDis											
热带低地雨林											
FRic											
FEve							0.61		0.16	−13	0.02
FDiv				−0.56		0.33			0.29	−43	0.00
FDis											
热带山地雨林											
FRic						0.46			0.22	−36	0.02
FEve											
FDiv											
FDis						0.55			0.31	−35	0.01
热带山地常绿林											
FRic											
FEve			−1.10			0.28			0.22	−1	0.00
FDiv											
FDis			−0.52						0.16	−54	0.01
热带山顶矮林											
FRic				−0.48		0.67			0.58	−7	0.00
FEve											
FDiv											
FDis				−0.28		0.54			0.42	−10	0.01

3.8　海南岛主要森林植被类型植物谱系多样性
及其与环境因子的关系

群落生态学的核心内容是群落构建的机制（Fukami et al. 2003；Kooyman et al. 2011；Pavoine et al. 2011）。一定区域的物种库是植物经历长期进化而形成的，群落的系谱结构在物种进化历史上反映群落组成。生物和非生物因素都会对群落的谱系结构产生影响，科学家关注的焦点是环境因素和进化因素如何相互作用，以及环境因素和进化因素如何影响群落的物种组成和动态变化，这也是一个难点问题（Emerson et al. 2008；Parmentier et al. 2009；Pavoine et al. 2009；Schreeg et al. 2010）。生态学家主要研究物种组成、物种间的相互作用，以及环境如何影响群落的物种组成和物种多样性的变化，然而大部分理论和实验把群落中的物种看成是在进化上没有任何关系，忽视了群落中不同物种进化上的差异性。进化生物学家只研究物种间的遗传和变异，强调的是不同物种间基因型和表现型的差异，不考虑环境因素对物种的影响。因此，研究群落中物种进化关系和环境因素的结合对于理解群落结构的形成具有重要意义。

在群落谱系结构的研究中，中性过程（neutrality）、竞争排斥、生境过滤（habitat filtering）是解释群落现有系谱结构的三种机制。一个群落中，如果中性过程起主要作用，物种分布没有明显差异，分布趋于随机化，则呈现谱系随机（phylogenetically random）；如果竞争排斥起主要作用，生态特征相近的物种将会互相竞争，分布在不同的生态位上，很可能出现亲缘关系较远的物种共存，即谱系发散（phylogenetically overdispersed）；如果生境过滤起主要作用，是指影响生物完成生活史的生物和非生物因子对生态位特征相似的物种进行筛选使其物种共存，它们的分布具有明显的正相关，即谱系聚集（phylogenetically clustering）。因而，对群落谱系结构进行研究有助于探讨环境因素和竞争作用在群落组配中的相对重要性（卜文圣 2013）。Schreeg 等（2010）研究表明，物种及整个群落的进化枝长均与土壤中的养分含量密切相关。因此，亲缘关系相近的物种趋于生长在相似的土壤条件中。除了环境筛的作用，竞争因素或其他物种间关联等生物作用也会对群落组配产生影响（Emerson et al. 2008；卜文圣 2013）。这些研究表明，了解群落的谱系信息可以用来研究以生态位为基础的生态学过程，并且了解物种的进化历史，有助于解释物种分布和物种共存格局随环境梯度的变化（卜文圣 2013）。

Webb（2000）利用环境和进化因素结合谱系关系分析了马来西亚的热带雨林植物群落结构。Swenson 等（2007b）研究热带雨林群落后得出，随着群落空间尺度的增大，群落谱系结构从谱系发散逐渐转为谱系聚集。Barberán 等（2011）研究不同生境浮游生物的谱系结构后发现，由于海洋盐分组成和浓度产生显著过滤作用，海洋浮游生物的群落谱系结构聚集程度显著高于内陆湖。Kembel 等（2006）发现，位于巴拿马大样地内高海拔环境条件下的群落谱系表现为谱系聚集。黄建雄等（2010）以古田山大样地的植物群落为研究对象发现，低海拔群落谱系呈聚集状态，而高海拔区域群落谱系呈发散状态。

虽然以往对海南岛不同植被类型或者单一植被类型的多个方面做了大量的研究，但是通常未考虑物种的亲缘关系，而是将谱系多样性地位不同的物种等同对待。本节以六种热带林植被类型为对象，通过研究不同样地、不同群落类型的谱系结构，以及环境因子与群落谱系结构之间的关系,试图从物种系统发育角度出发探讨海南岛六种不同群落构建中的生态过程。

将样地内出现的 612 个种及其科属信息输入到植物谱系库软件 Phylomatic v3(Webb et al. 2008a),自动生成并输出其谱系树。基于分子及化石定年数据和软件 Phylocom 4.2 提供的 BLADJ 算法,获取谱系树中每一个分化节点发生的时间。采用这种方式获得的分枝长度代表连续两次物种分化间隔的时间,利用这种方法建立的谱系树的准确度足以区分群落间的谱系结构(Webb et al. 2008a)。我们选择广泛使用的净谱系亲缘关系指数(net relatedness index,NRI)和最近分类单元指数(nearest taxon index,NTI)(Swenson et al. 2007a)。假定由已调查的物种组成局域物种库,首先计算出样方中所有物种对的平均谱系距离(mean phylogenetic distance,MPD)和平均最近相邻谱系距离(mean nearest phylogenetic taxon distance,MNTD);保持物种数量及物种个体数不变,将样方中物种的名称从物种库中随机抽取 999 次,获得该样方中物种在随机零模型下的 MPD 和 MNTD 分布;之后利用随机分布结果将观察值标准化,从而获得 NRI 和 NTI。其计算公式为(Webb et al. 2008a)

$$NRI = -1 \times \frac{MPD_s - MPD_r}{SD(MPD_r)} \tag{3-2}$$

$$NTI = -1 \times \frac{MNTD_s - MNTD_r}{SD(MNTD_r)} \tag{3-3}$$

式中,MPD_s 和 $MNTD_s$ 分别代表观察值,MPD_r 和 $MNTD_r$ 分别代表物种在谱系树上通过随机后获得的平均值,SD 代表标准偏差。若 NRI 或者 $NTI>0$,则说明样方中的物种在谱系结构上聚集;若 NRI 或者 $NTI<0$,则说明样方中的物种在谱系结构上发散;若 NRI 或者 NTI = 0,则说明样方中的物种在谱系结构上是随机的。由于数据不符合正态分布,因此用 Wilcoxon 加符秩检验分析各样地的 NRI 和 NTI 指数均值与 0(随机状态)之间的差异显著性,确定其是否为聚集或发散分布格局。另外,采用 Blomberg 等(2003)提出的 K 值法对群落水平的 6 个功能性状进行系统发育信号检测。当 $K>1$ 时,代表功能性状系统发育信号较强;当 $K<1$ 时,代表功能性状的系统发育信号较弱。最后通过 Phylocom 4.2 里面的 Comstruct pd 计算 Faith 谱系多样性(phylogenetic diversity,PD)。

为了探讨谱系多样性及其与环境因子的关系随不同植被类型的变化规律,首先计算不同植被类型的谱系多样性指数,然后对其进行单因素方差分析及多重比较(Tukey HSD)。为了探讨不同植被类型内,哪些环境因子对谱系多样性产生影响,应用多元逐步回归分析,仅保留对因变量具有显著影响的因子($p<0.05$),利用多元逐步回归的通径系数的绝对值来表示不同环境因子对群落谱系多样性影响的大小。

3.8.1　植物系统发育信号

比叶面积、叶磷含量和木材密度 3 个功能性状均检测到明显的系统发育信号($p<0.05$)(表 3-7),说明这 3 个功能性状与物种的进化历史有着密切的关系。但这 3 个性状的系统发育信号较弱($K<1$),说明其系统发育保守性不强。

表 3-7　不同植被类型的系统发育信号

功能性状	K	p
比叶面积	0.106	0.001
叶干物质含量	0.241	0.381
叶绿素含量	0.232	0.282
叶氮含量	0.212	0.284
叶磷含量	0.351	0.009
木材密度	0.251	0.003

3.8.2　植物谱系多样性随不同植被类型的变化

不同植被类型的群落谱系关系均存在显著差异(图 3-19)。净谱系亲缘关系指数(NRI)在低海拔的热带落叶季雨林、热带针叶林和热带低地雨林差异不显著,而沿着中海拔到高海拔的热带山地雨林、热带山地常绿林和热带山顶矮林分别差异显著。热带针叶林的最近分类单元指数(NTI)与热带山顶矮林差异显著,而热带落叶季雨林、热带低地雨林、热带山地雨林和热带山地常绿林差异不显著。Wilcoxon 检验表明,六种森林植被类型的系统发育结构均为谱系聚集。谱系多样性(PD)从低海拔的热带落叶季雨林、热带针叶林和热带低地雨林到中海拔的热带山地雨林具有逐渐上升的趋势,位于高海拔的热带云雾林(热带山地常绿林和热带山顶矮林)显著降低。

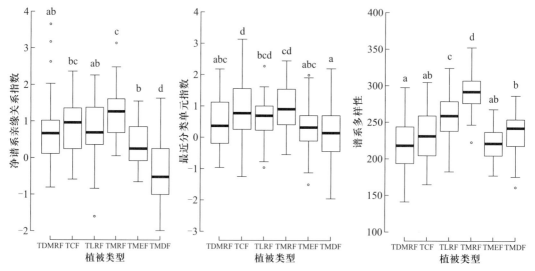

图 3-19　谱系关系随不同植被类型的变化。不同字母(a、b、c、d)表示显著差异(p<0.05)
TDMRF,热带落叶季雨林;TCF,热带针叶林;TLRF,热带低地雨林;TMRF,热带山地雨林;TMEF,热带山地常绿林;TMDF,热带山顶矮林

用 K 值检验法得出,比叶面积、叶磷含量和木材密度具有较为显著的系统发育信号,但其 K 值非常小,分别为 0.106、0.351 和 0.251。推测这 3 个功能性状可能同时受到系统发育和环境因子的影响,但环境因子的影响更大。研究认为,不同植被类型均表现出一定的谱系结构,由中性理论所预测的群落谱系随机格局并没有在本研究中出现,表明生态位理论在解释热带植物群落构建的生态学过程中的重要作用。无论是位于高海拔区域的热带山地常绿林和热带山顶矮林,还是中、低海拔的四种植被类型,均表现出谱系聚集。形成这一格局的原因可能是,高海拔大部分地区地形异质性高,因而生境异质性大(低温、风大、雾频),能够在这样极端生境中成功定居下来的物种采取更为保守的养分利用策略,植物的最大生长速率相对较小。因而低温、风大、雾频可能充当环境筛,对低海拔的物种向高海拔扩散定居起到过滤作用,能适应极端环境条件、生长速率低的物种能在热带山地常绿林和热带山顶矮林生存。中、低海拔的四种植被类型也表现出谱系聚集,表明生境过滤在群落构建中起决定作用。依据 Weiher 和 Keddy(1999a)关于群落构建的理论和生态位谱系多样性保守性原则,生境过滤作用通过制约物种性状,使具有适应环境性状的物种聚集,拉近物种的谱系距离。位于低海拔的三种植被类型存在于较大环境胁迫压力的环境中:热带落叶季雨林主要分布在地面裸岩较多、土层较薄而土壤保水性很差的地段,因而具有落叶和茎叶长刺等适应干旱的生态学特征;热带针叶林主要分布在土壤严重贫瘠且较为缺水的地段,由于特殊地质或土壤类型,孕育出南亚松占绝对优势的热带针叶林;热带低地雨林为海南岛低海拔区域的最主要植被类型,分布在低海拔范围,严重缺水,强烈的干旱生境胁迫压力驱使具有相似生物学特性的物种聚集在一起而表现出聚集格局。热带山地雨林群落类型分布的地区环境条件优越,在 6 种主要森林植被中物种丰富度最高,且气候、土壤因子适宜,雨量充沛,没有存在显著影响物种生存的环境压力,推断可能会导致群落内亲缘物种间的竞争较为普遍,体现在谱系结构上的发散格局。但热带山地雨林的谱系结构体现相反的谱系聚集格局,导致这样谱系结构的变化原因有待进一步探讨。谱系多样性(PD)与物种丰富度的变化趋势具有一致性,因此,物种丰富度可能是 6 种群落类型谱系多样性差异的主导因素。

3.8.3 不同植被类型植物谱系多样性与环境因子的关系

多元逐步回归结果表明,仅热带落叶季雨林和热带云雾林(热带山地常绿林、热带山顶矮林)的谱系关系指标对环境因子产生显著的响应。在热带落叶季雨林中,净谱系亲缘关系指数与 pH 呈负相关,与有效氮呈正相关;最近分类单元指数仅与土壤有机质呈正相关;谱系多样性与全磷和 pH 呈正相关,与冠层开阔度呈负相关。在热带山地常绿林中,净谱系亲缘关系指数与土壤有机质呈负相关。热带山顶矮林中,净谱系亲缘关系指数和最近分类单元指数均与全磷呈正相关;谱系多样性与有效氮呈正相关(表3-8)。

在这 3 种植被类型中,影响植物群落谱系关系的关键环境因子依次是冠层开阔度、土壤含水量、土壤 pH、土壤有机质、全磷和有效氮。这一结果与 Wilcoxon 对六种森林植被类型的系统发育结构检测得出谱系聚集格局具有一致性,体现了热带落叶季雨林、热带山地常绿林和热带山顶矮林受环境筛的影响。

表 3-8　不同森林植被类型的谱系关系和环境因子的多元逐步回归分析

谱系关系	环境变量					回归参数		
	CO	pH	SOM	TP	AN	R^2	AIC	$p<$
热带落叶季雨林								
NRI		−0.27			0.36	0.30	−13	0.01
NTI			0.32			0.18	−7	0.00
PD	−0.24	0.25		0.25		0.56	−34	0.00
热带山地常绿林								
NRI			−0.41			0.35	−15	0.01
热带山顶矮林								
NRI				0.31		0.10	−4	0.02
NTI				0.37		0.17	−5	0.05
PD					0.32	0.25	−7	0.01

第4章

海南岛热带天然林物种多样性的
空间变化规律

    物种多样性是生物多样性研究的基础与核心。在生态因子的时空异质性以及一定的干扰体系作用下,物种多样性在异质性景观中随空间环境梯度和群落演替时间梯度而产生明显的时空分异现象。掌握物种多样性的时空动态不仅对于理解生物多样性的形成与维持机制具有重要的理论意义,而且对于实施生物多样性保护与经营管理也具有重要的实践意义。热带天然林是物种丰富而结构复杂的生态系统,在区域乃至全球生物多样性保护和生态功能维持中具有非常重要的作用,是研究和分析生物多样性时空变化规律的理想场所。以往对物种多样性时空分异规律的研究大都是在全球或很大区域空间尺度上进行的,在小区域或局域尺度上开展的研究很少。本章以我国典型的热带天然林区——海南岛尖峰岭林区的热带天然林为对象,以 164 个 625 m² 的公里网格样方和 2 个固定样地的植被调查、相对应的环境因子及干扰历史等数据为基础,系统研究了热带天然林物种多样性随垂直/水平空间距离、环境梯度以及干扰后自然恢复梯度的变化格局,分析了典型热带天然林物种多样性时空动态及维持的基本规律。

    共设置了 164 个公里网格样方,样地大小为 25 m×25 m,总面积达 10.25 hm²。样地调查的内容包括(本章各节中,均采用一致的方法进行样地设置和调查):

    (1) **群落指标 I**:记录 1.3 m 处胸高直径(D_{BH},diameter at breast height)大于等于 1.0 cm 的每个植株的种名、胸径、高度和冠幅,植物名称参考《中国植物志》;野外无法马上确认的物种先采集后制成标本,再进行鉴定。辨别植株是否为实生或萌条、分枝,并逐一记录;同时我们还记录了每个植株在样地中的相对坐标 x、y 以及群落的郁闭度;

    (2) **群落指标 II**:我们在每个样地的固定位置共设置了 9 个 2 m × 2 m 的草本及繁育层小样方,记录每个小样方中所有胸径小于 1.0 cm 的植株(包括乔灌木的幼苗、藤本、蕨类、细小的腐生植物等)的种名、高度及其冠幅,并估计了每个小样方的总盖度;

（3）**地理坐标**：利用 GPS MAP60CSx，在样地的中心位置记录经纬度坐标及海拔高度（m）；

（4）**地形因子**：利用坡度计记录样地所在位置的坡度（°）、坡向和坡位；

（5）**土壤因子**：在每个样地的 4 个角及中央位置，共设置了 5 个取样点，按 2 种方法取样，分别测定其化学及物理性质。方法一，取 0～30 cm 这一垂直剖面的土样，每个点各取 500 g；带回风干，混合 5 个样品测定土壤有机 C、N 含量。方法二，从土壤表层下 10 cm 的位置，每个取样点取 1 个土壤环刀样品，带回测定土壤的质量湿度（或称土壤质量含水量，质量%）、容积湿度（或称土壤体积含水量，容积%）、土壤密度（或称容重，g·cm^{-3}）、土壤贮水量（mm）、最大持水量（%）、最大持水量（mm）、毛管持水量（%）、毛管持水量（mm）、最小持水量（%）、最小持水量（mm）、非毛管孔隙（容积%）、毛管孔隙（容积%）、总孔隙度、土壤通气度（容积%）、最佳含水率下限（%）、最佳含水率下限（mm）和排水能力（mm）；

（6）**凋落物因子**：同样，在每个样地的 4 个角及中央位置，随土壤取样点量在其附近取 5 处凋落物现存量样品，按 0.5 m×0.5 m 取样品装袋；带回分离出枝、叶，分别烘干 48 h 至恒重，称量其干重；并混合 5 个样品测定凋落物的有机 C、N 含量；

（7）**干扰历史**：通过访问当地当年伐木工人及查阅相关档案资料，确定每个样地所在森林的干扰类型（原始林、皆伐、径级择伐）以及采伐的年份，以样地调查时的年份减去采伐的年份即为群落干扰后自然恢复的时间。

4.1　热带天然林的群落结构与环境特征

环境梯度（包括海拔、纬度和限制性资源等）如何导致物种多样性的变化一直是生物多样性研究的一个重要内容（贺金生等 1997；Rowe et al. 2009），这种变化主要是由于物种自身的生物学特性和所处环境的综合作用而形成的。常见的物种多样性的环境梯度分布包括：纬度梯度、海拔梯度、土壤养分梯度、水分梯度等。

4.1.1　群落结构

1. 科、属、种组成

164 个样方中共记录 65 144 个 D_{BH}≥1.0 cm 的植株，分属 83 科 265 属 617 种。

从表 4-1 可以看出，樟科和茜草科是尖峰岭地区最具优势的 2 个科，其植株数目占所有 65 144 个植株的百分比均超过了 14%，相对于其他科来说具有相当大的比例。而且这两个科也具有较高的属、种比例。其次是壳斗科和大戟科，也有较高的比例，均超过了 5%。黄杨科、白花菜科和绣球科均只有 1 属 1 种 1 株，属于偶见种。

草本和繁育层中共记录到 842 种植物，其中乔灌木幼苗有 476 种，藤本植物有 180 种，草本植物有 112 种，蕨类有 74 种；同时也记录到 57 种海南本土植物，这都说明，草本和繁育层具有丰富的物种资源。草本和繁育层中出现最多的是九节 730 株，其次是射毛悬竹（*Ampelocalamus actinotrichus*）668 株、蔓九节（*Psychotria serpens*）632 株、扇叶铁线蕨（*Adiantum flabellulatum*）555

株、深绿卷柏(*Selaginella doederleinii*)532丛、中华厚壳桂507株、筐条菝葜(*Smilax corbularia*)491
株、暗色菝葜(*Smilax lanceifolia* var. *opaca*)413株、崖藤(*Albertisia laurifolia*)412株和刺轴榈
(*Licuala spinosa*)400株。

表4-1　164个样方科、属、种组成

科名	植株数目*	百分比/%	属数目	种类数目	科名	植株数目*	百分比/%	属数目	种类数目
樟科	9754	14.973	11	67	冬青科	733	1.125	1	22
茜草科	9181	14.093	20	49	木兰科	680	1.044	4	6
壳斗科	5044	7.743	4	37	龙脑香科	653	1.002	2	2
大戟科	3401	5.221	27	49	番荔枝科	585	0.898	10	15
冬青科	3149	4.834	2	20	胡桃科	579	0.889	1	5
桃金娘科	2545	3.907	5	23	梧桐科	560	0.860	3	7
野牡丹科	2354	3.614	5	10	夹竹桃科	554	0.850	6	7
茶科	2258	3.466	10	27	杜英科	521	0.800	2	12
紫金牛科	2190	3.362	5	13	山榄科	455	0.698	4	4
蝶形花科	1813	2.783	2	6	五加科	349	0.536	3	4
榆科	1772	2.720	3	3	蔷薇科	349	0.536	5	7
芸香科	1585	2.433	8	11	含羞草科	332	0.510	2	5
无患子科	1465	2.249	7	9	山龙眼科	328	0.503	2	9
茶茱萸科	1310	2.011	4	6	鼠刺科	321	0.493	2	3
桑科	1276	1.959	7	28	柿树科	314	0.482	1	9
木犀科	1262	1.937	3	13	罗汉松科	295	0.453	3	3
棕榈科	962	1.477	5	6	杉科	281	0.431	1	1
远志科	898	1.378	1	1	槭树科	280	0.430	1	2
藤黄科	880	1.351	3	5	清风藤科	265	0.407	1	7
橄榄科	761	1.168	1	2	安息香科	247	0.379	2	3

续表

科名	植株数目*	百分比/%	属数目	种类数目	科名	植株数目*	百分比/%	属数目	种类数目
肉实科	246	0.378	1	1	金丝桃科	29	0.045	1	2
五列木科	202	0.310	1	1	牛栓藤科	26	0.040	1	1
金莲木科	199	0.305	2	2	龙舌兰科	24	0.037	1	1
金缕梅科	195	0.299	4	4	杜鹃花科	24	0.037	1	1
红树科	182	0.279	1	1	忍冬科	21	0.032	2	3
天料木科	140	0.215	2	7	松科	19	0.029	1	1
第伦桃科	138	0.212	1	2	粘木科	18	0.028	1	1
省沽油科	129	0.198	1	1	小盘木科	15	0.023	1	1
瑞香科	101	0.155	3	5	山茱萸科	14	0.021	2	2
椴树科	101	0.155	2	2	鼠李科	13	0.020	2	2
马鞭草科	93	0.143	7	9	苦木科	10	0.015	1	1
漆树科	83	0.127	2	2	古柯科	8	0.012	1	1
大风子科	77	0.118	3	3	翅子藤科	8	0.012	1	1
海桐花科	72	0.111	1	3	交让木科	6	0.009	1	1
紫葳科	68	0.104	2	4	桦木科	5	0.008	1	1
楝科	61	0.094	9	11	八角枫科	4	0.006	1	2
紫草科	57	0.087	2	2	铁青树科	2	0.003	1	1
荨麻科	54	0.083	2	2	檀香科	2	0.003	1	1
桫椤科	51	0.078	1	1	黄杨科	1	0.002	1	1
卫矛科	38	0.058	2	5	白花菜科	1	0.002	1	1
八角科	33	0.051	1	2	绣球科	1	0.002	1	1
苏木科	32	0.049	2	2					

注：* 植株数目，按每个科植株数目多少降序排列。

2. 优势度

按树种重要值 IV〔（相对胸高断面积 RD+相对多度 RA+相对频度 RF）/3〕排序,164 个样方中重要值大于 0.67 的共有 41 种。这些物种的胸高断面积、多度和频度分别占 164 个样方总胸高断面积、总多度和总频度的 48.33%、63.67% 和 48.46%。重要值 IV 超过 2.0 的前 3 个物种为大叶蒲葵、黧蒴锥和大叶白颜,在 1.0~2.0 的有 16 个物种:九节、毛荔枝、中华厚壳桂等(表 4-2)。

表 4-2　164 个样方优势种重要值排序

种名	重要值IV*	相对多度	相对胸高断面积	相对频度	种名	重要值IV*	相对多度	相对胸高断面积	相对频度
大叶蒲葵 *Livistona saribus*	3.81	10.13	0.61	0.69	托盘青冈 *Cyclobalanopsis patelliformis*	1.23	1.98	0.81	0.89
黧蒴锥 *Castanopsis fissa*	2.84	6.34	1.58	0.61	油丹 *Alseodaphne hainanensis*	1.18	1.95	0.78	0.81
大叶白颜 *Gironniera subaequalis*	2.67	4.16	2.72	1.15	木荷 *Schima superba*	1.16	1.86	0.79	0.83
九节 *Psychotria rubra*	1.96	0.47	4.43	0.99	尖峰岭锥 *Castanopsis jianfenglingensis*	1.15	1.67	1.17	0.61
毛荔枝 *Nephelium topengii*	1.74	2.20	2.01	1.01	红锥 *Castanopsis hystrix*	1.13	2.37	0.60	0.43
中华厚壳桂 *Cryptocarya chinensis*	1.71	1.76	2.36	1.02	青皮 *Vatica mangachapoi*	1.13	2.14	0.98	0.27
黄叶树 *Xanthophyllum hainanense*	1.52	2.13	1.38	1.04	香楠 *Aidia canthioides*	1.07	0.23	2.06	0.93
白榄 *Canarium album*	1.43	2.11	1.12	1.06	粗叶木 *Lasianthus chinensis*	1.07	0.20	2.10	0.90
红柯 *Lithocarpus fenzelianus*	1.37	2.79	0.55	0.76	硬壳桂 *Cryptocarya chingii*	1.04	0.68	1.46	0.97

种名	重要值IV*	相对多度	相对胸高断面积	相对频度	种名	重要值IV*	相对多度	相对胸高断面积	相对频度
公孙锥 Castanopsis tonkinensis	1.00	2.16	0.43	0.41	长眉红豆 Ormosia balansae	0.84	0.56	1.30	0.67
山油柑 Acronychia pedunculata	0.95	0.79	1.17	0.89	光叶山矾 Symplocos lancifolia	0.82	0.50	1.03	0.93
灯架 Winchia calophylla	0.94	1.35	0.55	0.91	红鳞蒲桃 Syzygium hancei	0.82	0.54	1.05	0.87
荔枝叶红豆 Ormosia semicastrata f. litchifolia	0.92	0.55	1.38	0.83	海南杨桐 Adinandra hainanensis	0.81	0.81	0.77	0.85
卵叶樟 Cinnamomum rigidissimum	0.91	0.85	1.03	0.84	薄皮红椆 Lithocarpus amygdalifolius var. praecipitiorum	0.77	1.33	0.33	0.66
斜基算盘子 Glochidion coccineum	0.91	0.44	1.30	0.98	鱼骨木 Canthium dicoccum	0.76	0.52	0.79	0.96
海南罗伞 Ardisia quinquegona var. hainanensis	0.90	0.10	1.59	0.99	鸭脚木 Schefflera octophylla	0.74	1.00	0.52	0.71
岭南山竹子 Garcinia oblongifolia	0.88	0.59	1.05	1.01	海南蕈树 Altingia obovata	0.70	1.54	0.20	0.35
四蕊三角瓣花 Prismatomeris tetrandra	0.87	0.15	1.53	0.94	毛果柯 Lithocarpus pseudovestitus	0.69	1.21	0.29	0.58
大罗伞树 Ardisia hanceana	0.85	0.11	1.53	0.92	粗毛野桐 Mallotus hookerianus	0.68	0.36	1.07	0.60
黄杞 Engelhardtia roxburghiana	0.85	1.24	0.54	0.77	丛花山矾 Symplocos poilanei	0.67	0.37	0.97	0.67
海南紫荆木 Madhuca hainanensis	0.84	1.45	0.54	0.54					

注：* 按重要值 IV 降序排列，仅列 IV 大于 0.67 的种类。

3. 稀有种组成

按照 Hubbell 等(1986a)的定义,每公顷个体数少于等于 1 的物种被认为是本样地的稀有种(rare species),每公顷个体数大于 1 的物种被认为是本样地的常见种(common species)。

164 个公里网格样方总面积为 10.25 hm^2,即个体数少于等于 10 株的为稀有种,共统计到 286 种,占总种数的 46.35%,但仅占总植株数目的 1.44%;133 个种仅有 2~5 个植株,占总种数的 21.56%;99 个种仅有 1 个植株,占总种数的 16.05%。与国内 3 个热带和亚热带地区大样地的稀有种比例(鼎湖山 52.38%、西双版纳 49.14%、古田山 37.1%)相比(兰国玉等 2008;叶万辉等 2008;祝燕等 2008),尖峰岭地区稀有种的比例还是比较高的。

个体数大于 10 株的为常见种,共有 331 种,占总种数的 53.65%。最丰富的是九节,占总株数的 4.43%;大叶白颜、中华厚壳桂、粗叶木、光叶山黄皮和毛荔枝占总株数的比例均超过 2.0%。九节、粗叶木和香楠(*Aidia canthioides*)主要是森林的下层植物,而大叶白颜、中华厚壳桂和毛荔枝主要是中或中上层植物。

4. 垂直结构

根据图 4-1 的植株的高度分布情况,将所有植株分成 4 个高度级:<2.5 m、2.5~7.5 m、7.5~20 m 和≥20 m;这 4 个高度级拥有的物种数目分别为 385、572、398 和 91 种。如果将 20 m 以下的按每 2.5 m 为一个等级划分,20 m 以上的单独为一个高度级,共可分成 9 个高度级,其物种数目分别为 385、538、449、328、287、190、183、100 和 91。在分成 9 个高度级的基础上,物种数目的多少和该高度级的植株数目紧密相关($p<0.001$, $r^2=0.9283$,图 4-2)。物种数目最丰富的高度级在 2.5~5.0 m 这个层次,该高度级也具有最多的植株数目。

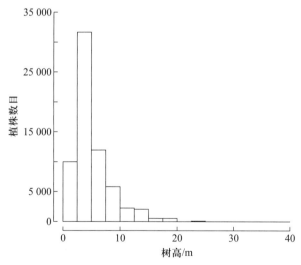

图 4-1　164 个样地植株的高度分布

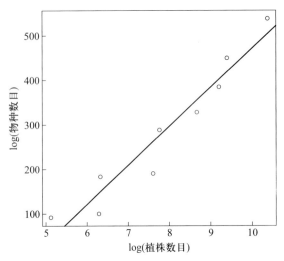

图 4-2 9 个高度级植株数目与物种数目的关系

在高度级 <2.5 m 上,有 18 个种重要值超过 1.0,有 6 个种超过 2.0,有 3 个种超过 4.0;重要值超过 2.0 的 6 个种从大到小分别是:大叶蒲葵、九节、粗叶木、海南罗伞、中华厚壳桂和四蕊三角瓣花。

在高度级 2.5~7.5 m 上,有 15 个种重要值超过 1.0,有 3 个种超过 2.0,有 1 个种超过 10.0;重要值超过 2.0 的 3 个种从大到小分别是:大叶蒲葵、九节和大叶白颜。

在高度级 7.5~20 m 上,有 22 个种重要值超过 1.0,有 7 个种超过 2.0,有 1 个种超过 4.0;重要值超过 2.0 的 7 个种从大到小分别是:鬈蒴锥、大叶白颜、大叶蒲葵、白榄、毛荔枝、中华厚壳桂和黄叶树。

在高度级 ≥20 m 上,有 27 个种重要值超过 1.0,有 15 个种超过 2.0,有 5 个种超过 4.0;重要值超过 2.0 的 14 个种从大到小分别是:鬈蒴锥、青皮、托盘青冈、公孙锥、小叶白锥、红柯、海南蕈树、黄叶树、薄皮红稠、灯架、白榄、大叶蒲葵、毛荔枝和鸭脚木。

5. 径级结构

在 65 144 个植株中,有 31 976 个植株胸径大于、等于 2.5 cm,有 18 070 个植株胸径大于、等于 5.0 cm,有 11 866 个植株胸径大于、等于 7.5 cm,有 3 232 个植株胸径大于、等于 20.0 cm。样地内最大胸径为 149.9 cm,平均胸径为 5.40 cm。样地中所有植株个体的径级分布呈明显的倒"J"形(图 4-3),说明群落总体上更新良好。

在胸径级 <2.5 cm 上,有 22 个种重要值超过 1.0,有 5 个种超过 2.0,有 1 个种超过 4.0;重要值超过 2.0 的 5 个种从大到小分别是:九节、粗叶木、光叶山黄皮、海南罗伞和四蕊三角瓣花。

在胸径级 2.5~7.5 cm 上,有 22 个种重要值超过 1.0,有 3 个种超过 2.0;重要值超过 2.0 的 3 个种从大到小分别是:九节、大叶白颜和中华厚壳桂。

在胸径级 7.5~20 cm 上,有 20 个种重要值超过 1.0,有 5 个种超过 2.0,有 1 个种超过 4.0;重要值超过 2.0 的 5 个种从大到小分别是:大叶白颜、中华厚壳桂、鬈蒴锥、毛荔枝和尖峰岭锥。

在胸径级 >20 cm 上,有 23 个种重要值超过 1.0,有 12 个种超过 2.0,有 3 个种超过 4.0,有 1

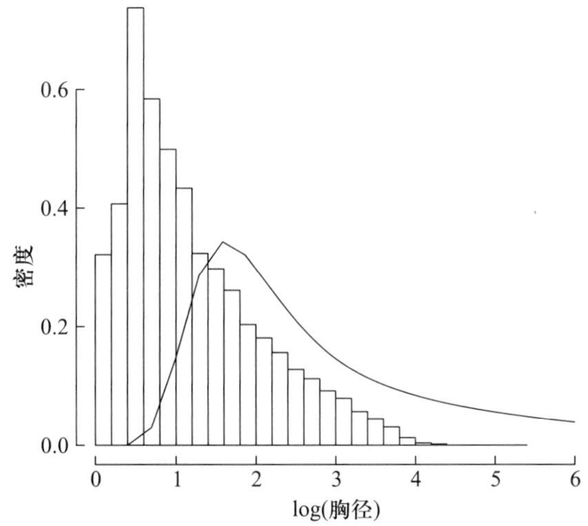

图 4-3 164 个样地植株的径级分布

个种超过 10.0；重要值超过 2.0 的 12 个种从大到小分别是：大叶蒲葵、黧蒴锥、大叶白颜、小叶白锥、黄叶树、红柯、白榄、油丹、青皮、公孙锥、毛荔枝和木荷。

4.1.2 环境因子等指标特征

1. 土壤及凋落物理化性质

164 个公里网格样方 11 个土壤及凋落物理化性质特征指标的变动幅度较大（表 4-3）。

表 4-3 164 个样方土壤及凋落物理化性质特征

项目	平均值±标准偏差	变化范围
土壤有机 C 含量/(g·kg^{-1})	16.79±6.94	4.10~53.01
土壤 N 含量/(g·kg^{-1})	1.19±0.36	0.30~2.93
土壤碳氮比(C/N)	14.09±3.60	6.64~25.04
土壤密度(或称容重)/(g·cm^{-3})	1.23±0.15	0.74~1.67
土壤贮水量/mm	0.81±0.21	0.30~1.37
最大持水量/mm	1.47±0.16	1.01~1.85
毛管持水量/mm	1.11±0.17	0.53~1.55
凋落物有机 C 含量/(g·kg^{-1})	45.16±4.26	32.03~4.47
凋落物 N 含量/(g·kg^{-1})	10.68±1.84	7.10~15.96
凋落物碳氮比(C/N)	43.21±6.87	31.70~61.02
凋落物烘干重/(g·0.25 m^{-2})	159.90±41.94	79.8~319.2

考虑到森林采伐对这些土壤和凋落物理化性质特征存在影响,本章比较了原始林、径级择伐和皆伐森林这 11 个指标的差异(表 4-4)。结果发现,径级择伐和皆伐均导致土壤有机 C 含量和土壤碳氮比的减少,但仅有皆伐后土壤有机 C 含量与原始林有显著差异。径级择伐后土壤 N 含量变化不明显,而皆伐后土壤 N 含量明显减少,但与原始林无显著差异。采伐导致土壤密度稍有升高,但与原始林无显著差异。径级择伐和皆伐后土壤贮水量均显著高于原始林。采伐后最大持水量和毛管持水量均明显升高,但仅有皆伐后的毛管持水量与原始林有显著差异。这些都说明,采伐会显著影响土壤水分的保持和供给。径级择伐后凋落物有机 C 含量和 N 含量均稍有减少,但皆伐后凋落物有机 C 含量和 N 含量均增加;这也就导致凋落物碳氮比在径级择伐后升高,而皆伐后下降,但均无显著差异。径级择伐后凋落物烘干重稍有减少,但皆伐后无明显变化,说明采伐对凋落物现存量无显著影响。

表 4-4　3 种森林类型样地土壤及凋落物理化性质特征差异

项目	平均值±标准偏差		
	原始林	径级择伐	皆伐
土壤有机 C 含量/(g·kg^{-1})	18.27±8.61	17.29±6.26	13.87±4.56[*]
土壤 N 含量/(g·kg^{-1})	1.22±0.42	1.23±0.36	1.09±0.25
土壤碳氮比(C/N)	14.73±3.58	14.14±2.96	13.16±4.51
土壤密度(或称容重)/(g·cm^{-3})	1.22±0.19	1.23±0.15	1.25±0.11
土壤贮水量/mm	0.75±0.23	0.83±0.21[*]	0.84±0.16[*]
最大持水量/mm	1.45±0.16	1.48±0.17	1.49±0.12
毛管持水量/mm	1.08±0.18	1.11±0.18	1.15±0.14[*]
凋落物有机 C 含量/(g·kg^{-1})	44.88±2.26	44.07±4.41	47.57±5.08
凋落物 N 含量/(g·kg^{-1})	10.60±1.57	10.32±1.64	11.48±2.29
凋落物碳氮比(C/N)	43.21±6.43	43.56±6.92	42.57±7.47
凋落物烘干重/(g·0.25 m^{-2})	161.60±43.40	157.91±41.26	161.37±42.15

注:*指与原始林相比较,$p<0.05$。

2. 其他环境因子特征

这 164 个公里网格样方按照干扰方式可分成 3 个类型:原始林、径级择伐和皆伐。径级择伐森林采伐后自然恢复时间 15~50 年不等,皆伐森林采伐后自然恢复时间 15~51 年不等。

164 个样方的海拔梯度变化在 259 ~1265 m,群落的郁闭度在 0.35~0.92,样地所在位置的坡度在 0 °~48 °。

样地所在位置的坡向可分成 4 类:正北为 0°,按顺时针增加。① 45°~134°;② 135°~224°;③ 225°~314°;④ 315°~44°。样地所在位置坡位可分为 7 类:① 山顶;② 上坡;③ 中上坡;④ 中坡;⑤ 中下坡;⑥ 下坡;⑦ 平坡。

4.2　热带天然林物种多样性的空间变化规律

物种多样性沿海拔梯度和水平距离的分布格局是解释物种多样性空间变异的重要内容。前者反映了物种多样性如何在垂直空间方向上变化,后者反映的是水平的空间距离对物种多样性的影响。

海拔梯度是众多环境梯度中探讨最多的,并被用来解释海拔如何影响物种的分布并最终形成物种多样性的空间分布格局(Lomolino 2001a;Grytnes and Beaman 2006;Kluge et al. 2006;Rowe et al. 2009)。不仅因为海拔梯度比较常见和容易测量,更重要的是因为海拔梯度综合反映了温度、湿度和光照等多种环境因子的变化(唐志尧和方精云 2004;朱源等 2008)。由于不同地区所处的区域环境条件、山体的相对高度和地质地貌等众多因素的复杂变化,以往众多研究揭示了 5 种常见的物种多样性沿海拔梯度分布格局:植物群落物种多样性与海拔高度负相关、植物群落物种多样性在中等海拔高度最大(或称为"中间高度膨胀")、植物群落物种多样性在中等海拔高度较低、植物群落物种多样性与海拔高度正相关、植物群落物种多样性与海拔高度无关(贺金生等 1997)。其中以前两种分布格局占优势(Rahbek 2005;Rowe et al. 2009;Baniya et al. 2010)。

尖峰岭地区在植物区系划分上一般归到热带北缘的森林类型,存在典型的地带性植被——热带常绿季雨林(龙脑香林),但由于受气候、土壤和海拔高度等一系列生态环境因素的影响,植被则由海边至山顶形成了一系列的完整森林植被垂直谱:滨海有刺灌丛、热带稀树草原(或称稀树灌丛)、热带半落叶季雨林、热带常绿季雨林、热带北缘沟谷雨林、热带山地雨林、热带山地常绿阔叶林和山顶苔藓矮林,基本上代表了海南岛西南部的主要植被类型(蒋有绪等 1991;李意德等 2002)。虽然尖峰岭地区植物区系的地理成分绝大多数是以热带成分为主(占总属数的88.55%),但由于海拔梯度的变化,也出现了一些温带成分(占总属数的 10.25%)(蒋有绪等1991)。因此,尖峰岭地区作为一个过渡地带,其植被分布及地理环境条件有较大的空间变异,这种独特的地理环境条件使该地区可能呈现一种与以上 5 种常见分布格局不同的物种多样性和海拔梯度的关系模式。

而物种多样性沿水平距离分布格局反映了两两样地间物种替代程度和群落组成的差异(Whittaker 1977;Koleff et al. 2003),可以通过分析不同群落间的物种周转率来阐明。不同群落间共有种越少,β 物种多样性越大。可以用来解释物种如何在水平空间内实现传播和定居。

更重要的是,在过去或正在进行的世界范围内,大规模的森林采伐已经显著影响到物种多样性的形成和维持(Brown et al. 2004b;Berry et al. 2008)。种-面积关系是生态学研究中最普遍的基本规律之一,已有的研究表明,包括蜥蜴等物种在受干扰后是可以实现自然恢复的,通过长短不一的时间,可以恢复原有的种-面积关系(Schoener et al. 2001)。然而,作为生态学中另一个普遍的基本规律,物种多样性沿海拔梯度及水平距离的分布格局是否也能在森林被破坏后恢复起来?而且森林采伐后在短时间内物种多样性的恢复基本是靠采伐迹地的种子库或邻近区域的种子传播实现的,探讨该问题有助于揭示热带森林物种在采伐后如何在空间上扩散并成功实现定居,从而使森林群落逐渐恢复起来的?

本节将基于 157 个 625 m² 海南尖峰岭地区公里网格样方数据,分析热带北缘森林过渡地带物种多样性沿海拔梯度及沿水平距离的分布格局模式;并考虑森林采伐这一历史因素的影响,验证在不同干扰状态下不同物种多样性梯度格局假说的适用性;最后区分不同恢复时间的热带森林类型,验证森林采伐后物种多样性沿海拔梯度及沿水平距离的分布格局如何实现自然恢复,从而揭示物种多样性的形成和维持机制。

本节统计 2 个多样性指标:① α 物种多样性,采用物种丰富度指标,即直接统计每个样地中胸径大于 1.0 cm 所有物种的数目;② β 物种多样性,采用两两样方间的 Sørensen 相似性。Sørensen 相似性指数公式为 $S_{12}/[0.5(S_1+S_2)]$,式中,S_{12} 是两样地的共有种,而 S_1 和 S_2 是两样地各自拥有的物种数目。在对 Sørensen 相似性指数分析时不同物种权重相等。

物种丰富度沿海拔的分布格局运用广义线性模型(generalized linear model,GLM)和广义加合模型(generalized additive model,GAM)进行拟合,并采用残差偏差(residual deviance)和赤池信息准则(Akaike's information criterion,AIC)评价模型优劣(McCullagh et al. 1989;Hastie et al. 1990)。因为基于参数回归的 GLM 模型会限制或是不能完全反映其估计的物种丰富度沿海拔的分布格局的形式,在生态交错区发生的任何突然改变在大部分情况下不能被其反映出来(Grytnes et al. 2006),最明显的是不能反映物种多样性沿海拔梯度分布的中度膨胀效应。而 GAM 没有预先设定变量之间的关系,而是用环境变量的"平滑"函数代替回归参数的功能,因此拟合得出的变量之间的关系曲线能最大可能地符合原始数据,可以反映 GLM 不能反映的趋势。为了更好地描述物种多样性和海拔梯度的关系,本研究构建了 5 个不同的模型,2 个基于 GLM 模型(GLM1:一次方程,GLM2:二次方程),3 个基于 GAM 模型(GAM1、GAM2、GAM3 的自由度分别设为 1、2、3)。通过比较,选出最合适的模型用于以下分析。

本研究中,GAM 模拟以物种丰富度为因变量,以海拔为自变量。GAM 分析在 R-2.9.2 软件中完成,联系函数为对数函数,指数分布族为泊松分布(Poisson),平滑函数运用样条函数(cubic smooth spline)。

为了比较不同森林采伐方式对生物多样性的影响,所有 157 个公里网格样方根据采伐历史被分成 3 种类型:原始林、径级择伐森林和皆伐森林。首先不考虑森林采伐后恢复时间的差异,使用 GAM 拟合了 3 种森林类型的物种多样性沿海拔梯度的分布格局。

接着,按照森林采伐后恢复时间的长短分成两个时间段,比较不同恢复时间条件下物种多样性随海拔梯度分布格局如何变化。

本节通过两步来分析两两样方间的 Sørensen 相似性的空间分布格局。首先,不考虑森林采伐后恢复时间的差异,分析不同类型 Sørensen 相似性的差异;接着,将径级择伐森林和皆伐森林按恢复时间长短均分成两个类型,比较不同恢复时间的森林亚类型的 Sørensen 相似性差异。

以上两步均分析了两方面的内容;第一,比较 3 个森林类型的平均 Sørensen 相似性;第二,绘制出三个森林类型的 Sørensen 相似性随水平距离增加的图,作为 β 物种多样性的一种测度方式(Condit et al. 2002)。为了在图上更清楚地表示,将相邻两个水平距离和 Sørensen 相似性取平均值再绘制在图上。

4.2.1 物种多样性沿海拔梯度的分布格局

1. 物种丰富度和海拔梯度关系最优模型的选择

本研究结果发现,不论是对原始林、径级择伐森林还是皆伐森林,与广义线性模型(GLM)相比,广义加合模型(GAM)能更好地揭示物种丰富度沿海拔梯度的分布格局(表4-5),具有较小的残差偏差和AIC值。而且以自由度为1的GAM最优。因此,下文分析中将采用自由度为1的GAM来反映物种多样性沿海拔梯度分布格局。

表4-5　物种丰富度和海拔梯度关系模型拟合与选择

模型	原始林		径级择伐森林		皆伐森林	
	残差偏差	AIC	残差偏差	AIC	残差偏差	AIC
GLM1	106.607	431.85	621.5403	161.5445	322.8871	105.5979
GLM2	106.435	433.68	623.5328	161.537	323.5563	104.2671
GAM1	**84.529**	**418.25**	**616.0193**	**140.6932**	**294.5672**	**61.78914**
GAM2	88.936	419.57	621.5403	161.5445	302.0568	77.50638
GAM3	92.082	421.43	621.5403	161.5445	303.8207	80.49442

2. 物种丰富度和海拔梯度相关分析

表4-6结果显示,所有样地的物种多样性和海拔梯度显著正相关。但因为干扰历史可能影响物种丰富度沿海拔梯度的分布格局,将所有样地分成三种类型后,原始林(52个)、径级择伐森林(73个)和皆伐森林(32个)样地的物种丰富度仍然和海拔梯度显著正相关($p<0.001$)。

表4-6　物种多样性与海拔梯度的确定系数(r^2)及显著性检验(p)

参数	海拔			
	所有157个样方	原始林	径级择伐森林	皆伐森林
r^2	0.217	0.351	0.191	0.339
p	**<0.001**	**<0.001**	**<0.001**	**<0.001**

3. 物种多样性沿海拔梯度的分布格局

未考虑采伐后森林恢复时间的差异,利用 GAM 模拟物种丰富度沿海拔梯度分布格局,可以揭示出两个方面的内容(图 4-4a)。

(1)原始林物种丰富度的海拔梯度分布格局呈现为与常见的 5 个分布格局不同的模式,表现为"倒 S 形"。物种多样性从 260 m 开始先下降,最低的物种多样性出现在海拔约 510 m 的位置;然后逐渐上升,在 850~950 m 区域间较平缓,在 1120 m 再次表现为稍微下降。物种丰富度最低的区域(350~650 m)是尖峰岭地区常绿季雨林的分布区域,以龙脑香科植物占据优势;在种类组成上与海拔 650 m 以上的山地雨林区别明显。

(2)径级择伐森林的物种多样性总体上沿海拔梯度波动上升,而皆伐森林总体上表现为沿海拔梯度逐渐上升,在 690~800 m 海拔区域内表现为稍微下降,之后继续上升。总体上采伐(径级择伐和皆伐)后的森林沿海拔梯度比原始林具有较高的物种多样性。径级择伐与皆伐森林的物种多样性沿海拔梯度分布格局 GAM 拟合曲线部分重叠;除了在 300~480 m 和 800~880 m 这两个区域范围内径级择伐森林的物种丰富度比皆伐森林高,其他海拔梯度范围内皆伐森林的物种多样性均较径级择伐森林高。

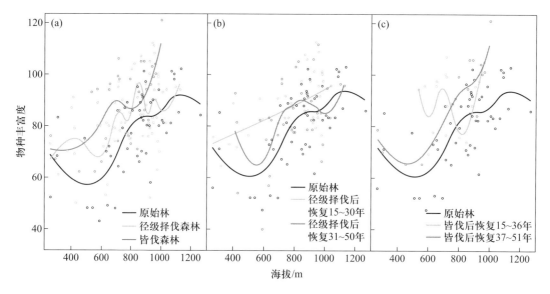

图 4-4　考虑不同采伐历史条件下物种多样性沿海拔梯度分布格局散点图
拟合曲线采用基于样条函数的 GAM

因此我们认为,森林采伐,不论是径级择伐还是皆伐,不仅改变了原有的物种多样性沿海拔梯度的分布格局,更导致物种多样性随海拔梯度上升而升高。

4. 不同采伐类型和亚类型物种多样性沿海拔梯度的分布格局变化

考虑森林采伐后不同恢复时间的差异,利用 GAM 模拟物种丰富度沿海拔梯度分布格局揭示出 2 个方面的内容(图 4-4b 和图 4-4c)。

（1）径级择伐后恢复时间较长的森林物种丰富度沿海拔梯度分布格局呈现"W"形,而皆伐后恢复时间较长的森林物种丰富度沿海拔梯度分布格局呈现"V"形。

（2）更重要的是,不论是径级择伐还是皆伐,采伐后恢复时间较长的森林相比于恢复时间较短的森林,物种丰富度沿海拔梯度分布格局和原始林更相似。

5. 海拔解释的物种丰富度变差

因为以上每个GAM的p值均达到显著水平,为了进一步分析海拔解释物种丰富度的能力,我们分析了图4-4共9条模拟的GAM曲线的r^2及其解释的变差大小,从表4-7可以得出以下4个主要结论。

（1）海拔解释了47.7%原始林物种多样性的变差,因此海拔及其关联的环境因素是影响原始林物种分布的主导环境因子。

（2）不论是径级择伐还是皆伐的森林,海拔能解释采伐后恢复时间较长的森林比恢复时间较短的森林有更大的变差,说明海拔及其关联因素在森林恢复中逐渐起到主导作用,特别是对于皆伐后的森林以及皆伐后恢复时间较长的森林,这种效应更明显。

（3）海拔解释了46.7%皆伐森林物种多样性的变差,分离恢复时间因素后,海拔因素能解释恢复时间较长的森林更大的变差;说明皆伐后生长的植株受海拔及其关联因素的综合影响更显著。但径级择伐后,海拔仅解释了29.0%的物种多样性变差;分离恢复时间因素后,也差异不大（25.3%对于采伐后恢复时间较短的森林为25.3%,对于采伐后恢复时间较长的森林为32.5%）,说明有其他与海拔因素关联不显著的因子在起作用。

表4-7 不同森林类型和亚类型的物种多样性沿海拔梯度分布格局GAM的参数值

森林类型和亚类型	采伐后恢复时间/年	确定系数	变差解释百分比/%
原始林	—	0.425	47.7
径级择伐 I	15~30	0.228	25.3
径级择伐 II	31~50	0.206	32.5
径级择伐	15~50	0.206	29.0
皆伐 I	15~36	0.348	53.4
皆伐 II	37~51	0.749	83.1
皆伐	15~51	0.395	46.7

尖峰岭地区的最低海拔分布在海边,最高海拔为1412.5 m,而本研究157个样方的海拔范围是259~1265 m,基本覆盖整个有森林分布的区域。海拔259 m以下分布的主要是热带半落叶季雨林、稀树草原和滨海有刺灌丛。根据以往的系列样地资料,已经阐述的6个主要植被类型种类组成与海拔的相互关系(蒋有绪等1991)为:海拔由低至高,植物种类逐渐增多,至热带山地雨林类型时最为丰富,而山顶矮林则相应减少;滨海有刺灌丛和稀树草原的种类最为贫乏,分别为热带山地雨林的21.0%和19.2%。因此,在从海边到海拔259 m这个区域内物种丰富度应该是沿海拔逐渐上升的。结合原始林物种丰富度沿海拔梯度的分布格局形

式,我们可以描绘出一个完整的尖峰岭地区原始林物种丰富度沿海拔梯度的分布格局:是一种呈现"双峰形"的分布格局。

因此,本研究呈现的物种丰富度沿海拔梯度分布格局不同于以往研究提及的 5 种常见分布格局中的任何一种(贺金生等 1997)。我们认为这与尖峰岭地区的水、热平衡和土壤等地理环境条件紧密相关。

尖峰岭低海拔地区年均温较高(年均温度 24.73℃,月平均变化 19.80~28.35℃,来源于海拔 68 m 处的气象站 50 年连续观测资料)、降雨量少(年均降雨量 69.14 mm,月平均变化7.21~70.11 mm,来源于海拔 820 m 处的气象站 31 年连续观测资料),加上干燥、常风大和贫瘠的燥红土等恶劣条件,不能发挥高温对植物生长的影响,反而加剧了蒸发,只能生长旱生植物,形成滨海有刺灌丛和稀树草原类型。但当海拔逐渐上升到 350 m 左右,有适当的湿度,风速较小,则对生长喜湿的半落叶季雨林有利,导致物种多样性的上升。

但在海拔 350~650 m 这一区域,是尖峰岭地区常绿季雨林的分布区域,以龙脑香科植物占据优势,经常一个群落被少数几个优势种类占据,例如青皮、乌柿(*Diospyros eriantha*)、白茶(*Koilodepas hainanense*)、细子龙(*Amesiodendron chinense*)等,这也导致其单位面积上物种丰富度较低;该类型热带常绿季雨林是本地区的典型地带性植被,一方面向低海拔的干热环境过渡,演变成热带半落叶季雨林、稀树草原和滨海有刺灌丛;另一方面向高海拔的热带山地雨林和山顶苔藓矮林发展(蒋有绪等 1991)。

而随着海拔的继续升高,水热条件改善,优势种类变得不明显,植物种类逐渐增多,至热带山地雨林中最为丰富。但到了海拔 1150 m 以上这个区域,光照又逐渐变少,温度变低,温带成分渐多,导致物种多样性又呈现随海拔降低的趋势。

但是,针对采伐后的森林来说,其物种多样性沿海拔梯度分布格局有所改变。也就是说,虽然第 5 章多元回归及空间自相关分析结果表明,海拔一直是影响物种多样性的最重要的因子,但并不表明两者之间的关系能遵循原有的"双峰型"的物种丰富度沿海拔梯度分布格局。这种改变的分布格局与森林历史干扰状况和恢复时间相适应。

而且,虽然森林采伐后前期,物种多样性沿海拔并无典型的分布格局存在,但随着森林恢复时间的增加,物种多样性重新形成与原始林相似的"倒 S 形"的分布格局。这也就直接证明,物种在采伐后的重新恢复生长和更新不是随机的,而是受海拔等环境因子的综合影响,包括可获得水、热等环境资源的限制,以及邻近地区潜在物种库来源的可获得性。与之关系最紧密的是邻近地区有哪些物种,并能在采伐后的林地上继续生长。因此,保护片断化的森林和次生的森林植被对于保护原始林是一个重要的补充(Quintero et al. 2005),因为其最大限度地保存了可获得的物种更新来源。

4.2.2　物种多样性沿水平距离的分布格局

1. 不同采伐类型和亚类型 β 物种多样性的差异

表 4-8 结果显示,两两样地方的 Sørensen 相似性在森林采伐后显著增加,并且皆伐后森林的 Sørensen 相似性最高。考虑采伐后不同恢复时间的差异,不论是径级择伐还是皆伐的森林,采伐后恢复时间较长的森林相比于恢复时间较短的森林,两两样地间的 Sørensen 相似性显著低。

表 4-8　海南尖峰岭地区不同森林类型或亚类型两两样方间的 Sørensen 相似性

森林类型和亚类型	两两样方间的 Sørensen 相似性		
	变化范围	平均值±标准偏差	p 值
原始林	0.028~0.726	0.413±0.144	—
径级择伐 I	0.144~0.726	0.477±0.108	**<0.001**
径级择伐 II	0.018~0.724	0.423±0.165	0.2164
径级择伐	0.018~0.726	0.449±0.141	**<0.001**
皆伐 I	0.239~0.740	0.510±0.120	**<0.001**
皆伐 II	0.252~0.696	0.459±0.108	**<0.001**
皆伐	0.209~0.740	0.473±0.107	**<0.001**

注:p 值指该森林类型各样地的物种丰富度与原始林的差异显著性。

2. 不同采伐类型和亚类型 β 物种多样性随水平距离增加的差异

本研究还继续检验两两样方间的 Sørensen 相似性在增加的空间和时间格局上如何变化。分析结果显示,Sørensen 相似性随水平距离的变化在不同森林类型和亚类型间差异较大。总体上,Sørensen 相似性随两两样方间水平距离的增加呈现波浪状逐渐下降(图 4-5a)。采伐后的森林两两样方间随水平距离(<11 km)增加的 Sørensen 相似性总是较原始林高,但在大于 11 km 后与原始林相交错。并且皆伐森林较径级择伐森林具有更高的随水平距离(<11 km)增加的两两样方间的 Sørensen 相似性。如果进一步考虑采伐后不同恢复时间的差异,采伐后恢复时间较长的森林较恢复时间较短的森林具有相对小的两两样方间随水平距离增加的 Sørensen 相似性(图 4-5b 和图 4-5c)。

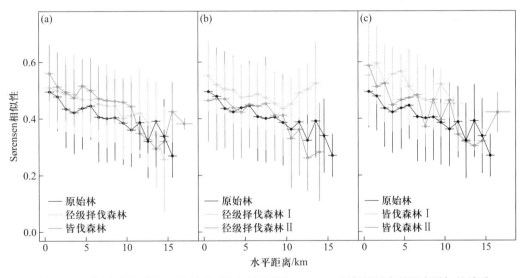

图 4-5　不同森林类型和亚类型两两样方间的平均 Sørensen 相似性随水平距离增加的关系
为了在图上更清楚地表示,将相邻两个水平距离和 Sørensen 相似性取平均值再绘制在图上。在每个不同水平距离上,竖线表示的是标准偏差,横线表示的是 Sørensen 相似性平均值范围

正如大部分研究所显示的,两两样方间的 Sørensen 相似性会随着水平距离的增加而逐渐减

少(Condit et al. 2002),虽然事实并非完全如此(图 4-5b)。在小于 11 km 这个地理界限内,径级择伐后恢复较短时间的森林两两样方间的 Sørensen 相似性逐渐下降;但超过 11 km 这个水平距离界限后,又表现为上升。

我们认为,样地周围物种的迁徙过程及其扩散限制(Hubbell 2001;Condit et al. 2002)可能起到重要的作用,两者相互起作用改变了 Sørensen 相似性,使之上升或下降。即在采伐后的森林中,一些常见的和邻近区域的种类更容易迁移进来并在森林恢复的早期阶段构建森林群落,而稀有种需要时间和合适的机会到达合适的生长位置并在后期演替阶段定居下来(Clark et al. 2001b)。

森林在采伐后是否可以恢复?这个问题一直以来都存在争议(任海等 2006)。一些其他物种的研究已经证明,蜥蜴(Schoener et al. 2001)、甲虫(Quintero et al. 2005)和一些高等营养等级的物种如寄生虫、拟寄生物、病原菌(Henson et al. 2009)在受干扰后是可以实现自然恢复的,通过长短不一的时间,可以恢复原有的种-面积关系。我们的结果明显支持森林采伐后物种丰富度沿海拔梯度和沿水平距离的分布格局均可以逐渐实现自然恢复,揭示了热带森林良好的潜在恢复能力。

我们认为,本研究可以揭示出以下热带森林物种多样性的维持和恢复机制:① 物种更新能力:森林采伐后在短时间内,物种更新来源于周边保存在林地中的种子库或近距离的种子传播。保存的种子库越充分,物种成功重新定居的可能性越大。而一些偶见种或稀有种需要通过长距离传播,并等待一定的时间和合适的机会才有可能实现物种的成功传播和定居(McKinney et al. 1999)。② 资源可获得性:采伐后新到达的植株在资源更丰富的地区更容易存活并定居下来(Pimm 1991;Hanski 1999;Schoener et al. 2001),正如许多资源(包括水、热和环境条件等)均有利于物种重新形成与原先一致的物种多样性的分布格局。

同时我们注意到,包括甲虫等物种的快速恢复是在第二次恢复生长时实现的(Quintero et al. 2005),这些小型的昆虫可以在较短的时间内实现多代的更替。然而,对于树木来说,特别是大型乔木植株,在热带地区大部分物种实现一代的更替至少需要 30 年或更长的时间(蒋有绪等 1991;周铁烽 2001),这也导致森林采伐后前期占据的广布种和优势种在短时间内不能马上消失,物种多样性沿海拔及沿水平距离的分布格局必须等待较长的恢复时间才可能重新成为主导因素。而且,群落的种类多度等群落结构尚未完全恢复到原有的较稳定的原始林水平,物种间的竞争比较明显,采伐后的森林仍然处在一个变动幅度较大的状态中。

4.3 热带天然林物种多样性随环境因子的变化规律

环境因子如何影响物种多样性的空间变异一直是生态学上的一个重要问题(Diniz-Filho et al. 2004;Kaboli et al. 2006;Qian et al. 2009)。在过去几十年里,许多研究发现,物种多样性和生境异质性、能量-水分平衡和养分平衡等紧密相关,许多假说被提出来用于解释环境因子如何调节物种多样性(贺金生等 1997;Rowe et al. 2009)。生境异质性假说认为,物种多样性随生境异质性的增加而增加(Cramer et al. 2002);能量-水分平衡假说认为,能量和水之间的关联为物种多样性格局的形成提供了一个强有力的解释(Hawkins et al. 2003);而养分平衡假说认为,物种多样性的形成与养分梯度紧密相关(De Deyn et al. 2004;Paoli et al. 2006;Firn et al. 2007)。

在过去的 100 年里,大规模的人类干扰活动对森林造成巨大的影响,影响森林群落的物种多样性形成(Brown et al. 2004b;Berry et al. 2008)。但是,历史干扰因素(例如森林采伐活动历史)在以往研究环境因子与物种多样性的关系时经常被忽略。在未受干扰的原始林中显著影响物种多样性的环境因子是否也能在采伐后森林中继续显著影响其物种多样性?或是其他的环境因子将会起作用?这些问题仍未得到清楚的回答,但它对于解释热带森林多物种共存的维持机制十分重要,也可以作为将来物种多样性保护和管理的理论依据。

另外,越来越多的生态学家们认为,广义生态学上的物种多样性数据存在的空间自相关属性会造成分析中出现错误的正相关结果。空间自相关是在一定空间或时间距离间的成对观测值缺乏独立性造成的,在生态学数据上经常存在(Legendre et al. 1998)。它可能使 I 类误差膨胀并产生错误(red herrings)(Diniz-Filho et al. 2003;Kuhn 2007),从而使物种多样性与某些环境因子之间不显著的关系变得显著。因此,本节研究也将考虑空间自相关对物种多样性与环境因子关系形成的影响。

因此,我们假设,森林采伐历史和数据中存在的空间自相关性会对这些环境因子如何作用于物种多样性的形成造成显著影响,并采用实际数据分析来验证这个假设的正确性。为了检验以上假设,我们基于 164 个 625 m² 海南尖峰岭地区公里网格样方数据,首先采用主成分分析的方法,接着采用两种多元回归模型(考虑与不考虑空间自相关因素)来筛选驱动大规模格局水平的物种多样性维持机制的主要环境因子,以期探讨多元环境因子如何调节物种多样性的形成。这 164 个样方是参照机械公里网格的方法设立的,覆盖了约 160 km² 的林区范围;而且详细记录了每个样方的采伐类型和采伐后恢复时间。

空间自相关测度某一特定变量的样本间的相似性,并作为空间距离的函数(Legendre et al. 1998;Rossi et al. 1998)。对于数量或连续变量,例如物种多样性,Moran's I 指数是在单变量自相关分析中最常用的指数,其公式为

$$I = \left(\frac{n}{s}\right)\left[\frac{\sum_i \sum_j (y_i - \bar{y})(y_j - \bar{y})w_{ij}}{\sum_i (y_i - \bar{y})^2}\right] \qquad (4-1)$$

式中,n 是样方数目,y_i 和 y_j 是样方 i 和 j 的物种丰富度,$\bar{y}$ 是 y 的平均值,w_{ij} 是矩阵 W 的矩阵元。在这个矩阵中,如果成对的样方 i、j 在某一特定的距离等级间隔中(表明样方在这个距离等级中是"相关"的),$w_{ij} = 1$;反之,$w_{ij} = 0$。S 指伐矩阵 W 的联结数目。在零假设条件下,无空间自相关的值是 $-1/(n-1)$。

Moran's I 指数通常为 $-1.0 \sim 1.0$,即表示存在最大的负和正自相关。Moran's I 值不等于 0 表明,在一定的水平距离样方的物种多样性比随机选取的成对样方存在更相似(正自相关)或不相似(负自相关)的相互关系。

通过以上环境变量和物种丰富度相互关系的分析可以检验以下几个不同假说的适用性:① 海拔、坡度、坡向和坡位,用来检验生境异质性假说。② 土壤密度、土壤贮水量、土壤最大持水能力和毛细管持水量,用来检验能量-水分平衡假说。大部分研究集中在温度、湿度和其他气象因子来探讨能量-水分平衡如何影响物种多样性,而本研究侧重于土壤的水分-物理性质。因为温度、湿度和其他气象因子经常和海拔紧密相关,而土壤直接提供水分给植物,可能起到不同

的作用。③ 土壤有机 C、N 含量和 C/N 比,用来检验养分平衡假说。④ 干扰类型,这是影响生物多样性形成最重要的环境因子之一。因此,通过相关分析,可以明确以上各环境因子哪个最能反映物种多种性的梯度变异格局。当然,承认一种假说也并不排斥另一种假说的成立。

4.3.1　环境因子间相关分析

表 4-9 的 12 个环境因子的相关分析显示,干扰类型与 3 个环境因子显著相关。海拔和其他 6 个环境因子显著相关,但坡度、坡向和坡位仅和少量环境因子相关。土壤有机 C 和 N 含量也分别和 7 个和 6 个环境因子显著相关,土壤 C/N 比仅和土壤有机 C 含量显著相关。而 4 个土壤水分-物理性质因子(土壤密度、土壤贮水量、土壤最大持水能力和土壤毛细管持水量)分别和 6、7、6、6 个环境因子显著相关。

表 4-9　12 个环境变量的相关系数交互矩阵

	1	2	3	4	5	6	7	8	9	10	11	12
1	1.000											
2	−0.122	1.000										
3	**−0.157***	0.006	1.000									
4	0.017	−0.017	**−0.304***	1.000								
5	0.083	−0.005	**−0.193***	0.111	1.000							
6	**−0.193***	**0.394****	0.012	0.063	−0.081	1.000						
7	−0.125	**0.366****	0.070	0.078	−0.015	**0.794****	1.000					
8	−0.095	0.095	−0.060	−0.001	−0.099	**0.578****	0.000	1.000				
9	0.108	**−0.758****	0.071	−0.021	0.077	**−0.376****	**−0.371****	−0.086	1.000			
10	**0.163***	**0.511****	−0.079	0.120	−0.056	**0.190***	**0.232****	−0.026	**−0.478****	1.000		
11	0.065	**0.567****	−0.109	0.116	−0.046	**0.170***	**0.261****	−0.073	**−0.690****	**0.691****	1.000	
12	0.126	**0.493****	**−0.170***	0.153	0.005	0.127	**0.161***	−0.015	**−0.398****	**0.840****	**0.739****	1.000

注:在 $p < 0.05$ 和 $p < 0.01$ 水平分别表示显著相关和极显著相关,分别用 ∗ 和 ∗∗ 表示。1,干扰类型;2,海拔;3,坡度;4,坡向;5,坡位;6,土壤有机 C 含量;7,土壤 N 含量;8,土壤 C/N 比;9,土壤密度;10,土壤贮水量;11,土壤最大持水能力;12,土壤毛细管持水量。

4.3.2　环境因子的主成分分析

主成分分析结果显示(图 4-6 和表 4-10),仅有前三轴通过随机性检验($p < 0.001$)。第一主轴主要反映了 5 个环境因子的变化:海拔和 4 个土壤水分-物理性质因子。第二主轴主要反映了干扰历史和 3 个土壤养分特征(土壤有机 C 含量、土壤 N 含量、土壤 C/N 比)的变化。第三主轴主要反映了坡度、坡向和坡位 3 个环境因子的变化。这三轴的累积变异达 64.35%,其中第一主轴解释了所有变异的 32.128%(表 4-11)。

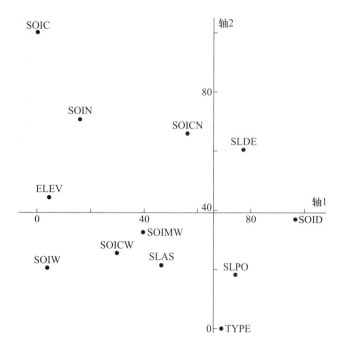

图 4-6　12 个环境变量的主成分分析（PCA）

TYPE，干扰类型；ELEV，海拔；SLDE，坡度；SLAS，坡向；SLPO，坡位；SOIC，土壤有机 C 含量；SOIN，土壤 N 含量；SOICN，土壤 C/N 比；SOID，土壤密度；SOIW，土壤贮水量；SOIMW，土壤最大持水能力；SOICW，土壤毛细管持水量

表 4-10　主成分分析的前 6 个特征值（每个值已经根据其标准偏差调整）

环境变量	前 6 个排序轴的特征根					
	1	2	3	4	5	6
TYPE	0.026	−0.497	0.145	0.316	0.704	−0.070
ELEV	−0.803	0.103	−0.154	−0.116	−0.093	0.275
SLDE	0.115	0.328	−0.693	−0.105	0.177	−0.156
SLAS	−0.146	−0.195	0.647	−0.127	−0.335	−0.485
SLPO	0.061	−0.229	0.441	−0.541	0.243	0.537
SOIC	−0.538	0.744	0.297	0.053	0.217	−0.077
SOIN	−0.544	0.513	0.127	−0.390	0.351	−0.328
SOICN	−0.133	0.546	0.349	0.638	−0.047	0.296
SOID	0.807	−0.089	0.130	0.094	0.165	−0.213
SOIW	−0.795	−0.355	−0.088	0.158	0.090	−0.110
SOIMW	−0.835	−0.307	−0.128	0.001	−0.078	−0.002
SOICW	−0.768	−0.428	−0.017	0.160	0.003	−0.051

注：字母含义同图 4-6。

表 4-11　主成分分析的前 10 个轴的期望变异值

轴	特征值	变异值	累积变异值	分割线段特征值
1*	3.855	32.128	32.128	3.103
2*	1.981	16.509	48.637	2.103
3*	1.405	11.710	60.347	1.603
4	1.054	8.785	69.132	1.270
5	0.921	7.676	76.808	1.020
6	0.889	7.409	84.217	0.820
7	0.696	5.803	90.019	0.653
8	0.563	4.688	94.707	0.510
9	0.330	2.746	97.453	0.385
10	0.194	1.621	99.074	0.274

注：* 表示通过随机性检验（$p < 0.001$）。

4.3.3　物种多样性和环境变量的相关分析

表 4-12 所示，有 7 个环境变量分别和物种多样性紧密相关：干扰类型、海拔、土壤有机 C 含量和 4 个土壤水分-物理性质特征。

表 4-12　物种多样性与 12 个环境变量的确定系数（r^2）及显著性检验（p）

参数	TYPE	ELEV	SLDE	SLAS	SLPO	SOIC	SOIN	SOICN	SOID	SOIW	SOIMW	SOICW
r^2	0.0305	0.1907	−0.001	−0.0062	−0.0056	0.0228	0.0062	0.0068	0.1118	0.1315	0.0728	0.0672
p	**0.015**	**<0.001**	0.36	0.895	0.738	**0.031**	0.159	0.151	**<0.001**	**<0.001**	**<0.001**	**<0.001**

注：字母含义同图 4-6。表中黑体字表示显著相关。

4.3.4　多元回归分析

1. 不考虑干扰历史的情形

多元回归分析结果显示（表 4-13），在普通最小二乘法模型（OLS）和联立空间自相关模型（SAR）中，12 个环境变量中仅有 2 个环境变量和物种多样性显著关联：海拔和干扰类型，而其他 10 个环境变量未包含在最终的物种多样性和环境变量回归模型中。

表4-13 164个样地物种多样性与12个环境变量的多元回归的参数及其显著性 t 检验

环境变量	普通最小二乘法模型			联立空间自相关模型		
	估计值±标准误差	t 值	显著性检验(p)	估计值±标准误差	t 值	显著性检验(p)
截距	42.928±5.523	7.772	<0.001	42.118±6.979	6.035	<0.001
海拔	0.037±0.005	6.819	<0.001	0.038±0.007	5.193	<0.001
干扰类型	5.340±1.488	3.588	<0.001	5.589±1.516	3.687	<0.001

　　SAR 模型（AIC=1286.5）的 AIC 值较 OLS 模型（AIC=1295.1）小（表4-13），而且 SAR 和 OLS 模型的残差的自相关值明显不同，SAR 模型的残差的自相关值较 OLS 模型更接近于 0（图4-7）。因此，数据中存在正的空间自相关，SAR 模型在这里更适合用来揭示影响物种多样性形成的环境因子组成。

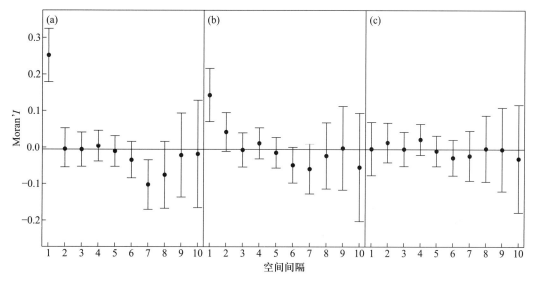

图4-7　基于164个样地评价模型的适用性：检验模型中残差的自相关性。（a）原始数据；（b）普通最小二乘法模型的残差；（c）联立空间自相关模型的残差

2. 考虑干扰历史的情形

　　干扰历史是影响物种多样性的重要因子之一，本研究根据森林采伐历史将164个样地分成3种森林类型，共包括11个环境因子（删除了干扰类型因子）来分析影响物种多样性的因子组成。

　　对于原始林来说（表4-14），在普通最小二乘法模型（OLS）和联立空间自相关模型（SAR）中，11个环境变量均有4个环境变量和物种多样性显著关联：海拔、坡位、土壤最大持水能力和土壤毛细管持水量，而其他7个环境变量未包含在最终的物种多样性和环境变量回归模型中。

　　SAR 模型（AIC=398.9）的 AIC 值较 OLS 模型（AIC=397.2）稍大，而且 SAR 和 OLS 模型的残差的自相关值相似，两者均接近于0（图4-8）。因此，数据中不存在明显的空间自相关，OLS 模型在这里更适合用来揭示影响原始林物种多样性形成的环境因子组成。

表 4-14   原始林物种多样性与 11 个环境变量的多元回归的参数及其显著性 t 检验

环境变量	普通最小二乘法模型			联立空间自相关模型		
	估计值±标准误差	t 值	显著性检验(p)	估计值±标准误差	t 值	显著性检验(p)
截距	54.568±10.076	5.415	<0.001	55.994±8.356	6.701	<0.001
海拔	0.029±0.008	3.544	<0.001	0.024±0.007	3.539	<0.001
坡位	2.094±0.876	2.392	0.021	2.404±0.820	2.933	0.003
土壤最大持水能力	51.425±10.793	4.765	<0.001	55.390±9.507	5.826	<0.001
土壤毛细管持水量	−43.537±13.428	−3.242	0.002	−44.975±12.024	−3.740	<0.001

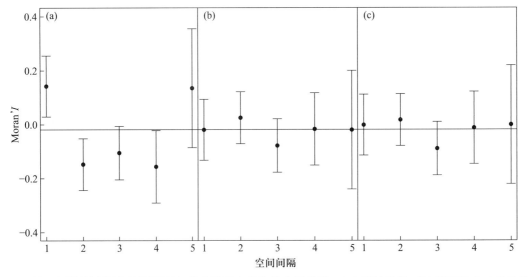

图 4-8   基于原始林评价模型的适用性:检验模型中残差的自相关性。(a)原始数据;(b)普通最小二乘法模型的残差;(c)联立空间自相关模型的残差

对于径级择伐森林来说(表 4-15),在普通最小二乘法模型(OLS)和联立空间自相关模型(SAR)中,11 个环境变量仅有 1 个环境变量即海拔和物种多样性显著关联,而其他 10 个环境变量未包含在最终的物种多样性和环境变量回归模型中。

SAR 模型(AIC=580.4)的 AIC 值较 OLS 模型(AIC= 589.4)小,而且 SAR 和 OLS 模型的残差的自相关值明显不同,SAR 模型的残差的自相关值较 OLS 模型更接近于 0(图 4-9)。因此,数据中存在正的空间自相关,SAR 模型在这里更适合用来揭示影响径级择伐森林的物种多样性形成的环境因子组成。

表 4-15　径级择伐森林物种多样性与 11 个环境变量的多元回归的参数及其显著性 t 检验

环境变量	普通最小二乘法模型			联立空间自相关模型		
	估计值±标准误差	t 值	显著性检验(p)	估计值±标准误差	t 值	显著性检验(p)
截距	58.015±6.401	9.063	<0.001	52.264±8.549	6.113	<0.001
海拔	0.032±0.008	4.098	<0.001	0.039±0.010	3.924	<0.001

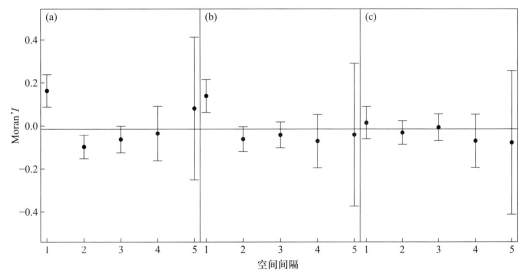

图 4-9　基于径级择伐森林评价模型的适用性:检验模型中残差的自相关性。(a)原始数据;(b)普通最小二乘法模型的残差;(c)联立空间自相关模型的残差

对于皆伐森林来说(表 4-16),在普通最小二乘法模型(OLS)和联立空间自相关模型(SAR)中,11 个环境变量仅有 1 个环境变量即海拔和物种多样性显著关联,而其他 10 个环境变量未包含在最终的物种多样性和环境变量回归模型中。

表 4-16　皆伐森林物种多样性与 11 个环境变量的多元回归的参数及其显著性 t 检验

环境变量	普通最小二乘法模型			联立空间自相关模型		
	估计值±标准误差	t 值	显著性检验(p)	估计值±标准误差	t 值	显著性检验(p)
截距	57.972±11.663	4.971	<0.001	61.744±9.908	6.232	<0.001
海拔	0.037±0.015	2.487	0.018	0.032±0.013	2.536	0.011

SAR 模型(AIC=299.7)的 AIC 值较 OLS 模型(AIC=297.9)稍大,而且 SAR 和 OLS 模型的残差的自相关值相似,两者均接近于 0(图 4-10)。因此,数据中不存在明显的空间自相关,OLS 模型在这里较 SAR 模型更合适用来揭示影响皆伐森林物种多样性的环境因子组成。

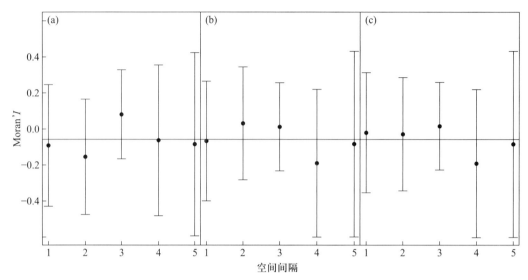

图 4-10 基于皆伐森林评价模型的适用性:检验模型中残差的自相关性。(a)原始数据;(b)普通最小二乘法模型的残差;(c)联立空间自相关模型的残差

空间自相关是生物地理数据的一个内在的属性(Rahbek et al. 2000;Pimm et al. 2004),基于网格的物种多样性数据大部分呈现空间自相关属性(Rahbek et al. 2000;Diniz-Filho and de Campos Telles 2002;Van Rensburg et al. 2002),这种数据结构中存在的非独立性使标准回归模型中的基本假设失效,并影响 p 值和模型的参数值,以及回归过程中模型的选择(Diniz-Filho et al. 2003;Tognelli et al. 2004)。正如 Legendre 等(1998)指出的,空间自相关应该成为地理生态学的一个新的分析准则。不仅因为它允许我们理解空间分布格局,也因为它能帮助我们避免一些在多元回归分析中常见的陷阱。但是,这不代表所有生态分析的空间数据中一定存在空间自相关属性。正如表 4-16 所显示的,SAR 模型的标准差和 AIC 值并不总是比 OLS 模型小,而且 SAR 和 OLS 模型的残差的自相关值相似,Moran's I 数值相对较小,在 0.02~0.14 变化,这说明,模型中的残差的空间自相关几乎可以忽略,也就是空间自相关并不总是存在的。

而且,虽然有研究表明,引入空间自相关分析不仅可以使原先显著的环境变量变得不显著,也可能改变环境变量的相对重要程度的大小和顺序(Diniz-Filho et al. 2003)。但是在本研究的逐步回归分析过程中,空间自相关没有使之前的环境变量由显著变得不显著,它只是改变了环境变量的重要程度的大小,但并没有改变环境变量重要性的顺序。

因此,空间自相关问题在现在看来并不是一个新的问题,从以往研究以及本研究所传递出来的信息也很简单:在多元回归模型中,残差的空间自相关应该总是要被考虑和检查到的(Diniz-Filho et al. 2003)。如果数据中存在空间自相关,建立模型时应该采用SAR 模型或是其他考虑了空间自相关属性的模型,即使它并不总是存在的。

因为基于大规模的样地野外调查的物种多样性数据很少(Hurlbert et al. 2005),大部分以往的大规模格局水平的物种多样性格局(例如鸟类或其他类群)的研究都是基于物种分布范围,将整个分布区分成一定经纬度精度的网格,再估计每个网格的物种多样性。而本研究基于160 km^2

范围内 164 个公里网格样方详细的实地调查数据来揭示影响物种多样性的环境变量,同时每个样地还有详细的森林干扰历史数据,可以更真实和详细地揭示森林采伐历史对于维持物种多样性的重要性及物种的空间分布格局是如何被改变了。

总的来说,本研究揭示了 160 km² 范围内热带森林的物种多样性可以通过海拔和干扰类型两个最重要的环境因子来反映,两者共解释了 24.73% 的变异,而且主成分分析显示,海拔解释了大部分的变异(19.07%)。这两个环境变量在以往的研究中已经被发现是形成区域或全球格局水平物种多样性的主要因子(Cannon et al. 1998;Lomolino 2001a;Brown et al. 2004b;Rowe et al. 2009),这也从本研究的结果中得到进一步的证实,大规模格局海拔梯度和干扰类型将直接影响物种多样性分布格局的形成。

而且,以往大部分研究表明,环境因子和物种多样性的关系通常是静止的,而且具有普适性。但是本研究结果显示,驱动物种多样性形成的环境因子在森林采伐后并不是一成不变的,这种关系会随时间和空间发生变化,是非静止的(Foody 2004),或者说是一个时间和空间格局依赖过程。直观理解为不同的环境因子可能在不同的时期、森林类型或是森林恢复阶段中起作用。生境异质性假说和干扰历史是影响物种多样性的两个重要因子;能量-水分平衡假说主要影响原始林的物种多样性,但对采伐后森林的物种多样性形成影响不显著。它们均是海南地区影响热带雨林物种多样性形成的主要驱动环境因子。

海拔梯度的重要性 海拔梯度代表了地形因子的变异,在以往研究中通常被用于表述生境异质性和中等尺度的气候变异,进而揭示物种多样性的梯度格局(Lomolino 2001a;Vetaas et al. 2002;Beck et al. 2008)。本研究表明,即使样方大小、群落类型复杂度和干扰类型变异较大,164个样方的海拔梯度(地形异质性)仍然显著影响物种多样性的形成,支持海拔作为一个连续、强有力和广泛适用的决定因子影响物种多样性的形成。这种海拔和生境异质性的紧密关系支持生境异质性假说作为驱动物种多样性形成的重要机制。

干扰历史的重要性 本研究发现,考虑了干扰历史的影响后,多元回归反映出影响物种多样性的环境因子明显不同。仅有海拔梯度在多元回归结果中一直存在,作为影响物种多样性形成的重要因子。在森林采伐后,坡位、土壤最大持水能力和土壤毛细管持水量原先在原始林中可以有效地被用于预测物种多样性维持的 3 个环境因子不再有显著影响。正如在以前许多研究中发现的,干扰不仅改变了地上植被物种组成及其丰富度(Cannon et al. 1998;Brown et al. 2004b;Dumbrell et al. 2008),也导致许多环境变量发生改变,例如土壤密度和土壤水分-物理性质(蒋有绪等 1991),从而导致物种多样性空间分布重新配置。

土壤水分-物理性质 降雨量在以往的研究中被发现对于恢复过程中的森林群落,特别是热带森林群落的物种组成及其丰富度有显著的影响(贺金生等 1997;Knapp et al. 2002),包括对于林下更新幼苗的影响。而本研究揭示出,原始林的物种多样性形成较采伐后(径级择伐或皆伐)的森林对于土壤水分的空间异质性分配更为敏感,这说明热带地区除了受降雨的影响以外,土壤水分的有效供给同样在一定程度上决定物种多样性在空间的分布状况,特别是在海南尖峰岭这个存在明显旱季和雨季区分的林区。

4.4　台风干扰对热带天然林物种多样性的影响

台风是比较常见的一种自然干扰因子,影响时间短但破坏力巨大。它本身不仅具有强大的风力,还常常带来急剧增加的降水(周光益等 1998a;Ren et al. 2002;周光益等 2004);它不仅能破坏房屋、桥梁等建筑设施,也能直接对森林群落造成机械损伤,影响群落内的物种组成和结构、水分、凋落物及土壤的养分循环过程和生态系统的稳定性(Everham 1995;Ennos 1997;Zhu et al. 2004;赵晓飞等 2004)。

台风与全球气候变化有较紧密的联系,近年来,台风对森林群落的影响已经引起国内外许多学者的研究兴趣(Mabry et al. 1998;周光益等 1998b;Bengtsson 2001;Mcnulty 2002;Erickson et al. 2004;Xu et al. 2004;Witze 2006;仝川等 2007;Bellingham 2008;Imbert et al. 2008)。国外针对台风[美洲称为"飓风"(hurricane)]对植被的影响有比较系统的研究,例如,1991 年 *Biotropica* 期刊集中一期对台风在加勒比海地区的影响进行了分析讨论,内容包括生态系统、植物和动物对1989 年 Hugo 台风的响应(Walker et al. 1991)。2008 年 *Austral Ecology* 也刊发了一系列台风对澳大利亚森林影响的论文专集(Bellingham 2008)。我国是台风的主要影响国家之一,特别是在东南沿海一带仅近年发生的强台风就有龙王、泰利、麦莎、达维、珍珠、碧利斯、派比安、桑美、宝霞等。其中,海南岛地处纬度 7°~20°,是气旋和台风的多发区(陈联寿等 2004;许向春等 2004;Laurance et al. 2008)。《生态学报》1998 年专门出了一辑有关台风对海南热带森林影响的论文,从台风影响下的台风暴雨再分配规律(周光益等 1998a)、森林群落机械损伤(李意德等 1998b)、水文功能规律(陈步峰等 1998)、凋落物特征(吴仲民等 1998)和土壤流失量(周光益等 1998c)等方面进行了详细分析;陈玉军等(2000)研究了台风对广东深圳红树林的损害及可采取的预防措施,并对抗风树种的选择提出了有益的建议;王敏英等(2007)也针对海南中部丘陵受达维台风影响下的 4 种植物群落凋落物动态进行了分析。但此后,针对台风对地带性自然植被——热带山地雨林群落的影响未见报道,国内针对台风的研究也较其他自然灾害(如火灾、干旱等)少。2005 年 9 月,达维(Damrey)台风席卷整个海南岛,对海南岛的农林业生产造成巨大的损失(梁李宏等 2004;余伟等 2006),尖峰岭的热带森林也受到重创,产生大量的风倒木、断枝和落叶。本次台风为研究强烈的自然干扰——台风对热带雨林地区自然植被的影响提供了便利,通过台风前后热带山地雨林的植被组成和结构的比较分析,寻找其中的群落组成结构及物种多样性变化规律,分析产生风倒木的影响因子及台风对热带林生物量变化和碳归还等过程的影响,可为下一步的热带森林长期动态变化监测、生物量和碳储量评估、华南台风多发区抗风性强的树种天然林的营造和风灾迹地退化天然林的植被恢复提供科学依据。在全球气候日益变暖、极端气候出现更加频繁的今天,重视并深入研究台风对植被的影响规律,有助于提高今后应对自然灾害的能力。

对海南岛有影响的台风(包括热带风暴),平均每年有 8.0 个,其中强台风每年平均 2.7 个,所以海南岛被称为台风频繁影响之地。从 5 月到 12 月长达 7 个月都有可能受台风影响,盛期 8 月、9 月(蒋有绪等 1991)。2005 年 9 月 26 日凌晨,第 18 号强台风"达维"在海南登陆,登陆时中心风力达到 55 m · s^{-1}。26 日上午到达尖峰岭,风速迅速加强到 12 级,在 17 时左右进入北部湾。

"达维"是继 1973 年 9 月登陆海南的"7314 号强台风"之后 30 多年来最强的一个台风,实属历史罕见,台风过程中降雨量超过了 1000 mm。"达维"造成海南省直接经济损失达 116.47 亿元(石海莹等 2006)。经历达维台风后,尖峰岭的天然次生林固定样地 0502 的树木严重受损,许多植株连根拔起,倒伏的大树、断枝和落叶又压倒其他植株,导致大量的间接性受损树木、断枝和落叶。林分郁闭度由 75% 下降至 35%,部分小样方几乎全透光。

以往研究表明,尖峰岭热带山地雨林次生林的最小取样面积应大于 1 200 m^2。2005 年 6 月初,按相邻样方格子法设置固定样地 2 600 m^2,并划分为 10 m×10 m 的小样方 26 个;记录样地内所有胸径 $D_{BH} \geqslant 1.0$ cm 植株的种名、胸径、树高等林分因子。经历 9 月底的达维台风后,于 10 月底对固定样地风害情况进行调查,详细记录样地内树木受损状况(Walker et al. 1991;李意德等 1998b),除去未明显受损植株(normal trees,NOR)外,共分成 3 类统计:被压木(wind-bended trees,WBE)(被压、斜倒但仍存活)、风折木(wind-broken trees,WBR)(断枝或断顶)、风倒木(wind-blown trees,WBL)(死亡、倒木或复查时未见),记录其植株数量,同时记录受台风影响产生的林窗大小等因子。

分析时将胸径分成 3 个径级:下木层(1.0 cm $\leqslant D_{BH} < 2.5$ cm)、幼树层(2.5 cm $\leqslant D_{BH} < 7.5$ cm)和乔木层($D_{BH} \geqslant 7.5$ cm)。计算的群落组成和结构及物种多样性指标包括:胸高断面积 BA(basal area at breast height)= $(\prod \times D_{BH}^2)/4$;相对重要值 IV =(相对胸高断面积 RBA+相对多度 RA+相对频度 RF)/3;香农−维纳多样性指数 H′;辛普森多样性指数 SP;Pielou 均匀度指数 J(王伯荪等 1996)。

木材密度的确定及方差分析:查阅《广东木材识别和利用》(广东省林业局 1975)等资料记录的海南主要树种的木材密度值,未记录的种类采用同属或近缘属植物木材密度的平均值代替。对台风后风倒木和未明显受损植株的木材密度差异进行方差分析。

生物量 W 和碳储量 C 的估算:样地内所有植株生物量 W 的估算是依据李意德(1993)在海南岛尖峰岭热带山地雨林的生物量实测调查,对 70 余个树种的生物量拟合模型而得到回归方程:树干生物量 $W = 0.022\ 816(D_{BH}^2 H)^{0.992\ 674}$、树皮生物量 $W = 0.006\ 338(D_{BH}^2 H)^{0.902418}$、树枝生物量 $W = 0.005\ 915(D_{BH}^2 H)^{0.999\ 046}$、树叶生物量 $W = 0.005\ 997(D_{BH}^2 H)^{0.804\ 661}$、树根生物量 $W = 0.003\ 612(D_{BH}^2 H)^{1.115\ 27}$(其中 H 为树高)。碳储量 C 的估算采用以下方程(李意德等 1996):碳储量 C = 总生物量×转换系数。主要树木各器官的生物量 W 与碳储量 C 的转换系数依据对尖峰岭 150 多个树种 600 多个样品的碳储量 C 测定结果计算而得到平均值;树皮的转换系数采用树干转换系数作为近似值。

4.4.1　台风前后各样方胸高断面积、总株数变化

台风前 2 600 m^2 固定样地共有胸径 ≥1.0 cm 的植株 1 66 株,台风后 514 个植株明显受损,占总株数的 26.1%(图 4−11)。这些受损植株可以分成 3 种类型:① 被压木,共有 207 株,占总株数 10.5%;② 风折木,共有 101 株,占总株数 5.1%;③ 风倒木,共有 206 株,占总株数 10.5%;风倒木总胸高断面积 14 127.7 cm^2,占台风前总胸高断面积的 13.2%。除风倒木复查时已死亡外,其余包括风折木和被压木共 1 760 株仍存活。因为风倒木对群落组成和结构等的影响最大,下文侧重对比分析台风前后的风倒木情况。

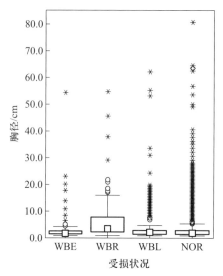

图 4-11 台风后受损的 3 种类型树木和未明显受损植株的胸径分布
WBE,被压木;WBR,风折木;WBL,风倒木;NOR,未明显受损植株

图 4-12 和图 4-13 结果显示,台风后 26 个样方的胸高断面积及植株数目明显减少,但样方间的受损比例分布不均匀。胸高断面积 BA 减少超过 50.0%的有 2 个样方,其中 1 个样方甚至达到 69.6%,该样方内的胸径较大的植株大部分都风倒死亡;还有 2 个样方的胸高断面积分别减少了 35.8%和 38.5%。大部分样方风倒木株数占台风前总株数比例为 6.8% ~ 27.9%,最多达到 46.4%。不论是胸高断面积还是植株数目的减少,均会导致物种的死亡,使群落的组成和结构发生显著改变,形成较大的林窗或林下空地,显著降低了群落郁闭度。

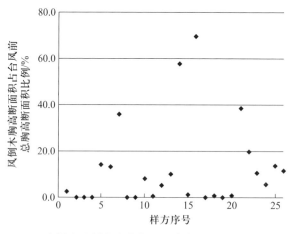

图 4-12 26 个样方风倒木胸高断面积占台风前总胸高断面积比例

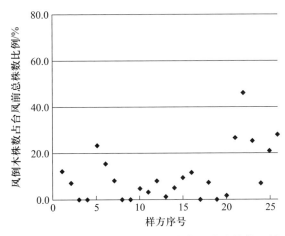

图 4-13　26 个样方风倒木株数占台风前总株数比例

4.4.2　台风前后各胸径级植株数目变化

森林群落乔木层的胸径分布是反映群落结构稳定状态的重要指标(方精云等 2004),台风会导致各胸径级植株数目的变化,从而影响群落的稳定状态。图 4-14 结果显示,台风后胸径级 $D_{BH} \geq 50$ cm 的风倒木株数占台风前该径级株数的比例最大(27.3%),其次为 7.5~20 cm 胸径级范围,比例在 13.0%~14.7%。大、中径级的乔木在台风后损失越多,胸径面积损失比例越大,这部分以直接伤害为主。各胸径级风倒木株数占风倒木总株数的比例以胸径级 1.0~2.5 cm(下木层)最大(69.9%),其他 7 个胸径级(幼树层和乔木层)均较少;虽然下木层植株个体数量上受损最严重,但其胸径面积损失比例较小,这部分以间接伤害为主。

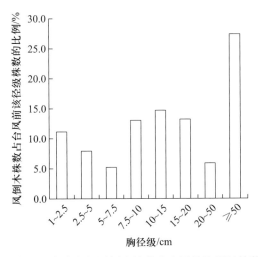

图 4-14　台风后各胸径级风倒木株数占台风前该径级株数的比例

4.4.3　风倒木产生的影响因子及群落组成变化分析

虽然有研究表明,树高是影响台风后一些植物(如 *Prestoea acuminate* var. *montana*)受损程度的一个重要因素,并且台风易于对林冠层的植株造成损害(Zimmerman et al. 2007),但并不是所有受台风影响的群落都遵循这一规律。表 4-17 的方差分析结果显示,台风后风倒木与未明显受损树木的胸径面积、树高和木材密度均无显著差异。因此和风倒木较相关的影响因子可能是植物种类的差异,下文将从样地的种类组成特征变化进行详细分析。

表 4-17　台风后风倒木与未明显受损树木的方差分析

项目	胸径面积	树高	木材密度
p 值	0.6577	0.7162	0.0740

注:如果 $p<0.05$,表示有显著差异。

表 4-18 结果显示,受台风影响,共有 59 个种类产生风倒木,但不同种类减少的胸高断面积和植株数目有所不同。其中,胸高断面积减少最多的是公孙锥(4602.8 cm^2),株数减少最多的是九节(47 株)。对 3 个径级的主要组成种类台风前后的胸径面积、株数和重要值变化进行分析。

乔木层受台风直接性损害的影响比较明显,台风后乔木层相对重要值最大的 5 个种次序发生变化(表 4-19),鬶葤锥(7.37)取代公孙锥(7.31)排在第一,红锥(5.59)和毛荔枝(5.16)均大于 5.0,且红锥超过鸭脚木(5.38)。因为台风后造成公孙锥、鬶葤锥和鸭脚木的大径级植株死亡,胸高断面积和植株数目显著减少;而另外两种没有死亡植株、仅有断枝或小径级的植株死亡。从而使前 3 种优势种的相对重要值下降,次优势种红锥和毛荔枝相对重要值增加,与前 3 种并列为共同优势种。

另外,乔木层一些种类在台风前仅有少数个体,台风后存活的个体数更少,导致这些种类的优势度及竞争力均显著下降,相对重要值明显降低,成为伴生种,如海岛冬青在乔木层原有 2 株,死亡 1 株($BA=83.5\%$)。更严重的情况是一些种类的大径级植株全部死亡,即从乔木层消失,仅剩余幼树层或下木层的少量植株存在,如毛果椆乔木层 3 株全部死亡,仅剩余下木层 1 株小树($D_{BH}=1.5$ cm);榉叶算盘子乔木层死亡 1 株,剩余下木层 2 株小树($D_{BH}=1.6$ cm/2.3 cm);黄杞乔木层死亡 1 株,剩余下木层 3 株小树($D_{BH}=1.3$ cm /1.6 cm /2.1 cm)。

幼树层和下木层位于林分中下层,受台风直接性损害较小,多为间接性损害。台风后这两层各种类的重要值大小次序无明显变化;部分优势种的个体数减少较多,但是这些种均具有较大个体基数,因而风倒木植株数目占台风前该种总株数比例反而较小。例如,个体数减少最多的是九节 47 株(幼树层 13 株/下木层 34 株)、柏拉木 38 株(幼树层 3 株/下木层 35 株)和大叶白颜 17 株(幼树层 2 株/下木层 15 株),占台风前各自总株数比例分别为 9.7%(幼树层 2.7%/下木层 7.0%)、5.6%(幼树层 0.4%/下木层 5.2%)和 2.0%(幼树层 0.2%/下木层 1.8%)。这 3 个种类在 3 个林层中均有出现,以下木层最多,幼树层次之;但死亡植株仅在下木层和幼树层出现。

台风同样也会导致幼树层和下木层一些种类小面积范围内的个体数目显著减少或消失。例如广东山胡椒幼树层原有 9 个个体,台风后死亡 3 株($D_{BH}=3.8$ cm /4.6 cm /7.2cm),相对重要值从 2.66 下降到 1.74;粗脉樟在乔木层胸径 8.0 cm 的个体死亡后,仅剩下木层中胸径 1.2 cm 的个体存在。

表 4-18　台风后所有风倒木胸高断面积(cm²)、株数减少数目及其百分比

种名	BA (百分比/%)	N (百分比/%)	种名	BA (百分比/%)	N (百分比/%)
公孙锥 *Castanopsis tonkinensis*	4602.8(24.0)	3(25.0)	黄杞 *Engelhardtia roxbughiana*	153.9(95.8)	1(25.0)
鹅掌锥 *Castanopsis fissa*	3019.1(19.8)	1(3.4)	光叶山矾 *Symplocos lancifolia*	140.4(24.7)	2(8.3)
鸭脚木 *Schefflera octophylla*	1334.4(22.9)	3(15.0)	平滑琼楠 *Beilschmiedia laevis*	126.1(53.8)	4(36.4)
毛果锥 *Lithocarpus pseudovestitus*	1048.5(99.8)	3(75.0)	钝叶樟 *Cinnamomum bejolghota*	121.1(50.8)	2(25.0)
广东山胡椒 *Lindera kwangtungensis*	792.6(48.5)	8(21.1)	中华厚壳桂 *Cryptocarya chinensis*	98.3(10.5)	2(5.0)
海岛冬青 *Ilex goshiensis*	463.8(83.5)	1(14.3)	柏拉木 *Blastus cochinchinensis*	83.6(5.6)	38(15.0)
台湾枇杷 *Eriobotrya deflexa*	460.0(13.0)	1(9.1)	多香木 *Polyosma cambodiana*	70.3(66.9)	2(14.3)
毛荔枝 *Nephelium topengii*	305.9(7.0)	6(12.5)	未定种	55.4(34.0)	1(50.0)
柄果石栎 *Lithocarpus longipedicellatus*	252.8(10.8)	2(16.7)	水石梓 *Sarcosperma laurinum*	51.2(9.5)	5(26.3)
桦叶算盘子 *Glochidion sphaerogynum*	203.6(97.1)	1(33.3)	粗脉樟 *Cinnamomum validinerve*	50.3(97.8)	1(50.0)
九节 *Psychotria rubra*	188.0(9.7)	47(10.7)	大叶白颜 *Gironniera subaequalis*	41.2(2.0)	17(13.5)
轮叶木姜子 *Litsea verticillata*	170.0(63.2)	2(28.6)	山橘 *Fortunella hindsii*	21.9(47.4)	2(25.0)
狭叶泡花树 *Meliosma angustifolia*	153.9(11.7)	1(3.8)	其他 34 种	118.9(1.8)	45(11.6)

表 4-19 台风前后乔木层、幼树层和下木层相对重要值变化

乔木层		幼树层		下木层	
种名	*IV-A/IV-B*	种名	*IV-A/IV-B*	种名	*IV-A/IV-B*
鳖蕻锥	7.37/7.70	九节	21.80/22.14	九节	17.66/17.61
公孙锥	7.31/8.46	大叶白颜	7.59/7.48	柏拉木	12.38/12.84
红锥	5.59/4.86	柏拉木	6.37/6.45	大叶白颜	5.39/5.58
鸭脚木	5.38/5.86	中华厚壳桂	5.39/5.03	粗叶木	4.19/4.08
毛荔枝	5.16/4.89	光叶山矾	3.21/2.99	鸡屎树	1.85/1.91

注：*IV-A* 和 *IV-B* 分别为台风后和台风前的相对重要值。

4.4.4 台风前后科、属、种组成及物种多样性变化

从表 4-20 看出，台风后，一些种、属甚至科从 3 个林层中消失：有 5 个种类（粗脉樟、多香木、黄杞、榉叶算盘子、毛果楠）和相应的 2 个科（鼠刺科、胡桃科）从乔木层消失；有 1 个种类轮叶木姜子和相应的 1 个属[樟科木姜子属（*Lisea*）]从幼树层消失；有 4 个种类[冬青一种（*Ilex* sp.）、绒毛山胡椒（*Lindera nacusua*）、水同榕（*Ficus fistulosa*）、乌材柿（*Diospyros eriantha*）]和相应的 1 个属[樟科山胡椒属（*Lindera*）]和 1 个科（柿树科）从下木层消失。总株数以乔木层减少百分比最大（12.1%），其次为下木层（11.0%）和幼树层（7.6%）。

表 4-20 台风前后科、属、种数目、物种多样性和均匀度指数变化

径级	状况	科数	属数	种数	总株数	多样性指数		均匀度指数 *J*
						SP	*H'*	
乔木层	台风前	33	53	78	247	42.021	3.925	90.222
	台风后	31	51	73	217	40.130↓	3.861↓	90.033↓
幼树层	台风前	34	59	85	422	8.589	3.240	72.932
	台风后	34	58	84	390	8.942↑	3.266↑	73.801↑
下木层	台风前	44	79	129	1297	10.836	3.459	71.177
	台风后	43	77	125	1154	11.288↑	3.479↑	72.442↑

多样性指数是预测从群落中随机排出一定个体的物种的平均不定度，当种的数目增加或已存在物种的个体分布越来越均匀时，不定度增加，相反亦然（王伯荪等 1996）。从表 4-20 看出，台风导致 3 个林层的物种多样性和均匀度发生变化：乔木层多样性和均匀度降低，幼树层和下木

层多样性和均匀度稍微升高。因为乔木层受台风影响较为明显,物种数降低,有 5 个种类消失;加上部分样方的大径级植株死亡,导致物种多样性指数 SP、H' 和均匀度指数 J 降低。而幼树层和下木层台风后高密度种群的株数减少较多,如九节(幼树层减少株数 13/原有总株数 133、下木层减少株数 34/原有总株数 303)、柏拉木(3/32、35/219)和大叶白颜(2/13、15/79),等同于提高了群落的均匀度;虽然两层物种数目分别减少了 1 个和 4 个,物种多样性指数 SP 和 H' 却表现为稍微升高。

外部干扰(如风暴、火灾、砍伐等)能在短期内产生大规模干扰效应,打破自然生态系统的顺行演替进程(陈利顶和傅伯杰 2000),或对生态演替过程产生再调节(Pickett et al. 1985;Lugo 2008)。干扰发生后,森林中光照、温度(Lin et al. 2003b)、养分(Lin et al. 2003a;Ostertag et al. 2003)和水分(Ueda et al. 2005)等环境条件发生变化,引起有效资源及森林景观的空间异质性(Turton 2008),驱动各树种的更新过程(梁建萍等 2002)。干扰对森林常常具有两面性:① 使森林演替发生倒退;② 促进了森林系统的演替,使一些本该淘汰的树种加速退化,促进新的树种发育(陈利顶和傅伯杰 2000)。

台风是一个强烈的外部干扰因素,具有不可预见性和复杂性。它是复杂的自然干扰因素的一个重要组分,相对于其他因素(如林内植株个体间竞争),属于强烈且瞬时的干扰,能在短时间内迅速产生,对整体森林结构的改变是不可逆的,并且这种改变是长期和大规模的(Imbert et al. 2008)。台风经过的路线两旁的森林受破坏较严重,带来大面积的结构损伤(Everham 1995;Catterall et al. 2008),主要是高断枝率;但常见的台风造成植株死亡率不高,仅在 1% 左右。本次台风造成该样地内风折木和被压木占台风前总株数比例之和为 15.7%,占了受损植株总株数的59.9%;造成的死亡率较高,风倒木植株高达 10.5%。

虽然台风后风倒木与未明显受损树木的胸径面积、树高和木材密度的方差分析均无显著差异,但台风产生的瞬时效应能在风后迅速表现出来,最明显的表现是改变物种组成,使顶极或先锋树种受损害或死亡(Everham 1995;Ennos 1997;李意德等 1998b),产生大量风倒木。本次受台风影响的上层优势植物种类包括公孙锥、鳘蕈锥、鸭脚木和毛果枫等,这些种类损失株数少,但在群落中均占有较大的胸高断面积比例和生态位,死亡后对周围生境及群落组成和结构影响较大,所处的小环境易发生较大的波动。例如,样地周边有几株较大的公孙锥倒向样地中,压倒较多的样地植物;另外一些前期阳性更新种类(如鳘蕈锥等)也风倒死亡。在倒伏的大树周围,基本是全透光,形成大林窗,郁闭度仅有 35% 左右,甚至更低,而原先郁闭度能达到 75% 以上。在大林窗或林下空地的位置,林冠疏开,透光性增强(Lin et al. 2003b),导致林内生长环境显著改变(Gardiner et al. 2000;唐旭利等 2005);形成的林隙也为更新个体提供了生长机会(Walker et al. 1991;Ennos 1997;臧润国等 1999a)。但在台湾的福山实验林也有研究表明,台风后林隙并不一定对林下植物的更新有非常重要的促进作用(Lin et al. 2003b)。台风带来的雨水和温度的改变也会带来新树种的侵入(Laurance et al. 2008),促进土壤种子库中休眠种子的萌发更新等,或导致一些幼苗或种子被冲刷走。也就是说台风,一方面改变了群落的组成和结构,另一方面也对一些植物的种群大小产生影响,通常表现为短时间内种群个体数量的迅速减少(Shilton et al. 2008)。

除死亡的风倒木外,不可忽视的是风折木和被压木的大量存在(Walker et al. 1991;Everham 1995)。这是由于大型植株风倒后压断较多的中、小型植株,或掉落的枝叶覆盖在其他植株上,形成间接性损害,该情况在受台风影响的森林中经常出现(Everham 1995;李意德等 1998b)。风折木和被压木的生长在台风后均受到较严重的抑制,特别是被压木在自然条件下不易重新直立起来。于是为了适应风灾后的自然恢复更新而产生大量萌条,该情况在台风、火灾等自然灾害过后的更新林受损植株上经常可以见到(Ennos 1997;Marrinan et al. 2005)。例如,热带山地雨林中的中华厚壳桂、粗叶木等种类在野外调查时均发现有多达 10~20 个萌条。这些萌条是无性更新个体,有较强的根系支持和来自母株的营养储备,能很快在干扰后形成的生长空间里迅速生长,因而在台风后群落恢复初期比来自同树种的种子更新有更迅速或更强的生长竞争优势(梁建萍等 2002)。

台风后,物种组成及种群的空间分布格局发生变化,导致物种多样性变化。从本样地的观测结果来看,在短期内,样地乔木层的物种多样性下降,幼树层和下木层上升,但实际上这 3 个层次的物种丰富度均表现为不同程度的降低。而长期的观测表明,群落恢复后物种的多样性会升高(Tanner et al. 2006)。本研究观测的时间较短,未来将以固定样地为基础,长期监测群落的演替方向及台风后不同植物种类的长期适应性反应。

4.4.5 台风产生的生物量和碳储量归还估算

表 4-21 显示,台风后风倒木生物量归还达 51.15 t·hm^{-2},台风前总生物量 490.92 t·hm^{-2},风倒木生物量归还占台风前总生物量的 10.42%。经换算后,风倒木碳储量归还达 27.42 t·hm^{-2},台风前碳总储量 263.17 t·hm^{-2},风倒木碳储量归还占台风前总碳储量的 10.42%。其中,以地上部分的树干和地下部分树根的生物量和碳储量归还占据了绝大多数的比例。

表 4-21 台风前后生物量及碳储量变化

项目	风倒木生物量/ (t·hm^{-2})	台风前总生物量/ (t·hm^{-2})	生物量与碳储 量转换系数 t	风倒木碳储量/ (t·hm^{-2})	台风前碳总储量/ (t·hm^{-2})
树干	25.65	242.50	0.5549	14.23	134.56
树皮	2.84	26.11	0.5549	1.58	14.49
树枝	7.10	67.30	0.4653	3.30	31.31
树叶	1.02	9.19	0.4580	0.47	4.21
树根	14.53	145.83	0.5390	7.83	78.60
总计	51.15	490.92	/	27.42	263.17

吴仲民等(1994,1998)认为,热带山地雨林原始林的非正常凋落物量年平均达 2.39 t·hm^{-2}(占年平均凋落物总量的 33%),天然更新林的非正常凋落物量年平均为 3.94 t·hm^{-2}(占年平均凋落物总量的 52%)。而在日本,因台风导致的凋落物量可达到年平均凋落物总量的 30%(Xu et al. 2004)。本次台风后,样地内的非正常凋落物量即风倒木总生物量为 51.15 t·hm^{-2},而且该数值并未将其他两种明显受损植株类型(被压木和风折木)和未明显受损植株产生的大量断枝和落叶的生物量考虑进来,已经远超过天然更新林的非正常凋落物量的年平均值。因此,在海南岛

这个台风频发地区,台风导致的大量的生物量归还及其转化后的碳储量归还将构成热带山地雨林养分循环的一个非常重要的组成部分。

台风改变了森林群落内枯枝落叶层和土壤养分在时间和空间上的分配。首先,台风带来的大量降雨产生的地表径流冲刷走森林内部分原有的枯枝落叶和土壤,使植株分布在土壤表面的根系暴露(周光益等1998c);同时,台风也导致大量植株死亡或机械损伤(李意德等1998b),产生大量的"非正常凋落物",如粗死木和枯枝落叶等。这些非正常凋落物在台风后积聚在林内或林下土壤中,在短期内不容易消失,完全分解理论上需要2~6年;而且山地雨林较半落叶季雨林分解慢,积累多(蒋有绪等1991)。在台湾的福山实验林中,因台风产生的凋落物的养分损失占了地上生物量的很大一部分,例如N、P、K的损失比例分别达到19%~41%、15%~40%和5%~12%(Lin et al. 2003a)。而且有研究表明,受台风影响的森林的年凋落物量比同类型未受影响植被偏低,在台风过后3个月才能逐步增加。这是一个树种逐步恢复的过程,需要树叶重新长出来后凋落物量才有可能增加,从而影响到台风后几个月内林地内C等养分的持续输入(Sato 2004;王敏英等2007)。这些凋落物在台风后将逐步通过土壤微生物和腐食性小动物等的分解作用归还到土壤、水体和大气中,显著影响森林的C循环、土壤的养分供应及土壤微生物和腐食性小动物的生境(唐旭利等2005)。

台风产生的粗死木和枯枝落叶构成了海南热带森林C循环过程中C库的重要来源之一(吴仲民等1994,1998;周光益等1998b;Mcnulty 2002)。保守估计,不计算台风导致整个样地内风折木和被压木产生的大量枯枝、落叶和未明显受损植株产生的少量落叶,整个样地内的风倒木的碳储量归还占10.42%。美国的森林研究也表明,一次台风可转化相当于总碳量的10%归还(Mcnulty 2002),与本研究相接近,即台风后森林的碳储量迅速归还(Laurance et al. 2008)。这种快速归还导致C循环过程明显加快,使碳储量在森林环境内不同空间得到重新分配。但有研究表明,这种短期内C的迅速流失仅有15%回归到森林中,剩下的大部分被分解后释放,最终回到大气中(Mcnulty 2002)。那么,台风在短期内虽然增加了生产力,但从长期来看实际上减少了总生物量,并且需要较长的恢复时间。因此,经历台风后海南岛尖峰岭的热带山地雨林严重受损,其固C能力恢复程度及其所需的恢复时间仍未明确,需要进一步的长期固定监测。

展望未来,长期监测已经成为研究台风影响的一个重要趋势(Xu et al. 2004;Turton 2008),进一步针对台风影响下森林群落的养分动态变化和乔木层及林下种苗的更新动态进行长期监测,将有助于揭示全球气候变化条件下台风影响的热带山地雨林的森林生态系统的生态学过程。

4.5 采伐干扰对热带天然林物种多样性的影响

热带森林仅占地球陆地面积的7%,但是有1/2~2/3的植物和动物生活在热带森林中(Wilson 1988)。然而,当前世界热带森林以每年0.6%~2.0%的速率在不断消失,甚至该速率也是不完全确定(Myers 1992;Grainger 2008)。这是因为各式各样的人类活动和需求,例如为了木材及农业用地的需求大量采伐森林(Koenig 2008),导致许多物种处于濒危的状态并且不得不面对灭绝的压力(Hubbell et al. 2008;St-Laurent et al. 2009)。

森林采伐,例如径级择伐或皆伐,均可能直接导致物种的灭绝(Pimm et al. 2000),改变物种的丰富度及空间组成和分布格局（Chapin Ⅲ et al. 2000；Gerwing et al. 2002；Cleary et al. 2005），对森林的保护价值产生重大的影响。许多研究都认为，皆伐会严重地降低物种多样性，但对于径级择伐是否会降低物种多样性的观点并不一致。许多研究认为，径级择伐会降低物种多样性（Chapin Ⅲ et al. 2000；Pimm et al. 2000；Brown et al. 2004b；Dumbrell et al. 2008；Gardner et al. 2008）；但也有少数研究认为，径级择伐对物种多样性没有影响（Verburg et al. 2003）或导致物种多样性升高（Cannon et al. 1998；Berry et al. 2008）。有些研究表明，这种物种多样性的变化与森林群落的演替时期物种的适应性生长有关（Tramer 1975；Westman 1981）。从某种意义上来说，这种不确定性是由于取样数量不足，或是取样没有充分覆盖异质的地理区域，或是没有考虑森林在不同时间序列的差异而造成的。因为从长时间序列或景观格局上进行大规模的调查不仅费时也费力。这种不充分的取样就可能导致不同结论的产生，并引出不同的生态学解释。而且，随着全球热带地区森林采伐的持续进行及次生林区域不断扩大（Wright 2005），很有必要了解森林采伐是否降低了物种多样性。

海南岛热带森林被认为是研究全球生物多样性的十分重要的热点地区之一，位居具有全球最高生物多样性和特有生物种类的地区之列。然而，因为人类对森林木材资源需求的急剧增加，海南岛的热带森林遭受了严重的人为破坏，包括长期的森林采伐。大约有66%的热带森林在1957—1993年被采伐，直到1994年，全岛才停止森林采伐。目前，仅有约 $1.6×10^4$ hm² 的不连片的原始林和大量采伐后的森林保留下来，这也是全球森林采伐的一个缩影。森林禁伐后，海南岛建立了一系列国家级和省级自然保护区，大部分森林已经经历了时间不等的休养生息。这些森林的采伐历史和保护状况均给本研究提供了一个良好机会，寻找决定森林采伐后森林恢复过程中生物多样性变化的一般性机制，也可以为将来有效的森林生物多样性监测、保护和管理提供坚实的理论依据。

为了比较不同森林采伐方式对生物多样性的影响，164个样方根据采伐历史被分成3种类型：原始林、径级择伐森林和皆伐森林。再根据采伐后恢复时间长短各分成2个亚类型，并直接比较分析不同类型和亚类型的物种丰富度和植株数目的差异。

4.5.1　公里网格水平物种多样性差异

164个公里网格样方中共统计到617种胸径大于1.0 cm的木本植物，占尖峰岭地区该类型所有植物种类的62.2%。25个未能定名的植株没有包括在分析中。为了进一步比较不同时间格局水平上生物多样性的变化，径级择伐和皆伐后的森林均根据采伐后恢复时间分成2个亚类型（表4-22）。52个原始林样方共统计到450个物种，73个径级择伐样方共统计到484个物种，39个皆伐样方共统计到376个物种（表4-22）。

4.5.2　625 m² 样地水平上的物种多样性差异

森林采伐后，625 m² 样地水平上的物种多样性明显升高（表4-23），采伐后森林在样地水平的平均物种数目均超过原始林（表4-23和图4-15a）。虽然径级择伐和皆伐森林的2个亚类型均较原始林有更高的物种丰富度，但是仅恢复时间较短的径级择伐森林Ⅰ、恢复时间较长的皆伐森林Ⅱ和所有皆伐森林样方与原始林的物种丰富度有显著差异。同时,不同恢复时间的采伐森林平均物种丰富度也是不同的。径级择伐后恢复时间较长的森林Ⅱ比恢复时间较短的森林Ⅰ具有更少的平均物种丰富度,而皆伐后恢复时间较长的森林Ⅱ比恢复时间较短的森林Ⅰ具有更高的平均物种丰富度,但两者间均无显著差异。

表4-22　不同森林类型和亚类型物种丰富度和多度差异比较

森林类型和亚类型	采伐后恢复时间/年	样方数目	物种丰富度	物种多度
原始林	—	52	450	17 756
径级择伐森林Ⅰ	15~30	38	374	16 328
径级择伐森林Ⅱ	31~50	35	414	12 338
径级择伐森林	15~50	73	484	28 666
皆伐森林Ⅰ	15~36	20	258	9082
皆伐森林Ⅱ	37~51	19	331	9640
皆伐森林	15~51	39	376	18 722

表4-23　625 m² 样方水平上不同森林类型和亚类型物种丰富度和多度差异比较

森林类型和亚类型	625 m² 样方水平上的物种丰富度			625 m² 样方水平上的物种多度		
	变化范围	平均值+标准偏差	p 值	变化范围	平均值±标准偏差	p 值
原始林	43~102	78.2±15.3	—	124~717	341.5±119.0	—
径级择伐森林Ⅰ	52~112	85.9±13.0	0.012	177~763	352.5±121.6	0.676
径级择伐森林Ⅱ	35~111	80.8±16.1	0.453	246~1003	429.7±172.0	0.008
径级择伐森林	35~112	83.5±14.7	0.057	177~1003	392.7±153.9	0.038
皆伐森林Ⅰ	45~106	83.7±17.3	0.220	234~738	507.4±154.8	<0.001
皆伐森林Ⅱ	62~121	88.0±15.8	0.027	196~792	454.1±138.2	0.007
皆伐森林	45~121	85.8±16.5	0.028	196~792	480.1±147.5	<0.001

　　另一方面,625 m² 样地水平上的植株个体数目明显升高(表4-23),这经常被认为在受干扰(包括采伐后)的森林中是一个常见的现象。采伐后森林在样地水平的平均植株数目均超过原始林(表4-23和图4-15b)。径级择伐和皆伐森林的2个亚类型均较原始林有更大的植株数目,除了径级择伐后恢复时间较短的森林Ⅰ,其他类型与原始林的植株数目均有显著差异。同时也可以发现,不同恢复时间的采伐森林植株数目也是不同的。径级择伐后恢复时间较长的森林Ⅱ比恢复时间较短的森林Ⅰ具有显著较多的植株个体数目;然而,皆伐后恢复时间较长的森林Ⅱ比恢复时间较短的森林Ⅰ具有显著较多的植株个体数目。

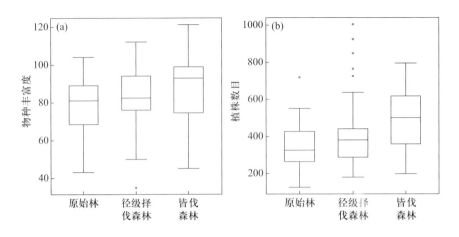

图 4-15   3 种森林类型在 625 m² 样地水平上物种丰富度(a)和多度(b)比较

以往有部分研究认为,物种数目和植株数目呈线性正相关,但这并不总是正确的。例如,也有研究认为在次生林中,任何径级在样地或样方的格局上均不能通过植株个体数目来预测物种数目(Lawrence 2004)。在本研究中,仅有原始林、径级择伐森林和径级择伐后恢复时间较长的森林 II 表现出物种数目和植株数目两者间的线性正相关关系($p < 0.001$),但这对于皆伐森林和其他 3 个亚类型并不成立。因此,本研究认为,物种数目和植株数目两者间显著的线性正相关关系仅在原始林或相对成熟的森林中出现,但对于早期恢复的森林或是受到严重破坏的森林,这种关系不一定成立。因为许多在早期占优势的物种个体数目急剧增加,但新增的物种却较少能迁徙到样地中。

取样策略对于评价热带森林的物种丰富度是很重要的,许多研究得出的结果不一致很大程度上是因为在不同的时间和空间格局上取样(Chapin III et al. 2000;Pimm et al. 2000;Brown et al. 2004b;Dumbrell et al. 2008;Gardner et al. 2008)或是不充分的取样(Cannon et al. 1998)引起的。有研究认为,研究的空间格局的不同直接导致了结果的差异(Hamer et al. 2000;Dumbrell et al. 2008)。例如,有研究在较小的空间取样格局上(0.1 ~ 0.9 hm²)采用边走边计数(walk-and-count transect method)的方法取样,结果显示 *Lepidoptera* 属的物种丰富度在受干扰后升高(Hill et al. 2004)。然而,在 3.14 hm² 的取样格局上并没有显示出采伐后物种丰富度升高(Dumbrell et al. 2008)。而且,选取不同恢复时间的样地也会对物种丰富度的计数结果造成影响,因为取样面积和时间两都经常是关联在一起的(Cannon et al. 1998;Jacquemyn et al. 2001)。在本研究中,可以很明显地发现,在空间和时间格局上,每个类型和亚类型的各个样方的物种数目均有较大的变化范围(表 4-23 和图 4-15),625 m² 样地水平上的物种丰富度在 35 ~ 121 变化。因此,仅通过一个样方或几个样方的随机取样来比较物种多样性的差异,很有可能因为不充分或是有偏见的取样得出不同的结论。

因此,为了更准确地评价热带森林的物种丰富度及其变化趋势,以利于多样性保护和管理措施的制定,不仅需要测度多种多样性指标,还很有必要在时间和空间格局上充分取样(Britton et al. 2009)。这种大规模的充分取样最好能够覆盖充分的空间变异并区分不同恢复时间对物种多样性的影响。毕竟,不同的取样设计会产生不同的结果及其生态学解释,而不充分的和带偏见的

4.6 热带天然林自然恢复过程种-面积曲线变化规律

取样设计会导致存有偏见的生态学解释。

尖峰岭具有丰富的物种和较高的物种多样性,在单个样地水平,原始林达到 253 种·hm^{-2},天然次生林达到 199 种·6200 m^{-2}。尖峰岭胸径 ≥7.5 cm 的乔木层物种香农-维纳多样性指数表现为次生林 4.52~5.87,原始林 5.78~6.28(李意德 1997;许涵等 2009)。因此,在单一空间格局上,原始林总体还是较次生林有较高的物种多样性。但基于 160 km^2 取样的结果与此结论有一定的差异,虽然不论是原始林还是径级择伐和皆伐森林,在 625 m^2 样地水平上平均的物种多样性均有较大的变动范围,但是采伐后森林高于原始林。以往研究结果表明,皆伐后再次经历多次剧烈的干扰会显著降低群落的物种数目及其多样性,造成某些物种在局部区域灭绝(Egler 1954)。但这种局部区域的灭绝和大尺度水平的灭绝又是不同的概念,不仅和取样的格局紧密相关,也受森林恢复时间长短、更新方式和后续的干扰程度影响。在部分区域,对干扰后生境偏好的物种可能快速入侵和生长,从而促使物种多样性升高。正如上文所显示的,径级择伐和皆伐后不同恢复时间上森林物种丰富度和多度的高低也存在明显差异。

但需要强调的是,这种采伐后 625 m^2 样地水平上平均的物种多样性的升高并不代表了采伐就有利于物种多样性,相反,可能造成生物同质化的出现,使得部分优势种类在更大空间格局上占据更大的优势,稀有物种显著丧失,导致更多的物种面临濒危的境地(详见第 4.7 节)。

4.6 热带天然林自然恢复过程种-面积曲线变化规律

面对世界范围内大规模的森林采伐,许多研究已经报道了森林采伐(径级择伐和皆伐)如何影响生物多样性,并产生不同后果(Cannon et al. 1998;Chapin Ⅲ et al. 2000;Pimm et al. 2000;Verburg et al. 2003;Brown et al. 2004b;Berry et al. 2008;Dumbrell et al. 2008;Gardner et al. 2008)。但是,有关驱动生物多样性格局变化的一般性机制的解释缺乏一致性。而且,现有研究并不明确森林采伐后随着森林恢复,物种是否有可能重新定居和繁殖?因此,在这种不确定性存在的情况下,很有必要寻找一般的机制性解释而非简单地阐述森林采伐后物种多样性如何增加或是减少。

种-面积关系是生态学研究中最普遍的基本规律之一,许多假说均是依赖于种-面积曲线的分析提出来的,包括岛屿生物地理学(Macarthur et al. 1967)。生物松弛假说认为,孤立地区的种-面积曲线的斜率较非孤立地区更高(Preston 1962;Macarthur et al. 1967)。虽然该假说被提出已经有很长一段时间了,但是在很大程度上来说,在自然界中没有得到严格的证实。它通过在单一空间格局水平上比较孤立地区(或破碎化地区)和非孤立地区(未产生破碎化地区)的基于幂率模型的种-面积曲线的斜率来验证,但是没有证据能严格地支持该假说的成立(Hamilton et al. 1965)。而且,近些年的研究也证实,幂率模型并不总是能最好地拟合种-面积曲线,在不同取样格局水平上有不同适用的种-面积曲线模型(He et al. 1996)。越来越多的证据也表明,受干扰后生物多样性的变化是一种空间(Crawley et al. 2001;Hamer et al. 2003;Kaiser 2003;Hill et al. 2004;Berry et al. 2008)和时间(Schoener et al. 2001;Adler et al. 2003;Brown et al. 2004b)格局依赖的过程。因此,有必要从不同的空间和时间格局上进行验证基于种-面积曲线的生物松弛假说。

本研究假设在不同空间和时间格局条件下,热带森林会在采伐后表现出潜在的森林恢复能力,而且从机制上可以用生物松弛假说来解释,并通过比较不同森林采伐方式下种-面积曲线斜率和物种累积速率的变化来验证。经历不同采伐方式的森林主要包括3类:原始林、径级择伐森林和皆伐森林,总共由164个共625 m²的样方数据组成。

本研究强调在不同空间和时间格局取样的重要性,以寻找森林采伐后恢复过程中生物多样性变化的机制性解释。虽然在不同空间和时间格局上的大规模取样费时、费力且耗费大量成本,但是正是因为这些困难才使得总结出生态学上的一般规律变得特别重要(Debinski et al. 2000)。这164个样地是建立在海南尖峰岭热带森林约160 km²的范围内,从时间和空间布点规模上来说是首次这样大规模和详尽地取样。

为了进一步比较不同时间格局水平上生物多样性的变化,径级择伐和皆伐后的森林均根据采伐后恢复时间分成2个和3个(表4-24)亚类型。

表4-24 海南岛尖峰岭地区164个公里网格样方基本信息统计

森林类型和亚类型	采伐后恢复时间/年	样方数目	物种丰富度	个体数目	625 m²样方水平上的物种丰富度		
					变化范围	平均值±标准偏差	p值
原始林	—	52	450	17 756	43~102	78.2±15.3	—
径级择伐森林 I	15~28	24	332	11 240	69~112	87.2±11.6	0.007
径级择伐森林 II	29~40	23	337	8 069	35~108	81.7±17.2	0.407
径级择伐森林 III	41~50	26	364	9357	50~111	81.6±14.8	0.352
径级择伐森林	15~50	73	484	28 666	35~112	83.5±14.7	0.058
皆伐森林 I	15~30	14	236	6389	45~98	80.3±17.7	0.691
皆伐森林 II	31~40	12	263	6057	67~121	93.0±16.5	0.012
皆伐森林 III	41~51	13	283	6276	62~105	85.1±13.7	0.130
皆伐森林	15~51	39	376	18 722	45~121	85.8±16.5	0.028

本研究首先需要确定哪种种-面积曲线模型最适合于本研究采集的数据。为了确定最适合的种-面积曲线模型,基于164个样方的数据和分成3种采伐类型的数据(表4-25),5个种-面积曲线模型被用来拟合真实的物种多样性随取样面积增加的规律。采用模型拟合参数(包括残差标准误差和赤池信息准则)来评价模型的优劣。残差标准误差和赤池信息准则值越小,模型拟合程度越好。

物种多样性随取样面积增加的种-面积曲线模型通过R-2.9.2编程进行构建:每个类型在625 m²样地水平上的物种丰富度平均值被设置为初始点,然后该类型的第2个样地被随机挑选出来并重新合并,计算这2个样地的物种丰富度,直到该类型所有样地都不重复地被包含进来并统计合并后的物种丰富度。整个过程随机进行100次以排除取样顺序对物种丰富度估计的影响,这样就可以得到一系列随取样面积增加的物种丰富度的变化值。这也就提供了一种描述每个类型物种丰富度随取样面积增加关系的强有力的估计方法。

表 4–25 基于 164 个样地数据拟合的 5 个种–面积曲线模型适合性比较

数据来源	模型评价参数	模型				
		1	2	3	4	5
所有 164 个样方	残差标准误差	6.4	16.4	3.1	10.8	39.0
	赤池信息准则	1078.9	1387.0	842.6	1250.7	1671.1
原始林	残差标准误差	8.1	9.7	2.3	6.0	22.0
	赤池信息准则	369.2	387.6	237.1	339.2	472.9
径级择伐森林	残差标准误差	6.4	11.4	2.9	7.9	28.1
	赤池信息准则	482.6	566.6	369.1	513.4	697.9
皆伐森林	残差标准误差	6.2	6.1	2.7	5.9	20.7
	赤池信息准则	256.9	255.0	193.4	253.5	351.0

注:模型 1,幂律模型;模型 2,指数模型;模型 3,逻辑斯谛模型;模型 4,比率函数模型;模型 5,负指数模型。

生物松弛假说起源于岛屿生物地理学理论,它假设孤立地区比非孤立地区的种–面积曲线具有更陡的斜率。也就是说,理论上,受干扰地区应该比完整未受干扰地区的种–面积曲线有更高的物种累积速率。本研究首先通过比较径级择伐和皆伐后热带森林与原始林的种–面积曲线斜率的差异来验证生物松弛假说的正确性。接着,考虑热带森林采伐后随恢复时间增加,从 2 个方面有验证生物松弛假说:① 采用以上选择出的最适用的种–面积曲线模型,按传统的方法描绘出物种多样性随取样面积增加的变化规律;② 物种多样性累积速率(z')随取样面积变化的规律,其中 $z' = dS/dA$,S 代表物种多样性,A 代表取样面积。为了在图上更清楚地表示,将相邻两个取样面积上的物种累积速率取平均再绘制在图上。随着采伐后森林的恢复过程及取样面积的增加。如果采伐后的森林较原始林、恢复时间较长的森林较恢复时间较短的森林具有更高的物种累积速率,这就验证了生物松弛假说,并证明它是一个时间和空间格局依赖过程。

4.6.1 拟合与选择最适种–面积曲线模型

自从首次提出幂律种–面积曲线模型以来(Arrhenius 1921;Preston 1962),许多其他适用于不同情况的种–面积曲线模型也被提出来(Tjørve 2003,2009)。本研究选用 5 个最常用的模型来比较,以确定最适的种–面积曲线模型。其中,幂律模型($S = cA^z$)、指数模型($S = c + z\log A$)(Gleason 1922;Fisher et al. 1943)和逻辑斯谛模型[$S = b/(c + A^{-z})$](Arrhenius 1921)是 3 个最常用的模型;比率函数模型[$S = (c + zA)/(1 + bA)$]是当选择一个模型缺乏理论基础时选择的模拟数学函数(Ratkowski 1990)。负指数模型[$S = c(1 - e^{-zA})$](Miller et al. 1989)是基于稀有物种的累积而提出的。c、z 和 b 都是模型拟合参数。在这 5 个模型中,前面 3 个模型已经被证实随着取样规模的增加,它们可以整合成一个模型;并且逻辑斯谛模型可以更好地拟合在较大取样规模水平的种–面积曲线(He et al. 1996)。但是,逻辑斯谛模型受到很少的关注,可能是因为更简单的幂律模型和指数模型已经可以充分拟合种–面积曲线,或是许多研究不能够覆盖大规模的景观格局来取样,或是为了其他生态或是保护目的没能在大规模格局水平设置样地。

　　基于 164 个样地的数据和 3 个森林类型的数据,本研究评价了 5 个候选模型的优劣。物种多样性通过以上随机抽样程序计算,并对应于增加的取样面积绘制种–面积曲线,然后用 5 个非线性模型来拟合。逻辑斯谛模型是最合适的模型,具有最小的残差标准误差和赤池信息准则值(表 4-25)。传统的幂律模型看起来也较好地适合于 4 个数据组,而且只有 2 个常数,但与逻辑斯谛模型相比稍差。负指数模型在 5 个模型中最差。因此,下文分析中将采用最优的逻辑斯谛模型来拟合种–面积曲线。

4.6.2　种–面积曲线斜率和物种累积速率的变化

　　表 4-23 结果显示,在 625 m² 的样方水平上,不论热带森林径级择伐还是皆伐后多久时间,森林的平均物种多样性均表现为升高。引起物种多样性明显升高的原因可能是相邻森林区域的物种或是在样方内种子库种子的萌发导致物种多样性的暂时性迅速上升,大部分是早期种和过渡种的增加或是边缘效应引起的(Debinski et al. 2000)。然而,物种多样性的改变可能在不同的时间和空间格局上不同,并揭示不同的生物多样性维持机制。

　　首先,本节研究分成 2 种情况(考虑与不考虑采伐后恢复时间的影响)来比较原始林与采伐后森林(径级择伐和皆伐)的种–面积曲线的斜率差异。结果显示,采伐后恢复时间的长短对种–面积曲线的斜率有显著影响。不考虑采伐后恢复时间的差异,将采伐后样方放在一起分析时,径级择伐森林表现出与原始林接近的种–面积曲线,而皆伐森林的种–面积曲线明显较为平缓(图 4-16a)。当考虑采伐后恢复时间的差异时,结果会有何不同? 正如生物松弛假说所预测的,根据采伐后恢复时间长短将采伐后森林分成 2 个(图 4-16)或 3 个(图 4-17)亚类型时,恢复时间较长的径级择伐森林(图 4-16b 和图 4-17b)和皆伐森林(图 4-16c 和图 4-17c)比恢复时间较短的森林有更陡的种–面积曲线。

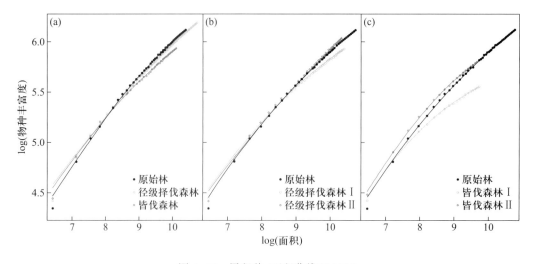

图 4-16　累积种–面积曲线(SAR)I

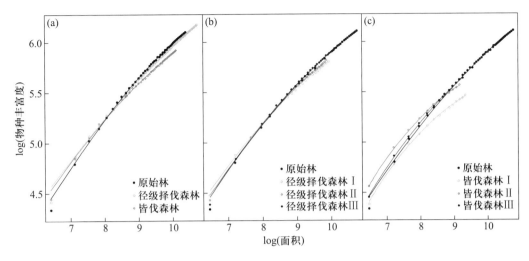

图 4-17　累积种面积曲线(SAR) Ⅱ

为了进一步验证生物松弛假说的适用性及其时间和空间格局依赖性,本研究绘制了物种累积速率与取样面积逐渐增大之间的关系图(图 4-18 和图 4-19)。不考虑采伐后恢复时间的差异,将采伐后样方放在一起分析时,径级择伐森林表现出与原始林相似的物种累积速率随取样面积增加而增加,而皆伐森林的物种累积速率低于原始林(图 4-18a)。当考虑采伐后恢复时间的差异时,正如生物松弛假说所预测的,根据采伐后恢复时间长短将采伐后森林分成 2 个(图 4-18)或 3 个(图 4-19)亚类型时,随取样面积增加的物种累积速率也随采伐后森林恢复时间的增加而表现出渐近式增加趋势。这种情况不仅在径级择伐森林(图 4-18b 和图 4-19b)也在皆伐森林(图 4-18c 和图 4-19c)中存在,这都直接支持生物松弛假说的成立及其时间和空间格局依赖性。

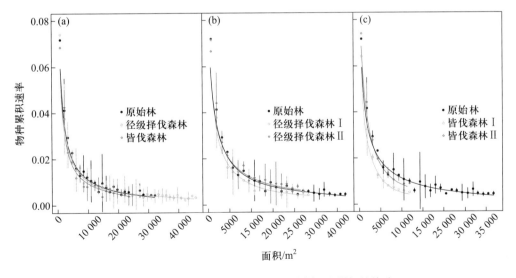

图 4-18　物种累积速率(dS/dA)随取样面积增加的关系 I
在每个取样面积上,竖线表示标准偏差

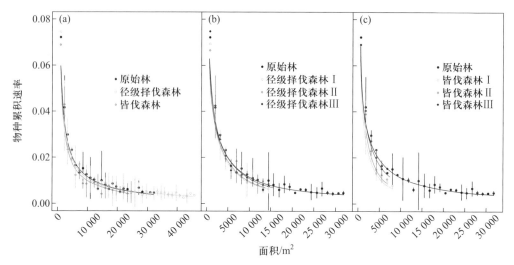

图 4-19　物种累积速率(dS/dA)随取样面积增加的关系Ⅱ
在每个取样面积上,竖线表示标准偏差

　　而且,在较小的空间取样格局水平上,森林采伐后不同恢复时间的物种累积速率较相似,但随空间取样规模的逐渐增大,表现出较明显的差异,这直接证明了生物松弛假说的空间依赖性。而以前生物松弛假说只是在单一的空间格局水平得到验证,而不是在多元的时间和空间格局水平。

　　经历长时间的森林采伐,海南尖峰岭地区被高度破碎化的热带森林覆盖,这些森林是不同的森林采伐方式的产物(主要是径级择伐和皆伐),但该地区的森林在采伐后也经历了时间不等的长期自然恢复;现仅有约 34% 不连续的原始林保留下来。正如本研究以上结果分析所显示的,这种大规模的森林采伐显著地改变了物种多样性,但在不同空间和时间格局水平上不同采伐方式导致的改变有所不同。

　　本研究结果显示,径级择伐森林较原始林具有更高的物种多样性(表 4-23 和表 4-24),并呈现出与原始林相似的种-面积关系(图 4-16 和图 4-17)。因此,森林采伐地区,特别是径级择伐森林仍然具有相当大的保护价值。然而,皆伐森林远没达到完全恢复,因为严重的干扰直接减少了比较敏感的后期种类,从而减少了总体的物种多样性(Bongers et al. 2009)。虽然在 625 m^2 样方水平上,物种多样性表现出升高,这主要是由于先锋种或早期演替种快速侵入皆伐森林形成的。正如以往研究所揭示的,干扰通常创造了一个生境,有利于某些特定种类的快速生长和定居,例如对光需求较大的先锋种,促进总体物种多样性的升高(Denslow 1987;Verburg et al. 2003;Bischoff et al. 2005)并产生森林采伐区域和未采伐区域在物种组成上的差异(Berry et al. 2008)。但是,这些增加的物种在各个样地间,或是说在景观水平上是相似的,因而总体来说,大规模尺度上物种多样性是降低的,这可以用生物同质化假说来解释(McKinney 2006;Simon et al. 2006;Thrush et al. 2006;Devictor et al. 2007;Devictor et al. 2008)。

　　除了直接有力地验证生物松弛假说外,种-面积曲线斜率和物种累积速率沿森林渐进的恢复进程而逐渐增加,也有力地证明热带森林具有良好的潜在恢复能力。因此,本研究乐观地预计将会有更多的物种在采伐后的森林中重新定居。

　　当然这种森林恢复的可能性要基于以下几个限制性条件。首先,是否容易从土壤种子库或是周围的森林中获得潜在的物种来源,这将决定采伐后森林需要多久时间可以实现自我恢复。例如,本研究中径级择伐森林较皆伐森林总有较好的自然恢复能力,这可能是由于径级择伐森林中的种子库受干扰较小并有更多的种子输入来源。另一部分是因为在采伐后的森林中,一些常见和邻近区域的种类更容易迁移进来并在森林恢复的早期阶段构建森林群落,而稀有种类需要时间和合适的机会到达合适的生长位置并在后期演替阶段定居下来(Clark et al. 2001b)。其次,需要采取有效的管理措施来防止进一步的物种散失并促进物种扩散的可能性。因此本研究认为,不仅仅是保护少数植株个体或是少量的斑块,需要保护连片的森林和足够大面积的不同生境,有利于物种迁移及定居。这需要减少人类在森林中活动的频率及减少物种迁徙的障碍,例如打猎、修建道路和采集种子等。而且,除了保护成年的母树及其生境以获得稳定的种子输入来源,保护昆虫、鸟类和其他动物等也同样重要,它们有利于传播花粉和种子。这些措施在热带森林地区需要特别予以关注,特别是在具有长期采伐历史的热带森林中。

　　另外,以往研究显示,受自然破坏的森林可能通过自然演替最终恢复物种多样性,达到和未受干扰地区相似的组成和结构(Jacquemyn et al. 2001;Brown et al. 2004b)。然而,采伐后森林的自我恢复过程是相对较长的,不可能像蜥蜴(Schoener et al. 2001)或是甲虫(Quintero et al. 2005)能在受干扰后实现快速的自我恢复。有学者甚至认为,受干扰的森林恢复到和原初生境(原始林)相似状况需要上百年或是更多的时间(Hermy et al. 1999)。然而,大部分受人类活动干扰的生境都是在近100年的时间内发生的(Watson 2003)。因此,虽然本研究所揭示的在空间和时间格局上具有普遍性,我们仍然强调,人类活动在长期的进化时期内是一个近期的现象,长期的和最终的生境破碎化的影响以及产生的后果可能仍然没完全表现出来(Ewers et al. 2006)。物种对干扰有一个短到中期的反应,仍然需要长期的监测来寻找和森林潜在恢复相关的生态学上的一般规律或机制。

4.7　热带天然林自然恢复过程物种周转及多度变化规律

　　人类活动已经对森林生态系统造成了巨大的影响,包括物种多样性和生态系统功能的改变等(Cannon et al. 1998;Chapin Ⅲ et al. 2000;Pimm et al. 2000;Verburg et al. 2003;Brown et al. 2004b;Berry et al. 2008;Dumbrell et al. 2008;Gardner et al. 2008)。生物同质化是一个人类对生物多样性分布的简单预测和描述,它预测生态系统更容易遭受大量潜在外来生物的入侵,从而降低空间水平上的多样性(McKinney et al. 1999;Olden et al. 2004;Olden and Rooney 2006)。它通常用于说明本土的群落被非本土的物种(通常是人为引入的)所替代,也就是说,人类的影响(包括放牧、大气污染和城镇化)导致产生一些特殊人为生境,这种生境对大多数种类来说适宜性降低,但对少数特定类群的适宜性增加(McKinney 2006)。人类导致的环境改变在这里起到一个非随机的过滤作用,从一个巨大的潜在物种库中人为地筛选出适合在人类活动干扰后的生境中生存的物种。直接的后果表现为区域范围内的生态系统或群落在空间上更加相似,可以通过分析物种周转率来揭示这个现象(Simon et al. 2006;Castro et al. 2008)。这种非随机性过程大大改变自然界原有的多样性空间分布格局。

　　一些研究已经对植物(Olden et al. 2006;Simon et al. 2006)、鱼类(Olden and Poff 2004)、鸟类(Devictor et al. 2007;Devictor et al. 2008)、生境等开展了相关工作,描述人类活动如何造成包括种类组成、功能性状、生境(Thrush et al. 2006)等在内的生物同质化。但研究显示,生物同质化依赖于观测的格局水平(McKinney 2004;Olden et al. 2004),也就是说是一个格局依赖的过程。但是限于研究的时间尺度,森林恢复过程中生物同质化是否继续存在? 可能降低影响或是继续加强,生物同质化过程是否仍然是格局依赖的? 这些问题仍然没有得到清楚的解决。

　　因此,本研究首先做出 2 个假设:① 人类干扰活动之后(森林采伐),生物多样性会表现出生物同质化,但它是时间和空间格局依赖的;② 生物同质化的强度会伴随森林恢复而逐渐减弱。基于 164 个公里网格样方数据,区分不同采伐后恢复时间,比较径级择伐、皆伐森林和原始林的物种周转率及多度在时间和空间上的差异,来验证以上两个假设。

　　生物同质化假说假设,生物群落受干扰后,物种组成等特征变得更加相似,可以通过分析物种周转率的变化来验证。在空间水平上,它有利于越多的周围常见种迁入、定居,但不利于不同的种类生存。也就是说,和同一区域的原始林相比,不同的采伐后的森林会具有更多相同的种类但更少不同的种类组成。本研究通过两方面来验证该假说的时间和空间格局依赖性,首先将径级择伐森林和皆伐森林按恢复时间长短均分成 2 个类型,再分析不同类型和亚类型 Sørensen 相似性的差异;第一,比较 3 个森林类型的平均 Sørensen 相似性;第二,绘制出 3 个森林类型的 Sørensen 相似性随距离增加的图,作为 β 多样性的一种测度方式(Condit et al. 2002)。为了在图上更清楚地表示,将相邻两个水平距离和 Sørensen 相似性取平均值再绘制在图上。如果 Sørensen 相似性越大,表明生物同质化效应越强。最后还区分不同胸径级物种,以了解两两样地间 Sørensen 相似性的差异。

　　本节研究也从另外两个方面辅助分析来证明生物同质化假说的成立:① 分析了物种多度分布,以描述每个类型和亚类型的物种多样性和均匀度。同时,也分析了 3 个类型间、径级择伐和皆伐各自 2 个亚类型间共有的和非共有的物种的多度分布,以明确哪个类群对物种多度分布影响较大。② 绘制 3 个森林类型的平均胸径和丰富度的关系。

4.7.1　不同森林类型和亚类型物种周转率变化规律

　　生物同质化反映了干扰的负效应,通过观测森林采伐后两两样地间的 Sørensen 相似性变化来描述。Sørensen 相似性越大,生物同质化效应越强。正如表 4-8 所显示的,皆伐后和径级择伐后森林的两两样地间的 Sørensen 相似性与原始林相比显著升高,而且采伐后恢复时间较长的森林比恢复时间较短的森林的两两样地间 Sørensen 相似性显著降低;该结果强烈支持采伐导致生物同质化效应的存在,并具有时间格局依赖性。

　　图 4-5 则进一步支持了生物同质化效应在增加的空间和时间格局上的存在。采伐后的森林两两样地间随水平距离(<11 km)增加的 Sørensen 相似性总是较原始林高,但在大于 11 km 后与原始林相交错。并且皆伐森林比径级择伐森林具有较高的随水平距离(< 11 km)增加的两两样地间的 Sørensen 相似性。如果进一步考虑采伐后不同恢复时间的差异,采伐后恢复时间较长的森林较恢复时间较短的森林具有相对小的随水平距离增加的两两样地间 Sørensen 相似性(图 4-5b)。

本节还进一步区分了不同胸径级(图4-20),结果发现,胸径小于5 cm的植株的生物同质化效应较胸径大于5 cm的植株更加强烈,表现为整体上具有更高的两两样地间的 Sørensen 相似性。

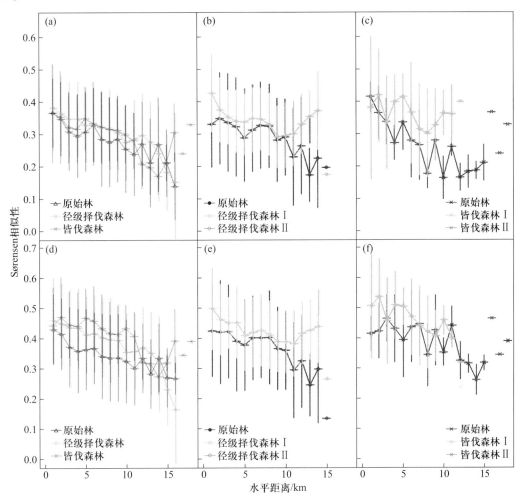

图4-20　不同森林类型和亚类型不同胸径级两两样地间平均 Sørensen 相似性随水平距离增加的关系。(a),(b)和(c)胸径大于等于5 cm 的所有个体;(d),(e)和(f)胸径小于5 cm 的所有个体

在每个不同水平距离上,竖线表示的是标准偏差,横向表示的是 Sørensen 相似性平均值范围

4.7.2　不同森林类型和亚类型物种多度分布变化规律

物种多度分布不仅可以表现物种多样性的组成,反映物种丰富度和均匀度,它也是仅有的几个利用在单点的时间和空间格局分析群落结构的有效方法之一(Bazzaz 1975;Wilson 1991)。图4-21a的物种多度分析结果显示,3 种不同采伐类型的森林的物种丰富度和均匀度表现出一种渐进式的增加。也就是说,径级择伐森林较原始林具有较高的物种丰富度和均匀度,虽然径级择伐森林和原始林的 SAD 分布图的上半部稍有重叠;而皆伐森林的物种丰富度和均匀度最低。

而且,不仅不同森林采伐方式对物种多度分布有影响,不同森林采伐历史也会显著影响物种组成(Brown et al. 2004b)。图4-21b和图4-21c结果显示,采伐后(径级择伐和皆伐)恢复时间较长的森林均比恢复时间较短的森林的物种丰富度和均匀度高。

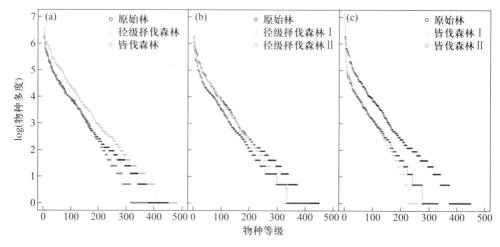

图4-21　3个森林类型及4个亚类型的物种多度分布

　　为了进一步明确哪个类群更显著地影响物种多度分布,本研究进一步分析了3个森林类型、径级择伐2个亚类型和皆伐2个亚类型间共有和非共有物种的多度分布(图4-22和图4-23)。大部分非共有种是稀有种类,与共有种相比具有较低的物种多度,但它们占据了总物种多样性的大部分比例。首先本研究分析了共有种的多度分布(图4-22a、b和c),径级择伐森林较原始林和皆伐森林具有显著高的多度,而原始林和皆伐森林的多度相接近。径级择伐后恢复时间较短的森林比恢复时间较长的森林的多度更高(图4-22d),而皆伐后恢复时间较短的森林与恢复时间较长的森林的多度相接近(图4-22e)。接着分析了非共有种的多度分布(图4-23a、b和c),径级择伐森林较原始林和皆伐森林具有显著高的多度,而原始林也较皆伐森林具有显著高的多度。径级择伐和皆伐后恢复时间较长的森林比恢复时间较短的森林的多度更高(图4-23d和图4-23e)。

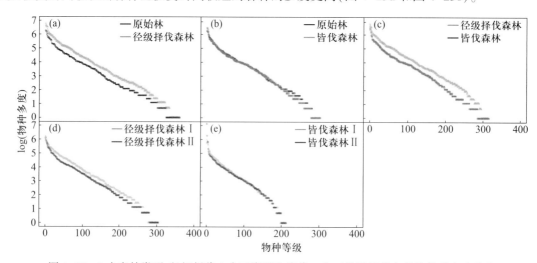

图4-22　3个森林类型、径级择伐2个亚类型和皆伐2个亚类型间共有种的物种多度分布

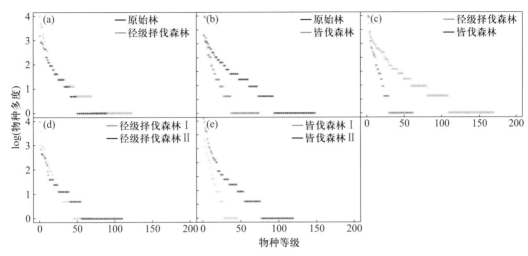

图 4-23　3 个森林类型、径级择伐 2 个亚类型和皆伐 2 个亚类型间非共有种的物种多度分布

将图 4-22 和图 4-23 相比,总体上来说可以发现,采伐后恢复时间较长的森林比恢复时间较短的森林具有更高的多度,以及原始林和皆伐森林的物种多度也有明显差异,本研究认为这主要是由于非共有种引起的;而原始林和径级择伐森林的多度差异是共有种和非共有种共同作用引起的。换句话说,采伐后恢复时间较长的森林较恢复时间较短的森林,有更多的稀有种类萌发。

森林采伐活动通常被认为与物种多样性存在负相关。森林采伐后,物种在短时间内丧失但它们可能在此后重新恢复,这个变化过程可以简单地用以下几点来阐明。首先,当前的物种多样性会因为采伐后物种迁移速率的增加和幼苗的快速生长而增加(Collins et al. 2002),继而导致一定面积内物种数目和物种个体数之间紧密关系的破裂,直接表现为采伐后森林内物种个体数目的急剧增加。这种增加部分是因为新近定居的个体容易在具有更多可利用资源的受破坏地区生长起来,并获得较大的种群而生存下来。但这些种大部分是常见种,它们分布广泛并且具有宽广的适应性。正如本研究所反映的,径级择伐森林(恢复时间较短的)和皆伐森林(整体及其 2 个亚类型)均较原始林显著具有更多的个体数目。然而,径级择伐和皆伐森林的径级分布仍然与原始林有较大差别,即大径级的个体较少而小径级的个体占优势(图 4-24)。在采伐后恢复的森林个体数目急剧增加后,自疏及竞争排斥现象会接着发生,从而导致后续物种多度的减少及多样性的变化(Hubbell et al. 1986a;Debinski et al. 2000)。这个过程可能导致灭绝以及物种多样性的降低,但多样性应不会低于当前的水平(Collins et al. 2002)。

目前,物种的丧失和重新恢复过程改变了物种多度及物种的空间分布,也就是说,与原始林相比,皆伐森林具有较低的均匀度和物种多样性,而径级择伐森林具有较高的均匀度和物种多样性。然而,与原始林相比,采伐后森林总是具有较高的两两样地间的随水平距离(<11 km)增加的 Sørensen 相似性,而且对于皆伐森林来说,这种 Sørensen 相似性数值的变化范围显著缩窄。因此,森林采伐过程是一个在空间格局水平上伴随着"本地同质化"的过程,这个同质化现象对于皆伐森林比径级择伐森林更加明显。在时间格局上,随着采伐后森林逐渐恢复,这种同质化现象的影响逐渐减弱。换句话说,通过沿渐进式的森林恢复过程的生物同质化假说的验证,本研究乐

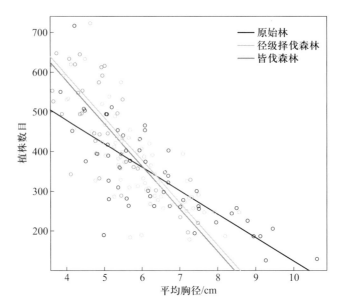

图4-24 3个森林类型样方的平均胸径和植株数目的关系(见书末彩插)

观地预计将会有更多的物种在采伐后的森林中重新生长和定居下来,并且物种多度在空间格局上变得更加均匀,最终有利于生物多样性的增加。正如以往研究所表明的,一定取样面积上的物种数目通常随均匀度升高而升高,而群落的优势度增加会降低物种多样性(He et al. 2002)和影响物种多度格局。综上,生物同质化过程是一个和森林的采伐类型及采伐后森林恢复时间紧密相关,并且空间和时间格局依赖的过程。

总体上,Sørensen 相似性随两两样地间水平距离的增加呈现波浪状逐渐下降。然而,Sørensen 相似性并不总是随水平距离增加而增加,在 11 km 处存在一定明显的分界。本研究认为,在该地理分界上,样方周围物种的迁徙过程及其扩散限制(Hubbell 2001;Condit et al. 2002)可能起到重要的作用,两者相互起作用改变了 Sørensen 相似性,使之上升或下降。

在森林采伐后短时间内,仅有广泛分布的种类和样方周围的物种可以快速地迁徙到采伐后的森林区域中,并在短时间内构建恢复后的森林群落。其他物种的扩散或是随机的长距离传播导致的扩散过程需要时间和合适的机会来到达合适的位置,而且主要在森林演替后期出现(Clark et al. 2001b)。正如在区分不同径级后(以胸径 5 cm 为界)β 多样性分析所显示的,在样方中新近生长和定居的物种较以往生长和定居物种具有较高的两两样方间随水平距离(<11 km)增加的 Sørensen 相似性,但在 11 km 和 15 km 间 3 个森林类型的曲线相交。这种受扩散限制及其生物同质化过程影响下的森林恢复的可能性是必须有以下的限制性条件所保证的:是否有可能从物种库中得到潜在的物种来源,如土壤的种子库或是从周围的森林中迁徙来的物种,这将决定是否或多久时间采伐后森林能够实现自我恢复。

全球化趋势增加导致了同质化现象;并且伴随本地生境的破碎化,外来植物产生的威胁也逐渐增加(Smith et al. 2009)。而在采伐后的森林中,无明显外来入侵种情况下,这种生物同质化表现为一些常见种的大量生长并占据优势,这可以从物种的丰富度分布得到证明。但是随着森林的恢复,越来越多的稀有种在采伐后森林中萌发并定居,采伐后恢复时间较长的森林较恢复时间较短的森林会具有更多的稀有种。

森林采伐后,物种共存的平衡和群落结构被打破。是否要采取管理措施来防止物种丧失或是加速森林恢复过程? 如果需要,应该采取哪种措施?

物种丧失和本地生物同质化,在某种程度上来说,是森林采伐的一个严重后果。如果被忽略,它的影响可能超过当前我们所能见到的最大规模的物种灭绝。这是因为人类已经导致许多物种被孤立,并且不可能传播到更远的区域(McKinney et al. 1999)。而且,虽然径级择伐的森林较皆伐的森林明显具有更好的恢复能力,这有可能是由于森林中存在受扰动较少的种子库,但是径级择伐和皆伐的森林均表现出生物同质化,更需要种子库中潜在物种的恢复。因此,随着人类活动的增加,有效的管理措施是必需的,以保证充分和有效的物种迁徙。

在高度破碎化的地区,小面积的原始林在保护森林物种中的重要作用已经被着重调查(Hermy et al. 1999)。但本研究认为,不仅仅是保护少数植株个体或是少量的斑块,更需要保护连片的森林和足够大面积的不同生境,以利于物种迁移及定居。

4.8 热带天然林物种丰富度的估计

估计物种丰富度一直是一个令人感兴趣的研究方向,虽然有关它的研究已经持续很长的一段时间了(Arrhenius 1921;Macarthur et al. 1967;Lomolino 2001b;Harte et al. 2009)。许多传统的基于物种累积曲线的估计物种丰富度的方法已经被提出来(Chao et al. 1992;Chazdon et al. 1998;Hortal et al. 2006;Jobe 2008)。这些物种丰富度估计方法可以分成 2 类:参数和非参数的。非参数的方法基于样地间各个物种的频率分布(基于概率的方法,如 bootstrap,$Chao_2$,$Jack_1$ 和 $Jack_2$)和每个物种的个体数目(多度方法,如 $Chao_1$ 和 ACE)(Jobe 2008)。

最近,最大熵方法(maximum entropy method, MaxEnt)已经吸引了许多研究者来研究它的形式和在生态学应用的限制性(Pueyo et al. 2007;Haegeman et al. 2008,2009;Shipley 2009a,2009b;Volkov et al. 2009)。最大熵方法是从理论物理学发展起来的,它已经被成功地用于基于一个通用的种-面积曲线,从样方格局水平($0.25\ hm^2$)推算区系格局水平($60\ 000\ km^2$)的物种丰富度(Harte et al. 2008;Harte et al. 2009)。目前,极少有研究能够从小样方格局水平准确地推算更大区域的物种丰富度(Krishnamani et al. 2004;Harte et al. 2005)。而且,是否最大熵方法比上述 6 种方法更好也仍然未知。

采用最大熵方法成功地推算物种丰富度是基于锚定格局(anchor scale)水平取样面积(A_0)上的 2 个简单的参数值:个体数目(N_0)和物种数目(S_0)。这里,特定变量取值的空间格局水平被定义为锚定格局。因此,决定 N_0、S_0 和 A_0 参数值大小的因素也将直接导致物种丰富度估值大小的差异。但是,以往的研究将最大熵方法导致的物种丰富度的高估归结于森林区域中存在一定数量尚未发现的物种(Harte et al. 2009)。但是,本研究认为,这种高估也受到其他许多限制性因素的影响,这些因素都最终反映为 N_0、S_0 和 A_0 参数值取值的变化。

为了有效地估计物种丰富度,早先有学者定义了一个理想的物种丰富度估计方法应该具有以下 4 个特征(Chazdon et al. 1998;Hortal et al. 2006):① 样本大小的独立性,包括取样面积的大小;② 对取样顺序不具敏感性;③ 对物种分布的不均匀性不具敏感性;④ 对研究中样本的异质性不具敏感性。对本研究来说,这 4 个特征(或称为评价标准)中的第 2 个可以忽略,因为最大熵方法中的 N_0 和 S_0 是根据所有样方的个体数目和物种数目的平均值来计算的。而其他 3 个特征可能直接决定 N_0、S_0 和 A_0 的数值大小,与物种多样性的时空异质性紧密相关,并直接导致物种丰富度估值大小的差异。因此,最大熵方法作为一个在大规模格局估计物种丰富度的新方法,检验其有效性及限制性是很有必要的。

首先,本研究基于一片森林区域详细的调查,采用最大熵方法估计物种丰富度,并和其他 6 种传统的估计物种丰富度的方法比较,以分析最大熵方法的有效性。进而分析 N_0、S_0、N_0/S_0 和对应的最大熵方法估计出来的物种丰富度 S_{est} 之间的关系。而且,本章还将讨论以下 3 部分的内容:① 4 个限制性因素如何影响物种丰富度估计方法的精确性,包括锚定格局上的取样面积(A_0)、调查的样方数目、历史干扰因素、物种的均匀分布程度及样方的异质性;② 是否传统的种-面积关系模型仍然可以有效地用于估计大规模格局水平的物种丰富度;③ 在野外调查中我们应该把握怎样的原则以获得更精确的物种丰富度估计值,以用来有效评估破碎化森林的物种多样性空间分布现状。

本研究的数据来源于海南岛热带森林约 160 km^2 范围内的 164 个样方数据(625 m^2/样方)和 1 个中等样方(100 m ×100 m)数据,从时间和空间布点规模上来说是首次这样大规模和详尽的取样。

本研究采用的最大熵方法从锚定格局面积向更小面积或大面积推算物种丰富度(Harte et al. 2008,2009)。N_0 和 S_0 被用于通过联立求解数值方程(4-2)和(4-3)向更小面积推算物种丰富度,通过联立求解数值方程(4-4)和(4-5)向更大面积推算物种丰富度:

$$S(A/2) = S(A)\ e^{\lambda_{\phi,A}} - N(A)\ \frac{1 - e^{-\lambda_{\phi,A}}}{e^{-\lambda_{\phi,A}} - e^{-\lambda_{\phi,A}[N(A)+1]}} \left[1 - \frac{e^{-\lambda_{\phi,A}N(A)}}{N(A)+1} \right] \tag{4-2}$$

$$\frac{S(A)}{N(A)} \sum_{n=1}^{N(A)} e^{-\lambda_{\phi,A}n} = \sum_{n=1}^{N(A)} \frac{e^{-\lambda_{\phi,A}n}}{n} \tag{4-3}$$

$$S(A) = S(2A)\ e^{\lambda_{\phi,2A}} - N(2A)\ \frac{1 - e^{-\lambda_{\phi,2A}}}{e^{-\lambda_{\phi,2A}} - e^{-\lambda_{\phi,2A}[N(2A)+1]}} \left[1 - \frac{e^{-\lambda_{\phi,2A}N(2A)}}{N(2A)+1} \right] \tag{4-4}$$

$$\frac{S(2A)}{N(2A)} \sum_{n=1}^{N(2A)} e^{-\lambda_{\phi,2A}n} = \sum_{n=1}^{N(2A)} \frac{e^{-\lambda_{\phi,2A}n}}{n} \tag{4-5}$$

式中,$S(A)$ 和 $N(A)$ 分别是锚定格局面积 A 上的物种数目和个体数目;$S(2A)$ 和 $N(2A)$ 分别是 2 倍锚定格局面积 A 上的物种数目和个体数目;$S(A/2)$ 是 1/2 锚定格局面积 A 上的物种数目。$e^{\lambda_{\phi,A}}$ 和 $e^{\lambda_{\phi,2A}}$ 分别是在锚定格局面积 A 和 2 倍锚定格局面积 $2A$ 上的 log-series 分布的拉格朗日乘子。

在锚定格局面积 A_0 上,$S(A)$ 和 $N(A)$ 等于 S_0 和 N_0。$N(2A_0)$ 等于 $2N(A_0)$,因为最大熵方法假设在网状样地设计中 N 的大小和取样面积大小线性相关。方程(4-2)和(4-3)、方程(4-4)和(4-5)可以数值求解得出参数值大小,并且该过程可以分别推算至任何人为定义的更小面积或更大面积的空间格局水平,即分别可以是锚定格局面积 A 的 2 倍或是一半。

以往研究表明,最大熵方法除了可以用于估计随取样面积增加的物种水平的丰富度外,还可用于其他不同的分类群水平(Harte et al. 2009)。首先,将 164 个样方的个体数目和 3 个分类群数目分别取平均,得到锚定格局面积 625 m^2 的个体数目(N_0)和 3 分类群数目(S_0)。然后,基于最大熵方法,利用 N_0 和 S_0 推算从 625 m² 样方水平到尖峰岭林区 472.27 km² 面积水平的物种丰富度。

其次,本研究也基于 164 个样方的数据采用 6 种传统的方法来估计物种丰富度,并且与最大熵方法估计出来的结果相比较。这些物种丰富度估计方法包括基于概率的方法(bootstrap,$Chao_2$、$Jack_1$ 和 $Jack_2$)和基于多度的方法($Chao_1$ 和 ACE)(Chao 1987;Chazdon et al. 1998;Jobe 2008)。这 6 种方法的计算过程将通过 R-2.9.2 中的 vegan 软件包完成。

再次,本研究也分析了 N_0、S_0、N_0/S_0 和以上对应的最大熵方法估计的物种丰富度之间的关系,通过以下计算过程实现。从 164 个样方中随机筛选出 50 个样方,将这个过程重复 300 次。这样我们通过计算这 300 组由 50 个样方组成的样方群组的 N_0、S_0 和 N_0/S_0 的平均值,就可以得到 300 个 N_0、S_0 和 N_0/S_0 数值。然后,这些 N_0 和 S_0 分别被用于从锚定格局面积 625 m² 推算至 2^6 倍锚定格局面积的物种丰富度 S_{est}。

根据最大熵方法有效性的结果分析,本研究继续对影响估计物种丰富度 S_{est} 的 4 个因素进行分析,包括锚定格局上的取样面积、调查的样方数目、历史干扰因素、物种的均匀分布程度及样方的异质性。

第一,为了分析锚定格局水平的取样面积(A_0)对估计物种丰富度 S_{est} 的影响,本研究确定了 4 个不同的取样面积,包括 10 m×10 m、15 m×15 m、20 m×20 m 和 625 m² 样方水平。因为每个植株在样方中的相对位置均已测定,因此我们可以从 625 m² 样方中随机抽取出不同面积的亚样方,将这个过程重复 1 000 次,再将这 1 000 次取出的样方的个体数目和物种数目取平均值,就可以获得前 3 组不同取样面积水平的 N_0 和 S_0。而在 625 m² 样方水平直接将其个体数目和物种数目取平均值,得到该取样面积上的 N_0 和 S_0。然后,将这 4 组 N_0 和 S_0 分别基于最大熵方法向更小面积或更大面积推算物种丰富度 S_{est},并绘制估计的物种丰富度 S_{est} 随取样面积增加图。

另外,625 m² 来分析锚定格局水平的取样面积(A_0)对估计物种丰富度 S_{est} 的影响可能不够大。同样,我们可以从 100 m×100 m 的样方中随机抽取出不同面积的亚样方(10 m×10 m、20 m×20 m、30 m×30 m、40 m×40 m、50 m×50 m、60 m×60 m、70 m×70 m、80 m×80 m 和 90 m×90 m),将这个过程重复 1 000 次,再将这 1 000 次取出的样方的个体数目和物种数目取平均值,就可以获得前 9 组不同取样面积水平的 N_0 和 S_0。而在 100 m×100 m 样方水平直接采用其个体数目和物种数目,即该取样面积上的 N_0 和 S_0。然后,将这 10 组 N_0 和 S_0 分别基于最大熵方法向更小面积或更大面积推算物种丰富度 S_{est},并绘制估计的物种丰富度 S_{est} 随取样面积增加图。

第二,在实际的野外调查工作中,必须确定调查的样方数目,目的在于以最小的取样努力为下步分析得到最好的物种丰富度估计精度。为此,我们从 164 个样方中抽取出不同的样方数目,包括 30、50、100 和 150 个,这个过程分别被重复 300 次。再分别将每次取出的样方的个体数目和物种数目取平均值,就可以获得 4 个取样数目水平上,锚定格局面积 625 m² 条件下各 300 组的 N_0 和 S_0。然后,将这 4 个取样数目水平上各 300 组的 N_0 和 S_0 分别基于最大熵方法推算至 2^6 倍于锚定格局面积的物种丰富度 S_{est},并将其变化范围绘制箱式图。

第三,因为所调查区域的森林已经经历相当长的一段历史时间人为采伐活动,这 164 个样方也被区分成 3 种干扰类型来分析历史干扰因素对估计物种丰富度的影响:原始林、径级择伐森林和皆伐森林。同样,将这 3 种类型的每个样方的个体数目和物种数目取平均值,就可以获得这 3

组不同干扰水平,锚定格局面积 625 m² 条件下的 N_0 和 S_0。然后,将这 3 组 N_0 和 S_0 分别基于最大熵方法逐级推算至 2^{12} 倍于锚定格局面积的物种丰富度 S_{est},并分别绘制估计的物种丰富度 S_{est} 随取样面积增加图。

第四,为了评价物种的均匀分布程度及样方的异质性对估计物种丰富度的影响,我们采用第二步中 300 组随机抽取的 50 个样方,分别计算每组 50 个样方两两间的 Sørensen 和 Jaccard 相似性(Condit et al. 2002)、海拔和水平距离差值,并取平均值。这样我们可以得到 300 组 Sørensen 和 Jaccard 相似性、海拔和水平距离差值的平均值,并将其与第二步中所推算出来的 2^6 倍于锚定格局面积的物种丰富度 S_{est} 相对应,绘制出 S_{est} 随 Sørensen 和 Jaccard 相似性、海拔和水平距离差值的平均值变化图,并且采用线性关系模型进行拟合。Sørensen 相似性指数公式为 $S_{12}/[0.5(S_1+S_2)]$,式中,S_{12} 是两样方的共有种数目,而 S_1 和 S_2 分别是两样方各自拥有的物种数目。Sørensen 相似性指数分析时,不同物种的权重一样。

以往研究也报道,种-面积曲线的幂律模型在地区或是大陆格局上不起作用(Harte et al. 2008, 2009)。因此,本研究将 164 个样方的个体数目和物种数目取平均值,获得 N_0 和 S_0,基于最大熵方法从锚定面积 625 m² 逐级推算至 472.27 km² 的物种丰富度 S_{est},并绘制估计的物种丰富度 S_{est} 随取样面积增加的散点图。然后,采用 3 种最常用的种-面积曲线来拟合这些数据点(He et al. 1996)。模型的适合程度采用残差标准误差和赤池信息标准 AIC 来评价:数值越小,说明模型拟合越好。研究目的在于评估这 3 个模型是否还能有效地估计中到大规模尺度的物种丰富度,并取得和最大熵方法相似的估计效果。

164 个样方中仅有本土木本森林植物(除藤本)被用于统计,不包括外来种。尖峰岭地区真实的物种数目、属数目、科数目和本土特有种数目根据《尖峰岭地区生物物种名录》及新近发表文献中记录的种类进行统计。

4.8.1 4 个分类群水平的类群数目估计

本研究中,基于最大熵方法将物种丰富度推算至 $2^{19} \sim 2^{20}$ 倍于锚定面积 625 m² 的格局水平。结果显示,估计出来的物种丰富度 S_{est} 较尖峰岭地区的真实统计出来的物种数目高 42%。Harte 等(2009)提出,最大熵方法也可以用于满足某些特定标准的个体数目和物种数目的物种丰富度推算,但尚未经检验。结果显示,基于属和科水平的类群数目估计分别较尖峰岭地区的真实统计出来的属和科数目高 133% 和 296%,然而,估计出来的海南本土特有种数目较尖峰岭地区的真实统计出来的海南本土特有种数目低 16%。

4.8.2 最大熵方法与 6 种统计方法的比较

表 4-26 显示,6 种传统的物种丰富度估计方法均低估了物种丰富度。基于 Chao₂ 和 Jack₂ 方法的估计值最接近于尖峰岭地区的真实统计出来的种、属和海南本土特有种数目,而其他 4 个估计方法均明显低估了种、属和海南本土特有种数目。然而,这 6 种传统的物种丰富度估计方法在科水平的类群丰富度估计值与真实值相比均较接近。

表 4-26   比较最大熵方法与其他 6 种传统物种丰富度估计方法的优劣

估计方法	分类群							
	物种		属		科		特有种	
	S_{est}	S_{est}/S_{true}	S_{est}	S_{est}/S_{true}	S_{est}	S_{est}/S_{true}	S_{est}	S_{est}/S_{true}
基于概率的估计方法								
Chao$_2$	896	0.90	314	0.87	91	0.95	86	0.92
Jack$_1$	817	0.82	312	0.86	92	0.97	72	0.76
Jack$_2$	937	0.94	337	0.93	94	0.99	85	0.90
Bootstrap	711	0.72	286	0.79	89	0.94	62	0.66
基于多度的估计方法								
Chao$_1$	740	0.75	287	0.80	89	0.94	65	0.69
ACE	734	0.74	284	0.79	90	0.95	67	0.72
最大熵方法 MaxEnt	1409	1.42	842	2.33	376	3.96	82	0.84
观测到的物种数目	617	0.62	256	0.71	83	0.87	51	0.52
真实物种数目	992	—	361	—	95	—	98	—

注：物种丰富度估计值 S_{est} 从 625 m^2 推算至 472.27 km^2 面积水平。S_{est}，物种丰富度估计值；S_{true}：物种丰富度真实值。

因此很明显，最大熵方法倾向于高估物种丰富度，虽然它也低估了海南本土特有种的丰富度。然而，这 6 种传统的物种丰富度估计方法在推算大规模格局水平的物种丰富度时倾向于低估。总的来说，Chao$_2$ 和 Jack$_2$ 方法较最大熵方法有更接近于真实值的估计值，虽然它们两者都低估了物种丰富度。

4.8.3 N_0、S_0、N_0/S_0 和 S_{est} 的关系

基于锚定格局面积 625 m^2 的 50 个样方个体数目和物种数目计算，我们得到 300 组 50 个样方组成的样方群组的 N_0、S_0 和 N_0/S_0 数值。结果显示，N_0/S_0、S_0 和 S_{est} 显著相关（$p<0.001$），但 N_0 和 S_{est} 不显著相关（$p=0.229$）（图 4-25）。因此，决定 N_0/S_0、S_0 数值大小的因素将会直接影响 S_{est} 的大小。

根据 Hart 等（2009）所定义的，N_0 和 S_0 为锚定格局面积（A_0）2500 m^2 上个体数目和物种数目，并根据这 2 个数值向更大面积或更小面积推算物种丰富度。然而，该文中提及选定 2500 m^2 为锚定格局面积是因为该面积对应于在印度西南部 Western Ghats 保护区所调查的样方大小，但并没有提及锚定格局上取样面积大小对物种丰富度估计值的影响。图 4-26a 比较了 4 不同锚定格局上取样面积对 S_{est} 的影响，结果显示，两者显著相关。取样面积越小，S_{est} 越大。基于最大熵方法将物种丰富度估计值推算至 1.3 $\times10^7$ m^2 面积水平时，锚定格局面积 625 m^2 得出的 S_{est} 较锚定格局面积 100 m^2 得出的 S_{est} 大 116.9%。

625 m^2 可能不足以分析锚定格局水平的取样面积（A_0）对 S_{est} 的影响，一个单个的 100 m × 100 m 样方被用来进一步分析不同的锚定取样面积对物种丰富度估计值的影响。结果显示，基于最大熵方法

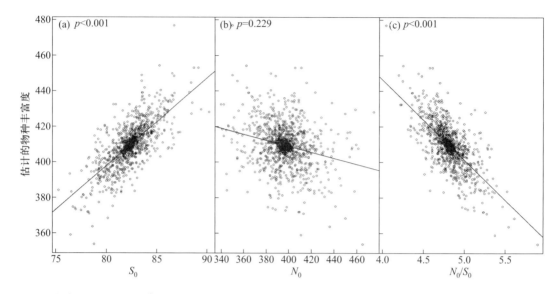

图 4-25 锚定格局面积 625 m² 的个体数目、物种数目、个体数/物种数目和最大熵方法估计的物种丰富度 S_{est} 的关系

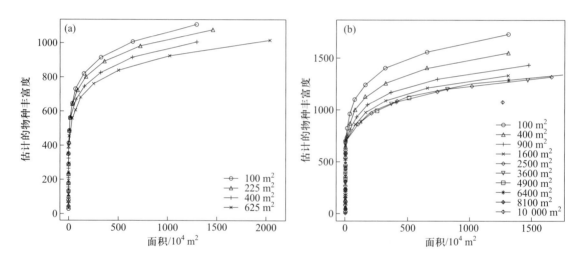

图 4-26 锚定格局取样面积对最大熵方法估计的 S_{est} 的影响。(a) 4 种不同锚定格局取样面积,数据来源于 164 个公里网格样方;(b) 10 种不同锚定格局取样面积,数据来源于 1 个 100 m×100 m 样方

将 S_{est} 推算至 1.0×10^7 m² 面积水平时,锚定格局面积 100 m² 得出的 S_{est} 较锚定格局面积 10 000 m² 得出的 S_{est} 大 134.6%(图 4-26b)。并且,S_{est} 随着锚定取样面积从 100 m²、400 m²、900 m²、1600 m²、2500 m² 到 3600 m² 逐渐增大而显著减少;当锚定取样面积大于 3600 m² 时,S_{est} 差异不大。

本研究认为,较小锚定面积与较大锚定面积相比,S_{est} 容易产生较大的估计偏差。这是因为较小锚定面积具有更高的初始种-面积曲线斜率(z),直接导致物种累积速率随取样面积增加的较快,从而推算至更大面积时 S_{est} 较高。因此,锚定面积大小的确定对于将来最大熵方法的应用具有重要的指示意义。

是否 S_{est} 的精度可以随着更多的样方被包含到分析中而提高?如果我们想要推算一个大规

模格局面积的物种丰富度,必须调查多少样方以取得最合适的物种丰富度估计效果?

从 164 个样方中抽取出 4 组不同数目的样方(30、50、100 和 150 个),结果发现,取样数目越多,物种丰富度估计值 S_{est} 越精确(图 4-27)。当取样数目增加时,S_{est} 的变化范围变窄并且极值变小。因此,对于最大熵方法,为了估计整个地区的物种丰富度,较小的取样是不足够覆盖整个区域的。正如其他研究所反映的,随取样的覆盖度增加,物种丰富度的估计精度也增加(Jobe 2008)。

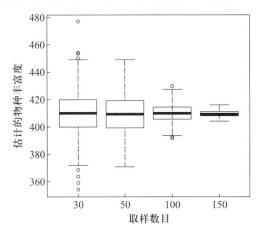

图 4-27 4 种不同样方数目对最大熵方法估计的 S_{est} 的影响比较

目前,世界上大部分的热带森林已经被采伐,剩下的森林大部分是次生林。因为人类的采伐活动已经显著影响到森林的物种组成、丰富度及其空间分布(Pimm et al. 2000;Gerwing et al. 2002;Cleary et al. 2005)。当我们想了解一个经历森林采伐的地区最准确的物种丰富度时,采伐活动对物种丰富度估计值 S_{est} 的影响在分析时应该被考虑在内。本研究中,原始林和径级择伐森林的 S_{est} 相接近,而皆伐森林具有最小的 S_{est}(图 4-28)。因此,在破碎化的森林中,采伐历史对基于最大熵方法估计的物种丰富度可能高估也可能低估。

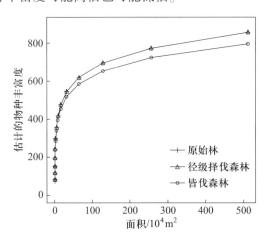

图 4-28 采伐历史对最大熵方法估计的 S_{est} 的影响。164 个样方分成 3 种采伐类型:原始林(52 个样方)、径级择伐森林(73 个样方)和皆伐森林(39 个样方)。3 种森林类型的物种丰富度估计值均基于锚定面积 625 m² 计算得出

为了可信地测度现象,空间取样总是需要在地理空间上确定一定数目的具有独立和异质性

的地点。本研究结果显示，基于随机筛选的 50 个样方的 S_{est} 与两两样地间的 Sørensen 相似性（图 4-29a）、Jaccard 相似性（图 4-29b）、海拔差异和水平距离差异（图 4-29c 和图 4-29d）显著相关。Sørensen 相似性和 Jaccard 相似性越高，S_{est} 越大。当在较一致的森林中取样时，S_{est} 会被高估；在异质性较强的森林中取样时，S_{est} 会被低估。

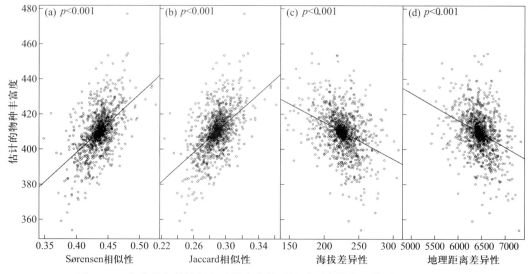

图 4-29　物种分布的均匀度及样方的异质性对最大熵方法估计的 S_{est} 的影响

在野外调查中，当采取不同的调查策略的时候，各种调查的样方组合均有可能。S_{est} 的偏差主要是由于样方组合的选取在某种程度上是人为的。因此，在异质性的地区取样或是限定于某一特定的均匀区域取样将极大地影响 S_{est} 的精确度，并使 S_{est} 被高估或低估。

我们也注意到，最大熵方法假设在一片同质的森林中取样，因而 $N(2A) = 2N(A)$（Harte et al. 2009）。但实际上，大部分森林都是异质的，单位面积的个体数目 N 也并不总是随取样面积增大而增大。因此，在同质性森林中取样的假设也是造成 S_{est} 被高估的一个直接原因。

有研究表明，种-面积曲线的幂律模型的斜率并不约等于 1/4，并且它可能在生态学上不再有用，因为最大熵方法简明地阐述了在自然界亚区系水平隐藏的种-面积曲线的宽广的变异（Harte et al. 2009）。并且生物地理效应占优势的时候，也就是在地区到大陆格局水平，种-面积曲线的幂律模型不能有效地预测物种丰富度（Jobe 2008）。但是否这意味着其他的传统和面积模型也不能有效地用于估计大规模格局的物种丰富度？He 等（1996）认为，3 个传统的种-面积模型可以合并为一个伴随取样格局水平和努力变化的模型，包括幂律模型、指数模型和逻辑斯谛模型。指数模型仅在群落水平的小面积取样时有效，幂律模型可用于从小到中等规模的取样面积，而逻辑斯谛模型在较大规模取样时有较好的适用性。然而，逻辑斯谛模型很少受到人们的关注，可能是因为更简单的幂律模型和指数模型已经能较充分地拟合种-面积关系，或是许多研究并不能够覆盖大规模景观格局水平取样。

在本节研究中，逻辑斯谛模型看起来是最合适的模型，来拟合物种丰富度估计值随取样面积增长的关系，它有最低的残差标准误差和赤池信息标准值（图 4-30）。因此，本研究认为，和最大熵方法类似，种-面积关系的逻辑斯谛模型仍然能较好地用于估计物种丰富度，虽然种-面积关

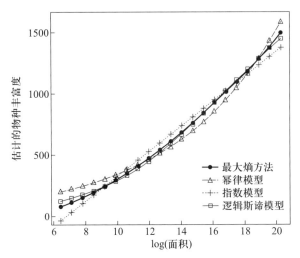

图 4-30 利用 3 种传统的种-面积关系模型来拟合最大熵方法估计的物种丰富度随取样面积增加的关系,3
个种面积模型的赤池信息标准值和残差标准误差分别为:逻辑斯谛模型(198.1 和 24.1)、指数模型(234.7 和
59.0)、幂律模型(240.7 和 67.9)

系的幂律模型在本研究的大规模取样水平不再合适。

这 164 个样方在设置上采用系统和机械布点的方法,可以有效地用于监测一个地区的真实的
物种组成及其变化。然而,与真实值相比,最大熵方法仍然高估了 42% 的物种丰富度。基于以上分
析与讨论,这里归结了两点原因:① 因为基于较小的锚定面积 625 m² 的推算倾向于高估物种丰富
度,为了获得更精确的估计值,应该调查更大的锚定取样面积。② 虽然这 164 个样方所调查到的物
种数目占该地区该类型物种数目的 62.2%,但是本次调查的范围仅覆盖约 160 km² 的范围,而整个
尖峰岭地区总面积是 472.27 km²。换言之,一定程度的不充分取样也可能造成物种丰富度的高估。

总的来说,本研究认为,最大熵方法倾向于推算出一个地区物种丰富度的上限。它可以用于
推算更大面积或更小面积的物种丰富度,这是较传统的 6 种物种丰富度估计方法具有明显优势
的地方,那 6 种方法仅限于一个地区物种丰富度的估计。但在使用最大熵方法的时候需要注意
以上提及的 4 个限制性因素,当获得充分的数据和限制性条件得到满足的情况下,最大熵方法可
以用于推算任何面积的物种丰富度。然而,取样应该尽可能地覆盖更多的异质性区域,以代表该
地区异质性的群落。而且,在热带森林地区每个调查的样方应不小于 3600 m²。这样,我们才能
获得更接近真实值的物种丰富度估计值。最后,在应用最大熵方法来估计不同分类群水平的类
群数目的时候要格外小心,因为它会显著地高估属和科的类群数目。本研究也建议,综合使用多种
物种丰富度估计方法,相互比较以获得可信的和合理的物种丰富度估计值。

4.9 尖峰岭热带天然林海南特有种的多样性特征

特有种(endemic species)指的是该物种仅在地球上的某一个特定的地方发现,且不生长在
任何一个其他地方。特有种有两种类型:古特有种和新特有种。古特有种指某个物种原来广泛
分布但现在仅局限生长在某一狭小区域,而新特有种指新近分化并产生生殖隔离而形成的,或是

通过杂交途径现在成为一个独立的种类。全球格局下特有种是由于过去 1 万~100 万年气候变化的震荡形成的(Milankovitch oscillations,米兰科维奇振荡)。气候变化幅度越小,古特有植物越有可能生存下来,并且使基因库产生分化,促使新特有植物的形成(Jansson 2003)。

因为岛屿的孤立属性,特有种最有可能在岛屿上形成。而且从地理上来说,热带地区具有较明显的特有种分布(Gentry 1986;Stattersfield et al. 1997)。然而,因为特有植物的限制性生境分布特性和对于人类活动(包括引入外来种)的抵抗力较弱,易陷入濒危或灭绝的状态(Simaika et al. 2009)。这些人类活动包括:大规模的森林采伐,刀耕火种并将森林转换为农业种植用途等。这导致特有种常常紧密伴随着较高的灭绝的可能性(IUCN 2001),也就要求人们关注特有种的地理分布格局及分布受限的物种的生存状态,减少特有种的全球性灭绝(Pimm et al. 1995;Myers et al. 2000)。

海南岛及其沿海岛屿地处我国最南端,海南岛是我国第二大岛屿,是在第四季冰期和间冰期(Quaternary ice and inter-glacial periods)与大陆由琼州海峡隔开后形成的(Long et al. 2006)。海南岛的植物区系成分中,热带亚洲(印度–马来西亚)分布、泛热带分布和旧世界热带分布占有很大的成分,但因为和大陆分离较晚,也具有一部分温带分布的种类。海南岛具有较丰富的物种,最新统计显示,野生植物种类在 3945 种左右,特有种有 397 种(Francisco-Ortega et al. 2010)。

单独就某个特有植物的种群(Kitamura et al. 2009)、特有植物与入侵种的关系(Sugiura et al. 2009;Samways et al. 2010)、气候关系的成因(Jansson 2003;Thomas et al. 2004)等进行研究有较多的文献记载。尖峰岭地区不仅具有丰富的野生植物物种(2287 种),也有丰富的特有种(158种),但对其区域性的特有植物的空间分布未有详细的研究。而人类活动,特别是森林采伐会导致森林形成一个孤立的生境,具有岛屿的属性。早先的研究表明,孤立的属性导致特有种的分布会伴随着岛屿的孤立性增加(MacArthur et al. 1963),但是极少有研究证明这个假说(Mayr 1965;Adler 1992)。尖峰岭地区经历了长期的森林采伐,森林分布片断化,这也就提供一个验证该假说成立的良好的研究场所。

本节将在区分不同采伐方式的森林基础上,通过分析尖峰岭地区 159 个样方内所有胸径大于 1.0 cm 的海南特有种的组成结构及其空间分布格局,海南特有种与所有物种多样性之间的关系,以及种–面积曲线(SAR,species area relationship),种–个体关系(CSIR, cumulative species-individuals relationship)和物种丰富度分布(SAD, species abundance distribution),揭示森林采伐后海南特有种的时空分布规律,验证特有种随岛屿孤立性增加的假说,探讨森林采伐后海南特有种的自然恢复及维持策略。

随着最新的物种的发表,许多新的物种也在相邻的地区被发现,原来在海南岛地区特有的植物变得不再特有。因此,为了更准确地分析,我们基于吴德邻(1994)的《海南本土植物名录》,参考几个分类学数据库和文献更新了《海南特有植物名录》。同时,还参考了 Flora of China 已经出版的图书和未出版但已经在 Flora of China 网站发布的草稿(http://www.efloras.org)。另外,在编制好《海南特有植物名录》草稿后,关于名录各个类群是否正确处理咨询了编制《中国植物志》的各位专家,以保证名录的正确性(Francisco-Ortega et al. 2010)。

在此基础上,基于样地调查数据统计每个样方的物种数目和海南特有种的数目。

为了比较不同森林采伐方式对生物多样性的影响,159 个样方根据采伐历史被分成 3 种类型:原始林、径级择伐森林和皆伐森林。

种–面积关系　物种多样性随取样面积增加的种–面积曲线模型通过 R–2.9.2 编程进行构建:每个类型在 625 m² 样方水平的物种丰富度平均值被设置为初始点,然后该类型的第 2 个样方被随机挑选出来并重新合并计算这 2 个样方的物种丰富度,直到该类型所有样方都不重复地被包含进来并统计合并后的物种丰富度。整个过程随机进行 100 次以排除取样顺序对物种丰富度估计的影响,就可以得到一系列随取样面积增加的物种丰富度变化值。这也就提供了一种描述每个类型物种丰富度随取样面积增加关系的一个强有力的估计方法。

种–个体关系　特别是在高物种丰富度的群落中,物种丰富度经常受个体数目的影响。当稀有种在样方中仅有少量或单株个体,每个样方的物种数目对于个体密度的减少是比较敏感的,这里指的是随机减少个体的稀疏效应(rarefaction)(Denslow 1995;Cannon et al. 1998)。因此,比较种–个体关系和种–面积关系对于全面理解群落对于干扰后的反应是非常重要的(Gotelli and Colwell 2001)。每个森林类型的种–个体的关系通过 R–2.9.2 中的 vegan 程序包进行分析。

物种多度分布及优势度指数　本研究通过分析物种多度分布和 Berger-Parker 优势度指数来描述每个类型的物种分布均匀度和优势度。物种多度分布通过绘制物种多度分布图来反映。群落的物种丰富度通常随着优势度降低,而且群落的优势度可以用最丰富的物种的个体数目来表达,即 N_{max},而 Berger-Parker 优势度指数为 $d=N_{max}/N$(Berger et al. 1970;May 1975)。

4.9.1　尖峰岭地区海南特有种现存状况

海南全岛共统计到 397 种特有种,其中尖峰岭地区有 158 种(未含 3 栽培种),占 39.8%,说明尖峰岭地区物种的丰富程度及其重要的保护价值。尖峰岭地区的特有植物以茜草科(19 种)、樟科(18 种)和壳斗科(10 种)为优势科,有 14 个科仅有 1 种特有种,有 18 个科仅有 2 种特有种(表 4–27),其中木质乔木或灌木种类达 98 种。而本次调查的 159 个样方中共有 51 个种类,即调查的样方涉及的种类占了所有海南特有的木质乔木或灌木的 51.2%,说明了取样的代表性较好,可以反映尖峰岭地区特有种的整体状况。调查的样方中仍然以樟科(9 种)、壳斗科(6 种)和茜草科(5 种)为优势,有 9 个科仅有 1 种特有种,有 3 个科仅有 2 种特有种,有 5 个科仅有 3~4 种特有种。茜草科在样方中记录较少,因为这个科的特有种大部分为草本,通常难以生长到胸径 1.0 cm 这个调查的起径标准。

4.9.2　尖峰岭地区海南特有种出现频度

表 4–28 显示,在 159 个样方中共记录到 51 种 5028 个特有植物植株,占整个样方所有物种的 8.27%。分成 3 种类型统计特有植物的物种丰富度,径级择伐或皆伐森林 625 m² 样方水平上的平均物种数目较原始林稍高,虽然两者间均无显著差异。

表 4-27　海南岛尖峰岭地区特有植物种类统计

科名	尖峰岭地区所有特有植物数目	尖峰岭地区除藤本外的木质特有植物数目	样方中出现的除藤本外的木质特有植物数目
樟科 Lauraceae	18	18	9
壳斗科 Fagaceae	10	10	6
茜草科 Rubiaceae	19	9	5
柿树科 Ebenaceae	5	5	4
桃金娘科 Myrtaceae	8	8	3
大戟科 Euphorbiaceae	6	6	3
无患子科 Sapindaceae	4	4	3
山茶科 Theaceae	3	3	3
紫金牛科 Myrsinaceae	5	5	2
冬青科 Aquifoliaceae	3	3	2
山矾科 Symplocaceae	2	2	2
蝶形花科 Papilionaceae	4	3	1
木犀科 Oleaceae	3	2	1
茶茱萸科 Icacinaceae	2	2	1
山榄科 Sapotaceae	2	2	1
瑞香科 Thymelaeaceae	2	2	1
牛栓藤科 Connaraceae	1	1	1
金缕梅科 Hamamelidaceae	1	1	1
胡桃科 Juglandaceae	1	1	1
山龙眼科 Proteaceae	1	1	1
卫矛科 Celastraceae	2	2	
梧桐科 Sterculiaceae	2	2	
夹竹桃科 Apocynaceae	3	1	
唇形科 Lamiaceae	2	1	
苏铁科 Cycadaceae	1	1	
杜英科 Elaeocarpaceae	1	1	
木兰科 Magnoliaceae	1	1	
马鞭草科 Verbenaceae	1	1	
莎草科 Cyperaceae	5		

科名	尖峰岭地区所有特有植物数目	尖峰岭地区除藤本外的木质特有植物数目	样方中出现的除藤本外的木质特有植物数目
兰科 Orchidaceae	5		
苦苣苔科 Gesneriaceae	4		
棕榈科 Palmaceae	3		
①	1		
②	2		
总计	158	98	

注:① 爵床科 Acanthaceae,番荔枝科 Annonaceae,竹亚科 Bambusaceae,菊科 Compositae,野牡丹科 Melastomataceae,禾本科 Poaceae。② 天南星科 Araceae,凤仙花科 Balsaminaceae,白花菜科 Capparidaceae,忍冬科 Caprifoliaceae,旋花科 Convolvulaceae,木通科 Lardizabalaceae,胡椒科 Piperaceae,鼠李科 Rhamnaceae,百部科 Stemonaceae,荨麻科 Urticaceae,姜科 Zingiberaceae。

表 4-28　海南岛尖峰岭地区公里网格样地特有种基本信息统计

森林类型	恢复时间/年	样方数目	物种丰富度	个体数目	625 m² 样方水平上的物种丰富度		
					变化范围	平均值±标准偏差	p 值
原始林	—	52	35	1504	2~11	5.58±1.90	—
径级择伐森林	15~50	73	39	2395	2~10	5.59±1.77	0.971
皆伐森林	15~51	34	31	1129	1~11	5.68±2.51	0.844

注:p 值指该森林类型各样方的物种丰富度与原始林的差异显著性。

表 4-29 显示,采伐后仅在 1 个样方出现的种类的比例升高,特别是皆伐森林的样方(41.9%),较原始林(34.3%)和径级择伐(35.9%)森林明显增大。这说明,采伐后特有植物的出现还是比较稀有的,通常不会伴随较大的种群。

表 4-29　尖峰岭地区海南特有种的空间频度分布

类别	物种数目			
	所有(比例/%)	原始林(比例/%)	径级择伐森林(比例/%)	皆伐森林(比例/%)
仅在 1 个样方出现的种类	18(35.3)	12(34.3)	14(35.9)	13(41.9)
总物种数目	51	35	39	31
总样方数目	159	52	73	34

注:比例指该类别占总物种数目的百分比。

4.9.3　特有植物的物种多样性沿海拔梯度分布格局

本节研究采用广义加合模型(GAM)来拟合特有植物的物种多样性沿海拔梯度分布格局,图 4-31a 显示,其分布为一种"波浪形"的变化趋势;而图 4-31b 显示,特有植物占总物种多样性的比例沿海拔呈逐渐下降的趋势。因此,本研究结果揭示,并不是海拔较高的山地一定是特有植物的避难所,特有植物与海拔梯度无明显的相关关系。

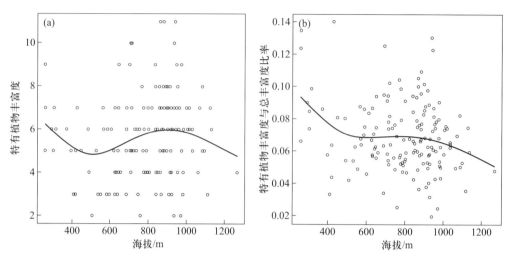

图 4-31　海南特有种丰富度、总物种丰富度与海拔的关系：（a）海南特有种丰富度与海拔的关系；（b）海南特有种丰富度与总物种丰富度比例与海拔的关系

4.9.4　特有植物的物种多样性与总物种多样性的关系

共采用了 3 种模型——线性模型（linear model，LM）、广义线性模型（generalized linear model，GLM）和广义加合模型（generalized additive model，GAM）来拟合特有种数目和总物种数目之间的关系（图 4-32）。通过 AIC 比较发现，线性模型具有最小的 AIC 值（LM，GLM 和 GAM 的 AIC 值分别是 618.88、640.66 和 642.66），应该采用线性模型来拟合两者之间的关系。特有种数目与总物种数目之间呈正相关。

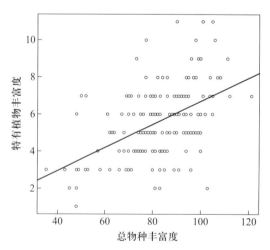

图 4-32　海南特有种丰富度与总物种丰富度的关系

4.9.5　特有植物的种-面积曲线

从图4-33可以看出,径级择伐森林特有种数目在小于32 500 m²的取样面积时,稍少于原始林;但随着取样面积继续增大,两者相接近。皆伐森林特有种数目在取样面积较小时与原始林相似,但随取样面积增加,超过15 000 m²后表现出较原始林增大的趋势。

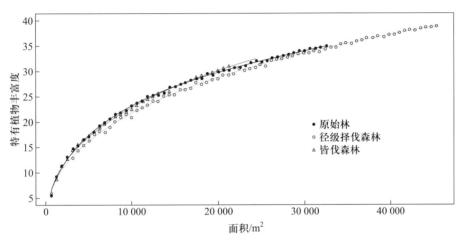

图4-33　3种森林类型特有种的种-面积关系累积曲线比较
种-面积曲线的绘制采用最合适的逻辑斯谛模型

4.9.6　特有植物的累积种-个体关系

因为植株数目的增加可能直接导致物种数目的增加,本研究以特有种每个样方的植株数目为基础,构建了特有种的累积种-个体关系。

从图4-34a特有种的累积种-个体关系看出,径级择伐后,特有种的物种数目明显增加;皆伐后,表现出下降。结合图4-33的种-面积关系的分析结果说明,皆伐森林中特有种数目增加是由于植株数目的大量增加引起的。

与总物种的累积种-个体关系(图4-34b)相比较可以发现,采伐后的特有种较总物种的累积种-个体关系更接近于原始林。这也说明,采伐后特有种的增加是提高总物种多样性的一个重要组成部分,在森林采伐后的恢复过程中具有相对优势。

4.9.7　特有植物的物种多度分布及其优势度

从物种的多度分布图(图4-35)的比较可以看出,径级择伐森林较原始林特有种的分布更均匀,而皆伐森林的海南特有种的分布均匀程度与原始林相接近。而且Berge-Parker优势度指数 d (表4-30)的比较也可以看出,采伐后群落的优势度升高,径级择伐森林的优势度显著升高。

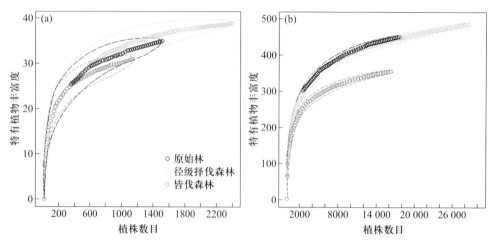

图 4-34 特有种(a)和所有物种(b)的累积种–个体曲线关系

物种丰富度的估计是基于个体数目的稀疏曲线,并绘制出估计值和±2SE 的变化范围

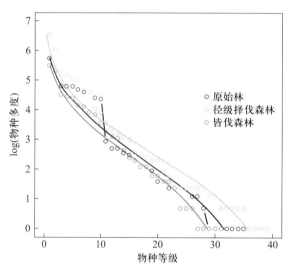

图 4-35 3 种森林类型的特有种的物种多度分布

表 4-30 3 种森林类型 Berge-Parker 物种优势度指数

森林类型和亚类型	Berge-Parker 物种优势度指数
原始林	0.210
径级择伐森林	0.294
皆伐森林	0.218

有研究显示,特有植物沿海拔梯度分布呈现"中度膨胀"的格局(Cuizhang et al. 2006)。但本研究显示,特有植物与海拔梯度无明显相关性,呈现一种"波浪形"的分布格局。因此,在尖峰岭决定特有植物分布的关键因素中,海拔并不起主导作用。

另外,本研究结果表明,特有种数目伴随总物种数目的增加而增加,这与以往的一些研究一致(Jansson 2003)。虽然情况并不完全如此,这与数据来源的空间分辨率有关。一些具有较高分辨率水平的研究表明,区域水平上特有种数目与总物种数目无显著相关或仅有弱相关(Prendergast et al. 1993;Jetz et al. 2002;Orme et al. 2005),而另一些则表明两者存在相关性(Graham et al. 2006;Lamoreux et al. 2006)。

对特有种蜻蜓的研究表明,移除一些入侵的外来种首先有利于地理广布种,而特有种伴随着群落结构及其多样性的建立逐渐升高(Samways et al. 2010),正如本研究结果所揭示的,特有种的多样性是随着群落的恢复逐渐升高的(图4-36和图4-37)。从另一个方面来说,森林采伐导

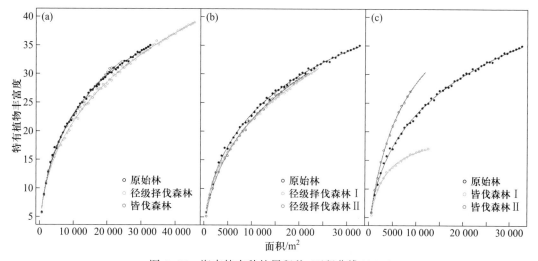

图4-36 海南特有种的累积种–面积曲线(SAR)
采用最合适的逻辑斯谛模型用来拟合实际数据

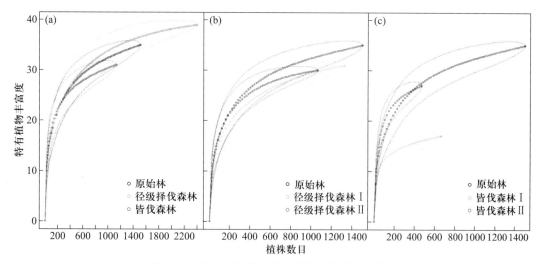

图4-37 基于个体数目的特有种的物种稀疏曲线

致森林的孤立性增强;在森林逐渐恢复后,特有种分布的强度随着森林的孤立增强而逐渐增强。符合以前假说得出的结论:特有种分布随着岛屿的孤立性增强而增强(MacArthur et al. 1963;Mayr 1965;Adler 1992),该假说也得到 Mayr(1965)对孤立的热带岛屿和近大陆的岛屿上鸟类特有分布的研究和 Adler(1992)对 30 个热带太平洋岛屿鸟类特有分布的研究的支持。而且研究表明,山地的孤立性质通常较岛屿的孤立更有利于特有类群的产生(Murphy and Wilcox 1986;Medail et al. 1997)。

另外,一些文献提到,移除一些入侵的外来种有利于提高皆伐后林地特有种的多度及其多样性,可以使其与原始林相接近(Samways et al. 2010)。本研究也没有观察到森林休伐后外来植物在森林中占据比较大的优势,主要原因是森林伐后基本不再进行干扰,让其自然恢复;而且早期干扰也没导致本地区系以外的物种的大量入侵。

虽然以往研究表明,某些特有种类群(例如鸟类)有比较明显的脆弱性,这是由于其地理分布限制,与许多竞争者、捕食者或病害类型隔绝,由其生活史性状引起的(Duncan et al. 2004;Berglund et al. 2009)。对本研究来说,地理分布限制是限制特有植物扩散的主要因素,采伐后森林的特有种的更新主要还是依靠近源的种子库。采伐后森林能自然恢复,说明森林中仍然存在一定数量的特有种的种子库来源,没有因采伐而严重受损。另一方面,特有植物并不意味着其自身的竞争力弱。本研究还显示出,特有植物较其他本土植物存在生长优势(图 4-34),显示出特有种对本土生境较好的适应性及其在本地生境的生长潜力。这种特有种的优先恢复也说明了在森林恢复过程中物种的非随机性,一些特定的类群在环境改变后可以占据更大的优势,从而改变原来森林的组成和结构。

但是也发现,这些增长的特有植物的种群仍然比较小,采伐后(特别是皆伐后)仅在 1 个样方中出现的物种的比例增大,也说明特有植物种群结构并不稳定。虽然没有人为的干扰继续存在,但有可能因为自然干扰(例如台风等)影响导致死亡,毕竟尖峰岭也是一个台风多发区。因此,在下一步的保护管理中,要注意防止外来入侵种占据生境,并通过连续监测特有种的生存状态,采取合适的保护管理措施。

第 5 章

海南岛热带天然林生物多样性与生态系统主要功能的关系

全球生态系统正在发生剧烈的变化,从而加快物种灭绝的速率。全球生物多样性减少和丧失对生态系统功能的影响是当前生态学最为关注的领域之一,因此大量的控制实验被用于监测生物多样性如何影响为人类提供产品和服务的生态系统功能(BEF)。这些控制实验的研究结果清楚地表明,生物多样性的丢失将减少产量和改变分解速率等生态系统功能。然而,其中一个亟待研究的内容是如何区分生物多样性和环境变化对生态系统功能的影响。目前,大多数有关监测生物多样性与生态系统功能(BEF)的控制实验主要实施在草原生态系统,较少展开自然生态系统中的实测研究,尤其在森林生态系统。此外,这些控制实验主要侧重于物种丰富度如何影响生态系统功能,而较少关注生物多样性的其他方面,例如功能多样性和谱系多样性等。本章以霸王岭自然保护区刀耕火种后处于不同演替阶段的热带低地雨林、尖峰岭自然保护区不同海拔梯度老龄林与 30 hm² 热带山地雨林大样地为研究对象,通过群落学调查、功能性状及环境因子测定,探讨功能性状、生物多样性(包含物种多样性、功能多样性及谱系多样性)及地上部分生物量随演替阶段、海拔梯度和生境类型的变化规律,并评估了群落演替过程中,环境因子如何影响功能性状及生物多样性;同时探讨了不同生物多样性指标之间的关系,功能性状和生物多样性与地上部分生物量的关系随演替阶段、海拔梯度和生境类型的变化规律,并通过结构方程模型深入地研究了功能性状和生物多样性如何响应环境并影响地上部分生物量。

5.1 热带天然林植物功能性状的时空变化

在生态学中,植物的生态策略一般指物种所具有的能够产生足够的有机物来维持生存并且繁殖后代的方式(Westoby et al. 2002)。从定义中可以看出,植物生态策略的趋同性可能来源于自然选择或者对环境胁迫的适应。环境因素可能决定了选择的压力和性状的变异。在众多的环境因素中,资源(包括光、水、养分)的可利用性被认为是在时间和空间尺度下影响植物策略的主要原因(Vile et al. 2006)。土壤养分的可利用性(soil resource availability)是决定植物群落物种组成的主要环境因子。同时,植物通过养分循环的反馈对土壤养分的可利用性产生物种依赖性的影响(Ordoñez et al. 2009)。例如,生长在肥沃的土壤环境中的植物一般可以产生大量的养分丰富的凋落物,这些凋落物可以释放大量的养分反过来维持较高的土壤肥力。反过来,生长在贫瘠的土壤环境中的植物只能产生少量的凋落物,并且更多地把养分留存在长寿命的具有抗逆性的组织中,因而更加剧了土壤的贫瘠(Aerts et al. 1999)。这些植物对土壤养分供应产生的响应和反馈已经归纳为生长速率和养分留存的权衡(Westoby et al. 2002)。

植物功能性状通常指影响植物存活、生长、繁殖和最终适合度的生物特征,包括植物形态、生理和物候等特征(Violle et al. 2007)。环境因素可以作为一个"筛",决定哪些物种或者性状可以在群落中生存和维持(Keddy 1992a)。由于海拔梯度包含温度、湿度、光照和土壤属性等环境因子的综合变化(沈泽昊等 2007),因而对于植被的功能性状来说,海拔可能是一个非常重要的环境筛,决定物种存活、生长和繁殖。多个生态环境因子组合在一起产生不同的生境类型,而生境异质性是生态系统生物多样性得以维持的重要因素(赵振勇等 2007)。由于受生境异质性的影响,群落内不同植物个体之间总是存在趋同或者趋异的生态策略,因而植物功能性状可以对生境异质性产生一定的适应性(Vile et al. 2006)。全球尺度的 Meta 分析认为,生长和养分留存之间的性状权衡策略受到土壤肥力的影响(Ordoñez et al. 2009)。同样的,许多研究表明,干扰、气候因素、土壤资源的可利用性是群落结构和功能性状的主要驱动力(Nishimua et al. 2007;Fortunel et al. 2009;尧婷婷等 2010;丁佳等 2011;Laliberté et al. 2012)。

演替是生态学理论的核心内容之一。演替过程往往受到群落组配规则的影响。而基于植物的功能性状的方法可以更好地反映群落的组配规则,从而揭示不同演替阶段群落功能性状之间相互权衡的生态策略(Raevel et al. 2012)。关于演替的研究有助于揭示物种的生态策略随时间如何改变以及改变的本质原因(Walker et al. 2003)。不同演替阶段的植物生态策略受到环境资源(包括养分、水分、光资源等)的影响。由于受到种间促进作用、资源的差异化共享等因素的作用,正关联发生在演替的早期和中期;而由于受到种间竞争和限制相似性等因素的影响,负关联往往发生在演替的后期(Huston et al. 1987)。而究竟是正关联还是负关联取决于环境资源的多少。基于功能性状的方法可以探讨群落中功能性状的变异以及揭示潜在的生态策略的驱动力(Schleuter et al. 2010)。

尽管人们对植被与土壤养分的关系已经有大量研究,但功能性状在时空尺度上对环境因素的响应的定量研究仍然匮乏。这些定量化的信息可能对理解环境因素如何影响生态系统功能起到至关重要的影响(Suding et al. 2008)。刀耕火种或游耕是伴随人类文明产生的一种传统农作方式,具有悠久的历史(Coomes et al. 2011)。刀耕火种广泛存在于各个热带地区以及部分亚热带或少部分温带地区,因而对热带森林植被的恢复和生态服务功能具有深刻的影响力。据统计,35%的美洲热带林、70%的非洲热带林和49%的亚洲热带林年消失量来源于刀耕火种(Whitmore et al. 1998)。对刀耕火种弃耕地次生演替过程的研究,不仅有利于了解森林恢复的基本过程和格局,而且还为验证一系列森林植被恢复和保持理论提供了观测和实验契机,因而刀耕火种弃耕地的森林恢复一直是热带林学和恢复生态学关注的重要内容(Dalle et al. 2011)。本章以刀耕火种弃耕后处于不同自然恢复阶段的热带低地雨林为对象,选取与植物的生长速率、最大光合速率、竞争力和养分循环存在密切关联的功能性状,通过比较主要环境条件和植物功能性状的变化,探讨不同演替阶段的低地雨林植物功能性状如何响应环境;以尖峰岭林区不同海拔老龄林为研究对象,揭示功能性状随海拔梯度的变异规律;以尖峰岭30 hm²大样地为研究对象,研究功能性状随不同生境类型的变化规律。群落水平功能性状值(CWM)是由测定的物种水平的功能性状值,以物种多度为基础加权平均得到各个性状在群落水平的平均值。本章以下提到的功能性状均指群落水平功能性状值。

5.1.1 功能性状随演替阶段的变化

在霸王岭不同演替阶段低地雨林中,除叶片钾含量(LKC)之外,其余功能性状均随着演替存在显著变化(图5-1)。比叶面积(SLA)随着演替的进行有降低的趋势。老龄林中叶片干物质含量(LDMC)显著地高于次生林,而次生林之间无显著差异。尽管木材密度(WD)在15年次生林与30年次生林之间无显著差别,但是30年以后它随演替的进行逐渐增大。潜在最大高度(Hmax)在30年次生林中最低,其他林分无显著差别。叶片氮含量(LNC)的最低值出现在60年次生林中,而在30年次生林中最高。15年和30年次生林中的叶片磷含量(LPC)显著地高于60年次生林和老龄林。叶片总有机碳含量(LCC)随演替的进行单调递减。总之,通过对处于不同

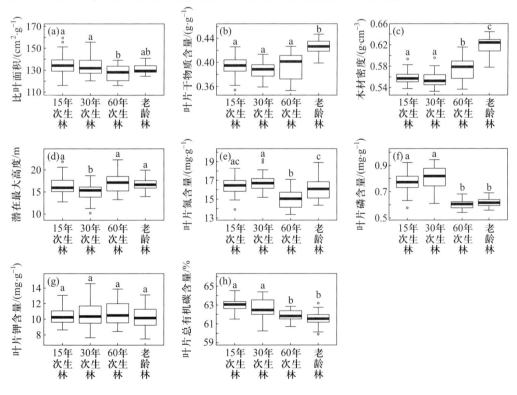

图5-1　功能性状随演替阶段的变化

演替阶段低地雨林功能性状进行方差分析,随着演替的进行,比叶面积、叶片氮含量、叶片磷含量和叶片总有机碳含量逐渐降低,叶片干物质含量、木材密度、潜在最大高度逐渐升高,而叶片钾含量则变化不大。

叶片的比叶面积、叶片氮含量、叶片磷含量与叶片寿命构成了叶片经济谱。叶片经济谱指叶片性状从薄的、氮含量丰富的、具有高光合速率、短寿命的开发性策略转向厚的、氮含量匮乏的、低光合速率的、长寿命的保守性策略的连续变异(Wright et al. 2004c)。随着演替的进行,植物对光资源的竞争越来越激烈,先锋树种逐渐地被耐阴性树种替代,前者往往具有较高的比叶面积、叶片氮含量、叶片磷含量与较低的叶片干物质含量和木材密度,而后者则恰好相反。并且在老龄林养分受限的环境中,慢速生长的物种比快速生长的物种具有更强的竞争力(Tilman 1988)。因此,随着演替的进行,植物群落也逐渐由开放性策略转向保守性策略(Garnier et al. 2004)。有研究表明,随着土壤磷含量的下降,叶片氮、磷含量减少,叶片厚度和组织密度增大,这一功能性状的格局意味着植物群落的生态策略从在肥沃土壤中的资源开发性策略转向贫瘠土壤中的资源保守性策略,表明随着土壤中磷含量的降低,不管是常见种还是偶见种均更倾向于资源保守性策略(Mason et al. 2012b)。

5.1.2　不同演替阶段低地雨林功能性状与环境因子的关系

多元逐步回归结果表明,绝大多数功能性状对环境因子产生显著的响应($p < 0.05$)(表 5-1)。在 15 年次生林中,大部分功能性状受到环境因子的显著影响。仅叶片干物质含量、潜在最大高度和叶片磷含量对环境因子无显著的响应,比叶面积、木材密度和叶片总有机碳含量受土壤有机质含量的影响,叶片氮含量受土壤 pH 的影响。叶片钾含量受土壤 pH 和有效磷含量的影响。在 30 年次生林中,比叶面积、潜在最大高度、叶片氮含量和叶片钾含量受冠层开阔度和土壤全磷含量的影响,叶片干物质含量仅受土壤有效磷含量的影响,木材密度仅受冠层开阔度的影响,叶片磷含量受冠层开阔度、土壤有机质含量和土壤全钾含量的影响,叶片总有机碳含量受冠层开阔度和土壤有效氮含量的影响。在 60 年的次生林中,比叶面积受土壤全钾含量的影响,叶片干物质含量、木材密度、潜在最大高度、叶片氮含量和叶片磷含量受土壤总钾含量和有效磷含量的影响,叶片钾含量受土壤有机质含量和有效磷含量的影响,叶片总有机碳含量受土壤容重和全钾含量的影响。在老龄林中,比叶面积和叶片干物质含量受土壤有机质含量和全磷含量的影响,木材密度受土壤有机质含量和全钾含量的影响,潜在最大高度仅受土壤有效磷含量的影响,叶片氮、磷和钾含量仅受土壤有机质含量的影响,叶片总有机碳含量受土壤有机质含量和有效磷含量的影响。总之,在 15 年次生林中,除有些功能性状并不受环境因子的影响外,其余功能性状主要受到土壤有机质和 pH 的影响;在 30 年次生林中,冠层开阔度和土壤全磷含量成为影响功能性状的主要因子;在 60 年次生林中,土壤全钾和有效磷含量成为影响功能性状的主导因子;在老龄林中,土壤有机质含量和全磷含量成为影响功能性状的主要环境因子。

表 5-1　不同演替阶段低地雨林功能性状和环境因子的多元逐步回归结果

阶段	性状	环境变量											回归方程参数		
		CO	WC	BD	pH	SOM	TN	TP	TK	AN	AP	AK	R^2	AIC	p
15年次生林	SLA					0.47							0.12	154.6	0.0145
	LDMC														
	WD					0.18							0.17	37.5	0.0029
	Hmax														
	LNC				0.30								0.15	97.4	0.0064
	LPC														
	LKC				0.38					−0.20			0.27	101.2	0.0005
	LCC					−0.41							0.21	107.2	0.0009
30年次生林	SLA	−0.63						0.45					0.34	138.9	<0.0001
	LDMC								−0.30				0.15	87.1	0.005
	WD	−0.32											0.15	56.3	0.0057
	Hmax	0.67					−0.3						0.35	117.6	<0.0001
	LNC	0.35						0.28					0.16	104.2	0.0154
	LPC	0.75				−0.19		0.22					0.41	106.3	<0.0001
	LKC	−0.9						0.33					0.39	142	<0.0001
	LCC	0.74								−0.40			0.39	127.4	<0.0001
60年次生林	SLA								0.71				0.6	92.5	<0.0001
	LDMC								−0.53		−0.40		0.65	91.5	<0.0001
	WD								−0.28		−0.40		0.62	52.2	<0.0001
	Hmax								−0.48		−0.6		0.56	117.2	<0.0001
	LNC								0.37		0.48		0.67	72.1	<0.0001
	LPC								0.11		0.19		0.63	−26.3	<0.0001
	LKC					−0.29					0.70		0.37	125.9	<0.0001
	LCC			−0.13					0.37				0.49	54.7	<0.0001

续表

阶段	性状	环境变量											回归方程参数		
		CO	WC	BD	pH	SOM	TN	TP	TK	AN	AP	AK	R^2	AIC	p
老龄林	SLA					−0.28		0.29					0.41	59.0	<0.0001
	LDMC					−0.23		0.32					0.21	80.6	0.035
	WD					−0.26			−0.44				0.32	52.0	0.0001
	Hmax										0.59		0.14	90.8	0.0079
	LNC					−0.72							0.18	140.7	0.0022
	LPC					−0.24							0.21	19.8	0.0008
	LKC					0.68							0.17	137.6	0.0029
	LCC					0.47					0.62		0.31	100.5	0.0002

注:CO,冠层开阔度;pH,土壤 pH;SOM,土壤有机质;TN,土壤全氮;TP,土壤全磷;TK,土壤全钾;AN,土壤有效氮;AP,土壤有效磷;AK,土壤有效钾;R^2,决定系数;环境变量的数值为通径系数。

多元逐步回归结果表明,同一功能性状处于不同的演替阶段响应不同的环境因子,处于同一演替阶段的功能性状往往受到同一环境因子的影响。在 15 年次生林中,除有些功能性状并不受环境因子的影响外,其余功能性状主要受到土壤有机质和 pH 的影响,并且环境因子解释了较小的功能性状变异。由于刀耕火种后恢复早期森林拥有足够的水分、养分和光环境,先锋物种迅速侵入到弃耕地中并且快速生长(Chazdon 2003)。因而较少的物种数和最多的树木个体数往往出现在演替的早期阶段(Ding et al. 2012b)。刀耕火种后的森林,由于刚刚经历过砍伐和火烧,养分迅速地归还到土壤中(Read et al. 2003)。土壤环境因子测定结果同样也表明,15 年次生林中往往具有较高的冠层开阔度和养分,并且水分并不缺乏。可能由于有足够的水分、养分和光资源,功能性状往往较少地受环境因子的限制。尽管如此,但是土壤有机质作为生态系统碳循环的重要组成部分,有可能影响与植物生长相关的功能性状(Meier et al. 2010)。另外,土壤 pH 同样可以影响群落的物种组成和功能性状的变异(Tahmasebi Kohyani et al. 2008)。

在 30 年次生林中,冠层开阔度和土壤全磷含量成为影响功能性状的主要因子。随着演替的进行,一些耐阴性树种开始侵入到群落中;并且随着时间的推移,先锋树种的个体逐渐长大并与相邻的个体开始竞争光、水分、养分等资源(Lohbeck et al. 2012),在群落组成结构中依旧占据主导地位(丁易等 2011b)。先锋树种对光环境的改变尤其敏感(Dalling et al. 2002),因而冠层开阔度成为限制功能性状的主导环境因子。另外,由于 30 年次生林中有丰富的磷,功能性状对这一环境表现出一定的适应性。由于大多数热带森林土壤缺乏磷,植被功能性状往往对磷含量的变化更为敏感(Baribault et al. 2012)。

在 60 年次生林中,土壤全钾和有效磷含量成为影响功能性状的主导因子。土壤养分在植被的恢复过程中起到重要的作用(Ding et al. 2012b)。最低的土壤全钾和较低的磷含量导致最低的比叶面积、叶片氮含量和叶片磷含量出现在 60 年次生林中。有关 38 个施钾肥实验的 Meta 分析表明,施钾肥可以增加林木的生长率和植物组织中的钾含量(Tripler et al. 2006)。同时,在巴拿马热带低地雨林中进行的长达 11 年的施肥控制实验结果表明,幼苗、幼树甚至成年树的生长主要受到钾的控制(Wright et al. 2011)。我们的研究结果进一步证明,土壤磷含量是热带森林的限制因子(Cleveland et al. 2011;Long et al. 2011)。

在老龄林中,土壤有机质含量和全磷含量成为影响功能性状的主要环境因子。最新的研究结果表明,土壤有机碳循环并不受有机物分子结构的控制,而是受到多个生态过程所影响,包括环境的形成过程、植物的根系和根际微生物侵入、植被凋落物及火烧残留物的输入、微生物代谢物的吸收和释放等(Schmidt et al. 2011)。这些生态过程有可能影响植被功能性状的变异。由于老龄林中缺乏有机质,植物功能性状受到土壤有机质含量的影响。Orwin 等(2010)在单作种植实验中同样发现,植物的功能性状与土壤碳循环存在密切的关联。另一方面,尽管最低的土壤养分存在于老龄林中,但是除磷之外,并没有发现太多的功能性状受到其他土壤养分的限制。这可能与处于演替后期的群落其功能性状逐渐转向保守性策略有关(Garnier et al. 2004;De Deyn et al. 2008)。

综合看来,处于不同演替阶段的同一功能性状受到不同环境因子的影响,均能对所处的特殊环境产生一定的适应性。也就是说,不同演替阶段的森林群落受到不同环境筛的影响,而同一演替阶段的森林群落往往受到相同环境筛的影响(卜文圣 2013)。这可能与利比希最小因子定律有关。按照该定律,如果环境中某种生态因子缺乏或者不足,即使其他因子都充足,植物的生长也会受到影响,这种影响可能就来自土壤养分(蒋高明 1995)。例如,15 年次生林中出现最小的pH,60 年次生林中出现最低的土壤全钾含量,老龄林中出现最低的土壤有机质,这些潜在的限制因子也确实影响了植物功能性状;又如,热带森林普遍缺乏的磷,除 15 年次生林外,其他林分功能性状对磷含量均有响应。因此,功能性状有潜力成为理解植被与土壤关系的有效工具(Orwin et al. 2010)。

5.1.3 功能性状随海拔梯度的变化规律

在尖峰岭不同海拔老龄林中,功能性状均受到海拔梯度的显著影响。比叶面积和潜在最大高度随海拔的升高而逐渐降低,但叶片干物质含量和木材密度随海拔的升高而逐渐增大(图 5-2)。从决定系数来看,叶片干物质含量和潜在最大高度受海拔梯度的影响较大。

植物功能性状及其生理过程对气候变化的响应与适应是研究植被气候关系的基础。海拔梯度包含温度、湿度、光照和土壤属性等环境因子的综合变化。在长期进化过程中,高海拔植物在个体形态和生理特性等方面形成了与海拔相适应的特征(马维玲等 2010)。功能性状往往是植物长期与环境相互作用逐渐形成的内在生理和外在形态方面的适应策略,以最大程度地减小环境的不利影响(孟婷婷等 2007)。不同功能群植物因遗传和生理学差异形成了不同的功能性状(Reich et al. 1999)。比叶面积与植物的光合作用和生产力存在密切联系,在一定程度上反映植物的资源获取能力和对不同生境的适应特征(Vendramini et al. 2002),物种具有较小的比叶面积意味着高投资的叶片"防御"和较长的叶片寿命。叶片干物质含量往往负关联于潜在相对生长速率但正关联于叶片寿命。叶片具有较大的叶片干物质含量,一般具有更强的抵抗物理性伤害的能力。木材密度与植物竖向生长的结构性支撑力和植物的寿命有关,同时还与树干的防御功能(如病虫害、可食性和物理性防御等)和碳储量有关。潜在最大高度与植物的竞争力、整个植

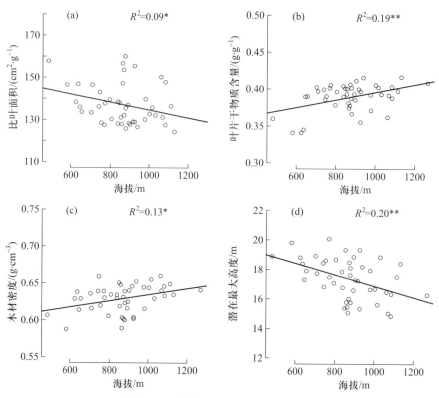

图 5-2　功能性状随海拔梯度的变化

株的生产力和干扰后的恢复能力有关(Cornelissen et al. 2003a)。在本研究结果中,比叶面积和潜在最大高度随海拔的升高而逐渐降低,但叶片干物质含量和木材密度随海拔的升高而逐渐增大。这是由于随着海拔的升高,温度和养分有效性降低,叶片厚度以及细胞表皮细胞壁厚度为适应寒冷而逐渐变厚,从而使植物获取资源能力降低(Körner 2003),导致比叶面积随海拔的升高而逐渐降低,而叶片干物质含量随海拔的升高而逐渐增大。高海拔地区具有风大、低温等特点,具有较大木材密度的个体不易折断并且具有更强的抗逆性,从而较易存活,因而木材密度随海拔的升高而逐渐增大。高海拔地区风大的特点同样不适宜较高植株的生长与繁殖,因而物种潜在最大高度随海拔的升高而逐渐降低。从植物碳经济学方面来说,随着海拔的升高,比叶面积减小,植物单位叶面积投资更多的碳,木材密度增大,潜在最大高度减小,植物转向保守性策略,以适应风大、低温、土壤养分资源受限的高海拔环境。有研究表明,在阿尔卑斯山地区,高山植物叶片性状由低海拔地区支持光合作用转变为高海拔地区支持开花过程,茎生物量比重降低,地上部分生物量显著减少,植株高度降低造成的自我遮阴增强,从而可能导致高山植物碳获取减少(Fabbro et al. 2004)。

5.1.4　功能性状随生境类型的变化

在 30 hm² 山地雨林老龄林中,功能性状均受到生境类型的影响(图 5-3)。比叶面积从沟谷至山顶逐渐减小,并且沟谷的比叶面积显著地高于其他四个生境类型。叶片干物质含量、木材密度和潜在最大高度均从沟谷至山顶逐渐增大。沟谷的叶片干物质含量和潜在最大高度均显著地低于其他四种生境类型。沟谷的木材密度显著地低于中坡以上的生境类型。

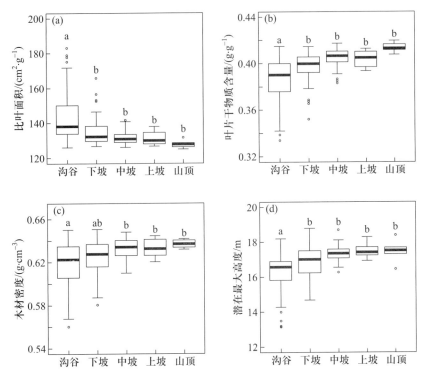

图 5-3 功能性状随生境类型的变化

导致比叶面积从沟谷至山顶逐渐减小的可能的原因有两个。第一，可能与植物对光资源的竞争有关。比叶面积往往与植物的光合能力存在密切的关联。沟谷森林群落郁闭程度通常高于山顶，植株个体对光资源的竞争更为激烈，迫使植株个体不得不增加叶的表面积，获得更多的光资源进行光合作用，维持植株的生长和繁殖，这就导致沟谷的植株往往比山顶的植株个体具有更大的比叶面积（Andersen et al. 2012）。第二，可能与土壤和气候因子有关。沟谷中温度和湿度均比较适宜植物的生存，而且土壤往往比较湿润、肥沃；而山顶温度较高，土壤相对比较贫瘠。有研究表明，在湿润、肥沃的土壤中，植物的比叶面积往往比较大；而在干燥、贫瘠的土壤中，植物的比叶面积往往比较小（Douma et al. 2011）。由于比叶面积与叶片干物质含量通常存在负关联，因而理解了比叶面积从沟谷至山顶的变化格局，就较易理解叶片干物质含量的变化格局。木材密度和潜在最大高度均从沟谷至山顶逐渐增大。这可能与沟谷中生存了更多的物种有关。沟谷比山顶存在更多的物种，而这些多出的物种一般都是灌木或者稀有种，而灌木的木材密度和潜在最大高度往往低于乔木（邓福英等 2007），因而沟谷具有更小的木材密度和潜在最大高度。其次，在湿润、肥沃的土壤中，植株个体往往生长比较快速，从而使植株个体具有更小的木材密度（Baker et al. 2004; Mason et al. 2012b）。

5.2 热带天然林生物多样性的时空变化

生物多样性丢失对生态系统功能及其服务的潜在效应是生态学家重点关注的问题之一（Loreau et al. 2001b；Sasaki et al. 2009）。物种多样性表征着生物群落和生态系统的结构复杂性，体现了群落的结构类型、组织水平、发展阶段、稳定程度和生境差异，是揭示植被组织水平的生态基础（马克平等 1995）。环境因素如何影响植物群落物种多样性是一个重要的植被生态学问题（Diniz-Filho et al. 2004；Qian et al. 2009；许涵等 2013）。历经大量的研究，多种假说用于解释环境因素如何影响物种多样性变异（Rowe et al. 2009），例如生境异质性假说认为，物种多样性随生境异质性的增加而增加（Cramer et al. 2002）；能量-水分平衡假说认为，能量和水分之间的耦合是物种多样性分布格局形成的重要原因（Hawkins et al. 2003）；而养分平衡假说认为，物种多样性的形成与养分梯度密切相关（Paoli et al. 2006；Firn et al. 2007）。多种假说的存在也从侧面说明了影响物种多样性格局形成的环境因素的复杂性。常见的物种多样性的环境梯度分布包括：纬度梯度、海拔梯度、土壤养分梯度、水分梯度等（许涵等 2013）。

群落演替一直是生态学理论的中心问题之一，但是过去大部分研究集中在对不同演替阶段群落的物种组成、演替模型以及演替顶级理论等方面，关于演替过程中物种多样性变化的研究还比较少（Shang et al. 2005）。目前，关于群落演替过程中物种丰富度的变化格局主要有两种：一种比较普遍的观点是，物种丰富度随演替逐渐增加，至演替后期物种丰富度最大（Baniya et al. 2009）；而另一种观点认为，演替进程中物种丰富度呈单峰模型，物种丰富度在演替中期最高（Bazzaz 1996）。由于海拔梯度包含温度、湿度、光照和土壤属性等环境因子的综合变化（沈泽昊等 2007），因而海拔梯度被认为是影响物种多样性格局的决定性因素之一（王国宏 2002；徐远杰等 2010）。对海拔梯度如何影响物种分布的研究有助于理解物种多样性的形成和维持机制（Lomolino 2001a；Grytnes and Beaman 2006；Kluge et al. 2006；Rowe et al. 2009）。物种多样性的空间分布格局是多种生态环境因子变化的综合反映（赵常明等 2007）。多个生态环境因子的组合在一起产生不同的生境类型，而生境异质性是生态系统生物多样性得以维持的重要因素（赵振勇等 2007）。地形变化是产生异质性生境的重要原因，能够为不同生活史策略和生理生态要求的物种提供定居的生态位，从而有利于生物多样性的维持（Ehrenfeld 1995）。

植物功能性状被认为可以用于描述植物的功能，而生物群落中功能性状的变化通常用功能多样性（functional diversity）来定量表述。功能多样性是指那些影响生态系统功能的物种或有机体性状的数值和范围（Petchey and Gaston 2006）。目前基于植物功能性状的功能多样性分析方法不断得以完善，例如 Rao's 二次熵（Rao's quadratic entropy，RaoQ）法（Botta-Dukát 2005）、凸包量（convex hull volume）法（Cornwell et al. 2006）、Petchey 和 Gaston（2007）的分支树（dendrograms）方法、功能性状分解法、Villéger 等（2008）的多维功能多样性指数及其改进（Laliberté and Legendre 2010）。很多研究表明，功能多样性可以很好地预测生态系统功能及其服务（Petchey and Gaston 2006；Hoehn et al. 2008；Griffin et al. 2009；Cadotte et al. 2011）。

群落中某些关键功能性状的变异可以反映植物对资源利用的生态策略（Wright et al. 2004a），而由其组成的功能多样性随环境梯度的变异则可以揭示群落中物种的共存机制（Mason et al. 2011)。功能多样性至少包含三个基本的方面,即功能丰富度(functional richness)、功能均匀度(functional evenness)和功能分散度(functional divergence)(Mason et al. 2005)。功能丰富度和功能分散度经常被认为与群落组配过程或者生态系统功能有关(Mouchet et al. 2010;Mouillot et al. 2011)。但是有研究表明,功能均匀度同样有潜力预测群落组配过程(Mason et al. 2008a)。模型模拟研究表明,限制相似性产生比随机模型更高的功能丰富度和功能分散度,而环境筛则产生比随机模型更小的功能丰富度和功能分散度(Mouchet et al. 2010)。Rao's 二次熵综合了功能丰富度和功能分散度,因而同样可以用于测试群落组配过程。但是使用物种出现与否数据时,Rao's 二次熵对功能性状空间的变异更为敏感。高的 Rao's 二次熵往往反映群落受到限制相似性的影响,而低的 Rao's 二次熵则反映群落主要受环境筛的支配(Mason et al. 2011)。

群落组配过程依赖于群落所经历的生物地理环境和生态学事件(Webb et al. 2002)。为了共存,各个物种必须有重叠的地理分布和生境偏好。另外,当物种的生态位过分重叠时,竞争排除法将限制物种的共存。而群落的生态位格局往往依赖于物种性状的相似性。因而,在理想状态下,通过评估物种的地理分布范围及与生境偏好和生物作用相关的功能性状,可以有效地理解和预测群落组配过程(Hardy et al. 2007)。但是对于物种丰富的群落,这种评估总是难以完成。然而,在生态位保守的情况下,由于群落的谱系结构能够提供物种间的分化时间,从而表征物种间的地理分布和功能性状的相似性,因此群落的谱系结构密切地关联于群落组配过程。对群落谱系结构的分析可以为理解历史和生态学因素如何影响群落组配过程提供更深入的认识(Cavender-Bares et al. 2009)。

谱系分析(phylogenetic analyses)是以群落内所有个体为基础,能够提供导致现有群落格局的组配规则的历史性框架(Emerson et al. 2008)。由于谱系结构可以提供一个量化生态进化格局和推断生态演变过程的历史性框架,近年来,越来越多的研究者利用谱系结构来探讨从个体到整个生物区系的群落组配规则(Pennington et al. 2006;Webb et al. 2006;Zhang et al. 2013)。并且许多研究已经证实,在谱系亲缘关系方面,物种共存的格局往往与随机格局产生偏差,不是谱系发散就是谱系聚集(Kembel et al. 2006;Prinzing et al. 2008)。依赖于空间和时间尺度,谱系聚集或者谱系发散的格局与环境筛(environmental filtering)或者竞争作用等群落组配规则存在密切的关联。因而,对群落的谱系结构进行分析有助于探讨环境筛和竞争作用在群落组配中的相对重要性。环境筛往往使群落的谱系结构趋于聚集,而竞争作用或者生态位分化往往使群落的谱系结构趋于发散。有研究表明,物种及整个群落的进化枝长均与土壤的生境异质性存在密切的关联(Schreeg et al. 2010)。因而,植被与土壤的关系中有可能存在本质的谱系信号,亲缘关系相近的物种趋于生活在环境条件相似的土壤中。此外,即使群落受到强烈的环境筛作用,仍然不能忽视竞争或者其他的物种间关联等生物作用对群落的组配过程产生影响(Emerson et al. 2008)。这些研究表明,群落的谱系信息可以用来探讨以生态位为基础的生态学过程,并且了解物种的进化历史有助于解释物种分布和物种共存格局随生境梯度的变异(Pei et al. 2011)。

此外,在群落组配过程中,群落生态学家、宏观生态学家和保护生物学家逐渐认识到,必须关注生物多样性的多个方面(Devictor et al. 2010)。物种多样性是生物多样性中最基础的组成部分,但它却不能反映物种之间的生态功能特征或者谱系特征。在群落组配过程中,测定谱系多样性被认为是一种非常有潜力的方法,用于解释群落结构和组成中物种间的相互关联和生物地理学历史过程(Webb et al. 2002)。同时,功能多样性是由生物形态、生理生态方面的功能性状组成的多样性(Petchey and Gaston 2006)。与其他生物多样性指标相比,功能多样性能够更好地反映生态系统功能。在大尺度下研究功能多样性的时空变异是一种理解群落组配过程的有效方法(Petchey and Gaston 2007)。此外,由于物种间的相互关联和物种的生态功能特征往往牵涉众多复杂的功能性状,谱系多样性是一种可以反映群落组配过程的全盘特征,甚至比功能多样性更能够反映生态系统的生产力(Cadotte et al. 2009)。

从保护生物学的角度看,功能多样性和谱系多样性是生物多样性的两个重要方面。功能多样性能够保证生态系统产品和服务功能的供应(Díaz et al. 2007a),而谱系多样性则代表与保护生物学息息相关的生物进化的历史框架(Knapp et al. 2008)。尽管生态学家对生物多样性的多个方面均有研究,但是关于不同生物多样性指标之间的关系及因果关系却知之甚少。事实上,在两个具有相同物种多样性的群落中,其物种的组成可能具有高度相似或者完全不同的谱系信息(Forest et al. 2007)。同样,假如某些功能性状遭遇强大的自然选择作用或者在谱系方面存在竞争作用,功能多样性也不一定能够与谱系多样性相契合(Prinzing et al. 2008)。因而,对生物多样性的多个互补性方面进行研究有助于了解自然生物群落完整的结构、组成和动态(Maherali et al. 2007)。在保护生物学中,如何从全方位的角度来看待生物多样性是一个重大的挑战。事实上,全球变化有可能对功能多样性产生重大影响,从而改变物种间相互作用和生态系统功能,但却不改变物种的丰富度(Díaz et al. 2006;Taylor et al. 2006;Flynn et al. 2009)。类似地,谱系多样性的减少有可能导致生物进化历史的消亡和未来的选择(Forest et al. 2007;Emerson et al. 2008)。然而,谱系多样性并不能反映到底哪一种谱系信息能够在未来参与物种形成过程以及反映物种形成发生的时间和区域(Krajewski 1991)。这种不同生物多样性指标之间关系的不契合性使保护生物学陷入进退维谷的境地。例如,如果生物多样性的多个方面具有不同等的水平,区域内某些群落具有高的物种多样性、低的功能多样性和高的谱系多样性(Naidoo et al. 2008;Cumming et al. 2009)。

研究物种多样性的分布格局以及控制这些格局的关键生态因子是保护生物学研究的基础(唐志尧和方精云 2004),对物种多样性随生境因子的变化规律的研究有利于揭示群落结构和物种多样性分布格局以及进一步了解植物群落的生态学过程(Firn et al. 2007)。而在过去十年间,有关功能多样性的研究呈快速增长的趋势(Cadotte 2011),但是在森林生态系统中,关于功能多样性随演替阶段的变异及其与环境梯度关系的研究却鲜见报道。尽管针对群落谱系结构的研究已经吸引了越来越多生态学家关注(Cavender-Bares et al. 2006;Webb et al. 2008b;Vamosi et al. 2009;Paine et al. 2011),绝大部分的研究都集中在成熟森林,但在老龄林中测试环境筛对谱系结构的研究相对较少。其次,很少关注次生演替过程中群落谱系结构的变异规律(Letcher et al. 2012)。然而,干扰有可能在次生林的演替速度和方向上起到决定性的作用(Chazdon 2003)。理论上,最大化地保护物种多样性可以达到同时保护多个方面的生物多样性。实际上,不同地点的互补性网络(例如不同类别的自然保护区的联合)可以包容所有的物种,从而捕获完整的功能多样性和谱系多样性。然而,由于当前自然保护区政策往往是保护优先物种或者保护特定区域的稀有种、特有种或者濒危物种,因而这一政策并不能做到这一点(Kier et al. 2009)。此外,有效的生物多样性保护政策不仅要求包含区域内所有的物种、生态功能特征或者谱系信息,而且需要包含所有的物种间相互关联,并且在全球变化的背景下,积极的生物多样性保护策略必须依赖于不同空间尺度上的物种、生态功能和生物进化过程的维持(Brooks et al. 2006;Lee et al. 2008)。因而,本节以海南岛刀耕火种弃耕后处于不同自然恢复阶段的热带低地雨林为对象,探讨不同演替阶段低地雨林生物多样性的变异及其与环境的关系,同时揭示不同生物多样性指标之间的相互关系随演替阶段的变化;以尖峰岭林区不同海拔老龄林为研究对象,揭示生物多样性及不同生物多样性指标之间的关系随海拔梯度的变异规律;以尖峰岭 30 hm² 大样地为研究对象,研究生物多样性及不同生物多样性指标之间的关系随不同生境类型的变化规律。

本节所计算的物种多样性指标包括物种丰富度(S)、香农-维纳指数(H)和 Pielou's 均匀度指数(J)。功能多样性是以四个与群落生态系统功能存在密切相关的功能性状(比叶面积、叶片干物质含量、木材密度、潜在最大高度)为基础计算而得。具体的功能多样性指标包括功能丰富度(functional richness,FRic)、功能均匀度(functional evenness,FEve)、功能分散度(functional divergence,FDiv)、功能离散度(functional dispersion,FDis)和 Rao's 二次熵(Rao's quadratic entropy,RaoQ)。具体的计算过程由 R.2.15.1 FD 软件包中的 dbFD 函数完成。本节采用净谱系亲缘关系指数 NRI(net relatedness index)和最近分类单元指数 NTI(nearest taxon index)描述群落的谱系结构。另外,通过 Phylocom 4.2 里面的 Comstruct pd 计算 Faith 谱系多样性指数 PD(phylogenetic diversity),该指数是某一样地中分类单元谱系分支长度占谱系中所有分支长度之和的比例。

5.2.1 生物多样性随演替阶段的变化

1. 物种多样性随演替阶段的变化

在霸王岭不同演替阶段低地雨林中,随着演替的进行,物种多样性各指标总体上均有增加的趋势(图 5-4)。物种丰富度在 15 年次生林和 30 年次生林之间无显著差别,其余演替阶段群落之间均有显著差别。香农-维纳指数在 15 年次生林和 30 年次生林之间、30 年次生林和 60 年次生林之间均无显著差别,其余演替阶段群落之间均有显著差别。Pielou's 均匀度指数在 15 年次生林、30 年次生林和 60 年次生林之间均无显著差别,仅老龄林与次生林之间存在显著差别。

物种丰富度在 15 年次生林和 30 年次生林之间无显著差别,其余演替阶段群落之间均有显著差别。这一结果支持比较普遍的观点:物种丰富度随演替过程而逐渐增加,至演替后期物种丰富度最大(Baniya et al. 2009)。香农-维纳指数同样随着演替的进行有增加的趋势。物种多样性总是受到林分年龄因素的影响,一般随着林分年龄的增加而逐渐增大(Chinea 2002;Mani et al. 2009)。这一结果可能的原因是随着演替的进行,林分逐渐郁闭,耐阴性树种增多,更多的物种可以利用不同的养分和适应不同的生境,生态位分化更加明显(Teketay 2005;Jiao et al. 2012)。Pielou's 均匀度指数在老龄林最高,说明老龄林中不仅物种丰富度高,而且分布更加均匀。这一结果也说明,老龄林中物种分化更加明显。

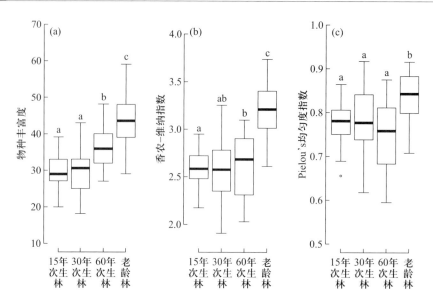

图 5-4　物种多样性随演替阶段的变化

2. 功能多样性随演替阶段的变化

功能多样性指标随着演替的进行而发生显著的变化(图 5-5)。尽管功能丰富度和功能均匀度在 15 年和 30 年次生林之间均无显著差别,但总体说来,二者随着演替的进行而逐渐增大。功能分散度在 15 年次生林和 30 年次生林、30 年次生林和 60 年次生林、60 年次生林和老龄林之间均无显著差异,但 15 年次生林与 60 年次生林和老龄林之间存在显著差别。功能离散度在各个演替阶段均存在显著差异,但 15 年次生林的功能离散度高于 30 年次生林。30 年以后,功能离散度随着演替阶段的增大而逐渐增大。15 年次生林的 Rao's 二次熵与 60 年次生林无显著差别,其余各演替阶段之间均有显著差别。总之,随着演替的进行,功能丰富度、功能均匀度、功能离散度和 Rao's 二次熵均呈 U 形增长趋势,而功能分散度随演替的进行逐渐增加,但 60 年以后有所下降。

功能丰富度和功能均匀度在 15 年和 30 年次生林之间无显著差别,但总体来说,两者随着演替的进行而逐渐增大。这一结果表明,从 15 年次生林至 30 年次生林,功能丰富度并没有增加,甚至有减少的趋势。一种可能是:从 15 年次生林至 30 年次生林,有些耐阴性树种开始侵入 30年次生林中,从而有可能导致植物群落功能丰富度的分布变得更不均匀,功能均匀度具有减小的趋势(图 5-1b)也可以从侧面印证这一结果。侵入的耐阴性树种有可能受到环境筛的影响,在某些方面与群落中原有物种具有相似的功能性状(Lohbeck et al. 2012),或者在物种丰富的群落中,"新物种"(具有与原有物种不同功能性状的物种)侵入群落的机会减弱(Schmid et al. 2002),从而导致功能丰富度并不增加。从 15 年次生林至 30 年次生林,功能离散度和 Rao's 二次熵均减小,这一结果从侧面验证了侵入的耐阴性树种有可能受到环境筛的影响,在某些方面与群落中原有物种具有相似的功能性状。另外一种可能是,从 15 年次生林至 30 年次生林,尽管有些耐阴性树种侵入群落,但是与此同时,有些先锋树种开始消亡(丁易等 2011b),导致群落中某些功能消失,从而使功能丰富度具有减小的趋势。此外,功能丰富度和功能均匀度在 15 年和 30 年次生林之间无显著差别,这一结果暗示,功能冗余可能存在于次生演替的早期阶段(Laliberté and

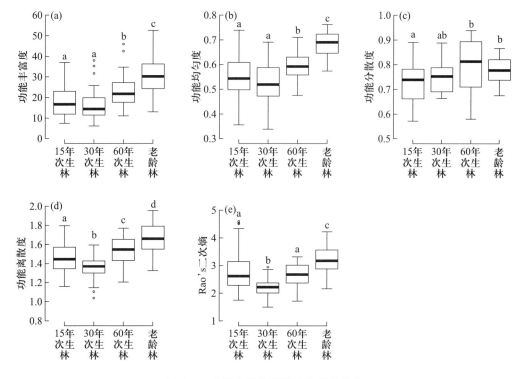

图 5-5　功能多样性随演替阶段的变化

Legendre 2010；Paquette et al. 2011）。从 30 年次生林至老龄林，功能丰富度、功能均匀度、功能离散度和 Rao's 二次熵均逐渐增加。随着演替的进行，林分逐渐郁闭，生态位分化更加明显，物种丰富度增多。更多的物种增加了植物群落的功能，从而植物群落功能丰富度增加。另外，一些稀有种的产生有可能填补了原本缺失的某些群落功能，植物群落在功能性状空间分布更加均匀，从而使功能均匀度增加（Mason et al. 2005）；稀有种或者某些演替后期种有可能扩展了功能性状的数值范围，从而导致功能离散度和 Rao's 二次熵增加（Mouchet et al. 2010）。

3. 谱系多样性随演替阶段的变化

不同演替阶段的群落谱系关系均存在显著的差异（图 5-6）。物种对的平均谱系距离（MPD）随着演替的进行而逐渐增大，但 30 年次生林和 60 年次生林的 MPD 无显著差异；而净谱系亲缘关系指数（NRI）随演替阶段的趋势则恰好相反，谱系关系由聚集逐渐转向发散。15 年次生林和 30 年次生林的平均最近相邻谱系距离（MNTD）无显著差异；60 年次生林和老龄林的 MNTD 同样无显著差异；但 30 年以前的次生林与 60 年以后次生林则有显著差异。次生林的最近分类单元指数（NTI）与老龄林存在显著差别，而各次生林之间则无显著差别。谱系多样性（PD）随恢复时间的增加而逐渐增大，但 15 年次生林和 30 年次生林之间无显著差别。总之随着演替的进行，物种对的平均谱系距离和谱系多样性逐渐增大，净谱系亲缘关系指数和平均最近相邻谱系距离逐渐减小，最近分类单元指数在次生林中较大，而在老龄林中较小，群落谱系关系由聚集转向发散。

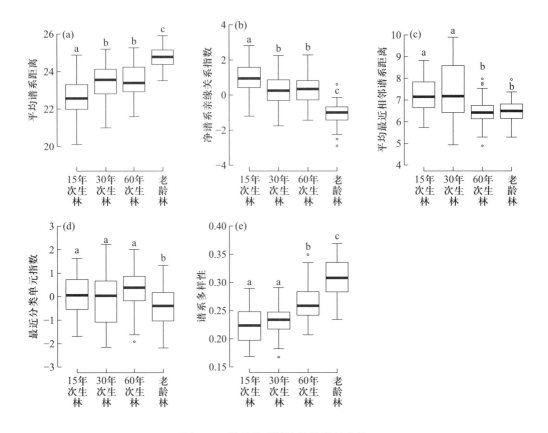

图 5-6 谱系关系随演替阶段的变化

随着演替的进行,净谱系亲缘关系指数(NRI)逐渐减小,并由聚集逐渐转向发散。这一结果与很多研究相一致,例如在哥斯达黎加,Letcher(2010)对 30 个处于不同时间序列的样地进行谱系分析,结果表明,$D_{BH} \geq 10$ cm 的成年树随演替的进行由聚集逐渐转向发散;另有研究表明,演替早期的物种之间谱系关系往往更加聚集,而演替后期物种之间则谱系关系更远(Paine et al. 2011)。在其他生态系统中,如有关地中海灌丛的研究表明,从演替的早期至中期群落谱系关系逐渐下降(Verdú et al. 2009);有关浮游动物的研究表明,经常遭受干扰的湖泊总是比较少遭受干扰的湖泊具有更高的净谱系亲缘关系指数(Helmus et al. 2010)。

理论上,当谱系生态保守的情况下,谱系聚集一般受到非生物因素作用(环境筛),而谱系发散往往源于生物作用(限制相似性或者密度制约等)(Cavender-Bares et al. 2009)。有大量证据表明,在物种丰富的植物群落中,生态位保守性总是普遍存在,尤其在热带森林中(Chazdon 2003;Swenson et al. 2007b;Kraft and Ackerly 2010)。因而,结合本章的研究结果,演替早期阶段环境筛在群落组配规则中占据优势,而随着演替的进行,生物作用(限制相似性或者密度制约等)逐渐增大(Chazdon 2008a;Letcher et al. 2012)。

尽管认为随着演替的进行,净谱系亲缘关系指数逐渐减小的格局极有可能是由随演替进行而生物作用逐渐增大所导致,但这一结果也可能受到扩散过程的影响。有研究表明,演替早期的物种通常具有较小的种子重量,通过风和蝙蝠传播(Chazdon 2008b),优势物种的众多植株个体往往是植株本身的后代,物种对的平均谱系距离较小,从而导致群落谱系关系更为聚集。而随着演替的进行,净谱系亲缘关系指数逐渐减小的格局可能来源于谱系关系相近的个体(通常是先锋树种)的大量死亡和演替后期物种一般通过鸟类和哺乳动物传播(Holl 1999;Chazdon 2003)。至于本研究中,在群落演替过程中,扩散过程是否对群落谱系结构产生影响,还有待进一步的研究。至于最近分类单元指数同样说明,次生林在谱系结构上呈聚集状态,而在老龄林中呈发散状态,但最近分类单元指数随演替进行的格局与净谱系亲缘关系指数的格局有所不同,原因可能是分类单元指数主要关注群落中相邻个体之间的谱系关系,而净谱系亲缘关系指数更加侧重于从整体上描述群落中物种形成的谱系结构(Swenson et al. 2007a)。随着演替的进行,谱系多样性逐渐增大。在群落演替过程中,谱系多样性的格局与物种丰富度的格局完全一致,说明随着演替的进行,新物种的加入通常可以扩展群落的谱系结构(Devictor et al. 2010)。此外,随着演替的进行,群落空间可以共存更多的物种和增加谱系多样性,从侧面暗示随着演替的进行,生态位分化等生物作用逐渐增强(Paine et al. 2011)。

4. 不同生物多样性指标之间的关系随演替阶段的变化

总体看来,无论是在次生林中还是在老龄林中,物种丰富度、功能丰富度与谱系多样性之间均存在显著的正关联(图5-7)。物种丰富度及谱系多样性与功能丰富度的相关性均在15年次生林和60年次生林中较高,而在30年次生林和老龄林中较低。除60年次生林不同生物多样性指标之间的相关性相近之外,物种丰富度与谱系多样性的相关性总是最大。物种丰富度与谱系多样性的相关性随着演替的进行逐渐增大。

多元逐步回归结果表明,绝大多数物种多样性指标对环境因子产生显著的响应。在15年次生林中,物种多样性主要受到pH、土壤有机质和全氮含量的影响。15年次生林中具有较低的pH,物种丰富度和香农-维纳指数均与pH呈正相关,说明某些物种的生存可能受到土壤pH的限制。每种植物都有其适宜的土壤pH范围,超过这个范围时植物的生长便受阻(余作岳等1996)。此外,土壤pH还与土壤微生物的活动、土壤有机质的分解、土壤营养元素的释放与转化等过程均有密切的关系(张金发等1990)。15年次生林中具有较高的土壤有机质和全氮含量,并且生存的大多数树种是速生的先锋树种。土壤有机质含量通常与土壤肥力水平存在密切关联。虽然有机质仅占土壤含量的1%~3%,但是它对土壤中养分贮存与供应方面可能产生不可替代的作用。在一定程度上,有机质含量也是反映土壤质量好坏的一个重要指标(何鹏等2008)。土壤氮是土壤中重要的肥料之一,对植物的快速生长往往起到重要的作用(吴彦等2001)。物种丰富度和香农-维纳指数与土壤有机质和全氮含量的正关联说明,较高的有机质和全氮含量有利于众多先锋树种的生长和繁殖(周厚诚等2001)。

在30年次生林中,冠层开阔度、土壤有机质和全磷含量是影响物种多样性的主要因子。物种丰富度和香农-维纳指数均与冠层开阔度负相关,这一结果说明随着演替的进行,至30年时,先锋树种的个体逐渐长大,产生一定程度的郁闭,从而为一些耐阴性树种的侵入创造条件;随着耐阴性树种侵入到群落中,相邻的个体之间对光资源的竞争开始显现(Lohbeck et al. 2012)。在30年次生林中,尽管已经有部分耐阴性树种侵入林分中,但先锋树种在群落组成结构中依旧占据主导地位(丁易等2011b)。随着林分郁闭度的增加,树种(尤其是先锋树种)对光环境的改变更加敏感(Dalling et al. 2002),从而导致冠层开阔度成为影响物种多样性的

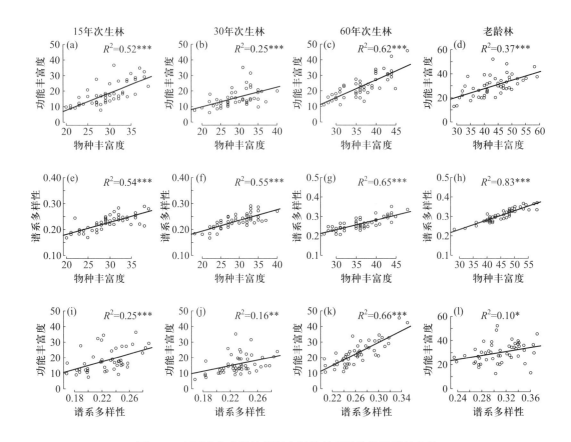

图 5-7　不同生物多样性指标之间的关系随演替阶段的变化

主导因子。30 年次生林具有最高的土壤有机质和较高的全磷含量,并且物种多样性与土壤有机质正关联,Pielou's 均匀度指数与全磷显著负关联,这一结果充分说明,耐阴性树种和先锋树种对光资源竞争的同时,也对土壤养分的吸收和利用展开竞争。

在 60 年次生林中,土壤有机质、总钾和有效磷含量是影响物种多样性的主导因子。钾同样是土壤中重要的肥料之一,它可以调节细胞的渗透压,调节植物生长并增强植物的抗逆性。60年次生林具有最低的土壤总钾和较低的有效磷含量,物种多样性有可能对这一特殊的环境产生响应。本研究结果发现,香农-维纳指数和 Pielou's 均匀度指数均与全钾含量负相关。徐远杰等(2010)同样发现,物种多样性受到土壤全钾含量的影响较大,这可能与高土壤钾含量有利于灌木生长有关(Jafari et al. 2004)。土壤中可以被植物吸收利用的那部分磷元素称为有效磷,其含量的高低往往决定了土壤的供磷能力,故土壤有效磷含量一直是判断土壤磷丰缺的一个重要依据(史瑞和等 1996)。60 年次生林具有较低的有效磷含量,并且绝大多数样方的 pH 均小于 5。有研究表明,当土壤 pH≤5 时,土壤中无机磷极易与含水的 Fe、Mg 氢氧化合物及 Fe、Al、Mn 离子形成不溶性的磷化合物沉淀,从而影响到森林生态系统中磷元素正常的生物地球化学循环(Chapin et al. 2011)。因而有可能是本身土壤中有效磷含量不足,再加上酸性土壤对磷的沉淀作用导致物种多样性受到有效磷的影响。

在老龄林中,土壤全磷含量是影响物种多样性的主要环境因子。磷元素也是植物生长的主要元素之一,土壤中95%的磷是以迟效性状态存在,并且不同磷形态的有效性不同,因而全磷含量高并不意味着磷素供应充足,而全磷含量低于 $0.8 \sim 1$ g·kg^{-1} 时,土壤为磷供应不足(陈立新 2004)。本研究样方内土壤全磷含量均低于 0.8 g·kg^{-1},因而所有的样方均可能磷供应不足。这一结果与以往的研究结果相一致:在热带森林土壤中普遍缺乏磷(陈建会等 2006;Cleveland et al. 2011)。物种多样性受到土壤全磷含量的影响,可能与老龄林中微生物多样性较高有关。有研究表明,微生物的生物过程在保证热带土壤有效磷的供应中起着重要作用(Olander et al. 2004)。此外,老龄林中具有最低的 pH,而酸性土壤(pH<5.5)中较高 pH 意味着较高的矿物磷溶解率(Chapin et al. 2011)。从 60 年次生林至老龄林,土壤继续酸化,意味着矿物磷溶解率逐渐降低,从而使物种多样性更易受到土壤磷含量的影响。

5.2.2 不同演替阶段低地雨林生物多样性与环境因子的关系

1. 不同演替阶段低地雨林物种多样性与环境因子的关系

多元逐步回归结果表明,绝大多数物种多样性指标对环境因子产生显著的响应($p<0.05$)。在老龄林中,环境因子解释了较少的物种多样性变异,而在其他林分中,环境因子解释了较多的物种多样性变异(表 5-2)。在 15 年次生林中,物种丰富度与 pH 和土壤有机质正相关,香农-维纳指数与土壤 pH 和全氮含量正相关,而 Pielou's 均匀度指数则与土壤有机质负相关,而与全氮含量正相关。在 30 年次生林中,物种丰富度和香农-维纳指数均与冠层开阔度负相关,但后者还受到土壤有机质的影响,而 Pielou's 均匀度指数受到土壤 pH、有机质和全磷含量的影响。在 60 年次生林中,物种丰富度与土壤有机质和有效磷含量正相关,香农-维纳指数和 Pielou's 均匀度指数只与土壤全钾含量负相关。在老龄林中,物种丰富度只与土壤有效磷含量正相关,香农-维纳指数只与土壤全磷含量负相关,而 Pielou's 均匀度指数不受环境因子的影响。

2. 不同演替阶段低地雨林功能多样性与环境因子的关系

多元逐步回归结果表明,绝大多数功能多样性指标对环境因子产生显著的响应($p<0.05$,表 5-3)。在 15 年次生林中,功能丰富度(FRic)受到土壤 pH、有机质和全磷含量的影响,功能均匀度(FEve)只与土壤容重负相关,功能分散度(FDiv)只受土壤有机质的影响,功能离散度(FDis)只与有效磷含量负相关,而 Rao's 二次熵(RaoQ)与有效磷和有效钾含量存在负关联。在 30 年次生林中,功能丰富度与冠层开阔度和 pH 负相关,功能均匀度与土壤 pH 和有机质正相关,功能分散度与冠层开阔度和土壤有机质负相关,功能离散度和 Rao's 二次熵只与全钾含量相关。在 60 年次生林中,功能丰富度只与有效氮含量负相关,功能均匀度只与有效磷含量正相关,功能分散度受到 pH、全氮和全钾含量的影响,功能离散度和 Rao's 二次熵受到全氮、有效氮和有效磷含量的影响。在老龄林中,功能丰富度受到 pH、有机质和全磷的影响,功能均匀度与土壤全磷和有效钾含量正相关,功能分散度、功能离散度和 Rao's 二次熵与冠层开阔度和土壤容重存在正关联。

表 5-2　不同演替阶段低地雨林物种多样性和环境因子的多元逐步回归结果

阶段	物种多样性	环境变量							回归方程参数		
		CO	pH	SOM	TN	TP	TK	AP	R^2	AIC	p 值
15年次生林	S		0.22	0.18					0.15	90.1	0.0226
	H		0.24		0.20				0.33	50.5	<0.0001
	J			-0.40	0.23				0.18	96.3	0.0097
30年次生林	S	-0.46							0.13	100	0.0087
	H	-0.44		0.32					0.22	113.1	0.0031
	J		0.56	0.73		-0.95			0.34	132.5	<0.0001
60年次生林	S			0.13				0.16	0.09	102.3	0.035
	H						-0.95		0.25	117.2	<0.0001
	J						-0.97		0.33	132.2	<0.0001
老龄林	S							0.70	0.07	133.5	0.047
	H					-0.27			0.06	114.4	0.046
	J								/	/	/

　　总之,15 年次生林中,pH、土壤有机质和磷含量是影响功能多样性的主要环境因子。在 30 年次生林中,功能多样性主要受到冠层开阔度、pH、土壤有机质和全钾含量的影响。在 60 年次生林中,氮含量和有效磷含量是影响功能多样性的主导因子。在老龄林中,冠层开阔度、土壤容重和全磷含量是决定功能多样性的关键因子。这些研究结果表明,不同演替阶段低地雨林的功能多样性受到不同环境筛的影响,而某一演替阶段的功能多样性往往受到某一特定环境筛的影响。尽管关于植物群落功能多样性与环境的关系的研究很少,但有关土壤微生物功能多样性与环境关联的研究较多。例如,在加拿大西部地区,对不同气候带的土壤微生物多样性和结构进行研究,结果表明,土壤微生物功能多样性随纬度增加而降低,与环境的温度、土壤 pH 呈正相关(Staddon et al. 1998)。同样,也有研究证实,pH 是影响土壤微生物多样性的重要因子(O'Donnell et al. 2001)。另外有研究表明,肥料的合理配施可以显著地提高土壤微生物功能多样性(侯晓杰等 2007)。因而,环境因子有可能通过影响土壤微生物,再影响植物群落的功能多样性。

表 5-3　不同演替阶段低地雨林功能多样性和环境因子的多元逐步回归结果

阶段	功能多样性	环境变量											回归方程参数		
		CO	SWC	BD	pH	SOM	TN	TP	TK	AN	AP	AK	R^2	AIC	p 值
15年次生林	FRic				0.20	0.25		0.16					0.24	113.8	0.0052
	FEve			−0.24									0.06	135.2	0.049
	FDiv					0.36							0.10	140.7	0.0293
	FDis									−0.18			0.06	135.8	0.048
	RaoQ									−0.57	−0.35		0.24	154.9	0.0016
30年次生林	FRic	−0.43			−0.21								0.14	109.7	0.0275
	FEve				0.48	0.40							0.42	120.6	<0.0001
	FDiv	−0.55				−0.38							0.18	113.8	0.0109
	FDis								0.18				0.08	94.5	0.049
	RaoQ							−0.15					0.08	70.4	0.0433
60年次生林	FRic									−0.17			0.05	65.4	0.0495
	FEve										0.27		0.11	91.4	0.0202
	FDiv				0.47		0.37	0.97					0.45	143.2	<0.0001
	FDis						0.38			−0.32	0.40		0.56	87.4	<0.0001
	RaoQ						0.27			−0.24	0.32		0.51	69.5	<0.0001
老龄林	FRic							0.47					0.14	130.8	0.0085
	FEve							0.26				0.17	0.18	75.7	0.0091
	FDiv	0.98		0.33									0.21	100.0	0.004
	FDis	0.99		0.46									0.19	121.9	0.0072
	RaoQ	0.97		0.41									0.18	111.7	0.009

3. 不同演替阶段低地雨林谱系多样性与环境因子的关系

多元逐步回归结果表明,大多数谱系关系指标对环境因子产生显著响应($p<0.05$,表5-4),在15年次生林中,除平均最近相邻谱系距离(MNTD)不受环境因子的显著影响外,其余四个指标均只受土壤pH的影响。在30年次生林中,平均谱系距离(MPD)只与冠层开阔度正相关,净谱系亲缘关系指数(NRI)与冠层开阔度和有效氮含量负相关,平均最近相邻谱系距离(MNTD)受到冠层开阔度、土壤pH、全钾和有效钾含量的影响,最近分类单元指数(NTI)受到冠层开阔度、土壤有机质、全磷和全钾含量的影响,谱系多样性(PD)受到全氮和全磷含量的影响。在60年次生林中,除最近分类单元指数和谱系多样性不受到环境因子的显著影响之外,平均谱系距离和净谱系亲缘关系指数只受有效磷含量的影响,平均最近相邻谱系距离受到有效磷和有效钾含量的影响。在老龄林中,平均谱系距离、净谱系亲缘关系指数、平均最近相邻谱系距离和最近分类单元指数均只受土壤有效磷含量的影响,而谱系多样性只受土壤全钾含量的影响。

表5-4 不同演替阶段低地雨林谱系关系和环境因子的多元逐步回归结果

阶段	功能多样性	环境变量											回归方程参数		
		CO	WC	BD	pH	SOM	TN	TP	TK	AN	AP	AK	R^2	AIC	p 值
15年次生林	MPD				0.42								0.17	128.3	0.0027
	NRI				−0.30								0.11	120	0.0197
	MNTD												/	/	/
	NTI				−0.32								0.12	123	0.0153
	PD				0.40								0.08	168.6	0.049
30年次生林	MPD	0.47											0.09	123.2	0.0329
	NRI	−0.78							−0.43				0.30	108.9	<0.0001
	MNTD	0.99			−0.41			−0.37				0.51	0.38	159.8	<0.0001
	NTI	−0.98				−0.54		0.99	0.29				0.45	139.9	<0.0001
	PD						0.34	−0.60					0.24	83.1	0.0018
60年次生林	MPD										0.41		0.17	109.2	0.0032
	NRI										−0.46		0.18	116.7	0.0023
	MNTD										0.19	−0.23	0.13	99.9	0.0431
	NTI												/	/	/
	PD												/	/	/
老龄林	MPD										−0.57		0.10	71.8	0.0256
	NRI										0.83		0.15	86.7	0.0062
	MNTD										−0.61		0.09	82.5	0.0329
	NTI										0.99		0.09	133.8	0.0328
	PD								0.98				0.14	108.6	0.0068

在次生林和老龄林中,影响植物群落谱系关系的关键环境因子依次为pH、冠层开阔度、有效磷和全钾含量。这一结果证实了次生林遭受了环境筛的影响,但同时说明老龄林中也可能遭受环境筛的影响(Letcher 2010)。但是由于热带森林土壤中普遍缺乏磷(Cleveland et al. 2011;Long et al. 2011;Baribault et al. 2012),换句话说,有可能所有热带森林均受到土壤磷元素缺乏的影响,因而其结果并不能证明老龄林受到特殊的环境筛(有别于磷元素缺乏的环境筛)的影响。

5.2.3 生物多样性随海拔梯度的变化

1. 物种多样性随海拔梯度的变化

通过对尖峰岭不同海拔梯度老龄林物种多样性与海拔梯度的线性回归表明,仅有Pielou's均匀度指数不受海拔梯度的影响,物种丰富度和香农-维纳指数均随着海拔的升高而逐渐增大,但从决定系数上来看,海拔因素对物种丰富度的影响更大(图5-8)。

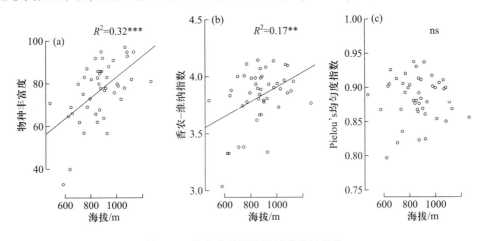

图5-8　物种多样性随海拔梯度的变化

物种丰富度和香农-维纳指数均随着海拔的升高而逐渐增大,这一结果与最普遍的两种物种多样性随海拔梯度的分布格局——植物群落物种多样性与海拔高度负相关和植物群落物种多样性在中等海拔高度最大(Rahbek 2005;Rowe et al. 2009;Baniya et al. 2010)——不一致。究其原因,有可能是本章所选取的样地并没有完全覆盖尖峰岭的山体所致。尖峰岭林区从沿海至尖峰岭顶的海拔范围为0~1412.5 m,而由于尖峰岭低海拔地区受到人为干扰严重,难以存在老龄林,而由于尖峰岭顶已经被开发为旅游景点,尖峰岭顶附近森林遭受人为干扰,同样不存在老龄林,从而导致本研究所选取的老龄林的海拔范围为485~1265 m。尖峰岭低海拔地区由于遭受季节性干旱及海风的影响,存在较少的物种。而尖峰岭高海拔地区由于受到低温和风等因素的影响,同样存在较少的物种(臧润国等 2002)。因而假如对所有尖峰岭林区的森林取样,其物种多样性随海拔梯度的分布格局应该符合较普遍格局,即植物群落物种多样性在中等海拔高度最大。海拔梯度综合反映了温度、湿度和光照等多种环境因子的变化(唐志尧和方精云 2004;朱源等 2008)。在本研究所选取海拔范围内,随着海拔的升高,降雨量增大,温度和湿度变得更适宜物种的生存,优势物种变得越来越不明显,从而使物种丰富度增多。有研究表明,在诸多生态因子梯度中,海拔梯度是影响物种多样性格局的决定性因素之一(王国宏 2002;Grytnes and Beaman 2006)。至于 Pielou's 均匀度指数不受海拔梯度的影响,可能是本章选取的样地均为老龄林,而老龄林的物种往往能够合理而高效地利用水分和养分等资源,生态位分化比较明显,从而使物种分布更为均匀。

2. 功能多样性随海拔梯度的变化

在尖峰岭不同海拔梯度老龄林中,所有功能多样性指标均受到海拔梯度的显著影响(图 5-9)。功能丰富度随海拔的升高而逐渐升高,而功能均匀度、功能分散度、功能离散度和 Rao's 二次熵均随着海拔的升高而逐渐降低。

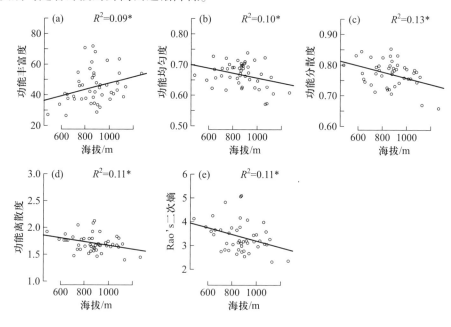

图 5-9　功能多样性随海拔梯度的变化

功能丰富度随海拔的升高而逐渐升高,可能的原因是随着海拔的升高,物种丰富度增多,新物种的加入增加了功能性状的数值和范围(Lohbeck et al. 2012)。一般说来,功能丰富度与功能分散度、功能离散度和 Rao's 二次熵具有较强的正关联(Mouchet et al. 2010),然而功能丰富度随海拔梯度的格局却与其他功能多样性指数完全相反。这一异常的格局说明,植物群落功能多样性受到某些特殊因素的影响。而功能分散度、功能离散度和 Rao's 二次熵均随着海拔梯度逐渐减小的格局暗示,植物群落主要受到环境筛的支配(Mason et al. 2011)。由第四章有关功能性状与海拔梯度的讨论可知,功能性状受到高海拔地区风大、低温等特殊环境条件的影响。由于功能多样性是植物功能性状变异的综合定量描述(Petchey and Gaston 2006),因而环境筛影响了尖峰岭不同海拔梯度老龄林功能多样性的分布格局。

3. 谱系多样性随海拔梯度的变化

在尖峰岭不同海拔梯度老龄林中,大多数谱系关系指标受到海拔梯度的显著影响,而平均谱系距离和最近分类单元指数则不受海拔因素的影响(图5-10)。净谱系亲缘关系指数随海拔的升高逐渐增大,群落谱系关系由发散转向聚集。平均最近相邻谱系距离则随着海拔的升高而逐渐降低,而谱系多样性随海拔升高而逐渐增大。

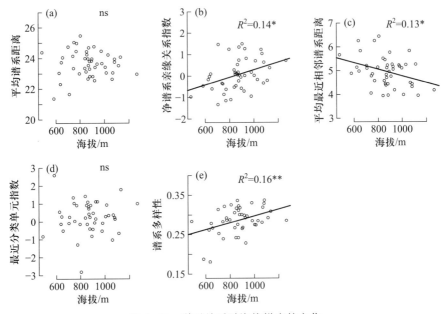

图 5-10　谱系关系随海拔梯度的变化

4. 不同生物多样性指标之间的关系随海拔的变化

在尖峰岭不同海拔梯度老龄林中,物种丰富度、功能丰富度与谱系多样性之间均存在显著的正关联,其中物种丰富度和谱系多样性的相关性最高(图5-11)。在低海拔和高海拔群落中,物

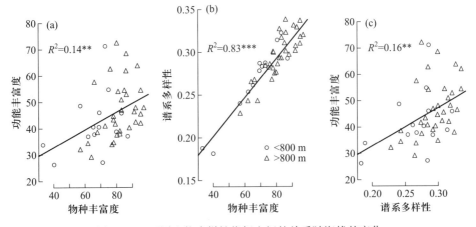

图 5-11　不同生物多样性指标之间的关系随海拔的变化

种丰富度和谱系多样性解释了功能丰富度相似的变异 [R^2 均为 0.14 左右（图 5-11a）和 R^2 均为 0.16左右（图 5-11c）]，而与高海拔相比，低海拔群落中物种丰富度解释了更多的谱系多样性的变异 [低海拔 $R^2=0.92$ 和高海拔 $R^2=0.73$，总体为 $R^2=0.83$（图 5-11b）]。

5.2.4　生物多样性随生境类型的变化

1. 物种多样性随生境类型的变化

从种-面积曲线来看，从沟谷至山顶，物种的累积速率逐渐变慢，最小取样面积逐渐变小（图 5-12a）。从沟谷至山顶，物种丰富度逐渐降低，上坡至山顶与上坡以下的 3 个生境类型存在显著差异（图 5-12b）。香农-维纳指数在不同生境类型中无显著差异，但在上坡和山顶的值较低（图 5-12c）。Pielou's 均匀度指数在下坡和中坡较高，而在沟谷和山顶较低（图 5-12d）。

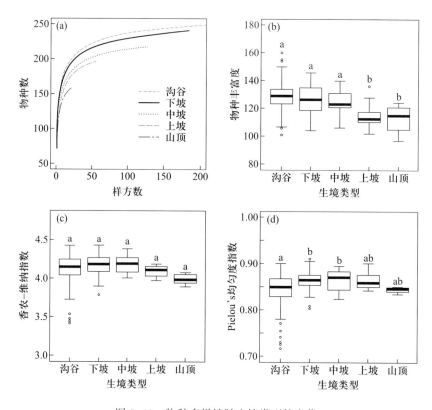

图 5-12　物种多样性随生境类型的变化

从沟谷至山顶，物种的累积速率逐渐变慢，同时物种丰富度和香农-维纳指数逐渐降低。这一个结果一方面说明，物种多样性可能受到扩散过程的影响（Paoli et al. 2006）。由于降雨过程、地表径流影响，植物的种子往往容易由于流水的携带作用而从山顶迁移至山下，或者由于山顶较大的风使得植物种子较易累积在山谷，从而形成山顶土壤种子库比山谷少的格局。种源的差异可能导致物种在山谷较多，而在山顶较少。另一方面说明，物种多样性可能受到生境异质性的影响(Pereira et al. 2007)。物种多样性的空间分布格局往往受到多种生态因子的综合影响(赵常明等 2007)。多个生态环境因子组合在一起产生不同的生境类型,而生境异质性是生态系统生物多样性维持的重要因素(赵振勇等 2007)。从山顶至沟谷,湿度逐渐降低,土壤养分逐渐增加,水热条件得到改善,并且生境异质性增强,再加上拥有足够多的种源,从而能为更多的物种提供定居的生态位,生存更多的物种。有研究表明,地形变化是产生异质性生境的重要原因,能够为不同生活史策略和生理生态要求的物种提供定居的生态位,从而有利于生物多样性的维持(Ehrenfeld 1995)。

2. 功能多样性随生境类型的变化

在 30 hm² 山地雨林老龄林中,所有功能多样性指标均随着生境类型的变化而变化(图 5-13)。从沟谷至山顶,植物群落的功能丰富度、功能均匀度、功能离散度和 Rao's 二次熵均逐渐减小,而功能分散度呈 U 形格局,在中坡时最低。沟谷植物群落的功能丰富度显著地高于上坡和山顶,而沟谷植物群落的功能均匀度、功能离散度和 Rao's 二次熵显著地高于其余四种生境类型。沟谷植物群落功能分散度显著地高于中坡。

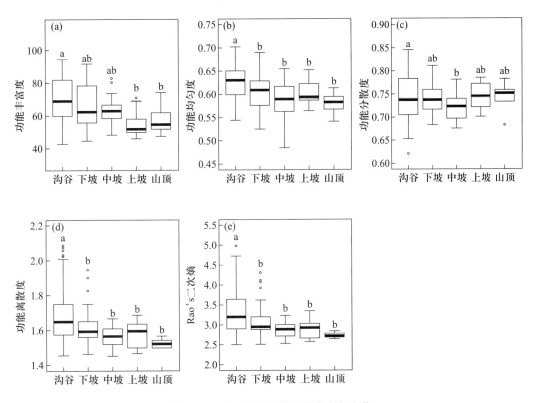

图 5-13　功能多样性随生境类型的变化

在沟谷中,所有的功能多样性指标均最大。而高的功能分散度、功能离散度和 Rao's 二次熵往往意味着群落受到限制相似性的影响(Mason et al. 2011)。在老龄林中,沟谷的光照条件一般低于山顶,而在光资源有限的条件下,物种往往通过对光资源的差异化捕获而共同生存在一起

（Kohyama et al. 2009）。在这种情形下,限制相似性在植物群落组配过程中起到更重要的作用,因而在光资源捕获上存在一定差异的物种更容易生存在一起（Mason et al. 2012b）,从而产生了更大的功能分散度、功能离散度和 Rao's 二次熵（Mouchet et al. 2010）。有研究表明,由于亚冠层物种拥有比冠层物种更多的资源开发性策略,植物在光资源捕获上的垂直分配可以增加功能多样性（Coomes et al. 2009）。此外,由于受到降雨过程中土壤养分元素随流水迁移或者重力作用等因素的影响,沟谷土壤中肥力往往高于山顶。有研究表明,在肥沃的土壤中,共存的物种在资源利用策略上往往不同,但随着土壤肥力的下降,共存物种增加了资源留存策略上的一致性。这一结果说明,在资源利用策略上的生态位分化更容易发生在肥沃的土壤中,而不易发生在贫瘠的土壤中（Mason et al. 2012a）。

3. 谱系多样性随生境类型的变化

在尖峰岭 30 hm^2 山地雨林老龄林中,除最近分类单元指数不受生境类型的影响外,其他群落谱系关系指标均受到生境类型的影响（图 5-14）。从沟谷至中坡,群落的平均谱系距离逐渐增大,而从中坡至山顶差异不显著。而净谱系亲缘关系指数从沟谷至中坡逐渐减小,而从中坡至山顶则差异不显著。因而从沟谷至中坡,群落谱系结构由聚集逐渐走向发散,而从中坡至山顶则由发散逐渐趋于随机,但群落总体格局趋于随机状态（见中位数,图 5-14b）。

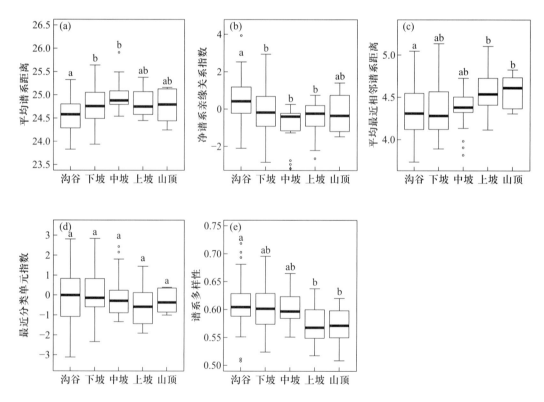

图 5-14 谱系关系随生境类型的变化

从沟谷至山顶,平均最近相邻谱系距离呈缓慢增长的趋势,沟谷的平均最近相邻谱系距离显著地低于上坡和山顶。从沟谷至山顶,谱系多样性逐渐降低,沟谷的谱系多样性显著地高于上坡和山顶。

在尖峰岭不同海拔梯度老龄林中,随着海拔的升高,群落谱系结构由发散走向聚集状态。因而在高海拔地区,群落可能受到环境筛的影响,而这一环境筛有可能就是高海拔的风大、低温等特殊生境。一项有关鸟类的研究表明,海拔高度对蜂鸟群落的谱系结构有重要影响,高海拔地区群落谱系结构为聚集状态,而低海拔地区群落谱系结构为发散状态(Graham et al. 2009)。

在尖峰岭 30 hm^2 山地雨林老龄林中,从沟谷至中坡,群落谱系结构由聚集逐渐走向发散,而从中坡至山顶则由发散逐渐趋于随机。这一结果说明在沟谷中,可能存在某些环境筛,从而迫使群落中的物种具有某些相似的生态特征。在热带雨林中,由于频繁的降雨过程,沟谷中往往聚集更多的雨水,土壤湿润,水分含量高,过高的含水量迫使很多树种产生板根。板根与热带森林高温、高湿和排水性差等特点密切相关(Hallé et al. 1978),是热带树木对风、树冠、树高和浅根等不对称负荷的机械和生理生态响应而产生的具有支持作用的适应体(Fisher 1982)。因而沟谷中植物群落谱系结构聚集可能与土壤中过高的含水量有关。一项关于古田山大样地植物群落的谱系分析研究表明,高海拔区域(即上坡或者山顶)谱系发散,低海拔(即沟谷或者下坡)谱系聚集(黄建雄等 2010)。另外,在巴拿马 BCI 大样地内,对木本植物群落分不同生境类型进行谱系分析结构表明,高海拔(即上坡或者山顶)的植物群落表现为谱系聚集,沼泽和斜坡生境的群落则为谱系发散(Kembel et al. 2006)。本研究与这些研究结果有些相符,但又有些不相符。由此可见,尽管不同的生境类型或者环境筛可以影响群落的谱系结构,但是某一种特定的生境却不一定产生特定的谱系结构,如只对应谱系聚集或者谱系发散。这或许是由于群落组配过程不仅受环境条件(环境筛)的影响,同时还受到生物间相互作用(生态位分化、密度制约等)的影响,群落物种的现有分布格局通常是环境筛和生物间相互作用共同产生的结果,而群落谱系结构的聚集或者发散取决于两种组配规则谁占主导地位(Kembel et al. 2006)。此外,除去上述区域因素的影响,群落结构可能还受到地史过程、物种形成等区域过程的影响(Eriksson 1993;方精云等 2009)。在区域过程的影响下,不同生物群落的物种库是不尽相同的。因此,在不同历史背景和不同气候条件下的生物群落中,环境因素有可能对群落谱系结构产生不同的影响。另外我们发现,在尖峰岭 30 hm^2 热带山地雨林老龄林中,群落谱系结构总体格局趋于随机状态。这一结果暗示在该林中,群落内物种的分布格局整体上符合中性理论(Hubbell 2008)。类似地,在巴拿马 BCI 大样地内,对不同尺度下的木本植物群落进行谱系分析,结果表明,从 10 m×10 m 至 100 m×100 m 的所有尺度内,群落的平均谱系结构总是接近随机状态(Kembel et al. 2006)。

4. 不同生物多样性指标之间的关系随生境类型的变化

从沟谷至山顶,物种丰富度解释功能丰富度的变异逐渐增大(R^2 从 0.10 增加至 0.15,图 5-15)。物种丰富度与谱系多样性的关系在沟谷和山顶均较强(R^2 分别为 0.72 和 0.77),而在下坡时较弱($R^2 = 0.58$)。谱系多样性和功能丰富度的关系在沟谷时最弱($R^2 = 0.17$),而在下坡最强($R^2 = 0.21$)。总体看来,在不同生物多样性指标之间的关系中,物种丰富度与谱系多样性的

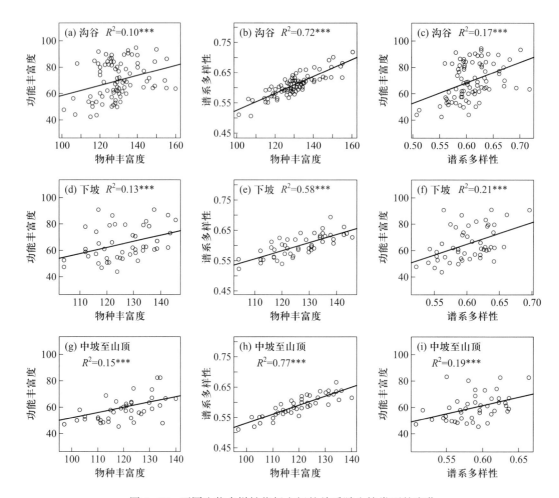

图 5-15　不同生物多样性指标之间的关系随生境类型的变化

关系最强,而谱系多样性与功能丰富度的关系强于物种丰富度与功能丰富度的关系。

　　不管是在群落演替过程中还是在尖峰岭不同海拔梯度老龄林或者 30 hm² 大样地,物种丰富度、功能丰富度与谱系多样性之间均存在显著的正关联。这一结果说明,每一个物种总是携带有祖先的生态功能特征和谱系信息,这现象被称为生态位保守性(Wiens et al. 2005)。在群落演替过程中,物种丰富度与功能丰富度的相关性及谱系多样性与功能丰富度的相关性均在 15 年次生林和 60 年次生林中较高。在 15 年次生林中生存着较少的物种,功能丰富度和谱系信息的空间也较小,每增加一个物种均较易填补功能丰富度和谱系信息的空间(Mason et al. 2005;Letcher 2010;Lohbeck et al. 2012)。在 60 年次生林中,两个不同的功能群(即先锋树种和耐阴性物种)共存在一起,并且大多数耐阴性树种与老龄林相似(丁易等 2011b)。可能由于不同功能群的物种在生态功能特征和谱系信息上差异较大(Devictor et al. 2010),从而导致不同生物多样性指标之间的相关性较高。物种丰富度与谱系多样性的相关性随着演替的进行逐渐增大,说明与前一个演替阶段相比,后一个演替阶段群落中,每增加一个物种总是比前一个演替阶段增加的物种携带更多特殊的谱系信息。事实上这说明了,随着演替的进行,生态位分化越来越占据优势(Paine et al. 2011;Mason et al. 2012a)。另外我们发现,不论是在群落演替过程中还是在尖峰岭不同海拔梯度老龄林或者 30 hm² 大样地,物种丰富度与谱系多样性之间总是有很高的相关性。这一结果意味着,即使在物种丰富度的热带雨林中,很少的物种消亡也有可能潜在地影响生态系统功能(Taylor et al. 2006)。

在尖峰岭不同海拔梯度老龄林中,与高海拔相比,低海拔群落中物种丰富度解释了更多的谱系多样性的变异,这一结果说明与低海拔相比,高海拔地区增加的新物种在谱系关系上更相似,也暗示高海拔群落可能受到环境筛的影响。在尖峰岭 30 hm² 大样地中我们发现,不同生物多样性指标之间的关系略微受到生境类型的影响。在既定的区域物种库中,物种有可能通过对环境梯度产生不同的响应,从而形成不同生物多样性指标之间的不契合性(Prinzing et al. 2008)。物种周转率主要受到环境梯度的影响(Gaston et al. 2007)。而对于一个特定的群落,环境梯度通过影响植物的功能性状和谱系关系,从而影响谱系周转率和功能周转率(phylogenetic and functional turnover)(Webb et al. 2002)。另外,在尖峰岭 30 hm² 大样地中,谱系多样性与功能丰富度的关系强于物种丰富度与功能丰富度的关系,这说明每一个物种有可能携带特定的谱系信息,而具有相对较小的生态功能特征。由于物种间的相互关联和物种的生态功能特征往往牵涉众多复杂的功能性状,而谱系多样性是一种可以反映群落组配过程的整体特征,甚至比功能多样性更能够反映生态系统功能(Cadotte et al. 2009)。

尽管不同生物多样性指标之间存在一定的关联,但同样存在较大的不契合性,尤其是功能多样性与物种丰富度或者谱系多样性之间的关系。这种一致性和不契合性说明,本地物种的出现源于具有相似或者不同的生物地理过程和进化历史的区域物种库(Webb et al. 2002;Cumming et al. 2009)。总体上来说,这种一致性和不契合性可能导致在制定保护策略时进退维谷。由于谱系多样性的维持有利于保存长期的生物进化树,而土地利用变化有可能导致功能多样性减小,从而影响生态系统的产品和服务功能(Knapp et al. 2008;Flynn et al. 2009)。因此,不应该基于单一方面生物多样性而制定和评估自然保护区保护策略(Brooks et al. 2006),而应该考虑生物地理学、生物进化以及功能生态学等方面,综合地进行生物多样性评估(Johnson et al. 2007)。

本节从四个不同的方面分别研究了群落演替过程中环境因子如何影响功能性状、物种多样性、功能多样性及谱系多样性。现把驱动各个方面的生物多样性指标的关键环境因子归纳在一起(表 5-5)。从多方面的生物多样性指标来看,影响群落生物多样性的主导环境因子非常相似,总体看来,15 年、30 年、60 年次生林和老龄林分别为土壤 pH 和有机质、冠层开阔度、全钾及土壤磷含量(包括全磷和有效磷)。但是影响不同方面生物多样性指标的次要环境因子略有不同。同时,从表中可以看出,植被恢复早期,生物多样性较少受到土壤磷含量的影响(15 年次生林仅有功能多样性,30 年次生林中仅有物种多样性和功能性状);随着演替的进行,植被受到土壤磷含量的影响更为明显,至 60 年次生林和老龄林时,各个方面的生物多样性指标均对土壤磷含量产生响应。因而在群落演替过程中,各个演替阶段均受到环境筛的影响。在演替早期(15 年次生林和 30 年次生林),植物群落生物多样性只受到土壤 pH、有机质和光照条件的影响,而在演替后期(60 年次生林和老龄林)则主要受土壤磷含量的影响。综合有关生物多样性及其与环境因子关联的讨论,本节从多个角度证明,演替早期阶段环境筛在群落组配规则中占据优势,而随着演替的进行,生物作用(生态位分化、密度制约等)逐渐增大(Chazdon 2008b;Letcher et al. 2012)。

表 5-5　不同演替阶段低地雨林影响生物多样性的主要环境因子

	15 年次生林	30 年次生林	60 年次生林	老龄林
功能性状	pH/SOM	CO/TP	TK/AP	SOM/AP
物种多样性	pH/SOM/TN	CO/SOM/TP	SOM/TK/AP	TP/AP
功能多样性	pH/SOM/TP/AP	CO/ pH /SOM/TK	TN/AN/AP	CO/BD/TP
谱系多样性	pH	CO	AP	AP

5.3　热带天然林地上部分生物量的时空变化规律

　　生物量是一个关键的生态系统功能(Martin et al. 2007),它与呼吸作用和死亡率与生产力之间的得失平衡有关(Keeling et al. 2007)。在热带森林中,由于在全球碳库和养分库中占据重大比重,地上部分生物量在全球碳循环发挥重要作用(Phillips et al. 1998)。在热带地区,由于缺乏精确的估测方法以及不同景观和森林类型之间存在变异,生物量在碳平衡中仍然是一个不确定性的重要来源(Saatchi et al. 2007;Houghton et al. 2009)。因此,局域和区域内生物量的估测能够为局域内生物量储量推绎至生物圈碳循环和允许不同土地利用方式下的碳排放估算提供基本的数据支撑(Houghton et al. 2009;Loarie et al. 2009)。

　　由于林分年龄和物种组成的不同,热带森林往往呈现镶嵌式格局(Whitmore et al. 1998)。而森林结构往往与当地的气候环境和干扰体系息息相关。过去的人为干扰对热带森林结构和生物量的积累产生重大影响(Hughes et al. 1999;Urquiza-Haas et al. 2007)。例如,过去当地居民对森林的人为干扰(皆伐、择伐、狩猎等)的强度和频度有可能解释了现有森林的景观格局(Negrelle 2002)。干扰后形成的林隙可以通过改善光照条件和竞争环境为幼苗、幼树等提供更新生态位(Hubbell et al. 1999;Rüger et al. 2009),幼苗、幼树等的生长意味着森林结构及生物量能够随林分年龄的增长而逐渐恢复(Alves et al. 2010)。

　　由于受树木径级分布、土壤肥力、地形和干扰的影响,地上部分生物量在区域范围内总是存在较大的变异(Rolim et al. 2005;Malhi et al. 2006;Urquiza-Haas et al. 2007)。即使在同一个森林类型内,生物量同样可能受到林冠层高度、木材密度和林分组成结构的影响(Chave et al. 2005;Nogueira et al. 2008)。探讨关键的环境变量如何控制生物量储量及其分布已经是一个重要研究方向(Baker et al. 2004;Alves et al. 2010)。尽管如此,人们对较低的海拔范围(<2 000 m)内急剧变化的环境如何影响生物量的变异知之甚少(Zach et al. 2010)。在较高的海拔范围内(>2 000 m),通常的格局是:随着海拔的升高,林冠层高度和生物量逐渐减小,但植株个体数增加(Kitayama et al. 2002;Moser et al. 2007)。这种格局往往是由于随着海拔的升高,气候因子限制了物种的光合速率、呼吸速率及养分的利用率所导致(Bruijnzeel et al. 1998;Raich et al. 2006)。

由于生物量不仅受到群落演替过程的影响,同时还受到海拔梯度、生境类型等环境因素的影响,因而本节以刀耕火种弃耕后处于不同自然恢复阶段的热带低地雨林为对象,探讨不同演替阶段低地雨林地上部分生物量的变化;以尖峰岭林区不同海拔梯度老龄林为研究对象,揭示地上部分生物量随海拔梯度的变化;以尖峰岭 30 公顷大样地为研究对象,研究地上部分生物量随不同生境类型的变化。

地上部分生物量通过湿润森林(Chave et al. 2005)的计算公式计算:$AGB = 0.0509\,\rho\,(D_{BH})^2 H$,式中 ρ 是木材密度($g \cdot cm^{-3}$),D_{BH} 是胸高断面积,H 是树高。地上部分生物量可以影响碳储量及其他生态系统服务功能,同时可以度量物种丰富度的变化对生态系统过程影响的敏感度(Cardinale et al. 2011)。

在霸王岭不同演替阶段样地中,随着演替的进行,林分地上部分生物量逐渐增加,其均值从15 年次生林的 51.8 Mg·hm^{-2}增长至老龄林的 318.2 Mg·hm^{-2}。15 年次生林和 30 年次生林之间无显著差异(分别为 51.8 Mg·hm^{-2}和 68.4 Mg·hm^{-2}),其余各个演替阶段林分之间均存在显著差异(图 5-16)。在尖峰岭不同海拔梯度老龄林中,林分地上部分生物量随海拔的升高变化无规律。在尖峰岭 30 hm^2 大样地中,从沟谷至山顶,林分地上部分生物量逐渐增大,其均值从沟谷的 326.0 Mg·hm^{-2}增长至山顶时的 411.0 Mg·hm^{-2}。沟谷中的林分地上部分生物量显著地低于中坡至山顶,而其他生境类型之间无显著差异。

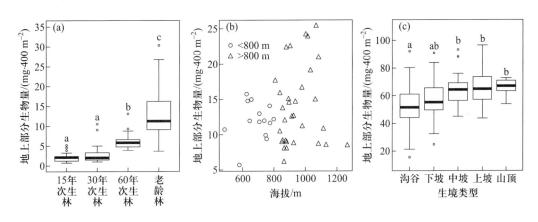

图 5-16　生物量的时空变化

随着演替的进行,林分地上部分生物量逐渐增加。过去的干扰历史能够影响植被恢复的方方面面,其中最重要的结果之一是改变了群落的结构和组成(Chazdon 2003)。人为干扰的强度和频度均能够对群落的恢复速度产生重大影响(Bonnell et al. 2011)。在群落演替过程中,林分胸高断面积(在本研究中与地上部分生物量的相关性达 0.99)总是随着恢复时间的增大而逐渐增大,并且能够很好地预测群落演替进程(van Breugel et al. 2006)。Alves 等(2010)也认为,森林结构及生物量能够随林分年龄的增长而逐渐恢复。15 年次生林和 30 年次生林之间地上部分生物量无显著差异。这可能是因为从 15 年次生林至 30 年次生林过程中,某些先锋树种已经开始死亡,而部分耐阴性树种开始侵入林分中从而产生物种更替过程。由于本节中的地上部分生物量指群落内所有活立木的生物量,不包括枯立木等已死亡的植株,因而死亡的先锋树种可能减少了部分地上部分生物量,但从均值来看,从 15 年次生林至 30 年次生林过程中,地上部分生物量同样具有增大的趋势。

　　尽管大多数研究表明，随着海拔的升高，林冠层高度和生物量逐渐减小（Kitayama et al. 2002；Moser et al. 2007）；也有随着海拔的升高，生物量逐渐增大（Alves et al. 2010）；或者随着海拔升高，地上部分生物量呈递增趋势，在一定海拔高度达到最大，海拔继续升高，地上部分生物量则迅速下降（罗天祥等 2002）。本节对尖峰岭不同海拔梯度老龄林研究表明，林分地上部分生物量随海拔的升高无明显的规律。生物量随海拔梯度的变化受到树木径级分布、气候、地形、土壤肥力和干扰等众多因素的影响（Malhi et al. 2006；Urquiza-Haas et al. 2007）。例如，在高海拔地区，足够的土壤水分含量和养分供应同样也有可能产生更多的生物量（de Castilho et al. 2006）。800 m 以下林分地上部分生物量的均值为 300.2 Mg·hm^{-2}，而 800 m 以上林分地上部分生物量的均值为 346.9 Mg·hm^{-2}。在尖峰岭，海拔 800 m 以下主要分布的森林是热带低地雨林，而海拔 800 m 以上的森林则为热带山地雨林。有可能是群落结构及组成上的差异导致了地上部分生物量的变化（Urquiza-Haas et al. 2007）。

　　在尖峰岭 30 hm^2 大样地中，从沟谷至山顶，林分地上部分生物量逐渐增大。地形有可能对土壤水分和养分的分布格局产生重要影响，从而影响生物量的格局（Luizão et al. 2004；de Castilho et al. 2006）。首先，沟谷中尽管存在湿润、肥沃的土壤，但由于地势低洼，大量的降雨过程容易形成沟壑和溪流，减少了部分植株的生长空间（Daws et al. 2002）。其次，沟谷中光照条件比较弱，植物群落接收光合有效辐射的时间可能短于位于山顶的群落（徐新良等 2006；Körner 2007）。

5.4　热带天然林植物功能性状与地上部分生物量的关系

　　全球生态系统正在遭遇剧烈的变化，例如生态系统养分的有效性和化学计量、景观的大小和连通性、大气 CO_2 浓度、温度和降水等均在发生变化（Millennium Ecosystem Assessment 2005）。全球变化正在加快物种灭绝的速率。有研究表明，在 21 世纪，物种灭绝的主要原因之一是生态系统变化（Hooper et al. 2012）。因此大量的控制实验（主要实验对象是草原生态系统）用于监测生物多样性的不同组分如何影响为人类提供产品和服务的生态系统功能。这些控制实验的研究结果清楚地表明，生物多样性的丢失将减少产量和改变分解速率等生态系统功能（Cardinale et al. 2011）。然而，这些实验没有解决一个关键问题：生物多样性与气候变暖、酸雨、水体富营养化、生态系统养分的有效性和化学计量改变等其他环境变化相比，到底谁对生态系统功能影响更大（Paquette et al. 2011）？

　　尽管实验已经证明，物种的灭绝能够影响生态系统生产力和可持续性等关键的生态系统过程（Cardinale 2012），但是，由于不能区分物种之间的生态功能特征，基于植物分类单元的物种多样性可能提供的是一个不完整的生物多样性指数。生态学家已经达成一种共识：某些特殊的分类单元而不是物种丰富度本身改变了生态系统功能（Petchey 2004）。因此，有关生物多样性的评估必须考虑每一个种在生态系统中所扮演的角色和物种对环境条件的响应,换句话说,必须从生物群落的生态功能角度去评估生物多样性(McGill et al. 2006a)。功能性状通常指可以影响物种生长、繁殖、生存和最终适合度的形态、生理生态及物候等方面的生物特征(Violle et al. 2007)。功能性状可以表明物种如何响应环境,从而为解决很多生态学问题提供一种有效的方法(McGill et al. 2006a)。由于热带森林拥有丰富的物种,故我们尝试着通过每个物种的功能性状来探讨生物多样性如何影响生态系统功能。有研究表明,基于功能性状的研究方法可以从物种生态特征的角度更好地探讨群落结构及其生态系统功能(Messier et al. 2010)。

环境筛决定了到底哪些物种能够在群落中生存和维持(Keddy 1992a)。在植物群落中,一些功能性状能够对资源、干扰等环境因素产生响应(Ackerly 2004;Katabuchi et al. 2012),另外一些功能性状可以影响生态系统功能。因此,Suding 等(2008)提出了一个用于连接生物群落如何响应环境、生物群落如何影响生态系统功能的响应-效应功能性状框架,该模型可以更好地预测环境变化如何影响生态系统功能。

由于功能性状既可以响应环境条件,又可以影响生态系统功能,这些变量之间的相互关联恰好适用于结构方程模型(SEM)。结构方程模型是一种涵盖回归分析、路径分析等多种方法的更广泛的统计方法。与其他统计分析相比,结构方程模型可以对整个模型内各个组分的相互关系和模型具体的参数进行检验,例如各组分之间的方向及其作用大小(Grace 2006)。这种特殊的统计方法有助于科学家利用实测数据去验证与生态系统功能相关的因果假设(Shipley 2002)。

de Bello 等(2010)认为,辨识生物有机体影响生态系统功能并有力地提升生态系统的可持续性的关键机制势在必行。本节以海南岛霸王岭林区刀耕火种弃耕后处于以不同自然恢复阶段的热带低地雨林为对象,探讨不同演替阶段的低地雨林功能性状与生态系统功能的关系随演替阶段的变化,同时评估功能性状如何响应环境及影响生态系统功能;以海南岛尖峰岭林区不同海拔梯度老龄林为研究对象,揭示功能性状与生态系统功能的关系随海拔的变化;以海南岛尖峰岭 30 hm² 大样地为研究对象,研究功能性状与生态系统功能的关系随生境类型的变化。

5.4.1　功能性状与地上部分生物量的关系随演替阶段的变化

在霸王岭不同演替阶段低地雨林样地中,次生林地上部分生物量不受比叶面积和叶片干物质含量影响,而老龄林地上部分生物量随比叶面积的增大而减小,随叶片干物质含量的增大而增大(图 5-17)。在整个次生演替过程中,地上部分生物量均随木材密度的增大而增大,但在 30 年次生林中木材密度解释了最多的地上部分生物量的变化。15 年次生林和老龄林地上部分生物量随潜在最大高度的增大而增大,而 30 年次生林地上部分生物量随潜在最大高度的增大而减小,60 年次生林地上部分生物量则不受潜在最大高度的影响。

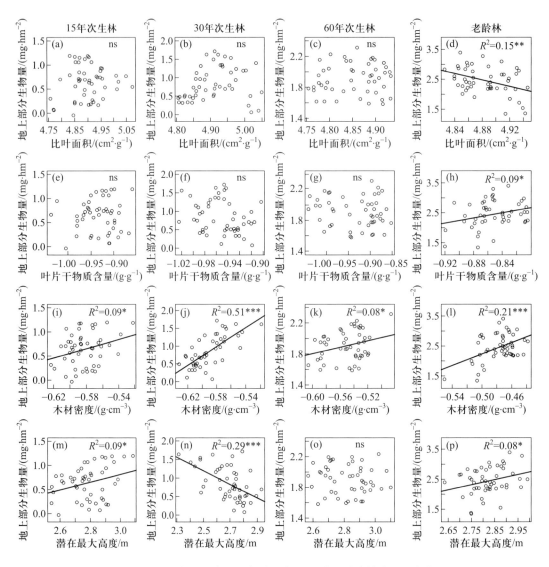

图 5-17 功能性状与地上部分生物量的关系随演替阶段的变化

5.4.2 功能性状与地上部分生物量的关系随海拔梯度的变化

在尖峰岭不同海拔梯度的老龄林中,地上部分生物量随着比叶面积的增大而逐渐减小,随着木材密度的增大而逐渐增大,但不受叶片干物质含量及潜在最大高度的影响(图 5-18)。在低海拔与高海拔,比叶面积和木材密度均解释相似的地上部分生物量变异($R^2 = 0.09$ 和 $R^2 = 0.17$,图 5-18a,c)。因而功能性状与地上部分生物量的关系可能不受海拔的影响。

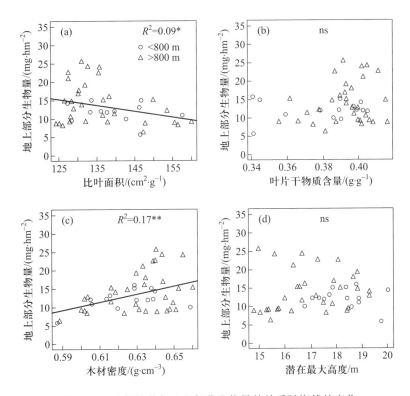

图 5-18 功能性状与地上部分生物量的关系随海拔的变化

5.4.3 功能性状与地上部分生物量的关系随生境类型的变化

在尖峰岭 30 hm² 大样地中,在沟谷和下坡中,地上部分生物量随比叶面积的增大而逐渐减小,随叶片干物质含量、木材密度的增大而逐渐增大。在中坡至山顶时,地上部分生物量只随木材密度的增大而逐渐增大,不受其他功能性状的影响。从沟谷至山顶,地上部分生物量不受潜在最大高度的影响,而与其他功能性状的关系逐渐变弱(图 5-19)。

5.4.4 环境因素对功能性状及地上部分生物量的调控机制

环境因素(包括土壤理化性质和光照条件等)能够影响植物功能性状,而植物功能性状又可以影响生态系统功能(地上部分生物量);另外,环境因素、植物功能性状及生态系统功能随演替阶段发生变化。因而期望运用结构方程模型深入地了解这些变量之间的关系。

对于植物功能性状来说,至少有两个基本的维数,尽管它可以扩展至更多的维数(Westoby et al. 2002)。一个是叶片经济谱,它往往与比叶面积有关(Wright et al. 2004c)。一个是木材经济谱,它往往与木材密度有关(Chave et al. 2009)。这两个功能性状谱已经被证明可以响应环境因素,例如一个全球尺度的研究表明,叶片性状受到土壤资源可获得性(Ordoñez et al. 2009)或者干

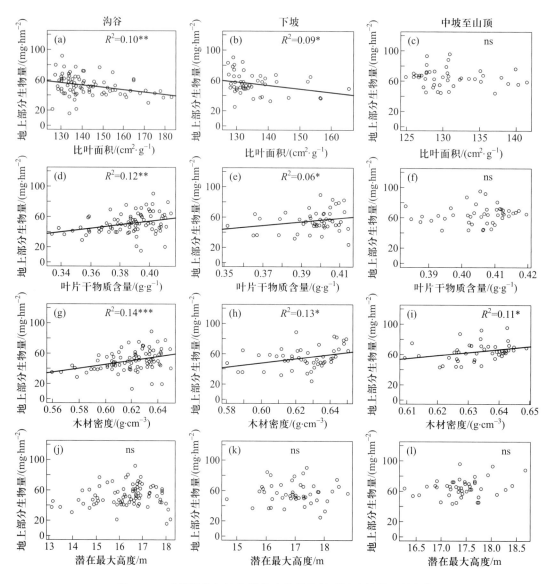

图 5-19　功能性状与地上部分生物量的关系随生境类型的变化

扰（Pidgen et al. 2012）的影响；而木材密度同样受到土壤肥力、火干扰或者采伐干扰的影响（Nishimua et al. 2007；Slik et al. 2008）。同时，这些功能性状谱也可以影响生态系统功能。目前的研究已经证明，叶片性状与生物地球化学循环和地上净生产力有关（Mokany et al. 2008；Freschet et al. 2010），木材密度则与树木茎生长和碳留存有关（Chao et al. 2008b）。此外，光照条件、土壤状况、功能性状和生态系统功能均受到群落演替过程的影响（Meigs et al. 2009）。基于响应–效应功能性状框架（Suding et al. 2008）和本节的研究结果，利用海南岛霸王岭林区不同演替阶段低地雨林数据（尖峰岭林区不同海拔梯度老龄林样地及 30 hm² 大样地，由于缺乏环境方面数据，因而未被用于此结构方程模型中），构建结构方程模型（图 5-20）：① 隐变量环境（Environment）来源土壤理化性质和光照环境（Factor1，Factor 2，Factor 3 等），影响叶片经济谱

(LES)和木材经济谱(WES);② 叶片经济谱对木材经济谱产生影响,同时两者对生态系统功能地上部分生物量(AGB)产生影响;③ 群落演替阶段(RT,根据干扰后恢复时间划分为四个演替阶段,15 年次生林、30 年次生林、60 年次生林和老龄林,依次为 1、2、3、4)影响光照条件、土壤水分、养分等环境因素,影响叶片经济谱和木材经济谱,同时影响生态系统功能(地上部分生物量)。此结构方程模型可以为理解群落演替过程如何影响土壤、功能性状和地上部分生物量及土壤因素与功能性状如何影响地上部分生物量提供一个多元的透视图。模型的正态性和适合度分别用极大似然估计和卡方值来检验。模型的适合度用于评价观测变量的协方差矩阵和实际模型中协方差的偏差。因此,拟合度优的模型必须具备较小的卡方值和大的 p 值($p>0.05$ 意味着拟合的模型和实际的观测数据无显著差别)。本节的结构方程模型是通过 Amos 18.0.1 软件(Amos Development Corporation, Spring House, PA, USA)完成的。为了减少实际模型的复杂性,对群落演替过程中控制群落结构及组成的关键环境因子(即冠层开阔度、pH、土壤有机质、全钾、全磷和有效磷含量)进行 Pearson 相关分析,冠层开阔度因与其余的环境因子均有较高的相关性而被排除,pH 因与全钾和有效磷含量具有较高的相关性而被排除,有效磷因比全磷更能够影响功能性状而被保留,从而保留了环境指标:土壤有机质(SOM)、全钾(TK)和有效磷(AP)与分别代表叶片经济谱和木材经济谱的比叶面积(SLA)和木材密度(WD)。

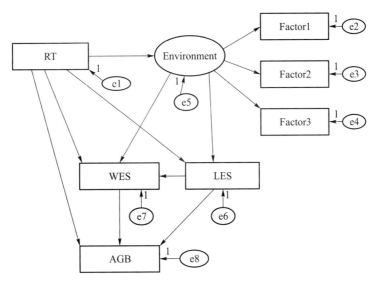

图 5-20　假设的结构方程模型

椭圆代表隐变量,长方形代表显变量,单箭头代表因果关系,ei 代表变量的残差

实测数据基本支持假设模型($X^2 = 17.217$, $df = 9$, $p = 0.045$, CMIN/$df = 1.913$, CFI = 0.988, RMSEA = 0.068)[①],但其中两条路径(从 RT→CWM_WD 和 CWM_SLA→AGB)并不显著(表 5-6)。因而去除这两条不显著的路径之后即得到最终模型(图 5-21),并且发现,实测数据与最终模型拟合良好($X^2 = 17.965$, $df = 11$, $p = 0.082$, CMIN/$df = 1.633$, CFI = 0.990, RMSEA = 0.056)。最终模型解释了 67%的隐变量环境变异、41%的土壤有机质变异、42%的土壤全钾含量

---

① CMIN:卡方值,CFI:比较拟合指数,RMSEA:近似误差的均方根。

变异、29%的土壤有效磷含量变异、22%的比叶面积变异、91%的木材密度变异和64%的地上部分生物量变异(图5-21)。

表 5-6 假设模型和最终模型中的标准化回归通径系数和 p 值

自变量	因变量	假设模型		最终模型	
		通径系数	p	通径系数	p
Environment	SOM	0.633	＊＊＊	0.638	＊＊＊
Environment	TK	0.636		0.645	
Environment	AP	0.531	＊＊＊	0.536	＊＊＊
Environment	CWM_SLA	0.886	0.003	0.819	＊＊＊
Environment	CWM_WD	−0.986	0.003	−0.966	＊＊＊
CWM_SLA	CWM_WD	−0.455	＊＊＊	−0.425	＊＊＊
CWM_SLA	AGB	−0.035	0.428	/	/
CWM_WD	AGB	0.445	＊＊＊	0.429	＊＊＊
RT	Environment	−0.832	＊＊＊	−0.818	＊＊＊
RT	CWM_SLA	0.762	0.003	0.695	＊＊＊
RT	CWM_WD	−0.096	0.750	/	/
RT	AGB	0.399	＊＊＊	0.411	＊＊＊

注：＊＊＊表示 $p<0.001$。

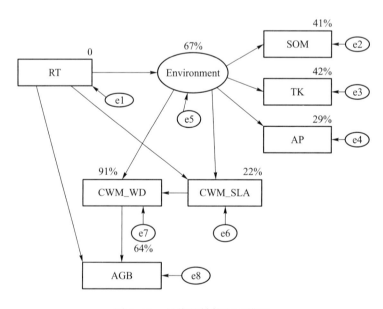

图 5-21 最终的结构方程模型
变量上方的数值代表模型所解释变量的变异

对于最终模型的直接效应而言,隐变量环境与土壤有机质、全钾含量、有效磷含量和比叶面积存在较强的正关联(表 5-7,标准化回归通径系数分别为 0.64、0.65、0.54 和 0.82),而与木材密度存在强烈的负关联(标准化回归通径系数为-0.97)。比叶面积与木材密度存在中等的负关联(标准化回归通径系数为-0.43)。木材密度与地上部分生物量存在中等的正关联。随着演替的进行,土壤肥力下降,比叶面积增大,地上部分生物量增大。

表 5-7 标准化的总效益、直接效应和间接效应

	环境因子			比叶面积			木材密度			演替阶段		
	总效益	直接效应	间接效应	总效益	直接效应	间接效应	总效益	直接效应	间接效应	总效益	直接效应	间接效应
Environment	0	0	0	0	0	0	0	0	0	-0.82	-0.82	0
SOM	0.64	0.64	0	0	0	0	0	0	0	-0.52	0	-0.52
TK	0.65	0.65	0	0	0	0	0	0	0	-0.53	0	-0.53
AP	0.54	0.54	0	0	0	0	0	0	0	-0.44	0	-0.44
CWM_SLA	0.82	0.82	0	0	0	0	0	0	0	0.03	0.70	-0.67
CWM_WD	-0.62	-0.97	0.35	-0.43	-0.43	0	0	0	0	0.8	0	0.8
AGB	-0.27	0	-0.27	-0.18	0	-0.18	0.43	0.43	0	0.75	0.41	0.34

注:通径系数是标准化的偏回归系数,总效益是直接效应和间接效应的累加和。

对于最终模型的间接效应而言,随着演替的进行,土壤有机质、全钾含量和有效磷含量逐渐降低(标准化回归通径系数分别为-0.52、-0.53 和-0.44)。演替阶段通过隐变量环境对比叶面积产生了间接效应(标准化回归通径系数为-0.67)。尽管土壤并不直接对地上部分生物量产生影响,但是通过隐变量环境对地上部分生物量产生了间接效应(标准化回归通径系数为-0.27)。尽管演替阶段对木材密度并无显著的直接效应,但是通过中间变量(隐变量环境)和比叶面积对木材密度产生了强烈的间接效应(标准化回归通径系数为 0.8)。尽管比叶面积对地上部分生物量无显著的直接效应,但是通过木材密度对地上部分生物量产生较弱的负效应(标准化回归通径系数为-0.18)。

对于最终模型的总效应而言,尽管演替阶段对比叶面积产生了较强的直接效应(标准化回归通径系数为 0.7),但是通过中间变量(隐变量环境)产生了负的间接效应(标准化回归通径系数为-0.67),总体上演替阶段对比叶面积影响不大(标准化回归通径系数为 0.03);隐变量环境通过比叶面积对木材密度产生了间接正效应(标准化回归通径系数为 0.35),抵消了部分负的直接效应(标准化回归通径系数为-0.97),总体仍然具有较强烈的负效应(标准化回归通径系数为-0.62)。演替阶段通过中间变量对地上部分生物量产生了间接正效应(标准化回归通径系数为0.34),加上直接效应,总体对地上部分生物量产生了强烈的效应(标准化回归通径系数为0.76)。

功能性状比环境因素解释了更多的地上部分生物量变异(比叶面积标准化回归通径系数总效应为-0.18,木材密度总效应标准化回归通径系数为0.43,环境总效应标准化回归通径系数为-0.27)。

总体上,最终的结构方程模型验证了前面章节研究的结果:随着演替的进行,比叶面积变化不大,木材密度和地上部分生物量逐渐增大,环境与功能性状存在密切关联等;也得出了一些新的结果:在群落演替过程中,比叶面积与地上部分生物量存在较弱的负关联,而木材密度与地上部分生物量存在中等的正关联。群落演替阶段对地上部分生物量的影响最大。功能性状比环境因素解释了更多的地上部分生物量变异。

在霸王岭不同演替阶段低地雨林样地中,次生林地上部分生物量不受比叶面积和叶片干物质含量影响,而老龄林地上部分生物量随比叶面积的增大而减小,随叶片干物质含量、木材密度和潜在最大高度的增大而增大。比叶面积与植物的代谢速率、碳及其他养分的周转速率息息相关(Reich et al. 1997)。比叶面积与植物的光合速率存在显著的正关联,叶片形成的光合产物转运至茎部、根部,故比叶面积与生产力、地上部分生物量应该呈正关联。但是在群落演替过程中,具有较高比叶面积、较小叶片干物质含量、快速生长的树种(先锋树种)往往不适应演替后期的环境而逐渐死亡,并且逐渐被慢速生长的耐阴性树种所替代,植物群落由最初的开放性策略逐渐转向后期的保守性策略(Garnier et al. 2004)。因而,比叶面积与地上部分生物量的负相关可能与植物的生态策略改变有关。有研究表明,随着植物群落转向更保守的生态策略,碳库也逐渐增加(De Deyn et al. 2008)。由于木材密度可以描述每一体积的茎部需要投资多少碳,故木材密度与地上部分生物量的正相关说明具有更大木材密度的物种可以累积更多的碳(Thomas et al. 2007)。类似地,有大量研究表明,木材密度能够在区域尺度上地上部分生物量的变异中发挥重要的作用(Baker et al. 2004;Chave et al. 2009)。潜在最大高度与植物的竞争力、整个植株的生产力和干扰后的恢复能力等有关(Cornelissen et al. 2003)。已有研究表明,潜在最大高度与森林生产力有关(Moles et al. 2009)。在30年次生林中木材密度解释了最多的地上部分生物量的变异,且地上部分生物量随潜在最大高度的增大而减小。这一结果说明,具有更大的木材密度和较小潜在最大高度的物种组成的群落拥有较大的地上部分生物量。本章之前的讨论已知,30年次生林中有耐阴性树种侵入林分,而具有更大的木材密度和较小潜在最大高度的物种极有可能是耐阴性树种,尤其是耐阴性小乔木和灌木等。

在尖峰岭不同海拔梯度老龄林中,地上部分生物量不受叶片干物质含量及潜在最大高度的影响。在尖峰岭 $30 \ hm^2$ 大样地中,从沟谷至山顶,地上部分生物量不受潜在最大高度的影响,而与其他功能性状的关系逐渐变弱。这些结果说明,地上部分生物量与叶片干物质含量及潜在最大高度的关系较易受到环境筛的影响。这或许是由于叶片干物质含量和潜在最大高度更容易对环境因素,尤其是逆境产生响应,而地上部分生物量则更少受环境因素的影响。叶片具有较大的叶片干物质含量一般具有更强的抗逆性,例如抵御病虫害及抗低温等。潜在最大高度与植物的竞争力、整个植株的生产力和干扰后的恢复能力等有关(Cornelissen et al. 2003)。另一种可能是功能性状与生态系统功能的关系可能受到尺度的影响,在较小的尺度内难以评估功能性状对生态系统功能产生的影响(Cardinale et al. 2004;Harrison et al. 2007)。例如在尖峰岭 $30 \ hm^2$ 大样地中,从 20 m×20 m 到 100 m×100 m 的尺度范围,潜在最大高度解释地上部分生物量的变异从3%增长至30%,其他功能性状同样存在类似的结果(结果未公布)。

在霸王岭低地雨林老龄林和尖峰岭不同海拔梯度或者生境类型老龄林中,功能性状均对地上部分生物量产生影响,尤其是比叶面积和木材密度。这一结果支持"生物量分配假说"(Grime 1998)。依据这一假说可以推断,优势树种的功能性状对生态系统功能产生更多的影响(Laughlin 2011)。同样有研究证实,优势物种的功能性状对生态系统功能产生最大的影响(Thompson et al. 2005;Mokany et al. 2008)。由于功能性状包含了物种的生态功能特征及多度信息,功能性状对地上部分生物量产生影响的结果也从侧面说明生物多样性能够对生态系统功能产生效应(Cardinale 2012)。本研究结果表明,功能性状既可以响应环境又可以影响地上部分生物量,在群落演替过程中功能性状的权衡过程能够通过植被与土壤的关系反馈至生态系统功能(De Deyn et al. 2008)。

在结构方程模型中,环境因素与比叶面积存在强烈的正关联,而与木材密度存在较强的负关联。在本研究最终模型中隐变量环境来源于土壤,因而这一结果说明,土壤属性能够对植物群落结构及其功能性状产生重大影响(Ordoñez et al. 2009;Orwin et al. 2010;Mason et al. 2012a)。比叶面积与木材密度呈负相关,有可能是植物整体生态策略的一部分,由于大多数具有较高比叶面积的物种能够快速生长,从而产生较小的木材密度(Wright et al. 2007)。有研究表明,植物分配更多的资源给茎部,从而具有更高的木材密度,这有可能限制了其他部分的资源分配(Bucci et al. 2004)。

Hillebrand 等(2009)认为在全球变化的背景下,评估通过群落结构及功能性状对生态系统功能造成的间接效应和通过环境因素对生态系统功能造成的直接效应的相对重要性显得格外重要。通过结构方程模型对直接效应和间接效应的评估结果表明,功能性状比环境因素解释了更多的地上部分生物量变异,是影响生态系统功能的主要驱动力之一(Minden et al. 2011;Lavorel et al. 2012)。因此,通过功能性状调控环境因素和生态系统功能可能为理解环境因素如何影响生态系统功能提供新的见解。这些研究结果有助于人们将生物多样性影响生态系统功能的知识融合到生态保护和生态系统管理中(Srivastava et al. 2005)。

5.5 热带天然林生物多样性与地上部分生物量关系的时空变化规律

大量控制实验已经表明,生物多样性能够增强生态系统维持碳储量、生产力、养分库等多重功能的能力(Cardinale et al. 2011)。然而,在自然生态系统中,生物多样性与生态系统功能的关系极少被研究。在全球变化的背景下,有关局域物种的灭绝如何影响群落结构动态及如何影响生态系统功能的研究变得更为迫切(Sasaki et al. 2009)。本节以海南岛霸王岭林区刀耕火种弃耕后处于不同自然恢复阶段的热带低地雨林为对象,探讨不同演替阶段的低地雨林生物多样性与生态系统功能的关系随演替阶段的变化,同时评估生物多样性如何响应环境及如何影响生态系统功能;以海南岛尖峰岭林区不同海拔梯度老龄林为研究对象,揭示生物多样性与生态系统功能的关系随海拔的变化;以海南岛尖峰岭 30 hm² 大样地为研究对象,研究生物多样性与生态系统功能的关系随生境类型的变化。

采用线性回归来分析海南岛热带天然林生物多样性与地上部分生物量的关系随演替阶段的

变化规律(由于地上部分生物量数据需要进行对数转换才能满足数据正态性的要求,因而对所有变量均进行对数变换)。为了探讨海南岛热带天然林生物多样性与地上部分生物量的关系随空间尺度的变化规律,对不同海拔梯度的老龄林样地,划分为低海拔(<800 m)和高海拔(>800 m)样地分别进行线性回归,从而获得随海拔梯度的变化规律。对尖峰岭 30 hm² 老龄林样地,由于需要进行线性回归,考虑到样本量的关系,故把生境类型划分为沟谷(85 个样本)、下坡(50 个样本)及中坡至山顶(45 个样本)3 生境类型,从而获得生物多样性与地上部分生物量的关系随生境类型的变化规律。

5.5.1   生物多样性与地上部分生物量的关系随演替阶段的变化

在霸王岭低地雨林样地整个次生演替过程中,生物多样性(包括物种丰富度、功能丰富度及谱系多样性)与地上部分生物量均呈显著的正相关(图 5-22)。在 15 年次生林和老龄林中,生物多样性解释了较多的地上部分生物量变异,而从 30 年次生林至老龄林过程中,生物多样性所解释的地上部分生物量变异逐渐增多。

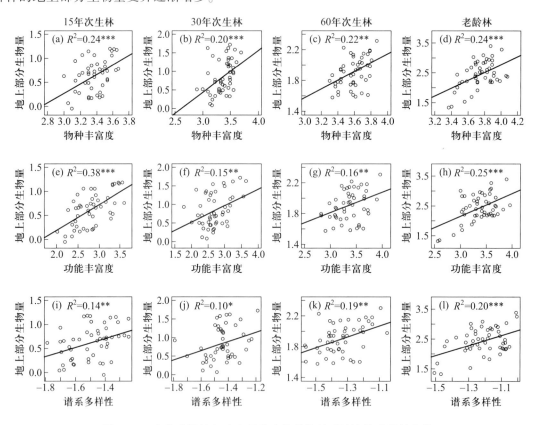

图 5-22   生物多样性与地上部分生物量的关系随演替阶段的变化

5.5.2 生物多样性与地上部分生物量的关系随海拔的变化

在尖峰岭不同海拔梯度老龄林中,无论是低海拔地区还是高海拔地区,生物多样性与地上部分生物量的关系均无明显规律(图5-23)。

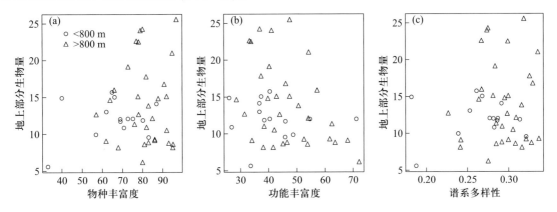

图5-23 生物多样性与地上部分生物量的关系随海拔的变化

5.5.3 生物多样性与地上部分生物量的关系随生境类型的变化

在尖峰岭30 hm² 老龄林大样地中,在沟谷时,物种丰富度和谱系多样性均与地上部分生物量存在显著的正相关,但物种丰富度解释了更多的地上部分生物量变异;功能丰富度与地上部分生物量不相关(图5-24)。而在下坡及中坡至山顶时,生物多样性与地上部分生物量的关系均无明显规律。

5.5.4 环境对生物多样性及地上部分生物量的调控机制

生物多样性普遍受到土壤环境的影响。物种多样性的形成格局总是与土壤养分梯度息息相关(De Deyn et al. 2004;Firn et al. 2007)。有研究表明,物种及整个群落的进化枝长均与土壤的生境异质性存在密切关联(Schreeg et al. 2010),因而植物群落的谱系多样性同样受到土壤环境的影响。尽管在森林生态系统中,并没有直接的研究表明功能多样性与土壤存在密切关联,但是在草原生态系统中,土壤细菌的代谢活性和代谢多样性随植物物种丰富度或者功能多样性的对数线性递增(Stephan et al. 2000)。这一结果暗示,植物功能多样性与土壤存在一定的关联。同时,生物多样性可以影响生态系统功能。从物种多样性方面来看,一系列有影响力的野外实验已经证明,物种多度和物种丰富度能够影响生态系统的初级生产力和生物量的累积(Cardinale 2012)。从谱系多样性方面来看,由于物种多样性可能提供一个不完整的视角来看待生物多样性,例如它并没有表述不同物种之间的生态策略或者功能上的异同。而属于同一谱系的两个不同的物种可能具有相同的生态策略或者功能,因而谱系多样性可能从物种的生态策略方面更好

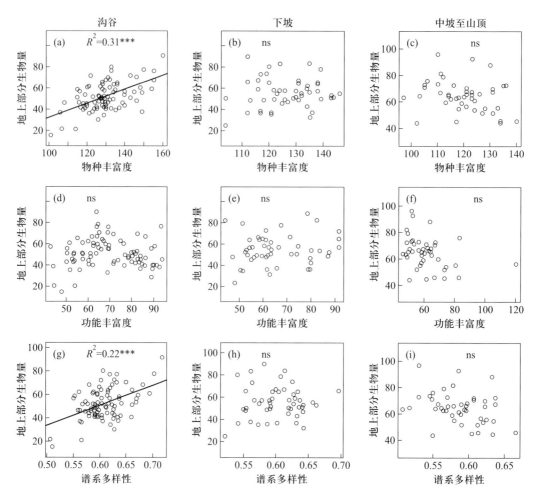

图 5-24   生物多样性与地上部分生物量的关系随生境类型的变化

地响应生态系统功能(Maherali et al. 2007;Cadotte et al. 2008)。从功能多样性方面来看,由于功能性状被认为是物种和生态系统过程的关系的调节器,因而功能多样性在理论上可以为生物多样性效应生态系统功能提供更好的解释(Suding et al. 2008;Ruiz-Jaen et al. 2011)。此外,光照条件、土壤状况、群落结构及组成和生态系统功能均受到群落演替过程的影响(Meigs et al. 2009)。针对霸王岭林区不同演替阶段样地构建结构方程模型(图5-25):① 隐变量环境(Environment)来源土壤理化性质和光照环境(Factor1,Factor 2,Factor 3 等),同时影响物种多样性(S)、功能多样性(FD)和谱系多样性(PD);② 物种多样性对功能多样性和谱系多样性产生影响,同时物种多样性、功能多样性和谱系多样性对生态系统功能地上部分生物量(AGB)产生影响;③ 群落演替过程(RT,干扰后恢复时间)影响土壤水分、养分等环境因素,同时对物种多样性、功能多样性和谱系多样性产生影响,并且能够影响生态系统功能(地上部分生物量)。

此结构方程模型可以为理解群落演替过程如何影响土壤和地上部分生物量及土壤因素与生物多样性如何影响生物量提供一个多元的透视图。模型的正态性和适合度分别用极大似然估计和卡方值来检验。模型的适合度用于评价观测变量的协方差矩阵和实际模型中协方差的偏差。

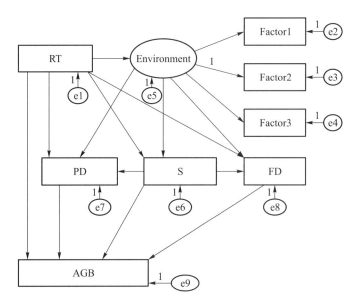

图 5-25　假设的结构方程模型
椭圆代表隐变量,长方形代表显变量,单箭头代表因果关系,ei 代表变量的残差

因此,拟合度优的模型必须具备较小的卡方值和大的 p 值(p>0.05,意味着拟合的模型和实际的观测数据无显著差别)。本节的结构方程模型是通过 Amos 18.0.1 软件完成。为了减少实际模型的复杂性,对群落演替过程中控制群落结构及组成的关键环境因子(即冠层开阔度、pH、土壤有机质、全钾、全磷和有效磷含量)进行 Pearson 相关分析。冠层开阔度因与其余的环境因子均有较高的相关性而被排除,pH 因与全钾和有效磷含量具有较高的相关性而被排除,全磷比有效磷含量更能够影响生物多样性而被保留,从而保留了土壤指标:土壤有机质(SOM)、全钾(TK)含量和全磷(TP)含量。

实测数据基本支持结构方程模型($X^2 = 25.454$, $df = 15$, $p = 0.044$, CMIN/$df = 1.697$, CFI = 0.988, RMSEA = 0.059),但其中四条路径(RT→S;RT→FD;RT→PD;Environment→FD)并不显著(表 5-8, $p = 0.966$)。因而去除这些不显著的路径之后即得到最终模型(图 5-26),并且发现实测数据与最终模型拟合良好($X^2 = 25.456$, $df = 16$, $p = 0.062$, CMIN/$df = 1.591$, CFI = 0.989, RMSEA = 0.054)。最终模型解释了92%的隐变量环境变异、6%的土壤有机质变异、24%的土壤全钾含量变异、14%的土壤全磷含量变异、50%的物种丰富度变异、73%的谱系多样性变异、62%的功能多样性变异和67%的地上部分生物量变异(图 5-26)。

对于最终模型的直接效应而言,隐变量环境与土壤有机质、全钾和全磷存在正关联(表 5-9,标准化回归通径系数分别为 0.24、0.49 和 0.38),而与物种丰富度和谱系多样性存在负关联(标准化回归通径系数分别为-0.71 和-0.29)。物种丰富度分别与谱系多样性和功能多样性存在较强的正关联(标准化回归通径系数分别为 0.62 和 0.79)。物种丰富度、谱系多样性和功能多样性均与地上部分生物量存在正关联。随着演替的进行,土壤肥力下降,地上部分生物量增大。

表 5-8   假设模型和最终模型中的标准化回归通径系数和 p 值

自变量	因变量	假设模型		最终模型	
		通径系数	p	通径系数	p
Environment	SOM	0.24	0.002	0.24	0.002
Environment	TK	0.49	/	0.49	/
Environment	TP	0.38	***	0.38	***
Environment	S	−0.71	***	−0.71	***
Environment	PD	−0.29	***	−0.29	***
Environment	FD	0	0.966	/	/
S	PD	0.62	***	0.62	***
S	FD	0.79	***	0.79	***
S	AGB	0.31	***	0.31	***
PD	AGB	0.3	***	0.30	***
FD	AGB	0.26	***	0.26	***
RT	Environment	−0.96	***	−0.96	***
RT	AGB	0.61	***	0.61	***

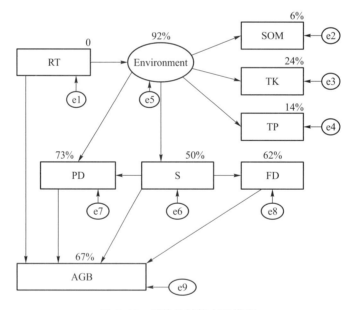

图 5-26   最终的结构方程模型
变量上方的数值代表模型所解释变量的变异

表 5-9　标准化的总效益、直接效应和间接效应

	环境因子			物种丰富度			谱系多样性			功能多样性			演替阶段		
	总效益	直接效应	间接效应	总效益	直接效应	间接效应	总效益	直接效应	间接效应	总效益	直接效应	间接效应	总效益	直接效应	间接效应
Environment	0	0	0	0	0	0	0	0	0	0	0	0	-0.96	-0.96	0
SOM	0.24	0.24	0	0	0	0	0	0	0	0	0	0	-0.23	0	-0.23
TP	0.38	0.38	0	0	0	0	0	0	0	0	0	0	-0.36	0	-0.36
TK	0.49	0.49	0	0	0	0	0	0	0	0	0	0	-0.47	0	-0.47
S	-0.71	-0.71	0	0	0	0	0	0	0	0	0	0	0.68	0	0.68
PD	-0.73	-0.29	-0.44	0.62	0.62	0	0	0	0	0	0	0	0.71	0	0.71
FD	-0.56	0	-0.56	0.79	0.79	0	0	0	0	0	0	0	0.54	0	0.54
AGB	-0.15	0	-0.15	0.33	0.31	0.02	0.30	0.30	0	0.26	0.26	0	0.75	0.61	0.14

　　对于最终模型的间接效应而言,随着演替的进行,土壤有机质、全钾和全磷含量逐渐降低(表 5-9,标准化回归通径系数分别为-0.23、-0.36 和-0.47)。演替阶段通过隐变量环境对物种丰富度、谱系多样性和功能多样性产生间接效应(标准化回归通径系数分别为 0.68、0.71 和 0.54)。隐变量环境并不直接对功能多样性产生影响,但通过物种丰富度对功能多样性产生间接效应(标准化回归通径系数为-0.56)。隐变量环境并不直接对地上部分生物量产生影响,但通过生物多样性对地上部分生物量产生了较弱的间接效应(标准化回归通径系数为-0.15)。

　　对于最终模型的总效应而言,由于隐变量环境通过物种丰富度对谱系多样性产生了负的间接效应(-0.44),加上负的直接效应(-0.29),使其对谱系多样性产生强烈的总的负效应(标准化回归通径系数为-0.73)。演替阶段通过中间变量对地上部分生物量产生间接效应,增大了其对地上部分生物量的效应(总效应标准化回归通径系数为 0.75)。影响地上部分生物量的生物多样性指标从大到小依次为物种丰富度、谱系多样性和功能多样性(总效应标准化回归通径系数分别为 0.33、0.30 和 0.26)。生物多样性比环境因素解释了更多的地上部分生物量变异。

　　从总体上讲,最终的结构方程模型验证了前面章节的结果:随着演替的进行,物种丰富度、谱系多样性、功能多样性和地上部分生物量均逐渐增大,物种丰富度与谱系多样性和功能多样性存在强烈的正关联,物种丰富度、谱系多样性和功能多样性均与地上部分生物量存在正关联;也得出了一些新的结果:生物多样性指标与地上部分生物量的相关性从大到小依次为物种丰富度、谱系多样性和功能多样性。生物多样性比环境因素对地上部分生物量影响更大。

　　生物多样性如何维持和促进生态系统功能已经获得了广泛的关注(Cardinale et al. 2011)。然而,目前在森林生态系统中开展相关研究的还比较少。本研究结果表明,在霸王岭不同演替阶

段低地雨林和山地雨林老龄林(沟谷)中,生物多样性对地上部分生物量产生正效应,并且在次生演替过程中生物多样性比环境因素对地上部分生物量影响更大。这说明在热带森林生态系统中,无论在时间尺度还是在空间尺度上,生物多样性是生态系统功能的主要驱动力之一(Zavaleta et al. 2010)。尽管也有研究结果表明,在半自然状态下的草原生态系统物种丰富度并不能很好地预测地上部分生物量(Schumacher et al. 2009),但本研究结果同样获得了众多实验结果的支持,包括 164 个控制实验的研究结果(Cardinale et al. 2011)和在全球范围内干旱区生态系统的研究结果(Maestre et al. 2012)。

导致生物多样性对生态系统功能产生正效应的可能原因有两个:第一,取样效应(sampling effect)。取样效应是随着物种丰富度的增加,具有更强生产力的物种有可能增多,从而产生更多的生物量(Cardinale et al. 2007;Šímová et al. 2013)。然而由于具有更高生产力的物种通常生活在群落演替的早期阶段,而在演替后期阶段较低生产力的物种往往占据优势,因而取样效应随着演替的进行逐渐减小(Fargione et al. 2007;Reich et al. 2012)。本研究结果表明在霸王岭低地雨林中,15 年次生林生物多样性解释了较多的地上部分生物量变异。这一结果有可能与取样效应有关。第二,补偿效应(complementarity effect)。补偿效应来源于生物学机制的多元化,包括生态位分化和促进作用、互利共生、共生菌等有利于捕获资源的间接效应(Loreau et al. 2001a;Petchey 2003)。很多研究结果显示,补偿效应随着时间的延长而逐渐增加(Spehn et al. 2005;Cardinale et al. 2007;Stachowicz et al. 2008)。在霸王岭低地雨林中,从 30 年次生林至老龄林,生物多样性所解释的地上部分生物量变异逐渐增多,这一结果有可能与补偿效应有关。另外,在尖峰岭 30 hm² 大样地的研究结果表明,沟谷中生物多样性与地上部分生物量正相关。沟谷中生存更多的物种,生态位分化可能更加明显,物种利用资源的方式也可能更加多元化,从而具有更高的补偿效应。

在霸王岭不同演替阶段低地雨林和尖峰岭 30 hm² 大样地沟谷群落中,生物多样性指标均与地上部分生物量存在正关联,其相关性大小依次为物种丰富度、谱系多样性和功能多样性。功能多样性能够对地上部分生物量产生正效应,说明功能多样性可以影响生态系统功能(Suding et al. 2008;Ruiz-Jaen et al. 2011)。但是,与其他生物多样性指标相比,功能多样性总是对地上部分生物量产生最小的影响。这说明尽管本节选取的四个功能性状(比叶面积、叶片干物质含量、木材密度和潜在最大高度)均对地上部分生物量产生影响,但同时有可能遗漏了部分对地上部分生物量产生影响的功能性状。与功能多样性相比,谱系多样性对地上部分生物量的影响更大,说明谱系多样性有可能捕获了更多物种之间生态功能特征方面的差别,从而比基于功能群的功能多样性解释更多生产力的变异(Maherali et al. 2007;Cadotte et al. 2008)。物种丰富度对地上部分生物量影响最大,这可能与本节谱系多样性的计算是基于 APG 系统而非 DNA 条形码有关。但有研究表明,基于 APG 系统所计算的谱系关系与基于 DNA 条形码的谱系关系获得较好匹配(裴男才 2012)。因而,基于 APG 系统的谱系多样性也不能完全包含物种的所有信息。

在尖峰岭不同海拔梯度老龄林和 30 hm² 大样地中,生物多样性与地上部分生物量的关系在某些情形下并无明显规律,说明由于生物多样性对生态系统功能的效应可能受到其他非生物因素的影响(例如海拔梯度和生境类型等),生物多样性并不一定是生态系统功能的最主要驱动力(Maestre et al. 2010)。考虑到生态系统的复杂性,有关生物多样性如何影响生态系统功能的研究必须具有足够大的尺度,从而包括大范围的资源可利用性、非生物因素、物种丰富度或者群落结构的时空变异(Wardle et al. 2010)。

尽管大量证据表明,生物多样性对生态系统功能产生重要影响,但大多数实验结果来源于草原生态系统的控制实验,较少的实验开展在自然生态系统中,尤其是森林生态系统。因而这些实验结果或许不能直接反映自然生态系统中生物多样性对生态系统功能的真实效应(Hillebrand et al. 2009)。我们的结果表明,在热带森林生态系统中,无论在时间尺度(次生演替过程)还是空间尺度(沟谷生境)中,生物多样性是生态系统功能(地上部分生物量)的主要驱动力之一,因此生物多样性保护是保证生态系统产品和服务供应的关键因素(Maestre et al. 2012)。

本章以霸王岭自然保护区刀耕火种后处于不同演替阶段的热带低地雨林、尖峰岭自然保护区不同海拔梯度老龄林与 30 hm² 热带山地雨林大样地为研究对象,通过群落学调查、功能性状及环境因子测定,探讨功能性状、生物多样性(包含物种多样性、功能多样性及谱系多样性)及地上部分生物量随演替阶段、海拔梯度和生境类型的变化规律,并阐明了在群落演替过程中,影响功能性状及生物多样性的关键环境因子;同时探讨了不同生物多样性指标之间的关系、功能性状和生物多样性与地上部分生物量的关系随演替阶段、海拔梯度和生境类型的变化规律,并通过结构方程模型深入研究了功能性状和生物多样性如何响应环境并影响地上部分生物量。

随着演替的进行,比叶面积、叶片氮含量、叶片磷含量和叶片总有机碳含量逐渐降低,叶片干物质含量、木材密度、潜在最大高度逐渐升高,而叶片钾含量则变化不大;物种丰富度和香农-维纳指数均增加,Pielou's 均匀度指数在次生林中较小,在老龄林中最大;功能丰富度、功能均匀度、功能离散度和 Rao's 二次熵均呈 U 形增长趋势,而功能分散度随演替的进行逐渐增加,但 60 年以后有所下降;物种对的平均谱系距离和谱系多样性逐渐增大,净谱系亲缘关系指数和平均最近相邻谱系距离逐渐减小,最近分类单元指数在次生林中较大,而在老龄林中较小,群落谱系结构由聚集转向发散;地上部分生物量逐渐增大。

从功能性状、物种多样性、功能多样性、谱系多样性四个角度综合分析群落演替过程中环境因素如何影响群落结构及组成,结果发现,影响 15 年、30 年、60 年次生林和老龄林的关键环境因子依次为 pH 和有机质、冠层开阔度、全钾和有效磷及土壤磷含量。

随着海拔的升高,比叶面积和潜在最大高度逐渐降低,叶片干物质含量和木材密度逐渐增大;物种丰富度和香农-维纳指数逐渐增大;功能丰富度逐渐增大,功能均匀度、功能分散度、功能离散度和 Rao's 二次熵均逐渐降低;谱系多样性逐渐增大,群落谱系结构由发散转向聚集;地上部分生物量变化规律不明显。

从沟谷至山顶,比叶面积逐渐减小,叶片干物质含量、木材密度和潜在最大高度逐渐增大;物种丰富度和香农-维纳指数有降低趋势;功能丰富度、功能均匀度、功能离散度和 Rao's 二次熵逐渐减小,而功能分散度呈 U 形格局;谱系多样性逐渐降低,从沟谷至中坡,群落谱系结构由聚集逐渐走向发散,而从中坡至山顶则由发散逐渐趋于随机,但群落总体格局趋于随机状态;地上部分生物量逐渐增大。

无论是在不同演替阶段低地雨林还是在尖峰岭不同海拔梯度或者生境类型老龄林中,物种丰富度、功能丰富度与谱系多样性之间均存在显著的正相关,物种丰富度与谱系多样性的相关性最大。随着演替的进行,物种丰富度与谱系多样性的相关性逐渐增大,而物种丰富度与功能丰富度的相关性及谱系多样性与功能丰富度的相关性在 15 年次生林和 60 年次生林中较高。与高海拔相比,低海拔群落中物种丰富度解释了更多的谱系多样性的变异。从沟谷至山顶,物种丰富度与功能丰富度的相关性逐渐增大。物种丰富度与谱系多样性的关系在沟谷和山顶均较强,而在下坡时较弱。谱系多样性和功能丰富度的关系在沟谷时最弱,而在下坡最强。

在霸王岭不同演替阶段低地雨林样地中,次生林地上部分生物量不受比叶面积和叶片干物质含量影响,而老龄林地上部分生物量随比叶面积的增大而减小,随叶片干物质含量的增大而增大。在整个次生演替过程中,地上部分生物量均随木材密度的增大而增大。与 30 年次生林相反,15 年次生林和老龄林地上部分生物量随潜在最大高度的增大而增大。在尖峰岭不同海拔梯度老龄林中,地上部分生物量随比叶面积的增大而逐渐减小,随木材密度的增大而逐渐增大,但不受叶片干物质含量及潜在最大高度的影响。在尖峰岭 30 hm² 大样地沟谷和下坡中,地上部分生物量随比叶面积的增大而逐渐减小,随叶片干物质含量、木材密度的增大而逐渐增大。在中坡至山顶时,地上部分生物量只随木材密度的增大而逐渐增大,不受其他功能性状的影响。从沟谷至山顶,地上部分生物量不受潜在最大高度的影响,而与其他功能性状的关系逐渐变弱。

在霸王岭不同演替阶段低地雨林样地中,生物多样性与地上部分生物量均呈显著的正相关。在 15 年次生林和老龄林中,生物多样性解释了较多的地上部分生物量变异,而从 30 年次生林至老龄林,生物多样性所解释的地上部分生物量变异逐渐增多。在尖峰岭不同海拔梯度老龄林中,生物多样性与地上部分生物量的关系不相关并且不受海拔梯度的影响。在尖峰岭 30 hm² 老龄林大样地中,在沟谷时物种丰富度和谱系多样性均与地上部分生物量存在显著的正相关,但物种丰富度解释了更多的地上部分生物量变异,功能丰富度与地上部分生物量不相关。在下坡及中坡至山顶时,生物多样性与地上部分生物量不相关。

结构方程模型表明,在群落演替过程中,比叶面积与木材密度存在中等的负关联,比叶面积与地上部分生物量存在较弱的负关联,而木材密度与地上部分生物量存在中等的正关联,生物多样性指标与地上部分生物量存在正相关,其相关性从大到小依次为物种丰富度、谱系多样性和功能多样性。群落演替阶段对地上部分生物量的影响最大,功能性状及生物多样性比环境因素解释了更多的地上部分生物量变异。

第6章

海南岛热带低地雨林幼苗多样性动态

　　植物幼苗的更新是森林群落演替、植被生态恢复等过程中非常关键的一步,这是因为在此过程中,幼苗定居、生长、死亡的每一个环节都会受到各种因素的影响(陶建平 2003;Poorter and Rose 2005)。传播到一定生境的种子萌发成为幼苗后,常常形成幼苗库,作为缓冲机制,幼苗库在森林群落的更新补充的过程中具有重要的作用,是森林植物种群动态和森林更新的一个重要环节,是森林生物多样性维持机制的一个重要方面。因此,研究与林下幼苗相关的生物多样性维持机制成为当前的研究热点之一。例如,通过研究幼苗增补和种子雨之间的关联来揭示幼苗的补充限制,通过研究幼苗存活与不同空间尺度上的幼苗多度和母树的关联来揭示密度制约与物种共存的关系(Webb et al. 1999)以及研究幼苗的密度制约补充与幼苗多样性的关系等(陶建平 2003)。

　　幼苗库是热带森林生态系统的一个基本的组成部分,在群落动态、多样性维持和生态系统运行中发挥着重要作用。然而目前热带林的群落生态学研究主要以胸径(D_{BH})1 cm 以上的个体为对象,而对 D_{BH}<1 cm 的幼苗关注较少。幼苗性状对成年树木在生态系统中的地位和作用可能具有决定性的影响,且相对于热带树木成年个体,幼苗的功能性状更容易准确获取。本章以海南岛不同恢复阶段的热带低地雨林(刀耕火种后自然恢复 30 年、60 年的次生林和老龄林)为对象,研究不同生活型木本植物(乔木、灌木和木质藤本)幼苗功能性状随自然恢复过程的变化趋势及其影响因素;通过比较不同恢复阶段幼苗与成年树群落的物种组成及多样性特征,揭示不同恢复阶段热带低地雨林幼苗的增补动态;通过优势种幼苗移栽实验,分析幼苗在不同群落中建立的可能性和限制性因子。

6.1　幼苗功能性状随恢复阶段的变化

　　了解并掌握植物群落的组配规律是植物生态学的一个重要目标。在近 10 年中,许多生态学者从植物功能性状的角度出发,研究群落的组配规律(Reich et al. 2003a;McGill et al. 2006a)。到目前为止,大多数研究注重在某一特定的群落内,环境条件对植物功能性状的选择作用,而忽视了性状的时空动态变化。生态学家普遍认为,在干扰群落恢复的过程中,早期物种被更加适应环境的物种所替代,这是由于后期物种的功能性状能够更好地适应环境。然而,到目前为止,人们对植物功能性状如何随恢复阶段变化以及其变化程度的认识并不是很充分。

不同恢复阶段的物种有不同的生态策略以适应每个阶段的环境条件(Reich et al. 2003b)。植物的功能性状会随着恢复阶段发生变化(Lebrija-Trejos et al. 2011)。植物的比叶面积会随着恢复时间的增加逐渐降低(Reich et al. 1995),但相反的变化趋势也曾在草地生态系统中有过报道(Kahmen et al. 2004)。一般来说,生长在干旱环境中的物种有较低的比根长,但根系的生物量较高,以获得更多的养分(Markesteijn et al. 2009;Pizano et al. 2010)。植物功能性状随恢复阶段的变化是由于对光照(Poorter and Rose 2005)、土壤水分(Sack 2004)和养分(Katabuchi et al. 2012)的竞争驱动的。

本节选取海南岛霸王岭不同恢复时间(30 年次生林、60 年次生林和老龄林)的热带低地雨林中的幼苗作为研究对象,这些物种分别是每个恢复阶段多度最大的冠层树种。测定这些物种的功能性状以及不同恢复时间群落内直接影响幼苗生长的环境因子。样地设置在不同恢复阶段的热带低地雨林,选择六个 1 hm² 的群落样地,将每个样地划分成为 25 个 20 m × 20 m 的样方,在每个样方中间设置一个 2 m × 2 m 的小样方,调查样方中胸径(D_{BH})小于 1 cm 的所有木本植物的幼苗,记录物种名称、数量和高度(H)。根据 150 个样方的调查数据,选择 27 个物种的幼苗作为研究对象(表 6-1),这些物种的相对多度在每个恢复阶段中均占到 50% 以上。在每个样地周边,对所有物种分别取 5 株个体,植株高度范围为 5~20 cm。将植株分成根、茎、叶三部分。从每个植株上面选择两片完全展开的健康叶片,用叶面积仪(LI-COR 3000C Area Meter, LI-COR, Lincoln, USA)测定叶片的面积。用镊子将幼苗根系完全展开,尽量避免交叉重叠,然后使用扫描仪(HP Scanjet 5590),以 400 dpi 分辨率扫描获取根系图像,并以 WinRHIZO Pro 4.0 软件分析得到的相关数据。图像分析结束后,所有样品于 80 ℃烘至恒重后,以 1 /10 000 电子天平称重。根据表 6-2 中列出的公式,计算比叶面积(SLA)、比茎长(SSL)、比根长(SRL)、叶干物质比例(LMF)、茎干物质比例(SMF)和根干物质比例(RMF),测量方法按照功能性状测定手册 *A Handbook of Protocols for Standardised and Easy Measurement of Plant Functional Traits Worldwide* (Cornelissen et al. 2003b)进行。

表 6-1 研究物种的基本信息列表

物种	缩写	恢复阶段	生活型	相对多度/%		
				30 年次生林	60 年次生林	老龄林
海南杨桐(*Adinandra hainanensis*)	*Adin_h*	30 年次生林	乔木	0.46	0.05	0
银柴(*Aporusa dioica*)	*Apor_d*	30 年次生林	乔木	22.43	3.77	0.03
黄牛木(*Cratoxylum cochinchinense*)	*Crat_c*	30 年次生林	乔木	2.54	0.29	0
子楝树(*Decaspermum gracilentum*)	*Deca_g*	30 年次生林	乔木	2.84	0.32	0
山杜英(*Elaeocarpus sylvestris*)	*Elae_s*	30 年次生林	乔木	1.32	0.44	0.06
胡颓叶柯(*Lithocarpus elaeagnifolius*)	*Lith_e*	30 年次生林	乔木	0.44	0.16	0

续表

物种	缩写	恢复阶段	生活型	相对多度/%		
				30年次生林	60年次生林	老龄林
毛菍(*Melastoma sanguineum*)	*Mela_s*	30年次生林	灌木	2.81	0.16	0.02
乌墨(*Syzygium cumini*)	*Syzy_c*	30年次生林	乔木	4.31	0.14	0
锡叶藤(*Tetracera asiatica*)	*Tetr_a*	30年次生林	藤本	4.57	3.46	0.20
米槠(*Castanopsis carlesii*)	*Cast_c*	60年次生林	乔木	0	3.60	0
两广檀(*Dalbergia benthami*)	*Dalb_b*	60年次生林	藤本	0.36	3.68	0.78
乌柿(*Diospyros cathayensis*)	*Dios_c*	60年次生林	乔木	0.09	5.16	3.44
黄杞(*Engelhardtia roxburghiana*)	*Enge_r*	60年次生林	乔木	1.33	2.54	0.43
芳槁润楠(*Machilus suaveolens*)	*Mach_s*	60年次生林	乔木	0.91	4.09	1.83
九节(*Psychotria rubra*)	*Psyc_r*	60年次生林	灌木	7.33	14.27	0.63
翻白叶树(*Pterospermum heterophyllum*)	*Pter_h*	60年次生林	乔木	0.07	0.25	0
木荷(*Schima superba*)	*Schi_s*	60年次生林	乔木	0	0.75	0.12
丛花山矾(*Symplocos poilanei*)	*Symp_p*	60年次生林	乔木	0.01	3.10	0.26
罗伞树(*Ardisia quinquegona*)	*Ardi_q*	老龄林	灌木	3.33	4.68	8.98
托盘青冈(*Cyclobalanopsis patelliformis*)	*Cycl_p*	老龄林	乔木	0	0.49	3.21
岭南山竹子(*Garcinia oblongifolia*)	*Garc_o*	老龄林	乔木	0.57	1.88	2.83
买麻藤(*Gnetum montanum*)	*Gnet_m*	老龄林	藤本	0.29	0.42	0.81
白茶(*Koilodepas hainanense*)	*Koil_h*	老龄林	灌木	0	0.01	1.76
山橙(*Melodinus suaveolens*)	*Melo_s*	老龄林	藤本	0.02	0.11	1.92
海南暗罗(*Polyalthia laui*)	*Poly_l*	老龄林	乔木	0	0.01	0.21
油楠(*Sindora glabra*)	*Sind_g*	老龄林	乔木	0	0.06	0.77
青梅(*Vatica mangachapoi*)	*Vati_m*	老龄林	乔木	0	1.60	22.35

表6-2 幼苗功能性状的定义、单位和缩写

植物器官	性状	缩写	单位	计算公式
叶	比叶面积	SLA	$cm^2 \cdot g^{-1}$	叶面积 / 叶干重
	叶干物质比例	LMF	$g \cdot g^{-1}$	叶干重 / 植株干重
茎	比茎长	SSL	$cm \cdot g^{-1}$	茎长度 / 茎干重
	茎干物质比例	SMF	$g \cdot g^{-1}$	茎干重 / 植株干重
根	比根长	SRL	$cm \cdot g^{-1}$	根长度 / 根干重
	根干物质比例	RMF	$g \cdot g^{-1}$	根干重 / 植株干重

6.1.1　不同恢复阶段幼苗功能性状的变化

在 3 个恢复阶段的幼苗平均高度没有显著差异($p=0.32$)。多数幼苗功能性状在不同恢复阶段有显著变化(图 6-1)。老龄林幼苗的 SLA、SSL 和 SRL 低于 30 年和 60 年次生林,两个次生林之间没有显著性差异。LMF 随着恢复时间的增加而显著增加,而 RMF 随恢复逐渐降低。SMF 则在 3 个恢复阶段没有显著差异。

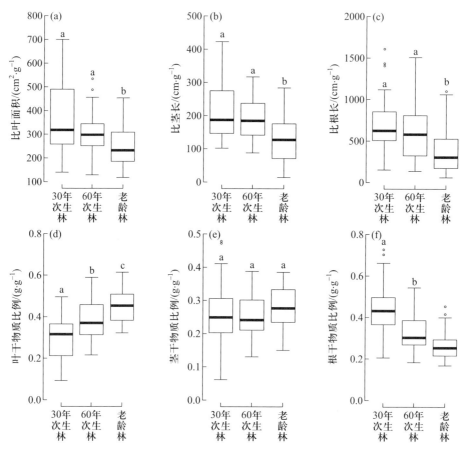

图 6-1　不同恢复阶段幼苗功能性状的变化箱线图

图上不同字母(a、b、c)表示两者有显著差异($p<0.05$)

生长速度快的早期种占有高资源环境,它们的功能性状使其能够迅速生长,增强与邻近个体的竞争能力,占据日益增长的冠层顶端(Poorter et al. 2004)。我们的研究发现,30 年次生林中的幼苗物种比老龄林物种具有更高的 SSL、SRL 和 SLA。Walters 等(1999)的研究也发现,喜光先锋物种的幼苗具有较高的 SLA 和同化率,使幼苗获取更多的光照进行光合作用,促进其生长速度。

SSL 在幼苗的适应策略中有一定的影响。高的 SSL 能够促进幼苗的高生长,以获得有利的光资源,增强竞争能力。喜光先锋物种每单位生物量生产更大的冠幅,以获取更多的光照促进其生长(Kitajima et al. 2008)。我们的研究发现,尽管各个恢复阶段幼苗高度没有显著性差异,但次生林中幼苗的 SSL 显著高于老龄林中的幼苗。普遍认为,在生长-防御权衡中,生长在资源丰富环境中的物种有一系列的性状能够使植物迅速生长,而这类植物的防御性状则比较弱(Endara et al. 2011)。由此可以推测,尽管本研究中没有具体测定幼苗的防御能力,但老龄林中的幼苗具有低的 SSL 可能是由于幼苗将更多的生物量投入到防御能力的建设中。

SRL 是关键的根系性状之一,可以表征根系吸收水分和养分的能力,是反映细根生理功能的一个重要指标。具有较大 SRL 的植物在根系生物量投入方面具有更高的效率。普遍认为,生长较快的植物通常比生长慢的植物具有较大的 SRL,并且大的 SRL 有利于植物获取水分和养分(Markesteijn et al. 2009)。本研究表明,老龄林中幼苗的 SRL 显著低于 30 年次生林中的幼苗,这说明在 30 年次生林中幼苗从土壤中吸收水分和养分的能力要强于老龄林中的幼苗。

在群落恢复过程中,限制因子是不断发生改变的,植物会将生物量分配给那些能够最大程度获得限制资源的器官(Stephenson et al. 2011)。在本研究中,不同恢复阶段幼苗的生物量分配均符合上述规律。在恢复阶段的高光照条件下,土壤水分和养分是限制资源,因此幼苗将更多的生物量投入到根系。而在郁闭的老龄林中,光照成为限制因子,因而此阶段的幼苗将生物量更多地投入到叶片中,以获取更多的光照维持光合作用。Poorter(1999)通过研究也发现,在低光环境中的植物增加了叶片生物量,降低了根系生物量。

6.1.2　不同恢复阶段幼苗功能性状的主成分分析

前两个 PCA 轴的累积解释方差比例达 74.3%(第 1 轴和第 2 轴分别为 50.4% 和 23.9%)。PCA 排序表明,不同恢复阶段的物种沿排序轴有规律分布,从左上方向右下方分别是 30 年恢复阶段物种、60 年恢复阶段物种和老龄林物种。早期物种因为有较高的 SLA、SSL 和 SRL 而聚集在左上方。老龄林中的物种有着低的 SLA、SSL 和 SRL 而聚集在排序轴的右下方(图 6-2)。

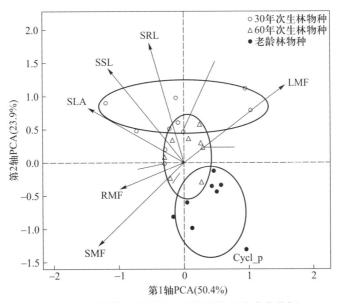

图 6-2　不同恢复阶段物种功能性状的主成分分析

在相同恢复阶段的幼苗作为一个功能群组应该具有相同的性状策略，以应对相同的环境条件（Grime 2002）。本研究结果表明，PCA 分析可以将不同恢复阶段的幼苗分成不同的功能群组，同一功能群组内的物种有相同性状组合。这说明，幼苗在恢复过程中有不同的生态策略，以应对不同的环境条件。30 年次生林中的幼苗通过高的 SMF 和 SRL 来适应干旱和高养分的环境。老龄林中的幼苗则采取了更多投资在地上器官的策略（高的 LMF 和低的 SLA）来应对低光和竞争激烈的环境。

从 PCA 排序图中还可以看出，老龄林中的物种比次生林中的物种聚集得更为紧密。这一现象可能是由以下两方面的原因引起的。首先，在老龄林中光的限制性可能比早期阶段水分的限制性更为强烈。很多研究都发现，随恢复阶段变化的性状也是那些受光照影响强烈的性状（Poorter et al. 2003；Comita and Hubbell 2009）。在恢复过程中，对光的竞争是物种演替的主要驱动力，尤其对林下生长的幼苗而言，光照显得更为重要（Tilman 1982；Toledo et al. 2011b）。Kitajima 等（2008）也认为，在群落恢复过程中，植物地上器官对光的竞争比地下器官对水分的竞争要强。其次，由于老龄林比次生林有更有限的资源，因而老龄林中的物种有更窄的生态位和更为相近的功能性状。

6.1.3 功能性状间的相互关系

对所有样本进行功能性状间的 Pearson 相关检验，结果见表 6-3。SLA 与 LMF、SSL、SMF 和 SRL 在 0.001 的水平上均呈显著正相关；LMF 与 RMF 呈显著负相关；SSL 与 SRL 呈显著正相关，SMF 与 RMF 呈显著负相关。

表 6-3 功能性状的 Pearson 相关系数

	SLA	LMF	SSL	SMF	SRL
LMF	−0.337				
SSL	0.506	−0.191			
SMF	0.355	−0.169	−0.09		
SRL	0.507	−0.101	0.618	0.08	
RMF	0.07	−0.649	0.209	−0.475	0.042

植物不同器官间以及相应功能性状的关联特征将植物及其生存环境从生态和进化的角度联系起来，为进一步研究植物功能多样性提供依据（Lavorel et al. 2002；孟婷婷等 2007）。不同生态系统和众多物种数据的综合分析表明，叶片寿命与比叶面积呈显著负相关关系（刘福德等 2007；Poorter and Rozendaal 2008；周鹏等 2010）。一般认为，比叶面积与植物的相对生长速率呈正相关关系（Poorter 1999；Rossatto et al. 2009），生长速度快，比茎长大，因此，比叶面积与比茎长显著正相关。在热带低地雨林中，光是影响植物生长发育的主要因子，植物会调节自身的功能性状（如高的比叶面积和叶干物质比例）以获取更多的光能。本研究发现，幼苗的比叶面积和叶干物质比例呈显著负相关关系。植物生物量在各器官间的分配存在着权衡，叶干物质比例和根干物质比例之间、茎干物质比例和根干物质比例之间均存在显著负相关关系。植物通过调节各器官功

能性状之间的权衡来适应生存环境。

综上所述,幼苗的功能性状随恢复时间的增加存在显著变化,幼苗通过调节自身的功能性状以及生物量分配来适应不同恢复阶段的环境。

6.2　幼苗功能性状与环境的关系随恢复阶段的变化

植物在漫长的进化和发展过程中,与环境相互作用,逐渐形成了许多内在生理和外在形态方面的适应对策,以最大程度地减小环境的不利影响(孟婷婷等 2007)。植物功能性状反映了植物的生活史策略,如何定量研究这些性状来获得物种对环境的响应信息成为植物生态学研究的主要课题。很多研究结果已经证实,环境条件对植物功能性状有显著的影响,即生长在不同环境下的植物会有一系列性状来适应多变的环境(Wright et al. 2005;Ordoñez et al. 2009)。植物功能性状与环境关系的研究,能够为我们研究生态系统功能奠定基础,为未来全球气候变化对生态系统的影响提供方法和依据。

植被群落的恢复进程反映了植被与环境之间的相互作用。环境因子影响了植物的生长和存活、种群动态,也影响了生物间的相互作用,因而对群落动态也产生一定影响(Holmgren et al. 1997;Loik et al. 2001)。反过来,群落特征也会影响环境条件(Lebrija-Trejos et al. 2010)。环境条件在群落恢复的过程中不断发生变化。例如,Lebrija-Trejos 等(2010)通过研究墨西哥热带干旱森林中环境条件随次生演替的变化规律发现,正如预测的那样,随着演替的进展,群落环境从强光照向弱光照、从干热向湿冷转变。环境条件的改变影响着物种的内在生理和外在形态的变化,使得植物在不同恢复阶段有不同的功能性状来适应环境的变化。

群落的冠层开阔度是反映林内光照条件的一个重要指标(Canham et al. 1990)。光照影响植物的生长和发育,热带雨林树种的冠层发育受光照和树高的影响,随有效辐射的降低,冠层生长速率减慢,叶伸展成本降低,比叶面积增大(Sterck et al. 2001)。光照对叶片功能性状的影响也很明显,叶片随日照的增强而逐渐减小(Wright et al. 2004b)。土壤水分和养分含量对植物功能性状同样也具有显著影响,例如,澳大利亚东南部的多年生植物的叶片宽度、比叶面积和成熟冠层高度与土壤水分、土壤全磷含量呈正相关(Fonseca et al. 2000)。Dormann 等(2002)对北极地区气候和植物响应的实验表明,土壤肥力对植物的生物量、繁殖性状、生理学、化学性状都有影响,其中对繁殖性状的影响最为明显;禾草植物功能群对肥力的反应是最强烈的。

目前,国内外对植物功能性状的研究主要集中在植物功能性状之间及不同功能群性状之间的差别上,很难反映在环境的影响下,植物功能性状对环境变化所采取的适应对策(董莉莉等. 2009)。本节以海南岛不同恢复阶段热带低地雨林群落为研究对象,测定各个恢复阶段代表物种幼苗的功能性状:比叶面积、叶干物质所占比例、比茎长、茎干物质所占比例、比根长、根干物质所占比例,并分析了其与环境因子(冠层开阔度、土壤水分、养分含量)之间的关系,探讨植物功能性状与环境因子之间的关系,揭示植被与环境因子之间的响应关系。于 2011 年 5 月晴朗无云天气,在每个 20 m × 20 m 的样方中心,使用 HemiView 冠层分析仪(HMV1 v8, Delta-T Devices Ltd,Cambridge, UK)距离地面 80 cm 的高度拍照,存为 JPG 格式。对获得的照片利用原件 GLA(gap light analyzer)进行分析,计算冠层开阔度。

土壤数据于 2011 年 5 月采样。每个样方中土壤采样点与冠层开阔度测定样点相同。在每个 20 m × 20 m 的样方中心设置一个采样点,去除土壤表层枯枝落叶层,用直径为 4 cm、深度为 20 cm 的环刀取土,并装入铝盒中。在同一地点自上而下取 20 cm 混合土样带回实验室用以测定其养分含量。测定每个铝盒中土壤样本的鲜重,然后将土样放入烘箱在 105 ℃烘干至恒重并测定土壤干重。土壤含水量根据公式(土壤鲜重−土壤干重)/土壤干重×100%计算。其余土样自然风干后测定其氮、磷、钾含量:全氮含量用凯氏定氮法测定;全磷含量用 HClO$_4$−H$_2$SO$_4$ 消化法分解样品,然后用钼锑抗比色法测定溶液中的磷含量;全钾含量用 NaOH 熔融−火焰光度法测定;速效氮、速效磷和速效钾含量分别用碱解扩散法、盐酸−氟化铵和乙酸铵提取火焰光度法测定;有机质用高温外热重铬酸钾氧化-容量法测定。

6.2.1 环境因子的变化

所有环境因子均随着恢复时间的增加显著变化,尤其是 30 年次生林和老龄林阶段(图 6-3)。30 年次生林的土壤含水量显著低于 60 年次生林和老龄林,并且在后面两个恢复阶段中差异不显著(图 6-3a)。总的来看,冠层开阔度和土壤养分含量(除土壤有效氮)有一致的变化趋势,即随着恢复时间的增加,均呈现降低的趋势(图 6-3b—h)。冠层开阔度和土壤全钾含量在 30 年次生林中最高,在老龄林中最低。土壤全氮、有效磷、有效钾含量随恢复时间的增加而显著降低。土壤全磷含量在 30 年和 60 年次生林中显著高于老龄林。

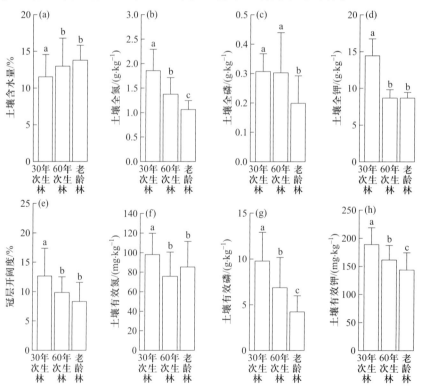

图 6-3 不同恢复阶段环境因子的变化

不同字母表示有显著差异,$p \leqslant 0.05$

正如我们所预测的,随着恢复时间的增加,群落内的光照逐渐降低,土壤水分逐渐增加,土壤养分状况和它们的供应量逐渐降低。这些环境因子的变化能够对幼苗功能性状产生重大影响(Cornwell and Ackerly 2009)。在早期的恢复阶段,由于冠层开阔度高,林冠郁闭度低,导致地面蒸发强烈,土壤含水量低。光照被普遍认为是热带森林中影响幼苗建立、生长的关键因子之一(Capers et al. 2005)。早期恢复阶段中,植物的冠层低、叶片生物量低,因而有更多的光照能够到达地面。然而,过多的光照可能会引起水分亏缺而限制幼苗生长。冠层开阔度和土壤含水量在30年次生林和老龄林中差异显著,而在60年次生林和老龄林中无显著差异。这一结果说明,群落内光照和土壤水分的巨大变化主要发生在刀耕火种弃耕地初期,恢复60年的次生林环境和老龄林已经极为相似。

土壤作为植被恢复过程中环境的主要因子,其基本属性和特征必然影响群落恢复动态,同时植物群落的变化会反作用于土壤特性,某一植被演替阶段的群落特征和土壤特征是群落和土壤协同作用的结果(孟京辉等 2010)。刀耕火种弃耕地在恢复的过程中,土壤养分是逐渐降低的。导致这一现象的原因可能与植物对土壤养分的吸收有关(Adedeji 1984)。大多数的养分储存于森林的植被中,土壤中的养分降低。

6.2.2 功能性状与环境因子之间的关系

多元回归分析表明,幼苗功能性状和环境因子之间的关系随恢复时间的增加而发生变化。土壤含水量在30年次生林中与多数功能性状密切相关,但到了老龄林阶段,与所有的功能性状均不相关。冠层开阔度在60年次生林中与功能性状均不相关,在老龄林与SLA、LMF和SMF显著相关。土壤养分,尤其是土壤中氮元素的含量在各个恢复阶段中与幼苗多数功能性状都相关(表6-4)。

本研究结果表明,在30年次生林中多数幼苗功能性状与土壤含水量密切相关,并呈正相关,说明在此阶段中土壤含水量是幼苗生长的限制因子。而在老龄林中,光照则成了限制幼苗生长的关键因子。幼苗会根据环境条件的改变,将更多的生物量投入到地上器官的建设中,因此,SLA、LMF和SMF与冠层开阔度呈显著正相关。

Santiago 等(2012)在最近的研究中发现,在土壤相对肥沃的热带雨林中,土壤中的氮、磷、钾含量能够限制植物的生长。在很多的热带林土壤研究中都发现,氮元素是植物生长、发展过程中的限制因子(Graefe et al. 2010)。本研究结果和这些结论一致,即使在氮元素相对丰富的热带林中,植物仍然能够使用更多的氮元素。因此,幼苗功能性状在60年次生林和老龄林中均与土壤有效氮含量呈正相关。

在磷元素亏缺的土壤环境中,植物用于合成单位干物质的叶面积小,导致光合作用能力小(Wright et al. 2001)。土壤有效磷含量和SRL之间的负相关关系说明,在磷元素相对丰富的30年和60年次生林中,幼苗不会对获取磷元素的根系组织建设投入太多;而在老龄林中,幼苗会对磷元素的获取组织投资更多。

钾元素是植物细胞中最丰富的物质(Santiago et al. 2012)。我们的研究结果表明,土壤中钾元素的含量对幼苗的功能性状有很大的影响。在60年次生林和老龄林中,土壤全钾含量和SRL呈显著负相关。在30年次生林中,土壤有效钾含量和RMF显著负相关。Santiago 等(2012)发现,对5种热带树种幼苗追施钾肥有助于幼苗增加地上器官的生长而降低根系的生长。这些结果说明,钾元素的获取与幼苗地上和地下器官的生长之间有内在联系。

表6-4   不同恢复阶段幼苗功能性状与环境因子之间多元逐步回归分析

恢复阶段	性状	环境因子								p
		SWC	CO	TN	AN	TP	AP	TK	AK	
30年次生林	SLA	0.18	-0.13	—	—	0.34	—	0.22	—	<0.00
	LMF	0.97	—	0.34	—	—	-0.18	—	—	<0.001
	SSL	—	—	0.38	—	0.41	—	—	—	<0.00
	SMF	—	-0.233	0.37	—	—	—	—	—	0.06
	SRL	0.41	—	0.66	—	—	-0.21	—	—	<0.001
	RMF	0.42	—	—	—	0.32	—	—	-0.57	<0.001
60年次生林	SLA	—	—	-0.09	0.18	—	—	0.27	-0.19	<0.00
	LMF	—	—	—	—	—	-0.15	—	—	0.11
	SSL	—	—	—	—	0.23	—	—	—	<0.001
	SMF	—	—	—	—	—	-0.31	—	—	0.12
	SRL	—	—	—	—	0.32	-0.29	-0.79	—	0.02
	RMF	—	—	-0.55	0.31	—	—	—	—	<0.001
老龄林	SLA	—	0.24	—	0.12	—	—	0.49	—	<0.001
	LMF	—	0.52	0.27	—	—	—	—	0.20	0.03
	SSL	—	—	—	0.53	—	—	—	—	0.06
	SMF	—	0.14	—	0.29	0.09	0.12	—	-0.23	0.01
	SRL	—	—	-0.24	0.87	—	0.31	-0.79	—	0.00
	RMF	—	—	—	0.28	-0.14	—	—	-0.80	0.04

幼苗茎干的功能性状和环境因子之间的关系是复杂的。由于茎干是与机械支持、养分运输和储存有关的植物器官,因而它与资源的获取和植物适应策略关系不大(Meinzer 2003)。但在本研究中,SSL对幼苗的适应策略有一些影响。SSL在30年次生林中较高,且与土壤全氮、全磷含量呈正相关,这些因子对幼苗的茎生长有显著影响。SSL在60年次生林中与土壤全磷含量呈正相关。到了老龄林阶段,幼苗SSL较低,除了与AN正相关外,与其他环境因子均不相关,这是因为到了该阶段,幼苗将更多的资源投入到防御和耐阴性策略中。

在分析物种沿环境梯度分布的PCA排序图中可以看出,物种和环境因子之间有显著的相关关系(图6-4)。土壤含水量、土壤全氮、全钾、有效磷、有效钾含量和冠层开阔度与排序轴的第1轴显著相关。与第2轴显著相关的环境因子是土壤全磷、有效钾和有效氮含量。排序结果说明,不同恢复阶段的物种沿排序轴有规律地排列,位于右边的物种生活在土壤含水量低、养分含量高和光照条件好的30年次生林环境中。排序轴的左边则分布着生活在土壤含水量高、养分含量低和低光照环境中的中、后期种。

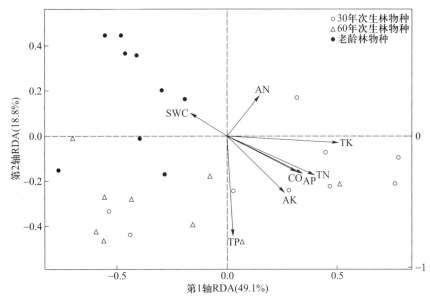

图 6-4 不同恢复阶段幼苗功能性状和环境因子的主成分分析

由于不同恢复阶段幼苗生长的生物和非生物条件有很大的差异,每个阶段的环境因子通过影响幼苗性状对幼苗的增补动态有环境筛的作用(Lebrija-Trejos et al. 2011)。生长在相同恢复阶段环境中的幼苗应该有相似的功能性状以应对环境条件。本研究结果表明,基于幼苗功能性状可以将不同恢复阶段的物种划分成不同的功能群。不同恢复阶段的幼苗功能群在生物量投资方面存在权衡,它们将更多的生物量投资到能够获取限制资源的器官上。为了适应恢复过程中环境因子的变化,30 年次生林中的幼苗将更多的生物量投资到根系中,以吸收更多的土壤水分。老龄林中幼苗将更多的生物量投入地上器官,以适应低光照和高竞争压力的环境。

Poorter(2007)发现,物种受幼苗更新生态位的影响比成年个体生态位的影响还要强,这说明虽然幼苗阶段很短暂,但它对物种的生长和发展具有长期影响。本研究中,不同恢复阶段幼苗这一系列的性状组合,使得演替后期物种比先锋物种有更长的寿命,更能适应老龄林中的环境条件,从而将先锋物种逐步替代,形成演替动态。

6.3 幼苗功能性状随生活型和高度的变化

在各种植物功能性状中,与植物生长和更新关系最为密切的是硬性状(hard trait),如光合能力、生长速度等(Cornelissen et al. 2003b)。然而在实际操作过程中,硬性状的有效获取存在诸多困难。因此生态学家较多地采用了那些便于测量的软性状(soft trait)来研究物种对环境的适应方式及物种共存(Lavorel et al. 2002;Wright et al. 2004b)。在生长发育过程中,植物总是不断地调整其生长和生物量的分配策略来适应环境(Markesteijn et al. 2009),生活型是植物对综合生境长期适应后在其外部形态、结构以及生理上表现出具有一定稳定性的特征。不同生长阶段和生活型的植物对环境有不同的适应方式(Kyle et al. 2009;Zhu et al. 2009b)。

热带林是森林中生物多样性最为丰富的植被类型,对人类社会的可持续发展有重要的意义和价值,同时也是受人为干扰影响严重的类型(MacKinnon 2005)。有关热带森林的研究已经成为热点,如关于热带雨林生物多样性维持机制的相关假说与理论的讨论(Connell 1978;Wright et al. 2002),热带雨林生物多样性研究(ter Steege et al. 2001;李宗善等 2004;Pennington et al. 2009),以及热带雨林树种幼苗组成、空间分布的研究(Albrecht et al. 2009;李晓亮等 2009)。在热带雨林中,幼苗库是森林生态系统的一个重要组成部分,它们在物种多样性的维持、群落演替以及森林树种受干扰后的前期更新等过程中发挥着重要作用(Swamy et al. 2011)。尽管幼苗在群落中所利用的资源和占据的空间较少,但是幼苗更新格局决定了未来的物种组成和群落结构(Connell et al. 2000)。种源距离、立地条件等供应方过程(supply side process)能够显著影响幼苗更新(Connell et al. 2000),但是幼苗本身的功能性状同样具有重要作用。例如,比叶面积低、种子质量大的植物幼苗通常在低光照环境下(演替后期和老龄林中)具有更强的存活率(Poorter and Rose 2005)。因而研究幼苗的功能性状能够更好地解释群落更新机制及其未来的群落发展趋势。而且相对于热带树木成年个体,幼苗的功能性状更容易获取。另外,植物个体在不同的生长阶段中也表现出功能性状的变化,这种适应策略的变化对于研究群落恢复中物种更替过程同样也具有重要作用。

本节选取海南岛霸王岭热带低地 27 个代表物种的幼苗作为研究对象,基本代表了该地区主要的物种,对这些物种的主要功能性状进行测定,通过对功能性状的分析比较,探讨不同植物的生态适应性和生态功能。为了便于研究,将所有物种按生活型划分为乔木、灌木和藤本,其中乔木 19 种,灌木 4 种,藤本 4 种。为了观察幼苗在不同生长阶段各功能性状所表现出来的差异,将这些胸径小于 1 cm 的幼苗按照高度(H)划分为 4 个等级,第 Ⅰ 级:5 cm ≤ H < 20 cm;第 Ⅱ 级:20 cm ≤ H < 40 cm;第 Ⅲ 级:40 cm ≤ H < 80 cm;第 Ⅳ 级:80 cm ≤ H < 120 cm,在一定程度上能够近似代表 4 个不同的生长阶段。在每个样地周边,对所有物种的各等级幼苗分别取 5 株个体,取样时用修枝剪从地面将植物的地上部分取回,并将取回的植株茎、叶分离。

6.3.1 不同生活型幼苗功能性状比较

比较各个恢复阶段不同生活型幼苗的功能性状发现,4 个功能性状在不同生活型之间均达到显著性差异。多重比较结果表明,比叶面积排序为:灌木<乔木<藤本,在乔木和灌木之间差异不显著,均与藤本存在显著差异。叶干物质比例表现出藤本>灌木>乔木的趋势,乔木和灌木之间无显著差异,藤本和另外两种生活型之间均存在显著差异。比茎长在不同生活型之间均达到显著差异,且藤本>乔木>灌木。乔木和灌木的茎干物质比例无显著差异,均与藤本达到显著性差异,表现出灌木>乔木>藤本的趋势(图 6-5)。

热带林植物的种类组成复杂多样,生活型除了乔木和灌木外,还有藤本植物、棕榈和附生植物等。这些不同生活型的植物与生境的水分、光照等多种非生物因子相关,以不同方式响应热带林的环境条件(Ewel et al. 1996;Toledo 2010)。

功能性状在不同的生活型之间有差异,说明各生活型的植物以不同的方式适应环境条件。比叶面积可以反映植物获取资源的能力,生长在资源较为丰富的环境中的物种通常具有高比叶面积,而低比叶面积的植物能够更好地适应干旱和高光强环境(Cornelissen et al. 2003a;Kattge

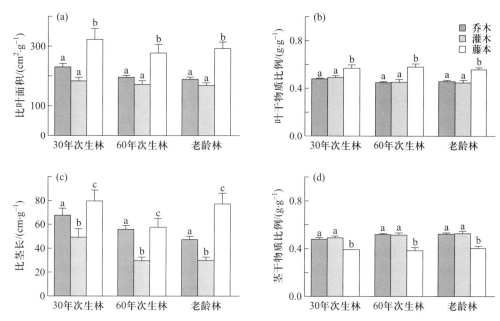

图 6-5　幼苗功能性状在不同生活型之间的差异

图中不同字母(a、b、c)表示差异显著($p<0.05$)

et al. 2011)。比叶面积与物种的分布格局紧密相关(Roy et al. 2006)。本研究中,乔木和灌木植物的幼苗有相对较低的比叶面积,其叶寿命相对较长,不断累积叶面积,提高光截获能力,在一定程度上使得林下植物获得高的能量积累,这是乔灌木能在林下生存、生长的重要途径。藤本植物幼苗有相对较高的比叶面积,这也符合藤本植物多分布在光资源较为丰富的林隙中的结论(Putz 1984b;Schnitzer et al. 2002)。乔木和灌木是热带雨林的主体部分,与藤本植物相比,它们将更多的生物量分配给茎干(高的茎干物质比例),以促进其高生长。光照是限制藤本植物生长的主要因子(Letcher et al. 2009a),它们为了截获光能而将更多的生物量分配给叶片(高的叶干物质比例)。另有研究表明,藤本植物以最少的投资用于支柱建造,并获得最大的光合作用空间,如藤本植物的茎生物量仅为森林地面生物量的5%,而叶面积却占整个森林叶面积的40%(Schnitzer et al. 2002)。藤本植物在建立的最初阶段不需要支持木,但几年后为了获得更大的光合作用面积开始攀缘于邻体的乔、灌木,这是由于藤本植物依赖于支持木生长来获得最大的高度,因此本研究发现,藤本植物的茎干物质比例是3种生活型中最小的。

6.3.2　不同生活型内幼苗功能性状随高度的变化

在不同的恢复时间群落内,乔木、灌木和藤本植物的比叶面积均表现出相同的变化趋势,即在最初的生长阶段有最大值,随后显著减小,在后面3个高度级内变化不显著。乔木和灌木幼苗的叶干物质比例随着幼苗的生长表现出逐渐降低的趋势,在各阶段之间均达到显著差异。藤本植物幼苗的叶干物质比例则表现出与乔木和灌木幼苗相反的变化趋势,即随着幼苗的生长逐渐升高(图 6-6)。

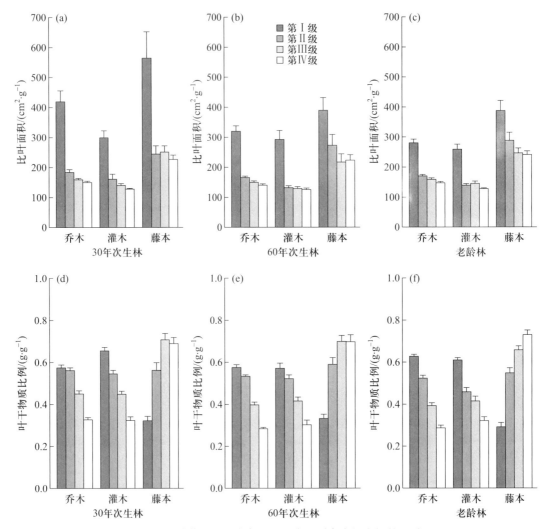

图 6-6　幼苗叶性状在各生活型内不同高度级之间的差异

在不同的恢复时间群落内,乔木、灌木和藤本植物的比茎长均随着幼苗的生长逐渐降低,最大值出现在幼苗最小阶段。乔木和灌木幼苗的茎干物质比例随着幼苗的生长显著升高,而藤本植物幼苗的茎干物质比例逐渐降低 (图 6-7)。

植物个体在发育过程中,由于所处环境的不断变化或自身的不断调节,植物功能性状在不同的生长阶段会发生较大变化(Osunkoya 1996)。本研究结果表明,4 个功能性状在不同的生长阶段均存在显著差异。比叶面积随着生长阶段逐渐减小,在最初的生长阶段幼苗的比叶面积最高,说明在这一阶段的幼苗有着相对较高的光能量捕获能力,相对生长速率高。这可能是由于这一阶段的幼苗主要靠种子提供的营养来维持生长,因此资源相对充足,植物个体迅速生长。随着植物个体高度的不断增加,其所处环境的光强也逐渐增加,光环境得到改善,从而比叶面积降低。低比叶面积的叶片比较坚硬,有较强的化学防御能力,而且寿命较长,有利于幼苗在低光的环境中生存(Kitajima 1994)。

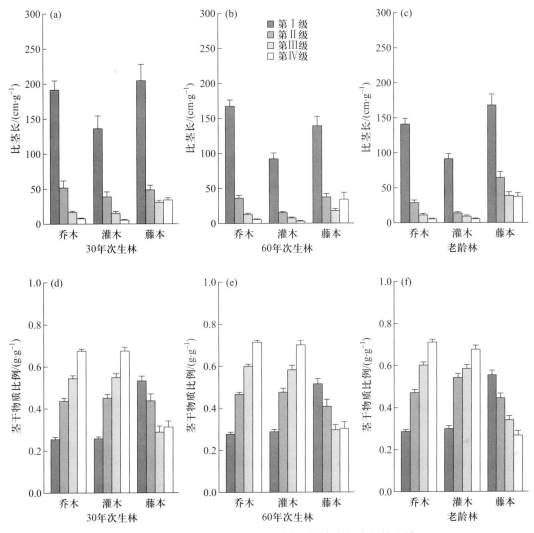

图 6-7　幼苗茎性状在各生活型内不同高度级之间的差异

　　在整个生长发育过程中,植物不同的功能器官对有限资源的利用始终存在着竞争(Westley 1993)。植物只有通过优化生长、维持和繁殖等方面的资源分配适应环境,才能生存(张大勇 2000)。我们的研究结果表明,随着生长阶段的变化,乔木和灌木幼苗的叶干物质比例逐渐降低,而茎干物质比例逐渐增高,并且在 4 个生长阶段有显著差异。在最初的生长阶段,幼苗生长在林冠底层这样的低光环境中,光是幼苗生长的限制因子,幼苗会把更多的生物量分配给叶片(Pons 1977),同时减少茎、枝的呼吸(O'Connell et al. 1994)。高的叶干物质比例有利于幼苗截获更多的光能。在随后的生长阶段中,随着幼苗高度的增加,光环境得到改善,幼苗将更多的生物量投入到茎干上,这有利于它们长高,避免被周围的植物遮蔽(Mori et al. 2004)。同时对茎干投入的增加加强了物理强度,也是对随苗高增加而增加的风胁迫和重力胁迫的一种适应。藤本植物的叶干物质比例随着幼苗的高生长逐渐升高,而茎干物质比例逐渐降低,说明藤本植物在生长过程中,越来越将更多的生物量投资于叶片,以获得最大的光合作用,同时以最少的投资用于支柱建造。

比茎长大的植物比比茎长小的植物有更快的生长速度（Roderick 2000）。我们的研究结果说明，随着生长阶段变化，热带低地雨林中的幼苗在最初的阶段有较高的生长速度，在随后的几个生长阶段中，幼苗比茎长逐渐降低，生长速度减慢。最初生长阶段的幼苗选择大比茎长这种生态策略，收到的效益可能更大，这一阶段的幼苗更注重高生长，以避免被其他植株遮蔽，从而获得更多的光资源。

综上所述，幼苗在不同的生长阶段有不同的功能性状特征以适应各个阶段中资源环境的变化，在不同的生长阶段，幼苗通过调整自身的比叶面积、比茎长以及叶、茎生物量分配来维持自身的存活和生长。不同生活型的植物通过调整功能性状实现在热带低地雨林中的共存。

6.4 幼苗层与成年树层功能性状的关系

很多生物学过程随着植物个体和年龄的生长发生改变。有研究表明，植物功能性状随着个体发育逐渐改变，例如，树木比茎密度随着植株胸径的增大而逐渐降低（Poorter et al. 2008b）。性状和生长速率之间的关系对大树来说要强于幼苗（Westoby et al. 2002；Wright et al. 2002），说明不同的性状在植物生长发育过程中的重要性不同。例如，比叶面积在幼苗生长阶段是物种间相对生长速率差异的主要驱动因子，因为它决定了叶面积的大小（Poorter 1999）。相反，随着植株的生长比叶面积逐渐降低，并且与成年树的生长速率并不相关（Poorter 2007），这可能是由于成年树的叶片总面积是由分生组织的数量决定的，而不是由比叶面积决定的。然而，人们对功能性状在植物生长过程中的变化关注较少。研究植物在个体发育过程中性状的变化对了解植物如何调节生活史策略以适应环境有重要作用（Cavender-Bares et al. 2000；Thomas et al. 2002）。

很多功能性状被认为对植物的表现和策略有重要作用。植物的权衡策略不仅是生态群落结构构建的基础，还有助于物种共存和多样性的维持（Lavorel et al. 2012）。对于热带树木而言，一个重要的生活史策略是生长和存活之间的权衡（Alder et al. 2002）。Kitajima（1994）指出，植物的生长-存活权衡反映了相对资源的分配，如为了提高存活，植物会将更多的资源分配给与其存活相关的性状，如高的比茎密度来增强植物对病虫害的防御能力。虽然热带林木本植物的幼苗和幼树均表现出同样的生长-存活权衡格局（Kitajima 1994；Gilbert et al. 2006），但物种在不同的生长发育阶段是否占据相同的生态位目前还不清楚。一些研究指出，热带树木的生态策略会随着其生长发生变化（Clark et al. 1999；Poorter et al. 2005）。个体发育生活史策略的改变与物种始终占据同样的生态位这一假说并不一致；相反，生态策略在生长发育过程中的改变说明植物在生长发育过程中所占据的生态位可能是多维度的（Gilbert et al. 2006）。以功能性状为基础，研究植物在生长发育过程中生长-存活策略的变化，有助于了解群落动态过程。本节以海南岛霸王岭热带低地雨林不同恢复阶段群落为对象，系统地分析比较了幼苗层和成年树层功能性状的差异和关系，以及幼苗层和成年树层功能性状对环境因子的响应，旨在为进一步理解热带林群落功能多样性提供依据。

6.4.1　幼苗层和成年树层功能性状之间的关系

对于幼苗层和成年树层功能性状之间的线性回归分析表明,除了比叶面积外,其余功能性状在幼苗层和成年树层之间均存在显著线性关系。成年树层的叶干物质含量和比茎密度均随幼苗层叶干物质含量和比茎密度的增加而增加(图6-8)。

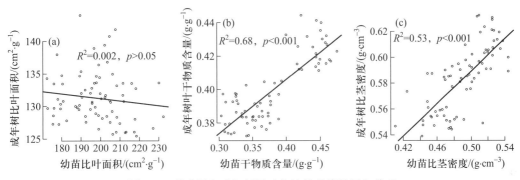

图6-8　幼苗层与成年树层功能性状的线性回归关系

研究结果表明,幼苗层和成年树层的功能性状有显著差异。幼苗层的比叶面积显著高于成年树层,而叶干物质含量和比茎密度则显著低于成年树层。关于幼苗层和成年树层功能性状差异的解释主要包括两个方面:首先,这是由物种个体发育特征引起的,即植物在不同的发育阶段有不同的生态策略;其次,这些差异在一定程度上是由幼苗层和成年树层所占据的微环境不同造成的。普遍认为,比叶面积随着植物个体发育的进程逐渐降低(Sezgin et al. 2004;Niklas et al. 2010)。幼苗的高比叶面积有利于其快速生长,而成年树具有较低的比叶面积,其叶片比较坚硬,有较强的化学防御能力,而且叶片寿命较长。成年树高的叶干物质含量有助于叶片抵抗物理伤害,而幼苗的低叶干物质含量有助于其快速生长(Saura-Mas et al. 2009)。本节研究的结果显示,幼苗层和成年树层虽然在功能性状方面存在显著差异,但除了比叶面积以外,其他性状均呈线性相关关系,说明植物的功能性状在其个体发育过程中有一定的遗传性(Marks et al. 2006)。

虽然个体发育变化(ontogenetic shift)已经引起了学者们的关注,但是关于植物的生活史策略和生态位在发育过程中如何变化还没有达成一致(Gilbert et al. 2006)。例如,Wright 等(2003)研究发现,植物的死亡率在个体生长发育过程中并没有显著变化。相反,Clark 和 Clark(1999)的研究表明,植物的最大生长能力(maximum growth capacity)表现出生长发育变化。导致这些研究结果不同的原因可能是研究者在研究方法、选择的变量、大小级别划分及物种选择标准不同。还有一个重要的不同是研究者所关注的是绝对变化还是相对变化。Clark 和 Clark(1999)的研究中使用的是生长和死亡的绝对变化,因而得到的结论是植物在生长发育过程中所需的光环境有显著变化。分析单一物种在幼苗和幼树阶段的功能性状变化常常会得出性状随生长发育阶段显著变化的结论,这是因为很多物种在不同的生长阶段表现出的特性也发生变化。本研究是在群落水平上,选择相对多度达到50%以上的多个物种,并以物种的相对多度为加权计算幼苗层和成年树层的功能性状值,研究结果表明,幼苗层和成年树层的功能性状存在显著差异,这支持了个体发育变化理论。

6.4.2　幼苗层和成年树层功能性状之间的差异

在幼苗层和成年树层之间,比叶面积、叶干物质含量和比茎密度均有显著性差异。幼苗层的比叶面积显著高于成年树层,而叶干物质含量和比茎密度则显著低于成年树层(图6-9)。

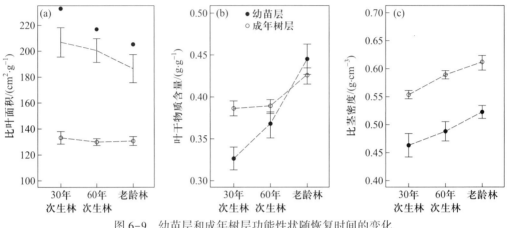

图6-9　幼苗层和成年树层功能性状随恢复时间的变化

普遍认为,植物的功能性状与生长速率之间存在相关性,能够很好地反映植物的生长-存活权衡策略。例如,Poorter等(2006)通过研究季雨林物种的叶性状和植物生长、存活率之间的关系发现,植物在其生长和存活之间存在权衡,并且叶性状能够很好地反映植物的这种权衡策略。Sterck等(2006)将叶性状引入以碳为基础的植物生长模型,来分析叶性状对群落水平上植株生长和死亡的响应,结果表明,叶性状的改变能够反映植物的生长-存活策略。叶干物质含量与植物的存活率呈正比,高的叶干物质含量使得植物叶片硬,防御能力强(Jung et al. 2010)。比茎密度与物种的生长速率负相关,这是因为比茎密度高的植物将更多的能量投资木材的组成而使生长受到限制,因而高的比茎密度能够增强植物的防御能力,使其有较高的存活率(Osunkoya et al. 2007)。本研究结果表明,幼苗层具有高的比叶面积、低的叶干物质含量和比茎密度,说明幼苗层将更多的能量投资于快速生长,而减少本身对病虫害的防御能力,导致幼苗层死亡率高于成年树层;成年树层有较低的比叶面积、较高的叶干物质含量和比茎密度,说明成年树层有较高的存活率。这些性状的变化表明,植物在个体发育过程中存在生长-存活的权衡变化,以便更好地适应生活史中环境的变化。

6.4.3　幼苗层和成年树层功能性状随恢复时间的变化规律

随着恢复时间的增加,幼苗层和成年树层的功能性状基本表现出一致的变化规律(图6-9)。幼苗层比叶面积随恢复阶段逐渐降低,成年树层比叶面积在30年次生林中较高,在60年次生林和老龄林中较低;幼苗层和成年树层的叶干物质含量均随恢复时间的增加显著升高;幼苗层和成年树层的比茎密度也随着群落的恢复而逐渐升高。

6.4.4 幼苗层和成年树层功能性状与环境因子的关系

幼苗层和成年树层功能性状对环境因子的响应基本一致,但也存在差异(表6-5)。在30年次生林中,幼苗层和成年树层的比叶面积均与冠层开阔度负相关,与土壤全磷、全钾含量正相关,幼苗层的比叶面积还与土壤含水量显著正相关;幼苗层和成年树层的叶干物质含量与土壤含水量均呈负相关,成年树层的叶干物质含量还与土壤有效钾含量呈负相关;幼苗层的比茎密度与土壤含水量和土壤全磷含量相关,成年树层的比茎密度与土壤有效磷、钾含量相关。60年次生林中,幼苗层和成年树层的比叶面积均与土壤养分含量相关;叶干物质含量均与土壤全氮、钾含量相关,成年树层的叶干物质含量还与土壤含水量负相关;幼苗层的比茎密度与土壤全氮、钾含量相关,成年树层的比茎密度与环境因子关系不显著。老龄林中,幼苗层的比叶面积与冠层开阔度、土壤有效氮、全钾含量相关,叶干物质含量和比茎密度与环境因子关系均不显著;成年树层的比叶面积与土壤含水量、土壤全氮含量相关,叶干物质含量与冠层开阔度、土壤全氮含量相关,比茎密度与土壤含水量相关。

表6-5 幼苗层、成年树层功能性状与环境因子之间的关系

恢复阶段	性状		环境因子							
			SWC	CO	TN	AN	TP	AP	TK	AK
30年次生林	SLA	幼苗层	0.18	−0.13	—	—	0.34	—	0.22	—
		成年树层	—	−0.09	—	—	0.12	—	0.19	—
	LDMC	幼苗层	−0.22	—	—	—	—	—	—	—
		成年树层	−0.04	—	—	—	—	—	—	−0.04
	SSD	幼苗层	−0.16	—	—	−0.22	—	—	—	—
		成年树层	—	—	—	—	—	0.02	0.05	−0.03
60年次生林	SLA	幼苗层	—	—	0.09	—	—	—	0.27	−0.19
		成年树层	—	—	0.10	—	—	0.02	0.24	−0.12
	LDMC	幼苗层	—	—	−0.10	—	—	—	−0.20	0.20
		成年树层	−0.05	—	−0.05	—	—	—	−0.32	0.12
	SSD	幼苗层	—	—	−0.10	—	—	—	−0.17	0.17
		成年树层	—	—	—	—	—	—	—	—
老龄林	SLA	幼苗层	—	0.24	—	0.12	—	—	0.49	—
		成年树层	0.07	—	−0.07	—	—	—	—	—
	LDMC	幼苗层	—	—	—	—	—	—	—	—
		成年树层	—	0.03	−0.04	—	—	—	—	—
	SSD	幼苗层	—	—	—	—	—	—	—	—
		成年树层	0.05	—	—	—	—	—	—	—

早在 19 世纪,生态学家及植物学家就开始关注植物性状,发现部分性状对环境变化有很好的响应和适应表现,如沿着从湿润到干旱的环境梯度,植物叶片会由大变小(Wright et al. 2001)。植物功能性状作为连接植物与环境的桥梁,对两者的研究具有重要的作用。幼苗层和成年树层功能性状在三个恢复阶段中均表现出相同的变化趋势,比叶面积逐渐降低,叶干物质含量和比茎密度逐渐升高。在次生林中,幼苗层和成年树层功能性状与环境之间的关系基本一致,而在老龄林中关系有所差异。在植物系统发育过程中的尺度推移最早是由 Bazzaz(1996)提出的,他们根据幼苗对某些环境因子的响应来推测成年树的反应。Cavender-Bares 等(2000)通过研究红橡木(*Quercus rubra*)幼苗层和成年树层对干旱的生态适应策略发现,红橡木在不同的发育阶段对干旱的适应方式并不相同,幼苗比成年树更容易受到干旱胁迫。这些研究结果说明,系统发育中的尺度推移效应在不同的环境条件下有所差异。对不同发育阶段的植物进行功能性状的研究可以为尺度间互推关系的研究奠定基础,从而实现用小尺度易测性状来推测大尺度系统的性质及其对环境变化的功能响应(Englund et al. 2008)。对不同发育阶段的植物个体产生相同作用的环境因子可能是影响整个发育过程的恒定因素,这些恒定因素也使得尺度推移更容易实现。

综上所述,在本研究中,虽然幼苗层和成年树层的功能性状存在显著差异,但随着恢复时间的增加,幼苗层和成年树层的功能性状变化趋势表现出一致性。在次生林中,幼苗层和成年树层的功能性状与环境之间的关系基本一致,说明在霸王岭林区低地雨林内,虽然幼苗功能性状并不能代表成年树性状,但可以根据幼苗的功能性状推测成年树功能性状随恢复阶段的变化趋势,并且在次生林中,根据幼苗的功能性状推测成年树功能性状对环境因子的响应是可行的。

6.5　幼苗物种丰富度与多度的自然恢复规律

物种丰富度与多度是包括了群落中物种数量、种的个体数及其所占比例的综合概念,在一定程度上反映了群落组成结构的复杂性和稳定性,也是物种多样性的重要指标。丰富度和多度是生态系统发挥生态服务功能的基础,因此研究物种丰富度和多度对深入了解生态系统的组成、功能、恢复动态和稳定性都具有重要意义。物种多样性往往会随群落的恢复过程而发生相应的变化(Zhu et al. 2009a),同样,物种丰富度和多度的变化也会影响群落演替的方向与进程(van Breugel et al. 2006;Comita et al. 2010)。物种多样性的恢复是植被和生态系统恢复过程最重要的特征之一,研究自然植被恢复过程中物种多样性的变化和发展,对于加快生态系统的恢复与重建具有十分重要的意义(熊文愈等 1989)。

热带林的群落结构和多样性是我们认识热带林生态功能的基础(臧润国等 2002)。针对热带森林结构与动态已开展了大量的工作,近年来热带林生物多样性及其形成与维持机制已成为生态学的焦点(臧润国等 2001;Wacker et al. 2009;Ruijven et al. 2010)。这些研究大大推动了群落生态学理论的发展,同时也为热带林生物多样性和生态系统保育提供了科学依据。幼苗库是森林植物种群动态和森林更新的一个重要环节,是森林生物多样性维持的一个重要方面(Capers et al. 2005;Teegalapalli et al. 2010)。本节通过对不同恢复阶段幼苗多度、丰富度以及物种相似性进行比较分析,并探讨幼苗物种丰富度与环境之间的关系,寻找热带低地雨林恢复过程中幼苗层多样性的变化规律,为海南岛热带低地雨林的更新及恢复工作提供科学依据。根据高度将幼苗划分为 3 个等级,第 I 高度级 $H<30$ cm,第 II 高度级 30 cm$\leq H<60$ cm,第 III 高度级 $H\geq 60$ cm,这三个高度等级在一定程度上能够近似代表四个不同的生长阶段。

6.5.1 恢复过程中幼苗累积速度

老龄林的幼苗拥有较快的种-面积和种-个体累积速度,30 年次生林的幼苗累积速度较慢(图 6-10a、b)。在种-多度等级分布曲线中(图 6-10c),30 年次生林表现出一定程度的波动,而老龄林的分布曲线相对平缓。在 3 个恢复阶段中,低密度种均占据较大比例,以老龄林为最大,30 年次生林最小,60 年次生林居中。

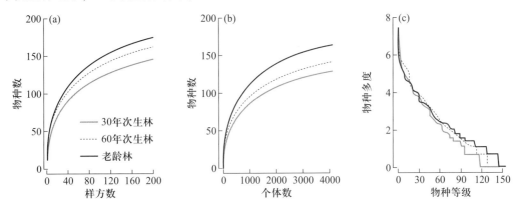

图 6-10　不同恢复时间次生林和老龄林中幼苗的种-面积曲线、种-个体累积曲线、种-多度等级分布曲线

6.5.2 恢复过程中幼苗丰富度和多度的变化

从 30 年次生林到老龄林,群落内幼苗多度呈现先增加后降低的趋势,在 60 年次生林阶段达到最高值,并且 60 年次生林和老龄林中幼苗多度达到显著性差异(图 6-11a)。随着恢复阶段的推进,幼苗物种丰富度也呈现先增加后降低的趋势,最小值出现在 30 年次生林,且与后面 2 个恢复阶段差异显著;60 年次生林与老龄林的物种丰富度差异不显著(图 6-11b)。虽然 60 年次生林幼苗多度与 30 年次生林没有显著差异,物种丰富度与老龄林没有显著差异,但从总体上看,幼苗多度和丰富度随恢复时间的增加均呈现先增加后降低的趋势。

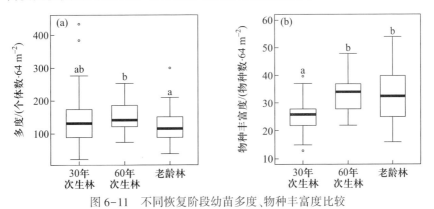

图 6-11　不同恢复阶段幼苗多度、物种丰富度比较

森林群落在干扰后的恢复过程中,随着恢复时间的延长,群落的组成和多样性特征在逐渐改变(van Breugel 2007;Chazdon 2008b)。Aiba 等(2001)对日本南部地区暖温带老龄林和皆伐后更新起来的次生林(41~64 年生)的比较研究发现,次生林比老龄林具有更大的物种多样性。在我国西北亚高山暗针叶林区的研究也有相似的结论,随着森林的恢复,物种丰富度显著增加(温远光等 1998;马姜明等 2007),恢复后期物种多样性则呈下降趋势(高贤明等 2001;李裕元等2004)。中度干扰是生物多样性维持中的一个很重要的理论,也是一个最理想的群落存在状态(Connell 1978)。中度干扰假说的第二个假定是在干扰发生后演替的中期,物种的丰富度达到最高,后期演替种将完全取代早期演替种。我们的研究结果表明,海南岛热带低地雨林不同恢复阶段群落类型中,幼苗多度和物种丰富度随着恢复时间呈现先增加后减少的趋势,最大多度和物种丰富均出现在恢复 60 年的阶段。说明海南岛不同恢复阶段幼苗丰富度符合中度干扰假说。从幼苗相似性系数来看,恢复 30 年的群落与老龄林相似性最低,而恢复 60 年的群落与老龄林相似性较高,表明 60 年次生林的幼苗与老龄林最接近。

6.5.3　不同恢复阶段群落相似性与 NMS 排序

在三个不同恢复阶段的幼苗层之间,30 年次生林与老龄林相似性最低(0.45),而 60 年次生林与老龄林相似性较高(0.65)(表 6-6)。NMS 第 1 轴也可区分不同恢复阶段幼苗层。老龄林幼苗位于第 1 轴的最左侧,60 年次生林位于中间,30 年次生林位于最右侧(图 6-12)。

表 6-6　不同恢复时间次生林和老龄林 Sørensen 相似性系数

	30 年次生林	60 年次生林	老龄林
30 年次生林	1		
60 年次生林	0.59	1	
老龄林	0.45	0.65	1

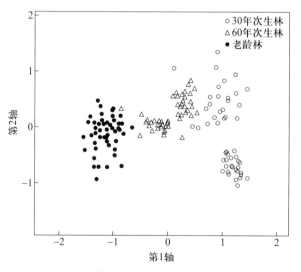

图 6-12　不同恢复阶段幼苗的无度量多维标定图

6.5.4 物种丰富度与环境因子的关系

以各恢复阶段的幼苗多度为因变量，以环境因子为自变量进行逐步回归筛选，所得回归方程如下：

30 年次生林 $\quad y = 4.44 - 1.69TP - 0.62TK \quad (R^2 = 0.33, p < 0.001)$

60 年次生林 $\quad y = 4.84 + 1.13TK - 0.45AK \quad (R^2 = 0.29, p < 0.001)$

老龄林 $\quad y = 9.46 + 0.30TP - 0.87AK \quad (R^2 = 0.22, p < 0.01)$

由方程可知，影响 30 年次生林幼苗多度的环境因子主要包括土壤全磷含量（TP）和全钾含量（TK）；影响 60 年次生林幼苗多度的环境因子主要包括土壤钾含量（TK、AK）；影响老龄林幼苗多度的环境因子主要包括土壤全磷含量（TP）和有效钾含量（AK）。

分别以各恢复阶段的幼苗物种丰富度为因变量，以环境因子为自变量进行逐步回归筛选，所得回归方程如下：

30 年次生林 $\quad y = 2.19 + 0.21SWC - 0.25TN - 0.54TP \quad (R^2 = 0.37, p < 0.001)$

60 年次生林 $\quad y = 5.70 + 0.12CO - 0.36SWC - 0.98TK + 0.21AK \quad (R^2 = 0.41, p < 0.001)$

老龄林 $\quad y = 3.72 + 0.67SWC + 0.18AP - 0.45AK \quad (R^2 = 0.30, p < 0.01)$

30 年次生林幼苗物种丰富度与环境因子之间的逐步回归分析显示，模型中存在 3 个环境因子，分别是土壤含水量、土壤全氮含量和土壤全磷含量；60 年次生林中影响幼苗物种丰富度的环境因子主要包括冠层开阔度、土壤含水量、土壤全钾含量和有效钾含量；影响老龄林幼苗物种丰富度的环境因子主要包括土壤含水量、土壤有效磷含量和土壤有效钾含量。

幼苗多度、物种丰富度均随恢复时间而发生变化，这可能与三个恢复阶段的环境条件差异有关。研究结果显示，不同恢复阶段的幼苗物种丰富度与环境因子之间的关系不同。在演替的早期阶段，由于冠层开阔度大，光照直接到达地面，导致近地表面高温、土壤含水量降低。在后期和老龄林郁闭的林分里，大部分光被林木冠层截获，光照强度明显减弱。因此，30 年次生林的物种丰富度与土壤含水量显著正相关，而与冠层开阔度不相关；60 年次生林的幼苗物种丰富度则与冠层开阔度显著正相关。群落内光照和水分环境的异质性对林下幼苗分布、生长和定居产生影响，进而影响幼苗层的多样性。

土壤和植被演替之间的关系反映了土壤性质随植被恢复的变化，是恢复生态学的重要依据。宋洪涛等（2007）对滇西北黄背栎林演替过程中土壤化学性质的变化分析后认为，在不同演恢复阶段，林地土壤的化学性质与之相呼应，随着群落恢复时间的增加，林地土壤各项指标均向良性发展。幼苗物种丰富度和环境因子回归分析表明，30 年次生林幼苗物种丰富度与土壤全氮、全磷含量负相关，说明在该恢复阶段的群落中，土壤氮、磷含量丰富，对幼苗物种丰富度产生了负效应。60 年次生林和老龄林中幼苗物种丰富度和土壤有效钾含量呈显著相关，杨万勤等（2001）通过研究也发现，土壤有效钾的保持和提高对于物种多样性的维持具有重要意义。老龄林中幼苗物种丰富度还与土壤有效磷含量呈正相关关系，说明土壤有效磷含量越高，物种丰富度越高。磷在热带土壤中普遍缺乏，常常被认为是生态系统生产力的限制因子之一（Vitousek et al. 2010）。本研究发现，土壤有效磷含量随着恢复阶段显著降低，到老龄林中降到了 4.26 ± 1.75 mg·kg^{-1}，磷的缺失往往影响植物光合作用，限制植物生长（Longstreth et al. 1980），从而影响植被分布和物种丰富度。

　　以往的大部分研究表明,环境因子和物种丰富度的关系通常是静止的,而且具有普遍性。但是本研究结果显示,驱动物种丰富度形成的环境因子在不同恢复阶段并不是一成不变的,这种关系是会随恢复时间发生变化的,不同的环境因子可能在不同恢复阶段中起作用。

6.5.5　不同高度级幼苗多度与丰富度

　　在30年和60年次生林中,第Ⅰ高度级幼苗的多度最大,且与后两个阶段的幼苗达到显著性差异;老龄林中幼苗多度随高度级增大而显著降低。30年和60年次生林中,第Ⅰ高度级幼苗的物种丰富度最大,且与第Ⅱ、Ⅲ高度级幼苗达到显著性差异;老龄林中物种丰富度随幼苗高度的增大逐渐减小,第Ⅰ、Ⅱ高度级幼苗物种丰富度与第Ⅲ高度级幼苗差异显著(图6-13)。

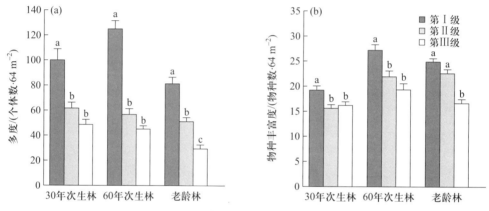

图6-13　不同高度级幼苗多度与丰富度比较

　　组成热带低地雨林幼苗层的物种繁多,幼苗个体的高度各不相同,导致了幼苗层在空间上的复杂性。从幼苗多度来看,第Ⅰ高度级幼苗所占比例最大,不同高度级的幼苗多度分布呈倒"J"形。物种丰富度在第Ⅰ高度级幼苗最大,随着幼苗生长而逐渐降低。从国际上众多的有关不同群落恢复动态的研究文献来看,大多学者都只是测定胸径在一定大小(如1 cm以上)的个体,这些标准以下的幼苗则几乎在所有的研究中都忽略不计,特别是在热带林的研究中,更是如此。在幼苗的生长过程中,幼苗层的空间格局和群落特征等特性在很大程度上都依赖于第Ⅰ高度级的幼苗。幼苗的补充限制性在热带林的物种丰富度和多样性维持中具有重要的作用。年龄较大阶段的幼苗多度变化可能主要取决于供应方(supply-side),即由补充来决定的。本研究结果表明,海南岛热带低地雨林幼苗库的多样性是森林生物多样性中不可忽视的一个重要部分,和群落恢复过程联系非常紧密,只有将它们联系起来进行综合分析、系统研究,才能较为全面地认识群落恢复的动态变化过程。

　　综上所述,本节通过对不同恢复时期次生林的幼苗层研究表明,幼苗层多样性在不同恢复时期存在差异,这种差异体现了恢复时间对幼苗层的影响。恢复时间的不同,其群落特征与老龄林的相似程度不同,随着恢复时间的延长,相似性逐渐增大,说明霸王岭林区的刀耕火种弃耕地幼苗恢复速度和热带低地雨林老龄林还存在较大的差异,但随着恢复时间的推进,弃耕地幼苗层特征不断向老龄林接近。幼苗多度和物种丰富度随着恢复时间呈现先增加后减少的趋势,最大多度、丰富度出现在 60 年次生林中,这符合物种多样性的中度干扰假说的观点。

6.6 不同恢复阶段木本植物幼苗层物种组成异质性及其环境解释

植物生态学的主要研究目标之一就是了解控制群落异质性的主要影响因子(Barton 1993)。有关植被群落的异质性有两个经典学说,即环境控制论(Webb et al. 2000)和生物控制论(Thomas 1983)。环境异质性如光照、土壤等,在一定程度上影响了物种之间的相互作用,也对物种的分布格局产生影响。物种对不同环境资源的限制产生了不同的适应能力,也形成了不同的权衡策略(Grubb 1977)。具有不同策略的物种对环境梯度的变化具有不同的响应,也就形成了不同的分布格局(Maharjan et al. 2011)。在马来西亚 Sabah 热带山地林中,树木在 600~900 m 海拔范围内具有最高的物种多样性,附生植物在 1200~1500 m 海拔范围内物种丰富度达到最高,蕨类植物由于大部分物种是附生植物,因此和附生植物表现出相似的分布格局。不同的植物在海拔梯度上的分布格局,反映了植物对环境变化的适应差异(Grytnes and Beaman 2006)。

热带林是地球上最重要的生态系统类型之一,同时也是物种最丰富和结构最复杂的陆地生态系统。干扰和恢复过程是热带林群落动态的最基本特征(Chazdon 2003),丰富的热带森林物种之间以及它们与环境之间的相互作用,使得物种在不同恢复阶段有不同的分布(Denslow 1996)。在热带林群落演替初期,草本和灌木占据显著优势;随着演替的进行,喜光的、短寿命的先锋种逐渐增多;随着林冠的进一步郁闭,在老龄中主要分布着耐阴种。

在海南岛霸王岭林区,热带低地雨林是低海拔地区主要的热带林群落类型之一,但由于自然及人为干扰,部分森林已经被破坏(臧润国等 2010)。发生在不同范围内的干扰,影响着群落内生物有机体的所有水平(Guariguata et al. 2001),对种群、群落和生态系统结构产生重要的影响(Sletvold et al. 2007),并通过改变植物群落内的环境条件、物种组成和多样性等改变植物群落的结构和功能,影响其演替进展甚至改变演替方向(Connell 1978;Sheil et al. 2003;Peres et al. 2006)。在海南岛霸王岭林区,来自人类的刀耕火种是热带低地雨林主要的干扰方式,也是热带原始森林消失的主要原因之一(臧润国等 2010)。刀耕火种导致了表层土壤理化特性及林地环境的改变,从而导致了弃耕地在恢复过程中地上物种组成和群落结构的改变(Miller et al. 1998)。本节利用野外调查的幼苗样方资料,对海南岛霸王岭林区热带低地雨林幼苗层进行划分,并利用冗余分析(redundancy analysis,RDA)方法,探讨不同恢复阶段物种分布与环境因子之间的关系,旨在揭示霸王岭林区不同恢复阶段主要幼苗层分布格局及影响因子,以期为进一步了解刀耕火种弃耕地的植被恢复过程提供科学依据,为更好地管理和利用热带次生林资源提供更合理的途径。

6.6.1 环境因子之间的相关性分析

不同环境因子之间存在显著的相关性(表 6-7),冠层开阔度与土壤的全氮、全钾和有效钾含量显著正相关,与土壤含水量负相关。土壤含水量与土壤养分含量均呈负相关,其中,与土壤全氮含量、全钾含量和有效钾含量呈显著负相关。土壤全氮含量与其他土壤养分元素均呈显著正相关。土壤全磷含量与土壤的有效元素含量均呈显著正相关。土壤全钾含量与土壤有效磷、有效钾含量显著正相关。土壤有效氮和有效钾含量显著正相关。土壤有效磷和土壤有效钾含量呈显著正相关。

表6-7　环境因子之间的相关性分析

	CO	SWC	TN	TP	TK	AN	AP
SWC	**−0.20**						
TN	**0.30**	**−0.21**					
TP	0.17	−0.11	**0.32**				
TK	**0.26**	**−0.31**	**0.59**	0.14			
AN	−0.06	−0.12	**0.36**	**0.24**	0.19		
AP	0.12	−0.18	**0.57**	**0.20**	**0.47**	0.15	
AK	**0.32**	**−0.23**	**0.57**	**0.28**	**0.49**	**0.21**	**0.29**

注:表中黑体字表示显著相关($p<0.05$)。

6.6.2　幼苗样方与环境因子的 RDA 排序

排序图显示了不同恢复阶段的幼苗样方分布与环境因子的关系(图6-14)。在30年和60年次生林中,环境因子对幼苗层物种组成的差异的解释方差分别达到55.1%和53.5%,而在老龄林中则较低,为43.4%。在30年次生林中,对幼苗样方分布影响最大的环境因子是土壤含水量;影响60年次生林幼苗分布的环境因子主要是土壤全磷、有效磷含量和全钾含量,幼苗多分布在土壤全磷含量较低的环境中;在老龄林中,影响幼苗分布的最主要的环境因子是土壤全磷含量。

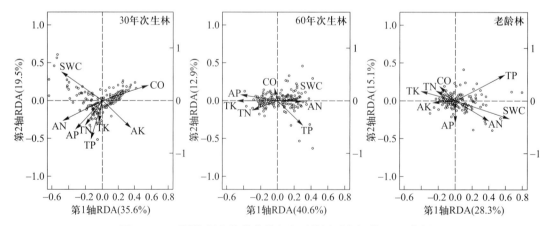

图6-14　不同恢复阶段幼苗样方和环境因子之间的 RDA 分析

不同恢复阶段中,植物群落异质性的形成与环境的改变有着密切的关系(Toledo 2010)。对干扰后自然恢复的群落来说,植物种、植物群落的分布在不同尺度上是由各种环境因子综合作用的结果。排序实际上就是把样方或物种安置到一个或多个坐标轴上,在同一位置或相邻位置上的样方或物种具有最大的相似性信息(张峰等 2000)。排序轴能够反映一定的环境梯度,从而能够解释植被或物种的分布与环境因子之间的关系(张金屯 1994)。不同的物种对环境梯度的响应差异反映了物种对资源的利用效率及占有生态位大小的差异(Yamada et al. 2007)。具有相似特征的物种在特定的生境内高发生,从生态位角度出发考虑,是由于该物种比别的物种具有更大、更适宜的生态位空间(柳新伟等 2006)。热带雨林高的生物多样性,与高的资源和环境异质性(如光、土壤水分、养分等)为大量物种和功能群提供了足够的资源和环境生态位是分不开的(Pausas 1999)。本节通过 RDA 分析对不同恢复阶段的幼苗样方与环境因子进行排序,表明不同恢复阶段内幼苗层物种组成的异质性与环境因子之间的相关性。

光是影响树种幼苗定居、生存和生长的重要因子。随着恢复时间的增加,群落内的光照强度逐渐降低。例如,在广西大明山退化生态系统 2 年恢复期的群落,其光照强度是空旷地的 60%~66%,20 年恢复期的群落为 14%~18%,50 年恢复期的群落只有 3%~9%(温远光等 1998)。在我们的研究中,冠层开阔度在一定程度上可以代表群落内的光照条件。在 30 年次生林中,冠层开阔度大,光照可以直接到达地面,根据 RDA 分析可以看出,冠层开阔度与 RDA 第 1 轴呈显著正相关关系,幼苗样方分布受其影响。

土壤作为植被恢复过程中环境变化的主要因子,其理化性质必然会影响群落恢复。有研究表明,土壤水分对植物个体生长、群落分布及其动态都有影响,如一些热带植物的分布和水分的可获得性密切正相关(Veenendaal et al. 1996)。在恢复的早期阶段,由于冠层开阔度大,光照直接到达地面,造成了近地表面高温、土壤含水量低。因此,冠层开阔度与土壤含水量呈显著负相关,土壤含水量在植被演替过程中有增加的趋势。土壤含水量是限制植物分布范围的重要因素。由 RDA 排序图可以看出,在 30 年次生林中,幼苗样方的分布受土壤含水量影响显著。在植物群落恢复的过程中,土壤与植物相互影响,不同植物群落将导致其所生长的土壤化学性质不同,而不同的土壤养分状况又会作用于群落内的许多生态过程(张庆费等 1999;宋洪涛等 2007;程瑞梅等 2010)。有研究表明,随着群落恢复时间的增加,林冠郁闭度逐渐增加,植被对土壤中营养元素的利用率提高,使其含量呈现降低的趋势。通过 RDA 分析可以看出,土壤养分含量是影响次生林幼苗层分布的重要因子。土壤氮被认为是植物生长的关键限制因子(Wacker et al. 2009)。Bautista-Cruz 等(2005)认为,氮元素的积累在演替开始时速度较快,后来逐渐减慢,说明森林和土壤之间的相互促进和影响作用。氮元素的缺乏影响植物正常生长,从而影响植物分布。土壤磷元素的含量在很多热带林中是限制因子,决定了群落的组成和物种分布差异(杨小波等 2002)。

已有研究表明,在区域至全球尺度上,气候条件是决定植物类型或生活型分布的主要因素(Woodward et al. 1991)。在景观、群落或更小尺度上,地形和土壤这种非地带性的环境因子是影响物种分布的主要因素(Clark et al. 1999)。我们的研究结果表明,幼苗物种组成和分布在不同恢复阶段内与环境因子的关系不同,在 30 年次生林中,与幼苗分布关系较为紧密的环境因子是土壤含水量和冠层开阔度;影响 60 年次生林幼苗分布的环境因子主要是土壤养分含量;在老龄林中,影响幼苗分布的最主要的环境因子是土壤磷含量。环境因子对幼苗层物种组成异质性的解释方差比次生林中的少,这一结果说明,老龄林中的幼苗组成和分布可能受多种因素的影响,如林分结构、幼苗样方内成年树的种类组成以及幼苗与母树之间的距离等。

6.7　同恢复阶段群落幼苗的增补动态

植物的生活史过程至少可以划分为幼苗、幼树、成年树等几个阶段,其中成年树的种群大小和空间格局等特性在很大程度上都依赖于前面两个阶段(Dalling et al. 2001;Swamy et al. 2011)。植物的幼苗、幼树阶段是植物生活史中非常重要的两个环节,是生死过程和动态特性变化最大的阶段,这些幼苗和幼树构成了植物群落内的潜在种群,对于植物群落的更新、结构和动态具有重要的影响,因此,对于群落内的幼苗、幼树增补动态的研究具有非常重要的理论意义(Harper 1977)。幼苗库与植物种群和森林群落更新动态联系非常紧密,只有将幼苗、幼树和成年树群落联系起来进行综合分析、系统研究,才有可能较为全面地认识森林群落和植物种群的动态变化过程。因此,将幼苗库和群落联系起来进行综合研究,将成为群落更新动态和植物潜在种群动态研究的一个重要方向。

到目前为止,有关群落动态与演替的机理已有一些相对成熟的理论(Bazzaz 1968;Chinea 2002;Lebrija-Trejos 2009;Letcher et al. 2009b)。森林群落恢复动态研究中,常常将物种划分为早期演替种和后期演替种两大生态种组(唐勇等 1999;Walker et al. 2010)。演替多样性大多可以用两大种组随环境的变化来解释(Rees et al. 2001),不同类型的植物种在森林群落恢复的不同阶段中出现的比例不同。热带林的幼苗和幼树阶段是热带林更新的关键阶段之一,其中有不少方面都与热带天然林的更新与恢复机理有很大的关系(Grubb 1977;Walker 2000)。

海南岛热带林的种类组成非常丰富,有研究表明,在霸王岭热带山地雨林中,达到主林层高度的树种只有 30 余种,密度只有 183 株 · hm^{-2},胸径达到 50 cm 以上的树种只有 18 种,仅占群落树种总数的 13.04%,这些少数种类是群落内的优势种,是整个热带山地雨林生态系统的主体(臧润国等 2001,2002)。目前,对不同恢复阶段中优势种的研究还缺乏动态资料,因此,有必要就不同恢复阶段中群落更新的动态,特别是群落中幼苗发生以及幼树消亡过程做连续动态的研究,这将对海南岛热带林的保护与恢复有重要意义。本节在大量野外调查的基础上,分析了不同恢复阶段群落增补动态及优势种群恢复动态,旨在为进一步理解热带林群落恢复动态奠定基础,也为热带林生物多样性的保育和恢复提供科学依据。

6.7.1　不同龄级物种及功能群组成

表 6-8 列出了幼苗、幼树和成年树在不同恢复阶段重要值排在前 5 位的物种及其重要值(IV)。30 年次生林幼苗层以银柴、山芝麻、九节、锡叶藤和喙果黑面神为优势种类,相对重要值为 3.85~13.60;幼树层以银柴、毛叶黄杞、毛菍、黄牛木和余甘子为优势种,相对重要值为 5.19~10.67;成年树以黄杞、银柴、乌墨等为优势种。60 年次生林幼苗层以九节、罗伞树、米槠等为优势种;幼树层以九节、丛花山矾、黄牛木等为优势种;成年树以黄杞、米槠、木荷等为优势种。老龄林中各龄级优势种均与次生林有明显区别,幼苗层以青梅、尖萼山黄皮等为优势种,并且在此阶段出现大量的棕榈类植物——白藤;幼树层以罗伞树、粗毛野桐、白茶树等为优势种;成年树的优势种则为托盘青冈、红柯、青梅等,这些树种均为耐阴性强的物种,可以适应老龄林中郁闭的环境。

表 6-8　海南岛霸王岭热带低地雨林幼苗、幼树、成年树在不同恢复阶段的重要值

	30 年次生林		60 年次生林		老龄林	
	物种	重要值	物种	重要值	物种	重要值
幼苗	银柴 *Aporusa dioica*	13.60	九节 *Psychotria rubra*	10.18	青梅 *Vatica mangachapoi*	10.83
	山芝麻 *Helicteres angustifolia*	8.16	罗伞树 *Ardisia quinquegona*	6.33	尖萼山黄皮 *Randia oxyodonta*	4.81
	九节 *Psychotria rubra*	5.71	锡叶藤 *Tetracera asiatica*	4.48	白藤 *Calamus tetradactylus*	4.12
	锡叶藤 *Tetracera asiatica*	3.89	米槠 *Castanopsis carlesii*	4.02	无耳藤竹 *Dinochloa orenuda*	4.06
	喙果黑面神 *Breynia rostrata*	3.85	丛花山矾 *Symplocos poilanei*	2.84	罗伞树 *Ardisia quinquegona*	3.11
幼树	银柴 *Aporusa dioica*	10.67	九节 *Psychotria rubra*	9.26	罗伞树 *Ardisia quinquegona*	7.01
	毛叶黄杞 *Engelhardtia fenzelii*	9.50	丛花山矾 *Symplocos poilanei*	6.23	粗毛野桐 *Mallotus hookerianus*	6.91
	毛菍 *Melastoma sanguineum*	7.82	黄牛木 *Cratoxylum cochinchinense*	5.31	白茶树 *Koilodepas hainanense*	4.35
	黄牛木 *Cratoxylum cochinchinense*	5.42	海南杨桐 *Adinandra hainanensis*	4.86	芳槁润楠 *Machilus suaveolens*	3.14
	余甘子 *Phyllanthus emblica*	5.19	米槠 *Castanopsis carlesii*	4.67	青梅 *Vatica mangachapoi*	2.93
成年树	黄杞 *Engelhardtia roxburghiana*	11.96	黄杞 *Engelhardtia roxburghiana*	19.09	托盘青冈 *Cyclobalanopsis patelliformis*	8.54
	银柴 *Aporusa dioica*	7.55	米槠 *Castanopsis carlesii*	12.89	红柯 *Lithocarpus fenzelianus*	5.51
	毛叶黄杞 *Engelhardtia fenzelii*	7.35	木荷 *Schima superba*	10.74	青梅 *Vatica mangachapoi*	4.58
	枫香树 *Liquidambar formosana*	6.67	海南杨桐 *Adinandra hainanensis*	5.06	竹叶青冈 *Cyclobalanopsis bambusaefolia*	4.19
	乌墨 *Syzygium cumini*	6.51	丛花山矾 *Symplocos poilanei*	4.18	粗毛野桐 *Mallotus hookerianus*	3.62

　　随着刀耕火种弃耕地恢复时间的增加,不同功能群密度表现出明显的规律性(图 6-15),且不同功能群的幼苗密度、幼树密度和成年树密度在不同恢复阶段分别达到显著性差异($p<0.05$)。在 30 年次生林中,先锋种的幼苗密度、幼树密度和成年树密度均高于其他两个功能群组,非先锋喜光种的各龄级密度居中,耐阴种的密度最小。在 60 年次生林中,非先锋喜光种的

各龄级密度均较大。耐阴种的各龄级密度均随恢复而逐渐增加。

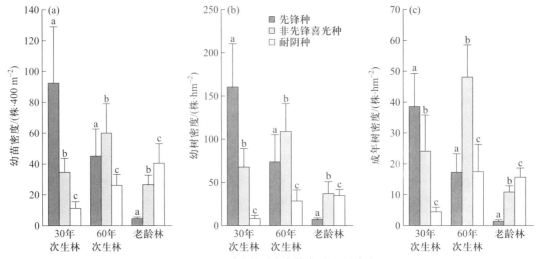

图 6-15　不同功能群在各恢复阶段的密度

6.7.2　不同恢复阶段优势种密度动态

根据物种的 3 个龄级在群落中的重要值之和选出各群落的优势物种:30 年次生林优势种为银柴(IV=31.82),60 年次生林优势种为黄杞(IV=19.09),老龄林优势种为青梅(IV=18.34)。

银柴的密度在 30 年次生林中最大,为 47 273 株 · hm^{-2},随着恢复时间的增加,其密度逐渐减少,在 60 年次生林中,密度减少为 8677 株 · hm^{-2},到了老龄林阶段,存活下来的个体已经很少,其密度仅为 51 株 · hm^{-2}(表 6-9)。

黄杞在 30 年次生林中的密度为 3984 株 · hm^{-2},幼苗密度最大,幼树次之,随着龄级的增大,个体数逐渐减少。在 60 年次生林中,黄杞密度达到最大,为 5814 株 · hm^{-2},这些个体中以幼苗为主,林内更新的幼树充足,成年树个体也比较多,拥有比较完整的年龄结构。到了老龄林阶段,黄杞密度明显减少,各龄级个体明显衰退,成年树个体尤为显著,降到了 11 株 · hm^{-2}(表 6-9)。

青梅在 30 年次生林中没有分布。在 60 年次生林中,青梅的种子萌发而定居下来的幼苗数量逐渐增多,达到了 2750 株 · hm^{-2}。到了老龄林阶段,青梅的幼苗、幼树和成年树个体密度显著增大,林内更新补充的幼苗、幼树充足(表 6-9)。

群落恢复的实质是指植物群落随时间变化的生态过程,是在一定地段上群落由一个类型向另一类型发生质变且有顺序的演变过程。我们的研究结果显示,海南岛霸王岭林区刀耕火种弃耕地恢复早期以银柴、黄牛木、毛葸等耐旱喜光的阳性树种为优势种。随着演替的进展,一些先锋树种(如黄牛木、银柴等)个体不断死亡和非先锋喜光物种不断侵入,到 60 年次生林中,主要占优势的物种是黄杞、米槠等。老龄林中主要以热带雨林分布科(如龙脑香科、壳斗科、樟科、茜草科等)的物种为优势种类,并且在此阶段中出现了大量的棕榈类植物——白藤,藤本植物的数量也有很大的增加,这些植物的增加表明,群落正朝着结构更加复杂化的方向发展(朱华等

2000；Letcher et al. 2009a；Schnitzer et al. 2011）。

表 6-9 不同恢复阶段优势种密度

物种	级别	30 年次生林/（株·hm^{-2}）	60 年次生林/（株·hm^{-2}）	老龄林/（株·hm^{-2}）
银柴 *Aporusa dioica*	幼苗	44 850	7975	50
	幼树	2167	603	1
	成年树	256	99	0
	总体	47 273	8677	51
黄杞 *Engelhardtia roxburghiana*	幼苗	3000	4675	675
	幼树	663	445	54
	成年树	321	694	11
	总体	3984	5814	740
青梅 *Vatica mangachapoi*	幼苗	0	2750	28 250
	幼树	0	132	292
	成年树	0	23	104
	总体	0	2905	28 646

群落演替的各个阶段的变化是以各优势种群的增长和消亡表现出来的（金则新等 2005）。我们的研究结果表明，银柴的各龄级密度均随着恢复时间的增加逐渐减少。这是因为银柴是先锋物种，容易最早侵入刀耕火种弃耕地并定居，快速生长，使得种群密度增加，发展成为 30 年次生林中的优势种，此时银柴种群的密度达到最大。由于早期物种的生长，使林冠层隐蔽而改变了群落的光照环境，加上其他中期物种的侵入，群落的郁闭度进一步增大，这就抑制了银柴种群的更新，导致了在 60 年次生林中缺乏银柴的幼苗、幼树。到了老龄林，群落郁闭度进一步增大，银柴种群不断衰退，种群密度下降，只有极少数的幼苗分布在群落中，但由于隐蔽环境而无法更新，逐渐退出群落。

黄杞种群在 3 个恢复阶段中都有分布，种群密度以在 60 年次生林中最大，30 年次生林次之，老龄林最低。黄杞是非先锋喜光种，耐瘠薄干旱，幼苗喜光，因此在 30 年次生林中大量分布。随着恢复时间的增加，黄杞种群不断壮大，逐渐进入主林层，在 60 年次生林中密度达到最大，林内幼苗、幼树充足，且有大量的成年树个体，说明黄杞在这一阶段成为绝对的优势种群。随着群落的进一步发展，郁闭度的增大，群落的种类组成更为复杂。在老龄林中，由于黄杞为喜光树种，在郁闭的环境条件下其幼苗的竞争力较弱，种群密度下降。

青梅仅出现在演替中后期阶段（60 年次生林和老龄林）。青梅是耐阴种，幼苗能在郁闭的环境中更新，并在林下生长良好，因此，在 60 年次生林中有一定数量的分布，但由于在此阶段，青梅种群处于刚刚侵入阶段，所以种群密度不大，尤其是成年树个体密度较小。在老龄林中，林内郁闭度进一步增大，先锋物种和非先锋喜光物种逐渐退出群落，青梅种群不断壮大，林内有充足的幼苗、幼树储备，成年树的个体密度增加，青梅在老龄林群落中占据绝对优势。

6.7.3 不同龄级物种相似性与增补

从图6-16可以看出,在次生林中幼苗和幼树间的相似性系数最高,幼苗和成年树间的相似性最低;在老龄林中幼树与成年树的相似性最高。另外,根据各龄级的物种丰富度计算结果显示,刀耕火种后自然恢复30年、60年的天然次生林以及老龄林幼苗的物种丰富度分别占整个群落物种丰富度的63.5%、60.6%和54.9%,说明海南岛热带低地雨林幼苗库的多样性是森林生物多样性中不可忽视的一个重要部分。

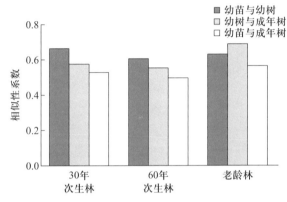

图6-16　不同龄级间Sørensen相似性

在不同的恢复阶段中,老龄林的各龄级的补充率均高于次生林,以幼苗补充到幼树的比例最高,说明有74.9%的幼苗物种能够顺利生长、更新并进入到幼树层。60年次生林的幼树到成年树、幼苗到成年树的补充相对较低(分别为43.3%和38.0%)。30年次生林的幼苗到幼树、幼苗到成年树的补充率居中,幼树到成年树的补充率最低(表6-10)。

表6-10　不同龄级间幼苗物种的补充率

	30年次生林	60年次生林	老龄林
幼苗→幼树	71.9%	65.0%	74.9%
幼树→成年树	41.3%	43.3%	54.7%
幼苗→成年树	39.7%	38.0%	50.9%

从不同龄级之间的补充比例来看,幼苗到幼树的补充率最高,幼树层到成年树的补充比例居中,幼苗补充到成年树的比例最低。

在不同恢复阶段的群落中,分别有71.9%、65.0%和74.9%的物种幼苗能够进入到幼树层,说明幼苗在群落中可以稳定存在,天然更新所需的幼苗可以持续得到补充,为群落更新提供了一个稳定的幼苗库,保证其在干扰后的恢复。在次生林中,幼苗与幼树的相似性高于幼树与成年树、幼苗与成年树的相似性,且幼苗到幼树的补充比例也明显高于幼树到成年树、幼苗到成年树的补充比例,说明多数幼苗能够顺利成长为幼树。但随着树木的生长,只有不到40%的物种能够补充到成年树层。在老龄林中,幼苗层、幼树层和成年树层中的种类组成较为相似,共有物种数目多,有大于50%的幼苗物种补充到成年树层,这使得老龄林在更新增补过程中得以自我维持。

目前有关热带林更新的研究中,一般只测定胸径大于1.0 cm的幼树和成年树个体,往往忽略幼苗的作用。由于幼苗的建立和更新状况将对恢复群落的物种组成和恢复方向、恢复速度产生重要的影响,甚至直接决定树木种群未来的命运(Wagenius et al. 2012),因而,幼苗动态是森林群落恢复动态和森林更新的一个重要环节。本研究结果表明,幼苗丰富度在热带林物种丰富度中占有较大的比重,海南岛热带低地雨林幼苗库的多样性是森林生物多样性中不可忽视的一个重要部分。

在热带林中,非先锋物种由于其补充限制性而不能到达干扰后的生境,我们可以采取主动措施,人为地选择对生态系统进展演替和功能恢复有促进作用的物种,填补空缺的生态位,从而加速恢复的进程(Hjerpe et al. 2001;Ruijven et al. 2010)。引入演替后期物种来培育目标群落和缩短更新时间,这种人工促进天然更新的方式对森林物种组成及其多样性的恢复是有益的(许涵等2009),有助于加快植被恢复过程(王仁卿等2002;王震洪等2003)。根据我们的研究,霸王岭林区30年次生林和60年次生林中缺乏演替后期阶段的种源,可能是植被顺向演替的一大制约因素,所以在次生林中适当引入演替后期阶段的物种,并辅以相应的人工措施,对于加速次生林的植被恢复将起到至关重要的作用。

6.8 海南岛热带低地雨林代表性物种幼苗生长的影响因素分析

在热带森林中,绝大多数幼苗与周围成熟植株的竞争包括地上和地下两部分(Casper et al. 1997;Coomes et al. 2000)。幼苗与成熟植株竞争的结果决定了群落未来的组成和幼苗的相对大小,反过来,群落组成和幼苗的相对大小也强烈影响着竞争的结果和最终的森林物种组成。在森林群落中,对光、水和营养元素的竞争是植物群落结构和动态变化的主要动力之一(Lewis et al. 2000)。在郁闭的热带林中,由于物种的耐阴能力不同,学者们普遍认为,物种之间的竞争主要是对光照的竞争。很多研究已经证实,幼苗的存活率和相对生长率随着光合有效辐射的增强而增加(Augspurger 1984a;Uhl et al. 1988)。Poorter(2001)通过在生境条件较好的热带湿润地区的研究也发现,光是林下幼苗生长最主要的限制性因子,因而林下幼苗的存活、生长主要依赖光照强度。

地下竞争对幼苗生长同样具有重要的影响(Casper et al. 1997)。当幼苗对光照的竞争减弱时,对地下资源的竞争就成为限制幼苗生长的主要因子(Sun et al. 1997)。因此,在干旱、半干旱的环境中,地下竞争成为植物之间主要的竞争方式(刘万德2009)。有关地下竞争的研究表明,地下竞争对幼苗生长的影响与幼苗所在的生长环境有关,通常在恶劣的生境条件下,地下竞争对幼苗生长的影响较大(Lewis et al. 2000;Barberis et al. 2005;Tanner et al. 2007);而在生境条件较好的地区,地上竞争对幼苗的影响更大(Ostertag 1998)。

我国的热带雨林属于亚洲雨林群系,其外貌、群落物种组成与典型的东南亚热带雨林有较大的相似性(胡玉佳等1992)。海南岛是我国热带林主要分布地区之一,热带低地雨林是低海拔地区的主要森林类型。深入开展热带低地雨林群落中影响幼苗存活和生长因素的研究,有助于了解热带低地雨林群落的恢复动态及群落的发展动向。

　　幼苗移栽地点选在霸王岭林区热带低地雨林群落内,在以前建立的 2 个固定样地周边分别设置 32 个 1 m×1 m 的样方作为幼苗移栽区域。在每个样方内分别进行如下处理:移除地上植被(remove)、挖沟(trench)、移除地上植被并挖沟(remove+trench)和对照(control)。在移除地上植被的样方中,首先清除地上的所有植被,并清除一定范围内遮挡光照的冠层,使样方的光照条件明显改善;在挖沟处理的样方四周挖沟,沟的宽度为 40 cm、深 50 cm(这一深度可以切除 93% 的活根系),切断所有根系后将土壤填回;在移除地上植被并挖沟的样方中,同时进行上述两个过程;对照样方则不进行任何处理。

　　选择 8 个热带低地雨林群落代表性物种作为实验对象,分别为落叶物种:山乌桕、厚皮树、野漆树(*Toxicodendron succedaneum*)和银珠;常绿物种:米槠、芳槁润楠、乌墨和青梅。将这些物种的一年生幼苗从野外移植到苗圃地中,对幼苗进行浇水、遮阴等处理,以确保幼苗成活。在雨季来临之前(6 月中旬),将幼苗移栽到处理好的实验区内。在每个 1 m × 1 m 的样方内分别移栽 8 个物种的幼苗各 1 株,幼苗移栽后一周进行补苗,半个月后再次补苗。将所有的幼苗进行挂牌编号,测定幼苗的高度,同时将幼苗地面部位用红油漆涂抹,复测时幼苗高度为油漆涂抹部位到幼苗顶部的垂直距离。幼苗高度复测分别于 2010 年 12 月、2011 年 5 月进行。幼苗的相对生长速率(relative growth rate,RGR)采用公式(6-1)计算:

$$RGR = (\ln H_1 - \ln H_0) / (t_1 - t_0) \tag{6-1}$$

式中,H_1 和 H_0 分别为初始和最终的苗木高度,$t_1 - t_0$ 为时间间隔(月)。

6.8.1　不同处理前后环境的变化

　　移除地上植被后太阳有效辐射发生了显著变化(ANOVA,$F = 242.4$,$df = 1$,$p < 0.001$)。对移栽样方进行挖沟处理后,地下根系的干物质重量明显减少,且与处理前达到显著差异(ANOVA,$F = 5.124$,$df = 1$,$p < 0.001$)。说明我们的处理方式对幼苗的地上和地下竞争能够产生显著影响。

6.8.2　不同处理方式下幼苗的相对生长速率

　　4 种不同处理方式对幼苗的相对生长速率影响显著(表 6-11)。挖沟对移栽幼苗的相对生长速率影响不显著,与对照样方中幼苗的生长速率无显著差异;移除地上植被和移除地上植被并挖沟能够显著增加幼苗的相对生长速率(图 6-17)。移除地上植被并挖沟样方中的幼苗有相对较高的相对生长速率,对照样方中幼苗的相对生长速率较低。

表 6-11　不同处理方式对幼苗相对生长速率的影响

处理方式	自由度(df)	F 值	p 值
移除地上植被	1493	43.34	<0.0001
挖沟	1493	2.20	0.1388
移除地上植被并挖沟	1493	0.02	0.8934

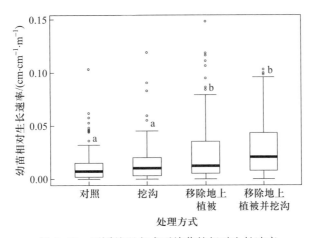

图 6-17　不同处理方式下幼苗的相对生长速率

幼苗的生长受多种因素控制,其中光照、水分、养分是主要的影响因素(Yavitt et al. 2008)。地上光照强度的变化能够影响幼苗碳的固定,而地下对水分、养分和空间的竞争能够影响幼苗的生长和存活过程(刘万德 2009)。例如,通过野外挖沟实验发现,热带林中减少地下竞争的处理明显提高了幼苗生长速度和存活率(Coomes et al. 2000)。也有不同的研究结果,如地下竞争仅仅能够提高热带干旱地区幼苗的生长速度,而影响存活率的主要因素是土壤水分条件(Tanner et al. 2007)。木质藤本植物在与树木竞争土壤水分和养分上能够占据优势,因而藤本植物能够对热带林树木的生长产生不利影响(Schnitzer et al. 2005)。通过 2 年的野外控制实验研究发现,木质藤本与幼树存在强烈的竞争,存在地上、地下竞争或仅地下竞争的幼苗生长速率分别仅为无木质藤本竞争的幼苗的 18.5% 和 16.8%。最近在西双版纳的热带雨林中的实验也进一步验证了光照条件和竞争类型(地上和地下竞争)对幼苗生长和生存的显著效应(Chen et al. 2008)。

本研究结果表明,移除地上植被改善了林下的光环境,减少了幼苗对光照的竞争,显著提高了幼苗的生长速率,说明在海南岛霸王岭林区,光照是幼苗生长过程中竞争的重要资源,严重限制着幼苗的生长和更新。对光照、水分和养分的竞争是热带植物群落更新和动态变化的主要动力之一,而地上对光的竞争是限制热带林植物生长的主要限制因子(Hättenschwiler 2001)。Poorter 等(2003)认为,热带林中的植物对光照的竞争是非常激烈的,并且这种竞争能够解释群落结构和动态变化。在以往的研究中发现,倒木产生的林隙增加了光照,减少了幼苗的地上竞争,促进了幼苗的生长。因此,植物在林隙高光条件下生长旺盛是对光照条件改变的响应(陶建平等 2004)。

有研究表明,地下竞争限制了植物的补充和生长,特别是在养分贫瘠或存在季节性干旱的热带林中(Tanner et al. 2007)。在更早的研究中也得到同样的结论。例如,在巴拿马 BCI 的季节性雨林中,挖沟加快了林隙下幼苗的生长(Haines 1971)。同样,在养分贫瘠的巴拿马热带湿润森林中的实验也证实,无论是在高光还是低光环境下,地下竞争增加了幼苗的死亡率,限制了幼苗的生长(Lewis et al. 2000)。然而也有证据表明,减少地下竞争对幼苗的生长没有显著影响。例如,在哥斯达黎加的森林中,挖沟对幼苗的生长没有影响(Ostertag 1998)。在土壤贫瘠的森林中,挖沟能加快幼苗的生长;而在肥沃的热带林中,挖沟对幼苗生长没有影响。与其他地区的研究相比较,我们的研究发现,挖沟对霸王岭林区幼苗的生长没有产生显著影响。可见,地下竞争对幼苗存活和生长的影响并非绝对的,与外界环境条件密切相关。

6.8.3 落叶树种与常绿树种幼苗的相对生长速率

落叶树种和常绿树种幼苗的相对生长速率差异显著(ANOVA,$F = 13.67$,$df = 1$,$p < 0.001$)。在各种处理方式的样方中,落叶树种和常绿树种之间的幼苗相对生长速率均达到显著性差异(图6-18)。对于常绿树种而言,移除地上植被和移除地上植被并挖沟对幼苗的相对生长具有明显的促进作用,挖沟对幼苗的相对生长影响不显著。对于落叶树种而言,移除地上植被、移除地上植被并挖沟和挖沟3种处理均能显著促进幼苗的生长。

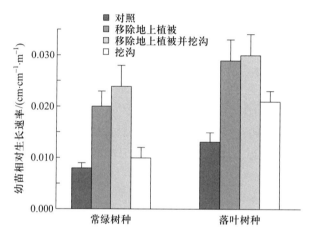

图6-18 落叶树种和常绿树种幼苗的相对生长速率比较

落叶树种和常绿树种存在生理生态习性的差异,如光合速率和耐阴能力(Kamiyama et al. 2010)、种子扩散与幼苗更新方式(Deb et al. 2008)等。这些差异导致落叶树种和常绿树种在叶片寿命、光合效率、相对生长速率以及其他功能性状方面具有较大的差异。大部分研究都表明,落叶树种比常绿树种有更高的相对生长速率(Cornelissen et al. 1996;Reich et al. 1998)。植物的相对生长速率与其形态、生理特征密切相关。Antúnez等(2001)通过研究发现,物种间相对生长速率的不同,在很大程度上是由植物叶片功能性状决定的,如比叶面积、叶干物质比例等,所以落叶树种比常绿树种有相对较高的生长速率,主要是由其较高的比叶面积和叶干物质比例导致的。本研究结果与以往研究一致,落叶树种多为阳性物种,有着较高的比叶面积和叶干物质比例,利于植物生长,因而有着相对较高的生长速率,且移除地上植被和挖沟对其生长速率均有显著影响。常绿树种多为演替后期种,生长速度缓慢。相对生长速率的不同对落叶树种和常绿树种分布环境也有很重要的影响(Antúnez et al. 2001)。谢玉彬等(2012)通过天童地区常绿树种和落叶树种共存机制的研究发现,落叶树种倾向于分布在土层较薄的沟谷地带,而常绿树种则多分布在土层较厚的山脊地带。

6.8.4 光合有效辐射和幼苗生长的关系

幼苗相对生长速率与光合有效辐射线性回归分析表明,幼苗的生长与光照呈线性正相关关系(图6-19)。幼苗相对生长速率随着光合有效辐射的增大而逐渐加快,它们之间的关系可用线性方程 $y = -0.018 + 0.007x$($R^2 = 0.405$,$p<0.001$)进行描述。

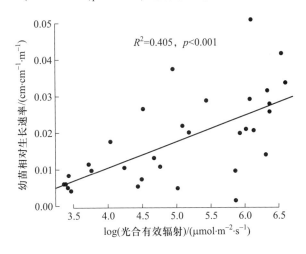

图 6-19 幼苗相对生长速率与光合有效辐射的线性回归

幼苗的生长被认为是最能反映植物是否适应环境胁迫的指标,尤其是关于光的有效性。对低光条件的适应能力是热带林中树木幼苗生长、存活和更新的决定性因素,因而光照作为环境筛影响热带林群落物种的组成和未来发展的方向。有研究表明,不同光照强度对油樟幼苗生长指标有显著影响,50%的光照最有利于幼苗高度和地径的增加(杨梅娇 2006)。在光对绒毛番龙眼种子萌发及幼苗早期建立的影响实验中,于洋等(2007)发现,绒毛番龙眼幼苗的叶面积、高度生长和叶片数量在30%光处理下最大,在3.5%光处理下最小,随着光照强度的减弱,幼苗质量相对生长速率和高度相对生长速率显著降低。米心水青冈幼苗在郁闭林冠下生长发育受到光照强度抑制,生长在林下的幼苗比生长在林窗和空旷地的幼苗有更高的死亡率,更新苗的生长需要有较好的光照条件,即使良好的土壤条件也无助于改善郁闭林冠下幼苗的定居(郭柯 2003)。因此,光照是幼苗更新中最重要的环境因素,是决定森林树种生长、发育和完成正常更新过程的关键(Agyeman et al. 1999)。本研究结果表明,光照是限制霸王岭林区内热带低地雨林幼苗生长的最主要因子,随着光合有效辐射的增加,幼苗的相对生长速率显著增加。

第7章

海南岛热带低地雨林生物多样性与群落组配

　　热带林演替动态理论研究的主要内容是揭示确定性过程（deterministic process）和随机过程（stochastic process）影响物种组成、空间分布及其变化速度的相对重要性（Cale et al. 1989；Finegan 1996；Chazdon 2008a）。基于生态位的确定性过程，例如竞争 - 拓殖权衡（competition-colonization trade-off）和演替生态位（successional niche），驱动了生活史性状（life-history trait）有显著差异的早期演替种和后期演替种之间形成规律性的逐步替代（Rees et al. 2001）。确定性演替过程可定义为由气候、土壤和物种生活史特性决定的有秩序且可预见的物种多度变化（Chazdon 2008a）。而随机过程预测，群落组成是由本质上不可预测的随机事件、历史偶然和随机扩散事件等决定的（Hubbell et al. 2001）。阐明这些过程在次生演替群落构建中的重要性，对次生林的生物多样性保护和生态系统服务功能恢复具有重要意义（Chazdon 2008a；Suding 2011；Montoya et al. 2012）。

　　人为干扰（例如采伐、刀耕火种等）后的森林群落物种组成和功能能否恢复到干扰前的状态，一直是保护生物学家们争论的焦点（Wright and Muller-Landau 2006；Laurance 2007；Bullock et al. 2011）。有研究表明，基于生态位的确定性过程驱动的次生演替具有方向性和规律性，受到干扰后的森林群落具有较高的弹性，其群落结构和物种组成能够恢复到干扰前的水平（Finegan 1996；Letcher et al. 2009b；Norden et al. 2009a；丁易等 2011b）。年龄序列（chronosequence）的研究发现，热带次生林在 20~30 年内能够达到老龄林的许多结构特征和相似的树种丰富度（Guariguata et al. 2001；Chazdon et al. 2007），但其生物量和碳储量可能要历经数十年或更长的时间才能得到恢复（Marín-Spiotta et al. 2007；Mascaro et al. 2012）。但也有其他观点认为，由于森林原始功能已被破坏，人为干扰后的森林将难逃厄运，其物种组成必然不能恢复到原始状态（Brook et al. 2006）。所以，了解森林演替最后是否能达到一个稳定的、可预见的终点或是显现出独特的演替轨迹，对生物学家和生物多样性保护者来说仍然是一个具有挑战性的任务（Chazdon 2008a）。

　　群落构建规律是群落生态学理论的一个重要内容（Götzenberger et al. 2012；HilleRisLambers et al. 2012），而有关群落动态过程中的构建规律的研究还不多。次生演替过程，或者说森林的自然恢复过程，实际上是原始林被破坏后，不同功能和性状的物种重新组合配置，群落结构和物种组成逐渐趋同于原始林或老龄林的重新构建过程（Pakeman 2011）。通过研究次生林和老龄林在不同生长阶段的物种组成和多样性差异,我们可以更好地了解热带林次生演替的驱动力及其恢复动态。假设演替动态主要由确定性过程驱动,那么次生林中幼苗和幼树与老龄林中成年树的相似性随着演替进行而升高,并且它们的相似性可能要高过次生林中成年树与老龄林中成年树的相似性。一方面是由于伴随演替的进行,次生林的物种组成将会逐渐趋同于老龄林(Nathan et al. 2000);另一方面是由于次生林中幼苗和幼树群落恢复速度相对于成年树要快(Peña-Claros 2003;Capers et al. 2005;Lozada et al. 2007)。相反,如果演替由随机过程驱动,那么次生林中幼苗与老龄林中成年树的相似性可能会偏低,森林群落显现出独特的演替轨迹,反映了不同演替阶段当地种源、种子繁殖和扩散限制的变异(Ewel 1980;Hubbell et al. 2001)。

7.1 海南岛热带低地雨林的物种组成动态

海南岛热带雨林是位于亚洲雨林北缘的地带性植被,是世界三大热带雨林群系之一的印度–马来群岛群系的重要组成部分。然而,随着人类活动的干扰,特别是新中国成立初期大规模的商业采伐和少数民族长期的刀耕火种,导致海南岛目前分布的热带雨林多数为干扰后形成的天然次生林(臧润国等 2010)。刀耕火种作为海南岛低海拔地区普遍存在的一种森林干扰方式,其影响程度远高过商业采伐(丁易等 2011b;Ding et al. 2012a)。本节以海南岛霸王岭刀耕火种后处于不同恢复林龄或阶段的热带低地雨林次生林为研究对象,基于 25 个 4 m² 的森林动态样地幼苗和 10 个 1 hm² 的森林动态样地幼树和成年树的测定数据,通过比较不同林龄和不同生长阶段次生林与老龄林在植物多样性和物种组成上的差异程度,主要回答以下两个问题:① 热带雨林次生演替是否是一个具有明显方向性的过程?其自然恢复的森林群落组成是否随着演替进行而逐渐趋同于老龄林?② 次生演替的驱动力是确定性过程还是随机过程?或者是两者互相作用?

为了更好地对不同生长阶段物种的多样性及相似性进行比较,我们把所有调查植物划分为 3 个径级:$D_{BH} \geqslant 5$ cm 为成年树,1 cm $\leqslant D_{BH} < 5$ cm 为幼树,$D_{BH} < 1$ cm 并且 $H \geqslant 20$ cm 为幼苗。成年树和幼树样本分别从 10 个 100 m×100 m(1 hm²,根据坐标对 20 m×20 m 小样方进一步划分)样方中随机抽取 100 次,幼苗样本从 25 个 2 m×2 m 的幼苗样方中随机抽取 25 次进行。采用 Mao-Tau 基于样本疏化法(Mao-Tau sample-based rarefaction)计算每个样地中不同径级群落的物种丰富度。主要由 EstimateS(v. 8.2;http://purl.oclc.org/esti-mates)软件完成计算。我们计算 Fisher's α 指数和基于多度的涵盖估计量(abundance-based coverage estimator,ACE),来估计不同林龄阶段及各不同径级植物群落的多样性差异。另外,计算物种多度等级曲线(species rank-abundance curve)、Simpson 均匀度(Simpson's evenness)和优势度。为了计算不同样地及不同径级植物群落间物种组成的相似度,我们主要是采用 Chao-Jaccard 基于多度估计法(Chao-Jaccard abundance-based estimator)。该估计量是一种基于多度的相似性指数,估算个体隶属于共有种或非共有种个体的概率(Chao et al. 2005)。计算过程充分考虑了潜在种和共有种的影响(Norden et al. 2009a)。此外,在物种丰富度很高的热带雨林,稀有种较常见,而取样面积又没有足够大的情况下,该相似性指数能够很好地减小取样面积较小带来的偏差(Chao et al. 2005)。Chao-Jaccard 相似性指数主要由 EstimateS 软件计算得到,并通过自助法(bootstrap)重复 200 次产生标准误。以 Chao-Jaccard 相似性指数为基础,我们采用无度量多维标定(nonmetric multidimensional scaling，NMDS）方法分析各样地间及不同径级群落物种组成的相似性。为了能与 Chao-Jaccard 相似性指数的结果进行比较，我们采用基于发生率（incidence-based）的 Sørensen 相似性指数进行 NMDS 分析，画出它们的二维分布图。NMDS 和 Sørensen 相似性指数主要通过 R-2.15.2 程序（R Development Core Team，2011）中的 vegan 包（Oksanen et al. 2012）计算得到。

为了分析样地的空间地理位置是否对物种组成存在影响，我们通过样方间的空间距离矩阵（欧氏距离矩阵）与其对应的物种相异度矩阵（1-Chao-Jaccard 相似性指数）和森林年龄的差异矩阵（年龄欧氏距离矩阵，这里设定老龄林的森林年龄为 200 年）进行 Mantel 检验（Mantel test）。

分别以次生林中成年树、幼树和幼苗与老龄林中的成年树、幼树和幼苗进行比较，分析其物种组成的相似性是否随着林龄的增大而增加，特别是次生林幼树、幼苗与老龄林成年树的相似性。因为我们关心的物种相似性在一定程度上受个体多度影响，所以选用 Horn 相似性指数（Horn similarity index）进行分析。Horn 相似性指数基于香农熵（Shannon's entropy），在进行群落间种与种（species by species）比较时具有优势，而 Chao-Jaccard 相似性指数汇聚了所有共有种，而忽略了它们的多度（Norden et al. 2009a）。采用刀切法（Jackknife）减小 Horn 相似性指数的欠采样偏差（Schechtman et al. 2004）。在每个径级，如成年树，我们分别计算次生林（15 年、30 年和 60 年林龄）成年树与老龄林成年树的物种相似性，然后进行线性回归，分析相似性与林龄的关系。幼树和幼苗进行同样分析。应用方差分析（ANOVA）判断次生林幼树与老龄林成年树的相似度和老龄林幼树与老龄林成年树的相似度是否存在显著差异。幼苗和成年树群落进行同样分析。

为了估计每个样地内不同径级植物的相似性与林龄的关系，我们采用复合群落相似指数（multiple community similarity index）进行分析（Chao et al. 2008a）。该分析过程由 SPADE（http://chao.stat.nthu.edu.tw）软件完成。除了特别注明外，其他数据分析主要依靠 R-2.15.2 程序完成。

7.1.1　物种多样性和物种优势度

老龄林不同径级群落的物种多样性都显著高过次生林（表 7-1 和图 7-1）。除幼苗与 60 年林龄样地差异不显著外，老龄林各径级群落的实测物种丰富度、稀疏化的物种数、Fisher's α 指数和 ACE 显著高于次生林。不同林龄阶段群落中绝大多数幼苗的个体数、实测物种丰富度和 ACE 都低于幼树和成年树。10 个样地中总共记录到幼苗的物种数是 165 种，显著低于成年树（195 种）和幼树（263 种）。次生林成年树的优势种在群落中的优势度显著高过老龄林（图 7-1），个体数排前 5 位的优势种占该群落百分比基本都在 50% 以上（表 7-1）。

调查发现，次生林幼苗物种有 136 种，其中有 47 种在成年树群落中没有出现；并且这 47 种树中，有 22 种是老龄林幼树和成年树群落共同树种。次生林中常见的成年树和幼树群落的优势种分别是黄杞和九节树，而幼苗群落主要由一些耐阴树种组成，如银柴、九节树、罗伞树和毛叶青冈等，这些树种也是老龄林中幼树和成年树群落的常见树种。

表7-1 霸王岭林区10个1 hm²(100 m×100 m)监测样方中成年树(TR)、幼树(SA)和4个4 m²(2 m×2 m)样方中幼苗(SG)的林龄、物种多度、物种多样性和优势度统计

样地	林龄	个体数			实测物种丰富度			稀疏化的物种种数(95%置信区间)			Fisher's α 指数			基于多度的涵盖估计量(ACE)			Simpson 均匀度			优势度		
		TR	SA	SG	TR	SA	SG	TR	SA	SG	TR	SA	SG	TR	SA	SG	TR	SA	SG	TR	SA	SG
LSA1	15	1408	7254	1012	39	76	44	36 (32~39)	55 (47~63)	35 (27~43)	3.51	6.94	4.9	44	93	61	0.66	0.84	0.78	80.8	52.9	64
LSA2	15	1709	6773	1150	38	77	39	33 (28~38)	52 (43~61)	31 (25~36)	4.6	6.3	4.4	49	106	44	0.73	0.82	0.76	67.9	58.8	71.8
LSB1	30	1439	4294	800	71	95	48	63 (57~70)	79 (72~85)	39 (32~46)	9.14	8.53	4.64	90	109	62	0.74	0.8	0.67	55.5	61.9	78
LSB2	30	2355	8935	863	35	85	41	29 (24~34)	55 (46~63)	36 (32~41)	4.55	5.95	6.89	40	109	48	0.76	0.84	0.81	69.7	65.1	64.9
LSC1	60	1444	6757	938	55	83	52	50 (44~55)	60 (53~68)	42 (36~47)	6.8	5.61	4.64	69	110	60	0.76	0.73	0.74	65.5	72.6	67.7
LSC2	60	1721	5783	905	54	89	45	46 (38~53)	66 (58~74)	36 (29~42)	6.33	6.55	5.65	78	116	62	0.77	0.77	0.78	65.9	68.5	76.1
LSD1	60	1386	4981	802	63	108	53	57 (49~65)	84 (75~93)	43 (35~51)	8.9	7.89	5.31	76	132	75	0.79	0.77	0.76	58.2	69.7	71.6
LSD2	60	2447	5245	908	57	99	69	45 (38~51)	77 (68~85)	57 (49~65)	6.91	10.29	10.65	75	124	85	0.81	0.87	0.87	66.7	43.4	39.8
LOG1	OG	1246	2783	595	106	127	65	102 (93~110)	117 (106~128)	61(54~68)	25.23	15.63	9.12	120	158	83	0.85	0.87	0.78	25.4	42.2	50.3
LOG2	OG	1216	2440	524	103	123	68	96 (83~110)	117 (109~126)	67 (57~76)	19.4	16.31	9.52	144	139	110	0.83	0.85	0.76	40.8	40.8	47.3

注：每个样地稀疏化物种种数的计算个体数分别是：成年树1000，幼树2000和幼苗500。OG，老龄林。

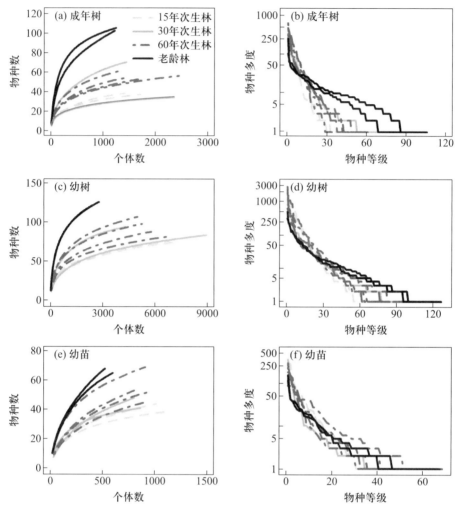

图 7-1 不同林龄(15 年、30 年、60 年林龄次生林和老龄林)成年树(a、b)、幼树(c、d)和幼苗(e、f)的种-多度累积曲线和种-多度等级曲线

7.1.2 物种组成

Mantel 检验结果表明,不同径级群落物种组成的差异性与其样地的空间分布存在相关性(成年树:$r=0.701$,$p=0.001$;幼树:$r=0.596$,$p=0.003$;幼苗:$r=0.697$,$p=0.004$)。但是,林龄差异和径级差异对群落物种组成存在影响。基于 Chao-Jaccard 相似性指数(stress=0.09;图 7-2a)和 Sørensen 相似性指数(stress=0.07;图 7-2b)的无度量多维标定(NMDS)图显示出相似结果:NMDS 轴 1 反映了不同林龄群落的物种组成差异,沿轴 1 从左向右依次是次生林早期(15 年和 30 年林龄)样地、次生林 60 年林龄样地和老龄林样地;NMDS 轴 2 反映出不同径级群落的物种组成差异,成年树、幼树和幼苗群落沿轴 2 从上往下分离。

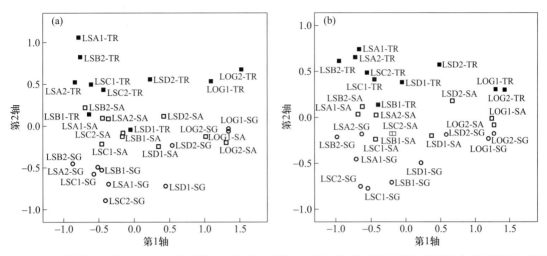

图 7-2　不同林龄(15 年、30 年、60 年林龄次生林和老龄林)中成年树、幼树和幼苗的无度量多维标定图。无度量多维标定图分别基于 Chao-Jaccard 相似性指数(a)和 Sørensen 相似性指数(b)产生

LSA1 和 LSA2 是 15 年林龄次生林样地;LSB1 和 LSB2 是 30 年林龄次生林样地;LSC1、LSC2、LSD1 和 LSD2 是 60 年林龄次生林样地;LOG1 和 LOG2 是老龄林样地。SG、SA 和 TR 分别表示幼苗、幼树和成年树

　　老龄林群落不同径级物种组成的相似度显著高于次生林群落。NMDS 图显示,老龄林成年树、幼树和幼苗群落的空间集聚相对于次生林更加紧密(图 7-2)。同时,演替后期次生林群落各径级物种组成的相似度相对高于早期次生群落,15 年林龄样地的多元群落相似指数为最低(图 7-3)。

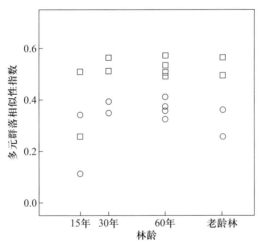

图 7-3　不同林龄(15 年、30 年、60 年次生林和老龄林)中由成年树、幼树和幼苗计算的多元群落相似性指数。相似性测度分别基于对 3 个不同径级群落的两两相似性的比较(正方形)或 3 个群落的共有信息(圆圈)

　　次生林成年树、幼树和幼苗分别与老龄林成年树的物种相似度伴随着演替进行而增大(图 7-4a,b,c;成年树:$R^2 = 0.979, p = 0.01$;幼树:$R^2 = 0.990, p = 0.005$;幼苗:$R^2 = 0.989, p = 0.005$);并且老龄林样地成年树间(0.48)、成年树与幼树间(0.37 ± 0.14)及成年树与幼苗间

（0.39 ± 0.16）的 Horn 相似性指数都显著高于各林龄阶段次生林的成年树、幼树和幼苗与老龄林成年树间的 Horn 相似性指数（图 7-4a，b，c）。不同老龄林间（LOG1 与 LOG2）成年树与幼树间的相似性对比次生林幼树与老龄林成年树间的相似性差异显著（$F_{1,16} = 12.41$，$p = 0.003$），并且老龄林样地间成年树与幼苗间的相似性对比次生林幼树与老龄林成年树的相似性差异也显著（$F_{1,16} = 11.68$，$p = 0.004$）。

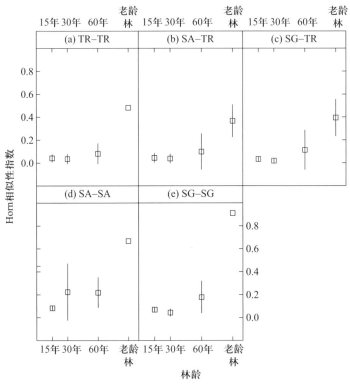

图 7-4　不同林龄的次生林和老龄林（OG）中不同径级群落的 Horn 相似性指数。（a）次生林成年树与 OG 成年树；（b）次生林幼树与 OG 成年树；（c）次生林幼苗与 OG 成年树；（d）次生林幼树与 OG 幼树；（e）次生林幼苗与 OG 幼苗
图中的正方形表示次生林每个林龄与 OG 比较的所有平均值，竖线表示标准误。图（a）、（d）、（e）中 OG 的正方形为两个老龄林样地间比较。SG、SA 和 TR 分别表示幼苗、幼树和成年树

　　次生林与老龄林之间幼树和幼苗群落的相似性随着恢复演替而增大（图 7-4d，e；幼树：$R^2 = 0.968$，$p = 0.02$；幼苗：$R^2 = 0.986$，$p = 0.007$）。两个老龄林样地幼树与幼树间、幼苗与幼苗间的 Horn 相似性指数分别为 0.67 和 0.91，显著高于次生林幼树、幼苗分别对应于老龄林幼树、幼苗的相似度（图 7-4d，e）。

　　年龄序列研究结果表明，海南岛霸王岭刀耕火种弃耕后自然恢复的次生林不同径级物种多样性随着演替进行逐渐趋同于老龄林。但是，相对于其他热带地区次生林物种丰富度经过 20～30 年能恢复到老龄林水平（Peña-Claros 2003；Letcher et al. 2009b；Norden et al. 2009b），本研究区域内各个次生林样地与老龄林的物种丰富度还存在明显的差距，特别是成年树和幼树。主要原因是相对于其他干扰类型，如灾难性大型自然干扰（飓风、火灾）或森林采伐等，刀耕火种更

显著地破坏土壤结构、使得肥力下降以及土壤种子库数量减少（Lawrence 2005；Ding et al. 2012a）。森林砍伐后引起的土壤气候环境变化以及火烧引起的土壤温度增加导致种子库中的种子和萌生个体大量死亡（Boring et al. 1981；Chazdon et al. 2007）。研究发现，幼苗的物种丰富度比幼树和成年树的都低，进一步实证了刀耕火种对幼苗的增补起着阻碍或延缓作用。

热带林幼苗层物种组成是冠层物种组成的一个子集（Comita et al. 2007；Dent et al. 2013），我们的结果很好地证实了这一点。但与其他新热带次生林（neotropical secondary forest）的研究结果相比较，后者小径级木本植物的多样性高于成年树层（Kennard 2002；Peña-Claros 2003）。小径级或幼苗层植物多样性高的格局一般出现在演替早期向中期过渡阶段，该时期林下物种组成主要由长寿命先锋种和耐阴种组成，而林冠层仍然由少数快速生长的先锋种占优势（Finegan 1996；Chazdon 2008a）。但是在我们研究的霸王岭林区，次生林群落中已有部分长寿命先锋种和耐阴种出现在林冠层（丁易等 2011b）。此外，刀耕火种弃耕地自然恢复的森林群落存在大量的落叶树种，一定程度上表现出季雨林特征（丁易等 2008），造成了本结果与其他研究结果的差异。

我们可以把确定性过程和随机过程放置于平衡与非衡理论（equilibrium vs. nonequilibrium theories）概念框架中，检验两对立过程对驱动演替动态的重要性。通过对比次生群落与老龄林群落物种组成的相似度，我们的研究为演替动态平衡模型提供了强有力的支持证据。次生演替群落不同径级树种与老龄林成年树种的相似度伴随着林龄增大而增加。当小径级个体长成成年个体时，该区域内次生林和老龄林的树种组成将逐步趋于相同。这种趋势形成的主要原因是老龄林冠层树种能够成功地以幼苗、幼树形式增殖到次生林样地中。例如次生林幼苗层总共记录有 136 种树种，其中就有 22 种老龄林幼树和成年树群落共同树种。此外，次生林成年树、幼树与老龄林成年树和幼树的相似度随着演替进行而增加。所以，新增物种代表了次生林和老龄林冠层物种组成的一个转换（Norden et al. 2009b），可以通过演替确定性模型进行预测。

支持演替动态平衡观点并不意味着演替将始终沿着一个独特的确定轨迹进行。土地利用类型及利用强度、土壤肥力、环境因子和景观格局等都显著影响着次生林的群落构建（Chazdon 2008a；Norden et al. 2009b）。结果表明，物种组成与样地的分布不存在空间自相关，并且随着林龄增加，其变化显现出一定方向性。但是，由于次生演替样地弃耕前的土地利用类型和生境条件有差异，在一定程度上导了了各个样地物种组成也存在差异，即使是相同林龄的群落亦如此。例如，LSB2 弃耕样地自然恢复前经历了一个短暂的橄榄（*Canarium album*）种植时期，人为皆伐后深挖回垄造成了土壤种子库数量急剧减少，导致弃耕后先锋树种毛菍（*Melastoma sanguineum*）和云南黄杞（*Engelhardtia spicata*）大量生长。这 2 种植物在群落中的多度占到 32.5%（分别是 1836 株和 1808 株），而种植的橄榄树在 1 hm² 样地中只记录有 6 株，造成了该群落植物个体数较多而物种多样性偏低，特别是林冠层成年树。此外，与老龄林距离的远近在一定程度上影响物种的增殖（Schlawin et al. 2008）。LSD2 由于靠近老龄林，其幼苗层物种组成相对于相同林龄的其他样地更接近于老龄林；而 LSA1 样地远离老龄林且靠近保护区边界线，受人为活动干扰较多，林冠层占优势的树种在幼苗层中多度较小，反映出较低的多元群落相似性。

虽然次生林群落幼苗层物种与老龄林成年树种的相似度随着林龄而升高，但其组成还不能够充分反映出老龄林成年树的物种组成。调查发现，次生林幼苗物种数为 136 种，其中就有 47

种没有出现在成年树群落中,并且与老龄林成年树的相似度和老龄林间成年树与幼苗的相似度差异显著。斑块状聚集和不可预测的种多度是导致森林群落不同层次物种组成差异性的主要原因,特别是在幼苗层群落(Dent et al. 2013)。热带植物种子扩散能力的差异性(Nathan et al. 2000;Seidler et al. 2006)和扩散限制作用可促使老龄林树种和次生林幼苗层先锋树种空间格局呈聚集分布(Dalling et al. 1998a;Bustamante-Sánchez et al. 2012;黄运峰等 2013a)。次生林幼苗聚集分布及其不同样地优势种的不同,导致了不同样地间较低的物种相似度。例如,60 年林龄样地中,LSC1、LSC2 和 LSD1 样地幼苗层都是以九节树为优势种,而在 LSD2 中则是以乌柿、罗伞树和芳槁润楠为主。此外,种子产量年际间的显著差异同样反映了物种水平和群落水平的变异(De Steven et al. 2002;Norden et al. 2007)。所以,幼苗层物种斑块状分布可能是由于在物种水平上种子产量的时空变异以及扩散限制作用的结果。

与幼苗相似,幼树层物种与老龄林成年树种的相似度随着林龄而升高,但其在次生群落中的物种多样性差异不明显,并且物种的相似性基本不变。这些组成的相似性表明存在强烈的非生境或环境筛,并且是在幼苗群落向幼树群落过渡阶段起作用(Bustamante-Sánchez et al. 2011)。所以,新增到幼树群落并最终到成年树群落是确定性过程,选择了耐阴性和生长速度较慢的物种(Finegan 1996;Norden et al. 2009b;丁易等 2011b)。

次生演替研究最直接的方法是分析自然恢复群落结构和组成随时间的变化。然而,有关次生林长期连续的监测数据基本不超过 20 年(Chazdon et al. 2007)。在缺乏长期监测数据的情况下,以空间代替时间(space-for-time substitution)的年龄序列研究已经成为次生演替研究的主要手段(Chazdon et al. 2007;Norden et al. 2009a;Bruelheide et al. 2011;Turner et al. 2012)。通过年龄序列研究,我们可以在更大时间尺度上检验次生林自然恢复动态和演替轨迹。然而,针对不同林龄样地在演替时间系列上都遵循着同样的历史(如经历相似的环境条件、干扰历史以及各种生物和非生物过程作用)这一核心假设仍存在很大争议(Chazdon et al. 2007;Johnson et al. 2008)。依靠样地选择的客观标准(土地利用历史记录、土壤类型和地形因子等),对每个林龄样地进行系列重复取样,是减小研究结果误差的保证(Chazdon 2008a)。我们根据海南岛霸王岭林区森林详实的森林历史干扰记录,充分考虑了不同林龄样地在干扰类型、地形和土壤类型等方面的相似性,最大限度地满足样地选择的一致性。虽然多个林龄阶段样地的重复数只有 2 个,但通过较大面积(1 hm^2)的取样在一定程度上能够补充样地重复数较小的缺陷(Norden et al. 2009a)。与此同时,我们在研究区域建立的一系列次生林长期监测样地,将会为我们更好地全面认识更新次生林树种组成的时空权衡提供重要平台。

综上所述,海南岛热带次生林演替过程中森林群落的构建是一个综合而复杂的过程,次生群落物种丰富度和物种多样性随着演替进行而逐渐趋向老龄林群落,支持演替平衡理论。但是由于刀耕火种干扰方式对土地破坏性较大,森林群落恢复到干扰前的状态可能要经过数十年乃至上百年的时间,才能达到一个稳定的平衡。新增到幼苗群落可能是一个难以预测的过程,依赖于具体物种的繁殖活动和扩散限制,而新增到幼树群落并最终到成年树群落是确定性过程,选择了耐阴性和生长速度较慢的物种。所以,确定性过程和随机过程共同决定了群落构建规则(Chave et al. 2004;Adler et al. 2010;HilleRisLambers et al. 2012)。

7.2 海南岛热带低地雨林空间格局动态

从 Janzen（1970）和 Connell（1971）提出种内最近邻体对物种的生长和存活具有制约作用的假说以来，负密度制约（negative density dependence）被认为是调节种群动态和促进多个物种共存的重要机制之一（Wright 2002；Carson et al. 2008；祝燕等 2009）。许多研究表明，在遭受过严重干扰（例如森林火灾、采伐、刀耕火种等）的群落中，种内竞争（intraspecific competition）对先锋种（pioneer species）的拓殖（colonization）、建立及存活起到明显的制约作用。种内竞争或自疏（self-thinning）作用将导致同种个体大量死亡，先锋种将逐渐显现出均匀分布格局（Ford 1975；Duncan 1991；He and Duncan 2000；Getzin et al. 2006）。此外，伴随着高的死亡率，种内个体间距增大，腾出的空间和资源将为其他物种的侵入创造条件。因此，负密度制约对热带森林树木新增（recruitment）和群落物种多样性的维持具有重要作用（Wills et al. 1997；HilleRisLambers et al. 2002；Comita et al. 2010；Johnson et al. 2012）。

物种间的密度制约效应在种群动态及群落方面的重要性还不是十分清楚。通常认为种间竞争（interspecific competition）在演替过程中减缓演替后期种（late-successional species）对先锋种的替换速率（Connell et al. 1977；Finegan 1984；Chazdon et al. 2007）。先锋种通过对资源（光照、土壤养分、空间等）的夺取降低演替后期种在林下的存活率和生长速度，阻止其进入林冠层（Guariguata et al. 2001；Chazdon 2008a）。因此，不对称的种间竞争（asymmetric interspecific competition）将会导致后期拓殖的树种多聚集分布在竞争相对较低的林窗下，并与林冠层的先锋种在空间分布上表现出负相关（Sterner et al. 1986；He and Gaston 2000）。然而，目前关于种间竞争在驱动群落演替变化的研究多集中在一年生或多年生草本群落中（Uhl et al. 1984；Armesto et al. 1986；Chapin et al. 1994；Halpern et al. 1997），并且大多数限制在单个物种或较短的时间跨度内（Carson et al. 2008）。最长时间的研究都不超过 20 年（Connell et al. 1984；Hubbell et al. 2001），这个时间尺度可能只相当于树木生长历程中的一个小阶段。所以，如何从更长的时间尺度去检验密度制约效应在群落演替中的重要性及普遍性，将是密度制约效应研究必须考虑的问题。

选用合适的研究方法对密度制约效应进行检测，是评估该效应在群落中的作用所面临的一个挑战（He and Gaston 2000）。常见的方法是比较样方中目标物种的密度与种群个体变化（如死亡率、生长率等）的关系（Wright et al. 2002）。但是，对森林群落来说，由于大树（或成年树）具有较低的死亡率和很长的寿命（几百年），通过几年的直接观察难以检测出负密度制约的信号（Ratikainen et al. 2008）。所以，我们用空间代替时间，假设大树种群都处于一个平衡阶段，应用点格局分析每个树种在不同生长阶段及不同时间尺度上的格局变化，可以检验密度制约的滞后效应（Ford 1975；Getzin et al. 2006；Wiegand et al. 2007a；Piao et al. 2013）。并且，热带雨林植物花粉和种子扩散限制的普遍存在（Hubbell et al. 1999；Cázares-Martínez et al. 2010），导致树种的空间分布绝大多数为聚集分布（Condit et al. 2000a）。所以，当密度制约效应在群落中发挥作用时，存活下来的树木分布变得更规则，并且随着径级的增加，聚集强度逐渐下降（Sterner et al. 1986；Barot et al. 1999）；在更长的时间尺度上，聚集分布的物种在群落中所占的比例将随群落演替逐渐减小。

通过比较物种空间格局的变化可以很好地检验密度制约效应,但是,符合密度制约的格局可能会被其他一些因素混淆或掩盖,如生境异质性(Getzin et al. 2008a;Murrell 2009)。在适合植物生长的生境,负密度制约所导致的个体死亡或者生长量减少,被适宜生境导致的成活率提高或个体生长量的增加所抵消(Wright et al. 2002;祝燕等 2009)。所以,检测密度制约效应必须考虑生境异质性的影响。然而,如何有效地量化多种环境变量对其的影响将变得困难。Getzin 等(2008a)通过随机标签零模型的案例–对照(case-control)设计,对生境异质性进行分解并成功检测出密度制约效应对异叶铁杉种群有自疏作用。本节以海南岛受刀耕火种干扰后自然恢复的低地雨林次生林为对象,构建一组年龄系列(chronosequence)数据(包含 15 年、30 年、60 年林龄次生林和老龄林),应用点格局分析方法,通过案例–对照设计分析不同林龄物种的格局变化,量化密度制约效应在热带雨林群落中的作用,探讨密度制约在次生演替过程中的变化规律。我们假设:由于次生演替初期物种受生境异质性作用较为强烈(Guariguata et al. 2001;Chazdon 2008a),如果群落中存在着密度制约效应,那么随着次生演替进行,小尺度上聚集分布的物种所占的比例将逐渐减小(分析 1);同一群落中聚集程度随径级增大而下降(分析 2);随着演替进行,演替后期种逐渐代替先锋种,不对称的种间竞争作用将减小,所以,死树在成年树周围出现的概率随林龄增大而降低(分析 3)。

根据树木生长能够达到的潜在最大高度(H),把树种划分为 3 个生活型:灌木(shrub,$H <$ 5 m)、亚林冠木(understory tree,5 m $\leq H <$ 15 m)和林冠木(canopy tree,$H \geq$ 15 m)。根据不同径级(D_{BH})大小将不同生活型树种分别划分为 3 个生长阶段,即幼树(sapling)、小树(juvenile)和成年树(adult tree)。灌木:1 cm $\leq D_{BH} <$ 1.5 cm 为幼树,1.5 cm $\leq D_{BH} <$ 2 cm 为小树,$D_{BH} \geq$ 2 cm 为成年树;亚林冠木:1 cm $\leq D_{BH} <$ 2.5 cm 为幼树,2.5 cm $\leq D_{BH} <$ 5 cm 为小树,$D_{BH} \geq$ 5 cm 为成年树;林冠木:1 cm $\leq D_{BH} <$ 5 cm 为幼树,5 cm $\leq D_{BH} <$ 10 cm 为小树,$D_{BH} \geq$ 10 cm 为成年树。

为了满足点格局分析的最小样本量要求,本研究只对样地中每个生长阶段(幼树、小树和成年树)个体株数都大于 25 的树种进行分析。其中 15 年林龄样地有 24 个物种(LSA1:10;LSA2:14),30 年林龄样地有 20 个物种(LSB1:8;LSB2:12),60 年林龄样地有 41 个物种(LSC1=LSC2:10;LSD1:8;LSD2:13),老龄林样地有 13 个物种(LOG1:8;LOG2:5)。次生林中每个样地的取样物种个体数都占到总个体数的 65% 以上,老龄林虽然取样物种数较少,但其个体数也占到总个体数的 35% 以上,说明本研究所选定的分析树种具有一定的代表性(表 7-2)。

本节主要使用单变量双关联函数[univariate pair-correlation function,$g_{11}(r)$]来分析不同林龄样地中不同空间尺度(spatial scale,r)上树木的分布格局(Stoyan et al. 2000)。双关联函数衍生来自 Ripley's K 函数(Ripley 1981)。Ripley's K 函数是在以某一任意点为圆心,r 为半径的圆内,期望点数与样方内点密度的比值(Wiegand et al. 2004)。公式定义为

$$\hat{K}(r) = \frac{1}{A} \sum_{i=1}^{n} \sum_{j \neq i} \frac{w_{ij}}{\lambda^2} I(d_{ij} \leq r) \tag{7-1}$$

式中,A 为样方面积,λ 为模型估计参数,指样方内物种个体密度,w_{ij} 为边界效应修正,d_{ij} 为两随机点间的距离,I 为指示函数,当 $d_{ij} \leq r$ 时,$I = 1.0$;当 $d_{ij} > r$ 时,$I = 0$(Ripley 1981)。

表7-2 不同林龄样地中(15年、30年、60年林龄次生林和老龄林)物种数和个体数

样地	林龄	总物种数	分析物种数	总个体数	分析物种个体数				全部死树个体数
					幼树	小树	成年树	合计	
LSA1	15	77	10	8662(1868)①	1844	1841	1676	5361(61.9)②	323
LSA2	15	80	14	8483(2383)	3280	1959	2216	7455(87.9)	627
LSB1	30	105	8	5745(2214)	1318	942	1596	3856(67.1)	134
LSB2	30	86	12	11 290(3612)	3215	2467	3439	9121(80.8)	424
LSC1	60	92	10	8205(2585)	2562	1614	2084	6260(76.3)	157
LSC2	60	96	10	7508(2723)	2151	1335	2225	5711(76.1)	175
LSD1	60	112	8	6368(2549)	1691	1053	1974	4718(74.1)	206
LSD2	60	106	13	7697(2349)	1850	1422	1866	5138(66.8)	338
LOG1	OG	143	8	4028(1626)	625	399	755	1779(44.2)	143
LOG2	OG	139	5	3654(1337)	350	393	563	1306(35.7)	60

注:括号中的数字表示① 全部成年树的个体数;② 占总个体数的百分比。

双关联函数 $g_{11}(r)$ 公式可定义为

$$g_{11}(r) = \frac{1}{2\pi r} \frac{\mathrm{d}K(r)}{\mathrm{d}(r)} \tag{7-2}$$

双关联函数也是基于成对个体间距离的关联性函数,分析以 r 为半径、宽度为 dr 的圆环内所有个体的分布。由于 Ripley's K 函数分析是以 r 为半径的圆内所有个体的分布,空间尺度 r 上的格局所体现的可能是小于尺度 r 所有分布信息的累加(Condit et al. 2000a;Stoyan et al. 2000;Wiegand et al. 2004)。相反,g 函数主要以环代替 K 函数中的圆,计算过程没有累积效应,并且能较敏感地判别出某一尺度上点的实际分布偏离期望值的程度,是评估聚集程度的重要分析方法(Wiegand et al. 2004)。所以,当 $g_{11}(r) = 1$ 时,个体分布显示为完全空间随机分布;$g_{11}(r) > 1$ 时为聚集分布;$g_{11}(r) < 1$ 时为均匀分布。

1. 不同林龄阶段种群分布格局动态

在次生演替初期(0~15年),群落构建主要受种子扩散、种子萌发和萌生等因素影响。当物种成功拓殖(colonized)到适宜生长的环境时,其同种个体大量生长,种群空间分布显现聚集分布格局。所以,假设演替早期物种空间分布主要由生境异质性作用主导,密度制约效应不明显,群落中物种以聚集分布格局为主。随着演替的进行,小尺度上的竞争(种内和种间竞争)和密度制约效应等生物过程将逐渐在群落构建过程中起作用。所以,到演替中、后期,聚集分布的物种将逐渐减少。

本研究采用均质泊松过程(homogeneous Poisson process)来分析种群的分布格局。均质泊松过程又称为完全随机模型(complete spatial randomness,CSR),是点格局过程中最简单的一种模型,假设物种的空间分布不受任何生物和非生物过程影响,常作为零模型来检验生境异质性是否

影响物种的空间分布(Diggle 1983)。均质泊松过程定义如公式(7-1),表示种群在样方内的分布强度 λ 是恒定的,在面积为 A 的区域内找到 k 个点的概率服从泊松分布。

2. 幼树–成年树的关系

空间聚集个体的径级逐渐增大,密度制约效应或病原体将导致种群聚集强度的减小和邻体间距离的增加。这一过程在幼苗阶段到成年阶段都将一直存在(Moeur 1997;Getzin et al. 2008a)。

本研究采用双变量随机标签(bivariate random labeling)零模型和案例–对照设计来检验不同演替阶段的密度制约效应对种群个体空间分布的影响。案例–对照设计方法常在流行病学研究上用于研究疾病传播的案例(case),使得对照格局在高危人群中解释环境异质性是可能的(Gatrell et al. 1996)。从生态学实际问题出发,案例–对照设计多用于分析生境异质性对种群的作用(Getzin et al. 2008a;Zhu et al. 2010b;Luo et al. 2012;Duclos et al. 2013)。由于导致生境异质性的因子是多元和多维的,并且难以用具体数值进行量化。所以,假定生境异质性对树木的作用随着个体生长或演替进行而成比例进行,到了成年树阶段或演替后期,树木分布格局基本稳定,其格局一定程度上反映了生境异质性作用的结果。因此,以成年树在群落中的分布格局作为对照格局(即格局 1,control=pattern 1=adult tree)来代表生境异质性因子,小树、幼树分别作为案例(即格局 2,case=pattern 2=sapling or juvenile)与其进行比较,在去除生境异质性效应的前提下研究树木之间的相互作用。群落中树木空间聚集强度伴随径级增大而降低,反映了种内自疏作用,并且该强度相对于成年树对照格局而降低也反映了密度制约效应的减小。

应用双变量随机标签零模型比较成对的 $g(r)$ 函数值,可以研究不同种类的个体间的相互关系。g_{21} 表示案例周围的对照个体的分布强度,g_{22} 表示案例周围的案例个体的分布强度,如果案例相对于对照没有表现出额外的格局(additional pattern),那么符合随机标签零假设——案例是两者复合格局的一个随机子样本,即 $g_{21}(r)=g_{22}(r)$(Wiegand et al. 2004)。当在某个尺度 r 上,$g_{21}(r)-g_{22}(r) \ll 0$ 时,表示案例的点出现在案例格局周围的频率高于出现在对照周围的频率,说明幼树或小树有独立于成年树聚集的格局(Zhu et al. 2010a;Duclos et al. 2013)。在这个聚集的格局里,树木生长在适宜的生境里,个体的死亡可以排除生境异质性的作用。当幼树到小树,聚集强度降低时,表示存在密度制约效应。所以,可以利用聚集格局降低的程度指示密度制约效应的强度(Duclos et al. 2013),定义为

$$d(r) = d_j(r) - d_s(r) \qquad (7-3)$$

式中,$d_j(r)$ 表示格局 2 是小树(即 case=pattern 2=juvenile)时,$g_{21}(r)-g_{22}(r)$ 在尺度 r 上的返回值;$d_s(r)$ 表示格局 2 是幼树(即 case=pattern 2=sapling)时,$g_{21}(r)-g_{22}(r)$ 在尺度 r 上的返回值。如果树木从幼树生长到小树,即 $d_j(r)-d_s(r)>0$ 时,表示存在密度制约效应。所以,$d(r)$ 值表示在某个尺度上物种聚集格局下降的强度,指示密度制约效应在该空间尺度上的强度(Zhu et al. 2010a)。此外,用 r_{max} 表示密度制约效应强度达到最大时的尺度。

3. 死树的空间格局

随机死亡假说(random mortality hypothesis)预测,当群落中树木个体都具有相同的死亡概率时,其空间分布格局的二阶特性(second-order characteristic;如竞争、密度制约等)将不发生改变

（Sterner et al. 1986）。所以，可以通过分析不同林龄群落中死树与成年树的格局变化来探讨物种间的二阶特性。

通过双变量随机标签零模型来检验死树与成年树的关系。以死树为格局 2（case = pattern 2 = dead tree），成年树为格局 1（control = pattern 1 = adult tree），当在尺度 r 上 $g_{21}(r) - g_{22}(r) \ll 0$ 时，即死树在死树周围聚集的概率高于在成年树周围聚集的概率，说明死树之间存在着尺度 r 上的正相关；当 $g_{21}(r) - g_{22}(r) \approx 0$ 时，说明死树随机分布在成年树之间（Getzin et al. 2006）。本研究分析的死树为样地中记录的全部物种的 3 个生活型的成年枯死个体（即灌木 $D_{BH} \geqslant 2$ cm；亚林冠木 $D_{BH} \geqslant 5$ cm；林冠木 $D_{BH} \geqslant 10$ cm），成年树同样也包含全部物种的 3 个生活型的全部成年个体。

上述空间分析主要通过基于栅格分析的 Programita 软件实现。对三组分析设置栅格大小（grid size）为 1 m×1 m，圆环宽度 $dr = 1$ m，分析的空间尺度范围为 0~30 m。对于分析 1，应用蒙特卡罗循环 199 次构建置信度为 95% 的包迹线（envelope）。当观测的 $g(r)$ 值在某个尺度 r 上落到包迹线外，说明其显著偏离零模型。然而，由于同时在多个尺度上进行推断，当 $g(r)$ 值接近模拟包迹线时，将会出现第一类型错误（type I error，即"弃真"）（Loosmore et al. 2006）。所以，本研究结合拟合包迹线法和适合度检验法（goodness-of-fit test，GoF）对偏离零模型进行显著性检验。

适合度检验（GoF）消除了双关联函数中的尺度效应信息后成为单个检验统计量 u_i，主要用于计算实际观测值与理论经验值的偏差平方和（Wiegand et al. 2007b；Wiegand et al. 2012）。由于 GoF 检验的 u_i 值由所观察到的数据（$i = 0$）、拟合数据（$i = 1, \cdots, m$）和已确定的 u_i 中 u_0 的 rank 值计算而来。所以，其观测 $\hat{p}$ 值可以通过公式（7-4）计算：

$$\hat{p} = 1 - \frac{rank(u_0) - 1}{m + 1} \tag{7-4}$$

当观测格局计算的 u_0 值比由零模型通过 199 次模拟计算的 u_i 值大时，$rank(u_i) = 200$，$\hat{p} = 1 - (199/200) = 0.005$（Wiegand et al. 2007b；Wiegand et al. 2012）。因此，本研究选取 rank 值 >190，即 GoF 检验的显著水平为 $\hat{p} = 0.05$ 时表示显著偏离假设。

7.2.1 不同林龄阶段种群分布格局动态

次生演替过程中不同林龄阶段树木的空间分布格局以聚集分布为主（图 7-5，图 7-6）。GoF 检验结果表明，98 个树种中有 96 个显著偏离零模型（rank 值 >190），即表现出聚集分布格局。不同林龄不同尺度上树种聚集分布所占的比例各不相同。15 年和 30 年林龄，树木主要在 0~5 m 尺度上聚集，其物种数基本达到 100%；而演替中、后期的 60 年林龄和老龄林，树种聚集的尺度更大，达到 30 m（图 7-6）。小尺度上的聚集是植物之间相互作用引起的，而大尺度上的聚集可以解释为生境异质性。所以，在进行密度制约检验时必须排除生境异质性的影响。此外，在紧邻同种个体的 1 m×1 m（即 $r = 0$ m）的栅格范围内，物种聚集分布的比例随林龄增大而逐渐减小，随机分布的物种随林龄增大而逐渐增大（图 7-7）。

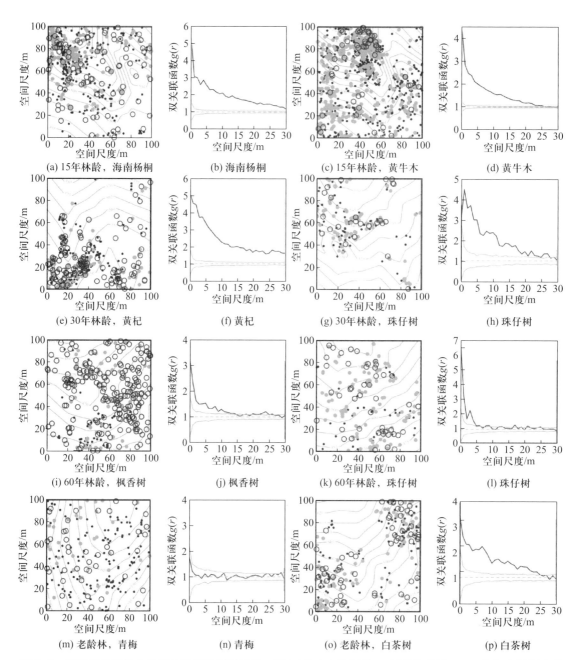

图7-5 不同林龄样地中单变量格局的例子展示。图(a)和(c)分别是15年林龄样地LSA2中海南杨桐和黄牛木的分布格局;(e)和(g)分别是30年林龄样方LSB1和LSB2样方中黄杞和珠仔树的分布格局;(i)和(k)分别是60年林龄样方LSC1和LSD2中枫香树和珠仔树的分布格局;(m)和(o)分别是老龄林样方LOG1和LOG2中青梅和白茶树的分布格局

黑色实线表示双关联函数g(r),灰色实线表示蒙特卡罗循环模拟零模型199次拟合值的第五个最高值和第五个最低值,灰色虚线表示完全随机分布的g(r)期望值。点格局分布图中黑色实心圆表示幼树,灰色实心圆表示小树,黑色空心圆表示成年树

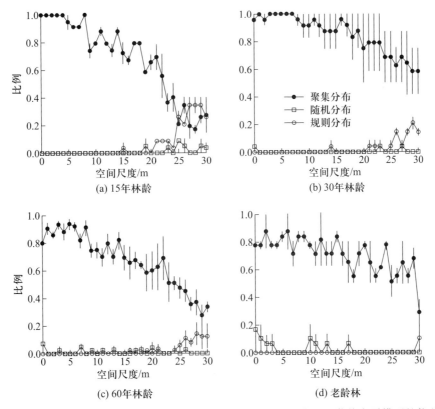

图 7-6　适合度检验(rank 值>190)显示双关联函数 $g(r)$ 在 0~30 m 尺度上显著偏离零模型的物种分布格局。图中显示为不同林龄[15 年(a)、30 年(b)、60 年(c)和老龄林(d)]树种空间分布格局在每个尺度 r 上的比例实心圆和空心圆是 $g(r)$ 实测值超出(蒙特卡罗循环模拟 199 次构建置信度为 95%的)包迹线,分别表示聚集分布和规则分布;空心正方形是 $g(r)$ 实测值落在包迹线内,表示随机分布。竖线表示标准误

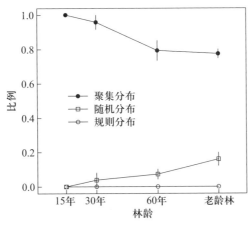

图 7-7　在 $r=0$ m (栅格大小为 1 m×1 m)的尺度上物种的空间格局在不同林龄林地中所占的比例

7.2.2 不同林龄阶段的密度制约效应

通过案例-对照设计的双变量随机标签零模型排除生境异质性影响,对不同林龄群落中的密度制约效应进行检验。结果表明,以幼树、小树作为案例时,次生群落中的物种相对于成年树都具有额外的聚集格局,并且物种所占的比例高于老龄林。在0~10 m的尺度上,次生群落中具有额外聚集格局的树种所占的比例都在40%左右,几乎是老龄林的2倍(图7-8)。说明自然恢复的次生群落中,新增个体(幼树和小树)多分布于母株(成年树)周围。但是,随着尺度增大(r>15 m),幼树和小树在成

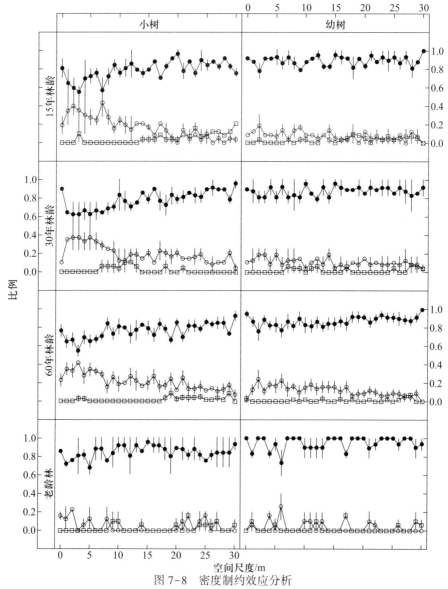

图 7-8 密度制约效应分析

实心圆表示 $g_{21}(r)-g_{22}(r) \approx 0$,即其值落在以双变量随机标签零模型构建的包迹线里;空心圆和正方形分别表示 $g_{21}(r)-g_{22}(r) \ll 0$ 和 $g_{21}(r)-g_{22}(r) \gg 0$,即其值都超出零模型构建的包迹线;竖线表示标准误

年树周围聚集逐渐减少,特别是在老龄林中。在相同林龄样地的不同生长阶段(如幼树、小树)中,相对于成年树有额外聚集格局的物种所占的比例也不一样。小树作为案例的存在额外聚集格局的物种数显著低于幼树,说明随着树木的生长,个体在成年树周围的聚集程度在降低。

在不同林龄群落中,密度制约效应在不同的尺度上表现出相似的格局(图7-9)。小尺度上($r<3$ m)受密度制约作用的物种都在40%以上,并且在0~3 m 的尺度上密度制约强度达到最大(d_{max})的树种占87.7%。虽然老龄林群落中受密度制约作用的物种在$r=0$ m 尺度上占了80%,但其作用强度却显著小于其他林龄群落(图7-10)。在该尺度上($r=0$ m)森林群落受密度制约

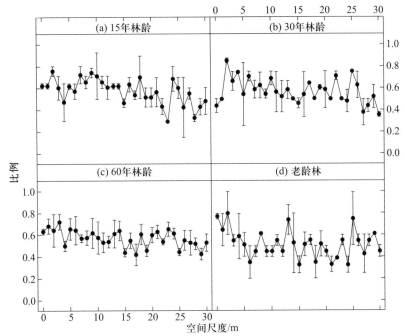

图7-9 不同林龄(15年、30年、60年林龄次生林和老龄林)样地中受密度制约作用的物种在每个尺度上所占的比例

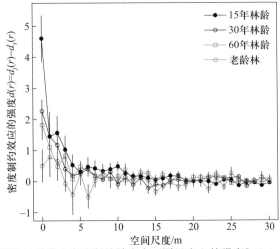

图7-10 不同林龄群落中密度制约效应在不同尺度上的强度[$d(r)=d_j(r)-d_s(r)$]

竖线表示标准误

作用的强度随着次生演替的进行而逐渐减小,但随着尺度的增大,其作用强度逐渐趋于相同(图 7-10)。

7.2.3　死树的空间格局

图 7-11 显示,次生林群落死树相对于成年树存在额外的聚集格局。而在老龄林中,除 LOG1 样地中死树在 0~1 m 小尺度上相对于成年树存在额外聚集格局外,几乎都是呈随机格局分布于成年树之间。不同林龄阶段,死树相对于成年树呈非随机分布的空间尺度也存在差异,即不同林龄阶段的死树与成年树存在的空间相关尺度各不相同。早期阶段(15 年和 30 年林龄)其相关尺度多在 0~10 m,而在 60 年林龄阶段,相关尺度达到 30 m(LSC2 和 LSD2)。

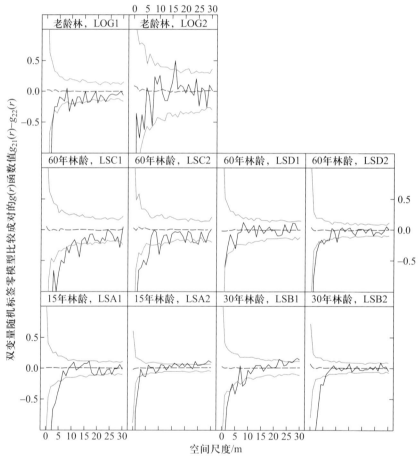

图 7-11　不同林龄(15 年、30 年、60 年林龄次生林和老龄林)群落中死树与成年树的关系。死树与成年树分布格局用双变量随机标签零模型检验

影响热带森林物种分布和物种多度的因素包括非生物因素、天敌、寄生、竞争和互利共生(mutualism)等。同种之间的负密度制约是维持物种多样性的主要机制,专一性的病菌或天敌对同种个体的损害使其存活率降低,从而调节群落中物种的分布和多度(Janzen 1970;Connell

1971）。基于年龄系列方法我们发现,密度制约效应在次生演替群落中普遍存在,并且在不同林龄群落中发挥作用的显著性存在一定差异。同时,生境异质性、扩散限制等其他生态过程对密度制约效应的检验存在一定程度的干扰。

热带林次生演替过程中,当密度制约效应在森林群落中普遍存在时,物种的空间分布将随着演替进行而逐渐趋向于均匀分布格局(Duncan 1991;He and Duncan 2000;Getzin et al. 2006),从而导致聚集分布的物种数逐渐减少。我们基于演替系列研究发现,小尺度上聚集分布的物种随着演替的进行而逐渐减少,这支持了上述观点。但是,均匀分布的物种数并没有因为聚集分布物种数的减少而增加。相反,均匀分布类型在我们所检验的森林群落中并不存在,进一步说明了热带林物种的空间分布格局主要以聚集分布为主。小尺度上的聚集分布可能是由于密度制约效应导致,而大尺度上的聚集分布可能是由生境异质性引起。随着尺度增大,不同群落中聚集分布的物种数逐渐减小,但相对于其他分布类型还是占主导。说明热带林树木空间分布并非只有密度制约这一过程决定,扩散限制、生境异质性、干扰等都将导致树木的聚集分布(黄运峰等 2013a)。此外,我们选用均质泊松过程作为零模型,在对种群格局进行分析时可能忽略了生境异质性对密度制约效应的影响(He and Duncan 2000;Bagchi et al. 2011)。

通过案例–对照分析方法,我们以成年树作为代表生境异质性因子的对照格局,以幼树和小树作为案例,分析它们在成年树(母株)周围的分布格局,以此来检验密度制约效应的存在。这种利用不同生长阶段种群空间格局的变化(相当于经过一定时间间隔调查种群的生长量、成活率、死亡率等)来分析密度制约效应发生的方法,其充分考虑了密度制约效应表现的时滞性,具有时间积累的优势,所以能够更多地捕捉到密度制约效应(Ratikainen et al. 2008;Zhu et al. 2010a)。我们的结果进一步证实了密度制约效应在次生演替群落中普遍存在。相反,如果简单从几次全面调查的数据来分析目标物种的死亡格局进而分析密度制约对种群格局的影响,这种方法一定程度上会忽略邻近母株更新后代受到负效应影响具有的滞后性(Ratikainen et al. 2008)。一般 10~20 年间隔的样地调查,相对于热带林植物的生长周期过于短暂,密度制约效应很难积累,甚至强烈的密度制约信号也不易被发现(Wright et al. 2002;祝燕等 2009)。但是我们通过年龄系列方法,可以有效地比较不同林龄阶段的密度制约效应对树木空间分布,进而推断其在群落中的普遍性,并且在不同尺度上表现出相似的格局(图 7-9)。

与其他热带林密度制约效应的研究结果相似(Condit et al. 1994;Hubbell et al. 2001),密度制约效应主要发生在局部小尺度上(图 7-10),表现出明显的距离效应。作为 Janzen-Connell 假说最基本的部分,距离效应的研究侧重于探讨是否紧邻母株的更新后代存活率低。当植物从种子到建成树的成活率随着与母株距离的增加而提高时,在远离母株的一定距离处,总更新个体数将达到最多(Janzen 1970)。然而,扩散限制作用导致植物个体聚集在同种邻体(母株)周围,加剧了更新后代个体的大量死亡。我们同样发现,小尺度上死树多聚集分布在成年树周围,特别是在自然恢复的次生群落中更加明显(图 7-11)。距离效应和密度制约效应对种群结构的影响有时是很难分开的,有研究表明,目标个体有时候会同时受到种群密度和同种之间距离的影响(Connell et al. 1984;Hubbell et al. 1990;Gilbert et al. 1994)。虽然在分析过程中只是针对群落水平的死树,但是通过比较不同林龄群落中死树的分布格局可以看出,死树个体与成年树邻体距离存在显著正相关,进一步证实距离效应在次生演替过程中普遍存在,特别是在演替早期阶段。

虽然密度制约效应在次生演替群落中普遍存在,但并不意味着此过程在不同林龄阶段群落中的作用一样。我们发现,不同林龄阶段在不同尺度上受密度制约作用的强度存在差异,小尺度上作用强度随着林龄增大而减小。造成这种差异的原因可能是不同演替阶段密度制约效应的驱动因素差异。

演替早期的资源竞争可能是导致密度制约效应的主要原因。次生演替初期,拓殖的物种都具有喜光性、快速生长等生活特性(Guariguata et al. 2001; Chazdon et al. 2007)。光作为演替早期最主要的环境因子,显著影响先锋物种幼苗个体的分布和存活(Nicotra et al. 1999)。研究结果表明,小尺度上($r < 3$ m) 15 年林龄群落中同一物种受到的负密度效应作用强度相对于其他林龄阶段都高,并且死树个体与成年树在该尺度上显示出正相关。所以,演替早期植物对光资源的竞争是驱动密度制约效应的主要原因。随着演替进行,耐阴性物种的增殖在一定程度上改变了密度制约效应的发生机制,具体表现在物种耐阴性影响其邻体幼苗的存活(Comita et al. 2009)。幼树和小树在成年树周围聚集的物种随着次生演替进行而逐渐减少,并且老龄林中显现出随机分布格局。此外,老龄林中死树个体在成年树空间分布上不存在正相关,进一步说明在次生演替过程中,物种的不同生活特性一定程度上影响密度制约效应的显著性。虽然模型包含了冠层开阔度和地形位置(成年树的空间分布)所引起的生境喜好的可能性,但不能够排除其他未测生境变量(如土壤养分、温度、湿度等)具有掩盖密度制约效应的可能性。

不同林龄阶段密度制约效应的差异可能还反映出其强度与种群大小的关系。结果表明,演替早期森林物种多样性较低,大多数物种具有较高的个体多度,并且小尺度上密度制约效应强度高于演替中、后期(图 7-10)。说明密度制约效应在多度较高的物种个体间较容易发生,同时也进一步证实,密度制约效应强度与个体多度存在显著正相关(Comita et al. 2010)。个体多度高的种群由于受密度制约作用,为处于竞争劣势的物种提供了更新空间。并且密度制约能够减少种间竞争排斥作用,调控和维持物种的共存(Wright et al. 2002)。因此,随着演替进行,次生群落物种组成将逐渐增大并趋同于老龄林(黄运峰等 2013b)。

综上所述,密度制约作为热带林物种共存的一种重要维持机制,其作用在次生群落中普遍存在。由于次生演替动态是一个复杂的生态学过程,不同演替阶段的密度制约作用存在一定差异。物种个体多度和生活史特性在不同林龄群落中存在的差异是影响密度制约效应差异的主要因素。同时,生境异质性、种子扩散限制以及种间竞争等对密度制约效应的检验存在干扰。

7.3　海南岛热带低地雨林树种空间关联动态

了解物种分布、多度以及共存过程和机制一直是生态学研究的一个主要目标(Ricklefs 1990; Brown et al. 1995b; Wright et al. 2002)。长期以来,受高斯的竞争排斥法则影响(Gause 1934),基于生态位分化的共存理论认为,生态学上相同的物种不能长期稳定共存。所以,探索不同物种间生态位分化的可能途径是群落生态学家最为关注的焦点(Tilman 1982)。然而,传统的生态位理论在解释热带雨林、珊瑚礁和浮游生物等物种多样性时遇到困难(Hutchinson 1961; Hubbell et al. 2001)。因为这些群落的物种多样性太高,无法用生态位分化观点来解释,即没有足够数量的生态位容纳如此众多的物种。例如，在亚马孙热带雨林中，1 hm² 的样地中记录的树种就多达 200 种（Gentry 1988b），并且乔木群落中 3/4 的物种是耐阴树种（Hubbell 2006）。物种组成不存在明显的生态位分化，所以无法用生态位理论进行解释。因此，以 Stephen Hubbell 为代表的生态学家根据种群遗传学的中性理论（neutral theory）和岛屿生物地理学理论（theory of island biogeography）提出了群落中性理论。该理论一方面假设在同一营养级物种构成的群落内，不同物种的不同个体在生态学上可以看成是完全等同的，所以物种可以实现共存；另一方面假设物种多度的变化是随机的，群落中共存的物种数量取决于物种灭绝和物种迁入（或物种分化）之间的动态平衡（Bell 2001；Hubbell et al. 2001）。自从该理论提出以来，其简约性和可预测能力使其成为过去十多年来最受关注的生态学理论热点（Volkov et al. 2003；Chave et al. 2004；Alonso et al. 2006）。

近来，McGill（2010）对生物多样性和宏观生态学的 6 个统一理论（unified theory）进行了概括，总结出 3 条描述生物多样性的随机几何法则（stochastic geometry assertion），分别是：① 同种聚集分布；② 种的多度分布曲线是典型的中空曲线（hollow curve），即群落中包含的稀有种多，常见种少；③ 种间个体布局不用考虑其他物种个体的影响，即种间个体相互独立。同时，McGill（2010）认为，这 3 条法则足以解释局域群落（local community）中种-多度分布、种-面积关系、衰减的相似距离等生物多样性格局。其中法则①和②已获得一些经验性实例证实，如热带森林群落大多数树种分布格局为同种聚集（Condit et al. 2000a；Plotkin et al. 2000；Morlon et al. 2008），以及物种丰富的群落的物种组成通常包含许多稀有种和少数普通种（McGill et al. 2007）。相反，对于种间个体相互独立的法则③，虽然模型假设"在预测的多样性格局中种间个体不存在相互作用"已被成功证实（Plotkin et al. 2000；Hubbell et al. 2001；Morlon et al. 2008；McGill 2010），但是通过经验性实例来印证的研究还很少。

法则③假设种间关系是相互独立的，这明显与一些强调种间相互作用的研究矛盾（Chesson 2000b；Lieberman and Lieberman 2007）。但是，一些研究也表明，强调种间相互作用的证据几乎都来自物种丰富度较低的群落（Wiegand et al. 2012），而在物种丰富度高的群落，只检测到极少数种间存在相互作用（Wiegand et al. 2007b；Perry et al. 2009a；Wiegand et al. 2012）。物种多样性高的群落中种间作用是否被随机效应（stochastic effect）掩盖？例如，Hubbell 等（1986b）注意到，在物种丰富的热带林中，两个同种个体的最近邻体树种的共有种都是一些常见种。在具体量化的情况下，BCI 森林群落中指定树种个体的 20 个最近邻体树木平均由 14 种树种组成（Hubbell 2006），即指定物种个体经常暴露在相当多不同的物种周围。因此，平均后的种间相互作用会减弱，虽然可能存在极少数强烈的种间作用（Lieberman and Lieberman 2007；Wiegand et al. 2007a；Volkov et al. 2009）。在延续的时间尺度上，物种邻体周围分布着丰富的且难以预测的竞争体将阻止物种定向特异化（directional specialization），取而代之的是生活史策略上趋同（Hubbell 2006）。功能相似的物种可产生物种间生态学上的等同，即扩散协同进化（diffuse coevolution），是群落中性理论的基石（Hubbell et al. 2001；Hubbell 2006）。

通过分析物种与物种之间（物种对）的双变量空间格局（Wiegand et al. 2007a；Law et al. 2009），可以检验物种间的相互关系是否如 McGill（2010）假设的——种间分布不存在关联。然而，一阶效应（first-order effect）和二阶效应（secondary-order effect）在自然群落中将会导致种间相互作用的非独立性（Wiegand et al. 2007a；McGill 2010）。如何有效区分两种不同的物种共存机制在群落中的作用,是群落生态学研究的重要内容之一。相比较于自然群落,恢复植物群落作为一种简单的生态系统,在研究这两种效应对树木空间分布的影响时将会更加有效(Miller et al. 2010)。所以,我们以海南岛低地雨林受刀耕火种干扰后自然恢复的次生林(包含了 15 年、30 年、60 年林龄)和老龄林为研究对象,构建一组年龄系列(chronosequence)数据,应用空间点格局分析方法检验物种的独立性规则(Wiegand et al. 2004;Illian et al. 2008;Law et al. 2009)。由于生境关联和种间相互作用可能同时作用于物种的空间分布,我们分别构建了两组分析:一组分析两种过程的共同效应(分析 1),另一组分析物种之间的相互作用(分析 2)。在分析 1 中,分析所有成年个体两两配对关联格局,检测种间关联是否受潜在的生境关联和种间相互作用共同影响。具体表示为指定树种 j 的个体如何在目标树种 i 的个体周围分布。在分析 2 中,通过零模型分解大尺度的环境效应,分析小尺度上的种间相互作用。探索树种 j 个体在树种 i 个体周围相靠近的具体表现,以及它们比物种 j 的局部密度的期望值更接近还是更远离。

热带林次生演替动态是一个复杂的生态过程,反映了确定性过程和随机过程植物的整合(Chazdon 2008a)。物种丰富度和多样性随着演替进行而逐渐增加(Chazdon et al. 2007;Dent et al. 2013;黄运峰等 2013b)。所以,通过年龄系列进行以上两组分析,我们预测:随着物种丰富度逐渐增加,演替后期的种间相互作用相对于演替早期更接近独立性。我们假设,在物种丰富度高的群落中,随机效应将稀释种间的关联性。由于植物群落内的物种个体密度将随物种丰富度增加而减少,所以物种 j 的个体作为物种 i 最近邻体的比例下降(Hubbell et al. 1986b;Hubbell 2006;Lieberman and Lieberman 2007;Wiegand et al. 2012)。随着种间个体相遇的概率降低,统计检验检测出的显著效应将减小。所以,种间关联或种间相互作用的空间格局发生的频率将随次生演替的进行(或物种丰富度增加)而降低。相对于整个空间格局的形成过程(分析 1),生境关联和种间相互作用的联合作用将遵循我们的一般假设,即植物群落中“不相关”的物种对所占的比例将随次生演替的进行而增加(假设 H1a),而种间分离的物种对所占的比例将随次生演替的进行而减小(假设 H1b)。后者意味着种内聚集和种间分离的物种共存机制在丰富度较低的群落中占主要作用。相对于种间相互作用(分析 2),小尺度上不显著的种间相互作用的物种对所占的比例将随次生演替的进行而增加(假设 H2)。

为满足统计分析的要求,本节只对样地中不同生活型且个体数大于 25 株的成年树种进行种间关联分析。其中 15 年林龄样地有 24 个物种(LSA1:10,LSA2:14),30 年林龄样地有 28 个物种(LSB1:16,LSB2:12),60 年林龄样地有 60 个物种(LSC1:16,LSC2:16,LSD1:12,LSD2:16),老龄林样地有 25 个物种(LOG1:14,LOG2:11)。每个次生林样地分析的物种成年树个体数都占到总的成年树个体数的 86% 以上,老龄林虽然满足取样的物种数较少,但其个体数也占到总个体数的 57% 以上,说明本研究所选定的分析树种具有一定的代表性(表 7-3)。

本节主要应用双变量 Ripley's K 函数[$K_{12}(r)$,bivariate Ripley's K function](Ripley 1976)、双变量双关联函数[$g_{12}(r)$,bivariate pair correlation function](Wiegand et al. 2004)和最近邻体分布函数[$D_{12}(r)$,the nearest neighbour distribution function](Illian et al. 2008)三种概括统计(summary statistics)方法来分析不同林龄样地中物种的空间关联。K 函数 $\lambda_2 K_{12}(r)$ 可定义为物种 2 在与任意一个物种 1 个体距离 r 的取样面积内的预期个体数量除以该面积中物种 2 的平均密度 λ_2。双变量双关联函数 $g_{12}(r)$ 是由 K 函数衍生出来的,即 $\lambda_2 g_{12}(r) = \lambda_2 dK_{12}(r)/2\pi r dr$,其中 $\lambda_2 g_{12}(r)$ 可解释为物种 2 在与物种 1 距离为 $(r - dr/2, r + dr/2)$ 的圆环(dr 为圆环宽度)上的个体

密度。最近邻体分布函数 $D_{12}(r)$ 表示物种 2 最近邻体是物种 1 个体的概率（Wiegand et al. 2007a；Wiegand et al. 2012）。

表 7-3 不同林龄（15 年、30 年、60 年林龄次生林和老龄林）样地中的物种数和个体数

样地	林龄/年	总的物种数	总的个体数	总的成年树个体数	分析的物种数（分析物种数/配对物种数）	分析物种成年树的个体数 *
LSA1	15	77	8662	1868	10/90	1676（89.7）
LSA2	15	80	8483	2383	14/182	2216（93.0）
LSB1	30	105	5745	2214	16/240	1919（86.7）
LSB2	30	86	11290	3612	12/132	3439（95.2）
LSC1	60	92	8205	2585	16/240	2376（91.9）
LSC2	60	96	7508	2723	16/240	2433（89.3）
LSD1	60	112	6368	2549	12/132	2192（86.0）
LSD2	60	106	7697	2349	16/240	2091（89.0）
LOG1	OG	143	4028	1626	14/182	958（58.9）
LOG2	OG	139	3654	1337	11/110	770（57.6）

注：* 括号中的数值表示占全部成年树个体数的百分比（%）。

上述空间分析主要通过基于栅格分析的 Programita 软件实现（Wiegand et al. 2004）。分析 1 中，设置空间分辨率（spatial resolution）为 1 m，圆环宽度 $dr=1$ m。分析 2 中，设置空间分辨率为 1 m，圆环宽度 $dr=2$ m。我们选用的 1 m 分辨率在 100 m×100 m 的取样面积满足统计分析要求。

本节通过基于 K 函数 $K_{12}(r)$ 和最近邻体分布函数 $D_{12}(r)$ 的二维归类方法（two-dimensional classification scheme）对不同林龄样地中的种间关系进行归类（Wiegand et al. 2007a；Wiegand et al. 2012）。该分析方法可以量化物种 2 在目标物种 1 周围（距离为 r）的分布情况，忽略了该空间间隔（spacing）是否由环境效应的外部效应、种间关联或种内聚集等内部效应引起的。

为了区分不同的空间关联类型，本研究对基于零模型模拟的双变量点格局模拟值与观察值进行比较，即目标物种 1 保持位置固定，用独立于物种 2 分布的物种 2 计算完全随机模拟值（Wiegand and Moloney，2004）。基于零模型产生的 K 函数和最近邻体分布函数的期望值分别是 $K_{12}(r)=\pi r^2$ 和 $D_{12}(r)=[1-\exp(-\lambda_2\pi r^2)]$。两个归类轴分别可以定义为（Wiegand et al. 2007a；Wiegand et al. 2012）：

$$\hat{P}(r)=\hat{D}_{12}(r)-[1-\exp(-\lambda_2\pi r^2)]$$

$$\hat{M}(r)=\ln[\hat{K}_{12}(r)]-\ln(\pi r^2) \tag{7-5}$$

通过二维归类方法将不同林龄样地中种间空间关联划分为四种基本类型（见图 7-12，

图 7-13)。类型 Ⅰ（type Ⅰ；图 7-12a）：$\hat{M}(r)<0$ 和 $\hat{P}(r)<0$，表示种间分离（segregation），是物种 2 个体出现在物种 1 周围的频率低于单独由随机机会预测的；类型 Ⅱ（type Ⅱ；图 7-12b）：$\hat{M}(r)>0$ 和 $\hat{P}(r)<0$，表示种间部分重叠（partial overlap），是物种 1 的邻体个体中包含较多物种 2 的个体；类型 Ⅲ（type Ⅲ；图 7-12c）：$\hat{M}(r)>0$ 和 $\hat{P}(r)>0$，表示混合（mixing），是物种 2 个体出现在物种 1 个体周围的频率很高；类型 Ⅳ（type Ⅳ）：$\hat{M}(r)<0$ 和 $\hat{P}(r)>0$，表示二阶效应（second-order effect，即个体间的相互作用）较强。除以上四种基本类型外，还有一种“不相关”类型，是适合度检验（GoF）$\hat{M}(r)$ 或 $\hat{P}(r)$ 值没有显著偏离均质泊松过程零模型（Wiegand et al. 2007a；Wiegand et al. 2012）。关于详细的种间关联类型的统计学意义可见 Wiegand 等（2007a）。

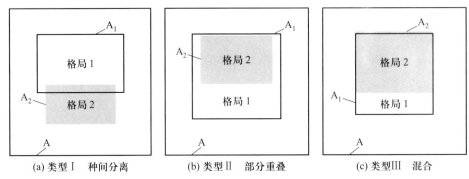

图 7-12　两种格局的三种重要关联类型的示意图。研究区域 A 中 A₁ 和 A₂ 分别为格局 1 和格局 2 占据区域。三种关联类型主要通过 A₁ 和 A₂ 不同程度的重叠产生。（a）种间分离：A₁ 和 A₂ 只有少数或没有重叠；（b）部分重叠：格局 2 的点几乎全部落在 A₁ 中，但格局 1 的许多点的邻体距离 r_L 内没有格局 2 的点；（c）混合：A₁ 和 A₂ 存在很大程度的重叠

　　大尺度上的物种聚集分布（如一阶聚集，first-order aggregation）一般受生境异质性影响，如外部环境效应多沿着地形梯度分布。同时，Seidle 等（2006）研究发现，热带林树木的空间聚集大小与种子扩散方式存在相关关系。例如，弹射传播的范围大约是 20 m，重力传播、回旋传播和风传播的范围大约是 50 m，而动物传播距离大于 100 m。所以，在我们调查的范围尺度内（即 100 m×100 m），外部的生境效应和扩散限制等因素将在一定程度上导致物种主要在中等尺度上显现斑块状聚集的分布格局。但是，竞争（competition）或促进（facilitation）等物种直接的相互作用将限制树木间的邻体分布。因此，在认识到空间关联格局的多尺度属性后，本节选择以异质泊松零模型（heterogeneous Poisson null model）来研究不同林龄群落中物种小尺度上的关联格局。在 R 为半径的邻体周围通过随机置换已知树木的位置，保持物种 2 的密度 $\lambda_2(x)$ 不变，但在物种 2 局部内的位移将消除 r 小尺度中物种的相互影响。所以，通过对比实际观察的格局和零模型拟合实现的格局，可以检测出小尺度上种间相互作用效应。

　　一般情况下，大树（或成年树）之间直接的互相作用只发生在有限的小于 20 m 的空间间隔上。例如，Hubbell 等（1990）研究发现，密度制约效应在目标树与邻体树相距大约 12～15 m 将消失。其他的一些基于个体的研究，如邻体效应对树木生长和存活的影响证实了这一结果，即表明森林中树木之间的直接相互作用将在大尺度上消失。所以，本研究选择的分隔距离为 R = 20 m。

　　本节以异质泊松过程为零模型，物种 2 的密度函数 $\lambda_2(x)$ 由带宽（band width）R = 20 m 的 Epanechnikov 核函数（Epanechnikov kernel）进行非参数估计。Epanechnikov 核函数定义为

$$e_R(d) = \begin{cases} \dfrac{3}{4R}\left(1-\dfrac{d^2}{R^2}\right) & -R \leq d \leq R \\ 0 & d < -R \ \text{或} \ d > R \end{cases} \qquad (7-6)$$

式中,R 为带宽(或圆形移动窗口的半径);d 是与目标树(物种1)的距离。

7.3.1 不同林龄样地种间关联类型分类

图 7-13a 显示出次生演替不同阶段 10 个样地在邻体距离 $r_L = 10$ m 上的种间关联分类类型,不同林龄的种间关联分类显现出相似格局。在演替中、后期(60 年林龄次生林和老龄林),种间分离极端值相对多于早期阶段(15 年和 30 年林龄次生林)。不同的邻体距离上显现出相似的结果(图 7-14)。图 7-13b—e 分别表示四种种间关联类型在不同林龄样地中的分布情况。在定义的具有很强烈种间分离的区域内(二维归类轴 $P < -0.25$,$M < -0.5$;图 7-13a 中的虚线),我们发现,30 年林龄次生林和老龄林植物群落种间相互作用最为强烈,分别是 9.4% 和 9.2%,其次是 15 年和 60 年林龄次生林群落,分别是 7.4% 和 5.8%。

所有林龄样地种间关联显现出相似格局(图 7-15):不存在相关的类型所占比例随邻体距离增加而先逐渐降低后升高;种间分离和部分重叠的类型所占比例随邻体距离增加而先逐渐升高后降低,并且峰值都在 10 m 左右;混合类型所占比例随邻体距离的增加显现出逐渐减少的趋势。然而,在小尺度的邻体距离上,种间关联与林龄存在明显的相关性。不相关类型所占比例随林龄增大而增大(图 7-16a)。此外,不相关类型除 15 年林龄次生林中邻体距离 6~8 m 外,在其他距离和其他林龄样地 0~30 m 的邻体距离上都占优势。在大的邻体距离中(30 m),不相关类型在 15 年林龄样地占 51.9%,在 30 年林龄样地占 36.9%,在 60 年林龄样地和老龄林分别占 55.2% 和 54.4%(图 7-15)。种间分离类型所占比例随林龄增大而逐渐降低(图 7-16b)。

森林群落中树木的空间间隔(spacing)与物种共存机制密切联系。空间上与邻体紧密生长的树木存在着强烈的相互作用。通过分析树木的空间格局可以探寻物种之间的相互作用及其共存机理。假设物种空间分布是相互独立的,那么物种 j 的个体在物种 i 个体的邻体周围同时出现的频率与偶然期望值将不存在差异。这使得树木最近邻体树种的鉴别变得难以预测,特别是在物种丰富的森林群落中。本节研究发现,次生演替群落中,60 年林龄次生林和老龄林成年树在 1 m 的邻体距离上有 80% 物种对没有检测出空间关联性(图 7-16)。并且这可能只是一个保守的估计值,因为均质泊松零模型具有忽略观测物种本身是聚集性的可能(Wiegand et al. 2012)。此外,分析所选用的物种个体数都大于 25 株,而对于少于 25 株的物种,其空间关联的显著效应将会更加难以检测。所以,分析结果支持了物种空间分布相互独立的法则。

热带林演替动态反映了确定性过程和随机过程的相互作用(Finegan 1996;Chazdon 2008a)。不同演替阶段受不同的生态过程作用,如演替初期受生境异质性、密度制约等过程控制,伴随演替进行,竞争、种子扩散等过程将发挥作用(Nathan et al. 2000;Chazdon 2008a;Norden et al. 2009a;Dent et al. 2013;黄运峰等 2013b)。当次生林物种丰富度逐渐增加并趋同于老龄林时(黄运峰等 2013b),随机效应对树木的空间分布存在影响。例如在邻体距离为 5 m 的小尺度上,种间不相关类型物种所占的比例从次生演替早期(15 年林龄样地的 47%、30 年林龄样地的 48%)到中后期(60 年林龄样地的 55% 和老龄林的 65%),显现出逐渐增加的趋势。此结果进一步证

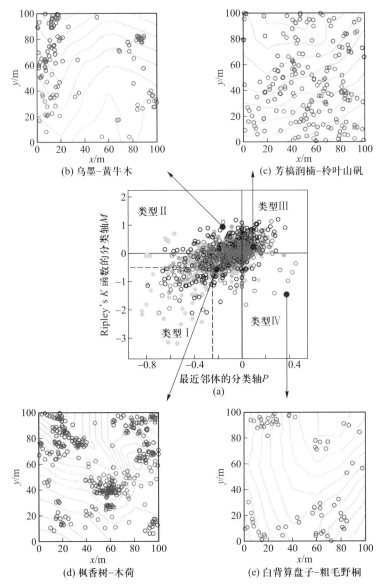

(b) 乌墨-黄牛木　(c) 芳槁润楠-枔叶山矾

(d) 枫香树-木荷　(e) 白背算盘子-粗毛野桐

图 7-13　不同林龄(15 年、30 年、60 年林龄次生林和老龄林)样地种间关联类型的分类。(a)15 年林龄样地(LSA1,LSA2;绿色圆点)272 个物种对的种间关联类型分别与 30 年林龄样地(LSB1,LSB2;黑色空心圆)、60 年林龄样地(LSC1,LSC2,LSD1,LSD2;灰色圆点)和老龄林(LOG1,LOG2;红色空心圆)进行比较。种间关联类型基于由公式(7-5)定义的分类轴进行划分。当物种 2 个体在物种 1 个体的邻体距离 r_L = 10 m 内出现的频率高于(低于)期望值时,轴 P 取正值(负值);当物种 1 个体在距离 r_L 周围有最近邻体物种 1 的概率大于(小于)期望值时,轴 M 取正值(负值)。蓝色圆点指定出四个种间关联类型的例子(b—e)。虚线表示具有强烈种间分离的区域;(b) LSB1 样地中类型Ⅱ种间关联例子;黑色空心圆表示物种 1,红色空心圆表示物种 2(下图相同);(c) LSD2 样地中类型Ⅲ种间关联例子;(d) LSA2 样地中类型Ⅰ种间关联例子;(e) LOG1 样地中类型Ⅳ种间关联例子,该类型只有在格局 1 存在强烈的二阶效应时才出现(见书末彩插)

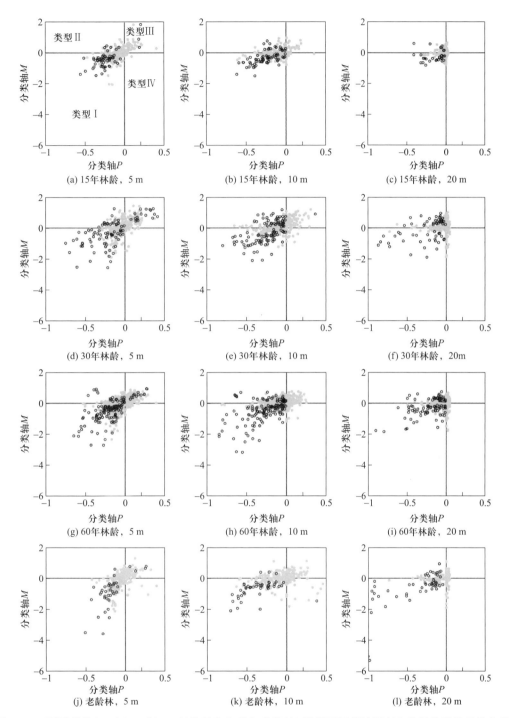

图 7-14 不同林龄(15 年、30 年、60 年林龄次生林和老龄林)群落不同邻体距离上种间关联格局的分类
种间关联类型基于由公式(7-5)定义的分类轴进行划分,黑色圆圈表示显著关联,灰色实心圆表示不显著关系。图(a)、(d)、
(g)、(j)邻体距离是 r_L = 5 m;图(b)、(e)、(h)、(k)邻体距离是 r_L = 10 m;图(c)、(f)、(i)、(l)邻体距离是 r_L = 20 m

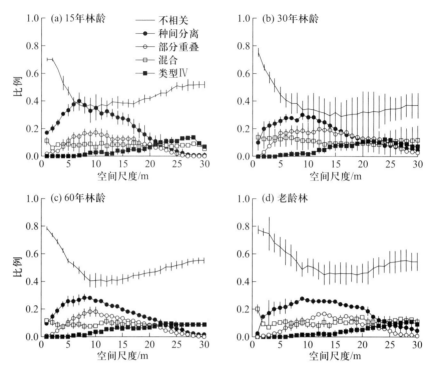

图 7-15　不同林龄(15 年、30 年、60 年林龄次生林和老龄林)群落中依赖于各邻体尺度 r 上的种间关联格局估计。列举了四种种间关联类型和不相关类型物种各自所占的比例

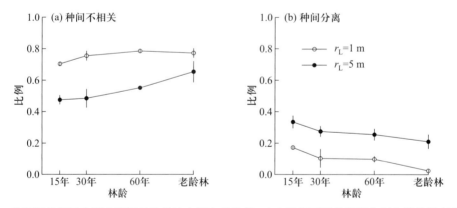

图 7-16　种间相关格局分别在不同林龄样地中所占的比例。(a)种间不相关类型分别在邻体距离为 1 m 和 5 m 上的物种对比例;(b)种间分离类型分别在邻体距离为 1 m 和 5 m 上的物种对比例

实了物种丰富度的稀释效应在热带林中普遍存在(Lieberman and Lieberman 2007；Volkov et al. 2009)。并且,种间不相关类型在不同林龄森林 0~30 m 尺度上几乎都是占主导地位,进一步说明随机效应在不同林龄森林群落中具有明显的作用。虽然 15 年林龄次生林中,种间分离类型在 6~8 m 尺度上占有微弱优势,这主要是因为演替早期生境异质作用明显,同种的聚集分布导致种间分离或种间部分重叠的大量出现,从而降低了种间不相关类型的比例。研究结果同时也表明,生境过滤过程在次生演替早期阶段的群落构建过程中扮演重要角色(Chazdon 2008a；Letcher et al. 2012)。

　　大尺度上的种间关联可能主要由生境异质作用引起。由于经历反复的刀耕火种后,次生群落地形环境变得比较均匀,其生境异质作用表现不明显。所以,在大尺度($r>20$ m)的邻体距离上不同林龄群落中种间不相关类型的物种对所占的比例差异不显著(例如 $r=20$ m 时,在 15 年林龄样地中占 42%,在 30 年林龄样地中占 31%,60 年林龄样地和老龄林中均占 46%)。但是,值得注意的是,30 年林龄样地中不相关联类型所占比例相对于其他林龄阶段最低,这主要是由于 30 年林龄 LSB2 样地经历了一段短暂的橄榄(*Canarium album*)种植时期(黄运峰等 2013b),人为的深挖回塇在一定程度上增加了生境异质性。如果两个物种具有不相似的生境依赖,将导致种间负关联的产生(Harms et al. 2001; Allouche et al. 2012)。从关联类型分轴上也可以直接看出,高的生境异质结构增加了不同类型种间关联的强度,特别是种间分离类型。此外,种间关联在一定程度上受物种个体多度影响(Lieberman and Lieberman 2007; Perry et al. 2009b)。例如,LSB2 样地中先锋树种毛菍(*Melastoma sanguineum*)和云南黄杞(*Engelhardtia spicata*)的个体多度在群落中达到 32.5%(分别是 1 836 株和 1 808 株)(黄运峰等 2013b)。此时,同种聚集分布促使种间分隔或种间部分重叠,从而导致 30 年林龄样地中种间不相关类型的比例显著减少。

　　热带森林群落中树种的空间分布格局大多数为聚集分布(Condit et al. 2000a)。当群落中不同物种的聚集格局趋向于空间分隔时,种内竞争相对于种间竞争的重要性将增加,从而减少种间相遇的概率和缓解竞争排斥作用,促进物种共存(Chesson 2000b; Wiegand et al. 2012)。研究表明,次生演替早期阶段种间分离和种间部分重叠占的比例较大。伴随演替的进行,种间分离占的比例逐渐减少。此外,在物种丰富度较低的群落中,种间分离格局将促使种内竞争相对于种间竞争更占优势(Raventós et al. 2010)。但是在次生群落中,小尺度上聚集分布的物种随演替的进行而逐渐减少,说明种内聚集并不占主导作用,特别是在物种丰富度较高的演替后期群落中。此结果也证实了假设 H1b,同时也反映出关于种内聚集和种间分离的共存机制的物种丰富度稀释效应。

7.3.2　小尺度上的种间相互作用

　　适合度检验(GoF)结果表明,在 0~20 m 尺度上,不同林龄森林显著偏离异质泊松零模型的物种对占的比例各不相同。15 年林龄次生林中具有显著的种间相互作用的物种对有 35 对,占 12.9%;30 年林龄次生林有 29 对,占 7.8%;60 年林龄次生林和老龄林分别有 65 对和 32 对,分别占 7.6% 和 11.0%。所以,次生演替早期和后期阶段种间相互作用高于 30 年和 60 年林龄阶段。此外,演替早期阶段种间相互作用几乎都发生在尺度 0~20 m 上,并且在邻体距离 $r>2$ m 时急剧减少(图 7-17)。种间负关联(排斥)主要在小尺度($r<2$ m)作用明显,而种间正关联(吸引)在 1~10 m 尺度都作用明显。相反,在演替后期,如老龄林中种间相互作用在小尺度($r<2$ m)上基本没有发生,而在 60 年林龄次生林中种间相互作用的比例也很小,如 $r=1$ m 时为 0.4% 左右(图 7-17)。

　　虽然不同林龄阶段的种间相互作用在不同邻体距离(r)上所占的比例都很小(为 0~2.2%),但是在小尺度上,演替后期阶段的老龄林和 60 年林龄次生林的种间相互作用显著弱于早期阶段

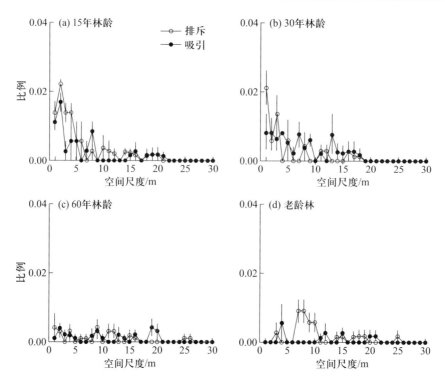

图 7-17　在 0~20 m 尺度上适合度检验($rank$ 值>190)显著偏离零模型的物种对的双关联函数 $g_{12}(r)$ 分析,显示出在每个距离 r 上 $g_{12}(r)$ 值低于拟合包迹线(排斥作用)和高于拟合包迹线(吸引作用)的物种对所占的比例

的 15 年和 30 年林龄的次生林。此结果支持了假设 H2,即随着演替的进行,小尺度上非显著的种间相互作用逐渐增强(图 7-17)。

　　树木空间格局是在植物更新和生长过程中不同生态过程和机制作用的结果。特别是在次生演替初期群落中,种子扩散、密度制约和生境异质作用等将共同影响树木的空间分布(Walker et al. 1987;Finegan 1996;Guariguata et al. 2001;Chazdon 2008a)。通过对大尺度的环境效应进行分解发现,次生演替群落中在小尺度上只有少数物种对的相互作用显著。此结果与 Wiegand 等(2007a)对斯里兰卡热带林的研究结果一致,即种间相互作用太弱不能影响群落结构。但是,不同林龄群落中种间相互作用存在着一定的差异,如演替早期群落具有显著种间作用的物种对数高于演替后期,特别是老林龄小尺度上基本不存在种间相互作用。研究结果表明,伴随着次生演替的进行,不显著的种间相互作用逐渐增强,即在物种丰富的老龄林群落中,成年树逐渐显现出平衡的空间格局(Wiegand et al. 2007a;Volkov et al. 2009)。

　　种间相互作用在不同林龄阶段中的差异具体还体现在作用类型上。负的种间相互作用(种间排斥)在小尺度上随林龄增大而减小。这可能是存在密度制约效应或种内竞争等作用的结果,同时物种多度对种间作用强度也存在一定影响。演替早期群落物种丰富度较低,当两个物种具有较多的个体数时,种间个体直接相遇的概率会更高,小尺度上出现显著的种间相互作用的可能更大。相反,在物种丰富的老龄林中,种间的相互作用只依赖于极少数多度较高的物种。此结果证实了假设 H2,同时也进一步说明,在物种丰富的森林群落中,小尺度上种间相互作用的发生将会被随机效应所稀释。我们的研究结果同样与最近在生态网络的研究相一致,个体多度强烈影响种间相互作用强度,即多度-不对称假说(Vázquez et al. 2007)。此外,在物种丰富的群落中,种间相互作用只依赖于极少数物种的多度,相似的结果在其他物种丰富的森林类型中也已被证实(Lieberman and Lieberman 2007;Perry et al. 2009a)。

综上所述,物种多样性伴随次生演替的进行而逐渐增加,其群落构建过程也将发生改变。种间相互独立法则在演替后期群落中得到证实,说明此法则实际上只是在物种极为丰富的群落中才可能适用。物种稀释作用的一般假设得到证实,为更好地理解热带林物种共存的控制机制,并且为次生演替群落构建研究提供理论基础。然而,基于年龄系列数据的种间关联方法证实物种稀释作用的同时,并不能排除不同林龄群落所具有的独特性质作用的可能性。所以,综合考虑不同林龄的生境、物种生活史特性以及干扰历史,结合长期的监测数据去研究该假设将是下一步研究的重点。

第8章

海南岛热带季雨林生物多样性与
群落组配

　　热带季雨林又称季风林,是德国植物地理学家 A.F.W.Schimper(1903)提出的。他根据气候条件把热带森林分为热带雨林、热带季雨林、稀树草原和热带旱生林,并认为季雨林在旱季,特别是在旱季末期存在一个无叶期,且具有季节性变化的特性(林媚珍等 1996)。也有学者认为,热带季雨林包括季风林和其他落叶半落叶林,分布在具有明显旱季的热带气候地区,在旱季期间,大多数的树木落叶(Whittiker 1975;Russell-Smith and Setterfield 2006)。关于热带季雨林群落类型,国内外不同的学者使用的名词并不一致。Beard(1955)在研究南美洲北部的特立尼达岛热带森林时,将其称为常绿季节林或半常绿季节雨林。绝大多数外国学者将季雨林称为季节性干旱热带林(Allen et al. 2005;Villela et al. 2006;Werneck et al. 2006),我国学者则普遍采用热带季雨林这一表述(林媚珍等 1996;王伯荪等 1997;宋永昌 2001;朱华 2005)。尽管各学者对季雨林的表述不一,但通过他们对季雨林的描述不难看出,对季雨林的理解基本上都包含:季雨林是热带森林类型;季雨林分布区的气候具有干、湿季周期性交替的特征;组成季雨林的大多数树木在旱季落叶。

　　植被在陆地上的分布主要取决于气候条件,特别是热量和水分条件。热带季雨林形成的主要原因就是该地区年降水量相对较少且季节分配不均。相对于热带雨林区,热带季雨林地区年降水量明显偏低,且季节性强,降水主要集中于雨季,在旱季很少或几乎没有降水,植被水分供应匮乏,导致植被采取相应的适应策略——落叶,形成了热带季雨林植被类型。此外,人类对热带森林的不断破坏,导致水土流失严重,岩石裸露,森林立地条件急剧恶化,一些喜湿喜肥的热带雨林物种不适应该立地条件而被一些耐旱耐贫瘠的热带季雨林物种所代替,形成另一种植被类型——热带季雨林,因此,有学者认为,季雨林是热带雨林被砍伐和反复破坏后产生的次生演替类型或干扰偏途顶极(Richardson et al. 2001)。

　　从地植物学和植物地理学看,热带季雨林与热带雨林分属于不同的类型。如果说热带雨林是热带高温高湿气候下的产物,那么季雨林则是热带高温半湿气候下的产物,亦即热带干湿交替的季风气候下的产物。归纳起来,热带季雨林植物有以下基本特征(金振洲 1983):① 分布地水湿条件差;② 存在热带特有科;③ 具有自己植物属的特点;④ 有自己的标志种,优势度较明显;

⑤ 乔木上层以旱季落叶树种为主;⑥ 植被的季相变化明显;⑦ 乔木树皮粗厚,树干稍弯曲,分枝稍多而低矮;⑧ 乔木层低矮,林冠较整齐,结构较简单。

全球热带季雨林总面积约 1 048 700 km^2,主要分布在美洲、欧亚大陆及非洲。其中南美洲占 54.2%,中、北美洲占 12.5%,非洲占 13.1%,欧亚大陆占 16.4%,澳大利亚和东南亚占 3.8%(Miles et al. 2006)。在南美洲,主要分布在巴西东北部、玻利维亚东南部、巴拉圭和阿根廷北部。其他季雨林集中地区有墨西哥的尤卡坦半岛、委内瑞拉和哥伦比亚北部及东南亚中部,包括泰国、越南、老挝和柬埔寨。在大多数季雨林分布区内,季雨林都呈现分散或斑块状分布。在太平洋沿岸,季雨林主要分布在墨西哥、印度和巴基斯坦东部、爪哇岛及澳大利亚北部。在非洲,季雨林分布很广,但却没有一处形成大的连续的季雨林区,分布的两个中心之一是埃塞俄比亚西部,另一处是苏丹南部、赞比亚、津巴布韦和莫桑比克。同时,在马达加斯加岛和西非(主要是马里)也有零星分布。

我国热带季雨林主要分布在海南岛、云南和台湾。云南的季雨林主要分布在云南的西南部,东南部面积小,南部面积中等。台湾的季雨林主要分布在台湾西南部,由台南的龟洞以南延伸到恒春半岛南部一带的低山丘陵。而海南岛的热带季雨林则主要分布在岛西南的三大主要林区,即尖峰岭、霸王岭和吊罗山。由于海南岛最高峰五指山位于海南岛中部,挡住了来自东面的湿润气流,而岛的西南面则与泰国、越南和缅甸接近,受西南季风的直接影响,该地区有明显的干、湿季,旱季长达 5~7 个月,而年降水量约 1000 mm,为热带季雨林的形成提供了气候条件。海南岛的热带季雨林多分布在低海拔区,人为活动较多,如在霸王岭林区,季雨林一般分布在海拔 800 m 以下山坡的中下部,山脊有少量分布,附近有村庄或有少数民族居民活动,因此,海南岛的季雨林极有可能是热带雨林被破坏或多次干扰后形成的次生演替类型或干扰偏途顶极。

8.1 海南岛热带季雨林分布海拔范围内群落的数量分类与排序

植物群落分类是依据植物群落的特征或属性对植物群落进行划分,是植被生态学的最基本也是最复杂的研究内容,并一直受到生态学家的关注(Cilliers et al. 2000;Olvera-Vargas et al. 2000;Burke 2001)。最初的植物群落分类多是依据外貌原则、区系原则及优势度原则进行划分,即根据群落的外貌特征及群落的种类组成划分群落类型。而在近几十年的研究中,人们认识到,数量分类是研究植物群落类型关系的必要手段(Russell-Smith 1991;Palmer 1993),并开始在植被生态学研究中应用数量分类的方法(Greig-Smith et al. 1972;Newbery et al. 1984;ter Braak 1986;Velázquez 1994)。

热带森林群落分类是一个比较复杂的问题,一方面是由于季风影响下的气候变化程度不同,不同群落间难以划分出截然明确的界限;另一方面,热带山地垂直分布的森林群落的性质随海拔升高而发生的变化也是逐渐形成的,很难区分群落之间的明显界限(蒋有绪等 1998)。同时,由于群落中物种组成的丰富性高和常有不明显的优势种和建群种,一定面积的样地中存在相当多的稀有种,加之植被分布具有连续性和样地的界线不明显,热带森林植被的分类,尤其是在低级植被类型的划分上,存在如何选择代表性样地的问题,这些原因都导致了热带森林植被分类远比其他类型植被分类困难(杨小波等 1995;余世孝 1995;王伯荪等 2002)。因此到目前为止,对热带森林植被的分类仍然没有较为一致的看法(杨小波等 1995)。

在海南岛霸王岭林区,热带低地雨林是低海拔地区主要的热带林类型之一,但由于自然与人为干扰,部分森林已经被破坏。发生在不同时空范围的干扰,影响着群落内生物有机体的所有水平(Guariguata et al. 2001),对种群、群落和生态系统结构产生重要的影响(Sletvold et al. 2007),并通过改变植物群落内的环境条件、物种组成和多样性等改变植物群落的结构和功能,影响其演替进程甚至改变演替方向(Connell 1978;Sheil et al. 2003;Peres et al. 2006)。人为干扰在热带森林地区广泛存在(Sheil et al. 2003;Peres et al. 2006)。在海南岛霸王岭林区,来自人类的刀耕火种和商业采伐是热带低地雨林的两种主要干扰方式。刀耕火种是热带地区广泛存在的农业生产方式,也是热带原始森林消失的主要原因之一(Hauser et al. 2001)。刀耕火种导致了表层土壤理化特性的改变及地上物种组成和群落结构的改变(Hauser et al. 2001),从而导致农业弃耕地的相对湿度低于其邻近的成熟林,造成部分物种通过落叶来适应这种水分梯度的变化,使得热带低地雨林受干扰后的恢复群落中出现一定量的落叶物种(丁易等 2008)。商业采伐则是 20 世纪50—60 年代发生在霸王岭林区的主要森林干扰方式。森林的大量采伐导致了林地裸露,增加了林地光照及温度,降低了林地湿度。同时,采伐干扰对土壤理化性质的破坏也降低了林地湿度。因此,在群落恢复过程中也出现了一定量的落叶物种,而这些落叶物种在热带低地雨林原始林中是极少存在的。长期的、反复的刀耕火种和商业采伐使得热带低地雨林受干扰后恢复形成的林分在物种组成、群落结构、季相与动态等方面均与典型的热带低地雨林差别较大。同时,由于部分落叶物种和个体的存在,这类次生群落在旱季出现落叶季相变化,但其落叶程度介于原始热带季雨林和热带低地雨林之间,因此,这些次生群落与热带季雨林存在很大程度的相似性,但又存在一定的区别,可以认为是一种转化型季雨林。那么,转化型季雨林是新的群落类型,还是热带低地雨林的一个恢复阶段,或者属于热带季雨林,则不得而知。因此,本节应用群落的数量分类与排序对海南岛霸王岭林区低海拔热带林进行分类和描述。样地设置在海南岛霸王岭热带季雨林分布海拔范围内,样地面积为 50 m×50 m,共设置调查样地 21 块。在每个样地中利用网格法将其分割成 25 个 10 m×10 m 的小样方,在小样方内对所有胸径≥1.0 cm 的乔木和灌木进行每木检尺,记录内容包括物种名称、树高、胸径、萌生与死亡情况,同时记录样地所在坡度、海拔、凋落物厚度、岩石覆盖率及冠层郁闭度。以样地为单位分别计算物种的重要值,并利用目前国际上比较先进的二元指示种分析 TWINSPAN(two-way indicators species analysis)进行群落分类。以样地为单位统计每种植物个体的多度,建立样地-物种矩阵;同时选取坡度、海拔、凋落物厚度、岩石覆盖率及冠层郁闭度为环境因子,建立样地-环境因子矩阵,应用除趋势对应分析法(detrended correspondence analysis,DCA)对各群落的相对多度在不同生境中的分布和相关性进行排序,分析它们与环境因子之间的关系。

8.1.1　群落数量分类与描述

1. 群落数量分类

在数据处理过程中,根据物种重要值选用的分级为 5 级:0～0.02、0.02～0.05、0.05～0.1、0.1～0.2、0.2～1.0,最后列表的最大物种数为 200 种,用来划分的每一组中样地个数的最小值为 4

（小于 4 的组则不再进行划分），最大分级水平为 6，每次划分的最多区别种数目为 5。

海南岛霸王岭林区低海拔热带林群落 TWINSPAN 分类结果显示（表 8-1），所调查样地共划分为 3 组：第 1 组包括 4 个样地（9、10、11、12），该群落类型属于热带低地雨林；第 2 组包括 8 个样地（1、2、3、4、5、6、7、8），该群落类型属于转化型季雨林；第 3 组包括 9 个样地（13、14、15、16、17、18、19、20、21），该群落类型属于热带季雨林。

表 8-1　海南岛霸王岭林区低海拔热带林群落的 TWINSPAN 分类结果

分组	样地号	群落类型
1	9、10、11、12	热带低地雨林
2	1、2、3、4、5、6、7、8	转化型季雨林
3	13、14、15、16、17、18、19、20、21	热带季雨林

2. 群落描述

热带低地雨林是海南岛霸王岭林区内低海拔分布的主要植被类型之一，主体分布在海拔 800 m 以下立地条件较好、土壤肥沃的区域。热带低地雨林内蕴藏着丰富多样的物种，区系特殊，结构复杂，群落内物种优势度不明显，代表性乔木包括青梅（*Vatica mangachapoi*）、芳槁润楠（*Machilus suaveolens*）等，灌木则主要为九节（*Psychotria rubra*）（表 8-2）。热带低地雨林群落中植物的平均胸径为 6.38 cm，平均高为 5.70 m，胸高断面积为 43.8117 $m^2 \cdot hm^{-2}$，林分密度为 4262 株 $\cdot hm^{-2}$（表 8-3）。霸王岭林区大部分的热带低地雨林都遭到了较为严重的破坏，但在局部地段仍然存在一定面积的原始林。

表 8-2　不同群落内物种的重要值（只列出重要值前 10 位的物种）

群落类型	物种	重要值
热带低地雨林	托盘青冈（*Cyclobalanopsis patelliformis*）	0.0575
	罗伞树（*Ardisia quinquegona*）	0.0456
	芳槁润楠（*Machilus suaveolens*）	0.0414
	青梅（*Vatica mangachapoi*）	0.0261
	岭南山竹子（*Garcinia oblongifolia*）	0.0239
	木荷（*Schima superba*）	0.0228
	九节（*Psychotria rubra*）	0.0227
	红柯（*Lithocarpus fenzelianus*）	0.0189
	荔枝（*Litchi chinensis*）	0.0179
	腺叶山矾（*Symplocos adenophylla*）	0.0176

续表

群落类型	物种	重要值
转化型季雨林	米槠（*Castanopsis carlesii*）	0.0914
	九节（*Psychotria rubra*）	0.0905
	黄杞（*Engelhardtia roxburghiana*）	0.0822
	木荷（*Schima superba*）	0.0379
	海南杨桐（*Adinandra hainanensis*）	0.0369
	腺叶山矾（*Symplocos adenophylla*）	0.0346
	丛花山矾（*Symplocos poilanei*）	0.0286
	黄牛木（*Cratoxylum cochinchinense*）	0.0283
	广东山胡椒（*Lindera kwangtungensis*）	0.0261
	银柴（*Aporusa dioica*）	0.0215
热带季雨林	刺桑（*Streblus ilicifolius*）	0.2162
	海南榄仁（*Terminalia hainanensis*）	0.1618
	光叶巴豆（*Croton laevigatus*）	0.1174
	毛萼紫薇（*Lagerstroemia balansae*）	0.0941
	云南野桐（*Mallotus yunnanensis*）	0.0284
	细叶谷木（*Memecylon scutellatum*）	0.0273
	皂帽花（*Dasymaschalon trichophorum*）	0.0186
	山石榴（*Catunaregam spinosa*）	0.0184
	海南菜豆树（*Radermachera hainanensis*）	0.0180
	厚皮树（*Lannea coromandelica*）	0.0178

表8-3　海南岛霸王岭3种热带林主要林分因子（平均值±标准误）

群落类型	平均胸径/cm	平均高/m	胸高断面积/（$m^2 \cdot hm^{-2}$）	林分密度/（株·hm^{-2}）
热带低地雨林	6.38±0.78[a]	5.70±0.60[a]	43.8117±0.5565[a]	4262.0±674.0[a]
转化型季雨林	5.23±0.42[a]	5.52±0.17[a]	29.0533±0.8720[b]	6069.3±887.4[a]
热带季雨林	3.8±0.11[a]	4.25±0.07[b]	38.9182±2.0710[a]	10976±401[b]

注：表中不同字母表示存在显著差异（$p<0.05$）。

　　转化型季雨林则是热带低地雨林受干扰后恢复形成的带有季雨林特征的一种群落类型。转化型季雨林在物种组成、群落结构、季相与动态等方面均与典型的热带低地雨林差别较大。主要乔木物种为黄杞、木荷，主要的灌木为九节（表8-2）。群落的平均胸径为5.23 cm，平均高为5.52 m，胸高断面积为29.0533 $m^2 \cdot hm^{-2}$，而林分密度为6069株·hm^{-2}（表8-3）。同时，由于部分落叶物种和个体的存在,这类次生林群落在旱季出现一定程度的落叶季相变化,但其落叶程度介于原始热带季雨林(旱季乔木层大都落叶)和热带低地雨林(旱季乔木层基本没有落叶)之间,因此,这些次生群落与热带季雨林存在很大程度的相似性,但又存在一定的区别。转化型季雨林是热带低地雨林被破坏后恢复到一定阶段相对稳定的一种林分类型,如保持其自然恢复免遭干扰破坏,则有可能恢复到热带低地雨林;但若继续加以破坏,使其生境条件更加恶化,土壤持水能力进一步降低,则有可能转化成热带季雨林。

热带季雨林为海南岛霸王岭林区内低海拔分布的另一主要群落类型,分布在与热带低地雨林相同海拔范围内但生境条件较差的局部地段。局域性的地形、土壤持水力和养分含量等是造成这种独特植被类型分布的重要原因。热带季雨林中主要代表性乔木为海南榄仁、毛萼紫薇等,灌木则主要为刺桑(表 8-2)。除物种丰富度显著低于热带低地雨林外,热带季雨林群落结构简单、高度偏小(表 8-3),群落的平均高仅为 4.25 m,平均胸径为 3.8 cm,但林分密度较高,为10 976株·hm^{-2}(表 8-3)。此外,热带季雨林中相对缺乏板根、大型木质藤本和附生植物,而且林冠层乔木在旱季全部或大部分落叶(Whitmore 1984;Mooney et al. 1995)。在霸王岭林区,典型的热带季雨林是以海南榄仁为优势种的季雨林原始群落。

8.1.2 群落数量排序

PCA 和 DCA 前两轴累积贡献率分别达到 79.86% 和 85.63%。一般情况下,累积贡献率在70%以上,就可以反映事物的基本面貌。因此,分别以 PCA 和 DCA 的前两轴为坐标轴做群落排序值的散点图(图 8-1),利用 TWINSPAN 分类结果划分排序空间。可以看出,在 PCA 和 DCA 中3 个组的界限均较明显,有各自的分布中心和范围。PCA 和 DCA 排序图均较好地反映了各组在排序空间的分布关系。

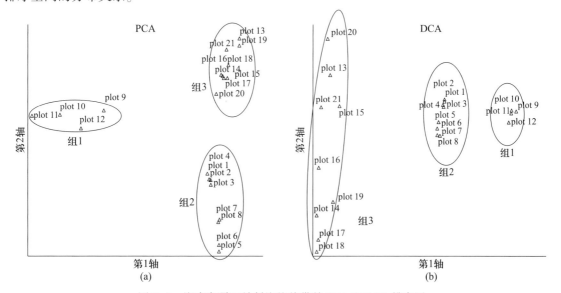

图 8-1　海南岛霸王岭低海拔热带林 PCA 和 DCA 排序图

8.1.3 群落与环境的关系

PCA 排序图较好地反映了植物群落与环境因子之间的相互关系。PCA 排序的第 1 轴和第 2 轴显示了重要与显著的生态学意义。第 1 轴基本上为海拔和凋落物厚度的变化梯度,即热量和养分变化梯度。而第 2 轴为坡度和岩石裸露度的变化梯度,与水分密切相关。图 8-2 显示,从第 1 轴来看,样地(plot)9-12 与海拔和凋落物厚度呈正相关,其余样地则与海拔和凋落物厚度呈负相关;从第 2 轴来看,样地 13-21 与坡度和岩石裸露度呈正相关,而样地 1-8 则与坡度和岩石裸露度呈负相关。

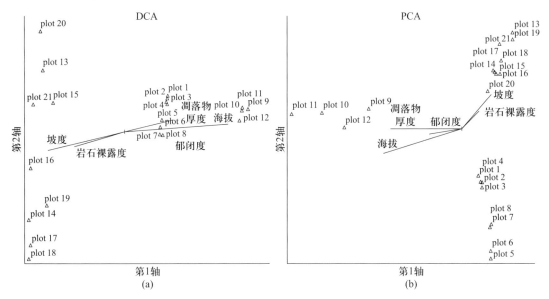

图 8-2 海南岛霸王岭低海拔热带林群落与环境因子的关系

DCA 排序图也较好地反映了植物群落与环境因子之间的相互关系。与 PCA 不同的是,DCA 第 1 轴贡献率即达到了 66.1%。DCA 第 1 轴主要反映了海拔和坡度的变化梯度,即热量与地形的变化梯度。样地 1-12 与海拔呈正相关,而与坡度呈负相关,样地 13-21 则恰恰相反,与海拔呈负相关,而与坡度呈正相关。DCA 第 2 轴贡献率达到了 20.9%,主要反映了坡度的变化梯度,即地形的变化梯度。

海南岛热带森林植被分类向来有较多争论,一方面表现在分类的原则和分类依据的选取,另一方面就是随之出现的分类单位的确定(余世孝 1995)。海南岛热带雨林是一类植物区系成分十分复杂的热带林,面积大、分布范围广,加上海南岛气候多样、地形复杂,因此,在植被分类中不可能划分到最低级的单位,但王伯荪(1987)认为,存在热带森林优势种,只是由于环境条件和地形情况变化很大,不同位置上的优势种比例变化也比较大。因而,他对热带森林植被分类不能到群丛的说法表示怀疑。虽然热带森林植被分类中要划分到具体的群丛在技术上确有困难,但还是可能的,例如,对热带混合林可以考虑采用混合群丛作为基本单位,对于单优种则可以考虑按下木划分出不同的群丛(蒋有绪等 2002)。王伯荪等(2002)在对海南岛热带森林植被的历史变迁进行回顾的基础上,讨论了海南岛热带森林群落植被类型的分类单位与等级,划分出了 109 个热带森林群丛组或群丛,并对代表类群进行了描述,这可以说是海南热带植被分类的一大进展。

本节利用 TWINSPAN 方法对海南岛霸王岭林区低海拔(<800 m)热带林群落进行了划分,分类的结果表明,用重要值作为数据矩阵,TWINSPAN 方法可以十分清楚地将霸王岭林区低海拔热带林划分为热带低地雨林、转化型季雨林和热带季雨林 3 种群落类型。这一分类结果与野外群落的实际情况完全符合。群落分类是根据群落相似性的大小进行的一个聚类过程。在霸王岭林区低海拔范围内,热带低地雨林、转化型季雨林和热带季雨林 3 种群落类型的主要差异就在于群落季相变化上的不同,即落叶物种多少的差异。在热带低地雨林中,群落中主要物种均为常绿物种,落叶物种几乎不存在,群落不存在季相变化。但在热带季雨林中,群落中绝大多数物种(尤其是在林冠层中)在旱季全部落叶,存在明显的季相变化。转化型季雨林的季相变化则介于热带低地雨林和热带季雨林之间,林冠层及林下部分落叶物种的存在导致了群落在旱季出现部分落叶现象。

植被分类是生态学的一个重要研究内容,并且随着数学、计算机技术在生态学研究中的应用,植被数量分类越来越受到重视(Cilliers et al. 2000;Olvera-Vargas et al. 2000;Burke 2001)。传统的植被分类以群落特征为依据,例如,以群落外貌结构特征、植物种类组成、植物动态特征、生境特征中的某一个或几个指标作为分类标准对植被进行分类,不同的学者有不同的看法,所以产生了不同的分类原则和系统,分类结果主要体现群落结构和物种组成方面的特点,而且个人经验对分类结果的影响比较大(Jos Barlow et al. 2003)。植被数量分析方法则是利用数据本身取得最佳的分类效果(Richards 1996)。利用数量分类方法具有客观性和可重复性的优点,只要方法选择得当,并且结合野外群落的实际情况,对数学分析的结果进行合理的解释,一般都能得到较为理想的结果。植被数量分析方法在草地植被、荒漠植被及温带森林植被的群落分类中有较为广泛的应用,但在热带和亚热带森林植被分类中则较少应用,有关方法的探讨和相关分类结果的检验都有待加强。目前,热带森林植被分类中存在着植被类型间界线不清楚、优势种和建群种不明显、群落内稀有种多造成分类困难、群落低级单位划分困难等诸多问题,数量分类利用植被数据本身的特点进行分类,可以克服人为分类带有主观色彩的缺点,在热带森林植被的分类及分类结果的检验方面具有一定客观性,特别是在植被低级单位的划分上有着明显的优势,因而是一类值得重视的方法。

排序实际上是把样地或物种安置到一个或多个坐标轴上,在同一位置或相邻位置上的样地或物种具有最大的相似性信息。排序轴能够反映一定的生态梯度,从而能够解释植被或物种的分布与环境因子之间的关系。本节分别利用了 PCA(线性排序)和 DCA(非线性排序)对所调查的 21 个样地进行排序,排序的结果与 TWINSPAN 分类结果完全一致,将 21 个样地共分成 3 种群落类型,即热带低地雨林(样地 9−12)、转化型季雨林(样地 1−8)和热带季雨林(样地 13−21)。同时,PCA 和 DCA 分析结果也清晰地显示出了群落类型与环境因子之间的相关性。由图 8−2 可见,热带低地雨林与海拔和凋落物厚度呈正相关,但与坡度和岩石裸露度呈负相关;而热带季雨林与坡度和岩石裸露度呈正相关,与海拔和凋落物厚度呈负相关。海拔与热量密切相关,随着海拔的升高,热量在逐渐降低;凋落物厚度则与土壤中养分含量密切相关,一般来说,凋落物厚度直接代表土壤中养分含量的高低。而坡度和岩石裸露度则与水分密切相关,坡度及岩石裸露度越大,土壤保水能力越差,水分含量越低。因此,可以说,热带低地雨林与热量呈负相关,与土壤养分呈正相关,而热带季雨林则与土壤水分含量呈负相关,即土壤养分含量和水分含量是形成两种不同群落类型的主要原因。土壤中水分含量是限制植物分布范围的重要因素,热带地区的季雨林就是由于旱季土壤水分含量过低而形成的(Einsmann et al. 1999;Wijesinghe et al. 2001)。植被在陆地上的分布主要取决于气候条件,特别是热量和水分条件。在海南岛,年降水量及季节性分配在热带低地雨林和热带季雨林之间没有明显差异,但群落内岩石裸露程度、土壤持水能力及土层和凋落物厚度的不同却导致了两种群落内土壤水分和养分含量的差异,从而形成了不同的群落类型。从 DCA 分析中可知,转化型季雨林是介于热带低地雨林和热带季雨林之间的一种群落类型。人为干扰是热带森林地区广泛存在的事件(Sheil et al. 2003;Peres et al. 2006)。在海南岛霸王岭林区,正是由于人类不断对热带低地雨林的破坏,造成了水土流失严重,岩石裸露,森林立地条件急剧恶化,一些喜湿喜肥的热带低地雨林物种不适应该立地条件而被一些耐旱耐贫瘠的物种所代替,导致了海南岛热带低地雨林恢复群落内出现一定比例的落叶物种,既出现转化型季雨林。转化型季雨林中岩石裸露程度要明显高于热带低地雨林而低于热带季雨林,土壤持水能力则低于热带低地雨林而高于热带季雨林。正是由于转化型季雨林生境条件的特征导致了其群落类型介于热带低地雨林和热带季雨林之间。随着全球极端气候条件出现频率的增加(Alley et al. 2003;Thibault et al. 2008),热带地区的年降水量正在显著减少,而且旱季持续时间和降水变化幅度均显著提高(Malhi et al. 2004;Malhi et al. 2008),因而将对热带林的群落结构和演替动态产生深远的影响,特别是对于那些人为干扰后的脆弱生态系统,旱季的水分亏缺对个体较小的树木生长和存活的影响将会更加明显。今后,随着热带地区旱季干旱程度的加剧,转化型季雨林未来的演替方向则是一个值得关注的问题。

8.2　海南岛霸王岭两种典型热带季雨林的群落特征

植物群落是一定地段内的不同植物在长期的历史过程中逐渐形成的生态复合体(Jernvall et al. 2004),是由集合在一起的不同植物物种之间及其与其他生物间的相互作用,以及经过长时期的与环境相互作用而形成的。群落物种组成与结构是群落生态学的基础,具备不同功能特性的物种个体相对多度的差异及其在群落中的空间分布方式是形成不同群落生态功能的基础(John et al. 2007)。植物群落生活型组成决定着群落的外貌和结构,主要生活型组成的层片是群落对外界环境最综合的反映。落叶是许多群落类型中季相变化最明显的特征之一,是树木和植物群落的重要功能特征(Bullock et al. 1995),也是植被分类的重要指标(Bohlman et al. 1998;Condit et al. 2000b)。例如,Martin 等(2000)根据墨西哥热带林落叶与否将其称为季雨林或者干旱热带林。热带季雨林是分布在热带有周期性干、湿交替地区的一种森林类型,是热带季风气候带内的重要植被类型之一。热带季雨林形成的最主要原因就是该地区年降水量小或季节分配不均。相对于典型的热带雨林分布区,热带季雨林地区年降水量明显偏低,且存在明显的季节性分配,由于旱季降水量小、季雨林土壤保水能力差,导致季雨林中的植物为应对这种水分亏缺而采取相应的适应策略——落叶,这种落叶季相也形成了热带季雨林植被适应干旱策略的最主要的外貌特征。此外,热带季雨林中的植物多具刺,一方面用来保护自身,另一方面也减少了水分蒸发,是热带季雨林物种适应干旱策略的另一重要特征。

由于热带林群落分类的复杂性（Whitmore 1998），目前不同学者对热带季雨林的命名和分类存在很大争议。例如，绝大多数学者将季雨林称为季节性干旱热带林（Allen et al. 2005；Villela et al. 2006；Werneck et al. 2006），而蒋有绪（1998）则将热带地区分布有季相变化的森林群落统称为热带季雨林。因而季雨林在某种程度上是热带地区季节林、半常绿林和落叶林等的同义语。但是我国海南岛的季雨林不同于分布在中美洲和印度等地的季节性干旱热带林，而且与我国云南的热带季节性雨林也存在较大差异（蒋有绪等 1998）。海南岛的季雨林一般林冠层较低，灌木层茂密，具刺植物种类多，藤本和附生植物少，而且旱季林冠层乔木全部落叶或者大部分落叶。随着全球极端气候条件出现频率的增加（Alley et al. 2003；Thibault et al. 2008），热带地区的年降水量正在显著减少，而且旱季持续时间和降水变化幅度均显著提高（Malhi et al. 2004；Malhi et al. 2008），不同物种对干旱的适应或耐受能力是影响物种分布和更新的主要因子（Engelbrecht et al. 2007）。因而了解干旱条件下物种多样性调节机理将有助于增加我们对全球气候变化背景下物种响应机制的深入了解（Poorter and Markesteijn 2008）。由于热带季雨林物种具有较强的干旱适应能力，在应对未来热带地区干旱化气候中具有明显优势，因此，对热带季雨林群落结构及其动态变化的研究显得十分必要。为研究海南岛热带季雨林的基本群落特征，本节主要讨论以下问题：① 比较在海南岛分布的优势种不同的两种典型热带季雨林群落在物种组成和多样性特征上的异同；② 两种热带季雨林群落在大小结构（径级结构和高度级结构）上是否相同；③ 比较两种热带季雨林群落的落叶物种及具刺物种的比例变化情况；④ 讨论海南岛热带季雨林与云南热带季雨林及世界其他地区的热带干旱林在组成、结构及落叶季相变化等方面的差异。

样地分别在霸王岭林区内分别以海南榄仁和枫香为优势种的两种典型的季雨林老龄林群落内，样地面积为 50 m×50 m。利用网格样方法将每个样地分割成 25 个 10 m×10 m 的小样方，在小样方内对胸径（D_{BH}）≥1 cm 的所有木本植物进行每木测定，记录内容包括物种名称、树高、胸径、萌生与死亡情况（仅包括枯立木）。记录每个样地的坡度、海拔、郁闭度、样地裸露岩石覆盖率及群落郁闭度。同时测定土壤水分含量及 pH、全氮、全磷、全钾、速效氮、速效磷、速效钾和土壤碳等。群落生境特征见表 8-4。根据野外调查数据，对乔木、灌木、木质藤本等不同生活型和所有木本植物计算平均胸径、平均高、胸高断面积、林分密度和林分郁闭度等林分因子，统计乔木、灌木和木质藤本等不同生活型及所有木本植物的物种丰富度、个体多度，并计算费希尔多样性指数和香农-维纳多样性指数。群落结构中将胸径划分 6 级：I（1 cm≤D_{BH}<5 cm）、II（5 cm≤D_{BH}<10 cm）、III（10 cm≤D_{BH}<20 cm）、IV（20 cm≤D_{BH}<30 cm）、V（30 cm≤D_{BH}<40 cm）和VI（D_{BH}≥40 cm），树高分 4 级：I（H<5 m）、II（5 m≤H<15 m）、III（15 m≤H<25 m）和IV（H≥25 m）。干旱适应策略上采用了传统的二分法，将树木划分为落叶物种和常绿物种两大类，并通过野外调查及查找相关文献（钱崇澍等 1959；陈焕镛等 1964），确定物种是否具刺。数据首先进行科尔莫戈罗夫-斯米尔诺夫正态分布检验。两个群落生境的土壤含水率、pH 及养分含量（全氮、全磷、全钾、速效氮、速效磷、速效钾和土壤碳）之间的差异性利用 t 检验进行计算，坡度、郁闭度、岩石覆盖率及不同生活型各项指标之间的差异性均利用非参数曼-惠特尼 U 检验进行计算。

表 8-4 群落生境特征

生境	枫香群落	海南榄仁群落	差异显著性
坡度	21.3±2.9	21.3±3.8	1.000
郁闭度/%	81.7±10.4	76.7±5.8	0.507
岩石覆盖率/%	21.0±3.6	21.7±12.6	0.934
海拔/m	358.3±10.4	311.7±2.9	0.002
郁闭度	0.82±0.037	0.77±0.033	0.214
土壤含水率/%	23.4±1.2	14.8±3.0	0.01
pH	5.1±0.3	5.8±0.3	0.031
全氮/%	0.130±0.014	0.171±0.034	0.123
全磷/%	0.045±0.007	0.059±0.023	0.382
全钾/%	1.057±0.238	1.293±0.176	0.238
速效氮/$(mg \cdot kg^{-1})$	254.0±20.9	280.2±10.9	0.126
速效磷/$(mg \cdot kg^{-1})$	1.8±0.2	1.6±0.2	0.317
速效钾/$(mg \cdot kg^{-1})$	98.3±9.2	101.4±14.8	0.768
土壤碳/%	3.6±0.4	3.5±0.5	0.796

8.2.1 群落组成及多样性

1. 物种组成

在 0.75 hm^2 样地中,枫香群落共有木本植物 129 种(分属 51 科 98 属),其中乔木 88 种(分属 31 科 65 属),灌木 15 种(分属 12 科 15 属),木质藤本 26 种(分属 8 科 18 属);海南榄仁群落共有木本植物 91 种(分属 41 科 80 属),其中乔木 50 种(分属 20 科 43 属),灌木 23 种(分属 15 科 22 属),木质藤本 18 种(分属 6 科 15 属)。

枫香群落中重要值超过 0.1 的乔木仅有枫香(0.1553),接近 0.1 的乔木有银柴(0.0933);海南榄仁群落中重要值超过 0.1 的乔木有海南榄仁(0.1618)和光叶巴豆(*Croton laevigatus*)(0.1174),接近 0.1 的乔木有毛萼紫薇(*Lagerstroemia balansae*)(0.0941)。枫香群落中,枫香、黄杞(*Engelhardtia roxburghiana*)和银柴均为林冠层物种,其中只有枫香为落叶物种,黄杞和银柴为常绿物种。海南榄仁群落中,海南榄仁和毛萼紫薇属于林冠层物种,光叶巴豆属于小乔木,海南榄仁、毛萼紫薇和光叶巴豆均为落叶物种。

2. 群落物种丰富度、多样性及个体多度

枫香群落中乔木物种丰富度及香农-维纳多样性指数显著高于海南榄仁群落(表 8-5),但在属丰富度和科丰富度上无显著差异。海南榄仁群落拥有更高的灌木物种丰

富度和灌木属数,但两种群落香农-维纳多样性指数上无显著差异。两个群落在木质藤本和所有木本植物的物种丰富度、属丰富度、科丰富度及木质藤本的香农-维纳多样性上均无显著差异,但枫香群落拥有更高的木本植物香农-维纳多样性。枫香群落中的灌木及所有木本植物个体多度显著低于海南榄仁群落,但两个群落的乔木和木质藤本个体多度无显著差异。

表 8-5 两种类型热带季雨林群落结构特征和物种多样性(平均值±标准误)

指标	生活型	枫香群落	海南榄仁群落	差异显著性
平均胸径/cm	乔木	5.97±0.57	6.47±0.78	0.635
	灌木	1.64±0.24	2.44±0.22	0.072
	木质藤本	3.14±0.37	3.02±0.21	0.795
	所有木本植物	4.68±0.33	3.8±0.11	0.065
平均高/m	乔木	5.98±0.49	6.04±0.49	0.926
	灌木	2.71±0.14	3.29±0.17	0.060
	木质藤本	—	—	—
	所有木本植物	5.05±0.30	4.25±0.07	0.062
胸高断面积/ $(m^2 \cdot hm^{-2})$	乔木	27.4548±1.5407	29.0148±1.4984	0.508
	灌木	0.5296±0.0933	4.9832±0.6660	0.003
	木质藤本	0.3505±0.1496	0.1641±0.0207	0.285
	所有木本植物	28.3349±1.4111	34.1622±1.9417	0.072
物种丰富度	乔木	54.0±7.0	34.0±2.0	0.042
	灌木	8.3±0.9	16.0±0.9	0.003
	木质藤本	13.3±4.3	9.0±2.3	0.630
	所有木本植物	75.7±11.1	59.0±0.9	0.201
属	乔木	44.7±6.6	30.7±1.8	0.109
	灌木	8.3±0.9	14.7±0.7	0.005
	木质藤本	13.0±4.4	10.7±0.9	0.628
	所有木本植物	62.0±8.5	53.0±0.9	0.368
科	乔木	28.0±5.7	19.0±1.5	0.201
	灌木	6.3±0.9	9.7±0.7	0.039
	木质藤本	8.3±3.5	9.7±0.9	0.732
	所有木本植物	36.0±5.3	31.0±0.6	0.401

续表

指标	生活型	枫香群落	海南榄仁群落	差异显著性
香农-维纳 多样性指数	乔木	2.83±0.12	2.09±0.18	0.028
	灌木	1.02±0.26	0.82±0.14	0.539
	木质藤本	2.01±0.24	2.01±0.06	0.980
	所有木本植物	3.03±0.09	2.04±0.04	0.001
个体多度	乔木	1188.7±262.7	1001.0±196.7	0.598
	灌木	437.7±62.2	1700.0±184.6	0.003
	木质藤本	65.7±20.4	43.0±2.5	0.331
	所有木本植物	1692.0±313.5	2744.0±100.2	0.033

注:表中"—"表示野外未记录。

　　枫香群落和海南榄仁群落的物种-相对多度曲线均表现出急剧的变化,海南榄仁群落中表现更加明显(图 8-3)。急剧变化的主要原因是在两种群落类型中,优势种明显,仅有少数几个种占有明显优势,特别是在海南榄仁群落中。在枫香群落和海南榄仁群落中,低密度种(多度比例≤1%)均占较大比例,这从物种-相对多度曲线可以明显看出(图 8-3)。

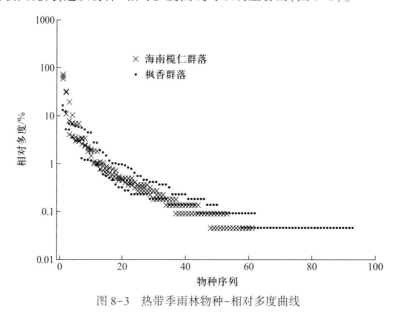

图 8-3　热带季雨林物种-相对多度曲线

8.2.2　群落大小结构

　　枫香群落和海南榄仁群落在乔木的平均高、平均胸径和胸高断面积上均没有显著差异(表 8-5)。海南榄仁群落的灌木胸高断面积显著高于枫香群落,但平均高和平均胸径则无显著差异。两个群落在木质藤本平均胸径和胸高断面积上均没有明显差异。枫香群落中所有木本植物的平均胸径、平均高和胸高断面积与海南榄仁群落没有显著差异。

两个群落树木个体径级结构均呈倒"J"形,随个体径级的增大,物种丰富度和个体多度逐渐降低(图8-4)。两个群落的物种丰富度在所有径级分布中均无显著差异($p>0.05$)。枫香群落中第 I 径级个体多度显著低于海南榄仁群落($p<0.05$),但其他径级范围内与海南榄仁群落差异不显著($p>0.05$)。

两个群落的物种丰富度及个体多度除在第 I 高度级内存在显著差异外($p<0.05$),其他高度级均无显著差异($p>0.05$)(图8-5)。

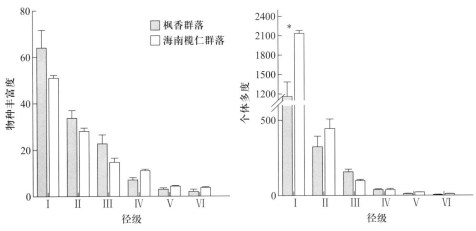

图 8-4 不同径级物种丰富度及个体多度

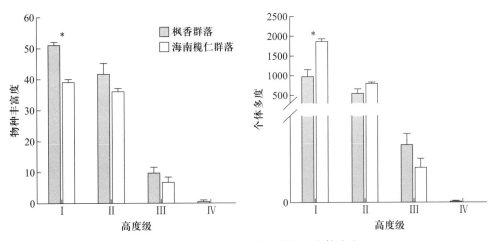

图 8-5 不同高度级物种丰富度及个体多度

8.2.3 干旱适应特征

1. 落叶物种比例

枫香群落在灌木落叶物种丰富度上显著低于海南榄仁群落,而两个群落其他生活型落叶物种丰富度均无显著差异(图 8-6)。两个群落在乔木、灌木、木质藤本及所有木本植物落叶物种个体多度上均无显著差异。两个群落林冠层中落叶物种丰富度及个体多度无显著差异(图 8-6)。

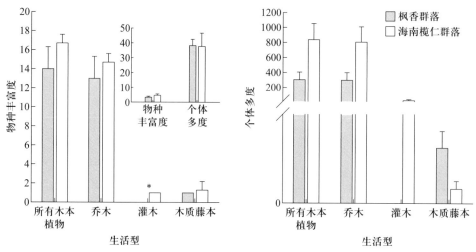

图 8-6 枫香群落和海南榄仁群落落叶物种丰富度及个体多度

小图为两种群落类型林冠层落叶物种丰富度及个体多度

2. 具刺物种比例

两个群落在具刺物种丰富度上存在显著差异(图 8-7)。除木质藤本具刺物种丰富度无显著差异外,枫香群落其他生活型具刺物种丰富度显著低于海南榄仁群落。与具刺物种丰富度相似,除木质藤本具刺物种个体多度无显著差异外,枫香群落其他各生活型具刺物种个体多度显著低于海南榄仁群落。

热带季雨林这一森林类型一直以来都是一个颇具争议的话题(Zhu et al. 2006)。季雨林这一名词最早是由德国植物地理学家 A.F.W.Schimper 于 1903 年提出的,他根据气候条件划分热带森林类型,认为季雨林在旱季具有明显的无叶期和季节性变化特性,并且认为季雨林是介于热带雨林和热带稀树草原之间的植被类型。而 Richards(1952)则把年降水量在 700~1200 mm、干旱月数为 6~8 个月气候条件下的森林定义为落叶季雨林,这种落叶季雨林相当于 Schimper 的季雨林(朱华 2005)。《中国植被》认为"季雨林是热带森林分布于热带北缘的一种植被类型",属于地带性的典型植被。而朱华等(2006)、王伯荪和张炜银(2002)等认为热带季雨林是热带气候湿度梯度上的一种植被类型,是介于热带雨林和热带稀树草原之间的一个过渡类型,是受制于湿

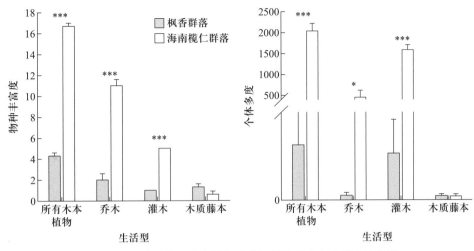

图 8-7　枫香群落和海南榄仁群落具刺物种丰富度及个体多度

度因子的经度地带性植被类型。海南岛霸王岭林区属热带季风气候,年均温23.6℃,年降水量在1500~2000 mm,干旱时间为6个月左右。根据 Richards 的分类原则,海南岛霸王岭属于热带季节性潮湿气候,因而常绿季节林为该地区的主要植被类型。因而从大的气候条件下考虑,霸王岭低海拔地区内不会出现热带季雨林这种森林类型。但局部地段土壤类型、土壤厚度和岩石裸露程度等因素造成土壤持水能力较低(Whitmore 1998),从而导致这些地段上的植被为应对水分亏缺而采取相应的适应策略——落叶,而常绿树种在旱季不能获得维持生理活动所必需的水分,造成难以在季雨林中自然更新,或者更新后的幼苗难以继续存活。因此,局域性的地形、土壤持水力和养分含量等形成了海南岛霸王岭林区热带季雨林这种隐域性的植被类型。

　　气候条件,特别是热量和水分条件,是决定陆地植被分布的主要因素。但人类的干扰也可以在一定程度上影响植被的分布。人为干扰是热带森林地区广泛存在的事件(Sheil et al. 2003;Peres et al. 2006),它不仅直接影响热带林的物种组成和群落结构(Guariguata et al. 2001),同时会影响群落的立地环境。来自人类的刀耕火种和商业采伐是海南岛热带林两种主要的干扰方式,长期反复的刀耕火种和20世纪的商业采伐,使得海南岛热带林在物种组成、群落结构、季相与动态等方面发生了显著的变化,同时极大地改变了立地环境,例如反复的刀耕火种加剧了水土流失,提高了岩石裸露程度,而森林采伐则破坏了土壤表层,增加了土壤紧实度(von Wilpert et al. 2006),降低了土壤养分和水分含量(Gillman et al. 1985),导致森林立地条件急剧恶化。一些喜湿喜肥的物种不适应该立地条件而逐渐被一些耐旱耐贫瘠的物种所代替。此外,随着全球极端气候条件出现频率的增加(Alley et al. 2003;Thibault et al. 2008),热带地区的年降水量正在显著减少,而且旱季持续时间和降水变化幅度均显著提高(Malhi et al. 2004;Malhi et al. 2008),从而导致热带地区干旱程度加剧。由于热带季雨林能够很好地适应干旱气候,因而全球温度升高和干旱强度增加为热带季雨林的扩展提供了可能性。因此,无论从人类干扰还是从气候变化角度来说,海南岛热带季雨林都存在扩展的可能性。值得注意的是,霸王岭林区内的季雨林多数镶嵌分布在常绿的热带低地雨林中,因而热带季雨林与周围顶极群落的联系、低地雨林或者其他非季雨林中的物种在季雨林中的可补充性、全球气候变化下的热带季雨林动态都将是我们今后的研究重点。

与热带雨林相比,热带季雨林物种优势度更加明显,具有明显的标志种(金振洲 1983)。例如,云南热带季雨林的标志种为重阳木(*Bischofia polycarpa*)、楝树(*Melia azedarach*)和木棉(*Bombax malabaricum*)等(金振洲 1983)。海南岛热带季雨林的标志种与云南不同,在海南岛霸王岭林区,热带季雨林的标志种为海南榄仁、枫香、毛萼紫薇和厚皮树(*Lannea coromandelica*)等。热带季雨林不是所有这些种的组合,而是其中少数几个种的组合,在一些局部地段甚至形成单优势种群落(朱华 2005),因此,种群在群落中的优势度比热带雨林明显偏高。

相对于物种丰富的热带雨林(Mittelbach et al. 2007),热带季雨林物种丰富度明显偏低。在海南岛热带季雨林中,2500 m² 样地内仅有物种76种(枫香群落)或59种(海南榄仁群落),这与云南的热带季雨林及巴西和哥斯达黎加的热带干旱林相近,但明显低于热带山地雨林及热带雨林(表8-6)。热带季雨林物种丰富度偏低的原因之一可能与土壤水分含量有关。在热带地区,水分是决定物种丰富度、组成和分布的最重要的环境因子(ter Steege et al. 2006;Engelbrecht et al. 2007),而土壤水分含量过低也是形成季雨林的最主要原因之一(Richards 1952)。此外,群落中优势种季相的不同对群落的多样性也有着重要的影响。叶片是植物光合作用和其他生理活动的重要场所(Mooney et al. 1997),因而叶片的物候过程对于群落外貌、林下环境、群落内的物种多样性、更新、生态系统生产力以及动物食物来源等具有重要的调节作用(Whitmore 1984;Condit et al. 2000a;Reich and Oleksyn 2004)。在热带季雨林中,林冠层物种多为落叶物种,导致旱季林下光照增加。林下光照条件改善的同时也造成了幼苗和幼树必须面对旱季的水分胁迫。极端旱季时期,林下光照增加能够显著增加幼苗和幼树的死亡率(Bunker and Carson 2005)。与此同时,其他临近植物个体对水分的竞争也对幼苗的存活与生长产生重要影响(Coomes et al. 2000)。因此,在热带季雨林内,林下光照的增加在一定程度上限制了本地种更新及外部物种的进入,降低了物种多样性。

表8-6　热带林物种丰富度

森林类型	地点	样地面积/m²	物种丰富度	备注	参考文献
季雨林	云南	2600	60	包括乔木、灌木和藤本	(王洪等 1990)
热带季雨林	海南	2500	59	包括乔木、灌木和藤本,$D_{BH} \geq 1$ cm	本研究
热带季雨林	海南	2500	76	包括乔木、灌木和藤本,$D_{BH} \geq 1$ cm	本研究
热带干旱林	巴西	2500	74	包括乔木、灌木和藤本,$H>1.3$ m	(Villela et al. 2006)
热带干旱林	哥斯达黎加	10 000	52	包括乔木、灌木和藤本,$D_{BH} \geq 1$ cm	(Bullock et al. 1995)
热带山地雨林	海南岛霸王岭	10 000	138	包括乔木和灌木,$H>1.5$ m	(臧润国等 2001)
热带山地雨林	云南	2500	112	乔木,$D_{BH} \geq 2$ cm	(李宗善等 2005)
热带山地雨林	云南	2500	121	木本植物,$D_{BH} \geq 5$ cm	(朱华等 2000)
热带雨林	海南岛北部	900	90	木本植物,$H>1.5$ m	(杨小波等 2005)

落叶是树木和植物群落的重要功能特征,也是植被分类、水分状况、遥感监测和生活型划分的重要指标之一(Bullock et al. 1995)。热带地区树木落叶最主要和直接的原因是存在水分亏缺

(Bohlman et al. 1998;Condit et al. 2000b),但严重的干扰(如火灾)、较低的林分密度、病虫害、养分匮乏等也可以导致树木落叶(Reich 1995)。树木落叶是群落季相变化最显著的特征之一,不同群落中,落叶物种丰富度及个体多度决定群落的季相变化特征。在海南岛霸王岭,热带季雨林群落中树木落叶的主要原因则是旱季土壤水分的缺乏。海南岛热带季雨林中,落叶物种丰富度及个体多度所占比例均较高,枫香群落及林冠层中分别达到了 36.36%和58.63%,而在海南榄仁群落及林冠层中则分别高达 58.63%和95.42%,林冠层中树木在旱季几乎完全落叶。从落叶季相上来看,枫香群落落叶物种丰富度及个体多度明显低于海南榄仁群落。树木的落叶改变了林下微环境,影响群落的更新、养分循环及生态系统功能。但热带季雨林群落年落叶量、落叶动态变化规律及其如何影响群落的养分循环和更新则是有待进一步探讨的问题。

具刺植物种类及个体所占比例多是热带季雨林群落的又一典型特征。植物具备枝刺、皮刺或叶刺,既是一种防卫手段,同时也具有减少水分蒸发的作用。在干旱或半干旱地区的植物身体上具刺(如仙人掌和沙棘)是植物适应干旱条件的一种重要特征,一方面减少了植食动物啃食对树木个体的直接伤害,另外通过减少水分蒸发从而提高树木在旱季的水分利用效率。在海南岛热带季雨林中,具刺物种种类丰富。例如,在海南榄仁群落中,乔木中具刺物种达到 11 种,灌木和木质藤本共有 6 种,而群落中的优势种海南榄仁和毛萼紫薇均是具刺物种,灌木层中的主要物种刺桑(*Streblus ilicifolius*)和叶被木(*Streblus taxoides*)也是具刺物种。此外,海南岛热带季雨林中具刺物种植物个体所占比例也均较高,例如,在海南榄仁群落中,乔木具刺植物个体占总量的43.12%,而木本植物中具刺植物个体更是高达 73.99%。具刺植物种类及个体数量多是海南岛热带季雨林群落植物适应旱季土壤水分匮乏的另一重要特征。

8.3 海南岛霸王岭热带季雨林树木总体死亡率

树木死亡是各种森林生态系统中普遍存在的现象(MacGregor et al. 2002;Rice et al. 2004)。树木死亡是调节种群、群落和生态系统结构和动态的重要机制之一(McCoy et al. 2008),因此,理解物种死亡率的控制因子已成为生态学关注的中心议题之一(Frazier et al. 2006;Marbà et al. 2007)。树种之间死亡率的差异也被认为是影响森林组成、结构和可持续发展的一个重要生活史特性(Lorimer et al. 2001)。林冠层乔木的死亡在老龄林群落结构的形成与维持中起着重要作用,它能为某些动植物物种提供独特的生境,并影响群落的径级及年龄结构、林隙特征和不同层次植被的发育等(Zhang et al. 2009b)。

树木死亡对森林土壤和空气之间的相互作用以及生态系统功能的发挥都具有重要的影响(Dale et al. 2000)。树木死亡所导致的林下植被生长加快,能够潜在地改变生态系统的演替途径(Rich et al. 2008)。树木死亡引起群落总叶面积的降低,进而影响输入土壤表面的太阳辐射及养分循环(Hughes et al. 2006)、真菌活性(Swaty et al. 2004)和土壤侵蚀(Wilcox et al. 2003)、土壤蒸发速率(Simonin et al. 2007)等土壤过程。此外,树木死亡在区域范围内改变了光的反射率及土壤与空气之间能量和潜在热量的交换,并且可能反作用于区域气候(McDowell et al. 2008)。树木死亡也会增加野火危险和土壤侵蚀的可能(McDowell et al. 2010),降低碳贮藏(Kurz et al. 2008),改变土壤表面水文特征(Newman et al. 2006)。大量的乔木死亡能够显著改变对野生动物和人类有价值的林木产品,如商品产量、生物多样性、审美学以及现存的土地价值,同时也能够引起物种迁移,导致生态系统结构和功能的改变(McDowell et al. 2008)。通常,树木死亡是众多的生物和非生物因素共同作用的结果(Zhang et al. 2009b)。影响树木死亡的因素包括干扰体系、物种生活史特征(Lorimer et al. 2001)、病虫害(Yamasaki et al. 2009)、气候变化(van Mantgem et al. 2007;Sthultz et al. 2009)、养分亏缺(McDowell et al. 2008;Sthultz et al. 2009)、干旱(Sthultz et al. 2009;McDowell et al. 2010)和空气污染(Woodman 1987)等。水分条件(McDowell et al. 2008)及地形特征(Guarín et al. 2005)也会影响树木死亡率。因此,加强对树木死亡率及原因的研究能够帮助我们更好地理解森林生态系统的动态变化及其生态服务功能的维持过程(Chao et al. 2008a)。本节利用大量野外调查资料,分析热带季雨林不同功能群的树木死亡率及其影响因素。调查样地位于霸王岭林区热带季雨林原始林群落内,样地面积为 50 m×50 m。记录样地内胸径(D_{BH})≥1 cm 的所有乔木和灌木物种名称、树高、胸径、萌生与死亡情况(仅包括枯立木)。同时记录样地的生境条件,如与河流之间的距离、坡向、坡位、坡度、林分郁闭度、林地裸岩面积和海拔高度等。其中,与河流(包括水面宽度>2 m 且四季有水的河流)之间的距离按照近(<100 m)、中(100~500 m)和远(>500 m)记录。由于所用数据是一次性调查数据,因此死亡率是多年树木的合计死亡率(overall mortality)。死亡率(%)利用公式"死亡株数/(活立木株数+死亡株数)×100%"计算。按照乔木、灌木、落叶物种、常绿物种、无刺物种和具刺物种等不同功能群分别进行数据统计。树木径级共划分为 6 级:1 cm≤D_{BH}<5 cm、5 cm≤D_{BH}<10 cm、10 cm≤D_{BH}<20 cm、20 cm≤D_{BH}<30 cm、30 cm≤D_{BH}<40 cm 和 D_{BH}≥40 cm。不同功能群树木死亡率利用单因素方差分析(one-way ANOVA)方法进行均值的比较。不同径级范围内的树木死亡率和与河流之间距离不同的树木死亡率则采用多重比较,环境因子与树木死亡率之间的相关性分析则采用泊松相关分析,显著性采用双尾(two-tailed)检验。

8.3.1   热带季雨林群落内的树木死亡率

在所调查的 15 块样地中,树木死亡株数变化范围在 164~2 136 株·hm^{-2},平均值为 679.6 株·hm^{-2},树木死亡率变化范围则在 3.42%~18.71%,平均值为 7.60%(表 8-7)。

表 8-7   热带季雨林群落内树木死亡株数及死亡率

指标	最大值	最小值	平均值
死亡株数/(株·hm^{-2})	2136	164	679.6
树木死亡率/%	18.71	3.42	7.60

8.3.2   不同功能群的树木死亡率

在按照生活型划分的两个功能群的树木死亡率中,乔木平均超过 11%,极显著地高于灌木;在按照叶片物候划分的常绿物种和落叶物种两个功能群的树木死亡率中,落叶物种死亡率则极显著高于常绿物种;但在根据物种具刺与否划分的两个功能群的树木死亡率中,无刺物种死亡率则显著高于具刺物种(图 8-8)。

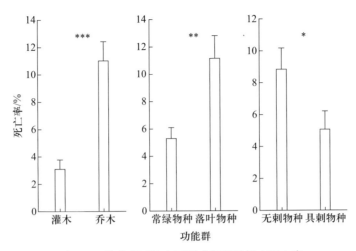

图 8-8　热带季雨林内不同功能群的树木死亡率

*,$p<0.05$;**, $p<0.01$;***, $p<0.001$

8.3.3　不同径级的树木死亡率

热带季雨林群落内在 $5\sim30$ cm 径级的所有树木死亡率均超过 10%,最高值出现在 $5\sim10$ cm 径级范围,显著高于 $D_{BH}<5$ cm 和 $D_{BH}\geqslant30$ cm 的树木死亡率(图 8-9)。

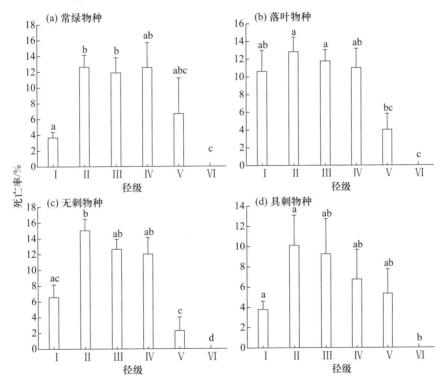

图 8-9　各功能群物种在不同径级范围的树木死亡率

不同字母表示存在显著性差异($p<0.05$)

常绿物种死亡主要集中于 5～30 cm 径级范围，D_{BH}<5 cm 时树木死亡率显著低于 5～30 cm 径级范围，而高于 D_{BH}≥40 cm 径级范围(图 8-9)。落叶物种在 D_{BH}<30 cm 的各径级内，树木死亡率均超过 10%，且各径级间无显著差异。无刺物种各个径级间的树木死亡率大小关系则与常绿物种相同。具刺物种最高树木死亡率出现在 5～10 cm 径级范围，D_{BH}<5 cm 时树木死亡率与 5～40 cm 各径级范围无显著差异，但显著高于 D_{BH}≥40 cm 径级范围。

从相同径级范围内树木死亡率比较来看(图 8-10)，落叶树种在 D_{BH}<5 cm 时树木死亡率显著高于常绿物种，而在其他径级范围内，落叶物种和常绿物种树木死亡率之间没有显著差异。具刺物种和无刺物种树木死亡率在所有径级范围内均无显著差异。

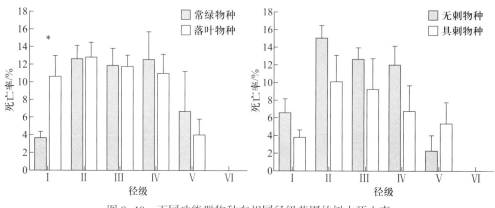

图 8-10 不同功能群物种在相同径级范围的树木死亡率

*，p<0.05

8.3.4 不同立地环境梯度下的树木死亡率

树木死亡率和环境变量之间的相关性分析表明，乔木死亡率与距河流的距离具有极显著的相关性，而落叶物种和无刺物种的树木死亡率均与坡位有显著的相关性，其余树木死亡率与环境变量之间的相关性均不显著(表 8-8)。

表 8-8 树木死亡率和环境变量之间的相关性分析

功能群	距河流的距离	坡向	坡位	坡度	郁闭度	裸岩面积	海拔
灌木	0.47	−0.24	0.05	0.05	0.20	0.22	0.27
乔木	0.83**	−0.48	−0.14	0.02	0.29	0.03	0.54
常绿物种	0.34	−0.28	−0.09	−0.02	0.31	−0.39	0.41
落叶物种	0.21	−0.05	−0.52*	0.36	0.03	0.42	−0.12
无刺物种	0.38	−0.35	−0.54*	0.16	0.18	0.13	0.01
具刺物种	0.42	0.12	−0.15	0.49	0.27	0.23	0.25
合计	0.37	−0.28	−0.41	0.27	0.13	−0.12	0.19

注：*，p<0.05；**，p<0.01。

　　群落距离河流的远近影响树木死亡率。距离河流较近的群落乔木死亡率显著低于与河流之间的距离中等($p=0.047$)和较远($p=0.0003$)的群落,常绿物种也表现出距离河流较近的群落乔木死亡率显著低于与河流之间的距离中等的群落($p=0.017$),但距离河流远近对灌木、落叶物种、无刺物种和具刺物种的树木死亡率则无显著影响($p>0.05$)。

　　坡位同样影响树木死亡率(图8-11)。落叶物种在坡上部的树木死亡率显著高于坡中部($F=4.938,p=0.045$),无刺物种坡上部的树木死亡率也显著高于坡中部($F=5.397,p=0.037$),而其他功能群不同坡位之间树木死亡率则无显著差异($p>0.05$)。

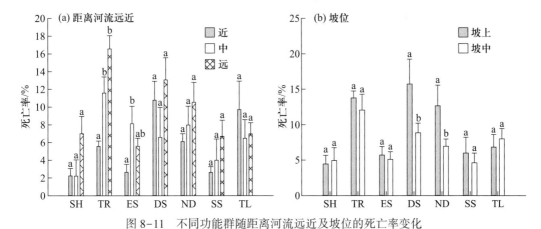

图8-11　不同功能群随距离河流远近及坡位的死亡率变化

不同字母表示存在显著性差异($p<0.05$)。SH,灌木;TR,乔木;ES,常绿物种;DS,落叶物种;ND,无刺物种;SS,具刺物种;TL,合计

　　对于许多长寿命的有机体,存活(而不是生长或更新)对于影响种群存在与否具有非常重要的意义(Das et al. 2008)。实际上,长寿命有机体存活格局已经被广泛报道,包括鸟类、池塘甲鱼、多年生湿地草本和生长较慢的无脊椎动物以及大型乔木等(Katzner et al. 2006;Linares et al. 2007)。因此,了解影响这些有机体存活的因素是理解它们生态学过程的关键(Das et al. 2008)。在海南岛霸王岭的热带季雨林老龄林中,树木死亡率最高值达18.71%,按照不同功能群统计的树木死亡率数值也均较高。由于本节中的树木死亡率是树木的多年合计死亡率,而非树木的年死亡率,因此其数值明显偏高。

　　海南岛热带季雨林较高的树木死亡率可能与气候变化所引起的干旱有关。海南岛霸王岭林区年降水量在1500~2000 mm,平均为1677.1 mm左右,但在2005年降水量明显减少,年降水量仅为1382.8 mm,并且几乎全部集中于雨季,在旱季基本没有降水。年降水量的减少及季节性分配的极端不均,导致许多树木在旱季因缺水而死亡或枯萎,引起树木死亡率的升高。以往的研究也显示,树木死亡率在干旱前后会发生明显的变化,例如,在婆罗洲东部非季节性热带雨林中,1997—1998年发生严重干旱后的21个月调查显示,树木死亡率($D_{BH}>10$ cm)高达26%(van Nieuwstadt et al. 2005);在巴拿马的森林中,在1982—1983年的厄尔尼诺现象后,树木死亡率上升了0.5倍,从2%增加到3%(Condit et al. 1995)。在亚马孙平原,每年树木死亡率($D_{BH}>10$ cm)由1997—1998年的厄尔尼诺现象前的1.1%上升到干旱后的1.9%(Williamson et al. 2000)。在无季节性变化的马来西亚的沙捞越森林中,树木死亡率($D_{BH}>10$ cm)由1997—1998年的厄尔尼诺现象前的 0.9% 上升到干旱后的 6.4% 和 4.3%（考虑地形影响）（Nakagawa et al. 2000）。而苏门答腊在 1997—1998 年的厄尔尼诺现象后，树木死亡率为 10%，加里曼丹在 1982—1983 年的厄尔尼诺现象后树木死亡率为 14%~24%（Daniel et al. 2007）。因此，海南岛热带季雨林较高的树木死亡率可能与该地区发生过干旱有关。

树木死亡率并非在所有径级范围内都是均衡的。在海南岛霸王岭林区的热带季雨林内，树木死亡主要集中于中、小径级。本节中，树木死亡主要集中于 D_{BH}<30 cm 的树木，并且最大值均出现在 5~10 cm 径级范围，而当 D_{BH}>40 cm（海南岛的季雨林中一般 D_{BH}>40 cm 的树木占群落个体总数的比例已很少）时树木死亡率为零。但在以往的研究中，Daniel 等（2007）认为大树死亡率高于小树死亡率。大树的生殖活动（Mueller et al. 2005）和水分亏缺所引起的较高的木质部空穴化和栓塞化（van Mantgem et al. 2007），是大树死亡的最可能原因。生殖活动导致较高的碳消耗，造成大树较高的死亡率；木质部空穴化和栓塞化则进一步加剧了树木的水分胁迫。同时，大树的根比小树更易受灾害影响（Mueller et al. 2005）。然而，尽管大树有较高的养分获得和水分储存的能力，但大树在单位时间消耗的水分高于小树，造成大树在土壤水分亏缺时死亡率高于小树（Slik 2004）。而本节中树木死亡主要集中于中、小径级，这与群落本身生境特点有密切关系。van Mantgem 等（2007）也认为，树木死亡率的增加是与温度驱动水分亏缺相一致的，干旱所引起的树木死亡率增加主要集中于小树。

在海南岛霸王岭的热带季雨林中，乔木物种功能群树木死亡率显著高于灌木物种。在森林群落中，作为最主要的生活型——乔木（Gentry 1995），其物种的功能特性直接影响群落的发展动态。海南岛热带季雨林中，由于年降水量存在季节性变化以及群落内裸岩面积大，土层较薄及土壤持水力差，导致生境干旱，树木死亡率较高。但在相同的生境下，由于灌木生长在林下，由光照而产生的蒸腾作用低于乔木物种，其植物水分亏缺也低于乔木，死亡率较低。

落叶物种树木死亡率显著高于常绿物种。落叶是群落季相变化中最明显的特征之一，是树木和植物群落的重要功能性状之一（Bullock et al. 1995），也是植被分类的重要指标之一（Bohlman et al. 1998；Condit et al. 2000b）。大量研究表明，水分亏缺是引起热带地区树木旱季落叶的最主要因素（Bohlman et al. 1998；Condit et al. 2000b）。在海南岛霸王岭的热带季雨林中，物种落叶的主要原因就是土壤水分匮乏。落叶物种所生长的地方多是群落中水分亏缺最严重的地方，尽管物种通过落叶减少水分蒸发以适应土壤水分亏缺，但当生境进一步干旱，超过物种所能忍受的极限时，死亡是其不可避免的过程。而常绿物种分布的小生境一般比落叶物种要好，其干旱程度往往低于落叶物种的生境；此外，季雨林中的许多常绿物种也有在极度干旱时进行部分落叶的适应机制。因此，在相同水分亏缺的强度下，落叶物种树木死亡率要高于常绿物种，但两类物种具体的干旱适应机制及树木死亡率差异的原因有待进一步深入研究和探索。

按照物种具刺与否划分的具刺物种功能群树木死亡率却显著低于无刺物种树木死亡率。树体具刺是植物自我防御的物理措施，也是提高植物应对食草动物袭击的适应性策略之一（Young et al. 2003）。此外，树体具刺也是植物适应干旱环境的特征之一，在降低热量或干旱压力方面起着重要的作用（Cornelissen et al. 2003a）。一般来说，干旱环境会促使植物体的某些部分进行形态上的改变（如叶片和枝变成刺），用以减少水分蒸发，适应干旱环境。在热带季雨林中，某些物种正是由于树体具刺,减少了干旱时的水分蒸发,从而降低了死亡风险,导致死亡率低于无刺物种。群落中具刺物种及个体的多少反映了群落的环境条件和物种对环境的适应性,所以树体具刺是植物适应外界环境条件的重要形态特征之一。

尽管树木死亡有时是非常突然的,但它通常是一个复杂的和渐进的过程。树木死亡的原因有多种,如生物因素和非生物因素、外因和内因等(Franklin et al. 1987),但在海南岛霸王岭热带季雨林中,较高的树木死亡率常常与群落内的恶劣生境密不可分。

首先,降水量的季节性分配是海南岛热带季雨林群落的一个典型特征(图8-12),11月到次年4月的旱季使得群落中严重缺水,水分亏缺必然会导致树木死亡率的增加(McDowell et al. 2008)。旱季降水量的减少影响到季雨林分布区内土壤中植物可吸收的水分数量;同时,不同植物类型获得土壤水分的能力也不同,在由生理干旱敏感种或是在长期干旱过程中不能通过深根系或其他机制吸收到水分的物种组成的森林中,较小的土壤水分亏缺就能引起较高的树木死亡率(Daniel et al. 2007)。而在海南岛热带季雨林中,土层较薄及持水能力较低也进一步加剧了土壤水分亏缺,提高了树木死亡率。

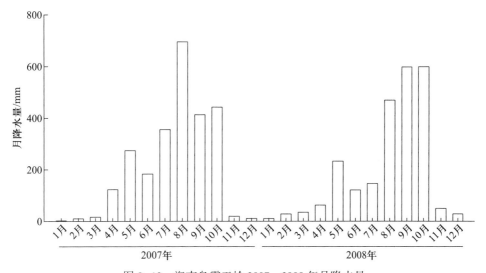

图8-12　海南岛霸王岭 2007—2008 年月降水量

其次,林冠层绝大多数物种在旱季落叶是热带季雨林又一典型特征,树木落叶增加了林下光照强度,提升了林内温度。由于季雨林林地内大量裸岩的存在,进一步加剧了林内温度的升高,这必然会导致土壤蒸发量的增加,促进土壤水分亏缺的提升,增加树木死亡率。

再次,生境因子中与河流之间的距离及地形条件等的不同也导致了群落树木死亡率的变化。由于植物萌发后是固着的,那么植物周围的生境条件对植物的生长和存活具有重要的影响(Suzuki et al. 2003)。与河流之间的距离及地形条件等均影响群落内的水分条件。距离河流较近则群落土壤中地下水供应充足,同时河流中水分蒸发所形成的水蒸气也会增加群落内的空气湿度,降低植物水分亏缺和树木死亡率(图8-11)。地形特征(如坡位和坡向)强烈影响生境的湿度条件（Stephenson 1998），而土壤湿度条件的时空变化或许影响树木死亡率的空间格局（Guarín et al. 2005）。本节中也同样反映出与河流之间的距离和坡位影响样地的土壤水分条件，进而影响群落树木死亡率。由于土壤水分胁迫造成树木水分亏缺，引起木质部空穴化和栓塞化（van Mantgem et al. 2007），也可能增加海南岛热带季雨林树木死亡率。

最后，全球气候变化引起的热带林区干旱化可能是海南岛热带季雨林群落树木死亡率较高的另一重要原因。海南岛霸王岭林区年均温 23.6℃，年降水量在 1500~2000 mm，但分布不均。2005 年气象资料显示，2004 年降水量明显减少，年降水量仅为 1382.8 mm，且全部集中在 7—10 月，从 2004 年 11 月到 2005 年 6 月共 8 个月时间内降水量极低，而年均温上升到 25.3℃，造成严重干旱。干旱是引起植被极端变化的原因之一，特别是在干旱半干旱生态系统中（Hanson et al. 2000）。干旱所引起的树木死亡很早就有报道（Hursh et al. 1931；Yarranton et al. 1975）。众多研究表明，干旱后树木死亡率显著升高（van Nieuwstadt et al. 2005；Daniel et al. 2007）。严重干旱可以引起树木死亡，其原因包括生物和非生物胁迫。在生物胁迫方面，干旱后易引起病虫害的爆发，导致大面积树木死亡（van Mantgem et al. 2004）；同时，树木之间的竞争也可以导致干旱后树木的死亡，林分自疏能引起林木密度的降低，但其并没有降低树木死亡率。在干旱期间，"释放效应"并没能提高树木存活者的抗旱能力（Mueller et al. 2005）；此外，干旱前生长速率的降低也增加了干旱后树木死亡的风险（Ogle et al. 2000；Bigler et al. 2006；Bigler et al. 2007）。在非生物胁迫方面，干旱增加了土壤水分亏缺，导致大面积树木死亡（Mueller et al. 2005；Sthultz et al. 2009）。同时，干旱后易引起火灾，也会导致大面积树木死亡（van Mantgem et al. 2004）。

气候变化对不同树种死亡率的直接影响有可能大范围改变森林群落。极端的气候（如干旱、热浪、霜冻和暴风）常常引起缓慢的或突然的森林生态系统的改变（Diffenbaugh et al. 2005）。森林动态的过程可能以非线性和不可预测的方式受到气候变化的影响，特别是树木死亡率。气候变化经常直接或间接扩大干扰的强度和范围；火灾与严重干旱有关，风倒可能是由风灾引起的，干旱和风倒之后经常爆发虫害（Romme et al. 1989；Veblen et al. 1989；Kulakowski et al. 2002；Bebi et al. 2003；Sibold et al. 2006）。这些干扰的结果就是大片的树木死亡，改变了森林的组成和结构，也增加了树木对下次干扰的敏感性（Bigler et al. 2005）。在过去的近几十年中，树木死亡率一直在增加（Laurance et al. 2004），有人认为是资源竞争所引起的（van Mantgem et al. 2007）。然而，一些温带的研究表明，气候变化是树木死亡率变化的驱动力（Breshears et al. 2005），气候变化能够引起长期的和剧烈的世界范围内的森林变化（Breshears et al. 2005；Lapenis et al. 2005；Boisvenue et al. 2006）。已经做出的模型显示，气候变化引起较小的树木死亡率的变化就能深深地影响森林结构、组成和动态（Kobe et al. 1995；Pacala et al. 1996；Wyckoff et al. 2002）。因此，我们需要深入理解气候变化对树木死亡率的影响。全球气候变化在热带常常表现为干旱的增加，干旱可以影响植被和碳循环。极端干旱可以导致大范围的树木死亡和植被边界的大范围转移（Breshears et al. 2005）。在亚高山森林生态系统中，干旱引起物种组成的变化并非由树木死亡造成，而是气候对植物更新和生长过程的影响引起的（Bigler et al. 2007）。死亡树木的增加或许会导致某些林分更新的增加及存活树木生长量的增长，弥补干旱引起的碳损失。研究表明，干旱是树木死亡的重要原因，但它仅仅是引起树木死亡的众多原因之一，树木死亡的最直接原因是非常难以确定的。由干旱引起树木死亡的原因也包含着干旱后树木更易受到病虫害的侵袭。在当前气候条件下更好地理解干旱对森林生态系统和碳循环的影响,对于预测不断变化气候条件下干旱频率和强度增加对森林的潜在影响具有重要价值。

8.4　海南岛热带季雨林群落不同功能群木本植物的物种–面积关系

物种–面积关系是生态理论的重要基础(Tikkanen et al. 2009),也是生态学中阐述最多的生态格局(Harte et al. 2009;Tikkanen et al. 2009)。近年来,物种–面积关系已经在局域、区域及全球范围再次引起人们的关注(Keeley 2003)。物种–面积关系被用于预测岛屿上物种的数量(Macarthur et al. 1967),比较不同面积内物种丰富度值(Stiles et al. 2007),外推物种丰富度及形成生物多样性图谱(Kier et al. 2005),预测生境破碎和气候变化等动态过程对物种丰富度的影响(Seabloom et al. 2002;Thomas et al. 2004;Carey et al. 2006)等。此外,物种–面积关系也在保护生物地理学中得到应用(Fattorini 2007),有助于天然群落的研究或管理、群落结构或干扰程度评估等(Stiles et al. 2007),辨别生物多样性热点及最佳保护计划(Fattorini 2007;Manne et al. 2007),预测生境消失后的物种消亡(Ulrich 2005),评价人类对生物多样性的影响(Tittensor et al. 2007)。最近,物种多样性维持理论,如岛屿生物地理学理论(Whittaker et al. 2007)、物种多度分布(Ovaskainen et al. 2003)及中性理论模型(Rosindell et al. 2007)也分别预测了不同形状的物种–面积关系,因此,物种–面积关系的实际形状对于验证这些理论具有一定的意义(Dengler 2009)。

植物功能群是对环境有相同响应及对主要生态系统过程有相似作用的一系列植物的组合(Symstad et al. 2000),是预测物种多样性对生态系统属性的影响的一个重要工具。当前不断增加的生态学研究已经说明,生境破碎化及全球环境变化导致了生物多样性降低(Thomas et al. 2004)和生态系统功能衰退(Pokorny et al. 2005),而植物功能群则是研究生态系统功能最直接有效的方法之一。功能群连接了物种水平上的生活史策略与生态系统过程(Pokorny et al. 2005)。不同功能群物种数量的多少直接影响生态系统的功能及稳定性(Tilman et al. 1994),群落中功能相似的物种越多,其功能的发挥也越高效,而环境变化时至少有一些种的存活概率也越大,生态系统稳定性也越强。因此,对植物功能群的研究可以更好地探讨生物多样性和生态系统功能及稳定性之间的关系。本节中物种–面积关系采用公式 $\ln(S) = \ln(C) + Z \times \ln(A)$ 计算,式中,S 为物种数量,A 为取样面积,C 为常数,Z 为斜率。为避免 $\ln(0)$ 情况的出现,本节在计算过程中采用 $\ln(S+1)$ 代替 $\ln(S)$。

8.4.1　不同功能群的物种丰富度

在两种热带季雨林群落中,海南榄仁群落具有更多的灌木、落叶物种和具刺物种,而枫香群落具有更多的乔木和无刺物种(表8–9)。两种热带季雨林群落的藤本、常绿物种、单叶物种和复叶物种丰富度之间无显著差异(表8–9)。

表 8-9 两种热带季雨林群落不同功能群的物种丰富度

功能群	枫香群落	海南榄仁群落	p
乔木	51.2±3.8	38.2±2.3	0.015
灌木	9.0±0.7	16.2±1.0	0.000
藤本	11.5±2.0	11.0±0.9	0.821
合计	72.2±5.8	66.2±2.8	0.373
落叶物种	13.2±1.3	18.8±0.5	0.002
常绿物种	59.0±4.7	47.3±2.8	0.056
具刺物种	4.8±0.3	15.3±0.9	0.000
无刺物种	67.3±5.7	50.8±2.9	0.028
单叶物种	58.7±4.2	48.8±2.2	0.064
复叶物种	13.0±1.8	16.5±1.4	0.148

8.4.2 不同功能群的物种-面积关系

两种热带季雨林群落中,乔木、灌木、藤本、落叶物种、常绿物种、具刺物种、无刺物种、单叶物种和复叶物种的数量与取样面积均具有极高的相关性($R^2 = 0.9405 \sim 0.9975$,图 8-13—图 8-16),取样面积对物种数量变化的解释均超过 94%($R^2 > 0.94$)。

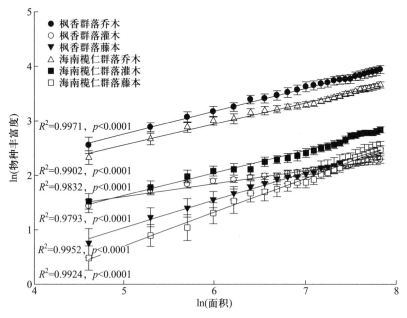

图 8-13 两种热带季雨林群落中不同生活型的物种-面积关系

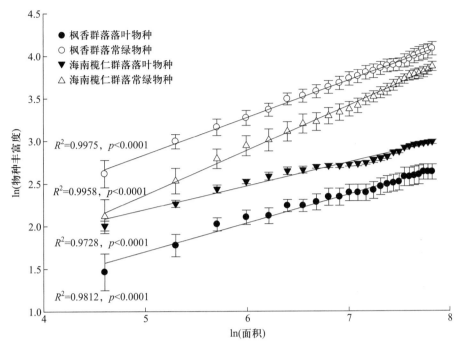

图 8-14 两种热带季雨林群落中落叶物种与常绿物种的物种-面积关系

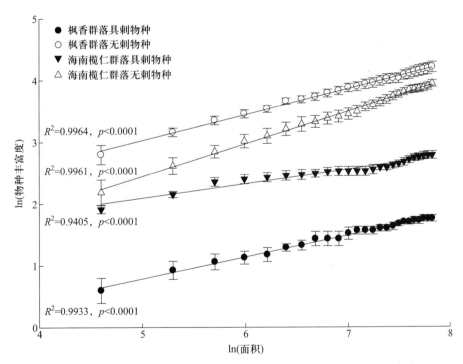

图 8-15 两种热带季雨林群落中具刺物种与无刺物种的物种-面积关系

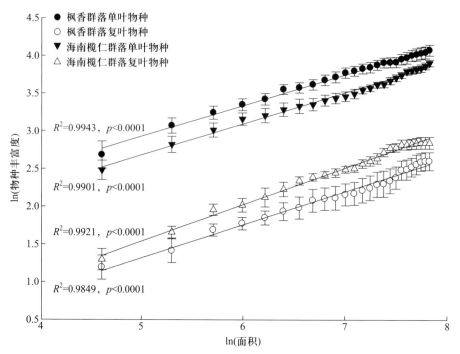

图 8-16　两种热带季雨林群落中单叶物种与复叶物种的物种-面积关系

8.4.3　两种热带季雨林群落中不同功能群的物种丰富度随面积的累积速率(Z值)比较

两种热带季雨林群落之间,除海南榄仁群落的灌木物种-面积关系斜率显著高于枫香群落外,其他各功能群的物种-面积关系斜率在两种群落之间均没有显著性差异(表8-10)。

枫香群落中,科、属、种与面积关系的斜率之间无显著性差异;但藤本与面积关系的斜率显著高于灌木,而与乔木无显著性差异;落叶物种与常绿物种、具刺物种与无刺物种、单叶物种与复叶物种之间也均无显著性差异(表8-10)。

海南榄仁群落中,种与面积关系的斜率显著高于科,但与属无显著性差异;藤本与面积关系的斜率显著高于乔木和灌木,后两者之间无显著性差异;常绿物种与无刺物种与面积关系的斜率分别显著高于落叶物种与具刺物种;但单叶物种与复叶物种之间无显著性差异(表8-10)。

物种丰富度随取样面积的增加而增加是生态学上的基本规律之一(Dengler 2009),并且一直都是生态学关注的中心(Harte et al. 2009)。物种-面积关系的斜率代表物种丰富度随面积的累积速率,尽管物种-面积关系函数有许多形式,但幂函数和指数函数仍然是应用最普遍的两种函数形式(Tittensor et al. 2007)。本节利用幂函数形式较好地反映了海南岛霸王岭两种热带季雨林群落中不同功能群物种与取样面积之间的关系,即两种热带季雨林群落中,不同功能群的物种丰富度与面积均具有较强的正相关关系($R^2 > 0.94, p < 0.0001$),反映出取样面积是影响物种丰富度大小的最重要因子。物种-面积关系是一个源自物种分布组合的群落水平性质(Manne et al. 2007),反映

了物种丰富度随着取样面积的增加而增加。在较大面积内发现更多的物种是必然的,因为物种在空间上并非均匀分布,这种关系的天然性是生态学家认为其重要的关键所在(Drakare et al. 2006)。我们知道,物种是在一定的生境下生存的,每个物种都有自己的生态位需求。随着取样面积的增加,发现新物种及遇到更多生境类型的概率也在增加(Hoylet 2004)。一些物种被限制在一定的生境之下,而另一些物种的生存或许需要多个生境类型,因此,物种数量会随着取样生境数量的增加而增加。此外,随着取样面积的增加,物种迁移率的增加和灭绝速率的降低也会导致取样面积内物种丰富度的增加(Carey et al. 2006)。

表 8-10 两种热带季雨林群落中不同功能群 Z 值比较

划分依据	功能群	枫香群落	海南榄仁群落	差异显著性
分类单位	科	0.2945 ± 0.0451^a	0.3377 ± 0.0340^a	0.4623
	属	0.3698 ± 0.0511^a	0.4232 ± 0.0317^{ab}	0.3961
	种	0.4227 ± 0.0518^a	0.4412 ± 0.0291^b	0.7619
生活型	乔木	0.4188 ± 0.0451^{ab}	0.3850 ± 0.0389^a	0.5825
	灌木	0.2393 ± 0.0422^a	0.4138 ± 0.0327^a	0.0084
	藤本	0.5072 ± 0.0997^b	0.6213 ± 0.0913^b	0.4181
季相变化	落叶物种	0.3353 ± 0.0698^a	0.2770 ± 0.0202^a	0.4406
	常绿物种	0.4360 ± 0.0474^a	0.5245 ± 0.0429^b	0.1962
具刺与否	具刺物种	0.3420 ± 0.0545^a	0.2323 ± 0.0145^a	0.0804
	无刺物种	0.4167 ± 0.0492^a	0.5260 ± 0.0468^b	0.1383
单复叶	单叶物种	0.4078 ± 0.0513^a	0.4138 ± 0.0355^a	0.9252
	复叶物种	0.4392 ± 0.0482^a	0.4852 ± 0.0494^a	0.5201

注:不同字母表示同一群落内相同划分依据的功能群之间存在显著性差异($p<0.05$)。

本节研究发现,多数功能群(除灌木外)物种–面积关系的斜率在两种热带季雨林群落之间无显著性差异,这说明不同功能群的物种丰富度随面积的累积速率即物种–面积关系的斜率在两种群落中相同。而海南榄仁群落中灌木物种–面积关系的斜率显著高于枫香群落,可能与群落特征有关。首先,两种群落中灌木物种丰富度的差异性是导致其物种丰富度随面积累积速率不同的根本原因。海南榄仁群落中灌木物种丰富度显著高于枫香群落(刘万德 2009),导致海南榄仁群落中物种密度明显偏高,因此,增加相同面积的情况下,海南榄仁群落中新增物种数量要高于枫香群落,其物种丰富度随面积的累积速率也自然要高于枫香群落。此外,影响群落中灌木物种丰富度的因子均会对物种丰富度随面积的累积速率产生影响,如群落中优势种季相变化特征的差异。我们知道,叶片是植物光合作用和其他生理活动的重要场所(Mooney et al. 1997),因而叶片的物候过程对于群落外貌、林下环境、群落内的物种多样性、更新、生态系统生产力以及动物食物来源等具有重要的调节作用(Whitmore 1984;Condit et al. 2000a;Reich and Oleksyn 2004)。在海南岛霸王岭的两种热带季雨林群落中,林冠层物种多为落叶物种,海南榄仁群落中林冠层落叶物种个体多度为 95.42%,而枫香群落为 58.63%(刘万德 2009)。林冠层中较多落叶物种的存在,导致林下光照增强,而光照是植物生存的能量来源(Sterck et al. 2001),生存能量竞争压力的减弱使得林下出现更多的灌木(物种及个体多度),从而引起灌木物种丰富度的增加,导致累积速率的增大。

本节研究也发现,不同功能群之间物种–面积关系的斜率并不相同(表 8–10)。物种–面积关系的斜率一般变化范围在 0.1~0.4,而多数集中于 0.2~0.4(Martin et al. 2006)。本节中不同功能群物种–面积关系的斜率则在 0.23~0.63,但其中仅有 1/6 大于 0.5。物种–面积关系的斜率的变化可能与研究地点及时空范围等有关(Fridley et al. 2005;Drakare et al. 2006),也可能与群落中物种多度分布(Preston 1962)、物种动态(Matter et al. 2002)及个体的空间分布(Picard et al. 2004)有关,甚至是它们之间的组合(Martin et al. 2006)。总之,物种–面积关系的斜率大小受多方面因素影响,其内在机理还有待进一步研究。

8.5　海南岛低海拔热带林中不同环境梯度下的物种丰富度格局

地球上的生物都处在不同的环境条件范围内,探索物种丰富度格局随环境条件的变化一直都是生态学和生物地理学的中心内容(Gotmark et al. 2008)。近年来,对于物种丰富度格局的研究已经有了较大的进步,正在逐渐理解物种丰富度格局和当前环境之间的关系(Hawkins et al. 2003),人们正在发展一种综合的、一致的理论体系来解释当前的物种丰富度格局(O'Brian 2006)。在热带林中,环境异质性是影响物种丰富度的重要因子(Takyu et al. 2002;Plotkin et al. 2002)。环境异质性影响生态位的多样性,异质的环境能够比均一的生境提供更多的生态位,导致较高的物种丰富度(Hofer et al. 2008)。在预测物种丰富度格局的模型研究中,环境异质性经常被用来估测物种丰富度(Coblentz et al. 2004)。尽管在相对简单的异质环境中,物种丰富度的模拟已经成为生物多样性调查的重要内容(Pausas et al. 2005),但在包含两个或多个环境变量梯度下的物种丰富度动态得到的关注却较少(Austin et al. 1996)。Pausas 等(2005)在广泛地回顾了沿环境梯度下的植物物种丰富度格局后建议,考虑多环境变量下的物种丰富度格局能够提高人们对物种丰富度格局与环境异质性关系的理解。

在不同环境条件内的物种丰富度变化在统计学上与许多环境变量相关(Rahbek et al. 2001)。在这些变量中,物种所在的环境的特征经常被认为是驱动物种丰富度格局的首要因子(Scheiner et al. 2005)。在这些环境特征中,地形影响土壤条件和植物对自然干扰(如飓风)的敏感性(Bellingham 1991),同时也影响树木的生长、死亡和更新过程(Gale 2000)。此外,物种对特殊生境的需求也会导致乔木物种多度的空间变化(Tuomisto et al. 2003)。最近研究表明,多样的生境条件有助于维持较高的物种丰富度(Phillips et al. 2003)。海拔是影响物种丰富度格局的重要环境因子(Brehm et al. 2007)。尽管植物学家对海拔梯度下物种丰富度的变化已经进行了超过一个世纪的研究,但迄今为止,仍然存在巨大分歧,缺乏令人满意的解释(Cardelús et al. 2006),缺少标准的方法来描述和比较这种格局。世界上不同地方沿海拔梯度的物种丰富度格局变化较大,这种变化的驱动因子也不尽相同。在自然状态下,大范围的沿海拔梯度的物种丰富度格局经常是不一致的(Rahbek 2005),一般来说存在五种趋势:随海拔的增加,物种丰富度单调递增或递减、先升后降或先降后升和没有明显格局。此外,研究地的气候、生物、地理和历史因素及海拔范围也直接影响物种丰富度格局(Lomolino 2001a)。水分条件是决定陆地植被分布的主要因素之一,尤其是在低纬度地区(Hawkins et al. 2003)。水分既发挥着限制性资源的作用,也是干扰程度的反映者。可获得性湿度梯度被认为在构建草本植物群落中发挥着重要作用,而这些群落正是依据物种耐旱性和耐涝性进行划分的(Silvertown et al. 1999)。陆地生物群系中岩石裸露程度高的群落或许更易受水分供应异质性的影响,因为浅薄的土壤形成了更严重的干旱区域(Lundholm et al. 2003)。在岩石裸露的生境内,在一定范围内由地形引起的土壤水分空间的变化极大地影响着物种丰富度格局(Lundholm et al. 2003)。随着全球极端气候条件出现频率的增加,热带地区的年降水量正在显著减少,而且旱季持续时间和降水变化幅度均显著提高(Malhi et al. 2008),生境的干旱化正在引发物种丰富度格局的改变。

在海南岛霸王岭林区低海拔(<800 m)范围内,分别按照生境条件的好、中、差(主要根据土壤水分含量和裸岩面积确定)选择典型的老龄林群落设置调查样地。每个生境条件下设置50 m×50 m的调查样地各5块,共计15块。利用网格法将每个样地分割成25个10 m×10 m的小样方,在小样方内对所有胸径≥1.0 cm的木本植物进行每木检尺,记录内容包括物种名称、树高、胸径、萌生与死亡情况,同时记录样地所在坡向、坡位、坡度、海拔、地面裸岩面积及冠层郁闭度。分别于2007年3月末、4月末和5月末在所有调查样地两条对角线上的9个样方中心取0~10 cm的土壤测定土壤水分含量。本节利用对热带季雨林大量的野外调查资料,分析物种丰富度随环境条件的变化规律。

8.5.1 热带季雨林生境条件分析

在生境分析中,PCA第一轴和第二轴共解释了总变量的86.429%(表8-11)。第一轴中五个环境变量贡献率相差较小。其中,坡度、郁闭度、岩石覆盖率和土壤水分含量均与环境湿度有关。第二轴中贡献率较大的为岩石覆盖率。

表8-11 不同样地生境条件PCA分析结果

环境变量	成分负荷量	
	PC1	PC2
坡度	−0.4198	0.3587
郁闭度	0.4484	−0.4628
岩石覆盖率	−0.3780	−0.8070
海拔高度	0.4996	0.0550
土壤水分含量	0.4798	0.0533
成分解释的变量	2.283	1.283
贡献率/%	73.309	13.120

8.5.2 热带季雨林物种丰富度分布

在所调查的15块样地中,总物种丰富度在60~140(图8-17),最高出现在样地P6中,最低出现在样地 P13 和 P15 中。样地 P6—P10 的总物种丰富度高于其他样地。但是,所有样地的落叶物种丰富度则在 4~22,最高出现在样地 P11 中,最低出现在样地 P7 和 P10 中。样地 P11—P15 的落叶物种丰富度高于其他样地。

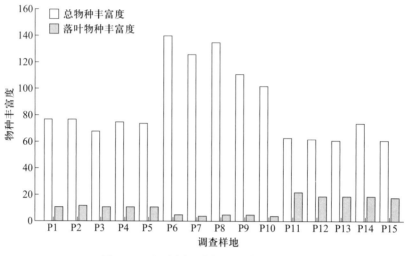

图 8-17 调查样地中物种丰富度的分布

8.5.3 热带季雨林物种丰富度与环境变量的相关性分析

所选 5 个环境变量中除坡度与总物种丰富度没有显著的相关性外,其余环境变量均与总物种丰富度具有显著的相关性,且郁闭度、海拔高度和土壤水分含量与总物种丰富度存在极显著的相关性(表 8-12)。其中,岩石覆盖率与总物种丰富度为负相关,而郁闭度、海拔高度和土壤水分含量与总物种丰富度为正相关。

所选的 5 个环境变量均与落叶物种丰富度存在显著或极显著的相关性(表 8-12)。其中坡度和岩石覆盖率与落叶物种丰富度之间为正相关,而郁闭度、海拔高度和土壤水分含量与落叶物种丰富度之间为负相关。

不同的环境变量之间也存在一定的相关性(表 8-12)。坡度、郁闭度和海拔高度除与岩石覆盖率没有显著相关性外,均与其他环境变量具有显著或极显著的相关性。土壤含水量则与其余 4 个环境变量均存在显著或极显著的相关性。

表 8-12 物种丰富度与环境变量之间的相关性分析

	总物种丰富度	落叶物种丰富度	坡度	郁闭度	岩石覆盖率	海拔高度
坡度	-0.493	0.563^{*}	—	—	—	—
郁闭度	0.646^{**}	-0.733^{**}	-0.684^{**}	—	—	—
岩石覆盖率	-0.570^{*}	0.776^{**}	0.458	-0.397	—	—
海拔高度	0.925^{**}	-0.954^{**}	-0.689^{**}	0.794^{**}	-0.679	—
土壤水分含量	0.767^{**}	-0.926^{**}	-0.615^{*}	0.753^{**}	-0.622^{*}	0.896^{**}

注: $*$, $p<0.05$; $**$, $p<0.01$ 。

8.5.4 物种丰富度与环境因子的回归分析

1. 物种丰富度与坡度的回归分析

总物种丰富度与坡度没有显著相关性(表 8-12),因此,未进行回归分析。落叶物种丰富度与坡度则存在线性回归关系(图 8-18a),其回归方程为 $y = 0.497x + 4.540 (R = 0.563, p = 0.029)$。回归方程中一次项系数也表现出显著的正相关性($t = 2.458, p = 0.029$),进一步说明落叶物种丰富度与坡度之间为线性正相关。

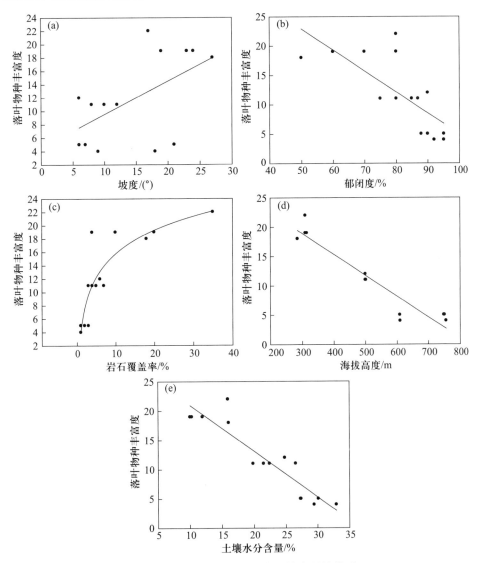

图 8-18 落叶物种丰富度与环境变量的关系

2. 物种丰富度与郁闭度的回归分析

总物种丰富度与郁闭度呈现一种凹形曲线的关系(图8-19a),可以用回归方程 $y=0.075x^2-9.769x+371.979$ ($R=0.803$, $p=0.002$)较好地表示。由于二次项系数显著正相关($t=2.762$, $p=0.017$),因此,总物种丰富度与郁闭度之间为凹形曲线关系。

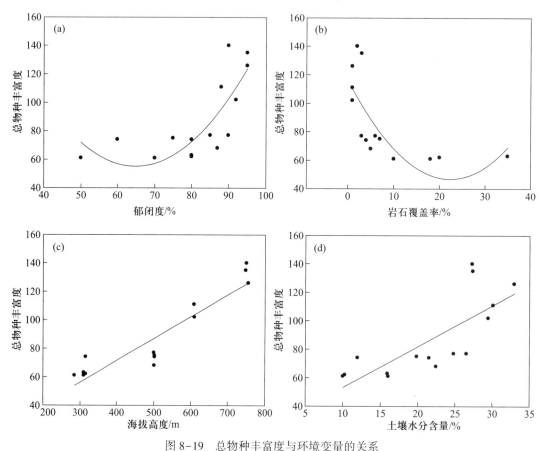

图8-19　总物种丰富度与环境变量的关系

落叶物种丰富度与郁闭度呈现线性回归关系(图8-18b),可以用回归方程 $y=40.868-0.359x$ ($R=0.733$, $p=0.002$)较好地表示。回归方程中一次项系数也表现出显著的负相关性($t=-3.886$, $p=0.002$),进一步说明落叶物种丰富度与郁闭度之间为线性负相关。

3. 物种丰富度与岩石覆盖率的回归分析

总物种丰富度与岩石覆盖率呈现一种凹形曲线的关系(图8-19b),可以用回归方程 $y=0.139x^2-6.196x+116.163$ ($R=0.735$, $p=0.009$)较好地表示。由于二次项系数显著正相关($t=2.377$, $p=0.035$),因此,总物种丰富度与郁闭度之间为凹形曲线关系。

落叶物种丰富度与岩石覆盖率呈现曲线回归关系(图8-18c),可以用回归方程 $y=3.991+5.104\ln(x)$ ($R=0.891$, $p=0.000$)较好地表示。回归方程中自变量系数也表现出显著的正相关性

$(t=7.061,p=0.002)$,进一步说明落叶物种丰富度与郁闭度之间为曲线回归关系。

4. 物种丰富度与海拔高度的回归分析

总物种丰富度与海拔高度为线性正相关(图 8-19c),回归方程为 $y=0.154x+10.153$ ($R=0.925,p=0.000$)。回归方程中一次项系数也表现出显著的正相关性($t=8.758,p=0.000$),进一步说明总物种丰富度与海拔高度之间为线性正相关。

落叶物种丰富度与海拔高度为线性负相关(图 8-18d),回归方程为 $y=29.618-0.036x$ ($R=0.954,p=0.000$)。回归方程中一次项系数也表现出显著的负相关性($t=-11.409,p=0.000$),进一步说明落叶物种丰富度与海拔高度之间为线性负相关。

5. 物种丰富度与土壤水分含量的回归分析

总物种丰富度与土壤水分含量为线性正相关(图 8-19d),回归方程为 $y=2.879x+24.388$ ($R=0.767,p=0.001$)。同样,回归方程中一次项系数也表现出显著的正相关性($t=4.311,p=0.001$),进一步说明总物种丰富度与土壤水分含量之间为线性正相关。

落叶物种丰富度与土壤水分含量为线性负相关(图 8-18e),回归方程为 $y=28.794-0.784x$ ($R=0.926,p=0.000$)。同样,回归方程中一次项系数也表现出显著的负相关性($t=-8.840,p=0.000$),进一步说明落叶物种丰富度与土壤水分含量之间为线性负相关。

6. 物种丰富度与环境变量之间的逐步回归分析

总物种丰富度与环境变量之间的逐步回归分析显示,模型中仅剩海拔高度一个变量,郁闭度、岩石覆盖率和土壤水分含量均被排除。模型可以用 $y=0.154x+10.153$($R=0.925,p=0.000$)来表示,这与总物种丰富度和海拔高度直接进行回归分析的结果一致。

落叶物种丰富度与环境变量之间的逐步回归分析显示,模型中存在 4 个环境变量,分别是海拔高度(x_1)、岩石覆盖率(x_2)、土壤水分含量(x_3)和坡度(x_4),其回归方程可以表示为 $y=30.506-0.023x_1+0.151x_2-0.292x_3+0.152x_4$($R=0.989,p=0.000$)。

非生物环境在影响物种分布中发挥着重要的作用(Kneitel et al. 2004)。非生物环境通过温度、水分和养分等环境因子限制物种的分布。本节中,总物种丰富度与郁闭度、岩石覆盖率、海拔高度和土壤水分含量具有显著的相关性。除岩石覆盖率外,总物种丰富度随郁闭度、海拔高度和土壤水分含量的增加而增加。郁闭度的增加有助于改善林内的微生境条件,减少林内及土壤中水分的蒸发,降低林内的光照强度,这有利于耐阴物种的生长。土壤水分含量是限制物种分布的重要因子(Lundholm et al. 2003),直接影响物种丰富度格局。在水分含量较低的地方,一些需水量大的喜湿性物种则不能生存,只能分布一些耐旱性物种;而在水分充足的地方,物种分布则不受水分限制,物种丰富度必然有所增加。海拔作为影响物种丰富度格局的主要环境因子,已经被众多的生态学家和生物地理学家所关注。Stevens(1992)认为,物种丰富度随海拔的升高逐渐降低。但近年来,单峰曲线在物种丰富度沿海拔梯度的变化中出现的概率较高(Sánchez-González et al. 2005;Brehm et al. 2007),而本节中总物种丰富度随海拔的增加而单调递增。物种丰富度在海拔梯度上的格局的差异与不同学者研究的海拔范围有关。Brehm 等(2007)研究的海拔范围是 40～2730 m,Cardelús 等(2006)则利用 30～2600 m 的维管束附生植物作为研究对象,而本章仅限于霸王岭林区的低海拔地区(100~800 m)。此外,研究地的气候、生物、地理和历史因素已经被认为是引起物种丰富度沿海拔梯度变化的重要影响因子(Rahbek 1995)。物种丰富度沿海拔梯度的格局变化及其影响因子是物种多样性保护面临的基本问题,但世界上不同地方沿海拔梯度的物种丰富度格局变化较大,大范围的物种丰富度格局经常是不一致的(Rahbek 2005),这种不一致部分是由于缺少标准的方法来描述和比较这种格局,因此确定一种标准的方法来描述和比较物种丰富度沿海拔梯度的格局是今后重要的研究内容。岩石覆盖率与郁闭度、海拔高度和土壤水分含量不同,它与总物种丰富度呈现负相关,即总物种丰富度随岩石覆盖率的增加而降低。岩石覆盖率的增加导致了林分内土壤覆盖区域的减少,降低了物种潜在的分布范围。同时,岩石覆盖率的增加也导致了林内土壤水分含量的降低,从而引起物种分布的水分限制,降低了物种丰富度。

与总物种丰富度在环境梯度上的格局不同,落叶物种丰富度与郁闭度、海拔高度和土壤水分含量呈负相关,而与坡度和岩石覆盖率呈正相关。落叶是树木和植物群落的重要功能特征,也是植被分类、调查水分状况、遥感监测和划分生活型的重要指标之一(Bullock et al. 1995)。热带地区树木落叶最主要和直接的原因是存在水分亏缺(Bohlman et al. 1998)。这也与本节中的结论相一致。郁闭度增大可以减少林内及土壤中的水分蒸发,降低水分亏缺。但坡度及岩石覆盖率的增大则均可以增加水分亏缺。因此,落叶物种丰富度与林分内及土壤中的水分含量呈现负相关。群落中的环境变量可以影响落叶物种丰富度格局,反过来,落叶物种丰富度大小也会影响环境变量。树木的落叶改变了林下微环境,影响群落的更新和生态系统功能(Reich and Oleksyn 2004)。树木落叶导致旱季林下光照增加,光照增加的同时也加剧了林内及土壤中水分的蒸发,增加了水分亏缺程度,使环境变得更加干旱,不利于物种生存。此外,林下光照条件改善的同时也造成了幼苗和幼树必须面对旱季的水分胁迫。极端旱季时期,林下光照增加能够显著增加幼苗和幼树的死亡率(Bunker and Carson 2005)。与此同时,其他临近植物个体对水分的竞争也对幼苗的存活与生长产生重要影响(Coomes et al. 2000)。因此,环境的干旱程度可以影响落叶物种丰富度,反过来,落叶物种丰富度的大小也会影响环境的干旱程度,两者相互影响。

8.6 海南岛热带季雨林群落物种−多度关系

群落生态学的主要任务之一就是找到现存物种多度时空分布格局的合理解释及物种共存的机制(Chave 2004),而当前这方面最有影响的两个理论就是生态位理论和中性理论。生态位理论和中性理论在物种性状是否决定物种多度和多样性格局中分别做出了大相径庭的假设(Dalling et al. 2001;Chave et al. 2002;Clark et al. 2003)。生态位理论假设,物种性状代表着物理和生物环境的进化适应(Gilbert et al. 2004;Chase 2005),物种之间不可避免地要进行相互作用,这样的作用是一种基本的机制,它允许相互作用的物种共存并决定着相对物种多度(Tilman 1982;Chesson 2000a;Rees et al. 2001;Reich et al. 2003b)。生态位理论很好地解释了一些群落中的物种多度格局。Mason 等(2008a)认为,生态位分离对于群落中物种共存及物种多度格局极为重要;Loreau(2000)认为,在群落内资源的可获得性均匀的情况下,种间竞争就会引起具有高生态位重叠物种的多度降低,由于物种间的适应性并不相同,能够较好适应环境的物种其个体多度相对较高(Mason et al. 2008b)。尽管生态位理论能够很好地解释一些群落中的物种多度格局,但在解释物种丰富的热带林多度格局时却遇到了困难。中性理论则对热带林物种多度格局进行了较好的解释(Hubbell 2001,2006)。Hubbell 的中性理论对观测到的相对物种多度格局提出了一种简单的解释(Bell 2001;Hubbell 2001,2006),其基本假设就是,所有物种的个体在生态学上是对等的。在一个中性群落中,所有个体都具有相同的出生率、死亡率和迁移率,一个个体死亡立即被另一个本种或其他物种个体所代替,但群落的大小保持不变。物种形成和消失之间的平衡维持了群落物种多样性的相对稳定。Hubbell (2005)认为,功能相等并不是要求物种性状相同,即物种性状上的差异并不会导致统计上的差异。中性理论首次从生物学角度提出了物种多度分布模式的机理性解释。该理论在物种丰富的热带雨林中得到了很好的验证(Volkov et al. 2003;Hubbell 2006),同时,中性理论在腕足类动物(Olszewski et al. 2004)和北美鸟类(McGill 2003)中也得到了较好的验证。因此,中性理论得到了很多生态学家的肯定(Etienne et al. 2004;He et al. 2005;McGill et al. 2006b;Etienne et al. 2007),并不断发展完善(Etienne 2005,2007;Zhou et al. 2008)。但与此同时,中性理论也遭到了很多生态学家的质疑(Zhang et al. 1997;McGill 2003;Nee 2005)。他们主要质疑中性理论模型的基本假定,认为物种之间存在着明显的差异,并且这些差异影响群落的动态和功能(Tilman 2004);或者认为中性的模式并不意味着中性的物种共存机制(Leibold et al. 2006)。部分中性理论验证的失败(McGill 2003;Ricklefs 2003;Adler 2004;Wootton 2005;Harpole et al. 2006)进一步支持了质疑者,同时也在提示生态学家:中性理论模型并不是在所有的情况下都适用的,它仅仅是物种多样性维持机制之一,不同地区物种多样性的维持可能由不同的机制发挥作用。

生态位理论和中性理论在解释物种多度格局中各有优缺点,任何一个理论都没有囊括所有群落物种多度格局,均有一些不能很好解释的现象存在。因此,生态位理论和中性理论的适用范围及条件是值得我们深入研究的内容,在同一地区是否只有一种理论还是几种理论在同时发挥作用也是我们关注的重点。本节利用海南岛霸王岭热带季雨林分布海拔范围内的三种主要热带林群落类型(热带季雨林、热带低地雨林和转化季雨林)野外调查的物种多度分布数据,选择多个生态位理论和中性理论模型进行模拟,从中选择出最适合本地区的理论模型,为进一步探讨该地区低海拔热带林物种多样性的维持机制奠定基础。选用的物种多度模型包括分割线段模型(broken stick model,BSM)、几何级数模型(geometric series model,GOM)、对数正态分布模型(lognormal distribution model,LN)、Zipf 模型(ZM)、Zipf-Mandelbrot 模型(ZMM)和中性理论模型(the neutral theory,NT)。

(1)分割线段模型　或称为断棒模型、随机生态位边界假说,其中多度反映了资源在几个竞争种之间的随机分配是沿着一维梯度进行的。该模型假定,一个群落中的总生态位是单位长度为 1 的一条棒,在其上随机设置 $S-1$ 个点,于是形成了 S 个随机线段,代表生态位被 S 个种所占有,这 S 个种的分类地位、竞争能力相近,而且同时在群落中出现。将线段从最长到最短排列,相当于将种从最普通到最罕见排列,则第 j 个种的期望个体数 N_i 为

$$N_i = \frac{N}{S} \sum_{i=1}^{j} 1/(S + 1 - i)$$ (8-1)

式中,N 为群落中物种个体数总和;S 为群落中的物种数。

(2)几何级数模型　几何级数模型的理论分布为

$$Q_r = [P/(1 + P)]^{r-1}/(1 + P) \quad r = 1,2,\cdots \tag{8-2}$$

式中,Q_r 为一个种可以由样本中的 r 个个体代表的概率;P 为分布中的参数,它可由

$$N/S = 1 + P \tag{8-3}$$

估计出来,其中 S 和 N 意义同上。

(3) 对数正态分布模型　对数正态分布模型的理论分布为

$$P(x) = A \times \exp[-(x - \alpha)^2/2\sigma^2]$$

式中,x 为从所考虑的某"倍程"到原点的距离(>0);α 为与样本大小有关的一个参数;σ 为与样本大小无关的一个参数(>0);参数估计采用极大似然估计法。

(4) Zipf 模型和 Zipf-Mandelbrot 模型　Mandelbrot 模型最初是与信息系统有关的。应用于植物群落时,一个种能否存在依赖于以前的物理条件和存在的物种。先锋种付出较低的代价,即要求很少的条件,后期演替种要付出较高的代价才能侵入。就像对数正态分布模型一样,Zipf 模型和 Zipf-Mandelbrot 模型可以被认为是由很多因子序贯地作用于物种而产生的。Zipf 模型可以表示为

$$A_i = A_1 i^{-\gamma} \tag{8-4}$$

式中,A_i 为第 i 个最富有种的理论多度;A_1 和 γ 分别为两个参数;A_1 为拟合的最富有种的多度。

Zipf-Mandelbrot 模型是 Mandelbrot 将 Zipf 模型推广而得到的,该模型可以表示为

$$A_i = A_1(i + \beta)^{-\gamma} \tag{8-5}$$

式中,β 为另一个参数;A_1 和 γ 意义同上。

(5) 中性理论模型　到目前为止,中性理论模型的形式一直在不断变化。起初,Hubbell(2001) 主要利用计算机模拟得出中性的预测分布,缺乏数学上的严密性和精确性。随后 Volkov 等(2003)利用数学的方法得出中性理论模型的解析解,但表达式过于复杂,不利于实际操作。直到 Etienne(2005)提出了一种新的抽样方法,通过实测抽样数据利用极大似然估计法估计模型参数,这也是目前被广泛认可的方法。其模型形式为

$$P[D|\theta,m,J] = \frac{J!}{\prod\limits_{i=1}^{S} n_i \prod\limits_{j=1}^{J} \Phi_j!} \frac{\theta^S}{(\theta)_J} \times \sum_{A=S}^{J}\left[K(D,A)\frac{(\theta)_J}{(\theta)_A}\frac{I^A}{(I)_J}\right] \tag{8-6}$$

式中,θ 为基本多样性指数;m 为迁移率;J 为群落总的物种多度;Φ_j 为具有 j 个个体的物种数。

$$I = m(J - 1)/(1 - m) \tag{8-7}$$

$$K(D,A) = \sum_{\{a_1,\cdots,a_S|\sum_{i=1}^{S} a_i = A\}} \prod_{i=1}^{S} \frac{\bar{s}(n_i,a_i)\bar{s}(a_i,1)}{\bar{s}(n_i,1)} \tag{8-8}$$

由以上物种多度模型的理论分布,分别求算各个模型的参数,将参数带入后求出相应的理论多度值。其中,前 5 个物种多度模型均利用 R 软件进行模拟,中性理论模型则利用 ARI/gp 软件计算出模型中的两个参数 θ 和 m,然后利用所估测参数在中性理论模型下进行 600 次模拟,并利用参数自助法对 600 次模拟的多度分布求均值作为最优中性预测值。模型拟合性的优劣均采用 χ^2 检验。$\chi^2 = \sum[(O-E)^2/E]$ 统计量中,O 为实际观测值,E 为理论值。根据 χ^2 适合性检验的原理,只要 $\chi^2 < \chi^2_{\alpha,df}$($\alpha$ 为显著性水平,取 0.05;df 为自由度),就认为对应的物种多度模型是可以接受的,χ^2 越小,模型的拟合效果就越好。

8.6.1　6 种物种多度模型的拟合效果

在所选的 6 种物种多度模型中,热带季雨林中模拟效果最好的是 Zipf-Mandelbrot 模型,其次为 Zipf 模型,分割线段模型、几何级数模型、对数正态分布模型和中性理论模型模拟效果均较差(图 8-20);热带低地雨林中模拟效果最好的是中性理论模型,其次为对数正态分布模型,分割线段模型、几何级数模型、Zipf 模型和 Zipf-Mandelbrot 模型模拟效果均较差(图 8-21);转化季雨林中仅有 Zipf-Mandelbrot 模型模拟效果较好,其余所有模型模拟效果均较差(图 8-22)。

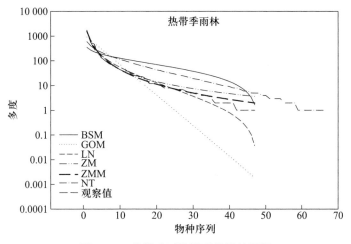

图 8-20　热带季雨林模型模拟效果图

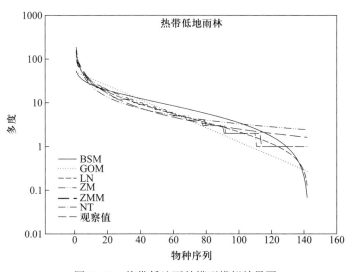

图 8-21　热带低地雨林模型模拟效果图

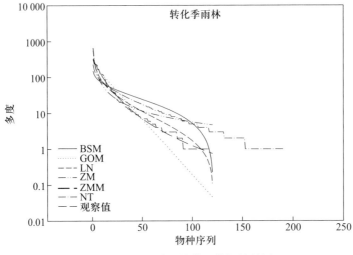

图 8-22 转化季雨林模型模拟效果图

8.6.2 多度分布的 χ^2 检验

χ^2 检验支持了模拟效果图分析的结果 (表 8-13)。热带季雨林中,χ^2 值低于 $\chi^2_{0.05}$ 临界值的有 Zipf 和 Zipf-Mandelbrot 两个模型,其中 Zipf-Mandelbrot 模型的 χ^2 值低于 Zipf 模型的 χ^2 值,其余模型 χ^2 值均大于 $\chi^2_{0.05}$ 临界值。热带低地雨林中,χ^2 值低于 $\chi^2_{0.05}$ 临界值的仅有中性理论模型和对数正态分布模型,其中中性理论模型的 χ^2 值低于对数正态分布模型的 χ^2 值,其余模型 χ^2 值均大于 $\chi^2_{0.05}$ 临界值。转化季雨林中,仅有 Zipf-Mandelbrot 模型的 χ^2 值低于 $\chi^2_{0.05}$ 临界值,其余模型 χ^2 值均大于 $\chi^2_{0.05}$ 临界值。

表 8-13 模型预测多度和实际观测多度的 χ^2 检验

群落类型	模型	χ^2	$\chi^2_{0.05}$
热带季雨林	BSM	82.002	15.507
	GOM	34.333	18.307
	LN	34.850	19.675
	ZM	9.050	16.919
	ZMM	4.567	18.307
	NT	43.136	18.307
热带低地雨林	BSM	38.040	12.592
	GOM	12.673	12.592
	LN	7.875	15.507
	ZM	36.605	14.067
	ZMM	22.255	12.592
	NT	3.014	14.067

续表

群落类型	模型	χ^2	$\chi^2_{0.05}$
	BSM	246.262	15.507
	GOM	27.432	15.507
转化季雨林	LN	41.811	18.307
	ZM	47.309	14.067
	ZMM	12.813	16.919
	NT	38.822	15.507

　　物种多度模型是群落结构数量化研究的主要途径之一,不同的群落具有不同的多度组成,研究群落中物种的多度组成比例关系及格局对理解群落的结构具有重要意义。在用不同的模型模拟海南岛霸王岭热带季雨林分布海拔范围内三种热带林物种多度分布格局时发现,热带季雨林和转化季雨林中,物种多度分布格局可以用 Zipf-Mandelbrot 模型较好地模拟,其他模型如分割线段模型、几何级数模型和中性理论模型模拟效果均较差,但热带低地雨林模拟效果最好的为中性理论模型,而分割线段模型、几何级数模型、Zipf 模型和 Zipf-Mandelbrot 模型模拟效果均较差。随后进行的 χ^2 检验进一步支持了上述结果。热带季雨林和转化季雨林模拟效果较好的模型属于生态位理论模型(Zipf-Mandelbrot 模型),而热带低地雨林中模拟效果较好的模型为中性理论模型。同一地区相同海拔分布范围的三种热带林在进行物种多度分布格局模型模拟时出现了不同的结果,其原因值得深思。

　　研究结果表明,在海南岛霸王岭低海拔地区,不同的群落类型其物种多样性维持机制不同。在热带低地雨林中,中性理论模型能够很好地预测物种多度分布格局,而在热带季雨林和转化季雨林中,中性理论模型预测效果较差。我们知道,正是由于中性理论模型具有这一优势,人们才开始广泛关注中性理论模型(Walker et al. 2007)。Hubbell(2001)利用 11 个密闭的热带乔木群落进行验证,其中 10 个群落中所有的物种多度均在 95% 置信区间之内。Olszewski 和 Erwin(2004)利用中性理论模型较好地模拟了二叠纪时的腕足类动物物种多度分布。Volkov(2003)在对巴罗-科罗拉多岛(Barro Colorado Island,BCI)的数据进行中性理论模型验证时发现,该模型能够很好地预测该地区的物种多度分布格局。McGill(2003)也发现,北美鸟类的物种多度分布趋向于中性理论模型预测的物种多度分布。但与此同时,中性理论模型的验证中也出现了许多模型预测物种多度分布与实际观测值不一致的现象。McGill(2003)认为,对数正态分布模型比中性理论模型预测的分布更吻合 BCI 实测数据。Ricklefs(2003)利用中性理论模型没有预测出合理的热带乔木群落物种形成速率。Adler(2004)在利用中性理论模型预测物种-时间曲线时也宣告失败。Harpole 和 Tilman(2006)认为,明尼苏达州的草本群落物种多度格局并非是中性格局。Wootton(2005)发现,在岩石覆盖率较高的群落中,物种多度分布也不符合中性理论模型。同样,本节热带季雨林和转化季雨林中物种多度分布也并非中性格局。这说明,中性理论模型并不是在所有的情况下都适用。部分验证的失败也在提示生态学家,中性理论仅是物种多样性维持机制之一。不同地区或不同群落类型中可能适用不用的多样性维持机制,并且某一地区物种多样性的维持可能是一种或几种甚至多种机制共同发挥作用(Tilman 1994, 2000),并且在不同情况下不同的维持机制发挥着不同的作用。

热带季雨林和转化季雨林与热带低地雨林的主要差异在于物种丰富度和生境条件上。物种丰富度上,热带季雨林和转化季雨林显著低于热带低地雨林。尽管中性理论模型在物种丰富的热带林中得到了较好的验证(Volkov et al. 2003;Hubbell 2006),但同样在物种丰富度较低的群落中(5~31 个物种)也能得到较好的验证(Walker et al. 2007),因此,物种丰富度的差异并非是两种季雨林与热带低地雨林在中性理论模型预测物种多度分布时出现截然相反结果的主要原因。生境条件上,差异主要体现在土壤水分含量和岩石覆盖率方面。土壤水分含量低及岩石覆盖率高是热带季雨林主要的生境特征。在热带季雨林中,由于旱季林冠层绝大多数乔木落叶,增加了林下光照强度和土壤温度,从而加速了林内及土壤中水分的蒸发,加剧了水分匮乏,喜阴喜湿的物种无法生存,而只能分布一些耐旱喜光的物种,导致了物种分布的非随机性。同时,热带季雨林内较高的岩石覆盖率也导致了林内生境的斑块化,一定程度上改变了物种的分布格局,同时也造成了各个物种在每个斑块内出生和死亡的非随机性,即生境的非均一性导致了物种分布的非随机性。因此,生境条件可能是热带季雨林中物种多度分布格局的主要限制性因子之一。生境特化是形成生态系统特征的基础(Clark 和 Clark 1999;Duivenvoorden et al. 2002;Potts 2003),而生境特化正是形成生态位的决定性条件。因而,归根到底,在热带季雨林中是生态位理论决定着物种多度的分布格局,这也可以从热带季雨林用 Zipf-Mandelbrot 模型模拟效果较好得到进一步证明。转化季雨林的生境条件虽然介于热带季雨林和热带低地雨林之间,但与热带低地雨林相比,较低的土壤水分含量和较高的岩石覆盖率及乔木层部分落叶物种的存在,也在一定程度上影响了群落内的微生境条件,改变了一些物种的分布范围,导致了物种分布的非随机性。因此,其群落内物种多度分布格局不适合中性理论模型,而用 Zipf-Mandelbrot 模型模拟可以得到较好的效果。

8.7 海南岛热带季雨林群落的生物量变化规律

作为表征森林生态系统特征的重要参数,生物量是森林生态系统最基本和最重要的特征之一。森林生物量反映了群落利用自然资源的能力,是评定群落生产力的高低和研究生态系统物质循环的基础,也是反映森林所处生态环境的重要指标。同时,森林生物量也是预测未来气候变化的基础(Dixon et al. 1994)。准确估测森林生物量及其随时间的变化率是说明森林植被在碳循环中所起作用的必要条件(Brown et al. 1999b)。森林生物量的研究既可为森林生态系统的光合作用、水分平衡、物质循环、能量交换等研究工作提供基础资料,也可为维护森林生态系统的稳定和可持续发展提供科学依据。然而,当前热带森林生物量及其分布的准确估测是相当缺乏的(Schroeder et al. 1997),并且还有很多因素是未知的(Houghton 2005;Saatchi et al. 2007)。

森林生物量是随时空而变化的(Saatchi et al. 2007)。在时间上,生物量随森林的演替阶段而变化。森林生物量通常随林龄的增加而增加,在成熟林时接近一个稳定值(Whitmore 1984;Hoshizaki et al. 2004);在空间上,生物量随不同地区、不同群落类型、不同生境条件等而变化。同时,生物量也随湿度和温度等环境梯度及干扰等变化而变化(Houghton 2005)。在众多的森林生物量研究中,利用生物量模型估计法是目前比较流行的方法(Houghton et al. 2001;Segura et al. 2005),也是一种有效并且相对准确的研究方法。要获得准确的森林生物量数据,关键在于对林木生物量的准确测定与估计(Clack 2004)。林木生物量模型是以模拟林分内树木各分量(干、枝、叶、皮、根等)干物质重量为基础的一类模型。它通过样本观测值建立树木各分量干重与树木其他因子之间的一个或一组数学表达式,而该表达式反映和表征了两者之间的内在关系,从而达到用易测因子的调查结果来估计不易测因子的目的。林木生物量模型是利用林木易测因子(如树高、胸径等)来推算难以测定的林木生物量,从而减少测定生物量的外业工作。虽然在建模过程中需要测定一定数量的样木生物量数据,但模型建立后,在同类的林分中就可以利用森林资源调查等资料来估计整个林分的生物量,而且具有一定的精度保证。特别是在大范围的森林生物量调查中,利用生物量模型能大大减少野外调查的工作量。利用模型进行生物量估测在国内外已经有广泛的应用(Bousquet et al. 2000;Gurney et al. 2002;Zhou et al. 2002;Zhao et al. 2005)。

森林生物量的研究最早开始于1876年,但在20世纪50年代才在世界范围内得到重视(Malhi et al. 1998),随后的国际生物学计划(IBP)和人与生物圈计划(MAB)使得有关生物量的研究迅速增加(Gurney et al. 2002)。相关研究在组成和结构相对简单的温带和北方森林中进行较多,测定也较为精确(Pajtík et al. 2008)。但与上述森林类型相比,热带林由于其组成种类丰富、群落结构复杂和环境异质性大等特点,生物量研究的开展难度非常大,测定的精度也相对较低。尽管热带林中已经开展一定数量的森林调查,但仍然有大面积的热带林调查不完全,或者根本未调查(Houghton 2005)。同时,在把个别样地结果外推到整个区域时也存在一定问题。例如,在巴西亚马孙河流域估测生物量时,生物量变化范围较大(Houghton et al. 2001),并且可靠性也较差(Clark et al. 2001a)。此外,热带区域生物量在样地内及时间上的变化也是未知的(Brown et al. 1995a),热带林中可靠的、充分的及有代表性的林分生物量数据也是有限的(Zheng et al. 2006)。同时,热带林中大多数生物量的估测是对未受干扰的原始林进行的,而对受到自然及人为干扰的林分估测较少(Houghton 2005),导致许多热带森林的生物量还是未知的(Saatchi et al. 2007)。因此,加强热带林中生物量的估测显得十分必要。

在生物量研究中,群落结构特征是引起生物量差异的重要原因之一。群落中大径级树木的存在对生物量会产生极大的影响(Zheng et al. 2006)。Clark 等(2000)在对哥斯达黎加的热带雨林生物量研究中发现,大树对乔木层生物量的贡献为14%~30%。Dewalt 和 Chave(2004)在对四种低地新热带森林结构和生物量的研究中也发现,地上生物量的大部分分布在大树中(胸径≥70 cm),藤本和小树(胸径≤10 cm)仅占极小一部分。可见,群落的大小结构分布特征极大地影响群落生物量。但在海南岛低海拔热带林中,大径级树木极少,树高偏低,其生物量大小及分布特征如何,是否与其他热带林存在差异未见报道。此外,这些热带林中存在部分落叶物种,这些物种既是群落中适应干旱的典型物种,也是对干旱最敏感的物种。而在当前,随着全球极端气候条件出现频率的增加(Alley et al. 2003;Thibault et al. 2008),热带地区的年降水量正在显著减少,而且旱季持续时间和降水变化幅度均显著提高(Malhi et al. 2004;Malhi et al. 2008),旱季的水分亏缺必然会影响落叶物种的生物量,改变落叶物种与常绿物种生物量的比例。因此,对不同季相变化特征物种生物量的研究可以反映全球变化对群落特征的影响。本节选择目前在热带较为普遍并且适用于低海拔群落的经典生物量模型分别估算胸径≥10 cm 和胸径<10 cm 的个体生物量:

$$生物量(Biomass1) = \exp[-2.409 + 0.952\ln(\rho D^2 H)] (Brown\ et\ al.\ 1989) \qquad (8-9)$$

$$生物量(Biomass1) = \frac{\rho}{\rho_{aver}}\exp[-1.839 + 2.116\ln(D)] (Hughes\ et\ al.\ 1999) \qquad (8-10)$$

式中,D、H、ρ 和 ρ_{aver} 分别为胸径、树高、木材密度和平均木材密度。

8.7.1 三种群落类型的生物量比较

在海南岛霸王岭林区低海拔热带林中,热带低地雨林、热带季雨林和转化季雨林生物量变化范围分别为 402~420 Mg·hm^{-2}、147~251 Mg·hm^{-2} 和 154~201 Mg·hm^{-2},平均生物量分别为 409 Mg·hm^{-2}、205 Mg·hm^{-2} 和 176 Mg·hm^{-2}。热带低地雨林总生物量显著高于热带季雨林和转化季雨林,后两者之间没有显著差异(图 8-23)。但在落叶物种生物量上,热带季雨林显著高于热带低地雨林和转化季雨林,后两者之间同样也没有显著差异。常绿物种生物量上,三种群落类型之间均存在显著差异,生物量由高到低依次为热带低地雨林>转化季雨林>热带季雨林。热带低地雨林和转化季雨林生物量主要集中于常绿物种,而热带季雨林生物量主要集中于落叶物种。

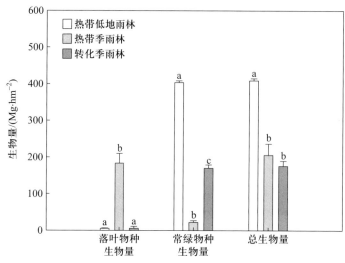

图 8-23 三种群落类型的生物量比较
a、b、c 代表差异显著,相同字母表示无显著差异

8.7.2 三种群落类型不同径级的生物量

热带低地雨林总生物量在第Ⅰ径级上低于热带季雨林,在第Ⅱ、第Ⅲ和第Ⅳ径级内与热带季雨林没有显著差异,而在大于第Ⅳ径级以后则高于热带季雨林(表 8-14);热带低地雨林总生物量除在第Ⅱ径级低于转化季雨林,在第Ⅰ、Ⅲ和Ⅳ径级与转化季雨林无显著差异,而在大于Ⅴ径级以后显著高于转化季雨林;热带季雨林总生物量除第Ⅱ、Ⅲ径级外,其余所有径级内均显著高于转化季雨林,而在第Ⅱ径级内低于转化季雨林,在第Ⅲ径级与转化季雨林无显著差异。在落叶

物种生物量上,热带低地雨林与转化季雨林在所有径级内均无显著差异,且两者均显著低于热带季雨林。在常绿物种生物量上,热带低地雨林除在第Ⅰ径级内低于热带季雨林外,其余所有径级内均显著高于热带季雨林;热带低地雨林在中小径级内与转化季雨林没有显著差异,但在其余径级内均显著高于转化季雨林。热带低地雨林生物量主要分布于第Ⅴ径级以后的所有径级,而热带季雨林和转化季雨林主要分布于第Ⅲ和第Ⅳ径级。

表 8-14 三种群落类型不同径级的生物量

单位:Mg·hm^{-2}

生物量	径级	群落类型		
		热带低地雨林	热带季雨林	转化季雨林
落叶物种生物量	Ⅰ:1 cm≤D_{BH}<10 cm	0.0002±0.0002^a	0.0057±0.0017^b	0.0006±0.0004^a
	Ⅱ:10 cm≤D_{BH}<20 cm	2.5936±1.1330^a	22.7498±2.0170^b	1.5761±1.1930^a
	Ⅲ:20 cm≤D_{BH}<30 cm	1.4297±0.4639^a	33.6776±7.9606^b	2.4244±2.4244^a
	Ⅳ:30 cm≤D_{BH}<40 cm	0±0^a	68.1080±4.9052^b	1.8505±1.8505^a
	Ⅴ:40 cm≤D_{BH}<50 cm	1.4682±1.4682^a	45.4882±8.6297^b	0±0^a
	Ⅵ:50 cm≤D_{BH}<60 cm	0±0^a	4.2710±4.2710^b	0±0^a
	Ⅶ:D_{BH}≥60 cm	0±0^a	9.2247±4.8080^b	0±0^a
常绿物种生物量	Ⅰ:1 cm≤D_{BH}<10 cm	0.0038±0.0005^a	0.0076±0.0013^b	0.0062±0.0006^{ab}
	Ⅱ:10 cm≤D_{BH}<20 cm	35.0108±2.4444^a	5.2710±2.3285^b	47.4579±6.1325^a
	Ⅲ:20 cm≤D_{BH}<30 cm	49.9203±6.1672^a	8.4467±4.1402^b	72.2443±11.4457^a
	Ⅳ:30 cm≤D_{BH}<40 cm	55.0502±9.2628^a	1.3877±0.6948^b	34.9164±3.0459^c
	Ⅴ:40 cm≤D_{BH}<50 cm	89.0442±8.2377^a	1.6946±0.6100^b	15.6083±4.8175^b
	Ⅵ:50 cm≤D_{BH}<60 cm	29.3653±9.8662^a	5.4621±2.9872^b	0±0^b
	Ⅶ:D_{BH}≥60 cm	145.184±20.966^a	0±0^b	0±0^b
总生物量	Ⅰ:1 cm≤D_{BH}<10 cm	0.0040±0.0007^a	0.0133±0.0019^b	0.0068±0.0007^a
	Ⅱ:10 cm≤D_{BH}<20 cm	37.6045±2.2101^{ab}	28.0208±4.2814^a	49.0340±7.3140^b
	Ⅲ:20 cm≤D_{BH}<30 cm	51.3501±5.7039^a	42.1243±11.8030^a	74.6687±13.4725^a
	Ⅳ:30 cm≤D_{BH}<40 cm	55.0502±9.2628^{ab}	69.4957±5.4237^a	36.7668±1.1987^b
	Ⅴ:40 cm≤D_{BH}<50 cm	90.5124±7.3545^a	47.1828±8.5419^b	15.6083±4.8175^c
	Ⅵ:50 cm≤D_{BH}<60 cm	29.3653±9.8662^a	9.7331±6.9126^a	0±0^b
	Ⅶ:D_{BH}≥60 cm	145.184±20.966^a	9.2247±4.8080^b	0±0^c

注:a、b、c 表示差异显著,字母相同表示无显著差异。

8.7.3 三种群落类型不同层次间的生物量

三种群落类型在下层的总生物量、落叶物种生物量和常绿物种生物量均没有显著差异（表8-15）；在中层，三种群落类型的总生物量也没有显著差异，但热带低地雨林和转化季雨林中落叶物种生物量显著低于热带季雨林，而常绿物种生物量显著高于热带季雨林，热带低地雨林和转化季雨林之间没有显著差异；在上层，热带低地雨林总生物量显著高于热带季雨林和转化季雨林，后两者之间没有显著差异，但热带低地雨林和转化季雨林落叶物种生物量显著低于热带季雨林，而常绿物种生物量由高到低依次为热带低地雨林>转化季雨林>热带季雨林。三种热带林生物量均主要分布于上层。

表 8-15 三种群落类型不同层次间的生物量分配

层次	生物量	群落类型		
		热带低地雨林	热带季雨林	转化季雨林
下层 （$H<5$ m）	落叶物种生物量	0.00 ± 0.00^a	0.15 ± 0.08^a	0.00 ± 0.00^a
	常绿物种生物量	0.09 ± 0.05^a	0.37 ± 0.22^a	0.00 ± 0.00^a
	总生物量	0.09 ± 0.05^a	0.52 ± 0.24^a	0.00 ± 0.00^a
中层 （5 m$\leqslant H<$15 m）	落叶物种生物量	2.82 ± 0.69^a	52.77 ± 7.59^b	1.36 ± 0.98^a
	常绿物种生物量	40.66 ± 4.27^a	15.15 ± 4.56^b	66.30 ± 21.31^a
	总生物量	43.47 ± 4.55^a	67.91 ± 8.46^a	67.66 ± 20.88^a
上层 （$H\geqslant15$ m）	落叶物种生物量	2.67 ± 1.08^a	130.61 ± 34.08^b	4.50 ± 4.50^a
	常绿物种生物量	362.83 ± 4.41^a	6.75 ± 3.60^b	103.93 ± 30.21^c
	总生物量	365.50 ± 3.68^a	137.36 ± 37.20^b	108.43 ± 33.51^b

在海南岛霸王岭林区低海拔热带林中，热带低地雨林（409 Mg·hm^{-2}）、热带季雨林（205 Mg·hm^{-2}）和转化季雨林（176 Mg·hm^{-2}）的平均生物量均高于全球平均生物量（109 Mg·hm^{-2}）（Houghton 2005）。在我国，海南岛霸王岭林区热带低地雨林生物量与海南岛黎母山热带山地雨林原始林（444 Mg·hm^{-2}）相接近，同时也处于云南西双版纳热带季节性雨林生物量的变化范围之内（362~692 Mg·hm^{-2}）（Feng et al. 1998；Zheng et al. 2006），但却低于海南岛尖峰岭热带山地雨林原始林生物量（585 Mg·hm^{-2}）。与世界上其他热带地区相比，海南岛霸王岭林区热带低地雨林生物量处在马来群岛的热带低地雨林生物量变化范围之内（212~655 Mg·hm^{-2}）（Hoshizaki et al. 2004），但明显高于法属新热带区雨林（309 Mg·hm^{-2}）（Chave et al. 2001）及巴拿马热带雨林（281 Mg·hm^{-2}）（Chave et al. 2003）生物量，也高于巴西亚马孙新热带区雨林平均生物量（356 Mg·hm^{-2}）（Laurance et al. 1999）。在世界其他地区热带季雨林中，泰国热带季雨林的地上生物量为 268 Mg·hm^{-2}（Ogawa et al. 1965），高于海南岛霸王岭林区热带季雨林的平均生物量；柬埔寨热带落叶林生物量（189 Mg·hm^{-2}）低于海南岛热带季雨林，但热带半落叶林生物量（244 Mg·hm^{-2}）却高于海南岛热带季雨林（Top et al. 2004），全球多数热带干旱林生物量

（Murphy and Lugo 1986；Bullock et al. 1995）也明显低于海南岛热带季雨林，但西双版纳石灰岩季雨林地上生物量（乔、灌木为 235 Mg·hm^{-2}）（戚剑飞等 2008）却高于海南岛热带季雨林。可以看出，海南岛霸王岭林区低海拔热带林中，不同群落类型的生物量基本处于世界热带林生物量变化范围之内，但与具体地区、具体群落类型之间存在一定差异，其原因可能与群落本身特征、立地条件和气候特征等有关。

海南岛霸王岭林区低海拔三种热带林中，热带低地雨林生物量高于热带季雨林和转化季雨林，其影响因素众多。

首先，群落中树木高度和胸径大小是影响生物量的重要因子。热带低地雨林中的树木高于热带季雨林。在 0.75 hm^2 面积的样地内，热带低地雨林有 18 株树高超过 25 m 的树木，而热带季雨林中没有，转化季雨林中仅有 1 株；热带低地雨林中的树高超过 20 m 的树木（91 株）也明显多于热带季雨林（17 株）和转化季雨林（29 株）；在三种热带林里不同高度层次中，上层的树木平均高度，热带低地雨林（19.0 m）也明显高于热带季雨林（16.8 m）和转化季雨林（16.8 m），其生物量也表现出相同的大小关系（表 8-15），即树体偏小，造成相同径级的树木生物量明显偏低。此外，群落中大径级树木的多少是影响生物量大小的另一重要因子（Zheng et al. 2006）。在海南岛霸王岭林区热带低地雨林 0.75 hm^2 面积的样地内，胸径超过 70 cm 的树木有 10 株，而热带季雨林中仅有 1 株，转化季雨林中不存在大径级树木。Clark 等（2000）在对哥斯达黎加的热带雨林生物量研究中发现，大树对乔木层生物量的贡献为 14%～30%。而在本节中，胸径超过 60 cm 的树木其生物量在三种群落中分别占总生物量的 35.4%（热带低地雨林）、4.0%（热带季雨林）和 0%（转化季雨林）。同时，在不同径级生物量中，热带低地雨林的大径级生物量明显高于热带季雨林和转化季雨林（表 8-14）。正是由于大径级树木数量的差异，使得热带低地雨林生物量显著高于热带季雨林和转化季雨林。

其次，群落不同演替阶段的生物量大小也存在一定差异。生物量随森林的演替阶段而变化，通常随年龄的增加而增加，在成熟林时接近一个稳定值（Whitmore 1984；Hoshizaki et al. 2004）。本节中，转化季雨林是热带低地雨林经过干扰后恢复形成的一种带有季雨林特征的群落类型，处在一种相对稳定阶段。但该群落仍没有达到顶级群落类型，若群落继续遭到干扰破坏，则有可能形成热带季雨林；若让其免受干扰、自然恢复，则有可能恢复成热带低地雨林。因此，转化季雨林仍是群落演替的一个阶段，群落中缺少较高及大径级树木导致其生物量低于热带低地雨林。

最后，群落中生境特点也是影响群落生物量的重要因子之一。一般来说，热带低地雨林分布区域土层较厚且肥沃，极少有岩石裸露；但热带季雨林一般生长在土层较薄、岩石裸露程度高的区域，较少的土壤限制了养分的供应，阻碍了树木的生长。此外，土壤中水分含量也影响了群落生物量。水分被认为是限制植物生长的关键因子，是植物存活和竞争的重要资源（Vilà et al. 1999；Lloret et al. 2004）。在海南岛霸王岭林区低海拔热带林中，尽管其年降水量及其分配上没有差异，但土壤持水能力的差异导致了三种群落类型水分供应并不相同。热带季雨林中由于土层较薄及岩石裸露程度高，土壤持水能力明显低于热带低地雨林。在其他条件相同的情况下，土壤水分供应的差异是导致生物量不同的重要原因。

在海南岛霸王岭林区低海拔热带林中，热带季雨林的落叶物种生物量显著高于热带低地雨林和转化季雨林。生境条件的差异是导致这种现象的主要原因。三种群落在落叶物种组成上存在显著的差异，这种差异也源自生境的不同（Mujuru et al. 2007）。植物生长需要的土壤养分在时空分布范围上是不同的(Wijesinghe et al. 2005),土壤养分的供应格局能够极大地影响个体植物和种群的行为及群落组成(Bell et al. 1991;Jackson et al. 1993;Kleb et al. 1997),并且能够控制不同的个体植物生长速率(Wijesinghe et al. 2005),而所有物种都会对土壤养分空间分布格局产生反应(Birch et al. 1994;Einsmann et al. 1999;Wijesinghe and Hutchings 1999),如一些喜肥物种就不能适应贫瘠的立地条件。土壤水分含量是限制植物分布范围的另一个重要因素,热带地区的季雨林就是由于旱季土壤水分含量过低而形成的(Einsmann et al. 1999;Wijesinghe et al. 2001)。此外,人类对热带低地雨林的不断破坏导致水土流失严重,岩石裸露,森林立地条件急剧恶化,一些喜湿喜肥的热带低地雨林物种不适应该立地条件而被一些耐旱耐贫瘠的物种所代替,导致热带低地雨林恢复群落内出现一定比例的落叶物种,既出现转化季雨林。正是由于热带季雨林中落叶物种个体数量及胸高断面积显著高于热带低地雨林和转化季雨林,才导致前者的落叶物种生物量高于后两者。

8.8 海南岛热带季雨林群落内物种多样性与生产力的关系

在过去的几十年中,生物多样性迅速降低(Pimm et al. 2000;Sala et al. 2000)。生物多样性的降低导致了生产力及稳定性的降低。为进一步加强对多样性与生产力之间关系及其机理的理解,生物多样性的所有内容(如物种丰富度、多样性指数、优势度和均匀度)都应该加以考虑。物种丰富度与生产力之间的关系吸引着生态学家的兴趣,尽管人们长期关注这个问题,但仍然存在许多争论。

物种丰富度与生产力之间的关系经常被认为是单峰曲线的形式(Bond et al. 2002;Mouquet et al. 2002),并且已经被众多生态学家通过实验所证明(Grime 1973;Dodson et al. 2000;Mittelbach et al. 2001),认为是生物多样性与生产力之间的普遍关系。然而,随后的研究也提出了如正相关、负相关、对数线性、U 形曲线等相关关系。物种丰富度与生产力之间的关系既取决于物种共存的机制,也取决于引起物种丰富度梯度的因素(Mouquet et al. 2002)。当前,对物种丰富度与生产力之间关系的解释主要集中于生物的相互作用。Grime(1973)认为,物种间的激烈竞争造成了物种丰富度与生产力之间的单峰曲线关系。Guo(2007)认为,当生物量相对较低时,多样性随生产力增加而增加,这是由于物种间的互利共生;而当生物量积累到一定程度时,竞争导致了低多样性和高生产力。在实验群落中,种间互利共生、物种选择、补充效应及保险效应已经被用来说明多样性与生产力之间的关系。尽管多数学者认为生物多样性与生产力之间存在某种关系,但也有部分学者认为两者之间没有直接的关系(Kahmen et al. 2005;Wang et al. 2007)。生态系统生产力主要是由有机体功能特性决定,而不是由数量决定,生态系统中优势种的特性影响生态系统生产力(Grime 1997)。补偿/关键种假说(compensatory/keystonespecies hypothesis)认为,一小部分物种完成了生态系统中的大部分功能,而大量的稀有种虽然占据大部分物种丰富度,却仅完成一小部分生态系统功能(Tilman et al. 1996;Tilman 1999)。一个优势种(包括关键种)的去除将对生态系统功能造成巨大的影响。去除一定量的一个或几个优势种的生物量与去除等量的十几个或几十个稀有种的生物量相比,前者对生态系统功能的影响要大得多。另外,去除相等数量的生物量,集中在少数优势种上对生态系统功能的影响要比平均分配在系统所有物种上的影响更为大。

　　物种均匀度测定的是系统内各物种的个体数量是否均匀,越均匀,其异质性越高。这是对物种多样性的另外一种描述方式,指在物种数目相同时,物种间的相对多度即种群大小对生态系统功能的影响。Ma(2005)发现,不同的环境因子影响物种丰富度和均匀度。此外,物种均匀度的降低有时能够引起物种丰富度的降低(Chapin III et al. 2000;Wilsey et al. 2000),部分原因是稀有种的影响。因此,均匀度的降低能够直接导致生产力的降低(Wilsey et al. 2000;Mattinglyw et al. 2007),或者间接通过降低物种丰富度导致生产力降低。

　　关于物种多样性与生产力之间的关系,尽管在过去做了几十年的研究,但多数是通过人为创造多样性梯度进行控制实验来实现,并且绝大多数是在草地生态系统中完成(Naeem et al. 1994;Tilman et al. 1996;Hooper et al. 1997;Tilman et al. 1997a;Hector et al. 1999;Wilson et al. 2002;Suding et al. 2005),这在一定程度上增加了多样性功能估测的误差。同时,控制实验下的结论是否适用于自然群落,草地生态系统的结论是否适用于森林生态系统,还值得商榷。此外,这些实验设计也多有争议(Wardle 1999)。因此,多样性降低对生产力影响的实验证据还不充分。本节则是在对海南岛热带季雨林自然群落进行大量调查的基础上,运用模型模拟群落地上生物量,并利用生物量代替生产力,探索自然群落中物种多样性与生产力之间的关系。样地调查方法同前所述。生物量模型则是通过收取样地标准木地上部分,并记录树木实测胸径,按树干、枝和叶分别烘干称重,利用胸径与树干、枝、叶的干重建立异速生长回归模型(表8-16)。

表 8-16　生物量异速生长回归模型

径级	有机体	回归方程	相关系数	R^2	p
5 cm<D_{BH}≤20 cm	树干	$Y = 23.8088D^{3.0295}$	0.9986	0.9972	0.0336
	枝	$Y = 0.000032114D^{8.2854}$	0.9988	0.9976	0.0315
	叶	$Y = 0.0001D^{6.8469}$	0.9996	0.9992	0.0184
	地上总和	$Y = 0.9031D^{4.5506}$	0.9976	0.9952	0.0442
D_{BH}>20 cm	树干	$Y = 12612.0303D^{0.6063}$	0.9989	0.9978	0.0301
	枝	$Y = 2.1081D^{2.9541}$	0.9978	0.9961	0.0386
	叶	$Y = 39.0201D^{1.3433}$	0.9999	0.9999	0.0066
	地上总和	$Y = 2305.8749D^{1.2279}$	0.9981	0.9962	0.0393

　　选择物种丰富度、香农-维纳多样性指数、优势度、均匀度、低密度物种丰富度和植物个体多度六个指标分别与树干生物量、枝生物量、叶生物量及地上总生物量进行相关与回归分析,寻求影响生物量的主要因子。

8.8.1　物种多样性与生物量变化

　　在所调查的 12 块样地中,物种丰富度最大值为 38,最小值为 22。香农-维纳多样性指数变化范围为 1.93~2.76。地上总生物量最大值为 331.45 Mg·hm^{-2},且出现在物种丰富度最低的样地内;地上总生物量最小值为 88.30 Mg·hm^{-2}。12 块样地中,优势度、均匀度、植物个体多度及低密度物种丰富度变化范围分别在 0.0907~0.2559、0.5792~0.7964、251~567 和 3~17。

8.8.2 相关性分析

通过所选指标与植物不同部位生物量的相关性分析中可以看出,物种丰富度、香农-维纳多样性指数及低密度物种丰富度均与枝生物量、叶生物量和地上总生物量显著负相关,而树干生物量只与物种丰富度显著负相关($p<0.05$)(表8-17)。物种丰富度与枝生物量、叶生物量和地上总生物量相关系数均低于-0.7,而其他相关系数均在$-0.7 \sim -0.5$。优势度、均匀度和植物个体多度与树干生物量、枝生物量、叶生物量及地上总生物量均没有显著相关性($p>0.05$)。

表8-17 相关性分析表

指标	树干生物量	枝生物量	叶生物量	地上总生物量
物种丰富度	-0.5480^{*}	-0.7840^{**}	-0.7960^{**}	-0.7770^{**}
香农-维纳多样性指数	-0.3330	-0.6070^{*}	-0.5390^{*}	-0.5400^{*}
优势度	0.1500	0.5420	0.4090	0.3990
均匀度	-0.042	-0.282	-0.169	-0.178
低密度物种丰富度	-0.351	-0.62^{*}	-0.634^{*}	-0.572^{*}
植物个体多度	-0.006	-0.186	-0.199	-0.157

注:$*$ 代表 $p<0.05$,$**$ 代表 $p<0.01$。

8.8.3 物种多样性与生物量的关系

多样性与生物量密切相关,但不同的多样性指标与生物量的回归方程形式不同(表8-18)。物种丰富度与树干生物量、叶生物量及地上总生物量为曲线形式,仅与枝生物量为线性关系,共同特点是在一定的物种丰富度范围内,生物量随物种丰富度的降低而降低。香农-维纳多样性指数与生物量均为线性负相关。低密度物种丰富度与叶生物量和地上总生物量回归方程形式为 Logarithm 形式,也表现出负相关关系。因此,在一定物种多样性范围内,物种多样性与生物量呈负相关。

表8-18 多样性指标与生物量的回归方程

		树干生物量	枝生物量	叶生物量	地上总生物量
物种丰富度	R^2	0.4983	0.6151	0.6658	0.6696
	p	0.0225	0.0009	0.0004	0.0023
	方程	$y=952.347-51.402x+0.791x^2$	$y=145.127-3.523x$	$y=(422.099/x)-9.232$	$y=1147.127-56.088x+0.760x^2$
香农-维纳多样性指数	R^2	—	0.3681	0.2911	0.2911
	p	—	0.0214	0.0465	0.0464
	方程	—	$y=178.460-56.524x$	$y=22.805-7.115x$	$y=565.072-161.287x$
低密度物种丰富度	R^2	—	0.3846	0.462	0.405
	p	—	0.018	0.0075	0.0144
	方程	—	$y=75.674-3.869x$	$y=15.499-4.772\ln x$	$y=385.206-101.280\ln x$

8.8.4 优势度、均匀度及植物个体多度与生物量的关系

优势度反映了各物种种群数量的变化情况,优势度越大,说明群落内物种数量分布越不均匀,优势种的地位越突出。就本节所调查的 12 块样地的优势度均较小,与生物量的相关性也均较弱,但生物量却表现出随优势度的增大而增大(图 8-24)。与优势度不同的是,均匀度在 12 块样地中均较大,但与生物量没有明显的相关性(图 8-25)。植物个体多度与生物量也没有明显的相关性(图 8-26)。

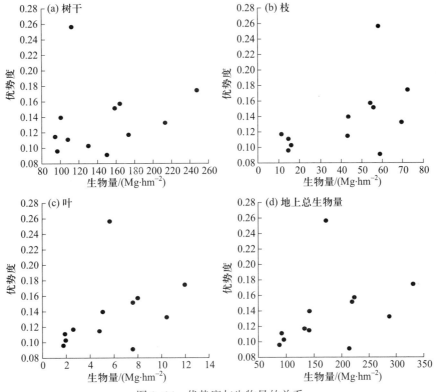

图 8-24 优势度与生物量的关系

生态系统的物种组成及物种与环境因子之间的相互作用决定生态系统的性质、结构和功能,进而影响生态系统的稳定性。物种多样性与生态系统的功能过程密切相关,而生产力是生态系统功能过程后果的重要表现形式,因此,生态系统生产力与物种多样性关系的研究是阐明物种多样性对生态系统功能作用的重要途径之一。物种多样性与生产力之间的正相关关系在以往的研究中多次被提到(Tilman et al. 1996;Hector et al. 1999),然而,这种正相关多是在草地生态系统人工控制实验下得到的,其结果很大程度上受物种数影响较少。而在本节中,物种多样性与生产力之间为负相关,这与众多生态学家的结论(Willis 1963;Auclair et al. 1971;Horn 1975;Wheeler et al. 1982;Wheeler et al. 1991;Sankaran et al. 1999;Grace et al. 2007;Wayne Polley et al. 2007)相一致,同时,在物种多样性与生产力之间的钟形(∩形)曲线(Bond et al. 2002;Mouquet et al. 2002)中物种多样性较高时也体现出负相关。在海南岛热带季雨林中,物种间对相对贫瘠资源的竞争是导致物种多样性与生产力负相关的可能原因。Tilman 等(1997b)认为,在均一的生境中,不同的物种竞争能力各

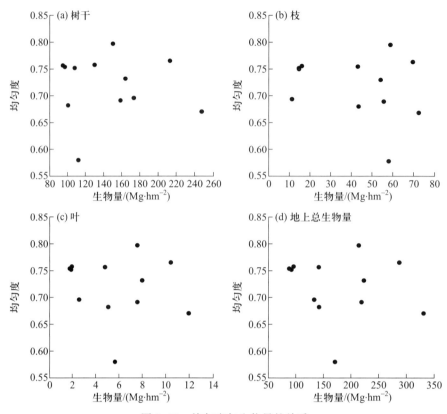

图 8-25　均匀度与生物量的关系

异,竞争能力较强的物种可以更有效地利用资源,从而创造出更高的生产力。Grime(2002)也认为,物种数多的群落利用资源并不充分,多样性高的群落多是处于演替初期阶段,物种多样性与生产力之间往往负相关。在海南岛热带季雨林中,由于土壤持水能力差,并且存在明显的旱季,因此,水分是群落内物种主要竞争的资源。在竞争过程中,一些竞争能力强、对干旱环境能够迅速适应的物种逐渐取得优势,实现对某些物种的竞争排除(Al-Mufti et al. 1977;Huston 1979),而取得竞争优势并存活下来的物种往往都是最适应该环境条件的物种,因此能够更好地利用有限的资源,创造出较高的生产力。除物种本身竞争能力差异导致竞争排除外,环境中资源空间异质性的下降也会导致竞争排除的增加(Tilman 1982)。当某个限制因子(如土壤资源和光照)的有效性随时间的变化使得在某个特定资源比率下具有较强竞争力的物种的相对丰富度提高,无论具有高或低生产力的群落,物种丰富度都会降低(Tilman et al. 1997b)。海南岛热带季雨林中,水分是最重要的限制因子,同时也是土壤中各种养分资源因子的载体。水除了是植物生长所必需的资源外,也能增加其他养分的利用效率。而旱季水分的严重缺乏,导致了养分资源可利用性降低,同时也使可利用的养分资源空间异质性降低,资源比率的空间复杂性减小,种间竞争激烈程度增大,进而导致随群落生产力的增加,物种多样性下降的生态后果。因此,在海南岛热带季雨林中,物种竞争能力及资源异质性降低导致的种间竞争排除的增加是物种多样性与生产力负相关的主要原因。

除物种丰富度影响生态系统生产力外,生态系统的物种组成(Hooper et al. 1997)、优势度及优势种(Wayne Polley et al. 2007)、功能群组成(Mokany et al. 2008)及均匀度(Nijs et al. 2000)也会影响生态系统生产力。Tilman 等(1997b)认为,物种多样性对生态系统功能作用的影响强度

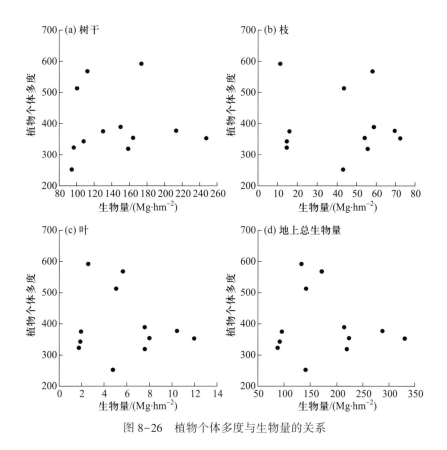

图 8-26 植物个体多度与生物量的关系

取决于构成生态系统的物种之间的差异性,种间差异越大,则多样性对生态系统功能的影响越大。在大部分生态系统中,优势种控制着生态系统过程,如生产力、物质循环和分解(Tilman 1985)。优势度及均匀度分别从群落组成及种群大小来描述群落特征,是物种多样性的另外一种描述方式。优势度和均匀度与生产力的关系在以往的研究中多为正相关(Chapin Ⅲ et al. 2000;Wilsey et al. 2000;Wayne Polley et al. 2007)。本节也试图验证优势度和均匀度与生产力的这种关系,但两者与生产力的相关性均不显著,这可能是由于本节中样地之间的优势度及均匀度变化范围较小的缘故。

以 David Tilman 和 Shahid Naeem 为代表的生态学家基于控制实验对生产力与生物多样性关系的研究结论多为正相关或无明显的相关关系;同时,大规模的野外控制实验(如 Cedar Creek 和欧洲 BIODEPTH 草地实验)均得出生态系统生产力随物种丰富度增加而升高的结论。这与本节的结论完全相反,但并不能说明本节的结论是错误的。以 Michael Huston 和 Phillip Grime 为代表的生态学家很早就质疑控制实验的结论,因为野外观测的结论中物种多样性与生产力极少正相关。控制实验与野外观测的结论不一致可能源于群落密度和均匀度的不同。在自然状况下,群落密度是多变的,每个种群大小也是不固定的,但在控制实验中,不管群落包含多少物种,群落总密度保持不变,并且组成群落的每一个物种都具有相同的个体数目,即具有最大的均匀度。而以往的研究表明,密度和均匀度都会影响物种多样性与生产力之间的关系(Chapin Ⅲ et al. 2000;Wilsey et al. 2000;Mattinglyw et al. 2007)。因而,密度及均匀度之间的差异必然会导致物种多样性与生产力之间关系的改变。但在本节中,并没有发现密度和均匀度与生产力之间的关系,其原因还有待进一步探讨。

8.9 海南岛热带季雨林群落树木主要功能性状分析

群落生态学的中心目标之一就是理解物种是如何从物种库中被过滤出来以及在群落内是如何组织的(Zobel et al. 1997),而这些群落组织原则中的一个重要组分就是群落内物种功能性状的组成(Schamp et al. 2008)。随着生态学家不断探索物种功能性状对生态格局及过程的影响,与物种功能性状相关的研究也相应有所增加(McGill et al. 2006a;Westoby et al. 2006)。Haddad等(2008)认为,群落内个体的生态学功能性状比群落内种间相互作用更能够预测物种对干扰的反应。功能性状是影响物种生存、生长、繁殖及适应性的重要生物特征(Ackerly 2003)。有几种重要的物种功能性状被认为能够代表物种生态适应策略(Poorter and Rozendaal 2008)。在这些功能性状中,落叶、树体具刺、树木潜在高度、比叶面积、种子重量与传播方式及木材密度等在植物更新、分布及生态功能方面起着重要的作用(Westoby 1998)。物种功能性状是植物适应周围环境的策略,并且在一定程度上反映了生态系统水平上的功能特征,因而这些植物功能性状对研究功能多样性与生态系统功能的关系具有重要作用(Lavorel et al. 2002)。由于植物的这些性状能够与个体扩散、生长、养分循环、能量利用、生态对策等方面相联系,因此,对功能性状的研究有助于了解群落的动态及对环境的适应性。而功能性状在群落中的分布特征(具有不同功能性状的物种丰富度)则反映了群落之间的差异,是群落分化的体现。因此,从群落不同功能性状的物种数量角度来研究群落之间的差异是非常重要的方式。

本节选取落叶、具刺、潜在高度、比叶面积、种子重量、种子传播方式及木材密度七项物种功能性状指标来比较热带季雨林群落的物种丰富度及个体多度。通过实际观测及查找相关资料(如《海南植物志》《广东植物志》《中国植物志》等),将所调查样地内的物种划分为落叶物种与常绿物种、具刺物种与非具刺物种;通过相关资料及数据库和网络资源并结合实际测定,确定潜在高度、比叶面积、种子重量、种子传播方式及木材密度等物种功能性状的定性及定量值。所选七种功能性状指标按照定性及定量分别统计。定性指标(如落叶物种、具刺物种、种子传播方式)则直接统计各个功能性状指标在各个样地内的物种丰富度、物种丰富度所占比例、个体多度及个体多度所占比例。定量指标(如潜在高度、比叶面积、种子重量及木材密度等)则通过两种方式进行统计。首先,通过个体多度加权分别计算每个样地内的四种功能性状指标。由于群落水平上的功能性状不仅与物种本身功能性状数值大小有关,同时也与物种的个体数量有关,仅将所有物种功能性状数值取算数平均值,势必不能正确反映群落水平上的功能性状数量。因此,本节根据 Ackerly 和 Cornwell(2007)的公式,通过个体多度加权分别计算每个样地内的四种功能性状指标,公式如下:

$$P_j = \sum_{i=1}^{s} a_{ij} t_{ij} \Big/ \sum_{i=1}^{s} a_{ij} \tag{8-11}$$

式中,P_j 为第 j 个样地的功能性状数值;a_{ij} 为第 j 个样地中物种 i 的个体多度;t_{ij} 为第 j 个样地中物种 i 的功能性状数值;S 为样地 j 内的物种丰富度。

然后根据潜在高度、比叶面积、种子重量及木材密度四种功能性状指标的实际数值分别进行等级划分,如潜在高度(H)划分四级:$H \leq 5$ m、5 m$<H \leq 15$ m、15 m$<H \leq 25$ m、$H>25$ m;比叶面积(SLA)也划分四级:$SLA \leq 10$ m$^2 \cdot$ kg^{-1}、10 m$^2 \cdot$ kg$^{-1}<SLA \leq 20$ m$^2 \cdot$ kg^{-1}、20 m$^2 \cdot$ kg$^{-1}<SLA \leq 30$ m$^2 \cdot$ kg^{-1}、

$SLA>30$ m^2·kg^{-1};木材密度(WD)划分为五级:$WD \leqslant 200$ kg·m^{-3}、200 kg·m^{-3}<$WD \leqslant 400$ kg·m^{-3}、400 kg·m^{-3}<$WD \leqslant 600$ kg·m^{-3}、600 kg·m^{-3}<$WD \leqslant 800$ kg·m^{-3}、$WD>800$ kg·m^{-3};种子重量(SM)则划分六级:$SM \leqslant 50$ mg、50 mg<$SM \leqslant 100$ mg、100 mg<$SM \leqslant 200$ mg、200 mg<$SM \leqslant 500$ mg、500 mg<$SM \leqslant 1000$ mg、$SM>1000$ mg。对以上四种功能性状按不同等级分别统计三种群落类型的物种丰富度、物种丰富度所占比例、个体多度及个体多度所占比例。

8.9.1 三种群落类型物种功能性状数量大小

所选的七个功能性状指标中,定量指标包括潜在高度、比叶面积、种子重量及木材密度。

热带季雨林中,植物潜在高度在 3~27 m,潜在高度的最大值低于热带低地雨林和转化季雨林(图 8-27),但最小值与热带低地雨林和转化季雨林相同。三种群落类型的物种-潜在高度分布曲线区分明显,由下到上依次为热带季雨林、转化季雨林和热带低地雨林(图 8-27)。热带季雨林群落中,比叶面积最大值仍然低于热带低地雨林和转化季雨林,最小值与热带低地雨林和转化季雨林相近。三种群落类型的物种-比叶面积分布曲线区分也较明显(图 8-27)。三种群落类型的种子重量和木材密度分布范围类似,但热带季雨林物种-种子重量、物种-木材密度分布曲线与热带低地雨林和转化季雨林之间区分明显。

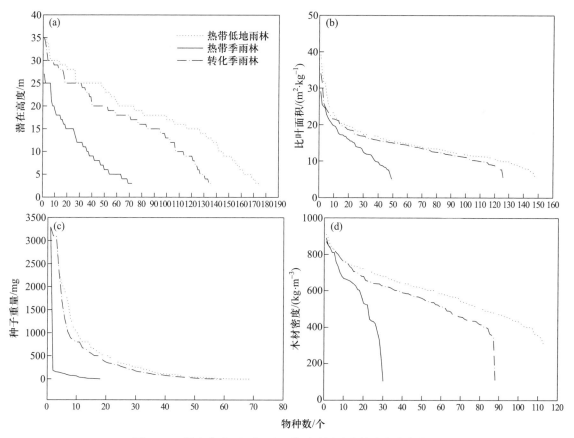

图 8-27 潜在高度、比叶面积、种子重量及木材密度分布范围

　　四种定量指标在三种群落类型中存在显著差异(图8-28)。热带季雨林中,潜在高度和比叶面积显著低于热带低地雨林和转化季雨林,而后两者之间无显著差异(图8-28)。热带季雨林中,种子重量仍然显著低于热带低地雨林,但与转化季雨林无显著差异;同时热带低地雨林和转化季雨林之间也无显著差异(图8-28)。木材密度在三种群落类型之间均无显著差异(图8-28)。

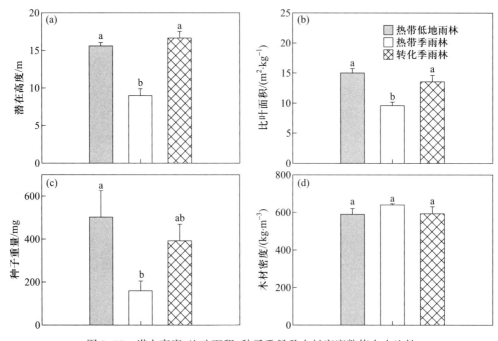

图 8-28　潜在高度、比叶面积、种子重量及木材密度数值大小比较

8.9.2　落叶物种丰富度与个体多度

　　热带季雨林落叶物种丰富度、物种丰富度所占比例、个体多度及个体多度所占比例均显著高于热带低地雨林和转化季雨林($p<0.05$),而热带低地雨林和转化季雨林之间没有显著差异($p>0.05$,图8-29)。

8.9.3　具刺物种丰富度与个体多度

　　在具刺物种丰富度、物种丰富度所占比例、个体多度及个体多度所占比例上(图8-29),热带季雨林显著高于热带低地雨林和转化季雨林($p<0.05$),而后两者之间没有显著差异($p>0.05$)。

8.9.4　不同潜在高度范围树木的物种丰富度与个体多度

　　在对不同潜在高度分级比较中(图8-30),潜在最大高度 $H\leqslant5$ m 时,物种丰富度由高到低依次为热带季雨林>热带低地雨林>转化季雨林;而在 $H>25$ m 以后,热带季雨林物种丰富度显著

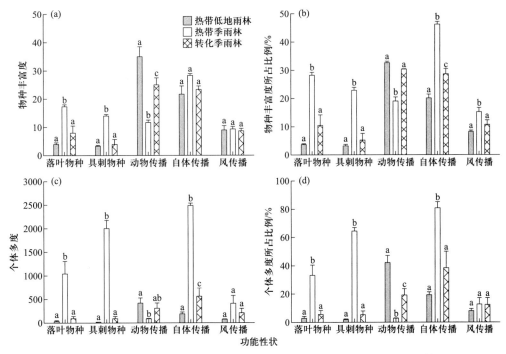

图 8-29 落叶物种、具刺物种及不同种子传播方式树木的物种丰富度及个体多度

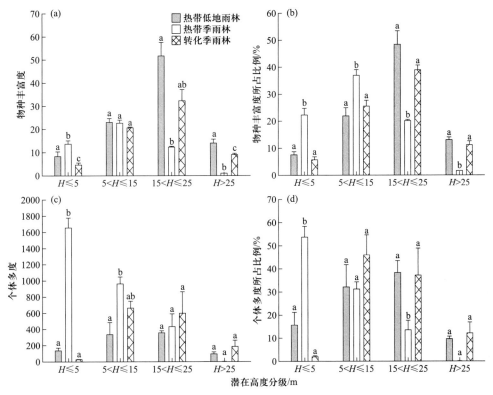

图 8-30 不同潜在高度树木的物种丰富度及个体多度

低于热带低地雨林和转化季雨林（$p<0.05$），热带低地雨林也显著高于转化季雨林（$p<0.05$）。物种丰富度所占比例上，热带季雨林在 $H\leqslant15$ m 时显著高于热带低地雨林和转化季雨林（$p<0.05$），而在 $H>15$ m 以后均显著低于热带低地雨林和转化季雨林（$p<0.05$）。热带低地雨林和转化季雨林在所有分级中物种丰富度所占比例上均没有显著差异（$p>0.05$）。

潜在高度小于 15 m 的两个分级中（图 8-30），热带低地雨林和转化季雨林的个体多度没有显著差异（$p>0.05$），而热带季雨林拥有最高的个体多度；在潜在高度大于 15 m 的两个分级中，三种群落类型之间个体多度均没有显著差异（$p>0.05$）。在个体多度所占比例上，热带季雨林在 $H\leqslant5$ m 分级中显著高于热带低地雨林和转化季雨林（$p<0.05$），而在 15 m$<H\leqslant25$ m 分级中显著低于另外两种群落类型，其他两个分级中与另外两种群落类型之间均没有显著差异（$p>0.05$），热带低地雨林和转化季雨林在所有潜在高度分级中均没有显著差异（$p>0.05$）。

8.9.5 不同比叶面积范围树木的物种丰富度与个体多度

在物种丰富度上（图 8-31），三种群落类型除 10 m$^2\cdot$kg$^{-1}<SLA\leqslant20$ m$^2\cdot$kg^{-1} 时存在显著差异（热带季雨林<转化季雨林<热带低地雨林，$p<0.05$）外，其余分级内均没有显著差异（$p>$

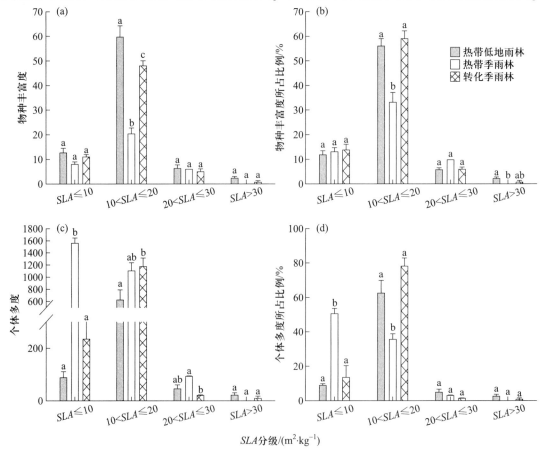

图 8-31　不同比叶面积范围树木的物种丰富度及个体多度

0.05）。在物种丰富度所占比例上，热带季雨林在 $10\ \mathrm{m^2 \cdot kg^{-1}} < SLA \leqslant 20\ \mathrm{m^2 \cdot kg^{-1}}$ 和 $SLA >$
$30\ \mathrm{m^2 \cdot kg^{-1}}$（转化季雨林除外）两个分级中均显著低于热带低地雨林和转化季雨林（$p < 0.05$），而
热带低地雨林与转化季雨林之间没有显著差异（$p > 0.05$）。

不同比叶面积大小分级中物种个体多度在三个群落之间存在显著差异（图 8-31）。热带季
雨林在 $SLA \leqslant 10\ \mathrm{m^2 \cdot kg^{-1}}$ 分级中个体多度显著高于热带低地雨林（$p < 0.05$），而在其他分级中与
热带低地雨林之间没有显著差异（$p > 0.05$）；热带季雨林在 $SLA \leqslant 10\ \mathrm{m^2 \cdot kg^{-1}}$ 和 $20\ \mathrm{m^2 \cdot kg^{-1}} < SLA$
$\leqslant 30\ \mathrm{m^2 \cdot kg^{-1}}$ 两个分级中个体多度显著高于转化季雨林（$p < 0.05$），而在其他两个分级中与转化
季雨林之间没有显著差异（$p > 0.05$）；热带低地雨林 $10\ \mathrm{m^2 \cdot kg^{-1}} < SLA \leqslant 20\ \mathrm{m^2 \cdot kg^{-1}}$ 分级中个体
多度显著低于转化季雨林（$p < 0.05$），而在其他分级中与转化季雨林之间没有显著差异（$p >$
0.05）。个体多度所占比例上，热带季雨林在 $SLA \leqslant 10\ \mathrm{m^2 \cdot kg^{-1}}$ 时显著高于热带低地雨林和转化
季雨林（$p < 0.05$），而在 $10\ \mathrm{m^2 \cdot kg^{-1}} < SLA \leqslant 20\ \mathrm{m^2 \cdot kg^{-1}}$ 时显著低于热带低地雨林和转化季雨林
（$p < 0.05$），其他分级中则与热带低地雨林和转化季雨林没有显著差异（$p > 0.05$）；热带低地雨林
与转化季雨林在所有分级中均无显著差异（$p > 0.05$）。

8.9.6　不同种子重量树木的物种丰富度与个体多度

在对种子重量进行分级比较中（图 8-32），当 $SM \leqslant 50\ \mathrm{mg}$ 时，热带季雨林的物种丰富度显著
低于热带低地雨林（$p < 0.05$），而与转化季雨林没有显著差异（$p > 0.05$）；热带低地雨林与转化季

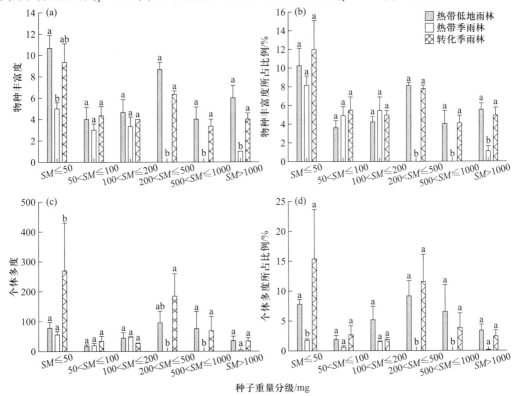

图 8-32　不同种子重量树木的物种丰富度及个体多度

雨林也没有显著差异（$p>0.05$）；当 SM 在 50～200 mg 时，三种群落类型的物种丰富度无显著差异（$p>0.05$）。当 SM 大于 200 mg 时，热带季雨林的物种丰富度显著低于热带低地雨林和转化季雨林（$p<0.05$），而后两者之间没有显著差异（$p>0.05$）。物种丰富度所占比例上，当 SM 小于 200 mg 时，三个群落之间无显著差异（$p>0.05$）；当 SM 大于 200 mg 时，热带季雨林显著低于热带低地雨林和转化季雨林（$p<0.05$），而后两者之间没有显著差异（$p>0.05$）。

热带季雨林和热带低地雨林在 $SM \leqslant 50$ mg 时个体多度显著低于转化季雨林（$p<0.05$）；而 SM 在 50～200 mg 时，三种群落类型之间均没有显著差异（$p>0.05$）；但当 SM 在 500～1000 mg 时，热带季雨林显著低于热带低地雨林和转化季雨林（$p<0.05$）；而后两者之间没有显著差异（$p>0.05$）。在个体多度所占比例上，除了 $SM \leqslant 50$ mg 时，三种群落之间的大小关系与个体多度大小关系相同。

8.9.7　不同种子传播方式树木的物种丰富度与个体多度

不同的种子传播方式下，三种群落类型之间物种丰富度存在显著差异（图 8-29）。动物传播的物种中，物种丰富度由低到高依次为热带季雨林<转化季雨林<热带低地雨林；而在自体传播及风传播的物种中，三种群落类型物种丰富度无显著差异（$p>0.05$）。但在物种丰富度所占比例上，动物传播的物种中，热带季雨林最低，而热带低地雨林和转化季雨林之间没有显著差异（$p>0.05$）；自体传播的物种中，由高到低依次为热带季雨林>转化季雨林>热带低地雨林；风传播的物种中，热带季雨林显著高于热带低地雨林和转化季雨林（$p<0.05$）。

动物传播物种中，热带季雨林的个体多度显著低于热带低地雨林和转化季雨林（图 8-29）；但在自体传播的物种中，个体多度由高到低依次为热带季雨林>转化季雨林>热带低地雨林；风传播的物种中，个体多度在三种群落类型之间没有显著差异（$p>0.05$）。在个体多度所占比例上，动物传播的物种中，热带季雨林最低，热带低地雨林最高，转化季雨林居中；自体传播的物种中，热带季雨林显著高于热带低地雨林和转化季雨林；但在风传播的物种中，三种群落类型之间没有显著差异（$p>0.05$）。

8.9.8　不同木材密度树木的物种丰富度与个体多度

在不同木材密度大小范围内，三种群落类型在物种丰富度、物种丰富度所占比例、个体多度及个体多度所占比例上存在显著差异（图 8-33）。当 WD 小于 400 kg·m^{-3} 和大于 800 kg·m^{-3} 时，三种群落类型之间的物种丰富度无显著差异（$p>0.05$）；当 400 kg·m^{-3}<$WD \leqslant 600$ kg·m^{-3} 时，热带季雨林的物种丰富度最低；而当 600 kg·m^{-3}<$WD \leqslant 800$ kg·m^{-3} 时，物种丰富度由低到高依次为热带季雨林<转化季雨林<热带低地雨林。物种丰富度所占比例上，三种群落类型与物种丰富度大小关系相同（除 600 kg·m^{-3}<$WD \leqslant 800$ kg·m^{-3} 时，三种群落类型之间无显著差异）。

不同木材密度大小范围内，个体多度在三种群落中的大小关系与物种丰富度类似，但 600 kg·m^{-3}<$WD \leqslant 800$ kg·m^{-3} 时，热带季雨林拥有最高的个体多度，热带低地雨林和转化季雨林之间没有显著差异（$p>0.05$）。不同木材密度大小范围内个体多度所占比例大小关系与物种丰富度所占比例相同。

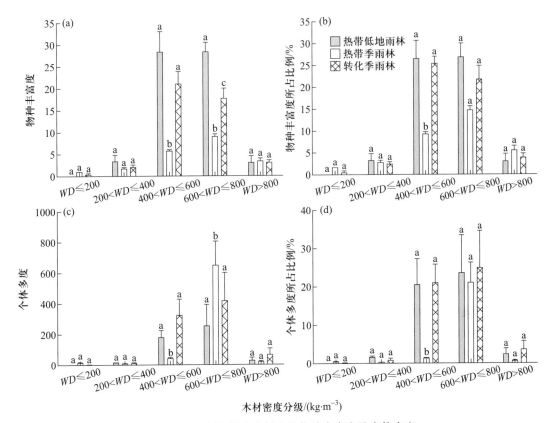

图 8-33　不同木材密度树木的物种丰富度及个体多度

　　热带季雨林中,落叶物种与具刺物种的物种丰富度、物种丰富度所占比例、个体多度及个体多度所占比例均显著高于热带低地雨林和转化季雨林。落叶是树木适应干旱环境最重要和最明显的特征,是树木和植物群落的重要功能性状(Bullock et al. 1995),也是植被分类的重要指标(Bohlman et al. 1998;Condit et al. 2000b)。树木落叶最主要和直接的原因是水分亏缺(Bohlman et al. 1998;Condit et al. 2000b),但严重的干扰、较低的林分密度等也可以导致树木落叶(Reich 1995)。在海南岛霸王岭林区,热带季雨林和转化季雨林群落中,部分树木旱季落叶的主要原因就是土壤水分的匮乏。树木落叶是群落季相变化最显著的特征之一。不同群落中,落叶物种的丰富度及个体多度决定群落的季相变化特征。海南岛热带季雨林中,落叶物种的丰富度及个体多度所占比例均较高,转化季雨林中也存在一定比例的落叶物种,而在热带低地雨林中落叶物种所占比例较低。

　　具刺植物种类多及个体多度所占比例高是热带季雨林的又一典型特征(图 8-27)。植物体上的刺能够保护植物体免受食草动物及大型哺乳动物的伤害(Young et al. 2003),同时也是植物适应干旱环境的特征之一,在降低热量或干旱压力方面起着重要的作用(Cornelissen et al. 2003a)。热带季雨林中落叶物种和具刺物种个体较多与其群落类型所处的环境条件有关。热带季雨林中,高岩石覆盖率和低土壤水分含量是其环境条件的典型特征。在海南岛霸王岭林区的热带季雨林中,旱季大多数物种落叶导致了林下光照增强,土壤中温度升高,加大了水分的蒸发量。同时,由于其较高的岩石覆盖率(一般均超过20%),进一步加剧了地表温度的上升,导致水分更加匮乏。水分的匮乏迫使一些物种采取相应的适应策略——落叶和形态结构的改变(叶及枝等全部或部分变成刺)。因而,环境条件的恶化进一步增加了具有落叶或具刺这两种功能性状的物种及个体的数量。转化季雨林中,由于其环境条件介于热带低地雨林和热带季雨林之间,因此,具有落叶或具刺这两种功能性状的物种及个体的数量也介于热带低地雨林和热带季雨林之间,尽管与热带低地雨林没有统计学上的差异(图8-27)。

热带季雨林的潜在高度显著低于热带低地雨林和转化季雨林(图8-28),而不同潜在高度范围内的物种丰富度和个体多度及它们所占的比例也表现出相同的关系(图8-29)。树木的高度在对光照的竞争中发挥着重要的作用(Westoby 1998;Poorter et al. 2005),较高的物种拦截更多的光照。但在热带季雨林中,由于旱季林冠层中绝大多数物种及个体均落叶,因而林下物种在此阶段可以获得充足的光照,不必为获得光照而努力长高。此外,恶劣的环境条件也导致了热带季雨林中群落的平均潜在高度偏低。

热带季雨林的比叶面积也显著低于热带低地雨林和转化季雨林,但在不同比叶面积大小范围内三种群落类型之间的物种丰富度及个体多度差异不同。当比叶面积较大($SLA > 20$ m^2 · kg^{-1})时,三种群落类型之间没有显著差异,但当比叶面积较小($SLA < 10$ m^2 · kg^{-1})时,热带季雨林的个体多度显著高于热带低地雨林和转化季雨林,这是导致热带季雨林中比叶面积显著低于热带低地雨林和转化季雨林的重要原因。另外,热带季雨林中比叶面积较低及具有较小比叶面积的个体多度较高也与群落的环境特征有关。比叶面积是单位叶生物量投入情况下捕获光能的叶面积(Poorter and Rozendaal 2008)。在热带季雨林中,由于不同高度层次内均有落叶物种的存在,光能对群落内所有物种均是充足的,一定的叶面积就能够捕获足够的光能。此外,环境中较低的土壤含水率和养分含量可以直接导致其具有较低的比叶面积(Poorter et al. 2006)。同时,较低的土壤含水率也可以导致叶片加大防止水分蒸发的投入,减小捕获光能的叶面积。

种子重量的大小是植物更新策略中的重要组分,因为种子重量的大小直接影响幼苗的存活,并且间接影响幼苗的生长(Poorter et al. 2008b)。一般来说,种子重量大能够提高幼苗的存活和促进幼苗的生长(Moles et al. 2004a;Schamp et al. 2008)。而热带季雨林中种子重量显著低于热带低地雨林和转化季雨林,但三种群落类型在中等种子重量大小(50 mg$< SM \leqslant$ 200 mg)时物种丰富度及个体多度无显著差异,而热带季雨林缺失种子重量较大($SM > 200$ mg)的物种。种子重量的大小直接影响种子的传播方式(Cornelissen et al. 2003a),进而影响植物物种的分布(Soons et al. 2005)。热带季雨林中由于其缺失种子重量较大的物种,因而其中动物传播的物种丰富度及个体多度也少于热带低地雨林和转化季雨林。由于种子大小影响群落的更新策略(Poorter and Rozendaal 2008),而种子的传播方式影响区域内物种的分布(Soons et al. 2005),因此,种子大小及传播方式的差异体现了三种群落类型之间在更新及物种丰富度维持机制上的不同。

8.10　海南岛低海拔热带林群落稀有种及常见种功能性状分析

土地利用的变化、外来种入侵及气候变化所引起的物种消失能够改变群落组成和生态系统性质(Munson et al. 2009),尽管随机物种消失有助于群落和生态系统动态变化(Naeem et al. 1994;Tilman et al. 1997a;Hector et al. 1999),但近来的实验和理论研究已经说明,物种的随机损失导致了生产力、养分保持力和入侵抵制力的降低,并影响了其他重要的生态系统功能过程(Naeem et al. 2000;Tilman et al. 2001b;Kennedy et al. 2002)。作为物种丰富度重要组成部分的稀有种(Munson et al. 2009),正是由于其易于灭绝而受到了关注(Lavergne et al. 2006)。稀有种和常见种长期以来一直都吸引着生态学家的注意力(Grytnes et al. 1999)。尽管稀有种具有高的灭绝风险,但其出现的高频率性使得人们不断思索稀有种是如何进行自我维持的,是否有一些特殊的特征能够使它们避免灭绝(Harrison et al. 2008)。对稀有种关注的结果已经促使人们开始进行有关稀有种生物性状的鉴定工作(Kunin et al. 1993),许多稀有种的生物学和生态学性状被运用到对稀有种维持机制的解释上(Murray et al. 2002)。Peat 等(1994)认为,许多植物性状在科中并非随机分布。近年来,有关植物系统生活史的研究也进一步促进了利用物种性状来反映物种的非随机分布(Thompson et al. 2002),已经有越来越多的证据表明,功能性状强烈影响群落和生态系统性质(Cross et al. 2007),对于物种消失的反应或许既依赖于消失的物种性状,也依赖于保留的物种性状(Hooper et al. 2005)。本节根据大量的热带季雨林野外调查数据,将 1 hm² 样地内个体多度为 1 的物种定为稀有种,个体多度大于 10 的物种定为常见种。功能性状统计方法同第 8.9 节。

8.10.1　稀有种与常见种的落叶及具刺特征

在三种群落类型(热带低地雨林、热带季雨林和转化季雨林)中,稀有种总物种丰富度及其所占比例均极显著低于常见种(表 8-19),同时,就海南岛霸王岭林区低海拔(<800 m)地区热带林而言,稀有种总物种丰富度及其所占比例也极显著低于常见种。

不同功能性状的稀有种及常见种物种丰富度却存在较大的变化(表 8-19)。就落叶物种而言,热带低地雨林及转化季雨林中,稀有种与常见种物种丰富度及其所占比例均无显著差异,但热带季雨林中,稀有种物种丰富度及其所占比例均极显著低于常见种。而低海拔地区热带林落叶物种中稀有种丰富度显著低于常见种丰富度,但所占比例与常见种无显著差异。常绿物种中,三种群落类型及低海拔地区热带林中,稀有种物种丰富度及其所占比例均显著低于常见种丰富度。具刺物种中,除转化季雨林的稀有种物种丰富度及其所占比例与常见种无显著差异外,其余群落中稀有种物种丰富度(除热带低地雨林)及其所占比例均显著低于常见种。

除热带季雨林常见种中落叶物种及具刺物种所占比例高于稀有种外($p<0.01$),其余群落类型中常见种和稀有种的落叶物种及具刺物种所占比例无显著差异($p>0.05$)(图 8-34)。

表 8-19   海南岛低海拔热带林不同功能性状的常见种与稀有种物种丰富度（括号内为所占比例）

指标	群落类型	常见种	稀有种	差异显著性 p 值
总物种丰富度	热带低地雨林	78.33±5.84 （73.44±2.99）	29.33±6.89 （26.56±2.99）	0.0056 （0.0004）
	热带季雨林	49.33±1.45 （80.42±1.97）	12±1.15 （19.58±1.97）	0.0000 （0.0000）
	转化季雨林	56.00±3.61 （68.58±3.36）	26.33±5.24 （31.42±3.36）	0.0096 （0.0014）
	合计	61.22±4.83 （74.15±2.23）	22.56±3.67 （25.85±2.23）	0.0000 （0.0000）
落叶物种丰富度	热带低地雨林	2.33±0.88 （57.78±21.20）	1.67±0.88 （42.22±21.20）	0.6213 （0.6312）
	热带季雨林	15.33±0.67 （88.43±046）	2.00±0.00 （11.57±0.46）	0.0000 （0.0000）
	转化季雨林	5.33±2.91 （50.30±26.69）	2.67±0.88 （49.70±26.69）	0.4295 （0.9880）
	合计	7.67±2.16 （65.50±11.43）	2.11±0.39 （34.50±11.43）	0.0222 （0.0733）
常绿物种丰富度	热带低地雨林	76.00±6.03 （73.92±2.59）	27.67±6.17 （26.08±2.59）	0.0050 （0.0002）
	热带季雨林	34.00±1.00 （77.30±2.47）	10.00±1.15 （22.70±2.47）	0.0000 （0.0000）
	转化季雨林	50.67±6.49 （68.71±4.42）	23.67±5.49 （31.29±4.42）	0.0336 （0.0039）
	合计	53.56±4.83 （73.31±2.06）	20.44±3.60 （26.69±2.06）	0.0005 （0.0000）
具刺物种丰富度	热带低地雨林	2.67±0.67 （77.78±11.11）	0.67±0.33 （22.22±11.11）	0.0550 （0.0241）
	热带季雨林	12.33±0.33 （88.23±2.06）	1.67±0.33 （11.77±2.06）	0.0000 （0.0000）
	转化季雨林	2.67±1.45 （48.81±24.43）	1.33±0.33 （51.19±24.43）	0.4216 （0.9484）
	合计	5.89±1.67 （71.61±9.75）	1.22±0.22 （28.39±9.75）	0.0141 （0.0064）

注："合计"表示低海拔地区热带林整体。

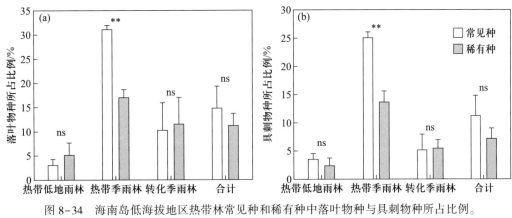

图 8-34　海南岛低海拔地区热带林常见种和稀有种中落叶物种与具刺物种所占比例。
** $p < 0.01$

8.10.2　稀有种与常见种的潜在高度

　　除热带低地雨林的稀有种潜在高度极显著高于常见种外,其余群落类型的稀有种与常见种潜在高度均无显著差异(图 8-35)。此外,就整体而言,稀有种潜在高度与常见种也无显著差异。

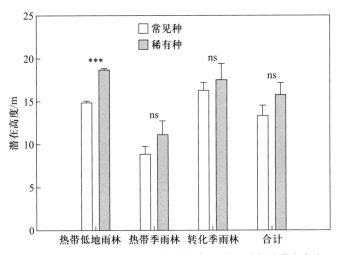

图 8-35　海南岛低海拔地区热带林常见种和稀有种潜在高度
*** $p < 0.001$

8.10.3　稀有种与常见种的比叶面积

　　热带低地雨林及转化季雨林中,稀有种比叶面积与常见种无显著差异,但热带季雨林中稀有种比叶面积显著高于常见种。同时,就整体来看,稀有种比叶面积极显著高于常见种(图 8-36)。

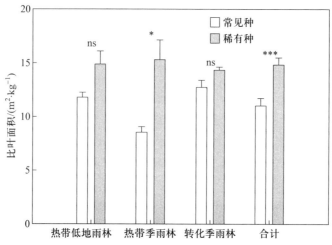

图 8-36　海南岛低海拔地区热带林常见种和稀有种比叶面积
*$p<0.05$；***$p<0.001$

8.10.4　稀有种与常见种的种子大小

热带低地雨林和热带季雨林稀有种种子大小与常见种无显著差异,但转化季雨林稀有种种子大小极显著高于常见种。就整体来看,稀有种种子大小显著高于常见种(图 8-37)。

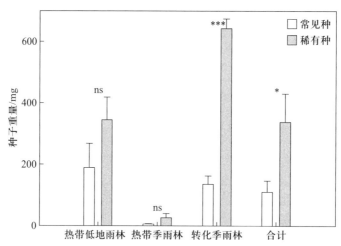

图 8-37　海南岛低海拔地区热带林常见种和稀有种种子大小
*$p<0.05$；***$p<0.001$

8.10.5　稀有种与常见种的木材密度

热带低地雨林、热带季雨林、转化季雨林及低海拔地区热带林整体的稀有种木材密度均显著

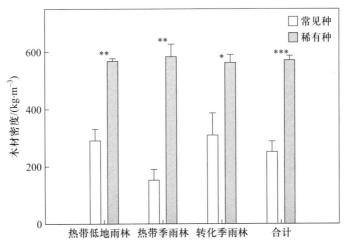

图 8-38 海南岛低海拔热带林常见种和稀有种的木材密度

$* p < 0.05$；$** p < 0.01$；$*** p < 0.001$

或极显著高于常见种(图 8-38)。

功能性状是影响物种生存、生长、繁殖及适应性的重要生物特征(Ackerly 2003),功能性状的差异反映了物种自我维持机制的不同。在海南岛霸王岭林区低海拔地区热带林中,稀有种和常见种在对季节性干旱的适应特征上没有明显的不同(在稀有种和常见种中落叶物种及具刺物种所占比例基本无显著差异,图 8-34),但稀有种具有更高的比叶面积、种子重量及木材密度,说明稀有种在竞争能力、幼苗成活率和抵抗机械破坏及病原菌侵袭能力上明显优于常见种。

海南岛霸王岭林区低海拔地区热带林中,稀有种和常见种具有相同的适应季节性干旱的特征,落叶物种及具刺物种所占比例在常见种和稀有种中没有明显差异。落叶是树木适应干旱环境最重要和最明显的特征之一,也是植被分类、判定水分状况、遥感监测和划分生活型的重要指标之一(Bullock et al. 1995)。树木落叶最主要和直接的原因是水分亏缺(Bohlman et al. 1998;Condit et al. 2000b),但严重的干扰、较低的林分密度等也可以导致树木落叶(Reich 1995)。植物体上具刺则是植物适应干旱的又一特征。植物体上的刺能够起到保护植物体免受食草动物及大型哺乳动物伤害的作用(Young et al. 2003),但同时也起到了减少水分蒸发面积、避免水分损失的抗旱作用。在海南岛霸王岭林区低海拔地区热带林中,无论是稀有种还是常见种,其所面对的干旱胁迫是相同的,所承受的干旱程度也是一致的,物种之间采取了相近的适应方式。

海南岛霸王岭林区低海拔地区热带林中,稀有种与常见种的潜在高度没有明显差异,说明稀有种和常见种对光照的竞争能力是相同的,但稀有种在单位叶生物量投入情况下捕获光能的叶面积要高于常见种。潜在高度的大小直接与植物的竞争能力有关(Schamp et al. 2009),在植物获得光照中发挥着基本的作用(Poorter et al. 2005),较高的物种拦截更多的光照,因而其获得光能更多,潜在的生长速率更快(Poorter et al. 2008a)。而比叶面积的大小直接影响物种的光合速率,与群落的初级生产力存在很好的相关性(Garnier et al. 2004)。潜在高度和比叶面积是体现植物对光照的竞争力大小的两个重要功能性状。从本节中稀有种和常见种这两个功能性状指标比较来看,稀有种对光照的竞争能力要高于常见种。

种子作为植物的繁殖体,在群落的更新中起着重要的作用。种子重量大小强烈影响生产力和幼苗更新（Paz et al. 2005）。在资源贫瘠的条件下,重量大的种子能够为幼苗更新提供有效的资源供应（Kitajima 2002）,提高幼苗存活率（Poorter and Markesteijn 2008）、竞争能力（Schamp et al. 2009）、耐阴性（Saverimuttu et al. 1996）、抗旱性（Leishman et al. 1994）,更好地适应落叶的影响（Armstrong et al. 1993）等。木材密度则是植物单位体积下生物量的投入,高木材密度则趋向于形成具有厚细胞壁和有限细胞间隙空间的小的细胞组织,这使得树干更加能抵抗机械破坏（van Gelder et al. 2006）和病原菌的侵袭（Augspurger 1984b）,从而能够提高植物的存活率（Muller-Landau 2004）。在海南岛低海拔地区热带林中,稀有种的种子重量和木材密度均明显高于常见种,表明稀有种在幼苗更新及抵抗机械破坏和病原菌侵袭上更具有优势。

植物功能性状是植物适应环境的重要特征,对功能性状的研究不仅能够反映环境现状,而且对群落动态也能较好地预测。Poorter 等（2008a）通过对种子体积、比叶面积、木材密度和潜在最大高度等树木的功能性状的研究发现,这些功能性状能够很好地解释树木的生长率和死亡率变化,而且木材密度是预测能力最强的因子。Dahlgren 等（2006）则认为,比叶面积是预测林下植物演替动态的最好的功能性状指标。除叶片性状外,木材密度和种子大小通常与其群落演替地位和更新生态位相关,因而能够有效地反映生态系统的环境现状和干扰历史（ter Steege et al. 2006）。Bunker 等（2005）模拟热带雨林物种灭绝对生态系统的影响后发现,木材密度高的物种消失后将会减少70%的碳储量。基于植物功能性状的分析方法能够很好地揭示森林树木多样性维持机理。Kraft 等（2008）利用植物功能性状数据成功区分了厄瓜多尔热带林大样地中中性理论和生态位理论的多样性维持机制。本节中,稀有种和常见种功能性状上的差异不仅反映出了物种适应环境的差异,同时也反映出物种自我维持机理的差异。稀有种通过较大的比叶面积增强对光照的竞争能力,通过产生大种子提高幼苗阶段竞争能力,保持较高的幼苗存活率。此外,稀有种较高的木材密度也增加了自身抵抗机械损伤和病虫害侵袭的能力,提高了树木的成活率。正是这些功能性状上的差异,降低了稀有种灭绝的风险,使得稀有种和常见种可以长期共存,维持了生态系统的物种多样性水平,进而保证了生态系统功能的稳定与发挥。

8.11 海南岛热带季雨林不同潜在最大高度树木组配规律

植物个体大小是植物生态学中非常重要的方面（Weiher et al. 1999；Westoby et al. 2002）。光照是植物生存的能量来源,许多研究强调了理解热带雨林中共存物种光照需求差异的重要性（Clark et al. 1992；Dalling et al. 1998b；Brown et al. 1999a；Sterck et al. 2001）,同时许多物种的分组也仅仅是根据光照需求的多少来划分的（Sheil et al. 2006）,而植物个体大小则直接影响物种对光照的竞争能力（Schwinning et al. 1998）。尽管生态学理论已经强调了树木个体高低在共存物种光照需求变化中的作用（Chave et al. 2002）,然而,群落水平的野外研究还极少（Aarssen et al. 2006）。

许多动物方面的研究都集中于把动物个体大小作为物种如何分割资源的一个重要指标（Hutchinson 1959；Ritchie et al. 1999）,而在植物研究中,最近人们才开始把植物大小作为植物适应策略和资源梯度上植物位置的一个重要指标（Kohyama 1992；Westoby 1998；McGill et al. 2006a）。在植物群落内,光照的垂直梯度是非常明显的,从林冠层的全光照到林下的极少比例的光照,相邻物种之间,较高的物种拦截更多的光照(Hirose et al. 1994),因此,植物对光照的竞争是高度不对称的(Schwinning et al. 1998)。林冠层高度可达 50 m 的热带雨林中,由于林冠层较高,群落内物种对光照的竞争更加明显(Poorter et al. 2008a)。然而,热带雨林内物种的潜在高度有极大差异。大树和小树之所以能够共存,是由于它们适应于不同的光照梯度及最大树体大小和成熟时间上的交错(Thomas et al. 1999)。一般来说,树体大小的分布在不同分类学群组和不同群落之间是不同的,有时是单峰形式,有时是多峰形式(Scheffer et al. 2006)。尽管群落中树体大小上的差异是非常重要的,但到目前为止,对不同森林群落乔木大小分布的研究仍然很少。King 等(2006)在评价沿纬度梯度的 9 个森林群落中树木大小分布时指出,温带森林的一个主要特征就是林冠层物种占有较大比例,而缺少亚冠层物种,林下物种极少。与之相反,在湿润的热带林中,物种高度则表现出连续的分布,其中包含较多数量的亚冠层物种和林下物种(Niklas et al. 2003)。King 等(2006)认为,热带林比温带森林中包含更多的亚冠层物种和林下物种,这是由于热带林较长的生长季允许树木具有较长的寿命、较低的整株植物光补偿点和较高的耐阴性。本节利用海南岛三种低海拔热带林的群落学野外调查数据,分析不同潜在最大高度范围内树木的组配规律。样地设置与调查同前所述,并根据最大潜在高度范围(3~35 m)将最大高度划分为九级:3~6 m,7~10 m,11~14 m,15~18 m,19~22 m,23~26 m,27~30 m,31~34 m,>34m。

8.11.1 潜在最大高度范围及分布

热带季雨林中群落最大潜在高度的最大值及平均值均低于热带低地雨林和转化季雨林($p<0.05$),而最小值相同(表 8-20)。三种群落之间落叶物种潜在最大高度的最大值相近,但热带季雨林和转化季雨林的最小值和平均值均低于热带低地雨林($p<0.05$)。具刺物种潜在最大高度比较中,三种群落类型最大值、最小值及平均值均无显著差异($p>0.05$)。

三种群落类型中,树木潜在最大高度的分布区分明显,由下到上的三条曲线分别是热带季雨林、转化季雨林和热带低地雨林(图 8-39)。而落叶物种及具刺物种潜在最大高度分布曲线存在一定交叉,但热带季雨林中的潜在最大高度分布曲线均处于最上方。

表 8-20 三种群落潜在最大高度范围

群落类型	物种性状	潜在最大高度/m		
		最大值	最小值	平均值
热带季雨林	落叶物种	27	3	15.09
	具刺物种	25	5	11.62
	群落	27	3	11.36
转化季雨林	落叶物种	28	5	15.58
	具刺物种	18	5	13.17
	群落	35	3	17.51
热带低地雨林	落叶物种	30	10	19.44
	具刺物种	18	3	12.83
	群落	35	3	18.11

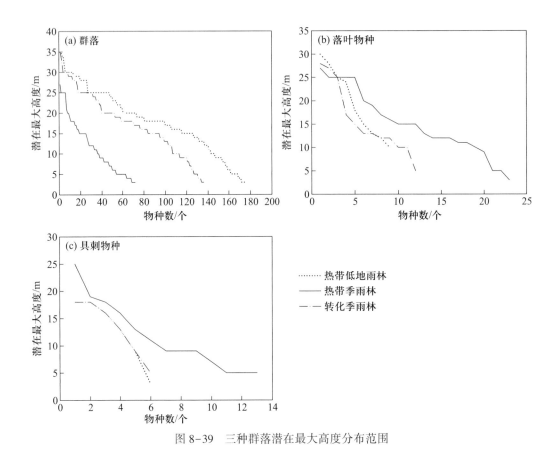

图 8-39 三种群落潜在最大高度分布范围

8.11.2 不同潜在最大高度范围内总物种丰富度及个体多度分布

热带季雨林中,不同潜在最大高度范围内的总物种丰富度分布呈现倒"J"形,其最高值出现在树高 3~6 m 范围内,随着潜在最大高度的增加而逐渐降低(图 8-40)。热带低地雨林和转化季雨林的总物种丰富度分布则均为右偏,总物种丰富度最高值均出现在 15~18 m 范围,随着潜在最大高度的增加而逐渐降低。热带季雨林在 3~6 m 时总物种丰富度显著高于热带低地雨林和转化季雨林,而在 15~30 m 范围时却低于后两者(图 8-40)。热带低地雨林仅在 15~18 m 和 27~30 m 两个范围显著高于转化季雨林,而在其他范围内与转化季雨林无显著差异。

热带季雨林中,不同潜在最大高度范围内的物种个体多度分布与物种总丰富度分布相同,也呈倒"J"形(图 8-40),最高值仍然出现在 3~6 m,随着潜在最大高度的增加而逐渐降低。热带低地雨林和转化季雨林的物种个体多度分布则仍为右偏,热带低地雨林的最高值出现在 15~18 m 范围,随着潜在最大高度的增加而逐渐降低;转化季雨林的最高值则出现在 7~10 m 范围,也随着最大高度的增加而逐渐降低。热带季雨林在 3~6 m 和 11~14 m 范围内拥有最高的个体多度,在 >27 m 范围个体多度最低。热带低地雨林除在 3~6 m 范围内个体多度高于转化季雨林、11~14 m 范围内个体多度低于转化季雨林外,其余范围均与转化季雨林无显著差异。

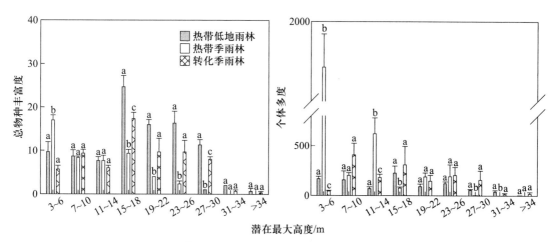

图 8-40　不同潜在最大高度范围内的总物种丰富度与个体多度分布

8.11.3　不同潜在最大高度范围内落叶物种丰富度及个体多度分布

热带季雨林和转化季雨林中,不同潜在最大高度范围内的落叶物种丰富度分布为右偏(图 8-41)。热带季雨林的落叶物种丰富度在 11~22 m 范围内显著高于热带低地雨林和转化季雨林,而在其他范围内则无显著差异。热带低地雨林的落叶物种丰富度在所有潜在最大高度范围内与转化季雨林均无显著差异(图 8-41)。

三种群落类型在不同潜在最大高度范围内的落叶物种个体多度分布均为右偏(图 8-41)。热带季雨林的落叶物种个体多度在 3~6 m 和 11~26 m 范围内显著高于热带低地雨林和转化季雨林,而热带低地雨林的落叶物种个体多度仅在 11~14 m 范围内显著低于转化季雨林,在其他范围内则无显著差异。

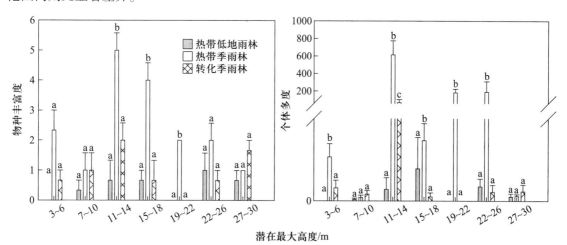

图 8-41　不同潜在最大高度范围内的落叶物种丰富度与个体多度分布

8.11.4   不同潜在最大高度范围内具刺物种丰富度及个体多度分布

热带季雨林中,具刺物种丰富度随着潜在最大高度的增加而减少,而热带低地雨林和转化季雨林中具刺物种丰富度分布为右偏(图 8-42)。热带季雨林中,具刺物种丰富度在 3~14 m 范围时显著高于热带低地雨林和转化季雨林,而在其他范围内与后两者无显著差异。热带低地雨林和转化季雨林在所有潜在最大高度范围内均无显著差异。

具刺物种个体多度分布与物种丰富度相同。热带季雨林中,具刺物种个体多度在 3~6 m 和 19~26 m 范围内显著高于热带低地雨林和转化季雨林,而在 7~18 m 范围内与后两者无显著差异。热带低地雨林和转化季雨林在所有潜在最大高度范围内均无显著差异。

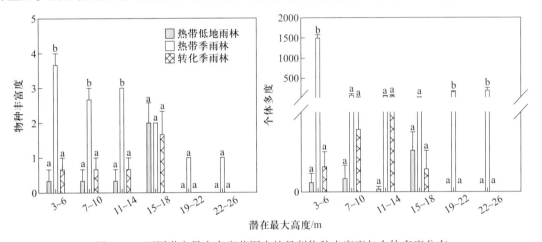

图 8-42   不同潜在最大高度范围内的具刺物种丰富度与个体多度分布

潜在最大高度是植物重要的功能性状之一,其大小体现了物种竞争能力的高低(Schamp et al. 2009),特别是对光照的竞争(Poorter et al. 2005;Moles et al. 2009)。此外,潜在高度的大小也反映了群落所处的环境条件,最近人们开始关注于把植物个体大小作为植物适应策略和在资源梯度上的位置的一个重要指标(Kohyama 1992;Westoby 1998;McGill et al. 2006a)。在海南岛低海拔地区热带林中,热带季雨林的潜在最大高度的最大值和平均值均低于热带低地雨林及转化季雨林,这正是群落所处恶劣环境的充分体现。植被在陆地上的分布主要取决于气候条件,特别是热量和水分条件。热带季雨林中,水分条件是树木潜在高度的重要限制因子之一。尽管三种群落类型分布在相同的海拔范围,年降雨量相同,但热带季雨林中土层较薄、岩石裸露程度高,导致土壤持水能力较低(Whitmore 1998),可供植物利用的水量低于热带低地雨林和转化季雨林。此外,热带季雨林中大量落叶物种的存在,增加了林下光照和土壤温度,水分蒸发量明显高于热带低地雨林和转化季雨林。因此,热带季雨林的土壤持水能力低及蒸发量大导致了植物可利用水分的减少,影响了植物的生长。土壤养分含量低是热带季雨林中树木潜在高度偏低的另一个重要因子。如前面所说,热带季雨林中土层较薄、岩石裸露程度高,土壤中的养分含量也较低,导致植物生长所需物质的不足,表现在植物的外形上就是树高较低、胸径偏小。除了水分和养分外,群落内的光环境也可能是树木潜在高度大小的重要影响因子。树木潜在高度体现了物种竞争光照能力的高低（Westoby 1998；Poorter et al. 2005），而在热带季雨林中，由于落叶物种的存在，林内光照充足，物种不必为竞争光照而投入太多的物质来增加高度，长期对这种光环境的适应必然导致物种高度的降低。因此，群落所处的环境条件是影响树木潜在高度大小的主要原因。

三种热带林群落的树木潜在高度大小均表现为连续的单峰分布，这与 Poorter 等（2008b）对加纳热带林中树木径级大小分布研究的结论相同。在海南岛低海拔地区热带林中，潜在最大高度范围在 3~35 m，热带低地雨林和转化季雨林物种丰富度和个体多度的峰值出现在 7~10 m，而热带季雨林则出现在 3~6 m。在世界其他热带林中，如在斯里兰卡、厄瓜多尔和巴拿马的热带雨林中，全面的森林调查数据表明，最大高度达到 10 m 的灌木和单株乔木占总木本植物的 30%~38%；而在刚果，34% 的乔木最大胸径不超过 10 cm（Losos and Leigh 2004）。在马来群岛的低地龙脑香科物种群落中，其群落林冠层高度达 30~40 m，但其物种高度的峰值却出现在 20~30 m（Okuda et al. 2003）。King 等（2006）也发现，热带林物种高度峰值出现在 20~30 m。可以看出，海南岛低海拔地区热带林的物种丰富度及多度出现峰值时所处的高度要低于东南亚热带林。尽管如此，海南岛低海拔地区热带林同世界其他地区热带林一样，热带低地雨林和转化季雨林群落及热带季雨林中落叶物种的物种丰富度和个体多度均表现出潜在最大高度较小时高于潜在最大高度较大时。传统的植物竞争理论表明，较大的植物个体竞争能力更强（Gaudet et al. 1988；Gaudet et al. 1995）。非常明显，大树在光照和土壤资源竞争上要优于小树。人们也意识到，由于植物是固着的，竞争上的优势仅仅需要在植物大小上的略微不同，特别是对光照的竞争，甚至在小树中，高度的稍许差别也会导致竞争能力上的差异。但实际群落中，为何包含如此多的个体相对较小的物种，其原因可能包含如下几个方面：

首先，大树的有效生境较少。由于树体较大，所需要的空间自然相对较大，所以在单位面积内（如 1 hm²）形成的大树能够生长的空间较少，导致大树的数量较少。此外，大树能适应的环境条件的历史获得性相比小树来说也受到一定限制，例如具有较高的和持续的资源供应能力、相对未受干扰的生境较少（Aarssen et al. 2002）。而在当前，随着频繁的人类干扰，生境破碎化日趋严重，未受干扰的生境数量急剧减少，所能提供给大树生存的空间逐渐缩小，也导致了大树数量的减少，而相应地增加了短寿命、树体较小的机会主义物种的数量（Aarssen et al. 2006）。

其次，物理空间生态位大小是影响不同树体大小物种数量分布差异的一个重要原因。现存植物的大多数生境是异质性的，它可以看作一个斑块矩阵，这些斑块代表着最小的资源单位范围，因此也是最小的能够提供物种生态位的潜在物理空间（Pither et al. 2005）。而较大的物种，由于它们较大的物理空间维度，所需要的生态位要包含更大数量及多样的斑块类型；相比之下，较小物种则只占用单一斑块的空间。自然地，较小物种所需斑块的数量要少于较大物种。因此，如果没有两个物种能够占用同一个生态位，那么较小物种或许数量要超过较大物种，这是因为同样面积条件下为较小物种提供的不同生态位数量更多。大的植物物种一般要求相对大的物理空间生态位，但由于条件的限制，它们获得所有的包含它们生态位空间维度的可利用资源单位的概率极小（Aarssen et al. 2006）。此外，即使大的物种获得了所有的资源单位，其对资源的利用也不充分。大的物种较大的物理空间生态位是由若干个小的资源单位组成，这些资源单位呈网状分布于大物种的生存空间内。然而，一旦一个大物种定居，那么在竞争中，随着个体的死亡和存活个体的增大，不能有效利用的空间就会增加，产生更多的小的空白物理资源空间。大物种不能充分利用所有这些资源单位，而小物种却能够成功占用这些小的空间，小物种或许数量要超过大物种仅仅是由于它们能够适应的物理空间生态位更小、数量更多,也是由于较小的物理空间生态位在物理环境的重要性质方面更可能彼此产生差异,例如小气候、基质特征和土壤中的微生物群落等。因此,小的物理空间可能生存更多有着不同的物理空间生态位的物种。除了资源利用效率之外,大物种在生长过程中也在逐渐改变自身生存的小环境,产生了各种各样的只有小物种能够占用的小的物理空间,这样也为小物种的增加提供了可能性(Azovsky 2002;Kozlowski et al. 2002)。总之,由于物种所需生态位的差异,导致了树体大小不同的物种在数量分布上存在一定差异。

再次,结实性分配也是影响不同树体大小物种数量分布差异的一个重要原因。种子的大小及结实量直接与树体大小有关。只有相对大的物种才有较大的种子。研究已经表明,具有大种子物种的个体多度较少(Murray et al. 2005)。大多数植物较小可能是因为结实性分配使得产生小种子的可能性最大化,例如,由于小种子生产需要的时间短,因此短寿命的物种多产生小种子。实际上,大多数种子植物都有相对较小的种子,即使树体较大的物种也是如此(Aarssen 2005)。植物生命周期短不仅导致植物个体较小,而且在较小个体和较小年龄时就开始繁殖,因此更新时间短(Loehle 1996)。假定其他所有情况都相同,更新时间短就会导致三个重要的后果:第一,新的基因变异更快(通过基因重组),因此导致潜在物种进化或形成速率更快;第二,较小的、短寿命的物种所需要的用来产生后代的环境资源更少,因此,所需物理空间生态位更小;第三,较小的、短寿命的物种在单位时间内产生更多后代数量的潜力更大,因此,物种形成或者产生一个新的世系的可能性更大。由于较大物种在成熟时需要通过自疏过程来降低种群密度,因此,这也为较小物种提供了更多的空间来繁殖自身种群(Aarssen 1992;Aarssen et al. 1992)。较小物种的高种群密度不仅降低了灭绝的风险(Fenchel 1993),而且也意味着在基因重组过程中会有更多的基因型变异,这是由于每一代中都有更多的个体进行有性繁殖。正是由于较大基因型变异的存在,物种进化就会加快,产生新的生态型和种类、最终形成新物种的可能性就更大。

总之,树体较小物种通过多种方式来提高自身竞争力(Aarssen et al. 1992),或是缩小生态位宽度,或是调整结实性分配,或是多种因素的结合,实现与树体较大物种的共存。正是由于树体较小物种的存在增加了群落的生物多样性。因此,在生物多样性保护过程中,对树体较小物种的保护显得十分重要。

第9章

海南岛热带针叶林生物多样性与群落组配

　　针叶林主要分布在温带地区,但也能扩展到部分热带地区。热带针叶林对于增加热带地区生物多样性和生境异质性具有特殊的意义,同时也为系统了解多样化的热带地区生物群落特征提供了理想的研究对象。海南岛霸王岭林区是我国热带针叶林集中分布面积最大的区域,热带针叶林总面积达到 7000 hm^2。该地区热带针叶林是以南亚松(*Pinus latteri*)为绝对优势种但混生一定数量阔叶物种的森林植被类型,分布在与热带低地雨林和热带季雨林相同的低海拔范围内。当这三种低海拔的热带林受到干扰破坏后,通常会形成针叶林与阔叶林的生态交错区。目前热带林的生态学研究对象主要为热带阔叶林,而针对热带针叶林的研究还很少,特别是有关热带针叶林–阔叶林生态交错区的群落学研究还没有开展。本章以海南岛霸王岭林区典型的热带天然针叶林群落及其与热带低地雨林或热带季雨林形成的热带针叶林–阔叶林生态交错区为研究对象,通过设置贯穿针叶林区、生态交错区和阔叶林区三个林分区域的典型样带(19 条),开展群落学调查、主要植物功能性状测定和环境因子取样,研究了环境因子、群落结构、植物功能性状和生物多样性(包括物种和功能多样性)随林分区域的变化规律,探讨了热带针叶林–阔叶林生态交错区的群落组配机制。利用两个 1 hm^2 热带针叶林动态样地,分析了热带针叶林主要组成树种的空间分布格局及其种间关联性。最后以两个典型垂直分布的热带针叶林样带为基础,分析了热带针叶林物种多样性随海拔梯度变化的规律。

9.1　海南岛热带针叶林–阔叶林生态交错区群落环境特征

　　由于生态交错区解释了物种与环境及其他物种的关系,也有人将生态交错区定义为生态系统中生物的生态环境特征出现不连续的区间(Hobbs 1986)。生态交错区的环境一般具有以下几个特征(van der Maarel 1990;Batllori et al. 2009):① 由于植物种类和种群密度带来的边缘效应,生态交错区中形成了生物的多样性和生存环境的复杂性;② 生态交错区是相邻生态系统镶嵌的复合体,受相邻生态系统相互作用的影响和调节,这决定了生态交错区环境的过渡性;③ 生态交错区是一个感应区,对干扰的抵抗能力差,具有脆弱性和敏感性(牛文元 1990)。

　　根据生态交错区环境变化类型,将其分为两种类型(van der Maarel 1990):第一,严格意义上的生态交错区,即由于环境因子的强烈波动,相对同质性的区域被分成两个明显差异区的转变区;第二,渐变区,即包含至少一个主要环境因子在内的由渐进的差异形成的一种过渡区。在区域尺度上,气候对于动植物分布的影响得到了学者们的广泛认可,而在景观及更小的尺度下,土壤、地形等环境因子主导着植被的格局。因此,越来越多的学者把群落动态归因于环境因子的不连续性而导致的变化(Hobbs 1986;Martin et al. 2007;Goldblum et al. 2010)。气候是景观尺度上林线沿海拔变化的主要驱动力(Holtmeier et al. 2005)。在局域尺度上,土壤性质、微气候、微地形、竞争和群落遗传性等最终成为决定生态交错区的关键因素(van der Maarel 1990)。生态交错区的土壤环境因子中,水分和养分的动态变化影响着植被的格局变化(Grau et al. 2012);地形、地貌和坡面因素也影响土壤性质,进而影响着植被的群落特征。植被与其生存的立地环境(如土壤水分、含盐量、酸碱度等)之间是一种相互依赖和制约的关系(Neilson et al. 1992),随时空尺度而变化。有研究指出,越是相对贫瘠的土壤,植被越容易受到环境因子的影响。中亚森林-大草原生态交错区(forest-steppe ecotone)存在于干旱的环境下,有着较少的年降雨量和较高的土壤温度,很少有树木的更新(Dulamsuren et al. 2008)。热带稀树草原-沼泽生态交错区(savanna-fen ecotone)的土壤跟相邻群落明显不同,从沼泽区到热带稀树草原,土壤氨态氮、土壤湿度和土壤有机质含量逐渐降低,形成了不同的植物群落类型(Tolman 2006);森林-沙丘生态交错区(forest-dune ecotone)林下枯落物较森林群落少,与沙丘强烈的光照相比,光照强度较小,为一些昆虫提供了干燥、安全的生活区(Hochkirch et al. 2008);高山-亚高山生态交错区(alpine-subalpine ecotone)随着海拔的升高,土壤有机质逐渐减少,菌类的物种丰富度逐渐降低(Kernaghan et al. 2001)。

　　针叶林具有独特的群落结构和动态特征。针叶林与其他群落的生态交错区环境特征研究较多集中在森林群落-非森林群落生态交错区,如针叶林-草地生态交错区(Stott et al. 2003;Wyckoff et al. 2010)、高山林线生态交错区(Jensen et al. 2008;Fajardo et al. 2012),而关于森林群落-森林群落生态交错区的研究较少(Goldblum et al. 2010)。其中针叶林-阔叶林生态交错区的研究多集中在落叶林-北方森林的生态交错区(deciduous forest-boreal forest ecotone,DBE),研究表明,DBE与相邻的两个群落相比,土壤多为沙质土,营养成分较低,土壤pH也较低(Elgersma et al. 2002;Bergeron et al. 2004)。关于热带针叶林-阔叶林生态交错区的研究多以热带山地森林(tropical montane forest,TMF)为对象,即热带松树林-云雾林生态交错区(pine-cloud forest ecotone),随着林分由云雾林到松树林的转变,林分湿度和温度逐渐降低,松树林最为干旱,火干扰较为频繁(Martin et al. 2007;Martin et al. 2011)。

　　目前海南岛的南亚松林都是受到不同程度干扰后恢复起来的次生林。当南亚松纯林遭破坏后,一些热带季雨林中的乔灌木树种便侵入和定居。如果停止破坏,随着这些次生林的演替,首先入侵的为喜光阔叶树种,继而为热带低地雨林中的耐阴阔叶树种,逐渐形成针阔叶混交林。这些次生林群落最终可能形成类似热带季雨林或雨林型的森林植被。海南岛霸王岭林区的热带针叶林是以南亚松为绝对优势种但混生少量阔叶物种的热带针叶林类型,分布在与热带低地雨林和热带季雨林相同的低海拔范围内。当这三种低海拔的热带林受到干扰破坏后,常常会形成针叶林与阔叶林的生态交错区。

　　目前我国热带针叶林的研究只关注南亚松的林分结构和分布等方面(Zang et al. 2010),关于热带针叶林–阔叶林生态交错区林分状况的研究还很少,更没有针对针叶林–阔叶林生态交错区林分环境特征方面的研究。本章以海南岛霸王岭林区的针叶林–阔叶林生态交错区及其相邻的南亚松针叶林和阔叶林为对象,分析生态交错区的主要环境特征,目的是为了确定针叶林–阔叶林生态交错区的环境因子是如何随林分区域的变化而变化的,为今后更系统、深入地研究针叶林–阔叶林生态交错区的群落结构、多样性、动态和功能机制等奠定基础。

经过对霸王岭林区南亚松分布区的全面踏查,查阅霸王岭林区南亚松经营的相关资料,在南亚松林及与阔叶林邻接的地点进行调查。这些地点或是当地少数民族刀耕火种弃耕地,或是废弃围猎场,在国家开展天保工程以后,南亚松林才受到较为严格的保护。具体的调查方法是,首先在南亚松林及与阔叶林邻接的地点随机选取 19 条调查样带,样带沿针叶林区—生态交错区—阔叶林区三个林分区域的方向布设,样带长度在 90~160 m,依据具体地点而变化,宽度变化在 20~60 m。每条样带间隔在 100 m 以上。在每条样带的针叶林区、生态交错区及阔叶林区,采用典型取样的方法取得 57 个 20 m×30 m 的调查样方。对样地内所有胸径>1 cm 的乔、灌木树种进行每木检尺,详细记录植物的名称、树高、胸径,并记录样地坡度和枯枝落叶层厚度。

9.1.1　生态交错区环境因子特征

由图 9-1 所示,三种林分区域冠层开阔度存在显著差异,针叶林区和生态交错区显著大于阔叶林区,前两者之间的差异不显著。三种林分区域的凋落物厚度也存在显著差异,针叶林区最大,生态交错区与阔叶林区无显著差异。土壤含水量在三种林分区域之间无显著差异,而土壤有机质在针叶林区和阔叶林区之间存在显著差异,与生态交错区均无显著差异。土壤 pH 在针叶林区、生态交错区和阔叶林区之间有显著差异,前两者之间无显著差异,大小顺序为阔叶林区>生态交错区>针叶林区;全磷含量在三种林分区域中无显著差异;针叶林区全钾含量显著大于阔叶林区和生态交错区。全氮、有效氮、有效磷和有效钾含量在针叶林区和阔叶林区之间均存在显著差异,大小顺序均为阔叶林区>生态交错区>针叶林区。

调查的三种林分区域冠层开阔度表现为针叶林区>生态交错区>阔叶林区,这是因为针叶林区林分密度较小,加上林分树木较为高大、冠层结构较为稀疏,导致冠层开阔度最大。到了生态交错区,随着林分密度的增加,冠层开阔度有所降低,但仍大于阔叶林区。森林群落中,光资源具有高度的时间和空间异质性,不同光条件下生存的物种具有不同的生理和形态特征(Ameztegui et al. 2011)。三种林分区域的直射光透过率、散射光透过率及总透光率均为针叶林区>生态交错区>阔叶林区,正好与针叶林区南亚松的高度喜光性、生态交错区季雨林落叶树种的中等喜光性及阔叶林区热带低地雨林种的耐阴性相一致。

凋落物是森林生态系统的重要组分,在土壤形成过程中起着重要作用,是保持和提高土壤肥力的重要因素,同时还具有减缓地表径流、涵养水源、保持水土和防止土壤冲刷等功能(Chapin et al. 2011)。影响凋落物量的因素主要是气候和林型。调查的三种林分区域的凋落物厚度表现为针叶林区>生态交错区>阔叶林区。这是因为调查的阔叶林区林下潮湿,且树种多为热带低地雨林种及一部分热带季雨林种,凋落物易于分解、厚度较小;而生态交错区内的阔叶树种以落叶的黄牛木(*Cratoxylum cochinchinense*)、余甘子、山楝子等热带季雨林种为主,在旱季末期,这些种为了适应干旱的环境,存在落叶现象,凋落物厚度较阔叶林区大。而针叶林区林下干燥,且除少量

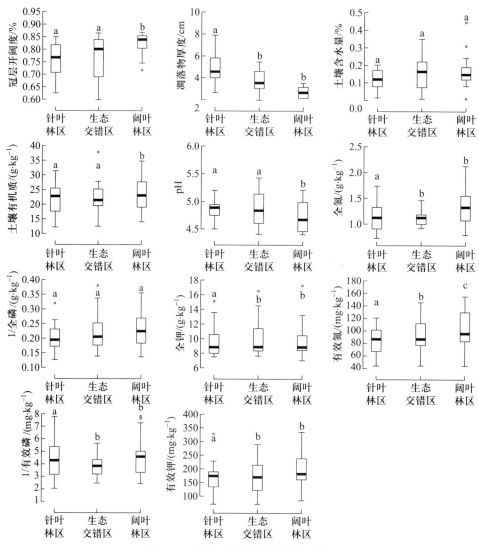

图 9-1 三种林分区域的环境因子比较

季雨林种外全为南亚松,林下凋落物多是松树的针叶、枯枝、树皮及成熟后落下的果壳,不易腐烂分解,导致针叶林区的凋落物最厚。三种林分的土壤含水量差异虽然并不显著,但从针叶林区、生态交错区到阔叶林区,土壤含水量逐渐增加,是因为阔叶林区在林分密度和物种丰富度方面都大于生态交错区和针叶林区,有较高的郁闭度,林下较为阴暗潮湿,土壤有机质保水性好,可有效减少水分蒸发。针叶林区有强烈的光照,土壤较为贫瘠,保水性差,土壤含水量最低。土壤水分也受海拔高度、气候条件、土壤发育状况等环境因子以及定居植物种类、群落结构等生物因素影响。土壤有机质在针叶林区和生态交错区之间无显著差异,但都显著低于阔叶林区,这可能是因为阔叶林区凋落物层的物种较为丰富,动植物残体种类较多,为阔叶林区提供了较多的有机质源(Kammer et al. 2009)。调查的三种林分区域的土壤沙砾含量从针叶林区经生态交错区到阔叶林区逐渐减少,但差异不显著,可能跟长期反复的刀耕火种有关(Chazdon 2003)。

　　土壤是森林生态系统中一个非常重要的组成部分,植物的生长和分布受到土壤环境因子中含盐量和土壤 pH 的影响(Pérez 1992;Sanderson et al. 1995)。Chytrý 等(2008)认为,在影响群落物种组成的环境因子中,pH 和气候因素最重要。一方面,土壤 pH 不但对土壤中的微生物区系产生反应,另一方面,它可以直接作用于土壤中的元素转换,影响元素对植物的有效性。土壤 pH 在三个林分区域的顺序为阔叶林区>生态交错区>针叶林区。可以看出,土壤 pH 以针叶林区最小,与多数研究一致(Finzi et al. 1998)。生态交错区由于南亚松的存在,土壤 pH 小于阔叶林区,且差异显著,但与针叶林区无显著差异。随着林分由针叶林区经生态交错区到阔叶林区,土壤全氮、有效氮、有效磷和有效钾都表现出增加的趋势,这可能主要与林分的物种组成及其凋落物特性对土壤的长期作用有关,夏汉平等(1997)对鼎湖山阔叶林、针阔叶混交林和针叶林三种林型土壤养分的研究结果与本研究一致。

9.1.2　环境因子主成分分析

　　主成分分析(PCA)前 2 轴的累积解释方差比例为 54.9%,前 4 轴的累积解释方差比例达 73.6%(表 9-1)。环境变量在前两个 PCA 排序轴的负荷值较高,所以根据这两个轴分析环境变量的作用大小。第 1 轴主要反映土壤 pH、土壤有机质、凋落物厚度、冠层开阔度和有效钾含量的变化(负荷绝对值大于 0.8);第 2 轴反映了全氮含量和有效磷含量的变化(负荷绝对值大于 0.8)。在 PCA 排序图中(图 9-2),39 个样方随环境因子变化基本上可以划分为 3 类,生态交错区介于针叶林和阔叶林之间。沿着 PCA 第 1 轴从左到右,随着土壤 pH 的降低,凋落物厚度的减少,土壤光环境的增强,林分由阔叶林区到生态交错区再到针叶林区的过渡;沿着 PCA 第 2 轴从下到上,随着土壤全氮含量和有效磷含量的增加,林分由针叶林区到生态交错区再到阔叶林区的过渡。

9.1.3　环境因子的相关性

　　图 9-3 所示,三种林分区域的四个光因子——冠层开阔度、直射光透过率、散射光透过率和总透光率之间表现出较强的相关性($p < 0.001$),与土壤 pH 和土壤有机质的相关性显著($p < 0.05$)。凋落物厚度与全钾含量的相关性极显著($p < 0.01$),与其他因子之间无显著相关性($p > 0.05$)。土壤含水量与其他因子之间无显著相关性($p > 0.05$)。土壤有机质与全氮、有效氮和有效钾含量的相关性最大($p < 0.001$);全磷含量与其他环境因子之间无显著相关性($p > 0.05$)。土壤 pH 与全钾、有效氮和有效钾含量的相关性极显著($p < 0.01$),与冠层开阔度、直射光透过率、散射光透过率、总透光率、土壤有机质和全氮含量显著相关($p < 0.05$),与全磷含量和凋落物厚度相关性不显著($p > 0.05$)。全氮含量与有效氮和有效钾含量的相关性较高($p < 0.01$),全钾含量与有效钾含量相关较小($p > 0.05$),全磷含量与有效磷含量的相关性最小($p > 0.05$)。全氮、有效氮和有效钾含量与多数因子的相关性都显著,土壤含水量和全磷含量与多数因子的相关性都不显著。

表 9-1　主成分分析(PCA)中各环境变量在前四个排序轴的负荷值及累积解释方差

环境变量	PC1	PC2	PC3	PC4
冠层开阔度	**−0.936 43**	−0.4394	**−0.486 06**	−0.662 95
凋落物厚度	**−0.942 27**	−0.2902	−0.3611	0.234 32
土壤含水量	−0.066 25	0.3401	−0.623 27	0.5934
土壤有机质	**1.026 16**	−0.3974	0.178 98	0.333 24
pH	**0.924 48**	0.3303	0.383 56	−0.187 82
全氮含量	**−1.120 47**	**0.9229**	0.220 92	0.108 82
全磷含量	−0.473 87	−0.1464	−0.065 61	0.697 61
全钾含量	**−0.832 48**	−0.2529	0.331 86	−0.159 79
有效氮含量	**1.127 95**	0.2089	−0.3479	−0.078 46
有效磷含量	**0.930 57**	**0.8606**	−0.643 39	0.1687
有效钾含量	**1.044 66**	−0.6318	0.104 23	0.019 68
特征值	4.5403	1.4959	1.2288	0.834 96
方差比例	0.4128	0.136	0.1117	0.071 35
累积解释方差比例	0.4128	0.5487	0.6605	0.736 36

注:表中黑体字表示该变量的负荷绝对值大于0.8。

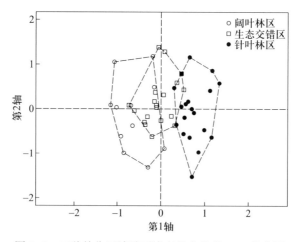

图 9-2　三种林分区域随环境变量变化的 PCA 排序图

　　森林群落中的光因子具有高度的时间和空间异质性(Gravel et al. 2010),物种对光的适应和依赖性不同形成了其不同的生理和形态特征,因此,不同群落类型的冠层开阔度、直射光透过率、散射光透过率和总透光率与物种的喜光性、落叶性等特征紧密联系(Delagrange et al. 2004)。在土壤-植被体系中,土壤和植被是相互依存的两个因子。植被影响土壤,土壤制约植被。土壤的地表状况、土壤水分、土壤有机质、全氮含量等因素与植被群落的物种多样性的关系也较为密切,

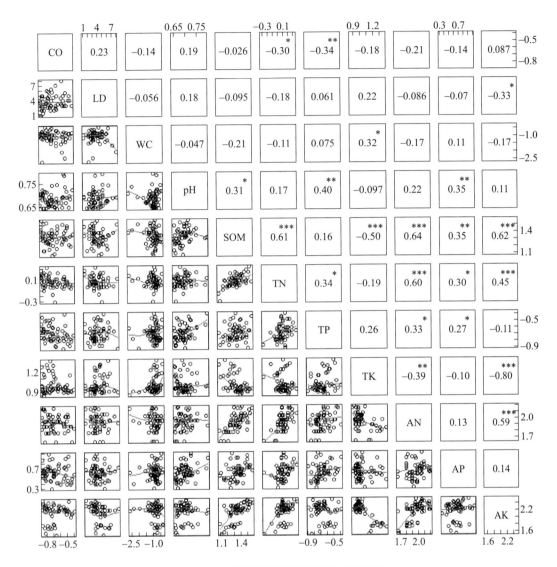

图 9-3 环境因子间的相关系数及其显著性

该图是将三个林分区的环境因子数据合并后的相关性分析结果。CO,冠层开阔度;LD,凋落物厚度; WC,土壤含水量;SOM,土壤有机质;TN,全氮含量;TP,全磷含量;TK 全钾含量;AN,有效氮含量;AP,有效磷含量;AK,有效钾含量。* ,$p<0.05$; ** ,$p<0.01$; *** ,$p<0.001$;无 * 表示 $p>0.05$

土壤的各个因子之间也是相互影响的。有关研究表明,pH 较低的土壤有较低的净硝化速率,随着 pH 的升高,净硝化速率会逐渐增加(Vitousek et al. 1985),本研究与此结果一致。针叶林有较低的土壤 pH,随着林分经生态交错区向阔叶林区的转变,pH 逐渐增大,同时土壤有效氮含量也逐渐增加。从相关性分析可以看出(图 9-3),pH 与有效氮含量的相关性也最大。Koptsik 等(2003)研究认为,冠层开阔度影响森林土壤的 pH,同时森林土壤的理化性质,尤其是土壤 pH 和速效养分,也受气温、降雨、凋落物归还量以及土壤微生物的数量和种类等其他环境因子的影响(夏汉平等 1997)。土壤含水量与植物个体数和植被盖度有关。土壤水环境影响着土壤营养物质矿化、积累、吸收、转运及微生物活动等。以土壤水为介质的有机质、氮、磷等土壤养分的流动、转运、矿化和积累是调控自然生态系统平衡的主导因素,影响植物群落物种组成和群落动态,并影响植物个体和物种间对土壤有限资源的竞争(Bedford et al. 1999)。本研究中,土壤含水量与其他因子的相关性都不显著,但从与土壤氮、磷、钾含量的关系可以看出,土壤含水量与有效钾含量和全氮含量的相关性最大,土壤含水量与其他因子表现出较小的相关性。土壤有机质的含量与土壤氮、磷、钾含量的水平密切相关,在一定范围内,土壤有机质的含量与土壤肥力水平呈正相关。磷由于易被土壤、微生物和凋落物固定,不易被活化和淋失,因此土壤全磷含量与其他因子相关性较小。

由于本节只进行了三个林分区域的光环境、凋落物特征和土壤性质的总体研究,而未细致地分析这些环境特征在三个林分区域不同生活型、凋落物不同层次、不同月份的变化,因此,对海南热带针叶林-阔叶林生态交错区的环境特征还需进一步研究。

9.2　海南岛热带针叶林-阔叶林生态交错区群落结构特征

生态交错区对两个相邻生态系统的能量、营养和有机体的流动起调节作用,能够有效控制一些疾病的传播、基因的流动和物种组成(Hansen and Castri 1992;Wiens 1992)。生态交错区被认为是景观中的动态单元,有较高的生产率,为许多寿命短暂的生物提供生境。关于生态交错区的研究,研究对象主要涉及森林-草原交错带(Hirota et al. 2011)、高山林线(Fajardo et al. 2012)、森林苔原交错带(Hofgaard et al. 2011)、山地和亚高山交错带(Ameztegui et al. 2011)、热带山地森林交错带(Martin et al. 2007)等。

国外有关针叶林生态交错区的研究,主要是从物种空间分布与格局(Batllori et al. 2009)、群落结构(Fraver et al. 2011)、群落环境(Adams et al. 2004;Batllori et al. 2008)、干扰(Gasque and García-Fayos 2003)等方面进行了研究。我国关于南亚松林的研究仅涉及松脂经营、林分分布和林分结构方面,而对南亚松林与阔叶林交错区的林分特征并不了解。本节以海南岛霸王岭林区内针叶林区与阔叶林区的生态交错区为研究对象,通过野外调查,对比分析生态交错区与针叶林区和阔叶林区的物种组成、区系成分、外貌和结构等特征的异同,为进一步探讨热带地区针叶林的生物多样性维持机制和热带针叶林的可持续经营提供依据。

通过查阅《海南主要经济树木》(朱志淞 1964)和本次调查结果分析得到热带针叶林优势种,热带季雨林优势种和热带低地雨林(Lu et al. 2011)优势种的判断用已有数据分析得出。将调查到的物种按照植物的生活型划分为乔木、灌木和藤本三种类型。其中,物种丰富度用物种数表示,多度用株数表示。统计量采用 Jaccard 相似性指数,分析不同林分区域总个体数和不同生活型(乔木、灌木、藤本)之间的相似程度。胸径(D_{BH})按 10 cm 一个级别,共划分为 1 cm$\leqslant D_{BH}<$10 cm、10 cm$\leqslant D_{BH}<$20 cm、20 cm$\leqslant D_{BH}<$30 cm、30 cm$\leqslant D_{BH}<$40 cm、40 cm$\leqslant D_{BH}<$50 cm、50 cm$\leqslant D_{BH}<$60 cm、60 cm$\leqslant D_{BH}<$70 cm、$D_{BH}\geqslant$70 cm8 级。因针叶林区跟热带季雨林和热带低地雨林在同一海拔范围内,针叶林区及生态交错区中的阔叶树多为季雨林种;而热带季雨林内的灌木高度通常小于 5 m,树高超过 15 m 即已进入林冠层。林冠层高度(H)一般在15~25 m,故将高度划分为 4 级:$H<$5 m、5 m$\leqslant H<$15 m、15 m$\leqslant H<$25 m、$H\geqslant$25 m。

9.2.1 不同林分区域物种组成和林分特征

57 个样方共计 34 200 m² 面积内,共调查到乔木、灌木和藤本植物 240 种、27 985 个个体,隶属 67 科 173 属。其中,针叶林区 160 种,隶属于 53 科 121 属;生态交错区 168 种,隶属于 52 科 124 属;阔叶林区 208 种,隶属于 61 科 155 属。三个林分区域调查到的物种个体数分别为 7749 株、9000 株和 11 236 株,物种的累积样方数–物种数曲线和个体数–物种数曲线也都表明,阔叶林区的累积速率最快,针叶林区最低,生态交错区居中(图 9-4)。三个林分区域的科、属、种等级的多度分布情况如图 9-5 所示。针叶林区以南亚松为主要优势树种,生态交错区以山榕子(*Buchanania arborescens*)和车桑子(*Dodonaea viscosa*)等物种为主,阔叶林区以银柴、烟斗柯、黄杞和毛柿(*Diospyros strigosa*)为主。三种林分区域中多度排在前 10 位的种为烟斗柯、银柴、南亚松、毛柿、车桑子、黄杞、黄牛木、毛葱、余甘子、山榕子。个体数最多的属为壳斗科的柯属,以烟斗柯为主要种,个体达 1699 株,其次为柿树科的柿属。在针叶林区,明显占优势的为松科,生态交错区以漆树科、无患子科所占比例最大,阔叶林区以大戟科、壳斗科、柿树科和胡桃科为主。阔叶林区的林分密度最大,与阔叶林区个体数最大一致,其次为生态交错区、针叶林区;但针叶林区具有最大的胸高断面积、最大树高和最大胸径(表 9-2)。

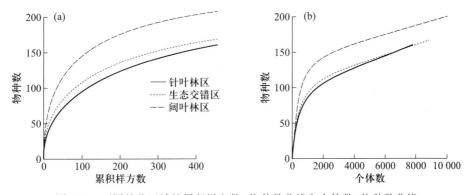

图 9-4 不同林分区域的累积样方数–物种数曲线和个体数–物种数曲线

世界范围内,热带森林长期以来都受到人类采伐、农田扩张等干扰的影响(Martin et al. 2011)。针叶林区作为海南岛植被类型之一,由于其分布的海拔范围较低,长期反复的刀耕火种和 20 世纪多次大规模的商业采伐,导致现存的大面积的针叶林区多为恢复中的次生林(臧润国等 2010)。针叶林区中,南亚松占绝对优势,南亚松个体的胸高断面积占针叶林区全部个体胸高断面积总和的75.1%,主要阔叶树种有野漆树、黄樟(*Cinnamomum porrectum*)、子楝树、海南杨桐等。生态交错区中,南亚松的个体数减少,但其胸高断面积仍占 36.6%;除南亚松种外,物种个体数在前 10 位的物种为烟斗柯、银柴、毛柿、车桑子、黄杞、黄牛木、毛葱、余甘子、山榕子、圆果算盘子(*Glochidion sphaerogynum*),占全部个体数的 59%,全为落叶喜阳植物,为热带季雨林种的特点(Sussman et al. 1994;Gentry et al. 1995),与南亚松生长在一起,生长所需的强光、土壤干旱贫瘠的环境与南亚松相一致。同时,这些种多是在刀耕火种后恢复早期出现的先锋种(丁易等 2011b),很容易在针叶林区受破坏的地方侵入进来形成针阔叶混交林。典型的阔叶林区中几乎没有南亚松的存在,除一部分常见季雨林物种外,也出现了较多的罗伞树、青梅、黄杞、四蕊三角瓣花、银珠、灯架树、海南粗叶木(*Lasianthus chinensis*)等低地雨林常见种。

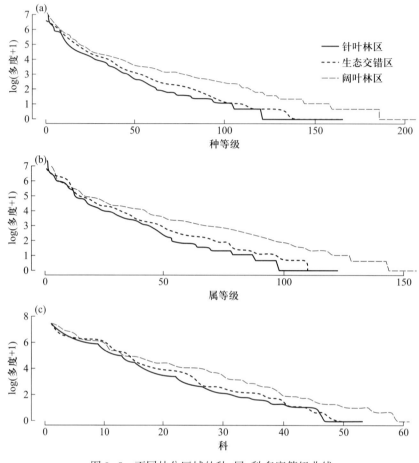

图 9-5　不同林分区域的种、属、科多度等级曲线

表 9-2　不同林分区域主要林分因子比较

林分因子	林分区域(平均值±标准差)		
	针叶林区	生态交错区	阔叶林区
林分密度/(株·100 m⁻²)	68.97±41.94[a]	87.31±25.61[b]	115.32±47.55[c]
胸高断面积/(m²·100 m⁻²)	77.96±65.06[a]	33.82±24.43[b]	26.50±23.78[b]
平均树高/m	5.60±1.64[a]	5.07±1.15[b]	4.97±0.96[b]
最大树高 m	31	30	23
平均胸径/cm	5.68±2.14[a]	4.51±1.20[b]	4.09±1.08[b]
最大胸径/cm	100	85	64

注:不同字母表示具有显著差异。

大戟科、豆科和茜草科是热带雨林中的三大主要科(Morley 2000)。阔叶林区共有物种208种,其中,隶属于三大科的种有46个,而生态交错区为168种/37个,针叶林区为160种/32个。阔叶林区物种多度和物种丰富度均最大,这是因为阔叶林区的阔叶种不仅有热带季雨林种,还有热带低地雨林种。季雨林种以落叶、长刺等生理特征来适应光照强、土壤水肥条件差的地区,如黄牛木、银柴、余甘子、车桑子等;在林分达到一定的郁闭度,又出现热带低地雨林种,如青梅、芳槁润楠、罗伞树等。而针叶林区和生态交错区多是季雨林种,物种组成简单。大戟科、壳斗科和柿树科是海南岛热带针叶林中阔叶树种分布最多的科。大戟科所占比例最大,也是热带季雨林物种种类分布较多的科(蒋有绪等 1991),其中个体数最多的物种为银柴、余甘子(*Phyllanthus emblica*)、圆果算盘子和光叶巴豆(*Croton laevigatus*),分别属于银柴属(*Aporusa*)、叶下珠属(*Phyllanthus*)、算盘子属(*Glochidion*)、巴豆属(*Croton*)。

9.2.2　不同林分区域物种生活型组成

本研究中,植物的生活型分为三种类型。如图 9-6 所示,乔木个体占绝对多数,灌木次之,藤本最少,分别占 77.51%、18.00%和 4.49%。乔木种也最为丰富,占 68.01%,灌木和藤本丰富度分别占 22.20%和 9.79%。方差分析结果表明,三种生活型的物种个体多度和丰富度在三个林分区域均存在极显著差异($F=10.68,p<0.001$ 和 $F=11.59,p<0.001$),且均是阔叶林区>生态交错区>针叶林区。表 9-3 可以看出,从全部生活型来看,生态交错区和阔叶林区的相似性系数较大;从不同生活型来说,针叶林区和生态交错区的乔木物种相似性较大,生态交错区和阔叶林区的灌木物种组成较相似,针叶林区和生态交错区的藤本组成相似性较大。

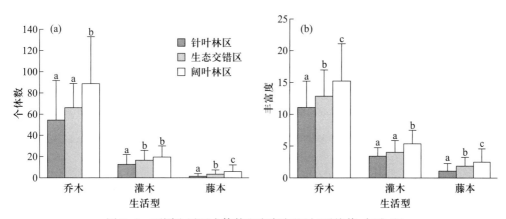

图9-6　不同生活型个体数和丰富度差异(平均值±标准差)

9.2.3　不同林分区域物种植株高度结构

不同林分区域的层次结构不同,高度亦有所不同。如图 9-7a 所示,针叶林区、生态交错区和阔叶林区中 $H<5$ m 的个体多度分别占各区域总个体多度的 28.37%、31.25%和 40.38%,在这一高度

表 9-3　不同林分区域物种相似性比较

	Jaccard 相似性系数		
	C	E	B
全部生活型-C	1	—	—
全部生活型-E	0.588	1	—
全部生活型-B	0.461	0.620	1
乔木-C	1	—	—
乔木-E	0.623	1	—
乔木-B	0.467	0.607	1
灌木-C	1	—	—
灌木-E	0.578	1	—
灌木-B	0.470	0.624	1
藤本-C	1	—	—
藤本-E	0.564	1	—
藤本-B	0.441	0.437	1

注:C,针叶林区;E,生态交错区;B,阔叶林区。

区间,三个区域的多度差异不显著($F=1.998$,$p=0.15$)。三个林分区域 5 m≤H<15 m 的个体多度分别占 20.59%、33.13% 和 46.28%,个体多度差异极显著($F=11.65$,$p<0.001$),但阔叶林区和生态交错区差异不显著,明显多于针叶林区。三个林分区域 15 m≤H<25 m 的个体多度分别占 66.56%、22.08% 和 11.36%,个体多度差异极显著($F=8.908$,$p<0.001$),个体多度为针叶林区>生态交错区>阔叶林区。三个林分区域 H≥25 m 的个体多度分别占 60.00%、32.00% 和 8.00%,差异显著($F=3.641$,$p=0.0363$),针叶林区最大,阔叶林区最小。

不同高度的丰富度如图 9-7b 所示,当 H<5 m 和 5 m≤H<15 m 时,三个林分区域丰富度差异显著($F=4.966$,$p=0.0125$ 和 $F=5.482$,$p=0.00835$),且趋势相同,阔叶林区>生态交错区>针叶林区;当 15 m≤H<25 m 和 H≥25 m 时,则差异不显著($F=0.375$,$p=0.702$ 和 $F=1.5$,$p=0.237$)。调查中,针叶林区林冠层的物种多为南亚松,生态交错区高度较大的物种为南亚松和山槎子,阔叶林区则以烟斗柯、毛柿、黄杞和乌墨最高。

9.2.4　不同林分区域物种径级结构

三个林分区域 1 cm≤D_{BH}<10 cm 的个体占全部个体的 92.9%,随着物种胸径的增大,个体多

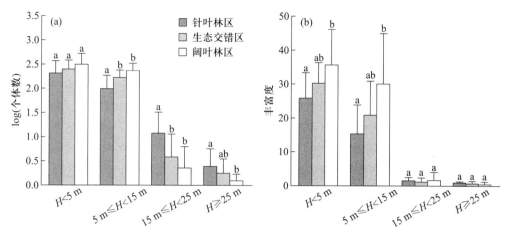

图 9-7   不同高度的个体多度和丰富度差异

度明显减少(图 9-8a)。1 cm≤D_{BH}<10 cm 时,针叶林区、生态交错区和阔叶林区个体多度分别占各区域总个体多度的 24.53%、32.10% 和 43.37%,差异显著($F=7.133,p=0.0024$);10 cm≤D_{BH}<20 cm 时,分别占 28.09%、35.63% 和 36.28%,差异不显著($F=0.891,p=0.419$);当 20 cm≤D_{BH}<50 cm 时,个体多度表现出针叶林区>生态交错区>阔叶林区,针叶林区和阔叶林区之间差异显著,与生态交错区都无显著差异;当 D_{BH}≥50 cm 时,三个林分区域个体多度差异不显著。当 50 cm≤D_{BH}<60 cm 时,针叶林区、生态交错区和阔叶林区物种多度分别为 6、2、2;D_{BH}≥60 cm时,分别为 9、3、1。

与个体多度组成不同的是,三个林分区域丰富度在 1 cm≤D_{BH}<10 cm 时,针叶林区与生态交错区差异不显著,但均与阔叶林区有显著差异,丰富度顺序为阔叶林区>生态交错区>针叶林区;当 10 cm≤D_{BH}<20 cm 时,针叶林区和阔叶林区之间差异显著,与生态交错区都无显著差异,阔叶林区丰富度最大,针叶林区最小。D_{BH}≥20 cm 时,三个林分区域丰富度差异都不显著(图 9-8b)。D_{BH}≥30 cm 时,针叶林区胸径较大的物种为南亚松和毛叶青冈,生态交错区为南亚松、乌墨、毛叶青冈、山槐子和红鳞蒲桃,而阔叶林区则是麻栎、银珠、乌墨、青梅、黄杞、海南榄仁等热带低地雨林常见种。

群落结构是植物种群生态学研究的重要内容,研究森林群落优势种群的结构与动态,对阐明森林生态系统的形成与维持、群落的稳定性与演替规律、种群的生态特征和更新具有极为重要的意义。分析热带森林群落物种个体和生态型组成有助于理解和推测热带森林生态系统的动态特征(Capers et al. 2005)。随着林分由针叶林区到阔叶林区,三种不同生活型的变化逐渐增加,藤本的变化最为明显,这也与海南岛热带低地雨林次生林中藤本植物较多一致。与三种林分类型物种组成类似,物种的生活型组成中,乔木、灌木和藤本的个体数和物种丰富度都以阔叶林区的最大,生态交错区次之,针叶林区最小,而生态交错区和阔叶林区的总体相似性系数大于生态交错区与针叶林区,这可能与阔叶树种向针叶林区方向更新较为容易,而针叶林区向阔叶林区方向更新困难有关。阔叶林区由于物种个体数较多,林分郁闭度相对大,而南亚松的更新需要强烈的光照条件,阔叶林区中的光环境难以满足南亚松的更新,所以阔叶林区中南亚松个体数较少。

物种与分布面积的关系能够为辨别群落结构提供有利的证据,这些已经被用来描述群落的异质性(Wilson et al. 2000)。累积样方数-物种数曲线的斜率依赖于新物种的出现。随着研究

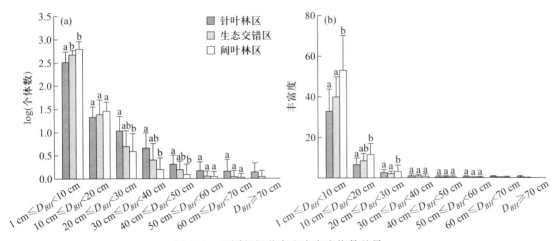

图9-8 不同径级分布和丰富度指数差异

面积的增加,异质性面积上物种增加的速率显著大于同质性面积物种的增加速率。我们的研究结果从针叶林区到阔叶林区,物种的累积速率逐渐增加,表明针叶林区物种的生境相对一致,而阔叶林区物种组成复杂,生长环境异质性较强。不同林分区域的高度级和径级结构都以小高度级和小径级的个体占群落个体的主体,都表现出倒"J"形结构,表明这些群落处于群落演替的早期阶段。当群落受到砍伐等干扰后,有利于阔叶树种的更新及向针叶林区的扩散。自然恢复促进了群落林冠层的发育,同时一些耐阴物种也开始出现(Ameztegui et al. 2011)。群落优势树种的变化,一定程度上反映了林分结构的变化以及植被对环境的适应(Virtanen et al. 2010)。

　　研究表明,南亚松种群具有集群分布特征(黄运峰等 2009),而南亚松的种子很难侵入到阔叶林区中,这是因为南亚松为强喜光树种,依靠种球传播,每年可产生大量的球果,但种子落地后可能腐烂或是被动物啃食,即使幸存下来的种子,萌发后成活率很低,多数只有在疏林地、林隙、林缘或岩石缝隙之中的种子才能形成实生苗,从而形成小面积的南亚松纯林。此时,由于林内的强光照及土壤条件限制,林内阔叶树种较少。而当郁闭度在 0.4 以上时(朱志淞 1964),林间南亚松幼树开始生长不良,此时南亚松林的边缘有较好的光照条件和阔叶树种源的地带,为附近一些阔叶树种的侵入创造了较好的条件,从而形成了松树林与阔叶林的交错区。即强光照促进南亚松更新,光照减弱时阔叶种侵入,这种转化机制也为三种群落类型物种高度分布差异分析提供了一定的参考依据。由于南亚松在幼苗期有 3~5 年的蹲苗期,加上本身生物学特性和环境条件的综合影响,一般要到 20 年生以上才开始开花结果,在林内南亚松的实生幼苗很少。也就是说,最初形成的小面积的南亚松林基本为同龄、纯林,林冠层全为南亚松。在松树林与阔叶林的交错地带,与南亚松同龄的阔叶林由于早期的快速生长,在恢复早期有机会进入林冠层。

　　干扰有利于生态幅度变化较大物种的入侵(Puyravaud et al. 2003)。生态交错区与针叶林区和阔叶林区之间的动态平衡受控于物种之间的竞争、物种的扩散和定居的方式(Müller et al. 2012),也跟生态交错区的宽度和位置有关(Harper et al. 2011)。同时,物种对环境的适应性和自我平衡效应在一定程度上也起到了调节作用(Walther et al. 2002)。Risser (1995)认为,对受气候变化或干扰影响有明显变化的交错区的研究有重要意义。对热带生态交错区物种组成和分布的研究,有利于对热带针叶林的保护。

9.3 海南岛热带针叶林–阔叶林生态交错区植物功能性状特征及其与环境因子的关系

生态交错区在近十年（Kullman et al. 2009）、近百年（Vallée et al. 2004）或者近千年内（Camill et al. 2003）的空间位置变化可以通过生态学方法计算得到，因此，许多生态学家和生物地理学家认为，对生态交错区的研究能更好地理解人类活动对陆地生态系统的影响，包括人为因素导致的气候变化（Neilson 1993；Loehle 2000）。生态交错区揭示了特定种及其生存环境在特定范围内的分布界限（MacDonald et al. 2000；Mayle et al. 2008；D'Odorico et al. 2012）。由于这种分布界限，生态交错区被视为全球气候变化的敏感指示器（Virtanen et al. 2010；Wyckoff et al. 2010）。

生态交错区及其相邻群落中的每个种和功能群的分布格局可以被划分为三种类型：① 在两个相邻群落中单独出现的种在生态交错区往往有较低的个体数；② 相邻群落中共同出现的种在生态交错区个体数往往没有明显的变化；③ 生态交错区的特有种在相邻群落中很少出现，但在生态交错区可能有较多的个体数。生态交错区的存在体现了群落水平上物种是如何沿着环境变化而呈现出不同的生态过程和空间格局（Wiegand et al. 2006）。已有很多研究集中在群落关键种的变化如何反映生态交错区位置的变化（Batllori et al. 2009；Wyckoff et al. 2010）、群落结构和物种多样性在生态交错区及相邻群落中的变化（Kernaghan et al. 2001；Traut 2005）及环境因子在生态交错区的变化（Sjögersten et al. 2002；Tripathi et al. 2008）。目前这种趋势转向通过研究物种性状的变化反映生态交错区在生态系统的作用（例如 Leishman et al. 1995；Mabry et al. 2000；Lavorel and Garnier 2002）。

植物的性状能够反映植物适应环境变化所形成的生长对策（Websty 1999）。有研究表明，植物的比叶面积与土壤中的氮含量有关，叶片氮含量与土壤中的氮和磷含量都有关，但是叶片磷含量只与土壤磷含量有关。而物种各性状间也是相互联系的。叶片干物质含量与比叶面积呈负相关关系（Garnier et al. 2004），比叶面积、叶片氮和磷含量相互之间呈正相关关系（Wright et al. 2004c），种子的质量和植物高度、植物质量、冠层体积和植物寿命之间均有正关联效应（Moles et al. 2004b）。

既然生态交错区存在特有种，是否存在生态交错区的特有性状特征？探讨这些问题将对生态交错区的形成及动态了解有重要意义。目前，国内对植物功能性状的研究主要集中在植物功能性状之间关系及不同功能群功能性状之间的差别上，很难反映在环境影响下，植物功能性状对环境变化所采取的适应对策。为了探讨海南岛热带针叶林区、热带针叶林–阔叶林生态交错区及热带阔叶林区三种林分类型在群落水平上功能性状是否存在差异，分析生态交错区与相邻群落中植物的生理、形态和生活史等特征，从而在群落水平上反映出生物之间、生物与环境之间的相互作用，揭示生物对外部环境的适应性。

具体的功能性状指标包括比叶面积、叶片干物质含量、木材密度、潜在最大高度、叶绿素含量、叶片氮含量、叶片磷含量和叶片钾含量。这些功能性状指标与植物的生长速率、最大光合速率、竞争力和养分循环等方面存在密切关联。比叶面积是重要的植物叶片性状之一，可以表示为叶片面积和质量的比值。由于比叶面积往往与植物的生长和生存对策有紧密的联系,能反映植物对不同生境的适应特征,所以成为植物比较生态学研究中的首选指标。在大多数情况下,比叶面积正关联于潜在相对生长速率或者最大光合速率。物种具有较小的比叶面积意味着高投资的叶片"防御"和较长的叶片寿命。叶片干物质含量是反映植物生态行为差异的又一叶片特征,可以表示为叶片干物质重量和叶片饱和鲜重的比值,代表了植物获取资源的能力,是在资源利用分类轴上定位植物种类的最佳变量。叶片干物质含量往往负关联于潜在相对生长速率但正关联于叶片寿命。与比叶面积相比,叶片干物质含量具有易于测定的特点,对于那些比叶面积难以测定的植物如针叶,确定其叶片干物质含量显得尤为重要。木材密度与植物竖向生长的结构性支撑力、植物的寿命、树干的防御功能(如病虫害、可食性和物理性防御等)及碳储量有关。潜在最大高度与植物的竞争力、整个植株的生产力及干扰后的恢复能力有关。叶片氮、磷、钾含量与最大光合速率和叶片养分的留存存在密切的关系,并且叶片养分含量是生态系统养分循环的重要组成部分。

群落水平功能性状值(CWM)是由测定的物种水平的功能性状值,以物种多度为基础加权平均,得到各个性状在群落水平的平均值。本章以下提到的功能性状值均指群落水平功能性状值。功能性状包括比叶面积(SLA)、叶片干物质含量(LDMC)、叶绿素含量(CC)、木材密度(WD)、潜在最大高度(Hmax)、叶片氮含量(LNC)、叶片磷含量(LPC)、叶片钾含量(LKC),以物种多度为基础加权平均后,得到各个性状在群落水平的平均值(即群落性状值)。用单因素方差分析,并用TukeyHSD检验进行多重比较不同林分区域群落水平功能性状差异。

为了进一步验证不同林分区域植物功能性状与环境因子的关系,我们把三个林分区域的植物功能性状值与环境因子做冗余分析。冗余分析由R.3.0.0(R Core Team 2013)里面的Vegan软件包完成。冗余分析是多变量之间环境梯度分析,它的排序轴受环境变量线性组合的限制,通过年表与气候变量的回归与主成分分析来评价植物功能性状与环境因子的关系。采用向前筛选法对环境变量进行逐个筛选,每一步都采用蒙特卡罗(Monte-Carlo)排列检验,排列重复采样为999次,显著水平为$p<0.05$。

9.3.1 热带针叶林区群落水平功能性状的相关性

热带针叶林区群落植物功能性状整体表现如图9-9所示,比叶面积与木材密度相关性最强($p<0.001$),其次与叶片钾含量也达到显著相关($p<0.05$),与叶片干物质含量和潜在最大高度呈负相关,与叶片氮含量相关性也较大。而叶片干物质含量与潜在最大高度呈显著正相关($p<0.05$),与叶片氮含量和叶片钾含量显著负相关($p<0.05$和$p<0.01$)。木材密度与叶片钾含量呈极显著相关($p<0.01$)、与叶片氮含量呈显著相关($p<0.05$),但与潜在最大高度呈显著负相关($p<0.05$)。在叶片氮、磷与钾含量三者中,叶片氮含量与叶片钾含量呈极显著正相关($p<0.001$),叶片磷与叶片钾含量呈显著负相关($p<0.05$)。

植物功能性状影响植物生长、存活和繁殖速率,并能体现其在适宜生境下的形态、生理和物候特征,是植物在长期进化过程中适应不同环境的结果。植物功能性状之间相互关联。不同植物区系间可能存在相似的性状格局,多个性状的结合不仅决定着植物之间的关系,也影响着生物

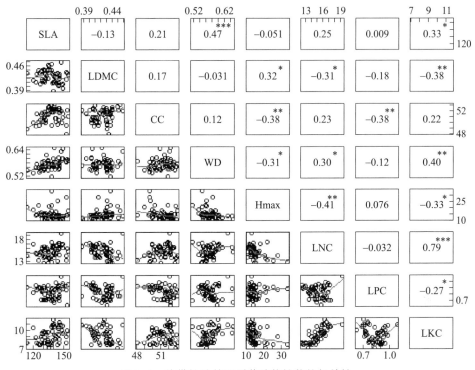

图 9-9　热带针叶林区群落功能性状的相关性。

多样性与生态系统之间的联系(Reich et al. 1999;Westoby et al. 2002)。比叶面积反映了植物获取资源的能力,也是连接植被功能的一个关键性状。研究表明,比叶面积较小的植物叶片有较多的细胞或是单个细胞有较大的生物量,且比叶面积较小的植物其支持和抵御环境胁迫的能力较强,在资源缺乏的环境中表现尤为突出,进一步证明了植物通过调节比叶面积的大小来适应环境。而比叶面积与叶片干物质含量间又表现为负相关(Vendramini et al. 2002),叶片具有较大的干物质含量一般具有更强的抵抗物理性伤害的能力,本节中这两种功能性状的表现与此结论相同。我们还发现,在我们研究区域内,植物的比叶面积与木材密度相关性最大,可能跟针叶树种与阔叶树种的性状特征差异较大有关。叶绿素含量与潜在最大高度和单位质量叶片磷含量呈显著负相关,这可能是因为针叶林区针叶树种为了捕获光照,植株个体较为高大,而阔叶树种相对植株个体低但叶绿素含量较高。不同生态系统和众多数据表明,叶片寿命与比叶面积、叶片氮和磷含量呈显著负相关(Wright et al. 2004b),本研究中也有体现,即针叶树种的叶片寿命相对较长,而叶片的比叶面积、单位质量叶片氮含量却较低。阔叶树种中的热带季雨林物种在旱季落叶,叶片寿命较短,比叶面积和单位质量叶片氮含量较高。我们研究发现,叶片氮含量与叶片磷含量呈负相关、与叶片钾含量呈极显著正相关且相关性最大。在八个植物功能性状中,叶片钾含量与其他几个性状间的相关性都较大。性状间的相关性表明,对同一个种很少同时出现的性状表现出负相关,对主要种经常共同出现的性状呈正相关。

9.3.2 不同林分区域植物功能性状比较

热带针叶林-阔叶林生态交错区调查范围内,植物叶片的比叶面积、叶片干物质含量、叶绿素含量、木材密度、潜在最大高度、叶片氮含量、叶片磷含量、叶片钾含量分别是 58.93～331.40 cm² · g⁻¹、0.22～0.71 g · g⁻¹、32.1～75.07 SPAD、0.2～0.88 g · cm⁻²、2～35 m、6.52～42.41 mg · g⁻¹、0.15～1.96 mg · g⁻¹和2.18～36.28 mg · g⁻¹;群落水平各功能性状值分别是 95.46～161.63 cm² · g⁻¹、0.35～0.46 g · g⁻¹、43.34～53.99 SPAD、0.52～0.65 g · cm⁻²、10.65～33.82 m、13.41～18.41 mg · g⁻¹、0.63～1.02 mg · g⁻¹、7.21～12.86 mg · g⁻¹。图 9-10 所示,三个林分区域叶片功能性状的特征表现为:针叶林区的比叶面积显著小于阔叶林区,但与生态交错区差异都不显著;叶片干物质含量呈递减趋势,三个林分区域差异不显著。三个林分区域的叶绿素含量呈显著增加的趋势。由针叶林区、生态交错区到阔叶林区,三个林分区域的叶片氮、钾含量表现出依次增加趋势,即针叶林区显著小于生态交错区,后者又显著小于阔叶林区。而叶片磷含量为针叶林区最大,呈依次递减趋势,但针叶林区与阔叶林区差异显著,两者与生态交错区均差异不显著。

当群落的非生物环境变化时,植物的功能性状值会发生明显的变化(Fonseca et al.

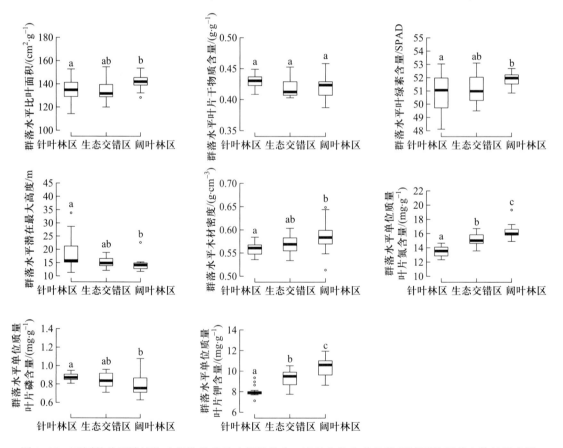

图 9-10 不同林分区域植物功能性状差异功能性状在一定的生物和非生物环境下控制着个体的适应性

2000；Wright et al. 2002）。目前，通过植物性状的差异反映群落结构变化差异的研究越来越受到国内外研究者的重视。性状在不同林分区域的变化可能与植物利用资源的能力紧密联系，反映植物为适应环境变化而形成的生存对策（Westoby et al. 2002），这是因为植物营养的吸收与植物功能性状之间具有强烈的正相关性，具有较大功能性状值往往与较好的资源环境有关。首先，光对植物的生长有着非常重要的影响。森林群落中的光资源具有高度的时间和空间异质性，长期以来，森林群落中的物种形成了能够适应不同光环境的形态和生理特征（Delagrange et al. 2004），例如，热带季雨林物种在旱季表现为落叶特征。在我们的研究区域内，季雨林物种也大多出现在针叶林区和生态交错区内，因为这些林分的光照条件较强，季雨林物种对高光照有较强的适应能力，而一些耐阴物种则常常分布在阔叶林区。

　　比叶面积是描述植物特征的重要功能性状之一。比叶面积越大，代表叶片的光捕获面积越大，越有利于碳的同化；比叶面积越小，则有利于增加叶片内部水分向叶片表面扩散的距离或阻力，降低植物内部水分散失。比叶面积小的植物能更好地适应资源贫瘠和干旱的环境，比叶面积大的植物保持体内营养的能力较强。叶片干物质含量与比叶面积负相关，在针叶林最大、阔叶林中最小，也反映出了针叶林区内的物种对干旱胁迫具有强的适应性，与以往的研究结论一致（Lohbeck et al. 2013）。成年物种的潜在最大高度能够表达植物功能性状的整体变异情况，被认为是反映物种变化的一个重要因素（Westoby et al. 2002）。从针叶林区经生态交错区到阔叶林区，潜在最大高度逐渐降低，主要是由于针叶林区林冠层主要物种——南亚松为强阳性树种，与阔叶树种相比，对光资源的竞争较强烈，树种高度较大。木材密度是衡量物种生长与存活的一个重要指标，同时也能反映出树种的体积增长状况和对干旱的抵御能力（Poorter et al. 2010b）。有专家认为，木材密度最终应该与其他性状谱结合，这些性状之间组合分配能够反映不同的生长和存活情况（Markesteijn et al. 2011）。叶经济和茎经济之间的平衡有时候也是独立进行的（Baraloto et al. 2010b）。一些典型的喜光植物和先锋物种通常具有较小的木材密度，有利于植物茎体积的快速膨大、高的水分疏导速率、高的水分供给、高的光合作用速率及高的生长率。本节研究中，针叶林区群落水平木材密度最小，是因为针叶树种生长速度较快，而阔叶林区最大也反映出了阔叶树种较慢的生长速度。叶片氮、磷和钾含量与叶经济谱紧密相关（Baraloto et al. 2010b）。与针叶林区、生态交错区相比，阔叶林区群落水平高的叶片氮、钾含量，可能与较大的物种组成变化有关（Hoffmann et al. 2005）。一些耐阴的阔叶树种通过改变形态、生理及资源分配策略来适应低光照条件（Ameztegui et al. 2011）。这些性状通常具有种或环境特异性（Valladares et al. 2008）。

　　本研究与我们假设结论一致，生态交错区不仅仅是物种组成的过渡区，群落水平的植物功能性状也有明显的渐变特征。从针叶林区经生态交错区到阔叶林区，植物的比叶面积、叶绿素含量、叶片氮、钾含量有逐渐增加的趋势。植物的功能性状值经生态交错区的变化与其他生态交错区特有种的多度和分布有同样的趋势。这些功能性状值在生态交错区及相邻群落中的波动可能是功能特征在生态交错区及周围群落的特殊环境条件下的综合反映。

9.3.3 不同林分区域植物功能性状与环境因子之间的关系

图 9-11 表明,针叶林区的 9 个环境因子中,土壤全磷与比叶面积呈正相关,土壤全氮和土壤全钾与比叶面积呈负相关;土壤有机质和土壤全氮与叶片干物质含量呈正相关;土壤含水量与叶绿素含量呈负相关,与土壤有效钾呈微弱正相关;土壤 pH 和林冠开阔度与木材密度呈正相关,而土壤有机质与木材密度呈负相关;土壤含水量与潜在最大高度呈正相关;叶片氮含量与土壤有效磷的相关性最大;土壤 pH 和土壤全氮对植物功能性状在 0.05 的显著水平上呈正相关。

生态交错区中,林冠开阔度和土壤有效氮与比叶面积呈正相关;土壤有机质与叶片干物质含量和叶绿素含量呈正相关,土壤全氮和土壤全磷与叶绿素含量呈正相关,而土壤有效磷与叶绿素含量呈负相关;土壤有效氮与木材密度呈微弱正相关;土壤 pH 与潜在最大高度呈正相关,而与凋落物厚度呈负相关;土壤含水量与叶片氮、磷含量呈正相关,而土壤有效磷和有效钾与叶片钾含量呈微弱正相关,而与土壤全氮、全磷呈负相关。

阔叶林区中,土壤有机质和土壤有效钾与比叶面积呈正相关;土壤有效氮与叶片干物质含量呈微弱正相关;土壤全钾与叶绿素含量呈正相关,而与土壤 pH 呈负相关;林冠开阔度与木材密度呈正相关,土壤全磷、全钾与潜在最大高度呈正相关,而林冠开阔度与潜在最大高度呈负相关;土壤含水量与叶片氮、钾含量呈正相关,而土壤全磷与叶片磷含量呈正相关。

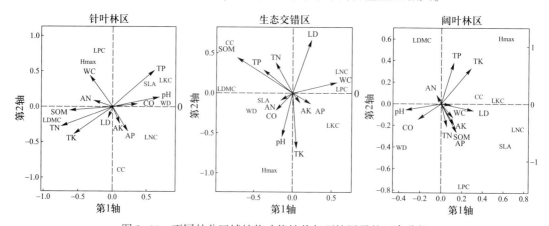

图 9-11 不同林分区域植物功能性状与环境因子的冗余分析

环境因子用箭头表示,箭头连线的长度代表环境因子和群落分布的相关程度,连线越长,说明相关性越大,反之越小。箭头连线和排序轴的夹角代表环境因子与排序轴的相关性大小,夹角越小,相关性越高,反之越低

长期以来,物种形成了能够适应当地土壤和光环境的策略。由于光具有空间和时间异质性,物种也具有不同的形态和生理特征(Douma et al. 2011)。本研究中,针叶林区林冠开阔度最大,光合有效辐射也最大,因此土壤水分蒸发量也较大,导致针叶林区的土壤干旱。南亚松作为针叶林区主要树种,具有较强的适应性。南亚松的比叶面积较低,有利于降低植物内部水分散失,提高水分利用效率。同时,在太阳辐射高和有效水分低的情况下,叶片体积较小能够减小叶的支撑能力,有利于调控叶片温度和水分利用效率(Ackerly et al. 2002)。研究表明,长在干旱和半干旱

地区的植物,叶片通常表现为革质且比叶面积较小,这是植物为了在干旱条件下维持自身的新陈代谢所采取的适应策略。低的比叶面积常常与植物叶片的抗旱能力联系在一起(Reich et al. 1997)。干旱环境中植物的叶片干物质重量、叶片含氮量和净光合速率较高,这些特征被解释为植物为了适应干旱生境的保水对策,具体表现为植物水分利用率和氮利用率之间的权衡。针叶林区由于强太阳辐射导致林分温度高于阔叶林区,同时针叶树种的比叶面积也小于阔叶树种,墨西哥海湾中心红树林的比叶面积与温度呈负相关与这一结论一致(Méndez-Alonzo et al. 2008)。针叶林区内的阔叶树种也通过调节性状特征来适应针叶林区的强烈太阳辐射和土壤干旱。例如,热带季雨林物种也通过落叶、植株刺生现象来适应干旱。这些物种同时也具有较高的叶片干物质含量,进而减少水分的蒸发,提高光合利用率。

生态交错区太阳有效辐射仍然高于阔叶林区,土壤含水量远远低于阔叶林区,因此,在生态交错区仍然以抗旱树种为主。热带季雨林物种旱季落叶,叶片寿命相对较短,因此,季雨林物种往往具有高的净吸收率和高的生长率(Ackerly 2003),在旱季这种适应的策略对季雨林物种来说尤其重要(Lohbeck et al. 2013)。在物种较为丰富的阔叶林区,光照条件对多数阔叶物种较为适宜,但不能满足针叶树种的更新,因此,针叶树种几乎不能在阔叶林区中生存。当光资源较低时,常绿树种叶片单位质量的叶面积较大,这样能充分捕获和利用光资源。阔叶林区的凋落层较厚,为土壤增加了土壤有机质源(Aerts et al. 1999)。在高土壤养分下生长的物种往往也具有高的比叶面积、叶片氮和钾含量(Ordoñez et al. 2009)。随着林分由针叶林区到阔叶林区,叶片营养和土壤营养都逐渐增加。从某种意义上说,土壤养分较低的环境加速了物种的分化。针叶林区中大量的南亚松导致土壤呈酸性,也限制了一部分物种的生存。也有学者认为,较低的土壤营养或低的有效水分条件有利于植物叶片的硬化(Turner 1994)。植物叶片氮、磷含量是描述群落水平上植被结构、功能和养分限制的重要指标。大量的研究表明,植被物种的氮、磷含量与许多生物和非生物因子相互联系,如生境、植被的生长阶段及植被的功能群(董莉莉等 2009)。

从针叶林区经生态交错区到阔叶林区,环境条件也由高太阳辐射、低土壤含水量和土壤营养过渡到适宜光照条件、高土壤含水量和土壤营养。物种组成也从强阳性、耐贫瘠的针叶树种占主体过渡到有较为丰富的耐阴、阔叶树种。Ordoñez 等(2009)通过研究表明,植物快速生长与植物功能性状及其与资源利用的保守性策略均与土壤有效资源关系密切。既然环境因子作为一个"环境筛",将具有相似性状的物种筛选到同一个群落中(Ordoñez et al. 2009; Lebrija-Trejos et al. 2010),那么植物的功能性状也可以作为一种有效工具来反映不同环境下植物生长与土壤营养利用之间的机制(Orwin et al. 2010)。因为热带针叶林是热带地区林分代表,加上其独特性,了解环境因子是如何影响热带针叶林群落,对热带针叶林生态系统的管理和保护有重要意义。本节以热带针叶林区、阔叶林区以及生态交错区群落功能性状变化为出发点,试图探讨随着环境梯度的改变植物功能性状是如何变化的。本研究的三种不同林分区域,由于所处的光和土壤条件的不同,对 8 个植物功能性状起主要作用的环境因子明显不同。这也表明,植物为了更好地生存,随着环境的改变会采取不同的生态策略。从研究结果可以得到,从针叶林区经生态交错区到阔叶林区的变化过程中,植物的功能性状也主要由保守性(低比叶面积、叶片氮和钾含量)过渡到开放性(高比叶面积、叶片氮和钾含量)。物种组成和环境特征在空间上的不连续,为我们进一步探讨环境因子如何影响生物群落组配提供了方便。

9.4 海南岛热带针叶林-阔叶林生态交错区生物多样性及其与环境因子的关系

生物多样性是恢复生态学研究的主要内容之一,生态系统的退化常伴随生物多样性的丧失。生物多样性有遗传多样性、物种多样性、生态系统多样性和景观多样性等方面的含义(马克平1993)。在反映生物多样性的研究中,关于群落物种多样性的研究较多。常用的指数有香农-维纳多样性指数、均匀度指数和辛普森指数。辛普森指数反映了群落中最常见物种的优势度。香农-维纳多样性指数包含有较多关于群落结构的信息,能反映出物种在群落中的地位和作用。均匀度指数是指群落内物种分布的均匀程度。茹文明等(2006)对物种多样性指数进行了比较分析,胡玉佳等(2000)及其他研究都分别对植物群落的多样性展开了深入的研究,并取得了一定成果。

植物功能性状被认为可以用于描述植物的功能,而生物群落中功能性状的变化通常用功能多样性来定量表述。功能多样性是指那些影响生态系统功能的物种或有机体性状的数值和范围(Petchey and Gaston 2002)。目前基于植物功能性状的功能多样性分析方法不断得以完善,很多研究表明,功能多样性可以很好地预测生态系统功能及其服务(Possley et al. 2009;Cadotte et al. 2010)。群落中某些主要功能性状的变异可以反映植物对资源利用采取的生态策略(Wright et al. 2004c),而由其组成的功能多样性随环境梯度的变异则可以揭示群落中物种的共存机制(Mason et al. 2012a)。功能多样性至少包含三个基本的方面,即功能丰富度(functional richness)、功能均匀度(functional evenness)和功能分散度(functional divergence)。功能丰富度和功能分散度经常被认为与群落组配过程或者生态系统功能有关(Mouillot et al. 2007)。但是有研究表明,功能均匀度同样有潜力预测群落组配过程。此外,在群落组配过程中,生态学家逐渐认识到,必须关注生物多样性的多个方面(Devictor et al. 2010)。物种多样性是生物多样性中最基础的组成部分。而功能多样性是由生物形态、生理生态方面的功能性状组成的多样性,与其他生物多样性指标相比,功能多样性能够更好地反映生态系统功能(Suding and Goldstein 2008)。

国外学者在研究生态交错区物种多样性时发现,生态交错区往往具有较大的物种丰富度和物种多样性(Petts 1990;Hansen and Castri 1992;Lloyd et al. 2000)。我国学者在森林-草原交错带(王庆锁等 2000)、半干旱区湿地-干草原群落交错带(张克斌 2007)等地发现生态交错区的物种多样性最大。高俊峰(2005)发现,从阔叶林、针阔叶混交林到针叶林的演替过程中,生态交错带内群落与相邻群落相比,具有高的物种多样性。

针叶林主要分布在温带和寒带地区,但是在热带地区仍然有一定面积的针叶林分布。我国分布面积较大的热带天然针叶林只有南亚松天然林。海南岛面积最大且分布最为集中的热带针叶林为分布于霸王岭林区的南亚松林,它是热带气候条件下的特殊地质或突然顶极。与其他植被类型相比,长期的人为经营活动导致现存的南亚松林缺乏更新幼苗和其他灌木类植物,生物多样性资源大大减少,其改善环境的功能衰退,生产力下降。研究受干扰的热带针叶林生态系统的物种多样性变化规律及保护对策是非常重要的课题。南亚松热带针叶林分布在与热带低地雨林和热带季雨林相同的低海拔范围内,当这三种低海拔的热带林受到干扰破坏后,常常会形成针叶林与阔叶林的生态交错区。近年来,我国仅一些学者对热带针叶林的群落结构和松脂经营等进行了研究,还没有开展对热带针叶林及其与阔叶林之间的生态交错区生物多样性的有关研究。本节根据野外调查资料,对海南岛热带针叶林区及其与阔叶林的生态交错区和阔叶林区的生物多样性变化及不同生物多样性指标与环境因子进行了初步研究,以期为进一步探讨热带针叶林受干扰后恢复和重建的有效途径、促进森林生物多样性保护和可持续利用提供理论依据。

功能多样性是以 8 个与群落生态系统功能存在密切相关的功能性状(比叶面积、叶片干物质含量、木材密度、潜在最大高度、叶绿素含量、叶片氮含量、叶片磷含量和叶片钾含量)为基础计算而得。具体的功能多样性指标包括功能丰富度、功能均匀度、功能分散度、功能离散度。功能丰富度指群落中物种所占有的以 n 维功能性状为基础的凹凸包量。功能均匀度指群落中物种功能性状数值在凹凸包量中排列的规则性。功能分散度指群落中物种功能性状数值在凹凸包量中排列的分散性。功能离散度指群落中每个物种的 n 维功能性状到所有种功能性状空间重心的平均距离(Laliberté and Legendre 2010)。

9.4.1　不同林分区域物种多样性变化

针叶林区和生态交错区的香农-维纳多样性指数、物种丰富度显著低于阔叶林区(图 9-12a,b)。群落的辛普森指数呈逐渐降低趋势,针叶林区最大,阔叶林区最小,其中针叶林区和生态交错区差异不显著(图 9-12c)。均匀度指数呈增加趋势,针叶林区最小,阔叶林区最大,针叶林区和阔叶林区之间的差异显著,两者与生态交错区的差异均不显著(图 9-12d)。

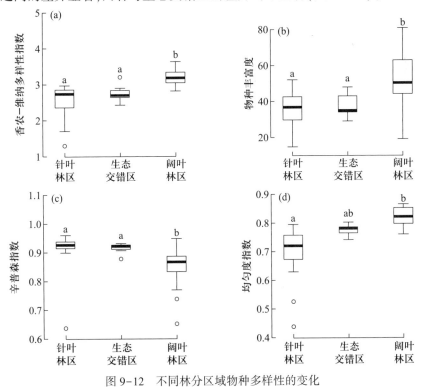

图 9-12　不同林分区域物种多样性的变化

以往关于生态交错区的部分研究证明,生态交错区的物种丰富度最大(Kirkman et al. 1998;Harper et al. 2001;Traut 2005);也有一部分的研究结果为生态交错区的物种丰富度介于两个群落之间(Harper 1995;Turton et al. 2006),这可能与生态交错区的长度及特有的环境条件有关。本节的研究结果与最后一种情况类似,以阔叶林区的物种多样性和丰富度最大,与一些研究结果也是相符的(Hansen et al. 1992;Lloyd et al. 2000)。阔叶林区的物种多度、物种丰富度和香农-维纳多样性指数均最大,其原因可能是针叶林区中南亚松占绝对优势,林分内光照较强,这种环境条件限制了多数物种的生存,导致物种种数和个体数的减少。而阔叶林区的林分郁闭度平均为0.8,林分内水分和光照条件较适宜于雨林阔叶树种的生长,因此表现出个体数最多,物种也最为丰富。阔叶树种是热带林区物种库的主体,体现了热带林丰富的多样性特征。阔叶林区的阔叶种不仅有热带季雨林种还有热带低地雨林种。季雨林种以落叶、长刺等生理特征来适应光照强、土壤水肥条件差的地区,如黄牛木、银柴、余甘子、车桑子等;在林分达到一定的郁闭度,又有热带低地雨林种的出现,如青梅、芳槁润楠、罗伞树等。生态交错区虽然有较好的光照条件和稍微改善的土壤条件,但仍然不如阔叶林区的环境条件适合于阔叶树种的生长,因此其物种丰富度仍低于阔叶林区。可能是因为这种生态交错区是由阔叶林区树种向针叶林区侵入而形成的,在个体数和物种数上远不如阔叶林区多。均匀度指数是群落多样性研究中十分重要的概念,如果群落内部环境基本为均质的假设成立,那么较高的均匀度指数应该说是群落发展(即进展演替)到一定阶段的结果,从群落动态演替的角度来说,均匀度指数越高,稳定性越高(高贤明等2001)。本研究中,阔叶林区的均匀度指数最大,群落整体稳定性最高,针叶林区的均匀度指数最小,稳定性最小。生态交错区中,乔木种同时涵盖了针叶树种和阔叶树种,加上环境条件变化范围较大,能够适应不同种类的生长,群落稳定性大于针叶林区;但由于阔叶树种的不断侵入,林下南亚松更新消失,只有较大的南亚松个体进入林冠层。而随着林分由生态交错区到阔叶林区,林分逐渐郁闭,耐阴性树种增多,更多的物种可以利用不同的养分、适应不同的生境,生态位分化更加明显(Teketay 2005)。

9.4.2 不同林分区域功能多样性变化

功能多样性指标随着林分由针叶林区经生态交错区到阔叶林区的变化发生了显著的变化(图9-13)。功能丰富度的变化较为明显,针叶林区和生态交错区差异不明显,但都显著小于阔叶林区;功能均匀度在针叶林区和阔叶林区呈显著差异,与生态交错区差异均不显著;功能分散度在三个林分区域差异不显著,但整体呈上升趋势;功能离散度在三个林分区域整体差异显著,从针叶林区向阔叶林区的变化过程中呈逐渐增加趋势。

本研究发现,群落功能丰富度和功能均匀度在针叶林区和生态交错区之间无显著差异,但均显著小于阔叶林区,这一结果可能与针叶树种南亚松的存在有关。针叶林区和生态交错区中,阔叶树种个体数虽然多,但是都以小径级为主,而南亚松的重要值都较大,优势度较为明显,导致植物群落功能丰富度的分布变得更不均匀。这两个区域的树种有可能受到环境筛的影响,在某些方面具有相似的功能性状特征(Lohbeck et al. 2012),导致群落的功能分散度较小。阔叶林区随着耐阴树种的增加而林分逐渐郁闭,生态位分化更加明显,物种丰富度增多,从而植物群落功能丰富度增加;一些稀有种的产生有可能填补原本缺失的某些群落功能,植物群落在功能性状空间

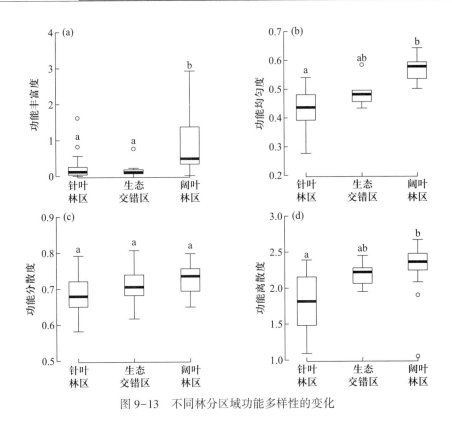

图9-13 不同林分区域功能多样性的变化

分布更加均匀,从而使功能均匀度增加(Mason et al. 2005)。稀有种或者演替后期种有可能扩展了功能性状的分布范围,从而也导致群落的功能离散度增加(Mouchet et al. 2010)。在而功能丰富度和功能均匀度方面,针叶林区和生态交错区之间无显著差异,可能与功能冗余存在于次生演替的早期阶段有关(Paquette et al. 2011)。

一般来说,功能丰富度与功能分散度和功能离散度具有较强的正关联(Mouchet et al. 2010)。本研究中,随着林分由针叶林区经生态交错区到阔叶林区,三个指标也均表现为增加趋势。而高的功能离散度和功能分散度往往意味着群落受到限制相似性的影响(Mason et al. 2011)。针叶林区光照条件较强;针叶树种对光的捕获较强,而在阔叶林区,光资源条件有限,物种往往通过对光资源的差异化捕获而共同生存在一起。这种情形下,限制相似性在植物群落组配过程中往往起到更大的作用,光资源捕获存在一定差异的物种更容易生存一起(Mason et al. 2012b),从而有更大的功能离散度和功能分散度。

9.4.3 不同林分区域生物多样性变化与环境因子的关系

多个生态环境因子组合在一起产生不同的生境类型,而生境异质性是生态系统生物多样性维持的重要因素(赵振勇等 2007)。生物群落的物种多样性与林分所在的环境条件有很大关系(Elgersma et al. 2002;Messaoud et al. 2006)。针叶林区的土壤 pH 较低,土壤环境呈酸性,松树产生的酚醛和萜烯类次生代谢物对很多雨林物种有毒性(Bucyanayandi et al. 1990),限制了较多的物种的生长（Hauck 2011）。这说明某些物种的生存可能受到土壤 pH 的限制,每种植物都有其适宜的土壤 pH 范围,超过这个范围时植物的生长便会受阻。另一方面,针叶林区的凋落物主要以南亚松的枯枝落叶为主,厚度在 6~10 cm,最大达 15 cm,而且不易腐烂;但是阔叶林区的凋落物厚度多在 2~4 cm,一般在一个生长季内可以完成分解腐烂,这样可以为土壤增加有机质源,为物种的生存提供养分。土壤有机质含量常常与土壤肥力水平存在密切关联,对土壤中养分储存与供应有重要作用。在一定程度上,有机质含量也是反映土壤质量好坏的一个重要指标。香农-维纳多样性指数与土壤有机质的相关性说明,较高的有机质有利于众多先锋树种的生长和繁殖。土壤氮含量是土壤重要的肥力指标之一,对植物的快速生长起到重要的作用。磷元素是植物生长的主要元素之一,土壤中 95% 的磷以迟效性状态存在（陈立新 2004）。土壤中可以被植物吸收利用的磷元素称为土壤有效磷,有效磷含量的高低决定着土壤磷的供应能力,所以土壤有效磷一直是判断土壤磷丰缺的一个重要依据。有研究表明,当土壤 pH<5 时,土壤中无机磷极易与含水的 Fe、Mg、Al 等离子形成不溶性的磷化合物沉淀,从而影响森林生态系统中磷元素的生物地球化学循环。热带森林土壤中普遍缺乏磷元素（Cleveland et al. 2011）,我们的研究与此一致（表 9-4）。冠层开阔度与多样性指数呈负相关,说明随着种群的盖度、密度增加,种群郁闭度增大,群落内的环境条件逐渐变得阴暗潮湿,一些耐阴的树种相继出现在群落中（Lohbeck et al. 2013）,植物的种类和个体数目都不断增加,物种的多样性也在增高。但随着群落郁闭度的增大,各物种为了争夺有限的空间资源,群落的种内和种间必然竞争激烈,特别是对光资源的竞争,在竞争中处于劣势的树种就退出了群落。

尽管关于植物群落功能多样性与环境的关系研究很少,但是有关土壤微生物功能多样性与环境关联性的研究较多。环境因子可能通过影响土壤微生物的活动,影响到植物群落的功能多样性（Staddon et al. 1998;O'Donnell et al. 2001）。有研究表明,植物在光资源捕获上的垂直分配,可以增加群落功能多样性（Coomes et al. 2009）。同时,土壤肥力较强的土壤中,共存的物种在资源利用策略上往往不同,肥沃的土壤更能增加群落的功能多样性（Mason et al. 2012a）。

9.5　海南岛热带针叶林-阔叶林生态交错区群落组配机制

生态学领域内群落组配的研究已较为常见。竞争理论表明,如果两个物种有相同的生态位,其中一个物种将会排斥另一个物种,成为物种空间分割的原因（Chao et al. 2005）;或者选择性压力最终导致性状的改变。然而,物理环境可能给这些物种强加生态和进化因素限制,即"环境筛",有相同需求的种经常生活在相似的环境下,呈现出空间生态位聚集的格局（Grime et al. 1997）。最终,共存种的分布格局可能依赖于生物交互作用和环境筛如何应对时间尺度下的生态和进化因素的影响（Webb et al. 2002）。还有一种选择是,物种的丰富度变化不大,在某段时间内能够共存,或者生物交互作用和环境筛互相能够平衡,从而产生随机或中性分布格局（Purves et al. 2005）。植物性状和谱系结构的兴起为了解群落组配提供了新的思路。

表 9-4 不同林分区域物种多样性和环境因子的多元逐步回归

林分区域	多样性指数	环境变量									
		土壤	土壤含水量	土壤有机质	全氮	全磷	全钾	有效氮	有效磷	有效钾	林冠开阔度
针叶林区	香农-维纳多样性指数 H		2.457		3.054					2.199	
	物种丰富度 S	-2.218					3.433			2.247	
	辛普森指数 D	-2.730				2.470				2.227	
	均匀度指数 J										
	功能丰富度 FRic	-2.83		3.066			3.049	-3.174		2.509	
	功能均匀度 FEev	-2.96	-2.542	-2.227				3.466	3.264	-3.408	3.197
	功能分散度 FDiv					-2.139	2.332				
	功能离散度 FDis		1.803								
生态交错区	香农-维纳多样性指数 H		-2.106								
	物种丰富度 S				2.999					-2.438	
	辛普森指数 D	3.524	-4.034	-5.192	6.123	-2.906		4.405	-2.735		-5.623
	均匀度指数 J	-2.744						3.379			
	功能丰富度 FRic										
	功能均匀度 FEev										
	功能分散度 FDiv				1.967						
	功能离散度 FDis					2.440			-3.151	2.782	2.255
阔叶林区	香农-维纳多样性指数 H					-2.51	2.327				
	物种丰富度 S					-2.308	3.294			-2.856	
	辛普森指数 D		-2.927				3.143			2.287	
	均匀度指数 J	2.625		-3.166	3.38					3.119	
	功能丰富度 FRic						-2.369	5.163		-4.847	
	功能均匀度 FEev										
	功能分散度 FDiv			2.739							
	功能离散度 FDis			1.517						-2.344	

植物功能性状用来描述植物间不同的生长、繁殖和资源捕获等策略(McGill et al. 2006a)。如果两个物种的生态位重叠,那么它们的功能性状将表现出相似的生理、生殖和防御策略(Wright et al. 2004b;Westoby et al. 2006),反映物种在不同环境条件下的性能和分布特征。然而只有一部分性状能够用来验证植物沿着环境梯度的分布,证明生境过滤作用对性状多样性群落

的贡献(McGill et al. 2006a；Suding and Goldstein 2008)。将植物间的进化关系和功能性状整合在一起，不仅可以增强对多尺度上生物区系分布和功能的理解，而且可以帮助我们预测物种间的相互作用及其对生态系统和进化过程的影响(Cavender-Bares and Pahlich 2009)。

植物功能性状不但可以作用于生态系统功能，而且可以反映植物对环境的适应，是联系环境变化与生态系统功能的中间环节。但群落中物种的功能性状分布并不是对环境因子的简单响应，而是由环境因子与生物因子共同决定的(Kraft et al. 2008；Cornwell and Ackerly 2009)。基于功能性状的方法来解释环境筛对不同生态群落结构的影响，如热带森林(Kraft et al. 2008；Paine et al. 2011)和温带森林(Cornwell et al. 2006；Cornwell and Ackerly 2009)。植物功能性状随着非生物环境的变化会发生明显的变化(Fonseca et al. 2000；Wright 2002)。利用功能性状来推断群落物种共存机制通常是通过比较实际群落和零模型产生的模拟群落中的性状多样性的方法来实现(Kraft et al. 2008)。当实际的性状多样性低于零模型产生的随机性状多样性时，一般认为是生境过滤作用的结果，反则是物种间相互竞争作用的结果。已经有很多关于热带森林群落的研究发现，在局域尺度上存在着由于生境过滤造成的性状聚集分布(Weiher et al. 1998；Swenson et al. 2010)。

物种之间的相互作用还与其系统发育(即谱系)关系的远近有紧密联系(Emerson et al. 2008)，其思想来源于位于进化史末端的物种间往往比更早分化的物种间生态位更相似。物种间的谱系关系同样被用来验证它们的生态位重叠(Webb 2000；Losos 2008)。这的确弥补了由于性状数据获取难而带来的不足，特别是对于那些有显著谱系信号的性状。基于谱系的方法也同样证明了生境过滤以及密度制约在促进物种共存中的作用(Kraft and Ackerly 2010；Hardy et al. 2012)。它具有的优点是可以利用当今快速发展的信息技术来估测物种间谱系距离(Webb et al. 2005)。基于谱系的研究都先假定谱系距离能很好地指示植物种间的生态位重叠。然而，如果群落内谱系聚集或高度分化，谱系距离便不能很好地指示物种间的生境相似性(Cadotte et al. 2009)。尽管关于谱系距离的方法还有待发展，但它的出现仍然为研究物种间的生态相似性以及物种进化史对群落结构的影响提供了快速有力的证据。将性状与谱系结合的研究主要集中在利用系统发育比较方法去除物种性状非独立的影响，以得到排除谱系关系后物种性状间或物种与环境变量间的真实关系(Wright et al. 2010)。

海南岛热带南亚松林是我国热带地区典型针叶林代表，探讨热带针叶林生态系统对环境变化的响应有利于我国热带地区生物多样性的保护和维持。热带针叶林群落组成既取决于环境因素的作用，同时又受制于群落内生物间的相互作用。而热带针叶林-阔叶林生态交错区是热带针叶林区与阔叶林区的生态结构和功能在时间和空间尺度上的分布极限(Lloyd et al. 2000)。相邻两个生态系统的物种之间存在着激烈的竞争，同时也处于一种竞争中的动态平衡(Martin et al. 2011)，体现了相邻两个群落在物种组成上的相似性和过渡性(Smith 1997)。针叶林区与阔叶林区两种林分类型所受环境因子作用不同，林分内的物种组成差异也较大。本节的研究利用植物功能性状和群落谱系结构阐述热带针叶林区与阔叶林区群落组配，有利于深入认识热带针叶林的生态地位，为进一步探索我国热带地区的生物多样性维持机制奠定理论基础。

若存在环境筛效应，与其他随机群落相比，群落中的某些物种被过滤，导致植物功能性状值的范围变小(Kraft et al. 2008)，这表明环境筛在植物群落组配中起着重要作用。本研究根据实际观测所得的木本植物丰富度，在研究地木本植物物种库中随机抽取与之相同数目的物种，进行不放回式随机抽样,计算其功能性状的分布范围。进行999次模拟后,得到不同林分区域功能性状分布范围的次数,计算次数的5%和95%的置信区间,若在置信区间之内,表明不同林分区域植物功能性状与随机群落无显著差异;若次数有5%小于或95%大于不同林分区域实际功能性状分布范围,表明不同林分区域实际植物功能性状显著大于或小于随机群落。

植物群落不仅是在特定非生物环境下物种的组配,也依赖于生物条件,例如通过种内资源消耗排除竞争对象。经典的竞争模型指出,这种过程将导致对共存物种的相似性限制。根据不同林分区域实际植物功能性状分布范围,我们选择与实际物种丰富度一致的物种数目,使得待抽取物种库的植物性状在实际植物功能性状分布范围之内。同样,进行不放回式随机抽样,将性状由小到大排列,计算其最近邻体距离标准差。重复999次,计算其大于实际群落标准差次数的5%和95%的置信区间,若在置信区间之内,表明不同林分区域植物功能性状与随机群落无显著差异,物种呈现随机分布格局;若次数小于5%的置信区间,表明群落物种呈明显的聚集分布格局;若次数大于95%的置信区间,大于不同林分区域实际功能性状分布范围,表明物种受限制相似性强烈影响。

将样地中出现的228个物种及其科属信息输入到植物谱系数据库软件Phylomatic中,该软件以被子植物分类系统Ⅱ(AGPⅡ)为基础数据,自动输出由输入物种所构成的谱系树。适应软件Phylocom提供的算法BLADJ,利用分子及化石定年数据,计算出谱系树中每一个分化节点发生的时间。我们选择近年来广泛使用的净谱系亲缘关系指数(net relatedness index,NRI)和最近分类单元指数(nearest taxa index,NTI)来代表群落的谱系结构。

NRI度量群落物种间的平均谱系距离,而NTI度量群落中所有物种与其亲缘关系最近物种的谱系距离平均值;和NTI相比,NRI更加侧重于从整体上描述群落中物种形成的谱系结构。MNTD(最近种间平均进化距离,mean nearest taxon phylogenetic distance)表示群落中各物种与自己亲缘关系最近物种的谱系距离平均值(Webb et al. 2005;Emerson et al. 2008)。

其计算公式为

$$NRI_{sample} = -\frac{MPD_{sample} - MPD_{randsample}}{SD(MPD_{randsample})} \tag{9-1}$$

$$NTI_{sample} = -\frac{MNTD_{sample} - MNTD_{randsample}}{SD(MNTD_{randsample})} \tag{9-2}$$

式中,MPD指平均谱系距离,NRI_{sample}、MPD_{sample}代表观察值,$MPD_{randsample}$代表物种在谱系树上通过随机后获得的平均值,SD为标准偏差。若NRI>0,则说明小样方的物种在谱系结构上聚集;若NRI<0,说明小样方中的物种谱系结构发散;若NRI=0,则说明小样方中的物种在谱系结构上是随机的。

9.5.1　不同林分区域木本植物功能性状的分布范围-环境筛检验

在所检测的8个功能性状中,只有比叶面积在三个林分区域中都显著大于零模型,其他多数功能性状指标都随着林分区域的变化而变化(图9-14)。具体来说,随着林分由有针叶林区经生态交错区到阔叶林区,叶片干物质含量分布范围呈现先增加后减少的趋势;叶绿素含量和木材密度分布范围都低于零模型,叶片氮含量、叶片钾含量和潜在最大高度的分布范围都呈现增加趋势;而叶片磷含量呈现先减少后增加的趋势。从不同林分区域来说,针叶林区除比叶面积外,其他7个功能性状的分布范围都小于零模型,其中叶绿素含量和潜在最大高度达到显著水平($p<0.05$);生态交错区除比叶面积、叶片干物质含量和叶片钾含量外,其他5个功能性状的分布范围都小于零模型,其中叶绿素含量和叶片磷含量达到显著水平($p<0.05$);阔叶林区除叶片干物质含量、叶绿素含量和木材密度外,其他5个功能性状都大于零模型,其中比叶面积、叶片磷含量和潜在最大高度达到显著水平($p<0.05$)。随着林分由针叶林区—生态交错区—阔叶林区的变化,植物功能性状的分布范围呈逐渐增加趋势。

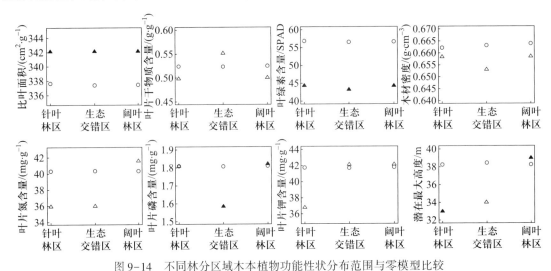

图9-14　不同林分区域木本植物功能性状分布范围与零模型比较
空心圆代表零模型预测值;三角形代表实际观测值,实心三角形代表实际观测值与零模型有显著差异($p<0.05$)

研究表明,环境筛作用限制群落物种的功能性状分布范围,如果超出此范围,物种将无法生存。也就是说,特定功能性状大小的植物在哪种森林类型中出现,取决于其性状值是否在该群落性状值范围内,或者说性状的变化能够使该植物性状大小在群落性状值范围内(Messier et al. 2010)。植物叶片形态、生理和高度等性状特征受到光照、土壤水分和养分等环境条件影响(Ackerly et al. 2002;Poorter et al. 2009),它们的空间分异反映植物对不同环境的适应(Fonseca et al. 2000)。光照影响植物的生长和发育,利比亚的53种热带雨林树种的成体高度与它们的光需求呈正相关(Poorter et al. 2003)。植物的比叶面积是描述植物叶片性状结构的参数之一,反映植物获取资源的能力。很多研究证明,植物的比叶面积随着降水量的增加而增大,但随着光照强度的增强而减小。同时,比叶面积小、冠层高度小是植物对低磷环境的适应,单位面积叶片干物质含量高、叶片厚度大被认为是植物在低温环境中的保护性状,这些性状的变化与环境有关,它决定了不同环境梯度下性状的大小。氮元素是叶绿素的主要成分,叶片氮含量与光合器官中的氮含量呈正相关,能反映植物光合作用的驱动机制。土壤肥力对植物生物量和叶、繁殖、生理学、化学测量性状都有影响(Dormann et al. 2002)。功能性状的可塑性反映了物种在一定环境范围内的性能和适合度,因而能反映环境对物种分布的影响。

在检测的8个功能性状中,多数都小于零模型,表明多数功能性状都受到环境因子的影响。尽管不同功能性状分布范围随着林分区域的变化各不相同,但整体上都表现出逐渐增加的趋势。

而从三个林分区域来说,针叶林区和生态交错区的功能性状多数都显著小于零模型,表明了植物功能性状分布范围在这两个区域受到环境筛作用的限制作用较为明显,与这两个林分区域的环境条件有关;而在物种组成较为丰富的阔叶林区,环境筛作用不明显。

9.5.2 不同林分区域木本植物功能性状的分布格局–限制相似性检验

随着林分区域由针叶林区向阔叶林区变化,8 个功能性状的邻体距离标准差都表现为逐渐降低的趋势,但是针叶林区和生态交错区多数功能性状都大于零模型,而阔叶林区都小于零模型(图 9-15)。其中,针叶林区比叶面积、叶片干物质含量、叶绿素含量和叶片钾含量都显著大于零模型($p<0.05$),阔叶林区叶绿素含量、木材密度、叶片磷含量和潜在最大高度都显著小于零模型($p<0.05$)。而生态交错区虽然整体上小于零模型,但未达到显著水平。

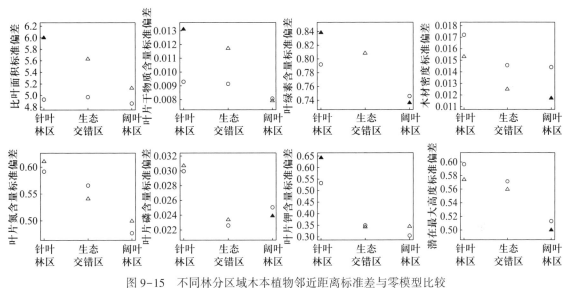

图 9-15 不同林分区域木本植物邻近距离标准差与零模型比较
空心圆代表零模型预测值;三角形代表实际观测值,实心三角形代表实际观测值与零模型有显著差异($p<0.05$)

竞争作用是邻近的植物由于利用相同的光照、土壤养分、水分及空间而产生相互作用的过程,是理解群落结构和动态的基础(Brooker et al. 2005;Getzin et al. 2006)。与环境筛作用相反,竞争作用会限制相似的物种生存在一起,使物种的功能性状趋于发散。物种的竞争能力是限制物种分布范围的影响因素之一。植物较大的高度和比叶面积对光资源具有更强的竞争力;较小的比叶面积在干旱条件下适应性更强;干旱有利于最大光合速率的上升(Reich et al. 1999);一些研究还表明,随着林分内温度的升高,叶片氮、磷含量会有下降的趋势(Reich and Oleksyn 2004)。同时,植物生存的环境条件也影响着物种间的竞争。研究表明,物种最大高度和竞争作用会随群落土壤肥力的增加而增大(Schamp et al. 2009)。土壤磷含量是限制植物生长和物种分布的重要因子(Vitousek et al. 2010),当土壤磷含量低于物种的耐受范围时,植物的竞争能力大小取决于能否在较低营养水平下快速生长繁殖(Chesson 2000b)。植物间竞争作用强度可能会随磷含量减小而增大,但是两种森林类型竞争作用强度差异可能与地下差异竞争相关。不同植物利用不同深度土壤资源,在一定程度上避免竞争作用。

本研究发现,阔叶林区植物功能性状的邻体距离标准差显著小于零模型,表明阔叶林区物种受到强烈的限制相似性的影响(Kraft et al. 2008;Cornwell and Ackerly 2009)。而在针叶林区,植物功能性状的邻体距离标准差显著大于零模型,表明针叶林区的物种呈现明显的聚集分布状态。这同时也表明,环境筛作用多数发生于环境条件较差的地方,而阔叶林区环境压力或干扰作用较轻,竞争作用逐渐增大,促进物种功能性状的分散分布,这也支持了 Grime(1979)预期的"竞争作用强度随森林土壤肥力增大而增大"的结论。由此可以推断,竞争作用在热带针叶林-阔叶林生态交错区物种组配中有重要作用。从针叶林区经生态交错区到阔叶林区,物种丰富度也逐渐增大,这也与阔叶林区中竞争导致对同一物种的限制、增加了环境的异质性有关。由于阔叶林的环境异质性高于其他群落,为植物提供理想的生存环境,有助于提高群落的物种丰富度。由此可见,竞争作用作为一种重要的驱动力,可以影响物种功能性状的相似性和分布范围(Kraft et al. 2008;Cornwell and Ackerly 2009),也决定了群落的物种组成(Holdaway et al. 2006)。

9.5.3 不同林分区域的谱系结构变化

随着林分由针叶林区经生态交错区到阔叶林区,净谱系亲缘关系指数逐渐降低,群落的谱系结构逐渐由聚集转向发散;最近分类单元指数从针叶林区到生态交错区表现为增加趋势,但从生态交错区到阔叶林区后有所降低,整体呈增加趋势;谱系多样性指数也表现为递增趋势(图 9-16)。

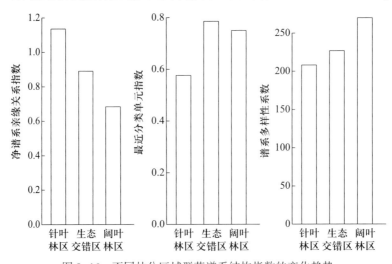

图 9-16 不同林分区域群落谱系结构指数的变化趋势

群落的谱系结构是反映作用于群落组成的各种生态过程的综合指标。通过研究不同林分区域群落的谱系结构变化,能够有效地推断形成其谱系结构的生态过程(Webb et al. 2002;Emerson et al. 2008)。净谱系亲缘关系指数能很好地反映群落总体的谱系结构,对环境筛作用很敏感。本研究中,针叶林区的净谱系亲缘关系指数最大,正好与针叶林区物种功能性状分布的邻体距离标准差显著高于零模型一致,都表现为群落物种呈聚集分布。阔叶林区的净谱系亲缘关系指数最小,由于植物功能性状具有保守性,因此谱系距离较近的物种竞争作用较大,可以预测在环境压力较小而竞争较大的林分中,其谱系结构呈分散分布,也正好与阔叶林区受竞争作用导致的限制相似性使物种呈分散分布一致。最近分类单元指数与净谱系亲缘关系指数的变化不一致,可能是前者主要侧重于考虑群落中亲缘种的关系,很难反映整体的谱系结构变化(Swenson et al. 2007a)。而最近分类单元指数在生态交错区最大,这可能与其受到的干扰最大有关。干扰严重的林分区域谱系结构指数显著大于随机群落,表明干扰作为一种环境筛过滤因子起到了很重要的作用。随着林分由针叶林区到阔叶林区,谱系多样性逐渐增大,这也表明了谱系多样性的格局与物种丰富度的格局完全一致。很多研究表明,谱系多样性对生态系统生产力的贡献远高于功能多样性和物种丰富度(Cadotte et al. 2009)。随着林分的变化,新物种的加入通常可以扩展群落的谱系结构(Devictor et al. 2010)。此外,群落空间可以共存更多的物种,谱系多样性增加,从而暗示了生态位分化等生物作用逐渐增强(Norden et al. 2012)。

谱系距离较近的物种生态习性较为相似,对于环境的响应方式也较相似(Willis et al. 2008;Helmus et al. 2010)。针对某种干扰,一些近缘物种会适应得很好,而对其他物种,特别是谱系距离较远的物种,则可能会被这种环境压力所筛除,使少数近缘物种获得优势,降低了物种间的谱系距离,造成谱系结构的聚集分布(Helmus et al. 2010)。而竞争作用导致亲缘物种之间的相互排斥,造成谱系结构呈相对分散分布(Webb et al. 2002)。这种差别表明,除了直接的资源竞争外,近缘物种间的似然竞争也可能在群落的组合中起到重要的作用。同时,谱系结构的聚集分布也会在很大程度上降低群落的谱系多样性。综上所述,不同林分区域的环境条件对物种的筛选和竞争引起的限制相似性共同决定了群落的谱系结构。

9.6 海南岛热带针叶林主要树种的空间格局及关联性分析

植物种群的空间格局通常是指种群个体在植物群落中的空间分布,是种群自身特性、种间关系以及环境条件综合作用的结果,是影响种群动态的重要因素(Sterner et al. 1986)。研究植物种群的空间格局,是了解植物种群特征、种群间相互作用及种与环境关系的重要基础(He and Duncan 2000;John et al. 2007)。植物种群在群落中的分布有随机分布、聚集分布和均匀分布三种类型。种群的空间格局在一定程度上能解释群落结构的发展历史和环境变化过程,对物种生长、繁殖、死亡、资源利用及对干扰的反应等具有显著的影响(Fangliang et al. 1997)。植物种群的空间格局往往与所研究的空间尺度密切相关(Harms et al. 2001;Wiegand et al. 2004),在某些尺度上可能是聚集分布,而在另外一些尺度上则可能变成随机分布或均匀分布(Stoyan et al. 2000)。同时,植物种群的空间格局还受到生境异质性和扩散限制的影响,在较小尺度上的空间格局可能是由种内竞争、种间竞争、种子扩散限制等因素所致;而在较大尺度上的空间格局则可能是由种群分布区环境的异质性决定的(Harms et al. 2001;Lin et al. 2011)。

关于种群空间格局和关联性的研究,国内外已经做了大量工作(Baker et al. 2004;张健等2007)。由于种群空间格局对尺度的依赖性,早期采用的卡方检验、方差区组分析等方法已不能解释种群空间格局的变化规律。目前,大多数的研究方法中都考虑了空间尺度对种群空间格局及其变化机制的影响(Harms et al. 2001;Wiegand et al. 2004;Wang et al. 2010b)。最常见的分析方法有:单变量 Ripley's K 函数 $K_{11}(r)$、配对关联函数(PCF, pair correlation function)、双变量

Ripley's K 函数 $K_{12}(r)$（Ripley, 1976）、双变量双关联函数［bivariate pair correlation function, $g_{12}(r)$］（Wiegand et al. 2004）和最近邻体分布函数［the nearest neighbour distribution function, $D_{12}(r)$］（Illian et al.2008）。这些方法基于配对点之间的距离统计，克服了传统方法只能分析单一尺度空间分布格局的缺点，因此，很快被应用到植物种群多尺度空间分布格局和关联性的研究之中。

根据种群空间格局来推导其潜在的生态学过程和机制是生态学研究的一个重要目标（Condit et al. 2006；Wiegand et al. 2007b）。对同一个森林群落中不同树种、不同林层、不同龄级间空间格局和关联性进行研究，有助于了解不同物种或功能类群之间的相互作用和群落的组成及动态（张健等 2007；Murphy et al. 2012）。热带森林生态系统组成的复杂性和多样性，为研究物种空间格局的潜在形成机制提供了良好场所（Chazdon 2008b；Norden et al. 2009b）。目前大多数的研究表明，热带林的树种多为聚集分布，主要是受生境异质性和扩散限制的影响（Hubbell 2001；Dent et al. 2013）。热带林中物种的分布常常会受环境条件和物种自身生活史特性的影响，因此，即使同一个种，在不同的生态条件下也会表现出不同的空间格局特征（Condit et al. 2000a）。在一个群落中，不同物种间的空间格局实际上是相互制约、相互联系的，不同物种间的空间关联性常常是这些物种间的相互作用在不同环境条件下的外在表现。对同一群落内不同树种空间关联性的探讨，可以更好地理解种间的相互作用和群落的组成及动态，能更深入地认识该群落的形成和维持机制（周先叶等 2000；Lan et al. 2012）。

目前，关于温带和寒带针叶林物种空间格局已经做了大量的研究（Getzin et al. 2006；Lingua et al. 2008），而关于热带针叶林（南亚松）空间格局的研究还极少。海南岛霸王岭林区是我国热带天然针叶林集中分布面积最大的区域，其林冠层都以南亚松占绝对优势，但在中下层有较多的阔叶树种伴生，实际上是一种针阔叶混交林，与其他地区的天然针叶林明显不同。国内仅有一篇关于南亚松分布格局的报道，且仅讨论了南亚松单个物种，并未涉及林内主要阔叶树种的分布格局（黄运峰等 2009）。关于针叶林中南亚松与阔叶树种的空间格局是如何变化的、两者之间的空间关系是怎样的等问题并不了解。本节以海南岛霸王岭国家级自然保护区内典型的热带天然针叶林——南亚松天然林为研究对象，运用点格局分析方法中 Ripley's K 函数和 PCF 函数对南亚松天然林中主要树种的空间格局及种间关联性进行分析，以期从空间格局的角度认识南亚松和阔叶树种的空间分布特性及种间关系，为进一步研究热带天然林生物多样性共存机制及其保育措施提供参考。

在实地勘察的基础上，在霸王岭保护区东六林场南亚松分布区，根据阔叶树种在林分内的优势程度，选择两块面积分别为 1 hm² 的典型南亚松林（表 9-5），一块是南亚松占绝对优势，简称为南亚松纯林样地，编号为 COG1；一块阔叶树种在林分内占一定优势地位，简称混交林样地，编号 COG2。样地的建立参照 CTFS（热带森林科学研究中心，Center for Tropical Forest Science）样地的建设标准。COG1 地理坐标为 19°03′ N、109°11′ E，最高海拔 676 m，最低海拔 654 m，最大高差 22 m。林分郁闭度为 0.4~0.5，垂直结构层次明显，林冠层高 15~20 m，全部为南亚松，林下落叶性的灌木树种较多，南亚松最大胸径为 84 cm。COG2 地理坐标为 19°02′ N、109°11′ E，最高海拔 587 m，最低海拔 571 m，最大高差 16 m。林分郁闭度为 0.7~0.8，林冠层高 20~25 m，以南亚松为主，亚林层物种较为丰富，有木荷、海南杨桐、黄杞和台湾锥等一些高大的乔木种，南亚松最大胸径为 90 cm。

表 9-5 样地中优势树种分布概况

样地	物种	个体数	胸高断面积/ ($m^2 \cdot hm^{-2}$)	平均胸径(cm)/ 最大值(cm)	平均高度(m)/ 最大值(m)	重要值
COG1	南亚松(*Pinus latteri*)	365	20.01	24.14/84	15/25	91.58
	银柴(*Aporusa dioica*)	806	2.4	4.80/27	4.4/15	33.69
	野漆(*Toxicodendron succedaneum*)	421	0.58	3.08/17	4.0/15	14.95
	黄樟(*Cinnamomum porrectum*)	289	0.76	4.48/22	4.4/15	11.74
	毛菍(*Melastoma sanguineum*)	418	0.12	1.83/8	2.8/6	11.41
	子楝树(*Decaspermum gracilentum*)	300	0.16	2.34/7.8	3.6/7	9.29
	海南杨桐(*Adinandra hainanensis*)	221	0.38	3.5/14.3	4.0/14	8.03
	细基丸(*Polyalthia cerasoides*)	173	0.56	4.7/24.9	4.7/16	7.57
	越南山矾(*Symplocos cochinchinensis*)	193	0.47	4.4/16	3.9/11	7.4
	圆果算盘子(*Glochidion sphaerogynum*)	200	0.28	3.3/14	4.2/13	7.16
COG2	海南杨桐(*Adinandra hainanensis*)	564	4.65	8.75/28	7.0/15	32.3
	南亚松(*Pinus latteri*)	88	9.97	33.67/90	17.0/25	31.22
	胡颓子叶柯(*Lithocarpus elaeagnifolius*)	722	2.82	5.47/47	6.0/18	30.63
	九节(*Psychotria rubra*)	1080	0.37	1.85/10	3.0/7	25.68
	木荷(*Schima superba*)	293	4.88	10.82/63	8.9/18	24.4
	黄杞(*Engelhardtia roxburghiana*)	388	3.55	6.96/44	6.0/20	21.66
	台湾锥(*Castanopsis formosana*)	173	1.94	7.45/50	6.9/20	11
	密脉蒲桃(*Syzygium chunianum*)	379	0.34	2.55/30	3.6/15	10.52
	毛柿(*Diospyros strigosa*)	308	0.34	3/15	4.6/13	9.65
	银柴(*Aporusa dioica*)	227	0.73	5.4/17	5.4/14	8.79

本节选择≥10 株的个体进行空间格局和关联性分析(表 9-6)。根据样地调查结果,查阅树种的潜在高度,结合样地树种的实测高度,将高度 $H \geq 18$ m 的树种归为林冠层种(臧润国等, 2001);将树种高度在 7 m≤ H <18 m 的树种归为亚林层树种;将高度 H <7 m 的树种归为林下层树种。因为两个样地的林冠层树种只有南亚松,且南亚松的潜在高度最大,因此本节两块样地的林冠层树种都为南亚松。其中,COG1 样地共有 55 个种:林冠层 1 个,亚林层 30 个,林下层 24 个;COG2 样地共有 49 个种:包括林冠层 1 个,亚林层 33 个,林下层 15 个。

表 9-6 亚林层和林下层阔叶树种的分布

样地		多度		总丰富度	丰富度	
		亚林层	林下层		亚林层	林下层
COG1	全部个体	3640	2054	138	47	90
	≥10 株个体	3567	1854	55	30	24
	比例	97.99%	90.30%	39.86%	63.80%	26.70%
COG2	全部个体	4862	1593	132	60	71
	≥10 株个体	4747	1463	49	33	15
	比例	97.60%	91.80%	37.12%	55.00%	21.10%

本研究主要应用 Ripley's K 函数和 PCF 函数两种方法分别对两块样地不同林层树种进行空间格局分析,分别以样地中每个个体的空间分布坐标点图为基础,分析不同林层树种在各种尺度下的格局。其中,K 函数为

$$K(r) = \frac{1}{A} \sum_{i=1}^{n} \sum_{j \neq i} \frac{w_{ij}}{\lambda^2} I(d_{ij} \leq r) \tag{9-3}$$

式中,A 为样方面积;λ 为模型估计参数,指样方内物种个体密度;w_{ij} 为边界效应修正;d_{ij} 为两随机点间的距离,I 为指示函数,当 $d_{ij} \leq r$ 时,$I = 1.0$;当 $d_{ij} > r$ 时,$I = 0$。本节通过对 K 函数进行线性化(linearisation)和方差稳定校正(variance-stabilising correction)来判断,即 $L(r)$:

$$L(r) = \sqrt{\frac{K(r)}{\pi}} - r \tag{9-4}$$

当 $L(r) = 0$ 时,个体分布显示为完全空间随机分布;$L(r) > 0$ 时为聚集分布;$L(r) < 0$ 时为均匀分布。

PCF 是从 K 函数衍生出来的,主要以环代替 K 函数中的圆,计算过程没有累积效应。即

$$g(r) = \frac{1}{2\pi} \cdot \frac{\mathrm{d}K(r)}{\mathrm{d}r} \tag{9-5}$$

当 $g(r) = 1.0$ 时,个体分布显示为完全空间随机分布;$g(r) > 1.0$ 时为聚集分布;$g(r) < 1.0$ 时为均匀分布。

当用来分析物种间空间关联特征时,Diggle 在函数 $K(r)$ 基础上引入 $K_{12}(r)$ 函数(Diggle 2003),同理:

$$L_{12}(r) = \sqrt{\frac{K_{12}(r)}{\pi}} - r \tag{9-6}$$

$L_{12}(r) > 1.0$,则种间在距离 r 处显著正关联;$L_{12}(r) < 1.0$,则种间在距离 r 处显著负关联;若 $L_{12}(r) = 1.0$,则表明两个种之间相互独立或没有显著关联性。

在森林群落中,树种的空间格局常常随尺度的变化而变化,例如,小尺度上可能为规则分布,大尺度上因生境异质性效应的作用可能为聚集分布(Stoyan et al. 2000)。为获得有效分析结果,避免对空间格局的误判,在数据分析时采用完全空间随机零假设,即让每个树种的分布格局都随机变化,格局分析的尺度限定在 0~25 m。结合样地树种的空间分布图,采用带宽为 10 m 和空间分辨率为 2 m 进行分析。用蒙特卡罗方法循环 99 次,产生置信度为 99% 的包迹线,以检验两个树种的分布格局和关联性(Besag et al. 1977)。数据分析过程使用国际通用软件 R 3.0.0(R Core Team 2013)完成。

9.6.1 热带针叶林的物种组成结构

两个样地共调查木本植物 13 517 株,分属于 51 科 122 属 180 种。其中,COG1 样地内 $D_{BH} \geq$ 1 cm 的木本植物共有活个体 6059 株,分属于 47 科 98 属 138 种。COG2 样地内 $D_{BH} \geq 1$ cm 的木本植物共有活个体 6543 株,分属于 41 科 102 属 132 种。COG1 样地含个体数最多的科为大戟科,含个体数最多的属为银柴属。林冠层全部为南亚松;亚林层高 5 ~ 15 m,有黄樟、黑格(*Albizia*

odoratissima)、棟叶吴茱萸(*Evodia glabrifolia*)、白榄、铁冬青(*Ilex rotunda*)等;林下层树种高度一般
>5 m,主要树种有厚皮树、银柴、桃金娘、细叶谷木、细齿叶枵木、子棟树、余甘子、圆果算盘子、野漆
等。COG2 样地含个体数最多的科为茜草科,含个体数最多的属为九节属。林冠层几乎全为南亚
松;亚林层主要有海南杨桐、黄杞、密脉蒲桃、毛柿和木荷等,林下层主要有九节、银柴、细齿叶枵木、
黄牛木和子棟树等。在 COG1 中,除南亚松外,较大的优势阔叶树种较少,多为灌木种;而 COG2 中
亚林层的阔叶树种的种类较 COG1 丰富(表 9-6 和图 9-17)。

COG1 样地内南亚松活个体共 365 株,倒木和枯立木 34 株。COG1 样地内南亚松个体较大,
而阔叶树种以小个体为主(图 9-18)。南亚松径级多集中在 10~30 cm,占所有南亚松的68.9%,
$D_{BH} \geqslant 70$ cm 的个体 1 株,死亡个体径级集中在 1~20 cm,在 20~30 cm 的个体死亡比例最低。
COG2 样地内南亚松活个体共 88 株,倒木和枯立木 7 株。南亚松平均胸径较大,优势阔叶树种

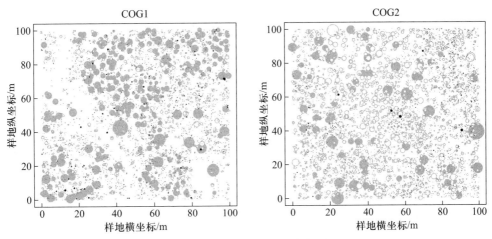

图 9-17　不同林层树种分布图
灰色实心圆代表林冠层树种,灰色空心圆代表亚林层树种,黑色点代表林下层树种

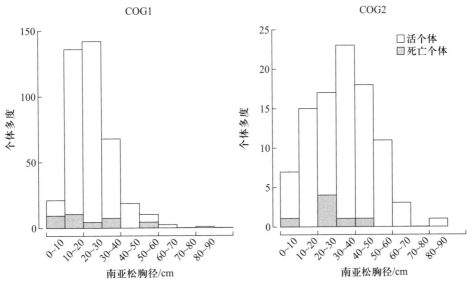

图 9-18　南亚松的径级结构图

在林分内的重要性也较大(表9-5)。径级在 20~50 cm 的南亚松个体数占总数的60%,死亡个体径级多集中在 20~30 cm。

9.6.2 不同层次树种的分布格局

COG1 中,PCF 函数和 Ripley's K 函数结果表明,林冠层南亚松主要为聚集分布(图9-19)。亚林层树种在较小尺度上为聚集分布,而在较大尺度上为随机分布。林下层树种主要为随机分布。COG2 中,PCF 函数和 Ripley's K 函数结果都表明,林冠层南亚松在较小尺度上为聚集分布,在较大尺度上为随机分布。同时,亚林层和林下层树种主要为聚集分布(图9-19)。

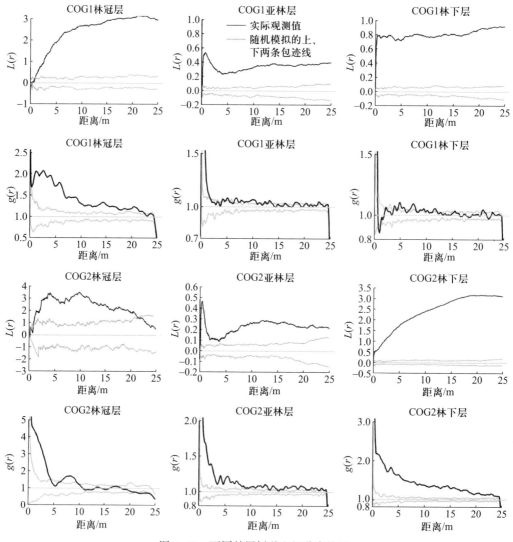

图 9-19 不同林层树种空间分布格局
采用单变量 Ripley's K 函数 $L(r)$ 和单变量 PCF 函数 $g(r)$

　　阔叶树种的分布格局统计(图9-20)可以得到,两个样地的亚林层、林下层树种在较小尺度上呈随机分布的树种较多;随着尺度的增加,聚集分布的树种比例增加,不同林层内均无呈均匀分布的树种,分别与两个样地亚林层和林下层树种的整体分布格局一致。

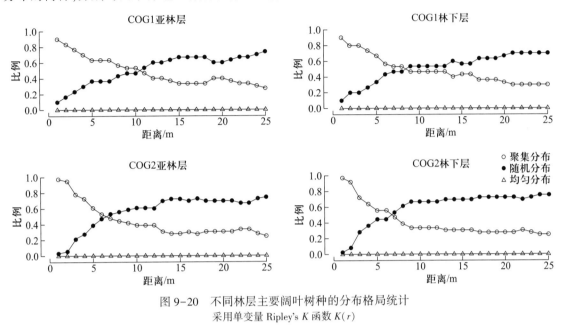

图9-20　不同林层主要阔叶树种的分布格局统计
采用单变量 Ripley's K 函数 $K(r)$

　　热带林树种的空间分布格局多为聚集分布(Condit et al. 2000a)。从本研究的两个样地不同林层来看,南亚松主要为聚集分布,随着尺度的增加聚集强度逐渐增强,但达到一定规模后聚集强度逐渐减弱。而在尺度相同的情况下,随着南亚松个体密度的降低和龄级的增加,聚集强度相对较小,格局表现为个体随机分布特征,这与以往很多研究得到的个体分布聚集强度随径级的增大而逐渐减小的结果一致(Getzin et al. 2008b)。阔叶树种的分布格局主要为聚集分布,与热带林多数研究结果一致(Newton et al. 2012;黄运峰等 2013a)。

　　扩散限制性是导致热带地区树种聚集分布的重要机制之一(Plotkin et al. 2000;Wiegand et al. 2007b)。南亚松与不同林层阔叶树种的格局随着尺度的变化而变化,这也可能与这些树种的密度变化和传播特性有关(Hubbell 1979)。在南亚松纯林样地,林分光照强度较大.南亚松为强阳性树种,加上其个体密度大,落下的种球在林缘或林隙处聚集分布,这种更新方式使得南亚松林在演替早期多为聚集分布。亚林层的阔叶树种为了更好地占有和利用环境资源,维持种群自身稳定,在小尺度上也呈聚集分布。在物种较为丰富且中下层树木生长较好的混交林中,林内光照条件相对较差,导致南亚松种内和种间竞争激烈,空间生态位受到限制,使得林下更新层中南亚松较少,南亚松的聚集强度随着尺度的增加而减弱。随着径级的增大,种群个体间对光照、水分、养分等有限资源的争夺导致种内竞争加剧,这种密度制约因素作用下的自然稀疏效应使个体数量递减(Wright 2002),并减弱种群分布的聚集程度。由于个体数和树种数都较为丰富,亚林层阔叶树种与南亚松之间存在强烈的种间竞争,最终导致南亚松表现为随机分布。而阔叶树种作为亚林层群落的主体,具有聚集分布的特征。与两种林分不同林层整体的聚集分布不同,有些物种表现为随机分布,可能是这些种的功能性状和生态学策略的差异所致(Murrell 2009)。植物个体和群落沿不同环境尺度的分布常常被认为是物种功能选择的结果(Chave et al. 2009；Moles et al. 2009)，并且，较大尺度上基于功能选择的物种分布是较小尺度上种间功能差异的累积结果(Westoby et al. 2006)。南亚松在蹲苗期过后，叶片、树干等植物器官快速生长，需要快速获取生长所需的资源，这样的物种通常要聚集在光资源富足的地方；而低地雨林物种器官生长缓慢，对资源的获取速率较慢，这样的物种通常聚集在光照强度较差的地方。总之，随着尺度的变化，受到竞争、扩散限制、生境异质性和干扰等过程的影响，不同的物种表现出不同的空间分布格局。

9.6.3　不同层次树种间的空间关联性分析

双变量 Ripley's K 函数结果显示(图9-21)，COG1中，林冠层与亚林层和林下层的空间关联性趋势一致，在0~1 m都为空间不相关，1~3 m都为空间负相关，3~7 m又表现为空间不相关；随着尺度的增加，主要表现为空间正相关。COG2中，林冠层与亚林层在0~2 m上表现为空间不相关；随着尺度的增加，关联性增加，在10 m时联性最大；随着尺度的增加，关联性减小，逐渐成为空间负相关。林冠层与林下层在0~1 m上为空间不相关，在其他尺度上为空间负相关。两个样地的亚林层和林下层在各个尺度上都表现为空间正相关。

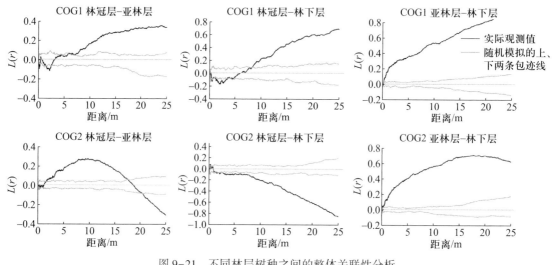

图9-21　不同林层树种之间的整体关联性分析
采用双变量 Ripley's K 函数

图9-22为两个样地林冠层与亚林层(种对数 NCOG11 = 30，NCOG21 = 33)、林冠层与林下层(种对数 NCOG12 = 24，NCOG22 = 15)所有种对的空间关联性双变量 Ripley's K 函数统计结果。本节主要关注林冠层南亚松与亚林层和林下层树种的空间关联性，所以没有统计亚林层和林下层树种所有种对间的关联性。COG1林冠层与亚林层30个种对中，随着尺度的增加，空间正关联和空间负关联的比例都在逐渐增加。在较小尺度上，空间无关联的种对占的比例最大；较大尺度上，空间正关联的种对比例最大。同样，林冠层与林下层的24个种对中，随着尺度的增加空间正关联的种对占的比例逐渐增加。COG2林冠层与亚林层的33个种对中，在较小尺度上，空间无关联的种对占的比例最大；随尺度的增加，关联性的趋势与群落整体变化趋势一致，无关联的

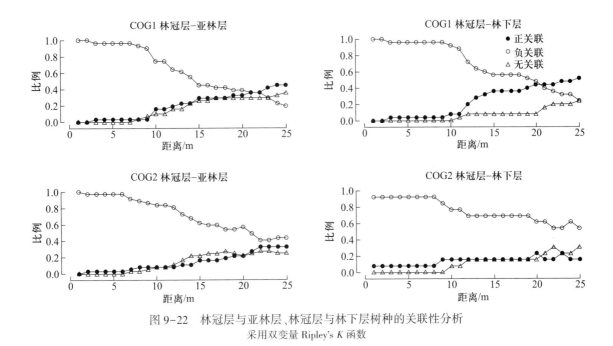

图9-22　林冠层与亚林层、林冠层与林下层树种的关联性分析
采用双变量 Ripley's K 函数

种对逐渐减少,正关联和负关联的种对逐渐增加。林冠层与林下层的15个种对表现出相同的趋势。

COG1 样地中,在较小尺度上,由于种间竞争占据优势,林冠层与亚林层、林冠层与林下层表现为负关联;随着尺度的增加,林冠层的南亚松与林下阔叶树种的种间竞争较小,从而为早期阔叶先锋种的更新和生长创造了良好的环境,林冠层与亚林层、林冠层与林下层都表现为显著正关联。因为在 COG1 样地下,出现最多的阔叶优势种为银柴、野漆、胡颓子叶柯、黄杞、海南杨桐等,它们多分布在恢复早期阶段次生林中且适应性较强,对温度、光照、水分和土壤等环境因子的适应差异性较小,体现了植物利用资源的相似性和生态位的重叠性(Getzin et al. 2006;Edwards et al. 2012b)。

COG2 样地中,林冠层与亚林层的关联性较 COG1 复杂。种间关联一定程度上受物种个体多度影响(Lieberman and Lieberman 2007;Perry et al. 2009a),同种的聚集分布导致种间分隔或种间部分重叠的出现,从而降低了种间关联性不显著的比例。COG2 样地中阔叶树种多度较大,而南亚松的个体多度较小,南亚松与亚林层物种在小尺度上无关联可能与南亚松的随机分布有关。随着尺度的逐渐增加,正关联的比例增加,这可能与早期阶段南亚松为阔叶先锋种提供了良好的生长环境有关;而随着尺度的继续增加,两个林层间物种的关联性反而又减弱。当群落中不同物种聚集格局趋向空间分隔时,种内竞争相对于种间竞争的重要性将增加,从而减少种间相遇的概率,缓解竞争排斥作用,促进物种共存(Chesson 2000b;Wiegand et al. 2012)。在 COG2 样地中,物种个体多度和丰富度较大,种间竞争作用较强(Raventós et al. 2010)。当两个物种具有不相似的生境依赖时,将导致种间负关联的产生(Harms et al. 2001;Allouche et al. 2012)。而南亚松与亚林层中某些树种间的关联性分析结果并不完全符合这个规律,表明种间关联可能还受其他因素的影响(Murphy et al. 2012)。

Condit 等(2000)认为,在热带林群落中,不同林分林冠层和林下层的聚集强度变化较大。群落中物种的空间分布格局和种间联结性是随着群落动态而变化的(张金屯 1998)。调查的两块南亚松林垂直结构差异明显,南亚松群落的树种组成在不同演替阶段也是不断变化的,从而影响群落功能及相互关系的改变,进而影响树种种间联结性(Guariguata et al. 2001;Chazdon 2008b)。密度制约是热带森林群落结构或生物多样性维持的重要机制,同种个体通过密度制约效应减少个体数量,为其他树种入侵和定居提供空间,从而实现树种的共存(Baker et al. 2004)。树种间的正关联体现了植物利用资源的相似性和生态位的重叠性;树种间的负关联性体现了树种间的排斥性,是对环境和空间资源利用相适应的结果,也是生态位分离的体现(Getzin et al. 2006)。

植物种群的空间格局与空间尺度紧密相关。近年来国内外开展的大、中型固定样地的建设受到了越来越多的关注(Hardy et al. 2004;Newton et al. 2012),但是建立大型固定样地费时费力,如何在满足数据统计分析的前提下,根据实验条件和研究目的合理设计取样尺度是我们不能忽视的问题。一些卫星样地的建设能更好地补充大型固定样地的这些局限性,并且多种群落形成过程的理论及假说在小尺度(如 1 hm^2)上的检验结果与较大尺度一致(He and Duncan 2000)。本研究尝试在 1 hm^2 的尺度上分析热带天然针叶林主要树种的空间分布格局及机制,提供了南亚松群落潜在生态学过程的信息。但基于 1 hm^2 的面积取样同时也存在一些不足,如小尺度上选取的环境变量能否合理地表现生境异质性,如何更好地消除小尺度上边缘效应对结果带来的偏差等,还需进一步探讨。

9.7 海南岛热带针叶林物种多样性的垂直梯度变化

植物群落在区域内的分布并不是连续不变的,两个不同的群落之间通常会有明显的边界(郝占庆等 2004)。也有研究表明,植被是一个由多种群组成的复杂的连续系统(Whittaker 1967)。山地由于其复杂多样的生态环境条件,为多种生物提供了非常适合的生存环境,一直都是生态学家研究的热点(马克平等 1997b;高远等 2009;曲波等 2012)。物种多样性分布格局主要受植被演化、物种进化、地理差异和环境因子等多重因素控制。物种多样性沿海拔梯度的格局可反映出物种的生物学和生态学特性、分布状况及对环境的适应性(贺金生等 1997;唐志尧和方精云 2004)。海拔梯度包含气温、温度、湿度和光照等多种环境因子,可较大程度上影响山地物种组成和群落结构(郝占庆等 2001)。由此可见,物种多样性的垂直格局在不同的山体有不同的反映(牟长城等 2007)。对热带森林垂直梯度分布特点的研究,也成为世界上的热点之一(Wright et al. 2002;Martin et al. 2004;Ding et al. 2012b)。海南岛作为一个独立的热带景观单元,由于地形条件特殊,气候、土壤等一系列的生态环境因子发生变化,从而形成了丰富多样的热带森林植被类型。根据《广东森林》,海南岛热带天然林主要有热带针叶林和热带阔叶林。海南岛的热带阔叶林具有多种群、复层异林龄结构。对热带阔叶林的研究已较多,而有关热带针叶林的情况并不了解。

植物群落的梯度变化规律对植物生态学的研究意义重大,掌握群落内林分因子的变化有利于了解森林群落随时空变化的特征,从而为合理利用和管理林分提供重要依据(Hicks et al. 2000)。以往对这种群落分布的空间异质性开展过比较多的梯度分析工作(牟长城等

2001;刘增力等 2004;刘贵峰等 2008)。在这些研究中,取样经常以样方法为主,每个样方都是不连续的。为了全面阐明群落植物随海拔梯度的变化规律和小尺度变化对物种组成结构和多样性的影响,本研究采用样带调查法,对热带针叶林群落多样性沿海拔梯度的变化规律进行分析。本研究通过对霸王岭地区南亚松植被垂直带谱的生物多样性调查,定量分析物种多样性的数量特征的垂直变化,为探讨热带地区针叶林生物多样性的垂直分异特征提供参考。

9.7.1 物种重要值的变化

重要值是确定群落中每一植物种的相对重要性的一个综合指标,能够较客观地表达不同植物在群落中的作用与地位。根据物种的相对优势度、相对密度和相对频度等相关指标来计算物种的重要值,依重要值进一步来计算样地的多样性指标。

重要值:分别计算乔木、灌木的重要值,其计算公式为

$$乔木重要值 = (相对密度 + 相对优势度 + 相对高度)/3 \tag{9-7}$$

$$灌木重要值 = (相对多度 + 相对盖度 + 相对高度)/3 \tag{9-8}$$

α 多样性(马克平和刘玉明 1994):

$$香农-维纳多样性指数 \quad H' = -\sum P_i ln P_i \tag{9-9}$$

$$均匀度指数 \quad E = H'/ln N \tag{9-10}$$

$$辛普森指数 \quad D = 1 - \sum P_i^2 \tag{9-11}$$

式中,P_i 为第 i 个物种的重要值,N 为样方中物种的总个体数。

物种重要值作为一个综合指标,可以较好地反映物种在群落中的地位和作用。各主要建群树种重要值随海拔的变化趋势,可较好地反映该物种沿海拔梯度的分布格局。由表 9-7 可以看出,热带针叶林群落随海拔梯度的升高呈现出规律性的更替。树种组成在不同海拔区域出现了明显的变化。阔叶树种的优势地位变化较为明显。在低海拔区域内,主要分布有青梅、芳槁润楠、光叶巴豆和野漆等。在我们研究的海拔梯度范围内,低海拔以青梅最为典型,也是该研究区域内热带低地雨林的典型物种。其次光叶巴豆的重要值也较大。随着海拔的升高,光照条件增强,南亚松开始出现,并呈片状分布。随着海拔继续升高,南亚松呈零星分布,主要以喙果黑面神和毛叶黄杞为主。从低海拔到高海拔,黄杞、黄牛木、圆果算盘子和余甘子在整个分布区域内都有分布。

9.7.2 物种丰富度沿海拔梯度变化

物种丰富度是指单位面积内的物种数目。分别考虑垂直梯度带中物种数及属和科数的变化(图 9-23)发现,海拔 600~700 m 的地方,物种组成变化较大,物种丰富度逐渐减少,物种所属的属和科也都呈降低趋势;在海拔 700~850 m 的范围内,样方内物种组成变化较小,物种丰富度及物种所属的属和科数也都呈水平分布;在海拔 850 m 以上,物种丰富度及物种所属的属和科数下降到最低。

表 9-7　调查样带内主要乔木树种的重要值

单位:%

样地	青梅	芳槁润楠	光叶巴豆	野漆	细叶谷木	南亚松	黄杞	黄牛木	圆果算盘子	余甘子	喙果黑面神	毛叶黄杞
P1	11.2	2	6	1.7								
P2		1.8	1	2.8	1	5.2	1.9		5.7	1		
P3		2.5	1	2.8	3.6	20.3	9.2	2	7.5	3.4		
P4		1.5	1	2	4.7	28.4	1.7	6.5	3.4	5.2		
P5		1.8	15.2	1.4	7.3	32.9		7.3	6	2		
P6		2.7	5.7	1.5	6.3	36		1		4		
P7		2.2	4.1	1	5	35.7	2	3.8	11	12.7		
P8		1	9.8	1	2.5	24	1.5	9	9	12.3		
P9		1	4.7	2	10	22		20.7		6.5		
P10			7.6	1.5	5	16	24	4	10			8
P11			4.6		5.9	23	11.8	10	9	13		1
P12			1.5			37	1	8.6	9.5	20		1.4
P13			6.2			31	7	13	6	9.6		1
P14					9	21.7		10.8	11	8		1.2
P15					2	17	1	3	12	28		10
P16					1.8	3		4	14	33	2.2	9
P17						4	4	21	14.5	20	1	13.5
P18							35	5.8	10	6	1.6	13
P19							13	4	8		1	32
P20							22		7	3	1	29
P21							8.6	1	6	6	1	40
P22								2.8	11		1	42
P23							8	1	6	6.4	1	59
P24								2	9.5	2.5	1	69
P25								6	21		7	34

　　海南岛霸王岭地区热带针叶林群落沿海拔梯度呈现规律性的变化。从物种组成的角度研究群落的组成和结构的多样性程度,是生物多样性研究的基础(郝占庆等 2002)。α 多样性不仅受区域物种库大小的影响,也取决于生境异质性的水平(沈泽昊等 2004)。在低海拔地区(600~700 m),物种丰富度和 α 多样性都最高,主要有青梅等乔木树种,灌木树种主要是耐阴性的树种,如九节。随着海拔升高(700~850 m),α 多样性显著小于低海拔地区,在这段垂直梯度分布范围内整体变化不大。典型低地雨林物种逐渐消失,南亚松在群落中的优势地位逐渐增加。在南亚松分布范围内,黄杞、黄牛木、余甘子和细叶谷木较多。当海拔高于 850 m时,物种丰富度逐渐减少,南亚松呈零星状分布,主要有黄杞、圆果算盘子、喙果黑面神和毛叶黄杞等树种。

　　从南亚松垂直分布特征来说,虽然每个物种的个体都存在于环境空间中的确切位置,但局部环境的不同也会造成不同位置上的差异,从而导致物种在生境梯度上的分布经常出

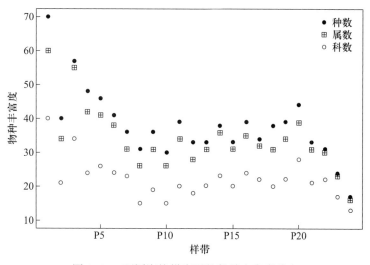

图 9-23   不同海拔梯度下的物种丰富度分布

现间断,即物种在生境空间中分布的复杂性(Tilman 1994)。低海拔区域的坡度较为平缓,树种个体数较多,个体高度较大,林分的郁闭度也较高,但同时也不利于林下草本植物的生长;中海拔区域,南亚松借助个体高度上的优势,成为林冠层的唯一树种,林冠开敞度变大,也为喜光的灌木树种提供了较好的生存条件。林下南亚松凋落物较多,不易分解,仍然不利于草本物种的繁殖;随着海拔的继续增加,坡度从缓坡变为急坡,由于强烈的光照条件和较差的土壤水分条件,物种丰富度急剧下降,树种高度也都较低,但适应性较强的草本生长较好,如飞机草(*Eupatorium odoratum*)、白茅(*Imperata cylindrica*)、棕叶芦(*Thysanolaena maxima*)、竹叶草(*Oplismenus compositus*)、地胆头(*Elephantopus scaber*)、五节芒(*Miscanthus floridulus*)等。

9.7.3   α 多样性

α 多样性指某个群里或生境内部的物种多样性,考虑了群落中不同物种的重要值,从而比直接的物种丰富度指标更为准确地反映了植物群落的多样性特征。根据各样带物种重要值,分别计算各样方的香农-维纳多样性指数和均匀度指数。图 9-24 就显示了热带针叶林沿海拔梯度25 个样带的香农-维纳多样性和均匀度指数。样带 P1 和 P2 是以阔叶树种占优势的阔叶林,两个指数均最大;P20—P25 主要是以灌木树种为主的灌丛植被,两个指数均最小。P3—P19 是针阔叶混交林,两个指数随着海拔的升高逐渐降低。

9.7.4   相异性系数

β 多样性反映的是群落随着特定环境梯度的变化而出现的物种变化的程度,可用以分析不同生境间的梯度变化,也可以定义群落间的多样性,能明显地表达出各个群落中物种组成上的变化情况。相异性系数反映的是群落间的相异性,如果两个群落物种在组成上相同,则相异性系数为0;如果两个群落物种在组成上差异越明显,则相异性系数越接近1。沿海拔梯度比较相邻样方间的相异性系数(图9-25)发现,海拔较低处的相异性系数较大,随着海拔的升高,相邻样方的相异性系数呈波动变化。

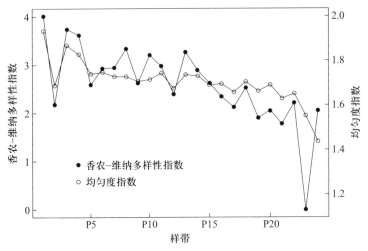

图9-24 沿不同海拔梯度分布样带的物种多样性

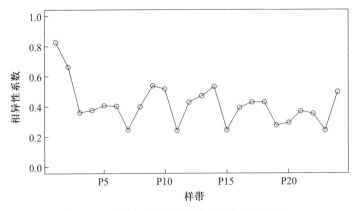

图9-25 沿海拔梯度相邻样方间的相异性系数

  沿海拔梯度的植物群落间的相异性反映了群落间的相互关系及沿环境梯度的物种替代规律。各相邻样方之间的相异性系数最大出现在低地雨林与针叶林过渡区,这表明,由于光照条件的增强,林分内空气变得干燥,不再适合热带低地雨林树种的生长,树种组成变化明显;而随着海拔的升高,相异性系数相对较小,表明中低海拔的针叶林向高海拔区域植物群落的过渡变化较为缓慢,在针叶林中存在的树种对光照和贫瘠土壤有一定的适应性,低海拔针叶林与高海拔区域群落物种组成相似。这进一步证明了 Whittaker 等(1967)提出的群落沿环境梯度呈连续性分布的观点。

  取样面积是群落生态学研究及生物多样性测度的关键,取样面积的不同及取样的代表性往往会造成研究结果的差异(Senft 2009)。与其他多样性测度指数一样,群落相异性也是一个面积依赖型的群落测度指数(Magurran 1988)。群落相异性分析必须以一定大小的取样面积为基础,才能反映群落间的相互关系。本研究以 400 m² 为基本取样单位进行连续取样,一定程度上减小了相异性受取样面积的影响。

9.7.5 物种多样性与环境因子的相关性

三个物种多样性指数与林分郁闭度均表现为显著正相关,与草本盖度均表现为显著负相关,但香农-维纳多样性指数和坡度表现出显著负相关,物种丰富度和均匀度指数与坡度相关性不显著。物种多样性指数与林分郁闭度和草本盖度的相关性程度均表现为均匀度指数>香农-维纳多样性指数>物种丰富度(图9-26)。

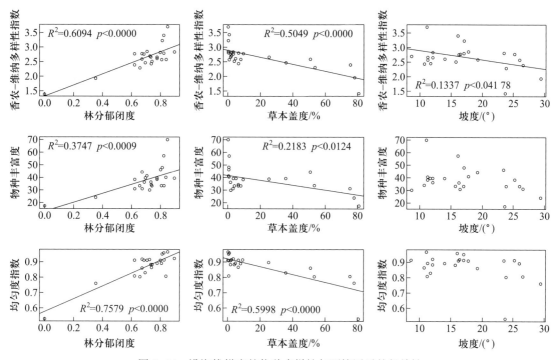

图9-26 沿海拔梯度的物种多样性与环境因子的相关性

物种多样性和物种丰富度能准确描述植物群落的组成结构特征,而且能揭示群落的环境状况(胡玉昆等 2007)。从相关性分析来看,三个多样性指数均与林分郁闭度呈显著正相关、与草本盖度表现为显著负相关。有研究显示,植物群落高的物种多样性出现在土壤样方梯度的中间位置,但 Gentry 研究的结果表明,随着土壤肥沃程度的增加,并没有表现出生物多样性的降低,相反,物种多样性最高的植物群落却在土壤最肥沃的地方。有的研究表明,土壤养分水平对植物群落生物多样性水平作用不大,但它们对植物群落 β 多样性水平起着重要作用(Lee et al. 1979)。

第 10 章

海南岛热带山地雨林生物多样性与群落组配

10.1 不同采伐方式下的山地雨林伐后林物种组成和群落结构

在热带地区,商业采伐是导致森林减少和退化的主要因素之一(Edwards et al. 2012a;Velho et al. 2012;Wilcove et al. 2013)。联合国粮食及农业组织(FAO)发布报告指出,全球在过去 10 年间对森林尤其是热带森林的砍伐呈下降趋势(下降 25%)。而根据对卫星数据进行的一项最新分析表明,与 20 世纪 90 年代相比,在大部分的热带地区,21 世纪第一个 10 年的热带森林消失速度增加了 62%(Kim et al. 2015)。而且较早有关森林覆盖变化的工作也证实,热带林的采伐面积呈现不断增加的趋势(Achard et al. 2002;Hansen et al. 2013)。森林采伐对热带林的现在和将来均具有极为重要的影响,因此了解采伐后的森林恢复动态和恢复方向不仅有利于加强生物多样性保护,而且能更加准确地了解热带林在固碳等方面发挥的作用(Wilcove et al. 2013)。

采伐从多个方面影响森林生态系统的结构和功能,这些效应包括改变森林的群落结构、物种组成(Curran et al. 1999;Slik et al. 2002;Phillips et al. 2003)、生态系统养分循环(Villela et al. 2006),增加伐后林中的外来种入侵(Brown et al. 2004b)和火灾发生概率(Nepstad et al. 1999),并且引起进一步的人为干扰活动(Laurance 2001)。由于森林商业性采伐具体实施过程中,采伐方式、强度和相关的采伐技术存在差异,从而伐后林呈现不同的恢复速度和方向,所以有关森林采伐对于物种多样性保育的影响仍然存在较大争论(Sheil et al. 2003)。合理利用采伐技术能够在保护生物多样性的前提下获取一定数量的木材资源,而且森林很快能够达到采伐前的水平(Cannon et al. 1998),对其他生物类群的影响也相对较小。例如在南美洲圭亚那地区,通过减少影响的采伐(reduced impact logging, RIL)方式,采伐前后对鸟类、蝙蝠和大型哺乳动物的影响较小(Bicknell et al. 2015)。然而 Brown 等(2004b)在非洲马达加斯加岛的研究表明,采伐后的森林由于受到入侵者的影响,经过 150 年的恢复时间也不能达到原有水平。

在森林早期采伐过程中,皆伐是最为常用的经营方式,但随着对森林生态系统和生物多样性保护意识的提高,逐渐引入了新的采伐方式——径级择伐。但在某些热带地区,对径级择伐后的森林进一步进行了重复采伐。最新的研究证据表明,这种重复采伐方式对伐后林的物种组成和群落结构造成了严重影响,从而提高了这些森林进一步退化的风险(Edwards et al. 2011;丁易等2011a)。这种不同采伐方式直接决定了群落中残存树木的种类、数量、土壤干扰强度等,从而导致群落恢复速度和方向的差异(Rudolphi et al. 2014)。目前多数关于采伐对热带林影响的研究时间较短(Cannon et al. 1998;Edwards et al. 2012a),对森林采伐对热带林群落组成和结构的长期效应的研究较少(Brown et al. 2004b;Ding et al. 2012b)。

在东南亚热带地区,皆伐和择伐依然是20世纪的主要采伐方式,后逐渐过渡为不同强度的径级择伐方式。这些伐后林为当前研究不同采伐方式对热带林恢复的长期效应提供了重要的研究契机和比较对象。本节将通过分析海南岛典型林区——霸王岭林区在20世纪70年代中期两种采伐方式(皆伐和径级择伐)对热带山地雨林物种多样性、群落结构等方面的影响。热带山地雨林是海南岛现存热带森林植被中面积最大的自然地带性植被类型(蒋有绪等2002)。然而由于对木材资源需求的增加,大面积的热带山地雨林在20世纪70—90年代遭到采伐。在海南岛热带林的商业性采伐发展历程中,依次经历了皆伐、径级择伐、采育择伐以及后期的重复采伐等不同的采伐方式,对森林恢复过程中的物种多样性和森林结构产生显著的影响(丁易等2011a)。然而由于热带山地通常具备良好的水分条件,而且霸王岭季节性的干旱对中海拔分布天然林的影响相对较少,因此这些山地雨林经过一定强度的商业采伐后具有快速的恢复能力。然而森林恢复过程不仅包括物种数量的恢复,还包括物种组成和群落结构的逐步完善(Chazdon 2014)。

为比较两种主要采伐方式对热带山地雨林群落结构和生态系统功能的长期效应,我们于2010—2011年在海南霸王岭林区山地雨林分区内,分别建立6个1 hm²(100 m×100 m)森林动态样地,分别包括皆伐恢复40年样地、径级择伐恢复近40年样地、山地雨林老龄林样地各2个。皆伐恢复40年样地的皆伐时间为1966年,采伐作业过程中,除保留少量母树外,其他所有大树均被采伐。采伐迹地经过火烧炼山后种植了青梅、红花天料木等树种,而且在早期开展了施肥、抚育等管理措施。由于这些种植树种在自然条件下并不在山地雨林分布,因此不能适应山地冬季的低温,在与天然更新的山地雨林树种竞争中处于不利地位。随着自然恢复,这些人工种植的树木逐步被自然更新的山地雨林树种所取代,因此皆伐林的恢复开始于1970年左右。径级择伐样地采伐时间为1975年,霸王岭的择伐规程规定,每公顷必须保留15棵特类材到三类材之间的母树。其余胸径超过30 cm的特类材到三类材全部采伐,胸径超过24 cm的四类材和五类材全部采伐。因此该地区的择伐强度远高于其他热带地区,约70%的木材蓄积(胸径超过6 cm的树木)被采伐。为提高森林恢复速度,并吸取皆伐样地营林模式的失败教训,择伐林中仅在大的林中空地和运材道上种植我国南方常见的速生树种——杉木。皆伐和径级择伐样地的恢复时间为1970—1975年。样地建设依照CTFS森林动态样地建设标准,将每个样地划分为25个400 m²(20 m×20 m)的样方。野外调查首先对样地内所有$D_{BH} \geq 1$ cm的木本植物采用唯一编号的铝制标牌进行树木编号,在树高1.3m处涂红色油漆作为胸径测定永久标记,以便进行复查。对编号的树木记录编号、测定胸径、鉴定物种、测量坐标。以上野外调查和记录工作完成于2010—2011年。为比较不同径级树木在采伐后的更新状况,样地内所有$D_{BH} > 1$ cm的木本植物被分为三个径级:小径级树(1 cm $\leq D_{BH} <$ 10 cm)、中径级树(10 cm $\leq D_{BH} <$ 30 cm)和大径级树($D_{BH} \geq$ 30 cm)。

利用种-面积稀疏曲线比较不同采伐方式下的物种累积速度。为消除密度效应对物种数量的影响,我们进一步利用种–个体多度累积曲线和种秩曲线比较不同采伐方式下的物种数量变化。通过单因素方差分析(one-way ANOVA)检验不同采伐方式对群落结构的影响。采用多重检验(Tukey HSD)比较各采伐方式恢复群落的个体密度和胸高断面积差异显著程度。我们采用无度量多维标定(nonmetric multidimensional scaling, NMS)方法检验不同恢复时间植被的物种组成格局变化。按照三个径级大小分别进行 NMS 分析,比较不同伐后林段与老龄林的组成差异程度。模型中各样地相似性距离计算参数采用适合热带森林的 Chao 相似性系数(Norden et al. 2009a)。

10.1.1 多度和物种多样性

在三种不同热带山地雨林类型(皆伐林、择伐林和老龄林)中,择伐林的小径级树个体密度和胸高断面积均显著高于皆伐林和老龄林。经过 40 年的恢复,皆伐林和择伐林的中径级树个体密度和胸高断面积均显著或近似显著高于老龄林。大径级树个体密度在三种森林类型中无显著差异($F = 1.78$, $p = 0.31$),但在胸高断面积上,皆伐林和择伐林显著低于老龄林,仅为老龄林的40%(图 10-1)。

物种丰富度和稀疏后的物种丰富度在 3 种森林类型中均呈现一致的规律,在小径级树和中

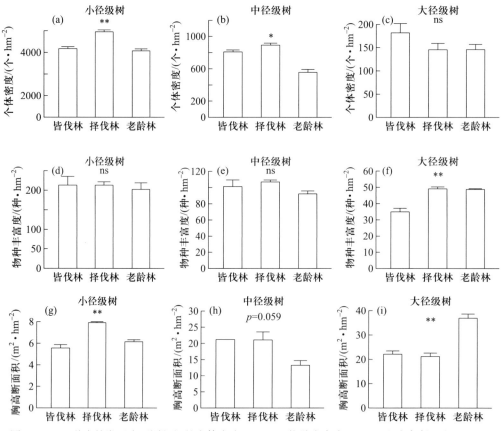

图 10-1　三种森林类型中不同径级的个体密度(a、b、c)、物种丰富度(d、e、f)和胸高断面积(g、h、i)
ns, $p > 0.05$。

径级树上分别无显著差异。择伐林中大径级树的物种丰富度达到老龄林水平,但皆伐林仅达到老龄林的70%。种-面积稀疏曲线、种-个体多度累积曲线和种秩曲线均表明(图10-2),两个伐后林在小径级树的累积速度方面没有差异,但在中径级树的种-面积累积高于老龄林。大径级树的种-面积累积曲线和种-个体多度累积曲线则表明,仅择伐林接近老龄林,而皆伐林的物种累积速度较为缓慢。

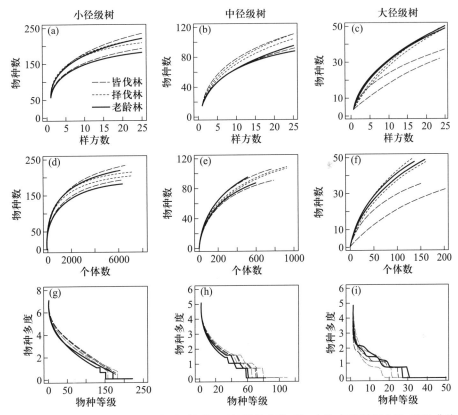

图10-2 三种森林类型中不同径级的种-面积累积曲线、种-个体多度累积曲线、种秩曲线

10.1.2 物种组成与优势种

NMS 排序图第 1 轴反映了不同树木径级物种组成的影响,第 2 轴则展现了不同采伐方式下物种组成的变化(图10-3)。随着径级的增加,两种伐后林和老龄林的物种组成差异不断增加,而且皆伐林在物种组成上更加接近择伐林。从排序轴的基于多度对数转化的物种组成差异比较表明,大径级树的物种组成在不同森林类型之间存在显著差异($F = 2.33, p < 0.05$),而小径级树($F = 2.11, p = 0.07$)和中径级树($F = 2.14, p = 0.07$)的物种组成存在近似的显著差异。基于胸高断面积的物种组成差异比较表明,三种径级树木在物种组成上均存在近似的显著差异(所有$p < 0.08$)。

在两种伐后林中,三种不同径级树木与老龄林相应树木的多度斜率和胸高断面积斜率

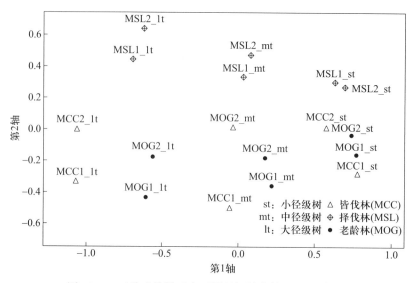

图 10-3 三种森林类型中不同径级树木的 NMS 排序图

均低于 1。两种伐后林中径级树和大径级树的多度斜率相似（$b = 0.52 \sim 0.63$，$p < 0.001$），但皆伐林与老龄林群落的多度斜率（$b = 0.65$，$p < 0.001$）高于择伐林与老龄林的多度斜率（$b = 0.52$，$p < 0.001$）。皆伐林和择伐林与老龄林小径级树和中径级树胸高断面积斜率较低（$b = 0.28 \sim 0.45$，$p < 0.001$），大径级树胸高断面积斜率则较高，分别为 0.68（$p < 0.001$）和 0.88（$p < 0.001$）。

小径级树多度排名前 10 位的树种中，九节、白颜树主要分布在两种伐后林中，而粗毛野桐、染木树、四蕊三角瓣花、谷木等主要分布在老龄林中，同时也在择伐林中有一定数量的分布，而厚壳桂则在择伐林中大量存在。中径级树中，海南白锥、厚壳桂、线枝蒲桃、黄杞等树种在伐后林，特别是在择伐林中占据优势，伐后林中占据优势的白颜树、厚壳桂、腺柄山矾也是老龄林中的优势种，而老龄林中最具优势的粗毛野桐则仅在择伐林中分布。大径级树中，海南白锥、赤杨叶、黄杞等成为皆伐林或择伐林中的优势种，而油丹、白颜树、黄叶树和红柯主要分布在老龄林中（表 10-1）。

10.1.3　群落结构

皆伐林和择伐林和老龄林样地之间小径级树（$X^2 = 245.65$，$p < 0.001$）、中径级树（$X^2 = 30.56$，$p < 0.05$）的个体数量均存在显著的差异，而且各个径级内的树木胸径大小分布均为倒"J"形（图 10-4）。皆伐林和择伐林中胸径 $1 \sim 2$ cm 的树木个体数量高于老龄林，而择伐林中 $2 \sim 3$ cm 的个体数量最高。与老龄林相比，两种伐后林的中径级树木个体数量较多，特别是择伐林。大径级树木胸径大小分布在三种森林类型中差异更为明显，皆伐林中胸径 $30 \sim 50$ cm 的树木个体数量远高于择伐和老龄林，而老龄林中拥有更多胸径超过 80 cm 的大径级树木。

表 10-1 三种森林类型山地雨林中不同径级树木(幼树,小树,成年树)优势种

	皆伐林	择伐林	老龄林
小径级树($1\ cm \leqslant D_{BH} < 10\ cm$)			
九节($Psychotria\ rubra$)	1651	1636	315
粗毛野桐($Mallotus\ hookerianus$)	1	160	2102
染木树($Saprosma\ ternatum$)	110	619	1158
四蕊三角瓣花(三角瓣花)($Prismatomeris\ tetrandra$)	383	359	1029
厚壳桂($Cryptocarya\ chinensis$)	265	1183	219
谷木($Memecylon\ ligustrifolium$)	358	362	708
罗伞树(高脚罗伞)($Ardisia\ quinquegona$)	404	270	357
乌柿($Diospyros\ cathayensis$)	642	9	375
白颜树($Gironniera\ subaequalis$)	745	177	39
柏拉木($Blastus\ cochinchinensis$)	240	294	221
中径级树($10\ cm \leqslant D_{BH} < 30\ cm$)			
短刺米槠(海南白锥)($Castanopsis\ carlesii$)	176	189	8
厚壳桂($Cryptocarya\ chinensis$)	35	169	43
白颜树($Gironniera\ subaequalis$)	40	94	58
线枝蒲桃($Syzygium\ araiocladum$)	13	154	0
腺柄山矾($Symplocos\ adenopus$)	56	20	57
黄杞($Engelhardtia\ roxburghiana$)	30	95	2
粗毛野桐($Mallotus\ hookerianus$)	0	18	103
赤杨叶(海南赤杨叶)($Alniphyllum\ fortunei$)	63	45	0
平托桂(景烈樟/乌心樟)($Cinnamomum\ tsoi$)	42	53	12
密脉蒲桃($Syzygium\ chunianum$)	19	56	29
大径级树($D_{BH} \geqslant 30\ cm$)			
短刺米槠(海南白锥)($Castanopsis\ carlesii$)	158	71	15
赤杨叶(海南赤杨叶)($Alniphyllum\ fortunei$)	36	2	0
黄杞($Engelhardtia\ roxburghiana$)	13	18	3
红锥($Castanopsis\ hystrix$)	14	2	17
公孙锥(越南白锥)($Castanopsis\ tonkinensis$)	21	6	3
油丹($Alseodaphne\ hainanensis$)	0	7	20
栎子青冈(栎子椆)($Cyclobalanopsis\ blakei$)	7	8	12
白颜树($Gironniera\ subaequalis$)	3	4	20
黄叶树($Xanthophyllum\ hainanense$)	1	7	18
红柯(琼崖柯/红椆)($Lithocarpus\ fenzelianus$)	3	7	12

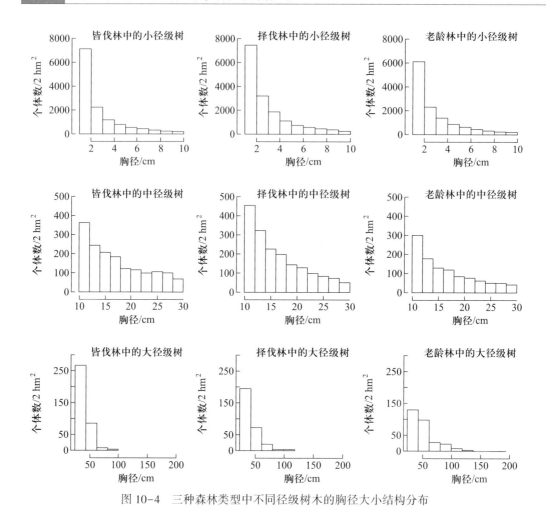

图 10-4　三种森林类型中不同径级树木的胸径大小结构分布

10.1.4　伐后林恢复过程和主要影响因素

伐后林的自然恢复过程(速度、方向)直接决定了热带林在全球气候变化方面发挥的作用和潜力(Lewis et al. 2009; Chazdon 2014)。虽然皆伐的干扰强度通常大于择伐,但本研究结果表明,皆伐林和择伐林经过 40 年的恢复,中、小径级树木的物种丰富度已经达到老龄林水平。这表明,本地区热带山地雨林经过采伐后具有较快的物种恢复速度,而近期在海南尖峰岭的研究也同样发现这个规律(Xu et al. 2015)。霸王岭的热带山地雨林多处于降水丰富的海拔中等偏高位置(臧润国等 2004),而且旱季出现的浓雾也能够在一定程度上缓解植物生长受到的水分胁迫。因此相对于低海拔分布的热带林,受到水分胁迫较少的山地雨林在受到干扰后具有更快的恢复速度(Guariguata et al. 2001)。影响热带林恢复的另外一个重要因素是种源构成和与干扰区域的距离(Chazdon 2003; Norden et al. 2009a)。本研究设立的皆伐林样地位于山地的上坡位,距离森林采伐的山脊保留带较近,因而这些保留带的老龄林种子能够直接扩散到皆伐林之中。因此皆伐林为那些能够快速生长的先锋种以及具备萌生能力的树种提供了生长空间。

虽然皆伐的干扰强度要高于择伐,但是迹地的良好光照环境和相对完整的土壤条件为先锋树种(如黄杞、短刺米槠、赤杨叶等)的快速建立和生长提供了良好的条件。与此相反,择伐林中还存在大量原有植被的树木个体,径级择伐增加了林内林隙数量,为那些林下层的小径级个体的生长提供了更新生态位(Zang et al. 2005),从而增加了择伐林内小径级树木个体的数量。但随着择伐林中个体密度的增加,树木直接对光照(地上竞争)和对土壤水分及养分(地下竞争)的竞争强度将不断增加,只有那些具备更强竞争优势(高效的养分利用能力、快速的高生长能力等)的树种才能在择伐林中更新和生长。

本研究表明,择伐林的物种丰富度在三种径级上均达到老龄林水平。皆伐林的物种丰富度仅仅在小径级上达到老龄林水平,而大径级的物种丰富度仅为老龄林的71%。由于森林径级择伐仅仅移出部分大径级个体,同时保留少量母树以促进伐后林的更新,因而较低强度的采伐对森林生物多样性影响相对较小,森林能够在短期内恢复到干扰前水平(Cannon et al. 1998;Chazdon 2003)。其他热带地区的森林采伐也具有较快的速度,特别是赤道雨林的森林恢复速度更快。例如在印度尼西亚热带雨林中进行商业性采伐,择伐后恢复8年的热带雨林具有较高的物种数量,单位个体的物种丰富度与老龄林相同,同时龙脑香科植物的群落优势度也得以保存(Cannon et al. 1998)。同样在印度尼西亚,森林择伐显著地减少了群落内成年树的树种数量,但树木个体密度、物种数量和多样性指数经过15年恢复后即可达到老龄林水平(Slik et al. 2002)。Verburg等(2003)通过在印度尼西亚热带雨林20年的长期定位观测发现,森林在择伐后的恢复过程中,多样性指数没有发生变化,而且两种不同强度的径级择伐后自然恢复群落的多样性也没有差异。在巴西热带林择伐后5年恢复群落中,大树($D_{BH} \geqslant 30$ cm)数量明显减少,但是成年树的个体密度、物种丰富度、多样性指数与老龄林没有显著差异(Villela et al. 2006)。

受干扰森林中的大径级保留木是森林群落恢复的重要驱动因素(Lindenmayer et al. 2012;缪宁等2013),一方面可以直接作为种源参与森林更新过程,同时也能形成局域斑块小环境,为其他树木特别是为老龄林树木的更新创造重要的生长条件。同时这些大径级保留木也通过吸引鸟类等种子扩散者来提高种源的物种多样性,因此保留木的物种特性能够在一定程度上决定群落恢复的速度和物种组成。本研究中,皆伐林和择伐林均存在采伐过程中保留下来的大径级种源树木,例如海南白锥、红柯、公孙锥、栎子青冈等壳斗科树种。壳斗科植物是热带山地重要的优势种,在印度尼西亚热带山地雨林中,壳斗科植物能够占到森林生物量的50%以上(Culmsee et al. 2010)。壳斗科植物种子产量通常较高,而且具有较强的萌发能力和快速的生长速度(Nishimura et al. 2011)。因此这些树种在受干扰森林中不仅增加了物种丰富度的恢复速度,而且更为重要的是,为群落结构的完善和更多耐阴种的建立提供了可能。森林采伐后群落结构迅速恢复的另外一个重要原因是先锋种的大量补充。而且,森林择伐后先锋种在群落中的相对多度也是物种多样性得以恢复的重要因素(Villela et al. 2006;Xu et al. 2015)。本研究结果也发现,大径级树种的先锋种(如赤杨叶、黄杞)的快速生长增加了伐后林特别是皆伐林中30~50 cm径级的树木个体。虽然这些先锋种会随着森林的恢复而逐步消失,但是这些先锋种在推进群落恢复过程中发挥了极为重要的作用(Chazdon 2014)。

我们的研究总体表明,热带山地雨林经过商业采伐后具有较快的物种恢复速度,然而物种多度的恢复仅仅只能表明物种数量上的快速恢复,但两种伐后林的物种组成和群落结构还与对照的老龄林存在一定的差异。特别是随着径级的增加,这种差异更加明显。因此不管是从生态系统功能恢复还是从森林资源可持续利用角度,海南山地雨林伐后林还需要实施严格的天然林保护措施。与农业或者刀耕火种后恢复的次生林相比,这些伐后林具有更高的物种多样性、更加完善的群落结构和更加接近老龄林的物种组成(Chazdon 2003)。随着热带林老龄林面积的不断减少,加强这些伐后林的保护和基础理论研究将为未来热带林资源永续利用提供极为重要的保障(Laurance et al. 2012;Wilcove et al. 2013)。

10.2 不同采伐方式对物种多样性和功能多样性的影响

土地利用方式对全球陆地生物多样性造成了严重的影响(Newbold et al. 2015),因此不同干扰方式对生态系统功能的影响已经成为生态学研究的重点内容之一(Tilman et al. 2012;Mouillot et al. 2013)。物种多样性与生态系统存在显著的相关性(Tilman et al. 2014),然而基于分类学基础的物种多样性并不能反映物种对生态系统功能的影响和对环境变化的响应(Villéger et al. 2010)。近年来,基于植物功能性状进行研究已经逐步成为当前重要的研究手段之一(McGill et al. 2006a;Westoby et al. 2006)。植物功能性状能够反映植物的生态策略和在生态系统中的功能,因此分析植物功能组成及其多样性能够有效地指导自然生态系统的保护和恢复实践工作(Baraloto et al. 2012;Conti et al. 2013;Finegan et al. 2015;刘晓娟等 2015)。

功能多样性通常是指组成生态系统生物有机体的功能性状的数值、范围、分布和相对多度(Conti et al. 2013)。随着研究方法的不断发展,计算功能多样性的指数数量不断增加(Schleuter et al. 2010),常用的指标包括功能丰富度、功能均匀度、功能分离度和功能离散度(Mason et al. 2005;Laliberté et al. 2010;Villéger et al. 2010;Pakeman 2011;Baraloto et al. 2012;刘晓娟等 2015)。功能丰富度和功能分散度经常被认为与群落组配过程或者生态系统功能有关(Mouchet et al. 2010),但也有研究表明,功能均匀度同样有潜力预测群落组配过程(Mason et al. 2008a)。近年来的研究已经证明,单个物种或者单个性状能够显著影响群落动态和生态系统功能(Ruiz-Jaen et al. 2011;Lohbeck et al. 2012;Conti et al. 2013),因而基于单个性状的群落平均水平值也是研究功能多样性的重要指标之一。而且在某些复杂景观中,单个性状功能指数在解释生产力和碳储量方面甚至优于多元的功能多样性指数(Butterfield et al. 2013)。然而在比较干扰对森林功能组成变化的影响过程中,同时采用多个不同的功能多样性参数能够揭示森林群落在结构和功能方面不同变化的规律(Villéger et al. 2010;Baraloto et al. 2012)。

森林采伐是热带林退化的主要驱动因素之一(Wilcove et al. 2013;Chazdon 2014)。森林采伐更多地影响了物种组成的变化,从而直接改变了功能性群落结构(Mouillot et al. 2013)。特别是那些具有重要生态效应(如固碳)的物种多度会在采伐后显著降低,从而减少了伐后林在固碳方面的生态系统功能(Bunker et al. 2005)。采伐不仅降低了热带林在固碳和生物多样性保育方面的功能,而且也进一步增加了热带林继续退化和其他干扰的影响(Laurance et al. 2009;Laurance et al. 2012)。随着遥感解译技术的提高人们发现,采伐导致的热带林退化面积远比目前估计的高(Asner et al. 2005)。随着热带地区森林采伐和盗伐趋势的日益增加,森林采伐后自然恢复速度,特别是生态系统功能恢复速度已经成为当前重要的研究内容之一。大量有关热带林森林采伐的研究表明,热带林在物种多样性方面具有较强的恢复能力,通常在几十年内即可恢复到采伐前的水平(Cannon et al. 1999;Slik et al. 2002;Baraloto et al. 2012)。然而在受到例如外来种入侵(Brown et al. 2004b)、火灾(Nepstad et al. 1999)或者重复采伐(Edwards et al. 2011)的情况下,这些热带林的物种多样性恢复速度则会受到明显的抑制。随着对生态系统功能认识的不断深入,当前迫切需要利用植物功能性状来探讨森林采伐对群落生态系统的影响(Baraloto et al. 2012)。

近年来的多项理论和实际研究表明,干扰会直接改变自然群落的功能结构,从而影响恢复群落在生态系统功能方面的作用(Mayfield et al. 2013;Mouillot et al. 2013)。Baraloto 等 (2012)在法属圭亚那发现,虽然采伐后物种丰富度和功能丰富度均没有显著变化,但是干扰通过改变功能组成而显著地改变了生态过程。另一项研究则发现,物种丰富度在经过干扰后增加,但功能多样性却显著降低(Villéger et al. 2010)。最近在日本开展的不同区域植被类型植物功能结构的研究表明,多数森林植被类型在皆伐后的物种丰富度虽然高于未被经营的森林,但功能结构参数却表现出相反的趋势(Kusumoto et al. 2015)。在森林采伐过程中,不同的采伐方式(例如皆伐、择伐等)和强度会对森林更新和恢复产生不同的影响。在早期的森林经营过程中,皆伐是一种普遍采用的采伐方式,但随着森林经营理念的发展而逐步采用径级择伐方式。择伐也是目前热带地区的主要采伐方式(Putz et al. 2012),20.3%的热带湿润森林经历过择伐干扰(Chazdon 2014)。皆伐和择伐后保留的物种和群落结构存在显著的差异,这种生物保留物的不同也可能会影响生态系统恢复过程(Rudolphi et al. 2014)。由于缺乏详细的前期数据,林学家和生态学家对曾经普遍运用的皆伐采伐的研究较少(Faria et al. 2009;Kusumoto et al. 2015),所以目前对皆伐伐后林的生态功能恢复还缺乏了解。

海南热带森林的采伐开始于 20 世纪 50 年代初,皆伐一直是该地区主要的森林采伐方式(Huang 2000)。1964 年在海南典型的热带区域——霸王岭林区建立了我国第一块径级择伐实验地,通过近 10 年的摸索和探讨,到 1970 年以后才逐步推行径级择伐。然后受到皆伐方式的影响,海南岛热带雨林早期实施的径级择伐强度通常也高达50%~70%,后来随着采育择伐的实施在逐步降低采伐强度(丁易等 2011a)。本节在海南霸王岭森林动态样地的基础上,分析皆伐和径级择伐后自然恢复 40 年的森林物种多样性和功能多样性,并以该区域热带山地雨林老龄林为参考对象,探讨不同采伐方式下的物种多样性和功能多样性恢复状况。由于取样尺度不仅影响物种丰富度,同时物种的变化也影响了群落的构建、功能结构和生态系统功能(Chisholm et al. 2013;de Bello et al. 2013;Kraft et al. 2015),因此本节将比较不同取样尺度下功能多样性是否具有一致的变化趋势。

选择 6 个实地测定的功能性状,包括比叶面积、叶片干物质含量、叶绿素含量、叶片氮含量、叶片磷含量和枝木材密度。虽然潜在最大高度、种子重量、繁殖特性等在植物功能生态学研究中也具有重要的意义,但这些数据无法在实地测定,因此本节不分析这些性状特征。在每个样地中,按照调查到的物种名录和 Cornelissen 等 (2003b)植物功能性状测定手册,选择每个树种 1 ~ 10 个个体,采集 2~5 片成熟完好的叶片进行性状测定。叶面积用叶面积仪(LI-COR3100C Area Meter,LI-COR,USA)测量,叶绿素用 SPAD502Plusmeter 测量。测量后的叶片先称量鲜重,放入 60°C 的烘箱烘干 72 小时,后称干重。烘干后的叶片样品被送入海南大学实验室进行养分分析,包括叶片氮、磷测定。比叶面积是叶面积与叶干重的比值。叶片干物质含量是叶干重与叶鲜重的比值。由于霸王岭森林动态样地为固定样地,而且样地中多数树种个体的胸径没有超过10 cm,为避免取样对树木生长的不利影响,野外采样过程中没有使用生长锥获取树芯来测定木材密度(Baraloto et al. 2010a)。木材密度的测量是取叶片的同时取其枝条(胸径在 1~2 cm),去皮然后利用电子天平密度组件测量体积,之后放入 103°C 的烘箱烘干 72 小时,后称干重。为比较枝条木材密度和树干木材密度的相关性,在样地外选取 20 个物种,每个物种取 10 个个体,用生长锥钻取年轮条同时取其枝条。枝条木材密度和树干木材密度存在极显著的相关性($R^2 >$ 0.93,$p<0.001$)。利用枝条获取木材密度也是森林植物功能性状研究的常用方法之一(Kraft et al. 2008;Baraloto et al. 2012)。

霸王岭山地雨林森林动态样地被分为 3 个研究尺度,即 10 m×10 m、20 m×20 m、50 m×50 m。不同尺度样方的物种多样性(物种丰富度、均匀度和香农–维纳多样性指数)使用 R 软件的 vegan 包计算。功能多样性和 6 个功能性状群落加权平均值则使用 R 软件中的 FD 包计算。由于大径级和小径级树木在影响群落结构和生态功能方面的巨大差异(Slik et al. 2013),功能多样性和功能性状群落加权平均值采用胸高断面积进行计算。不同干扰方式(皆伐、径级择伐)的森林和老龄林的物种多样性、功能多样性和功能性状群落加权平均值的差异利用单元方差分析进行比较,对存在显著差异的数据则进一步使用 Tukey 多重比较。所有显著度设置为 $p<0.05$。

10.2.1 物种多样性

不同森林类型的物种多样性指数在多数尺度上均存在显著的差异(图 10–5)。在 10 m×10 m 和 20 m×20 m 的尺度上,择伐林的物种丰富度显著高于皆伐林和老龄林。老龄林的物种丰富度仅在 10 m×10 m 尺度上低于皆伐林,而在其他尺度上均无显著差异。老龄林的均匀度在各个尺度上均显著低于伐后林,而皆伐林和择伐林之间均无显著差异。择伐林的香农–维纳多样性指数在 3 个尺度上均显著($p<0.01$)或近显著($p=0.08$)高于皆伐林,而老龄林则均显著($p<$ 0.01)或近显著($p=0.06$)低于皆伐林。随着取样尺度的增加,物种丰富度($F=2990$,$p<0.001$)和香农–维纳多样性指数($F=138.1$,$p<0.001$)逐步增加,但均匀度($F=307.7$,$p<0.001$)则逐渐降低。

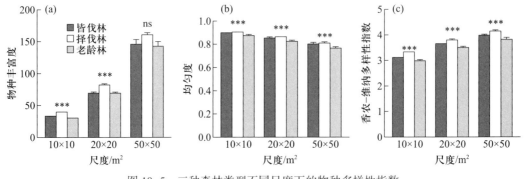

图 10–5　三种森林类型不同尺度下的物种多样性指数
ns,$p>0.05$;＊＊＊,$p<0.001$

10.2.2 功能多样性

不同森林类型的功能多样性指数(功能丰富度、功能分离度和功能离散度)在多数尺度上均存在显著的差异($p<0.05$)。择伐林的功能丰富度显著高于皆伐林和老龄林($p<0.05$),而皆伐林

在 10 m×10 m 和 20 m×20 m 尺度上均显著高于老龄林。老龄林的功能分离度显著高于皆伐林和择伐林($p<0.05$),而皆伐林和择伐林仅在 10 m×10 m 尺度上存在显著差异。三种森林类型的功能离散度在 10 m×10 m 和 20 m×20 m 尺度上存在显著差异,而且择伐林显著高于皆伐林和老龄林。功能丰富度($F=968.5, p<0.001$)随着尺度的增大不断增加,但功能分离度($F=0.114, p=0.893$)和功能离散度($F=0.084, p=0.431$)随着尺度的增加并无显著变化(图 10-6)。

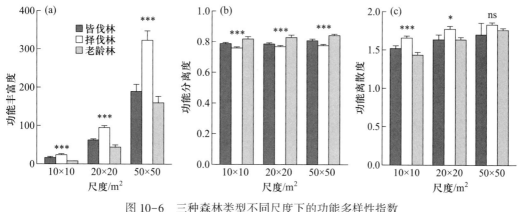

图 10-6　三种森林类型不同尺度下的功能多样性指数
ns, $p>0.05$; *, $p<0.05$; ***, $p<0.001$

10.2.3　群落功能组成

与功能多样性相比,基于群落平均加权的功能性状均没有表现出随着取样尺度的增大而增加的趋势,各个尺度上的群落平均加权值均无显著差异。除叶片干物质含量外,其他 5 个功能性状在多数尺度上不同森林类型间均存在显著的差异。皆伐林的比叶面积和叶片磷含量高于择伐林和老龄林,而择伐林和老龄林之间无显著差异。老龄林中的叶绿素含量、叶片氮含量、木材枝密度均显著高于皆伐林和择伐林,择伐林的叶绿素含量在所有尺度上均显著高于皆伐林,但叶片氮含量在两种伐后林中均无显著差异。皆伐林的 WD 在 10 m×10 m 和 20 m×20 m 尺度上显著低于皆伐林,但在 50 m×50 m 尺度上无显著差异(图 10-7)。

10.2.4　物种多样性和功能多样性

本节利用森林动态样地研究了不同取样尺度下两种不同森林采伐方式(皆伐和择伐)对热带林物种多样性、功能多样性和群落功能组成的影响。结果表明,与老龄林相比,择伐显著增加了物种多样性和功能丰富度,同时皆伐林的物种丰富度和功能丰富度已经高于老龄林水平。但两种伐后林的功能分离度和群落功能组成与老龄林还存在较大的差异。伐后林中以资源利用型的功能组成(如高的比叶面积和叶片磷含量)为主,而资源保守型的功能组成(如枝木材密度)还显著低于老龄林。这些结果表明,伐后林经过 40 年的自然恢复并未完全恢复到老龄林的群落功能结构水平。皆伐林和择伐林的功能多样性变化较大,但择伐林的功能群落结构更加接近老龄林。因此本结果也进一步强调了基于功能多样性更能够揭示干扰对热带林的生态系统功能的影

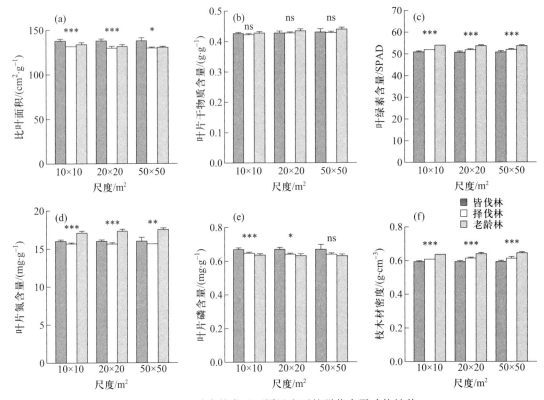

图 10-7 三种森林类型不同尺度下的群落水平功能性状
ns,$p>0.05$; *,$p<0.05$; **,$p<0.01$; ***,$p<0.001$

响,也进一步支持了采伐能够显著改变伐后林功能结构的研究结论(Baraloto et al. 2012;Ding et al. 2012a;Kusumoto et al. 2015)。

伐后林在不同研究尺度上的三个物种多样性指数均显著高于或者等于老龄林,因此仅仅从物种多样性的角度来说,霸王岭恢复40年的皆伐林和择伐林均具有较快的恢复速度。这种快速的恢复主要由于霸王岭山地雨林分布区良好的水分条件、较近的种源距离以及相对较轻的干扰强度。霸王岭山地雨林分布区年降水量超过 2800 mm,而且冬季由于冷空气南下形成的雾也能够缓解旱季的土壤水分亏缺(Ding et al. 2012b)。另外按照海南森林采伐规程,采伐区内分布于山脊两侧 50 m 的森林将作为种源林禁止采伐,因此山地雨林采伐迹地距离种源相对较近,也容易得到老龄林树种的种子补充。与其他干扰强度相比,森林采伐对森林立地环境的影响要小于刀耕火种、农用和畜牧用(Chazdon 2003),而且伐后林中部分物种具有较高的萌生能力,因此能够在一定程度上恢复到和保持较高的物种多样性水平。

经过 40~50 年的自然恢复过程,两种伐后林功能丰富度和功能离散度基本高于老龄林,但是功能分离度却显著低于老龄林。功能丰富度仅仅考虑群落中被占据的功能空间,因此也容易受到某些特殊功能性状物种的影响(Villéger et al. 2010)。而且功能丰富度通常也与物种丰富度相关(Schleuter et al. 2010),因此伐后林中较高的物种丰富度也影响了功能丰富度。而功能分离度整合了物种个体数量特征,显示了物种在功能性状多维空间中加权平均排列的分散性,能够体现群落中物种间生态位的互补程度（Villéger et al. 2008）。生态系统中的功能分离度高说明物种生态位重叠效应弱，资源竞争弱。与受干扰的森林相比，老龄林的功能分离度更高，表明老龄林群落经过多个生态学机制（如环境筛、生物竞争等）驱动后，物种的生态位空间相互重叠减少，形成了稳定的群落组成和结构。表示群落功能性状差异的功能离散度则表明，采伐增加了群落中物种功能性状的相异程度，功能离散度高表明群落受到限制相似性的影响大。研究结果中，两种伐后林的功能离散度在 10 m×10 m 和 20 m×20 m 尺度上均高于老龄林，这表明经过采伐后的森林群落在恢复过程中还存在比老龄林更为激烈的竞争环境。同时择伐林的功能离散度显著高于老龄林和皆伐林，说明择伐林中的个体竞争也更加激烈，而且择伐林中胸径小于 30 cm 的树木个体数量也要高于皆伐林和老龄林。因此功能分离度和功能离散度不同的变化趋势证明，老龄林通过功能互补减少了个体竞争而形成较为稳定的群落，但由于伐后林中的环境筛作用或者竞争过程还没有能够使其达到老龄林树种的性状差异水平，树木在恢复过程中的竞争过程还将继续进行。

10.2.5 功能结构变化

植物功能性状能够反映植物对环境的适应特征，同时不同的植物功能性状组成能够直接影响生态系统功能（Finegan et al. 2015）。在干扰后的森林恢复过程中，树木生态策略会从资源利用型转为资源保守型（Garnier et al. 2004），因此整个群落的功能性群落结构也会发生相应的变化。本研究结果也证实了这种变化。两种伐后林基于群落平均水平的叶绿素含量、叶片氮含量和枝木材密度均显著低于老龄林，但比叶面积和叶片磷含量却大多显著高于老龄林。高的比叶面积和叶片磷含量表明树木具有更高的资源利用能力，通常具有更快的生长速度（Pérez-Harguindeguy et al. 2013）。森林皆伐后形成的全光环境为这些具备资源利用型特性的树种（如赤杨叶）更新创造了条件。森林择伐保留了山地雨林的基本群落结构，但近 40% 的森林采伐强度也形成了大量林隙，从而为其他资源利用型树种的生长和更新提供了可能（Zang et al. 2005）。霸王岭山地雨林种子库的研究结果也进一步证实，土壤种子库中存在大量的先锋种（Zang et al. 2008）。因此，森林采伐为这些土壤种子库中的资源利用型树种更新创造了更新生态位，并改变了伐后林的功能群结构（Verburg et al. 2003）。

本研究同时也表明，伐后林经过 40 年的恢复，影响生态系统重要功能（例如固碳）的性状——枝木材密度依然低于老龄林。木材密度既体现树木对于逆境（如台风、病虫害）的抵抗能力，同时也直接影响森林在固碳方面的功能（Chave et al. 2009；Flores et al. 2011；Iida et al. 2012）。但基于群落水平的木材密度数值不仅受到树种本身木材密度的影响，树木个体大小也是导致老龄林 WD 高于伐后林的重要原因。因此本研究进一步强调了大径级高密度树木在老龄林中的重要性（Slik et al. 2013）。霸王岭山地老龄林的大径级树木主要包括海南白锥、红锥、红柯、栎子青冈等壳斗科植物和油丹等樟科植物。这些树种的保留不仅直接增加了森林的碳储量，也维持了伐后林的高度结构，并通过提供果实和栖息地为种子散布动物的活动提供了重要的保障。

第 11 章

海南岛热带云雾林生物多样性与群落组配

　　热带森林是物种最为丰富、结构最为复杂的陆地生态系统。它仅覆盖约 6% 的陆地表面,但生存着地球上 1/2~2/3 的物种(Richardson et al. 2001;Turner 2001)。已经有很多热带林物种共存理论(Silvertown 2004),但这些理论很少达到一致。热带林中物种差异如何提高群落多样性是目前争议的中心话题。

　　传统上物种共存的研究方法是定量分析共存物种的资源利用、与生境的关系、对捕食和病菌的敏感性或其他生活史过程,以此推断生态位分化在物种共存中的作用。但由于热带林中有大量相似物种,由于没有足够数量的生态位能容纳如此众多的雨林物种,因而生态位理论在解释多样性高的热带林物种共存中遭到质疑。中性理论认为,物种的随机分布、扩散限制和生活史的权衡能使物种间适合度差异减小,从而物种在不需要生态位差异的情况下实现共存(Hubbell 2001)。

　　很多学者已经利用物种多度和丰富度数据研究热带林群落组配机制(Hubbell 2001;Zhou et al. 2008;Shi et al. 2009)。近 20 年来,新兴起的基于功能性状的方法直观量化物种在生态策略和生活史特征方面的差异,反映生物多样性所包含的功能信息(生物多样性对生态系统功能的影响)(Hillebrand et al. 2009;Reiss et al. 2009),为深入了解群落构建过程的生态学机理提供了有效途径。

　　目前有大量研究直接或间接地分析热带林群落物种共存机制,但这些研究只是局限于低海拔的热带雨林,也局限于局部地区,其研究结论是否具有普遍意义仍需更多证据。热带云雾林是一类特殊的热带山地云雾林(Reiss et al. 2009),其森林环境、群落高度、外貌、物种多样性和群落结构等都与低海拔的热带森林有明显区别(Tanner 1977;Williams-Linera 2002)。高海拔热带云雾林生态系统对气候变化特别敏感(Walther et al. 2002),可能会导致云雾出现频率降低、云雾面积减少,使一些物种生存环境发生改变,进而改变物种的丰富度和分布区,成为物种灭绝的诱因(McLaughlin et al. 2002)。全球气候变化也容易对热带云雾林的动态平衡产生不利影响(Foster 2001),使物种多样性丧失、物种沿海拔分布梯度范围改变、群落发生重组(Lenoir et al. 2008)。

　　海南岛热带林是我国生物多样性分布热点地区之一,位于世界热带林分布北缘,该地区物种多样性维持机制可能与其他地方有差异。海南岛热带云雾林是一种垂直分布地带性植被,位于海拔 1200 m 以上的山脊或山顶(蒋有绪等 2002),相对于低海拔的热带雨林,其生态系统受到良好保护,是生物多样性形成和维持机制的理论验证实验田。而且,热带云雾林特有的生物多样性及其特殊的生境条件可能导致其多样性维持机制与其他植被类型不同。

本章以海南岛霸王岭热带云雾林(包括热带山地常绿林和热带山顶矮林)为对象,在群落结构研究基础上,结合物种多样性和功能性状,通过定量分析和应用零假设模型研究热带云雾林群落内的物种共存机制。本研究为揭示复杂热带森林群落的组配机制、全面认识基于物种和功能性状的群落生态学理论做贡献,也为热带林保护和管理提供借鉴。

11.1　海南岛热带云雾林的环境特征

热带山地常绿林和热带山顶矮林是我国热带云雾林的主要类型(Bubb et al. 2004),在我国植被中属山地常绿苔藓林植被型组和阔叶林植被型亚纲(吴征镒 1995),主要分布在云南地区和海南岛(Bubb et al. 2004)。云南地区热带云雾林群落的物种组成和区系成分等已有研究(施济普 2007;Shi et al. 2009)。海南岛热带云雾林主要分布于霸王岭、五指山、尖峰岭、吊罗山和鹦哥岭等林区海拔 1200 m 以上的山顶地段(胡玉佳等 1992)。蒋有绪等(1991)、杨小波等(1994b)和余世孝等(2001)分别对尖峰岭、五指山和霸王岭热带云雾林的群落结构特征进行过研究。森林环境条件是影响群落结构、生物多样性和生态系统功能的重要因素(Whitmore et al. 1998),但目前还没有针对热带云雾林环境研究方面的报道。本节系统分析比较了热带云雾林的光照、温度、水分、土壤因子和地形因子等环境特征,为进一步深入分析热带云雾林物种共存机制奠定基础。

样地分别设置在热带山地常绿林(tropical montane evergreen forest,TMEF)和热带山顶矮林(tropical montane dwarf forest,TMDF)。热带山地常绿林设置 2 个样地(地理坐标:$TMEF_1$,19°05′24.5″ N,109°12′56.2″ E;$TMEF_2$,19°05′33.2″ N,109°12′53.2″ E),每个样地随机设置 4 个2500 m² 样方。热带山顶矮林设置 3 个样地(地理坐标:$TMDF_1$,19°05′04.8″ N,109°12′43.5″ E;$TMDF_2$,19°05′12.4″ N,109°12′36.4″ E;$TMDF_3$,19°05′57″ N,109°12′54.8″ E),3 个样地分别随机设置 2个、3 个和 5 个 2500 m² 样方。不同样地间水平距离在 100 m 以上,所有样地坡向为东坡。热带山地常绿林和热带山顶矮林都为原始林,样地概况见表 11-1。

在 2009 年 6 月无云的全日晴天采集光合有效辐射(photosynthetically active radiation,PAR)数据。用 2 个 Field Scout 光量子计(3415FSE,Spectrum Technologies Inc.,New Jersey,USA),从早上 8:00 到下午 16:00 每隔 2 h 采一次样。采样时,沿每个样方对角线均匀设定 5 个点,手持Field Scout 光量子计在每个点距离地面 1.3 m 的地方测定光合有效辐射。

温度、湿度数据采集时间从 2009 年 5 月至 10 月。将 5 个 HOBO Pro 温湿度自动记录仪(HOBO U23-001,Onset,MA,USA)分别放置在上述样地中间,绑定在离地面 1.3 m 处,每隔1 h 自动测定并同时记录空气温度和相对湿度。

表 11-1 热带山地常绿林和热带山顶矮林研究样地比较

样方号	多度	丰富度	平均高度/m	平均密度/（株·25 m⁻²）	胸面积/（m²·2500 m⁻²）
$TMEF_{11}$	1864	91	5.07	18.64	11.45
$TMEF_{12}$	2115	82	4.75	21.15	9.36
$TMEF_{13}$	2107	82	5.01	21.28	10.29
$TMEF_{14}$	1839	68	5.14	18.39	10.48
$TMEF_{21}$	1728	97	5.72	17.28	10.69
$TMEF_{22}$	1623	92	5.39	16.23	9.20
$TMEF_{23}$	1621	89	5.89	16.21	12.92
$TMEF_{24}$	1926	91	4.84	19.26	10.71
$TMDF_{11}$	2831	82	3.97	28.31	7.34
$TMDF_{12}$	2738	82	4.43	27.38	7.84
$TMDF_{21}$	2612	90	4.62	26.12	8.88
$TMDF_{22}$	2775	76	3.89	27.75	7.63
$TMDF_{23}$	2751	86	4.55	27.51	9.87
$TMDF_{31}$	2662	76	3.70	26.62	7.87
$TMDF_{32}$	2510	63	3.90	26.15	8.34
$TMDF_{33}$	2367	73	4.13	23.67	8.97
$TMDF_{34}$	2514	97	4.27	25.14	9.63
$TMDF_{35}$	2408	86	4.54	23.15	10.77

注：所调查的植株胸径均在 1 cm 以上。

土壤数据于 2009 年雨季采集。每个样方中土壤采集样点与光合有效辐射测定样点相同,每个样方采集 5 个土样。去除土壤表层枯枝落叶,挖深 0.2 m 剖面,先根据土壤颜色、颗粒大小、黏性等物理性质判断腐殖质层,并测定其厚度;然后自上而下取 20 cm 混合土样;最后在取土位置用自制的 1.5 m 钢钎打入土壤,直至到达土壤母岩,土壤厚度即为没入土壤的钢钎长度。所有土样自然风干后测定其成分含量:全氮含量用凯氏定氮法测定;用 $HClO_4$-H_2SO_4 消化法分解样品,然后用钼锑抗比色法测定溶液中的全磷含量;全钾含量用 NaOH 熔融-火焰光度法测定;速效氮、有效磷和有效钾含量分别用碱解扩散法、盐酸-氟化铵法和乙酸铵提取火焰光度法测定;有机质含量用高温外热重铬酸钾氧化-容量法测定;pH 用电位法测定(中国土壤学会农业化学专业委员会,1983)。

地形数据包括坡度、岩石裸露比例和海拔高度。坡度用坡度坡向仪测定,岩石裸露比例用裸露出地表的石头面积占样方面积比例大小表示,海拔高度用海拔仪测定。

计算热带山地常绿林和热带山顶矮林一天中不同时段平均光合有效辐射、不同月份日平均空气温度和相对湿度、各土壤成分值和各地形因子值(平均值±标准偏差)。岩石裸露比例和相对湿度数据用反正弦变换。同天不同时段光合有效辐射差异及不同月份日平均空气温度和相对湿度差异用单因素方差分析,并用 Tukey-Kramer HSD test 进行多重比较。两种森林类型间土壤成分和地形因子差异用 Wilcoxcon's test 检验。不同环境因子间作用大小用主成分分析(PCA)比较,首先建立样地×环境变量矩阵,然后用 R 2.9.2 中 Vegan 包导入矩阵分析,当累积解释方差比例达到80%时取前面所有排序轴分析,并根据各环境因子在 PCA 轴上负荷的大小判断其作用大小。环境因子间的相关性用泊松相关性分析,相关性大小用 student's t-test 检验。所有数据统计分析在 R 2.9.2 中进行(R development core team,2009)。

11.1.1　光合有效辐射和空气温度湿度特征

热带山地常绿林和热带山顶矮林在一天中的不同时段,光合有效辐射有显著差异(山地常绿林:$F_{(3,28)}$ = 14.48,$p<0.001$;热带山顶矮林:$F_{(3,40)}$ = 4.61,$p=0.007$),且呈单峰分布(图 11-1a),上午 10:00—12:00 光合有效辐射最强;多重比较表明,热带山地常绿林 8:00—10:00 与 10:00—12:00、10:00—12:00 与 14:00—16:00、12:00—14:00 与 14:00—16:00 时段光合有效辐射有显著差异(全部 $p<0.001$),而其他时段间无显著差异($p=0.15$;$p=0.37$;$p=0.07$);热带山地矮林 8:00—10:00 与 10:00—12:00、10:00—12:00 与 14:00—16:00 时段光合有效辐射有显著差异(全部 $p<0.05$),其他时段间无显著差异($p=0.99$;$p=0.88$;$p=0.92$;$p=0.07$)。热带山地常绿林一天中各个时段的光合有效辐射都显著低于热带山顶矮林(图 11-1a)。

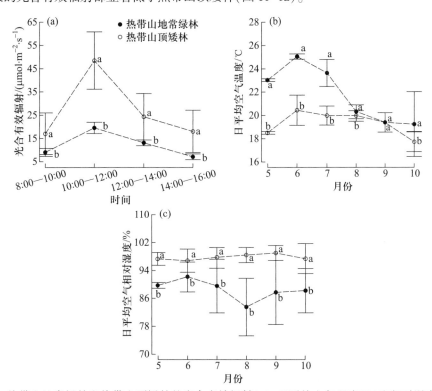

图 11-1　热带山地常绿林和热带山顶矮林的光合有效辐射(a)、日平均空气温度(b)和相对湿度(c)比较

图上相同字母表示两者无显著差异,不同字母(a、b 和 c)表示两者有显著差异($p<0.05$)

热带山地常绿林和热带山顶矮林在不同月份的日平均空气温度有极显著差异(热带山地常绿林: $F_{(5,354)}$ = 188.7, $p<0.001$;热带山顶矮林: $F_{(5,534)}$ = 147.6, $p<0.001$),且呈单峰曲线分布(图 11-1b),6 月日平均空气温度最高。多重比较结果显示,热带山地常绿林 6 月与 8 月、6 月与 9 月及 6 月与 10 月日平均空气温度有极显著差异($p<0.001$),而 8—10 月的日平均空气温度无显著差异($p=0.20$; $p=0.09$; $p=0.98$);热带山顶矮林除了 7 月与 8 月外($p=0.98$),其他月份间都有极显著差异($p<0.001$)。5—10 月热带山地常绿林和热带山顶矮林日平均空气温度分别为 21.76±2.44 ℃ 和 19.33±1.03 ℃,除 9 月,热带山地常绿林各月日平均空气温度均显著高于热带山顶矮林。

比较不同月份日平均空气相对湿度,热带山地常绿林和热带山顶矮林均有显著差异(热带山地常绿林: $F_{(5,354)}$ = 5.70, $p=0.001$;热带山顶矮林: $F_{(5,534)}$ = 4.74, $p<0.001$),且呈"倒 S 形"分布(图 11-1c)。多重比较结果表明,热带山地常绿林在 7 月与 8 月、8 月与 10 月有显著差异($p=0.01$; $p=0.001$),其他月份间无显著差异($p>0.05$);热带山顶矮林在 7 月与 9 月、9 月与 10 月有显著差异($p<0.001$; $p=0.04$),而其他月份间无显著差异($p>0.05$)。5—10 月热带山地常绿林和热带山顶矮林日平均空气相对湿度分别为(88.44±2.90)% 和(97.71±0.80)%,热带山地常绿林各月份日平均空气相对湿度均显著低于热带山顶矮林。

11.1.2 土壤和地形特征

热带山地常绿林和热带山顶矮林土壤有效钾含量及腐殖质厚度无显著差异,其他土壤因子均有显著差异(表 11-2)。热带山地常绿林全钾和有效磷含量均显著低于热带山顶矮林,全氮、全磷、速效氮、有机质含量、pH 和土壤厚度都显著高于热带山顶矮林。

热带山地常绿林的坡度、岩石裸露比例和海拔高度均显著小于热带山顶矮林(图 11-2)。

表 11-2 热带山地常绿林和热带山顶矮林土壤因子比较(平均值±标准偏差)

土壤因子	植被类型		土壤因子	植被类型	
	热带山地常绿林	热带山顶矮林		热带山地常绿林	热带山顶矮林
全氮/(g·kg⁻¹)	2.25±0.59a	1.15±0.38b	有效钾/(mg·kg⁻¹)	21.97±1.39a	31.9±13.79a
全磷/(g·kg⁻¹)	0.79±0.14a	0.49±0.32b	有机质/(g·kg⁻¹)	64.87±22.23a	36.7±12.99b
全钾/(g·kg⁻¹)	12.68±1.67b	65.3±12.50a	pH	4.44±0.29a	3.96±0.19b
速效氮/(mg·kg⁻¹)	153.0±28.10a	84.5±15.44b	腐殖质厚度/cm	8.75±0.67a	9.15±1.22a
有效磷/(mg·kg⁻¹)	11.00±1.65b	19.46±4.25a	土壤厚度/cm	65.35±8.63a	54.9±8.55b

注:表中数字后相同字母表示无显著差异,不同字母表示有显著差异($p<0.05$)。

11.1.3 环境因子主成分分析

主成分分析表明,热带山地常绿林和热带山顶矮林共 18 个样方随环境因子变化被分为两类(图 11-3)。前 4 个 PCA 轴的累积解释方差比例达 82.2%(表 11-3)。环境变量在前两个排序轴的负荷值较高,所以根据前两个排序轴分析环境变量作用大小。前两个排序轴累积解释方差比例达66%(第1轴和第2轴分别为54.7%和11.3%)。第1轴主要反映日平均空气温度、岩石裸露比例、有效磷、坡度、全钾、海拔高度、日平均空气相对湿度、全氮和pH变化(负荷绝对值大于0.75;表11-3);第2轴主要反映光合有效辐射变化(负荷绝对值大于0.75)。

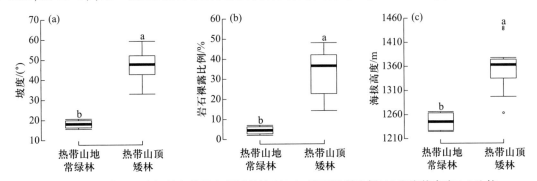

图11-2　热带山地常绿林和热带山顶矮林坡度(a)、岩石裸露比例(b)和海拔高度(c)比较

图上不同字母(a,b)表示两者有显著差异(p<0.05)

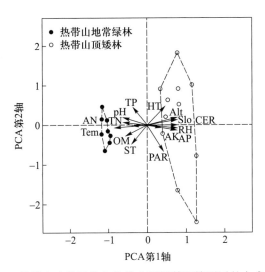

图11-3　热带山地常绿林和热带山顶矮林环境因子的主成分分析

AK,有效钾;Alt,海拔高度;AN,速效氮;AP,有效磷;CER,岩石裸露比例;HT,腐殖质厚度;OM,有机质;PAR,光合有效辐射;RH,日平均空气相对湿度;Slo,坡度;ST,土壤厚度;Tem,日平均空气温度;TK,全钾;TN,全氮;TP,全磷

11.1.4　环境因子相关性

分析热带山地常绿林和热带山顶矮林的环境因子相关性,日平均空气温度与大部分其他因子显著相关(图11-4)。土壤因子中,全氮、全钾和有效磷与其他多数因子显著相关。三个地形因子(坡度、岩石裸露比例和海拔高度)显著相关(图11-4),与其他多数因子也显著相关。因此日平均空气温度、全氮、全钾、有效磷、海拔高度、岩石裸露比例和坡度成为预测环境变化的重要因子。

表 11-3　主成分分析（PCA）各环境变量在前两个排序轴的负荷值及解释方差

环境变量	PCA1	PCA2	PCA3	PCA4
海拔高度	**0.86**	0.23	−0.32	0.07
日平均空气相对湿度	**0.85**	−0.10	−0.45	−0.01
日平均空气温度	**−0.98**	−0.07	−0.12	−0.004
坡度	**0.90**	−0.01	0.34	0.11
岩石裸露比例	**0.92**	−0.09	−0.28	0.06
土壤厚度	−0.48	−0.58	0.34	0.23
腐殖质厚度	0.53	0.56	0.46	0.17
光合有效辐射	0.49	**−0.76**	−0.15	0.04
全氮	**−0.78**	0.08	−0.27	0.25
全磷	−0.42	0.53	−0.53	0.30
全钾	**0.87**	0.16	0.34	0.001
速效氮	−0.45	−0.01	−0.15	−0.51
有效磷	**0.90**	−0.14	−0.33	−0.002
有效钾	0.61	−0.08	−0.16	0.11
有机质	−0.65	−0.31	−0.07	0.43
pH	**−0.75**	0.24	−0.05	0.04
特征值	8.76	1.80	1.49	1.11
方差比例	0.547	0.113	0.09	0.07
累积解释方差比例	0.547	0.66	0.753	0.822

注：表中黑体字表示该变量的负荷绝对值大于 0.75。

　　能否把热带山地常绿林和热带山顶矮林划为热带云雾林，对此尚存在争议。有学者认为，热带山地常绿林分布带很窄，在植物区系的组成上是由热带山地雨林向热带山顶苔藓矮林过渡的类型，很多种类属于热带山地雨林的共有种类，因此在植被垂直分布梯度上应归入热带山地雨林类型（陈树培 1982；黄全等 1986）。本节根据国际惯用方法，从森林环境角度划分热带云雾林，即云雾出现频度高、空气湿度大的森林为热带云雾林（Stadtmüller 1987；Bubb et al. 2004）。根据本节研究结果，热带山地常绿林和热带山顶矮林云雾出现频率都较高，5—10 月的日平均空气相对湿度都在 88% 以上，且有 98 天以上空气湿度达到 100%。一些学者也把热带山地常绿林从热带山地雨林中单列出来，称为热带山地苔藓林或热带山地常绿林，并认为它们比热带山地雨林云雾多、湿度大（陆阳等 1986；余世孝等 1993）。在另一些研究中，热带山地常绿林也被称为热带云雾林（余世孝等 2001）。

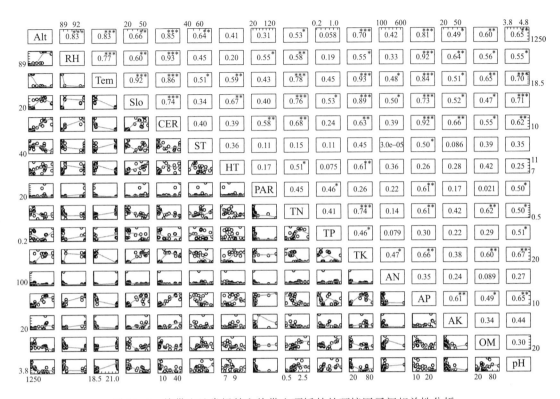

图 11-4　热带山地常绿林和热带山顶矮林的环境因子间相关性分析

AK,有效钾;Alt,海拔高度;AN,速效氮;AP,有效磷;CER,岩石裸露比例;HT,腐殖质厚度;OM,有机质;PAR,光合有效辐射;RH,日平均空气相对湿度;Slo,坡度;ST,土壤厚度;Tem,日平均空气温度;TK,全钾;TN,全氮;TP,全磷。* ,$p<0.05$;** ,$p<0.01$;*** ,$p<0.001$

　　调查发现,霸王岭热带云雾林地处海拔较高的山脊地带,且主要分布在东坡,林冠光照充足,一天不同时段光合有效辐射呈单峰曲线。热带山顶矮林下的光照显著高于热带山地常绿林(图 11-1a),主要原因有以下 3 个方面:首先,与热带山地常绿林树木平均高度(5.55 ± 0.59 m)比热带山顶矮林(4.01 ± 0.58 m)大有关。研究表明,透过树叶的光照强度往往从林冠到林下呈指数级数递减(Chazdon et al. 1984;Kitajima et al. 2005),随着树高增加,林下可利用光呈垂直递减趋势(Monsi et al. 2005)。其次,与热带山地常绿林冠层郁闭度(>70%)比热带山顶矮林冠层郁闭度(50%~70%)大有关。调查发现,热带云雾林群落的郁闭度与林下光合有效辐射显著负相关($r=-0.56$,$p=0.01$),郁闭热带山地常绿林能遮挡大部分冠层光照,使穿透到林下的光照较弱。最后,与地形有关,光合有效辐射与坡度显著正相关(图 11-1)。由于热带山地常绿林坡度显著小于热带山顶矮林(图 11-2a),热带山地常绿林群落乔木冠层容易互相重叠、遮挡光照,而热带山顶矮林冠层重叠少,光照易穿透冠层到达地表,因而林下光照强。主成分分析表明,光合有效辐射是影响热带云雾林植被分布的重要因素(图 11-3),光照对于云雾林植物的生长和更新、物种分布、植物功能性状变化等有重要意义(Emborg 1998;Ackerly et al. 2002;Ostertag et al. 2008)。

　　由于热带云雾林分布海拔高,不同月份的日平均空气温度差异大(图 11-1b)。研究发现,除 9 月外,热带山地常绿林各月份日平均空气温度都比热带山顶矮林高。这与前者分布的海拔比后者低有关(图 11-2c),空气温度与海拔高度显著负相关(图 11-4)。热带云雾林空气温度还可能与空气湿度有关,本研究中两者呈显著负相关关系。湿润环境往往对温度有较强的调节能力,相对而言,干燥的热带山地常绿林对空气温度调节能力较差,因而温度较高。与低海拔的东二林场(109°10′31.865″ E,19°6′39.442″ N,海拔 905 m)和南岔河(109°11′57.251″ N,19°6′38.983″ N,海拔 600 m)(中国林业科学院热带林业研究所观测数据,未发表)比较发现,东二林场和南岔河 5—10 月的日平均空气温度分别为 22.24±1.15 ℃ 和 24.40±1.38 ℃,显著高于热带山地常绿林和热带山顶矮林(单因素方差分析,$F_{(3,20)}$ = 10.14,$p < 0.001$)。相关文献也证实,热带云雾林的空气温度比低海拔植被低(胡玉佳等 1992;杨小波等 1994b;黄世能等 2000)。主成分分析和相关性分析表明,空气温度负荷值最大,且与其他环境因子显著相关(表 11-3,图 11-4)。这证实了温度是高海拔森林群落环境因子中影响植物生长、储存水分和养分能力的最重要因素(Körner 1989;Roche et al. 2004)。与云南地区热带云雾林相比,海南岛热带云雾林由于所处海拔较低,空气温度较高(Shi et al. 2009)。

5—10 月热带山地常绿林和热带山顶矮林日平均空气相对湿度在 88% 以上,显示其群落环境湿润的特点(Aldrich et al. 1997)。较高空气相对湿度与高频率云雾弥漫有关。经调查发现,在 5—10 月的 186 天中,热带山地常绿林和热带山顶矮林各自平均有 98 天和 152 天空气湿度达到 100%。饱和的空气形成水滴或水平降水,一方面为森林动植物特别是附生的苔藓、地衣、蕨类和兰科植物提供充足的养分和水分(Holder 2004),另一方面为低海拔森林提供充足的水源(Bruijnzeel et al. 1998),也促进海边和较高山地森林生态系统水分和养分的循环(Nadkarni et al. 2002;Holder 2004)。热带山地常绿林空气相对湿度比热带山顶矮林小,这可能与海拔较低有关(图 11-4)。与低海拔的东二林场和南岔河山地雨林比较(中国林业科学院热带林业研究所观测数据,未发表),东二林场和南岔河 5—10 月日平均空气相对湿度分别为(85.72±3.04)% 和(81.94±5.14)%,显著低于热带山地常绿林和热带山顶矮林(单因素方差分析,$F_{(3,20)}$ = 43.97,$p < 0.001$)。

热带山地常绿林的土壤肥力比热带山顶矮林高(表 11-2)。热带山地常绿林的有机质、全氮、全磷和速效氮含量都比热带山顶矮林高,这可能与热带山地常绿林群落物种丰富、结构复杂、地面凋落物多有关。而且,热带山地常绿林空气温度相对较高,可能土壤内微生物活动较强,分解枯枝落叶能力较强,从而土壤有机质含量相对较大。热带山地常绿林和热带山顶矮林的土壤肥力差异也将为植物提供不同水平的营养来源,物种间因资源水平差异形成不同的竞争格局,从而影响植物的多样性(Huston 1980;Gentry 1988a)。另外,主成分和相关性分析表明,磷有较高负荷且与其他环境因子密切相关(图 11-3,图 11-4),这说明土壤磷元素可能是影响热带云雾林植被分布的重要因子。磷在热带云雾林群落成为限制性因子可能是由于土壤呈酸性(表 11-2),土壤中 $H_2PO_4^{2-}$ 易与 Al^{3+} 和 Fe^{3+} 形成难溶复合物而不易被植物吸收(Bohn 2001)。与霸王岭热带山地雨林土壤成分比较(邓福英 2007),热带山地雨林土壤速效氮、有效钾含量和 pH 显著高于热带云雾林(Wilcoxon's test,$W = 2$,$p < 0.001$;$W = 0$,$p < 0.001$;$W = 2$,$p = 0.001$),而全磷和有效磷含量显著低于热带云雾林($W = 75$,$p = 0.02$;$W = 72$,$p = 0.04$);其他土壤因子差异不显著。与云南苏典、黄连山和分水岭的热带云雾林比较(施济普,2007),云南地区热带云雾林土壤全氮、速效氮和有机质含量都比霸王岭热带云雾林高($W = 0$,$p = 0.002$;$W = 0$,$p = 0.002$;$W = 0$,$p < 0.001$),而两者的全磷、有效磷及 pH 无显著差异,整体上云南地区热带云雾林的土壤肥力较高。

总之,雨季热带云雾林环境独特:一天中光合有效辐射呈单峰曲线变化;日平均空气温度在

22℃以下,呈单峰曲线变化;日平均空气相对湿度在88%以上,呈"倒S形"曲线变化。与热带山地雨林比较,坡度和海拔高度较大,土壤肥力较低。

11.2 海南岛热带云雾林群落结构特征

群落物种组成和结构是生态系统过程和功能的基础,对群落组成与结构的分析可以为进一步揭示物种共存规律及其形成机制提供重要信息(Loreau et al. 2001a)。海南岛霸王岭的热带云雾林包括热带山地常绿林和热带山顶矮林(龙文兴等 2011a)。据《中国植被》记载,热带山地常绿林和热带山顶矮林物种组成不同,前者主要以壳斗科、樟科和山茶科植物为优势;后者以杜鹃花科种类为优势,壳斗科、樟科和山茶科等科的常绿树种居次要地位(吴征镒 1995)。国外学者把热带山顶矮林称为热带云雾林,认为其群落高度、外貌、结构和生物多样性等都与低海拔热带森林有明显区别(Bubb et al. 2004):树木高度明显减小,以小径级乔木为主,植株密度较大(Tanner 1977;Williams-Linera 2002);群落物种多样性较低海拔森林偏低(Vázquez et al. 1998)。我国不同地区热带山顶矮林群落物种组成有差异,Shi 等(2009)研究了云南地区热带山顶矮林发现,优势科为壳斗科、杜鹃花科、越桔科和槭树科,小叶和中叶物种占优势;黄全等(1986)用中心点四分法调查尖峰岭地区山顶矮林,当点间距为 7 m、最少点数 31 点时,热带山顶矮林植物物种有 83 种,以樟科、壳斗科、兰科和紫金牛科占优势,以中叶和小叶植物占优势。蒋有绪等(1991)、杨小波等(1994b)和余世孝等(2001)分别对海南岛尖峰岭、五指山和霸王岭热带云雾林群落结构特征进行过初步研究,但很少有关于热带云雾林群落结构详细的比较研究报道。

本节以海南岛霸王岭自然保护区的热带山地常绿林和热带山顶矮林为对象,系统比较两种森林类型的物种组成、密度结构、径级结构及高度结构特征,为进一步深入分析群落物种共存机制奠定基础。

用相邻格子法将热带山地常绿林和热带山顶矮林 18 个 50 m×50 m 样方全部划分成 5 m×5 m小样方。调查 1800 个小样方内所有胸径(D_{BH})≥1 cm 的乔、灌木和藤本植株,乔、灌木植株测定胸径和高度,藤本植株只测定胸径大小。在每个 5 m×5 m 小样方正中设置 1 个 1 m×1 m方格调查草本物种组成。根据《中国植物志》确定每个个体物种名,现场无法确认的物种制成标本内业鉴定。共调查到热带山地常绿林 14 823 个植株,热带山顶矮林 26 188 个植株。分别统计热带山地常绿林和热带山顶矮林所有样方内物种数及其科、属组成。用 Sørensen 相似性指数比较两种森林类型的物种相似性(马克平和刘玉明 1995)。

按照径级大小将植株分为幼树(1 cm≤D_{BH}<5 cm)、小树(5 cm≤D_{BH}<10 cm)和成年树(D_{BH}≥10 cm)。用 Wilcoxon 加符秩检验(Wilcoxon's signed ranks test)比较两种森林类型间幼树、小树、成年树和所有个体的平均密度、平均胸径和平均高度;用 Kruskal-Wallis 检验比较每种森林类型内幼树、小树和成年树的平均密度、平均胸径和平均高度。平均密度和平均胸径比较包含乔、灌木和藤本植物数据,而平均高度比较仅包含乔、灌木数据。所有数据统计分析用 R 2.9.2 软件(R Development Core Team, 2009)。

11.2.1　群落组成结构

热带山地常绿林和热带山顶矮林共调查到 190 个物种,分属于 59 科 109 属,热带山地常绿林和热带山顶矮林间 Sørensen 相似性指数为 0.71。热带山地常绿林植株胸径在 1 cm 以上的物种共 157 种,分属于 54 科 97 属。优势科为樟科、茜草科、山矾科和壳斗科;优势属为山矾属、冬青属、蒲桃属和青冈属。乔木层可分为三个亚层,第一亚层高 18 m 以上,优势种为线枝蒲桃(*Syzygium araiocladum*)、大果马蹄荷(*Exbucklandia tonkinensis*)和荷木等;第二亚层高 10~16 m,主要物种为碟斗青冈(*Cyclobalanopsis disciformis*)、厚皮香(*Ternstroemia gymnanthera*)和五列木(*Pentaphylax euryoides*)等;第三亚层高 4~8 m,主要物种为丛花山矾、蚊母树(*Distylium racemosum*)、碎叶蒲桃(*S. buxifolium*)和厚皮香八角(*Illicium ternstroemioides*)等。灌木层高 1.5~3 m,主要物种有九节、药用狗牙花(*Ervatamia officinalis*)和狗骨柴(*Diplospora dubia*)等。草本层有小露兜(*Pandanus gressittii*)、卷柏(*Selaginella tamariscina*)、蜘蛛抱蛋(*Aspidistra elatior*)和乔、灌木幼苗。藤本植物以宽刺省藤(*Calamus platyacanthoides*)、清香藤(*Jasminum lanceolarium*)和寄生藤(*Dendrotrophe frutescens*)为主。乔木树干上附生有兰科石仙桃属(*Pholidota*)、石豆兰属(*Bulbophyllum*)和石斛属(*Dendrobium*)植物,同时有少量苔藓植物。

热带山顶矮林群落内植株胸径在 1 cm 以上的物种共 139 种,分属于 54 科 94 属。其中优势科为樟科、茜草科、壳斗科和木犀科;优势属为山矾属、青冈属、菝葜属和柯属。乔木层分为两个亚层,第一亚层高 13 m 以上,以海南五针松为优势种;第二亚层高 3~8 m,优势种为蚊母树、碎叶蒲桃、黄杞和毛棉杜鹃(*Rhododendron moulmainense*)等,树干常弯曲。灌木层高 1~2.5 m,优势种为九节、三叉苦(*Evodia lepta*)、紫毛野牡丹(*Melastoma penicillatum*)等。草本层主要物种为卷柏、蜘蛛抱蛋、岭南黄兰(*Cephalantheropsis gracilis*)、鸡冠云叶兰(*Nephelaphyllum tenuiflorum*)和乔、灌木幼苗等。藤本植物主要是清香藤、山橙、寄生藤和菝葜属(*Smilax*)植物,但数量比热带山地常绿林少。乔木树干上附生兰科植物种类与热带山地常绿林类似,但附生兰科植物数量、苔藓和蕨类植物种类及数量比热带山地常绿林多。

11.2.2　群落大小结构

热带山地常绿林的幼树、小树和所有个体的平均密度都显著低于热带山顶矮林(图 11-5a:$W=78,p<0.001$;图 11-5b:$W=80,p<0.001$;图 11-5d:$W=79,p<0.001$),而成年树的平均密度无显著差异(图 11-5c:$W=39,p=0.97$)。两种森林类型内的幼树平均密度>小树平均密度>成年树平均密度;热带山地常绿林和热带山顶矮林内不同径级植株间的平均密度都有显著差异(热带山地常绿林:$\chi^2=18.24,p<0.001$;热带山顶矮林:$\chi^2=25.8,p<0.001$)。

热带山地常绿林的小树、成年树和所有个体的平均胸径都显著大于热带山顶矮林(图 11-6b:$W=6.26\times10^6,p<0.001$;图 11-6c:$W=2.65\times10^6,p<0.001$;图 11-6d:$W=1.84\times10^8,p<0.001$),而幼树平均胸径显著小于热带山顶矮林(图 11-6a:$W=8.85\times10^7,p=0.042$)。

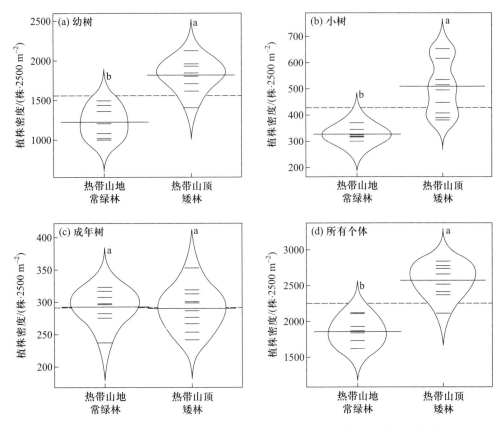

图 11-5　豌豆图比较热带山地常绿林和热带山顶矮林不同径级个体的平均密度

相同字母表示两者无显著差异,不同字母(a、b)表示两者有显著差异($p<0.05$),差异性比较用 Wilcoxon 加符秩检验

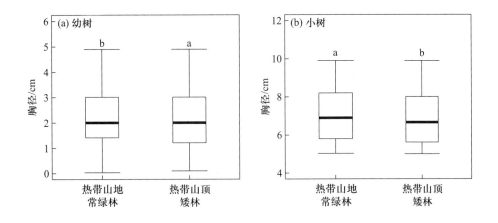

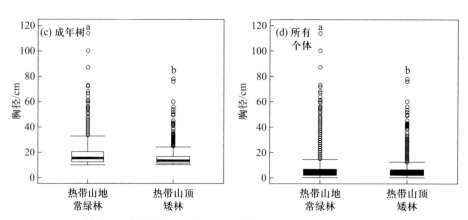

图 11-6　箱线图比较热带山地常绿林和热带山顶矮林不同径级个体的平均胸径

不同字母(a,b)表示两者有显著差异($p<0.05$),差异性比较用 Wilcoxon 加符秩检验

热带山地常绿林的幼树、小树、成年树和所有个体的平均高度都显著大于热带山顶矮林 (图 11-7a:$W=6.71\times10^7$,$p<0.001$;图 11-7b:$W=3.71\times10^6$,$p<0.001$;图 11-7c:$W=1.40\times10^6$,$p<0.001$;图 11-7d:$W=1.46\times10^9$,$p<0.001$)。

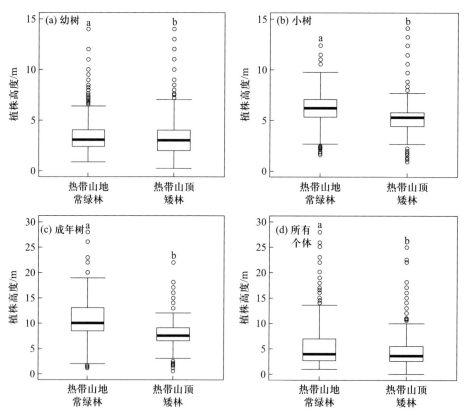

图 11-7　箱线图比较热带山地常绿林和热带山顶矮林不同径级个体的平均高度

不同字母(a,b)表示两者有显著差异($p<0.05$),差异性比较用 Wilcoxon 加符秩检验

热带山地常绿林和热带山顶矮林内幼树平均密度>小树平均密度>成年树平均密度,反映了不同径级植株在群落中呈"倒J形"分布。这与霸王岭、尖峰岭和五指山等地的山地雨林群落径级结构特征一致(杨小波等1994b;臧润国等2001;方精云等2004)。森林群落中不同径级树种的数量分布是反映群落结构稳定状态的重要指标(方精云等2004),"倒J形"径级数量分布说明热带山地常绿林和热带山顶矮林群落处于稳定状态,数量众多的幼树和小树是群落潜在的发展力量,维持着森林动态平衡。不同径级植株的数量差异可能与植物竞争作用有关(Getzin et al. 2006)。多数树种的个体在幼树和小树阶段对资源竞争作用强烈,导致大量个体死亡,所以从幼树到成年树过程中平均密度逐渐减少。热带山地常绿林幼树和小树的平均密度都比热带山顶矮林小(图11-5),可能是以下两个因素所致:首先,热带山地常绿林树木平均高度和冠层郁闭度比热带山顶矮林大(图11-7d),透过树叶到达林下的光照比热带山顶矮林少(Monsi et al. 2005),不利于植物更新生长;其次,热带山顶矮林土层较薄(龙文兴等2011b),树木根系分布较浅,成年树容易风倒而形成林隙,给土壤种子库萌发、幼树和小树生长提供适宜温度和光照。热带山顶矮林的幼树和小树平均密度比热带山地常绿林高的现象可能是前者在逆境条件下(如低温、风力大、土壤贫瘠等)的一种补偿机制。另外,本节研究结果也反映出,从幼树到成年树过程中,热带山顶矮林内死亡的个体数比热带山地常绿林大。这可能是因为热带山顶矮林土壤肥力低(龙文兴等2011b),植物在贫乏的环境中对土壤营养等资源有很强的竞争作用(Tilman 1982, 1987, 1988)。所以从幼树到成年树过程,热带山顶矮林植物间竞争作用可能比热带山地常绿林强,导致其死亡的个体数较多。其具体原因有待从群落结构和多样性维持机制角度进一步研究。

高度被认为与植物对光的竞争能力有关(Cornelissen et al. 2003b),热带山地常绿林各个径级植株的平均高度都比热带山顶矮林大(图11-7),反映了前者植物间对光的竞争作用强。两种森林类型间植株高度和胸径差异可能与土壤营养差异有关:例如,热带山顶矮林中土壤全磷含量比热带山地常绿林低(Long et al. 2011;龙文兴等2011a),植物在低营养环境中可能采取较为保守的营养投资策略(Grime 1973),植物营养可能主要用于繁殖,而投资于生长的营养相对少,所以热带山顶矮林植株生长较慢。除此之外,热带山顶矮林土壤厚度比热带山地常绿林小,在强烈山风作用下高大植株易风倒,保留下相对小的个体。与霸王岭热带山地雨林比较,热带山地常绿林和热带山顶矮林植株胸径和高度相对较小,其 $D_{BH} \geq 20$ cm 的成年树所占比例比热带山地雨林小(热带山地常绿林和热带山顶矮林为2.5%,热带山地雨林为5.1%);1.5 m以上植株平均高度也比热带山地雨林小(热带山地常绿林和热带山顶矮林4.56 m,热带山地雨林4.90 m)(臧润国等2001)。

热带山地常绿林和热带山顶矮林的优势科、属基本相同。与尖峰岭热带山顶矮林的共同优势科为樟科、壳斗科和山矾科(臧润国等2001);与云南热带山顶矮林的共同优势科为壳斗科和樟科(Shi et al. 2009);不同地区森林群落物种组成差异可能是环境条件不同造成的。热带山地常绿林和热带山顶矮林的 Sørensen 相似性指数为0.71,说明这两种森林类型物种有高度相似性。由此可以推测,热带山顶矮林是热带山地常绿林向高海拔山脊或山顶地带的延伸分布,由于地形和气候环境变化的影响,其群落结构和外貌与热带山地常绿林有较大差别。

总之,热带山地常绿林和热带山顶矮林不同径级立木在群落中呈"倒J形"分布,幼树平均密度>小树平均密度>成年树平均密度;前者中各个径级的平均高度比后者大,小树和成年树的平均胸径也比后者大。两种森林类型优势种不同,但优势科和优势属组成相似;物种组成相似,Sørensen 相似性指数为0.71。两种森林类型群落结构差异可能与环境不同有关。后续研究需通过群落结构和物种多样性与环境的关系、物种分布格局及多样性维持机理验证来解释这些差异。

11.3　热带云雾林物种多样性与环境因子关系

地球表面物种多样性从大陆尺度（continental scale）到几米尺度内都存在变化（Takhtajan 1986；Russell et al. 1989）。一定范围内的物种多样性变化与物种形成（speciation）及物种共存（species coexistence）有关（Linder 1991）。物种形成与物种进化时间尺度（evolutionary time scale）有关，需从历史系统发育角度研究（Ricklefs 2006）；物种共存与生态时间尺度（ecological time scale）有关，由生物和非生物因子作用，影响物种组成和分布，从而影响群落组成和结构（贺金生等 1997；Condit et al. 2000a）。

在区域尺度上，有 4 种类型因子，如可作为资源的生态因子、对植物有直接生理作用但不能被消费的生态因子、干扰及异质性、生物因子等，对物种多样性分布格局及物种共存有影响（贺金生等 1997）。其中非生物环境因子，如温度、水分、光照、地形和土壤养分异质性及能量–水分平衡和养分平衡等，对植物物种多样性有重要影响（Hawkins et al. 2003）。例如，Hawkins 等（2003）认为，水分和能量相互作用，直接或间接地解释全球植物和动物多样性梯度分布；在区域尺度上，唐志尧等（2004）认为，由于温度和水分影响，秦岭太白山木本植物物种多样性随海拔梯度变化；在群落内部，温度、土壤养分异质性能影响植物在群落中的空间分布、植物形态和生理特征（Poorter 2009；Jung et al. 2010），并能充当环境筛作用影响植物定居和生存（Weiher et al. 1995），从而作用于群落的组配。

海南岛霸王岭的热带云雾林包括热带山地常绿林和热带山顶矮林，两种森林类型间的光照条件、空气温湿度、土壤养分、地形特征等都不同。其群落内环境因子是否对物种分布、物种多样性大小有影响有待研究。本节通过排序、相关性分析和广义线性模型分析霸王岭热带云雾林环境因子与植物分布关系、环境因子与物种多样性关系；找出影响热带云雾林物种分布和物种多样性的关键因子，试图从非生物因子角度解释群落组成和多样性形成原因，同时为热带云雾林保护和管理提供借鉴。

以热带山地常绿林和热带山顶矮林所有 2500 m² 样方为对象，比较两种森林类型的个体多度和物种丰富度。首先考虑单个体和双个体种，用刀切法（$Jack_1$ 法，1st order Jackknife estimator；$Jack_2$ 法，2nd order Jackknife estimator）和抽样法（bootstrap estimator）预测各样方物种丰富度大小。用 Wilcoxon test 比较两种森林类型的 2500 m² 样方内个体多度、物种丰富度观测值及物种丰富度估计值大小差异，其计算公式为（Palmer 1990）

$$Jack_1 = S_o + \frac{r_1(n-1)}{n} \qquad (11-1)$$

$$Jack_2 = S_o + 0.5 \cdot \left[\frac{r_1(2n-3)}{n} - \frac{r_2(n-2)^2}{n(n-1)} \right] \qquad (11-2)$$

$$Bootstrap = S_o + \sum_{j=1}^{S_o} (1 - p_j)^n \qquad (11-3)$$

式中，S_o 表示 n 个样方内观测到的物种丰富度，r_1 表示在样方中出现 1 次的物种数，r_2 表示在样方中出现 2 次的物种数，p_j 表示出现物种 j 的样方比例。

从热带山地常绿林和热带山顶矮林的每个样地中各随机抽取 1 个 50 m×50 m 样方（TMEF$_{11}$、TMEF$_{21}$、TMDF$_{11}$、TMDF$_{21}$ 和 TMDF$_{31}$，共 5 个），比较两种森林类型的种–面积关系。先构建 5 m×5 m 小样方×物种矩阵，对矩阵中物种进行 1000 次随机抽样并绘制种–累积样方数曲线；然后用幂律模型（$S=cA^z$）、指数模型（$S=c+z\ln A$）和逻辑斯谛模型（$S=\dfrac{b}{c+A^{-z}}$）对曲线进行拟合（龙文兴等 2011a），估计模型中的常数参数，根据残差标准误差（residual standard error, RSE）和 AIC（Alkaike's information criterion）评价模型优劣。

用最大似然法（maximum likelihood estimation）拟合各个群落种–多度分布，比较热带山地常绿林和热带山顶矮林的种–多度分布差异。所用的模型依次为分割线段模型（broken stick model, BSM）、生态位优先模型（niche preemption model, NPM）、Zipf 模型（Zipf model, ZM）、Zipf-Mandelbrot 模型（Zipf-Mandelbrot model, ZMM）和中性理论模型（neutral theory model, NTM）。模型模拟效果评价用卡方检验，当 $p<0.05$ 时，χ^2 越小模拟效果越好。

计算每个样方内所有物种的相对多度，取样方内多度在前 5 位的物种，将热带山地常绿林和热带山顶矮林所有样方依次编号，构建样方×物种矩阵，其中物种的特征变量为相对多度；同时构建样方×环境因子矩阵，运用 DCA 进行排序，分析环境因子对热带云雾林物种分布的影响。

为了分析环境因子对物种多样性的影响，分别以物种丰富度和个体多度为自变量，环境因子为因变量，① 分析物种丰富度和个体多度与单个环境因子的泊松相关性；② 找出与物种多样性显著相关的环境因子作为因变量，以物种丰富度或个体多度为自变量，以负二项式分布函数 log 作为连接函数，用广义线性模型分析环境因子对物种多样性的影响，模型的选择用 stepAIC 函数，根据赤池信息准则（AIC）判断模型优劣。所有数据分析在 R 2.9.2 软件进行（R development core team, 2009）。

11.3.1　物种多样性大小比较

每 2500 m^2 样方内，热带山地常绿林的平均个体多度显著小于热带山顶矮林（表 11–4），两种森林类型间的物种丰富度观测值有显著差异。当考虑单个体和双个体种及稀有种时，热带山地常绿林的 Jack$_1$ 指数、Jack$_2$ 指数和 bootstrap 指数均显著高于热带山顶矮林。

表 11–4　热带山地常绿林和热带山顶矮林物种多度和丰富度大小比较

多样性	热带山地常绿林	热带山顶矮林	W	p
平均个体多度	1854.9±208.5	2618.8±163.3	70	<0.001
物种丰富度观测值	89.1±5.5	81.2±9.7	15.5	0.045
Jack$_1$ 指数	112.5±9.0	95.7±10.9	8	0.001
Jack$_2$ 指数	125.7±13.9	102.4±11.5	5	0.002
bootstrap 指数	99.5±6.7	87.8±10.3	11	0.02

11.3.2　群落种–面积曲线

不同模型拟合种–累积样方数曲线结果表明，逻辑斯谛模型是拟合热带山地常绿林和热带山顶矮林种-面积关系的最优模型,其残差标准误差和 AIC 在三种模型中最小(图11-8,表11-5)。

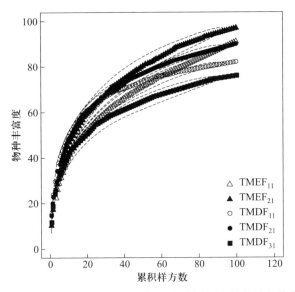

图 11-8 热带山地常绿林和热带山顶矮林的种-累积样方数曲线

每个样方面积为 25 m²。TMEF₁₁ 和 TMEF₂₁ 为热带山地常绿林,TMDF₁₁、TMDF₂₁ 和 TMDF₃₁ 为热带山顶矮林

表 11-5 热带山地常绿林和热带山顶矮林种-面积关系模型比较

模型	参数	热带山地常绿林		热带山顶矮林		
		TMEF₁₁	TMEF₂₁	TMDF₁₁	TMDF₂₁	TMDF₃₁
幂律模型 $(S=cA^z)$	c	17.07	20.65	29.12	26.61	20.59
	z	0.36	0.34	0.23	0.27	0.29
	RSE	2.87	2.44	2.72	2.16	1.89
	AIC	498.43	466.26	487.73	442.05	414.56
指数模型 $(S=c+z\ln A)$	c	−4.52	−3.13	16.24	10.55	5.55
	z	19.76	21.47	14.53	17.12	15.21
	RSE	1.14	2.03	0.86	0.53	0.73
	AIC	313.63	429.36	257.54	163.02	225.28
逻辑斯谛模型 $\left(S=\dfrac{b}{c+A^{-z}}\right)$	c	0.07	0.09	0.21	0.16	0.14
	b	14.43	13.30	20.41	20.71	15.13
	z	0.51	0.67	0.68	0.58	0.61
	RSE	0.51	0.24	0.35	0.53	0.45
	AIC	152.88	4.97	78.68	160.23	131.08

11.3.3 群落种−多度分布

热带山地常绿林种−多度分布拟合结果显示,除了 BSM 和 NPM 外,其他 3 个模型都对 TMEF$_{11}$ 群落的种−多度分布拟合效果好(图 11-9a,表 11-6;$p<0.05$),其中 ZMM 最优;而 ZMM 和 NTM 都对 TMEF$_{21}$ 群落的种−多度分布拟合效果较好(图 11-9b,表 11-6),其中 ZMM 最优。

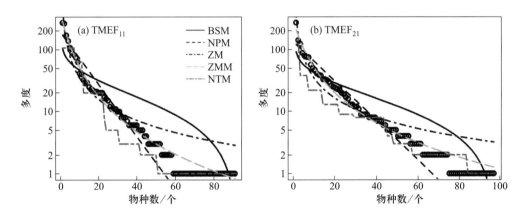

图 11-9　热带山地常绿林的种−多度分布模型

热带山顶矮林中,除了 BSM 和 NTM 外,其他 3 种模型都对 TMDF$_{11}$ 群落的种−多度分布拟合效果好(图 11-10a,表 11-6),其中 ZMM 最优;NPM、ZM 和 NTM 对 TMDF$_{21}$ 群落的种−多度分布拟合效果好(图 11-10b,表 11-6),而 NPM 最优;除了 BSM 和 ZM 外,其他 3 个模型都对 TMDF$_{31}$ 群落的种−多度分布拟合效果好(图 11-10c,表 11-6),其中 ZMM 最优。

11.3.4 环境因子对物种分布的影响

根据物种相对多度的差异,运用 DCA 对热带云雾林物种排序。第 1 轴解释方差为 36.4%,第 2 轴解释方差为 29.5%,前两轴累积解释方差达 65.9%。根据 DCA 前两个排序轴分析,将热带云雾林样地分为热带山地常绿林和热带山顶矮林两种类型(图 11-11a)。其中线枝蒲桃、九节、中华厚壳桂(*Cryptocarya chinensis*)、碟斗青冈、药用狗牙花等作为热带山地常绿林指示物种;蚊母树、碎叶蒲桃、丛花山矾、黄杞、光叶山矾等作为热带山顶矮林指示物种。分析环境因子对物种分布的影响(图 11-11b),日平均空气温度($r=0.92,p<0.001$)、坡度($r=0.90,p<0.001$)、岩石裸露比例($r=0.69,p=0.004$)、土壤厚度($r=0.69,p=0.006$)、全氮($r=0.73,p=0.002$)、全钾($r=0.69,p<0.001$)、有效磷($r=0.69,p=0.006$)、有效钾($r=0.69,p=0.003$)和有机质($r=0.67,p=0.009$)对物种分布有显著影响。

表 11-6 热带山地常绿林和热带山顶矮林种-多度分布模型参数拟合及卡方检验

森林类型	样地	种-多度分布模型	模型参数	χ^2	p
热带山地常绿林（TMEF）	$TMEF_{11}$	BSM		16.16	0.99
		NPM	0.09	69.79	0.94
		ZM	0.25/−1.13	171.95	<0.001
		ZMM	7.45/25.28/−2.39	142.82	<0.001
		NTM	19.89/0.99	340.28	<0.001
	$TMEF_{21}$	BSM		18.89	0.99
		NPM	0.07	113.51	0.11
		ZM	0.21/−1.03	113.44	0.11
		ZMM	7.80/10.89/−2.07	328.89	<0.001
		NTM	22.09/0.98	421.76	<0.001
热带山顶矮林（TMDF）	$TMDF_{11}$	BSM		21.99	0.99
		NPM	0.07	180.75	<0.001
		ZM	0.16/−0.90	354.89	<0.001
		ZMM	$47.88/2.4\times10^7/−5.02$	115.42	0.007
		NTM	23.26/0.10	43.46	0.99
	$TMDF_{21}$	BSM		40.61	0.99
		NPM	0.07	138.67	<0.001
		ZM	0.18/−0.95	355.37	<0.001
		ZMM	$5.42\times10^9/\inf/−3.92\times10^8$	40.64	0.99
		NTM	18.71/0.72	325.20	<0.001
	$TMDF_{31}$	BSM		79.80	0.33
		NPM	0.10	243.39	<0.001
		ZM	0.27/−1.15	39.16	0.99
		ZMM	4.36/5.40/−2.02	169.07	<0.001
		NTM	14.59/0.90	1932.01	<0.001

注：BSM 的参数为 α，NPM 的参数为 μ、σ，ZM 参数为 $\hat{p}_i$、v，ZMM 参数为 v、c、β，NTM 参数为 θ、m。

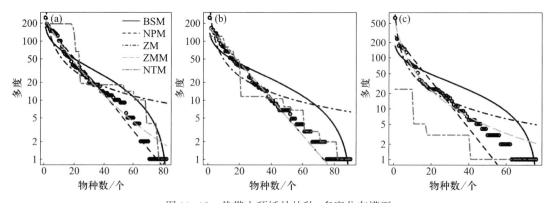

图 11-10 热带山顶矮林的种-多度分布模型

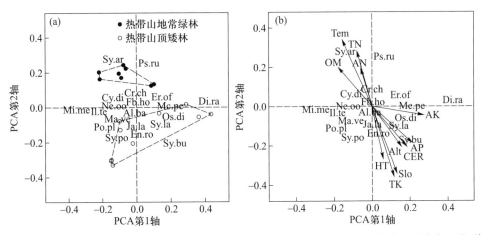

图 11-11 根据物种相对多度(a)及环境因子(b)对热带云雾林物种排序。由于物种相对多度差异,将热带云雾林样地分为热带山地常绿林和热带山顶矮林两种类型

Al.ba,异形木;Cr.ch,中华厚壳桂;Cy.di,碟斗青冈;Di.ra,蚊母树;El.ho,锈毛杜英;En.ro,黄杞;Er.of,药用狗牙花;Il.te,厚皮香八角;Ja.la,清香藤;Ma.ve,绒毛润楠;Me.pe,紫毛野牡丹;Mi.me,白花含笑;Ne.ob,长圆叶新木姜;Os.di,双瓣木犀;Po.pl,斜脉暗罗;Ps.ru,九节;Sy.la,光叶山矾;Sy.po,丛花山矾;Sy.ar,红枝蒲桃;Sy.bu,碎叶蒲桃。Alt,海拔高度(m);Tem,日平均空气温度(℃);Slo,坡度(°);CER,岩石裸露比例(%);ST,土壤厚度(cm);HT,腐殖质厚度(cm);PAR,光合有效辐射(μmol·m^{-2}·s^{-1});TN,全氮(g·kg^{-1});TP,全磷(g·kg^{-1});TK,全钾(g·kg^{-1});AN,有效氮(mg·kg^{-1});AP,有效磷(mg·kg^{-1});AK,有效钾(mg·kg^{-1});OM,有机质(g·kg^{-1});pH

11.3.5 环境因子对物种多样性影响

日平均空气温度、坡度、岩石裸露比例、光合有效辐射、土壤全氮、全钾、全磷和有机质含量对热带云雾林个体多度显著相关(表 11-7)。

用广义线性模型分析上述环境因子对群落个体多度和物种丰富度的影响。当 AIC 值最小为 242.5 时,日平均空气温度、光合有效辐射和土壤全磷含量对群落个体多度有显著影响(表 11-8),其中日平均空气温度解释了最大的变异(83.71%);当 AIC 值最小为 139.46 时,土壤有效氮和全磷含量对群落 Jack$_1$ 指数有显著影响,其中有效氮解释了最大变异(28.71%);当 AIC 值最小为 139.55 时,日平均空气温度、坡度和土壤有效氮含量对群落 Jack$_2$ 指数有显著影响,其中日平均空气温度解释了最大变异(46.19%);当 AIC 值最小为 135.43 时,坡度对群落抽样指数有显著影响。

热带山地常绿林个体多度、物种丰富度观测值及用刀切法和抽样法估计的物种丰富度都比热带山顶矮林高(表 11-4)。这可能与两种森林类型环境条件差异有关。一方面,热带山顶矮林环境条件恶劣(如低温、土壤贫瘠等),限制了低海拔物种向热带山顶矮林扩散、定居和生长;另一方面,热带山地常绿林林下光照异质性高,能为物种生存提供不同的生态位,因而容纳的物种数较多。与低海拔热带山地雨林比较,当测定的起始直径都为 1 cm、取样面积都是 2500 m^2 时,热带山地雨林平均物种丰富度(115.4)比热带山地常绿林和热带山顶矮林高。与尖峰岭热带山顶矮林比较,除去兰科植物后,霸王岭热带山顶矮林物种较尖峰岭丰富(余世孝等 2001)。与云南地区热带山顶矮林比较(Shi et al. 2009),当起测直径为 5 cm 时,霸王岭热带山顶矮林乔木和藤本植物种类有 53±1.2 种,加上附生微管植物(刘广福等 2010b),两地热带山顶矮林微管植物丰富度类似。用逻辑斯谛模型能较好地拟合热带山地常绿林和热带山顶矮林种-面积关系(图 11-8),进一步证实了其他学者提出的逻辑斯谛曲线能成功拟合现实物种数在整个群落中随面积变化的观点(He et al. 1996)。

表 11-7　环境因子与物种丰富度及个体多度的泊松相关性分析

	个体多度	物种丰富度观测值	Jack$_1$ 指数	Jack$_2$ 指数	bootstrap 指数
Alt	0.44	−0.12	−0.34	−0.43	−0.22
Tem	−0.91***	0.33	0.55*	0.62*	0.45
Slo	0.89***	−0.40	−0.61	−0.68**	0.51*
CER	0.74***	0.37	−0.54*	−0.60**	−0.45*
ST	−0.33	−0.09	0.03	0.06	−0.03
HT	0.39	−0.26	−0.46	−0.51*	−0.36
PAR	0.49*	−0.26	−0.33	−0.39	−0.29
TN	−0.75***	0.31	0.42	0.43	0.37
TP	−0.70*	0.39	0.54*	0.58*	0.47*
TK	0.86***	−0.21	−0.43	−0.50*	−0.32
AN	−0.46	0.26	0.54*	0.69**	0.38
AP	0.45	−0.23	−0.27	−0.25	−0.27
AK	0.43	−0.25	−0.36	−0.38	−0.30
OM	−0.55*	0.40	0.45	0.38	0.44
pH	−0.34	0.03	0.19	0.25	0.11

注:其他字母含义同图 11-11。*,$p<0.05$;**,$p<0.01$;***,$p<0.001$。

分别用生态位优先模型和中性理论模型拟合热带云雾林群落的种-多度分布格局发现,热带山地常绿林中 Zipf-Mandelbrot 模型是最优模型,而热带山顶矮林中生态位优先模型和 Zipf-Mandelbrot 模型最优。因此,热带云雾林群落的种-多度分布符合生态位优先模型。一方面,热带云雾林空气温度低、土壤磷含量低,在环境胁迫作用下,只有适应低温和低磷条件的物种才能在群落出现(Long et al. 2011),环境条件的影响使物种非随机分布;另一方面,热带云雾林岛屿状分布在山脊或山顶,斑块化的生境一定程度上改变了物种的分布格局,同时也造成了各个物种在每个斑块内出生和死亡的非随机性,即生境的非均一性导致了物种分布的非随机性。因此,生境条件可能是热带云雾林中物种-多度分布格局的主要影响因子。生境特化可能是热带云雾林群落的种-多度分布符合生态位优先模型的主要原因(Clark et al. 1999;Potts 2003)。

表 11-8　环境因子与个体多度及物种丰富度间广义线性模型分析

	估计值	z 值	显著性检验 $Pr(>|z|)$	解释方差/%
个体多度				
截距	10.87±0.51	21.30	<0.001	
日平均空气温度	−0.15±0.02	−0.70	<0.001	83.71
光合有效辐射	0.001±0.000 6	1.58	0.11	0.67
土壤全磷含量	−0.01±0.01	−1.99	0.046	3.3
Jack$_1$ 指数				
截距	4.72±0.09	55.31	<0.001	
土壤有效氮含量	0.000 4±0.000 2	1.98	0.048	28.71
土壤全磷含量	0.01±0.005	2.13	0.033	14.52
Jack$_2$ 指数				
截距	4.83±0.08	62.07	<0.001	
日平均空气温度	0.003±0.002	1.65	0.09	46.19
坡度	−0.009±0.003	−2.81	0.005	5.78
土壤有效氮含量	0.000 5±0.000 2	2.64	0.008	17.31
bootstrap 指数				
截距	4.64±0.06	79.67	<0.001	
坡度	−0.004±0.002	−2.39	0.017	25.62

　　热带山地常绿林和热带山顶矮林群落中个体多度差异与光合有效辐射有关(表 11-7,表 11-8)。热带山顶矮林群落低矮、坡度大,林内光照充足,群落内不同树种间对光照的竞争作用小;同时,因光照充足、土壤温度适宜种子萌发,幼苗和幼树密度较大。而热带山地常绿林较郁闭,冠层喜阳树种和林内耐阴树种生态位高度分化;同时,地表因长期阴湿,土壤温度相对较低,不利于种子萌发,幼苗和幼树密度相对较小。另一方面,广义线性模型分析显示,热带云雾林群落个体多度与日平均空气温度和土壤全磷含量负相关,日平均空气温度解释了 83.71% 的变异。热带山顶矮林日平均空气温度和土壤全磷含量都比热带山地常绿林低,因而植物长期受空气低温和土壤低磷胁迫。热带山顶矮林植物多度大,有利于邻近个体的遮挡作用、对地表隔热作用及减少植被对光的反射作用,能使群落内保持较高温度。群落内相对适宜的温度环境有利于其他物种生长和繁殖(Choler et al. 2001;Holmgren and Scheffer 2010)。例如,由于日平均空气温度和土壤全磷含量的影响,热带山地常绿林和热带山顶矮林优势种不同(图 11-11)。因而两种森林类型个体多度差异也可能是共存物种应对环境胁迫的一种方式。

　　虽然热带云雾林物种丰富度观测值与所研究的环境条件不相关,但 Jack$_1$ 指数、Jack$_2$ 指数和 bootstrap 指数与日平均空气温度、坡度、土壤有效氮和全磷含量相关(表 11-7,表 11-8)。高海拔生境中,虽然多种环境胁迫影响植物生长及植物大小(Körner 1989;Roche et al. 2004),但温度是影响植物生存及其活力的关键因素,因而热带山地常绿林和热带山顶矮林物种丰富度差异可能与低温胁迫有关,本节中日平均温度对 Jack$_2$ 指数解释方差最大也证明了此猜测。热带山顶矮林的日平均空气温度比热带山地常绿林低,低温可能充当环境筛,作用于向热带山顶矮林扩散和定居的低海拔物种,少数物种能适应低温环境在热带山顶矮林生存。Lebrija-Trejos 等(2010)研究证明,温度是影响植物形态和生理特征的重要因子,进而影响群落组成和结构。

热带云雾林物种丰富度与土壤有效氮含量正相关,土壤氮解释了 17.31%~28.71% 的丰富度方差。热带山地常绿林土壤肥力比热带山顶矮林高,有效氮是指示土壤肥力的重要因子,氮元素的缺乏将影响植物正常生长,从而影响到多样性(Whittaker et al. 1989)。植被演替中,土壤氮含量增大有利于物种更替,为物种定居、生长提供充足营养,物种多样性也随之增大。因而物种多样性最高的植物群落往往在土壤最肥沃的地方(Gentry 1988a),白永飞等(2000)对草原群落的研究及宋创业等(2008)对沙地植物群落的研究都证明了物种多样性与土壤氮的关系。热带云雾林中坡度越大,物种丰富度越低。坡度对物种多样性的影响可能通过土壤养分作用实现。例如,热带山顶矮林坡度大,土壤有效养分容易淋溶而流失,因而土壤有效氮等养分含量低,影响植物组成和分布。

热带云雾林物种丰富度与土壤全磷含量显著正相关,说明土壤全磷含量越低,物种多样性越低。磷与其他土壤因子显著相关,也是热带森林土壤的限制因子(Bohn 2001;Vitousek et al. 2010)。磷的缺失往往影响植物光合作用,限制植物生长(Longstreth et al. 1980)。根据养分利用效率假说(nutrient use efficiency hypothesis)(Paoli et al. 2005),热带山顶矮林土壤全磷含量比热带山地常绿林低,热带山顶矮林植物采取更为保守的养分利用策略,植物最大生长速率相对较小。因而土壤低磷可能充当环境筛,对低海拔物种向高海拔扩散定居有过滤作用,能适应在低磷环境以低生长速率生长的物种才能在热带山顶矮林生存。土壤磷差异造成热带山地常绿林和热带山顶矮林物种分布和群落组成差异,因而物种丰富度不同。其他研究也证明,土壤磷影响植被分布和群落物种组成(Walker et al. 1976;杨小波等 2002)。

总之,热带山地常绿林和热带山顶矮林群落多度和物种丰富度有显著差异。物种多样性差异与群落光照、空气温度、土壤磷和氮含量、坡度密切相关。两种森林类型环境的差异影响群落物种分布和组成,对群落结构有重要影响。

11.4 热带云雾林物种共有度格局与群落组配

研究群落物种组配机制或其生态学过程是群落生态学的一个重要目标(Diamond 1975;Gotelli and Graves 1996),它往往与物种间相互作用紧密相关(Bertness and Callaway 1994)。物种间正和负的相互作用是形成自然群落结构的两个重要生物因子(Clements et al. 1926;Allee et al. 1949)。物种间负相互作用通常指种间竞争,物种间正相互作用通常指种间促进作用(facilitation)。地衣、苔藓及种子植物群落研究证明,两种作用是植物群落结构形成中决定性的生物过程(Gotelli and McCabe 2002;Brooker and Kikvidze 2008;Bowker et al. 2010)。

通常有两种经验性方法证明生物作用过程:一种是通过设计控制实验,检验竞争或捕食作用在群落结构形成中的作用,对不同群落物种间相互作用强度和普遍性进行研究(Sih et al. 1998;Gurevitch et al. 2000);另一种是检验不同群落物种分布,比较观测到的物种共有度(co-occurrence)频度和随机预期的共有度频度差异,从而证明物种间相互作用的存在(Gotelli and Graves 1996)。物种共有度分析往往得益于统计技术和分析软件的改进,它利用物种出现–未出现矩阵或多度矩阵来检测物种间非随机作用过程(Schluter 1984;Gotelli 2000;Zhang et al. 2009a;Bowker et al. 2010)。例如,Gotelli 和 McCabe(2002)对已发表的 96 个物种分布数据综合分析发现,非随机物种分离普遍存在于自然群落中;Adams(2007)分析了 4540 个不同地理区域的 45 个物种共有度格局发现,非随机共有度格局存在于区域和大陆尺度,从而证明种间竞争是群落结构形成的重要过程。

植物物种间竞争往往表现在对营养、光照和水分的利用上(Tilman 1982),且被广泛用于解释群落结构的形成(Grime 1973)。例如,通常认为竞争作用强度限制了定居于生境中物种的数量,且是驱动生产力–多样性关系的重要因素(Michalet 2006)。

植物间促进作用指物种不能互相地独立地分布,某个物种的存在、存活、生长和繁殖离不开邻近个体(Callaway 2007)。其原因可能是该物种的邻近个体改善了其周围的非生物和生物条件,从而更加有利于物种生存(Bertness 1994)。这种促进作用对物种更新(Bertness and Grosholz 1985;Bertness 1989)、物种分布(Choler et al. 2001;Holmgren and Scheffer 2010)、群落多样性(Hunter and Aarssen 1988)、群落结构及动态(Pugnaire et al. 1996;Chu et al. 2008)都有重要影响。物种间促进作用在群落组配中的相对重要性随非生物环境胁迫(如低温、干旱、大风、干扰和营养缺乏等)的增强而增大,而种间竞争作用将随之减小,并形成了胁迫–梯度假说(the stress-gradient hypothesis)(Bertness 1994)。大量研究证明了种间促进作用的存在:Choler 等(2001)在阿尔卑斯山脉西南部的亚高山植物群落开展邻近个体移除实验,结果发现,高海拔群落的植物数量和分布受邻近个体的促进作用;从低海拔到高海拔,随环境梯度变化,物种分布的变化依次受物种间负相互作用和正相互作用影响。Maestre(2009)利用土壤地衣群落所有物种的出现–未出现矩阵,比较物种共有度指数观测值和零假设模型的预期值后认为,地衣群落的物种间存在促进作用,且与非生物环境胁迫类型和研究尺度有关。近来发现,物种间促进作用在相对温和的胁迫环境中最强(Holmgren and Scheffer 2010)。

与低海拔森林相比,热带云雾林环境温度低、风力强劲、云雾出现频率高、空气相对湿度较大(Bruijnzeel et al. 1998)。海南岛的热带云雾林主要分布于霸王岭、五指山、尖峰岭、吊罗山和鹦哥岭等林区海拔 1200 m 以上的山顶地段(胡玉佳等 1992),主要包括热带山地常绿林和热带山顶矮林(Bubb et al. 2004)。研究结果表明,霸王岭的热带云雾林空气温度和土壤全磷含量比热带山地雨林低,而热带山顶矮林的空气温度和土壤全磷含量比热带山地常绿林低。因而,环境梯度差异可能使热带云雾林和热带山地雨林群落内的物种共存机制不同;热带山顶矮林的非生物环境胁迫作用可能使其群落组配机制与热带山地常绿林不同。本研究以海南岛霸王岭的热带山地常绿林和热带山顶矮林为例,运用零假设模型比较分析两种森林群落类型的物种共有度格局,揭示热带云雾林群落物种组配机制。

将热带山地常绿林和热带山顶矮林内各 8 个 2500 m² 样方按照 4 个不同大小尺度(5 m×5 m,10 m×10 m,20 m×20 m 和 30 m×30 m)分别划分成 800、400、48 和 32 个小样方,其中 20 m×20 m 和 30 m×30 m 的小样方根据随机数产生编号。然后用相邻格子法将上述尺度小样方划分成 5 m×5 m 小方格,分别调查每个小方格内所有 $D_{BH} \geq 1$ cm 的乔、灌木和藤本植株,测定其胸径,确定每个个体的物种名,现场无法确认的物种制成标本内业鉴定。热带山地常绿林和热带山顶矮林各有 156 个和 132 个物种用于共有度分析。

将所调查数据转换成三种类型的出现–未出现矩阵(presence-absence matrix);矩阵中每行代表一个不同物种,每列代表一个不同样方(Gotelli and Graves 1996),每个方格(a_{ij})包含 0 或 1,表示物种 i 在样方 j 中未出现或出现;行的总和表示种 i 出现的次数,列的总和表示样方 j 中出现的物种数。第一种类型包含所有 $D_{BH} \geq 1$ cm 乔、灌木和藤本物种;第二种类型分别包含 4 个多度等级的物种(多度≥50、多度≥100、多度≥200 和多度≥400),因为很多物种间可能没有相互作用,所以将物种按多度等级划分目的是排除稀释效应(dilution effect)(Diamond and Gilpin 1982);第三种类型分别包含 3 个不同径级大小的物种(1 cm≤D_{BH}<5 cm、5 cm≤D_{BH}<10 cm 和 $D_{BH} \geq 10$ cm),目的是分析物种共有度格局随径级大小的变化。同时,每种类型矩阵也包含 4 个样方尺度,热带山地常绿林和热带山顶矮林各 32 个矩阵用于研究。

根据 4 个指数来分析热带云雾林物种的共有度格局(Gotelli 2000;Gotelli and McCabe 2002;Ulrich 2004)。① 棋盘物种对数(the number of checkerboard species pairs,CHECKER),它是矩阵中形成完整棋盘分布的物种对数,如果物种间存在显著竞争作用或促进作用,则观察到的群落分别比零假设模型有较多或较少的物种对形成棋盘。② 矩阵的棋盘值(the checkerboard score of matrix,C score),这个指数由 Stone 和 Roberts(1990)提出,用于检测有物种相互排除的棋盘(checkerboard)格局(Gotelli and McCabe 2002)。计算公式为 $\sum (S_i - Q)(S_k - Q)/[R(R-1)/2]$,式中,$S_i$ 为 i 物种出现总次数,R 为物种数,Q 为某个物种的两个个体同时出现的样方数。如果群落物种间相互作用为竞争作用或促进作用,则 C score 显著大于或小于零模型(Gotelli and McCabe 2002)。③ 种间联结数(the number of species combinations,COMBO)(Pielous and Pielou 1968),如果物种间存在竞争作用或促进作用,则观察到的群落分别比零模型有较少或较多的种间联结。④ 变异程度(the variance ratio,V ratio),它是指各个样方内物种数变异程度,如果样方内物种间有竞争或促进作用,则观察到的样方内物种数方差显著低于或高于零模型。

根据 Gotelli(2000)提出的 SIM2 零模型,用连续交换算法(sequential swap algorithm)产生随机构建的群落。该模型固定矩阵各个行总和,而各个物种在随机构建的群落中与实际群落一样以相同的频率出现,即所有列都等概率(Gotelli and Entsminger 2010)。Gotelli(2000)认为,SIM2 零模型最适合分析采样数据,特别是这些数据来自相对同质的生境条件;而且犯 I 类型错误概率低,对非随机物种格局有较强的检验能力。本研究中,热带山地常绿林和热带山顶矮林物种数据均为样方调查数据,且分布海拔范围较小,生境相对变异较小,适合用 SIM2 零模型分析。

由于不同样方的物种数不同,为了便于比较不同大小样方的物种共有度格局,计算每个物种矩阵的标准效应大小(standardized effect size,SES)。SES 计算公式为 $(I_{obs} - I_{sim})/\delta_{sim}$,式中,$I_{obs}$ 为观测的共有度指数,I_{sim} 和 δ_{sim} 分别是 5000 次模拟后平均模拟指数及模拟指数标准差。当 SES 为正值时,共有度指数的观测值比模拟值大;当 SES 为负值时,共有度指数的观测值比模拟值小。如果 SES 是正态分布,则 95% 的置信区间应在−1.96~1.96。因此,对于 C score 和 CHECKER,大于 1.96 表明物种间非随机分离(species nonrandom segregation),小于−1.96 表明物种间非随机聚集(species nonrandom aggregation)。相反,COMBO 和 V ratio 大于 1.96 表明物种间非随机聚集,小于−1.96 表明物种间非随机分离。物种共有度指数的观测值和模拟值均用 Ecosim 7.72 软件计算(Gotelli and Entsminger 2010),做图用 R 2.9.2 软件(R Development Core Team,2009)。

11.4.1 所有物种共有度格局随样方尺度变化

热带山地常绿林中,所有物种在 5 m×5 m 和 10 m×10 m 样方尺度上的 C score 和 CHECKER 显著高于预期值(图 11-12a,b),V ratio 显著低于预期值(图 11-12d),表明所有物种在这两个样方尺度上非随机分离。在 20 m×20 m 和 30 m×30 m 样方上,所有物种没有表现出明显的共有度格局(图 11-12)。另外,4 个指数的绝对值都在 5 m 样方尺度最大,表明所有物种在该尺度上非随机分离度最大。

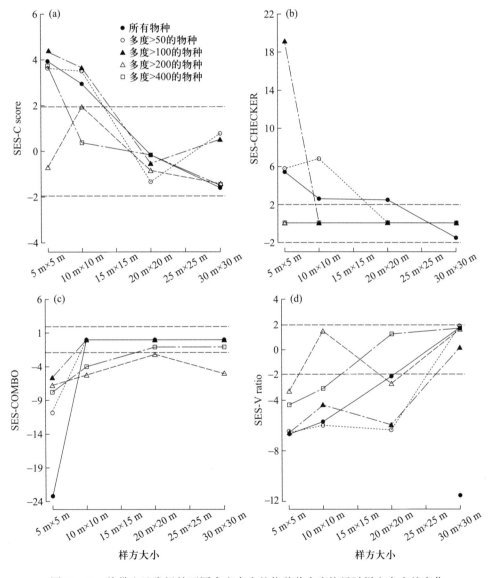

图 11-12 热带山地常绿林不同多度大小的物种共有度格局随样方大小的变化

在 10 m×10 m、20 m×20 m 和 30 m×30 m 样方尺度上,热带山顶矮林中所有物种的 C score 显著低于预期值(图 11-13a),CHECKER 在 5 m×5 m、10 m×10 m 和 20 m×20 m 样方尺度上显著低于预期值(图 11-13b),而 V ratio 在 4 个样方尺度上都显著高于预期值(图 11-13d),表明热带山顶矮林所有物种呈现非随机聚集格局。而 COMBO 没有检测出物种有显著的种间联结性(图 11-13c)。C score、CHECKER 和 V ratio 的绝对值都在 20 m×20 m 样方最大,表明所有物种可能在该尺度上非随机聚集度最大。

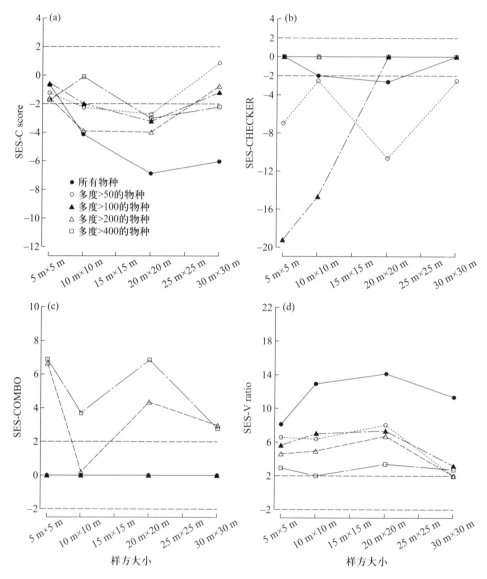

图 11-13　热带山顶矮林不同多度大小的物种共有度格局随样方大小的变化

11.4.2 不同多度大小物种共有度格局随样方尺度变化

在 5 m×5 m 样方尺度上,热带山地常绿林中多度大于 50、100、200 和 400 的物种的 C score 和 CHECKER 显著高于预期值,而 COMBO 和 V ratio 显著低于预期值(图 11-12),表明该尺度上物种非随机分离;而 20 m×20 m 和 30 m×30 m 样方尺度上,不同多度物种没有明显共有度格局。

热带山顶矮林中,多度大于 50、100、200 和 400 的物种在 4 个样方尺度上的 V ratio 均显著高于预期值(图 11-13),表明不同多度物种都呈现非随机聚集格局;而 20 m×20 m 样方尺度上的 C score、CHECKER、COMBO 和 V ratio 的绝对值几乎都最大,表明该尺度上物种非随机聚集度最大。

11.4.3 不同径级大小的物种共有度格局随样方尺度变化

在 5 m×5 m 和 10 m×10 m 样方尺度上,热带山地常绿林中 3 个不同径级物种的 C score 显著高于预期值(图 11-14a),而 V ratio 显著低于预期值(图 11-14d),表明 3 个径级物种在这两个尺度上非随机分离;3 个径级物种在 5 m×5 m 样方尺度上的所有共有度指数绝对值都最大(图 11-14),表明该尺度上物种非随机分离度最大。3 个径级物种在 20 m×20 m 和 30 m×30 m 样方尺度上的共有度指数观测值与预期值无显著差异(图 11-14),表明这两个尺度上不同径级物种无明显共有度格局。

在 20 m×20 m 和 30 m×30 m 样方尺度上,热带山顶矮林中 3 个不同径级物种的 C score 显著低于预期值(图 11-15a),而 V ratio 显著高于预期值(图 11-15d),表明这两个尺度上物种非随机聚集。3 个径级的物种 C score、CHECKER 和 V ratio 的绝对值都在 20 m×20 m 样方尺度上最大(图 11-15),表明该尺度上物种非随机聚集度最大。

热带山地常绿林群落内,无论是所有物种,还是不同多度及径级物种,在 5 m 和 10 m 样方尺度上呈现较少的物种共有度格局(图 11-12,图 11-14),物种间显著地非随机分离,这证实了 Diamond(1975)所预测的群落组配机制是物种间非随机作用过程的观点,类似研究结果也出现在其他研究中(Gotelli and McCabe 2002;Swenson et al. 2006;Zhang et al. 2009a)。

分析群落共有度格局可以推断产生这些格局的生态学过程或群落物种组配机制(Diamond 1975;Gotelli and Graves 1996)。热带山地常绿林群落内物种间非随机分离格局表明,种间竞争是该群落物种组配的一种方式;可能主要表现在植物物种对营养、光照和水分的利用上(Tilman 1982)。这也进一步证实了种间竞争在群落结构形成中发挥重要作用(Grime 1973;Adams 2007)。此外,本研究发现,热带山地常绿林群落物种在小尺度上竞争作用最强,这证实了物种间竞争作用通常存在于较小的取样尺度(Weiher et al. 1995)。在较大尺度上,无论是群落所有物种,还是不同多度及径级物种,都出现了随机的物种共有度格局,表明在较大尺度上不存在明显的影响物种分布的生态学过程。同时,本研究也证明了物种共有度格局随研究的空间尺度变化而变化(Bycroft 1993;Weiher et al. 1995;Adams 2007)。

热带山顶矮林群落内,与预期值相比,所有物种、不同多度及径级物种在 20 m×20 m 和 30 m× 30 m 样方尺度上均呈现较多的物种共有度格局(图 11-13,图 11-15),显示物种间显著的非随机聚集,说明物种间存在显著的正相互作用(Maestre et al. 2009),即种间促进作用是该群落物种组配的一种方式。这证实了 Choler 等(2001)和 Callaway 等(2002)的研究结果,即亚高山和高山

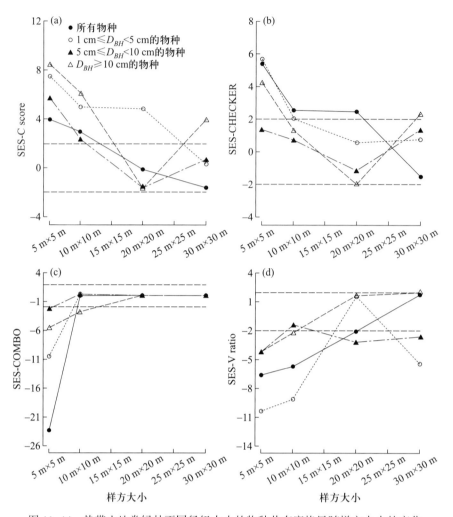

图 11-14 热带山地常绿林不同径级大小的物种共有度格局随样方大小的变化

高海拔植物群落的物种数量和分布主要受邻近个体的促进作用。根据胁迫-梯度假说,群落物种间促进作用与非生物环境胁迫有关系(Bertness 1994)。研究发现,热带山顶矮林长期受空气低温、大风和土壤低磷胁迫。长期进化过程中,环境胁迫作用可能使热带山顶矮林群落物种间作用方式与热带山地常绿林不同,由竞争作用转向促进作用,物种的邻近个体改善了其周围的非生物和生物条件,从而更加有利于物种生存,这样使不同物种都能长期共存(Choler et al. 2001; Holmgren and Scheffer 2010)。已有研究表明,高海拔环境的温度、风力或土壤稳定性可能比资源有效性更能限制群落内植物生长,邻近个体对这些非资源环境的改善可能比对资源的竞争利用更有利于植物生长(Callaway et al. 2002)。例如,由于邻近个体的遮挡作用、对地表隔热作用及减少植被对光的反射作用,能使群落内保持较高温度。例如,Choler 等(2001)对中度裸露的亚高山禾本科植物群落内外温度连续测量后发现,群落内外温度在生长期明显不同。所以,虽然热带山顶矮林环境温度通常比低海拔群落低,但由于邻近个体作用改善了群落内温度,使群落内有相对适宜的温度环境,有利于其他物种生长和繁殖。另外,虽然热带山顶矮林的强劲风力会降低叶片和分生组织的温度、增加叶片和空气间气压差、擦伤叶片组织、摇晃树枝使枝叶遭受破坏,从而

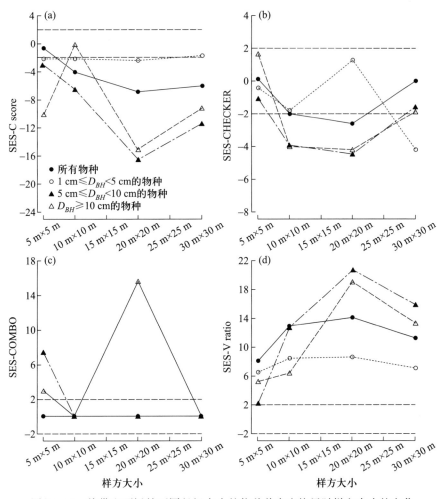

图 11-15　热带山顶矮林不同径级大小的物种共有度格局随样方大小的变化

使植物受损伤(Tranquillini 1980；Wardle et al. 1998)，但是所有植物个体根系在土壤里互相盘结，使植物个体稳定性增加，能抵挡大风的破坏；由于邻近植物个体的包围经常形成"安全岛"或"森林带"，幼苗能在"安全岛"或"森林带"的顺风面顺利更新(Billings 1969；Minnich 1984)。最后，由于邻近个体包围作用，形成了较大范围的包被层(boundary layer)，能改善土壤、增强土壤稳定性，或者防止其他类型的干扰(Wilson et al. 1992；Callaway 1995；Jones et al. 1997)。因而，低温、风力和其他干扰等非资源因素可能是导致热带山顶矮林群落物种间促进作用的潜在原因。

　　本研究发现，热带山顶矮林群落物种间非随机聚集作用主要表现在较大尺度上，而在小尺度上聚集作用不明显。这进一步说明物种共有度格局与研究空间尺度有关(Schamp et al. 2008；Zhang et al. 2009a)。物种间促进作用表现在较大尺度上可能与其作用机理有关，因为促进作用主要通过邻近个体对周围非资源环境的改善来促进其他植物生长，环境对物种性状和群落结构的作用往往在较大尺度上表现出来(Weiher et al. 1995)。本研究中，热带山地常绿林也属于热带云雾林，但其物种共有度格局与热带山顶矮林不同，可能原因是热带山地常绿林群落虽然比低海拔的热带山地雨林有较低温度,但该温度属于较低水平的胁迫因子,群落物种在低胁迫环境因子下可能竞争关系仍起主导作用(Brooker et al. 2008)。由此,由热带山地常绿林过渡到热带山顶矮林,群落物种组配可能由种间竞争过渡到促进作用。另外,非随机物种共有度格局也可以用其他假说解释:生境异质性(Ward et al. 2007)、进化史(Gotelli and McCabe 2002)和随机过程(Ulrich 2004)。例如,生境异质性是构建非随机格局的重要因素。虽然在取样中我们尽量减少生境异质性的影响,但是微生境异质性仍然存在,生境异质性往往与物种分布有密切关系(Kraft et al. 2008),因而也可能影响热带云雾林物种的非随机分离或聚集。

11.5 热带云雾林主要优势树种空间格局与群落组配

理解物种的空间分布及物种间相互作用机制是植物生态学研究的重要问题(Dale 1999;Folt 1999)。物种在群落中的分布可分为随机分布、聚集分布和规则分布(Greig-Smith 1983)。空间格局的形成往往是生态学过程作用的结果。结合空间格局与其他方面数据(如植物生活史)能推断出产生这些格局的潜在过程的信息(Janzen 1970;Connell 1971;Kenkel 1988;He and Duncan 2000;Li et al. 2009);同时,物种空间格局也能帮助我们对生物多样性空间分布进行分析和建模(Hubbell 1979;Condit et al. 2000a;Plotkin et al. 2000;Wright 2002;Wills et al. 2006)。

植物物种的空间格局与生物和非生物过程有关(Condit et al. 2000a)。一方面,某些生物过程如 Janzen-Connell 效应和竞争作用等引起物种的异质空间分布及它们之间的空间关联(Sterner et al. 1986;Pélissier et al. 2003)。例如,植物病虫害和种间竞争作用能影响植物分布格局,病虫害能减小胸径 1 cm 以上植株的聚集强度(Wills et al. 1999;Harms et al. 2000)。竞争是驱动群落结构形成的动力,竞争作用导致植株死亡后,大树的空间分布往往比小树更加趋于规则(Pielou 1962;Getzin et al. 2006)。植物种子扩散方式也会影响物种空间分布,风传播和机械传播的物种比动物传播的物种的扩散能力弱,因而通常聚集分布(Condit et al. 2000a),很多物种也因为种子扩散的限制,幼苗和幼树在母树周围强烈地聚集(Hao et al. 2007)。另一方面,生境异质性、干扰或者其他随机事件等非生物过程会导致物种的非随机分布(Hutchison 1957)。环境因子的差异(如土壤水分)能导致物种生态位分化,从而影响物种在局部和区域尺度上的分布格局(Engelbrecht et al. 2007;Cornwell and Ackerly 2009)。生境的特化会导致不同物种适应不同环境,且表现出竞争优势(Harms et al. 2000)。例如,由于生活史差异,阳性物种往往生长在阳光充足的林隙,而耐阴物种则分布于林冠下荫蔽的地方(North et al.2004)。

森林的结构特征与空间尺度密切相关(Levin 1992;Chen and Bradshaw 1999)。物种的空间格局对空间尺度有强烈依赖性。例如,植物种群在某些尺度上可能服从聚集分布,而在其他尺度上则可能变成随机分布或规则分布(Sterner et al. 1986;Wiegand et al. 2000)。两个或多个物种间相关性也随尺度变化而变化(Hao et al. 2007;Wang et al. 2010a)。环境异质性或者斑块化往往导致物种在不同尺度上的空间格局差异(Hall et al. 2004;Boyden 2005;Riginos et al. 2005)。

很早就有热带林树种分布格局研究(Condit et al. 2002)。例如,Hubbell(1979)认为,哥斯达黎加干旱森林中多数物种呈聚集分布;Lieberman 和 Lieberman(1994)发现,哥斯达黎加湿润雨林中多数物种也是聚集分布。近来有学者对五个不同热带国家的 6 个 25~52 hm² 热带森林样地

（包括干旱落叶林和湿润常绿林）的物种分布格局进行研究发现，1768 个树种的所有胸径 1 cm 以上个体基本都呈聚集分布（Condit et al. 2000a）。Janzen-Connell 效应、竞争作用和生境异质性等被认为是影响热带树种分布的重要因素（Janzen 1970；Connell 1971；Hubbell 1979；Condit et al. 2000a；Wills et al. 2006）。海南岛是我国生物多样性分布热点地区之一，已经有学者对其热带山地雨林乔木树种的分布格局（朱学雷等 1997；王峥峰等 1998）、森林循环中的树木分布（臧润国等 2002）、热带树木功能型分布（张志东和臧润国 2007）及濒危树种分布格局（龙文兴等 2008）等进行过研究。但这些研究都是以热带山地雨林物种为对象，没有考虑物种分布与空间尺度的关系。基于小尺度上（fine scale）的最近邻体指数和点格局分析，本节研究热带山地常绿林和热带山顶矮林共同出现的主要优势树种的空间格局，揭示热带云雾林群落树种组配机制。

在热带山地常绿林和热带山顶矮林内各选一个样地，每个样地有 4 个 2500 m² 样方（热带山地常绿林：TMEF$_1$、TMEF$_{12}$、TMEF$_{13}$、TMEF$_{14}$；热带山顶矮林：TMDF$_2$、TMDF$_{22}$、TMDF$_{23}$、TMDF$_{24}$），用相邻格子法把每个 50 m×50 m 样方划分成 5 m×5 m 小样方。分别调查每个小样方内所有 $D_{BH} \geq 1$ cm 的乔、灌木植株，测定其胸径和在小样方中的坐标，确定每个个体物种名，现场无法确认的物种制成标本内业鉴定。

运用修正后的最近邻体指数法分析热带山地常绿林和热带山顶矮林种群的分布类型（去掉个体数在 2 以下的物种）。最近邻体指数基于目标树与最近相邻的树的距离，最初由 Clark 和 Evans（1954）提出，其计算公式为

$$R = \frac{\overline{r_A}}{\overline{r_E}}, \overline{r_E} = \frac{1}{2\sqrt{\lambda}} \tag{11-4}$$

式中，R 表示最近邻体指数，$\overline{r_A}$ 表示随机选择的目标树与它最近邻体的平均距离，$\overline{r_E}$ 表示当随机选择的个体呈泊松分布且强度为 λ 时，期望的平均最近邻体距离。

其显著性检验公式为

$$z = \frac{\overline{r_A} - \overline{r_E}}{s_r}, s_r = \frac{0.261\,36}{\sqrt{n\lambda}} \tag{11-5}$$

如果种群是聚集分布，$R<1$，且 z 期望值显著小于观测值；如果种群是规则分布，$R<1$，且 z 期望值显著大于观测值；如果 z 期望值与观测值无显著差异，则为随机分布（图 11-16）。

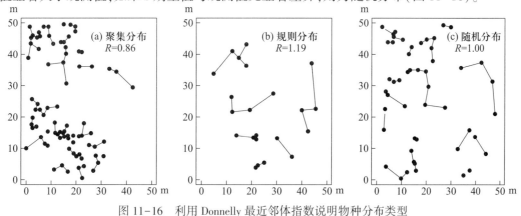

图 11-16　利用 Donnelly 最近邻体指数说明物种分布类型

考虑到边缘效应,Donnelly(1978)对上述最近邻体指数进行了校正,校正后的最近邻体指数为

$$\overline{r_C} = \overline{r_E} + \left(0.051 + \frac{0.041}{\sqrt{n}}\right)\frac{L}{n}, s_r = \frac{\sqrt{0.07A + 0.037L\sqrt{A/n}}}{n} \tag{11-6}$$

式中,A 表示研究面积,L 表示研究区域的周长,n 表示取样的个体数目。

计算热带山地常绿林和热带山顶矮林每个样方内每个物种所有个体的 Donnelly 最近邻体指数,以及根据径级大小将样方内个体分级后不同径级种群的 Donnelly 最近邻体指数,然后统计群落内每种分布类型的物种百分数。用 Wilcoxon 加符秩检验(Wilcoxon's signed ranks test)比较热带山地常绿林和热带山顶矮林间每种分布类型的物种百分数差异;用 Kruskal-Wallis 检验比较两种森林类型内每种分布类型的物种百分数差异及各径级种群间的物种百分数差异。

应用 O-ring 函数进行点格局分析。点格局分析能够分析各种尺度的种群格局和种间关系,能很好地揭示森林群落的格局(Diggle 1983;Dale 1999),比传统的格局研究方法,如方差/均值比率、趋势面分析、双向轨迹分析法和最近邻体分析等有较大的优越性(Wiegand et al. 2004)。它是以植物个体的空间坐标为基本数据,每个个体被看作二维空间的点,这样所有个体组成了种群空间分布点图,以此点图为基础进行格局分析。该方法在拟合分析过程中最大限度地利用了坐标图信息,检验能力较强(张金屯 1998)。先将每个植株在 5 m×5 m 小样方中的坐标转换成其在 50 m×50 m 样方中的坐标。然后将每个样方的物种数据转换成两种类型的空间格局分析数据,以热带山地常绿林和热带山顶矮林所有种和共同出现的优势种蚊母树(Dis_rac)和碎叶蒲桃(Syz_bux)为例,按照胸径 $D_{BH}<5$ cm、5 cm$\leqslant D_{BH}<10$ cm 和 $D_{BH}\geqslant10$ cm,将它们分为幼树(sapling,SP)、小树(small tree,ST)和大树(adult tree,AT)三种类型,分析各种群的空间格局及种群间的空间关联(图 11-17 和图 11-18)。

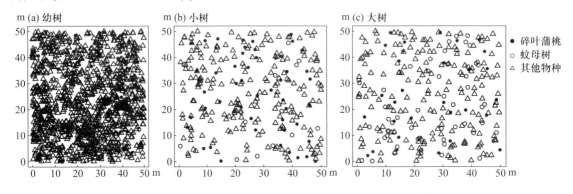

图 11-17　热带山地常绿林中碎叶蒲桃、蚊母树及其他物种不同径级个体在样方中的分布

O-ring 统计是由德国学者 Wiegand 等(2004)提出,是与配对关联函数[pair correlation function,$g(r)$]相似的点格局函数(Galiano 1982)。它是基于 Ripley's K 函数(Ripley 1981)和 mark 相关函数(Wiegand et al. 2004),通过计算点在某一距离的发生频率来分析其空间格局。该方法用圆环代替了 Ripley's K 函数中使用的圆圈,计算环内点的平均数据,从而孤立了特殊的距离等级。O-ring 统计包括单变量(univariate)和双变量(bivariate)。单变量 O-ring 统计用于分析单个对象(例如一个种群)的空间分布格局,双变量 O-ring 统计用于分析两个对象(例如两个不同种群)的空间格局的相关性。双变量 O-ring 统计值 $O_{12}^w(r)$ 的计算公式为

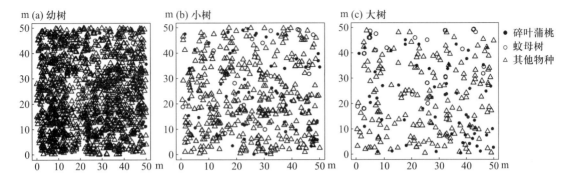

图 11-18 热带山顶矮林中碎叶蒲桃、蚊母树及其他物种不同径级个体在样方中的分布

$$O_{12}^{w}(r) = \frac{(1/n_1) \sum_{i=1}^{n_i} Point\ s_2 [R_{1,i}^{w}(r)]}{(1/n_1) \sum_{i=1}^{n_i} Area [R_{1,i}^{w}(r)]} \tag{11-7}$$

式中, n_1 为格局1(双变量统计中的对象1)的点数目, $R_{1,i}^{w}(r)$ 表示以格局1中第 i 个点为圆心、半径为 r、宽为 w 的圆环; $Point\ s_2[X]$ 表示区域 X 中格局2(即对象2)的点数目; $Area[X]$ 表示区域 X 的面积。

$$Point\ s_2 [R_{1,i}^{w}(r)] = \sum_{all\ x} \sum_{all\ y} S(x,y) P_2(x,y) I_r(x_i,y_i,x,y) \tag{11-8}$$

式中, (x_i, y_i) 是格局1中第 i 个点的坐标; $S(x,y)$ 是一个变量,如果坐标 (x,y) 在研究区域内,则 $S(x,y)=1$,否则 $S(x,y)=0$; $P_2(x,y)$ 表示落在每个单元格内格局2的点数目。 I_r^{w} 是一个随格局1中以第 i 个点为中心、半径为 r 的圆而变化的变量,其表达式为

$$I_r^{w}(x_i,y_i,x,y) = \begin{cases} 1 & r - \dfrac{w}{2} \leqslant \sqrt{(x-x_i)^2 + (y-y_i)^2} \leqslant r + \dfrac{w}{2} \\ 0 & otherwise \end{cases} \tag{11-9}$$

$$Area [R_{1,i}^{w}(r)] = z^2 \sum_{all\ x} \sum_{all\ y} S(x,y) I_r(x_i,y_i,x,y) \tag{11-10}$$

式中, z^2 表示一个单元格的面积大小。

用单变量 O-ring 统计分析碎叶蒲桃和蚊母树各个径级种群的空间格局。首先观察不同物种的空间分布,如果该物种没有表现出明显的聚集分布,则使用完全空间随机模型(complete spatial randomness null model);如果该物种分布有明显空间异质性,则使用非均匀泊松过程零模型(heterogeneous Poisson process null model);用双变量 O-ring 统计分析同一优势种不同径级间、不同优势种各个径级间的空间关联。假设较大径级物种(如小树)对较小径级物种(如幼树)的生长有一定影响,而较小径级物种对较大径级物种没有影响,采用先行条件(antecedent condition)下的非均匀泊松过程零模型,让较小径级物种的位置随机变化,而较大径级物种位置不变,检验较小径级物种是否受较大径级物种影响。比较相同径级物种(即相同种和不同种)的空间格局相关性时,假设空间格局是由两个相互独立的过程决定的。因而如果两个格局间没有相互作用,就证明两相同径级物种间没有相互作用,采用环向位移零模型(toroidal shift null model)检验两

者的独立性。

当重复样地都处于相对一致的环境条件时,各个样地的 O-ring 统计可以取平均值(Diggle 1983)。在单变量和双变量 O-ring 统计分析中,分别计算热带山地常绿林和热带山顶矮林各重复样地的统计值,然后对这些统计值及置信区间取平均值。在单变量 O-ring 统计分析中,如果在某距离处 $O(r)$ 值大于置信区间上限,则该种群在该距离是聚集分布;如果在某距离处 $O(r)$ 值在置信区间内,则该种群在该距离是随机分布;如果在某距离处 $O(r)$ 值小于置信区间下限,则该种群在该距离是规则分布。在双变量 O-ring 统计分析中,如果在某距离处 $O(r)$ 值高于置信区间上限(或低于置信区间下限),则格局 2 与格局 1 在该距离处是正(或负)关联;如果在某距离处 $O(r)$ 值在置信区间内,则格局 2 与格局 1 在该距离处无关联。当种群间正(或负)关联时,把偏离置信区间的最大值定义为关联强度,$O(r)$ 值越偏离置信区间上限(或下限),则说明正关联(或负关联)强度越大。零假设模型是通过对观测数据进行 99 次模拟,然后取零假设模型的最大和最小 $O(r)$ 值组成 99% 置信区间。Donnelly 最近邻体指数计算及做图用 R 2.9.2 软件(R Development Core Team,2009),空间点格局计算用 Programita 软件(Wiegand et al. 2004)。

11.5.1 物种百分数随分布类型的变化

热带山地常绿林和热带山顶矮林中 3 种分布类型的物种百分数大小顺序为规则分布>随机分布>聚集分布,且 3 种分布类型间的物种百分数有显著差异(热带山地常绿林:$\chi^2 = 9.27$,$p = 0.01$;热带山顶矮林:$\chi^2 = 8.58$,$p = 0.01$)。比较热带山地常绿林和热带山顶矮林间 3 种分布类型的物种百分数差异,后者聚集分布的物种百分数显著高于前者[热带山地常绿林:(9.07 ± 6.4)%;热带山顶矮林:(23.17 ± 2.8)%;$W = 0$,$p = 0.029$];而随机分布的物种百分数显著低于前者[热带山地常绿林:(38.28 ± 4.9)%;热带山顶矮林:(26.36 ± 2.3)%;$W = 16$,$p = 0.029$],两者的规则分布物种百分数没有显著差异[热带山地常绿林:(53.02 ± 11.3)%;热带山顶矮林:(50.54 ± 4.3)%;$W = 11$,$p = 0.49$]。

分析热带山地常绿林中物种分布类型随径级的变化(图 11-19a),随着径级增大,聚集分布的物种百分数呈减小趋势[幼树:(8.67 ± 5.8)%;小树:(1.98 ± 2.3)%;大树:0],其中幼树到小树阶段显著减少;规则分布的物种百分数随径级增大呈增大趋势[幼树:(53.1 ± 7.6)%;小树:(70.38 ± 11.1)%;大树:(81.27 ± 23)%];随机分布的物种百分数随径级增大呈减小趋势,但不显著[幼树:(38.92 ± 7)%;小树:(28.1 ± 10.4)%;大树:(20.53 ± 12.8)%]。同时,热带山地常绿林各径级阶段中 3 种分布类型间物种百分数有显著差异(幼树:$\chi^2 = 9.27$,$p = 0.01$;小树:$\chi^2 = 9.88$,$p = 0.007$;大树:$\chi^2 = 10.20$,$p = 0.006$),其中规则分布所占的物种百分数最大。

分析热带山顶矮林中物种分布格局随径级的变化(图 11-19b),随着径级增大,聚集分布的物种百分数呈减小趋势[幼树:(15.12 ± 1.9)%;小树:(4.58 ± 0.8)%;大树:(3.18 ± 2.6)%],其中幼树到小树阶段显著减少;规则分布的物种百分数随径级增大呈增大趋势[幼树:(50.54 ± 3.1)%;小树:(59.7 ± 6)%;大树:(79.37 ± 13.9)%],其中小树到大树阶段显著增大;随机分布的物种百分数随径级增大呈减小趋势[幼树:(36.65 ± 3)%;小树:(35.68 ± 4.2)%;大树:(15.71 ± 13)%],其中小树到大树阶段显著减小。同时,热带山顶矮林各径级阶段中 3 种分布类型间物种百分数有显著差异(幼树:$\chi^2 = 9.84$,$p = 0.007$;小树:$\chi^2 = 9.85$,$p = 0.007$;大树:$\chi^2 = 9.58$,

$p=0.008$),其中规则分布所占的物种百分数最大。

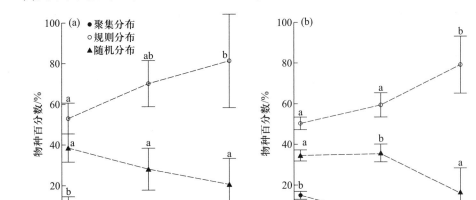

图 11-19 热带山地常绿林(a)和热带山顶矮林(b)各个分布类型的物种百分数随径级的变化

11.5.2 不同径级优势种群的点格局

1. 各径级种群的单变量点格局

热带山地常绿林中,碎叶蒲桃的幼树在 32 m、小树在 24 m 和大树在 33 m 尺度上呈聚集分布格局(表 11-9),而其所有个体在≤1 m 的尺度上呈规则分布,在其他尺度上呈随机分布。蚊母树的幼树在≤1 m 的尺度上呈聚集分布,在 7~8 m 尺度上呈规则分布;小树在 4~5 m 尺度上呈聚集分布;大树基本上都呈随机分布;而所有个体在≤1 m 和 27 m 尺度上呈聚集分布。

表 11-9 热带山地常绿林碎叶蒲桃和蚊母树(D_{BH}≥1 cm)三个不同径级种群的单变量空间点格局分析

物种	类型	空间尺度/m										
		11~14	15	16~23	24	25	26	27	28~31	32	33	34~50
碎叶蒲桃	所有个体	r	r	r	r	r	r	r	r	r	r	r
(*Syzygium*	幼树	r	r	r	r	r	r	r	r	+	r	r
buxifolium)	小树	r	r	r	+	r	r	r	r	r	r	r
	大树	r	r	r	r	r	r	r	r	r	+	r
蚊母树	所有个体	r	r	r	r	r	r	+	r	r	r	r
(*Distylium*	幼树	r	r	r	r	r	r	r	r	r	r	r
racemosum)	小树	r	r	r	r	r	r	r	r	r	r	r
	大树	r	–	r	r	r	r	r	r	r	r	r

注:"+"表示聚集分布,"–"表示规则分布,"r"表示随机分布。

热带山顶矮林中,碎叶蒲桃幼树和大树在所有尺度都呈随机分布或规则分布(表 11-10),小树在 46 m 和 47 m 尺度上呈聚集分布;所有个体在较小尺度为规则分布或随机分布,在 47~48 m 尺度上为聚集分布。蚊母树的幼树在≤2 m 尺度、小树在≤1 m 的尺度内呈聚集分布,大树在所有尺度内呈规则或随机分布;而蚊母树的所有个体在≤1 m 和 28~29 m 尺度上呈聚集分布,其他尺度上呈随机分布或规则分布。

表 11–10　热带山顶矮林碎叶蒲桃和蚊母树($D_{BH} \geqslant 1$ cm)三个不同径级种群的单变量空间点格局分析

物种	类型	尺度/m																						
		0	1	2	5	6	8	10	16	17	25	28	29	30	33	35	37	38	43	46	47	48	49	50
碎叶蒲桃	所有个体	−	r	r	r	r	r	r	−	r	r	r	r	r	r	r	r	r	r	r	r	+	r	r
	幼树	−	r	r	r	r	r	r	r	r	r	r	r	r	r	r	r	r	r	r	r	r	r	r
	小树	r	r	r	r	r	r	r	r	r	r	r	r	r	r	r	r	r	r	+	+	r	r	r
	大树	r	r	r	r	r	r	r	r	r	r	r	r	r	r	r	r	r	r	r	r	r	r	−
蚊母树	所有个体	+	+	r	r	r	r	r	−	−	−	r	+	+	−	r	+	r	r	r	r	r	+	r	−
	幼树	+	+	+	−	r	−	−	r	r	r	r	r	r	r	+	r	r	r	r	r	−	r	r
	小树	+	+	r	r	r	r	r	r	r	r	r	r	r	r	r	+	r	r	r	r	r	r	r
	大树	−	r	r	r	r	r	r	−	r	r	−	r	r	r	−	r	r	r	r	r	r	r	r

注:"+"表示聚集分布,"−"表示规则分布,"r"表示随机分布。物种在 9 m、11~15 m、18~24 m、26~27 m、31~32 m、34 m、36 m、39~42 m 和 44~45 m 尺度上为随机分布。

2. 各径级优势种群间双变量点格局

分析热带山地常绿林不同径级种群间的空间关联,对于蚊母树,小树和幼树间在小尺度(≤1 m)、中尺度(30 m)和大尺度上(41 m)都表现出显著正关联(图 11−20a),关联强度随尺度增大而减小;而大树与小树及大树与幼树间都在小尺度上表现出显著正关联(图 11−20b,c),且强度随尺度增大而减小。蚊母树幼树与碎叶蒲桃幼树在较大尺度上(39 m)显著正相关(图 11−20d),蚊母树小树与碎叶蒲桃幼树、蚊母树大树与碎叶蒲桃小树均在较小尺度上显著正相关(图 11−20n,8 m 和 15 m;图 11−20i,16 m);蚊母树和碎叶蒲桃的其他径级间无关联(图 11−20f,h,o)。

对于碎叶蒲桃,其小树和幼树间在较大尺度(40 m)上显著正相关(图 11−20m),大树和小树间在 18 m 尺度上呈显著负相关,在 19 m 尺度上显著正相关(图 11−20k);大树和幼树间在所有尺度上均无关联(图 11−20l)。分析碎叶蒲桃对蚊母树的影响,碎叶蒲桃的小树与蚊母树幼树间在小尺度(8 m 和 19 m)和中尺度(30 m)上呈正关联,且关联强度先减小后增大(图 11−20g);碎叶蒲桃大树与蚊母树小树间无关联(图 11−20e),碎叶蒲桃大树与蚊母树幼树间在小尺度(2 m)上显著负相关,在较小尺度(16 m)和中尺度(26 m)上显著正相关,且关联强度增大(图 11−20j)。

分析热带山顶矮林各径级种群间的空间关联,对于蚊母树,不同径级种群间在小尺度上都表现出显著的正相关(图 11−21a,b,c),在其他尺度上不相关;蚊母树小树与碎叶蒲桃小树间在 6 m 尺度上显著正相关(图 11−21h),蚊母树大树与碎叶蒲桃幼树在 47 m 尺度上显著正相关(图 11−21f),其他径级的蚊母树与碎叶蒲桃间都无关联(图 11−21i,n)。

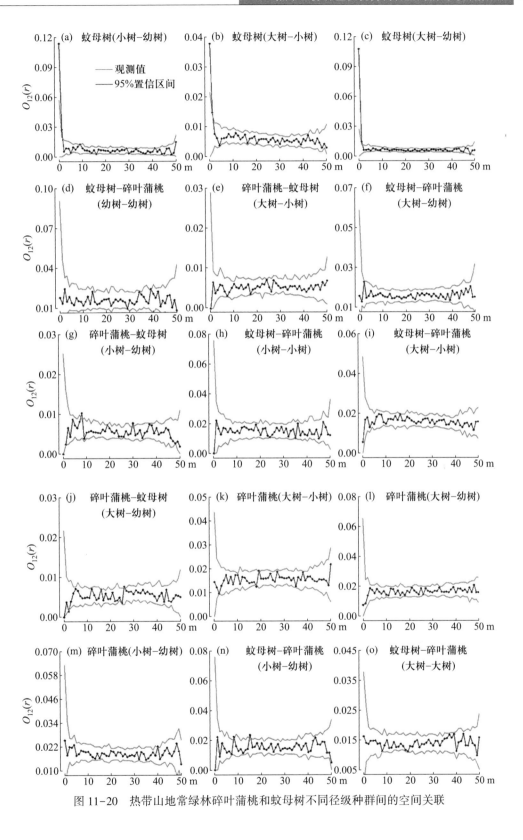

图 11-20　热带山地常绿林碎叶蒲桃和蚊母树不同径级种群间的空间关联

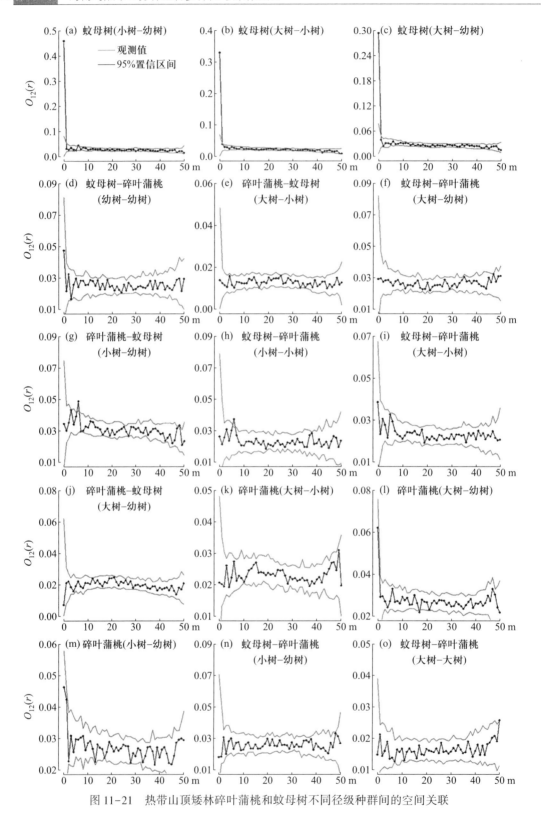

图 11-21 热带山顶矮林碎叶蒲桃和蚊母树不同径级种群间的空间关联

对于碎叶蒲桃,小树与幼树和大树与幼树间在 17 m 尺度上均表现出显著负关联(图 11-21m,l),在其他尺度上无关联;大树和小树在所有尺度上无关联(图 11-21k)。此外,碎叶蒲桃的小树与蚊母树幼树在 6 m 尺度上显著正关联(图 11-21g),碎叶蒲桃大树与蚊母树小树在 16 m 尺度上显著负关联(图 11-21e);而碎叶蒲桃大树与蚊母树幼树在所有尺度上无关联(图 11-21j)。

热带云雾林中,蚊母树和碎叶蒲桃的幼树基本上呈聚集分布,小树呈聚集分布或随机分布,而大树基本上呈随机分布(图 11-17 和图 11-18)。幼树的聚集性分布格局与生境异质性(Chapin et al. 1994)或种子的限制性扩散有关(Grubb 1977;Harms et al. 2000)。大树的随机分布与植物种内或种间强烈竞争资源(如光、水分和养分等)有关(Kenkel 1988;Boyden 2005),竞争作用导致植株死亡,大树的生态位高度分化,空间分布往往比小树更加趋于随机(Pielou 1962;Getzin et al. 2006);也可能是森林中食草动物和病虫害作用减小物种聚集(Wills et al. 1999;Harms et al. 2000)。

蚊母树和碎叶蒲桃表现出不同的分布格局。蚊母树的幼树和小树主要在小尺度上(<5 m)聚集分布,而碎叶蒲桃的幼树和小树在较大尺度上(>20 m)聚集分布或在所有尺度上随机分布(表 11-9,表 11-10)。这可能与植物的扩散能力差异有关,蚊母树种子是机械传播,而碎叶蒲桃种子是动物传播,动物传播的物种比机械传播的物种的扩散能力强、扩散的距离远(Condit et al. 2000a),所以碎叶蒲桃呈随机分布或在较大尺度上聚集分布。本研究证明了种群的聚集范围和尺度与物种种子扩散方式有关(Seidler et al. 2006)。

分析相同树种不同径级空间格局的相关性,热带云雾林中蚊母树的大树与小树、大树与幼树及小树与幼树间主要在小尺度上正关联(图 11-20,图 11-21),幼树和小树都在母树周围强烈聚集。可能原因是蚊母树属机械传播植物,种子传播距离小,有限的种子扩散能力为幼树和幼苗在母树周围生长提供了丰富种源,蚊母树的耐阴特性保证了其幼苗和幼树能在母树下很好地生长(Grubb 1977)。相反,碎叶蒲桃的小树与幼树、大树与小树负相关或不相关。负相关关系说明幼树、小树和大树间存在竞争作用或密度制约效应(Clark and Evans 1954);不相关关系可能与碎叶蒲桃种子的传播方式有关,动物活动的不确定性造成种子分布的随机性,从而使大树和小树没有显著相关性;此外,虽然在本节研究尺度内碎叶蒲桃小树与大树的格局间无关联,但物种的空间格局对空间尺度有强烈依赖性,所以碎叶蒲桃的大树和小树可能在更大尺度上有关联,研究尺度局限了我们的研究结果。分析不同树种格局间的相关性,总体上蚊母树和碎叶蒲桃各径级格局间显著正关联,表明物种间互相为对方提供了良好的定居和生长条件。这个现象也证明了热带云雾林植物有种间促进作用(facilitation),其原因可能是热带云雾林长期受空气低温、大风和土壤低磷胁迫,物种的邻近个体改善了其周围的非生物和生物条件,从而更加有利于物种生存,这样使不同物种都能长期共存(Choler et al. 2001;Holmgren and Scheffer 2010)。由此看出,热带云雾林优势种种内个体和种间个体共存机制有差异。

11.6 热带云雾林物种竞争与群落组配

植物间的负相互作用和正相互作用是群落中两个重要非随机过程,作用于群落物种共存(Hutchison 1957;MacAuthur et al. 1967;Diamond 1975;Condit et al. 2000a;Callaway et al. 2002;Gaucherand et al. 2006)。竞争作用是邻近的植物间由于利用相同的光照、土壤养分、水分及空间而相互作用的过程(Grime 1977),它是理解群落结构和动态的基础(Pielou 1962;Grime 1977;Tilman 1982;Gaucherand et al. 2006)。

强度(intensity)和重要性(importance)是竞争作用的两个不同参数,可以帮助我们理解竞争在群落组配中的作用(Welden and Slauson 1986;Brooker et al. 2005;Brooker et al. 2008;Freckleton et al. 2009)。Welden 和 Slauson(1986)认为,竞争作用强度(intensity of competition)是"竞争作用于生物体的胁迫大小,是个生理概念,与有机体的福祉直接相关,与有机体的适合度间接相关";他们认为竞争的重要性(importance of competition)指的是"竞争胁迫生物体,使其生长速率、代谢、产量、生存及适合度减小的相对程度",并认为"它是个与生态进化有关的概念,与生物体的生态适合度直接相关,与生物体的生理状态间接相关"。

如果竞争作用的重要性随其他因素如物理环境、随机事件和消费作用的减小而相应增加,且竞争作用强度随土壤资源的增加而加强(Gaudet et al. 1995;Keddy et al. 1997),则可以预期,竞争作用强度会随生境中可利用资源的变化而变化。通常被引用的例子是最大物种高度和竞争作用会随群落土壤肥力的增加而增大(Schamp et al. 2009)。然而,竞争作用究竟如何随群落生产力的变化而变化,仍然是有争论的热点话题(Craine 2005)。竞争在群落中的作用可以归纳为两种截然不同的观点。一种观点认为,植物在资源丰富的环境中对光和空间有很强的竞争,而在贫乏的环境中对水分和土壤营养有很强的竞争(Tilman 1982,1987,1988)。这种观点假定竞争在群落中的角色相同,与群落生产力无关,但竞争的机制会发生变化。另一种观点认为,竞争作用是资源丰富群落组配的主要因素,竞争作用随群落资源的减少而减小(Grime 1977)。在植物群落中的研究证明竞争作用强度不随土壤肥力变化(Gaucherand et al. 2006),或随土壤肥力增大而减小。竞争作用强度与生境资源的相关程度可能取决于研究假设、资源梯度类型及研究者使用的方法(Goldberg et al. 1999)。

竞争作用随环境资源梯度的变化研究主要是利用短期的控制试验来进行。这种试验控制了其他因素如草食作用、扩散及土壤条件的影响(Bonser et al. 1995)。虽然这种直接的方法能揭示竞争作用随环境资源梯度变化,但不能说明在经过长时期进化的自然群落中有类似规律(Keddy 2007)。植物大小–距离回归法可以探索自然群落中的竞争作用,它由 Welden 和 Slauson(1986)提出。邻体间有竞争干扰,邻体间植株大小会因为竞争作用而减小(Pielou 1962)。这种方法能同时计算竞争强度和竞争作用的重要性。它把植物大小与邻体距离间回归的决定系数看作影响植物生存空间的相对作用大小,把回归斜率看作竞争强度大小(Welden et al. 1986)。植物大小–距离回归法被 Shackleton(2002)和 Getzin(2006)用来推断竞争作用对森林群落结构的影响。但这些研究没有把其他生态学过程(如植物间正相互作用和环境异质性)对植物群落的影响与竞争作用分开,可能高估了竞争作用对群落组配的影响。但是,将零假设模型与植物大小–距离回归法结合起来能检验物种间竞争作用显著性(Gotelli and Graves 1996),从而准确地估计竞争作用对群落组配的影响。

本节以热带云雾林中两种不同森林类型——土壤可利用资源较丰富的热带山地常绿林和土壤可利用资源较贫乏的热带山顶矮林为对象,研究竞争作用强度和重要性随土壤资源梯度的变化规律。先通过零假设模型建立随机群落,此时植物大小与邻体距离间不相关;其次检验实际群落中植物大小–邻体距离关系与零假设模型的差异,检验非随机过程的显著性;然后根据植物大小–邻体距离正相关关系推断竞争作用的存在,即植物大小随邻体距离减小而减小,植物的生长或植株大小因竞争作用受其他植株的限制（图 11-22a）。最后分析竞争作用强度和重要性在热带山地常绿林和热带山顶矮林间的差异。

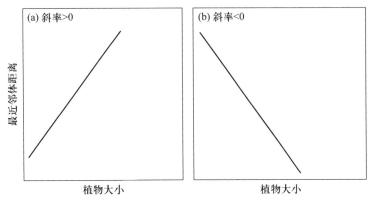

图 11-22　热带云雾林植物大小和邻体距离间正相关和负相关关系框架图。零假设模型假定群落中植物个体随机分布时个体大小与邻体距离间不相关，框架图中的相关关系与零假设模型有显著差异。根据植物个体大小与邻体距离间显著的正相关关系推断物种间有竞争作用（a），根据植物个体大小与邻体距离间显著的负相关关系（b）推断物种间存在正相互作用、生境异质性等

在热带山地常绿林和热带山顶矮林各随机设置 4 个 50 m×50 m 样方，把每个样方划分为 100 个 5 m×5 m 小样方，调查样方内 D_{BH}≥5 cm 的乔、灌木植株，测定其胸径和在小样方中的坐标，确定每个个体的物种名，现场无法确认的物种制成标本内业鉴定。为了避免稀释效应（Gotelli and Graves 1996），选择热带山地常绿林和热带山顶矮林个体多度在 6 以上的树种用于分析植物大小和邻体距离关系。

对于每个样方，先把每个个体在 5 m×5 m 小样方的坐标转换为 50 m×50 m 大样方的坐标，构建包含样方所有个体物种名、胸径、x 和 y 坐标的矩阵。对于每个样方中的每个物种，分析其个体大小与距离之间的回归关系。本节中的个体大小是对象木与其最近的四个邻体的胸径之和，距离指对象木与其最近的四个邻体间的距离之和（Shackleton 2002）。最近邻体指与对象木周围邻近且距离最小的邻体木。其中种内竞争由同种最近邻体求得，种间竞争由异种最近邻体求得。物种竞争由该物种周围其他所有物种组成的最近邻体求得。同种最近邻体指的是对象木周围 4 个最近邻体木有 3 个或 4 个个体与其是相同物种；异种最近邻体指的是对象木周围 4 个最近邻体木最多只有 1 个个体与其是相同物种。

零假设模型假定每个物种的胸径与最近邻体距离间不相关，此时物种间是随机作用过程。保持矩阵中的每个物种丰富度、个体多度及其所有个体坐标不变，对矩阵中所有个体的胸径进行不放回式（without replacement）随机抽样。然后将样方内每个种群的胸径与最近邻体距离进行简单线性回归，计算回归方程的决定系数 R^2。进行 999 次模拟后，每个种群得到 999 个 R^2 期望值。计算期望值的 5% 和 95% 置信区间，比较 R^2 观测值和期望值差异。如果 R^2 观测值落在置信区间内，则接受零假设；否则该种群的胸径与最近邻体距离间有显著相关关系，可以推断该物种是非随机的组配过程。

根据胸径与最近邻体距离回归关系的斜率观测值，可以将物种间非随机作用过程分为两类：① 如果斜率值大于 0，胸径与最近邻体距离间的正相关关系表明某植物的生长或植株大小受其

他植株的限制,因而 R^2 和斜率用来计量竞争作用强度和重要性大小;② 如果斜率值小于 0,胸径与最近邻体距离间的负相关关系表明某植物的生长或植株大小受其他植株的加强作用,这种现象可能源自生境异质性或正相互作用(如促进作用)影响。因而 R^2 和斜率用来计量这些过程的强度和重要性大小。

以热带山地常绿林和热带山顶矮林的共有种为对象,当这些种群的胸径和最近邻体距离间有显著的相关关系时,用配对的 student's t-test 和双因素方差分析来比较两种森林类型中物种的竞争作用强度和重要性大小的差异。

11.6.1　群落结构

热带山地常绿林和热带山顶矮林中,$D_{BH} \geqslant 5$ cm 以上的物种分别有 72 种和 66 种,优势科为樟科(Lauraceae)、山矾科(Symplocaceae)、茜草科(Rubiaceae)、壳斗科(Fagaceae)和木犀科(Oleaceae),优势属为山矾属(*Symplocos*)、蒲桃属(*Syzygium*)、青冈属(*Cyclobalanopsis*)、柯属(*Lithocarpus*)和琼楠属(*Beilschmiedia*)。热带山地常绿林和热带山顶矮林间植株平均胸径有显著差异(Wilcoxon test,$W = 16$,$p = 0.03$;TMEF:12.0 ± 0.2 cm;TMDF:10.2 ± 0.1 cm)。热带山地常绿林的优势种为线枝蒲桃、碎叶蒲桃和蚊母树,热带山顶矮林的优势种为蚊母树、碎叶蒲桃和黄杞(表 11-11)。个体多度较大且两个森林类型共有的物种约 18 种。

表 11-11　热带山地常绿林和热带山顶矮林 $D_{BH} \geqslant 5$ cm 以上的植株的多度和胸径大小

物种	热带山地常绿林			热带山顶矮林		
	多度	最大胸径/cm	平均胸径/cm	多度	最大胸径/cm	平均胸径/cm
线枝蒲桃	88.5±49.9	14.7±2.8	7.6±0.5	23.3±13.8	15.±1.1	9.1±0.9
碎叶蒲桃	74.3±11.6	31.3±9.9	11.1±1.5	96.3±24.1	25.8±5.9	10.0±1.3
蚊母树	59.8±18.8	34.1±5.0	15.8±0.7	147.8±105.4	32.4±9.4	12.6±0.8
碟斗青冈	59.5±17.9	38.2±5.3	18.1±2.0	23.3±15.0	31.7±7.6	13.3±2.2
厚皮香	52.0±11.7	29.9±8.3	11.9±1.7	14.5±2.4	26.0±5.2	10.7±0.5
陆均松	24.3±6.9	47.9±17.1	21.0±4.0	21.2±3.4	40.8±2.0	19.18±1.1
五列木	21.8±4.1	25.0±4.7	10.6±1.8	17.0±15.6	18.2±3.4	10.0±0.5
光叶山矾	19.3±8.8	15.7±3.5	9.4±1.7	23.3±14.8	14.8±8.1	7.2±1.7
毛棉杜鹃	17.8±3.3	12.9±4.1	7.9±1.2	18.3±5.7	12.6±0.8	7.5±0.4
黄杞	16.8±1.9	24.6±5.6	11.4±0.8	50.3±24.5	22.2±4.4	8.6±1.0
大头茶	16.5±0.7	12.5±1.4	7.6±0.5	20.3±9.5	25.8±11.6	9.2±1.6
丛花山矾	11.0±4.6	8.7±0.8	6.4±0.4	26.3±17.7	11.7±4.0	6.6±0.3
密花树	11.0±6.2	14.4±1.5	9.2±1.2	14.3±6.9	14.8±2.5	9.7±1.5
大果马蹄荷	10.7±3.5	39.8±12.6	16.7±4.3	11.0±7.1	27.5±7.2	16.2±3.5
双瓣木犀	8.8±2.2	15.1±4.9	9.7±1.7	14.5±3.4	16.0±6.4	8.6±0.1
白花含笑	8.0±2.2	23.4±8.2	14.7±1.6	14.7±10.3	26.6±10.1	12.5±3.1
降真香	7.7±1.2	13.8±1.9	8.6±0.7	17.0±13.5	16.5±4.1	8.3±0.4
岭南青冈	7.0±0	40.3±3.3	27.6±0.5	9.5±4.9	59.8±25.8	26.1±0.6

11.6.2　胸径和最近邻体距离关系格局

与零假设模型比较,热带山地常绿林和热带山顶矮林 2500 m² 样方中分别有(41±4)%和(37±2)%的物种与异种物种间、(43±4)%和(38±7)%的物种与同种物种间、(28±2)%和(44±5)%的物种与所有物种间的个体胸径–最近邻体距离显著相关(图 11-23)。

在胸径和最近邻体距离显著正相关的物种中,热带山地常绿林和热带山顶矮林中异种物种百分数分别为(23±3)%和(26±5)%、同种物种百分数分别为(27±5)%和(19±9)%、所有物种百分数分别为(17±8)%和(27±7)%(图 11-23),说明这两森林类型中存在种间竞争、种内竞争和物种竞争。

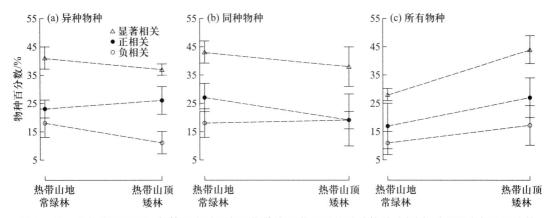

图 11-23　个体胸径和最近邻体距离关系与预期值有显著差异的异种物种、同种物种和所有物种百分数
如果个体胸径和最近邻体距离关系观测值与预期值有显著差异,则推断物种组配为非随机作用;根据显著的正相关和负相关关系推断竞争作用和正相互作用、环境异质性等

11.6.3　竞争作用重要性格局

有竞争作用的物种中,热带山地常绿林中种间竞争、种内竞争和物种竞争的重要性变化范围分别为 0.00005～0.68、0.00003～0.98 和 0.00008～0.70,竞争作用重要性大于 0.50 的物种百分数分别为 7.14%、38.46% 和 27.27%。热带山顶矮林种间竞争、种内竞争和物种竞争的重要性变化范围分别为 0.00008～0.95、0.001～0.99 和 0.00003～0.93,竞争作用重要性大于 0.50 的物种百分数分别为 36.84%、41.18% 和 26.32%。

分析热带山地常绿林和热带山顶矮林共有种的竞争作用重要性,配对 t 检验分析发现,后者的种间竞争重要性显著大于前者($t=-2.32$, $df=15.32$, $p=0.03$)(表 11-12);而两者的种内竞争和物种竞争强度无显著差异(种内竞争:$t=-0.16$, $df=15.78$, $p=0.87$;物种竞争:$t=-1.08$, $df=9.96$, $p=0.30$)。双因素方差分析表明,热带山地常绿林和热带山顶矮林种内竞争与物种及森林类型与物种的交互作用有关(森林类型和物种作为因子变量的双因素方差分析,物种,$F_{(8,25)}=4.70$, $p=0.02$;森林类型与物种的交互作用,$F_{(8,25)}=4.92$, $p=0.02$);两种森林类型间物种竞争重要性与森林类型及森林类型与物种的交互作用有关(森林类型,$F_{(1,16)}=6.20$,$p=0.045$;森林类型与物种交互作用,$F_{(6,16)}=8.08$,$p=0.042$),表明热带山地常绿林和热带山顶矮林间的物种竞争重要性差异显著。

表 11-12 热带山地常绿林和热带山顶矮林共有种种间竞争、种内竞争及物种竞争重要性比较

竞争类型	物种	热带山地常绿林	热带山顶矮林	竞争类型	物种	热带山地常绿林	热带山顶矮林
种间竞争	白花含笑	0.680	0.551	种内竞争	黄杞	0.245	0.540
	大头茶	0.002	0.149		毛棉杜鹃	0.001	0.196
	碟斗青冈	0.063	0.699		双瓣木犀	3.0×10^{-5}	0.003
	光叶山矾	0.256	0.461		蚊母树	0.054	0.285
	岭南青冈	5.0×10^{-5}	0.648		五列木	0.173	0.317
	陆均松	0.123	0.722		平均值	0.279	0.299
	毛棉杜鹃	0.004	0.122	物种竞争	大果马蹄荷	0.415	0.388
	蚊母树	0.080	0.015		黄杞	0.411	0.127
	线枝蒲桃	0.116	0.350		陆均松	0.198	0.140
	平均值	0.147	0.413		毛棉杜鹃	0.150	0.274
种内竞争	白花含笑	0.738	0.240		密花树	0.0002	0.931
	大果马蹄荷	0.682	0.004		碎叶蒲桃	0.077	0.141
	碟斗青冈	0.268	0.338		线枝蒲桃	0.0003	0.216
	光叶山矾	0.354	0.769		平均值	0.179	0.317

11.6.4 竞争作用强度格局

配对 t 检验显示,热带山顶矮林中种间竞争作用强度显著大于热带山地常绿林($t=-3.24$,$df=8$,$p=0.01$),而两者间种内竞争和物种竞争强度无显著差异(种内竞争:$t=-1.67$,$df=12.22$,$p=0.12$;物种竞争:$t=-2.12$,$df=6.42$,$p=0.07$)(表 11-13)。以森林类型和物种为因子变量的双因素方差分析发现,森林类型、森林类型与物种间交互作用对两种森林类型间物种竞争作用强度有显著影响(森林类型:$F_{(1,16)}=34.00$,$p=0.01$;森林类型与物种交互作用:$F_{(6,16)}=10.33$,$p=0.04$),而物种对其无影响($F_{(6,16)}=8.20$,$p=0.06$)。森林类型和物种对两种森林类型间种内竞争作用强度无影响(森林类型:$F_{(1,25)}=0.05$,$p=0.82$;物种:$F_{(8,25)}=1.11$,$p=0.44$;森林类型与物种交互作用:$F_{(8,25)}=0.73$,$p=0.67$)。

与零假设模型比较,热带山地常绿林和热带山顶矮林群落中植物个体的胸径-最近邻体距离呈显著正相关关系(图 11-23),由此推断竞争作用过程在热带云雾林物种组配(species assemblage)中有重要作用。本节中零假设模型强调随机过程在物种组配上的作用(Gotelli and Graves 1996),即植物个体胸径与最近邻体距离不相关,而且通过统计分析证明非随机过程存在;明确地区分非随机和随机作用过程、竞争作用过程和其他非随机作用过程,从而能准确估计竞争作用在群落组配的作用。因而,本节是对 Shackleton(2002)和 Getzin(2006)研究方法的补

表 11-13　热带山地常绿林和热带山顶矮林共有种种间竞争、种内竞争及物种竞争强度比较

竞争类型	物种	热带山地常绿林	热带山顶矮林	竞争类型	物种	热带山地常绿林	热带山顶矮林
种间竞争	白花含笑	0.037	0.119	种内竞争	黄杞	0.211	0.278
	大头茶	0.006	0.048		毛棉杜鹃	0.035	0.468
	碟斗青冈	0.033	0.061		双瓣木犀	0.032	0.103
	光叶山矾	0.066	0.185		蚊母树	0.043	0.109
	岭南青冈	0.001	0.066		五列木	0.188	0.250
	陆均松	0.054	0.088		平均值	0.213	0.493
	毛棉杜鹃	0.004	0.028	物种竞争	大果马蹄荷	0.076	0.208
	蚊母树	0.037	0.045		黄杞	0.062	0.063
	线枝蒲桃	0.001	0.003		陆均松	0.041	0.057
	平均值	0.026	0.071		毛棉杜鹃	0.034	0.051
种内竞争	白花含笑	0.525	0.690		密花树	0.003	0.455
	大果马蹄荷	0.114	1.493		碎叶蒲桃	0.030	0.063
	碟斗青冈	0.080	0.277		线枝蒲桃	0.002	0.198
	光叶山矾	0.692	0.767		平均值	0.035	0.156

充,通过零假设模型证明竞争作用的存在后,能可靠地估计竞争作用重要性和强度大小。与短期的控制试验相比,植物胸径-最近邻体距离回归法能估计多个物种竞争作用大小,从而说明竞争作用在长期进化的自然森林群落组配中的作用(Yeaton et al. 1976;Getzin et al. 2006;Keddy 2007)。

　　显著负相关的胸径-最近邻体距离关系可能与物种间正相互作用和生境异质性作用有关。经验证,生境作用于物种组配过程主要体现在较大尺度上(Weiher et al. 1995)。例如,有研究证明,30 m 以上尺度的物种空间格局可能由环境梯度(如地形)所致,而小于 15 m 尺度的物种空间格局由直接竞争作用引起(Harms et al. 2000;John et al. 2007)。虽然本节没有研究胸径-最近邻体距离回归与尺度的关系,但热带云雾林树木密度大,根据经验在 50 m×50 m 尺度内多数物种间最小邻体距离应该小于 30 m,该尺度上环境作用不是导致负相关的胸径-最近邻体距离关系的主要原因;此外,本节每个研究样地都在东坡,根据研究者观察,样地内环境相对一致,因而环境异质性作用较小。所以,热带山地常绿林和热带山顶矮林各 0~22% 和 6%~33% 的物种胸径-最近邻体距离呈显著负相关关系可能与物种间正相互作用有关。其可能原因是热带云雾林分布于高海拔地区,群落内存在空气低温和土壤低磷胁迫(Long et al. 2011),物种在有胁迫环境中存在促进作用(facilitation)(Callaway et al. 2002;Roiloa et al. 2006)。物种间促进作用影响群落组配过程。

　　热带云雾林中竞争作用重要性变化幅度大。大部分物种竞争作用重要性小于 0.50,说明物种对其他生态过程如负密度制约、病原体作用和干扰作用等敏感。热带山地常绿林共有种的种间竞争和物种竞争重要性比热带山顶矮林小(表 11-12),表明竞争作用重要性随土壤肥力减小而增大,也说明热带山地常绿林物种组配对其他生物和非生物过程敏感。一方面,可能是因为热带山地常绿林分布海拔较低,人类及动物活动频繁,受到外来干扰较大;另一方面,热带山地常绿林树木高大,林内光照异质性高,干扰、生境异质性等因素对群落组配影响大。

对两种森林类型所有共有种的竞争作用强度统计分析表明,热带山地常绿林种间竞争和物种竞争作用强度显著小于热带山顶矮林(表11-13),表明热带云雾林中种间竞争作用强度随森林土壤肥力减小而增大。这与Tilman(1982,1987,1988)预期的竞争作用强度不随森林土壤肥力变化的结论不同,也与Grime(1973)预期的竞争作用强度随森林土壤肥力增大而增大的结论相反,但证实了Goldberg等(1999)及Dhondt(2010)认为的竞争作用强度随生境质量增强而减小的结论。此现象一方面可能与土壤限制因子变化有关。例如,土壤磷是限制植物生长和物种分布的重要因子(Vitousek et al. 2010),热带山顶矮林土壤磷含量比热带山地常绿林低(Long et al. 2011),当土壤磷含量低于物种的耐受范围时,植物的竞争能力大小取决于能否在较低营养水平下快速生长繁殖(Tilman 1982;Chesson 2000a),植物间竞争作用强度可能会随磷含量减小而增大,因而热带山顶矮林竞争强度比热带山地常绿林高。另一方面,两种森林类型竞争作用强度差异还可能与地下竞争有关。热带山顶矮林土层厚度比热带山地常绿林小,其植物根系主要分布在表层,后者植物根系则分布在不同土壤深度。热带山顶矮林植物根系分布范围小,不同植物对同一深度的土壤资源竞争激烈;相反,热带山地常绿林植物根系分布范围大,不同植物利用不同深度的土壤资源,在一定程度上避免竞争作用(Fargione et al. 2005)。植物地下竞争与地上竞争正相关(Cahill 1999),热带云雾林地下竞争差异可能导致地上竞争不同。

11.7 热带云雾林功能性状变化的环境筛作用与群落组配

植物功能性状与环境间关系分析是当前研究物种分布和群落组配机制的常用方法(Weiher et al. 1995;Swenson et al. 2010)。植物功能性状反映了植物的生活史策略,如何定量研究这些性状来获得物种地理分布的信息成了植物生态学研究的主要课题(Grime 1977;Westoby et al. 2002;McGill et al. 2006a)。比叶面积和高度是反映植物生活史策略的重要性状,可以用来反映物种分布和群落组配(Ackerly et al. 2002;Burns 2004;Roche et al. 2004;Poorter 2009;Schamp et al. 2009)。

植物高度、叶片形态和生理性状受光合辐射、湿度、温度和土壤养分等环境条件影响(Körner 1989;Ackerly et al. 2002;Wright et al. 2004b;Moles et al. 2009;Poorter 2009),它们的空间分异反映植物对不同环境的适应(Fonseca et al. 2000;Warren et al. 2002)。例如,温度是高海拔环境中最重要的限制因子,常导致植物个体偏小(Körner 1989),单位面积叶片干物质含量高、叶片密度和叶片厚度大被认为是植物在低温环境中的保护性状(Cornelissen et al. 2003a)。另一方面,比叶面积小和冠层高度小是植物对低磷环境的适应(Fonseca et al. 2000),这些性状与环境的关系反映植物的保守型生态策略(Cornelissen et al. 2003a;Vitousek et al. 2010)。性状与环境的关系和性状的变化有关,它决定了不同环境梯度下的性状大小。可塑性能增强物种在一定环境范围内的性能(performance)和适合度(fittness)(Schlichting 1986;Burns 2004),因而能反映环境变化对物种分布的影响(Valladares et al. 2006)。

虽然植物的性状能影响物种的性能,但我们解释植物生活史策略的能力常常受到限制。这是因为很少有研究把植物性状与环境直接联系。环境是通过作用于功能性状,而不是作用于物种本身来影响群落中植物个体的存在(Messier et al. 2010)。但基于群落水平的方法能直接将生态系统中的环境因子与功能性状联系起来(Wright et al. 2005;Swenson et al. 2010)。

热带云雾林树木高度相对较小(Bruijnzeel et al. 1998),因而比低海拔热带雨林更容易测量物种的比叶面积和高度。本节以热带山地常绿林和热带山顶矮林为对象,在准确测量121个物种4721个植物个体($D_{BH} \geqslant 1$ cm)的比叶面积和高度后,比较两种森林类型在群落水平上的功能性状差异。

本节做如下假设:①从热带山地常绿林到热带山顶矮林,植物的多度加权平均比叶面积和高度将减小,而两个性状的形态可塑性将增加;②低温和土壤磷是影响两种森林类型功能性状差异的重要因素。

在霸王岭的热带山地常绿林和热带山顶矮林样地分别随机设置29个和32个10 m×10 m样方,调查样方内所有$D_{BH} \geqslant 1$ cm以上的植株。确定物种种名。共调查到热带山地常绿林79个物种、1563个个体;热带山顶矮林78个物种、3158个个体,两种森林类型共调查121个物种、4721个个体。

测量4721个植物个体的高度和比叶面积。比叶面积测量时选择当年生、完全展开的能照到太阳光的叶子;对于生长在林下的植株,取光照最充足的叶子。每个个体取4~6个叶片,用叶面积仪测量面积(LI-COR 3100C Area Meter, LI-COR, USA)。然后将叶子放在70℃恒温烘箱内3天以上,测量叶子干重,计算每片叶子比叶面积($mm^2 \cdot mg^{-1}$)。

雨季测量土壤养分如全氮、全磷、全钾、有效氮、有效磷、有效钾、有机质浓度和pH;测量气候因子如空气温度、相对湿度和有效光合辐射。

用同时记录的空气温度和相对湿度来计算空气水汽压亏缺(air vapor pressure deficit, VPD; VPD=饱和空气水汽压−空气水汽压;空气水汽压=饱和空气水汽压×空气相对湿度/100)。热带山地常绿林和热带山顶矮林间VPD有显著差异(Wilcoxon's rank test, $W=0$, $p<0.001$;日均空气水汽压亏缺,热带山地常绿林:0.32±0.27 kPa,热带山顶矮林:0.054±0.023 kPa)。样地平均温度与空气水汽压亏缺显著相关(热带山地常绿林:$r=0.97$, $p<0.001$, $n=29$;热带山顶矮林:$r=0.92$, $p<0.001$, $n=32$),所以温度可以作为热和蒸腾作用状况的指示因子。

以个体多度为权重,计算每个物种的比叶面积和高度,用Wilcoxon's rank test比较热带山地常绿林和热带山顶矮林间比叶面积和高度差异。

计算每个物种的比叶面积和高度形态可塑性指数(phenotypic plasticity index, PPI)。PPI变化范围为0~1,某个物种的PPI是用其功能性状最大值减去最小值的差除以最大值(Valladares et al. 2002)。两种森林类型间比叶面积和高度的PPI、最大值和最小值差异用Wilcoxon's rank test检验。

比叶面积数据进行$\log_{10}$转换,土壤营养和温度数据进行平方根及对数转换。以土壤营养、空气温度和有效光合辐射为自变量,以个体多度加权后的比叶面积和高度大小及其PPI为因变量,用多元逐步回归法分析性状变化与环境因子关系。回归方程根据决定系数(R^2)和赤池信息准则(Akaike Information Criterion, AIC)选择。根据通径系数[path coefficient;(Wright 1934)]比较环境变量对因变量的影响大小,通径系数越大说明作用越大。

11.7.1 比叶面积和高度平均值差异

热带山地常绿林和热带山顶矮林间多度加权的平均比叶面积和高度有显著差异(图11-24),从热带山地常绿林到热带山顶矮林,平均比叶面积和高度呈减小趋势(比叶面积,

热带山地常绿林:0.14±0.02,热带山顶矮林:0.11±0.02;高度,热带山地常绿林:5.55±0.59,热带
山顶矮林:4.01±0.58)。

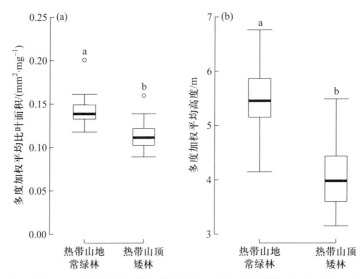

图11-24 箱线图表示热带山地常绿林和热带山顶矮林间多度加权的平均比叶面积(a)和高度(b)大小差异
不同字母表示有显著差异,$p<0.05$

11.7.2 比叶面积和高度可塑性差异

热带山地常绿林和热带山顶矮林间比叶面积和高度可塑性都有显著差异(图11-25),且前
者的可塑性比后者小(比叶面积,热带山地常绿林:0.12±0.04,热带山顶矮林:0.20±0.05;高度,热
带山地常绿林:0.24±0.06,热带山顶矮林:0.29±0.06)。

热带山地常绿林比叶面积最小值、高度的最小值和最大值显著高于热带山顶矮林(最小比
叶面积,$W=46$,$p<0.001$;最小高度,$W=221.5$,$p<0.001$;最大高度,$W=31$,$p<0.001$),而两者的最
大比叶面积无显著差异($W=461$,$p=0.97$)。

11.7.3 功能性状与环境因子间关系分析

多元逐步回归表明,土壤全磷、空气温度与比叶面积和高度的变异有关(表11-14)。平均比
叶面积及其可塑性与土壤全磷及空气温度显著相关,而平均高度仅与空气温度显著相关。高度
可塑性与上述两个环境因子都显著相关。土壤全磷与空气温度的通径系数比较表明,空气温度
影响最大。

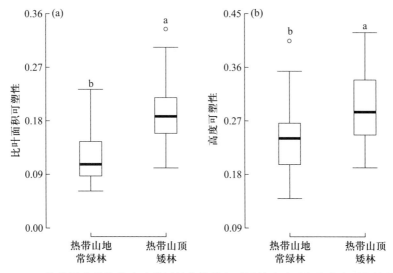

图 11-25 箱线图表示热带山地常绿林和热带山顶矮林比叶面积和高度可塑性差异
不同字母表示有显著差异，$p<0.05$

表 11-14 多度加权的比叶面积和高度及其形态可塑性与环境因子间多元逐步回归

	环境变量		决定系数 R^2	赤池信息准则（AIC）	p
	全磷	温度			
平均比叶面积	0.37	0.40	0.55	−365.28	<0.001
平均高度	—	0.50	0.62	−61.88	<0.001
比叶面积可塑性	−0.0002	−0.04	0.42	−368.44	<0.001
高度可塑性	−0.48	−0.64	0.23	−341.87	0.002

注：第二、三列表示多元逐步回归的反应变量；第四列到第六列表示解释变量和回归方程中环境变量的通径系数。通径系数大表示该环境变量对反应变量影响大，显著性水平为 $p<0.05$。

由于温度与 VPD 显著相关，且可以指示植物热和蒸腾作用状况，因而强烈影响热带山地常绿林和热带山顶矮林多度加权的比叶面积大小。与热带山地常绿林相比，热带山顶矮林植物长期处于低温和较低的 VPD 环境中，水分蒸发较小，因而植物叶片蒸腾作用面积较小，以维持叶片结构完整性和较低水势。这与土壤干旱环境中的植物特征类似（Poorter and Rozendaal 2008）。两种森林类型叶面积差异使得比叶面积不同。事实表明，热带山地常绿林植物叶片表面积显著大于热带山顶矮林，这不仅证明上述观点，而且表明两种森林类型植物以不同的温度反应策略来应对不同的热带云雾林环境。另外，与热带山地常绿林相比，热带山顶矮林中比叶面积小的物种投资更多碳用于形成致密的结构，以构建坚固厚实的叶片来抵挡低温伤害（Cornelissen et al. 2003a；Pierce et al. 2005）。

研究结果也表明，平均比叶面积与土壤磷相关（表 11-14）。磷与其他土壤因子显著相关（图 11-4），也是热带森林土壤的限制因子（Bohn 2001；Vitousek et al. 2010）。磷亏缺的土壤环境中，植物用于合成单位干物质的叶面积小，导致合成单位干物质的光合作用能力小（Wright et al.

2001)，因而土壤磷含量较高的热带山地常绿林比磷含量低的热带山顶矮林有较大的比叶面积（Cornelissen et al. 2003a）。本节研究结果也表明，热带山顶矮林植物采取保守型、慢生长策略（Cornelissen et al. 2003b；Wright et al. 2004b；Vitousek et al. 2010），以高效利用有限磷元素来获得高速生长（Dijkstra and Lambers 1989；Huante et al. 1995；Roche et al. 2004；Paoli et al. 2005）。

多元逐步回归分析表明，比叶面积与光合有效辐射不显著相关（表 11-14），这与 Wright（2005）和 Ordoñez（2009）的全球研究结果不同，他们认为，光照辐射是影响比叶面积最强的气候因子。本研究中，植物高度与光合有效辐射及土壤营养也不显著相关，这与高度反映植物对光照的竞争能力大小的观点不同（Cornelissen et al. 2003b），也与高度与森林生产力大小相关的观点不同（Moles et al. 2009；Schamp et al. 2009）。本研究中，不同研究地点的温度不同，每个地点的光照辐射和土壤营养对比叶面积和高度的影响不如空气温度。因此，热带山顶矮林植物可能受低温胁迫。温度限制植物生长，导致其高度比热带山地常绿林小（Körner 1989）。由此可知，热带云雾林内植物高度从低海拔到高海拔逐渐减小与温度作用有关。多元回归方程中温度的通径系数比其他环境因子大，也说明温度的影响最大。所以，温度是影响比叶面积和植物高度的最重要因子，从而影响热带山地常绿林和热带山顶矮林间的物种分布。

比叶面积和高度的可塑性能增强植物在热带山地常绿林和热带山顶矮林中的适应性（图 11-25）。温度对这两个性状可塑性的影响最强（表 11-14）。可塑性大小与环境变化有关（Hutchings and Kroon 1994；Lortie et al. 1996；Burns 2004；Valladares et al. 2006），与热带山地常绿林比较，热带山顶矮林植物以较大的可塑性来应对较高的温度变异。植物通常通过减小最小性状值或增大最大性状值来改变可塑性（Burns 2004；Byars et al. 2007），研究表明，从热带山地常绿林到热带山顶矮林，植物通过减小最小比叶面积值来增大比叶面积变化范围，通过减小最小高度值和增加最大高度值来增大高度变化范围。

比叶面积和高度与环境因子间的关系可以用来指示物种分布。热带山地常绿林和热带山顶矮林间物种组成差异可以解释为与这两个功能性状有关（Wright et al. 2005；Swenson et al. 2010）。特定性状大小的植物在哪种森林类型出现取决于其性状值是否在该群落性状值范围内，或者说性状的变化能够使该植物性状大小在群落性状值范围内（Messier et al. 2010）。所以由于空气温度和土壤磷作用，比叶面积和高度大、可塑性小的物种主要分布在热带山地常绿林，而比叶面积和高度小、可塑性大的物种主要分布在热带山顶矮林。

11.8 热带云雾林功能性状的种内变化和种间变化与群落组配

过去 20 年内，大量研究从种内（intraspecific）和种间（interspecific）水平上探索植物生活史变化（Keddy 1992b；Weiher et al. 1995；Wright et al. 2005；Vile et al. 2006；Jung et al. 2010；Albert et al. 2010；Paula et al. 2011）。许多植物的形态性状互相影响（covary）（Wright et al. 2004b；Enquist et al. 2007b），能用来推断植物生态策略（Wright et al. 2002）和物种生态位（Ackerly et al. 2007；Kooyman et al. 2010）。例如，比叶面积（specific leaf area，SLA）与植物相对生长速率、叶片周转速率、叶片物质含量及光合能力正相关（Poorter et al. 1998；Wright et al. 2002）。SLA 是植物重要的生活史策略之一（Wright et al. 2004b；Poorter 2009），在群落组配中扮演重要角色（Weiher et al.

1995；Weiher and Keddy 1999b）。

环境梯度在群落组配中有重要作用（Cornwell et al. 2009；Schamp et al. 2009）。环境筛过程作用于物种间性状变化（Fonseca et al. 2000；Stubbs et al. 2004）。本地群落物种组成过程中往往由环境筛作用于功能性状，使物种性状值符合群落性状变异范围（Fonseca et al. 2000）。例如，Burns（2004）认为，大树从沼泽（bog）到森林的梯度分布格局是光照异质性作用于物种 SLA 的结果，使 SLA 从高到低变化。近来比较研究发现，性状的种内变化对群落组配贡献与性状种间变化相当（Messier et al. 2010）。种内变化导致性状可塑性变化，使物种能根据环境异质性调整自身性能（Albert et al. 2010），而且能使物种避免被环境筛排除，促进群落物种共存（Jung et al. 2010）。性状种内变化和种间变化的机制常与物种更新生态位（Grubb 1977）或者资源分化有关（Stubbs et al. 2004；Cornwell et al. 2009）。与此有关的典型案例是限制相似性理论，该理论认为物种在资源有限的环境中占据不同生态位，彼此的形态和生理性状不同（Weiher et al. 1995；Alvarez-Clare et al. 2007）。很多研究限于一定数量的物种或一定类型的植被来分析性状变化与群落组配关系，目前为止还没有学者利用多个群落的所有个体和所有物种性状来探究性状变化与群落组配关系。

物种的性状变化与其生态策略及其在群落中的地位有关。物种在群落中的地位可通过把性状分解成 α 和 β 性状进行量化（Ackerly et al. 2007；Kooyman et al. 2010）。β 性状值指物种在多个群落平均性状大小梯度中的相对位置，反映物种性状值相对多个群落性状平均值的差异，可用来度量 β 生态位。α 性状值指群落内某物种性状与共存的其他物种间的差异（Ackerly et al. 2007），可用来度量 α 生态位。α 和 β 性状值随环境梯度变化，因而能用来解释群落组配。探究群落内不同物种间 α 值变化及群落间 β 值变化使我们从新的角度理解物种生态策略及特定环境中性状变化对群落组配的作用。

本节以海南岛霸王岭的热带山顶矮林为对象，测量三个不同样地 89 个物种、4102 个个体（$D_{BH} \geq 1$ cm）的 SLA，研究功能性状变化与群落物种组配关系。本节做如下假设：① 三个研究群落内 SLA 值的种内变化、间变化及 α SLA 值将随光照强度的增加而减小，驱动群落内物种组配；② 三个研究群落间的种内 SLA、种间 SLA 及 β SLA 值有差异，与上述环境因子相关，驱动群落间物种组配。

在松林顶（SLDM）、雅加松顶（YJSM）及斧头岭（FTLM）的热带山顶矮林群落内随机选取 41 个 10 m×10 m 样方（SLDM：16 个；FTLM：10 个；YJSM：15 个）。调查所有 $D_{BH} \geq 1$ cm 的乔、灌木胸径、高度和物种名。物种包括所有群落内阔叶树种的 89 个物种、4102 个个体（SLDM：物种数＝59，个体数＝1586；FTLM：物种数＝60，个体数＝1009；YJSM：物种数＝60，个体数＝1507）。

由于多数森林群落内光照随植株高度增加而垂直递减（Kitajima et al. 2005），本节用植物高度代表群落垂直方向上光照梯度。光照、土壤因子、温度和湿度测量方法见第 11.1 节。用同一时间测量的空气温度和相对湿度计算空气水汽压亏缺（air vapor pressure deficit，VPD）。各群落温度与 VPD 密切相关（$r = 0.92$，$p < 0.001$，$N = 41$），因而温度用来指示群落水热条件（日平均 VPD＝0.054 kPa，标准差＝0.023，取值范围 0.015~0.079 kPa）。

根据 Ackerly 等（2007）提供的计算公式，将各个群落每个物种的 SLA 值分解为 α 值和 β 值。β SLA 值指物种 i 相对于所有群落（P）的平均性状值大小（p_j），计算公式为

$$\beta_i = \dfrac{\sum\limits_{j=1}^{P} \overline{p_j}a_{ij}}{\sum\limits_{j=1}^{P} a_{ij}}, \overline{p_i} = \dfrac{\sum\limits_{i=1}^{S} a_{ij}t_{ij}}{\sum\limits_{i=1}^{S} a_{ij}} \tag{11-11}$$

式中,a_{ij}指物种 i 在群落 j 中的丰富度;P 是研究群落个数;$\overline{p_j}$指以多度加权的群落平均 SLA,t_{ij} 和 S 分别指 SLA 值及所有物种个数。

α SLA 值指物种平均 SLA 与其 β 值的差,计算公式为

$$\alpha_i = \overline{t_i} - \beta_i, \overline{t_i} = \dfrac{\sum\limits_{i=1}^{P} a_{ij}t_{ij}}{\sum\limits_{i=1}^{P} a_{ij}} \tag{11-12}$$

式中,$\overline{t_i}$指多度加权的物种 i 的平均 SLA,a_{ij}、t_{ij} 和 P 的含义同上。

为了研究 α SLA 与高度的关系,将所有物种高度分为三个高度级:$h<3$ m、$3\ \mathrm{m} \leqslant h < 6\ \mathrm{m}$ 和 $h \geqslant 6$ m(Whittaker 1972)。选择三个高度级共同分布的物种,计算其在每个群落各个高度级的 α 值(每个群落的每个物种对应 3 个高度级及 3 个 α 值);计算三个群落共同分布的物种的 β 值(每个物种在 3 个群落有 3 个 β 值)。α 和 β SLA 的计算根据以下三个步骤进行:首先,对群落内三个高度级或三个群落间的共有种进行编码。例如紫毛野牡丹(*Melastoma penicillatum*)分布在三个不同高度级,被编码为 Mel_pen$_1$($h<3$ m)、Mel_pen$_2$($3\ \mathrm{m} \leqslant h < 6\ \mathrm{m}$)和 Mel_pen$_3$($h \geqslant 6$ m);其次,计算群落内每个高度级共有种的多度和平均 SLA,或不同群落间共有种的多度和平均 SLA;第三,计算三个高度级共有种的 α SLA 和三个群落共有种的 β SLA。由于 SLA 正偏分布,所有 SLA 值用 $\log_{10}$ 转换。

SLDM、FTLM 和 YJSM 群落内三个高度级分别有 36、32 和 24 个共有种;三个群落有 44 个共有种。三个高度级共有种的 SLA 与植株高度关系用简单线性回归。SLA 与高度间相关性分析基于种内水平和种间水平。通过以下两步分析种内 SLA 随高度的变化。首先,每个种内所有个体的 SLA 与高度间进行简单线性回归(少于 3 个个体的物种排除);其次,用 t 检验分析线性回归的斜率与 0 的差异。如果斜率与 0 有显著差异,证明物种内的 SLA 随高度显著变化。

以多度作为权重计算三个高度级共有种的平均 SLA 及平均高度,用简单线性回归分析物种 SLA 与高度关系。

群落间 SLA 比较基于 44 个群落间共有种的 SLA 数据。计算每个群落各个物种多度加权的 SLA,用单因素方差分析检验群落间每个物种内 SLA 的差异;计算每个群落物种平均 SLA,用单因素方差分析检验群落间的种间 SLA 差异,多重比较用 Tukey-Kramer HSD test。种内 SLA 变化及种间 SLA 变化与环境条件的关系分析根据以下两个步骤进行:首先,通过广义加和模型(generalized additive model)分析共有种的多度加权平均 SLA(abundance-weighted mean plot SLA)与环境因子的关系,模型选择以赤池信息准则(AIC)为标准;其次,用简单线性回归分析每个物种内平均 SLA 与步骤 1 中的环境变量关系,用 t 检验比较线性回归的斜率与 0 的差异。如果斜率与 0 有显著差异,证明种内 SLA 变化与环境变量的正相关或负相关。

群落间 β SLA 分布差异用泊松卡平方检验,群落间 β SLA 大小差异用单因素方差分析比较,多重比较用 Tukey-Kramer HSD test。群落内不同高度级间的 α SLA 分布差异用泊松卡平方

检验;计算每个物种平均高度,分析 α 值与高度的简单线性回归关系。

11.8.1 群落内的种内和种间 SLA 变化

三个高度级共有种的种内 SLA 与植物高度做线性回归分析,其斜率与 0 有显著差异(图 11-26),说明种内个体的 SLA 随光照增加而减小(斜率:SLDM:-0.009 ± 0.03, $t = -2.07$, $p = 0.045$, $df = 35$;FTLM:-0.02 ± 0.02, $t = -3.67$, $p = 0.001$, $df = 31$;YJSM:-0.01 ± 0.02, $t = -3.01$, $p = 0.006$, $df = 23$)。在种间水平上,SLA 随高度增加而显著减小(图 11-27),说明物种 SLA 随光照增加而减小。

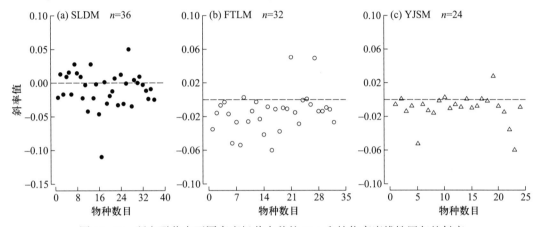

图 11-26 研究群落内不同高度级共有种的 SLA 和植物高度线性回归的斜率
水平虚线表示斜率为 0

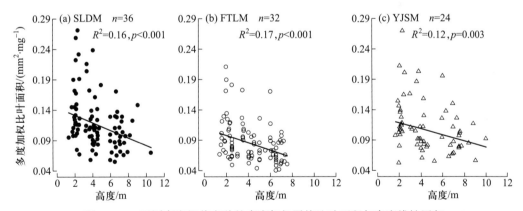

图 11-27 不同高度级共有种的多度加权平均比叶面积与高度线性回归
每个物种对应三个数据点

11.8.2 群落间的种内和种间 SLA 变化

三个群落间种内 SLA 有显著差异($F_{(2,3343)} = 64.55$, $p < 0.001$)。而且,群落间物种平均 SLA 也有显著差异(图 11-28a),SLDM 群落的物种 SLA 最大,且与 YJSM 有显著差异($p = 0.04$)。

SLDM 和 FTLM 间有微小差异($p=0.06$),但 FTLM 和 YJSM 间无显著差异($p=0.99$)。

广义加和模型分析表明,在所研究的环境因子中,仅有空气温度与多度加权平均 SLA 显著相关,AIC 值最小($R^2=0.72$, $p<0.001$, $AIC=-155.96$),空气温度解释了 78.2% 的 SLA 变化。各个种内平均 SLA 与空气温度线性回归的斜率显著大于 0(斜率:0.018 ± 0.024, $t=4.73$, $p<0.001$, $df=40$),显示不同群落的种内 SLA 随温度升高而增大。

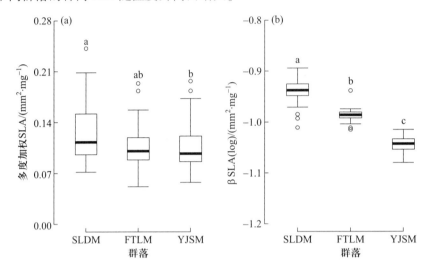

图 11-28 不同群落共有种多度加权种间 SLA 和 β SLA 在群落间差异

三个群落共有种 44 种;不同字母表示有显著差异

11.8.3 群落内的 α SLA 变化及群落间的 β SLA 变化

SLDM 群落的 α SLA 变化范围为 0.44 ~ 3.09,FTLM 群落为 0.50 ~ 2.63,YJSM 群落为 0.59 ~ 2.63。SLDM 和 YJSM 群落内三个高度级 α SLA 分布有显著差异(SLDM $\chi^2=16.44$, $p<0.001$, $df=2$;YJSM $\chi^2=10.14$, $p=0.006$, $df=2$),而 FTLM 群落内不同高度级间无显著差异($\chi^2=4.34$, $p=0.12$, $df=2$)。三个群落内 α SLA 都随植物高度增大而减小(图 11-29)。

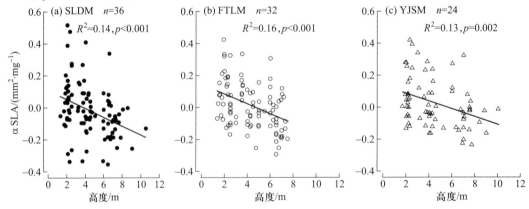

图 11-29 三个群落不同高度级共有种的 α SLA 与高度线性回归

图中每个物种对应三个数据点

SLDM 群落的 β SLA 变化范围为 0.10~0.13,FTLM 群落为 0.10~0.11,YJSM 群落为 0.08~0.10。三个群落间的 β SLA 分布有显著差异($X^2 = 102.3$,$p < 0.001$,$df = 2$)。群落间 β SLA 大小也有显著差异(SLDM:−0.94±0.03;FTLM:−0.99±0.01;YJSM:−1.04±0.02;图 11−28b)。

如假设所示,SLA 的种内变化随太阳辐射带来的光照增强而减小(图 11−26)。SLA 变化一方面与遗传有关(Cornwell and Ackerly 2009),另一方面本节证明其与光照异质性有关(Markesteijn et al. 2007)。本节中群落冠层的光合有效辐射为 1810±6.35 $\mu mol \cdot m^{-2} \cdot s^{-1}$(10—12 点),林下光合有效辐射为 26.50±8.17 $\mu mol \cdot m^{-2} \cdot s^{-1}$,林内光照随高度增大而增大,因而可以用高度来反映林内光照变化。各高度级共有种不同个体从地表到冠层分布与 SLA 由大到小变化有关。

不同高度级共有种的种间 SLA 有显著差异(图 11−27),反映物种在生长发育过程中的生态策略变化。不同高度级代表植物发育不同阶段(从幼树、小树到成年树)。由于这些物种相对于冠层的高度不同而遮阴程度不同,SLA 变化反映了它们对光环境反应不同。例如,被遮阴的地表物种通过增大叶面积吸收光照,从而增大生长速率;而冠层树种通过制造较多干物质来提高生长速率。虽然有研究证明,SLA 从树顶向下减小是由于水分传导率限制细胞扩增(Koch et al. 2004),但是大量案例证明,SLA 间变化与群落内光的分异有关(Markesteijn et al. 2007)。因而我们研究结果与后者的结论一致。

α SLA 随植物高度增加而减小(图 11−29),证明了群落内 SLA 变化与光的分异有关,也证明了理论所预期的物种间 α SLA 变化与群落内物种在垂直光照梯度分化有关的结论(Ackerly et al. 2007)。α SLA 可以看作现实生态位(realized niche),表示某物种性状与群落平均性状的相对大小关系。本节研究结果证实,热带山顶矮林树种的生态位随高度变化是由于垂直梯度光照分异的结果。因而帮助我们理解特定生境(热带山顶矮林)中的共存种 SLA 变化,进一步证实了光照在植物群落组配中的作用。

物种内 SLA 随温度升高而增大能调整物种对温度的反应(Albert et al. 2010)。从 SLDM、FTLM 到 YJSM,共同种的不同个体的 SLA 从高到低变化,所适应的温度范围由宽到窄变化。SLA 反映了植物在资源获取和保存方面的权衡(trade-off)(Wright et al. 2004b),SLA 的种内变化反映了不同个体通过资源的分化来促进物种共存(Jung et al. 2010),因而本节中种内 SLA 随温度变化能促进物种在多个群落间共存。

群落间的种间 SLA 变化与空气温度的关系反映了不同群落间物种对温度的响应策略。本节中,空气温度与 VPD 正相关,由于蒸腾速率随 VPD 减小而减小(Tan et al. 1978),处于不同低温和低 VPD 环境中的物种的水分蒸发也较慢。物种在蒸发小的环境中蒸腾作用面积小,类似于干旱环境中的叶片特征(Poorter et al. 2008b)。因而群落间的物种平均 SLA 大小有显著差异(图 11−28a)。广义加和模型分析显示 SLA 与光合有效辐射不相关,这与 Ackerly 等(2002)所认为的不同群落 SLA 变化与光照梯度有关的结论相反;SLA 与土壤磷也不相关,这与 Fonseca 等(2000)认为的 SLA 随土壤磷变化而减小的结论不同。这可能是由于空气温度是限制因子,掩盖了光照和土壤磷对植物 SLA 变化的影响。因而本节结果表明 SLDM、FTLM 和 YJSM 的物种可能受低温胁迫,温度限制了植物生长,导致植物性状变小。因而空气温度充当环境筛作用,通过影响物种间 SLA 变化决定群落内物种组成。

三个群落间物种组配(species assemblage)过程也可以根据 β SLA 变化来分析(Körner 2002;Ackerly et al. 2007;Kooyman et al. 2010)。SLDM、FTLM 和 YJSM 的 β SLA 变化反映了群落间物

种的生态策略变化。也就是说,SLA 大的物种定居在 β SLA 大的群落(如 SLDM),而 SLA 小的物种定居在 β SLA 小的群落(如 YJSM)。另外,三个群落间 β SLA 变化反映了群落间生态位分化,因而不同 SLA 的物种在群落间分布很可能由于 β 生态位(现实生态位)分化的结果。

本节研究结果可以通过图 11-30 总结,说明光照梯度和空气温度作用于 SLA 变化,从而驱动热带山顶矮林群落组配过程。SLDM、FTLM 和 YJSM 群落内的种内 SLA、种间 SLA 及 α SLA 随植株高度增大而减小,表明群落内光照分异的驱动作用使物种根据 SLA 变化而共存。另一方面,三个群落间的种内 SLA、种间 SLA 及 β SLA 受温度影响而表现出显著差异,表明群落间由于现实生态位分化使得群落间物种根据 SLA 变化而共存。如假设所示,SLA(种内变化和种间变化)与环境条件的直接关系,及 α SLA 和 β SLA 变化使我们能从资源分化角度预测群落组配。

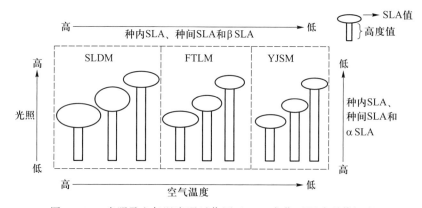

图 11-30 光照及空气温度通过作用于 SLA 变化而驱动群落组配

垂直方向表示种内、种间及 α SLA 在三个群落内都随植物高度增大而减小,表明光照分异作用于 SLA 变化,从而驱动群落内物种组配;水平方向表示种内、种间及 β SLA 在三个群落间受温度影响而表现出显著差异,表明温度作用于比叶面积变化,从而驱动群落间物种组配;椭圆面积表示 SLA 值大小,长方形高度表示植株高度

11.9 基于功能性状的热带云雾林群落组配机制检验

群落结构研究的目标是理解不同物种如何稳定共存(MacAuthur et al. 1967;Diamond 1975;Keddy 1992b;Weiher et al. 1999;Gotelli and McCabe 2002)。目前物种共存理论可分为两类:一类是非随机过程,强调共存物种生态策略的差异(Weiher and Keddy 1999b;Chase et al. 2003);另一类是随机扩散过程,强调共存物种有相同适合度(Hubbell 2001)。这些理论的证明方法是通过建立零假设模型,证明性状实际分布与零假设模型是否有差异(Lockwood 1993;Stubbs et al. 2004;Kraft et al. 2008)。这种基于性状的群落分析方法需要研究性状与群落过程是否相关(Kraft et al. 2008)。例如,最大物种高度(H_{max})和比叶面积(SLA)与物种的竞争能力及相对生长速率相关(Niklas 1994;Poorter et al. 1998),因而在植物群落组配中有重要作用(Weiher et al. 1999)。

基于性状的群落非随机组配过程可分为三种模式(MacAuthur et al. 1967;Weiher et al. 1995;Kraft et al. 2008)。第一种模式根据共存有机体的不同性状或性状值来预测群落物种组成,称为物种功能性状的趋异性(overdispersion 或 divergence)或限制相似性(limiting similarity)(Diamond 1975;Pacala et al. 1994;Stubbs et al. 2004)。竞争作用(Colwell and Winkler 1984)或密度制约过

程(Wills et al. 2006)是上述模式的作用机制。大量案例证明,竞争作用能导致生态位分化和物种稳定共存(Gotelli and Graves 1996;Kingston et al. 2000)。例如 Schamp 和 Aarssen(2009)发现,森林群落的树种间在垂直方向上对光存在强烈竞争,植株高的物种对光照有竞争优势。第二种模式被称为趋同性(underdispersion 或 convergent),强调个体间功能性状高度相似(Weiher et al. 1995;Grime 2006)。环境筛(如温度胁迫、干旱等)的作用能选择具有相似竞争能力的物种,物种趋同适应的结果是不同物种具有相似的功能性状(Cornwell et al. 2006;Engelbrecht et al. 2007)。第三种模式是群落物种的功能性状同时表现出趋异性和趋同性(Stubbs et al. 2004)。例如,Weiher 等(1998)发现,湿地群落中物种高度、幼苗生物量、叶面积及胸径等性状表现出趋异适应,而林冠盖度、高度可塑性等性状表现出趋同适应。其原因是生物竞争和环境筛同时作用于同一群落,它们对共存种的生态策略及生态功能的作用不同(Cornwell et al. 2006)。群落组配规律与研究尺度相关。Stubbs 等(2004)和 Schamp 等(2008)证明,群落组配规律与研究样方大小有关;Weiher 等(1995)认为,性状趋异性随研究尺度增大而减小。

热带山顶矮林树木矮小的特点使研究者能够准确测量所有个体的 H_{max} 和 SLA。基于功能性状方法,本节假设热带山顶矮林群落组配由以下两个过程共同作用:首先,热带山顶矮林群落物种间的 SLA 相似度比预期值高,并受环境筛影响;其次,热带山顶矮林物种间 H_{max} 差异性比预期值高,并受生物竞争作用影响。为了证明上述假设,本节选择 4 个不同尺度样方,通过建立零假设模型分析 SLA 和 H_{max} 分布的观测值与预期值差异;然后分析上述性状组配过程与光合辐射、空气相对湿度和空气温度的相关性。

在霸王岭的热带山顶矮林中随机设置 4 个不同尺度样方(5 m×5 m、10 m×10 m、20 m×20 m 和 30 m×30 m),小尺度样方分布于大尺度样方内。所有样方划分为 5 m×5 m 单元格,测量样方内所有 $D_{BH} \geq 1$ cm 的乔、灌木高度,取得每个物种名称,不同大小样方内的物种丰富度不同(图 11-31)。

测量每个物种的 SLA 和 H_{max}。SLA 与环境因子相关(Ackerly et al. 2002;Burns 2004;Poorter 2009),H_{max} 与物种间竞争能力大小有关(Cornelissen et al. 2003b;Fraser et al. 2005),这两个性状都能反映物种生活史特征,可以用来分析群落组配过程。统计研究区域内各个物种的所有个体高度,取最大个体高度作为该物种最大高度。取 $D_{BH} \geq 1$ cm 物种当年生完全展开的叶子。每个物种随机选 2~3 个个体,每个个体取 4~6 片新鲜叶,用叶面积仪测量叶面积(LI-COR 3100C Area Meter,LI-COR,USA)。叶子装入信封在 70℃ 温度烘干 3 天,计算每个物种的 SLA(mm² · mg⁻¹)。

光合有效辐射(PAR,μmol · m⁻² · s⁻¹)、空气相对湿度和空气温度测量方法见第 11.1 节。计算每个样方日平均温度、日最大平均温度、日最小平均温度、日平均相对湿度、日最大平均相对湿度和日最小平均相对湿度。计算距地面 1.3 m 高处测得的 PAR 与空地 PAR 比值,计算 PAR 减小百分数。

选择检验统计量(test statistic)分析物种性状大小变化及性状分布变化。以下统计量被很多学者研究过(Weiher et al. 1998;Stubbs et al. 2004;Cornwell et al. 2006;Kraft et al. 2008;Schamp et al. 2009):① 偏度(skewness):用来度量性状分布不对称偏态程度。不同生境和样方尺度的性状分布都趋于右偏。偏度变化反映比预期值高或低的物种性状值对物种在样方中生存是否有利;② 平均值(mean):物种性状平均值比预期值大或小反映该性状值对物种生存是否有利;③ 范围(range):由样方内性状最大值减去最小值,性状范围比预期值大或小反映群落内物种性状趋异性或趋同性(Kraft et al. 2008;Cornwell et al. 2009);④ 峭度(kurtosis):度量性状峰态大小,性

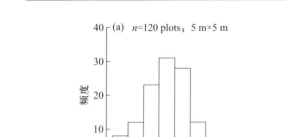
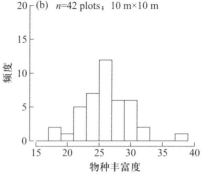
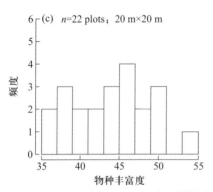
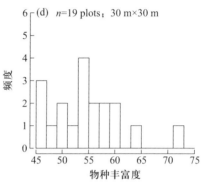

图 11-31　4 个不同尺度样方内物种丰富度分布

n 表示样方数

状分布的低峰态或高峰态反映群落内物种性状趋异性或趋同性(Kraft et al. 2008；Cornwell and Ackerly 2009)；⑤ 平均最近性状距离(mean nearest trait distance，meanNTD)：度量样方内不同物种间最近欧式性状距离大小，反映物种拥挤程度(Weiher et al. 1998)，meanNTD 比预期值高或低表明物种性状趋异性或趋同性(Weiher et al. 1995；Weiher et al. 1998；Grime 2006)；⑥ 最近性状距离变异(variance in nearest trait distance，varNTD)：度量样方内物种间最近性状距离变异程度，反映物种性状分布均匀度，varNTD 观测值比预期值高或低反映物种性状趋异性或趋同性(Stubbs et al. 2004；Schamp et al. 2008；Schamp et al. 2009)。

选择零假设模型时，除了被随机抽样的数据特征外，该数据其他特征及其他数据都予以保留(Tokeshi 1986)。本节固定 4 种不同尺度样方中的物种出现度(occurrence)和个体多度(abundance)，对性状观测值进行随机抽样。即群落中每个物种性状值大小予以保留，用不放回式抽样将性状值随机赋予不同物种(Weiher et al. 1998；Stubbs et al. 2004；Cornwell et al. 2006；Schamp et al. 2008；Schamp et al. 2009)。通过对性状矩阵进行 9999 次随机抽样，计算每个性状的 6 个预期统计量，分析每个性状所有预期统计量分布情况。比较各个统计量观测值与预期值差异。由于观测值可能比预期值高或低，因而 p 值计算用双尾检验：

$$p = MIN[2S/(10000)，2L/(10000)] \tag{11-13}$$

式中，S 和 L 分别指 9999 个预期统计量比观测统计量大的个数及比观测统计量小或相等的个数(Bersier and Sugihara 1997)。

用秩相关分析 SLA 和 H_{max} 分布格局的效应大小(effect size)变化与环境因子关系。效应大小计算为 $(O\text{-}M)/S$。O 指样方中检验统计量观测值,M 和 S 指样方中检验统计量预期值及其标准差。

11.9.1　物种功能性状变化

样方中 110 个物种的 SLA 和 H_{max} 变化范围分别为 0.03~0.60 mm²·mg⁻¹及 1.6~21 m。SLA 和 H_{max} 呈右偏态(偏度:19.07 和 2.12;图 11-32),且高峰态分布(峭度:3.18 和 0.31)。

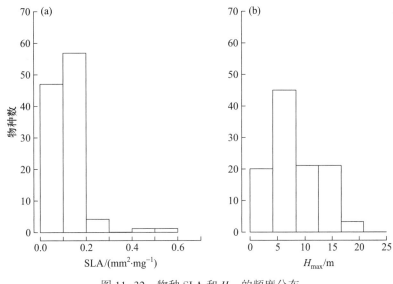

图 11-32　物种 SLA 和 H_{max} 的频度分布

11.9.2　功能性状的分布与样方尺度关系

物种 SLA 平均值在 20 m×20 m 和 30 m×30 m 样方尺度上的观测值显著小于预期值(表 11-15),表明森林群落对 SLA 小的物种生存有利。相反,H_{max} 平均值在 4 个样方尺度上的观测值显著高于预期值,且 H_{max} 在 5 m×5 m、10 m×10 m 和 20 m×20 m 样方尺度上的观测值偏度显著小于预期值偏度,表明森林群落对高度大的物种生存有利。SLA 和 H_{max} 的范围、峭度、meanNTD 和 varNTD 的观测值与预期值无显著差异($p>0.05$)。

11.9.3　功能性状分布与环境因子关系

计算平均值的效应大小,SLA 平均值的效应大小与日平均空气温度及日平均最高空气温度都显著正相关(图 11-33a,b),但与 PAR 及日平均相对湿度不显著相关(PAR:rho[①] = -0.30,p = 0.17;日平均相对湿度:rho = -0.03,p = 0.91)。H_{max} 平均值的效应大小与 PAR 减小百分数正相关

① rho:秩相关系数。

（图 11-33c），与日平均空气温度及日平均相对湿度不显著相关（温度：rho = -0.33, p = 0.32；相对湿度：rho = -0.08, p = 0.73）。

表 11-15 不同样方尺度上比叶面积和最大物种高度分布的观测值与预期值比较

		SLA			H_{max}		
		obs/exp	p		obs/exp	p	
5 m×5 m	偏度	0.90	ns		0.22	0.01	obs<exp
	平均值	0.97	ns		1.19	0.01	obs>exp
	范围	0.77	ns		0.83	ns	
	峭度	0.91	ns		0.82	ns	
	meanNTD	0.79	ns		0.88	ns	
	varNTD	0.83	ns		0.70	ns	
10 m×10 m	偏度	0.71	ns		0.07	0.01	obs<exp
	平均值	0.92	ns		1.20	<0.001	obs>exp
	范围	0.82	ns		1.02	ns	
	峭度	0.76	ns		1.00	ns	
	meanNTD	0.78	ns		1.01	ns	
	varNTD	0.89	ns		0.98	ns	
20 m×20 m	偏度	0.63	ns		0.24	0.01	obs<exp
	平均值	0.90	0.01	obs<exp	1.16	<0.001	obs>exp
	范围	0.77	ns		0.76	ns	
	峭度	0.70	ns		0.52	ns	
	meanNTD	0.77	ns		0.81	ns	
	varNTD	0.37	ns		0.60	ns	
30 m×30 m	偏度	0.75	ns		0.47	ns	
	平均值	0.93	0.03	obs<exp	1.15	0.002	obs>exp
	范围	0.85	ns		0.83	ns	
	峭度	0.80	ns		0.63	ns	
	meanNTD	0.88	ns		0.85	ns	
	varNTD	1.24	ns		0.71	ns	

注：各检验统计量取每个样方的平均值。平均值统计量观测值（obs）大于预期值（exp）或偏度统计量观测值小于预期值表示物种存在大小优势（size-advantage）；反之则表示物种有忍耐胁迫优势（stress-tolerator advantage）。ns 表示不显著，p>0.05。

物种 SLA 平均值的观测值比预期值小，表明森林中小 SLA 的物种占优势；物种 H_{max} 平均值的观测值比预期值大、H_{max} 偏度的观测值比预期值小，表明森林中 H_{max} 大的物种占优势（表 11-15）。这说明，物种性状大小有优势（size-advantage），其生存也有优势，由此证明，物种在热带山顶矮林群落中非随机组配。SLA 的变化常与非生物因子如光合辐射、水分及温度相关（Popma et al. 1992；Ackerly et al. 2002；Burns a, b 2004；Tsialtas and Maslaris 2008；Poorter 2009）。本节中，SLA 平均值的效应大小与空气温度显著相关（图 11-33a, b），而与 PAR 减小百分数和相对湿度不相关，这证明了高海拔生境中虽然多种环境胁迫影响植物生长及植物大小（Körner

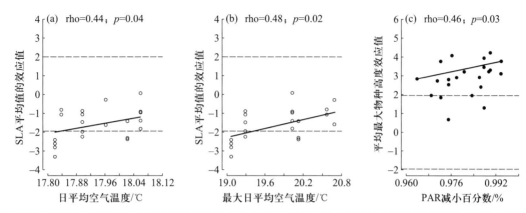

图 11-33　SLA（a,b）和 H_{max}（c）平均值的效应大小在 20 m×20 m 样方尺度上与空气温度和 PAR 减小百分数秩相关

y 轴表示平均值效应大小,即平均值统计量观测值与预期值差异大小。当效应大小大于 1.96 或小于-1.96 时,表示平均值统计量观测值与预期值差异显著;虚线表示平均值效应大小变化区间

1989;Roche et al. 2004),但温度是影响植物生存及其活力(如 SLA)的关键因素。由于热带山顶矮林分布于高海拔山顶(>1250 m),日平均温度(18.0±0.1 ℃)比霸王岭年均温度(23.6 ℃)低(Zang et al. 2005)。低温对许多热带树种有胁迫作用,SLA 小的树种由于能适应热带山顶矮林的低温环境,故能在热带山顶矮林定居生存(Callaway et al. 2002;Körner 2002)。本节研究结果证明,能忍耐胁迫的物种有生存优势(忍耐胁迫优势),受环境筛影响的物种性状在群落中平均大小的观测值一般比预期值小(Weiher et al. 1995;Kraft et al. 2008)。受温度(Körner 1989)或森林生产力(Box 1981;Reich et al. 1992)影响,物种的其他性状(如叶片寿命、叶片凋落物分解速率和叶片矿物质含量)可能也表现出相似规律。这方面问题可在后续研究中解决。光合辐射及水分之所以没有构成 SLA 变化的影响因素,可能是因为热带山顶矮林光合辐射充足(Bubb et al. 2004)、空气湿度高(>95%)(Holder 2004)。

　　植物高度与物种间竞争能力有关(Cornelissen et al. 2003b;Fraser et al. 2005),H_{max} 大的物种有竞争优势,能够获得更多的资源(Pacala et al. 1994)。由于光是影响植物生长和生存的最重要资源之一(Gaudet et al. 1995),热带山顶矮林 H_{max} 平均值的观测值比预期值大,反映了 H_{max} 大的物种对光有较强竞争作用,这对群落组配有重要影响。H_{max} 平均值效应大小与 PAR 减小百分数显著正相关(图 11-33c),说明不同树种对光的竞争是驱使热带山顶矮林群落组配的因素。本节研究结果证实,自然群落中 H_{max} 大的物种比 H_{max} 小的物种有更大生存优势(Schamp et al. 2009)。与此相反,在老龄植物群落中,草本物种 H_{max} 观测值与预期值无显著差异,因而群落呈现随机组配格局(Schamp et al. 2008)。

　　总之,本节证明了非生物环境筛和生物竞争作用是驱动物种在热带山顶矮林非随机组配过程的重要力量。这两个过程可以通过图 11-34 表示:首先,温度筛根据物种的 SLA 大小对霸王岭地区的物种进行选择作用(图 11-34a,b)。SLA 大的物种由于无法忍受热带山顶矮林的低温胁迫而被排除在群落之外,SLA 小的物种由于能适应热带山顶矮林环境而定居生存。其次,一旦该物种能适应群落的温度筛而成为潜在物种,该树种与群落内其他树种间对光照进行竞争,按照 H_{max} 大小进行组配(图 11-34c)。因而通过竞争过程,物种间表现出不同 H_{max}。温度筛和竞争作用不互

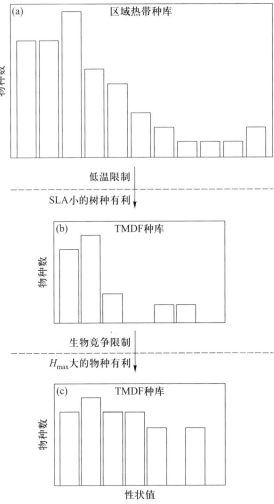

图 11-34　由低温和生物竞争作用引起物种 SLA 和 H_{max} 变化,驱动热带山顶矮林(TMDF)群落组配。(a)霸王岭热带地区 SLA 和 H_{max} 分布;(b)热带山顶矮林 SLA 大小分布,经过温度筛作用后,物种 SLA 比随机群落预期值小,SLA 小的物种在热带山顶矮林占优势;(c)热带山顶矮林 H_{max} 大小分布,不同树种对光的竞争作用使 H_{max} 观测值比随机群落预期值大、偏度小,H_{max} 大的物种占优势

相排斥,共同作用于热带山顶矮林群落组配(Weiher et al. 1998;Cornwell et al. 2006)。

　　样方大小对群落组配规律有影响。本节研究了 4 个不同尺度群落的组配规律。环境筛作用对样方大小敏感,这与 Stubbs 等(2004)和 Schamp 等(2008)研究结果一致。但竞争作用在所有样方大小上都能表现出来,证明此格局对样方大小不敏感,这与 Weiher 等(1995)认为竞争作用只在小尺度上表现出来的研究结果相反。

　　如假设所示,通过样方调查及对 SLA 和 H_{max} 分析,物种 SLA 受温度筛作用表现出忍耐胁迫优势格局,物种 H_{max} 受物种对光的竞争作用表现出大小优势格局。因而本节通过功能性状方法证明了热带山顶矮林群落是受环境筛和竞争作用控制的非随机组配过程。

第12章

海南岛热带天然林附生植物
多样性及其生态功能

附生植物指那些生长在其他植物体(即宿主)上而不吸取其营养,生活史的全部或者部分时期生长在空气中、不与地面接触的,利用雨露、水汽及有限腐殖质(腐烂的枯枝残叶或动物排泄物等)为生的一类自养植物(Kress 1986;Benzing 1990)。它是热带林中一个重要的特征性组分,对于维持热带森林物种多样性及生态系统功能(如固碳、水分和养分循环)具有重要作用(Hölscher et al. 2004a;Lowman et al. 2004;Nadkarni et al. 2004b)。全球范围内约有10%的维管植物是附生植物(Kress 1986),而在热带地区约有25%的维管植物属于附生植物(Nieder et al. 2001)。在新热带一些地区,附生植物代表着当地30%的维管植物种类和20%的地上生物量(Küper et al. 2004;Nadkarni et al. 2004b)。

我国地域辽阔,气候和地理环境复杂,植被类型丰富,是全球生物多样性最丰富的国家之一。在海南岛、云南西双版纳两个主要的热带林区分布有相当数量的热带森林。尽管如此,国内对附生植物的研究却很少,相关的研究才刚刚起步(刘文耀等 2006)。现存有关附生植物的大部分研究工作仅是在对地区性植被进行调查时,作为层间植物的一部分进行统计。海南岛是我国面积最大的热带林区,该区域内目前尚未见有关附生植物的多样性和分布的系统性研究。

在海南霸王岭国家级自然保护区内的热带季雨林(海拔 180~450 m)、热带低地雨林(海拔 500~700 m)、热带针叶林(海拔 680~800 m)、热带山地雨林(海拔 900~1200 m)、热带山地常绿林(海拔 1200~1400 m)及热带山顶矮林(海拔 1300~1500 m)原始林中设置样带调查。每种森林类型选取 3 个不同样地,在每个样地内设置 4 条相隔 100 m 左右的样带(10 m×50 m),每条样带内利用网格法将其分成 5 个 10 m×10 m 的小样方。样带均设置在地形平缓的地段,大小参照 van Pelt(1995)方法。6 种森林类型共设置 72 条样带,总调查面积为 3.6 hm^2。调查样带内胸径(D_{BH})≥5cm 的树木及藤本,记录其 D_{BH}、树高和枝下高。每个调查木参照 Johansson(1974)的方法分成干区及冠层内区、中区和外区等四个区间,详细记录每个区域内出现的附生兰科植物的物种名称、株数。附生兰科植物调查主要用双筒望远镜观察,结合取样杆与单绳攀爬技术(Perry 1978)。部分附生维管植物的株数容易计数,如华石斛(*Dendrobium sinense*)和鸟巢蕨(*Neottopteris nidus*)等,其他则经常成片或成团附生在一起而很难区分株数,如眼树莲。针对此类情况,本章根据 Sanford(1968)的界定方法:相同种的一群与另外一群具有明显的边界则区分成不同的株;不同种杂生在一起的,则分别计作一株。这种附生维管植物计量方法目前已被广泛接受(Benavides et al. 2005;Zotz 2007;Wolf et al. 2009)。本章依据 Benzing(1990)的分类法,将附生植物分为 4 种类型:① 专性附生植物(holo-epiphyte 或 obligate epiphyte),即完全不与地面接触而在树木上度过整个生命周期;② 兼性附生植物(facultative epiphyte),即在不同生境中偏向在树木上附生或者在岩石等具有浅薄土壤的地生环境中生长;③ 半附生植物(hemi-epiphyte),即生活史的某个阶段与地面有联系;④ 偶见附生植物(accidental epiphyte),即主要生长在地面上,仅偶然附生在活基质体上。本章中附生维管植物的一株(individual)指附生维管植物的一个无性系克隆(簇,clone)。

12.1　附生维管植物多样性

从 19 世纪以来,热带林中丰富的附生植物种类与个体数量以及多样化的生活型就引起了生物学家的兴趣(Wolf et al. 2003)。

年降雨量及其均匀程度、季相变化及温度、湿度、光照与风等环境因子等,都对包括附生维管植物在内的附生植物的多样性及其分布存在显著的影响(Benzing 1998;Théry 2001;Lowman et al. 2004)。目前,对于附生植物多样性及其分布等研究已成为了生态学研究的热点之一(Benzing 1990;Lowman et al. 2004)。我国学者近年来也开展了附生苔藓、地衣及其他附生维管植物的研究(汪庆等 1999;曹同等 2000;刘文耀 2000;徐海清等 2005)。

本节以海南岛霸王岭国家级自然保护区内热带季雨林、热带低地雨林、热带针叶林、热带山地雨林、热带山地常绿林及热带山顶矮林等六种热带原始林群落内的附生维管植物为研究对象,详细调查和研究霸王岭林区内附生维管植物的物种组成,对每种森林内附生维管植物进行类群分析,比较附生维管植物的附生类型在不同森林中的分布特点。附生维管植物的物种丰富度(species richness)用其物种数表示,多度(abundance)用其株数表示。根据调查结果,把附生维管植物按照各大类群——总的附生植物、附生兰科植物、附生蕨类植物和其他附生种子植物进行比较分析。根据附生植物的自身特点(茎的质地),把附生植物的乔木、灌木、草本、木质藤本、草质藤本等 5 类生活型分别归为木质类型 frut(frutescentia)和草质类型 herb(herbacea)两大类,然后统计附生维管植物附生类型的比例。

12.1.1　六种森林类型中附生维管植物的物种组成

研究结果显示,六种森林类型共 3.6 hm² 的调查面积内共有附生维管植物 22 科 61 属 120 种 13 349 株。这 22 科附生维管植物可分为蕨类植物和被子植物两大类群,没有裸子植物类群。保护区附生维管植物最主要的类群为兰科植物和蕨类植物,另外还有少数其他种子植物(图 12-1)。

附生兰科植物共有 26 属 60 种 9 634 株。附生兰科植物各属中,石斛属(*Dendrobium*)物种数最多,为 10 种;其次是石豆兰属(*Bulbophyllum*)7 种;毛兰属(*Eria*)与隔距兰属(*Cleisostoma*)各 6

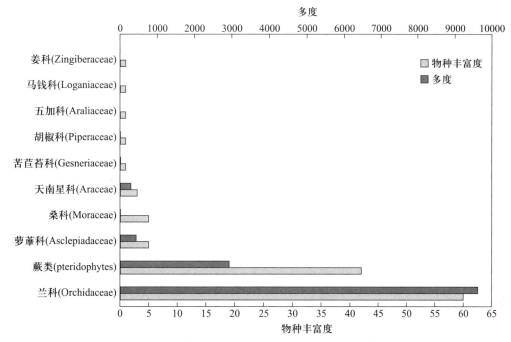

图 12-1　海南霸王岭六种森林类型内附生维管植物各类群的物种丰富度及多度

种;兰属(*Cymbidium*)4 种;其他属的物种数仅 1~2 种。

　　附生蕨类植物共有 13 科 25 属 42 种(含 2 个未鉴定种)2 934 株。附生蕨类植物中,主要是水龙骨科 12 种 2217 株;其次为骨碎补科 1 种 207 株;然后为膜蕨科 2 种 144 株;书带蕨科和铁角蕨科种数较多,分别为 5 种和 7 种,但是株数却比前几个科少,分别为 88 株与 76 株。

　　除附生兰科植物以外的其他被子植物中,最丰富的是萝藦科植物,5 种,共计 434 株;其次是天南星科植物 3 种,共计 294 株;桑科植物有 5 种,总株数仅仅 13 株;其他的 5 个附生被子植物科中种数、株数均较少。

　　整体上,附生被子植物有 9 科 78 种 10 416 株。单子叶植物共计 3 科 64 种 9929 株;双子叶植物共计 6 科 14 种 487 株。附生蕨类植物共有 13 科 42 种(含 2 个未鉴定种)2919 株。附生被子植物比蕨类植物具有优势;在被子植物中,单子叶植物比双子叶植物具有优势。

　　不同森林类型中,附生维管植物的物种数为:热带季雨林 18 种、热带低地雨林 27 种、热带针叶林 27 种、热带山地雨林 57 种、热带山地常绿林 66 种、热带山顶矮林 52 种。各种森林类型具体含有的附生维管植物各分类群见表 12-1。

12.1.2　附生维管植物的附生类型多样性

　　海南霸王岭国家级自然保护区的六种热带原始林内 4 种附生植物类型均存在,其中,专性附生植物 35 种;兼性附生植物 71 种;半附生植物 11 种,其中初级半附生植物 8 种,次级半附生植物 3 种;偶见附生植物 3 种。4 种附生类型各自所占比例见图 12-2。

表 12-1　六种不同森林类型内附生维管植物各类群种数及株数

| 森林类型 | 附生蕨类 | | 附生被子植物 | | | | 总计 | |
| | | | 兰科 | | 其他种子植物 | | | |
	种数	株数	种数	株数	种数	株数	种数	株数
热带季雨林	1	4	15	498	2	18	18	520
热带低地雨林	5	48	15	458	7	214	27	720
热带针叶林	6	76	16	339	5	354	27	769
热带山地雨林	21	183	28	1143	8	103	57	1429
热带山地常绿林	28	1396	34	4597	4	51	66	6044
热带山顶矮林	19	1212	29	2599	4	56	52	3867
总计	42	2919	60	9634	18	796	120	13 349

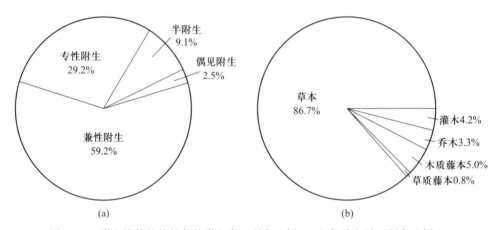

图 12-2　附生维管植物的各种附生类型所占比例(a)和各种生活型所占比例(b)

　　附生兰科植物 4 种附生类型均存在,其中,专性附生植物 20 种,兼性附生植物 37 种,半附生植物 1 种,偶见附生植物 2 种。附生蕨类植物则仅有 2 种附生类型:专性附生植物 11 种,兼性附生植物 31 种。其他各科附生植物中,桑科、天南星科、马钱科和五加科植物全部为半附生植物。其中桑科、马钱科和五加科附生植物全部为次级附生植物;天南星科植物中,初级附生植物和次级附生植物均有。萝藦科和胡椒科则仅有专性附生植物或兼性附生植物,没有半附生植物和偶见附生植物。

　　4 种附生类型在六种不同的热带原始林中的分布不同。专性附生植物和兼性附生植物在六种森林类型中均有分布。木质的半附生植物全部发生在热带低地雨林和热带山地雨林内,其他森林类型内没有木质的半附生植物。草质的半附生植物仅 1 种,发生在热带季雨林内。半附生植物在热带山地常绿林内没有发现。偶见附生植物则仅在热带山地常绿林内发现。

　　附生维管植物中,乔木种类仅有 4 种,全部是桑科榕属植物,如高山榕、尾叶榕、细叶榕和笔管榕;灌木种类共 5 种,光榕、灰莉、鹅掌柴、海南石吊苣苔和橙花球兰。草质藤本仅 1 种,眼树莲。木质藤本 6 种,铁草鞋、狭叶铁草鞋、蜈蚣藤、密脉崖角藤、绿萝和崖县球兰等。附生兰科植物和附生蕨类植物全部为草本。木质类型共有 15 种,占总数的 12.5%;草质类型共有 105 种,占总数的 87.5%(如图 12-2)。

霸王岭 3.6 hm² 面积内出现了附生维管植物 22 科 61 属 120 种 13 349 株,其物种数处于已报道的热带地区附生维管植物数目的最大值与最小值范围内(Gentry et al. 1987a;Hsu et al. 2009)。目前有关热带附生维管植物的多样性及分布的研究主要集中在新热带(neotropics)地区,包括我国在内的古热带(paleotropics)热带林内附生维管植物研究相对较少(Wolf et al. 2003)。附生维管植物的多样性一般是以宿主树木或者单位面积的样地为统计数据的单位进行研究的。在以宿主树木为统计单位的研究中,Johansson(1974)报道了西非利比里亚 Nimba 热带亚高山森林内463 株树上有附生维管植物 153 种,Zapfack 等(1996)报道了非洲喀麦隆半落叶热带雨林内 150株树上有附生维管植物 78 种。以单位面积的样地为统计单位的研究较多,其中墨西哥 Chiapas地区 75 000 km² 面积内有附生维管植物 1173 种(Wolf et al. 2003),厄瓜多尔 Andes 地区 256 370km² 面积内分布有 4231 种附生植物(Küper et al. 2004),刚果 Katanga 地区 109 000 km² 面积内有附生维管植物 127 种(Schaijes et al. 2001),而印度 Varagalaiar 地区 30 hm² 热带常绿林中仅调查到附生维管植物 26 种(Annaselvam et al. 2001)。

由此可知,霸王岭地区附生维管植物丰富度相比新热带一些异常丰富的地区来说较低,但比旧热带一些地区(如印度 Varagalaiar 地区)仍然高很多。与国内其他地区的研究报道(Hsu et al.2002;徐海清等 2005)相比,霸王岭地区附生维管植物的物种丰富度显著高于云南哀牢山和台湾福山地区的亚热带湿性森林,稍低于云南黄连山热带雨林。

海南霸王岭地区附生维管植物以附生兰科植物为最主要的优势类群,其次是蕨类植物。森林类型及水热条件的差异使得各类森林占优势的附生植物也各异。热带雨林类型内附生植物一般以兰科植物为主(Zotz et al. 1999;Nieder et al. 2000;Annaselvam et al. 2001),或者以凤梨科植物为主(Cornelissen et al. 1989;Wolf et al. 2009),或者以天南星科植物为主(Benavides et al.2005)。亚热带、温带地区则一般都是以蕨类植物占优势(徐海清等 2005)。不同于云南黄连山地区附生兰科植物仅略大于附生蕨类植物,本研究区域附生兰科植物比附生蕨类植物在物种丰富度和多度两个方面都明显较大。

海南霸王岭地区附生植物具有多样化的附生方式,但是以专性附生植物和兼性附生植物占绝大多数,半附生植物较少,偶见附生植物最少。偶见附生植物在海南霸王岭林区仅发生在热带山地常绿林内。一般在近地面湿度较大的森林内,这些附生植物附生在林内树木的树干上。维管附生植物中,草质类型的附生植物要远多于木质类型。由于附生植物是生长在其他植物体上而不吸取其营养的一类自养植物,生活史的全部或者部分时期生长在空气中、不与地面接触,因此,除了桑科、马钱科和五加科的半附生植物接触地面以后可以长成粗壮的灌木或乔木以外,其他的木质类型的附生植物则很少,并且这些附生植物的木质化程度均较低,如铁草鞋、崖县球兰和绿萝等。

总之,海南霸王岭国家级自然保护区的热带森林中,存在着丰富的附生维管植物。对于本地区不同森林类型内附生植物多样性的研究,有利于深入认识我国热带森林的群落结构;而且附生植物中包含了多种国家保护植物,特别是兰科植物,开展附生植物的研究对于森林生物多样性的保存、生态环境的保护以及全面认识和了解不同森林类型的结构和动态具有重要的意义。

12.2 附生维管植物的空间分布

不同的森林类型及其所对应的环境条件不同;不同的海拔导致温度及降水量的差异;距离地面高度的差异,周围空气的湿度、光照的强度和树皮的含水量也有差异;不同的树木种类及其年龄、径级大小等方面各不相同。这些因素都是造成附生植物空间分布差异的原因(Sanford 1969; Johansson 1974;曹同等 2000)。

本节从两个大的方面研究了附生维管植物的空间分布:一是附生维管植物在六种不同的热带原始林类型之间的空间分布状况,二是附生植物在每一种热带原始林内的空间分布状况。分别比较附生维管植物物种丰富度、多度的差异,在同一森林内部不同高度层次的分布差异,与宿主树种、宿主径级的相关性等。

附生维管植物的物种丰富度用其物种数表示,多度用其株数表示。六种森林类型的附生维管植物丰富度比较及多度比较均是以样带为单位进行统计分析的。

附生维管植物的种类与森林群落之间的关系做除趋势对应分析(DCA),以每个样带内物种的存在与否(presence-absence)及多度两组数据分别进行分析。DCA 分析用生态学多元分析软件 PC-ORD 5.0 完成。每种森林类型内附生维管植物在宿主干区与冠区的分布差异比较,以及附生维管植物在宿主干区、冠层内区、冠层中区、冠层外区的分布差异比较,是通过对由该种森林类型内所有单株宿主的每一区间附生维管植物的多度分别组成的样本进行统计分析得出的。不同森林类型之间附生维管植物的相似程度用 Sørensen 相似性系数(Sørensen,C_s)的百分数来表示,$C_s = 2a/(S_1 + S_2)$,式中,a 为两个群落的共有种,S_1 和 S_2 分别为群落 1 和群落 2 的物种数(Whittaker 1972)。

12.2.1 附生维管植物在不同森林类型之间的空间分布

1. 附生维管植物在森林内树木上的发生频率

在六种森林类型中,附生维管植物宿主/调查木(phorophyte/investigated plant,P/I)值分别为:热带季雨林 10.8%,热带低地雨林 24.1%,热带针叶林 12.7%,热带山地雨林 25.5%,热带山地常绿林 63.1%,热带山顶矮林 44.8%。高海拔森林类型的 P/I 值均高于低海拔森林类型,其中热带山地常绿林最高。

在六种森林类型中,附生兰科植物 P/I 值分别为:热带季雨林 9.6%,热带低地雨林8.3%,热带针叶林 7.0%,热带山地雨林 16.9%,热带山地常绿林 50.0%,热带山顶矮林29.0%。高海拔森林类型的 P/I 值均高于低海拔森林类型,其中热带山地常绿林最高。

在六种森林类型中,附生蕨类植物 P/I 值分别为:热带季雨林 0.34%,热带低地雨林2.2%,热带针叶林 4.1%,热带山地雨林 9.0%,热带山地常绿林 38.4%,热带山顶矮林31.8%。高海拔森林类型的 P/I 值均高于低海拔森林类型,其中热带山地常绿林最高。

2. 附生维管植物与森林类型关系的 DCA 分析

六种森林类型共 72 条样带的附生维管植物 DCA 分析中,依据物种存在与否的附生维管植物 DCA 排序图(图 12-3a)两轴累计信息量为 77.75%,依据多度数据的附生维管植物 DCA 排序图(图 12-3b)两轴累计信息量为 75.75%,这说明两种排序都可以较好地反映附生维管植物与相应的森林类型之间的关系。

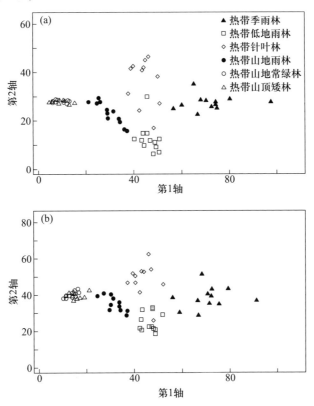

图 12-3 附生维管植物在六种森林类型中的 DCA 分析:(a)基于附生维管植物的存在与否数据;(b)基于附生维管植物的多度数据

从两个 DCA 排序图均可以看出,热带季雨林、热带低地雨林、热带针叶林、热带山地雨林之间附生维管植物的分布能够明显区分,而热带山地常绿林与热带山顶矮林内的附生维管植物则归为一组;热带季雨林内各样带分散分布,热带低地雨林和热带针叶林的样带在一定程度上重叠分布,热带山地常绿林和热带山顶矮林内的附生维管植物不能区分开。

3. 不同森林类型之间附生维管植物的相似性

不同森林类型之间附生维管植物的相似性范围为 2.38%~79.7%(表 12-2)。热带季雨林与热带山地常绿林附生维管植物的相似性最小,而热带山地常绿林与热带山顶矮林附生维管植物相似性最大。一般分布海拔范围相邻近比不邻近的森林类型之间附生维管植物的相似性较大,相距越远,则相似性越小。

表 12-2　六种热带原始林之间附生维管植物的共有种数量(对角线右上角)及 Sørensen 相似性(对角线左下角)

	热带季雨林	热带低地雨林	热带针叶林	热带山地雨林	热带山地常绿林	热带山顶矮林
热带季雨林		7	7	5	1	2
热带低地雨林	31.1%		15	18	7	7
热带针叶林	31.1%	55.6%		16	10	10
热带山地雨林	13.3%	42.9%	38.1%		32	29
热带山地常绿林	2.38%	15.1%	21.5%	52.0%		47
热带山顶矮林	5.71%	17.7%	25.3%	53.2%	79.7%	

4. 六种森林类型中附生维管植物的物种丰富度比较

六种热带原始林的附生维管植物物种丰富度存在显著差异($F = 33.413, p < 0.001$)(图 12-4a)。热带山地雨林、热带山地常绿林及热带山顶矮林三种较高海拔的森林类型较高,热带季雨林、热带低地雨林及热带针叶林三种较低海拔的森林类型较低。附生维管植物物种丰富度在热带山地常绿林内最高,热带季雨林内最低;热带低地雨林与热带针叶林两者差异不显著;热带山地雨林与热带山顶矮林差异不显著。

六种热带原始林的附生兰科植物物种丰富度存在显著差异($F = 29.096, p < 0.001$)(图 12-4b)。热带山地雨林、热带山地常绿林及热带山顶矮林三种较高海拔的森林类型较高,热带季雨林、热带低地雨林及热带针叶林三种较低海拔的森林类型较低。中高海拔分布的热带山地常绿林最高。

热带季雨林内仅调查到一种附生蕨类,其他五种森林类型均比热带季雨林物种丰富度要高。由于热带季雨林内附生蕨类植物组成的数据组不符合正态分布,通过数据转化也不符合正态分布,因此,直接比较其他五种森林类型的附生蕨类植物物种丰富度。五种热带原始林的附生蕨类植物物种丰富度存在显著差异($F = 27.528, p < 0.001$)(图 12-4c)。热带山地雨林、热带山地常绿林及热带山顶矮林三种较高海拔的森林类型较高,热带低地雨林及热带针叶林两种较低海拔的森林类型较低。附生蕨类植物物种丰富度在热带山地常绿林内最高,热带季雨林内最低;热带低地雨林与热带针叶林两者差异不显著,热带山地雨林与热带山顶矮林差异不显著。

5. 六种森林类型中附生维管植物的物种多度比较

六种热带原始林内附生维管植物物种多度存在显著差异($H = 39.617, p < 0.001$)(图 12-5a)。热带山地常绿林及热带山顶矮林两种森林类型较高,热带季雨林、热带低地雨林、热带针叶林、热带山地雨林四种较低海拔的森林类型的附生维管植物多度较低。热带山地雨林的附生维管植物多度显著高于热带季雨林、热带低地雨林,但与热带针叶林差异不显著。附生维管植物多度显示出中高海拔的热带山地常绿林最高的特点。

六种热带原始林内附生兰科植物物种多度存在显著差异($F = 18.36, p < 0.001$)(图 12-5b)。热带山地雨林、热带山地常绿林及热带山顶矮林三种较高海拔的森林类型较高,热带季雨林、热

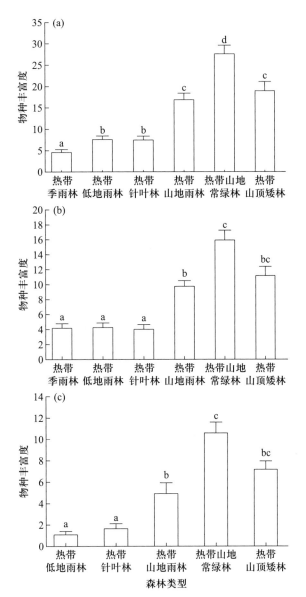

图 12-4 六种森林类型总的附生维管植物(a)、附生兰科植物(b)及附生蕨类植物(c)的物种丰富度比较
不同字母表示存在显著性差异($p<0.05$)

带低地雨林及热带针叶林三种较低海拔的森林类型较低。附生兰科植物多度显示出中高海拔的
热带山地常绿林最高的特点。

热带季雨林内仅调查到一种附生蕨类,仅有 4 株。其他五种森林类型均比热带季雨林物种
多度要高。由于热带季雨林内附生蕨类植物多度组成的数据组不符合正态分布,通过数据转化
也不符合正态分布,因此,直接比较其他五种森林类型的附生蕨类植物物种多度。五种热带原始
林内附生蕨类植物物种多度存在显著差异($F=31.328,p<0.001$)(图 12-5c)。热带山地常绿林
及热带山顶矮林两种较高海拔的森林类型较高,热带低地雨林、热带针叶林及热带山地雨林三种

低海拔的森林类型较低。附生蕨类植物物种多度在热带山地雨林内要多于热带低地雨林与热带季雨林,但是与热带针叶林差异不显著。附生蕨类植物多度显示出中高海拔的热带山地常绿林内最高,热带季雨林内最低。

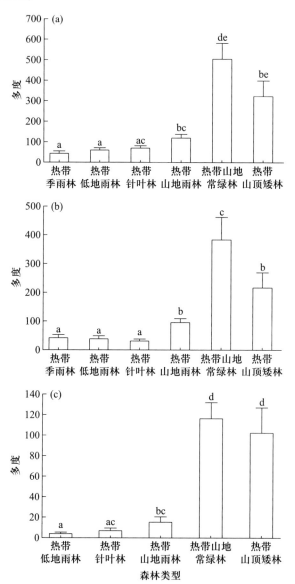

图 12-5 六种森林类型总的附生维管植物(a)、附生兰科植物(b)及附生蕨类植物(c)的多度比较
不同字母表示存在显著性差异($p<0.05$)

12.2.2 附生维管植物在同一森林类型内的垂直空间分布

1. 热带季雨林内附生维管植物的垂直空间分布

热带季雨林内附生维管植物多度在冠区和干区无显著差异（$U=-4.515,p=0.75$）。附生维管植物的多度在干区均显著大于内区（$U=-4.515,p<0.001$）、中区（$U=-6.243,p<0.001$）和外区（$U=-6.884,p<0.001$）。林冠层的 3 个层次中，内区显著大于中区（$U=-2.044,p<0.05$）、小于外区（$U=-2.599,p<0.01$）；中区和外区没有显著性差异（$U=-0.579,p=0.563$）（图 12-6）。

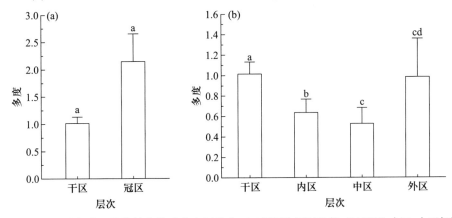

图 12-6 热带季雨林内附生维管植物的垂直空间分布：(a)干区与冠区比较；(b)干区、内区、中区与外区比较

2. 热带低地雨林内附生维管植物的垂直空间分布

热带低地雨林内附生维管植物多度在干区显著大于冠区（$U=-4.633,p<0.001$）。同样，附生维管植物的多度在干区均显著大于内区（$U=-9.272,p<0.001$）、中区（$U=-10.265,p<0.001$）和外区（$U=-10.201,p<0.001$）。林冠层的 3 个层次中，内区、中区和外区之间均没有显著性差异（$p>0.05$）（图 12-7）。

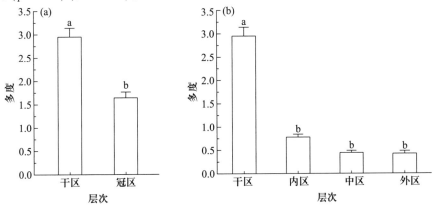

图 12-7 热带低地雨林内附生维管植物的垂直空间分布：(a)干区与冠区比较；(b)干区、内区、中区与外区比较

3. 热带针叶林内附生维管植物的垂直空间分布

热带针叶林内附生维管植物多度在冠区显著大于干区（$U=-4.360, p<0.001$）。除了林冠层内区显著小于中区（$U=-0.501, p<0.05$）外，干区与内区、干区与中区、干区与外区之间都没有显著性差异（$p>0.05$）（图 12-8）。

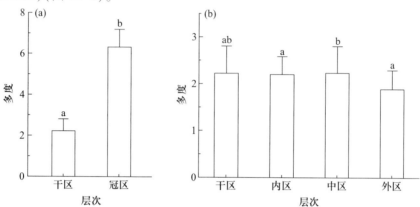

图 12-8 热带针叶林内附生维管植物的垂直空间分布：(a) 干区与冠区比较；(b) 干区、内区、中区与外区比较

4. 热带山地雨林内附生维管植物的垂直空间分布

热带山地雨林内附生维管植物多度在冠区显著大于干区（$U=-2.795, p<0.01$）。干区均显著小于内区（$U=-2.587, p<0.05$）、中区（$U=-4.776, p<0.01$）和外区（$U=-4.395, p<0.01$）。林冠层的三个层次之间则无显著差异（$p>0.05$）（图 12-9）。

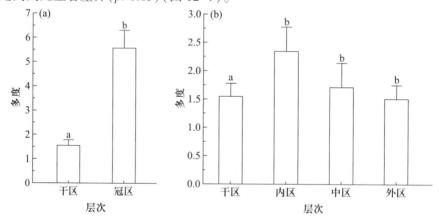

图 12-9 热带山地雨林内附生维管植物的垂直空间分布：(a) 干区与冠区比较；(b) 干区、内区、中区与外区比较

5. 热带山地常绿林内附生维管植物的垂直空间分布

热带山地常绿林内附生维管植物多度在干区与冠区无显著性差异（$U=-4.909, p=0.058$）。附生植物多度在干区均显著大于内区（$U=-15.158, p<0.001$）、中区（$U=-17.163, p<0.001$）和外区（$U=-21.115, p<0.001$）。林冠层的 3 个层次中，内区均显著大于中区（$U=-4.030, p<0.001$）、外区（$U=$

−8.968, $p<0.001$);中区显著大于外区($U=-4.697$, $p<0.001$)(图 12-10)。

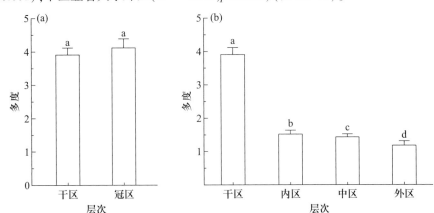

图 12-10 热带山地常绿林内附生维管植物的垂直空间分布:(a)干区与冠区比较;(b)干区、内区、中区与外区比较

6. 热带山顶矮林内附生维管植物的垂直空间分布

热带山顶矮林内附生维管植物多度在干区显著大于冠区($U=-28.614$, $p<0.001$)。同样,附生维管植物的多度在干区均显著大于内区($U=-21.849$, $p<0.001$)、中区($U=-27.106$, $p<0.001$)和外区($U=-28.641$, $p<0.001$)。林冠层的 3 个层次中,内区均显著大于中区($U=-7.041$, $p<0.001$)和外区($U=-9.538$, $p<0.001$);中区显著大于外区($U=-2.712$, $p<0.05$)(图 12-11)。

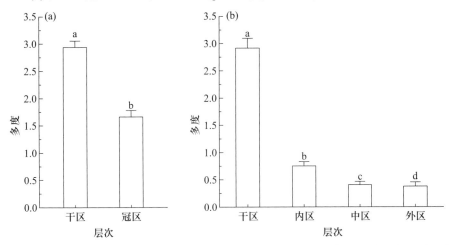

图 12-11 热带山顶矮林内附生维管植物的垂直空间分布:(a)干区与冠区比较;(b)干区、内区、中区与外区比较

12.2.3 附生维管植物与宿主的关系

1. 附生维管植物与宿主种类的关系

在六种森林类型中,大部分附生维管植物没有表现出对某一种或某一类树种的偏好或

选择性,也没有发现某一种或一类树种上更容易附生维管植物。但是在热带山地常绿林中,华石斛则显示出更多地附生在碎叶蒲桃、线枝蒲桃上;同时,碎叶蒲桃和线枝蒲桃的树木上也经常看到附生有华石斛。在仅占总调查木株数 24.3% 的碎叶蒲桃和线枝蒲桃上附生有 61.1% 的华石斛,远高于其他树种上的华石斛株数。另外,37.7% 的碎叶蒲桃上附生有华石斛,每株碎叶蒲桃宿主上平均附生华石斛 1.55 株;而仅 14.3% 的线枝蒲桃上附生有华石斛,每株线枝蒲桃宿主上平均附生 4.83 株华石斛。华石斛对碎叶蒲桃的偏好明显大于对线枝蒲桃的偏好。

在热带针叶林中,部分物种如 87.9% 的眼树莲、97.8% 的铁草鞋、100% 的华南马尾杉附生在南亚松上,显示出对南亚松的偏好性。

2. 附生维管植物与宿主胸径的关系

不同森林类型中附生维管植物的多度及物种丰富度与宿主 D_{BH} 均存在显著正相关($p < 0.05$),随着宿主 D_{BH} 的增大,附生维管植物的多度及丰富度均逐渐增加(图 12–12)。每种森林类型的附生维管植物多度与宿主 D_{BH} 的相关性通常大于附生维管植物的物种丰富度与宿主 D_{BH} 的相关性,但热带山地雨林则相反。附生维管植物多度与宿主 D_{BH} 的相关性:热带低地雨林、热带山地雨林和热带针叶林均较高,其次为热带山地常绿林及热带山顶矮林,热带季雨林最低。附生维管植物物种丰富度与宿主 D_{BH} 的相关性:热带山地雨林最高,其次是热带低地雨林和热带针叶林,热带山地常绿林及热带山顶矮林较低,而热带季雨林最低。

不同森林类型内附生维管植物在树上的发生率不同,在降雨量大、湿度大、季相变化小的较高海拔森林类型内,一般易于发生附生维管植物;反之,发生率则较低。热带山地常绿林内附生维管植物的发生率最高,是由于该种森林类型不仅湿度大、季相变化小,而且透光性较好;热带针叶林内附生维管植物的发生率最低,原因应该是该类森林类型不仅高温、干旱,而且南亚松占绝对优势,其他混生种较少,树种组成较为简单,附生维管植物相对不易发生。在 6 种森林类型中,附生维管植物在热带山地常绿林内的调查木上发生率最高,才达到 63.1%,仍然有较大比例的树木上没有附生兰科植物,与 Zotz 等(2008)的研究报道相一致,说明在原始林中附生维管植物远没有达到饱和。

在热带季雨林、热带低地雨林、热带针叶林及热带山地雨林内,附生维管植物的分布均与其所在的森林类型存在明显的关联,附生维管植物在热带山地常绿林与热带山顶矮林内虽不能区分开,但与其他 4 种森林类型内的附生维管植物仍然能够较好地区分,表明不同的森林类型对于附生维管植物的分布有着明显的影响。热带季雨林地形复杂,不同群落之间具有较大的异质性,从而导致各个样带不能很好地聚集;但由于其环境差、具有季节性落叶现象及自身的群落结构与其他森林类型具有明显的差异,因此热带季雨林内的附生维管植物与其他森林类型内的附生兰科植物能够区分开。热带低地雨林与热带针叶林内附生维管植物的分布有少量的交错重叠,是由于两者分布的海拔范围比较接近,环境因子具有一定程度的相似性;但是由于热带针叶林是以南亚松为绝对优势种的群落,与热带低地雨林及热带山地雨林相比,群落类型差异较大,因此其内分布的附生维管植物能够区分开。热带山地雨林内的附生维管植物排序能明显地聚集并与其他森林类型较好地区分开,是由于热带山地雨林的物种组成及其群落结构等均显著不同于其他森林类型。热带山地常绿林和热带山顶矮林内附生兰

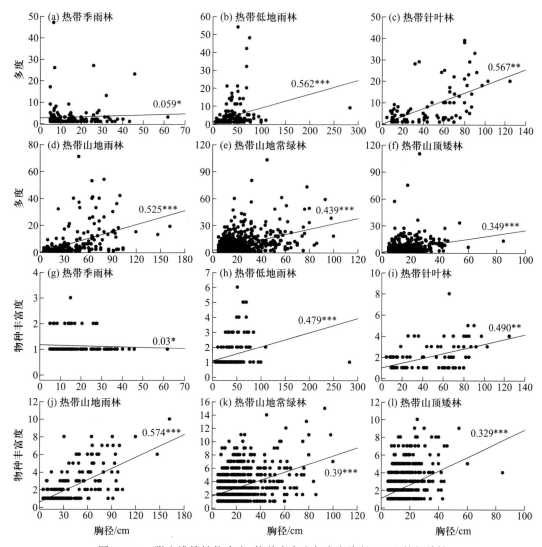

图 12-12 附生维管植物多度、物种丰富度与宿主胸径(D_{BH})的相关性

图中数字表示每种森林类型中各样带内物种丰富度的平均值。* ,$p<0.05$；** ,$p<0.01$；*** ,$p<0.001$

科植物排序重叠程度很大,这可能是由于两种森林类型分布的海拔相近,水热条件也相似,而且群落内乔木树种都较为矮小,在物种组成与群落结构上也具有一定程度的相似性。Küper等(2004)报道,附生维管植物的组成及其分布能很好地反映附生植物多样性在海拔梯度上的分布模式。Benavides 等(2005)研究显示,附生植物趋向于与样地相关联。Kelly 等(2004)研究也认为,森林结构的差异与附生植物种群组成及其分布密切相关。在中低海拔,附生维管植物的分布与所在的森林类型存在明显的关联,而在较高海拔的热带山地常绿林和热带山顶矮林内则不能区分。

从不同森林类型内附生维管植物的相似性比较可以看出,分布的海拔范围相邻的森林类型内的附生维管植物相似性大,不相邻的则小,主要原因应该是海拔越相邻则森林群落内环境因子的相似程度越大,其内分布的附生维管植物的相同种就越多;反之,它们所具有的附生维管植物相同种就越少。通过不同森林类型内附生维管植物的相似性比较,不仅可以看出附生维管植物分布的相似性,也能看出其分布的差异性。六种森林类型分布在不同的海拔高度范围,所对应的水热条件具有明显的差异。在六种森林类型中,附生维管植物的物种丰富度与多度在中高海拔分布的热带山地常绿林内最高,沿海拔向下或向上均降低。这与乔、灌木物种多样性在海南岛霸王岭及五指山地区中海拔的山地雨林内最高的结论并不一致(余世孝等 2001;臧润国等 2004)。但附生维管植物物种丰富度与多度随着森林类型所处海拔的升高而呈现的"由低到高再降低"的特点,与多数学者研究得出的附生维管植物的分布趋势相同(Gentry et al. 1987b;Wolf et al. 2003;Cardelús et al. 2006)。在热带地区,一般随着海拔的升高,温度逐渐降低,降雨量逐渐增大,至海拔 1000 m 左右达到最大,然后又降低(Cardelús et al. 2006)。霸王岭六种森林类型分布在不同的海拔范围,环境因子随着海拔的升高也存在这种差异:在低海拔的森林类型中降雨量小、温度偏高、湿度较小,附生维管植物的生长及其存活比较困难;随着海拔的升高,旱季缩短、雨季变长,降雨量逐渐变大,湿度变大,温度降低,环境因子有利于多数附生维管植物种类的生长与繁殖,附生维管植物的物种多样性较大;但到1300 m 以上的山顶地带,虽然旱季常有云雾笼罩,但是风力强劲,林木低矮,森林结构简单,附生维管植物的生长环境比热带山地常绿林差,因此,附生维管植物的物种多样性又变低。中海拔的热带山地雨林与中高海拔的热带山地常绿林相比,一般认为前者的降雨量及湿度最大(臧润国等 2004)。热带山地常绿林内的湿度也较大,而且树木比热带山地雨林较矮,透光性更好。热带山地常绿林的这种环境特点更适于附生维管植物的生长与繁殖,使得附生维管植物在这种环境下物种丰富度及多度均最高。

附生植物对于微生境变化具有很高的敏感性(Kreft et al. 2004)。有关附生植物在森林内部空间的分布研究表明,一般冠区具有多样性的微环境,更适于附生植物的分布(Hofstede et al. 2001;Hölscher et al. 2004b;Lowman et al. 2004)。但有关的研究结果并不一致。Annaselvam 等(2001)发现,65% 的附生植物物种分布在主干区,但对其多度则没有研究。Kelly 等(2004)研究认为,附生植物在树的中上水平(即树干的上部和树冠的下部)广泛出现。Benavides 等(2005)发现,干区的附生植物株数要远大于冠区,仅有 4% ~ 12% 的附生植物个体出现在冠区。由此可知,附生植物在森林内部的空间分布特点由于研究区域及其森林类型的不同而不同。

本节研究了六种森林类型内附生维管植物的空间分布,结果表明,低海拔的热带季雨林、中海拔的热带山地雨林冠区的附生维管植物多度均高于干区;低海拔的热带低地雨林干区的附生维管植物多度高于冠区,主要是因为热带低地雨林内存在大量的半附生植物,这些半附生植物一般是附生在树干上,导致干区多度高于冠区;中高海拔的热带山地常绿林冠区与干区无显著差异,而最高海拔的热带山顶矮林则为干区高于冠区。附生维管植物在森林内部空间分布的差异主要是由于温度、湿度、光照和风等环境因子在森林内部不同高度层次存在差异(Théry 2001;Lowman et al. 2004)。这种差异对附生维管植物的影响主要表现在:在较低海拔森林内,附生植物一般都受到高温、低湿的影响(Steege et al. 1989),并且其林下层光的穿透力与分布于高海拔范围森林类型的林下层相比要强很多,林下层的温度及干旱程度较高,导致对附生植物较为不利的生长条件;热带山顶矮林由于处于山顶,风力强劲,林冠结构简单,再加上紫外线辐射的影响,林下层的空气湿度相比于林冠层趋于更高和更持久,附生维管植物更易于在树木的干区着生(Lowman et al. 2004;Benavides et al. 2005)。林冠层内,一般内区比中区、外区更适于附生植物的分布,因为内区的枝条粗大,且离地面较近,蒸散较少,有利于附生植物的定居和生长。这在热带山地常绿林和热带山顶矮林内明显地表现出来。而热带低地雨林和热带山地雨林由于树木分枝较多,结构更为复杂,并且加上其他环境因子的综合作用,各个区间并不明显具有差异。

一些研究(Mesler 1975;Cribb et al. 2002)表明,个别附生植物对于特定宿主类群具有专一性,也有学者怀疑宿主专一性是否真的存在(Zotz et al. 2008),或者认为这种专一性至多是非常稀少的地区现象,例如,Laube 等(2006a)研究认为,附生植物不存在严格的宿主专一性,但也非简单的随机分布。目前多数学者认为,附生植物对特定的宿主类群具有偏好是一个普遍的现象,如 Laube 等(2006b)及 Zotz 等(2008)都对附生植物的附生偏好性现象进行过报道。在我国云南哀牢山亚热带常绿阔叶林的研究也发现,7 个种对宿主有一定的选择性(徐海清等 2005)。本研究中,少数物种显示出对某些宿主树种具有偏好性,但也有附生物种(如纯色万代兰)表现出一定的排斥性。附生植物对于部分宿主具有偏好性,是由于不同树种的树皮特征(如粗糙程度、含水状况和化学特征)、林冠结构(如枝条的倾角和直径等)及物候特征等,都影响着附生植物的生长和分布(Benzing 1990;Zotz et al. 2008)。

宿主径级的大小不仅影响附生物种的种类多少,而且影响其分布的数量。本研究显示,附生植物物种丰富度及多度与宿主径级均显著正相关,并且宿主径级对附生植物多度的影响要大于对丰富度的影响。几乎所有学者都认为,随着树木年龄的增长、径级的扩大,树木结构具有更大的面积以及更复杂的微环境,因而更加适宜附生植物的定居和生长(Flores-Palacios et al. 2006;Laube et al. 2007)。Laube 等(2007)通过重复调查研究证实,在同一时间内新出现的附生植物种类在大径级树木比小径级树木附生的程度更大,显示了大径级树木是通过增加环境多样性而对附生植物产生了重要影响。本研究和多数学者的研究结果(Burns et al. 2005;Flores-Palacios et al. 2006)均表明,附生植物物种丰富度和多度均随着宿主径级的增大而增大,呈现出正相关关系。大径级树木能够分布有更多的附生植物,是森林附生植物的重要载体(Berg et al. 1994;Hietz 2005),因此在森林经营中,保留大径级树木对于维持森林生物多样性具有重要的意义。

12.3 原始林与择伐林附生维管植物多样性及分布差异

伴随着人口的快速增长以及经济水平的提高,热带森林正经历快速的变化。据统计,热带森林近年来正以 127 300 km² · a⁻¹ 的速度在消失,以 55 000 km² · a⁻¹ 的速度遭受采伐,同时每年有 30 000 km² 受到火烧的威胁。热带森林受破坏直接或间接地导致了生境质量、物种组成和群落结构的变化,影响了生态系统功能的正常发挥,也是引起生物多样性减少的主要威胁之一。海南岛天然林在 1980 年以前的各个时期均遭受了不同程度的破坏,最严重的是 1950—1979 年,大面积的森林采伐使得原始林的面积大幅减少。

附生植物没有发达的根系,直接暴露在不断变化的环境中,独特的生理形态使其对外界环境变化非常敏感。附生植物不仅对附生环境要求严格,而且多数生长缓慢,需要较长的时间才能进入成熟繁育期(Zotz 1998；Winkler et al. 2001；Schmidt et al. 2002)，因此，附生植物的生长环境和种群被破坏后难以快速恢复。Benzing 等(1998)认为，附生植物能很好地反映林地环境质量状况；Barthlott 等(2001)研究发现，随着干扰程度增大，附生植物的物种数量呈下降趋势，反映出森林环境条件变化对附生植物的影响。

本节选择霸王岭森林被采伐的主要植被类型——山地雨林为例，通过研究山地雨林的择伐林、采伐界线的边缘处的原始林和完全没有被破坏的原始林三种不同森林状况之间的附生维管植物的多样性和分布的差异，来研究附生维管植物对于森林采伐这种强烈的人为干扰活动的响应。在霸王岭林区一处存在原始的山地雨林和择伐后的山地雨林交界的分水岭地段设置研究样地，该地段是 1977 年进行的商业采伐。首先确定出采伐界线，然后沿采伐界线在靠近原始林的一侧设置 4 条不连续的样带。每条样带大小为 10 m×50 m，每条样带的长边(50 m 的边)都紧挨着采伐界线。然后在远离采伐界线的两侧，即择伐林和完全没有被破坏的原始林里，各自设置 4 条不连续的样带，每条样带的大小也为 10 m×50 m。在以上 12 条样带内，调查胸径(D_{BH})≥1cm 以上的树木及藤本，记录胸径(D_{BH})、树高和枝下高，详细记录每株调查木上出现的附生维管植物的物种名称、株数。

附生维管植物的物种丰富度用其物种数表示，多度用其株数表示。三种山地雨林内的附生维管植物丰富度和多度比较均是以样带为单位进行统计分析的。分析三种山地雨林内附生维管植物的发生频率，以说明择伐对附生维管植物在群落内的分布的影响。把三种森林内调查木按照胸径分成不同的级别，比较不同径级的树木上附生维管植物的发生频率。

12.3.1 物种组成

择伐林 0.2 km² 共记录到附生维管植物 31 株，分属于 2 科 6 属 6 种；其中优势类群为附生兰科植物，共 30 株，分属于 5 属 5 种。采伐界线边缘的原始林 0.2 km² 共记录到附生维管植物 231 株，分属于 7 科 17 属 25 种；其中优势类群为附生兰科植物，共 121 株，分属于 10 属 15 种。完全没有被破坏的原始林 0.2 km² 共记录到附生维管植物 553 株，分属 12 科 28 属 43 种；其中优势类群为附生兰科植物，共 399 株，分属于 8 属 19 种。

12.3.2 物种丰富度比较

三种山地雨林类型附生维管植物物种丰富度存在显著差异($F = 31.888, p < 0.001$)。择伐林内的附生维管植物物种丰富度最低，在采伐界线边缘的山地雨林居中，完全没有被破坏的山地雨林最高(图 12-13a)。

三种山地雨林类型附生兰科植物物种丰富度也存在显著差异($F = 12.059, p < 0.01$)。择伐林内的附生兰科植物物种丰富度最低，在采伐界线边缘的山地雨林居中，完全没有被破坏的山地雨林最高(图 12-13b)。

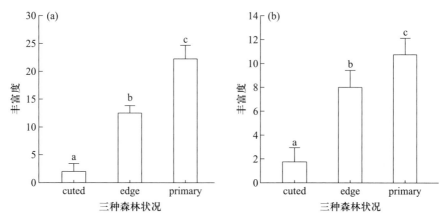

图 12-13　三种森林状况的附生维管植物(a)和附生兰科植物(b)物种丰富度比较

cuted,择伐林;edge,采伐界线边缘的山地雨林;primary,完全没有被破坏的山地雨林;不同字母表示存在显著性差异($p<0.01$)

12.3.3　物种多度比较

三种山地雨林类型附生维管植物多度存在显著差异($p<0.03$)。择伐林内的附生维管植物物种多度最低,在采伐界线边缘的山地雨林居中,完全没有被破坏的山地雨林最高(图12-14a)。

三种山地雨林类型附生兰科植物多度也存在显著差异($p<0.05$)。择伐林内的附生兰科植物多度最低,在采伐界线边缘的山地雨林居中,完全没有被破坏的山地雨林最高(图12-14b)。

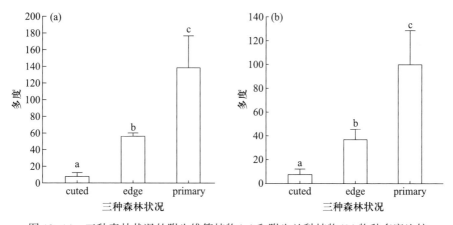

图 12-14　三种森林状况的附生维管植物(a)和附生兰科植物(b)物种多度比较

cuted,择伐林;edge,采伐界线边缘的山地雨林;primary,完全没有被破坏的山地雨林;不同字母表示存在显著性差异($p<0.01$)

12.3.4　附生维管植物在宿主上的分布状况

三种山地雨林类型附生维管植物在不同径级上的发生率存在差异。在择伐林内,30 cm 以下径级的树木上没有附生维管植物的发生,附生维管植物主要分布在胸径大于 30 cm 的保留木上。但是在择伐林内，也有部分较大径级的保留木上没有附生维管植物，如 60 cm 以上径级的大保留木上仅有 8.3% 有附生维管植物（图 12-15）。

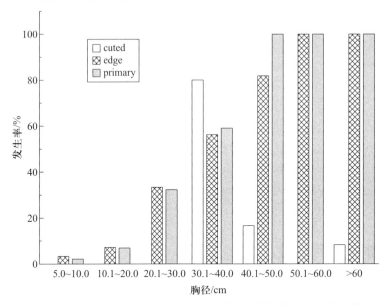

图 12-15　三种森林类型的不同径级上附生维管植物的发生率比较
cuted, 择伐林；edge, 采伐界线边缘的山地雨林；primary, 完全没有被破坏的山地雨林

　　采伐界线边缘的山地雨林和完全没有被破坏的山地雨林内，随着树木径级的增大，附生维管植物的发生率增高。这两种状况的原始林内，50 cm 以上径级的树木上附生维管植物出现率为100%。胸径 30 cm 以上的树木上，完全没有被破坏的山地雨林的附生维管植物发生率均比处于采伐界线边缘的山地雨林较高。胸径 30 cm 以下的树木上，处于采伐界线边缘的山地雨林比完全没有被破坏的山地雨林稍高。

　　择伐林的附生维管植物丰富度和多度均显著低于处于采伐界线边缘的山地雨林。同时，处于采伐界线边缘的山地雨林内附生维管植物丰富度和多度也均显著低于完全没有被破坏的山地雨林。与其他学者的研究结果一同表明了，干扰明显影响着附生维管植物的多样性和分布（Barthlott et al. 2001）。择伐林经过 30 多年的恢复，附生维管植物的物种丰富度仅仅是完全没有被破坏的原始山地雨林的 14% 左右。Hall（1978）研究显示，采伐后的次生林内附生维管植物仅为没有被破坏的原始林的 21.6%，可见森林采伐造成了附生维管植物生境的显著破坏，即使经过长时间的恢复，仍然远低于完全没有被破坏的原始林。

　　由于附生植物生长速率低，建群过程缓慢（Laube et al. 2003），对干扰的耐受范围相当有限。通常认为，即使是轻微的干扰也可影响附生植物的生长和演替（Nadkarni 2001）。在受干扰后形成的次生林群落中，有相当一部分树木不能为附生植物提供合适的生长环境，尤其是一些先锋树种。因此森林在受到干扰后，先锋树种的出现会大量地削减附生植物的多样性和生物量。近年来人们对于大自然无节制的开发，使得越来越多的原生植被遭到破坏，次生植被的面积越来越大。附生植物适宜的微环境减少，导致了一批附生植物的大量减少，甚至有可能灭绝。

　　在本地区择伐林内，附生维管植物主要分布在较大径级的保留木上，中等径级以下（<30 cm）的树

木上完全没有附生维管植物。这些大径级的保留木保留了附生维管植物的种源,为附生维管植物的种群恢复和增长起着至关重要的作用。Barthlott 等(2001)研究发现,在热带地区即使是很少量的原始林残余,对于附生植物以至整个生态系统的保存起着重要的作用。

森林经营中简单的"采大留小"的择伐方法并不适宜整个生态系统生物多样性的保存。因此,在森林采伐时,适当保留一些大径级的树木,不仅有利于生物资源的保存,而且对于整个生态系统的稳定起着重要的作用。

12.4　海南岛附生维管植物多样性和区系地理

植物区系(flora)是指某一地区或者是某一时期,某一分类群、某类植物等所有植物种类的总称。植物区系的丰富度是生物多样性的表征之一。植物区系的组成、发生、发展、迁移、演化从多个方面反映了生物多样性的特征。

附生植物由于是一类生长在其他植物体上的自养植物,不与地面土壤接触(半附生植物的某一阶段除外),因此,相比生长在地面土壤的植物,其生长和分布更容易受环境因子(如降雨量、温度等)的影响。附生植物主要分布在热带地区湿润的森林内,是热带林中一个重要的特征性组分,对于维持热带森林物种多样性及生态系统功能具有重要作用。

分类学组成及地理成分是附生植物研究的重要内容之一。Kress(1986)、Gentry 等(1987b)、Benzing(1990)等对全球多个区域,特别是新热带地区的附生维管植物区系进行了详细的论述。本节研究了整个海南岛地区内附生维管植物的多样性和区系地理。

本节中所指的附生植物(epiphyte)指那些生长在其他植物体上而不吸取其营养,生活史的全部或者部分时期生长在空气中、不与地面接触的一类自养植物(Kress 1986;Benzing 1990)。本章认为那些仅发现在岩石、石缝上附着生长的植物是石生植物或岩生植物(lithophytse 或 petrophyte),不计入在内。因为根据附生植物通常的定义,不应该算是附生植物。

本节依据《广东植物志》第七卷(中国科学院华南植物园 2006)中记载的海南岛有分布的附生蕨类植物和附生兰科植物为主体;其他附生植物科属种的统计参考 Benzing(1990)编写的《附生植物目录表》,再查阅《海南植物志》1—4 卷(广东省植物研究所 1964—1977)、《广东植物志》(中国科学院华南植物园 1987—2009)、《中国植物志》(中国植物志编辑委员会 1961—2002)中海南有分布的附生维管植物。本节在海南霸王岭得到的原始资料也作为统计依据。部分描述不详细的物种,再参考已经出版的 *Flora of China* 部分卷册。

种子植物的区系地理参照吴征镒(1991)和吴征镒等(2003)的分类方法。蕨类植物区系地理参照陆树刚(2004)的蕨类植物区系论述。确定附生植物的地理成分及科属的分布区类型,并据此作统计分析。

根据《中国植物志》及地方志的描述将附生植物分为草质和木质两种类型。对附生植物茎的质地也进行了统计分析。

12.4.1　物种多样性

海南附生维管植物种类丰富,总计 28 科 90 属含附生维管植物,总种数(含变种、亚种)235 种。附生维管植物占海南岛维管植物区系的 6.6%。总的附生维管植物中没有裸子植物类群;单子叶植物仅有 3 科,但是含 43 属 112 种,占总种数的 47.7%;蕨类植物其次,共 17 科 38 属 94 种,占总种数的 40.0%;双子叶植物共 8 科 9 属 29 种,仅占 12.3%(表 12-3)。

表 12-3　海南植物区系中的附生维管植物多样性(括号内为该类群占总科或总属或总种数的百分比)

类别	蕨类植物	双子叶植物	单子叶植物	总计
科	17(60.7%)	8(28.6%)	3(10.7%)	28
属	38(42.2%)	9(10.0%)	43(47.8%)	90
种	94(40.0%)	29(12.3%)	112(47.7%)	235
木质类型	0	25(83.3%)	5(16.7%)	30
草质类型	94(45.2%)	6(2.9%)	108(51.9%)	208

海南岛附生维管植物区系中,草质类型附生维管植物有 208 种,木质类型附生维管植物有 30 种,分别占 87.4% 和 12.6%。草质的附生维管植物种类多样性远高于木质附生维管植物。

附生维管植物中,草质的附生维管植物在科、属及种的水平上均高与木质的附生维管植物。所有的附生兰科植物和附生蕨类植物均为草质类型;木质的附生维管植物主要是一些双子叶植物,单子叶植物中仍然有少量木质的附生维管植物。

海南岛附生维管植物的主要类群为附生兰科植物及附生蕨类植物,两类植物占总种数的 84.0%。附生兰科植物共 104 种,占总种数的 44.3%,是海南岛附生维管植物中最多的类群;其次是附生蕨类植物共 94 种,占总种数 40.0%(表 12-4)。

表 12-4　附生蕨类植物科、属的组成及多样性

科名	属名	种数	草质	木质
车前蕨科(Antrophyaceae)	车前蕨属(Antrophyum)	1	1	
铁角蕨科(Aspleniaceae)	铁角蕨属(Asplenium)	11	11	
	巢蕨属(Neottopteris)	5	5	
骨碎补科(Davalliaceae)	骨碎补属(Davallia)	2	2	
	阴石蕨属(Humata)	2	2	
槲蕨科(Drynariaceae)	槲蕨属(Drynaria)	4	4	
	崖姜蕨属(Pseudodrynaria)	1	1	
舌蕨科(Elaphoglossaceae)	舌蕨属(Elaphoglossum)	3	3	
禾叶蕨科(Grammitidaceae)	荷包蕨属(Calymmodon)	1	1	

续表

科名	属名	种数	草质	木质
	禾叶蕨属(*Grammitis*)	4	4	
	穴子蕨属(*Prosaptia*)	3	3	
	革舌蕨属(*Scleroglossum*)	1	1	
雨蕨科(Gymnogrammitidaceae)	雨蕨属(*Gymnogrammitis*)	1	1	
石杉科(Huperziaceae)	马尾杉属(*Phlegmariurus*)	3	3	
膜蕨科(Hymenophyllaceae)	假脉蕨属(*Crepidomanes*)	1	1	
	蕗蕨属(*Mecodium*)	2	2	
	厚壁蕨属(*Meringium*)	1	1	
	毛叶蕨属(*Pleuromanes*)	1	1	
	瓶蕨属(*Trichomanes*)	3	3	
剑蕨科(Loxogrammaceae)	剑蕨属(*Loxogramme*)	1	1	
肾蕨科(Nephrolepidaceae)	肾蕨属(*Nephrolepis*)	1	1	
条蕨科(Oleandraceae)	条蕨属(*Oleandra*)	3	3	
瓶尔小草科(Ophioglossaceae)	带状瓶尔小草属(*Ophioderma*)	1	1	
水龙骨科(Polypodiaceae)	尖嘴蕨属(*Belvisia*)	1	1	
	抱树莲属(*Drymoglossum*)	1	1	
	伏石蕨属(*Lemmaphyllum*)	1	1	
	骨牌蕨属(*Lepidogrammitis*)	3	3	
水龙骨科(Polypodiaceae)	瓦韦属(*Lepisorus*)	4	4	
	星蕨属(*Microsorium*)	5	5	
	似薄唇蕨属(*araleptochilus*)	1	1	
	瘤蕨属(*Phymatosorus*)	2	2	
	假瘤蕨属(*Phymatopteris*)	4	4	
	水龙骨属(*Polypodiodes*)	1	1	
	石韦属(*Pyrrosia*)	8	8	
	棱脉蕨属(*Schelloiepis*)	1	1	
松叶蕨科(Psilotaceae)	松叶蕨属(*Psilotum*)	1	1	
光叶藤蕨科(Stenochlaenaceae)	光叶藤蕨属(*Stenochlaena*)	1	1	
书带蕨科(Vittariaceae)	书带蕨属(*Vittaria*)	4	4	
总计 17科	38属	94	94	0

在科的水平上,附生维管植物主要集中在少数几个科内。兰科植物是最大的附生维管植物科,其物种数约占总附生种数的一半。其次为蕨类植物的水龙骨科和铁角蕨科,分别有 32 种和 16 种,两个科占了总种数的 20.2%;萝摩科有 15 种,占总数的 6.3%;桑科有 10 种,占总数的 4.2%。这 5 个科占总科数的 17.9%,但含有的附生维管植物多达 74.4%(表 12-5)。

表 12-5　海南岛附生种子植物科、属的组成及其附生种子植物多样性

科名	属名	种数	草质	木质
天南星科(Araceae)	石柑属(Pothos)	2		2
	雷公连属(Amydriums)	1	1	
	上树南星属(Anadendrum)	1	1	
	藤芋属(Scindapsus)	1		1
	崖角藤属(Rhaphidophora)	1		1
五加科(Araliaceae)	鹅掌柴属(Schefflera)	1		1
萝摩科(Asclepiadaceae)	球兰属(Hoya)	12		12
	眼树莲属(Dischidia)	3	3	
苦苣苔科(Gesneriaceae)	吊石苣苔属(Lysionotus)	1		1
狸藻科(Lentibulariaceae)	狸藻属(Utricularia)	1	1	
马钱科(Loganiaceae)	灰莉属(Fagraea)	1		1
桑科(Moraceae)	榕属(Ficus)	10		10
胡椒科(Piperaceae)	草胡椒属(Peperomia)	1		1
兰科(Orchidaceae)	脆兰属(Acampe)	2	2	
	禾叶兰属(Agrostophyllum)	1	1	
	蜘蛛兰属(Arachnis)	1	1	
	石豆兰属(Bulbophyllum)	13	13	
	牛角兰属(Ceratostylis)	2	2	
	隔距兰属(Cleisostoma)	8	8	
	贝母兰属(Coelogyne)	1	1	
	兰属(Cymbidium)	4	4	
	石斛属(Dendrobium)	15	15	
	蛇舌兰属(Diploprora)	1	1	
	厚唇兰属(Epigeneium)	1	1	
	毛兰属(Eria)	11	11	
	花蜘蛛兰属(Esmeralda)	1	1	
	金石斛属(Flickingeria)	2	2	

续表

科名	属名	种数	草质	木质
	盆距兰属（*Gastrochilus*）	3	3	
	火炬兰属（*Grosourdya*）	1	1	
	槽舌兰属（*Holcoglossum*）	2	2	
	尖囊兰属（*Kingidium*）	1	1	
	羊耳蒜属（*Liparis*）	7	7	
	钗子股属（*Luisia*）	2	2	
	槌柱兰属（*Malleola*）	1	1	
	云叶兰属（*Nephelaphyllum*）	2		
	鸢尾兰属（*Oberonia*）	6	6	
	曲唇兰属（*Panisea*）	1	1	
	虾尾兰属（*Parapteroceras*）	1	1	
	石仙桃属（*Pholidota*）	1	1	
	馥兰属（*Phreatia*）	1	1	
	鹿角兰属（*Pomatocalpa*）	1	1	
	火焰兰属（*Renanthera*）	1	1	
	钻喙兰属（*Rhynchostylis*）	1	1	
	寄树兰属（*Robiquetia*）	2	2	
	匙唇兰属（*Schoenorchis*）	1	1	
	大苞兰属（*Sunipia*）	1	1	
	带叶兰属（*Taeniophyllum*）	1	1	
	矮柱兰属（*Thelasis*）	1	1	
	白点兰属（*Thrixspermum*）	2	2	
	万代兰属（*Vanda*）	2	2	
荨麻科（Urticaceae）	藤麻属（*Procris*）	1	1	
姜科（Zingiberaceae）	未定种属	1	1	
总计 11科	52属	141	111	30

在属的水平上，较大的属仅有6个，石斛属（*Dendrobium*）、石豆兰属（*Bulbophyllum*）、毛兰属（*Eria*）、球兰属（*Hoya*）、榕属（*Ficus*）和铁角蕨属（*Asplenium*）共72种。这6个属占总属数的6.6%，其含有的附生植物多达31.1%（表12-6）。

表 12-6　海南岛附生维管植物的科、属特征(括号内为其百分比)

类别	附生维管植物种数				
	<10	10~19	20~49	50~99	≥100
科数	23(82.1%)	3(10.7%)	1(3.6%)	0	1(3.6%)
科中附生维管植物种数	59(24.8%)	41(17.3%)	32(13.4%)	0	106(44.5%)
属数	85(93.4%)	6(6.6%)	0	0	0
属中附生维管植物种数	164(68.9%)	74(31.1%)	0	0	0

12.4.2　地理成分

海南的附生维管植物中,没有我国特有的科和属。另外,也没有北温带、东亚及北美间断、旧世界温带、温带亚洲、地中海、西亚至中亚、中亚等 7 个区系类型。

1. 附生植物科的地理成分

海南附生维管植物的热带成分特征显著。如表 12-7 所示,世界广布的科有 11 个,热带科有 16 个,温带科仅有 1 个,分别占 39.3%、57.1% 和 3.6%。有 2 个科仅在旧世界分布,即槲蕨科(Drynariaceae)和光叶蕨科(Stenochlaenaceae),不过海南没有特有的附生维管植物科。将世界广布科排除后的 17 科中,热带科占 94.1%,温带科占 5.9%。热带科的主要分布类型为热带广布型,记 11 个科,占 64.7%;东亚及热带美洲间断、旧世界热带分布的科各 2 个,分别占 11.8%;热带亚洲至热带大洋洲的科仅 1 个,占 5.9%。

表 12-7　我国含有附生维管植物属的分布区类型统计

分布区类型	种子植物属	蕨类植物属	属总计
世界广布	3	5	8
热带广布	5	10	15
东亚及热带美洲间断	1		1
旧世界热带	3	5	8
热带亚洲至热带大洋洲	9	2	11
热带亚洲至热带非洲	1	5	6
热带亚洲	28	6	34
东亚	2	5	7

2. 附生植物属的地理成分

附生维管植物属的地理成分能更准确地反映海南附生植物区系热带性质的特点。如表 12-7 所示,海南附生维管植物各属中,有世界广布属 8 个,热带属 75 个,温带属 7 个,分别占 8.9%、83.3% 和 7.8%。将世界广布属排除后的 82 个属中,热带属占 91.5%,温带属占 8.5%。

热带属中,热带亚洲为主要类型,共含有 34 属,占 45.3%;其次是热带广布和热带亚洲至热带大洋洲,分别占 20.0% 和 14.7%;而在旧世界热带分布的有 8 个属,占 10.7%;东亚及热带美洲间断分布的最少,仅 1 个属。

附生维管植物种类 ≥4 种的共计 19 个属(≥8 种的有 8 个属,≥10 种的 6 个属),这些属算是含有附生维管植物较多的大属,其分布区类型如下:

(1)世界广布:3 属。蕨类植物中的铁角蕨属(*Asplenium*)、石韦属(*Pyrrosia*),种子植物中的羊耳蒜属(*Liparis*)。其中,铁角蕨属有 11 个附生种。

(2)热带广布:4 属。蕨类植物中的禾叶蕨属(*Grammitis*)、书带蕨属(*Vittaria*),种子植物中的石豆兰属(*Bulbophyllum*)、榕属(*Ficus*)。其中,石豆兰属是兰科中附生植物较大的属,有 13 种;榕属有 10 种附生植物。

(3)旧世界热带:2 属。蕨类植物中的巢蕨属(*Neottopteris*),种子植物中的鸢尾兰属(*Oberonia*)。这两属中分别含有 5~6 种附生植物。

(4)热带亚洲至热带大洋洲:5 属。蕨类植物中的槲蕨属(*Drynaria*),种子植物中的毛兰属(*Eria*)、隔距兰属(*Cleisostoma*)、兰属(*Cymbidium*)、球兰属(*Hoya*)。这 5 个属中,球兰属含最多的附生植物种,共有 12 种。

(5)热带亚洲至热带非洲:2 属。蕨类植物中的星蕨属(*Microsorium*)、瓦韦属(*Lepisorus*)。

(6)热带亚洲:2 属。种子植物中的石斛属(*Dendrobium*)和云叶兰属(*Nephelaphyllum*)。石斛属是海南所有附生植物属中最大的属。

(7)东亚:1 属。蕨类植物中的假瘤蕨属(*Phymatopsis*)。海南附生植物中唯一个仅在东亚分布的属。

12.4.3 附生类型

在科的水平上,海南植物区系中不存在严格的专性附生科,一般都是兼性附生科。天南星科(Araceae)、五加科(Araliaceae)、马钱科(Loganiaceae)和桑科(Moraceae)这 4 个科中所有的附生植物均是半附生类型。兰科植物中既有专性附生植物又有兼性附生植物和半附生植物(表 12-8)。

在科的水平上,专性附生植物种类最多的是兰科植物,共有 46 种,占该科所有附生植物的 43.4%;兼性附生植物 57 种,占 53.8%;半附生植物仅有 1 种,不到该科总种数的 1%,偶见附生植物 2 种。其他科一般主要是兼性附生植物。

专性附生植物几乎全部是草质类型,兼性附生植物中仅仅有少量的木质化类型,如萝藦科的球兰属的部分种类。半附生植物均为木质或木质化类型,主要是桑科榕属的植物,其余的如天南星科植物、五加科植物中的少数种类。

海南岛附生维管植物种类丰富,总计 28 科 91 属,总种数(含变种、亚种)238 种。海南岛是我国最大热带林区,年平均气温 24.2 ℃,年平均降水量为 2500 mm。海南岛高温多雨的热带季风气候和多样化的热带森林类型是附生植物种类丰富的主要原因。作为世界上物种丰富度最高

表 12-8　海南岛附生维管植物的附生类型多样性

科名	专性附生	兼性附生	半附生	偶见附生
蕨类	28	66		
天南星科（Araceae）			6	
五加科（Araliaceae）			1	
萝藦科（Asclepiadaceae）	12	3		
苦苣苔科（Gesneriaceae）		1		
狸藻科（Lentibulariaceae）		1		
马钱科（Loganiaceae）			1	
桑科（Moraceae）			10	
兰科（Orchidaceae）	46	57	1	2
胡椒科（Piperaceae）		1		
荨麻科（Urticaceae）		1		
姜科（Zingiberaceae）				1
总计	86	130	19	3

的地区之一（Myers 2000），海南岛具有丰富的植物区系。海南岛主岛（不含广东沿海岛屿、西沙群岛、中沙群岛、南沙群岛等地区），蕨类植物区系有 348 种，裸子植物有 22 种，被子植物有 3347种。附生维管植物占海南岛维管植物区系的 6.6%。相比其他世界范围内附生维管植物占总体维管束植物的 7.5%～10%（Gentry et al. 1987a），海南岛附生维管植物的比例偏低；与地处亚热带的台湾地区附生维管植物占该地区维管束植物的 8%（Hsu et al. 2009）相比也较少。这种现象的主要原因是有三点：其一，海南岛地处热带北缘，相比于那些附生植物异常丰富的地区确实较少；其二，一些学者在统计附生植物时，把那些仅在岩石、石缝上附着生长的植物也做了统计；其三，海南岛地区除了霸王岭保护区以外，其他地区关于附生植物的调查研究还不充分，一些兼性附生植物还没有被准确记录。

与新热带地区相比，海南岛及其旧热带地区缺少一些附生植物特别丰富的科，如凤梨科、仙人掌科等（Hsu et al. 2009）。海南附生维管植物中，附生兰科植物是最主要的类群，其物种数比附生蕨类植物多。许多学者研究表明，热带地区附生兰科植物要比附生蕨类植物丰富度大（Zotzet al. 1999；Nieder et al. 2000；Annaselvam et al. 2001），而在亚热带或温带地区才会出现附生蕨类植物占优势的现象（Hsu et al. 2002）。本研究表明，海南岛地区附生维管植物的类群优势程度的差异与海南岛为热带地区的情况相一致。

海南岛附生维管植物的热带成分特征非常显著。根据海南岛附生维管植物的区系分析结果，该附生维管植物区系为典型的热带性质的区系，附生维管植物科的热带成分占 57.1%；而更精确的属的地理成分则显示，热带成分占 82.4%。在科与属的水平上，排除世界广布类型以外，热带成分均占有绝对多数，均达 90% 以上。另外，由于海南岛地处热带北缘，其附生植物仍然具有少量的温带成分。地质史上，海南岛和华南地区均属于震旦纪的华南地台，先后经历了如加里东、画里西、印支、燕山、喜马拉雅等多次造山运动,而中生代燕山运动使海南岛结束海浸,上升形成陆地并在喜马拉雅造山运动后形成海南岛目前中部、西南部、东南部大部高耸山地,而直至第四纪琼雷断陷之前,华南和海南之间存在区系联系。因此作为热带岛屿的海南岛,其附生维管植物仍然具有少部分温带性质类群。

参 考 文 献

安树青, 朱学雷, 王峥峰, 等. 1999. 海南五指山热带山地雨林植物物种多样性研究. 生态学报, 19: 803-809.

白文娟, 郑粉莉, 董莉丽, 等. 2010. 黄土高原水蚀风蚀交错带不同生境植物的叶性状. 生态学报, 30: 2529-2540.

白永飞, 李凌浩, 王其兵. 2000. 锡林河流域草原群落植物多样性和初级生产力沿水热梯度变化的样带研究. 植物生态学报, 24: 667-673.

卜文圣. 2013. 海南岛热带天然林生物多样性与生态系统功能关系的研究. 北京: 中国林业科学研究院博士学位论文.

卜文圣, 臧润国, 丁易, 等. 2013. 海南岛热带低地雨林群落水平植物功能性状与环境因子相关性随演替阶段的变化. 生物多样性, 21: 278-287.

曹同, 郭水良. 2000. 长白山主要生态系统苔藓植物的多样性研究. 生物多样性, 8: 50-59.

常学向, 赵文智, 赵爱芬. 2004. 祁连山区不同海拔草地群落的物种多样性. 应用生态学报, 15: 1599-1603.

陈步峰, 周光益, 曾庆波, 等. 1998. 热带山地雨林生态系统的暴雨水文功能规律研究. 生态学杂志, 17: 63-67.

陈德祥, 李意德, Liu Heping, 等. 2010. 尖峰岭热带山地雨林生物量及碳库动态. 中国科学: 生命科学, 40(7): 596-609.

陈利顶, 傅伯杰. 2000. 干扰的类型、特征及其生态学意义. 生态学报, 20: 581-586.

陈宏伟, 刘永刚, 冯弦, 等. 2004. 山桂花人工纯林与混交林群落学特征比较. 福建林学院学报, 24: 157-161.

陈焕镛, 张肇骞, 陈封怀, 等. 1964. 海南植物志. 北京: 科学出版社.

陈建会, 邹晓明, 杨效东. 2006. 热带亚热带常绿阔叶林维持酸性土壤有效磷水平的磷转化过程. 生态学报, 26: 2294-2300.

陈立新. 2004. 人工林土壤质量演变与调控. 北京: 科学出版社.

陈联寿, 罗哲贤, 李英. 2004. 登陆热带气旋研究的进展. 气象学报, 62: 541-549.

陈林, 杨新国, 宋乃平, 等. 2014. 宁夏中部干旱带主要植物叶性状变异特征研究. 草业学报, 23: 41-49.

陈树培. 1982. 海南岛乐东县的植被和植被区划. 植物生态学与地植物学丛刊, 6: 37-50.

陈玉军, 郑德璋, 廖宝文, 等. 2000. 台风对红树林损害及预防的研究. 林业科学研究, 13:

524-529.

程瑞梅, 肖文发, 王晓荣, 等. 2010. 三峡库区植被不同演替阶段的土壤养分特征. 林业科学, 46: 1-6.

邓福英. 2007. 海南岛热带山地雨林植物功能群划分及生态关键种的确定. 北京: 中国林业科学研究院博士学位论文.

邓福英, 臧润国. 2007. 海南岛热带山地雨林天然次生林的功能群划分. 生态学报, 27: 3240-3249.

丁佳, 吴茜, 闫慧, 等. 2011. 地形和土壤特性对亚热带常绿阔叶林内植物功能性状的影响. 生物多样性, 19: 158-167.

丁易, 臧润国. 2008. 海南岛热带低地雨林刀耕火种弃耕地恢复过程中落叶树种的变化. 生物多样性, 16: 103-109.

丁易, 臧润国. 2011a. 采伐方式对海南岛霸王岭热带山地雨林恢复的影响. 林业科学, 47: 1-5.

丁易, 臧润国. 2011b. 海南岛霸王岭热带低地雨林植被恢复动态. 植物生态学报, 35(5): 577-586.

董莉莉, 刘世荣, 史作民, 等. 2009. 中国南北样带上栲属树种叶功能性状与环境因子的关系. 林业科学研究, 22: 463-469.

方精云, 李意德, 朱彪, 等. 2004. 海南岛尖峰岭山地雨林的群落结构、物种多样性以及在世界雨林中的地位. 生物多样性, 12: 29-43.

方精云, 王襄平, 唐志尧. 2009. 局域和区域过程共同控制着群落的物种多样性: 种库假说. 生物多样性, 17: 605-612.

高润宏, 刘庭玺, 张昊, 等. 2005. 大青沟木本植物果实类型组成与环境演变研究. 干旱区资源与环境, z1: 174-178.

高贤明, 马克平, 陈灵芝. 2001. 暖温带若干落叶阔叶林群落物种多样性及其与群落动态的关系. 植物生态学报, 25: 283-290.

高远, 慈海鑫, 邱振鲁, 等. 2009. 山东蒙山植物多样性及其海拔梯度格局. 生态学报, 29: 6377-6384.

龚直文, 亢新刚, 顾丽. 2009. 森林植被恢复阶段群落研究动态综述. 江西农业大学学报, 31: 283-291.

广东省林业局. 1975. 广东木材识别与利用. 广州: 广东科学技术出版社.

广东省植物研究所. 1964—1977. 海南植物志 1—4 卷. 北京: 科学出版社.

郭柯. 2003. 山地落叶阔叶林优势树种米心水青冈幼苗的定居. 应用生态学报, 14: 161-164.

郭全邦, 刘玉成, 李旭光. 1999. 缙云山森林次生演替序列群落的物种多样性动态. 应用生态学报, 10: 521-524.

韩梅, 杨利民, 张永刚, 等. 2006. 中国东北样带羊草群落 C3 和 C4 植物功能群生物量及其对环境变化的响应. 生态学报, 26: 1825-1832.

郝占庆, 邓红兵, 姜萍, 等. 2001. 长白山北坡植物群落间物种共有度的海拔梯度变化. 生态学报, 21: 1421-1426.

郝占庆, 于德永, 林凡, 等. 2004. 长白山典型林区主要河流两岸森林资源变化研究. 林业科学

（英文版），15：101-106.

郝占庆，于德永，杨晓明，等. 2002. 长白山北坡植物群落 α 多样性及其随海拔梯度的变化. 应用生态学报，13：785-789.

何鹏，吴敏，韦家少. 2008. 海南省胶园土壤肥力质量指标的时空变异特性研究. 中国农学通报，24：310-316.

贺金生，陈伟烈. 1997. 陆地植物群落物种多样性的梯度变化特征. 生态学报，17：91-99.

贺猛，米锴. 2009. 山东省常见带刺植物研究. 安徽农业科学，37：1703-1705.

侯继华，马克平. 2002. 植物群落物种共存机制的研究进展. 植物生态学报，26：1-8.

侯晓杰，汪景宽，李世朋. 2007. 不同施肥处理与地膜覆盖对土壤微生物群落功能多样性的影响. 生态学报，2：655-661.

胡玉佳，李玉杏. 1992. 海南岛热带雨林. 广州：广东高等教育出版社.

胡玉昆，李凯辉，阿德力，等. 2007. 天山南坡高寒草地海拔梯度上的植物多样性变化格局. 生态学杂志，26：182-186.

黄建雄，郑凤英，米湘成. 2010. 不同尺度上环境因子对常绿阔叶林群落的谱系结构的影响. 植物生态学报，34：309-315.

黄全，李意德，郑德璋，等. 1986. 海南岛尖峰岭地区热带植被生态系列的研究. 植物生态学与地植物学学报，10：90-105.

黄世能. 2000. 海南岛尖峰岭热带山地雨林采伐迹地的次生群落动态. 博士学位论文. 广州：中山大学.

黄世能，张宏达，王伯荪. 2000. 海南岛尖峰岭地区种子植物区系组成及地理成分研究. 广西植物，20：97-106.

黄运峰，丁易，臧润国，等. 2013a. 海南岛霸王岭热带低地雨林树木的空间格局. 植物生态学报，36：269-280.

黄运峰，路兴慧，臧润国，等. 2013b. 海南岛热带低地雨林刀耕火种弃耕地自然恢复过程中的群落构建. 植物生态学报，37：415-426.

黄运峰，杨小波，党金玲，等. 2009. 海南霸王岭南亚松种群结构与分布格局. 福建林业科技，36：1-5.

蒋高明. 1995. 全球大气二氧化碳浓度升高对植物的影响. 植物学通报，12：1-7.

蒋有绪，郭泉水，马娟，等. 1998. 中国森林群落分类及其群落学特征. 北京：科学出版社，152-184.

蒋有绪，卢俊培. 1991. 中国海南岛尖峰岭热带林生态系统. 北京：科学出版社.

蒋有绪，王伯荪，臧润国，等. 2002. 海南岛热带林生物多样性及其形成机制. 北京：科学出版社，219-324.

金则新，蔡辉华. 2005. 浙江天台山常绿阔叶林不同演替阶段优势种群动态. 浙江林学院学报，22：272-276.

金振洲. 1983. 论云南热带雨林和季雨林的基本特征. 云南大学学报：197-207.

兰国玉，胡跃华，曹敏，等. 2008. 西双版纳热带森林动态监测样地——树种组成与空间分布格局. 植物生态学报，32：287-298.

兰国玉, 李希娟, 谢贵水. 2010. 海南霸王岭青梅林群落藤本植物的物种组成特征. 热带农业科学, 30：35-39.

李冰, 刘左军, 赵志刚, 等. 2013. 海拔对钝裂银莲花不同花色居群间繁殖特征及繁殖分配的影响. 草业学报, 22：10-19.

李宏俊, 张知彬. 2000. 动物与植物种子更新的关系 I. 对象, 方法与意义. 生物多样性, 8：405-412.

李凯辉, 胡玉昆, 王鑫. 2007. 不同海拔梯度高寒草地地上生物量与环境因子关系. 应用生态学报, 18：2019-2024.

李清河, 杨立文. 2002. 北京九龙山植物群落物种多样性特征对比分析. 应用生态学报, 13：1065-1068.

李晓亮, 王洪, 郑征, 等. 2009. 西双版纳热带森林树种幼苗的组成、空间分布和旱季存活. 植物生态学报, 33：658-671.

李新荣, 张景光, 刘立超, 等. 2000. 我国干旱沙漠地区人工植被与环境演变过程中植物多样性的研究. 植物生态学报, 24(3)：257-261.

李意德. 1993. 海南岛热带山地雨林林分生物量估测方法比较分析. 生态学报, 13：313-320.

李意德. 1997. 海南岛尖峰岭热带山地雨林的群落结构特征. 热带亚热带植物学报, 5：18-26.

李意德, 陈步峰, 周光益. 2002. 中国海南岛热带森林及其生物多样性保护研究. 北京：中国林业出版社.

李意德, 吴仲民, 曾庆波, 等. 1998a. 尖峰岭热带山地雨林生态系统碳平衡的初步研究. 生态学报, 18：371-378.

李意德, 曾庆波, 吴仲民, 等. 1992. 尖峰岭热带山地雨林生物量的初步研究. 植物生态学与地植物学学报, 4：293-300.

李意德, 曾庆波, 吴仲民, 等. 1996. 我国热带天然林植被 C 贮存量的估算. 林业科学研究, 11：156-162.

李意德, 周光益, 林明献, 等. 1998b. 台风对热带森林群落机械损伤的研究. 生态学杂志, 17：9-14.

李裕元, 邵明安. 2004. 子午岭植被自然恢复过程中植物多样性的变化. 生态学报, 24：252-260.

李宗善, 唐建维, 征郑, 等. 2004. 西双版纳热带山地雨林的植物多样性研究. 植物生态学报, 28(6)：833-843.

李宗善, 唐建维, 郑征, 等. 2005. 西双版纳热带山地雨林群落乔木树种多样性研究. 应用生态学报, 16：1183-1188.

梁建萍, 王爱民, 梁胜发. 2002. 干扰与森林更新. 林业科学研究, 15：490-498.

梁李宏, 梁林州, 梅新, 等. 2004. 台风"达维"为害海南腰果生产情况调查. 华南热带农业大学学报, 12：1-6.

林媚珍, 卓正大, 郭志华. 1996. 广东季雨林的几个问题. 植物生态学报, 20：90-96.

林永标, 申卫军, 彭少麟, 等. 2003. 南亚热带鹤山三种人工林小气候效应对比. 生态学报, 23：1657-1666.

刘福德, 王中生, 张明, 等. 2007. 海南岛热带山地雨林幼苗幼树光合与叶氮、叶磷及比叶面积的关系. 生态学报, 11: 4651-4661.

刘广福, 丁易, 臧润国, 等. 2010a. 海南岛热带天然针叶林附生维管植物多样性和分布. 植物生态学报, 34: 1283-1293.

刘广福, 臧润国, 丁易. 2010b. 海南霸王岭不同森林类型附生兰科植物的多样性和分布. 植物生态学报, 34: 396-408.

刘贵峰, 臧润国, 郭仲军, 等. 2008. 不同经度天山云杉群落物种丰富度随海拔梯度变化. 应用生态学报, 19: 1407-1413.

刘金玉, 付培立, 王玉杰, 等. 2012. 热带喀斯特森林常绿和落叶榕树的水力特征和水分关系与抗旱策略. 植物科学学报, 30: 484-493.

刘万德. 2009. 海南岛热带季雨林群落生态学研究. 北京: 中国林业科学研究院博士学位论文.

刘万德, 丁易, 臧润国, 等. 2010a. 海南岛霸王岭林区低海拔热带林群落数量分类与排序. 生态学杂志, 29: 1526-1532.

刘万德, 臧润国, 丁易. 2009. 海南岛霸王岭两种典型热带季雨林群落学特征. 生态学报, 29: 3465-3476.

刘万德, 臧润国, 丁易, 等. 2010b. 海南岛霸王岭热带季雨林树木的死亡率. 植物生态学报, 34: 946-956.

刘文耀. 2000. 林冠附生物在森林生态系统养分循环中的作用. 生态学杂志, 19: 30-35.

刘文耀, 马文章, 杨礼攀. 2006. 林冠附生植物生态学研究进展. 植物生态学报, 30: 522-533.

刘晓娟, 马克平. 2015. 植物功能性状研究进展. 中国科学: 生命科学, 45: 325-339.

刘增力, 郑成洋, 方精云. 2004. 河北小五台山北坡植物物种多样性的垂直梯度变化. 生物多样性, 12: 137-145.

柳新伟, 申卫军, 张桂莲, 等. 2006. 南亚热带森林演替植物幼苗生态位适应度模拟. 北京林业大学学报, 28: 1-6.

龙文兴. 2011. 海南岛热带云雾林群落结构及组配机制研究. 北京: 中国林业科学研究院博士学位论文.

龙文兴, 丁易, 臧润国, 等. 2011a. 海南岛霸王岭热带云雾林雨季的环境特征. 植物生态学报, 35: 137-146.

龙文兴, 欧芷阳, 杨小波. 2008. 五指山黑桫椤(*Alsophila podophylla*)种群特征与森林立木密度和土壤的关系. 生态学报, 28: 1390-1398.

龙文兴, 臧润国, 丁易. 2011b. 海南岛霸王岭热带山地常绿林和热带山顶矮林群落特征. 生物多样性, 19: 558-566.

卢俊培, 吴仲民. 1991. 尖峰岭热带林的植物化学特征. 林业科学研究, 4(1): 1-9.

卢俊培, 吴仲民. 1993. 海南岛尖峰岭热带林生态系统的地球化学特征. 林业科学研究, 4(3): 1-6.

陆树刚. 2004. 中国蕨类植物区系概论. In: 李承森. 植物科学进展. 北京: 高等教育出版社, 29-411.

陆阳, 李鸣光, 黄雅文. 1986. 海南岛霸王岭长臂猿自然保护区植被. 植物生态学与地植物学学报，10：106-114.

路兴慧，丁易，臧润国，等. 2011. 海南岛热带低地雨林老龄林木本植物幼苗的功能性状分析. 植物生态学报，35：1300-1309.

罗天祥，石培礼，罗辑，等. 2002. 青藏高原植被样带地上部分生物量的分布格局（英文）. 植物生态学报，26：668-676.

马姜明，刘世荣，史作民，等. 2007. 川西亚高山暗针叶林恢复过程中不同恢复阶段的定量分析. 应用生态学报，18：1695-1701.

马克平. 1993. 试论生物多样性的概念. 生物多样性，1：20-22.

马克平. 2013. 生物多样性与生态系统功能的实验研究. 生物多样性，21：247-248.

马克平，黄建辉，于顺利，等. 1995. 北京东灵山地区植物群落多样性的研究. Ⅱ. 丰富度、均匀度和物种多样性指数. 生态学报，15：268-277.

马克平，刘灿然，于顺利，等. 1997a. 北京东灵山地区植物群落多样性的研究. Ⅲ. 几种类型森林群落的种-多度关系研究. 生态学报，17：573-583.

马克平，刘玉明. 1994. 生物群落多样性的测度方法. Ⅰ. α 多样性的测度方法（下）. 生物多样性，2：231-239.

马克平，叶万辉，于顺利，等. 1997b. 北京东灵山地区植物群落多样性研究. Ⅷ. 群落组成随海拔梯度的变化. 生态学报，17：593-600.

马克平，刘玉明. 1995. 生物群落多样性的测度方法. Ⅱ. β 多样性的测度方法. 生物多样性，3：38-43.

马维玲，石培礼，李文华，等. 2010. 青藏高原高寒草甸植株性状和生物量分配的海拔梯度变异. 中国科学：生命科学，40：533-543.

孟京辉，陆元昌，刘刚，等. 2010. 不同演替阶段的热带天然林土壤化学性质对比. 林业科学研究，23：791-795.

孟婷婷，倪健，王国宏. 2007. 植物功能性状与环境和生态系统功能. 植物生态学报，31：150-165.

缪宁，刘世荣，史作民，等. 2013. 强度干扰后退化森林生态系统中保留木的生态效应研究综述. 生态学报，33：3889-3897.

牟长城，韩士杰，罗菊春，等. 2001. 长白山森林/沼泽生态交错带群落和环境梯度分析. 应用生态学报，12：1-7.

牟长城，倪志英，李东，等. 2007. 长白山溪流河岸带森林木本植物多样性沿海拔梯度分布规律. 应用生态学报，18：943-950.

牛克昌，刘怿宁，沈泽昊，等. 2009. 群落构建的中性理论和生态位理论. 生物多样性，17：579-593.

牛书丽，蒋高明，李永庚. 2004. C3 与 C4 植物的环境调控. 生态学报，24：308-314.

牛文元. 1990. 生态环境脆弱带 ECOTONE 的基础判定. 生态学报，9：97-105.

裴男才. 2012. 利用植物 DNA 条形码构建亚热带森林群落系统发育关系——以鼎湖山样地为例. 植物分类与资源学报，34：263-270.

彭少麟，陆宏芳. 2003. 恢复生态学焦点问题. 生态学报，23：1249-1257.

戚剑飞, 唐建维. 2008. 西双版纳石灰山季雨林的生物量及其分配规律. 生态学杂志, 27: 167-177.

钱崇澍, 陈焕镛, 秦仁昌, 等. 1959. 中国植物志. 北京: 科学出版社.

曲波, 苗艳明, 张钦弟, 等. 2012. 山西五鹿山植物物种多样性及其海拔梯度格局. 植物分类与资源学报, 34: 376-382.

任海, 李志安, 申卫军, 等. 2006. 中国南方热带森林恢复过程中生物多样性与生态系统功能的变化. 中国科学, 36: 563-569.

茹文明, 张金屯, 张峰, 等. 2006. 历山森林群落物种多样性与群落结构研究. 应用生态学报, 17: 561-566.

沈泽昊, 胡会峰, 周宇, 等. 2004. 神农架南坡植物群落多样性的海拔梯度格局. 生物多样性, 12: 99-107.

沈泽昊, 胡志伟, 赵俊, 等. 2007. 安徽牯牛降的植物多样性垂直分布特征——兼论山顶效应的影响. 山地学报, 25: 160-168.

沈泽昊, 张新时, 金义兴. 2000. 三峡大老岭森林物种多样性的空间格局分析及其地形解释. 植物学报, 42: 620-627.

施济普. 2007. 云南山顶苔藓矮林群落生态学与生物地理学研究. 西双版纳: 中国科学院西双版纳热带植物园博士学位论文.

石海莹, 李文欢, 黄厚衡. 2006. 0518 号台风"达维"(Damrey)特征分析. 气象预报, 26: 59-64.

史瑞和, 鲍士旦, 秦怀英. 1996. 土壤农化分析(第二版). 北京: 中国农业出版社.

宋创业, 郭柯, 刘高焕. 2008. 浑善达克沙地植物群落物种多样性与土壤因子的关系. 生态学杂志, 27: 8-13.

宋洪涛, 张劲峰, 田昆, 等. 2007. 滇西北亚高山地区黄背栎林植被演替过程中的林地土壤化学响应. 西部林业科学, 36: 65-70.

宋永昌. 2001. 植被生态学. 上海: 华东师范大学出版社.

唐旭利, 周国逸. 2005. 南亚热带典型森林演替类型粗死木质残体贮量及其对碳循环的潜在影响. 植物生态学报, 29: 559-568.

唐勇, 曹敏. 1999. 西双版纳热带森林土壤种子库与地上植被的关系. 应用生态学报, 10: 279-282.

唐志尧, 方精云. 2004. 植物物种多样性的垂直分布格局. 生物多样性, 12: 20-28.

唐志尧, 柯金虎. 2004. 秦岭牛背梁植物物种多样性垂直分布格局. 生物多样性, 12: 108-114.

唐志尧, 方精云, 张玲. 2004. 秦岭太白山木本植物物种多样性的梯度格局及环境解释. 生物多样性, 12: 115-122.

陶建平. 2003. 海南霸王岭热带森林群落物种多样性及其动态研究. 北京: 中国林业科学研究院博士后研究工作报告.

陶建平, 臧润国. 2004. 海南霸王岭热带山地雨林林隙幼苗库动态规律研究. 林业科学, 40: 33-38.

田玉鹏, 蔡永立, 王宏伟, 等. 2007. 福建梅花山 51 种常绿阔叶植物叶片寿命特征及其影响因素. 亚热带植物科学, 36: 4-8.

仝川, 杨玉盛. 2007. 飓风和台风对沿海地区森林生态系统的影响. 生态学报, 27: 5337-5344.

汪庆, 吴鹏程. 1999. 苔藓植物的多样性研究. 生物多样性, 7: 332-339.

王伯荪. 1987. 植物群落学. 北京: 高等教育出版社.

王伯荪, 彭少麟. 1997. 植被生态学: 群落和生态系统. 北京: 中国环境科学出版社.

王伯荪, 彭少麟, 郭泺, 等. 2007. 海南岛热带森林景观类型多样性. 生态学报, 27: 1690-1695.

王伯荪, 余世孝, 彭少麟, 等. 1996. 群落学实验手册. 广州: 广东高等教育出版社.

王伯荪, 张炜银. 2002. 海南岛热带森林植被的类群及其特征. 广西植物, 22: 107-115.

王国宏. 2002. 祁连山北坡中段植物群落多样性的垂直分布格局. 生物多样性, 10: 7-14.

王洪, 朱华. 1990. 滇南榆绿木群落的初步研究. 云南植物研究, 12: 67-74.

王敏英, 刘强, 高静. 2007. 海南岛中部丘陵地区受台风侵袭影响的 4 种植物群落凋落物动态. 海南大学学报, 20: 156-160.

王庆锁, 冯宗炜, 罗菊春. 2000. 河北北部-内蒙古东部森林-草原交错带生物多样性研究. 植物生态学报, 24: 141-146.

王仁卿, 藤原一绘, 尤海梅. 2002. 森林植被恢复的理论和实践: 用乡土树种重建当地森林——宫胁森林重建法介绍. 植物生态学报, 26: 133-139.

王震洪, 段昌群. 2003. 滇中几种人工林生态系统恢复效应研究. 应用生态学报, 14: 1439-1445.

王峥峰, 安树青, 朱学雷, 等. 1998. 热带森林乔木种群分布格局及其研究方法的比较. 应用生态学报, 9: 575-580.

温远光, 黄棉. 1998. 大明山中山植被恢复过程植物物种多样性的变化. 植物生态学报, 22: 33-40.

吴德邻. 1994. 海南及广东沿海岛屿植物名录. 北京: 科学出版社.

吴彦, 刘庆, 乔永康, 等. 2001. 亚高山针叶林不同恢复阶段群落物种多样性变化及其对土壤理化性质的影响. 植物生态学报, 25: 648-655.

吴征镒. 1991. 中国种子植物属的分布区类型. 云南植物研究, 增刊 IV: 1-139.

吴征镒. 1995. 中国植被. 北京: 科学出版社.

吴征镒, 周浙昆, 李德铢. 2003. 世界种子植物科的分布区类型系统. 云南植物研究, 25: 245-257.

吴仲民, 杜志鹄, 林明献, 等. 1998. 热带风暴(台风)对海南岛热带山地雨林凋落物的影响. 生态学杂志, 17: 26-30.

吴仲民, 卢俊培, 杜志鹄. 1994. 海南岛尖峰岭热带山地雨林及其更新群落的凋落物量与贮量. 植物生态学报, 18: 306-313.

夏汉平, 余清发, 张德强. 1997. 鼎湖山 3 种不同林型下的土壤酸度和养分含量差异及其季节动态变化特性. 生态学报, 17: 645-653.

肖玉, 谢高地, 安凯, 等. 2012. 基于功能性状的生态系统服务研究框架. 植物生态学报, 36: 353-362.

谢玉彬, 马遵平, 杨庆松, 等. 2012. 基于地形因子的天童地区常绿树种和落叶树种共存机制研究. 生物多样性, 20: 159-167.

邢福武, 周劲松, 王发国, 等. 2012. 海南植物物种多样性编目. 武汉: 华中科技大学出版社.

熊文愈, 骆林川. 1989. 植物群落演替研究概述. 生态学进展, 6: 229-235.

徐海清, 刘文耀. 2005. 云南哀牢山山地湿性常绿阔叶林附生植物的多样性和分布. 生物多样性, 13: 137-147.

徐新良, 曹明奎. 2006. 森林生物量遥感估算与应用分析. 地球信息科学, 8: 122-128.

徐远杰, 陈亚宁, 李卫红, 等. 2010. 伊犁河谷山地植物群落物种多样性分布格局及环境解释. 植物生态学报, 34: 1142-1154.

许涵, 李意德, 骆土寿, 等. 2008. 达维台风对海南尖峰岭热带山地雨林群落的影响. 植物生态学报, 32: 1323-1334.

许涵, 李意德, 骆土寿, 等. 2009. 尖峰岭热带山地雨林不同更新林的群落特征. 林业科学, 45: 14-20.

许涵, 李意德, 骆土寿, 等. 2013. 海南尖峰岭不同热带雨林类型与物种多样性变化关联的环境因子. 植物生态学报, 37: 26-36.

许向春, 郑艳, 刘丽君. 2004. 登陆海南岛台风季节特征的对比分析. 广西气象, 25: 14-27.

杨梅娇. 2006. 不同光照强度对一年生油樟苗生长的影响. 浙江林业科技, 26: 41-43.

杨万勤, 钟章成, 陶建平, 等. 2001. 缙云山森林土壤速效K的分布特征及其与物种多样性的关系. 生态学杂志, 20: 1-3.

杨小波, 林英, 梁淑群. 1995. 海南岛五指山的森林植被. Ⅲ. 五指山森林植被的分布与数值分类. 海南大学学报(自然科学版), 13: 22-28.

杨小波, 吴庆书, 李跃烈, 等. 2005. 海南北部地区热带雨林的组成特征. 林业科学, 41: 19-24.

杨小波, 张桃林, 吴庆书. 2002. 海南琼北地区不同植被类型物种多样性与土壤肥力的关系. 生态学报, 22: 190-196.

杨小波, 林英, 梁淑群. 1994a. 海南岛五指山的森林植被. Ⅰ. 五指山的森林植被类型. 海南大学学报(自然科学版), 12: 220-236.

杨小波, 林英, 梁淑群. 1994b. 海南岛五指山的森林植被. Ⅱ. 五指山森林植被的植物种群分析与森林结构分析. 海南大学学报(自然科学版), 12: 311-323.

杨跃军, 王保平. 2001. 森林土壤种子库与天然更新. 应用生态学报, 12: 304-308.

尧婷婷, 孟婷婷, 倪健, 等. 2010. 新疆准噶尔荒漠植物叶片功能性状的进化和环境驱动机制初探. 生物多样性, 18: 188-197.

叶万辉, 曹洪麟, 黄忠良, 等. 2008. 鼎湖山南亚热带常绿阔叶林20公顷样地群落特征研究. 植物生态学报, 32: 274-286.

于洋, 曹敏, 郑丽, 等. 2007. 光对热带雨林冠层树种绒毛番龙眼种子萌发及其幼苗早期建立的影响. 植物生态学报, 31: 1028-1036.

余世孝. 1995. 非度量多维度及其在群落分类中的应用. 植物生态学报, 19: 129-136.

余世孝, 臧润国, 蒋有绪. 2001. 海南岛霸王岭垂直带热带植被物种多样性的空间分析. 生态学报, 21: 1438-1443.

余世孝, 张宏达, 王伯荪. 1993. 海南岛霸王岭热带山地植被研究. Ⅰ. 永久样地设置与群落类型. 生态科学: 13-17.

余伟, 张木兰, 麦全法, 等. 2006. 台风"达维"对海南农垦橡胶产业的损害及所引发的对今后产业发展的思考. 热带农业科学, 26: 41-43.

余作岳, 彭少麟. 1996. 热带亚热带退化生态系统植被恢复生态学研究. 广州: 广东科技出版社.

臧润国, 安树青, 陶建平, 等. 2004. 海南岛热带林生物多样性维持机制. 北京: 科学出版社.

臧润国, 丁易, 张志东, 等. 2010. 海南岛热带天然林主要功能群保护与恢复的生态学基础. 北京: 科学出版社.

臧润国, 蒋有绪, 余世孝. 2002. 海南霸王岭热带山地雨林森林循环与树种多样性动态. 生态学报, 22: 24-32.

臧润国, 刘静艳, 董大方. 1999a. 林隙动态和森林生物多样性. 北京: 中国林业出版社.

臧润国, 王伯荪, 刘静艳. 2000. 南亚热带常绿阔叶林不同大小和发育阶段林隙的树种多样性研究. 应用生态学报, 11: 485-488.

臧润国, 杨彦承, 蒋有绪. 2001. 海南岛霸王岭热带山地雨林群落结构及树种多样性特征的研究. 植物生态学报, 25: 270-275.

臧润国, 杨彦承, 刘静艳, 等. 1999b. 海南岛热带山地雨林林隙及其自然干扰特征. 林业科学, 35: 4-10.

臧润国, 余世孝, 刘静艳, 等. 1999c. 海南霸王岭热带山地雨林林隙更新规律的研究. 生态学报, 19: 9-16.

张大勇. 2000. 理论生态学研究. 北京: 高等教育出版社.

张峰, 张金屯. 2000. 我国植被数量分类和排序研究进展. 山西大学学报: 自然科学版, 23: 278-282.

张峰, 张金屯, 上官铁梁. 2002. 历山自然保护区猪尾沟森林群落植物多样性研究. 植物生态学报, 26: 46-51.

张健, 郝占庆, 宋波, 等. 2007. 长白山阔叶红松林中红松与紫椴的空间分布格局及其关联性. 应用生态学报, 18: 1681-1687.

张金发, 郑重, 金义兴. 1990. 植物群落演替与土壤发展之间的关系. 武汉植物学研究, 8: 325-334.

张金屯. 1994. 排序轴分类法及其应用. 生态学杂志, 13: 73-75.

张金屯. 1998. 植物种群空间分布的点格局分析. 植物生态学报, 22: 344-349.

张金屯, 范丽宏. 2011. 物种功能多样性及其研究方法. 山地学报, 29: 513-519.

张俊艳. 2014. 海南岛热带天然针叶林-阔叶林交错区的群落特征研究. 北京: 中国林业科学研究院博士学位论文.

张俊艳, 成克武, 臧润国, 等. 2014. 海南岛热带针阔叶林交错区群落环境特征. 林业科学, 50: 1-6.

张克斌. 2007. 半干旱区湿地-干草原群落交错带边缘效应研究. 西北植物学报, 27: 859-863.

张庆费, 由文辉. 1999. 浙江天童植物群落演替对土壤化学性质的影响. 应用生态学报, 10: 19-22.

张艳艳. 2008. 武夷山自然保护区不同森林群落生态学特征的比较研究. 福州: 福建农林大学硕士学位论文.

张志东, 臧润国. 2007. 海南岛霸王岭热带天然林景观中木本植物功能型分布的影响因素. 植物生态学报, 31: 1092-1102.

赵常明, 陈伟烈, 黄汉东, 等. 2007. 三峡库区移民区和淹没区植物群落物种多样性的空间分布格局. 生物多样性, 15: 510-522.

赵晓飞, 牛丽君, 陈庆红, 等. 2004. 长白山自然保护区风灾干扰区生态系统的恢复与重建. 东北林业大学学报, 32: 38-40.

赵振勇, 王让会, 尹传华, 等. 2007. 天山南麓山前平原植物群落物种多样性及空间分异研究. 西北植物学报, 27: 784-790.

郑景明, 桑卫国, 马克平. 2004. 种子的长距离风传播模型研究进展. 植物生态学报, 28: 414-425.

郑新军, 李嵩, 李彦. 2011. 准噶尔盆地荒漠植物的叶片水分吸收策略. 植物生态学报, 35: 893-905.

中国科学院华南植物园. 1987—2009. 广东植物志. 广州: 广东科技出版社.

中国科学院华南植物园. 2006. 广东植物志第七卷. 广州: 广东科技出版社.

中国森林编辑委员会. 1997. 中国森林: 第一卷总论. 北京: 中国林业出版社.

中国植物志编辑委员会. 1961—2002. 中国植物志. 北京: 科学出版社.

周光益, 陈步峰, 李意德, 等. 1998a. 热带林生态系统对台风暴雨的再分配规律. 生态学杂志, 17: 31-36.

周光益, 李意德, 方精云. 1998b. 台风影响区原始林热带山地雨林枯死木调查. Ⅰ: 枯死木材积和生物量. 生态学杂志, 17: 59-62.

周光益, 邱坚锐, 邱治军, 等. 2004. 不同路径台风或热带风暴对海南尖峰岭强降水的影响. 生态学报, 24: 2723-2727.

周光益, 吴仲民, 陈步峰, 等. 1998c. 海南尖峰岭不同降水条件下无林与有林地坡面土壤流失量比较. 生态学杂志, 17: 42-47.

周厚诚, 任海, 向言词, 等. 2001. 南澳岛植被恢复过程中不同阶段土壤的变化. 热带地理, 21: 104-107.

周鹏, 耿燕, 马文红, 等. 2010. 温带草地主要优势植物不同器官间功能性状的关联. 植物生态学报, 34(1): 7-16.

周铁烽. 2001. 中国热带主要经济树木栽培技术. 北京: 中国林业出版社.

周先叶, 王伯荪, 李鸣光, 等. 2000. 广东黑石顶自然保护区森林次生演替过程中群落的种间联结性分析. 植物生态学报, 24: 332-339.

朱华. 2005. 滇南热带季雨林的一些问题讨论. 植物生态学报, 29: 170-174.

朱华, 许再富, 王洪. 2000. 西双版纳片断热带雨林的结构、物种组成及其变化的研究. 植物生态学报, 24: 560-568.

朱学雷, 安树青, Campell DG, 等. 1997. 海南五指山热带山地雨林乔木种群分布格局研究. 内蒙古大学学报(自然科学版), 28: 526-533.

朱源, 康慕谊, 江源, 等. 2008. 贺兰山木本植物群落物种多样性的海拔格局. 植物生态学报, 32: 574-581.

朱志淞. 1964. 海南主要经济树木. 北京: 中国农业出版社.

祝燕, 米湘成, 马克平. 2009. 植物群落物种共存机制: 负密度制约假说. 生物多样性, 17:

594-604.

祝燕, 赵谷风, 张俪文, 等. 2008. 古田山中亚热带常绿阔叶林动态监测样地——群落组成与结构. 植物生态学报, 32: 274-286.

庄树宏, 王克明, 陈礼学. 1999. 昆嵛山老阳坟阳坡与阴坡半天然植被植物群落生态学特性的初步研究. 植物生态学报, 23: 238-249.

Aarssen LW. 1992. Causes and consequences of variation in competitive ability in plant communities. *Journal of Vegetation Science*, 3: 165-174.

Aarssen LW. 2005. Why don't bigger plants have proportionately bigger seeds? *Oikos*, 111: 199-207.

Aarssen LW, Schamp BS. 2002. Predicting distributions of species richness and species size in regional floras: Applying the species pool hypothesis to the habitat templet model. *Perspectives in Plant Ecology, Evolution and Systematics*, 5: 3-12.

Aarssen LW, Schamp BS, Pither J. 2006. Why are there so many small plants? Implications for species coexistence. *Journal of Ecology*, 94: 569-580.

Aarssen LW, Taylor DR. 1992. Fecundity allocation in herbaceous plants. *Oikos*, 65: 225-232.

Achard F, Eva H, Stibig HJ, et al. 2002. Determination of deforestation rates of the world's humid tropical forests. *Science*, 297: 999-1002.

Ackerly DD. 2003. Community assembly, niche conservation, and adaptive evolution in changing environments. *International Journal of Plant Science*, 164: 165-185.

Ackerly DD. 2004. Functional strategies of chaparral shrubs in relation to seasonal water deficit and disturbance. *Ecological Monographs*, 74: 25-44.

Ackerly DD, Cornwell WK. 2007. A trait-based approach to community assembly: Partitioning of species trait values into within-and among-community components. *Ecology Letters*, 10: 135-145.

Ackerly DD, Knight CA, Weiss SB, et al. 2002. Leaf size, specific leaf area and microhabitat distribution of chaparral woody plants: Contrasting patterns in species level and community level analyses. *Oecologia*, 130: 449-457.

Adams DC. 2007. Organization of Plethodon salamander communities: Guild-based community assembly. *Ecology*, 88: 1292-1299.

Adams HD, Kolb TE. 2004. Drought responses of conifers in ecotone forests of northern Arizona: Tree ring growth and leaf delta^{13}C. *Oecologia*, 140: 217-225.

Adedeji FO. 1984. Nutrient cycles and successional changes following shifting cultivation practice in moist semi-deciduous forests in Nigeria. *Forest Ecology and Management*, 9: 87-99.

Adler GH. 1992. Endemism in birds of tropical Pacific islands. *Evolutionary Ecology*, 6(4): 296-306.

Adler PB. 2004. Neutral models fail to reproduce observed species-area and species-time relationships in Kansas grasslands. *Ecology*, 85: 1265-1272.

Adler PB, Ellner SP, Levine JM. 2010. Coexistence of perennial plants: An embarrassment of niches. *Ecology Letters*, 13: 1019-1029.

Adler PB, Lauenroth WK. 2003. The power of time: Spatiotemporal scaling of species diversity.

Ecology Letters, 6: 749-756.

Aerts R, Chapin Ⅲ F. 1999. The mineral nutrition of wild plants revisited: A re-evaluation of processes and patterns. *Advances in Ecological Research*, 30: 1-67.

Aerts R, de Caluwe H, Beltman B. 2003. Is the relation between nutrient supply and biodiversity co-determined by the type of nutrient limitation? *Oikos*, 101: 489-498.

Agyeman VK, Swaine MD, Thompson J. 1999. Responses of tropical forest tree seedlings to irradiance and the derivation of a light response index. *Journal of Ecology*, 87: 815-827.

Aiba SI, Hill DA, Agetsuma N. 2001. Comparison between old-growth stands and secondary stands regenerating after clear-felling in warm-temperate forests of Yakushima, southern Japan. *Forest Ecology and Management*, 140: 163-175.

Al-Mufti MM, Sydes CL, Furness SB, et al. 1977. A quantitative analysis of shoot phenology and dominance in herbaceous vegetation. *Journal of Ecology*, 65: 759-791.

Albert CH, Thuiller W, Yoccoz NG, et al. 2010. A multi-trait approach reveals the structure and the relative importance of intra-vs. interspecific variability in plant traits. *Functional Ecology*, 24: 1192-1201.

Albert CH, Thuiller W, Yoccoz NG, et al. 2010. Intraspecific functional variability: Extent, structure and source of variation. *Journal of Ecology*, 98: 604-613.

Albrecht MA, McCarthy BC. 2009. Seedling establishment shapes the distribution of shade-adapted forest herbs across a topographical moisture gradient. *Journal of Ecology*, 97: 1037-1049.

Alder D, Oavika F, Sanchez M, et al. 2002. A comparison of species growth rates from four moist tropical forest regions using increment-size ordination. *International Forestry Review*, 4: 196-205.

Aldrich M, Billington C, Edwards M, et al. 1997. Tropical montane cloud forests: An urgent prioroty for conservation. Cambridge: *WCMC Biodiversity Bulletin*.

Allan P. 1998. Some observations on the biomass and distribution of cryptogamic epiphytes in the upper montane forest of the Rwenzori Mountains, Uganda. *Global Ecology and Biogeography*, 7: 273-284.

Allee WC, Emerson AE, Park O, et al. 1949. *Principles of Animal Ecology* (1st edition). Philadelphia: Saunders(W.B.)Co Ltd.

Allen EB, Temple PJ, Bytnerowicz A, et al. 2007. Patterns of understory diversity in mixed coniferous forests of southern California impacted by air pollution. The Scientific World Journal, 7(suppl 1): 247-263.

Allen MF, Allen EB, Gomez-Pompa A. 2005. Effects of mycorrhizae and nontarget organisms on restoration of a seasonal tropical forest in Quintana Roo, Mexico: Factors limiting tree establishment. *Restoration Ecology*, 13: 325-333.

Alley RB, Marotzke J, Nordhaus WD, et al. 2003. Abrupt climate change. *Science*, 299: 2005-2010.

Allouche O, Kalyuzhny M, Moreno-Rueda G, et al. 2012. Area-heterogeneity tradeoff and the diversity of ecological communities. *Proceedings of the National Academy of Sciences*, 109: 17495-17500.

Alonso D, Etienne RS, McKane AJ. 2006. The merits of neutral theory. *Trends in Ecology and Evolution*, 21: 451-457.

Alvarez-Clare S, Kitajima K. 2007. Physical defence traits enhance seedling survival of neotropical tree species. *Functional Ecology*, 21: 1044-1054.

Alves LF, Vieira SA, Scaranello MA, et al. 2010. Forest structure and live aboveground biomass variation along an elevational gradient of tropical Atlantic moist forest(Brazil). *Forest Ecology and Management*, 260: 679-691.

Ameztegui A, Coll L. 2011. Tree dynamics and co-existence in the montane-sub-alpine ecotone: The role of different light-induced strategies. *Journal of Vegetation Science*, 22: 1049-1061.

Andersen KM, Endara MJ, Turner BL, et al. 2012. Trait-based community assembly of understory palms along a soil nutrient gradient in a lower montane tropical forest. *Oecologia*, 168: 519-531.

Annaselvam J, Parthasarathy N. 2001. Diversity and distribution of herbaceous vascular epiphytes in a tropical evergreen forest at Varagalaiar, Western Ghats, India. *Biodiversity and Conservation*, 10: 317-329.

Antúnez I, Retamosa EC, Villar R. 2001. Relative growth rate in phylogenetically related deciduous and evergreen woody species. *Oecologia*, 128: 172-180.

Armesto J, Pickett STA. 1986. Removal experiments to test mechanisms of plant succession in oldfields. *Vegetatio*, 66: 85-93.

Armstrong DP, Westoby M. 1993. Seedling form large seeds tolerate defoliation better: A test using phytogenetically independent contrasts. *Ecology*, 74: 1092-1100.

Arrhenius O. 1921. Species and area. *Journal of Ecology*, 9: 95-99.

Asner GP, Knapp DE, Broadbent EN, et al. 2005. Selective logging in the Brazilian Amazon. *Science*, 310: 480-482.

Auclair AN, Goff FG. 1971. Diversity relations of upland forests in the western Great Lakes area. *The American Naturalist*, 105: 499-528.

Augspurger CK. 1984a. Light requirements of neotropical tree seedlings: A comparative study of growth and survival. *Journal of Ecology*, 72: 777-795.

Augspurger CK. 1984b. Seedling survival of tropical tree species: Interactions of dispersal distance, light-gaps, and pathogens. *Ecology*, 65: 1705-1712.

Austin MP, Pausas JG, Nicholls AO. 1996. Patterns in tree species richness in relation to environment in southeastern New South Wales, Australia. *Austral Ecology*, 21: 154-164.

Azovsky AI. 2002. Size-dependent species-area relationships in benthos: Is the world more diverse for microbes? *Ecography*, 25: 273-282.

Bagchi R, Henrys PA, Brown PE, et al. 2011. Spatial patterns reveal negative density dependence and habitat associations in tropical trees. *Ecology*, 92: 1723-1729.

Baker TR, Phillips OL, Malhi Y, et al. 2004. Variation in wood density determines spatial patterns in Amazonian forest biomass. *Global Change Biology*, 10: 545-562.

Bakker C, Blair JM, Knapp AK. 2003. Does resource availability, resource heterogeneity or species turnover mediate changes in plant species richness in grazed grasslands? *Oecologia*, 137: 385-391.

Baniya CB, Solhøy T, Vetaas OR. 2009. Temporal changes in species diversity and composition in abandoned fields in a trans-Himalayan landscape, Nepal. *Plant Ecology*, 201: 383–399.

Baniya CB, Solhøy T, Gauslaa Y, et al. 2010. The elevation gradient of lichen species richness in Nepal. *The Lichenologist*, 42: 83–96.

Baraloto C, Hérault B, Paine CET, et al. 2012. Contrasting taxonomic and functional responses of a tropical tree community to selective logging. *Journal of Applied Ecology*, 49: 861–870.

Baraloto C, Paine CET, Patiño S, et al. 2010a. Functional trait variation and sampling strategies in species-rich plant communities. *Functional Ecology*, 24: 208–216.

Baraloto C, Timothy Paine C, Poorter L, et al. 2010b. Decoupled leaf and stem economics in rain forest trees. *Ecology Letters*, 13: 1338–1347.

Barberán A, Fernández-Guerra A, Auguet JC, et al. 2011. Phylogenetic ecology of widespread uncultured clades of the Kingdom Euryarchaeota. *Molecular Ecology*, 20: 1988–1996.

Barberis IM, Tanner EVJ. 2005. Gaps and root trenching increase tree seedling growth in panamanian semi-evergreen forest. *Ecology*, 86: 667–674.

Baribault TW, Kobe RK, Finley AO. 2012. Tropical tree growth is correlated with soil phosphorus, potassium, and calcium, though not for legumes. *Ecological Monographs*, 82: 189–203.

Barker M, Pinard M. 2001. Forest canopy research: Sampling problems, and some solutions. *Plant Ecology*, 153: 23–38.

Barlow J, Peres CA, Lagan BO, et al. 2003. Large tree mortality and the decline of forest biomass following Amazonian wildfires. *Ecology Letters*, 6: 6–8.

Barot S, Gignoux J, Menaut JC. 1999. Demography of a savanna palm tree: Predictions from comprehensive spatial pattern analyses. *Ecology*, 80: 1987–2005.

Barot S, Ugolini A, Brikci BF. 2007. Nutrient cycling efficiency explains the long-term effect of ecosystem engineers on primary production. *Functional Ecology*, 21: 1–10.

Barthlott W, Schmit-Neuerburg V, Nieder J, et al. 2001. Diversity and abundance of vascular epiphytes: A comparison of secondary vegetation and primary montane rain forest in the Venezuelan Andes. *Plant Ecology*, 152: 145–156.

Barton AM. 1993. Factors controlling plant distributions: Drought, competition, and fire in Montane Pines in Arizona. *Ecological Monographs*, 63: 367–397.

Bassett IE, Simcock RC, Mitchell ND. 2005. Consequences of soil compaction for seedling establishment: Implications for natural regeneration and restoration. *Austral Ecology*, 30: 827–833.

Batllori E, Blanco-Moreno JM, Ninot JM, et al. 2009. Vegetation patterns at the alpine treeline ecotone: The influence of tree cover on abrupt change in species composition of alpine communities. *Journal of Vegetation Science*, 20: 814–825.

Batllori E, Gutiérrez E. 2008. Regional tree line dynamics in response to global change in the Pyrenees. *Journal of Ecology*, 96: 1275–1288.

Bautista-Cruz A, del Castillo RF. 2005. Soil changes during secondary succession in a tropical montane cloud forest area. *Soil Science Society of America Journal*, 69: 906–914.

Bazzaz FA. 1968. Succession on abandoned fields in the Shawnee Hills, Southern Illinois. *Ecology*,

49: 924-936.

Bazzaz FA. 1975. Plant species diversity in old-field successional ecosystems in southern Illinois. *Ecology*, 56: 485.

Bazzaz FA. 1979. The physiological ecology of plant succession. *Annual Review of Ecology and Systematics*, 10: 351-371.

Bazzaz FA. 1996. *Plants in Changing Environments: Linking Physiological, Population, and Community Ecology*. Cambridge: Cambridge University Press.

Bazzaz FA. 1998. Tropical forests in a future climate: Changes in biological diversity and impact on the global carbon cycle. *Climatic Change*, 39: 317-336.

Beard JS. 1955. The classification of tropical American vegetation types. *Ecology*, 36: 359-412.

Bebi P, Kulakowski D, Veblen TT. 2003. Interactions between fire and spruce beetles in a subalpine Rocky Mountain forest landscape. *Ecology*, 84: 362-371.

Beck J, Chey VK. 2008. Explaining the elevational diversity pattern of geometrid moths from Borneo: A test of five hypotheses. *Journal of Biogeography*, 35: 1452-1464.

Bedford BL, Walbridge MR, Aldous A. 1999. Patterns in nutrient availability and plant diversity of temperate North American wetlands. *Ecology*, 80: 2151-2169.

Bell G. 2001. Neutral macroecology. *Science*, 293: 2413-2418.

Bell G, Lechowicz MJ. 1991. The ecology and genetics of fitness in forest plants. I. Environmental heterogeneity measured by explant trials. *Journal of Ecology*, 79: 663-685.

Bellingham PJ. 1991. Landforms influence patterns of hurricane damage: Evidence from Jamaican montane forests. *Biotropica*, 23: 427-433.

Bellingham PJ. 2008. Cyclone effects on Australian rain forests: An overview. *Austral Ecology*, 33: 580-584.

Benavides DAM, Duque MAJ, Duivenvoorden J, et al. 2005. A first quantitative census of vascular epiphytes in rain forests of Colombian Amazonia. *Biodiversity and Conservation*, 14: 739-758.

Bengtsson L. 2001. Weather enhanced: Hurricane threats. *Science*, 293: 440-441.

Benzing D. 1998. Vulnerabilities of tropical forests to climate change: The significance of resident epiphytes. *Climatic Change*, 39: 519-540.

Benzing DH. 1990. *Vascular Epiphytes: General Biology and Related Biota*. Cambridge: Cambridge University Press.

Berg A, Ehnstrom B, Gustafsson L, et al. 1994. Threatened plant, animal, and fungus species in Swedish forests: Distribution and habitat associations. *Conservation Biology*, 8: 718-731.

Berger WH, Parker FL. 1970. Diversity of planktonic Foraminifera in deep sea sediments. *Science*, 168: 1345-1347.

Bergeron Y, Gauthier S, Flannigan M, et al. 2004. Fire regimes at the transition between mixedwood and coniferous boreal forest in northwestern Quebec. *Ecology*, 85: 1916-1932.

Berglund H, Järemo J, Bengtsson G. 2009. Endemism predicts intrinsic vulnerability to nonindigenous species on islands. *The American Naturalist*, 174: 94-101.

Bermingham E, Dick C, Moritz C. 2005. *Tropical Rainforests: Past, Present, and Future*. Chicago: University of Chicago Press.

Bernhardt-Römermann M, Gray A, Vanbergen AJ, et al. 2011. Functional traits and local environment predict vegetation responses to disturbance: A pan-European multi-site experiment. *Journal of Ecology*, 99: 777-787.

Berry NJ, Phillips OL, Ong RC, et al. 2008. Impacts of selective logging on tree diversity across a rainforest landscape: The importance of spatial scale. *Landscape Ecology*, 23: 915-929.

Bersier LF, Sugihara G. 1997. Species abundance patterns: The problem of testing stochastic models. *Journal of Animal Ecology*, 66: 769-774.

Bertness MD. 1989. Intraspecific competition and facilitation in a Northern acorn barnacle population. *Ecology*, 70: 257-268.

Bertness MD, Callaway R. 1994. Positive interactions in communities. *Trends in Ecology and Evolution*, 9: 191-193.

Bertness MD, Grosholz E. 1985. Population dynamics of the ribbed mussel, *Geukensia demissa*: The costs and benefits of an aggregated distribution. *Oecologia*, 67: 192-204.

Besag J, Diggle PJ. 1977. Simple Monte Carlo tests for spatial pattern. *Applied Statistics*, 39: 327-333.

Bicknell JE, Struebig MJ, Davies ZG. 2015. Reconciling timber extraction with biodiversity conservation in tropical forests using reduced-impact logging. *Journal of Applied Ecology*, 52: 379-388.

Bigler C, Bräker OU, Bugmann H, et al. 2006. Drought as an inciting mortality factor in Scots pine stands of the Valais, Switzerland. *Ecosystems*, 9: 330-343.

Bigler C, Gavin DG, Gunning C, et al. 2007. Drought induces lagged tree mortality in a subalpine forest in the Rocky Mountains. *Oikos*, 116: 1983-1994.

Bigler C, Kulakowski D, Veblen TT. 2005. Multiple disturbance interactions and drought influence fire severity in Rocky Mountain subalpine forests. *Ecology*, 86: 3018-3029.

Billings WD. 1969. Vegetational pattern near alpine timberline as affected by fire-snowdrift interactions. *Plant Ecology*, 19: 192-207.

Birch CPD, Hutchings MJ. 1994. Exploitation of patchily distributed soil resources by the clonal herb *Glechoma hederacea*. *Journal of Ecology*, 82: 653-664.

Bischoff W, Newbery DM, Lingenfelder M, et al. 2005. Secondary succession and dipterocarp recruitment in Bornean rain forest after logging. *Forest Ecology and Management*, 218: 174-192.

Bockheim JG. 2008. Functional diversity of soils along environmental gradients in the Ross Sea region, Antarctica. *Geoderma*, 144: 32-42.

Bodin J, Badeau V, Bruno E, et al. 2013. Shifts of forest species along an elevational gradient in Southeast France: Climate change or stand maturation? *Journal of Vegetation Science*, 24: 269-283.

Boedeltje G, Bakker JP, Bekker RM, et al. 2003. Plant dispersal in a lowland stream in relation to occurrence and three specific life-history traits of the species in the species pool. *Journal of Ecology*, 91: 855-866.

Bohlman SA, Adams JB, Smith MO, et al. 1998. Seasonal foliage changes in the Eastern Amazon basin detected from Landsat thematic mapped images. *Biotropica*, 30: 376-391.

Bohn HMB, O'Connor GA. 2001. *Soil Chemistry* (3rd edition). New York: John Wiley and Sons.

Bohn HL, Myer RA, O'Connor GA. 2002. *Soil Chemistry*. New York: John Wiley and Sons.

Boisvenue C, Running SW. 2006. Impacts of climate change on natural forest productivity—Evidence since the middle of the 20th century. *Global Change Biology*, 12: 1-12.

Bond EM, Chase JM. 2002. Biodiversity and ecosystem functioning at local and regional spatial scales. *Ecology Letters*, 5: 467-470.

Bongers F, Poorter L, Hawthorne WD, et al. 2009. The intermediate disturbance hypothesis applies to tropical forests, but disturbance contributes little to tree diversity. *Ecology Letters*, 12: 1-8.

Bonnell TR, Reyna-Hurtado R, Chapman CA. 2011. Post-logging recovery time is longer than expected in an East African tropical forest. *Forest Ecology and Management*, 261: 855-864.

Bonser SP, Reader RJ. 1995. Plant competition and herbivory in relation to vegetation biomass. *Ecology*, 76: 2176-2183.

Boring LR, Monk CD, Swank WT. 1981. Early regeneration of a clear-cut southern Appalachian forest. *Ecology*, 62: 1244-1253.

Botta-Dukát Z. 2005. Rao's quadratic entropy as a measure of functional diversity based on multiple traits. *Journal of Vegetation Science*, 16: 533-540.

Bousquet P, Peylin P, Ciais P, et al. 2000. Regional changes in carbon dioxide fluxes of land and oceans since 1980. *Science*, 290: 1342-1346.

Bowker MA, Soliveres S, Maestre FT. 2010. Competition increases with abiotic stress and regulates the diversity of biological soil crusts. *Journal of Ecology*, 98: 551-560.

Box EO. 1981. *Macroclimate and Plant Forms: An Introduction to Predictive Modelling in Phytogeography*. Hague: Dr. W. Junk Publishers.

Boyden S, Binkley D, Shepperd W. 2005. Spatial and temporal patterns in structure, regeneration, and mortality of an old-growth ponderosa pine forest in the Colorado Front Range. *Forest Ecology and Management*, 219: 43-55.

Brehm G, Colwell RK, Kluge J. 2007. The role of environment and mid-domain effect on moth species richness along a tropical elevational gradient. *Global Ecology and Biogeography*, 16: 205-219.

Breshears DD, Barnes FJ. 1999. Interrelationships between plant functional types and soil moisture heterogeneity for semiarid landscapes within the grassland/forest continuum: A unified conceptual model. *Landscape Ecology*, 14: 465-478.

Breshears DD, Cobb NS, Rich PM, et al. 2005. Regional vegetation die-off in response to global-change-type drought. *Proceedings of the National Academy of Sciences*, 102: 15144-15148.

Britton AJ, Beale CM, Towers W, et al. 2009. Biodiversity gains and losses: Evidence for homogenisation of Scottish alpine vegetation. *Biological Conservation*, 142: 1728-1739.

Brook BW, Bradshaw CJA, Koh LP, et al. 2006. Momentum drives the crash: Mass extinction in the tropics. *Biotropica*, 38: 302-305.

Brooker RW, Kikvidze Z. 2008. Importance: An overlooked concept in plant interaction research. *Journal of Ecology*, 96: 703-708.

Brooker RW, Kikvidze Z, Pugnaire FI, et al. 2005. The importance of importance. *Oikos*, 109: 63-70.

Brooker RW, Maestre FT, Callaway RM, et al. 2008. Facilitation in plant communities: The past, the present, and the future. *Journal of Ecology*, 96: 18-34.

Brooks TM, Mittermeier RA, da Fonseca GA, et al. 2006. Global biodiversity conservation priorities. *Science*, 313: 58-61.

Brown F, Martinelli LA, Thomas WW, et al. 1995a. Uncertainty in the biomass of Amazonian forests: An example from Rondônia, Brazil. *Forest Ecology and Management*, 75: 175-189.

Brown JH, Gillooly JF, Allen AP, et al. 2004a. Toward a metabolic theory of ecology. *Ecology*, 85: 1771-1789.

Brown JH, Mehlman DW, Stevens GC. 1995b. Spatial variation in abundance. *Ecology*, 76: 2028-2043.

Brown KA, Gurevitch J. 2004b. Long-term impacts of logging on forest diversity in Madagascar. *Proceedings of the National Academy of Sciences*, 101: 6045-6049.

Brown N, Press M, Bebber D. 1999a. Growth and survivorship of dipterocarp seedlings: Differences in shade persistence create a special case of dispersal limitation. *Philosophical Transactions of the Royal Society of London*, Series B, 354: 1847-1855

Brown S, Gillespie AJR, Lugo AE. 1989. Biomass estimation methodes for tropical forests with applications to forest inventory data. *Forest Science*, 35: 881-902.

Brown SL, Schroeder P, Kern JS. 1999b. Spatial distribution of biomass in forests of the eastern USA. *Forest Ecology and Management*, 123: 81-90.

Bruelheide H, Böhnke M, Both S, et al. 2011. Community assembly during secondary forest succession in a Chinese subtropical forest. *Ecological Monographs*, 81: 25-41.

Bruijnzeel LA, Veneklaas EJ. 1998. Climatic condutions and tropical montane forest productivity: The fog has not lifted yet. *Ecology*, 79: 3-9.

Brym ZT, Lake JK, Allen D, et al. 2011. Plant functional traits suggest novel ecological strategy for an invasive shrub in an understorey woody plant community. *Journal of Applied Ecology*, 48: 1098-1106.

Bubb P, May I, Miles L, et al. 2004. *Cloud Forest Agenda*. Cambridge: UNEP-WCMC.

Bucci S, Goldstein G, Meinzer F, et al. 2004. Functional convergence in hydraulic architecture and water relations of tropical savanna trees: From leaf to whole plant. *Tree Physiology*, 24: 891-899.

Bucyanayandi JD, Bergeron JM, Menard H. 1990. Preference of meadow voles (*Microtus pennsylvanicus*) for conifer seedlings: Chemical components and nutritional quality of bark of damaged and undamaged trees. *Journal of Chemical Ecology*, 16: 2569-2579.

Bullock JM, Aronson J, Newton AC, et al. 2011. Restoration of ecosystem services and biodiversity: Conflicts and opportunities. *Trends in Ecology and Evolution*, 26: 541-549.

Bullock SH, Mooney HA, Medina E. 1995. *Seasonally Dry Tropical Forests*. Cambridge: Cambridge

University Press, 68-95.

Bunker DE, Carson WP. 2005. Drought stress and tropical forest woody seedlings: Effect on community structure and composition. *Journal of Ecology*, 93: 794-806.

Bunker DE, DeClerck F, Bradford JC, et al. 2005. Species loss and aboveground carbon storage in a tropical forest. *Science*, 310: 1029-1031.

Burke A. 2001. Classification and ordination of plant communities of the Naukluft Mountains, Namibia. *Journal of Vegetation Science*, 12: 53-60.

Burns KC. 2004. Patterns in specific leaf area and the structure of a temperature heath community. *Diversity and Distribution*, 10: 105-112.

Burns KC, Dawson J. 2005. Patterns in the diversity and distribution of epiphytes and vines in a New Zealand forest. *Austral Ecology*, 30: 891-899.

Bustamante-Sánchez MA, Armesto JJ. 2012. Seed limitation during early forest succession in a rural landscape on Chiloé Island, Chile: Implications for temperate forest restoration. *Journal of Applied Ecology*, 49: 1103-1112.

Bustamante-Sánchez MA, Armesto JJ, Halpern CB. 2011. Biotic and abiotic controls on tree colonization in three early successional communities of Chiloé Island, Chile. *Journal of Ecology*, 99: 288-299.

Butterfield BJ, Suding KN. 2013. Single-trait functional indices outperform multi-trait indices in linking environmental gradients and ecosystem services in a complex landscape. *Journal of Ecology*, 101: 9-17.

Byars SG, Papst W, Hoffmann AA. 2007. Local adaptation and cogradient selection in the alpine plant, *Poa hiemata*, along a narrow altitudinal gradient. *Evolution*, 61: 2925-2941.

Bycroft CM, Nicolaou N, Smith B, et al. 1993. Community structure (niche limitation and guild proportionality) in relation to the effect of spatial scale, in a Nothofagus forest sampled with a circular transect. *New Zealand Journal of Ecology*, 17: 95-101.

Cázares-Martínez J, Montaña C, Franco M. 2010. The role of pollen limitation on the coexistence of two dioecious, wind-pollinated, closely related shrubs in a fluctuating environment. *Oecologia*, 164: 679-687.

Cadotte MW. 2011. The new diversity: Management gains through insights into the functional diversity of communities. *Journal of Applied Ecology*, 48: 1067-1069.

Cadotte MW, Cardinale BJ, Oakley TH. 2008. Evolutionary history and the effect of biodiversity on plant productivity. *Proceedings of the National Academy of Sciences*, 105: 17012-17017.

Cadotte MW, Carscadden K, Mirotchnick N. 2011. Beyond species: Functional diversity and the maintenance of ecological processes and services. *Journal of Applied Ecology*, 48: 1079-1087.

Cadotte MW, Cavender-Bares J, Tilman D, et al. 2009. Using phylogenetic, functional and trait diversity to understand patterns of plant community productivity. *PLoS One*, 4: e5695.

Cadotte MW, Jonathan DT, Regetz J, et al. 2010. Phylogenetic diversity metrics for ecological communities: Integrating species richness, abundance and evolutionary history. *Ecology Letters*, 13:

96-105.

Cahill JF, Jr. 1999. Fertilization effects on interactions between above-and belowground competition in an old field. *Ecology*, 80: 466-480.

Cale WG, Henebry GM, Yeakley JA. 1989. Inferring process from pattern in natural communities: Can we understand what we see? *Bioscience*, 39: 600-605.

Callaway. 1995. Positive interactions among plants. *The Botanical Review*, 61: 306-349.

Callaway. 2007. Positive Interactions and Interdependence in Plant Communities. Dordrecht: Springer.

Callaway RM, Brooker RW, Choler P, et al. 2002. Positive interactions among alpine plants increase with stress. *Nature*, 417: 844-848.

Camill P, Umbanhowar CE, Teed R, et al. 2003. Late-glacial and Holocene climatic effects on fire and vegetation dynamics at the prairie-forest ecotone in south-central Minnesota. *Journal of Ecology*, 91: 822-836.

Canham CD, Denslow JS, Platt WJ, et al. 1990. Light regimes beneath closed canopies and tree-fall gaps in temperate and tropical forests. *Canadian Journal of Forest Research*, 20: 620-631.

Cannon CH, Peart DR, Leighton M. 1998. Tree species diversity in commercially logged Bornean rainforest. *Science*, 281: 1366-1368.

Cannon CH, Peart DR, Leighton M. 1999. Tree species diversity in logged rainforest. *Science*, 284: 1587a.

Capers RS, Chazdon RL, Brenes AR, et al. 2005. Successional dynamics of woody seedling communities in wet tropical secondary forests. *Journal of Ecology*, 93: 1071-1084.

Cardelús CL, Colwell RK, Watkins JE. 2006. Vascular epiphyte distribution patterns: Explaining the mid-elevation richness peak. *Journal of Ecology*, 94: 144-156.

Cardinale BJ. 2012. Impacts of biodiversity loss. *Science*, 336: 552-553.

Cardinale BJ, Ives AR, Inchausti P. 2004. Effects of species diversity on the primary productivity of ecosystems: Extending our spatial and temporal scales of inference. *Oikos*, 104: 437-450.

Cardinale BJ, Matulich KL, Hooper DU, et al. 2011. The functional role of producer diversity in ecosystems. *American Journal of Botany*, 98: 572-592.

Cardinale BJ, Wright JP, Cadotte MW, et al. 2007. Impacts of plant diversity on biomass production increase through time because of species complementarity. *Proceedings of the National Academy of Sciences*, 104: 18123.

Carey S, Harte J, del Moral R. 2006. Effect of community assembly and primary succession on the species-area relationship in disturbed ecosystems. *Ecography*, 29: 866-872.

Carson WP, Anderson JT, Leigh EG, et al. 2008. Challenges associated with testing and falsifying the Janzen-Connell hypothesis: A review and critique. In: Carson WP, Schnitzer SA. *Tropical Forest Community Ecology*. Chichester: Wiley-Blackwell, 210-241.

Carsten LD, Juola FA, Male TD, et al. 2002. Host associations of lianas in a south-east Queensland rain forest. *Journal of Tropical Ecology*, 18: 107-120.

Casper BB, Jackson RB. 1997. Plant competition underground. *Annual Review of Ecology and*

Systematics, 28: 545-570.

Castellanos J, Maass M, Kummerow J. 1991. Root biomass of a dry deciduous tropical forest in Mexico. *Plant and Soil*, 131: 225-228.

Castro-Díez P, Puyravaud J, Cornelissen J. 2000. Leaf structure and anatomy as related to leaf mass per area variation in seedlings of a wide range of woody plant species and types. *Oecologia*, 124: 476-486.

Castro SA, Jaksic FM. 2008. How general are global trends in biotic homogenization? Floristic tracking in Chile, South America. *Global Ecology and Biogeography*, 17: 524-531.

Catterall CP, Mckenna S, Kanowski J, et al. 2008. Do cyclones and forest fragmentation have synergistic effects? A before-after study of rainforest vegetation structure at multiple sites. *Austral Ecology*, 33: 471-484.

Cavender-Bares J, Bazzaz FA. 2000. Changes in drought response strategies with ontogeny in *Quercus rubra*: Implications for scaling from seedlings to mature trees. *Oecologia*, 124: 8-18.

Cavender-Bares J, Keen A, Miles B. 2006. Phylogenetic structure of Floridian plant communities depends on taxonomic and spatial scale. *Ecology*, 87: 109-122.

Cavender-Bares J, Kozak KH, Fine PVA, et al. 2009. The merging of community ecology and phylogenetic biology. *Ecology Letters*, 12: 693-715.

Cavender-Bares J, Pahlich A. 2009. Molecular, morphological, and ecological niche differentiation of sympatric sister oak species, *Quercus virginiana* and *Q. geminata* (Fagaceae). *American Journal of Botany*, 96: 1690-1702.

Chao A. 1987. Estimating the population size for capture-recapture data with unequal catchability. *Biometrics*, 43: 783-791.

Chao A, Chazdon RL, Colwell RK, et al. 2005. A new statistical approach for assessing similarity of species composition with incidence and abundance data. *Ecology Letters*, 8: 148-159.

Chao A, Jost L, Chiang SC, et al. 2008a. A two-stage probabilistic approach to multiple-community similarity indices. *Biometrics*, 64: 1178-1186.

Chao A, Lee S. 1992. Estimating the number of classes via sample coverage. *Journal of the American Statistical Association*, 87: 210-217.

Chao KJ, Phillips OL, Gloor E, et al. 2008b. Growth and wood density predict tree mortality in Amazon forests. *Journal of Ecology*, 96: 281-292.

Chapin FS, Walker LR, Fastie CL, et al. 1994. Mechanisms of primary succession following deglaciation at Glacier Bay, Alaska. *Ecological Monographs*, 64: 149-175.

Chapin III FS, Matson PA, Mooney HA. 2011. *Principles of Terrestrial Ecosystem Ecology*. Berlin: Springer.

Chapin III FS, Zavaleta ES, Eviner VT, et al. 2000. Consequences of changing biodiversity. *Nature*, 405: 234-242.

Chase JM. 2005. Towards a really unified theory for metacommunities. *Functional Ecology*, 19: 182-186.

Chase JM, Leibold MA. 2003. *Ecological Niches: Linking Classical and Contemporary Approaches*. Chicago: University of Chicago Press.

Chave J. 2004. Neutral theory and community ecology. *Ecology Letters*, 7: 241-253.

Chave J, Andalo C, Brown S, et al. 2005. Tree allometry and improved estimation of carbon stocks and balance in tropical forests. *Oecologia*, 145: 87-99.

Chave J, Condit R, Aguilar S, et al. 2004. Error propagation and scaling for tropical forest biomass estimates. *Philosophical Transactions of the Royal Society of London*, Series B: *Biological Sciences*, 359: 409-420.

Chave J, Condit R, Lao S, et al. 2003. Spatial and temporal variation in biomass of a tropical forest: Results from a large census plot in Panama. *Journal of Ecology*, 91: 240-252.

Chave J, Coomes D, Jansen S, et al. 2009. Towards a worldwide wood economics spectrum. *Ecology Letters*, 12: 351-366.

Chave J, Muller-Landau HC, Levin SA. 2002. Comparing classical community models: Theoretical consequences for patterns of diversity. *The American Naturalist*, 195: 1-23.

Chave J, Riéra B, Dubois MA. 2001. Estimation of biomass in a neotropical forest of French Guiana: spatial and temporal variability. *Journal of Tropical Ecology*, 17: 79-96.

Chazdon R, Letcher S, van Breugel M, et al. 2007. Rates of change in tree communities of secondary Neotropical forests following major disturbances. *Philosophical Transactions of the Royal Society*, Series B: *Biological Sciences*, 362: 273-289.

Chazdon RL. 2003. Tropical forest recovery: Legacies of human impact and natural disturbances. *Perspectives in Plant Ecology, Evolution and Systematics*, 6: 51-71.

Chazdon RL. 2008a. Beyond deforestation: Restoring forests and ecosystem services on degraded lands. *Science*, 320: 1458-1460.

Chazdon RL. 2008b. Chance and determinism in tropical forest succession. In: Carson WP, Schnitzer SA. *Tropical Forest Community Ecology*. Oxford: Wiley-Blackwell, 384-408.

Chazdon RL. 2014. *Second Growth: The Promise of Tropical Forest Regeneration in an Age of Deforestation*. Chicago and London: The University of Chicago Press.

Chazdon RL, Colwell RK, Denslow JS, et al. 1998. Statistical methods for estimating species richness of woody regeneration in primary and secondary rain forests of NE Costa Rica. In: Dallmeier F, Comiskey JA. *Forest Biodiversity Research, Monitoring and Modeling: Conceptual Background and Old World Case Studies*. Paris: Parthenon Publishing, 285-309.

Chazdon RL, Fetcher N. 1984. Photosynthetic light environments in a lowland tropical rain forest in Costa Rica. *Journal of Ecology*, 72: 553-564.

Chazdon RL, Finegan B, Capers RS, et al. 2010. Composition and dynamics of functional groups of trees during tropical forest succession in northeastern Costa Rica. *Biotropica*, 42: 31-40.

Chen JQ, Bradshaw GA. 1999. Forest structure in space: A case study of an old growth spruce-fir forest in Changbaishan Natural Reserve, PR China. *Forest Ecology and Management*, 120: 219-233.

Chen YJ, Bongers F, Cao KF, et al. 2008. Above-and below-ground competition in high and low irradiance: Tree seedling responses to a competing liana *Byttneria grandifolia*. *Journal of Tropical Ecology*, 24: 517-524.

Chesson P. 2000a. Mechanisms of maintenance of species diversity. *Annual Review of Ecology and Systematics*, 31: 343-366.

Chesson P. 2000b. General theory of competitive coexistence in spatially-varying environments. *Theoretical Population Biology*, 58: 211-237.

Chinea JD. 2002. Tropical forest succession on abandoned farms in the Humacao Municipality of eastern Puerto Rico. *Forest Ecology and Management*, 167: 195-207.

Chisholm RA, Muller-Landau HC, Abdul Rahman K, et al. 2013. Scale-dependent relationships between tree species richness and ecosystem function in forests. *Journal of Ecology*, 101: 1214-1224.

Choler P, Michalet R, Callaway RM. 2001. Facilitation and competition on gradients in alpine plant communities. *Ecography*, 82: 3295.

Chu CJ, Maestre FT, Xiao S, et al. 2008. Balance between facilitation and resource competition determines biomass-density relationships in plant populations. *Ecology Letters*, 11: 1189-1197.

Chytrý M, Danihelka J, Kubešová S, et al. 2008. Diversity of forest vegetation across a strong gradient of climatic continentality: Western Sayan Mountains, southern Siberia. *Plant Ecology*, 196: 61-83.

Ciais P, Tans PP, Trolier M, et al. 1995. A large northern Hemisphere terrestrial CO_2 sink indicated by the $^{13}C/^{12}C$ ratio of atmospheric CO_2. *Science*, 269: 1098-1102.

Cilliers SS, Bredenkamp GJ. 2000. Classes of synanthropic vegetation in urban open spaces of Potchefstroom, South Africa. *Proceedings IAVS Symposium*, 85: 218-221.

Clack DA. 2004. Sources or sinks? The responses of tropical forests to current and future climate and atmospheric composition. *Philosophical Transactions of the Royal Society of London*, Series B, 359: 477-491.

Clark DA, Brown S, Kicklighter DW. 2001a. Net primary production in tropical forests: An evaluation and synthesis of existing field data. *Ecological Applications*, 11: 371-384.

Clark DA, Clark DB. 1992. Life history diversity of canopy and emergent trees in a neotropical rain forest. *Ecological Monographs*, 62: 315-344.

Clark DA, Clark DB. 1999. Assessing the growth of tropical rain forest trees: Issues for forest modeling and management. *Ecological Applications*, 9: 981-997.

Clark DB, Clark DA. 2000. Landscape-scale variation in forest structure and biomass in a tropical rain forest. *Forest Ecology and Management*, 137: 185-198.

Clark DB, Palmer M, Clark DA. 1999. Edaphic factors and the landscape-scale distribution of tropical rain forest trees. *Ecology*, 80: 2662-2675.

Clark JS, Lewis M, Horvath L, et al. 2001b. Invasion by extremes: Population spread with variation in dispersal and reproduction. *The American Naturalist*, 157: 537.

Clark JS, McLachlan JS. 2003. Stability of forest biodiversity. *Nature*, 423: 635-638.

Clark PJ, Evans FC. 1954. Distance to nearest neighbor as a measure of spatial relationships in populations. *Ecology*, 35: 445-453.

Cleary DFR, Boyle TJB, Setyawati T, et al. 2005. The impact of logging on the abundance, species richness and community composition of butterfly guilds in Borneo. *Journal of Applied Entomology*, 129: 52–59.

Clements FE, Weaver JF, Hanson H. 1926. *Plant Competition: An Analysis of the Development of Vegetation*. New York: Carnegie Institute.

Cleveland CC, Townsend AR, Taylor P, et al. 2011. Relationships among net primary productivity, nutrients and climate in tropical rain forest: A pan-tropical analysis. *Ecology Letters*, 14: 939–947.

Coblentz DD, Riitters KH. 2004. Topographic controls on the regional-scale biodiversity of the south-western USA. *Journal of Biogeography*, 31: 1125–1138.

Cochrane MA. 2003. Fire science for rainforests. *Nature*, 421: 913–919.

Collins MD, Vázquez DP, Sanders NJ. 2002. Species-area curves, homogenization and the loss of global diversity. *Evolutionary Ecology Research*, 4: 457–464.

Colwell RK, Lees DC. 2000. The mid-domain effect: Geometric constraints on the geography of species richness. *Trends in Ecology and Evolution*, 15: 70–76.

Colwell RK, Winkler DW. 1984. A null model for null models in biogeography. In: Strong DR, Simberloff D, Abele D, Thistle AB. *Ecological Communities: Conceptual Issues and the Evidence*. New Jersey: Princeton University Press, 344–359.

Comita LS, Aguilar S, Pérez R, et al. 2007. Patterns of woody plant species abundance and diversity in the seedling layer of a tropical forest. *Journal of Vegetation Science*, 18: 163–174.

Comita LS, Engelbrecht BMJ. 2009. Seasonal and spatial variation in water availability drive habitat associations in a tropical forest. *Ecology*, 90: 2755–2765.

Comita LS, Goldsmith G, Hubbell SP. 2009. Intensive research activity alters short-term seedling dynamics in a tropical forest. *Ecological Research*, 24: 225–230.

Comita LS, Hubbell SP. 2009. Local neighborhood and species' shade tolerance influence survival in a diverse seedling bank. *Ecology*, 90: 328–334.

Comita LS, Muller-Landau HC, Aguilar S, et al. 2010. Asymmetric density dependence shapes species abundances in a tropical tree community. *Science*, 329: 330–332.

Condit R, Ashton P, Bunyavejchewin S, et al. 2006. The importance of demographic niches to tree diversity. *Science*, 313: 98–101.

Condit R, Ashton PS, Baker P, et al. 2000a. Spatial patterns in the distribution of tropical tree species. *Science*, 288: 1414–1418.

Condit R, Hubbell SP, Foster RB. 1992. Recruitment near conspecific adults and the maintenance of tree and shrub diversity in a neotropical forest. *The American Naturalist*, 140(2): 261–286.

Condit R, Hubbell SP, Foster RB. 1994. Density dependence in two understory tree species in a neotropical forest. *Ecology*, 75: 671–680.

Condit R, Hubbell SP, Foster RB. 1995. Mortality rates of 205 neotropical tree and shrub species and the impact of a severe drought. *Ecological Monographs*, 65: 419–439.

Condit R, Pitman N, Leigh Jr EG, et al. 2002. Beta-diversity in tropical forest trees. *Science*, 295:

666-669.

Condit R, Watts K, Bohlman SA, et al. 2000b. Quantifying the deciduousness of tropical forest canopies under varying climates. *Journal of Vegetation Science*, 11: 649-658.

Connell JH. 1971. On the role of natural enemies in preventing competitive exclusion in some marine animals and in rain forest trees. In: den Boer PJ, Gradwell GR. *Dynamics of Populations*. Wageningen: Centre for Agricultural Publishing and Documentation, 298-312.

Connell JH. 1978. Diversity in tropical rain forests and coral reefs. *Science*, 199: 1302-1310.

Connell JH, Green PT. 2000. Seedling dynamics over thirty-two years in a tropical rain forest tree. *Ecology*, 81: 568-584.

Connell JH, Slatyer RO. 1977. Mechanisms of succession in natural communities and their role in community stability and organization. *The American Naturalist*, 111: 1119-1144.

Connell JH, Tracey JG, Webb LJ. 1984. Compensatory recruitment, growth, and mortality as factors maintaining rain forest tree diversity. *Ecological Monographs*, 54: 141-164.

Conti G, Díaz S. 2013. Plant functional diversity and carbon storage—An empirical test in semi-arid forest ecosystems. *Journal of Ecology*, 101: 18-28.

Coomes DA, Allen RB, Bentley WA, et al. 2005. The hare, the tortoise and the crocodile: The ecology of angiosperm dominance, conifer persistence and fern filtering. *Journal of Ecology*, 93: 918-935.

Coomes DA, Grubb PJ. 2000. Impacts of root competition in forests and woodlands: A theoretical framework and review of experiments. *Ecological Monographs*, 70: 171-207.

Coomes DA, Kunstler G, Canham CD, et al. 2009. A greater range of shade-tolerance niches in nutrient-rich forests: An explanation for positive richness-productivity relationships? *Journal of Ecology*, 97: 705-717.

Coomes OT, Takasaki Y, Rhemtulla JM. 2011. Land-use poverty traps identified in shifting cultivation systems shape long-term tropical forest cover. *Proceedings of the National Academy of Sciences*, 108: 13925-13930.

Cornelissen JHC, Castro-Díez P, Hunt R. 1996. Seedling growth, allocation and leaf attributes in a wide range of woody plant species and types. *Journal of Ecology*, 84: 755-765.

Cornelissen JHC, Cerabolini B, Castro-Díez P, et al. 2003a. Functional traits of woody plants: Correspondence of species rankings between field adults and laboratory-grown seedlings? *Journal of Vegetation Science*, 14: 311-322.

Cornelissen JHC, Lavorel S, Garnier E, et al. 2003b. A handbook of protocols for standardised and easy measurement of plant functional traits worldwide. *Australian Journal of Botany*, 51: 335-380.

Cornelissen JHC, Steege HT. 1989. Distribution and ecology of epiphytic bryophytes and lichens in dry evergreen forest of Guyana. *Journal of Tropical Ecology*, 5: 131-150.

Cornwell WK, Ackerly DD. 2009. Community assembly and shifts in plant trait distributions across an environmental gradient in coastal California. *Ecological Monographs*, 79: 109-126.

Cornwell WK, Cornelissen JHC, Allison SD, et al. 2009. Plant traits and wood fates across the globe:

Rotted, burned, or consumed? *Global Change Biology*, 15: 2431-2449.

Cornwell WK, Schwilk DW, Ackerly DD. 2006. A trait-based test for habitat filtering: Convex hull volume. *Ecology*, 87: 1466-1471.

Corre MD, Veldkamp E, Arnold J, et al. 2010. Impact of elevated N input on soil N cycling and losses in old-growth lowland and montane forests in Panama. *Ecology*, 91: 1715-1729.

Coxson DS, Nadkarni NM. 1995. Ecological roles of epiphytes in nutrient cycles of forest ecosystems. In: Lowman MD, Nadkarni NM. *Forest Canopies*. San Diego: Academic Press.

Craine JM. 2005. Reconciling plant strategy theories of Grime and Tilman. *Journal of Ecology*, 93: 1041-1052.

Crawley MJ, Harral JE. 2001. Scale dependence in plant biodiversity. *Science*, 291: 864-868.

Cramer MJ, Willig MR. 2002. Habitat heterogeneity, habitat associations, and rodent species diversity in a sand-shinnery-oak landscape. *Journal of Mammalogy*, 83: 743-753.

Cramer MJ, Willig MR. 2005. Habitat heterogeneity, species diversity and null models. *Oikos*, 108: 209-218.

Cribb PJ, Puy DD, Bosser J. 2002. An unusual new epiphytic species of *Eulophia*(Orchidaceae)from southeastern Madagascar. *Adansonia*, 24: 169-172.

Cross MS, Harte J. 2007. Compensatory responses to loss of warming-sensitive plant species. *Ecology*, 88: 740-748.

Cuizhang F, Xia H, Jun L, et al. 2006. Elevational patterns of frog species richness and endemic richness in the Hengduan Mountains, China: Geometric constraints, area and climate effects. *Ecography*, 29: 919-927.

Culmsee H, Leuschner C, Moser G, et al. 2010. Forest aboveground biomass along an elevational transect in Sulawesi, Indonesia, and the role of Fagaceae in tropical montane rain forests. *Journal of Biogeography*, 37: 960-974.

Cumming GS, Buerkert A, Hoffmann EM, et al. 2014. Implications of agricultural transitions and urbanization for ecosystem services. *Nature*, 515: 50-57.

Cumming GS, Child MF. 2009. Contrasting spatial patterns of taxonomic and functional richness offer insights into potential loss of ecosystem services. *Philosophical Transactions of the Royal Society of London*, Series B: *Biological Sciences*, 364: 1683-1692.

Curran LM, Caniago I, Paoli GD, et al. 1999. Impact of El Niño and logging on canopy tree recruitment in Borneo. *Science*, 286: 2184-2188.

D'Odorico P, He Y, Collins S, et al. 2012. Vegetation-microclimate feedbacks in woodland-grassland ecotones. *Global Ecology and Biogeography*, 22: 364-379.

Díaz S, Cabido M. 1997. Plant functional types and ecosystem function in relation to global change. *Journal of Vegetation Science*, 8: 463-474.

Díaz S, Cabido M. 2001. Vive la différence: Plant functional diversity matters to ecosystem processes. *Trends in Ecology and Evolution*, 16: 646-655.

Díaz S, Cabido M, Casanoves F. 1999. Functional implications of trait-environment linkages in plant communities. In: Weiher E, Keddy P. *Ecological Assembly Rules: Perspectives, Advances, Retreats*. Cambridge: Cambridge University Press, 338-362.

Díaz S, Fargione J, Chapin FS, et al. 2006. Biodiversity loss threatens human well-being. *PLoS Biology*, 4: e277.

Díaz S, Hodgson JG, Thompson K, et al. 2004. The plant traits that drive ecosystems: Evidence from three continents. *Journal of Vegetation Science*, 15: 295-304.

Díaz S, Kattge J, Cornelissen JHC, et al. 2016. The global spectrum of plant form and function. *Nature*, 529: 167-171.

Díaz S, Lavorel S, de Bello F, et al. 2007a. Incorporating plant functional diversity effects in ecosystem service assessments. *Proceedings of the National Academy of Sciences*, 104: 20684.

Díaz S, Lavorel S, McIntyre SUE, et al. 2007b. Plant trait responses to grazing—A global synthesis. *Global Change Biology*, 13: 313-341.

Dahlgren JP, Eriksson O, Bolmgren K, et al. 2006. Specific leaf area as a superior predictor of changes in field layer abundance during forest succession. *Journal of Vegetation Science*, 17: 577-582.

Dale MRT. 1999. *Spatial Pattern Analysis in Plant Ecology*. Cambridge: Cambridge University Press.

Dale VH, Joyceb LA, McNultyc S, et al. 2000. The interplay between climate change, forest, and disturbances. *The Science of the Total Environment*, 262: 201-204.

Dalle SP, Pulido MT, Blois S. 2011. Balancing shifting cultivation and forest conservation: Lessons from a "sustainable landscape" in southeastern Mexico. *Ecological Applications*, 21: 1557-1572.

Dalling JW, Hubbell SP. 2002. Seed size, growth rate and gap microsite conditions as determinants of recruitment success for pioneer species. *Journal of Ecology*, 90: 557-568.

Dalling JW, Hubbell SP, Silvera K. 1998a. Seed dispersal, seedling establishment and gap partitioning among tropical pioneer trees. *Journal of Ecology*, 86: 674-689.

Dalling JW, Swaine MD, Garwood NC. 1998b. Dispersal patterns and seed bank dynamics of pioneer trees in moist tropical forest. *Ecology*, 79: 564-578.

Dalling JW, Winter K, Nason JD, et al. 2001. The unusual life history of *Alseis blackiana*: A shade-persistent pioneer tree? *Ecology*, 82: 933-945.

Daniel CN, Ingrid MT, David R, et al. 2007. Mortality of large trees and lianas following experimental drought in Amazon forest. *Ecology*, 88: 2259-2269.

Das A, Battles J, van Mantgem PJ, et al. 2008. Spatial elements of mortality risk in old-growth forests. *Ecology*, 89: 1744-1756.

Davidar P, Puyravaud JP, Leigh Jr EG. 2005. Changes in rain forest tree diversity, dominance and rarity across a seasonality gradient in the Western Ghats, India. *Journal of Biogeography*, 32: 493-501.

Daws MI, Mullins CE, Burslem DF, et al. 2002. Topographic position affects the water regime in a semideciduous tropical forest in Panama. *Plant and Soil*, 238: 79-89.

de Bello F, Lavorel S, Díaz S, et al. 2010. Towards an assessment of multiple ecosystem processes and services via functional traits. *Biodiversity and Conservation*, 19: 2873-2893.

de Bello F, Vandewalle M, Reitalu T, et al. 2013. Evidence for scale-and disturbance-dependent trait assembly patterns in dry semi-natural grasslands. *Journal of Ecology*, 101: 1237-1244.

de Castilho CV, Magnusson WE, de Araújo RNO, et al. 2006. Variation in aboveground tree live biomass in a central Amazonian Forest: Effects of soil and topography. *Forest Ecology and Management*, 234: 85-96.

de Deyn GB, Cornelissen JHC, Bardgett RD. 2008. Plant functional traits and soil carbon sequestration in contrasting biomes. *Ecology Letters*, 11: 516-531.

de Deyn GB, Raaijmakers CE, van der putten WH. 2004. Plant community development is affected by nutrients and soil biota. *Journal of Ecology*, 92: 824-834.

de Souza Werneck M, do Espírito-Santo MM. 2002. Species diversity and abundance of vascular epiphytes on *Vellozia piresiana* in Brazil. Biotropica, 34: 51-57.

de Steven D, Wright SJ. 2002. Consequences of variable reproduction for seedling recruitment in three neotropical tree species. *Ecology*, 83: 2315-2327.

de Toledo Castanho C, de Oliveira AA. 2008. Relative effect of litter quality, forest type and their interaction on leaf decomposition in south-east Brazilian forests. *Journal of Tropical Ecology*, 24: 149-156.

Deb P, Sundriyal RC. 2008. Tree regeneration and seedling survival patterns in old-growth lowland tropical rainforest in Namdapha National Park, north-east India. *Forest Ecology and Management*, 255: 3995-4006.

Debinski DM, Holt RD. 2000. A survey and overview of habitat fragmentation experiments. *Conservation Biology*, 14: 342-355.

Delagrange S, Messier C, Lechowicz MJ, et al. 2004. Physiological, morphological and allocational plasticity in understory deciduous trees: Importance of plant size and light availability. *Tree Physiology*, 24: 775-784.

Deng F, Zang R, Chen B. 2008. Identification of functional groups in an old-growth tropical montane rain forest on Hainan Island, China. *Forest Ecology and Management*, 255: 1820-1830.

Dengler J. 2009. Which function describes the species-area relationship best? A review and empirical evaluation. *Journal of Biogeography*, 36: 728-744.

Denslow JS. 1987. Tropical rainforest gaps and tree species diversity. *Annual Review of Ecology and Systematics*, 18: 431-451.

Denslow JS. 1995. Disturbance and diversity in tropical rain forests: The density effect. *Ecological Applications*, 5: 962-968.

Denslow JS. 1996. Functional groups diversity and recovery from disturbance. In: Orinas GH, Dirzo R, Cushman JH. *Biodiversity and Ecosystem Processes in Tropical Forests*. Berlin: Springer-Verlag Press, 127-152.

Dent DH, DeWalt SJ, Denslow JS. 2013. Secondary forests of central Panama increase in similarity to old-growth forest over time in shade tolerance but not species composition. *Journal of Vegetation*

Science, 24: 530-542.

Devictor V, Julliard R, Clavel J, et al. 2008. Functional biotic homogenization of bird communities in disturbed landscapes. *Global Ecology and Biogeography*, 17: 252-261.

Devictor V, Julliard R, Couvet D, et al. 2007. Functional homogenization effect of urbanization on bird communities. *Conservation Biology*, 21: 741-751.

Devictor V, Mouillot D, Meynard C, et al. 2010. Spatial mismatch and congruence between taxonomic, phylogenetic and functional diversity: The need for integrative conservation strategies in a changing world. *Ecology Letters*, 13: 1030-1040.

Dewalt SJ, Chave J. 2004. Structure and biomass of four lowland neotropical forests. *Biotropic*, 36: 7-19.

Dhondt AA. 2010. Effects of competition on great and blue tit reproduction: Intensity and importance in relation to habitat quality. *Journal of Animal Ecology*, 79: 257-265.

Diamond. 1975. Assembly of species communities. In: Code M L, Diamond JM. *Ecology and Evolution of Communities*. Cambridge: Harvard University Press, 343-444.

Diamond JM, Gilpin ME. 1982. Examination of the "null" model of Connor and Simberloff for species co-occurrence on islands. *Oecologia*, 52: 64-74.

Diffenbaugh NS, Pal JS, Trapp RJ, et al. 2005. Fine-scale processes regulate the response of extreme events to global climate change. *Proceedings of the National Academy of Sciences*, 102: 15774-15778.

Diggle. 1983. *Statistical Analysis of Spatial Point Patterns*. New York: Academic Press.

Ding Y, Zang RG. 2005. Community characteristics of early recovery vegetation on abandoned lands of shifting cultivation in Bawangling of Hainan Island, South China. *Journal of Integrative Plant Biology*, 47: 530-538.

Ding Y, Zang RG, Jiang YX. 2006. Effect of hillslope gradient on vegetation recovery on abandoned land of shifting cultivation in Hainan Island, South China. *Journal of Integrative Plant Biology*, 48: 642-653.

Ding Y, Zang RG, Letcher SG, et al. 2012a. Disturbance regime changes the trait distribution, phylogenetic structure and community assembly of tropical rain forests. *Oikos*, 121: 1263-1270.

Ding Y, Zang RG, Liu S, et al. 2012b. Recovery of woody plant diversity in tropical rain forests in southern China after logging and shifting cultivation. *Biological Conservation*, 145: 225-233.

Diniz-Filho JAF, Bini LM. 2005. Modelling geographical patterns in species richness using eigenvector-based spatial filters. *Global Ecology and Biogeography*, 14: 177-185.

Diniz-Filho JAF, Bini LM, Hawkins BA. 2003. Spatial autocorrelation and red herrings in geographical ecology. *Global Ecology and Biogeography*, 12: 53.

Diniz-Filho JAF, de Campos Telles MP. 2002. Spatial autocorrelation analysis and the identification of operational units for conservation in continuous populations. *Conservation Biology*, 16: 924-935.

Diniz-Filho JAF, Rangel TF, Hawkins BA. 2004. A test of multiple hypotheses for the species richness gradient of South American owls. *Oecologia*, 140: 633-638.

Dixon RK, Solomon AM, Brown S, et al. 1994. Carbon pools and flux of global forest ecosystems. *Science*, 263: 185-190.

Dodson SI, Arnott SE, Cottingham KL. 2000. The relationship in lake communities between primary productivity and species richness. *Ecology*, 81: 2662-2679.

Donnelly. 1978. Simulations to determine the variance and edge-effect of total nearest neighbour distance. In: Hodder IR. *Simulation Methods in Archaeology*. Cambridge: Cambridge University Press, 91-95.

Dormann CF, Woodin SJ. 2002. Climate change in the Arctic: Using plant functional types in a meta-analysis of field experiments. *Functional Ecology*, 16: 4-17.

Douma JC, de Haan MWA, Aerts R, et al. 2011. Succession-induced trait shifts across a wide range of NW European ecosystems are driven by light and modulated by initial abiotic conditions. *Journal of Ecology*, 100: 366-380.

Drakare S, Lennon JJ, Hillebrand H. 2006. The imprint of the geographical, evolutionary and ecological context on species-area relationships. *Ecology Letters*, 9: 215-227.

Duclos V, Boudreau S, Chapman CA. 2013. Shrub cover influence on seedling growth and survival following logging of a tropical forest. *Biotropica*, 45(4): 419-426.

Dufour A, Gadallah F, Wagner HH, et al. 2006. Plant species richness and environmental heterogeneity in a mountain landscape: Effects of variability and spatial configuration. *Ecography*, 29: 573-584.

Duivenvoorden JF, Svenning JC, Wright SJ. 2002. Ecology: Beta diversity in tropical forests. *Science*, 295: 636-637.

Dulamsuren C, Hauck M. 2008. Spatial and seasonal variation of climate on steppe slopes of the northern Mongolian mountain taiga. *Grassland Science*, 54: 217-230.

Dumbrell AJ, Clark EJ, Frost GA, et al. 2008. Changes in species diversity following habitat disturbance are dependent on spatial scale: Theoretical and empirical evidence. *Journal of Applied Ecology*, 45: 1531-1539.

Duncan RP. 1991. Competition and the coexistence of species in a mixed podocarp stand. *Journal of Ecology*, 79: 1073-1084.

Duncan RP, Blackburn TM. 2004. Extinction and endemism in the New Zealand avifauna. *Global Ecology and Biogeography*, 13: 509-517.

Edwards DP, Larsen TH, Docherty TDS, et al. 2011. Degraded lands worth protecting: The biological importance of Southeast Asia's repeatedly logged forests. *Proceedings of the Royal Society B: Biological Sciences*, 278: 82-90.

Edwards DP, Woodcock P, Edwards FA, et al. 2012a. Reduced-impact logging and biodiversity conservation: A case study from Borneo. *Ecological Applications*, 22: 561-571.

Edwards EJ, Benham DG, Marland LA, et al. 2004. Root production is determined by radiation flux in a temperate grassland community. *Global Change Biology*, 10: 209-227.

Edwards RD, Crisp MD, Cook LG. 2012b. Niche differentiation and spatial partitioning in the evolution of two Australian monsoon tropical tree species. *Journal of Biogeography*, 40: 559-569.

Egler FE. 1954. Vegetation science concepts. I. Initial floristic composition, a factor in old-field vegetation development. *Plant Ecology*, 4: 412-417.

Ehrenfeld JG. 1995. Microtopography and vegetation in Atlantic white cedar swamps: The effects of natural disturbances. *Canadian Journal of Botany*, 73: 474-484.

Einsmann JC, Jones RH, Pu M, et al. 1999. Nutrient foraging traits in ten co-occurring plant species of contrasting life forms. *Journal of Ecology*, 87: 609-619.

Elgersma AM, Dhillion SS. 2002. Geographical variability of relationships between forest communities and soil nutrients along a temperature-fertility gradient in Norway. *Forest Ecology and Management*, 158: 155-168.

Emborg J. 1998. Understory light conditions and regeneration with respect to the structural dynamics of a near-natural temperate deciduous forest in Denmark. *Forest Ecology and Management*, 106: 83-95.

Emerson BC, Gillespie RG. 2008. Phylogenetic analysis of community assembly and structure over space and time. *Trends in Ecology and Evolution*, 23: 619-630.

Endara MJ, Coley PD. 2011. The resource availability hypothesis revisited: A meta-analysis. *Functional Ecology*, 25: 389-398.

Engelbrecht BMJ, Comita LS, Condit R, et al. 2007. Drought sensitivity shapes species distribution patterns in tropical forests. *Nature*, 447: 80-82.

Engels JG, Rink F, Jensen K. 2011. Stress tolerance and biotic interactions determine plant zonation patterns in estuarine marshes during seedling emergence and early establishment. *Journal of Ecology*, 99: 277-287.

Englund G, Leonardsson K. 2008. Scaling up the functional response for spatially heterogeneous systems. *Ecology Letters*, 11: 440-449.

Ennos AR. 1997. Wind as an ecological factor. *Trends in Ecology and Evolution*, 12: 108-111.

Enquist BJ, Kerkhoff AJ, Stark SC, et al. 2007a. A general integrative model for scaling plant growth, carbon flux, and functional trait spectra. *Nature*, 449: 218-222.

Enquist BJ, Tiffney BH, Niklas KJ. 2007b. Metabolic scaling and the evolutionary dynamics of plant size form and diversity: Toward a synthesis of ecology evolution and palaeontology. *International Journal of Plant Science*, 168: 729-749.

Erickson H, Ayala G. 2004. Hurricane-induced nitrous oxide fluxes from a wet tropical forest. *Global Change Biology*, 10: 1155-1162.

Eriksson O. 1993. The species-pool hypothesis and plant community diversity. *Oikos*, 68: 371-374.

Ernest S, Enquist BJ, Brown JH, et al. 2003. Thermodynamic and metabolic effects on the scaling of production and population energy use. *Ecology Letters*, 6: 990-995.

Etienne RS. 2005. A new sampling formula for neutral biodiversity. *Ecology Letters*, 8: 253-260.

Etienne RS. 2007. A neutral sampling formula for multiple samples and an "exact" test of neutrality. *Ecology Letters*, 10: 608-618.

Etienne RS, Apol MEF, Olff H, et al. 2007. Modes of speciation and the neutral theory of biodiversity. *Oikos*, 116: 241-258.

Etienne RS, Olff H. 2004. A novel genealogical approach to neutral biodiversity theory. *Ecology Letters*, 7: 170-175.

Everham IEM. 1995. *A Comparison of Methods for Quantifying Catastrophic Wind Damage to Forest*. Cambridge: Cambridge Universtiy Press.

Eviner VT, Chapin FS Ⅲ, Vaughn CE. 2006. Seasonal variations in plant species effects on soil N and P dynamics. *Ecology*, 87: 974-986.

Ewel J. 1980. Tropical succession: Manifold routes to maturity. *Biotropica*, 12(supplement): 2-7.

Ewel JE, Bigelow SW. 1996. Six plant life-forms and tropical ecosystem functioning. In: Orinas H, Dirzo R, Cushman JH. *Biodiversity and Ecosystem Processes in Tropical Forests*. Berlin: Springer-Verlag Press, 101-126.

Ewers RM, Didham RK. 2006. Confounding factors in the detection of species responses to habitat fragmentation. *Biological Reviews*, 81: 117-142.

Fabbro T, Körner C. 2004. Altitudinal differences in flower traits and reproductive allocation. *Flora-Morphology*, *Distribution*, *Functional Ecology of Plants*, 199: 70-81.

Fajardo A, Piper FI, Pfund L, et al. 2012. Variation of mobile carbon reserves in trees at the alpine treeline ecotone is under environmental control. *New Phytologist*, 195: 794-802.

Fangliang H, Legendre P, LaFrankie JV. 1997. Distribution patterns of tree species in a Malaysian tropical rain forest. *Journal of Vegetation Science*, 8: 105-114.

Fargione J, Tilman D, Dybzinski R, et al. 2007. From selection to complementarity: Shifts in the causes of biodiversity-productivity relationships in a long-term biodiversity experiment. Proceedings of the Royal Society B, 274: 871-876.

Fargione JE, Tilman D. 2005. Diversity decreases invasion via both sampling and complementarity effects. *Ecology Letters*, 8: 604-611.

Faria D, Mariano-Neto E, Martini AMZ, et al. 2009. Forest structure in a mosaic of rainforest sites: The effect of fragmentation and recovery after clear cut. *Forest Ecology and Management*, 257: 2226-2234.

Fattorini S. 2007. To fit or not to fit? A poorly fitting procedure produces inconsistent results when the species-area relationship is used to locate hotspots. *Biodiversity and Conservation*, 16: 2531-2538.

Fenchel T. 1993. There are more small than large species? *Oikos*, 68: 375-378.

Feng ZL, Zheng Z, Zhang JH, et al. 1998. Biomass and its allocation of a tropical seasonal rain forest in Xishuangbanna. *Acta Phytoecologica Sinica*, 22: 481-488.

Finér L, Ohashi M, Noguchi K, et al. 2011. Factors causing variation in fine root biomass in forest ecosystems. *Forest Ecology and Management*, 261: 265-277.

Finegan B. 1984. Forest succession. *Nature*, 312: 109-114.

Finegan B. 1996. Pattern and process in neotropical secondary rain forests: The first 100 years of succession. *Trends in Ecology and Evolution*, 11: 119-124.

Finegan B, Peña-Claros M, de Oliveira A, et al. 2015. Does functional trait diversity predict above-ground biomass and productivity of tropical forests? Testing three alternative hypotheses. *Journal of Ecology*, 103: 191-201.

Finzi AC, van Breemen N, Canham CD. 1998. Canopy tree-soil interactions within temperate forests: Species effects on soil carbon and nitrogen. *Ecological Applications*, 8: 440-446.

Firn J, Erskine PD, Lamb D. 2007. Woody species diversity influences productivity and soil nutrient availability in tropical plantations. *Oecologia*, 154: 521-533.

Fisher JB. 1982. A survey of buttresses and aerial roots of tropical trees for presence of reaction wood. *Biotropica*, 14(1): 56-61.

Fisher RA, Corbet AS, Williams CB. 1943. The relation between the number of species and the number of individuals in a random sample of an animal population. *Journal of Animal Ecology*, 12: 42-58.

Flores-Palacios A, Garcia-Franco JG. 2006. The relationship between tree size and epiphyte species richness: Testing four different hypotheses. *Journal of Biogeography*, 33: 323-330.

Flores O, Coomes DA. 2011. Estimating the wood density of species for carbon stock assessments. *Methods in Ecology and Evolution*, 2: 214-220.

Flynn DFB, Gogol-Prokurat M, Nogeire T, et al. 2009. Loss of functional diversity under land use intensification across multiple taxa. *Ecology Letters*, 12: 22-33.

Flynn DFB, Mirotchnick N, Jain M, et al. 2011. Functional and phylogenetic diversity as predictors of biodiversity—ecosystem-function relationships. *Ecology*, 92: 1573-1581.

Folt CL, Burns CW. 1999. Biological drivers of zoo plankton patchiness. *Trends in Ecology and Evolution*, 14: 300-305.

Fonseca CR, Overton JM, Collins B, et al. 2000. Shifts in trait-combinations along rainfall and phosphorus gradients. *Journal of Ecology*, 88: 964-977.

Foody GM. 2004. Spatial nonstationarity and scale-dependency in the relationship between species richness and environmental determinants for the sub-Saharan endemic avifauna. *Global Ecology and Biogeography*, 13: 315-320.

Ford ED. 1975. Competition and stand structure in some even-aged plant monocultures. *Journal of Ecology*, 63: 311-333.

Forest F, Grenyer R, Rouget M, et al. 2007. Preserving the evolutionary potential of floras in biodiversity hotspots. *Nature*, 445: 757-760.

Fornara D, Tilman D. 2008. Plant functional composition influences rates of soil carbon and nitrogen accumulation. *Journal of Ecology*, 96: 314-322.

Fornara DA, Tilman D, Hobbie SE. 2009. Linkages between plant functional composition, fine root processes and potential soil N mineralization rates. *Journal of Ecology*, 97: 48-56.

Fortunel C, Garnier E, Joffre R, et al. 2009. Leaf traits capture the effects of land use changes and climate on litter decomposability of grasslands across Europe. *Ecology*, 90: 598-611.

Fortunel C, Paine C, Fine PV, et al. 2014. Environmental factors predict community functional composition in Amazonian forests. *Journal of Ecology*, 102: 145−155.

Foster BL. 2001. Constraints on colonization and species richness along a grassland productivity gradient: The role of propagule availability. *Ecology Letters*, 4: 530−535.

Foster BL, Tilman D. 2000. Dynamic and static views of succession: Testing the descriptive power of the chronosequence approach. *Plant Ecology*, 146: 1−10.

Francisco-Ortega J, Wang ZS, Wang FG, et al. 2010. Seed plant endemism on Hainan Island: A framework for conservation actions. *Botanical Review*, 76(3): 346−376.

Franco AJ, Redondo E, Masot AJ. 2004. Morphometric and immunohistochemical study of the reticulum of red deer during prenatal development. *Journal of Anatomy*, 205: 277−289.

Franklin JF, Shugart HH, Harmon ME. 1987. Tree death as an ecological process. *Bioscience*, 37: 550−556.

Fraser LH, Keddy PA. 2005. Can competitive ability predict structure in experimental plant communities? *Journal of Vegetation Science*, 16: 571−578.

Fraver S, Palik BJ. 2011. Stand and cohort structures of old-growth *Pinus resinosa*-dominated forests of northern Minnesota, USA. *Journal of Vegetation Science*, 23: 249−259.

Frazier MR, Huey RB, Berrigan D. 2006. Thermodynamics constrains the evolution of insect population growth rates: "Warmer is better". *The American Naturalist*, 168: 512−520.

Freckleton RP, Watkinson AR, Rees M. 2009. Measuring the importance of competition in plant communities. *Journal of Ecology*, 97: 379−384.

Freschet GT, Cornelissen JHC, van Logtestijn RSP, et al. 2010. Substantial nutrient resorption from leaves, stems and roots in a subarctic flora: What is the link with other resource economics traits? *New Phytologist*, 186: 879−889.

Fridley JD, Peet RK, Wentworth TR, et al. 2005. Connecting fine-and broad-scale species-area relationships of southeastern U. S. flora. *Ecology*, 86: 1172−1177.

Fukami T, Morin PJ. 2003. Productivity-biodiversity relationships depend on the history of community assembly. *Nature*, 424: 423−426.

Fukami T, Naeem S, Wardle DA. 2001. On similarity among local communities in biodiversity experiments. *Oikos*, 95: 340−348.

Götzenberger L, de Bello F, Anne Bråthen K, et al. 2012. Ecological assembly rules in plant communities—approaches, patterns and prospects. *Biological Reviews of the Cambridge Philosophical Society*, 1: 111−127.

Gale N. 2000. The relationship between canopy gaps and topography in a western Ecuadorian rain forest. *Biotropica*, 32: 653−661.

Galiano. 1982. Pattern detection in plant populations through the analysis of plant-to-all-plants distances. *Plant Ecology*, 49: 39−43.

Gao X, Chen L. 1998. The revision of plant life-form system and an analysis of the life-form spectrum of forest plants in the warm temperate zone of China. *Acta Phytoecologica Sinica*, 40: 553−559.

Gardiner BA, Quine CP. 2000. Management of forests to reduce the risk of abiotic damage—A reviews with particular reference to the effects of strong winds. *Forest Ecology and Management*, 135: 261-277.

Gardner TA, Hernández MIM, Barlow J, et al. 2008. Understanding the biodiversity consequences of habitat change the value of secondary and plantation forests for neotropical dung beetles. *Journal of Applied Ecology*, 45: 883-893.

Garnier E, Cortez J, Billès G, et al. 2004. Plant functional markers capture ecosystem properties during secondary succession. *Ecology*, 85: 2630-2637.

Gasque M, García-Fayos P. 2003. Interaction between *Stipa tenacissima* and *Pinus halepensis*: Consequences for reforestation and the dynamics of grass steppes in semi-arid Mediterranean areas. *Forest Ecology and Management*, 189(1): 251-261.

Gaston KJ, Davies RG, Orme CDL, et al. 2007. Spatial turnover in the global avifauna. *Proceedings of the Royal Society B: Biological Sciences*, 274: 1567-1574.

Gatrell AC, Bailey TC, Diggle PJ, et al. 1996. Spatial point pattern analysis and its application in geographical epidemiology. *Transactions of the Institute of British Geographers*, 21: 256-274.

Gaucherand S, Liancourt P, Lavorel S. 2006. Importance and intensity of competition along a fertility gradient and across species. *Journal of Vegetation Science*, 17: 455-464.

Gaudet CL, Keddy PA. 1988. A comparative approach to predicting competitive ability from plant traits. *Nature*, 334: 242-243.

Gaudet CL, Keddy PA. 1995. Competitive performance and species distribution in shoreline plant communities: A comparative approach. *Ecology*, 76: 280-291.

Gause GF. 1934. *The Struggle for Existence*. Baltimore: Williams and Wilkins.

Gentry AH. 1986. *Endemism in Tropical versus Temperate Plant Communities*. Sunderland: Sinauer.

Gentry AH. 1988a. Changes in plant community diversity and floristic composition on environmental and geographical gradients. *Annals of the Missouri Botanical Garden*, 75: 1-34.

Gentry AH. 1988b. Tree species richness of upper Amazonian forests. *Proceedings of the National Academy of Sciences*, 85: 156-159.

Gentry AH. 1995. Diversity and floristic composition of neotropical dry forests. In: Bullock SH, Mooney HA, Medina E. *Seasonally Dry Tropical Forests*. Cambridge: Cambridge University Press, 146-194.

Gentry AH, Churchill S, Balslev H, et al. 1995. Patterns of diversity and floristic composition in neotropical montane forests. *Biodiversity and Conservation of Neotropical Montane Forests*: 103-126.

Gentry AH, Dodson CH. 1987a. Contribution of nontrees to species richness of a tropical rain forest. *Biotropica*, 19: 149-156.

Gentry AH, Dodson CH. 1987b. Diversity and biogeography of neotropical vascular epiphytes. *Annals of the Missouri Botanical Garden*, 74: 205-233.

Gerwing JJ, Vidal E. 2002. Changes in liana abundance and species diversity eight years after liana cutting and logging in an eastern Amazonian forest. *Conservation Biology*, 16: 544-548.

Gessner F. 1956. Wasserhaushalt der Epiphyten und Lianen. In: Ruhland W. *Handbuch der* pflanzenphysilolgy. Berlin: Springer, 915−950.

Getzin S, Dean C, He F, et al. 2006. Spatial patterns and competition of tree species in a Douglas-fir chronosequence on Vancouver Island. *Ecography*, 29: 671−682.

Getzin S, Wiegand K, Schumacher J, et al. 2008a. Scale-dependent competition at the stand level assessed from crown areas. *Forest Ecology and Management*, 255: 2478−2485.

Getzin S, Wiegand T, Wiegand K, et al. 2008b. Heterogeneity influences spatial patterns and demographics in forest stands. *Journal of Ecology*, 96: 807−820.

Gilbert B, Lechowicz MJ. 2004. Neutrality, niches, and dispersal in a temperate forest understory. *Proceedings of the National Academy of Sciences of the United States of America*, 101: 7651−7656.

Gilbert B, Wright SJ, Muller-Landau HC, et al. 2006. Life history trade-offs in tropical trees and lianas. *Ecology*, 87: 1281−1288.

Gilbert GS, Foster RB, Hubbell SP. 1994. Density and distance-to-adult effects of a canker disease of trees in a moist tropical forest. *Oecologia*, 98: 100−108.

Gillman GP, Sinclair DF, Knowlton R, et al. 1985. The effect on some soil chemical properties of the selective logging on a North Queensland rain forest. *Forest Ecology and Management*, 12: 195−214.

Gleason HA. 1922. On the relation between species and area. *Ecology*, 3: 158−162.

Goldberg DE, Rajaniemi T, Gurevitch J. 1999. Empirical approaches to quantifying interactions intensity: Competition and facilitation along productivity gradients. *Ecology*, 80: 1118−1131.

Goldblum D, Rigg LS. 2010. The deciduous forest-boreal forest ecotone. *Geography Compass*, 4: 701−717.

González-Megías A, Gómez JM, Sánchez-Piñero F. 2007. Diversity-habitat heterogeneity relationship at different spatial and temporal scales. *Ecography*, 30: 31−41.

Gotelli NJ. 2000. Null model analysis of species co-occurrence patterns. *Ecology*, 81: 2606−2621.

Gotelli NJ, Colwell RK. 2001. Quantifying biodiversity: Procedures and pitfalls in the measurement and comparison of species richness. *Ecology Letters*, 4: 379−391.

Gotelli NJ, Entsminger GL. 2010. Ecosim: Null models software for ecology. Version 7. Jericho: Acquired Intelligence Inc. & Kesey-Bear.

Gotelli NJ, Graves GR. 1996. *Null Models in Ecology*. Washington and London: Smithsonian Institution Press.

Gotelli NJ, McCabe DJ. 2002. Species co-occurrence: A meta-analysis of J. M. Diamond's assembly rules model. *Ecology*, 83: 2091−2096.

Gotmark F, von Proschwitz T, Franc N. 2008. Are small sedentary species affected by habitat fragmentation? Local vs. landscape factors predicting species richness and composition of land molluscs in Swedish conservation forests. *Journal of Biogeography*, 35: 1062−1076.

Grace JB. 2006. *Structural Equation Modeling and Natural Systems*. Cambridge: Cambridge University Press.

Grace JB, Anderson TM, Smith MD, et al. 2007. Does species diversity limit productivity in natural grassland communities? *Ecology Letters*, 10: 680−689.

Graefe S, Hertel D, Leuschner C. 2010. N, P and K limitation of fine root growth along an elevation transect in tropical mountain forests. *Acta Oecologica*, 36: 537–542.

Graham CH, Hijmans RJ. 2006. A comparison of methods for mapping species ranges and species richness. *Global Ecology and Biogeography*, 15: 578–587.

Graham CH, Parra JL, Rahbek C, et al. 2009. Phylogenetic structure in tropical hummingbird communities. *Proceedings of the National Academy of Sciences*, 106: 19673–19678.

Grainger A. 2008. Difficulties in tracking the long-term global trend in tropical forest area. *Proceedings of the National Academy of Sciences*, 105: 818–823.

Grau O, Ninot JM, Blanco-Moreno JM, et al. 2012. Shrub-tree interactions and environmental changes drive treeline dynamics in the Subarctic. *Oikos*, 121: 001–011.

Gravel D, Canham CD, Beaudet M, et al. 2010. Shade tolerance, canopy gaps and mechanisms of coexistence of forest trees. *Oikos*, 119: 475–484.

Greig-Smith BP. 1983. *Quantitative Plant Ecology*. Berkeley: University of California Press.

Greig-Smith BP, Austin MP, Whitmore TC. 1972. The application of quantitative methods to vegetation survey. III. A re-examination of rain forest data from Brunei. *Journal of Ecology*, 60: 305–324.

Griffin JN, Méndez V, Johnson AF, et al. 2009. Functional diversity predicts overyielding effect of species combination on primary productivity. *Oikos*, 118: 37–44.

Grime J, Thompson K, Hunt R, et al. 1997. Integrated screening validates primary axes of specialisation in plants. *Oikos*, 79: 259–281.

Grime JP. 1973. Competitive exclusion in herbaceous vegetation. *Nature*, 242: 344–347.

Grime JP. 1977. Evidence for the existence of three primary strategies in plants and its relevance to ecological and evolutionary theory. *The American Naturalist*, 111: 1169–1194.

Grime JP. 1997. Biodiversity and ecosystem function: The debate deepens. *Science*, 277: 1260–1261.

Grime JP. 1998. Benefits of plant diversity to ecosystems: Immediate, filter and founder effects. *Journal of Ecology*, 86: 902–910.

Grime JP 2002. *Plant Strategies, Vegetation Processes and Ecosystem Properties* (2nd edition). Chichester: Wiley.

Grime JP. 2006. Trait convergence and trait divergence in herbaceous plant communities: Mechanisms and consequences. *Journal of Vegetation Science*, 17: 255–260.

Grubb PJ. 1977. The maintenance of species richness in plant communities: The importance of the regeneration niche. *Biological Review*, 52: 107–147.

Grytnes JA, Beaman JH. 2006. Elevational species richness patterns for vascular plants on Mount Kinabalu, Borneo. *Journal of Biogeography*, 33: 1838–1849.

Grytnes JA, Birks HJB, Peglar SM. 1999. The taxonomic distribution of rare and common species among families in the vascular plant flora of Fennoscandia. *Diversity and Distributions*, 5: 177–186.

Grytnes JA, Heegaard E, Ihlen PG. 2006. Species richness of vascular plants, bryophytes, and lichens along an altitudinal gradient in western Norway. *Acta Oecologica*, 29: 241–246.

Guarín A, Taylor AH. 2005. Drought triggered tree mortality in mixed conifer forests in Yosemite

National Park, California, USA. *Forest Ecology and Management*, 218: 229-244.

Guariguata MR, Ostertag R. 2001. Neotropical secondary forest succession: Changes in structural and functional characteristics. *Forest Ecology and Management*, 148: 185-206.

Guevara R. 2005. Saprotrophic mycelial cord abundance, length and survivorship are reduced in the conversion of tropical cloud forest to shaded coffee plantation. *Biological Conservation*, 125: 261-268.

Guo Q. 2007. The diversity-biomass-productivity relationships in grassland management and restoration. *Basic and Applied Ecology*, 8: 199-208.

Gurevitch J, Morrison JA, Hedges LV. 2000. The interaction between competition and predation: A meta-analysis of field experiments. *The American Naturalist*, 155: 435-453.

Gurney KR, Law RM, Denning AS, et al. 2002. Towards robust regional estimates of CO_2 sources and sinks using atmospheric transport models. *Nature*, 415: 626-630.

Hölscher D, Köhler L, Leuschner C, et al. 2003. Nutrient fluxes in stemflow and throughfall in three successional stages of an upper montane rain forest in Costa Rica. *Journal of Tropical Ecology*, 19: 557-565.

Hölscher D, Köhler L, van Dijk AIJM, et al. 2004a. The importance of epiphytes to total rainfall interception by a tropical montane rain forest in Costa Rica. *Journal of Hydrology*, 292: 308-322.

Hölscher D, Leuschner C, Bohman K, et al. 2004b. Photosynthetic characteristics in relation to leaf traits in eight co-existing pioneer tree species in Central Sulawesi, Indonesia. *Journal of Tropical Ecology*, 20: 157-164.

Hättenschwiler S. 2001. Tree seedling growth in natural deep shade: Functional traits related to interspecific variation in response to elevated CO_2. *Oecologia*, 129: 31-42.

Haddad NM, Holyoak M, Mata TM, et al. 2008. Species' traits predict the effects of disturbance and productivity on diversity. *Ecology Letters*, 11: 348-356.

Haegeman B, Loreau M. 2008. Limitations of entropy maximization in ecology. *Oikos*, 117: 1700-1710.

Haegeman B, Loreau M. 2009. Trivial and non-trivial applications of entropy maximization in ecology: A reply to Shipley. *Oikos*, 118: 1270-1278.

Haines BL. 1971. *Plant Response to Mineral Nutrient Accumulations in Refuse Dumps of a Leaf-cutting Ant in Panama*. Duke: Duke University Press.

Hallé F, Oldeman RA, Tomlinson PB. 1978. *Tropical Trees and Forests: An Architectural Analysis*. New York: Springer-Verlag.

Hall JB. 1978. Checklist of the vascular plants of Bia National Park and Bia game production reserve. In: IUCN, WWF.

Hall JS, McKenna JJ, Ashton PMS, et al. 2004. Habitat characterizations underestimate the role of edaphic factors controlling the distribution of entandrophragma. *Ecology*, 85: 2171-2183.

Halpern CB, Antos JA, Geyer MA, et al. 1997. Species replacement during early secondary succession: The abrupt decline of a winter annual. *Ecology*, 78: 621-631.

Hamer KC, Hill JK. 2000. Scale-dependent effects of habitat disturbance on species richness in tropical forests. *Conservation Biology*, 14: 1435-1440.

Hamer KC, Hill JK, Benedick S, et al. 2003. Ecology of butterflies in natural and selectively logged forests of northern Borneo: The importance of habitat heterogeneity. *Journal of Applied Ecology*, 40: 150-162.

Hamilton TH, Armstrong NE. 1965. Environmental determination of insular variation in bird species abundance in the Gulf of Guinea. *Nature*, 207: 148-151.

Han W, Fang J, Guo D, et al. 2005. Leaf nitrogen and phosphorus stoichiometry across 753 terrestrial plant species in China. *New Phytologist*, 168: 377-385.

Hansen AJ, Castri F. 1992. *Landscape Boundaries: Consequences for Biotic Diversity and Ecological Flows*. Berlin: Springer-Verlag.

Hansen AJ, Risser PG, Castri F. 1992. Epilogue: biodiversity and ecological flows across ecotones. In: Hansen AJ, Castri F. *Landscape Boundaries*. Berlin: Springer-Verlag, 423-438.

Hansen MC, Potapov PV, Moore R, et al. 2013. High-resolution global maps of 21st-century forest cover change. *Science*, 342: 850-853.

Hanski I. 1999. *Metapopulation Ecology*. Oxford: Oxford University Press.

Hanson PJ, Weltzin JF. 2000. Drought disturbance from climate change: Response of United States forests. *Science of the Total Environment*, 262: 205-220.

Hao Z, Zhang J, Song B, et al. 2007. Vertical structure and spatial associations of dominant tree species in an old-growth temperate forest. *Forest Ecology and Management*, 252: 1-11.

Hardy OJ, Couteron P, Munoz F, et al. 2012. Phylogenetic turnover in tropical tree communities: Impact of environmental filtering, biogeography and mesoclimatic niche conservatism. *Global Ecology and Biogeography*, 21: 1007-1016.

Hardy OJ, Senterre B. 2007. Characterizing the phylogenetic structure of communities by an additive partitioning of phylogenetic diversity. *Journal of Ecology*, 95: 493-506.

Hardy OJ, Sonké B. 2004. Spatial pattern analysis of tree species distribution in a tropical rain forest of Cameroon: Assessing the role of limited dispersal and niche differentiation. *Forest Ecology and Management*, 197: 191-202.

Harms KE, Condit R, Hubbell SP, et al. 2001. Habitat associations of trees and shrubs in a 50-ha neotropical forest plot. *Journal of Ecology*, 89: 947-959.

Harms KE, Wright SJ, Calderon O, et al. 2000. Pervasive density-dependent recruitment enhances seedling diversity in a tropical forest. *Nature*, 404: 493-495.

Harper JL. 1977. *Population Biology of Plants*. London: Academic Press.

Harper K, Macdonald S. 2001. Structure and composition of riparian boreal forest: New methods for analyzing edge influence. *Ecology*, 82: 649-659.

Harper KA. 1995. Effect of expanding clones of *Gaylussacia baccata* (black huckleberry) on species composition in sandplain grassland on Nantucket Island, Massachusetts. *Bulletin of the Torrey Botanical Club*, 12: 124-133.

Harper KA, Danby RK, de Fields DL, et al. 2011. Tree spatial pattern within the forest-tundra ecotone: A comparison of sites across Canada. *Canadian Journal of Forest Research*, 41: 479-489.

Harpole WS, Tilman D. 2006. Non-neutral patterns of species abundance in grassland communities. *Ecology Letters*, 9: 15-23.

Harrison S, Grace JB. 2007. Biogeographic affinity helps explain productivity-richness relationships at regional and local scales. *The American Naturalist*, 170: S5-S15.

Harrison S, Viers JH, Thorne JH, et al. 2008. Favorable environments and the persistence of naturally rare species. *Conservation Letters*, 1: 65-74.

Harte J, Conlisk E, Ostling A, et al. 2005. A theory of spatial strucutre in ecological communities at multiple spatial scales. *Ecological Monographs*, 75: 179-197.

Harte J, Smith AB, Storch D. 2009. Biodiversity scales from plots to biomes with a universal species-area curve. *Ecology Letters*, 12: 789-797.

Harte J, Zillio T, Conlisk E, et al. 2008. Maximum entropy and the state-variable approach to macroecology. *Ecology*, 89: 2700-2711.

Hastie TJ, Tibshirani RJ. 1990. *Generalized Additive Models*. London: Chapman & Hall.

Hauck M. 2011. Site factors controlling epiphytic lichen abundance in northern coniferous forests. *Flora-Morphology, Distribution, Functional Ecology of Plants*, 206: 81-90.

Hauser S, Norgorver L. 2001. Slash-and-burn agriculture. In: Levin SA. *Encyclopedia of Biodiversity*. San Diego: Academic Press, 269-284.

Hawkins BA, Field R, Cornell HV, et al. 2003. Energy, water, and broad-scale geographic patterns of species richness. *Ecology*, 84: 3105-3117.

He FL, Duncan RP. 2000. Density-dependent effects on tree survival in an old-growth Douglas fir forest. *Journal of Ecology*, 88: 676-688.

He FL, Gaston KJ. 2000. Estimating species abundance from occurrence. *The American Naturalist*, 156: 553-559.

He FL, Gaston KJ, Connor EF, et al. 2005. The local-regional relationship: Immigration, extinction, and scale. *Ecology Letters*, 86: 360-365.

He FL, Legendre P. 1996. On species-area relations. *The American Naturalist*, 148: 719-737.

He FL, Legendre P. 2002. Species diversity patterns derived from species-area models. *Ecology*, 83: 1185-1198.

He JS, Wang X, Flynn DF, et al. 2009. Taxonomic, phylogenetic, and environmental trade-offs between leaf productivity and persistence. *Ecology*, 90: 2779-2791.

Hector A, Schmid B, Beierkuhnlein C, et al. 1999. Plant diversity and productivity experiments in European grasslands. *Science*, 286: 1123-1127.

Helmus MR, Keller WB, Paterson MJ, et al. 2010. Communities contain closely related species during ecosystem disturbance. *Ecology Letters*, 13: 162-174.

Henson KSE, Craze PG, Memmott J. 2009. The restoration of parasites, parasitoids, and pathogens to heathland communities. *Ecology*, 90: 1840-1851.

Henwood K. 1973. A structural model of forest in buttressed tropical rain forest tree. *Biotropica*, 5: 83-93.

Hermy M, Honnay O, Firbank L, et al. 1999. An ecological comparison between ancient and other forest plant species of Europe, and the implications for forest conservation. *Biological Conservation*, 91: 9-22.

Hicks DJ, Mauchamp A. 2000. Population structure and growth patterns of *Opuntia echios* var. *gigantea* along an elevational gradient in the Galípagos Islands. *Biotropica*, 32: 235-243.

Hietz P. 2005. Conservation of vascular epiphyte diversity in Mexican coffee plantations. *Conservation Biology*, 19: 391-399.

Hill JK, Hamer KC. 2004. Determining impacts of habitat modification on diversity of tropical forest fauna: The importance of spatial scale. *Journal of Applied Ecology*, 41: 744-754.

Hillebrand H, Matthiessen B. 2009. Biodiversity in a complex world: Consolidation and progress in functional biodiversity research. *Ecology Letters*, 12: 1405-1419.

HilleRisLambers J, Adler PB, Harpole WS, et al. 2012. Rethinking community assembly through the lens of coexistence theory. *Annual Review of Ecology, Evolution, and Systematics*, 43: 227-248.

HilleRisLambers J, Clark JS, Beckage B. 2002. Density-dependent mortality and the latitudinal gradient in species diversity. *Nature*, 417: 732-735.

Hirose T, Werger MJA. 1994. Photosynthetic capacity and nitrogen partitioning among species in the canopy of a herbaceous plant community. *Oecologia*, 100: 203-212.

Hirota M, Holmgren M, van Nes EH, et al. 2011. Global resilience of tropical forest and savanna to critical transitions. *Science*, 334: 232-235.

Hjerpe J, Hedenås H, Elmqvist T. 2001. Tropical rain forest recovery from cyclone damage and fire in Samoa. *Biotropica*, 33: 249-259.

Hobbs E. 1986. Characterizing the boundary between California annual grassland and coastal sage scrub with differential profiles. *Plant Ecology*, 65: 115-126.

Hochkirch A, Gartner AC, Brandt T. 2008. Effects of forest-dune ecotone management on the endangered heath grasshopper, *Chorthippus vagans*(Orthoptera: Acrididae). *Bulletin of Entomological Research*, 98: 449-456.

Hoehn P, Tscharntke T, Tylianakis JM, et al. 2008. Functional group diversity of bee pollinators increases crop yield. *Proceedings of the Royal Society B: Biological Sciences*, 275: 2283-2291.

Hofer G, Wagner HH, Herzog F, et al. 2008. Effects of topographic variability on the scaling of plant species richness in gradient dominated landscapes. *Ecography*, 31: 131-139.

Hoffmann W, Franco A, Moreira M, et al. 2005. Specific leaf area explains differences in leaf traits between congeneric savanna and forest trees. *Functional Ecology*, 19: 932-940.

Hofgaard A, Harper KA. 2011. Tree recruitment, growth, and distribution at the circumpolar forest-tundra transition: Introduction. *Canadian Journal of Forest Research*, 41: 435-436.

Hofstede RGM, Dickinson KJM, Mark AF. 2001. Distribution, abundance and biomass of epiphyte-lianoid communities in a New Zealand lowland *Nothofagus*-podocarp temperate rain forest: Tropical comparisons. *Journal of Biogeography*, 28: 1033–1049.

Holdaway RJ, Sparrow AD. 2006. Assembly rules operating along a primary riverbed-grassland successional sequence. *Journal of Ecology*, 94: 1092–1102.

Holder CD. 2004. Rainfall interception and fog precipitation in a tropical montane cloud forest of Guatemala. *Forest Ecology and Management*, 190: 373–384.

Holl KD. 1999. Factors limiting tropical rain forest regeneration in abandoned pasture: Seed rain, seed germination, microclimate, and soil. *Biotropica*, 31: 229–242.

Holmgren M, Scheffer M. 2010. Strong facilitation in mild environments: The stress gradient hypothesis revisited. *Journal of Ecology*, 98: 1269–1275.

Holmgren M, Scheffer M, Huston MA. 1997. The interplay of facilitation and competition in plant communities. *Ecology*, 78: 1966–1975.

Holtmeier FK, Broll G. 2005. Sensitivity and response of northern hemisphere altitudinal and polar treelines to environmental change at landscape and local scales. *Global Ecology and Biogeography*, 14: 395–410.

Hooper DU, Adair EC, Cardinale BJ, et al. 2012. A global synthesis reveals biodiversity loss as a major driver of ecosystem change. *Nature*, 486: 105–108.

Hooper DU, Chapin Ⅲ FS, Ewel JJ, et al. 2005. Effects of biodiversity on ecosystem functioning: A consensus of current knowledge. *Ecological Monographs*, 75: 3–35.

Hooper DU, Vitousek PM. 1997. The effects of plant composition and diversity on ecosystem processes. *Science*, 277: 1302–1305.

Hopkin M. 2005. Biodiversity and climate form focus of forest canopy plan. *Nature*, 436: 452.

Horn HS. 1975. The ecology of secondary succession. *Annual Review of Ecology and Systematics*, 5: 25–37.

Hortal J, Borges PAV, Gaspar C. 2006. Evaluating the performance of species richness estimators: Sensitivity to sample grain size. *The Journal of Animal Ecology*, 75: 274–287.

Hoshizaki K, Niiyama K, Kimura K, et al. 2004. Temporal and spatial variation of forest biomass in relation to stand dynamics in a mature, lowland tropical rainforest, Malaysia. *Ecological Research*, 19: 357–363.

Houghton D. 2007. The effects of landscape-level disturbance on the composition of Minnesota caddisfly (Insecta: Trichoptera) trophic functional groups: Evidence for ecosystem homogenization. *Environmental Monitoring and Assessment*, 135: 253–264.

Houghton R, Hall F, Goetz SJ. 2009. Importance of biomass in the global carbon cycle. *Journal of Geophysical Research: Biogeosciences(2009)*, 114: G00E03.

Houghton RA. 2005. Aboveground forest biomass and the global carbon balance. *Global Change Biology*, 11: 945–958.

Houghton RA, Lawrence KT, Hackler JL, et al. 2001. The spatial distribution of forest biomass in the Brazilian Amazon: A comparison of estimates. *Global Change Biology*, 7: 731–746.

Hoylet M. 2004. Causes of the species-area relationship by trophic level in a field-based microecosystem. *Proceedings of the Royal Society B: Biological Sciences*, 271: 1159-1164.

Hsu CC, Horng FW, Kuo CM. 2002. Epiphyte biomass and nutrient capital of a moist subtropical forest in north-eastern Taiwan. *Journal of Tropical Ecology*, 18: 659-670.

Hsu R, Wolf JHD. 2009. Diversity and phytogeography of vascular epiphytes in a tropical-subtropical transition island, Taiwan. *Flora-Morphology, Distribution, Functional Ecology of Plants*, 204: 612-627.

Huante P, Rincon E, Acosta I. 1995. Nutrient availability and growth rate of 34 woody species from a tropical deciduous forest in Mexico. *Functional Ecology*, 9: 849-858.

Hubbell SP. 1979. Tree dispersion, abundance, and diversity in a tropical dry forest. *Science*, 203: 1299-1309.

Hubbell SP. 2001. *The Unified Neutral Theory of Biodiversity and Biogeography*. Princeton, Oxford: Princeton University Press.

Hubbell SP. 2005. Neutral theory in community ecology and the hypothesis of functional equivalence. *Functional Ecology*, 19: 166-172.

Hubbell SP. 2006. Netural theory and the evolution of ecological equivalence. *Ecology*, 87: 1387-1398.

Hubbell SP, Ahumada JA, Condit R, et al. 2001. Local neighborhood effects on long-term survival of individual trees in a neotropical forest. *Ecological Research*, 16: 859-875.

Hubbell SP, Condit R, Foster RB, et al. 1990. Presence and absence of density dependence in a neotropical tree community. *Philosophical Transactions of the Royal Society of London, Series B: Biological Sciences*, 330: 269-281.

Hubbell SP, Foster RB. 1986a. *Commonness and Rarity in a Neotropical Forest: Implications for Tropical Tree Conservation*. Sunderland: Sinauer Press.

Hubbell SP, Foster RB. 1986b. Biology, chance, and history and the structure of tropical rain forest tree communities. In: Diamond JM, Case TJ. *Community Ecology*. New York: Harper & Row, 314-329.

Hubbell SP, Foster RB, O'Brien ST, et al. 1999. Light-gap disturbances, recruitment limitation, and tree diversity in a neotropical forest. *Science*, 283: 554-557.

Hubbell SP, He F, Condit R, et al. 2008. How many tree species are there in the Amazon and how many of them will go extinct? *Proceedings of the National Academy of Sciences*, 105: 11498-11504.

Hughes RF, Archer SR, Asner GP, et al. 2006. Changes in aboveground primary production and carbon and nitrogen pools accompanying woody plant encroachment in a temperate savanna. *Global Change Biology*, 12: 1733-1747.

Hughes RF, Kauffman JB, Jaramillo VJ. 1999. Biomass, carbon, and nutrient dynamics of secondary forests in a humid tropical region of Mexico. *Ecology*, 80: 1892-1907.

Hunter AF, Aarssen LW. 1988. Plants helping plants. *Bioscience*, 38: 34-40.

Hurlbert AH, White EP. 2005. Disparity between range map-and survey-based analyses of species richness: Patterns, processes and implications. *Ecology Letters*, 8: 319-327.

Hursh CR, Haasis FW. 1931. Effects of 1925 summer drought on southern Appalachian hardwoods.

Ecology, 12: 380-386.

Huston M. 1979. A general hypothesis of species diversity. *The American Naturalist*, 113: 81-101.

Huston M. 1980. Soil nutrients and tree species richness in Costa Rican forests. *Journal of Biogeography*, 7: 147-157.

Huston M, Smith T. 1987. Plant succession: Life history and competition. *The American Naturalist*, 130: 168-198.

Huston MA. 1994. *Biological Diversity: The Coexistence of Species in Changing Landscapes*. Cambridge: Cambridge University Press.

Hutchings MJ, Kroon HD. 1994. Foraging in plants: The role of morphological plasticity in resource acquisition. *Advances in Ecological Research*, 25: 159-238.

Hutchinson GE. 1959. Homage to Santa Rosalia, or why are there so many kinds of animals? *The American Naturalist*, 93: 145-159.

Hutchinson GE. 1961. The paradox of the plankton. *The American Naturalist*, 95: 137-145.

Hutchison DJ. 1957. Metabolic and nutritional variations in drug-resistant *Streptococcus faecalis*. In: Rebuck JW, Bethell FH, Monto RW. *The Leukemias: Etiology, Pathophysiology, and Treatment*. New York: Academic Press, 605-616.

Ibisch PL. 1996. *Neotropische Epiphyten Diversität-das Beispiel Bolivien*. Bonn: University of Bonn.

Ibrahim MH, Jaafar HZ. 2013. Relationship between extractable chlorophyll content and SPAD values in three varieties of kacip fatimah under greenhouse conditions. *Journal of Plant Nutrition*, 36: 1366-1372.

Iida Y, Poorter L, Sterck FJ, et al. 2012. Wood density explains architectural differentiation across 145 co-occurring tropical tree species. *Functional Ecology*, 26: 274-282.

Ikeda H, Itoh K. 2001. Germination and water dispersal of seeds from a threatened plant species *Penthorum chinense*. *Ecological Research*, 16: 99-106.

Illian J, Penttinen A, Stoyan H, et al. 2008. *Statistical Analysis and Modelling of Spatial Point Patterns*. West Sussex: Wiley.

Imbert D, Portecop J. 2008. Hurricane disturbance and forest resillience: Assessing structural vs. functional changes in a Caribbean dry forest. *Forest Ecology and Management*, 255: 3494-3501.

Isbell F, Calcagno V, Hector A, et al. 2011. High plant diversity is needed to maintain ecosystem services. *Nature*, 477: 199-202.

IUCN. 2001. *IUCN Red List Categories and Criteria*, v. 3. 1. Switzerland: IUCN—The World Conservation Union.

Jackson RB, Caldwell MM. 1993. Geostatistical patterns of soil heterogeneity around individual perennial plants. *Journal of Ecology*, 81: 683-692.

Jacquemyn H, Butaye J, Hermy M. 2001. Forest plant species richness in small, fragmented mixed deciduous forest patches: The role of area, time and dispersal limitation. *Journal of Biogeography*, 28: 801-812.

Jafari M, Chahouki M, Tavili A, et al. 2004. Effective environmental factors in the distribution of vegetation types in Poshtkouh rangelands of Yazd Province (Iran). *Journal of Arid Environments*, 56: 627−641.

Jansson R. 2003. Global patterns in endemism explained by past climatic change. *Proceedings of the Royal Society B: Biological Sciences*, 270: 583−590.

Janzen DH. 1970. Herbivores and the number of tree species in tropical forests. *The American Naturalist*, 104: 501.

Jensen C, Vorren KD. 2008. Holocene vegetation and climate dynamics of the boreal alpine ecotone of northwestern Fennoscandia. *Journal of Quaternary Science*, 23: 719−743.

Jernvall J, Fortelius M. 2004. Maintenance of trophic structure in fossil mammal communities: Site occupancy and taxon resilience. *The American Naturalist*, 164: 614−624.

Jetz W, Rahbek C. 2002. Geographic range size and determinants of avian species richness. *Science*, 297: 1548−1551.

Jiang YX, Wang BS, Zang RG, et al. 2002. *The Biodiversity and Its Formation Mechanism of Tropical Forests in Hainan Island*. Beijing: Science Press.

Jiao J, Zhang Z, Bai W, et al. 2012. Assessing the ecological success of restoration by afforestation on the Chinese Loess Plateau. *Restoration Ecology*, 20: 240−249.

Jobe RT. 2008. Estimating landscape-scale species richness: Reconciling frequency- and turnover-based approaches. *Ecology*, 89: 174−182.

Johansson D. 1974. Ecology of vascular epiphytes in West African rain forest. *Acta Phytogeographica Suecica*, 59: 1−136.

John R, Dalling JW, Harms KE, et al. 2007. Soil nutrients influence spatial distributions of tropical tree species. *Proceedings of the National Academy of Sciences*, 104: 864−869.

Johnson DJ, Beaulieu WT, Bever JD, et al. 2012. Conspecific negative density dependence and forest diversity. *Science*, 336: 904−907.

Johnson EA, Miyanishi K. 2008. Testing the assumptions of chronosequences in succession. *Ecology Letters*, 11: 419−431.

Johnson MT, Stinchcombe JR. 2007. An emerging synthesis between community ecology and evolutionary biology. *Trends in Ecology and Evolution*, 22: 250−257.

Jones CG, Lawton JH, Shachak M. 1997. Positive and negative effects of organisms as physical ecosystem engineers. *Ecology*, 78: 1946−1957.

Jordan CF. 1985. *Nutrient Cycling in Tropical Forest Ecosystems*. Sussex: John Wiley & Sons Chichester. UK.

Jung V, Violle C, Mondy C, et al. 2010. Intraspecific variability and trait-based community assembly. *Journal of Ecology*, 98: 1134−1140.

Küper W, Kreft H, Nieder J, et al. 2004. Large-scale diversity patterns of vascular epiphytes in Neotropical montane rain forests. *Journal of Biogeography*, 31: 1477−1487.

Körner C. 1989. The nutritional status of plants from high altitudes. A wordwide comparison. *Oecologia*, 81: 379−391.

Körner C. 2002. Mountain biodiversity, its causes and functions: An overview. In: Körner C, Spehn E. *Mountain Biodiversity: A Global Assessment*. Boca Raton: Parthenon, 3-20.

Körner C. 2003. *Alpine Plant Life: Functional Plant Ecology of High Mountain Ecosystems*. Heideberg: Springer Verlag.

Körner C. 2007. The use of "altitude" in ecological research. *Trends in Ecology and Evolution*, 22: 569-574.

Kaboli M, Guillaumet A, Prodon R. 2006. Avifaunal gradients in two arid zones of central Iran in relation to vegetation, climate, and topography. *Journal of Biogeography*, 33: 133-144.

Kahmen A, Perner J, Buchmann N. 2005. Diversity-dependent productivity in semi-natural grasslands following climate perturbations. *Functional Ecology*, 19: 594-601.

Kahmen S, Poschlod P. 2004. Plant functional trait responses to grassland succession over 25 years. *Journal of Vegetation Science*, 15: 21-32.

Kaiser MJ. 2003. Detecting the effects of fishing on seabed community diversity: Importance of scale and sample size. *Conservation Biology*, 17: 512-520.

Kamiyama C, Oikawa S, Kubo T, et al. 2010. Light interception in species with different functional groups coexisting in moorland plant communities. *Oecologia*, 164: 591-599.

Kammer A, Hagedorn F, Shevchenko I, et al. 2009. Treeline shifts in the Ural mountains affect soil organic matter dynamics. *Global Change Biology*, 15: 1570-1583.

Katabuchi M, Kurokawa H, Davies SJ, et al. 2012. Soil resource availability shapes community trait structure in a species-rich dipterocarp forest. *Journal of Ecology*, 100: 643-651.

Kattge J, Díaz S, Lavorel S, et al. 2011. TRY—A global database of plant traits. *Global Change Biology*, 17: 2905-2935.

Katzner TE, Bragin EA, Milner-Gulland EJ. 2006. Modelling populations of long-lived birds of prey for conservation: A study of imperial eagles in Kazakhstan. *Biological Conservation*, 132: 322-335.

Keddy. 2007. *Plants and Vegetation Origins, Processes, Consequences*. Cambridge: Cambridge University Press.

Keddy PA. 1992a. Assembly and response rules: Two goals for predictive community ecology. *Journal of Vegetation Science*, 3: 157-164.

Keddy PA. 1992b. A pragmatic approach to functional ecology. *Functional Ecology*, 6: 621-626.

Keddy PA, Twolan-Strutt L, Shipley B. 1997. Experimental evidence that interspecific competitive asymmetry increases with soil productivity. *Oikos*, 80: 253-256.

Keeley JE. 2003. Relating species abundance distributions to species-area curves in two Mediterranean-type shrublands. *Diversity and Distributions*, 9: 253-259.

Keeling HC, Phillips OL. 2007. The global relationship between forest productivity and biomass. *Global Ecology and Biogeography*, 16: 618-631.

Kelly DL, O'Donovan G, Feehan J, et al. 2004. The epiphyte communities of a montane rain forest in the Andes of Venezuela: Patterns in the distribution of the flora. *Journal of Tropical Ecology*, 20: 643-666.

Kelly DL, Tanner EVJ, Lughadha EMN, et al. 1994. Floristics and biogeography of a rain forest in the Venezuelan Andes. *Journal of Biogeography*, 21: 421-440.

Kembel SW, Hubbell SP. 2006. The phylogenetic structure of a neotropical forest tree community. *Ecology*, 87: S86-S99.

Kenkel NC. 1988. Pattern of self-thinning in Jack pine: Testing the random mortality hypothesis. *Ecology*, 69: 1017-1024.

Kennard DK. 2002. Secondary forest succession in a tropical dry forest: Patterns of development across a 50-year chronosequence in lowland Bolivia. *Journal of Tropical Ecology*, 18: 53-66.

Kennedy TA, Naeem S, Howe KM, et al. 2002. Biodiversity as a barrier to ecological invasion. *Nature*, 417: 636-638.

Kernaghan G, Harper KA. 2001. Community structure of ectomycorrhizal fungi across an alpine/subalpine ecotone. *Ecography*, 24: 181-188.

Kessler M. 2001. Patterns of diversity and range size of selected plant groups along an elevational transect in the Bolivian Andes. *Biodiversity and Conservation*, 10: 1897-1920.

Kier G, Kreft H, Lee TM, et al. 2009. A global assessment of endemism and species richness across island and mainland regions. *Proceedings of the National Academy of Sciences*, 106: 9322-9327.

Kier G, Mutke J, Dinerstein E, et al. 2005. Global patterns of plant diversity and floristic knowledge. *Journal of Biogeography*, 32: 1107-1116.

Kim DH, Sexton JO, Townshend JR. 2015. Accelerated deforestation in the humid tropics from the 1990s to the 2000s. *Geophysical Research Letters*, 42: 3495-3501.

King DA, Wright SJ, Connell JH. 2006. The contribution of interspecific variation in maximum tree height to tropical and temperate diversity. *Journal of Tropical Ecology*, 22: 11-24.

Kingston T, Jones G, Zubaid A, et al. 2000. Resource partitioning in rhinolophoid bats revisted. *Oecologia*, 124: 332-342.

Kirkman LK, Drew MB, West L, et al. 1998. Ecotone characterization between upland longleaf pine/wiregrass stands and seasonally-ponded isolated wetlands. *Wetlands*, 18: 346-364.

Kitajima K. 1994. Relative importance of photosynthetic traits and allocation patterns as correlates of seedling shade tolerance of 13 tropical trees. *Oecologia*, 98: 419-428.

Kitajima K. 2002. Do shade-tolerant tropical tree seedlings depend longer on seed reserves? Functional growth analysis of three Bignoniaceae species. *Functional Ecology*, 16: 433-444.

Kitayama K, Aiba SI. 2002. Ecosystem structure and productivity of tropical rain forests along altitudinal gradients with contrasting soil phosphorus pools on Mount Kinabalu, Borneo. *Journal of Ecology*, 90: 37-51.

Kitajima K, Mulkey SS, Wright SJ. 2005. Variation in crown light utilization characteristics among tropical canopy trees. *Annals of Botany*, 95: 535-547.

Kitajima K, Poorter L. 2008. Functional basis for resource niche partitioning by tropical trees. In: Carson WP, Schnitzer SA. *Tropical Forest Community Ecology*. Oxford: Wiley-Blackwell Publications, 179-200.

Kitamura K, Yoshimura J, Tainaka KI, et al. 2009. Potential impacts of flooding events and stream modification on an endangered endemic plant, *Schoenoplectus gemmifer* (Cyperaceae). *Ecological Research*, 24: 533−546.

Kleb HR, Wilson SD. 1997. Vegetation effects on soil resource heterogeneity in prairie and forest. *Journal of Ecology*, 150: 283−298.

Kluge J, Kessler M, Dunn RR. 2006. What drives elevational patterns of diversity? A test of geometric constraints, climate and species pool effects for pteridophytes on an elevational gradient in Costa Rica. *Global Ecology and Biogeography*, 15: 358−371.

Knapp AK, Fay PA, Blair JM, et al. 2002. Rainfall variability, carbon and plant species diversity in a Mesic grassland. *Science*, 298: 2202.

Knapp S, Kühn I, Schweiger O, et al. 2008. Challenging urban species diversity: Contrasting phylogenetic patterns across plant functional groups in Germany. *Ecology Letters*, 11: 1054−1064.

Kneitel JM, Chase JM. 2004. Trade-offs in community ecology: Linking spatial scales and species coexistence. *Ecology Letters*, 7: 69−80.

Kobe RK. 1999. Light gradient partitioning among tropical tree species through differential seedling mortality and growth. *Ecology*, 80: 187−201.

Kobe RK, Pacala SW, Silander JA, et al. 1995. Juvenile tree survivorship as a component of shade tolerance. *Ecological Applications*, 5: 517−532.

Koch GW, Sillett SC, Jennings GM, et al. 2004. The limits to tree height. *Nature*, 428: 851−854.

Koenig R. 2008. Critical time for African rainforests. *Science*, 320: 1439−1441.

Kohyama T. 1992. Size-structured multispecies model of rain-forest trees. *Functional Ecology*, 6: 206−212.

Kohyama T, Takada T. 2009. The stratification theory for plant coexistence promoted by one-sided competition. *Journal of Ecology*, 97: 463−471.

Koleff P, Gaston KJ, Lennon JJ. 2003. Measuring beta diversity for presence-absence data. *Journal of Animal Ecology*, 72: 367−382.

Kooyman R, Cornwell W, Westoby M. 2010. Plant functional traits in Australian subtropical rain forest: Partitioning within-community from cross-landscape variation. *Journal of Ecology*, 98: 517−525.

Kooyman R, Rossetto M, Cornwell W, et al. 2011. Phylogenetic tests of community assembly across regional to continental scales in tropical and subtropical rain forests. *Global Ecology and Biogeography*, 20: 707−716.

Koptsik S, Koptsik G, Livantsova SY, et al. 2003. Analysis of the relationship between soil and vegetation in forest biogeocenoses by the principal component method. *Russian Journal of Ecology*, 34: 34−42.

Kozlowski J, Gawelczyk AT. 2002. Why are species body size distributions usually skewed to the right? *Functional Ecology*, 16: 419−432.

Kraft NJ, Ackerly DD. 2010. Functional trait and phylogenetic tests of community assembly across spatial scales in an Amazonian forest. *Ecological Monographs*, 80: 401-422.

Kraft NJ, Valencia R, Ackerly DD. 2008. Functional traits and niche-based tree community assembly in an Amazonian forest. *Science*, 322: 580-582.

Kraft NJB, Adler PB, Godoy O, et al. 2015. Community assembly, coexistence and the environmental filtering metaphor. *Functional Ecology*, 29: 592-599.

Krajewski C. 1991. Phylogeny and diversity. *Science*, 254: 918-919.

Kreft H, Köster N, Küper W, et al. 2004. Diversity and biogeography of vascular epiphytes in Western Amazonia, Yasuní, Ecuador. *Journal of Biogeography*, 31: 1463-1476.

Kress WJ. 1986. The systematic distribution of vascular epiphytes: An update. *Selbyana*, 9: 2-22.

Krishnamani R, Kumar A, Harte J. 2004. Estimating species richness at large spatial scales using data from small discrete plots. *Ecography*, 27: 637-642.

Kuhn I. 2007. Incorporating spatial autocorrelation may invert observed patterns. *Diversity and Distributions*, 13: 66-69.

Kulakowski D, Veblen TT. 2002. Influences of fire history and topography on the pattern of a severe wind blowdown in a Colorado subalpine forest. *Journal of Ecology*, 90: 806-819.

Kullman L, Öberg L. 2009. Post-Little Ice Age tree line rise and climate warming in the Swedish Scandes: A landscape ecological perspective. *Journal of Ecology*, 97: 415-429.

Kunin WE, Gaston KJ. 1993. The biology of rarity: Patterns, causes, and consequences. *Trends in Ecology and Evolution*, 8: 298-302.

Kurz WA, Dymond CC, Stinson G, et al. 2008. Mountain pine beetle and forest carbon feedback to climate change. *Nature*, 452: 987-990.

Kusumoto B, Shiono T, Miyoshi M, et al. 2015. Functional response of plant communities to clearcutting: Management impacts differ between forest vegetation zones. *Journal of Applied Ecology*, 52: 171-180.

Kyle G, Leishman MR. 2009. Functional trait differences between extant exotic, native and extinct native plants in the Hunter River, NSW: A potential tool in riparian rehabilitation. *River Research and Applications*, 25: 892-903.

Laliberté E, Legendre P. 2010. A distance-based framework for measuring functional diversity from multiple traits. *Ecology*, 91: 299-305.

Laliberté E, Shipley B, Norton DA, et al. 2012. Which plant traits determine abundance under long-term shifts in soil resource availability and grazing intensity? *Journal of Ecology*, 100: 662-677.

Laliberté E, Wells JA, DeClerck F, et al. 2010. Land-use intensification reduces functional redundancy and response diversity in plant communities. *Ecology Letters*, 13: 76-86.

Lamoreux JF, Morrison JC, Ricketts TH, et al. 2006. Global tests of biodiversity concordance and the importance of endemism. *Nature*, 440: 212-214.

Lan G, Getzin S, Wiegand T, et al. 2012. Spatial distribution and interspecific associations of tree species in a tropical seasonal rain forest of China. *PloS One*, 7: e46074.

Lanta V, Lepš J. 2006. Effect of functional group richness and species richness in manipulated productivitydiversity studies: A glasshouse pot experiment. *Acta Oecologica*, 29: 85–96.

Lapenis A, Shvidenkow A, Shepascheko D, et al. 2005. Acclimation of Russian forests to recent changes in climate. *Global Change Biology*, 11: 2090–2102.

Laskurain NA, Escudero A, Olano JM, et al. 2004. Seedling dynamics of shrubs in a fully closed temperate forest: Greater than expected. *Ecography*, 27: 650–658.

Laube S, Zotz G. 2003. Which abiotic factors limit vegetative growth in a vascular epiphyte? *Functional Ecology*, 17: 598–604.

Laube S, Zotz G. 2006a. Long-term changes of the vascular epiphyte assemblage on the palm *Socratea exorrhiza* in a lowland forest in Panama. *Journal of Vegetation Science*, 17: 307–314.

Laube S, Zotz G. 2006b. Neither host-specific nor random: Vascular epiphytes on three tree species in a Panamanian lowland forest. *Annals of Botany*, 97: 1103–1114.

Laube S, Zotz G. 2007. A metapopulation approach to the analysis of long-term changes in the epiphyte vegetation on the host tree *Annona glabra*. *Journal of Vegetation Science*, 18: 613–624.

Laughlin DC. 2011. Nitrification is linked to dominant leaf traits rather than functional diversity. *Journal of Ecology*, 99: 1091–1099.

Laurance WF. 2001. Tropical logging and human invasions. *Conservation Biology*, 15: 4–5.

Laurance WF. 2007. Have we overstated the tropical biodiversity crisis? *Trends in Ecology and Evolution*, 22: 65–70.

Laurance WF, Carolina UD, Rendeiro J, et al. 2012. Averting biodiversity collapse in tropical forest protected areas. *Nature*, 489: 290–294.

Laurance WF, Curran TJ. 2008. Impacts of wind disturbance on fragmented tropical forests: A review and synthesis. *Austral Ecology*, 33: 399–408.

Laurance WF, Fearnside PM, Laurance SG, et al. 1999. Relationship between soils and Amazon forest biomass: A landscape-scale study. *Forest Ecology and Management*, 118: 127–138.

Laurance WF, Goosem M, Laurance SGW. 2009. Impacts of roads and linear clearings on tropical forests. *Trends in Ecology and Evolution*, 24: 659–669.

Laurance WF, Oliveira AA, Laurance SG, et al. 2004. Pervasive alteration of tree communities in undisturbed Amazonian forests. *Nature*, 428: 171–175.

Laurans M, Martin O, Nicolini E, et al. 2012. Functional traits and their plasticity predict tropical trees regeneration niche even among species with intermediate light requirements. *Journal of Ecology*, 100: 1440–1452.

Lavergne S, Molina J, Debussche M. 2006. Fingerprints of environmental change on the rare mediterranean flora: A 115-year study. *Global Change Biology*, 12: 1466–1478.

Lavorel S. 2013. Plant functional effects on ecosystem services. *Journal of Ecology*, 101: 4–8.

Lavorel S, Garnier E. 2002. Predicting changes in community composition and ecosystem functioning from plant traits: Revisiting the Holy Grail. *Functional Ecology*, 16: 545–556.

Lavorel S, Grigulis K. 2012. How fundamental plant functional trait relationships scale-up to trade-offs and synergies in ecosystem services. *Journal of Ecology*, 100: 128–140.

Lavorel S, Grigulis K, Lamarque P, et al. 2011. Using plant functional traits to understand the landscape distribution of multiple ecosystem services. *Journal of Ecology*, 99: 135-147.

Law R, Illian J, Burslem DFRP, et al. 2009. Ecological information from spatial patterns of plants: Insights from point process theory. *Journal of Ecology*, 97: 616-628.

Lawrence D. 2004. Erosion of tree diversity during 200 years of shifting cultivation in Bornean forest. *Ecological Applications*, 14: 1855-1869.

Lawrence D. 2005. Biomass accumulation after 10-200 years of shifting cultivation in bornean rain forest. *Ecology*, 86: 26-33.

Lebrija-Trejos E. 2009. Tropical Dry Forest Recovery: Processes and Causes of Change. Wageningen: Wageningen University.

Lebrija-Trejos E, Pérez-García EA, Meave JA, et al. 2010. Functional traits and environmental filtering drive community assembly in a species-rich tropical system. *Ecology*, 91: 386-398.

Lebrija-Trejos E, Pérez-García EA, Meave JA, et al. 2011. Environmental changes during secondary succession in a tropical dry forest in Mexico. *Journal of Tropical Ecology*, 27: 477-489.

Ledo A, Burslem DFRP, Condés S, et al. 2012. Micro-scale habitat associations of woody plants in a neotropical cloud forest. *Journal of Vegetation Science*: 1086-1097.

Lee TD, La Roi GH. 1979. Bryophyte and understory vascular plant beta diversity in relation to moisture and elevation gradients. *Vegetatio*, 40: 29-38.

Lee TM, Jetz W. 2008. Future battlegrounds for conservation under global change. *Proceedings of the Royal Society B: Biological Sciences*, 275: 1261-1270.

Legendre P, Legendre L. 1998. *Numerical Ecology* (2nd edn). Amsterdam: Elsevier Science.

Leibold MA, McPeek MA. 2006. Coexistence of the niche and neutral perspectives in community ecology. *Ecology*, 87: 1399-1410.

Leigh JEG, Priya D, Dick WC. 2004. Why do some tropical forests have so many species of trees? *Biotropica*, 36: 447-473.

Leishman MR, Westoby M. 1994. The role of large seed size in seedling establishment in dry soil conditions: Experimental evidence from semi-arid species. *Journal of Ecology*, 82: 249-258.

Lenoir J, G gout JC, Marquet PA, et al. 2008. A significant upward shift in plant species optimum elevation during the 20th century. *Science*, 320: 1768-1771.

Letcher SG. 2010. Phylogenetic structure of angiosperm communities during tropical forest succession. *Proceedings of the Royal Society B: Biological Sciences*, 277: 97-104.

Letcher SG, Chazdon RL. 2009a. Lianas and self-supporting plants during tropical forest succession. *Forest Ecology and Management*, 257: 2150-2156.

Letcher SG, Chazdon RL. 2009b. Rapid recovery of biomass, species richness, and species composition in a forest chronosequence in northeastern Rosta Rica. *Biotropica*, 41: 608-617.

Letcher SG, Chazdon RL, Andrade ACS, et al. 2012. Phylogenetic community structure during succession: Evidence from three Neotropical forest sites. *Perspectives in Plant Ecology, Evolution and Systematics*, 14: 79-87.

Levin SA. 1992. The problem of pattern and scale in ecology. *Ecology*, 73: 1943-1967.

Lewis SL, Lloyd J, Sitch S, et al. 2009. Changing ecology of tropical forests: Evidence and drivers. *Annual Review of Ecology, Evolution, and Systematics*, 40: 529-549.

Lewis SL, Tanner EVJ. 2000. Effects of above-and belowground competition on growth and survival of rain forests tree seedling. *Ecology*, 81: 2525-2538.

Li L, Huang Z, Ye W, et al. 2009. Spatial distributions of tree species in a subtropical forest of China. *Oikos*, 118: 495-502.

Lieberman M, Lieberman D. 1994. Patterns of density and dispersion of forest trees. In: McDade L, Bawa KS, Hartshorn GS, Hespenheide H. *La Selva: Ecology and Natural History of a Neotropical Rain Forest*. USA: University of Chicago Press, 106-119.

Lieberman M, Lieberman D. 2007. Nearest-neighbor tree species combinations in tropical forest: The role of chance, and some consequences of high diversity. *Oikos*, 116: 377-386.

Lin KC, Harmburg SP, Tang SL, et al. 2003a. Typhoon effects on litterfall in a subtropical forest. *Journal of Forestry Research*, 33: 2184-2192.

Lin TC, Hamburg SP, Hsia YJ, et al. 2003b. Influence of typhoon disturbances on the understory light regime and stand dynamics of a subtropical rain forest in norhteastern Taiwan. *Journal of Forestry Research*, 8: 139-145.

Lin YC, Chang LW, Yang KC, et al. 2011. Point patterns of tree distribution determined by habitat heterogeneity and dispersal limitation. *Oecologia*, 165: 175-184.

Linares C, Doak DF, Coma R, et al. 2007. Life history and viability of a long-lived marine invertebrate: The octocoral *Paramuricea clavata*. *Ecology*, 88: 918-928.

Lindenmayer DB, Laurance WF, Franklin JF. 2012. Global decline in large old trees. *Science*, 338: 1305-1306.

Linder HP. 1991. Environmental correlates of patterns of species richness in the south-western Cape Province of South Africa. *Journal of Biogeography*, 18: 509-518.

Lingua E, Cherubini P, Motta R, et al. 2008. Spatial structure along an altitudinal gradient in the Italian central Alps suggests competition and facilitation among coniferous species. *Journal of Vegetation Science*, 19: 425-436.

Lloret F, Peñuelas J, Estiarte M. 2004. Experimental evidence of reduced diversity of seedlings due to climate modification in a Mediterranean-type community. *Global Change Biology*, 10: 248-258.

Lloyd KM, McQueen AAM, Lee BJ, et al. 2000. Evidence on ecotone concepts from switch, environmental and anthropogenic ecotones. *Journal of Vegetation Science*, 11: 903-910.

Loarie SR, Asner GP, Field CB. 2009. Boosted carbon emissions from Amazon deforestation. *Geophysical Research Letters*, 36: L14810.

Lockwood JL, Moulton MP, Anderson SK. 1993. Morphological assortment and the assembly of communities of introduced passeriforms on oceanic island: Tahiti versus Oahu. *The American Naturalist*, 141: 398-408.

Loehle C. 1996. Optimal defensive investment in plants. *Oikos*, 75: 299-302.

Loehle C. 2000. Forest ecotone response to climate change: Sensitivity to temperature response functional forms. *Canadian Journal of Forest Research*, 30: 1632-1645.

Lohbeck M, Poorter L, Lebrija-Trejos E, et al. 2013. Successional changes in functional composition contrast for dry and wet tropical forest. *Ecology*, 94(6): 1211-1216.

Lohbeck M, Poorter L, Paz H, et al. 2012. Functional diversity changes during tropical forest succession. *Perspectives in Plant Ecology, Evolution and Systematics*, 14: 89-96.

Loik ME, Holl KD. 2001. Photosynthetic responses of tree seedlings in grass and under shrubs in early-successional tropical old fields, Costa Rica. *Oecologia*, 127: 40-50.

Lomolino MV. 2001a. Elevation gradients of species-density: Historical and prospective views. *Global Ecology and Biogeography Letters*, 10: 3-13.

Lomolino MV. 2001b. The species-area relationship: New challenges for an old pattern. *Progress in Physical Geography*, 25: 1-21.

Long W, Zang R, Ding Y. 2011. Air temperature and soil phosphorus availability correlate with trait differences between two types of tropical cloud forests. *Flora*, 206: 896-903.

Long YH, Wan FY, Xu G, et al. 2006. Glacial effects on sequence divergence of mitochondrial COII of *Polyura eudamippus*(Lepidoptera: Nymphalidae)in China. *Biochemical Genetics*, 44: 361-377.

Longstreth DJ, Nobel PS. 1980. Nutrient influences on leaf photosynthesis: Effects on nitrogen, phosphorus, and potassium for *Gossypiu hirsutum* L. *Plant Physiology*, 65: 541-543.

Loosmore NB, Ford ED. 2006. Statistical inference using the G or K point pattern spatial statistics. *Ecology*, 87: 1925-1931.

Loreau M. 2000. Biodiversity and ecosystem functioning: Recent theoretical advances. *Oikos*, 91: 3-17.

Loreau M. 2010. Linking biodiversity and ecosystems: Towards a unifying ecological theory. *Philosophical Transactions of the Royal Society B: Biological Sciences*, 365: 49-60.

Loreau M, Hector A. 2001. Partitioning selection and complementarity in biodiversity experiments. *Nature*, 412: 72-76.

Loreau M, Naeem S, Inchausti P, et al. 2001. Biodiversity and ecosystem functioning: Current knowledge and future challenges. *Science*, 294: 804-808.

Lorimer CG, Dahir SE, Nordheim EV. 2001. Tree mortality rates and longevity in mature and old-growth hemlock-hardwood forests. *Journal of Ecology*, 89: 960-971.

Lortie CJ, Aarssen LW. 1996. The specialization hypothesis for phenotypic plasticity in plants. *International Journal of Plant Science*, 157: 484-487.

Losos E, Leigh EG. 2004. Tropical forest diversity and dynamism: Findings from a large-scale network. In: *National Bureau of Economic Research*. Chicago: University of Chicago Press, 107-118.

Losos JB. 2008. Phylogenetic niche conservatism, phylogenetic signal and the relationship between phylogenetic relatedness and ecological similarity among species. *Ecology Letters*, 11: 995-1003.

Lowman MD. 2001. Plants in the forest canopy: Some reflections on current research and future direction. *Plant Ecology*, 153: 39-50.

Lowman MD, Rinker HB. 2004. *Forest Canopies*(2nd edn). California: Academic Press.

Lozada T, de Koning GHJ, Marché R, et al. 2007. Tree recovery and seed dispersal by birds: Comparing forest, agroforestry and abandoned agroforestry in coastal Ecuador. *Perspectives in Plant Ecology, Evolution and Systematics*, 8: 131-140.

Lu XH, Ding Y, Zang RG, et al. 2011. Analysis of functional traits of woody plant seedlings in an old-growth tropical lowland rain forest on Hainan Island, China. *Chinese Journal of Plant Ecology*, 35: 1300-1309.

Lugo AE. 2008. Visible and invisible effects of hurricanes on forest ecosystems: An international review. *Austral Ecology*, 33: 368-398.

Luizão RC, Luizão FJ, Paiva RQ, et al. 2004. Variation of carbon and nitrogen cycling processes along a topographic gradient in a central Amazonian forest. *Global Change Biology*, 10: 592-600.

Lundholm JT, Larson DW. 2003. Temporal variability in water supply controls seedling diversity in limestone pavement microcosms. *Journal of Ecology*, 91: 966-975.

Luo Z, Mi X, Chen X, et al. 2012. Density dependence is not very prevalent in a heterogeneous subtropical forest. *Oikos*, 121: 1239-1250.

Lusk CH, Duncan RP, Bellingham PJ. 2009. Light environments occupied by conifer and angiosperm seedlings in a New Zealand podocarp-broadleaved forest. *New Zealand Journal of Ecology*, 33: 83-89.

Müller SC, Overbeck GE, Pfadenhauer J, et al. 2012. Woody species patterns at forest-grassland boundaries in southern Brazil. *Flora*, 207: 586-598.

Méndez-Alonzo R, López-Portillo J, Rivera-Monroy VH. 2008. Latitudinal variation in leaf and tree traits of the mangrove *Avicennia germinans* (Avicenniaceae) in the central region of the Gulf of Mexico. *Biotropica*, 40: 449-456.

Ma M. 2005. Species richness vs evenness: Independent relationship and different responses to edaphic factors. *Oikos*, 111: 192-198.

Mabry CM, Hamburg SP, Lin TC, et al. 1998. Typhoon disturbance and stand-level damage patterns at a subtropical forest in Taiwan. *Biotropica*, 30: 238-250.

MacArthur RH, Wilson EO. 1963. An equilibrium theory of insular zoogeography. *Evolution*, 17: 373-387.

MacArthur RH, Wilson EO. 1967. *The Theory of Island Biogeography*. Princeton: Princeton University Press.

MacAuthur R, Levins R. 1967. The limiting similarity, convergence, and divergence of coexisting species. *The American Naturalist*, 101: 377-385.

MacDonald GM, Velichko AA, Kremenetski CV, et al. 2000. Holocene treeline history and climate change across northern Eurasia. *Quaternary Research*, 53: 302-311.

Mace GM, Norris K, Fitter AH. 2012. Biodiversity and ecosystem services: A multilayered relationship. *Trends in Ecology and Evolution*, 27: 19-26.

MacGregor SD, O'Connor TG. 2002. Patch dieback of *Colophospermum mopane* in a dysfunctional semi-arid African savanna. *Austral Ecology*, 27: 385-395.

MacKinnon K. 2005. Parks, people, and policies: Conficting agendas for forests in southeast Asia. In: Bermingham E, Dick C, Moritz C. *Tropical Rainforests: Past, Present, and Future*. Chicago: University of Chicago Press, 558-582.

Maestre FT, Bowker MA, Escolar C, et al. 2010. Do biotic interactions modulate ecosystem functioning along stress gradients? Insights from semi-arid plant and biological soil crust communities. *Philosophical Transactions of the Royal Society B: Biological Sciences*, 365: 2057-2070.

Maestre FT, Martínez I, Escolar C, et al. 2009. On the relationship between abiotic stress and co-occurrence patterns: An assessment at the community level using soil lichen communities and multiple stress gradients. *Oikos*, 118: 1015-1022.

Maestre FT, Quero JL, Gotelli NJ, et al. 2012. Plant species richness and ecosystem multifunctionality in global drylands. *Science*, 335: 214-218.

Magurran AE. 1988. *Ecological Diversity and Its Measurement*. Berlin: Springer.

Maharjan SK, Poorter L, Holmgren M, et al. 2011. Plant functional traits and the distribution of west African rain forest trees along the rainfall gradient. *Biotropica*, 43: 552-561.

Maherali H, Klironomos JN. 2007. Influence of phylogeny on fungal community assembly and ecosystem functioning. *Science*, 316: 1746-1748.

Malhi Y. 2002. Carbon in the atmosphere and terrestrial biosphere in the 21st century. *Philosophical Transactions. Series A, Mathematical, Physical, and Engineering Sciences*, 360: 2925-2945.

Malhi Y, Nobre AD, Grace J, et al. 1998. Carbon dioxide transfer over a Central Amazonian rain forest. *Journal of Geophysical Research*, 103: 31593-31612.

Malhi Y, Roberts JT, Betts RA, et al. 2008. Climate change, deforestation, and the fate of the Amazon. *Science*, 319: 169-172.

Malhi Y, Wood D, Baker TR, et al. 2006. The regional variation of aboveground live biomass inold-growth Amazonian forests. *Global Change Biology*, 12: 1107-1138.

Malhi Y, Wright J. 2004. Spatial patterns and recent trends in the climate of tropical rainforest regions. *Philosophical Transactions of the Royal Society of London, Series B*, 359: 311-329.

Mamolos AP, Elisseou GK, Veresoglou DS. 1995. Depth of root activity of coexisting grassland species in relation to N and P additions, measured using nonradioactive tracers. *Journal of Ecology*, 83: 643-652.

Mani S, Parthasarathy N. 2009. Tree population and above-ground biomass changes in two disturbed tropical dry evergreen forests of peninsular India. *Tropical Ecology*, 50: 249.

Manne LL, Williams PH, Midgley GF, et al. 2007. Spatial and temporal variation in species-area relationships in the Fynbos biological hotspot. *Ecography*, 30: 852-861.

Marín-Spiotta E, Silver WL, Ostertag R. 2007. Long-term patterns in tropical reforestation: Plant community composition and aboveground biomass accumulation. *Ecological Applications*, 17: 828-839.

Marbà N, Duarte CM, Agustí S. 2007. Allometric scaling of plant life history. *Proceedings of the National Academy of Sciences*, 104: 15777–15780.

Markesteijn L, Poorter L. 2009. Seedling root morphology and biomass allocation of 62 tropical tree species in relation to drought-and shade-tolerance. *Journal of Ecology*, 97: 311–325.

Markesteijn L, Poorter L, Bongers F. 2007. Light-dependent leaf trait variation in 43 tropical dry forest tree species. *American Journal of Botany*, 94: 515–525.

Markesteijn L, Poorter L, Paz H, et al. 2011. Ecological differentiation in xylem cavitation resistance is associated with stem and leaf structural traits. *Plant, Cell and Environment*, 34: 137–148.

Marks CO, Lechowicz MJ. 2006. A holistic tree seedling model for the investigation of functional trait diversity. *Ecological Modelling*, 193: 141–181.

Marod D, Kutintara U, Tanaka H, et al. 2004. Effects of drought and fire on seedling survival and growth under contrasting light conditions in a seasonal tropical forest. *Journal of Vegetation Science*, 15: 691–700.

Marrinan MJ, Edwards W, Landsberg J. 2005. Resprouting of saplings following a tropical rainforest fire in north-east Queensland. *Austral Ecology*, 30: 817–826.

Martin HG, Goldenfeld N. 2006. On the origin and robustness of power-law species-area relationships in ecology. *Proceedings of the National Academy of Sciences of the United States of America*, 103: 10310–10315.

Martin PH, Fahey TJ, Sherman RE. 2011. Vegetation zonation in a neotropical montane forest: Environment, disturbance and ecotones. *Biotropica*, 43: 533–543.

Martin PH, Sherman RE, Fahey TJ. 2004. Forty years of tropical forest recovery from agriculture: Structure and floristics of secondary and old-growth riparian forests in the Dominican Republic. *Biotropica*, 36: 297–317.

Martin PH, Sherman RE, Fahey TJ. 2007. Tropical montane forest ecotones: Climate gradients, natural disturbance, and vegetation zonation in the Cordillera Central, Dominican Republic. *Journal of Biogeography*, 34: 1792–1806.

Martin PS, Yetman DA. 2000. Introduction and prospect: Secrets of a tropical deciduous forest. In: Robichaux RH, Yetman DA. *The Tropical Deciduous Forest of Alamous: Biodiversity of a Threatened Ecosystem in Mexico*. Tucson: University of Arizona Press, 3–18.

Mascaro J, Hughes RF, Schnitzer SA. 2012. Novel forests maintain ecosystem processes after the decline of native tree species. *Ecological Monographs*, 82: 221–228.

Mason NWH, de Bello F, Doležal J, et al. 2011. Niche overlap reveals the effects of competition, disturbance and contrasting assembly processes in experimental grassland communities. *Journal of Ecology*, 99: 788–796.

Mason NWH, de Bello F, Mouillot D, et al. 2012a. A guide for using functional diversity indices to reveal changes in assembly processes along ecological gradients. *Journal of Vegetation Science*: 794–806.

Mason NWH, Irz P, Lanoiselée C, et al. 2008a. Evidence that niche specialization explains speciesenergy relationships in lake fish communities. *Journal of Animal Ecology*, 77: 285-296.

Mason NWH, Lanoiselée C, Mouillot D, et al. 2008b. Does niche overlap control relative abundance in French lacustrine fish communities? A new method incorporating functional traits. *Journal of Animal Ecology*, 77: 661-669.

Mason NWH, Mouillot D, Lee WG, et al. 2005. Functional richness, functional evenness and functional divergence: The primary components of functional diversity. *Oikos*, 111: 112-118.

Mason NWH, Richardson SJ, Peltzer DA, et al. 2012b. Changes in coexistence mechanisms along a long-term soil chronosequence revealed by functional trait diversity. *Journal of Ecology*, 100: 678-689.

Matter SF, Hanski I, Gyllenberg M. 2002. A test of the metapopulation model of the species-area relationship. *Journal of Biogeography*, 29: 977-983.

Mattinglyw B, Hewlate R, Reynolds HL. 2007. Species evenness and invasion resistance of experimental grassland communities. *Oikos*, 116: 1164-1170.

May RM. 1975. Patterns of Species Abundance and Diversity. Cambridge: Harvard University Press.

Mayfield MM, Dwyer JM, Chalmandrier L, et al. 2013. Differences in forest plant functional trait distributions across land-use and productivity gradients. *American Journal of Botany*, 100: 1356-1368.

Mayle FE, Power MJ. 2008. Impact of a drier Early-Mid-Holocene climate upon Amazonian forests. *Philosophical Transactions of the Royal Society B: Biological Sciences*, 363: 1829-1838.

Mayr E. 1965. Avifauna: turnover on islands. *Science*, 150: 1587-1588.

McCoy MW, Gilooly JF. 2008. Predicting natural mortality rates of plants and animals. *Ecology Letters*, 11: 710-716.

McCullagh P, Nelder JA. 1989. *Generalized Linear Models*. 2nd edn. London: Chapman & Hall.

McDowell N, Pockman WT, Allen CD, et al. 2008. Mechanisms of plant survival and mortality during drought: Why do some plants survive while others succumb to drought? *New Phytologist*, 178: 719-739.

McDowell NG, Allen CD, Marshall L. 2010. Growth, carbon-isotope discrimination, and drought-associated mortality across a *Pinus ponderosa* elevational transect. *Global Change Biology*, 16: 399-415.

McGill BJ. 2003. A test of the unified neutral theory of biodiversity. *Nature*, 422: 881-885.

McGill BJ. 2010. Towards a unification of unified theories of biodiversity. *Ecology Letters*, 13: 627-642.

McGill BJ, Brown JS. 2007. Evolutionary game theory and adaptive dynamics of continuous traits. *Annual Review of Ecology, Evolution, and Systematics*, 38: 403-435.

McGill BJ, Enquist BJ, Weiher E, et al. 2006a. Rebuilding community ecology from functional traits. *Trends in Ecology and Evolution*, 21: 178-185.

McGill BJ, Maurer BA, Weiser MD. 2006b. Empirical evaluation of neutral theory. *Ecology*, 87: 1411-1423.

McKee KL, Faulkner PL. 2000. Restoration of biogeochemical function in mangrove forests. *Restoration Ecology*, 8: 247-259.

McKinney ML. 2004. Measuring floristic homogenization by non-native plants in North America. *Global Ecology and Biogeography*, 13: 47-53.

McKinney ML. 2006. Urbanization as a major cause of biotic homogenization. *Biological Conservation*, 127: 247-260.

McKinney ML, Lockwood JL. 1999. Biotic homogenization a few winners replacing many losers in the next mass extinction. *Tree*, 14: 450-453.

McLaughlin JF, Hellmann JJ, Boggs CL, et al. 2002. Climate change hastens population extinctions. *Proceedings of the National Academy of Sciences*, 99: 6070-6074.

Mcnulty SG. 2002. Hurricane impacts on US forest carbon sequestration. *Environmental Pollution*, 116: 17-24.

Medail F, Verlaque R. 1997. Ecological characteristics and rarity of endemic plants from southeast France and Corsica: Implications for biodiversity conservation. *Biological Conservation*, 80: 269.

Meier CL, Bowman WD. 2010. Chemical composition and diversity influence non-additive effects of litter mixtures on soil carbon and nitrogen cycling: Implications for plant species loss. *Soil Biology and Biochemistry*, 42: 1447-1454.

Meigs G, Donato D, Campbell J, et al. 2009. Forest fire impacts on carbon uptake, storage, and emission: The role of burn severity in the Eastern Cascades, Oregon. *Ecosystems*, 12: 1246-1267.

Meinzer F. 2003. Functional convergence in plant responses to the environment. *Oecologia*, 134: 1-11.

Meng TT, Ni J, Wang GH. 2007. Plant functional traits, environments and ecosystem functioning. *Journal of Plant Ecology*, 31: 150-165.

Merwin MCN, Gradstein NM, Robbert S. 2001. Epiphytic bryophytes of Monteverde, Costa Rica. *Tropical Bryology*, 20: 63-70.

Mesler MR. 1975. The gametophytes of *Ophioglossum palmatum* L. *American Journal of Botany*, 62: 982-992.

Messaoud Y, Bergeron Y, Leduc A. 2006. Ecological factors explaining the location of the boundary between the mixedwood and coniferous bioclimatic zones in the boreal biome of eastern North America. *Global Ecology and Biogeography*, 16: 90-102.

Messier J, McGill BJ, Lechowicz MJ. 2010. How do traits vary across ecological scales? A case for trait-based ecology. *Ecology Letters*, 13: 838-848.

Michalet R. 2006. Is facilitation in arid environments the result of direct or complex interactions? *New Phytologist*, 169: 3-6.

Michalski F, Nishi I, Peres CA. 2007. Disturbance-mediated drift in tree functional groups in Amazonian forest fragments. *Biotropica*, 39: 691-701.

Miles L, Newton AC, DeFries RS, et al. 2006. A global overview of the conservation status of tropical dry forests. *Journal of Biogeography*, 33: 491-505.

Millennium Ecosystem Assessment. 2005. *Ecosystems and Human Well-being*. Washington. Island Press.

Miller BP, Perry GLW, Enright NJ, et al. 2010. Contrasting spatial pattern and pattern-forming processes in natural vs. restored shrublands. *Journal of Applied Ecology*, 47: 701–709.

Miller PM, Kauffman JB. 1998. Effects of slash and burn agriculture on species abundance and composition of a tropical deciduous forest. *Forest Ecology and Management*, 103: 191–201.

Miller RI, Wiegert RG. 1989. Documenting completeness, species-area relations, and the species-abundance distribution of a regional flora. *Ecology*, 70: 16–22.

Minden V, Kleyer M. 2011. Testing the effect-response framework: Key response and effect traits determining above-ground biomass of salt marshes. *Journal of Vegetation Science*, 22(3): 387–401.

Minnich RA. 1984. Snow drifting and timberline dynamics on Mt. San Gorgonio, California, USA. *Arctic and Alpine Research*, 16: 395–412.

Mittelbach GG, Schemske DW, Cornell HV, et al. 2007. Evolution and the latitudinal diversity gradient: Speciation, extinction and biogeography. *Ecology Letters*, 10: 315–331.

Mittelbach GG, Steiner CF, Scheiner SM, et al. 2001. What is the observed relationship between species richness and productivity? *Ecology*, 82: 2381–2396.

Moeur M. 1997. Spatial models of competition and gap dynamics in old-growth *Tsuga heterophylla/Thuja plicata* forests. *Forest Ecology and Management*, 94: 175–186.

Moffett M, Wilson EO. 1993. *The High Frontier: Exploring the Tropical Rainforest Canopy*. Cambridge: Harvard University Press.

Mokany K, Ash J, Roxburgh S. 2008. Functional identity is more important than diversity in influencing ecosystem processes in a temperate native grassland. *Journal of Ecology*, 96: 884–893.

Moles AT, Warton DI, Warman L, et al. 2009. Global patterns in plant height. *Journal of Ecology*, 97: 923–932.

Moles AT, Westoby M. 2004a. Seed mass and seedling establishment after fire in Ku-ring-gai Chase National Park, Sydney, Australia. *Austral Ecology*, 29: 383–390.

Moles AT, Westoby M. 2004b. Seedling survival and seed size: A synthesis of the literature. *Journal of Ecology*, 92: 372–383.

Monsi M, Saeki T. 2005. On the factor light in plant communities and its importance for matter production. *Annals of Botany*, 95: 549–567.

Montoya D, Rogers L, Memmott J. 2012. Emerging perspectives in the restoration of biodiversity-based ecosystem services. *Trends in Ecology and Evolution*, 27: 666–672.

Mooney HA, Bullock SH, Medina E. 1995. Introduction. In: Bullock SH, Mooney HA, Medina E. *Seasonally Dry Tropical Forests*. Cambridge: Cambridge University Press, 1–8.

Mooney HA, Ehleringer JR. 1997. Photosynthesis. In: Crawley MJ. *Plant Ecology*. Oxford: Blackwell Science Publication, 1–27.

Mora C, Robertson DR. 2005. Causes of latitudinal gradients in species richness: A test with fishes of the tropical eastern pacific. *Ecology*, 86: 1771–1782.

Mori A, Takeda H. 2004. Functional relationships between crown morphology and within-crown characteristics of understory saplings of three codominant conifers in a subalpine forest in central Japan. *Tree Physiology*, 24: 661-670.

Morley RJ. 2000. *Origin and Evolution of Tropical Rain Forests*. John Wiley & Sons.

Morlon H, Chuyong G, Condit R, et al. 2008. A general framework for the distance-decay of similarity in ecological communities. *Ecology Letters*, 11: 904-917.

Moser G, Hertel D, Leuschner C. 2007. Altitudinal change in LAI and stand leaf biomass in tropical montane forests: A transect study in Ecuador and a pan-tropical meta-analysis. *Ecosystems*, 10: 924-935.

Mouchet MA, Villéger S, Mason NWH, et al. 2010. Functional diversity measures: An overview of their redundancy and their ability to discriminate community assembly rules. *Functional Ecology*, 24: 867-876.

Mouillot D, Graham NAJ, Villéger S, et al. 2013. A functional approach reveals community responses to disturbances. *Trends in Ecology and Evolution*, 28: 167-177.

Mouillot D, Mason NW, Wilson JB. 2007. Is the abundance of species determined by their functional traits? A new method with a test using plant communities. *Oecologia*, 152: 729-737.

Mouillot D, Villéger S, Scherer-Lorenzen M, et al. 2011. Functional structure of biological communities predicts ecosystem multifunctionality. *PLoS One*, 6: e17476.

Mouquet N, Moore JL, Loreau M. 2002. Plant species richness and community productivity: Why the mechanism that promotes coexistence matters. *Ecology Letters*, 5: 56-65.

Mueller KE, Hobbie SE, Tilman D, et al. 2013. Effects of plant diversity, N fertilization, and elevated carbon dioxide on grassland soil N cycling in a long-term experiment. *Global Change Biology*, 19: 1249-1261.

Mueller RC, Scudder CM, Porter ME, et al. 2005. Differential tree mortality in response to severe drought: Evidence for long-term vegetation shifts. *Journal of Ecology*, 93: 1085-1093.

Mujuru L, Kundhlande A. 2007. Small-scale vegetation structure and composition of Chirinda Forest, southeast Zimbabwe. *African Journal of Ecology*, 45: 624-632.

Muller-Landau HC. 2004. Interspecific and inter-site variation in wood specific gravity of tropical trees. *Biotropic*, 36: 20-32.

Munson SM, Lauenroth WK. 2009. Plant population and community responses to removal of dominant species in the shortgrass steppe. *Journal of Vegetation Science*, 20: 1-9.

Murphy DD, Wilcox BA. 1986. On island biogeography and conservation. *Oikos*, 47: 385-386.

Murphy PG, Lugo AE. 1986. Structure and biomass of a subtropical dry forest in Puerto Rico. *Biotropic*, 18: 89-96.

Murphy SJ, McCarthy BC. 2012. Evidence for topographic control of tree spatial patterning in an old-growth, mixed Mesophytic forest in Southeastern Ohio, USA. *The Journal of the Torrey Botanical Society*, 139: 181-193.

Murray BR, Kelaher BP, Hose GC, et al. 2005. A meta-analysis of the interspecific relationship between seed size and plant abundance within local communities. *Oikos*, 110: 191-194.

Murray BR, Thrall PH, Gill AM, et al. 2002. How plant life-history and ecological traits relate to species rarity and commonness at varying spatial scales. *Austral Ecology*, 27: 291-310.

Murrell DJ. 2009. On the emergent spatial structure of size-structured populations: When does self-thinning lead to a reduction in clustering? *Journal of Ecology*, 97: 256-266.

Myers N. 1992. Tropical forests: The policy challenge. *The Environmentalist*, 12: 15-27.

Myers N. 2000. Tropical rain forests and biodiversity. In: Osborne PL. *Tropical Ecosystems and Ecological Concepts*. Cambridge: Cambridge University Press, 238-279.

Myers N, Mittermeier RA, Mittermeier CG, et al. 2000. Biodiversity hotspots for conservation priorities. *Nature*, 403: 853-858.

Nadkarni NM. 1984. Epiphyte biomass and nutrient capital of a neotropical elfin forest. *Biotropica*, 16: 249-256.

Nadkarni NM. 2001. Enhancement of forest canopy research, education, and conservation in the new millennium. *Plant Ecology*, 153: 361-367.

Nadkarni NM, Parker GG, Rinker HB, et al. 2004a. The nature of forest canopies. In: Lowman MD, Rinker HB *Forest Canopies*. San Diego: Elsevier Academic Press.

Nadkarni NM, Schaefer D, Matelson TJ, et al. 2004b. Biomass and nutrient pools of canopy and terrestrial components in a primary and a secondary montane cloud forest, Costa Rica. *Forest Ecology and Management*, 198: 223-236.

Nadkarni NM, Solano R. 2002. Potential effects of climate change on canopy communities in a tropical cloud forest: An experimental approach. *Oecologia*, 131: 580-586.

Naeem S. 2002. Disentangling the impacts of diversity on ecosystem functioning in combinatorial experiments. *Ecology*, 83: 2925-2935.

Naeem S, Knops JMH, Tilman D, et al. 2000. Plant diversity increases resistance to invasion in the absence of covarying extrinsic factors. *Oikos*, 91: 97-108.

Naeem S, Thompson LJ, Lawler SP, et al. 1994. Declining biodiversity can alter the performance of ecosystems. *Nature*, 368: 734-737.

Naidoo R, Balmford A, Costanza R, et al. 2008. Global mapping of ecosystem services and conservation priorities. *Proceedings of the National Academy of Sciences*, 105: 9495-9500.

Nakagawa M, Tanaka K, Nakashizuka T, et al. 2000. Impact of severe drought associated with the 1997-98 El Niño in a tropical forest in Sarawak. *Journal of Tropical Ecology*, 16: 355-367.

Nathan R. 2006. Long-distance dispersal of plants. *Science*, 313: 786-788.

Nathan R, Muller-Landau HC. 2000. Spatial patterns of seed dispersal, their determinants and consequences for recruitment. *Trends in Ecology and Evolution*, 15: 278-285.

Nee S. 2005. The neutral theory of biodiversity: Do the numbers add up? *Functional Ecology*, 19: 173-176.

Negrelle RR. 2002. The Atlantic forest in the Volta Velha Reserve: A tropical rain forest site outside the tropics. *Biodiversity and Conservation*, 11: 887-919.

Neilson RP. 1993. Transient ecotone response to climatic change: Some conceptual and modelling approaches. *Ecological Applications*, 3: 385-395.

Neilson RP, King GA, DeVelice RL, et al. 1992. Regional and local vegetation patterns: The responses of vegetation diversity to subcontinental air masses: Biodiversity and ecotones. *Ecological Studies*, 92: 129-149.

Nelson E, Mendoza G, Regetz J, et al. 2009. Modeling multiple ecosystem services, biodiversity conservation, commodity production, and tradeoffs at landscape scales. *Frontiers in Ecology and the Environment*, 7: 4-11.

Nepstad DC, Veríssimo A, Alencar A, et al. 1999. Large-scale impoverishment of Amazonian forests by logging and fire. *Nature*, 398: 505-508.

Newbery DM, Proctor J. 1984. Ecological studies in four contrasting lowland rain forests in Gunung Mulu National Park, Sarawak: IV. Associations between tree distribution and soil factors. *Journal of Ecology*, 72: 475-493.

Newbold T, Hudson LN, Hill SLL, et al. 2015. Global effects of land use on local terrestrial biodiversity. *Nature*, 520: 45-50.

Newman MJH, Paredes GA, Sala E, et al. 2006. Structure of Caribbean coral reef communities across a large gradient of fish biomass. *Ecology Letters*, 9: 1216-1227.

Newton P, Peres CA, Desmoulière SJ, et al. 2012. Cross-scale variation in the density and spatial distribution of an Amazonian non-timber forest resource. *Forest Ecology and Management*, 276: 41-51.

Nicotra AB, Chazdon RL, Iriarte SVB. 1999. Spatial heterogeneity of light and woody seedlingregeneration in tropical wet forests. *Ecology*, 80: 1908-1926.

Nieder J, Engwald S, Klawun M, et al. 2000. Spatial distribution of *vascular epiphytes* (including hemiepiphytes) in a lowland Amazonian rain forest (Surumoni Crane Plot) of Southern Venezuela. *Biotropica*, 32: 385-396.

Nieder J, Prosperí J, Michaloud G. 2001. Epiphytes and their contribution to canopy diversity. *Plant Ecology*, 153: 51-63.

Nijs I, Roy J. 2000. How important are species richness, species evenness and interspecific differences to productivity? A mathematical model. *Oikos*, 88: 57-66.

Niklas K. 1994. *Plant Allometry: The Scaling of Form and Process*. Chicago: University of Chicago Press.

Niklas KJ, Cobb ED. 2010. Ontogenetic changes in the numbers of short-vs. long-shoots account for decreasing specific leaf area in *Acer rubrum* (Aceraceae) as trees increase in size. *American Journal of Botany*, 97: 27-37.

Niklas KJ, Midgley JJ, Rand RH. 2003. Size-dependent species richness: Trends within plant communities and across latitude. *Ecology Letters*, 6: 631-636.

Nishimua T, Suzuki E, Kohyama T, et al. 2007. Mortality and growth of trees in peat-swamp and heath forests in Central Kalimantan after severe drought. *Plant Ecology*, 188: 165-177.

Nishimura S, Yoneda T, Fujii S, et al. 2011. Sprouting traits of Fagaceae species in a hill dipterocarp forest, Ulu Gadut, West Sumatra. *Journal of Tropical Ecology*, 27: 107−110.

Nogueira EM, Nelson BW, Fearnside PM, et al. 2008. Tree height in Brazil's "arc of deforestation": Shorter trees in south and southwest Amazonia imply lower biomass. *Forest Ecology and Management*, 255: 2963−2972.

Norden N, Chave J, Belbenoit P, et al. 2009a. Interspecific variation in seedling responses to seed limitation and habitat conditions for 14 Neotropical woody species. *Journal of Ecology*, 97: 186−197.

Norden N, Chave J, CaubÈRe A, et al. 2007. Is temporal variation of seedling communities determined by environment or by seed arrival? A test in a neotropical forest. *Journal of Ecology*, 95: 507−516.

Norden N, Chazdon RL, Chao A, et al. 2009b. Resilience of tropical rain forests: Tree community reassembly in secondary forests. *Ecology Letters*, 12: 385−394.

Norden N, Letcher SG, Boukili V, et al. 2012. Demographic drivers of successional changes in phylogenetic structure across life-history stages in plant communities. *Ecology*, 93: S70−S82.

North M, Chen JQ, Oakley B, et al. 2004. Forest stand structure and pattern of old-growth western hemlock/Douglas-fir and mixed-conifer forests. *Forest Science*, 50: 299−311.

O'Connell BM, Kelty MJ. 1994. Crown architecture of understory and open-grown white pine (*Pinus strobus* L.) saplings. *Tree Physiology*, 14: 89−102.

O'Donnell AG, Seasman M, Macrae A, et al. 2001. Plants and fertilisers as drivers of change in microbial community structure and function in soils. *Plant and Soil*, 232: 135−145.

O'Brian EM. 2006. Biological relativity to water-energy dynamics. *Journal of Biogeography*, 33: 1868−1888.

Ogawa H, Yoda K, Ogino K, et al. 1965. Comparative ecological studies on there main types of forest vegetation in Thailand. II. Plant biomass. *Nature and Life in Southeast Asia*, 4: 49−81.

Ogle K, Whitham TG, Cobb NS. 2000. Tree-ring variation in pinyon predicts likelihood of death following severe drought. *Ecology*, 81: 3237−3243.

Oksanen J, Blanchet FG, Kindt R, et al. 2012. Vegan: Community Ecology Package. R package version 2. 0−4.

Okuda T, Manokaran N, Matsumoto Y, et al. 2003. *Pasoh: Ecology of a Lowland Rain Forest in Southeast Asia*. Tokyo: Springer-Verlag, 171−194.

Olander LP, Vitousek PM. 2004. Biological and geochemical sinks for phosphorus in soil from a wet tropical forest. *Ecosystems*, 7: 404−419.

Olden JD, Poff NL. 2003. Toward a mechanistic understanding and prediction of biotic homogenization. *The American Naturalist*, 162: 442−460.

Olden JD, Poff NL. 2004. Ecological processes driving biotic homogenization: Testing a mechanistic model using fish faunas. *Ecology*, 85: 1867−1875.

Olden JD, Poff NL, Douglas MR, et al. 2004. Ecological and evolutionary consequences of biotic homogenization. Trends in Ecology and Evolution, 19: 18–24.

Olden JD, Poff NL, McKinney ML. 2006. Forecasting faunal and floral homogenization associated with human population geography in North America. *Biological Conservation*, 127: 261–271.

Olden JD, Rooney TP. 2006. On defining and quantifying biotic homogenization. *Global Ecology and Biogeography*, 15: 113–120.

Olszewski TD, Erwin DH. 2004. Dynamic response of Permian brachiopod communities to long-term environmental change. *Nature*, 428: 738–741.

Olvera-Vargas M, Figueroa-Rangel BL, Bongers F. 2000. Zonation and management of mountain forests in the Sierra de Manantlán, México. *Proceedings IAVS Symposium*, 85: 17–22.

Ordoñez JC, van Bodegom PM, Witte JPM, et al. 2009. A global study of relationships between leaf traits, climate and soil measures of nutrient fertility. *Global Ecology and Biogeography*, 18: 137–149.

Orme CDL, Davies RG, Burgess M, et al. 2005. Global hotspots of species richness are not congruent with endemism or threat. *Nature*, 436: 1016–1019.

Orwin KH, Buckland SM, Johnson D, et al. 2010. Linkages of plant traits to soil properties and the functioning of temperate grassland. *Journal of Ecology*, 98: 1074–1083.

Osnas JLD, Lichstein JW, Reich PB, et al. 2013. Global leaf trait relationships: Mass, area, and the leaf economics spectrum. *Science*, 340: 741–744.

Ostertag R. 1998. Belowground effects of canopy gaps in a tropical wet forest. *Ecology*, 79: 1294–1304.

Ostertag R, Giardina CP, Cordell S. 2008. Understory colonization of *Eucalyptus* plantations in Hawaii in relation to light and nutrient levels. *Restoration Ecology*, 16: 475–485.

Ostertag R, Scatena FN, Silver WL. 2003. Forest floor decomposition following hurricane litter inputs in several Puerto Rican forests. *Ecosystems*, 6: 261–273.

Osunkoya OO. 1996. Light requirements for regeneration in tropical forest plants: Taxon-level and ecological attribute effects. *Australian Journal of Ecology*, 21: 429–441.

Osunkoya OO, Sheng TK, Mahmud NA, et al. 2007. Variation in wood density, wood water content, stem growth and mortality among twenty-seven tree species in a tropical rainforest on Borneo Island. *Austral Ecology*, 32: 191–201.

Ovaskainen O, Hanski I. 2003. The species-area relationship derived from species-specific incidence functions. *Ecology Letters*, 6: 903–909.

Ozaki K, Ohsawa M. 1995. Successional change of forest pattern along topographical gradients in warm-temperate mixed forests in Mt. Kiyosumi, central Japan. *Ecological Research*, 10: 223–234.

Dijkstra P, Lambers H. 1989. Analysis of specific leaf area and photosynthesis of two inbred lines of *Plantago* major in relative growth rate. *New Phytologist*, 113: 283–290.

Pélissier R, Goreaud F. 2003. Avoiding misinterpretation of biotic interaction with the intertype K12-function: Population independence vs random labeling hypotheses. *Journal of Vegetation Science*, 14: 681–692.

Pérez-Harguindeguy N, Díaz S, Garnier E, et al. 2013. New handbook for standardised measurement of plant functional traits worldwide. *Australian Journal of Botany*, 61: 167-234.

Pérez FL. 1992. The influence of organic matter addition by caulescent Andean rosettes on surficial soil properties. *Geoderma*, 54: 151-171.

Pacala SW, Canham CD, Saponara J, et al. 1996. Forest models defined by field measurements: Estimation, error analysis and dynamics. *Ecological Monographs*, 66: 1-43.

Pacala SW, Tilman D. 1994. Limiting similarity is mechanistic and spatial models of plant competition in heterogeneous environments. *The American Naturalist*, 143: 222-257.

Paine CET, Norden N, Chave J, et al. 2011. Phylogenetic density dependence and environmental filtering predict seedling mortality in a tropical forest. *Ecology Letters*, 15: 34-41.

Pajtík J, Konôpka B, Lukac M. 2008. Biomass functions and expansion factors in young Norway spruce(*Picea abies* [L.] Karst)trees. *Forest Ecology and Management*, 256: 1096-1103.

Pakeman RJ. 2011. Functional diversity indices reveal the impacts of land use intensification on plant community assembly. *Journal of Ecology*, 99: 1143-1151.

Palmer MW. 1990. The estimation of species richness by extrapolation. *Ecology*, 71: 1195-1198.

Palmer MW. 1993. Putting things in even better order: The advantages of canonical correspondence analysis. *Ecology*, 74: 2215-2230.

Palmiotto PA, Davies SJ, Vogt KA, et al. 2004. Soil-related habitat specialization in dipterocarp rain forest tree species in Borneo. *Journal of Ecology*, 92: 609-623.

Paoli GD, Curran LM, Zak DR. 2005. Phosphorous efficiency of Bornean rain forest productivity: Evidence against the unimodal efficiency hypothesis. *Ecology*, 86: 1548-1561.

Paoli GD, Curran LM, Zak DR. 2006. Soil nutrients and beta diversity in the Bornean Dipterocarpaceae: Evidence for niche partitioning by tropical rain forest trees. *Journal of Ecology*, 94: 157-170.

Paquette A, Messier C. 2011. The effect of biodiversity on tree productivity: From temperate to boreal forests. *Global Ecology and Biogeography*, 20: 170-180.

Parmentier I, Hardy OJ. 2009. The impact of ecological differentiation and dispersal limitation on species turnover and phylogenetic structure of inselberg's plant communities. *Ecography*, 32: 613-622.

Paula S, Pausas JG. 2011. Root traits explain different foraging strategies between resprouting life histories. *Oecologia*, 165: 321-331.

Pausas JG. 1999. Response of plant functional types to changes in the fire regime in Mediterranean ecosystems: A simulation approach. *Journal of Vegetation Science*, 10: 717-722.

Pausas JG, Verdu M. 2005. Plant persistence traits in fire-prone ecosystems of the Mediterranean basin: A phylogenetic approach. *Oikos*, 109: 196-202.

Pavoine S, Bonsall MB. 2011. Measuring biodiversity to explain community assembly: A unified approach. *Biological Reviews*, 86: 792-812.

Pavoine S, Love MS, Bonsall MB. 2009. Hierarchical partitioning of evolutionary and ecological patterns in the organization of phylogenetically-structured species assemblages: Application torockfish(genus: *Sebastes*)in the Southern California Bight. *Ecology Letters*, 12: 898−908.

Paz H, Mazer SJ, Martinez-Ramos M. 2005. Comparative ecology of seed mass in *Psychotria* (Rubiaceae): Within-and between-species effects of seed mass on early performance. *Functional Ecology*, 19: 707−718.

Peña-Claros M. 2003. Changes in forest structure and species composition during secondary forest succession in the Bolivian Amazon. *Biotropica*, 35: 450−461.

Peat HJ, Fitter AH. 1994. Comparative analyses of ecological characteristics of British angiosperms. *Biological Review*, 69: 95−115.

Pei N, Lian JY, Erickson DL, et al. 2011. Exploring tree-habitat associations in a Chinese subtropical forest plot using a molecular phylogeny generated from DNA barcode loci. *PloS One*, 6: e21273.

Pennington RT, Lavin M, Oliveira-Filho A. 2009. Woody plant diversity, evolution, and ecology in the tropics: Perspectives from seasonally dry tropical forests. *Annual Review of Ecology*, *Evolution*, *and Systematics*, 40: 437−457.

Pennington RT, Richardson JE, Lavin M. 2006. Insights into the historical construction of species-rich biomes from dated plant phylogenies, neutral ecological theory and phylogenetic community structure. *New Phytologist*, 172: 605−616.

Pereira JAA, Oliveira-Filho AT, Lemos-Filho JP. 2007. Environmental heterogeneity and disturbance by humans control much of the tree species diversity of Atlantic montane forest fragments in SE Brazil. *Biodiversity and Conservation*, 16: 1761−1784.

Peres CA, Jos B, Laurance WF. 2006. Detecting anthropogenic disturbance in tropical forests. *Trends in Ecology and Evolution*, 21: 227−229.

Perry GLW, Enright NJ, Miller BP, et al. 2009a. Nearest-neighbour interactions in species-rich shrublands: The roles of abundance, spatial patterns and resources. *Oikos*, 118: 161−174.

Perry GLW, Enright NJ, Miller BP, et al. 2009b. Dispersal, edaphic fidelity and speciation in species-rich Western Australian shrublands: Evaluating a neutral model of biodiversity. *Oikos*, 118: 1349−1362.

Perry GR. 1978. A method of access into the crowns of emergent and canopy trees. *Biotropica*, 10: 155−157.

Petchey OL. 2003. Integrating methods that investigate how complementarity influences ecosystem functioning. *Oikos*, 101: 323−330.

Petchey OL. 2004. On the statistical significance of functional diversity effects. *Functional Ecology*, 18: 297−303.

Petchey OL, Gaston KJ. 2002. Functional diversity (FD), species richness and community composition. *Ecology Letters*, 5: 402−411.

Petchey OL, Gaston KJ. 2006. Functional diversity: Back to basics and looking forward. *Ecology Letters*, 9: 741−758.

Petchey OL, Gaston KJ. 2007. Dendrograms and measuring functional diversity. *Oikos*, 116:

1422-1426.

Petchey OL, Hector A, Gaston KJ. 2004. How do different measures of functional diversity perform? *Ecology*, 85: 847-857.

Peterken GF. 1977. Habitat conservation priorities in British and European woodlands. *Biological Conservation*, 11: 223-236.

Petts GE. 1990. The role of ecotones in aquatic landscape management. In: *The Ecology and Management of Aquatic-terrestrial Ecotones*. Carnforth: The Parthenon Publishing Group, 227-261.

Phillips OL, Malhi Y, Higuchi N, et al. 1998. Changes in the carbon balance of tropical forests: Evidence from long-term plots. *Science*, 282: 439-442.

Phillips OL, Vargas PN, Monteagudo AL, et al. 2003. Habitat association among Amazonian tree species: A landscape-scale approach. *Journal of Ecology*, 91: 757-775.

Piao T, Comita L, Jin G, et al. 2013. Density dependence across multiple life stages in a temperate old-growth forest of northeast China. *Oecologia*, 172: 207-217.

Picard N, Karembe M, Birnbaum P. 2004. Species-area curve and spatial pattern. *Écoscience*, 11: 45-54.

Pickett STA, Collins SL, Armesto JJ. 1987. Models, mechanisms and pathways of succession. *The Botanical Review*, 53: 335-371.

Pickett STA, White PS. 1985. The Ecology of Natural Disturbance and Patch Dynamics. Orlando: Academic Press Inc.

Pidgen K, Mallik A. 2012. Ecology of compounding disturbances: The effects of prescribed burning after clearcutting. *Ecosystems*, 16(1): 170-181.

Pielou EC. 1962. The use of plant-to-neighbour distances for the detection of competition. *Journal of Ecology*, 50: 357-367.

Pielous DP, Pielou EC. 1968. Association among species of infrequent occurrence: The insect and spider fauna of *Polyporus betulinus* (Bulliard) Fries. *Journal of Theoretical Biology*, 21: 202-216.

Pierce S, Vianelli A, Cerabolini B. 2005. From ancient genes to modern communities: The cellular stress response and the evolution of plant strategies. *Functional Ecology*, 19: 763-776.

Pimm SL. 1991. *The Balance of Nature?* Chicago: University of Chicago Press.

Pimm SL, Brown JH. 2004. Domains of diversity. *Science*, 304: 831-833.

Pimm SL, Raven P. 2000. Biodiversity: Extinction by numbers. *Nature*, 403: 843-845.

Pimm SL, Russell GJ, Gittleman JL, et al. 1995. The future of biodiversity. *Science*, 269: 347-350.

Pither J, Aarssen LW. 2005. The evolutionary species pool hypothesis and patterns of freshwater diatom diversity along a pH gradient. *Journal of Biogeography*, 32: 503-513.

Pizano C, Mangan SA, Herre EA, et al. 2010. Above-and belowground interactions drive habitat segregation between two cryptic species of tropical trees. *Ecology*, 92: 47-56.

Plotkin JB, Muller-Landau H. 2002. Sampling the species composition of a landscape. *Ecology*, 83: 3344-3356.

Plotkin JB, Potts MD, Leslie N, et al. 2000. Species-area curves, spatial aggregation, and habitat specialization in tropical forests. *Journal of Theoretical Biology*, 207: 81-99.

Pokorny ML, Sheley RL, Zabinski CA, et al. 2005. Plant functional group diversity as a mechanism for invasion resistance. *Restoration Ecology*, 13: 448-459.

Pons TL. 1977. Anecophysiological study in the field layer of ash coppice. II. Experiments with *Geum urbanum* and *Cirsium palustre* in different light intensities. *Acta Boanicat Neerlandica*, 26: 29-42.

Poorter H, Evans JR. 1998. Photosynthetic nitrogen-use efficiency of species that differ inherently in specific leaf area. *Oecologia*, 116: 26-37.

Poorter H, Niinemets Ü, Poorter L, et al. 2009. Causes and consequences of variation in leaf mass per area(LMA): A meta-analysis. *New Phytologist*, 182: 565-588.

Poorter L. 1999. Growth responses of 15 rain-forest tree species to a light gradient: The relative importance of morphological and physiological traits. *Functional Ecology*, 13: 396-410.

Poorter L. 2001. Light-dependent changes in biomass allocation and their importance for growth ofrain forest tree species. *Functional Ecology*, 15: 113-123.

Poorter L. 2007. Are species adapted to their regeneration niche, adult niche, or both? *The American Naturalist*, 169: 433-442.

Poorter L. 2009. Leaf traits show different relationships with shade tolerance in moist versus dry tropical forests. *New Phytologist*, 181: 890-900.

Poorter L, Arets EJ. 2003. Light environment and tree strategies in a Bolivian tropical moist forest: An evaluation of the light partitioning hypothesis. *Plant Ecology*, 166: 295-306.

Poorter L, Bongers F. 2006. Leaf traits are good predictors of plant performance across 53 rain forest species. *Ecology*, 87: 1733-1743.

Poorter L, Bongers F, Sterck FJ, et al. 2005. Beyond the regeneration phase: Differentiation of height-light trajectories among tropical tree species. *Journal of Ecology*, 93: 256-267.

Poorter L, Hawthorne W, Bongers F, et al. 2008b. Maximum size distributions in tropical forest communities: Relationships with rainfall and disturbance. *Journal of Ecology*, 96: 495-504.

Poorter L, Kitajima K, Mercado P, et al. 2010a. Resprouting as a persistence strategy of tropical forest trees: Relations with carbohydrate storage and shade tolerance. *Ecology*, 91: 2613-2627.

Poorter L, Markesteijn L. 2008. Seedling traits determine drought tolerance of tropical tree species. *Biotropica*, 40: 321-331.

Poorter L, McDonald I, Alarcón A, et al. 2010b. The importance of wood traits and hydraulic conductance for the performance and life history strategies of 42 rainforest tree species. *New Phytologist*, 185: 481-492.

Poorter L, Rose SA. 2005. Light-dependent changes in the relationship between seed mass and seedling traits: A meta-analysis for rain forest tree species. *Oecologia*, 142: 378-387.

Poorter L, Rozendaal D. 2008. Leaf size and leaf display of thirty-eight tropical tree species. *Oecologia*, 158: 35-46.

Poorter L, van de Plassche M, Willems S, et al. 2004. Leaf traits and herbivory rates of tropical tree species differing in successional status. *Plant Biology*, 6: 746-754.

Poorter L, Wright SJ, Paz H, et al. 2008a. Are functional traits good predictors of demographic rates? Evidence from five Neotropical forests. *Ecology*, 89: 1908−1920.

Popma J, Bongers F, Werger MJA. 1992. Gap-dependence and leaf characteristics of trees in a tropical lowland rain forest in Mexico. *Oikos*, 63: 207−214.

Possley J, Maschinski J, Rodriguez C, et al. 2009. Alternatives for reintroducing a rare ecotone species: Manually thinned forest edge versus restored habitat remnant. *Restoration Ecology*, 17: 668−677.

Potts MD. 2003. Drought in a Bornean everwet rain forest. *Journal of Ecology*, 91: 467−474.

Prendergast JR, Quinn RM, Lawton JH, et al. 1993. Rare species, the coincidence of diversity hotspots and conservation strategies. *Nature*, 365: 335−337.

Preston FW. 1962. The canonical distribution of commonness and rarity. *Ecology*, 43: 185−215.

Prinzing A, Reiffers R, Braakhekke WG, et al. 2008. Less lineages-more trait variation: Phylogenetically clustered plant communities are functionally more diverse. *Ecology Letters*, 11: 809−819.

Pueyo S, Fangliang H, Zillio T. 2007. The maximum entropy formalism and the idiosyncratic theory of biodiversity. *Ecology Letters*, 10: 1017−1028.

Pugnaire FI, Haase P, Puigdefabregas J, et al. 1996. Facilitation and succession under the canopy of leguminous shrub, *Retama sphaerocarpa*, in a semi-arid environment in southeast Spain. *Oikos*, 76: 455−464.

Purves DW, Pacala SW, Burslem D, et al. 2005. Ecological drift in niche-structured communities: Neutral pattern does not imply neutral process. In: Lugo AE, Brandeis IJ. *Biotic Interactions in the Tropics: Their Role in the Maintenance of Species Diversity*: 107−138.

Putz FE. 1984a. How trees avoid and shed lianas. *Biotropica*, 16: 19−23.

Putz FE. 1984b. The natural history of lianas on Borro Colorado Island, Panama. *Ecology*, 65: 1713−1724.

Putz FE, Zuidema PA, Synnott T, et al. 2012. Sustaining conservation values in selectively logged tropical forests: The attained and the attainable. *Conservation Letters*, 5: 296−303.

Puyravaud JP, Dufour C, Aravajy S. 2003. Rain forest expansion mediated by successional processes in vegetation thickets in the Western Ghats of India. *Journal of Biogeography*, 30: 1067−1080.

Qian H, Wang S, Li Y, et al. 2009. Breeding bird diversity in relation to environmental gradients in China. *Acta Oecologica*, 35: 819−823.

Quintero I, Roslin T. 2005. Rapid recovery of dung bettle communities following habitat fragmentation in Cental Amazonia. *Ecology*, 86: 3303−3311.

Rüger N, Huth A, Hubbell SP, et al. 2009. Response of recruitment to light availability across a tropical lowland rain forest community. *Journal of Ecology*, 97: 1360−1368.

Raevel V, Violle C, Munoz F. 2012. Mechanisms of ecological succession: Insights from plant functional strategies. *Oikos*, 121: 1761−1770.

Rahbek C. 1995. The elevational gradient of species richness: A uniform pattern? *Ecography*, 18:

200–205.

Rahbek C. 2005. The role of spatial scale and the perception of large-scale species-richness patterns. *Ecology Letters*, 8: 224–239.

Rahbek C, Graves GR. 2000. Detection of macro-ecological patterns in South American hummingbirds is affected by spatial scale. *Proceedings of the Royal Society: Biological Sciences*, 267: 2259–2265.

Rahbek C, Graves GR. 2001. Multiscale assessment of patterns of avian species richness. *Proceedings of the National Academy of Sciences*, 98: 4534–4539.

Rai SN, Proctor J. 1986. Ecological studies on four rainforests in Karnataka, India. II. Litterfall. *Journal of Ecology*, 74: 455–463.

Raich JW, Russell AE, Kitayama K, et al. 2006. Temperature influences carbon accumulation in moist tropical forests. *Ecology*, 87: 76–87.

Ratikainen II, Gill JA, Gunnarsson TG, et al. 2008. When density dependence is not instantaneous: Theoretical developments and management implications. *Ecology Letters*, 11: 184–198.

Ratkowski DA. 1990. *Handbook of Nonlinear Regression Models*. New York: Marcel Dekker.

Raventós J, Wiegand T, Luis MD. 2010. Evidence for the spatial segregation hypothesis: A test with nine-year survivorship data in a Mediterranean shrubland. *Ecology*, 91: 2110–2120.

Read L, Lawrence D. 2003. Litter nutrient dynamics during succession in dry tropical forests of the Yucatan: Regional and seasonal effects. *Ecosystems*, 6: 747–761.

Rees M, Condit R, Crawley M, et al. 2001. Long-term studies of vegetation dynamics. *Science*, 293: 650–655.

Reich PB. 1995. Phenology of tropical forests: Patterns, causes, and consequences. *Canadian Journal of Botany*, 73: 164–174.

Reich PB, Buschena C, Tjoelker MG, et al. 2003b. Variation in growth rate and ecophysiology among 34 grassland and savanna species under contrasting N supply: A test of functional group differences. *New Phytologist*, 157: 617–631.

Reich PB, Ellsworth DS, Walters MB, et al. 1999. Generality of leaf trait relationships: A test across six biomes. *Ecology*, 80: 1955–1969.

Reich PB, Ellsworth DS, Uhl C. 1995. Leaf carbon and nutrient assimilation and conservation in species of differing successional status in an ologotrohic Amazonian forest. *Functional Ecology*, 9: 65–76.

Reich PB, Oleksyn J. 2004. Global patterns of plant leaf N and P in relation to temperature and latitude. *Proceedings of the National Academy of Sciences of the United States of America*, 101: 11001–11006.

Reich PB, Tilman D, Isbell F, et al. 2012. Impacts of biodiversity loss escalate through time as redundancy fades. *Science*, 336: 589–592.

Reich PB, Tilman D, Naeem S, et al. 2004. Species and functional group diversity independently influence biomass accumulation and its response to CO_2 and N. *Proceedings of the National Academy of Sciences of the United States of America*, 101: 10101–10106.

Reich PB, Tjoelker MG, Walters MB, et al. 1998. Close association of RGR, leaf and root morphology, seed mass and shade tolerance in seedlings of nine boreal tree species grown in high and low light. *Functional Ecology*, 12: 327–338.

Reich PB, Walters MB, Ellsworth DS. 1992. Leaf life-span in relation to leaf, plant, and stand characteristics among diverse ecosystems. *Ecological Monographs*, 62: 365–392.

Reich PB, Walters MB, Ellsworth DS. 1997. From tropics to tundra: Global convergence in plant functioning. *Proceedings of the National Academy of Sciences of the United States of America*, 94: 13730.

Reich PB, Wright IJ, Cavender-Bares J, et al. 2003a. The evolution of plant functional variation: Traits, spectra, and strategies. *International Journal of Plant Sciences*, 164: S143–S164.

Reiss J, Bridle JR, Montoya JM, et al. 2009. Emerging horizons in biodiversity and ecosystem functioning research. *Trends in Ecology and Evolution*, 24: 505–514.

Ren FM, Gleason B, Easterling D. 2002. Typhoon impact on China's precipitation during 1957—1966. *Advances in Atmospheric Sciences*, 19: 943–952.

Rice KJ, Matzner SL, Byer W, et al. 2004. Patterns of tree dieback in Queensland, Australia: The importance of drought stress and the role of resistance to cavitation. *Oecologia*, 139: 190–198.

Rich PM, Breshears DD, White AB. 2008. Phenology of mixed woody-herbaceous ecosystems following extreme events: Net and differential responses. *Ecology*, 89: 342–352.

Richards PW. 1952. *The Tropical Rain Forest: An Ecological Study*. Cambridge: Cambridge University Press.

Richardson JE, Weitz FM, Fay MF, et al. 2001. Rapid and recent origin of species richness in the Cape flora of South Africa. *Nature*, 412: 181–183.

Richardson SJ, Peltzer DA, Allen RB, et al. 2004. Rapid development of phosphorus limitation in temperate rainforest along the Franz Josef soil chronosequence. *Oecologia*, 139: 267–276.

Ricklefs RE. 1990. *Ecology*. 3rd edn. New York: Freeman.

Ricklefs RE. 2003. A comment on Hubbell's zero-sum ecological drift model. *Oikos*, 100: 185–192.

Ricklefs RE. 2006. Evolutionary diversification and the origin of the diversity-environment ralationship. *Ecology*, 87: S3–S13.

Riginos C, Milton SJ, Wiegand T. 2005. Context-dependent interactions between adult shrubs and seedlings in a semi-arid shrubland. *Journal of Vegetation Science*, 16: 331–340.

Ripley BD. 1981. *Spatial Statistics*. USA: Wiley & Sons.

Ripley BD. 1976. The second-order analysis of stationary point processes. *Journal of Applied Probability*, 13: 255–266.

Risser PG. 1995. The status of the science examining ecotones. *BioScience*, 45: 318–325.

Ritchie ME, Olff H. 1999. Spatial scaling laws yield a synthetic theory of biodiversity. *Nature*, 400: 557–560.

Roche P, Díaz-Burlinson N, Gachet S. 2004. Congruency analysis of species ranking based on leaf traits: Which traits are the more reliable? *Plant Ecology*, 174: 37–48.

Roderick ML. 2000. On the measurement of growth with applications to the modelling and analysis of plant growth. *Functional Ecology*, 14: 244-251.

Rodgers DJ, Kitching RL. 1998. Vertical stratification of rainforest collembolan(Collembola: Insecta) assemblages: Description of ecological patterns and hypotheses concerning their generation. *Ecography*, 21: 392-400.

Roiloa SR, Retuerto R. 2006. Small-scale heterogeneity in soil quality influences photosynthetic efficiency and habitat selection in a clonal plant. *Annals of Botany*, 98: 1043-1052.

Rolim SG, Jesus RM, Nascimento HE, et al. 2005. Biomass change in an Atlantic tropical moist forest: The ENSO effect in permanent sample plots over a 22 - year period. *Oecologia*, 142: 238-246.

Romme WH, Despain DG. 1989. Historical perspective on the Yellowstone fires of 1988. *Bioscience*, 39: 695-699.

Rosindell J, Cornell SJ. 2007. Species-area relationships from a spatially explicit neutral model in an infinite landscape. *Ecology Letters*, 10: 586-595.

Rossatto DR, Hoffmann WA, Franco AC. 2009. Differences in growth patterns between co-occurring forest and savanna trees affect the forest-savanna boundary. *Functional Ecology*, 23: 689-698.

Rossi JP, Queneherve P. 1998. Relating species density to environmental variables in presence of spatial autocorrelation: A study case on soil nematodes distribution. *Ecography*, 21: 117-123.

Rowe RJ, Lidgard S. 2009. Elevational gradients and species richness: Do methods change pattern perception? *Global Ecology and Biogeography*, 18: 163-177.

Roy V, Blois SD. 2006. Using functional traits to assess the role of hedgerow corridors as environmental filters for forest herbs. *Biological Conservation*, 130: 592-603.

Rudolphi J, Jönsson MT, Gustafsson L. 2014. Biological legacies buffer local species extinction after logging. *Journal of Applied Ecology*, 51: 53-62.

Ruijven JV, Berendse F. 2010. Diversity enhances community recovery, but not resistance, after drought. *Journal of Ecology*, 98: 81-86.

Ruiz-Jaen MC, Potvin C. 2011. Can we predict carbon stocks in tropical ecosystems from tree diversity? Comparing species and functional diversity in a plantation and a natural forest. *New Phytologist*, 189: 978-987.

Russell-Smith J. 1991. Classification, species richness, and environmental relations of monsoon rain forest in northern Australia. *Journal of Vegetation Science*, 2: 259-278.

Russell-Smith J, Setterfield SA. 2006. Monsoon rain forest seedling dynamics, northern Australia: Contrasts with regeneration in eucalypt-dominated savannas. *Journal of Biogeography*, 33: 1597-1614.

Russell CRMG, Hoffman MT, Hilton-Taylor C. 1989. Patterns of plant species diversity in Southern Africa. In: Huntley BJ. *Biotic Diversity in Southern Africa*. South Africa: Oxford Press, 19-50.

Šímová I, Li YM, Storch D. 2013. Relationship between species richness and productivity in plants: The role of sampling effect, heterogeneity and species pool. *Journal of Ecology*, 101: 161-170.

Sánchez-González A, López-Mata L. 2005. Plant species richness and diversity along an altitudinal gradient in the Sierra Nevada, Mexico. *Diversity and Distributions*, 11: 567-575.

Saatchi SS, Houghton RA, Dos Santos Alvala RC, et al. 2007. Distribution of aboveground live biomass in the Amazon basin. *Global Change Biology*, 13: 816-837.

Sack L. 2004. Responses of temperate woody seedlings to shade and drought: Do trade-offs limit potential niche differentiation? *Oikos*, 107: 110-127.

Sala OE, Chapin Ⅲ FS, Armesto JJ, et al. 2000. Global biodiversity scenarios for the year 2100. *Science*, 287: 1770-1774.

Samways MJ, Sharratt NJ. 2010. Recovery of endemic dragonflies after removal of invasive Alien trees. *Conservation Biology*, 24: 267-277.

Sanderson R, Rushton S, Cherrill A, et al. 1995. Soil, vegetation and space: An analysis of their effects on the invertebrate communities of a moorland in north-east England. *Journal of Applied Ecology*, 32: 506-518.

Sanford WW. 1968. Distribution of epiphytic orchids in semi-deciduous tropical forest in southern Nigeria. *Journal of Ecology*, 56: 697-705.

Sanford WW. 1969. The distribution of epiphytic orchids in Nigeria in relation to each other and to geographic location and climate, type of vegetation and tree species. *Biological Journal of the Linnean Society*, 1: 247-285.

Sankaran M, McNaughton SJ. 1999. Determinants of biodiversity regulate compositional stability of communities. *Nature*, 401: 691-693.

Santiago LS, Wright SJ, Harms KE, et al. 2012. Tropical tree seedling growth responses to nitrogen, phosphorus and potassium addition. *Journal of Ecology*, 100: 309-316.

Sasaki T, Okubo S, Okayasu T, et al. 2009. Two-phase functional redundancy in plant communities along a grazing gradient in Mongolian rangelands. *Ecology*, 90: 2598-2608.

Sato T. 2004. Litterfall dynamics after a typhoon disturbance in a *Castanopsis cuspidata* coppice, southwestern Japan. *Annal of Forestry Science*, 61: 431-438.

Saura-Mas S, Shipley B, Lloret F. 2009. Relationship between post-fire regeneration and leaf economics spectrum in Mediterranean woody species. *Functional Ecology*, 23: 103-110.

Saverimuttu T, Westoby M. 1996. Seedling longevity under deep shade in relation to seed size. *Journal of Ecology*, 84: 681-689.

Schaijes M, Malaisse F. 2001. Diversity of upper Katanga epiphytes(mainly orchids) and distribution in different vegetation units. *Systematics and Geography of Plants*, 71: 575-584.

Schamp BS, Aarssen LW. 2009. The assembly of forest communities according to maximum species height along resource and disturbance gradients. *Oikos*, 118: 564-572.

Schamp BS, Chau J, Aarssen LW. 2008. Dispersion of traits related to competitive ability in an old-field plant community. *Journal of Ecology*, 96: 204-212.

Schechtman E, Wang S. 2004. Jackknifing two-sample statistics. *Journal of Statistical Planning and Inference*, 119: 329-340.

Scheffer M, van Nes EH. 2006. Self-organized similarity, the evolutionary emergence of groups of similar species. *Proceedings of the National Academy of Sciences of the United States of America*, 103: 6230-6235.

Scheiner SM, Willig MR. 2005. Developing unified theories in ecology as exemplified with diversitygradients. *The American Naturalist*, 166: 458-469.

Schimper AFW. 1903. Plant-geoprahy upon a Physiological Basis. Oxford: Oxford University Press.

Schlawin JR, Zahawi RA. 2008.'Nucleating'succession in recovering neotropical wet forests: The legacy of remnant trees. *Journal of Vegetation Science*, 19: 485-492.

Schleuter D, Daufresne M, Massol F, et al. 2010. A user's guide to functional diversity indices. *Ecological Monographs*, 80: 469-484.

Schlichting CD. 1986. The evolution of phenotypic plasticity in plants. *Annual Review of Ecology and Systematics*, 17: 667-693.

Schluter D. 1984. A variance test for detecting species associations, with some example applications. *Ecology*, 65: 998-1005.

Schmid B, Joshi J, Schläpfer F. 2002. Empirical evidence for biodiversity-ecosystem functioning relationships. Princeton: Princeton University Press, 120-150.

Schmidt G, Zotz G. 2002. Inherently slow growth in two Caribbean epiphytic species: A demographic approach. *Journal of Vegetation Science*, 13: 527-534.

Schmidt MW, Torn MS, Abiven S, et al. 2011. Persistence of soil organic matter as an ecosystem property. *Nature*, 478: 49-56.

Schnitzer SA, Bongers F. 2002. The ecology of lianas and their role in forests. *Trends in Ecology and Evolution*, 17: 223-230.

Schnitzer SA, Bongers F. 2011. Increasing liana abundance and biomass in tropical forests: Emerging patterns and putative mechanisms. *Ecology Letters*, 14: 397-406.

Schnitzer SA, Kuzee ME, Bongers F. 2005. Disentangling above-and below-ground competition between lianas and trees in a tropical forest. *Journal of Ecology*, 93: 1115-1125.

Schoener TW, Spiller DA, Losos JB. 2001. Natural restoration of the species-area relation for a lizard ater a hurricane. *Science*, 294: 1525-1528.

Schreeg LA, Kress WJ, Erickson DL, et al. 2010. Phylogenetic analysis of local-scale tree soil associations in a lowland moist tropical forest. *PLoS One*, 5: e13685.

Schroeder P, Brown S, Mo J, et al. 1997. Biomass estimation for temperate broadleaf forests of the United States using inventory data. *Forest Science*, 43: 424-434.

Schumacher J, Roscher C. 2009. Differential effects of functional traits on aboveground biomass in semi-natural grasslands. *Oikos*, 118: 1659-1668.

Schwinning S, Weiner J. 1998. Mechanisms determining the degree of size asymmetry in competition among plants. *Oecologia*, 113: 447-455.

Seabloom EW, Dobson AP, Stoms DM. 2002. Extinction rates under nonrandom patterns of habitat loss. *Proceedings of the National Academy of Sciences of the United States of America*, 99:

11229-11234.

Segura M, Kanninen M. 2005. Allometric models for tree volume and total aboveground biomass in a tropical humid forest in Costa Rica. *Biotropica*, 37: 2-8.

Seidler TG, Plotkin JB. 2006. Seed dispersal and spatial pattern in tropical trees. *PLoS Biology*, 4: e344.

Senft AR. 2009. Species diversity patterns at ecotones. A thesis of the degree of master of science. Chapel Hill: the University of North Carolina.

Sezgin U, Hayati K. 2004. Quantitative effects of planting time on vegetative growth of broccoli (*Brassica oleracea* var. *italica*). *Pakistan Journal of Botany*, 36(4): 769-777.

Shackleton C. 2002. Nearest-neighbour analysis and the prevalence of woody plant competition in South African savannas. *Plant Ecology*, 158: 65-76.

Shang W, Wu G, Fu X, et al. 2005. Maintaining mechanism of species diversity of land plant communities. *Chinese Journal of Applied Ecology*, 16: 573-578.

Sheil D, Burslem DFRP. 2003. Disturbing hypotheses in tropical forests. *Trends in Ecology and Evolution*, 18: 18-26.

Sheil D, Salim A, Chave J, et al. 2006. Illumination-size relationships of 109 coexisting tropical forest tree species. *Journal of Ecology*, 94: 494-507.

Shi J, Zhu H. 2009. Tree species composition and diversity of tropical mountain cloud forest in the Yunnan, southwestern China. *Ecological Research*, 24: 83-92.

Shilton LA, Latch PJ, Mckeown A, et al. 2008. Landscape-scale redistribution of a highly mobile threatened species, *Pteropus conspicillatus* (Chiroptera, Pteropodidae), in response to Tropical Cyclone Larry. *Austral Ecology*, 33: 549-561.

Shipley B. 2002. *Cause and Correlation in Biology: A User's Guide to Path Analysis, Structural Equations and Causal Inference*. London: Cambridge University Press.

Shipley B. 2009a. Limitations of entropy maximization in ecology: A reply to Haegeman and Loreau. *Oikos*, 118: 152-159.

Shipley B. 2009b. Trivial and non-trivial applications of entropy maximization in ecology: Shipley's reply. *Oikos*, 118: 1279-1280.

Sibold JS, Veblen TT. 2006. Relationships of subalpine forest fires in the Colorado Front Range with interannual and multi-decadal scale climatic variation. *Journal of Biogeography*, 33: 833-842.

Sih A, Englund G, Wooster D. 1998. Emergent impacts of multiple predators on prey. *Trends in Ecology and Evolution* (personal edition), 13: 350-355.

Silvertown J. 2004. Plant coexistence and the niche. *Trends in Ecology and Evolution*, 19: 605-611.

Silvertown J, Dodd ME, Gowing DJG, et al. 1999. Hydrologically defined niches reveal a basis for species richness in plant communities. *Nature*, 400: 61-63.

Simaika JP, Samways MJ. 2009. An easy-to-use index of ecological integrity for prioritizing freshwater sites and for assessing habitat quality. *Biodiversity and Conservation*, 18: 1171-1185.

Simon MS, Ken T, Robert HM, et al. 2006. Biotic homogenization and changes in species diversity across human-modified ecosystems. *Proceedings of the Royal Society*: *Biological Sciences*, 273: 2659-2665.

Simonin K, Kolb T, Helu M, et al. 2007. The influence of thinning on components of stand water balance in a ponderosa pine forest stand during and after extreme drought. *Agricultural and Forest Meteorology*, 143: 266-276.

Sjögersten S, Wookey PA. 2002. Spatio-temporal variability and environmental controls of methane fluxes at the forest-tundra ecotone in the Fennoscandian mountains. *Global Change Biology*, 8: 885-894.

Skole D, Salas W, Silapathong C. 1998. *Interannual Variation in the Terrestrial Carbon Cycle*: *Significance of Asian Tropical Forest Conversion to Imbalances in the Global Carbon Budget*. Cambridge: Cambridge. University Press.

Slade EM, Mann DJ, Lewis OT. 2011. Biodiversity and ecosystem function of tropical forest dung beetles under contrasting logging regimes. *Biological Conservation*, 144: 166-174.

Sletvold N, Rydgren K. 2007. Population dynamics in *Digitalis purpurea*: The interaction of disturbance and seed bank dynamics. *Journal of Ecology*, 95: 1346-1359.

Slik JWF. 2004. El Niño droughts and their effects on tree species composition and diversity in tropical rain forests. *Oecologia*, 141: 114-120.

Slik JWF, Bernard CS, Breman FC, et al. 2008. Wood density as a conservation tool: Quantification of disturbance and identification of conservation-priority areas in tropical forests. *Conservation Biology*, 22: 1299-1308.

Slik JWF, Paoli G, McGuire K, et al. 2013. Large trees drive forest aboveground biomass variation in moist lowland forests across the tropics. *Global Ecology and Biogeography*, 22: 1261-1271.

Slik JWF, Verburg RW, Keßler PJA. 2002. Effects of fire and selective logging on the tree species composition of lowland Dipterocarp forest in East Kalimantan, Indonesia. *Biodiversity and Conservation*, 11: 85-98.

Smith KG, Lips KR, Chase JM. 2009. Selecting for extinction: Nonrandom disease associated extinction homogenizes amphibian biotas. *Ecology Letters*, 12: 1069-1078.

Smith TB. 1997. A role for ecotones in generating rainforest biodiversity. *Science*, 276: 1855-1857.

Soons MB, Ozinga WA. 2005. How important is long-distance seed dispersal for the regional survival of plant species? *Diversity and Distributions*, 11: 165-172.

Spehn E, Hector A, Joshi J, et al. 2005. Ecosystem effects of biodiversity manipulations in European grasslands. *Ecological Monographs*, 75: 37-63.

Srivastava DS, Vellend M. 2005. Biodiversity-ecosystem function research: Is it relevant to conservation? *Annual Review of Ecology, Evolution, and Systematics*, 36: 267-294.

St-Laurent MH, Dussault C, Ferron J, et al. 2009. Dissecting habitat loss and fragmentation effects following logging in boreal forest: Conservation perspectives from landscape simulations. *Biological Conservation*, 142: 2240-2249.

Stachowicz JJ, Graham M, Bracken MES, et al. 2008. Diversity enhances cover and stability of seaweed assemblages: The role of heterogeneity and time. *Ecology*, 89: 3008−3019.

Staddon WJ, Trevors JT, Duchesne LC. 1998. Soil microbial diversity and community structure across a climatic gradient in western Canada. *Biodiversity and Conservation*, 7: 1081−1092.

Stadtmüller. 1987. *Cloud Forest in the Humid Tropics: A Bibliographic Review*. Tokyo: United Nations University Press.

Stattersfield AJ, Crosby MJ, Long AJ, et al. 1997. *Endemic Bird Areas of the World*. Cambridge: Bird Life International.

Steege Ht, Cornelissen JHC. 1989. Distribution and ecology of vascular epiphytes in lowland rainforest of Guyana. *Biotropica*, 21: 331−339.

Stephan A, Meyer AH, Schmid B. 2000. Plant diversity affects culturable soil bacteria in experimental grassland communities. *Journal of Ecology*, 88: 988−998.

Stephenson NL. 1998. Actual evotranspiration and deficit: Biologically meaningful correlates of vegetation distribution across spatial scales. *Journal of Biogeography*, 25: 855−870.

Stephenson NL, van Mantgem PJ, Bunn AG, et al. 2011. Causes and implications of the correlation between forest productivity and tree mortality rates. *Ecological Monographs*, 81: 527−555.

Sterck FJ, Bongers F, Newbery DM. 2001. Tree architecture in a Bornean lowland rain forest: Intraspecific and interspecific patterns. *Plant Ecology*, 153: 279−292.

Sterck FJ, van Gelder HA, Poorter L. 2006. Mechanical branch constraints contribute to life-history variation across tree species in a Bolivian forest. *Journal of Ecology*, 94: 1192−1200.

Sterner RW, Ribic CA, Schatz GE. 1986. Testing for life historical changes in spatial patterns of four tropical tree species. *Journal of Ecology*, 74: 621−633.

Stevens GC. 1992. The elevational gradient in altitudinal range: An extension of rapoport's latitudinal rule to altitude. *The American Naturalist*, 140: 893−911.

Sthultz CM, Gehring CA, Whitham TG. 2009. Deadly combination of genes and drought: Increased mortality of herbivore-resistant trees in a foundation species. *Global Change Biology*, 15: 1949−1961.

Stiles A, Scheiner SM. 2007. Evaluation of species-area functions using Sonoran Desert plant data: Not all species-area curves are power functions. *Oikos*, 116: 1930−1940.

Stone L, Roberts A. 1990. The checkerboard score and species distribution. *Oecologia*, 85: 74−79.

Stott P, Mast JN, Veblen TT, et al. 2003. Disturbance and climatic influences on age structure of ponderosa pine at the pine/grassland ecotone, Colorado Front Range. *Journal of Biogeography*, 25: 743−755.

Stoyan D, Penttinen A. 2000. Recent applications of point process methods in forestry statistics. *Statistical Science*, 15: 61−78.

Stubbs WJ, Wilson JB. 2004. Evidence for limiting similarity in a sand dune community. *Journal of Ecology*, 92: 557−567.

Suding KN. 2011. Toward an era of restoration in ecology: Successes, failures, and opportunities ahead. *Annual Review of Ecology, Evolution, and Systematics*, 42: 465−487.

Suding KN, Collins SL, Gough L, et al. 2005. Functional-and abundance-based mechanisms explain diversity loss due to N fertilization. *Proceedings of the National Academy of Sciences of the United States of the America*, 102: 4387−4392.

Suding KN, Goldstein LJ. 2008. Testing the Holy Grail framework: Using functional traits to predict ecosystem change. *New Phytologist*, 180: 559−562.

Suding KN, Lavorel S, Chapin FS, et al. 2008. Scaling environmental change through the community-level: A trait-based response-and-effect framework for plants. *Global Change Biology*, 14: 1125−1140.

Sugiura S, Yamaura Y, Tsuru T, et al. 2009. Beetle responses to artificial gaps in an oceanic island forest: Implications for invasive tree management to conserve endemic species diversity. *Biodiversity and Conservation*, 18: 2101−2118.

Sun G, Coffin DP, Lauenroth WK. 1997. Comparison of root distributions of species in North American grasslands using GIS. *Journal of Vegetation Science*, 8: 587−596.

Sussman RW, Rakotozafy A. 1994. Plant diversity and structural analysis of a tropical dry forest in southwestern Madagascar. *Biotropica*, 26: 241−254.

Suzuki RO, Kudoh H, Kachi N. 2003. Spatial and temporal variations in mortality of the biennial plant, *Lysimachia rubida*: Effects of intraspecific competition and environmental heterogeneity. *Journal of Ecology*, 91: 114−125.

Swamy V, Terborgh J, Dexter KG, et al. 2011. Are all seeds equal? Spatially explicit comparisons of seed fall and sapling recruitment in a tropical forest. *Ecology Letters*, 14: 195−201.

Swaty RL, Deckert RJ, Whitham TG, et al. 2004. Ectomycorrhizal abundance and community composition shifts with drought: Predictions from tree rings. *Ecology*, 85: 1072−1084.

Swenson NG, Enquist BJ. 2007. Ecological and evolutionary determinants of a key plant functional trait: Wood density and its community-wide variation across latitude and elevation. *American Journal of Botany*, 94: 451−459.

Swenson NG, Enquist BJ, Pither J, et al. 2006. The problem and promise of scale dependency in community phylogenetics. *Ecology*, 87: 2418−2424.

Swenson NG, Enquist BJ, Thompson J, et al. 2007. The influence of spatial and size scale on phylogenetic relatedness in tropical forest communities. *Ecology*, 88: 1770−1780.

Swenson NG, Weiser MD. 2010. Plant geography upon the basis of functional traits: An example from eastern North American trees. *Ecology*, 91: 2234−2241.

Symstad AJ, Siemann E, Haarstad J. 2000. An experimental test of the effect of plant functional group diversity on arthropod diversity. *Oikos*, 89: 243−253.

Tahmasebi Kohyani P, Bossuyt B, Bonte D, et al. 2008. Importance of grazing and soil acidity for plant community composition and trait characterisation in coastal dune grasslands. *Applied Vegetation Science*, 11: 179−186.

Takhtajan. 1986. *Floristic Regions of the World*. Berkeley: University of California Press.

Takyu M, Aiba SI, Kitayama K. 2002. Effects of topography on tropical lower montane forests under different geological conditions on Mount Kinabalu, Borneo. *Plant Ecology*, 159: 35.

Tan CS, Black TA, Nnyamah JU. 1978. A simple diffusion model of transpiration applied to a thinned Douglas-fir stand. *Ecology*, 59: 1221−1229.

Tanner EVJ. 1977. Four montane rain forests of Jamaica: A quantitative charaterization of the floristics, the soils and the foloar mineral levels and a discussion of the interrelation. *Journal of Ecology*, 65: 883−918.

Tanner EVJ, Barberis IM. 2007. Trenching increased growth, and irrigation increased survival of tree seedlings in the understorey of a semi-evergreen rain forest in Panama. *Journal of Tropical Ecology*, 23: 257−268.

Tanner EVJ, Bellingham PJ. 2006. Less diverse forest is more resistant to hurricane disturbance: Evidence from montane rain forests in Jamaica. *Journal of Ecology*, 94: 1003−1010.

Taylor BW, Flecker AS, Hall RO. 2006. Loss of a harvested fish species disrupts carbon flow in a diverse tropical river. *Science*, 313: 833−836.

Teegalapalli K, Hiremath AJ, Jathanna D. 2010. Patterns of seed rain and seedling regeneration in abandoned agricultural clearings in a seasonally dry tropical forest in India. *Journal of Tropical Ecology*, 26: 25−33.

Teketay D. 2005. Seed and regeneration ecology in dry Afromontane forests of Ethiopia: I. Seed production-population structures. *Tropical Ecology*, 46: 29−44.

ter Braak CJF. 1986. Canonical correspondence analysis: A new eigenvector technique for multivariate direct gradient analysis. *Ecology*, 67: 1167−1179.

ter Steege H, Hammond DS. 2001. Character convergence, diversity, and disturbance in tropical rain forest in Guyana. *Ecology*, 82: 3197−3212.

ter Steege H, Pitman NCA, Phillips OL, et al. 2006. Continental-scale patterns of canopy tree composition and function across Amazonia. *Nature*, 443: 444−447.

Terborgh J. 1992. Diversity and the tropical rain forest. In: Terborgh J. *Scientific American Library*.

Théry M. 2001. Forest light and its influence on habitat selection. *Plant Ecology*, 153: 251−261.

Thibault KM, Brown JH. 2008. Impact of an extreme climatic event on community assembly. *Proceedings of the National Academy of Sciences of the United States of America*, 105: 3410−3415.

Thomas CD, Cameron A, Green RE, et al. 2004. Extinction risk from climate change. *Nature*, 427: 145−148.

Thomas JH, Pamela MB, Karlie RJ, et al. 2010. Historical changes in the distributions of invasive and endemic marine invertebrates are contrary to global warming predictions: The effects of decadal climate oscillations. *Journal of Biogeography*, 37: 423−431.

Thomas S, Malczewski G. 2007. Wood carbon content of tree species in Eastern China: Interspecificvariability and the importance of the volatile fraction. *Journal of Environmental Management*, 85: 659−662.

Thomas SC, Bazzaz FA. 1999. Asymptotic height as a predictor of photosynthetic characteristics in Malaysian rain forest trees. *Ecology*, 80: 1607−1622.

Thomas SC, Winner WE. 2002. Photosynthetic differences between saplings and adult trees: An integration of field results by meta-analysis. *Tree Physiology*, 22: 117-127.

Thomas WS. 1983. Field experiments on interspecific competition. *The American Naturalist*, 122: 240-285.

Thompson K, Askew A, Grime J, et al. 2005. Biodiversity, ecosystem function and plant traits in mature and immature plant communities. *Functional Ecology*, 19: 355-358.

Thompson K, Bakker JP, Bekker RM, et al. 2002. Ecological correlates of seed persistence in soil in the north-west European flora. *Journal of Ecology*, 86: 163-169.

Thrush SF, Gray JS, Hewitt JE, et al. 2006. Predicting the effects of habitat homogenization on marine biodiversity. *Ecological Applications*, 16: 1636-1642.

Tikkanen OP, Punttila P, Heikkilä R. 2009. Species-area relationships of red-listed species on old boreal forests: A large-scale data analysis. *Diversity and Distributions*, 15: 852-862.

Tilman. 1982. *Resource Competition and Community Structure*. Princeton: Princeton University Press.

Tilman D. 1985. The resource-ratio hypothesis of plant succession. *The American Naturalist*, 133: 827-852.

Tilman D. 1987. On the meaning of competition and the mechanisms of competitive superiority. *Functional Ecology*, 1: 304-315.

Tilman D. 1988. *Plant Strategies and the Dynamics and Structure of Plant Communities*. Princeton: Princeton University Press.

Tilman D. 1994. Competition and biodiversity in spatially structured habitats. *Ecology*, 75: 2-16.

Tilman D. 1999. The ecological consequences of changes in biodiversity: A search for general principles. *Ecology*, 80: 1455-1474.

Tilman D. 2000. Causes, consequences and ethics of biodiversity. *Nature*, 405: 208-211.

Tilman D. 2004. Niche tradeoffs, neutrality, and community structure: A stochastic theory of resource competition, invasion, and community assembly. *Proceedings of the National Academy of Sciences of the United States of America*, 101: 10854-10861.

Tilman D, Downing JA. 1994. Biodiversity and stability in grasslands. *Nature*, 367: 363-365.

Tilman D, Fargione J, Wolff B, et al. 2001a. Forecasting agriculturally driven global environmental change. *Science*, 292: 281-284.

Tilman D, Isbell F, Cowles JM. 2014. Biodiversity and ecosystem functioning. *Annual Review of Ecology, Evolution, and Systematics*, 45: 471-493.

Tilman D, Knops J, Wedin D, et al. 1997a. The influence of functional diversity and composition on ecosystem processes. *Science*, 277: 1300-1302.

Tilman D, Lehman C. 2001. Human-caused environmental change: Impacts on plant diversity and evolution. *Proceedings of the National Academy of Sciences of the United States of America*, 98: 5433-5440.

Tilman D, Lehman CL, Thomson KT. 1997b. Plant diversity and ecosystem productivity: Theoretical considerations. *Proceedings of the National Academy of Sciences of the United States of America*, 94:

1857-1861.

Tilman D, Reich PB, Isbell F. 2012. Biodiversity impacts ecosystem productivity as much as resources, disturbance, or herbivory. *Proceedings of the National Academy of Sciences of the United States of America*, 109: 10394-10397.

Tilman D, Reich PB, Knops J, et al. 2001b. Diversity and productivity in a longterm grassland experiment. *Science*, 294: 843-845.

Tilman D, Wedin D, Knops J. 1996. Productivity and sustainability influenced by biodiversity ingrassland ecosystems. *Nature*, 379: 718-720.

Tittensor DP, Micheli F, Nyström M, et al. 2007. Human impacts on the species-area relationship in reef fish assemblages. *Ecology Letters*, 10: 760-772.

Tjørve E. 2003. Shapes and functions of species-area curves: A review of possible models. *Journal of Biogeography*, 30: 827-835.

Tjørve E. 2009. Shapes and functions of species-area curves (Ⅱ): A review of new models and parameterizations. *Journal of Biogeography*, 36: 1435-1445.

Tognelli MF, Kelt DA. 2004. Analysis of determinants of mammalian species richness in South America using spatial autoregressive models. *Ecography*, 27: 427-436.

Tokeshi M. 1986. Resource utilization, overlap and temporal community dynamics: A null model analysis of an epiphytic chironomid community. *Journal of Animal Ecology*, 55: 491-506.

Toledo M. 2010. Neotropical Lowland Forests along Environmental Gradients. Wageningen: Wageningen University.

Toledo M, Poorter L, Peña-Claros M, et al. 2011a. Climate and soil drive forest structure in Bolivian lowland forests. *Journal of Tropical Ecology*, 27: 333-345.

Toledo M, Poorter L, Peña-Claros M, et al. 2011b. Climate is a stronger driver of tree and forest growth rates than soil and disturbance. *Journal of Ecology*, 99: 254-264.

Tolman DA. 2006. Characterization of the ecotone between Jeffrey pine savannas and Darlingtonia fens in southwestern oregon. *Madroño*, 53: 199-210.

Top N, Mizour N, Kai S. 2004. Estimating forest biomass increment based on permanent sample plots in relation to woodfuel consumption: A case study in Kampong Thom Province, Cambodia. *Journal of Forest Research*, 9: 117-123.

Tramer EJ. 1975. The regulation of plant species on an early successional gradients in saline lakes. *Ecology*, 74: 1246-1263.

Tranquillini. 1980. Winter desiccation as the cause for alpine timberline. In: Benecke U, Davis MR. *Mountain Environments and Subalpine Tree Growth*. New Zealand: Forest Research Institute, New Zealand Forest Service, 263-267.

Traut BH. 2005. The role of coastal ecotones: A case study of the salt marsh/upland transition zone in California. *Journal of Ecology*, 93: 279-290.

Tripathi SK, Kushwaha CP, Singh KP. 2008. Tropical forest and savanna ecosystems show differential impact of N and P additions on soil organic matter and aggregate structure. *Global Change Biology*,

14: 2572-2581.

Tripler CE, Kaushal SS, Likens GE, et al. 2006. Patterns in potassium dynamics in forest ecosystems. *Ecology Letters*, 9: 451-466.

Tsialtas JT, Maslaris N. 2008. Leaf allometry and prediction of specific leaf area(SLA)in a sugar beet (*Beta vulgaris* L.)cultivar. *Photosythetica*, 46: 351-355.

Tuomisto H, Ruokolainen K, Yli-Halla M. 2003. Dispersal, environment, and floristic variation of western Amazonian forests. *Science*, 299: 241-244.

Turner B, Wells A, Andersen K, et al. 2012. Patterns of tree community composition along a coastal dune chronosequence in lowland temperate rain forest in New Zealand. *Plant Ecology*, 213: 1525-1541.

Turner I. 1994. Sclerophylly: Primarily protective? *Functional Ecology*, 8: 669-675.

Turner IM. 2001. *The Ecology of Trees in the Tropical Rain Forest*. Cambridge: Cambridge University Press.

Turton S, Duff G. 2006. Light environments and floristic composition across an open forest-rainforest boundary in northeastern Queensland. *Australian Journal of Ecology*, 17: 415-423.

Turton SM. 2008. Landscape-scale impacts of Cyclone Larry on the forests of norhteast Australia, including comparisons with previous cyclones impacting the region between 1858 and 2006. *Austral Ecology*, 33: 409-416.

Ueda M, Shibata E. 2005. Water status of hinoki cypress, *Chamaecyparis obtusa*, attacked by secondary woodboring insects after typhoon strike. *Journal of Forestry Research*, 10: 243-246.

Uhl C, Clark K, Dezzeo N, et al. 1988. Vegetation dynamics in Amazonian treefall gaps. *Ecology*, 69: 751-763.

Uhl C, Jordan CF. 1984. Succession and nutrient dynamics following forest cutting and burning in Amazonia. *Ecology*, 65: 1476-1490.

Ulrich W. 2004. Species co-occurrences and neutral models: Reassessing J. M. Diamond's assembly rules. *Oikos*, 107: 603-609.

Ulrich W. 2005. Predicting species numbers using species-area and endemic-area relations. *Biodiversity and Conservation*, 14: 3351-3362.

Uriarte M, Canham CD, Thompson J, et al. 2004. A neighborhood analysis of tree growth and survival in a hurricane-driven tropical forest. *Ecological Monographs*, 74: 591-614.

Uriarte M, Canham CD, Thompson J, et al. 2005. Seedling recruitment in a hurricane-driven tropical forest: Light limitation, density-dependence and the spatial distribution of parent trees. *Journal of Ecology*, 93: 291-304.

Urquiza-Haas T, Dolman PM, Peres CA. 2007. Regional scale variation in forest structure and biomass in the Yucatan Peninsula, Mexico: Effects of forest disturbance. *Forest Ecology and Management*, 247: 80-90.

Vázquez DP, Melián CJ, Williams NM, et al. 2007. Species abundance and asymmetric interaction strength in ecological networks. *Oikos*, 116: 1120-1127.

Vázquez GJA, Givnish TJ. 1998. Altitudinal gradients in tropical forest composition, structure, and diversity in the Sierra de Manantlán. *Journal of Ecology*, 86: 999-1020.

Vallée S, Payette S. 2004. Contrasted growth of black spruce (*Picea mariana*) forest trees at treeline associated with climate change over the last 400 years. *Arctic, Antarctic, and Alpine Research*, 36: 400-406.

Valladares F, Balaguer L, Martinez-Ferri E, et al. 2002. Plasticity, instability and canalization: Is the phenotypic variation in seedlings of sclerophyll oaks consistent with the environmental unpredictability of Mediterranean ecosystems? *New Phytologist*, 156: 457-467.

Valladares F, Niinemets Ü. 2008. Shade tolerance, a key plant feature of complex nature and consequences. *Annual Review of Ecology, Evolution, and Systematics*, 39: 237-257.

Valladares F, Sanchez-Gomez D, Zavala MA. 2006. Quantitative estimation of phenotypic plasticity: Bridging the gap between the evolutionary concept and its ecological applications. *Journal of Ecology*, 94: 1103-1116.

Vamosi S, Heard S, Vamosi J, et al. 2009. Emerging patterns in the comparative analysis of phylogenetic community structure. *Molecular Ecology*, 18: 572-592.

van Breugel M. 2007. *Dynamics of Secondary Forests*. The Netherlands: Wageningen University.

van Breugel M, Martínez-Ramos M, Bongers F. 2006. Community dynamics during early secondary succession in Mexican tropical rain forests. *Journal of Tropical Ecology*, 22: 663-674.

van der Maarel E. 1990. Ecotones and ecoclines are different. *Journal of Vegetation Science*, 1: 135-138.

van Gelder HA, Poorter L, Sterck FJ. 2006. Wood mechanics, allometry, and life-history variation in a tropical rain forest tree community. *New Phytologist*, 171: 367-378.

van Mantgem PJ, Stephenson NL. 2007. Apparent climatically induced increase of tree mortality rates in a temperate forest. *Ecology Letters*, 10: 909-916.

van Mantgem PJ, Stephenson NL, Keifer M, et al. 2004. Effects of an introduced pathogen and fire exclusion on the demography of sugar pine. *Ecological Applications*, 14: 1590-1602.

van Nieuwstadt MGL, Sheil D. 2005. Drought, fire and tree survival in a Borneo rain forest, East Kalimantan, Indonesia. *Journal of Ecology*, 93: 191-201.

van Pelt R. 1995. *Understory Tree Response to Canopy Gaps in Old-growth Douglas-fir Forests of the Pacific Northwest*. Seattle: University of Washington Seattle.

van Rensburg BJ, Chown SL, Gaston KJ. 2002. Species richness, environmental correlates, and spatial scale: A test using South African birds. *The American Naturalist*, 159: 566.

Vanderpoorten A, Engels P, Sotiaux A. 2004. Trends in diversity and abundance of obligate epiphytic bryophytes in a highly managed landscape. *Ecography*, 27: 567-576.

Vargas-Rodriguez YL, Vázquez-García JA, Williamson GB. 2005. Environmental correlates of tree and seedling-sapling distributions in a Mexican tropical dry forest. *Plant Ecology*, 180: 117-134.

Veblen TT, Hadley KS, Reid MS, et al. 1989. Blowdown and stand development in a Colorado subalpine forest. *Canadian Journal of Forest Research*, 19: 1218-1225.

Veenendaal EM, Swaine MD, Lecha RT, et al. 1996. Responses of West African forest tree seedlings to irradiance and soil fertility. *Functional Ecology*, 10: 501-511.

Velázquez A. 1994. Multivariate analysis of the vegetation of the volcanoes Tláloc and Pelado, Mexico. *Journal of Vegetation Science*, 5: 263-270.

Velho N, Ratnam J, Srinivasan U, et al. 2012. Shifts in community structure of tropical trees and avian frugivores in forests recovering from past logging. *Biological Conservation*, 153: 32-40.

Vellak K, Paal J. 1999. Diversity of bryophyte vegetation in some forest types in Estonia: A comparison of old unmanaged and managed forests. *Biodiversity and Conservation*, 8: 1595-1620.

Vendramini F, Díaz S, Gurvich DE, et al. 2002. Leaf traits as indicators of resource-use strategy in floras with succulent species. *New Phytologist*, 154: 147-157.

Verburg R, van Eijk-Bos C. 2003. Effects of selective logging on tree diversity, composition and plant functional type patterns in a Bornean rain forest. *Journal of Vegetation Science*, 14: 99-110.

Verdú M, Rey PJ, Alcántara JM, et al. 2009. Phylogenetic signatures of facilitation and competition in successional communities. *Journal of Ecology*, 97: 1171-1180.

Vetaas OR, Grytnes JA. 2002. Distribution of vascular plant species richness and endemic richness along the Himalayan elevation gradient in Nepal. *Global Ecology and Biogeography*, 11: 291-301.

Vilà M, Sardans J. 1999. Plant competition in Mediterranean type vegetation. *Journal of Vegetation Science*, 10: 281-294.

Vile D, Shipley B, Garnier E. 2006. A structural equation model to integrate changes in functional strategies during old-field succession. *Ecology*, 87: 504-517.

Villéger S, Mason NWH, Mouillot D. 2008. New multidimensional functional diversity indices for a multifaceted framework in functional ecology. *Ecology*, 89: 2290-2301.

Villéger S, Miranda JR, Hernández DF, et al. 2010. Contrasting changes in taxonomic vs. functionaldiversity of tropical fish communities after habitat degradation. *Ecological Applications*, 20: 1512-1522.

Villela DM, Nascimento MT, Aragao LEOC, et al. 2006. Effect of selective logging on forest structure and nutrient cycling in a seasonally dry Brazilian Atlantic forest. *Journal of Biogeography*, 33: 506-516.

Violle C, Navas ML, Vile D, et al. 2007. Let the concept of trait be functional! *Oikos*, 116: 882-892.

Virtanen R, Luoto M, Rämä T, et al. 2010. Recent vegetation changes at the high-latitude tree line ecotone are controlled by geomorphological disturbance, productivity and diversity. *Global Ecology and Biogeography*, 19: 810-821.

Vitousek PM, Matson PA. 1985. Disturbance, nitrogen availability, and nitrogen losses in an intensively managed loblolly pine plantation. *Ecology*, 66: 1360-1376.

Vitousek PM, Porder S, Houlton BZ, et al. 2010. Terrestrial phosphorus limitation: Mechanisms, implications, and nitrogen-phosphorus interactions. *Ecological Applications*, 20: 5-15.

Volkov I, Banavar JR, Hubbell SP, et al. 2003. Neutral theory and relative species abundance in ecology. *Nature*, 424: 1035–1037.

Volkov I, Banavar JR, Hubbell SP, et al. 2009. Inferring species interactions in tropical forests. *Proceedings of the National Academy of Sciences*, 106: 13854–13859.

von Wilpert K, Schäffer J. 2006. Ecological effects of soil compaction and initial recovery dynamics: A preliminary study. *European Journal of Forest Research*, 125: 129–138.

Wacker L, Baudois O, Eichenberger-Glinz S, et al. 2009. Diversity effects in early-and mid-successional species pools along a nitrogen gradient. *Ecology*, 90: 637–648.

Wagenius S, Dykstra AB, Ridley CE, et al. 2012. Seedling recruitment in the long-lived perennial, *Echinacea angustifolia*: A 10-year experiment. *Restoration Ecology*, 20: 352–359.

Walker B, Kinzig A, Langridge J. 1999. Plant attribute diversity, resilience, and ecosystem function: The nature and significance of dominant and minor species. *Ecosystems*, 2: 95–113.

Walker LR. 2000. Seedling and sapling dynamics of treefall pits in Puerto Rico. *Biotropica*, 32: 262–275.

Walker LR, Brokaw NVL, Lodge DJW, et al. 1991. Ecosystem, plant, and animal responses to hurricanes in the Caribbean. *Biotropica*, 23: 313–521.

Walker LR, Chapin FS Ⅲ. 1987. Interactions among processes controlling successional change. *Oikos*, 50: 131–135.

Walker LR, Del Moral R. 2003. Primary Succession and Ecosystem Rehabilitation. Cambridge: Cambridge University Press.

Walker LR, Landau FH, Velázquez E, et al. 2010. Early successional woody plants facilitate and ferns inhibit forest development on Puerto Rican landslides. *Journal of Ecology*, 98: 625–635.

Walker SC, Cyr H. 2007. Testing the standard neutral model of biodiversity in lake communities. *Oikos*, 116: 143–155.

Walker TW, Syers JK. 1976. The fate of phosphorus during pedogenesis. *Geoderma*, 15: 1–19.

Walters MB, Reich PB. 1999. Low-light carbon balance and shade tolerance in the seedlings of woody plants: Do winter deciduous and broad-leaved evergreen species differ? *New Phytologist*, 143: 143–154.

Walther GR, Post E, Convey P, et al. 2002. Ecological responses to recent climate change. *Nature*, 416: 389–395.

Wang X, Wiegand T, Hao Z, et al. 2010a. Species associations in an old-growth temperate forest innorth-eastern China. *Journal of Ecology*, 98: 674–686.

Wang X, Ye J, Li B, et al. 2010b. Spatial distributions of species in an old-growth temperate forest, northeastern China. *Canadian Journal of Forest Research*, 40: 1011–1019.

Wang Y, Yu S, Wang J. 2007. Biomass-dependent susceptibility to drought in experimental grassland communities. *Ecology Letters*, 10: 401–410.

Ward D, Beggs J. 2007. Coexistence, habitat patterns and the assembly is of ant communities in the Yasawa islands, Fiji. *Acta Oecologica*, 32: 215–223.

Wardle DA. 1999. Is "sampling effect" a problem for experiments in vestigating biodiversity-ecosystem function relationships? *Oikos*, 87: 403-407.

Wardle DA, Barker GM, Bonner KI, et al. 1998. Can comparative approaches based on plant ecophysiological traits predict the nature of biotic interactions and individual plant species effects in ecosystems? *Journal of Ecology*, 86: 405-420.

Wardle DA, Jonsson M. 2010. Biodiversity effects in real ecosystems—A response to Duffy. *Frontiers in Ecology and the Environment*, 8: 10-11.

Warren J, Wilson F, Diaz A. 2002. Competitive relationships in a fertile grassland community—Does size matter? *Oecologia*, 132: 125-130.

Watson DM. 2003. Long-term consequences of habitat fragmentation—Highland birds in Oaxaca, Mexico. *Biological Conservation*, 111: 283-303.

Wayne Polley H, Wilsey BJ, Derner JD. 2007. Dominant species constrain effects of species diversity on temporal variability in biomass production of tallgrass prairie. *Oikos*, 116: 2044-2052.

Weathers KC. 1999. The importance of cloud and fog to the maintenance of ecosystems. Trends *in Ecology and Evolution*, 14: 214.

Webb CO. 2000. Exploring the phylogenetic structure of ecological communities: An example for rain forest trees. *The American Naturalist*, 156: 145-155.

Webb CO, Ackerly DD, Kembel SW. 2008a. Phylocom: Software for the analysis of phylogenetic community structure and trait evolution. *Bioinformatics*, 24: 2098-2100.

Webb CO, Ackerly DD, McPeek MA, et al. 2002. Phylogenies and community ecology. *Annual Review of Ecology and Systematics*, 33: 475-505.

Webb CO, Cannon CH, Davies SJ. 2008b. Ecological organization, biogeography, and the phylogenetic structure of tropical forest tree communities. *Tropical Forest Community Ecology*: 79-97.

Webb CO, Donoghue MJ. 2005. Phylomatic: Tree assembly for applied phylogenetics. *Molecular Ecology Notes*, 5: 181-183.

Webb CO, Losos JB, Agrawal AA. 2006. Integrating phylogenies into commmunity ecology. *Ecology*, 87: 1-2.

Webb CO, Peart DR. 1999. Seedling density dependence promotes coexistence of bornean rain forest trees. *Ecology*, 80: 2006-2017.

Webb CO, Peart DR. 2000. Habitat associations of trees and seedlings in a Bornean rain forest. *Journal of Ecology*, 88: 464-478.

Webb CT, Hoeting JA, Ames GM, et al. 2010. A structured and dynamic framework to advance traits-based theory and prediction in ecology. *Ecology Letters*, 13: 267-283.

Weiher E, Clarke GDP, Keddy PA. 1998. Community assembly rules, morphological dispersion, and the coexistence of plant species. *Oikos*, 81: 309-322.

Weiher E, Keddy P. 1999a. Assembly rules as general constraints on community composition. In: Weiher E, Keddy P. *Ecological Assembly Rules: Perspectives, Advances, Retreats*. Cambridge: Cambridge University Press, 251-271.

Weiher E, Keddy P. 1999b. *Ecological Assembly Rules: Perspectives, Advances, Retreats*. Cambridge:

Cambridge University Press.

Weiher E, Keddy PA. 1995. Assembly rules, null models, and trait disperstion: New question from old patterns. *Oikos*, 74: 159-163.

Weiher E, van der Werf A, Thompson K, et al. 1999. Challenging theophrastus: A common core list of plant traits for functional ecology. *Journal of Vegetation Science*, 10: 609-620.

Welden CW, Slauson WL. 1986. The intensity of competition versus its importance: An overlooked distinction and some implications. *The Quarterly Review of Biology*, 61: 23-44.

Werneck FP, Colli GR. 2006. The lizard assemblage from Seasonally Dry Tropical Forest enclaves in the Cerrado biome, Brazil, and its association with the Pleistocenic Arc. *Journal of Biogeography*, 33: 1983-1992.

Westley LC. 1993. The effect of inflorescence bud removal on tuber production in *helianthus tuberosus* L. (Asteraceae). *Ecology*, 74: 2136-2144.

Westman WE. 1981. Diversity relations and succession in Californian coastal sage scrub. *Ecology*, 62: 170-184.

Westoby M. 1998. A leaf-height-seed (LHS) plant ecology strategy scheme. *Plant and Soil*, 199: 213-227.

Westoby M, Falster DS, Moles AT, et al. 2002. Plant ecological strategies: Some leading dimensions of variation between species. *Annual Review of Ecology and Systematics*, 33: 125-159.

Westoby M, Wright IJ. 2006. Land-plant ecology on the basis of functional traits. *Trends in Ecology and Evolution*, 21: 261-268.

Wheeler BD, Giller KE. 1982. Species richness of herbaceous fen vegetation in broadland, norfolk in relation to the quantity of above-ground plant material. *Journal of Ecology*, 70: 179-200.

Wheeler BD, Shaw SC. 1991. Above-ground crop mass and species richness of the principal types of herbaceous rich-fen vegetation of lowland england and wales. *Journal of Ecology*, 79: 285-301.

White DL, Porter DE, Lewitus AJ. 2004. Spatial and temporal analyses of water quality and phytoplankton biomass in an urbanized versus a relatively pristine salt marsh estuary. *Journal of Experimental Marine Biology and Ecology*, 298: 255-273.

Whitmore T, Burslem D, Newbery D, et al. 1998. Major disturbances in tropical rainforests. In: Dynamics of tropical communities: The 37th symposium of the British Ecological Society, Cambridge University, 1996. Blackwell Science Ltd, 549-565.

Whitmore TC. 1984. *Tropical Rain Forests of the Far East*. 2nd edn. Oxford: Clarendon Press, 94-128.

Whitmore TC. 1998. *An Introduction to Tropical Rain Forests*. 2nd edn. Oxford: Oxford University Press, 167-196.

Whittaker R, Bush M, Richards K. 1989. Plant recolonization and vegetation succession on the Krakatau Islands, Indonesia. *Ecological Monographs*, 59(2): 59-123.

Whittaker RH. 1967. Gradient analysis of vegetation. *Biological Reviews*, 42: 207-264.

Whittaker RH. 1972. Evolution and measurement of species diversity. *Taxon*, 21: 213-251.

Whittiker RH. 1975. *Communities and Ecosystems*. 2nd edn. London: Collier-Macmilla Press.

Whittaker RH. 1977. Evolution of species diversity in land communities. *Evolutionary Biology*, 10: 1-67.

Whittaker RJ, Fernández-Palacios JM. 2007. *Island Biogeography: Ecology, Evolution, and Conservation*. Oxford: Oxford University Press.

Wiegand K, Jeltsch F, Ward D. 2000. Do spatial effects play a role in the spatial distribution of desert-dwelling *Acacia raddiana*? *Journal of Vegetation Science*, 11: 473-484.

Wiegand T, Camarero JJ, RÜGer N, et al. 2006. Abrupt population changes in treeline ecotones along smooth gradients. *Journal of Ecology*, 94: 880-892.

Wiegand T, Gunatilleke S, Gunatilleke N. 2007a. Species associations in a heterogeneous Sri Lankan dipterocarp forest. *The American Naturalist*, 170: E77-E95.

Wiegand T, Gunatilleke S, Gunatilleke N, et al. 2007b. Analyzing the spatial structure of a Sri Lankan tree species with multiple scales of clustering. *Ecology*, 88: 3088-3102.

Wiegand T, Huth A, Getzin S, et al. 2012. Testing the independent species'arrangement assertion made by theories of stochastic geometry of biodiversity. *Proceedings of the Royal Society B: Biological Sciences*, 279: 3312-3320.

Wiegand T, Moloney K. 2004. Rings, circles, and null-models for point pattern analysis in ecology. *Oikos*, 104: 209-229.

Wiens JA. 1992. What is landscape ecology, really? *Landscape Ecology*, 7: 149-150.

Wiens JJ, Graham CH. 2005. Niche conservatism: Integrating evolution, ecology, and conservation biology. *Annual Review of Ecology, Evolution, and Systematics*, 36(1): 519-539.

Wijesinghe KD, Hutchings MJ. 1999. The effects of environmental heterogeneity on the performance of *Glechoma hederacea*: The interactions between patch contrast and patch scale. *Journal of Ecology*, 87: 860-872.

Wijesinghe DK, John EA, Beurskens S, et al. 2001. Root system size and precision in nutrient foraging: Responses to spatial pattern of nutrient supply in six herbaceous species. *Journal of Ecology*, 89: 972-983.

Wijesinghe DK, John EA, Hutchings MJ. 2005. Does pattern of soil resource heterogeneity determine plant community structure? An experimental investigation. *Journal of Ecology*, 93: 99-112.

Wilcove DS, Giam X, Edwards DP, et al. 2013. Navjot's nightmare revisited: Logging, agriculture, and biodiversity in Southeast Asia. *Trends in Ecology and Evolution*, 28: 531-540.

Wilcox BP, Breshears DD, Allen CD. 2003. Ecohydrology of a resource-conserving semiarid woodland: Effects of scaling and disturbance. *Ecological Monographs*, 73: 223-239.

Williams-Linera G. 2002. Tree species richness complementarity, disturbance and fragmentation in a Mexican tropical montane cloud forest. *Biodiversity and Conservation*, 11: 1825-1843.

Williamson GB, Laurance WF, Oliveira AA, et al. 2000. Amazonia tree mortality during the 1997 El Niño drought. *Conservation Biology*, 14: 1538-1542.

Willis AJ. 1963. Braunton burrows: The effects on the vegetation of the addition of mineral nutrients to the dune soils. *Journal of Ecology*, 51: 353-374.

Willis CG, Ruhfel B, Primack RB, et al. 2008. Phylogenetic patterns of species loss in Thoreau's woods are driven by climate change. *Proceedings of the National Academy of Sciences of the United States of America*, 105: 17029-17033.

Wills C, Condit R. 1999. Similar non-random processes maintain diversity in two tropical rainforests. *Proceedings of the Royal Society of London. Series B: Biological Sciences*, 266: 1445-1452.

Wills C, Condit R, Foster RB, et al. 1997. Strong density-and diversity-related effects help to maintain tree species diversity in a neotropical forest. *Proceedings of the National Academy of Sciences of the United States of America*, 94: 1252-1257.

Wills C, Harms KE, Condit R, et al. 2006. Nonrandom processes maintain diversity in tropical forests. *Science*, 311: 527-531.

Wilsey BJ, Potvin C. 2000. Biodiversity and ecosystem functioning: Importance of species evenness in an old field. *Ecology*, 81: 887-892.

Wilson EO. 1988. The current state of biological diversity. In: Wilson EO. *Biodiversity*. Washington: National Academy Press, 3-18.

Wilson EO. 1992. *The Diversity of Life*. Cambridge: Harvard University Press.

Wilson JB. 1991. Methods for fitting dominance/diversity curves. *Journal of Vegetation Science*, 2: 35-46.

Wilson JB, Agnew ADQ. 1992. Positive feedback switches in plant communities. *Advances in Ecological Research*, 23: 263-336.

Wilson JB, Chiarucci A. 2000. Do plant communities exist? Evidence from scaling-up local species-area relations to the regional level. *Journal of Vegetation Science*, 11: 773-775.

Wilson SD, Tilman D. 2002. Quadratic variation in old-field species richness along gradients of disturbance and nitrogen. *Ecology*, 83: 492-504.

Winkler M, Hietz P. 2001. Population structure of three epiphytic orchids (*Lycaste aromatica*, *Jacquiniella leucomelana*, and *J. teretifolia*) in a Mexican humid montane forest. *Selbyana*, 22: 27-33.

Witkowski ETF, Garner RD. 2000. Spatial distribution of soil seed banks of three African savanna woody species at two contrasting sites. *Plant Ecology*, 149: 91-106.

Witze A. 2006. Meteorology: Bad weather ahead. *Nature*, 441: 564-566.

Wolf JHD, Alejandro FS. 2003. Patterns in species richness and distribution of vascular epiphytes in Chiapas, Mexico. *Journal of Biogeography*, 30: 1689-1707.

Wolf JHD, Gradstein SR, Nadkarni NM. 2009. A protocol for sampling vascular epiphyte richness and abundance. *Journal of Tropical Ecology*, 25: 107-121.

Woodman JN. 1987. Pollution-induced injury in North American forests: Facts and suspicions. *Tree Physiology*, 3: 1-15.

Woodward FI, McKee IF. 1991. Vegetation and climate. *Environment International*, 17: 535-546.

Wootton JT. 2005. Field parameterization and experimental test of the neutral theory of biodiversity. *Nature*, 433: 309-312.

Wright IJ, Ackerly DD, Bongers F, et al. 2007. Relationships among ecologically important dimensions of plant trait variation in seven neotropical forests. *Annals of Botany*, 99: 1003-1015.

Wright IJ, Reich PB, Cornelissen JHC, et al. 2005. Assessing the generality of global leaf trait relationships. *New Phytologist*, 166: 485-496.

Wright IJ, Reich PB, Westoby M. 2001. Strategy shifts in leaf physiology, structure and nutrient content between species of high-and low-rainfall and high-and low-nutrient habitats. *Functional Ecology*, 15: 423-434.

Wright IJ, Reich PB, Westoby M, et al. 2004b. The worldwide leaf economics spectrum. *Nature*, 428: 821-827.

Wright IJ, Westoby M, Reich PB. 2002. Convergence towards higher leaf mass per unit area in dry and nutrient poor habitats has different consequences for leaf life span. *Journal of Ecology*, 90: 534-543.

Wright IR, Groom PK, Lamont BB, et al. 2004c. Leaf trait relationships in Australian plant species. *Functional Plant Biology*, 31: 551-558.

Wright JP, Naeem S, Hector A, et al. 2006. Conventional functional classification schemesunderestimate the relationship with ecosystem functioning. *Ecology Letters*, 9: 111-120.

Wright ME, Ranker TA. 2010. Dispersal and habitat fidelity of bog and forest growth forms of Hawaiian *Metrosideros*(Myrtaceae). *Botanical Journal of the Linnean Society*, 162: 558-571.

Wright S. 1934. The method of path coefficients. *Annals of Mathematical Statististics*, 5: 161-215.

Wright SJ. 1992. Seasonal drought, soil fertility and the species density of tropical forest plant communities. *Trends in Ecology and Evolution*, 7: 260-263.

Wright SJ. 2002. Plant diversity in tropical forests: A review of mechanisms of species coexistence. *Oecologia*, 130: 1-14.

Wright SJ. 2005. Tropical forests in a changing environment. *Trends in Ecology and Evolution*, 20: 553-560.

Wright SJ, Calderón O, Hernandéz A, et al. 2004a. Are lianas increasing in importance in tropical forest? A 17-years record from Panama. *Ecology*, 85: 484-489.

Wright SJ, Muller-Landau HC. 2006. The future of tropical forest species. *Biotropica*, 38: 287-301.

Wright SJ, Muller-Landau HC, Condit R, et al. 2003. Gap-dependent recruitment, realized vital rates, and size distributions of tropical trees. *Ecology*, 84: 3174-3185.

Wright SJ, Yavitt JB, Wurzburger N, et al. 2011. Potassium, phosphorus, or nitrogen limit root allocation, tree growth, or litter production in a lowland tropical forest. *Ecology*, 92: 1616-1625.

Wyckoff PH, Bowers R. 2010. Response of the prairie-forest border to climate change: Impacts of increasing drought may be mitigated by increasing CO_2. *Journal of Ecology*, 98: 197-208.

Wyckoff PH, Clark JS. 2002. The relationship between growth and mortality for seven co-occurring tree species in the southern Appalachian Mountains. *Journal of Ecology*, 90: 604-615.

Xu H, Li Y, Liu S, et al. 2015. Partial recovery of a tropical rain forest a half-century after clear-cut and selective logging. *Journal of Applied Ecology*, 52: 1044-1052.

Xu XN, Hirata E, Enoki T, et al. 2004. Leaf litter decomposition and nutrient dynamics in a subtropical forest after typhoon disturbance. *Plant Ecology*, 173: 161-170.

Yamada T, Zuidema PA, Itoh A, et al. 2007. Strong habitat preference of a tropical rain forest tree does not imply large differences in population dynamics across habitats. *Journal of Ecology*, 95: 332-342.

Yamasaki M, Sakimoto M. 2009. Predicting oak tree mortality caused by the ambrosia beetle *Platypus quercivorus* in a cool-temperate forest. *Journal of Applied Entomology*, 133: 673-681.

Yang XD, Tang Y, Tang JW. 2001. Change in structure and diversity of soil arthropod communities after slash-and-burn of secondary forest in Xishuangbanna, Yunnan Province. *Biodiversity Science*, 9: 222-227.

Yarranton M, Yarranton GA. 1975. Demography of a jack pine stand. *Canadian Journal of Botany*, 53: 310-314.

Yavitt JB, Wright SJ. 2008. Seedling growth responses to water and nutrient augmentation in the understorey of a lowland moist forest, Panama. *Journal of Tropical Ecology*, 24: 19-26.

Yeaton RI, Cody ML. 1976. Competition and spacing in plant communities: The Northern Mohave Desert. *Journal of Ecology*, 64: 689-696.

Young TP, Stanton ML, Christian CE. 2003. Effects of natural and simulated herbivory on spine lengths of *Acacia drepanolobium* in Kenya. *Oikos*, 101: 171-179.

Zach A, Horna V, Leuschner C, et al. 2010. Patterns of wood carbon dioxide efflux across a 2, 000 m elevation transect in an Andean moist forest. *Oecologia*, 162: 127-137.

Zang RG, Ding Y, Zhang W. 2008. Seed dynamics in relation to gaps in a tropical montane rainforest of Hainan Island, South China: (Ⅱ) Seed bank. *Journal of Integrative Plant Biology*, 50: 513-521.

Zang RG, Ding Y, Zhang ZD, et al. 2010. *Ecological Foundation of Conservation and Restoration for the Major Functional Groups in Tropical Natural Forests on Hainan Island*. Beijing: Science Press.

Zang RG, Tao J, Li C. 2005. Within community patch dynamics in a tropical montane rain forest of Hainan Island, South China. *Acta Oecologica*, 28: 39-48.

Zapfack L, Nkongmeneck A, Villiers J, et al. 1996. The importance of pteridophytes in the epiphytic flora of some phorophytes of the Cameroonian semi-deciduous rain forest. *Selbyana*, 17: 76-81.

Zavaleta ES, Pasari JR, Hulvey KB, et al. 2010. Sustaining multiple ecosystem functions in grassland communities requires higher biodiversity. *Proceedings of the National Academy of Sciences of the United States of America*, 107: 1443-1446.

Zhang DY, Lin K. 1997. The effects of competitive asymmetry on the rate of competitive displacement: How robust is Hubbell's community drift model? *Journal of Theoretical Biology*, 188: 361-367.

Zhang J, Cheng K, Zang R, et al. 2014. Environmental filtering of species with different functional traits into plant assemblages across a tropical coniferous-broadleaved forest ecotone. *Plant and Soil*, 380: 361-374.

Zhang J, Hao Z, Song B, et al. 2009a. Fine-scale species co-occurrence patterns in an old-growth temperate forest. *Forest Ecology and Management*, 257: 2115-2120.

Zhang JL, Swenson NG, Chen SB, et al. 2013. Phylogenetic beta diversity in tropical forests: Implications for the roles of geographical and environmental distance. *Journal of Systematics and Evolution*, 51: 71-85.

Zhang SB, Slik J, Zhang JL, et al. 2011. Spatial patterns of wood traits in China are controlled by phylogeny and the environment. *Global Ecology and Biogeography*, 20: 241-250.

Zhang YJ, Meinzer FC, Hao GY, et al. 2009b. Size-dependent mortality in a Neotropical savanna tree: The role of height-related adjustments in hydraulic architecture and carbon allocation. *Plant, Cell and Environment*, 32: 1456-1466.

Zhao M, Zhou GS. 2005. Estimation of biomass and net primary productivity of major planted forests in China based on forest inventory data. *Forest Ecology and Management*, 207: 295-313.

Zheng Z, Feng Z, Cao M, et al. 2006. Forest structure and biomass of a tropical seasonal rain forest in Xishuangbanna, Southwest China. *Biotropica*, 38: 318-327.

Zhou GS, Wang YH, Jiang YL, et al. 2002. Estimating biomass and net primary production from forest inventory data: A case study of China's *Larix* forests. *Forest Ecology and Management*, 169: 149-157.

Zhou SR, Zhang DY. 2008. A nearly neutral model of biodiversity. *Ecology*, 89: 248-258.

Zhu H, Cao M, Hu H. 2006. Geological history, flora, and vegetation of Xishuangbanna, Southern Yunnan, China. *Biotropica*, 38: 310-317.

Zhu JJ, Liu ZG, Li XF, et al. 2004. Review: Effects of wind on trees. *Journal of Forestry Research*, 15: 153-160.

Zhu W, Cai X, Liu X, et al. 2010a. Soil microbial population dynamics along a chronosequence of moist evergreen broad-leaved forest succession in southwestern China. *Journal of Mountain Science*, 7: 327-338.

Zhu W, Cheng S, Cai X, et al. 2009a. Changes in plant species diversity along a chronosequence of vegetation restoration in the humid evergreen broad-leaved forest in the Rainy Zone of West China. *Ecological Research*, 24: 315-325.

Zhu Y, Mi X, Ren H, et al. 2010b. Density dependence is prevalent in a heterogeneous subtropical forest. *Oikos*, 119: 109-119.

Zhu YJ, Dong M, Huang ZY. 2009b. Response of seed germination and seedling growth to sand burial of two dominant perennial grasses in Mu-Us Sandy Grassland, Semiarid China. *Rangeland Ecology and Management*, 62: 337-344.

Zimmerman JK, Covich AP. 2007. Damage and recovery of Riparian Sierra Palms after Hurricane Georges: Influence of topography and biotic characteristics. *Biotropica*, 39: 43-49.

Zobel K, Liira J. 1997. A scale-independent approach to the richness vs. biomass relationship in ground-layer plant communities. *Oikos*, 80: 325-332.

Zotz G. 1998. Demography of the epiphytic orchid, *Dimerandra emarginata*. *Journal of Tropical Ecology*, 14: 725-741.

Zotz G. 2007. Johansson revisited: The spatial structure of epiphyte assemblages. *Journal of Vegetation Science*, 18: 123−130.

Zotz G, Bermejo P, Dietz H. 1999. The epiphyte vegetation of *Annona glabra* on Barro Colorado Island, Panama. *Journal of Biogeography*, 26: 761−776.

Zotz G, Schultz S. 2008. The vascular epiphytes of a lowland forest in Panama—Species composition and spatial structure. *Plant Ecology*, 195: 131−141.

Zotz G, Vollrath B. 2003. The epiphyte vegetation of the palm *Socratea exorrhiza*—Correlations with tree size, tree age and bryophyte cover. *Journal of Tropical Ecology*, 19: 81−90.

"生物多样性与环境变化丛书"已出版图书

书号	书名	著译者
9787040369649	批判教育学、生态扫盲与全球危机——生态教育学运动	Richard Kahn 著，张亦默 李博 译
9787040347692	变化中的生态系统——全球变暖的影响	Julie Kerr Casper 著，赵斌 郭海强 等译
9787040330663	生物入侵的数学模型	李百炼 靳祯 孙桂全 刘权兴 著
9787040205299	大熊猫栖息地研究	李俊清 申国珍 等著
9787040388923	气候变化生物学	Lee Hannah 著，赵斌 明泓博 译
9787040432534	分子生态学（第二版）	Joanna R. Freeland　Heather Kirk Stephen D. Petersen 著，戎俊 杨小强 耿宇鹏 宋志平 卢宝荣 译
9787040450026	甲烷与气候变化	Dave Reay　Pete Smith André van Amstel 主编，赵斌 彭容豪 等译
9787040451764	涡度协方差技术——测量及数据分析的实践指导	Marc Aubinet Timo Vesala Dario Papale 主编，郭海强 邵长亮 董刚 译，褚侯森 赵斌 审校
9787040489736	上海崇明东滩鸟类国家级自然保护区科学研究	汤臣栋 马强 葛振鸣 编著
9787040518573	海南岛热带天然林主要类型的生物多样性与群落组配	臧润国 路兴慧 丁易 刘万德 刘广福 许涵 龙文兴 黄运峰 卜文圣 张俊艳 姜勇 著

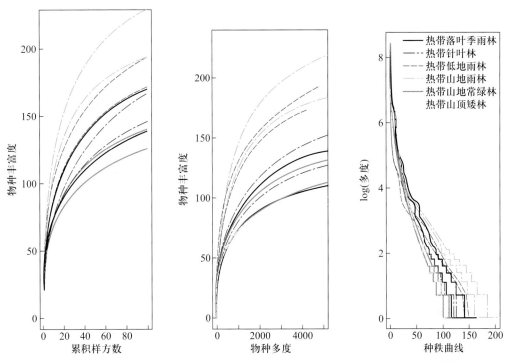

图 3-15　不同森林植被类型的种-面积、种-多度累积曲线和种-多度等级分布曲线

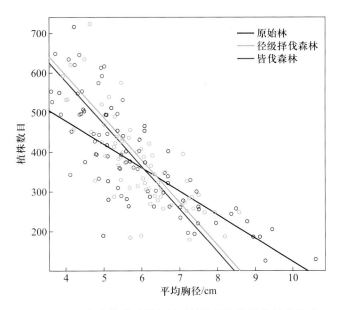

图 4-24　3 个森林类型样方的平均胸径和植株数目的关系

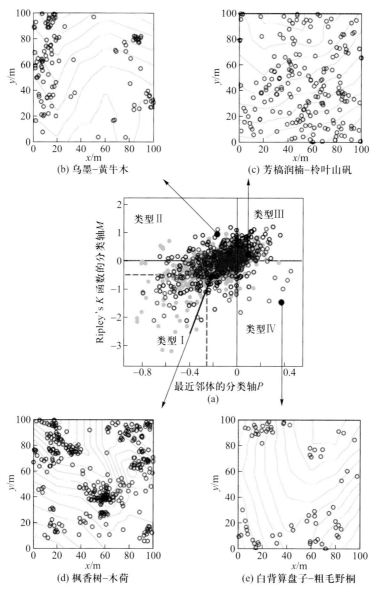

(b) 乌墨-黄牛木

(c) 芳槁润楠-柃叶山矾

(d) 枫香树-木荷

(e) 白背算盘子-粗毛野桐

图 7-13　不同林龄(15 年、30 年、60 年林龄次生林和老龄林)样地种间关联类型的分类。(a)15 年林龄样地(LSA1,LSA2;绿色圆点)272 个物种对的种间关联类型分别与 30 年林龄样地(LSB1,LSB2;黑色空心圆)、60 年林龄样地(LSC1,LSC2,LSD1,LSD2;灰色圆点)和老龄林(LOG1,LOG2;红色空心圆)进行比较。种间关联类型基于由公式(7-5)定义的分类轴进行划分。当物种 2 个体在物种 1 个体的邻体距离 $r_L = 10$ m 内出现的频率高于(低于)期望值时,轴 P 取正值(负值);当物种 1 个体在距离 r_L 周围有最近邻体物种 1 的概率大于(小于)期望值时,轴 M 取正值(负值)。蓝色圆点指定出四个种间关联类型的例子(b—e)。虚线表示具有强烈种间分离的区域;(b) LSB1 样地中类型 II 种间关联例子;黑色空心圆表示物种 1,红色空心圆表示物种 2(下图相同);(c) LSD2 样地中类型 III 种间关联例子;(d) LSA2 样地中类型 I 种间关联例子;(e) LOG1 样地中类型 IV 种间关联例子,该类型只有在格局 1 存在强烈的二阶效应时才出现